建筑玻璃与安全玻璃标准汇编

（第3版）

建筑材料工业技术监督研究中心
中国质检出版社第五编辑室　编

中国质检出版社
中国标准出版社

北京

图书在版编目(CIP)数据

建筑玻璃与安全玻璃标准汇编/中国质检出版社第五编辑室,建筑材料工业技术监督研究中心编. —3版. —北京:中国标准出版社,2011

ISBN 978-7-5066-6330-4

Ⅰ.①建… Ⅱ.①中…②建… Ⅲ.①建筑玻璃-标准-汇编-中国②安全玻璃-标准-汇编-中国 Ⅳ.①TQ171.7-65

中国版本图书馆CIP数据核字(2011)第173148号

中国质检出版社
中国标准出版社 出版发行
北京市朝阳区和平里西街甲2号(100013)
北京市西城区复外三里河北街16号(100045)
网址 www.spc.net.cn
电话:(010)64275360 68523946
中国标准出版社秦皇岛印刷厂印刷
各地新华书店经销

*

开本 880×1230 1/16 印张 51 字数 1 523 千字
2011年10月第三版 2011年10月第三次印刷

*

定价 245.00 元

第3版　前　言

第3版的《建筑玻璃与安全玻璃标准汇编》汇集了国内现行(截至2011年7月底)的79项建筑玻璃与安全玻璃国家标准、行业标准，其中国家标准40项，行业标准39项，主要包括平板玻璃、浮法玻璃、安全玻璃等重要的产品标准、试验方法和基础标准。与前版相比较，删除了一些不常用的标准，增加了新制定的标准，体现了建筑玻璃和安全玻璃领域的新工艺、新技术。

本汇编收集的国家标准的属性已在本目录上标明(GB或GB/T)，年号用四位数字表示。鉴于部分国家标准是在国家标准清理整顿前出版的，现尚未修订，故正文部分仍保留原样；读者在使用这些国家标准时，其属性以本目录上标明的为准(标准正文"引用标准"中标准的属性请读者注意查对)。

本汇编目录中，凡标准名称用括号注明原国家标准号"(原GB ××××—××)"的行业标准，均由国家标准转化而来，这些标准因未另出版行业标准文本(即仅给出行业标准号，正文内容完全不变)，故本汇编中正文部分仍为原国家标准。与此类似的专业标准、部标准转化为行业标准的情况也照此处理。

标准号中括号内的年代号，表示在该年度确认了该项标准，但没有重新出版。

本汇编由中国质检出版社第5编辑室和建筑材料工业技术监督研究中心负责编辑整理，因水平有限，书中难免有不足之处，敬请读者提出意见，并在以后出版时一并改正。

编　者

2011年7月

前　言

第一版《建筑玻璃与安全玻璃标准汇编》自2000年出版以来，受到广大玻璃加工企业的欢迎，也受到建筑施工企业、建筑装饰行业以及汽车制造行业的欢迎。第一次印刷的3 000册早已脱销。

按照国家标准化管理委员会的统一部署，建筑玻璃行业也进行了标准的清理整顿，作废了一些用量小，或落后工艺生产的产品标准，新增加了不少先进工艺生产的产品标准。这几年也有一些标准被新的标准代替，在这次出版的汇编中一并收进来了。与前一版相比，还删除了一些作用不大的相关标准，使得汇编内容更贴合实际。

第二版的《建筑玻璃与安全玻璃标准汇编》汇集了国内现行(截止到2005年5月底)的90项建筑玻璃与安全玻璃国家标准、行业标准，其中国家标准39项，行业标准51项，主要包括平板玻璃、浮法玻璃、安全玻璃等重要的产品标准、试验方法和基础标准。

本汇编收集的国家标准的属性已在本目录上标明(GB或GB/T)，年号用四位数字表示。鉴于部分国家标准是在国家标准清理整顿前出版的，现尚未修订，故正文部分仍保留原样；读者在使用这些国家标准时，其属性以本目录上标明的为准(标准正文“引用标准”中标准的属性请读者注意查对)。

本汇编目录中，凡标准名称用括号注明原国家标准号“(原GB ××××—××)”的行业标准，均由国家标准转化而来，这些标准因未另出版行业标准文本(即仅给出行业标准号，正文内容完全不变)，故本汇编中正文部分仍为原国家标准。与此类似的专业标准、部标准转化为行业标准的情况也照此处理。

标准号中括号内的年代号，表示在该年度确认了该项标准，但没有重新出版。

本汇编由中国标准出版社第五编辑室负责编辑整理，因水平有限，书中难免有不足和错误，请读者积极提出意见，以后在出版时一并改正。

编　者

2005年6月

第一版前言

《建筑玻璃与安全玻璃标准汇编》汇集了国内现行(截止至1999年12月底)的84项建筑玻璃与安全玻璃国家标准、行业标准,其中国家标准42项,行业标准42项,主要包括平板玻璃、浮法玻璃、安全玻璃等重要的产品标准、相关的试验方法和基础标准。

随着玻璃工业的发展和国家对玻璃产品结构的调整,国家经贸委和国家建材局等部门联合下文淘汰小玻璃企业,浮法玻璃和加工玻璃在平板玻璃中的比例不断增加,产品质量不断提高。因此,按照国家质量技术监督局有关积极采用国际标准的指示精神,国家建材局标准化研究所组织有关起草单位认真研究,对浮法玻璃和有关加工玻璃标准进行修订和制定。在制修订标准过程中,积极等同或等效采用ISO国际标准、美国ANSI和日本JIS等国外先进国家标准,并结合国内发展情况和质量水平,使制定的国家标准或行业标准内容更科学、技术要求更合理。

本汇编收集的国家标准的属性已在本目录上标明(GB或GB/T),年号用四位数字表示。鉴于部分国家标准是在国家标准清理整顿前出版的,现尚未修订,故正文部分仍保留原样;读者在使用这些国家标准时,其属性以本目录上标明的为准(标准正文"引用标准"中标准的属性请读者注意查对)。

该书为目前国内玻璃标准内容最新、产品种类最全的一本汇编,其不仅适用于平板玻璃和加工玻璃生产企业,同时也适用于建筑施工、建筑装饰行业和汽车制造行业。

本书由国家建材局标准化研究所武庆涛同志主编。本汇编的出版将对生产企业提高产品质量,用户合理使用产品起到指导作用。但因时间和水平有限,汇编中难免有不足和错误,希望读者积极提出意见,以作后续汇编和标准制、修订的参考。

编　者

2000年元月

目　录

一、玻璃综合

二、玻璃原料

三、玻璃测试方法

四、玻璃产品

一、玻璃综合

中华人民共和国国家标准

平板玻璃集装器具 架式集装器及其试验方法

GB/T 6382.1—1995

代替 GB 6382.1—86

Flat glass container —Frame-type container and its test method

1 主题内容与适用范围

本标准规定了平板玻璃架式集装器(简称集装架)的术语、分类、规格尺寸和重量、技术要求、试验方法和检验规则。

本标准适用于国内运输和储存平板玻璃用的集装架。

2 引用标准

GB 4457.3 机械制图 字体

GB 5183 叉车货叉尺寸

3 术语

3.1 集装架

集装架是平板玻璃专用集装器具的一种类型,属运输包装器具,它应具备以下条件;

a. 架体由底座、靠板、侧挡及夹紧装置等构件组成的架式结构,不设置维护壁板;

b. 结构上具有足够的强度,满足使用要求;

c. 适于在多种运输方式中运输,在中途转运时,可直接换装;

d. 设有便于装卸和搬运的固定装置;

e. 便于玻璃的装满和卸空;

f. 具有不小于 0.5 m^3 的容积或不小于 1 000 kg 的总重量。

3.2 尺寸和容积

3.2.1 外部尺寸:包括永久性附件在内的集装架外部的最大长、宽、高尺寸。

3.2.2 内部尺寸:按最大内接矩形六面体确定的长、宽、高净空尺寸。

3.2.3 容积:内部尺寸(即内部尺寸的长、宽、高)的乘积。

3.3 重量

3.3.1 自重:包括永久性附件在内的空架重量,以 T 表示。

3.3.2 载重:集装架内装载玻璃的最大容许重量,以 P 表示。

3.3.3 总重:自重和载重的合计重量,以 R 表示。

4 分类

4.1 集装架按结构特点分为 3 种类型:

a. 固定式集装架:集装架无论在载货或未载货状态下,其外形及其所占的体积均固定不变;

国家技术监督局1995-11-30批准 1996-08-01实施

b. 折叠式集装架：空架时，架体的主要构件可折叠存放，使用时再展开成架；

c. 拆解式集装架：空架时，架体的主要构件可拆解成若干部分存放，使用时再组装成架。

4.2 集装架型号标记

集装架型号标记由三部分内容组成，标记示例如下：

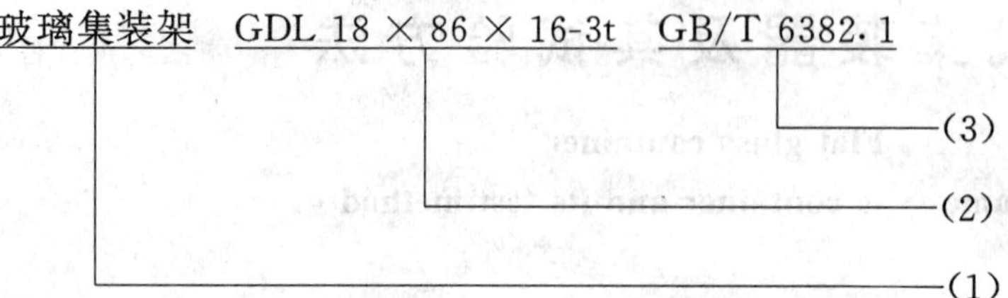

(1)名称部分：用中文名称表示。

(2)技术特性部分：用汉语拼音字母及阿拉伯数字标示，包括4项内容：

a. 前二字为集装架结构类型代号，如GD(固定型)，ZD(折叠型)，CJ(拆解型)……。

b. 第三字为集装架型式代号，为L(L式)，A(A式)，H(H式)……。

c. 前一组数字为集装架外部尺寸长×宽×高的前二位有效数值，如18×86×16(1 800×860×1 650)，22×86×18(2 250×860×1 850)，……。

d. 集装架总重，以阿拉伯数值加"t"标示，如3 t，4 t，……。

(3)标准号部分：包括标准号和顺序号。

5 重量与尺寸

5.1 重量

5.1.1 集装架的重量以总重(R)表示。

5.1.2 集装架重量系列采用1.25 t，2.5 t，3 t，4 t，5 t共五种。

5.2 规格尺寸

集装架外部尺寸，玻璃垛最大厚度见图1和表1。

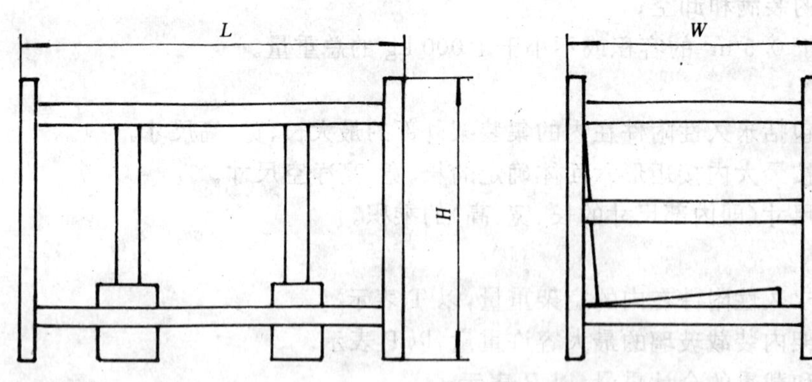

图 1

表 1

项目 \ 参数 \ 重量，t		1.25	2.5	3	3	4	4	4	4	5
外部尺寸 mm	长(*L*)	1 600	1 800	1 800	2 000	2 250	2 250	2 450	2 650	2 650
	偏差	±3.0	±3.0	±3.0	±3.0	±3.0	±3.0	±3.0	±3.0	±3.0
	宽(*W*)	550	860	860	860	860	860	860	860	860
	偏差	0 −2.0	0 −2.0	0 −2.0	0 −2.0	0 −2.0	0 −2.0	0 −2.0	0 −2.0	0 −2.0
	高(*H*)	1 400	1 450	1 650	1 850	1 850	2 050	2 050	2 050	2 250
	偏差	±3.0	±3.0	±3.0	±3.0	±3.0	±3.0	±3.0	±3.0	±3.0
玻璃垛最大厚度 mm		350	550	540	520	520	510	510	510	500

6 技术要求

6.1 一般要求

6.1.1 固定式集装架

6.1.1.1 集装架应满足本标准所规定的各项试验要求，且零部件完整、质量合格。

6.1.1.2 集装架及包装辅助材料须保持干燥、清洁，与玻璃直接接触的防震缓冲材料及包装辅助材料对玻璃应无腐蚀作用及其他有害影响。

6.1.1.3 集装架结构应便于人工或机械进行玻璃装架或出架，不得有妨碍操作的突出零部件。

6.1.1.4 集装架的起落和移动应便于搬运机械作业。

6.1.1.5 具有堆垛功能的集装架，必须设有堆垛定位装置，在规定许可的码垛层数情况下，应稳定牢固、安全可靠，便于堆垛操作。

6.1.2 折叠式集装架

6.1.2.1 满足本标准 6.1.1 的各项要求。

6.1.2.2 可折叠的部件与架体的联接必须牢固可靠。

6.1.2.3 折叠后架体外形规整，结构整体性强，便于堆垛存放、搬移和运输。

6.1.2.4 折叠或展开成架时，操作简便、安全、快捷，无阻卡现象。

6.1.3 拆解式集装架

6.1.3.1 满足本标准 6.1.1 的各项要求。

6.1.3.2 可拆解部件必须设有与架体紧固联结的装置，且便于操作和检查。

6.1.3.3 拆解后的部件，应能规整的成组存放，零部件不易丢失，便于管理和运输。

6.1.3.4 拆解或组装成架时，操作简便、安全、快捷，无阻卡现象。

6.1.3.5 可拆解的零部件应具有良好的互换性。

6.1.4 集装架标记内容和位置见附录 A。

6.2 外部尺寸偏差

集装架外部尺寸偏差应符合表 1 的规定。

6.3 构件及强度要求

6.3.1 玻璃靠板、底座垫板

6.3.1.1 集装架的玻璃靠板须向后倾斜，且靠板与底座的玻璃垫板间的夹角为直角。

6.3.1.2 玻璃靠板向后倾斜角度为4°、4.5°、5°、5.5°、6°，具体值按设计文件确定。

6.3.1.3 玻璃靠板的平面应平整，间距100 mm范围内平面度误差不得大于0.5 mm；整个平面度总误差：靠板长度小于或等于1 800 mm时，不得大于2 mm，靠板长度大于1 800 mm时，不得大于3 mm。

6.3.1.4 底座玻璃垫板上表面应平整，平面度总误差不得大于3 mm。

6.3.2 玻璃夹紧装置

玻璃的夹紧装置必须安全可靠、操作方便、调节灵活，无阻卡现象。

6.3.3 叉槽

集装架必须设有叉槽，叉槽尺寸应满足GB 5183的要求。叉槽要纵向完全贯通架底结构，并在叉槽两端铺设底板。叉孔的中心距必须与相应吨位的叉车货叉的中心距相适应。

6.3.4 焊接

集装架的焊接必须坚固，焊缝平整，高度符合设计文件要求，不得有虚焊、熔孔、裂缝等缺陷，并清除焊渣。

6.3.5 起吊装置

集装架的起吊装置，除有特殊要求外，应设于集装架上部的同一水平面上。

6.3.6 防震缓冲配件

a. 安装在玻璃靠板、底座垫板、端挡板上的防震缓冲配件，其厚度的选用及材料的物理、化学性能均应符合设计文件要求。

b. 安装在架体上（包括靠板、底座垫板、端挡板、玻璃夹紧装置等）的防震缓冲配件必须牢固、可靠，与钢板粘接强度不得低于防震缓冲材料本身的抗拉强度。

6.3.7 油漆

涂漆前将集装架所有表面除锈去污，并涂以防锈底漆，涂漆要求光泽牢固，颜色按用户要求确定，所用油漆的性能应符合设计文件规定。

6.3.8 强度和刚度

集装架按7.3条进行各项试验，其强度和刚度应符合表2规定。

表2

标准值 指标 试验项目	残余 变形量 mm	最大应力值 MPa	挠曲率 %	残余 挠曲率 %	可开启部件
堆码试验	<2	<材料许用应力			
起吊试验	<2	<材料许用应力			
叉举试验	<2	<材料许用应力			
抗弯试验		<材料许用应力	<1.0	<0.3	
偏载试验	<2	<材料许用应力			
不平地试验		<材料许用应力			开启关闭灵活

6.3.9 防震缓冲效果评定

集装架按7.4条进行试验后，出现下述情况之一时为不合格。

a. 架体外形及结构：有影响使用的永久性变形或畸变；

b. 焊缝：有开裂或脱落；

c. 叉槽：有影响叉车工作的变形；

d. 可开启侧挡的开启、关闭；有阻卡现象；

e. 玻璃夹紧装置:有影响使用的变形或畸变,操作时有阻卡现象;

f. 折叠、拆解式集装架的铰接件、联结件等各零配件:有损伤,操作有阻卡现象;

g. 防震缓冲装置或防震缓冲配件:已不能保护玻璃。

7 试验方法

7.1 外部尺寸

将空集装架置于水平地面上,用精度为 0.1 mm 的钢尺,依次测量集装架长、宽、高的最大外部尺寸。

7.2 平面度

将待测靠板或底座垫板支撑在平板上,调整待测表面最远 3 点,使其与平板等高,按一定布点,用精度为 0.01 mm 的量具测量。

7.3 强度和刚度试验

7.3.1 总则

a. 集装架的试验载荷应模拟玻璃实际装载情况进行,试验所用的模拟重物其本身不应是重量大的构件,并须作到均匀分布;

b. 在下列各项试验中,所规定的试验载荷数值均已考虑了集装架在使用中可能承受的动载荷和静载荷,在试验中不应再附加其他载荷。

7.3.2 堆码试验

将两个相同型号的集装架在坚硬的平台上堆码二层,每个架内装入 1.8R-T 的载荷,堆码 24 h,检测下层集装架架底结构和各角柱的受力和变形情况。

试验简图如图 2。

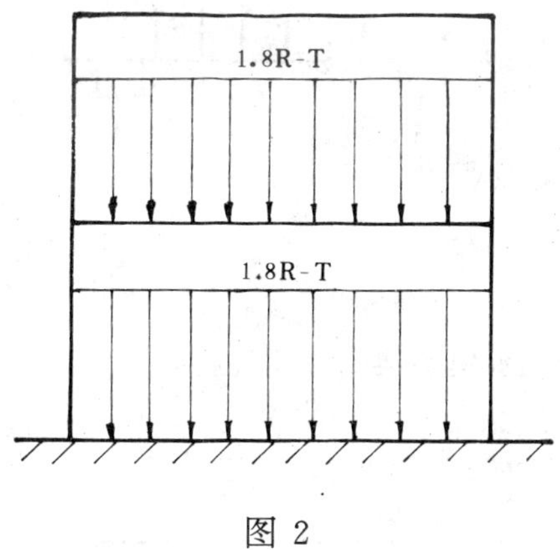

图 2

7.3.3 起吊试验

架内装入 2R-T 的载荷,吊索与铅垂线呈 45°,四角平稳起吊。集装架吊起后,悬吊 5 min,再平稳放下。观察架体变形情况并检测架底梁结构受力和变形情况。

试验简图如图 3。

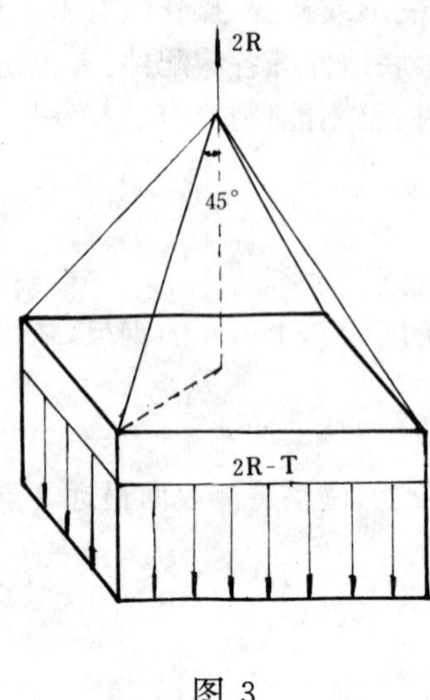

图 3

7.3.4 叉举试验

架内装入 1.25R-T 的载荷，用两根模拟叉齿伸入叉槽支撑架体，模拟叉齿的有效长度应不小于3/4叉槽长度，支撑 5 min 后，观察和检测架底梁受力及变形情况。

试验简图如图 4。

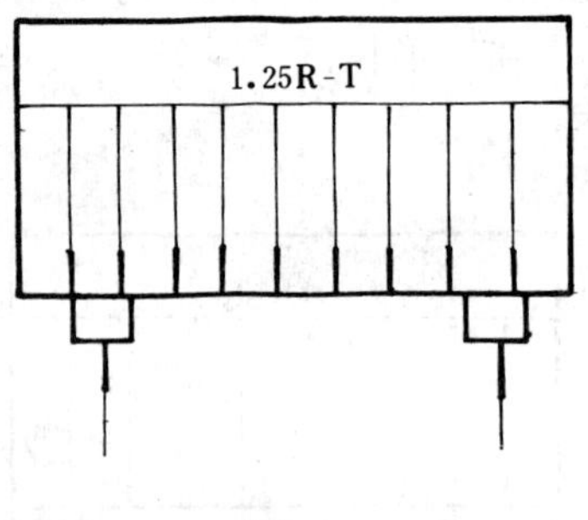

图 4

7.3.5 抗弯试验

将支撑梁放置在坚固的水平台上，集装架四个角柱，对称置于支撑梁上，在架内装入 1.5 P 的载荷，停留 5 min，卸去载荷，观察和检测底梁受力和挠曲情况。

试验简图如图 5。

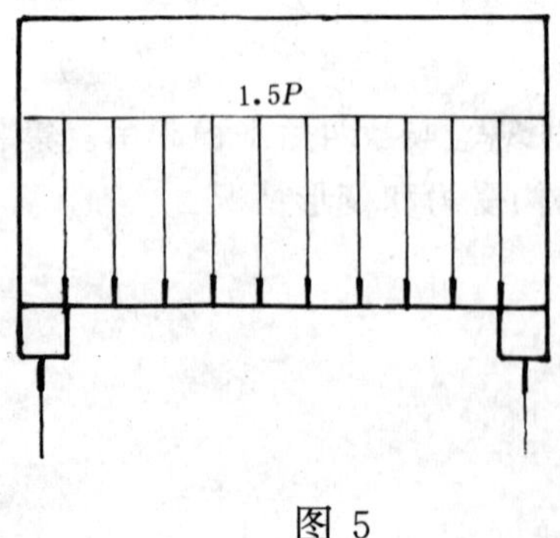

图 5

7.3.6 偏载试验

在架内装入 1.8R-T 的载荷，并向左(或向左)偏移 40 mm，停留 5 min，检测架底梁，角柱结构的受力及变形情况。

试验简图如图 6。

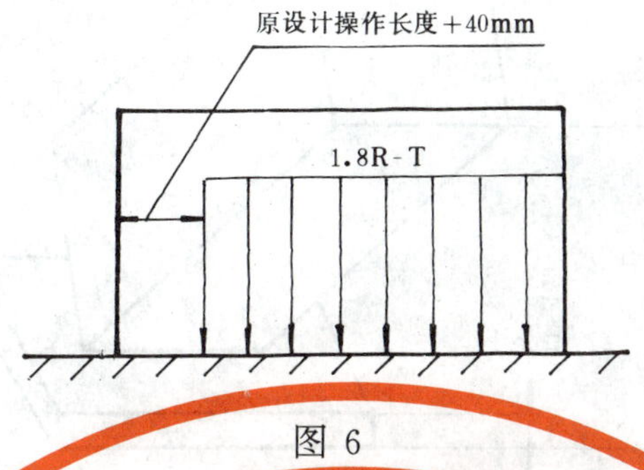

图 6

7.3.7 不平地试验

在架内装入 1P 的载荷,使集装架处于 3 点支承一点悬空的状态(可开启端的左右底角悬空各试一次),垫块厚度为 50 mm。检查可开启的侧挡是否可以自由开关。此项试验在架主或承运单位要求时进行。

试验简图如图 7。

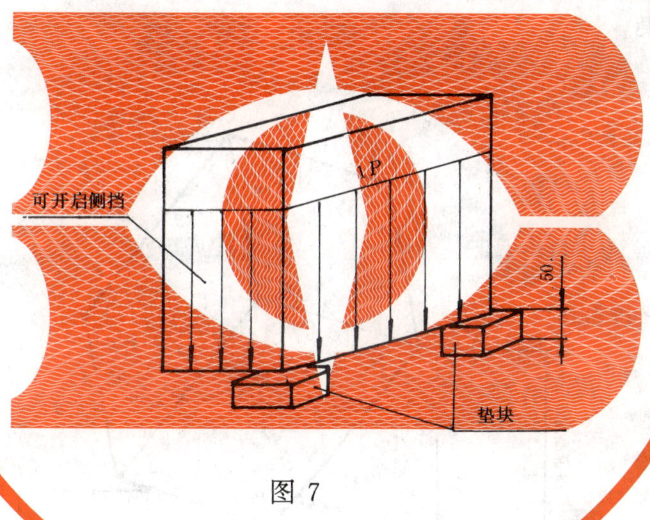

图 7

7.4 防震缓冲试验

7.4.1 总则

a. 为检验集装架在正常运输、装卸、储存过程中的防震缓冲效果,应进行防震缓冲试验。试验项目包括:棱跌落试验、角跌落试验和公路、铁路运输试验;

b. 准备作防震缓冲试验的集装架应符合 6.3.1~6.3.8 的有关规定,并按正常方式装入玻璃。试验的具体项目可根据架主或承运单位要求确定。

7.4.2 棱跌落试验

将集装架置于坚硬的水泥地面上,将一条底棱垫起离地面 100~150 mm,提起对面的底棱达到预定高度(见表 3),然后突然释放,跌落于水泥地面上,每底棱各跌落 2 次,观察和检测防震缓冲效果。

试验简图如图 8。

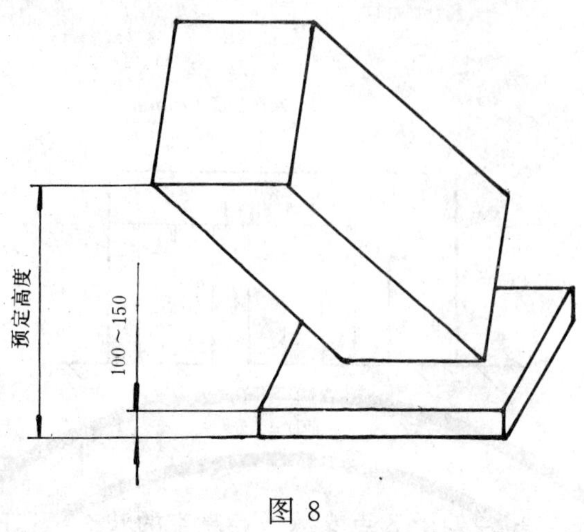

图 8

7.4.3 角跌落试验

将集装架置于坚硬的水泥地面上，将底角①垫起离地面 100 mm，将底角②垫起离地面 200 mm，抬高底角④达到预定高度(见表 3)，然后突然释放，跌落于水泥地面上，依次将架底四个角各跌落 2 次，观察和检验防震缓冲效果。

试验简图如图 9。

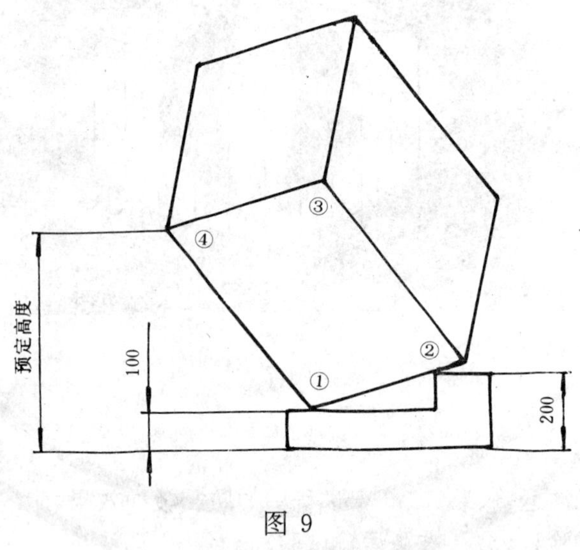

图 9

表 3 跌落高度

集装架总重量 R kg	流通条件类别	
	Ⅰ级	Ⅱ级
	跌落高度，mm	
1 001～2 000	250	200
2 001～5 000	200	150

注：流通条件类别Ⅰ、Ⅱ级按下述情况划分。

Ⅰ级：装卸次数多，作业条件差的情况。

Ⅱ级：装卸次数较少，作业条件较好的情况。

7.4.4 公路运输试验

将完整满装的集装架置于汽车中后部，按正常装车方式固定，并使试验总负荷为该试运汽车载重量的 1/2～2/3。汽车在三级公路的中级路面上行驶，车速为 25～40 km/h，试验次数不少于 2 次，每次不少于 400 km，检验防震缓冲效果。

7.4.5 铁路运输试验

将完整满装的集装架置于火车车箱内，试验总负荷不限，集装架的长度方向与火车运行方向相同，按正常方式运输。运距不少于 1 000 km，且不少于 2 次车辆编组。检验防震缓冲效果。

8 检验规则

8.1 检验分类

8.1.1 出厂检验：检验项目为 6.1～6.3.7 所包括的技术要求。

8.1.2 型式检验：检验项目为第 6 章所包括的全部技术要求。

有下列情况之一时，应进行型式检验：

a. 新型集装架或者集装架转厂生产的试制定型鉴定；

b. 正常生产后，如果结构、材料、工艺有较大改变，可能影响集装架性能时；

c. 正常生产时，每 3 年定期进行一次检验；

d. 集装架生产厂长期停产后，恢复生产时；

e. 出厂检验结果与型式检验有较大差异时；

f. 用户提出要求进行型式检验时；

g. 国家质量监督机构提出型式检验要求时。

8.2 抽样与组批规则

8.2.1 对 6.3.1 进行抽样检验，检查水平、合格质量水平、抽样方案见表 4。

表 4

检查水平	一般检查水平 Ⅱ		
合格质量水平(AQL)	2.5		
批量范围 只	样本大小 只	合格判定数 A_c	不合格判定数 R_e
150～280	32	2	3
281～500	50	3	4
501～1 200	80	5	6

注：批量范围小于 150 只时，按批量范围 150～280 进行抽样检验。批量范围大于 1 200 只时，可分成若干批，分别进行抽样检验。

8.2.2 对 6.1 条，6.2 条，6.3.2～6.3.7 条进行全数检验。

8.2.3 对 6.3.8 和 6.3.9 条从批量中随机抽取 2 只进行检验。

8.3 判定规则

8.3.1 抽样检验中，若不合格品数小于或等于合格判定数，则该批集装架该项合格，若不合格品数大于或等于不合格判定数，则该批集装架不合格。

8.3.2 全数检验中，若有一项不合格，则该批集装架不合格。

8.3.3 对 6.3.8 和 6.3.9 条，若 2 只集装架都合格，则该批集装架该项合格，若有 1 只集装架不合格，则该批集装架不合格。

8.3.4 当上述各项全部合格时，则该批集装架合格。

附 录 A
平板玻璃集装器具——集装架标记内容和位置
(补充件)

A1 标记内容和位置

A1.1 集装架的型号标记

位置:(1) 前上横梁前面

(2)上横梁前面

A1.2 集装架使用单位名称

位置:(1) 后上横梁后面

(2) 上横梁后面

A1.3 集装架顺序号(简称架号)

位置:(1) 后上横梁后面,底座两端头

(2) 上横梁后面,底座两端头

A1.4 集装架总重、自重

位置:前下横梁

A1.5 集装架制造厂名称及出厂日期

位置:后下横梁

A1.6 集装架上标有“小心轻放,严禁冲撞”字样

位置:立柱上

A2 标记字体

标记字体应符合 GB 4457.3 的规定,着色与架体颜色对比要鲜明。

A3 标记尺寸

标记字体高度为 50 mm,字体符合 A2 条规定。

A4 标记内容也可用铭牌固定在架底梁前部

注:(1) 标记位置中,(1)为 H 型集装架,(2)为 L 型、A 型集装架。

(2) 集装架顺序号采用五位数字,如某厂 100 号架表示为 00100。

附加说明：

本标准由国家建筑材料工业局提出。

本标准由国家建筑材料工业局蚌埠玻璃工业设计研究院负责起草。

本标准主要起草人：侯永泰、丁玉祥。

中华人民共和国国家标准

平板玻璃集装器具 箱式集装器及其试验方法

GB/T 6382.2—1995

代替 GB 6382.2—86

Flat glass container—
Box-type container and its test method

1 主题内容与适用范围

本标准规定了平板玻璃箱式集装器(简称集装箱)的术语、分类、规格尺寸和重量、技术要求、试验方法及检验规则。

本标准适用于国内运输和储存平板玻璃用的集装箱。

2 引用标准

GB 4457.3 机械制图 字体

GB 5183 叉车货叉的尺寸

3 术语

3.1 集装箱

集装箱是平板玻璃专用集装器具的一种类型,属运输包装器具,它应具备以下条件:

a. 箱体为带有围护壁板的硬质直方体。其围护壁板的设置应不小于3个面即箱体的顶面(箱顶)及箱体的两个端侧面(端壁);

b. 结构上具有足够的强度,满足使用要求;

c. 适于在多种运输方式中运输,在中途转运时,可直接换装;

d. 设有快速装卸和搬运的固定装置;

e. 便于玻璃的装满和卸空;

f. 具有不小于0.5 m^3 的容积或不少于1 000 kg 的总重量。

3.2 尺寸和容积

3.2.1 外部尺寸:包括永久性附件在内的集装箱外部的最大长、宽、高尺寸。

3.2.2 内部尺寸:按最大内接矩形六面体确定的长、宽、高净空尺寸。

3.2.3 容积:内部尺寸(即内部尺寸的长、宽、高)的乘积。

3.3 重量

3.3.1 自重:包括永久性附件在内的空箱重量,以T表示;

3.3.2 载重:集装箱内装载玻璃的最大容许重量,以P表示;

3.3.3 总重:自重和载重的合计重量,以R表示。

4 分类

4.1 集装箱按结构特点分为3种类型:

国家技术监督局1995-11-30批准　　　　1996-08-01实施

a. 固定式集装箱:集装箱无论在载货和未载货状态下,其外形及其所占的体积均固定不变;

b. 折叠式集装箱:空箱时箱体的主要构件可折叠存放,使用时再展开成箱;

c. 拆解式集装箱:空箱时,箱体的主要构件可拆解成若干部分存放,使用时再组装成箱。

4.2 集装箱型号标记

集装箱型号标记由3部分内容组成,标记示例如下:

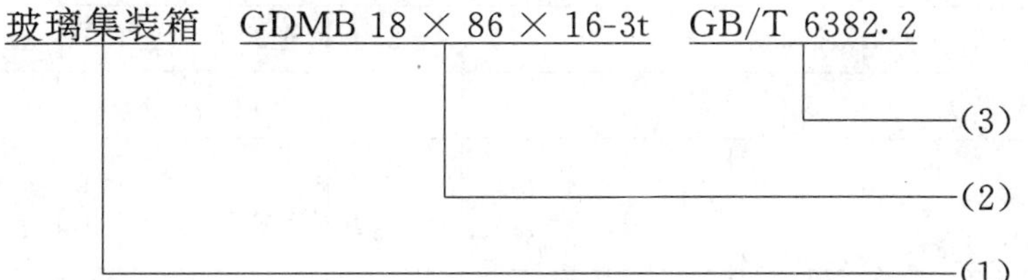

(1)名称部分:用中文名称表示。

(2)技术特性部分:用汉语拼音字母及阿拉伯数字标示,包括4项内容:

a. 前二字为集装箱结构类型代号,如GD(固定型),ZD(折叠型),CJ(拆解型)……。

b. 后二字为集装箱型式代号,如MB(密闭式),BM(半密闭式)……。

c. 前一组数字为集装箱外部尺寸长×宽×高的前二位有效数值,如18×86×16(1 800×860×1 650),22×86×18(2 250×860×1 850)……。

d. 集装箱总重,以阿拉伯数值加"t"标式,如3 t,4 t……。

(3)标准号部分:包括标准号和顺序号。

5 重量与尺寸

5.1 重量

5.1.1 集装箱的重量以总重(R)表示。

5.1.2 集装箱重量系列采用1.25 t,2.5 t,3 t,4 t,5 t共5种。

5.2 规格尺寸

集装箱外部尺寸、玻璃垛最大厚度见图1和表1。

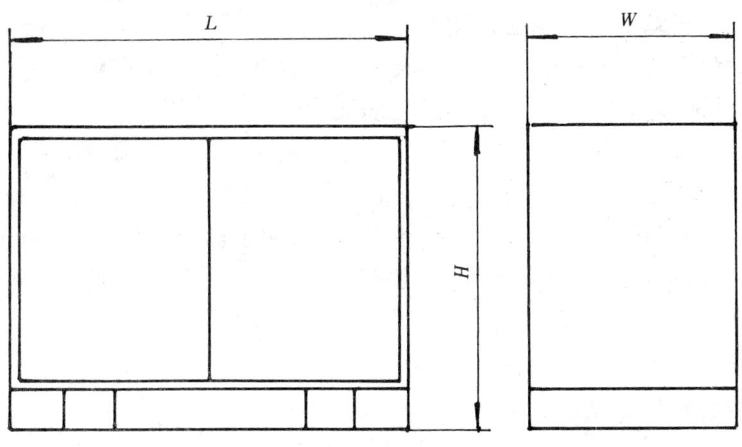

图1

表 1

项目 \ 参数 \ 重量，t		1.25	2.5	3	3	4	4	4	4	5
外部尺寸 mm	长(*L*)	1 600	1 800	1 800	2 000	2 250	2 250	2 450	2 650	2 650
	偏差	±3.0	±3.0	±3.0	±3.0	±3.0	±3.0	±3.0	±3.0	±3.0
	宽(*W*)	550	840	840	840	860	860	860	860	860
	偏差	0 −2.0	0 −2.0	0 −2.0	0 −2.0	0 −2.0	0 −2.0	0 −2.0	0 −2.0	0 −2.0
	高(*H*)	1 400	1 400	1 600	1 850	1 850	2 050	2 050	2 050	2 250
	偏差	±3.0	±3.0	±3.0	±3.0	±3.0	±3.0	±3.0	±3.0	±3.0
玻璃垛最大厚度 mm		350	540	540	520	520	510	510	510	510

6 技术要求

6.1 一般要求

6.1.1 固定式集装箱

6.1.1.1 集装箱应满足本标准所规定的各项试验要求，且零部件完整，质量合格。

6.1.1.2 集装箱及包装辅助材料须保持干燥、清洁，与玻璃直接接触的防震缓冲材料及包装辅助材料对玻璃应无腐蚀作用及其他有害影响。

6.1.1.3 集装箱结构应便于人工或机械进行玻璃装箱或出箱，不得有妨碍操作的突出零部件。

6.1.1.4 集装箱起落和移动应便于搬运机械作业。

6.1.1.5 具有堆垛功能的集装箱，必须设有堆垛定位装置。在规定许可的码垛层数情况下，应稳定牢固、安全可靠，便于堆垛操作。

6.1.2 折叠式集装箱

6.1.2.1 应满足本标准 6.1.1 的各项要求。

6.1.2.2 可折叠的部件与箱体的联结必须牢固可靠。

6.1.2.3 折叠后箱体外形规整，结构整体性强，便于堆码存放、搬移和运输。

6.1.2.4 折叠或展开成箱时，操作简便、安全、快捷，无阻卡现象。

6.1.3 拆解式集装箱

6.1.3.1 应满足本标准 6.1.1 的各项要求。

6.1.3.2 可拆解部件必须设有与箱体紧固联结的装置，且便于操作和检查。

6.1.3.3 拆解后的部件，应能规整的成组存放，零部件不易丢失，便于管理和运输。

6.1.3.4 拆解或组装成箱时，操作简便、安全、快捷，无阻卡现象。

6.1.3.5 可拆解的零部件应具有良好的互换性。

6.1.4 集装箱标记内容和位置见附录 A。

6.2 外部尺寸偏差

集装箱外部尺寸偏差应符合表 1 的规定。

6.3 构件及强度要求

6.3.1 玻璃靠板、底座垫板

6.3.1.1 集装箱的玻璃靠板须向后倾斜，且靠板与底座的玻璃垫板间的夹角为直角。

6.3.1.2 玻璃靠板向后倾斜角度为4°、4.5°、5°、5.5°、6°，具体值按设计文件确定。

6.3.1.3 玻璃靠板的平面应平整，间距100 mm范围内平面度误差不得大于0.5 mm，整个平面度总误差：靠板长度小于或等于1 800 mm时，不得大于2 mm；靠板长度大于1 800 mm时，不得大于3 mm。

6.3.1.4 底座的玻璃垫板上表面应平整，平面度总误差不得大于3 mm。

6.3.2 玻璃夹紧装置

玻璃的夹紧装置必须安全可靠，操作方便、调节灵活，无阻卡现象。

6.3.3 叉槽

集装箱必须设有叉槽，叉槽尺寸应满足GB 5183的要求。叉槽要纵向完全贯通箱底结构，并在叉槽两端铺设底板。叉孔的中心距必须与相应吨位的叉车货叉的中心距相适应。

6.3.4 箱门、箱盖

集装箱的箱门及可开启的箱盖与箱体的联结必须牢固可靠，开关灵活，无阻卡现象。箱门的开启角度应大于180°，箱盖的开启角度应为180°～270°。

6.3.5 箱顶(箱盖)

箱顶(箱盖)外表面须平整，便于集装箱堆码。箱顶上须设有堆码稳固装置。

6.3.6 焊接

集装箱焊接必须坚固，焊缝平整，高度符合设计文件要求，不得有虚焊、熔孔、裂缝等缺陷，并清除焊渣。

6.3.7 起吊装置

集装箱的起吊装置，除有特殊要求外，应设于集装箱上部的同一水平面上。

6.3.8 防震、缓冲配件

a. 安装在玻璃靠板、底座垫板、端挡板上的防震缓冲配件，其厚度的选用及材料的物理、化学性能均应符合设计文件要求；

b. 安装在箱体上(包括靠板、底座垫板、端挡板、玻璃夹紧装置等)的防震缓冲配件必须牢固、可靠，与箱体粘接强度不得低于防震缓冲材料本身的抗拉强度。

6.3.9 油漆

涂漆前将集装箱所有表面除锈去污，并涂以防锈底漆，涂漆要求光泽牢固，颜色按用户确定，所用油漆的性能应符合设计文件规定。

6.3.10 强度和刚度

集装箱按7.3条进行各项试验，其强度和刚度应符合表2规定。

表 2

指标 标准值 试验项目	残余变形量 mm	最大应力值 MPa	挠曲率 %	残余挠曲率 %	箱门及可开启部分
堆码试验	<2	<材料许用应力			
起吊试验	<2	<材料许用应力			
叉举试验	<2	<材料许用应力			
箱顶试验	<5	<材料许用应力			
偏载试验	<2	<材料许用应力			
抗弯试验		<材料许用应力	<1.0	<0.3	
不平地试验		<材料许用应力			开启关闭灵活

6.3.11 防震缓冲效果评定

集装箱按7.4条进行试验后，出现下述情况之一时为不合格。

a. 箱体外形及结构:有影响使用的永久性变形或畸变;

b. 焊缝:有开裂或脱落;

c. 叉槽:有影响叉车工作的变形;

d. 箱门开启、关闭:有阻卡现象;

e. 玻璃夹紧装置:有影响使用的变形或畸变,操作时有阻卡现象;

f. 折叠、拆解式集装箱的铰接件、联接件等各零配件:有损伤,操作有阻卡现象;

g. 防震缓冲装置或防震缓冲配件:已不能保护玻璃。

7 试验方法

7.1 外部尺寸

将空集装箱置于水平地面上,用精度为 0.1 mm 的钢尺,依次测量集装箱长、宽、高的最大外部尺寸。

7.2 平面度

将待测靠板或底座垫板支撑在平板上,调整待测表面最远 3 点,使其与平板等高,按一定布点,用精度为 0.01 mm 的量具测量。

7.3 强度和刚度试验

7.3.1 总则

a. 集装箱的试验载荷应模拟玻璃实际装载情况进行,试验所用的模拟重物其本身不应是重量大的物件,并须做到均匀分布;

b. 在下列各项试验中,所规定的试验载荷数值均已考虑了集装箱在使用中可能承受的动载荷和静载荷,在试验中不应再附加其他载荷。

7.3.2 堆码试验

将两个相同型号的集装箱在坚硬的平台上堆码二层,每个箱内装入 1.8R-T 的载荷,堆码 24 h,检测下层集装箱箱底结构和各角柱的受力和变形情况。

试验简图如图 2。

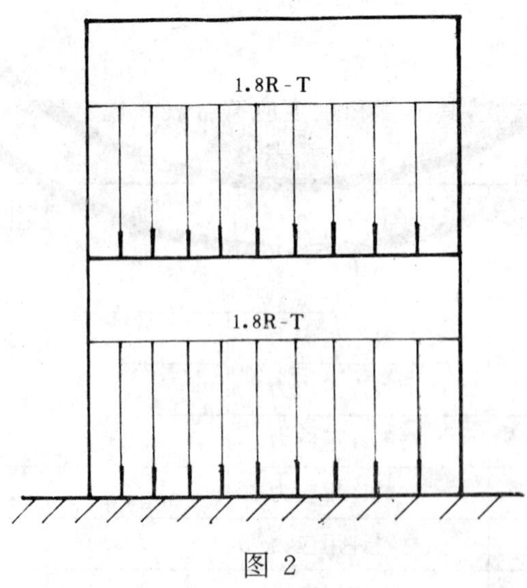

图 2

7.3.3 起吊试验

箱内装入 2R-T 的载荷,吊索与铅垂线呈 45°,四角平稳起吊。集装箱吊起后,悬吊 5 min,再平稳放下。观察箱体变形情况并检测箱底梁结构受力和变形情况。

试验简图如图 3。

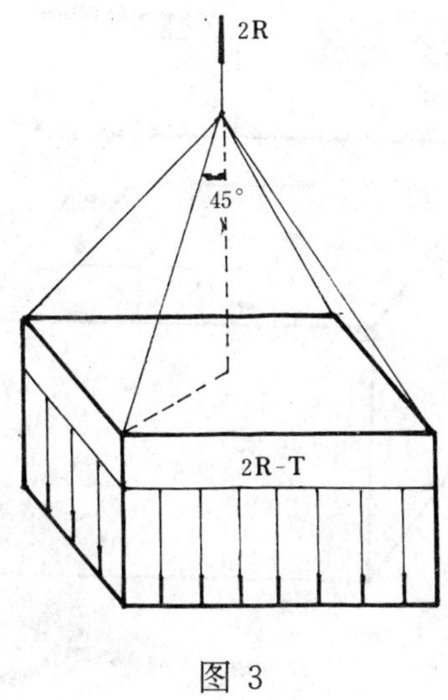

图 3

7.3.4 叉举试验

箱内装入1.25R-T的载荷，用两根模拟叉齿伸入叉槽支撑箱体，模拟叉齿的有效长度应不小于3/4叉槽长度，支撑5 min后，观察并检测箱底梁受力及变形情况。

试验简图如图4。

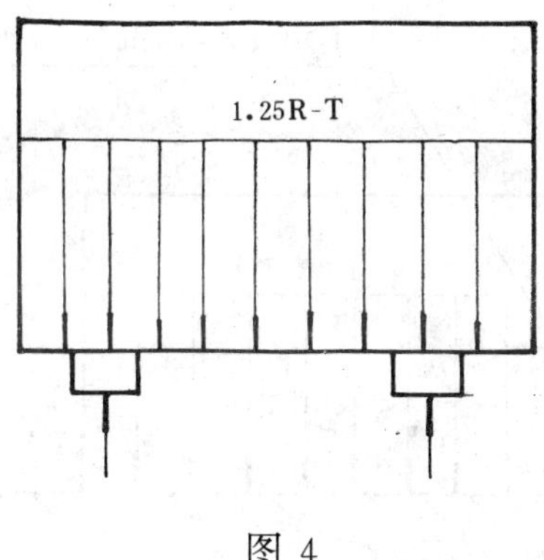

图 4

7.3.5 箱顶试验

在箱顶结构最弱处300 mm×300 mm的面积上施以负重为150 kg的均布载荷，停留5 min，观察并检测箱顶板变形情况。

试验简图如图5。

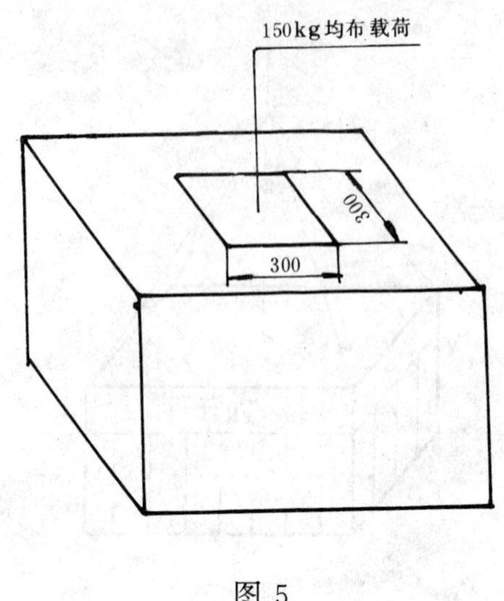

图 5

7.3.6 偏载试验

在箱内装入 1.8R-T 的载荷，并向左(或向右)偏移 40 mm，停留 5 min，检测箱底梁、角柱结构的受力及变形情况。

试验简图如图 6。

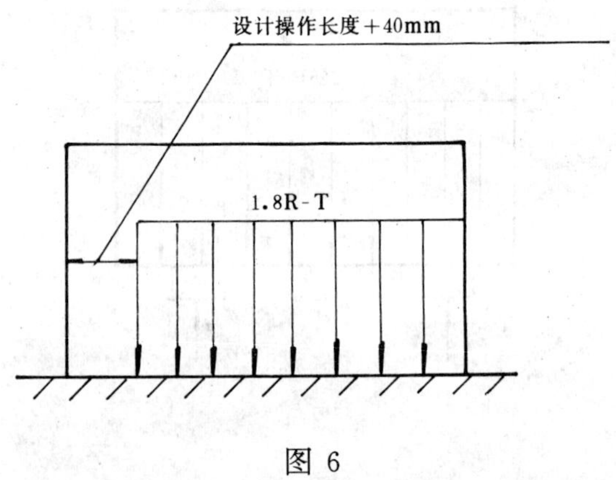

图 6

7.3.7 抗弯试验

将支撑梁放置在坚固的水平台上，集装箱四个角柱对称置于支撑梁上，在箱内装入 1.5 P 的载荷，停留 5 min，卸去载荷，观察和检测底梁受力和挠曲情况。

试验简图如图 7。

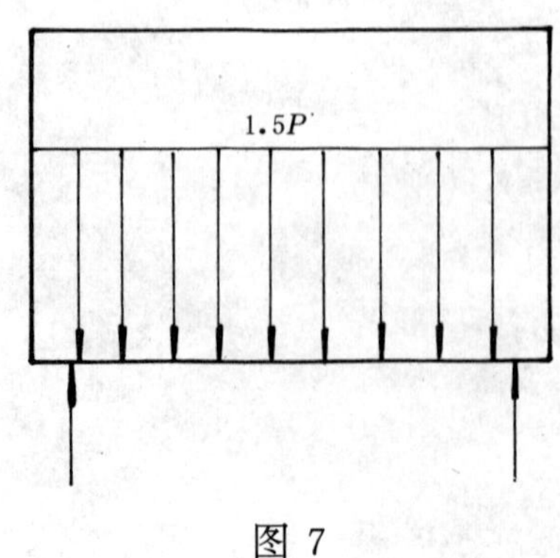

图 7

7.3.8 不平地试验

箱内装入 1P 的载荷，使集装箱处于 3 点支撑，一点悬空的状态（门端的左右底角悬空各试一次），垫块厚度为 50 mm。检查箱门是否可以自由开关。此项试验在箱主或承运单位要求时进行。

试验简图如图 8。

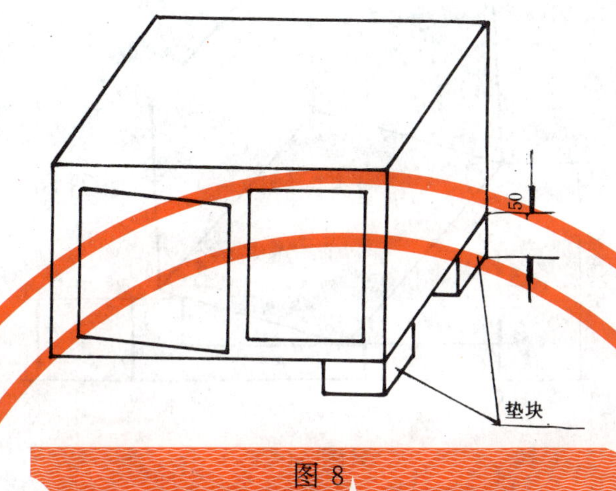

图 8

7.4 防震缓冲试验

7.4.1 总则

a. 为检验集装箱在正常运输、装卸、储存过程中防震缓冲效果，应进行防震缓冲试验，试验项目包括：棱跌落试验、角跌落试验和公路、铁路运输试验；

b. 准备作防震缓冲试验的集装箱应符合 6.3.1～6.3.8 的有关规定，并按正常方式装入玻璃。试验的具体项目可根据箱主或承运单位要求确定。

7.4.2 棱跌落试验

将集装箱置于坚硬的水泥地面上，将一条底棱垫起离地面 100～150 mm，提起对面的底棱达到预定高度（见表 3），然后突然释放，跌落于水泥地面上，每底棱各跌落 2 次，观察和检测防震缓冲效果。

试验简图如图 9。

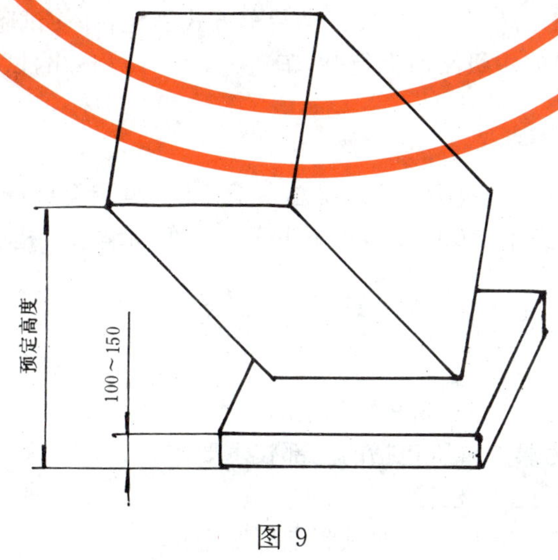

图 9

7.4.3 角跌落试验

将集装箱置于坚硬的水泥地面上，将底角①垫起离地面 100 mm，将底角②垫起离地面 200 mm，抬高底角④达到预定高度（见表 3），然后突然释放，跌落于水泥地面上，依次将箱底四个角各跌落 2 次，观察和检验防震缓冲效果。

试验简图如图10。

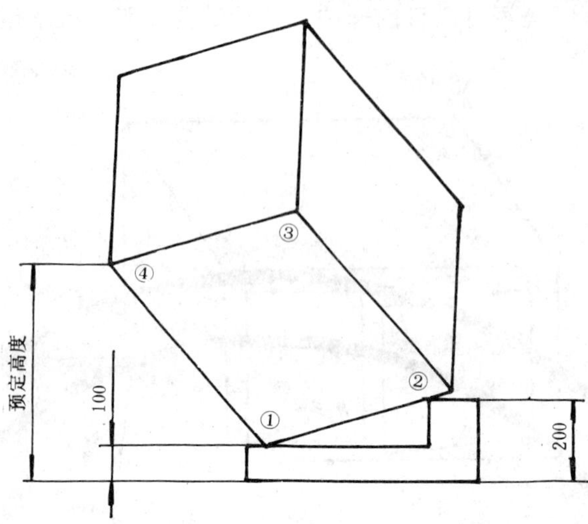

图10

表3 跌落高度

集装箱总重量(R) kg	流通条件类别	
	Ⅰ级	Ⅱ级
	跌落高度,mm	
1 001～2 000	250	200
2 001～5 000	200	150

注:流通条件类别Ⅰ、Ⅱ级按下述情况划分。

Ⅰ级:装卸次数多,作业条件差的情况。

Ⅱ级:装卸次数较少,作业条件较好的情况。

7.4.4 公路运输试验

将完整满装的集装箱置于汽车中后部,按正常装车方式固定,并使试验总负荷为该试运汽车载重量的1/2～2/3。汽车在三级公路的中级路面上行驶,车速为25～40 km/h,试验次数不少于2次,每次不少于400 km,检验防震缓冲效果。

7.4.5 铁路运输试验

将完整满装的集装箱置于火车车箱内,试验总负荷不限,集装箱的长度方向与火车运行的方向相同,按正常方式运输。运距不少于1 000 km,且不少于2次车辆编组。检验防震缓冲效果。

8 检验规则

8.1 检验分类

8.1.1 出厂检验:检验项目为6.1～6.3.9所包括的技术要求。

8.1.2 型式检验:检验项目为第6章所包括的全部技术要求。

有下列情况之一时,应进行型式检验:

a. 新型集装箱或者集装箱转厂生产的试制定型鉴定;

b. 正常生产后,如果结构、材料、工艺有较大改变,可能影响集装箱性能时;

c. 正常生产时,每3年定期进行一次检验;

d. 集装箱生产厂长期停产后,恢复生产时;

e. 出厂检验结果与型式检验有较大差异时；

f. 用户提出要求进行型式检验时；

g. 国家质量监督机构提出型式检验要求时。

8.2 抽样与组批规则

8.2.1 对6.3.1进行抽样检验，检查水平、合格质量水平、抽样方案见表4。

表4

检查水平	一般检查水平Ⅱ		
合格质量水平(AQL)	2.5		
批量范围 只	样本大小 只	合格判定数 A_c	不合格判定数 R_e
150～280	32	2	3
281～500	50	3	4
501～1 200	80	5	6

注：批量范围小于150只时，按批量范围150～280进行抽样检验。批量范围大于1 200只时，可分成若干批，分别进行抽样检验。

8.2.2 对6.1条，6.2条，6.3.2～6.3.9条进行全数检验。

8.2.3 对6.3.10和6.3.11条从批量中随机抽取2只进行检验。

8.3 判定规则

8.3.1 抽样检验中，若不合格品数小于或等于合格判定数，则该批集装箱该项合格，若不合格品数大于或等于不合格判定数，则该批集装箱不合格。

8.3.2 全数检验中，若有一项不合格，则该批集装箱不合格。

8.3.3 对6.3.10和6.3.11条，若2只集装箱都合格，则该批集装箱该项合格，若有1只集装箱不合格，则该批集装箱不合格。

8.3.4 当上述各项全部合格时，则该批集装箱合格。

附 录 A
平板玻璃集装器具——集装箱标记内容和位置
（补充件）

A1 标记内容

A1.1 集装箱的型号标记；

A1.2 集装箱使用单位名称；

A1.3 集装箱顺序号(简称箱号)；

注：① 标记内容 A1.3 顺序号是按各用户单位所使用集装箱数编号，采用五位数字。如某玻璃厂 100 号箱表示为 00100。

A1.4 集装箱总重、自重；

注：② 标记内容 A1.4 总重、自重采用国家法定计量单位符号 kg 如：总重：×××× kg，自重：××× kg。

A1.5 集装箱制造厂名称及出厂日期；

注：③ 标记内容 A1.5 表示如下：

制造：××× 厂；

日期：19××年××月制造。

A1.6 集装箱箱体应标有“小心轻放，严禁冲撞”字样

注：④ 标记内容 A1.6“小心轻放，严禁冲撞”应分两行竖印。

A2 标记字体

标记字体应符合 GB 4457.3 的规定。着色与箱体颜色对比要鲜明。

A3 标记尺寸

标记字体高度为 50 mm，字体符合 A2 条规定。

A4 标记位置

如下图所示：

1 集装箱的型号标记

2 集装箱使用单位名称

3 集装箱顺序号(简称箱号)

4 集装箱总重、自重

5 集装箱制造厂名称及出厂日期

6 “小心轻放、严禁冲撞”字样

A5 标记内容也可用铭牌固定在侧壁底部

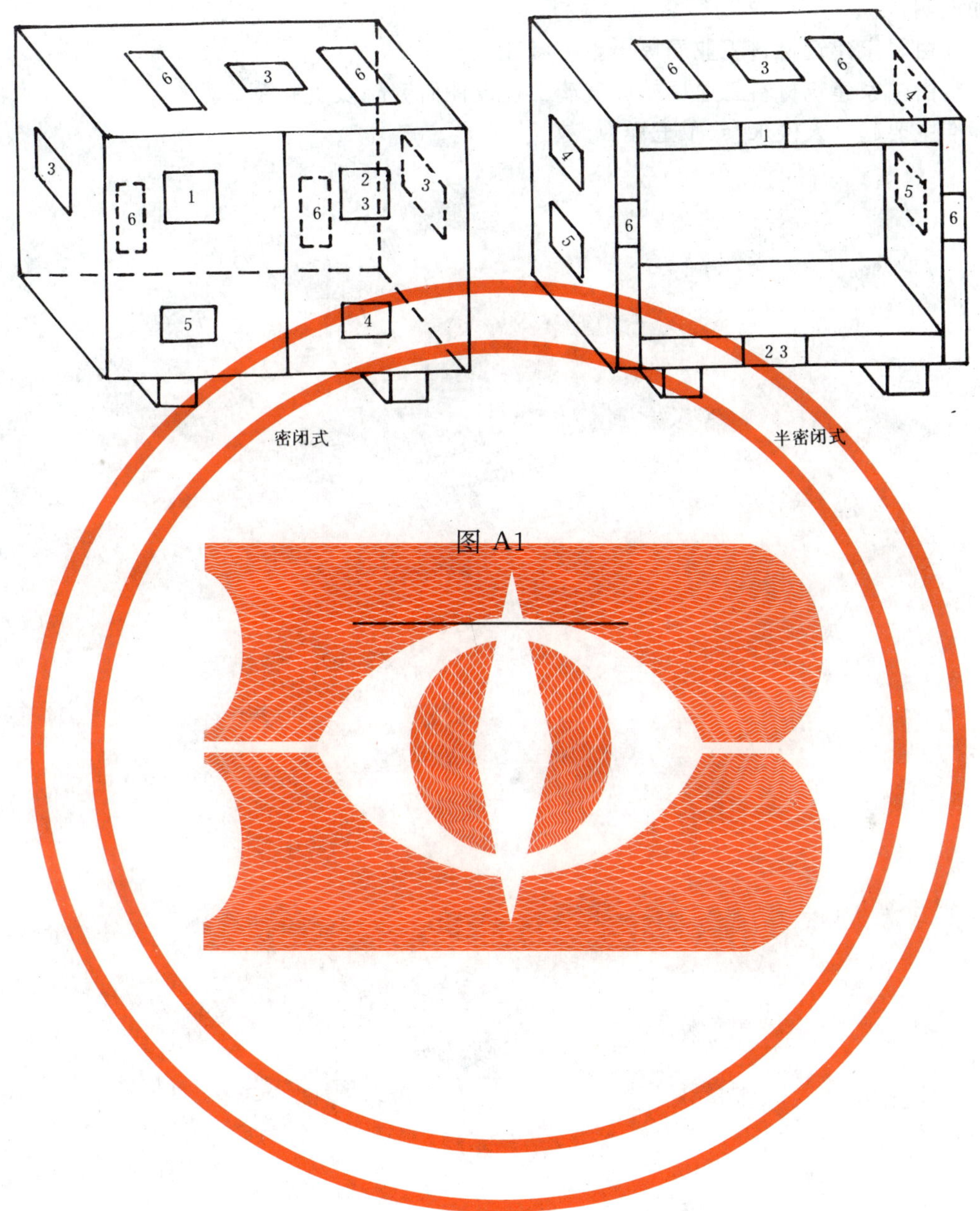

图 A1

附加说明：

本标准由国家建筑材料工业局提出。

本标准由国家建筑材料工业局蚌埠玻璃工业设计研究院负责起草。

本标准主要起草人侯永泰、丁玉祥。

ICS 81.040
Q 33

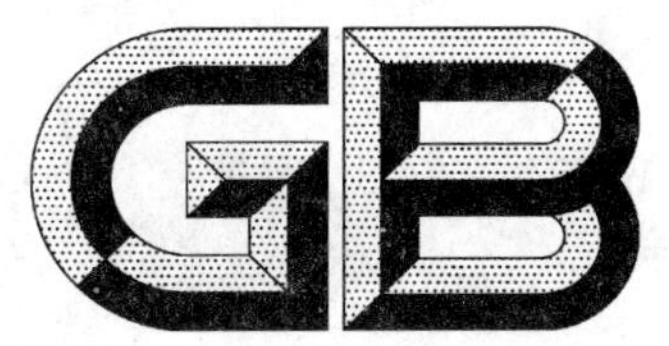

中华人民共和国国家标准

GB/T 15764—2008
代替 GB/T 15764—1995

平板玻璃术语

Standard terminology of flat glass

2008-10-15 发布　　　　2009-06-01 实施

中华人民共和国国家质量监督检验检疫总局
中国国家标准化管理委员会　发布

前　言

本标准代替 GB/T 15764—1995《平板玻璃术语》。

本标准与 GB/T 15764—1995 相比主要变化如下：

——修改了标准的英文名称；

——增加了术语：超白浮法玻璃、暂时应力、永久应力、吊墙、调节闸板、安全闸板、烟囱、大碹、热点、对流、原片、扒渣机、挡帘、光学变形、虹彩、点状缺陷（本版的 2.5、3.6、3.7、5.28、5.29、5.30、5.31、5.32、6.46、6.47、7.49、7.53、7.54、9.25、9.26、9.27）；

——删除了术语：热反射玻璃、玻璃平衡厚度、合格原板、原板破损率、原板废品率、标准箱（1995 年版的 2.5、7.37、7.50、7.54、7.55、8.6）；

——将术语吸热玻璃、闸板开度、炉龄、拉边器、跑边、放边、缩边、裂口、疙瘩、边部缺陷分别修改为着色玻璃、烟道闸板开度、窑龄、拉边机、拖边、放板、缩板、裂纹、节瘤、断面缺陷（1995 年版的 2.4、5.17、5.26、7.38、7.39、7.43、7.44、9.3、9.5、9.22，本版的 2.4、5.17、5.26、7.37、7.38、7.42、7.43、9.3、9.5、9.22）；

——增加或修改了术语碳粉、着色剂、脱色剂、熟料、熔化部、澄清、均化、浮法、退火窑、切裁、选片、波筋、开口泡、线道的英语对应词（1995 年版的 4.9、4.14、4.15、4.23、5.2、6.37、6.39、7.7、7.47、8.1、8.3、9.1、9.7、9.8，本版的 4.9、4.14、4.15、4.22、5.2、6.37、6.39、7.7、7.46、8.1、8.3、9.1、9.7、9.8）；

——修改了以下术语的定义：析晶、应力、密度、长石、脱色剂、粉碎、分料、纯碱飞散率、冷却部、耳池、池壁、卡脖、流槽、小炉、格子体、闸板开度、窑体保温、过大火、熔窑热效率、搅拌、辅助电熔、预热、窑压、雾化、雾化介质、火焰覆盖面积、空气过剩系数、换火、液面、均化、四小稳、冷却面积、熔化面积、对辊法、浮法、打炉、漏锡、保护气体、原板、总成品率、重量箱、波筋、结石、节瘤、线道、沾锡、光畸变点、雾斑、夹杂物、网歪斜、斑马法（1995 年版的 3.1、3.5、3.6、4.3、4.15、4.16、4.26、4.27、5.3、5.6、5.7、5.10、5.12、5.13、5.15、5.18、5.19、5.25、5.27、6.12、6.15、6.16、6.19、6.20、6.21、6.26、6.28、6.32、6.34、6.39、6.41、6.42、6.43、7.4、7.7、7.23、7.35、7.36、7.49、8.5、8.7、9.1、9.4、9.5、9.8、9.13、9.14、9.15、9.17、9.19、9.24，本版的 3.1、3.5、3.8、4.3、4.15、4.16、4.27、5.3、5.6、5.7、5.10、5.12、5.13、5.15、5.18、5.19、5.25、5.27、6.12、6.15、6.16、6.19、6.20、6.21、6.26、6.28、6.32、6.34、6.39、6.41、6.42、6.43、7.4、7.7、7.23、7.35、7.36、7.48、8.5、8.6、9.1、9.4、9.5、9.8、9.13、9.14、9.15、9.17、9.19、9.24）。

本标准由中国建筑材料联合会提出。

本标准由全国建筑用玻璃标准化技术委员会归口。

本标准负责起草单位：秦皇岛玻璃工业研究设计院。

本标准参加起草单位：信义玻璃控股有限公司、江苏华尔润集团有限公司、浙江玻璃股份有限公司、洛阳玻璃股份有限公司。

本标准主要起草人：刘焕章、王玉兰、李勇、吴楠、吕金、毛俊春、杨刚。

本标准所代替标准的历次版本发布情况为：

——GB/T 15764—1995。

平板玻璃术语

1 范围

本标准规定了平板玻璃品种、物化性能、原料、熔窑、熔化、成形、切裁、缺陷与检验方法等方面的有关术语及其定义。

本标准适用于平板玻璃的生产与产品所涉及的术语解释。

2 平板玻璃品种

2.1

平板玻璃 flat glass

板状的硅酸盐玻璃。

2.2

普通平板玻璃 sheet glass

用垂直引上法和平拉法生产的平板玻璃。

2.3

浮法玻璃 float glass

用浮法(7.7)工艺生产的平板玻璃。

2.4

着色玻璃 tined glass

玻璃成分中加入着色剂(4.14)使玻璃显现一定颜色的平板玻璃。

2.5

超白浮法玻璃 ultra-clear float glass

采用浮法工艺生产的,成分中三氧化二铁含量不大于0.015%,具有高可见光透射比的平板玻璃。

2.6

压花玻璃 patterned glass

用压延法生产的表面带有花纹图案、透光但不透明的平板玻璃。

2.7

夹丝玻璃 wired glass

用压延法生产的内部夹有金属丝或网的平板玻璃。

3 平板玻璃物化性能

3.1

析晶 crystallization

玻璃中产生晶体的现象。

3.2

软化点 softening point

相应于玻璃黏度为 $10^{6.6}$ Pa・s时的温度。又称软化温度。

3.3

应变点 strain point

相应于玻璃黏度为 $10^{13.5}$ Pa・s～$10^{13.6}$ Pa・s时的温度,在该温度下,玻璃内应力开始消除。

3.4

转变温度　transformation temperature

相应于玻璃黏度为10^{12} Pa·s时的温度。在该温度下，玻璃的折射率、比热、热膨胀系数发生突变。

3.5

应力　stress

由于玻璃内部及表面存在温差或因化学组成不均匀导致结构上的不均匀而产生的相互作用力，以及当有外力作用时而在其内部单位截面上产生的相互作用力。

3.6

暂时应力　temporary stress

由于温度梯度存在而产生的热应力。

3.7

永久应力　permanent stress

玻璃温度逐渐降低至室温时也不会消失的应力。也叫残余应力。

3.8

密度　density

一定温度条件下单位体积的玻璃质量。

3.9

化学稳定性　chemical stability

玻璃抵抗气体、水、酸、碱、盐或其他化学试剂侵蚀的能力。

4　平板玻璃原料

4.1

砂岩　sand stone

石英(SiO_2)颗粒被胶结而成的沉积岩。

4.2

硅砂　quartz sand

以石英(SiO_2)为主要成分的天然砂。

4.3

长石　feldspar

含钾、钠、钙的硅铝酸盐矿物的总称。

4.4

石灰石　limestone

碳酸钙类岩石。

4.5

白云石　dolomite

碳酸钙与碳酸镁的复盐岩石。

4.6

萤石　fluorite

氟化钙的天然矿物。

4.7

纯碱　soda ash

无水碳酸钠。

4.8

芒硝　salt cake

无水硫酸钠。

4.9

碳粉　carbon powder

以碳为主要成分的粉末。

4.10

助熔剂　flux

加速玻璃原料熔融的物质。

4.11

澄清剂　refining agent

对玻璃液起澄清作用的物质。

4.12

氧化剂　oxidizing agent

在氧化还原反应中,对其他物质起氧化作用而自身被还原的物质。

4.13

还原剂　reducing agent

在氧化还原反应中,对其他物质起还原作用而自身被氧化的物质。

4.14

着色剂　colorants

使玻璃着色的物质。

4.15

脱色剂　decolourizing agent

用以减弱玻璃因铁氧化物等杂质引起着色的物质。

4.16

粉碎　comminution

将块状的原料加工成粉料的过程。

4.17

筛分　screen classification

将粉料按粒度分离的过程。

4.18

称量　metage

在配料过程中,用衡器称取物料的操作过程。

4.19

混合　mixture

使两种或多种粉料相互分散而达到均匀状态的过程。

4.20

配料　batching

根据玻璃料方,进行称量、混合,制成配合料的过程。

4.21

配合料　batch

经配料制成的混合物。

4.22

熟料　grog;cullet

作为原料使用的碎玻璃。

4.23

生料　raw batch

不含熟料(4.22)的配合料。

4.24

粒化料　palletizing batch

用生料加工成的颗粒状料。

4.25

压块料　briquetting batch

用生料压成的块状料。

4.26

分料　segregation

物料由于粒度、密度不同在储存或运输过程中产生的分层现象。

4.27

纯碱飞散率　loss soda ash percentage

纯碱称量后在混合、输送、熔化过程中的飞散量占纯碱总用量的百分比。

4.28

芒硝含率　salt cake content

芒硝引入的氧化钠量与芒硝和纯碱引入的氧化钠总量之比值(以百分数表示)。

4.29

碳粉含率　powdered carbon content

碳粉引入的碳量与芒硝引入的硫酸钠量的比值(以百分数表示)。

4.30

萤石含率　fluorite content

萤石引入的氟化钙量与生料总量的比值(以百分数表示)。

4.31

熟料含率　cullet adding

配合料中的熟料量与配合料总量的比值(以百分数表示)。

4.32

熔成率　batch changing into melt rate

熔成单位玻璃液量与所需生料量的比值(以百分数表示)。

5　平板玻璃熔窑

5.1

玻璃熔窑　glass melting furnace

用耐火材料砌成的熔制玻璃的热工设备。

5.2

熔化部　melting end

池窑中**卡脖**(5.10)、**矮碹**(5.9)等分隔装置之前的部位。

5.3

冷却部　cooling end

池窑中位于**熔化部**(5.2)之后,通路或流道之前的部位。

5.4

通路　canal

垂直引上玻璃熔窑中,冷却部末端至大梁砖之前的通道。

5.5

成形室　drawing chamber

玻璃液形成玻璃带的区域。

5.6

耳池　auriculate bath

位于池窑**熔化部**(5.2)或**冷却部**(5.3)两侧的对称小池。

5.7

池壁　side wall

构成玻璃窑池且与玻璃液直接接触的池墙。

5.8

胸墙　breast wall

池窑两侧池壁与大碹砖之间的窑墙。

5.9

矮碹　flying arch

位于熔化部和冷却部窑体之间分隔气体空间的拱形窑体结构。

5.10

卡脖　neck

熔化部与冷却部之间的缩窄部分,是池窑的一种分隔装置。

5.11

流道　runner

玻璃液从池窑进入流槽的通道。

5.12

流槽　spout

玻璃液从流道流入锡槽的通道。

5.13

小炉　port

火焰式玻璃熔窑的燃烧设备。在用煤气作燃料时是煤气和助燃空气的混合预燃设备,在烧重油或其他燃料时,作为供给助燃空气的设备。

5.14

蓄热室　regenerator

吸收并储存烟气热量、对助燃空气和气体燃料进行预热的设备。

5.15

格子体　checker

蓄热室中用耐火砖砌成的格孔状砌体。

5.16

换向器　reversal device

为周期性地向窑内送入空气、气体燃料及由窑内排出烟气而设置的气体换向设备。

5.17

烟道闸板　flue damper

用来改变烟道流通面积,以调节气体的流量和窑压的一种装置。

5.18

烟道闸板开度　flue opening of damper

通道内闸板打开部分的截面积与通道总截面积之比。

5.19

窑体保温　insulation of furnace wall

在窑体外侧使用隔热材料以减少窑体散热。

5.20

保窑 protecting furnace

为延长玻璃熔窑的生产周期而采取的保护窑体的措施。

5.21

热修 hot repair

在玻璃熔窑运行中,对窑体烧损部位修复的操作。

5.22

冷修 cold repair

玻璃熔窑停火冷却后进行大修的过程。

5.23

放玻璃水 tapping

玻璃熔窑冷修前将熔窑内的玻璃液放出的过程。

5.24

烤窑 heating up

新建或冷修完的熔窑,由点火开始按升温曲线使熔窑升至作业温度的过程。

5.25

过大火 heating with normal burner

烤窑过程中,当达到一定的温度时,取消临时燃烧装置而改用正常生产时的燃烧装置,使窑体继续升温的过程。

5.26

窑龄 furnace life

熔窑两次冷修之间的连续生产时间,通常以年或月表示。

5.27

熔窑热效率 heat efficiency of furnace

玻璃熔窑有效利用的热量占总热量的比值(以百分数表示)。

5.28

吊墙 suspension wall

悬挂于熔窑前端或中部的空间分隔装置。

5.29

调节闸板 adjusting tweel

为适应锡槽成形需要而设置的调节玻璃液流量的控制装置。

5.30

安全闸板 safety tweel

为处理锡槽事故或更换流道唇砖等而设置的玻璃液分隔装置。

5.31

烟囱 chimney

调节窑压和排出废气的设施。

5.32

大碹 crown

玻璃熔窑的拱形窑顶。

6 平板玻璃熔化

6.1

熔化 melting

配合料熔融成玻璃液的过程。

6.2

熔化温度　melting temperature

配合料在熔窑内熔融时的某一温度范围，通常以玻璃液黏度为 10 Pa·s～$10^{1.5}$ Pa·s 时的相应温度，定为熔化温度。

6.3

熔化温度制度　temperature regulation for glass-melting

在玻璃熔化过程中，规定的沿窑长方向上的温度分布。

6.4

投料　batch charging

配合料投入熔窑的过程。

6.5

泡界线　foam line

在池窑的熔化部，由配合料熔融形成的覆盖在玻璃液面上的泡沫层与熔融好的玻璃液面间的明显界线。

6.6

跑料　running

窑内没有熔化好的配合料跑出泡界线以外的现象。

6.7

飞料　batch carry-over

配合料在输送和投料时的飞散现象。

6.8

倒料　batch turning

调整玻璃熔窑内料堆、泡界线等位置的操作过程。

6.9

结料　batch cake

粉料或配合料存放时间过长而结成的块料的现象。

6.10

料堆　float batch

熔窑内浮在玻璃液面上尚未熔融成玻璃液的配合料。

6.11

鼓泡　bubbling

将净化的压缩空气或氮气直接引入到窑底玻璃液中形成气泡，促进玻璃液的澄清和均化的方法。

6.12

搅拌　stirring

利用机械设备搅动玻璃液，加强玻璃液均化的操作。

6.13

富氧燃烧　oxygen-enriched

在助燃空气中掺入一定量的氧气加强燃烧的措施。

6.14

浸没燃烧　immersion combustion

在玻璃液面下部插入喷嘴，使燃料在玻璃液内部燃烧的方式。

6.15

辅助电熔　electric boosting

以燃料加热为主的池窑中，同时采用电能加热加速配合料熔融的措施。

6.16

预热　preheating

燃料、空气或配合料进入熔窑前的预加热过程。

6.17

蓄热　heat accumulation

蓄热室中的格子体吸收并储存烟气中热量的过程。

6.18

风冷　air cooling

靠空气的流动把热量带走,以降低温度的方法。

6.19

窑压　furnace pressure

熔窑内空间气体的静压强。

6.20

雾化　atomization

把液体燃料变成雾状颗粒的过程。

6.21

雾化介质　atomization medium

雾化液体燃料用的物质,亦称雾化剂。

6.22

火根　root of flame

火焰的始发端。

6.23

火稍　end of flame

火焰的末端。

6.24

火焰发飘　flame drifting

火焰刚性差,向上飘散的现象。

6.25

火焰亮度　brightness of flame

火焰的明亮程度。

6.26

火焰覆盖面积　flame covered

火焰在配合料及玻璃液面上的铺展面积。

6.27

助燃空气　secondary air

为使燃料充分燃烧送入的空气。

6.28

空气过剩系数　coefficient of excess air

燃料燃烧时实际输入的空气量与理论所需空气量的比值(以百分数表示)。

6.29

氧化焰　oxidizing flame

空气过剩系数大于1的火焰。

6.30

中性焰　neutral flame

空气过剩系数等于1的火焰。

6.31

还原焰　reducing flame

空气过剩系数小于1的火焰。

6.32

换火　reversal

池窑内改换火焰喷射方向的一项操作。

6.33

换火周期　reversal interval

两次换火的间隔时间。

6.34

液面　metal level

熔窑中熔融玻璃液的水平面。

6.35

芒硝水　water of salt cake

漂浮在玻璃液面上的熔融芒硝。

6.36

浮渣　float slag

漂浮在泡界线外液面上未完全熔化好的配合料。

6.37

澄清　refining;fining

从玻璃液中消除气泡的过程。

6.38

澄清温度　refining temperature;fining temperature

相应于玻璃黏度接近10 Pa·s的温度。

6.39

均化　homogenizing

在熔窑内,使玻璃液化学组成逐渐趋向一致的过程。

6.40

四大稳　four large stabilizing

原料、燃料、熔化、成形四大要素的稳定。

6.41

四小稳　four small stabilizing

在玻璃配合料的熔制过程中,熔化温度、窑压、液面、泡界线的稳定。

6.42

冷却面积　cooling area

从卡脖之后到流道或成形室之前的全部池窑面积。

6.43

熔化面积　melting area

池窑中能够对配合料和玻璃液起着熔化和澄清作用的受热面积。通常指从投料池壁内侧起到最末一对小炉中心线外一米处的池窑面积。

6.44

熔化量　melting quantity

熔窑24 h所能熔化的玻璃液量(吨/天)。

6.45

熔化率　melting rate

熔窑单位熔化面积每 24 h 熔化的玻璃液量(吨/(平方米·天))。

6.46

热点　hot spot

熔窑内玻璃液温度最高的部位。

6.47

对流　convection

玻璃液内部由于各部分温度不同造成的相对流动。

7　平板玻璃成形

7.1

成形　forming

由玻璃液形成玻璃带的过程。

7.2

有槽垂直引上法　Fourcault process

平板玻璃成形方法之一。在玻璃池窑成形室的玻璃液中压入槽子砖,在静压作用下玻璃液从槽子口涌出。依靠垂直引上机石棉辊的拉力,连续地向上拉引成形,并在机膛内完成冷却和退火。

7.3

无槽垂直引上法　Pittsburgh process

平板玻璃成形方法之一。在成形室玻璃液下沉入引砖,玻璃液直接从自由液面用垂直引上机向上拉引成形,并在引上机膛内进行冷却和退火。

7.4

对辊法　Asahi process

从有槽垂直引上法发展而来的平板玻璃垂直引上方法。用一对大小形状相同的辊子代替槽子砖水平对称地放置在成形室相对于槽子砖的位置,玻璃液通过两辊间的缝隙连续向上拉引,经冷却器急速冷却硬化形成玻璃带,并在引上机膛内进行冷却和退火。

7.5

平拉法　Colburn process

平板玻璃成形方法之一。此法又有深池、浅池两种。玻璃液从成形室的自由液面连续地向上拉引,当玻璃带上升到一定高度时,借助转向辊转为水平方向,随即进入平拉室,然后进行退火。

7.6

压延法　rolling process

平板玻璃成形方法之一。用一根或一对水冷的金属辊将玻璃液滚压延展成玻璃带。

7.7

浮法　float glass process

熔窑内熔融的玻璃液流入有保护气体锡槽内浮在金属锡液面上,经过摊平、抛光形成玻璃带的一种成形方法。

7.8

垂直引上机　vertical drawing machine

垂直引上法拉引平板玻璃的主要设备。主要由若干对石棉辊和鱼鳞板组成。玻璃带在其中连续拉引退火和冷却。

7.9

槽子砖　debiteuse

有槽垂直引上法制造平板玻璃的成形模,为中间有一条中部宽两端稍窄缝隙的耐火砖。

7.10

引砖 draw bar

无槽垂直引上法用以稳定玻璃板根以及调节引上室表层玻璃液温度的耐火砖。

7.11

换槽子 changing debiteuse

用新槽子砖(或引砖)替换旧槽子砖(或引砖)的操作。

7.12

铲槽子 scraping debiteuse

铲除槽子砖表面的脏玻璃液与杂物的操作。

7.13

压槽子 suppressing debiteuse down

将槽子砖压入玻璃液中一定深度的操作。

7.14

对辊 Asahi process drawing rollers

对辊法生产平板玻璃的成形模,是一对大小形状相同中间细两头粗的耐火辊子。

7.15

转向辊 bending roller

平拉法生产平板玻璃中,使玻璃带由垂直方向转为水平方向的耐热钢辊。

7.16

小眼温度 temperature of orifice

大梁砖前面玻璃液的温度。

7.17

槽口温度 temperature of debiteuse mouth

槽口中部玻璃液的温度。

7.18

板根 meniscus

从槽口或自由液面拉引玻璃带时,由于拉引力及玻璃表面张力的作用,槽口附近的玻璃带强烈收缩形成的可塑状锥形玻璃液。

7.19

板根肥大 large and thick meniscus

有槽引上成形中,槽子砖压入玻璃液中过深或玻璃液温度高、黏度小或液面过高时,造成板根形状扩大和不稳定。

7.20

上炉 drawing up

垂直引上法和平拉法开始拉引玻璃的操作过程。

7.21

看炉 watching chamber

垂直引上法和平拉法中在炉门操作口监视玻璃原板,发现异常现象以便及时排除的操作。

7.22

掉炉 drawing-off

指引上室内的玻璃原板突然下坠造成停产的事故。

7.23

打炉 drawing-chamber

按计划进行的更新玻璃原板的操作。

7.24

打炉周期　cycle of drawing-chamber

两次打炉之间的连续生产时间。

7.25

烧炉　firing drawing-chamber

打炉后用燃料把引上室内玻璃液加热到一定温度的操作过程。

7.26

舀玻璃水　bailing melt

将引上室内温度较低、含有结晶的脏玻璃液舀出的操作。

7.27

烧边火　side firing

引上室内加热玻璃原板边部以维持和调节原板边部温度的火焰。

7.28

燎裂子　firing crack

在引上机膛中原板出现裂纹时，用火焰直接烧燎纹头，将纹头止住或将纹头引向边部的操作。

7.29

架疙瘩　passing knots over

当玻璃原板上出现的疙瘩或砂粒运行到引上机石棉辊子处时，为防止原板被挤压破碎而将石棉辊遂道拉开让疙瘩、砂粒通过的操作。

7.30

掏渣　de-drossing

清除耳池中浮渣的操作。

7.31

锡槽　tin bath

装有锡液以浮载玻璃液、完成玻璃带成形过程的热工设备。

7.32

过渡辊台　lift up rollers

使玻璃带从锡槽过渡到退火窑中的一种辊道装置。

7.33

沾边　wetting edge

在锡槽高温区，玻璃带与锡槽侧壁粘附的现象。

7.34

满槽　filled bath

流入锡槽的玻璃液量大于拉引量，造成玻璃液铺满锡槽的现象。

7.35

漏锡　tin leaking

锡液从锡槽中漏出的现象。

7.36

保护气体　atmosphere

为了避免锡槽中锡被氧化而充入的还原性气体。通常是经过提纯的氮气和少量氢气组成的混合气体。

7.37

拉边机　edge roller

浮法玻璃生产中用以控制玻璃板边位置和玻璃带宽度、厚度的机械装置。

7.38

拖边　glass edges deviation

玻璃原板边部失去控制，原板摆动或宽度发生异常变化的现象。

7.39

挡边　keeping up the side

用专用设备调整板边的操作。

7.40

修边　trimming edges

对原板边子进行修理，以维持正常引上操作。

7.41

改板　changing substance of ribbon

改变玻璃原板厚度或宽度的操作过程。

7.42

放板　widening ribbon

加宽原板宽度的操作。

7.43

缩板　narrowing ribbon

缩窄原板宽度的操作。

7.44

炸边　crack edges

当原板边部存在应力紊乱或应力过大时，造成板边破裂的现象。

7.45

退火　annealing

成形后的平板玻璃，以一定的速度冷却，以降低和均化热应力的热处理过程。

7.46

退火窑　lehr

使玻璃带以一定的速度冷却以降低和均化热应力的热工设备。

7.47

采板　snapping

从玻璃带上掰断、取下玻璃原板的操作。

7.48

原板　raw sheets

未经去边，宽度包括自然边的玻璃板。

7.49

原片　stock sheets

从原板上掰断去边取下的规定尺寸的玻璃板。

7.50

引上速度　drawing speed

垂直引上法生产中，单位时间拉引的玻璃原板的长度(m/h)。

7.51

拉引速度　stretching speed

浮法、平拉法生产中，单位时间拉引的玻璃原板的长度(m/h)。

7.52

引上率　drawing rate

拉引率

拉出的合格原板总面积与拉引的原板总面积之比值(以百分数表示)。

7.53

扒渣机　dog metal

位于锡槽末端或收缩段用来清除漂浮在锡液面上的锡灰、锡渣的机械设备。

7.54

挡帘　curtain

锡槽出口处或退火窑内的空间分隔装置。

8　平板玻璃切裁

8.1

切裁　cutting

按照预定的规格尺寸将玻璃原板切成成品的过程。

8.2

切裁率　yield of glass sizing

切裁成的平板玻璃成品面积与合格玻璃原板面积之比(以百分数表示)。

8.3

选片　classification

按照质量标准对原片进行分等的操作。

8.4

装箱破损率　failure percentage

装箱过程中破损的玻璃面积与交付装箱的合格玻璃面积的比值(以百分数表示)。

8.5

总成品率　percentage of pass

成品玻璃面积(或重量)与拉引的原板总面积(或总重量)之比值(以百分数表示)。

8.6

重量箱　weight case

平板玻璃产品的计量单位。50 kg 为一重量箱。通常以密度为 2.5 g/cm^3、厚度为 2 mm 的平板玻璃 10 m^2 为一重量箱。

8.7

折算系数　conversion factor

各种不同厚度的平板玻璃换算成相当于 2 mm 厚度玻璃所用的系数(见表 1)。

表 1　重量箱折算系数

玻璃厚度/mm	2	3	4	5	6	8	10	12
折算系数	1.0	1.5	2.0	2.5	3.0	4.0	5.0	6.0

9　平板玻璃缺陷与检验方法

9.1

波筋　ream

平板玻璃表面呈现出与拉引方向一致的条纹。

9.2

波纹　streak

玻璃表面微小起伏不平的纹理。

9.3

裂纹　crack

玻璃板面或断面的开裂缺陷。

9.4

结石　stone

玻璃中的晶体夹杂物。有原料结石、耐火材料结石、析晶结石等。

9.5

节瘤　knot

完全或部分熔化成玻璃态的半透明或不透明的结节状物质，往往突出玻璃表面并有波及范围。

9.6

气泡　bubble

玻璃中的气体夹杂物。

9.7

开口泡　broken bubble

玻璃表面泡壁破裂的气泡。

9.8

线道　string

玻璃中的线状缺陷。

9.9

划伤　scratch

玻璃表面被硬物摩擦、刻划所留下的伤痕。

9.10

辊子伤　roller scratch

玻璃在拉引过程中因辊子所造成的擦伤。

9.11

轴花　roller bump

在垂直引上过程中塑性玻璃带被石棉辊子挤压后表面呈现的压痕。

9.12

麻点　mottling

用平拉法生产平板玻璃，玻璃带经过转向辊时，由于转向辊精度不高或腐蚀、变形等原因，而在玻璃带上造成的小压痕。

9.13

沾锡　tin pick-up

玻璃带经锡槽时，其下表面沾上的锡氧化物。

9.14

光畸变点　spot distortion

浮法玻璃表面引起光学变形的斑点。

9.15

雾斑　hot end dust

浮法玻璃表面存在雾状的斑点。

9.16

发霉　weathering of glass

玻璃表面发生化学变化，出现白色或彩虹状的斑痕，严重时引起粘片。

9.17

夹杂物　inclusion

玻璃中的固体杂质。

9.18

断丝　broken wire

夹丝玻璃金属网(丝)折断或焊接脱开的现象。

9.19

网歪斜　out of square for wire

夹丝玻璃的金属网在水平面内变形，造成纬丝与玻璃带拉引方向不垂直的现象。

9.20

破皮　sheel

玻璃表面局部剥落的现象。

9.21

偏斜　out of square

玻璃板切裁形状与规定形状发生偏差造成歪斜的现象。

9.22

断面缺陷　edge fault

玻璃板边部凸出或残缺等现象。

9.23

点光源法　method of dot light source

用强集中光源，透射玻璃样品使其在屏幕上成像，与平板玻璃标准样板相比较，测量玻璃的波筋、轴花等缺陷，确定玻璃等级。

9.24

斑马法　zebra method

透过玻璃样品观察屏幕上斜线的变形程度，测量玻璃的**光学变形**(9.25)的方法 。

9.25

光学变形　optical distortion

在一定角度透过玻璃观察物体时出现变形的缺陷。其变形程度用入射角(俗称斑马角)来表示。

9.26

虹彩　bloom

浮法玻璃经过热弯或钢化后，玻璃下表面(成形时与锡液接触的表面)呈现光干涉色。

9.27

点状缺陷　spot faults

气泡、夹杂物、斑点等缺陷的统称。

汉语拼音索引

英 文 索 引

A

B

C

L

M

N

O

P

Q

R

S

ICS 27.010,81.040.01
F 01

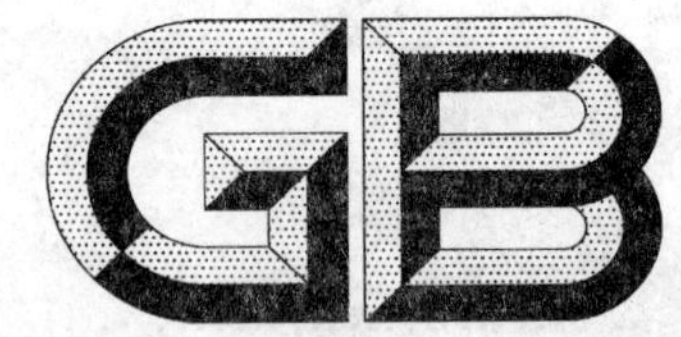

中华人民共和国国家标准

GB 21340—2008

平板玻璃单位产品能源消耗限额

The norm of energy consumption per unit product of flat glass

2008-01-09 发布　　2008-06-01 实施

中华人民共和国国家质量监督检验检疫总局
中国国家标准化管理委员会　发布

前　言

本标准的4.1和4.2是强制性的，其余是推荐性的。

自本标准实施之日起，原JC 432—1991《平板玻璃能耗等级定额》废止。

本标准附录A为资料性附录。

本标准由国家发展和改革委员会资源节约和环境保护司、国家标准化管理委员会工业标准一部提出。

本标准由全国建筑用玻璃标准化技术委员会归口。

本标准主要起草单位：秦皇岛玻璃工业研究设计院、金晶集团。

本标准主要起草人：李新芳、黄治斌、杨健、韩立平、王刚、曹廷发。

平板玻璃单位产品能源消耗限额

1 范围

本标准规定了平板玻璃单位产品能源消耗(以下称能耗)限额的技术要求、统计范围和计算方法、节能管理与措施。

本标准适用于生产透明及本体着色的钠钙硅平板玻璃产品的企业能耗的计算、考核,以及对新建项目的能耗控制。

本标准不适用于生产压花、夹丝及用于电子信息行业的平板玻璃产品的企业。

2 规范性引用文件

下列文件中的条款通过本标准的引用而成为本标准的条款。凡是注日期的引用文件,其随后所有的修改单(不包括勘误的内容)或修订版均不适用于本标准,然而,鼓励根据本标准达成协议的各方研究是否可使用这些文件的最新版本。凡是不注日期的引用文件,其最新版本适用于本标准。

GB/T 2589 综合能耗计算通则

GB 4871 普通平板玻璃

GB 11614 浮法玻璃

GB/T 12497 三相异步电动机经济运行

GB/T 13462 工矿企业电力变压器经济运行导则

GB/T 13469 工业用离心泵、混流泵、轴流泵与旋涡泵系统经济运行

GB/T 13470 通风机系统经济运行

GB 17167 用能单位能源计量器具配备和管理通则

GB/T 17954 工业锅炉经济运行

GB/T 17981 空气调节系统经济运行

GB 18613 中小型三相异步电动机能效限定值及能效等级

GB/T 18292 生活锅炉经济运行

GB/T 19065 电加热锅炉系统经济运行

GB 19153 容积式空气压缩机能效限定值及节能评价值

GB 19761 通风机能效限定值及节能评价值

GB 19762 清水离心泵能效限定值及节能评价值

GB 20052 三相配电变压器能效限定值及节能评价值

3 术语和定义

下列术语和定义适用于本标准。

3.1

平板玻璃产品综合能耗 the comprehensive energy consumption of flat glass

在统计期内用于平板玻璃生产所消耗的各种能源,折算成标准煤,以 e_b 表示,单位为吨(t)。包括生产系统、辅助生产系统和附属生产系统的各种能源消耗量和损失量,不包括基建、技改等项目建设消

耗的、生产界区内回收利用的和向外输出的能源量。

3.2

平板玻璃单位产品综合能耗　the comprehensive energy consumption per unit product of flat glass

在统计期内生产每重量箱平板玻璃的能耗，折算成标准煤，即用合格产品总产量除总综合能耗量，以 E_b 表示，单位为千克标准煤每重量箱。

3.3

平板玻璃熔窑热耗　the thermal consumption of flat glass furnace

在统计期内熔化每千克玻璃液所消耗的热量，以 Q_d 表示，单位为千焦每千克(kJ/kg)。

4　技术要求

4.1　现有平板玻璃生产企业单位产品能耗限额限定值

现有平板玻璃生产企业单位产品能耗限额限定值指标包括平板玻璃单位产品综合能耗和熔窑热耗，其限额值应符合表1的规定。

表1　现有平板玻璃生产企业单位产品能耗限额限定值

分　类	单位产品综合能耗限额限定值/(kgce/重量箱)	熔窑热耗限额限定值/(kJ/kg)
≤300 t/d	≤20.5	≤8 200
>300 t/d、≤500 t/d	≤19.5	≤7 500
>500 t/d	≤18.5	≤7 100
注：表中300 t/d、500 t/d指熔窑设计日熔化玻璃液量。		

4.2　新建平板玻璃生产企业单位产品能耗限额准入值

新建平板玻璃生产企业的单位产品能耗限额准入值指标包括平板玻璃单位产品综合能耗和熔窑热耗，其准入值应符合表2的规定。

表2　新建平板玻璃生产企业单位产品能耗限额准入值

分　类	单位产品综合能耗限额准入值/(kgce/重量箱)	熔窑热耗限额准入值/(kJ/kg)
≥500 t/d	≤16.5	≤6 500
注：表中500 t/d指熔窑设计日熔化玻璃液量。		

4.3　平板玻璃单位产品能耗限额先进值

现有平板玻璃生产企业应通过节能技术改造和加强节能管理达到表3单位产品能耗限额先进值。

表3　平板玻璃单位产品能耗限额先进值

分　类	单位产品综合能耗限额先进值/(kgce/重量箱)	熔窑热耗限额先进值/(kJ/kg)
≤500 t/d	≤16.5	≤6 500
>500 t/d	≤15	≤5 900
注：表中500 t/d指熔窑设计日熔化玻璃液量。		

5　统计范围和计算方法

5.1　统计范围

5.1.1　平板玻璃单位产品综合能耗的统计范围

包括生产和辅助生产能耗，不包括生活用能耗。生产能耗包括原料、熔化、成型、退火、切裁和成品包装等所消耗的燃料和电力。辅助生产能耗包括机修、动力、氮氢站等部门所消耗的燃料和电力，以及为生产服务的厂内运输工具、照明等所消耗的燃料和电力。不包括冷修从放玻璃水到开始生产出平板玻璃期间所消耗的燃料和电力,不包括冬季采暖、燃料保管、运输过程损失的以及用于生活等如基建、食堂、宿舍等消耗的燃料和电力。

5.1.2 **熔窑热耗统计范围**

在统计期内熔窑连续稳定生产的情况下,所消耗的热量。

5.1.3 **平板玻璃产量**

统计期内企业按 GB 4871 和 GB 11614 生产的合格产品的总产量(单位为重量箱)。

5.1.4 **能源折标准煤系数及燃料热值选取**

各种能源按折标准煤系数折算成标准煤(见附录 A)。燃料的热值应取统计期内的实测加权平均值或根据燃料分析加权平均值进行计算。

5.1.5 **企业多座平板玻璃熔窑的单位产品综合能耗**

企业有多座平板玻璃熔窑时,应分别计量求出单位综合能耗,对公用部分的能耗按产量比例分摊。

5.1.6 **企业多种产品的能耗**

企业除平板玻璃外还生产其他产品时,各种能源须分开计量,对确属无法分开计量的公用能耗,如厂区照明或各类综合库房等按产品产值比例分摊。

5.1.7 **窑龄系数**

对应玻璃熔窑不同作业期的能耗修正系数,见表 4。

表 4 窑龄系数

窑 期 划 分	窑 龄 系 数
设计窑龄的前 2/3/年	1.00
设计窑龄的 2/3 以后/年	1.10

5.1.8 **燃料等效应系数**

反映燃料的热能利用效率,以燃料油为基准的燃料等效应系数,见表 5。

表 5 燃料等效应系数

燃 料	等 效 应 系 数
燃料油	1.00
天然气	1.05
焦炉煤气	1.10
发生炉煤气(热)	1.25

5.2 **计算方法**

5.2.1 产品综合能耗的计算应符合 GB/T 2589 的规定。

5.2.2 平板玻璃综合能耗计算公式

平板玻璃综合能耗应按式(1)计算:

$$e_b = e_c + e_d \qquad \cdots\cdots(1)$$

式中:

e_b——综合能耗,即统计期内用于平板玻璃生产所消耗的各种能源折算为标准煤,单位为吨(t);

e_c——总燃料消耗,即统计期内用于平板玻璃生产所消耗的各种燃料量折算为标准煤,单位为吨,(t);

e_d——总电量消耗,即统计期内用于平板玻璃生产所消耗的电力折算为标准煤,单位为吨(t)。

5.2.3 平板玻璃单位产品综合能耗计算公式

平板玻璃单位产品综合能耗应按式(2)计算:

$$E_b = \frac{1\,000 \times \left(\frac{e_c}{c_1 \cdot c_2} + e_d\right)}{p_b} \quad \cdots\cdots\cdots\cdots (2)$$

式中：

E_b——平板玻璃单位产品综合能耗，单位为千克标准煤每重量箱(kgce/重量箱)；

p_b——统计期内平板玻璃合格产品总产量，重量箱；

c_1——窑龄系数，见表4；

c_2——燃料等效应系数，见表5。

5.2.4 单位产品综合能耗计算位数的选取

折算成标准煤，单位为千克标准煤每重量箱(kgce/重量箱)，取小数点后一位。

6 节能管理与措施

6.1 节能基础管理

6.1.1 平板玻璃生产企业应定期对生产中单位产品消耗燃料量和用电量进行考核，并把考核指标分解落实到各基层部门，建立用能责任制度。

6.1.2 平板玻璃生产企业应按要求建立能耗统计体系，建立能耗测试数据、能耗计算和考核结果的文件档案，并对文件进行受控管理。

6.1.3 平板玻璃生产企业应根据GB 17167的要求配备能源计量器具并建立能源计量管理制度。

6.2 节能技术管理

6.2.1 耗能设备

6.2.1.1 平板玻璃生产企业应对耗能的主体热工设备——熔窑进行整体结构的优化设计、大规模化、加强窑体保温、选用高效节能的燃烧和控制系统；并使电动机系统、泵系统、通风机系统、电力变压器、工业锅炉、生活锅炉、电加热锅炉、空气调节系统等通用耗能设备符合GB/T 12497、GB/T 13469、GB/T 13470、GB/T 13462、GB/T 17954、GB/T 18292、GB/T 17981和GB/T 19065等相关的用能产品经济运行标准要求，从而达到最佳经济运行的状态。

6.2.1.2 新建及改扩建的平板玻璃生产企业所用的中小型三相异步电动机、容积式空气压缩机、通风机、清水离心泵、三相配电变压器等通用耗能设备应达到GB 18613、GB 19153、GB 19761、GB 19762、GB 20052等相应耗能设备能效标准中节能评价值的要求。

6.2.2 生产过程

6.2.2.1 平板玻璃生产企业在生产过程中，应采取有效措施，保证生产系统正常、连续和稳定运行，提高系统运转率，实现优质、低耗和清洁生产。

6.2.2.2 平板玻璃生产企业在生产过程中，应加强设备的日常维护工作，防止出现设备意外停机，经常开停设备的情况。

附　录　A
（资料性附录）
各种能源折标准煤参考系数

能源名称		平均低位发热量	折标准煤系数
原煤		20 908 kJ/kg(5 000 kcal/kg)	0.714 3 kgce/kg
洗精煤		26 344 kJ/kg(6 300 kcal/kg)	0.900 0 kgce/kg
其他洗煤	洗中煤	8 363 kJ/kg(2 000 kcal/kg)	0.285 7 kgce/kg
	煤泥	8 363 kJ/kg～12 545 kJ/kg (2 000 kcal/kg～3 000 kcal/kg)	0.285 7 kgce/kg～ 0.428 6 kgce/kg
焦炭		28 435 kJ/kg(6 800 kcal/kg)	0.971 4 kgce/kg
原油		41 816 kJ/kg(10 000 kcal/kg)	1.428 6 kgce/kg
燃料油		41 816 kJ/kg(10 000 kcal/kg)	1.428 6 kgce/kg
汽油		43 070 kJ/kg(10 300 kcal/kg)	1.471 4 kgce/kg
煤油		43 070 kJ/kg(10 300 kcal/kg)	1.471 4 kgce/kg
柴油		42 652 kJ/kg(10 200 kcal/kg)	1.457 1 kgce/kg
煤焦油		33 453 kJ/kg(8 000 kcal/kg)	1.142 9 kgce/kg
液化石油气		50 179 kJ/kg(12 000 kcal/kg)	1.714 3 kgce/kg
炼厂干气		46 055 kJ/kg(11 000 kcal/kg)	1.571 4 kgce/kg
天然气		38 931 kJ/m³(9 310 kcal/m³)	1.330 0 kgce/m³
焦炉煤气		16 726 kJ/m³～17 981 kJ/m³ (4 000 kcal/m³～4 300 kcal/m³)	0.571 4 kgce/m³～ 0.614 3 kgce/m³
其他煤气	a) 发生炉煤气	5 227 kJ/m³(1 250 kcal/m³)	0.178 6 kgce/m³
	b) 重油催化裂解煤气	19 235 kJ/m³(4 600 kcal/m³)	0.657 1 kgce/m³
	c) 重油热裂解煤气	35 544 kJ/m³(8 500 kcal/m³)	1.214 3 kgce/m³
	d) 焦炭制气	16 308 kJ/m³(3 900 kcal/m³)	0.557 1 kgce/m³
	e) 压力气化煤气	15 054 kJ/m³(3 600 kcal/m³)	0.514 3 kgce/m³
	f) 水煤气	10 454 kJ/m³(2 500 kcal/m³)	0.357 1 kgce/m³
粗苯		41 816 kJ/kg(10 000 kcal/kg)	1.428 6 kgce/m³
热力(当量值)			0.034 12 kgce/MJ
电力(当量值)		3 600 kJ/(kW·h)[860 kcal/(kW·h)]	0.122 9 kgce/(kW·h)

中华人民共和国建材行业标准

JC/T 512—93

汽车安全玻璃包装

1 主题内容与适用范围

本标准规定了汽车安全玻璃产品包装的基本要求。

本标准适用于汽车用安全玻璃(以下简称安全玻璃)的包装,也适用于其他道路车辆用安全玻璃的包装。

2 引用标准

GB 191 包装储运图示标志

GB 4122 包装通用术语

GB 4857.7 运输包装件基本试验 正弦振动(定频)试验方法

GB 9656 汽车用安全玻璃

3 包装技术要求

3.1 产品包装的准备

3.1.1 产品

产品经检验符合 GB 9656 的要求,方可包装。

3.1.2 包装材料

3.1.2.1 包装箱所用材料应具有足够强度,不易损坏,并保证在正常运输贮存过程中不致影响产品质量。

3.1.2.2 每片玻璃应用塑料袋包装或每片玻璃之间采用其他措施防止玻璃表面划伤。

3.1.2.3 玻璃与包装箱内表面之间用轻软材料填实或使用紧固装置。

3.1.3 包装容器

安全玻璃的包装方式为箱式包装,形状一般为直角平行六面体,一种规格的包装箱内只允许装同一类型规格的玻璃,箱体的尺寸应根据玻璃面积的大小确定,外形结构要便于运输、装卸。

3.2 产品包装

3.2.1 包装要求

3.2.1.1 包装计量值

安全玻璃使用集装箱包装时,包装计量值应以玻璃不易破损和运输方便为原则。

采用其他包装箱包装时,总质量一般不超过 500 kg。

3.2.1.2 包装方法

安全玻璃在包装箱中应立式摆放,每片玻璃靠紧;若采用间隔包装,则每片玻璃间隙使用轻软材料间隔。

3.2.1.3 包装防护

在包装箱中应有衬垫、支撑物或缓冲装置等防护措施,以保证在正常运输情况下玻璃不致损伤。

3.2.1.4 随货文件

国家建筑材料工业局 1993-07-05 批准　　　　1994-01-01 实施

3.2.1.4.1 装箱单：注明产品数量及装箱日期。

3.2.1.4.2 经厂检验部门盖章的检验合格证，其上标明：

a. 制造厂的厂名或注册商标；

b. 产品名称、种类、型号、规格、等级、生产批号；

c. 检验者和包装工的代号。

3.2.1.5 封箱

根据箱体大小，采用适当的方式封箱。封箱后箱内玻璃不应松动。

3.2.2 包装标志

产品包装箱外表面应有醒目、不易擦掉的标志：

a. 制造厂的厂名或注册商标；

b. 产品种类、规格、数量、等级；

c. 收货单位和地址；

d. 发货单位和地址；

e. “向上、玻璃制品、小心轻放、严禁潮湿”等字样及垂直放置标志，并应符合 GB 191 的规定；

f. 出厂日期。

4 包装件运输

4.1 运输方式

可采用铁路运输、公路运输、水运、空运等方式。

4.2 在装卸、运输时应注意：

a. 具有防雨设施；

b. 包装件摆放时，应严格按箱上“向上”标志放置，不得平放或斜放；

c. 运输时，包装件的摆放位置应使玻璃长度方向与车辆运行方向相同，箱与箱之间应靠紧，并应采取防止倾倒的措施；

d. 包装箱的堆码以重不压轻、大不压小的原则，堆码高度一般不多于 3 层；

e. 装卸时应爱护货物，按章装卸。

5 包装件贮存

5.1 必须严格按箱上“向上”标志放置。

5.2 包装箱应存放在干燥的室内或棚内，箱底加以垫高。

6 试验方法

6.1 试验设备

6.1.1 振动台应具有合适的尺寸、足够的强度、刚度和承载能力。当装有试验样品时整个试验台面上的振动应基本均匀一致，台面在振动时能够保持水平状态。静止时台面上任何两点的水平差不应超过 2 mm。振动台应配备防止试验样品移动的固定装置。

6.1.2 振动台应能在垂直方向振动，振动波形应是正弦波，振动频率为 45～50 Hz。

6.2 试验程序

6.2.1 将试验样品按正常运输状态置于振动台台面上，试验样品的底面中心与振动台台面中心的水平距离在 10 mm 以内，并将试验样品牢固地固定在振动台上。

6.2.2 根据包装箱的运输方式与路程长短，按下表选择相应的振动时间：

振动时间,min	运输方式	运输距离,km	
20	公路 铁路	≤	1 000 3 000
40	公路 铁路	1 000～1 500 3 000～4 500	
60	公路 铁路	≥	1 500 4 500

6.2.3 按 GB 9656 中 5.2 条规定,检验安全玻璃的损伤情况,并分析试验结果。

6.2.4 检验规则

由供需双方商定。

6.2.5 试验报告

试验报告应包括下列内容:

a. 试验样品的数量;

b. 详细说明包装容器尺寸、结构和材料的规格、衬垫、支撑物或缓冲装置,固定方式,捆扎状态及其他防护措施;

c. 内装安全玻璃的种类、型号、规格、等级、数量等;

d. 包装件总质量,以 kg 为单位;

e. 试验设备的说明;

f. 振动方向;

g. 试验时包装件的放置状态;

h. 振动持续时间和频率;

i. 试验结果;

j. 试验日期,试验人员签字,试验单位盖章。

附加说明:

本标准由中国建筑材料科学研究院归口。

本标准由中国建筑材料科学研究院玻璃科学研究所负责起草。

本标准主要起草人王乐、张大顺、石新勇。

中华人民共和国建材行业标准

JC/T 513—93

平板玻璃木箱包装

1 主题内容与适用范围

本标准规定了平板玻璃木箱包装的技术要求、试验方法、检验规则和标志、运输、贮存。

本标准适用于国内平板玻璃木箱包装。

2 引用标准

GB 191 包装储运图示标志

GB 716 普通碳素结构钢冷轧钢带

GB 4857 运输包装件基本试验

GB 4857.3 运输包装件基本试验 堆码试验方法

GB 4857.5 运输包装件基本试验 垂直冲击跌落试验方法

GB 4871 普通平板玻璃

GB 9174 一般货物运输包装通用技术条件

GB 11614 浮法玻璃

3 包装技术要求

3.1 包装准备

3.1.1 产品

普通平板玻璃经检验应符合 GB 4871 的规定，浮法玻璃经检验应符合 GB 11614 的规定，玻璃温度应降至近室温。

3.1.2 包装材料

3.1.2.1 板材

3.1.2.1.1 板材种类

应采用红松、白松、马尾松、椴木、杉木及其他韧性较好板材，组合箱用质量较好的板材。

3.1.2.1.2 板材厚度

板材厚度应符合表 1 规定，板厚的允许公差为±2 mm。

表 1

mm

构件 \ 装箱玻璃面积，m^2 \ 分类	花格箱			组合箱	
	30	45	60	75	150
箱底(盖)	15	18	18～21	30	30
堵头	18	18	21	30	30

国家建筑材料工业局 1993-07-05 批准　　1994-01-01 实施

续表 1

mm

构件 \ 装箱玻璃面积，m^2 \ 分类	花格箱			组合箱	
	30	45	60	75	150
堵头带	15～18	21	21～25	40	40
帮带	15	15～18	15～18	—	
帮板	15	15～18	15～18	—	
底(盖)带	15	18～21	21～25	—	
底垫	—			70	70
底(盖)帮板	—			25	25
堵头帮板	—			25	25

3.1.2.1.3 构件缺陷允许范围

构件上缺陷的允许范围按表 2 规定。

表 2

缺陷	允许范围
虫眼	不影响构件的完整性和坚固性
树皮	宽度不超过构件的 1/3,厚度不超过构件的 1/4
腐朽	单面存在,长度、宽度、厚度不超过构件的 1/4,腐朽部位仍有坚固性尺寸不限
裂纹	堵头、堵头带不允许,帮板不超过板长的 1/3,底盖、帮带上不超过板长的 1/5
木节	坚固性木节直径不超过构件宽的 1/2,非坚固性木节直径不超过构件宽的 1/5

3.1.2.1.4 板材的绝对湿度不大于 25%。

3.1.2.1.5 板宽允许公差±5 mm。

3.1.2.2 衬垫物

干燥的泡沫、海绵条、中硬或软质等不易划伤玻璃表面的材料及中性或弱酸性的纸。

3.1.2.3 钢带

钢带应符合 GB 716 的规定,宽度 20 mm,花格箱上用厚度为 0.20～0.50 mm,组合箱上用厚度为 0.55～1.50 mm。

3.1.2.4 钉子

3.1.2.4.1 花格箱采用普通圆钉,用钉长度按表 3 规定。

表 3

钉长，mm \ 项目 \ 规格	堵头与箱底(盖)连接处	帮板与箱底(盖)连接处	帮带与帮板连接处	帮板与堵头连接处	堵头带与帮板端部连接处	堵头与堵头带、箱底(盖)与箱底(盖)带连接处	帮带与箱底(盖)、箱底(盖)带连接处
2 mm/30 m²	50	50	45	50	50	45	45～50
2 mm/45 m²	65	50	45	50	50	45	45～50
2 mm/60 m²	65	65	50	50	65	50	50

注：2 mm/30 m² 中，2 mm 为玻璃厚度，30 m² 为装箱玻璃面积。

3.1.2.4.2 组合箱采用 75 mm 或 90 mm 水泥钉。

3.1.3 包装容器

3.1.3.1 包装容器为木箱。木箱分花格箱和组合箱两种。花格箱构成见图 1，组合箱构成见图 2。

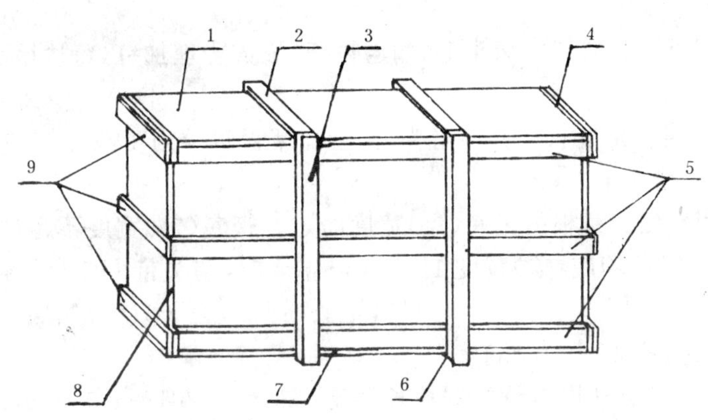

图 1

1—箱盖；2—盖带；3—帮带；4—钢带；5—帮板；
6—底带；7—箱底；8—堵头；9—堵头带

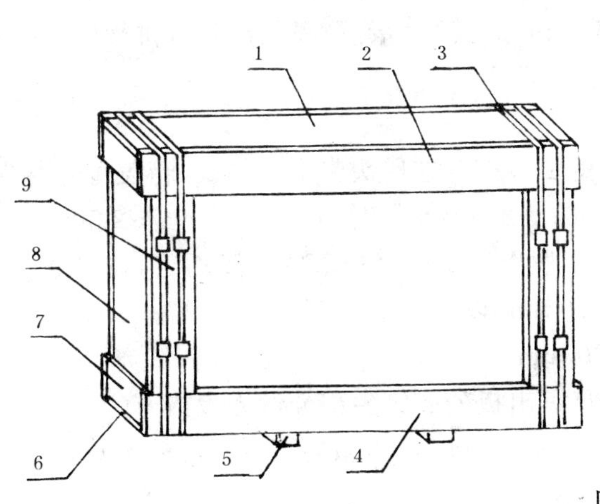

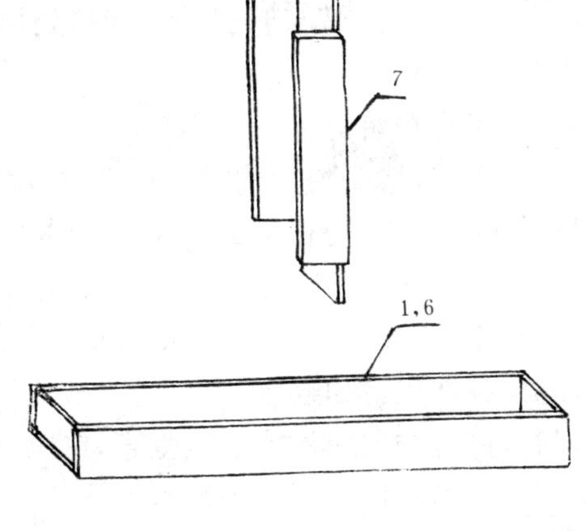

图 2

1—箱盖；2—盖帮板；3—钢带；4—底帮板；5—底垫；
6—箱底；7—堵头；8—堵头带；9—堵头帮板

3.1.3.2 木箱各部要求

3.1.3.2.1 箱底、箱盖尽量用独板。花格箱如须拼板时,拼板不得多于3块,拼板最窄不小于60 mm,窄板放中间。

3.1.3.2.2 堵头尽量用独板。花格箱如须拼板,拼板不得多于3块,拼板最窄不小于60 mm。堵头拼板与底、盖拼板不许对缝,错缝不小于30 mm。

3.1.3.2.3 帮板用独板。花格箱中间帮板宽40~50 mm,均匀分布,与箱底、盖相连接的帮板宽不小于60 mm。帮板间距为350~400 mm。

3.1.3.2.4 帮带宽60 mm,数量1~4对。

3.1.3.2.5 花格箱堵头带宽60 mm,数量2~6个。

3.1.3.2.6 底(盖)带数量、宽度与帮带相同。

3.1.3.2.7 组合箱用底垫宽度100~120 mm,数量2个。

3.1.3.3 木箱内部尺寸

木箱内部尺寸由玻璃尺寸加上空隙确定。空隙由衬垫物填充。花格箱内长度空隙不大于50 mm,宽度空隙不大于40 mm,高度空隙不大于25 mm。组合箱内高度不留空隙,长度空隙、宽度空隙与花格箱相同。

3.1.4 木箱装钉

3.1.4.1 花格箱装钉

3.1.4.1.1 每块堵头带用2只钉钉在堵头上,如遇拼板,依数合理加钉,每块堵头带两端各用1只钉钉在帮板的两端上。

3.1.4.1.2 每块帮板两端各用2只钉钉在堵头上,中间帮板每端用1只钉钉在堵头上,与箱底(盖)相连接的帮板通过钢带钉在堵头上。

3.1.4.1.3 箱底(盖)两端用钉量根据箱底(盖)宽度而定。箱底(盖)宽度不超过120 mm时,堵头带上2只钉,堵头(钢带)上2只钉;箱底(盖)宽度121~150 mm时,堵头带上3只钉,堵头(钢带)上2只钉;箱底(盖)宽度151~200 mm时,堵头带上3只钉,堵头(钢带)上3只钉;箱底(盖)宽度201~250 mm时,堵头带上4只钉,堵头(钢带)上3只钉。

箱底(盖)每侧与帮板连接处用钉量根据箱长而定。箱长1 201~1 500 mm,5只钉;箱长1 501~2 000 mm,6只钉;超过2 000 mm,7只钉。

以上用钉量均指独板情况下,如遇拼板应合理加钉。

3.1.4.1.4 帮带与底(盖)带连接处每端用1只钉钉在底(盖)带上,另用2只钉钉在底(盖)上,帮带与帮板连接处用1只钉。

3.1.4.1.5 底(盖)带与箱底(盖)连接处用2只钉钉在箱底(盖)上,若箱底(盖)为多拼板时,应按板数合理加钉。

3.1.4.2 组合箱装钉

箱底、箱盖、堵头均为槽式。箱底、箱盖两端分别用1只钉钉在堵头带上。箱底、箱盖每侧与帮板用钉量根据箱长而定,箱长不足1 500 mm时,3只钉;1 501~2 000 mm时,4只钉;2 001~2 500 mm时,6只钉;2 501~3 000 mm时,7只钉。堵头每侧与堵头帮板用钉量根据玻璃的宽度而定,玻璃宽1 200~1 500 mm用3只钉;1 501~ 2 000 mm用4只钉;2 000 mm以上用5只钉。

3.1.4.3 各部用钉如遇木节,可沿木节边沿平移约20 mm。

3.1.4.4 钉钉方向应保持与板垂直,钉位分布均匀,将露出板外的钉尖部分弯进板内。

3.1.4.5 木箱箱体为直角平行六面体,对角线差不得大于30 mm。木箱的高度不能超过其长度。板带对齐,各部连接间隙小于3 mm。

3.2 产品包装

3.2.1 木箱选用

按包装玻璃的面积选用木箱。

花格箱适于 4 mm 以下厚度玻璃包装，以 2 mm 厚玻璃计算可分为 30，45，60 m^2，最重应不超过 0.32 t。

组合箱适于 5 mm 以上厚度玻璃包装，以 5 mm 厚玻璃计算可分为 75，150 m^2，最重应不超过2 t。

3.2.2 花格箱包装

在花格箱中，垫好衬垫物，装入玻璃。装入玻璃时注意保持玻璃的装入方向与箱长平行。玻璃的边部要整齐；需衬垫纸的玻璃应及时按规定铺放，衬垫物填充完毕后封盖，箱的四角用钢带加固打紧、钉实。

3.2.3 组合箱包装

在堵头上放适量的海绵条或其他缓冲性能较好的衬垫物。装入玻璃靠严，再扣上箱底和箱盖，当底（盖）帮板与堵头帮板快靠严时打钢带，钢带要打紧、打牢。

3.2.4 包装标志

木箱上应印有玻璃等级、厚度、尺寸、数量、装箱日期、生产厂名。按 GB 191 规定印上小心轻放、怕湿、由此吊起等图样。

4 运输

包装件可采用铁路、公路和水上运输，运输中应采取防止倾倒、滑动、雨淋等措施，运输中包装件不得平放或斜放。

5 贮存

包装件应贮存在通风良好，干燥有顶盖的仓库里。包装件堆码应整齐，不得平放或斜放。

6 试验方法

6.1 跌落试验

6.1.1 试验条件

6.1.1.1 试验应在与预处理相同的温、湿度条件下进行，如果达不到相同条件，则必须在试验样品离开预处理条件 5 min 内试验。

6.1.1.2 冲击面为水平面，具有足够刚度，试验时不移动、不变形，其质量至少为被测包装件质量的 50 倍。在冲击面中心 1 m^2 内，任意两点的高度差不超过 2 mm；超过 1 m^2，两点高度差不超过 5 mm。

6.1.1.3 跌落高度

跌落高度按表 4 选用。

表 4

包装件质量，kg	跌落高度，mm
>200	350
500～1 000	300
1 000～2 000	250

6.1.2 花格箱跌落试验步骤按 GB 4857.5 规定进行。

6.1.3 组合箱试验步骤

6.1.3.1 面跌落（见图 3）

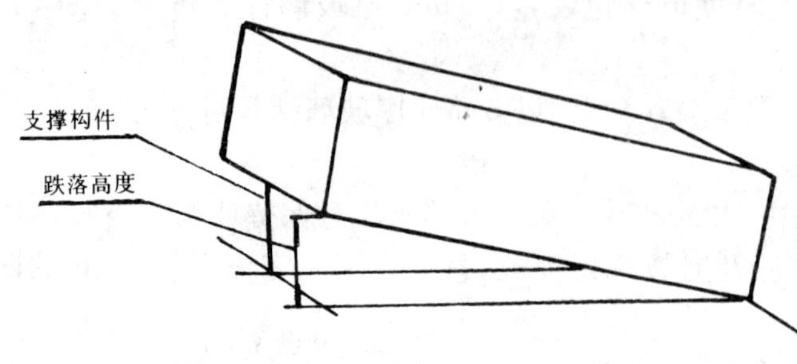

图 3

用起重机或其他提升装置提起试验件的一条底棱，使其达到预定的高度，用支撑物支起，然后将支撑构件迅速拉出，使试验件自由落下，每个底面二次。

6.1.3.2　棱跌落（见图 4）

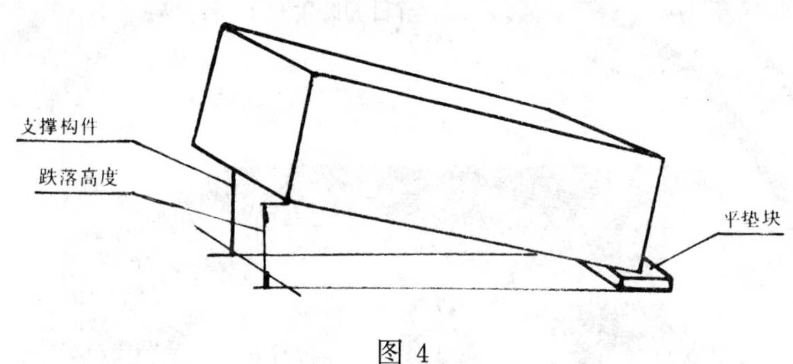

图 4

将试验件端面的一条底棱垫起 10～15 cm，其他步骤与面跌落相同。每个底棱跌落二次。

6.1.3.3　角跌落（见图 5）

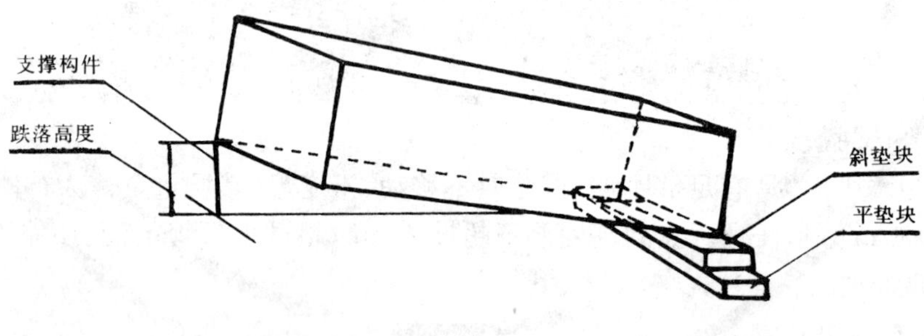

图 5

将试验件底面相邻的两个角分别垫起 10 cm 和 25 cm，再将与垫起高度为 25 cm 的角相对的底角提起到预定高度后使其自由落下，每个底角跌落二次。

6.1.4　检验结果评定

试验后，木箱的微小破损不影响运输和贮存，内装玻璃无破损为合格。

6.2　堆码试验

6.2.1　试验条件

同 6.1.1.1 和 6.1.1.2。

6.2.2　试验步骤

按 GB 4857.3 进行。

堆码负载按产品箱型特点，流通过程要求确定。在一般情况下，组合箱单层码放，花格箱可码放 2～3 层，根据码放高度确定包装件负载，经水路运输时应考虑码放 3.5 m 和 7 m 的高度要求，再确定其负载大小。

6.2.3 检验结果评定

试验后,木箱的变形应不影响运输和贮存,内装玻璃无破损为合格。

6.3 根据供需双方协商可选择进行 GB 4857 中规定的其他试验。

7 检验规则

7.1 检验项目为包装件的外观质量、跌落试验和堆码试验。

7.2 分批和抽样

7.2.1 外观检验按表 5 分批和随机抽样。

7.2.2 每批中堆码试验和跌落试验各随机抽取 3 箱。

表 5 箱

批量	抽样数	合格判定数
151～280	13	2
281～500	20	3
501～1 200	32	5
1 201～3 200	50	7
3 201～10 000	80	10

7.3 判定规则

7.3.1 外观检验中,样本中有透钉的包装箱视为不合格。在一只包装箱上木箱各部尺寸、鼓钉、弯钉、多钉、少钉、钢带打紧情况等项目累计有 4 项不合格视为该包装箱不合格,样本中不合格箱总数超过表 5 规定的合格判定数,则该批为不合格。

7.3.2 在堆码试验或跌落试验中有任一箱不合格,则该批为不合格。

附加说明:

本标准由国家建筑材料工业局秦皇岛玻璃研究院负责起草。

本标准主要起草人管世锋、谭景亚、夏文瑞、于家珍、刘焕章。

中华人民共和国建材行业标准

JC 569—94

玻璃马赛克能耗等级定额

1 主题内容与适用范围

本标准规定了玻璃马赛克能耗等级定额和计算方法。

本标准适用于玻璃马赛克企业能耗分等定级。

2 引用标准

GB 213 煤的发热量测定方法

GB/T 384 石油产品热值测定法

GB 2589 综合能耗计算通则

3 能耗定额的分类分级

3.1 玻璃马赛克单位产量综合能耗，按能源消耗的种类，分为单位产量标准煤耗和单位产量综合电耗。

3.2 玻璃马赛克单位产量综合能耗定额分为国家特级、国家一级、国家二级和及格级四个等级。

4 能耗等级定额

4.1 玻璃马赛克单位产量综合能耗等级定额见下表。

国家特级		国家一级		国家二级		及格级	
标准煤耗 t/km^2	综合电耗 $kW\cdot h/km^2$	标准煤耗 t/km^2	综合电耗 $kW\cdot h/km^2$	标准煤耗 t/km^2	综合电耗 $kW\cdot h/km^2$	标准煤耗 t/km^2	综合电耗 $kW\cdot h/km^2$
2.10	650	2.50	700	3.00	750	5.50	900

4.2 玻璃马赛克标准煤耗和综合电耗指标同时达到同一等级时，则定为该等级；两项指标分别达到不同等级时，则按较低的等级定级。

5 能耗统计范围

5.1 标准煤耗包括统计期内，从配料、熔化、成型、退火、铺贴、包装到入库生产全过程中，各种燃料（原煤、重油等）的用量以及机修方面的用煤；还包括燃料及耗能工质在企业内部进行贮存、转换及分配供应中的损耗。不包括窑体大修后的烤窑所消耗的燃料，不包括基建用煤，也不包括生活设施用煤。

5.2 电耗包括统计期内各工序（配料、熔化、成型、退火、铺贴、包装、入库）的动力用电、生产照明用电、水源用电、机修用电以及企业办公室、仓库照明用电。不包括基建用电和生活用电。

5.3 为鼓励余热利用，凡有将余热用在非生产或转供的，这部分能耗应从总能耗中扣除。

5.4 凡外购自来水的企业，应将生产用水量折成电耗计入。按 GB 2589 规定，每吨自来水耗电 0.636 kW·h。

5.5 为鼓励采取环保措施，环保设施的能耗应从总能耗中扣除。

国家建筑材料工业局1994-10-24批准　　1995-05-01实施

6 能耗计算

6.1 玻璃马赛克单位产量标准煤耗,按式(1)计算:

$$M = \frac{m}{A} \qquad \cdots\cdots (1)$$

式中:M——玻璃马赛克单位产量标准煤耗,t/km^2;

m——统计期内玻璃马赛克标准煤耗,t;

A——统计期内玻璃马赛克合格品总量,km^2。

6.2 统计期内玻璃马赛克标准煤耗,按式(2)计算:

$$m = \sum_{s=1}^{n} (m_s \times \rho_s) \qquad \cdots\cdots (2)$$

式中:m——统计期内玻璃马赛克标准煤耗,t;

m_s——统计期内消耗的第 s 种燃料实物量,实物单位;

ρ_s——第 s 种燃料的折标煤系数;

n——所消耗的燃料种数。

6.3 所消耗的各种燃料均按低位发热量换算成标准煤。1 kg 标准煤的应用基低(位)发热量等于29.3076 MJ。固体燃料发热量按 GB 213 的规定测定;液体燃料发热量按 GB/T 384 的规定测定;企业无法实测燃料发热量时,可根据 GB 2589 有关规定确定。

6.4 寒冷地区的企业,在国家规定的采暖期内,玻璃马赛克单位产量标准煤耗等级定额可外加表中相应定额的 10%进行修正。

6.5 玻璃马赛克单位产量综合电耗,按式(3)计算:

$$D = \frac{d}{A} \qquad \cdots\cdots (3)$$

式中:D——玻璃马赛克单位产量综合电耗,$kW \cdot h/km^2$;

d——统计期内玻璃马赛克综合的电耗,$kW \cdot h$;

A——统计期内玻璃马赛克合格品总量,km^2。

附加说明：

本标准由中国建筑材料科学研究院提出。

本标准由中国建筑材料科学研究院玻璃研究所负责起草。

本标准主要起草人汪笑松、郑英焕、傅俐。

ICS 81.040
Q 34

中华人民共和国建材行业标准

JC/T 632—2002
代替 JC/T 632—1996

汽车安全玻璃术语

Road vehicles-safety glazing materials-terminology

(ISO 3536 Road vehicles—safety glazing materials-vocabulary, NEQ)

2002-12-09 发布　　2003-03-01 实施

中华人民共和国国家经济贸易委员会　发布

前　言

本标准与国际标准ISO 3536:1999《汽车安全玻璃术语》的一致性程度为非等效，在JC/T 632—1996《汽车安全玻璃术语》的基础上修订。

本标准与ISO 3536:1999《汽车安全玻璃术语》的主要技术差异为：

考虑到我国行业实际使用情况，本标准增加录入了区域钢化玻璃、电热安全玻璃、中空安全玻璃等68个词条。

本标准代替JC/T 632—1996《汽车安全玻璃术语》。

与JC/T 632—1996《汽车安全玻璃术语》相比，主要变化如下：

a) 新增了4个条款：即塑料安全玻璃材料、经处理类夹层玻璃、荷叶边和球面度。
b) 修改了12个条款：即安全玻璃、塑玻复合材料、钢化玻璃、中空安全玻璃、风窗玻璃、视区、模具印记、可见光透射比、可见光反射比、楔形、副像、光学偏移。

本标准附录A、附录B为资料性附录。

本标准由原国家建筑材料工业局提出。

本标准由全国汽车标准化技术委员会安全玻璃分技术委员会归口。

本标准起草单位：中国建筑材料科学研究院玻璃科学与特种玻璃纤维研究所。

本标准主要起草人：杨建军、王文彪、陈群、马燕华。

本标准所替代标准的历次版本发布情况：

JC/T 632—1996。

汽车安全玻璃术语

1 范围

本标准规定了有关汽车安全玻璃的名词术语。

本标准适用于汽车安全玻璃，也适用于其他道路车辆用安全玻璃。

2 术语

2.1 种类

2.1.1 安全玻璃 safety glazing material

由无机材料与有机材料或无机材料经复合或处理而成的产品，当这类产品用于车辆上时，能最大限度的减少人员伤害的可能性，且应具有视野、强度和耐磨性等特殊要求的产品。

2.1.2 塑玻复合材料 glass-plastic safety glazing material

由一层或多层玻璃与一层或多层塑料材料复合而成的玻璃材料，安装后其面向乘客的一面为塑料层。

2.1.3 塑料安全玻璃 plastic safety glazing material

以一种或多种有机高分子聚合物为基本成分的安全玻璃材料，在制造或加工的某些阶段可以流延成型，最终成品为固态。

2.1.4 钢化玻璃 toughened glass

单层玻璃经特殊处理后，其机械强度得到提高，且破碎后能够控制其碎片状态的产品。

2.1.5 区域钢化玻璃 zone-tempered glass

分区域控制钢化程度的一种钢化风窗玻璃，一旦破碎后在视区内仍能保证一定的能见度。

2.1.6 夹层玻璃 laminated safety glazing material

两层或多层玻璃用一层或多层中间层胶合而成的复合玻璃。

2.1.7 经处理类夹层玻璃 treated laminated safety glazing material

至少一层玻璃经特殊处理，以提高其机械强度，且破碎后碎片状态得到控制的夹层玻璃。

2.1.8 电热安全玻璃 electrically-heated safety glass

把电加热元件烧结到玻璃上或采用特殊工艺结合到玻璃上的一种安全玻璃，通电后能起到除雾、除霜的作用。

2.1.9 中空安全玻璃 insulation safety glazing material

指把两片或多片安全玻璃以均匀间隙分开，永久性地装配在一起的玻璃组合件，能起到隔音、隔热作用。

2.1.10 防弹玻璃 bullet-resisting glass

对枪弹具有特定阻挡能力的特种夹层玻璃。

2.1.11 增反射安全玻璃 enhanced reflecting safety glazing maierial

具有折射率大于玻璃本身折射率反射膜的安全玻璃。

2.1.12 屏显风窗玻璃(H. U. D 玻璃) head-up display windscreen

利用在风窗视区部分镀膜后，将仪表显示通过一套光学系统反射于正前方的风窗玻璃。

2.2 应用部位

2.2.1 风窗玻璃(前风窗玻璃) windscreen (windshield)

汽车前部用于挡风以及可为驾驶员提供清晰视野的安全玻璃。

2.2.2 后窗玻璃(后挡玻璃) **backlight (backlite)**

汽车后部的窗用安全玻璃。

2.2.3 侧窗玻璃 **side window**

汽车两侧的窗及门所用的安全玻璃。

2.2.4 视区 **vision area**

驾驶车辆时,安全玻璃材料中满足特殊光学要求的区域。

2.2.5 主视区 **primary vision area**

通过驾驶员主视线,位于驾驶员正前方视区中的一部分。(无变动)

2.3 尺寸与形状

2.3.1 风窗玻璃的安装角 **inclination angle of a windscreen(rake angle)**

通过风窗上下边的直线与垂直线的夹角,该直线与垂直线应包含在纵向对称平面内。

2.3.2 展开面积 **developed area**

玻璃展开图的外接最小矩形面积。

2.3.3 弯曲度 **warpage**

平型玻璃板的不平直程度,以翘起的高度与形成最大翘曲对应的两点的间距之比来表示。

2.3.4 吻合度 **curvature tolerance**

表示弯型玻璃与检验模具的贴合程度,以玻璃与检验样架的间隙值来表示。

2.3.5 拱高 **height of segment**

弯型玻璃的内表面到玻璃侧边所在平面的最大距离(如图1所示)。

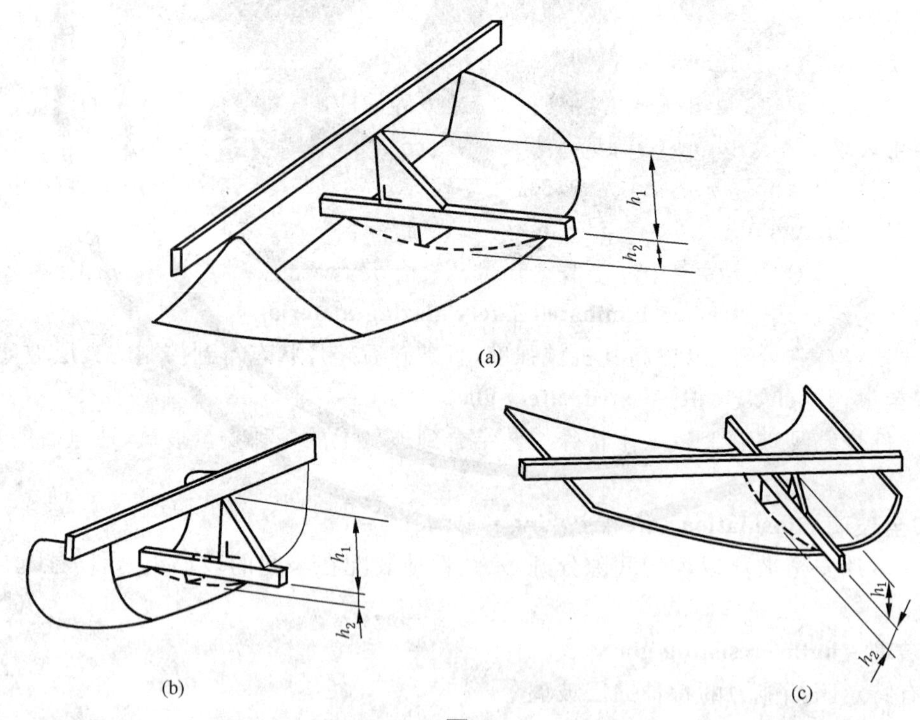

图1

2.3.6 曲率半径 **radius of curvature**

弯型玻璃的内表面弯曲部分所在圆的半径。

2.3.7 浅弯 **shallow bending**

曲率半径大于或等于300 mm或拱高小于或等于100 mm的曲面状态。

2.3.8 深弯 **deep bending**

曲率半径小于300 mm或拱高大于100 mm的曲面状态。

2.3.9 单曲面玻璃 cylindrically curved glass(single curved glass)

只有一个曲率半径的圆柱形弯型玻璃。

2.3.10 复合曲面玻璃 complex-curved glass

有2个或2个以上曲率半径的弯型玻璃。

2.4 外观质量

2.4.1 气泡 bubble

玻璃中的气体夹杂物，呈圆形、椭圆、线状和点状。

2.4.2 划伤 scratch

在生产或储运过程中玻璃表面被硬物摩擦所留下的伤痕。

2.4.3 线道 string

玻璃上呈现的明显细的线条。

2.4.4 波筋 wave

玻璃表面呈现出与拉引方向一致的线条。

2.4.5 结石 stone

玻璃中的固体夹杂物，有原料、耐火材料、析晶物等，一般为未熔物质或结晶颗粒。较小的结石称沙粒。

2.4.6 节瘤 knot

以透明瘤状形态存在于玻璃板中的一种非均态缺陷。

2.4.7 发霉 weathering

玻璃表面受大气环境侵蚀后的一种风化现象。

2.4.8 模具印记 mold mark

弯型玻璃成型过程中，模具在玻璃表面残留的印痕。

2.4.9 挂钩印记 tong mark

钢化玻璃边部的挂具痕迹。

2.4.10 钢化彩虹 bloom

由于浮法玻璃下表面的锡扩散层在热处理后，表面形成微裂纹，在光照下产生干涉色。

2.4.11 应力斑 stress pattern(monttled pattern)

在偏光或部分偏光照射条件下，由于内部应力使玻璃产生双折射现象而引起的光学效应。

2.4.12 胶合层气泡 boil

在胶合层材料中或玻璃与胶合层之间的气体夹杂物。

2.4.13 胶合层杂质 interlayer dirt

夹在夹层玻璃中的杂质。

2.4.14 绒毛 lint

夹层玻璃胶合层中夹杂的织物短纤维。

2.4.15 叠差 mismatch

夹层时两片玻璃的边部产生错位。

2.4.16 脱胶 delamination

夹层玻璃中的其中一层或两层玻璃与胶合层产生分离的现象。

2.4.17 胶合层变色 discoloration

夹层玻璃中的胶合层外观上产生的发黄或乳浊现象。

2.4.18 爆边 chip

玻璃边缘出现的贝壳状缺损。

2.4.19 缺角 broken corner

玻璃板上曲率半径不大于5 mm的边角部分的缺损。

2.4.20 **倒圆** **profiled edge**

将玻璃边缘加工成圆弧形的工序。

2.4.21 **抛光边** **polished edge**

经细加工的玻璃边缘,平滑、透明,其光泽与玻璃表面非常接近。

2.4.22 **细磨边** **finely ground edge**

经细加工的玻璃边缘,有滑润感,但不透明。

2.4.23 **粗磨边** **coursely-ground edge**

经粗加工的玻璃边缘,有粗糙感,但不会造成伤害。

2.4.24 **磨边残留** **shiner**

玻璃边部加工后残留的未倒圆或未磨边部分。

2.4.25 **荷叶边** **rate of change**

玻璃边缘产生的波浪形变形。

2.4.26 **球面度** **cross curvature**

弯型玻璃制品曲面变形量。

2.5 **性能**

2.5.1 **可见光透射比 τ(透光度)** **regular luminous transmittance**

通过玻璃材料的可见透射光的光通量 Φ_T 与入射光通量 Φ 的比值。

$\tau = \Phi_T / \Phi$

2.5.2 **可见光反射比** **luminous reflectance**

反射的光通量与透射的光通量之比,反射比取决于光源的相对功率分布。

2.5.3 **楔形** **wedge**

安全玻璃材料两个外表面的不平行程度,它可能是由于材料本身造成,也可能是加工玻璃时所采用的生产工艺造成。

2.5.4 **副像(重像)** **secondary image(ghost image)**

除明亮的主像以外的虚像,常见于夜间透过玻璃观察一个与周围环境相比非常明亮的物体,如迎面驶来的汽车前灯。

2.5.5 **光学偏移(角偏差)** **optical deviation(angular deviation)**

入射光线与通过安全玻璃材料的折射光线间的夹角。

2.5.6 **给定方向的光畸变** **optical distortion in a given direction**

在安全玻璃材料表面两点 M 及 M' 上,所测的光学偏移 α_1 和 α_2 的代数差 $\Delta\alpha$,通过 M 及 M' 的视线垂直间距为给定值 ΔX(见图 2)

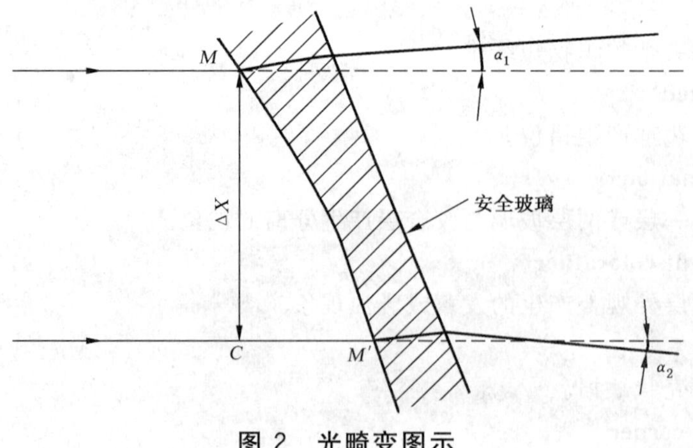

图 2 光畸变图示

$\Delta\alpha=\alpha_1-\alpha_2$ 即 MM'方向的光畸变，并考虑角度的符号。

$\Delta X=MC$ 为通过 M 及 M'点与观察方向平行的两平行线间的距离。

2.5.7 颜色识别试验 identification of colours test

确定通过前风窗安全玻璃是否能看到物体的本色。

2.5.8 破碎后的能见度试验 visibility-after-fracture test

确定区域钢化玻璃破碎后是否能保留一定的可见度的试验。

2.5.9 耐热性试验 resistance-to-high-temperature test

确定安全玻璃能否在一段持续的时间内承受热带温度影响的试验。

2.5.10 耐辐照性试验 resistance-to-radiation test

确定安全玻璃经一定时间辐照后是否出现明显变色和透射比明显降低的试验。

2.5.11 耐湿性试验 resistance-to-humidity test

确定安全玻璃是否能经受一定时间大气中湿气作用的试验。

2.5.12 耐燃烧性试验 resistance-to-fire test

确定安全玻璃在小火焰作用下特性的试验。

2.5.13 耐温度变化性试验 resistance-to-temperature-changers test

确定安全玻璃材料能否承受温度变化而不变质的试验。

2.5.14 耐烘烤性试验 resistance-to-bake test

确定中空玻璃结构在一段时间内能否承受高温作用的试验。

2.5.15 耐模拟气候试验 resistance-to-simulated-weathering test

确定至少一面为塑料的安全玻璃能否经受模拟气候条件下曝晒的试验。

2.5.16 耐化学侵蚀性试验 resistance-to-chemicals test

确定内表面为塑料的安全玻璃暴露在化学物质的环境中是否出现明显的品质变化的试验。

2.5.17 抗磨性试验 resistance-to-abrasion test

确定安全玻璃是否具有某一最低限度的耐磨耗性能的试验，其值用雾度表示。

2.5.18 人头模型试验 head-form test

确定安全玻璃在钝物冲击下的最终强度和粘结力的试验。

2.5.19 抗穿透性试验 resistance-to-penetration test

确定安全玻璃对 2 260 g 钢球的抗穿透性试验。

2.5.20 抗冲击试验 ball-impat test

确定安全玻璃受 227 g 钢球冲击时是否具有某一最低限度的强度或粘结力的试验。

2.5.21 碎片状态试验 fragmentation

确定安全玻璃破碎时其碎片造成的伤害程度的试验。

2.5.22 落箭试验 dart test

确定安全玻璃在尖角小钢体的冲击下是否具有一定最低强度和抗穿透性试验。

2.5.23 霰弹袋试验 shot-bag test

确定安全玻璃在易变形的大面积物体冲击下是否保持一定的最低强度的试验。

2.6 其他

2.6.1 制品 product

经过生产工序加工后的最终产品。

2.6.2 试验片 test piece

与制品同一工艺条件生产的或从制品上直接切取的尺寸形状符合要求的样片。

2.6.3 试样 specimens

用作试验的安全玻璃制品或试验片。

2.6.4 装饰边(黑边) obscuration band

安全玻璃边缘上烧结一定宽度的黑色釉料,以起到装饰及遮盖作用。

2.6.5 遮阳带 shade band

风窗玻璃上方具有一定宽度的色带,能够减少对驾驶员产生的眩光影响。

附　录　A
（资料性附录）
汉语拼音索引

附 录 B
（资料性附录）
英语索引

二、玻璃原料

前　言

本标准是JC/T 529—1994的修订版本。本标准适用于平板玻璃用硅质原料。

本次修订参照了英国国家标准BS 2975:1988《玻璃生产用砂取样及分析方法》,原苏联国家标准ГОСТ 22551:1977《玻璃工业用石英砂、砂岩、石英岩和脉石英》以及国外一些公司的标准。

本次修订的主要内容包括:增加了产品分类规定,根据Al_2O_3,含量的不同将硅质原料划分为Ⅰ类和Ⅱ类,Ⅰ类Al_2O_3含量低,Ⅱ类Al_2O_3含量高。对Ⅰ类产品每一个级别又分成两种类型。在原标准一级与二级品之间增加一个等级。根据玻璃工业的技术进步情况,对化学成分的波动指标和粒度组成指标进行了修改,SiO_2含量的波动指标优等品仍按原标准,其他等级统一为±0.30%,原标准三级品、四级品由±0.30%修改为±0.20%。将原标准一级至四级品的粒度上限与优等品统一,为0.71 mm;而粒度下限则分类规定,天然硅砂为0.125 mm,用砂岩加工的硅砂为0.1 mm。另外,去掉了标准的附录部分,而直接引用相关的标准。

本标准自实施之日起,同时代替JC/T 529—1994。

本标准由国家建筑材料工业局秦皇岛玻璃工业研究设计院提出并技术归口。

本标准主要起草单位:国家建筑材料工业局秦皇岛玻璃工业研究设计院、福建省东山县硅砂矿。

本标准起草人:刘小礼、牛　晓、黄镇祥、邹晓辉、王　林、王　瑞、王立祥。

中华人民共和国建材行业标准

JC/T 529—2000

代替 JC/T 529—1994

平板玻璃用硅质原料

Sand for making flat glass

1 范围

本标准规定了硅质原料的技术要求、试验方法、检验规则及运输、贮存和质量证明书等。

本标准适用于平板玻璃用硅质原料。

2 引用标准

下列标准所包含的条文，通过在本标准中引用而构成为本标准的条文。本标准出版时，所示版本均为有效。所有标准都会被修订，使用本标准的各方应探讨使用下列标准最新版本的可能性。

JC/T 650—1996　玻璃原料粒度测定方法

JC/T 753—1982(1996)　硅质玻璃原料化学分析方法

JC/T 866—2000　玻璃原料水分含量测定方法

3 产品分类

产品分为Ⅰ类和Ⅱ类两种类型，Ⅰ类 Al_2O_3 含量低，Ⅱ类 Al_2O_3，含量高。

4 要求

4.1 化学成分及水分

4.1.1　化学成分及水分应符合表 1 的规定。

4.1.2　化学成分的波动值应符合表 2 的规定。

4.2 粒度组成

粒度组成应符合表 3 的规定。

5 试验方法

5.1 试样制备

5.1.1　水分测定试样

取来的大样应充分混匀，立即从不同部位取 10 份样，每份样质量应尽可能相等，约为 3 g，10 份样合在一起作为水分测定试样。制备好的试样应立即测定。

5.1.2　粒度测定试样

从大样中用四分法缩取粒度测定试样，每份 100～150 g。同时，留存副样备用。

国家建筑材料工业局2000-12-25批准　　2001-05-01实施

表 1 %

级别		化学成分			水分 ≤
		SiO_2 ≥	Al_2O_3 ≤	Fe_2O_3 ≤	
Ⅰ类	优等品	98.50	0.50	0.05	5
		98.00	1.20		
	一级	98.50	0.70	0.10	
		97.50	1.20		
	二级	98.00	0.70	0.15	
		96.50	1.50		
	三级	98.00	0.70	0.20	
		96.50	1.50		
Ⅱ类	一级	92.00	4.00	0.20	
	二级	90.50	4.50	0.30	

表 2 %

级别		化学成分的波动值		
		SiO_2	Al_2O_3	Fe_2O_3
Ⅰ类	优等品	±0.20	±0.10	±0.01
	一级	±0.30	±0.15	—
	二级		±0.20	—
	三级			
Ⅱ类	一级			
	二级			

表 3 %

级别		粒度组成 ≤			
		+1 mm	+710 μm	+500 μm	−100 μm(−125μm)
Ⅰ类	优等品	0 (0)	0.5 (0.5)	5.0 (5.0)	5.0 (5.0)
	一级				10.0 (5.0)
	二级				20.0 (8.0)
	三级				
Ⅱ类	一级				(5.0)
	二级				
注：括号中的值是对天然硅砂产品的要求。					

5.1.3 化学分析试样

从大样中用四分法缩取化学分析试样，每份 50～100 g。同时，留存副样备用。

5.2 化学分析

按 JC/T 753 的规定进行。

5.3 粒度组成

按 JC/T 650 的规定进行。

5.4 水分测定

按 JC/T 866 的规定进行。

6 检验规则

6.1 交付检验

产品出厂时进行交付检验。检验项目包括 SiO_2、Al_2O_3、Fe_2O_3,水分和粒度。

6.2 组批

以一次交货量为一批。

6.3 取样

6.3.1 取样工具

插入式取样器,一次取样量应不少于 0.5 kg。

取样铲,一次取样量应不少于 0.5 kg。

6.3.2 取样方法

6.3.2.1 所取样品必须具有代表性和均匀性。用货车(船)运输的硅质原料产品,从批的每一车(船)中取 5 个样,取样点位置见图 1。从料堆和流动料流中至少取 10 个样。从料堆中取样时,取样点应均匀布置;从流动料流中取样时,取样的间隔时间按式(1)计算:

$$t=\frac{60\times m}{10\times Q} \qquad (1)$$

式中:t——取样间隔时间,min;

m——批料的质量,t;

Q——流动料流的输送能力,t/h。

6.3.2.2 货车(船)和料堆采用插入式取样器取样,取样器插入深度不少于 0.5 m;流动料流采用取样铲取样。

6.3.2.3 每批产品所取的样品合并成大样,其质量应不少于 5 kg。

6.3.2.4 样品用密封容器盛置。

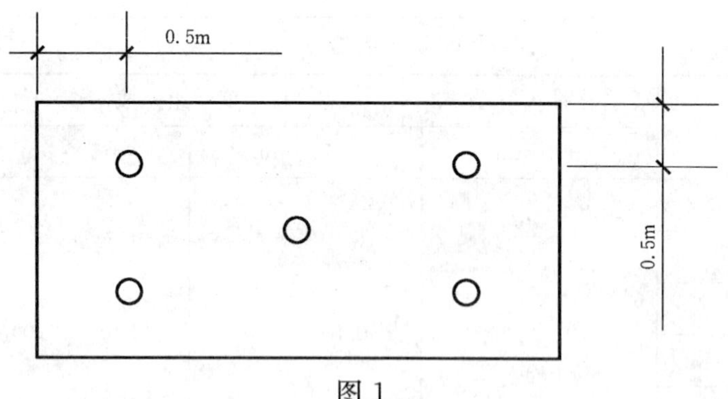

图 1

6.4 判定规则

6.4.1 每批产品均应进行检验。

6.4.2 检验项目全部合格,则该批产品为合格。若个别项不合格,可从同批量中加倍取样点重新取样进行复验,以复验结果为该批产品的检验结果。

7 运输、贮存和质量证明书

7.1 硅质原料可用汽车、火车和船散装运输。装车(船)前,车辆(船仓)要清扫干净。

7.2 贮存场地要干净,防止外来杂质混入。不同级别不同批次的产品应分别堆放。

7.3 每批产品应附质量证明书,内容包括:

a）产品名称与生产单位；
b）批号与批量；
c）理化指标检验结果；
d）产品级别与本标准号；
e）发货日期。

中华人民共和国建材行业标准

JC/T 648—1996

平板玻璃混合料

1 主题内容与适用范围

本标准规定了平板玻璃混合料的质量指标、检验方法和检验规则。

本标准适用于平板玻璃混合料的质量检验，其它玻璃混合料的质量检验也可参照使用。

2 引用标准

GB 210 工业碳酸钠

GB/T 1347 钠钙硅玻璃化学分析方法

GB 6009 工业无水硫酸钠

JC/T 529 平板玻璃用硅质原料

JC/T 649 平板玻璃用白云石

JCJ 04 平板玻璃工厂工艺设计规范

3 技术要求

3.1 主要原料要求

纯碱、芒硝、硅砂和砂岩、白云石、石灰石、长石等主要原料应分别符合 GB 210、GB 6009、JC/T 529、JC/T 649 及 JCJ 04 的规定。

3.2 配料称量精度

静态精度应等于或高于 1/1000，动态精度应保持在 1/200～1/500；条件允许时，为了保证原料的干基量，宜采用水分自动检测补偿装置。

3.3 平板玻璃混合料

平板玻璃混合料质量应符合表 1 要求。

表 1

项目名称		允许范围	
		优级品	合格品
外观		无料团和结块	
混合料温度，℃	⩾	36	
水分抽单样与设定值偏离，%		±0.50	
Na_2CO_3 抽单样与设定值偏离，%		±0.30	±0.70
Na_2CO_3 3～5 批抽单样累计平均值与设定值偏离，%		±0.05	±0.20
Na_2CO_3 均方差，%		±0.25	±0.60
酸不溶物抽单样与设定值偏离，%		±0.50	±1.0

国家建筑材料工业局 1996-11-14 批准

1997-04-01 实施

续表 1

项　目　名　称	允许范围	
	优级品	合格品
CaO 抽单样与设定值偏离，%	±0.30	±0.70
MgO 抽单样与设定值偏离，%		
电导仪测均匀度，%　　≥	98.5	95
注：设定值是根据配料表和工艺指标计算出的值。		

4 检验方法

4.1 混合料外观质量直接人工目测观察检验。

4.2 混合料温度：

在混合机排料口处，用水银温度计插入混合料中直接测量，条件允许时，宜采用自动检测装置。

4.3 其他指标按附录 A(标准的附录)和附录 B(提示的附录)进行测定。

5 检验规则

5.1 组批与检验分类

5.1.1 组批

以混合机一次混合料量为一付，一天三班生产混合料的产量(120～180 付)为一批。

5.1.2 检验分控制检验和全分析检验，见表 2。

表 2

检验分类	检验项目
控制检验	外观
	混合料温度
	水分抽单样与设定值偏离
	Na_2CO_3 抽单样与设定值偏离
	Na_2CO_3 3～5 批抽单样累计平均值与设定值偏离
全分析检验	外观
	混合料温度
	水分抽单样与设定值偏离
	Na_2CO_3 抽单样与设定值偏离
	Na_2CO_3 3～5 批抽单样累计平均值与设定值偏离
	Na_2CO_3 均方差或电导仪测均匀度
	酸不溶物抽单样与设定值偏离
	CaO 抽单样与设定值偏离
	MgO 抽单样与设定值偏离

5.1.2.1 控制检验：

a) 混合料外观和混合料温度在生产过程中不定期随时检验。

b) 水分抽单样与设定值偏离，每批抽检 6 次。

c) Na_2CO_3 抽单样与设定值偏离，每批抽检 9 次。

d) Na_2CO_3 抽单样累计平均值与设定值偏离，3～5 批抽检一次。

5.1.2.2 有下列情况之一时，应进行全分析检验：

a) 正常生产时每季度检查一次。

b) 生产工艺发生重大变化时，检查一次。

c) 生产中发生质量事故时，检查一次。

5.2 检验判定

控制检验和全分析检验结果均应符合表 1 规定，否则应查清原因进行调整。

5.3 混合料取样方法

5.3.1 取样工具

插入式取样器和取样铲。

一次取样量应为 10g、2g 或 5g。

5.3.2 取样

在料罐中或皮带机料流上取样，取样点应均匀分布。均方差或电导仪测均匀度项目取样，一点组成一个试样，其余检验项目取样，5 个点组成一个试样。

用插入式取样器在料罐中取样，插入深度不少于 0.3m；用取样铲在皮带机料流上取样，间隔时间按式(1)计算：

$$T=\frac{60\times m}{N\times Q} \qquad (1)$$

式中：T——取样间隔时间，min；

m——每付料质量，t；

Q——流动料的输送能力，t/h；

N——取样点数或取样个数。

5.3.3 取样量

均方差或电导仪测均匀度检验项目，从一付料中取 20～30 个试样，每个试样足量 2g 或 5g。

其余检验项目取样，从每批料中按配料时间均匀取 9 个试样，试样量为 30～50g。

5.3.4 试样制备

取来的 30～50g 试样，应充分混合均匀，进行缩分后进行项目测定。测定均方差或电导仪测均匀度时，试样不进行混合缩分，烘干后直接进行测定，在试样制备中如果混合料中有碎玻璃应首先过筛除去。

附　录　A
（标准的附录）
平板玻璃混合料化学分析方法

A1　总则

A1.1　分析所用天平应精确至 0.000 1g，天平与砝码应定期进行检定，称取试样时应精确至 0.000 2g。

A1.2　分析用水应为蒸馏水或去离子水，所用试剂为分析纯或优级纯，用于标定的试剂除另有说明外应为基准试剂。

A1.3　分析所用的仪器或量器应经过校正。

A2　含水率的测定

准确称取试样约 10g 置于恒重的称量瓶或料盘中放入烘箱，在 105～110℃下烘干 45min，取出放入干燥器中冷却至室温后称量，如此重复，直至恒重。

混合料含水百分率(X_1)按(A1)式计算

$$X_1=\frac{m-m_1}{m}\times100 \quad\cdots\cdots\cdots\cdots (A1)$$

式中：X_1——混合料含水率，%；

m——烘干前试样质量，g；

m_1——烘干后试样质量，g。

允许偏差：平行测定两次结果之差不大于 0.1%。

A3　碳酸钠的测定

A3.1　试剂

a) 溴甲酚绿-甲基红混合指示剂：将溴甲酚绿乙醇溶液(1g/L)与甲基红乙醇溶液(2g/L)按 3+1 体积混合摇匀。

b) 0.3mol/L 盐酸标准溶液：量取 27mL 比重 1.19 浓盐酸，注入 1 000mL 水中，摇匀。

盐酸标准溶液标定：称取 0.4g 于 270～300℃灼烧 2h 已恒重的基准无水碳酸钠，溶于 50mL 水中，加 10 滴溴甲酚绿-甲基红混合指示剂，用配制的盐酸标准溶液滴定溶液由绿色变为暗红色，煮沸 2min，冷却后继续滴定至溶液再呈暗红色，同时做空白试验。

盐酸标准溶液浓度按(A2)式计算：

$$c(\mathrm{HCL})=\frac{m}{(V_1-V_2)\times0.05299} \quad\cdots\cdots\cdots\cdots (A2)$$

式中：c(HCL)——盐酸标准溶液的浓度，mol/L；

m——无水碳酸钠质量，g；

V_1——盐酸标准溶液的用量，mL；

V_2——空白试验盐酸标准溶液的用量，mL；

0.052 99——与 1.00mL 盐酸标准溶液[c(HCL)=1.000mol/L]相当的以克表示的无水碳酸钠的质量。

注：标定盐酸标准溶液时，应称三份碳酸钠于三个烧杯中，滴定后 3 个结果的差值应小于 0.000 6。

A3.2　分析步骤

试样经缩分后，取 2～5g 于瓷钵中研磨后，置于称量瓶，放入 105～110℃烘箱中烘 45min，取出放入干燥器冷却至室温后，准确取 1.5～2g 试样置于 300mL 烧杯中，加入 130～150mL 水，加 10 滴溴甲酚绿-甲基红混合指示剂，用盐酸标准溶液滴定至溶液由绿色变为暗红色，煮沸 2min，冷却至室温后继续滴定至溶液再呈暗红色。

碳酸钠的百分含量(X_2)按(A3)式计算：

$$X_2=\frac{c(HCL)\times V\times 0.05299}{m}\times 100 \qquad (A3)$$

式中：X_2——碳酸钠百分含量，%；

$c(HCL)$——盐酸标准溶液浓度，mol/L；

m——试样质量，g；

V——盐酸标准溶液的用量，mL；

0.052 99——与 1.00mL 盐酸标准溶液[$c(HCL)=1.000mol/L$]相当的以克表示的碳酸钠的质量。

允许偏差：两次平行测定结果之差不大于 0.1%。

碳酸钠的均方差(X_3)和百分含量平均值($\overline{X}$)按(A4)、(A5)式计算：

$$X_3=\sqrt{\frac{1}{n-1}\sum_{i=1}^{n}(X_i-\overline{X})^2} \qquad (A4)$$

$$\overline{X}=\sum_{i=1}^{n}X_i\times\frac{1}{n} \qquad (A5)$$

式中：X_3——碳酸钠的均方差，%；

X_i——任意一个试样测定碳酸钠的百分含量，%；

n——一付料中测定试样的个数；

$\overline{X}$——一付料中测定 20～30 个试样碳酸钠百分含量的平均值或 3～5 批抽样测定碳酸钠累计平均值。

允许偏差：两次平行测定结果不大于 0.05%。

A4 酸不溶物和氧化钙、氧化镁的测定

A4.1 酸不溶物的测定

A4.1.1 试剂

a) 盐酸(1+1)；

b) 慢速定量滤纸。

0.1g/L 硝酸银指示剂。

A4.1.2 分析步骤

准确称取 1.5～2g 试样，置于 300mL 烧杯中，加水 100～130mL 和盐酸 25mL(1+1)，待反应停止后，于电炉上加热煮沸 15min，待不溶物下沉后，用恒重慢速定量滤纸过滤，用热水转移杯中水溶物至滤纸上，继续用温水洗涤不溶物至用硝酸银指示剂检验无氯离子反应，滤液接于 250mL 容量瓶中，以水稀释至刻度，以备测定氧化钙、氧化镁用。

将不溶物与滤纸移入预先恒重的瓷坩埚中，放在 105～110℃烘箱中烘干 2h 冷却至室温，反复烘干至恒重。

酸不溶物百分含量(X_4)按(A6)式计算：

$$X_4=\frac{m_1-m_2}{m}\times 100 \qquad (A6)$$

式中：X_4——酸不溶物百分含量，%；

m_1——酸不溶物、滤纸和坩埚质量，g；

m_2——滤纸、坩埚质量，g；

m——试样质量，g

允许偏差：两次平行测定结果之差不大于 0.25%。

A4.2 氧化钙的测定

吸取 50mLA4.1 酸不溶物测定中的滤液按 GB/T 1347 中 2.8.1 进行氧化钙的测定。

A4.3 氧化镁的测定

吸取 50mLA4.1 酸不溶物测定中的滤液按 GB/T 1347 中 2.9.1 进行氧化镁的测定。

附 录 B

（提示的附录）

电导法测定混合料均匀度

B1 方法要点

在一定温度下玻璃混合料溶液的电导率与水溶盐含量成正比，因此可用电导率的均方差推算混合料均匀度。

B2 设备仪器

a）电导仪：量程 0～0.1us/cm 不大于 2%，其余各量程不大于 1.5%；

b）天平：精度 0.0001g；

c）多头磁力搅拌器：单机功率为 1.5W，转速为 200～1000r/min。

B3 测定步骤

抽取约 5g 试样放入 105～110℃烘箱中烘干 45min，取出放入干燥器中冷却至室温，用天平准确称量试样放入 300mL 烧杯，再加入 200mL 与室温保持一致的蒸馏水，放在磁力搅拌器上，搅拌 5min 使水溶液全部溶解，打开电导仪，将黑电极用准备的蒸馏水洗净，调整零点，校正量程，将电极插入搅拌好的溶液中轻轻搅拌，指针稳定时，记下读数，再以同样方法重复进行其它 20～30 个试样的测定。

混合料均匀度按概率论的数理统计方法，有限试样标准离差，按下式计算：

$$S=\sqrt{\frac{1}{n-1}\sum_{i=1}^{n}(X_{i5}-\overline{X}_{i5})^2} \quad \text{(B1)}$$

$$X_{i5}=\frac{X_i}{m_i}\times 5 \quad \text{(B2)}$$

$$\overline{X}_{i5}=\sum_{i=1}^{n}X_{i5}\times\frac{1}{n} \quad \text{(B3)}$$

式中：S——电导率均方差；

n——试样个数；

X_i——任意一个试样的电导率；

X_{i5}——试样换算为 5g 的电导率；

m_i——任意一个试样的质量，g；

$\overline{X}_{i5}$——试样换算为 5g 后的电导率的平均值。

因此推算标准离差：

$$C_v=\frac{S}{\overline{X}_{i5}\times 100} \quad \text{(B4)}$$

混合料均匀度：

$$H_s=100-C_v \quad \cdots\cdots (B5)$$

附加说明：

本标准由国家建筑材料工业局秦皇岛玻璃研究院负责起草并技术归口。

本标准参加单位:秦皇岛耀华玻璃总厂和秦皇岛市玻璃厂。

本标准主要起草人:苑昌才、胡桂庚、刘金瑞、毕国芹、陈　芳。

中华人民共和国建材行业标准

JC/T 649—1996

平板玻璃用白云石

1 主题内容与适用范围

本标准规定了白云石的技术要求、测定方法、检验规则及包装、运输和贮存等。

本标准适用于平板玻璃用白云石。

2 引用标准

GB 6003 试验筛

JC/T 440 玻璃工业用白云石化学分析方法

JC/T 529 平板玻璃用硅质原料

3 产品分类

3.1 白云石产品分为白云石块和白云石粉两类。

3.2 白云石块产品按粒度划分为300～20mm、150～20mm和50～10mm三种。

3.3 白云石产品划分为优等品、一级品和合格品三个级别。

4 技术要求

4.1 化学成分和水分

4.1.1 白云石块和白云石粉的化学成分及白云石粉的水分应符合表1的规定。

表1

级别	化学成分 %					水分 %
	MgO	CaO	Fe_2O_3	SiO_2	Al_2O_3	
优等品	≥21.00	≤31.00	≤0.10	≤2.00	≤1.00	≤1
一级品	≥20.00	≤32.00	≤0.20	≤3.00	≤1.00	
合格品	≥18.00	≤34.00	≤0.25	≤3.00	≤1.00	

4.1.2 白云石块和白云石粉的MgO和CaO的含量波动应不高于±0.65%。

4.2 粒度

4.2.1 白云石块的粒度应符合表2的规定。

表2

规格 mm	产率 %				
	+300mm	+150mm	+50mm	−20mm	−10mm
300～20	0	—	—	≤10	—
150～20	—	0	—	≤10	—
50～10	—	—	0	—	≤10

国家建筑材料工业局1996-11-14批准　　　　1997-04-01实施

4.2.2 白云石粉的粒度应小于2.5mm。优等品小于0.1mm粒级的产率应不超过20.00%。

4.3 白云石产品中不应混有泥土,山皮及杂石等其他杂质。

5 试验方法

5.1 试样的制备

5.1.1 化学分析试样

从块产品中取来的大样,经过破碎筛分,使其全部通过2.5mm的筛子,用四分法缩取试样,每份50～100g,同时留出副样,以备检查。从粉产品中取来的大样直接缩分制样。

5.1.2 水分测定试样

从粉产品中取来的大样充分混匀,立即从不同部位取10个份样,每个份样应尽可能相等,约为2g,份样合在一起作为水分测定试样。制备好的试样应立即测定。

5.1.3 粒度测定试样

从粉产品中取来的大样用四分法缩取粒度试样,每份200g。同时留出副样,以备检查。

从块产品中取来的大样直接筛分测定粒度。

5.2 化学分析

按JC/T 440规定的方法进行分析。

5.3 水分测定

按JC/T 529的规定进行测定。

5.4 白云石粉的粒度测定

按JC/T 529的规定进行测定。

5.5 白云石块的粒度测定

5.5.1 工具

a) 筛,方格筛孔,筛孔尺寸应符合GB 6003,筛框形状及大小不作规定。

b) 衡器,感量为最大称量的0.2%,且最大称量应接近筛分用样量。当矿量较大时,允许分次称量。

5.5.2 测定方法

将取来的大样用筛孔尺寸为50mm的筛子预先筛去+50mm的粒级,以防止大块产品对筛网的损坏。然后,将筛下的产品给入筛孔尺寸为20mm或10mm的筛子,手工筛分,继续筛分1min,通过筛子的试样不超过装矿量的0.1%为筛分终点。

如果矿样量较大,可分次筛分,以防止筛网过负荷。

筛分后将各粒级试样分别称量。

每一规格产品的最大块矿石可在筛分过程中目测选取,分别用300mm,150mm或50mm的方格筛测定粒度。

5.5.3 结果的计算

筛分结果按式(1)计算

$$\gamma_i=\frac{m_i}{m}\times 100 \qquad (1)$$

式中:γ_i——第i粒级试样的产率,%;

m_i——第i粒级试样的质量,kg;

m——筛分后各粒级试样的总质量,kg。

6 检验规则

6.1 检验分类

6.1.1 产品检验分出厂检验和型式检验。出厂检验项目见表3,型式检验项目为本标准规定的所有技术要求。

表 3

检　验　分　类	检　验　项　目	
出厂检验	块产品	MgO、CaO 和 Fe_2O_3 成份
	粉产品	MgO、CaO、Fe_2O_3 成份，粒度和水分

6.1.2　有下列情况之一时，应进行型式检验：

a）因矿床、矿石性质或生产工艺发生较大变化时；

b）出厂检验结果与上次型式检验结果有较大差异时；

c）正常生产时，每季度进行一次；

d）产品长期停产恢复生产或有质量漏洞时；

e）产品需要重新鉴定评价时；

f）用户提出进行型式检验要求时；

g）国家质量监督机构提出型式检验要求时。

6.2　批量

以一次交货量为一批。

6.3　取样

6.3.1　块产品化学分析取样

所取样品必须具有代表性和均匀性。从批产品粒堆的 30 个均匀分布的取样点上取样。每个取样点选取 10 个相互毗邻的白云石块，从每一个白云石块上用手锤砸下小块作为样品，其质量不小于 0.05kg。将各点取的样品合在一起作为大样。样品用密封容器盛置。

6.3.2　块产品粒度测定取样

用铲车、抓斗或其它工具从粒堆上取样。至少取自均匀分布在料堆上的 10 个点。300～20mm、150～20mm 和 50～10mm 三种规格所取大样的最小质量分别为 5000kg、1500kg 和 150kg。

6.3.3　白云石粉产品取样

6.3.3.1　所取样品必须具有代表性和均匀性。用车(船)运输的白云石粉，从批产品的每一车(船)中取 5 个样，取样点位置见图 1。

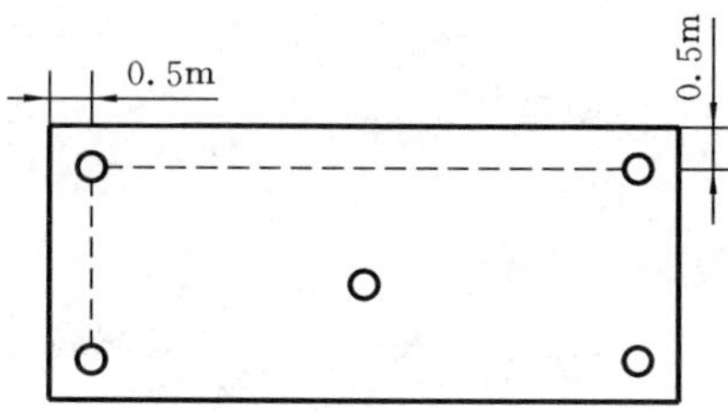

图 1

从批产品的料堆、流动料流和包装袋中至少取 25 个样。从料堆上取样时，取样点应均匀布置，从流动料流中取样时，取样的间隔时间按式(2)计算。

$$t=\frac{60\times m}{25\times Q} \qquad (2)$$

式中：t——取样间隔时间，min；

m——批料的质量，t；

Q——流动料流的输送能力，t/h。

从袋装产品中取样，如果包装袋数小于或等于 25 个时，则从每一袋中取样，如果多于 25 个，则随机抽取 25 袋取样。

6.3.3.2 货车(船)和料堆及包装袋采用插入式取样器取样。插入深度不少于 0.3～0.5m,流动料流采用取样铲取样。

6.3.3.3 每批产品所取的样品合并成大样,其数量不小于 12.5kg。

6.3.3.4 样品用密封容器盛置。

6.4 判定规则

6.4.1 每批产品均应进行检验。

6.4.2 检验项目全部合格,则该批产品为合格。若个别项不合格,可从同批量中重新取样进行复验,以复验结果为该批产品的检验结果。

7 包装、运输和贮存

7.1 块产品和粉产品可用车船散装运输。装车(船)前,车辆(船仓)要清扫干净。对特殊要求的粉产品可袋装运输,每袋净重 50kg。

7.2 贮存场地要干净,防止外来杂质混入,不同级别的产品应分别堆放。

7.3 每批产品应附质量证明书,内容包括:

a) 产品名称与生产单位;

b) 批号与批量;

c) 产品等级与检验结果;

d) 本标准号;

e) 发货日期。

附加说明:

本标准由国家建筑材料工业局秦皇岛玻璃研究院负责起草并技术归口。

本标准主要起草人:刘小礼、刘笑合。

前　　言

本标准非等效采用原苏联 ГОСТ 13451:1977(1991)标准。

本标准由国家建筑材料工业局秦皇岛玻璃工业研究设计院提出、起草并技术归口。

本标准起草人:刘小礼、陈　芳。

中华人民共和国建材行业标准

JC/T 857—2000

平板玻璃用长石

Feldspar for flat glass

1 范围

本标准规定了长石的技术要求、试验方法、检验规则及包装、运输、贮存和质量证明书等。

本标准适用于平板玻璃用长石。

2 引用标准

下列标准所包含的条文，通过在本标准中引用而构成为本标准的条文。本标准出版时，所示版本均为有效。所有标准都会被修订，使用本标准的各方应探讨使用下列标准最新版本的可能性。

GB/T 6003.1—1997 金属丝编织网试验筛

JC/T 873—2000 长石化学分析方法

JC/T 866—2000 玻璃原料水分含量测定方法

JC/T 650—1996 玻璃原料粒度测定方法

JC/T 649—1996 平板玻璃用白云石

3 产品分类

3.1 长石产品分为长石块和长石粉两类。

3.2 长石块产品按粒度划分为300～20 mm和150～20 mm二种。

3.3 长石产品划分为优等品、一级品、二级品和合格品四个级别。

4 要求

4.1 化学成分和水分

4.1.1 长石块和长石粉的化学成分及长石粉的水分应符合表1的规定。

4.1.2 优等品和一级品化学成分的波动值应不超过表2的规定。

表1

%

级别	化学成分				水分	
	Fe_2O_3 ≤	Al_2O_3 ≥	K_2O+Na_2O ≥	SiO_2 ≤	干法加工	湿法加工
优等品	0.10	18.00	12.00	65	≤1	≤5
一级品	0.20	16.00	11.00	70		
二级品	0.35	15.00				
合格品	0.50	14.00				

国家建筑材料工业局2000-04-17批准　　　　2000-08-01实施

表 2 %

级别	化学成分的波动值		
	Fe_2O_3	Al_2O_3	SiO_2
优等品	±0.05	±0.25	±0.60
一级品	±0.10	±0.50	±1.00

4.2 粒度

4.2.1 长石块料的粒度应符合表 3 的规定。

表 3 %

规格	产率		
	300 mm	150 mm	−20 mm
300～20 mm	0		≤10
150～20 mm		0	≤10

4.2.2 长石粉的粒度应小于 0.6 mm，优等品小于 0.1 mm 粒级的产率应不超过 15%，一级品应不超过 25%。

4.3 长石块产品中不应混有泥土、山皮及杂石等其他杂质。

5 试验方法

5.1 试样制备

5.1.1 化学分析试样

从块产品中取来的大样，经过破碎筛分，使其全部通过 0.6 mm 筛子，用四分法缩取试样，每份 50～100 g，同时留出副样，以备检查。从粉产品中取来的大样直接缩分制样。

5.1.2 水分测定试样

按 JC/T 866 规定进行。制备好的试样应立即测定。

5.1.3 粒度测定试样

粉产品按 JC/T 650 规定进行。同时留出副样，以备检查。

从块产品中取来的大样直接筛分测定粒度。

5.2 化学分析

按 JC/T 873 规定进行。

5.3 水分测定

按 JC/T 866 规定进行。

5.4 粉产品的粒度测定

按 JC/T 650 规定进行。

5.5 块产品的粒度测定

5.5.1 工具

a) 筛 方格筛孔，筛孔尺寸应符合 GB/T 6003.1，筛框形状和大小不作规定。

b) 衡器 感量为最大称量的 0.2%，且最大称量应接近筛分用样量，当矿量较大时，允许分次称量。

5.5.2 测定方法

将取来的大样用筛孔尺寸为 50 mm 的筛子预先筛去＋50 mm 的粒级，以防止大块产品对筛网的损坏。然后将筛下的产品给入筛孔尺寸为 20 mm 的筛子，手工筛分。继续筛分 1 min，通过筛子的试样不超过装矿量的 0.1%为筛分终点。

如果矿样量较大，可分次筛分，以防止筛网过负荷。

筛分后将各粒级试样分别称量。

每一规格产品的最大块矿石可在筛分过程中目力选取，分别用 300 mm 和 150 mm 的方格筛测定粒度。

5.5.3 测定结果的计算

各粒级试样的产率按式(1)计算：

$$r_i=\frac{m_i}{m}\times 100 \quad\cdots\cdots(1)$$

式中：r_i——第 i 粒级试样的产率，%；

m_i——第 i 粒级试样的质量，kg；

m——筛分后各粒级试样的总质量，kg。

6 检验规则

6.1 检验分类

6.1.1 产品检验分出厂检验和型式检验。出厂检验项目见表 4。型式检验项目为本标准规定的所有要求。

表 4 出厂检验项目

产品类型	检验项目
块产品	Fe_2O_3、Al_2O_3、K_2O、Na_2O 及 SiO_2
粉产品	Fe_2O_3、Al_2O_3、K_2O、Na_2O、SiO_2、粒度及水分

6.1.2 有下列情况之一时，应进行型式检验。

a) 因矿床、矿石性质或生产工艺发生较大变化时；

b) 出厂检验结果与上次型式检验结果有较大差异时；

c) 正常生产时，每季度进行一次；

d) 产品长期停产恢复生产或有质量问题时；

e) 产品需要重新鉴定评价时；

f) 用户提出进行型式检验要求时；

g) 国家质量监督机构提出型式检验要求时。

6.2 组批

以一次交货量为一批。

6.3 取样

按 JC/T 649 规定进行。

6.4 判定规则

6.4.1 每批产品均应进行检验。

6.4.2 检验项目全部合格，则该批产品为合格，若个别项目不合格，可从同批量中重新取样进行复验，以复验结果为该批产品的检验结果。

7 包装、运输和贮存

7.1 块产品和粉产品可用车船散装运输。装车(船)前,车辆(船仓)要清扫干净。粉产品也可袋装运输,每袋净重 50 kg。

7.2 贮存场地要干净,防止外来杂质混入,不同级别的产品应分别堆放。

7.3 每批产品应附质量证明书,内容包括:

a) 产品名称与生产单位;

b) 批号与批量;

c) 产品等级与检验结果;

d) 本标准号;

e) 发货日期。

前　　言

本标准等效采用前苏联标准 ГОСТ 23671—1979《玻璃工业用石灰石》。

本标准由国家建筑材料工业局秦皇岛玻璃工业研究设计院提出、负责起草并技术归口。

本标准起草人:刘小礼。

中华人民共和国建材行业标准

JC/T 865—2000

平板玻璃用石灰石

Limestone for flat glass

1 范围

本标准规定了石灰石的产品分类、要求，测定方法，检验规则及包装、运输和贮存及质量证明书等。

本标准适用于平板玻璃用石灰石。

2 引用标准

下列标准所包含的条文，通过在本标准中引用而构成为本标准的条文。本标准出版时，所示版本均为有效。所有标准都会被修订，使用本标准的各方应探讨使用下列标准最新版本的可能性。

GB/T 6003.1—1997 金属丝编织网试验筛

JC/T 649—1996 平板玻璃用白云石

GB/T 5762—2000 建材用石灰石化学分析方法

JC/T 866—2000 玻璃原料水分含量测定方法

JC/T 650—1996 玻璃原料粒度测定方法

3 产品分类

3.1 石灰石产品分为石灰石块和石灰石粉两类。

3.2 石灰石块产品按粒度划分为 300～20 mm，150～20 mm 和 50～10 mm 三种。

3.3 石灰石产品划分为优等品、一级品和合格品三个级别。

4 要求

4.1 化学成分和水分

4.1.1 石灰石块和石灰石粉的化学成分及石灰石粉的水分应符合表 1 的规定。

表 1

%

级别	化学成分					水分
	$CaO \geqslant$	$Fe_2O_3 \leqslant$	$MgO \leqslant$	$SiO_2 \leqslant$	$Al_2O_3 \leqslant$	
优等品	54.00	0.10	1.50	2.00	1.00	≤1
一级品	53.00	0.20	2.50	3.00	1.00	
合格品	52.00	0.30	3.00	3.00	1.00	

4.1.2 石灰石块和石灰石粉的 MgO 和 CaO 的含量波动应不大于±0.65%。

4.2 粒度

4.2.1 石灰石块的粒度应符合表 2 的规定。

国家建筑材料工业局2000-09-13批准　　2000-01-01实施

表 2 %

规 格	产 率				
	+300 mm	+150 mm	+50 mm	−20 mm	−10 mm
300～20 mm	O			≤10	
150～200 mm		O		≤10	
50～10 mm			O		≤10

4.2.2 石灰石粉的粒度应小于 2.5 mm，优等品小于 0.1 mm 粒级的产率应不超过 20%。

4.3 石灰石产品中不应混有泥土，山皮及杂石等其他杂质。

5 试验方法

5.1 试样制备

5.1.1 化学分析试样

从块产品中取来的大样，经过破碎筛分，使其全部通过 2.5 mm 筛子，用四分法缩取试样，每份 50～100 g，同时留出副样，以备检查。从粉产品中取来的大样直接缩分制样。

5.1.2 水分测定试样

按 JC/T 866 的规定进行。制备好的试样应立即测定。

5.1.3 粒度测定试样

粉产品按 JC/T 650 的规定进行。同时留出副样，以备检查。

从块产品中取来的大样直接筛分测定粒度。

5.2 化学分析

按 GB/T 5762 的规定进行。

5.3 水分测定

按 JC/T 866 的规定进行。

5.4 石灰石粉产品的粒度测定

按 JC/T 650 的规定进行。

5.5 石灰石块产品的粒度测定

5.5.1 工具

a) 筛 方格筛孔，筛孔尺寸应符合 GB/T 6003.1，筛框形状和大小不作规定。

b) 衡器 感量为最大称量的 0.2%，且最大称量应接近筛分用样量，当矿量较大时，允许分次称量。

5.5.2 测定方法

将取来的大样用筛孔尺寸为 50 mm 的筛子预先筛去+50 mm 的粒度，以防止大块产品对筛网的损坏。然后，将筛下的产品给入筛孔尺寸为 20 mm 或 10 mm 的筛子，手工筛分。继续筛分 1 min，通过筛子的试样不超过装矿量的 0.1%为筛分终点。

如果矿样量较大，可分次筛分，以防止筛网过负荷。

筛分后将各粒级试样分别称量。

每一规格产品的最大块矿石可在筛分过程中目力选取，分别用 300 mm、150 mm 或 50 mm 的方格筛测定粒度。

5.5.3 测定结果的计算

$$r_i = \frac{m_i}{m} \times 100 \qquad (1)$$

式中：r_i——第 i 粒级试样的产率，%；

m_i——第 i 粒级试样的质量,kg;

m——筛分后各粒级试样的总质量,kg。

6 检验规则

6.1 检验分类

6.1.1 产品检验分出厂检验和型式检验。出厂检验项目见表 3。型式检验项目为本标准规定的所有要求。

表 3 出厂检验项目

产品类型	检验项目
块产品	CaO、Fe_2O_3
粉产品	CaO、Fe_2O_3、粒度和水分

6.1.2 有下列情况之一时,应进行型式检验

a) 因矿床、矿石性质或生产工艺发生较大变化时;

b) 出厂检验结果与上次型式检验结果有较大差异时;

c) 正常生产时,每季度进行一次;

d) 产品长期停产恢复生产或有质量问题时;

e) 产品需要重新鉴定评价时;

f) 用户提出进行型式检验要求时;

g) 国家质量监督机构提出型式检验要求时。

6.2 组批

以一次交货量为一批。

6.3 取样

按 JC/T 649 的规定进行。

6.4 判定规则

6.4.1 每批产品均应进行检验。

6.4.2 检验项目全部合格,则该批产品为合格,若个别项目不合格,可从同批量中重新取样进行复验,以复验结果为该批产品的检验结果。

7 包装、运输和贮存

7.1 块产品和粉产品可用车船散装运输。装车(船)前。车辆(船仓)要清扫干净。粉产品也可袋装运输,每袋净重 50 kg。

7.2 贮存场地要干净,防止外来杂质混入,不同级别的产品应分别堆放。

7.3 每批产品应附质量证明书,其内容包括:

a) 产品名称与生产单位;

b) 批号与批量;

c) 产品等级与检验结果;

d) 本标准号;

e) 发货日期。

三、玻璃测试方法

ICS 81.040.20
Q 33

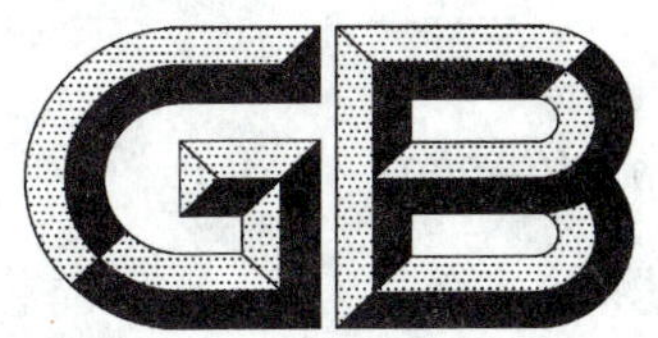

中华人民共和国国家标准

GB/T 1347—2008
代替 GB/T 1347—1988

钠钙硅玻璃化学分析方法

Methods for chemical analysis of soda-lime-silica glass

2008-10-15 发布　　2009-06-01 实施

中华人民共和国国家质量监督检验检疫总局
中国国家标准化管理委员会　发布

前　言

本标准代替 GB/T 1347—1988《钠钙硅玻璃化学分析方法》。

本标准与原标准相比，主要变化为：

——扩展了分析方法的测定范围（本版第 1 章）；

——增加了对分析值修约位数的规定（本版第 4 章第 5 节）；

——增加了等离子体发射光谱分析方法（本版第 18 章，第 20 章）；

——本标准增加了测定成分，由原来的 12 种，增加至 18 种（增加了氧化铜、氧化锌、三氧化二钴、氧化镍、三氧化二铬、氧化镉、一氧化锰共七种）。

本标准的附录 A 是规范性附录。

本标准由中国建筑材料联合会提出。

本标准由全国建筑用玻璃标准化技术委员会（SAC/TC 255）归口。

本标准起草单位：中国建筑材料科学研究总院、中国建筑材料检验认证中心。

本标准起草人：白永智、崔金华、郭中宝、王潇、邹琼慧、张瑞艳、梅一飞。

本标准委托中国建筑材料检验认证中心负责解释。

本标准所代替标准的历次版本发布情况为：

——GB/T 1347—1977、GB/T 1347—1988。

钠钙硅玻璃化学分析方法

1 范围

本标准规定了钠钙硅玻璃的化学分析方法。

本标准适用于钠钙硅玻璃、以钠钙硅为主要成分的其他玻璃，如着色玻璃等。

2 规范性引用文件

下列文件中的条款通过本标准的引用而成为本标准的条款。凡是注日期的引用文件，其随后所有的修改单(不包括勘误的内容)或修订版均不适用于本标准，然而，鼓励根据本标准达成协议的各方研究是否可使用这些文件的最新版本。凡是不注日期的引用文件，其最新版本适用于本标准。

GB/T 6682　分析试验室用水规格和试验方法

GB/T 8170　数值修约规则

3 试样制备

3.1　将实验室样品破碎至 6 mm～7 mm 以下，按四分法缩分至约 100 g。

3.2　将缩分后的样品粉碎至 0.5 mm 以下，继续缩分至约 20 g。

3.3　试样经清洗、干燥后粉碎，粒径均小于 0.08 mm，避免引进杂质，贮存于带磨口塞的广口瓶中备用。

3.4　试样分析前应在 105 ℃～110 ℃烘 1 h，置于干燥器中冷至室温。

4 分析方法

4.1 试剂

除另有说明外，试验中所用试剂应不低于分析纯，所用水应符合 GB/T 6682 中规定的三级水要求，其中原子吸收光谱法及等离子体发射光谱法使用 GB/T 6682 中规定的二级水。

4.2 方法说明

标准中对同一成分并列的测定方法，可根据实际情况任选一种。在有争议时，同一成分并列的测定方法以先列的方法为准。

4.3 测定次数

在重复性条件下测定两次。

4.4 空白试验

在重复性条件下做空白试验。

4.5 结果表述

所得结果应按 GB/T 8170 修约，保留 2 位小数；当含量小于 0.10%时结果保留 2 位有效数字。

4.6 分析结果的采用

当所得试样的两个有效分析值之差不大于表 3 所规定的允许差时，以其算术平均值作为最终分析结果；否则，应按附录 A 的规定进行追加分析和数据处理。

4.7 质量保证和控制

4.7.1　工作曲线应定期(不超过 3 个月)用标准物质校准。如果改变仪器条件，应重新绘制工作曲线，并用同类型标准物质校准。当标准物质的分析值与标准值之差大于表 3 所规定允许差的 0.7 倍时，应重新绘制工作曲线。

4.7.2 一般情况下,标准滴定溶液的浓度应每两个月重新标定;如果两个月内温度变化超过 10 ℃,应及时标定。重新标定后,应用标准物质进行验证,当标准物质的分析值与标准值之差不大于表 3 所规定允许差的 0.7 倍时,则标定结果有效,否则无效。

仲裁试验时,应随同试样分析同类型标准物质。当标准物质的分析值与标准值之差不大于表 3 所规定允许差的 0.7 倍时,则试样分析值有效,否则无效。

5 试验报告

试验报告应至少包括以下内容:

——委托单位;

——试样名称;

——分析结果;

——使用标准(GB/T 1347—2008);

——与规定的分析步骤的差异(如有必要);

——在试验中观察到的异常现象(如有必要);

——试验日期;

——实验人签名,审核人签名。

6 烧失量的测定(灼烧差减法)

6.1 试料量

称取约 1 g(m_1)试样,精确至 0.000 1 g。

6.2 测定

将试料置于已恒量(两次灼烧称量的差值小于等于 0.000 2 g)的铂坩埚或瓷坩埚中,盖上盖,并稍留缝隙,放入高温炉内,从低温升至 550 ℃,保温 1 h,取出稍冷,即放入干燥器中,冷至室温,称量。重复灼烧(每次 15 min),称量,直至恒量(当烧失量小于等于 1%时,2 次灼烧称量的差值小于等于 0.000 2 g;当烧失量大于 1%时,2 次灼烧称量的差值小于等于 0.000 5 g,即为恒量)。

6.3 分析结果的计算

烧失量的质量分数($w_{L.O.I}$)按式(1)计算:

$$w_{L.O.I}=\frac{m_1-m_2}{m_1}\times 100 \qquad \cdots\cdots(1)$$

式中:

$w_{L.O.I}$——烧失量的质量分数,%;

m_1——6.1 试料质量,单位为克(g);

m_2——灼烧后试料的质量,单位为克(g)。

7 二氧化硅的测定(盐酸一次脱水重量法)

7.1 试剂与仪器

7.1.1 无水碳酸钠(Na_2CO_3)。

7.1.2 盐酸(HCl ρ 约 1.19 g/mL)。

7.1.3 盐酸(HCl 1+1)。

7.1.4 盐酸(HCl 5+95)。

7.1.5 盐酸(HCl 1+11)。

7.1.6 氢氟酸(HF 优级纯,ρ 约 1.15 g/mL)。

7.1.7 硫酸(H_2SO_4 1+4)。

7.1.8 氢氧化钠溶液(100 g/L):称取 10 g 氢氧化钠($NaOH$)于塑料杯中,加 100 mL 水溶解,贮存于塑料瓶中。

7.1.9 氟化钾溶液(20 g/L):称取 2 g 氟化钾(KF)于塑料杯中,加 100 mL 水溶解,贮存于塑料瓶中。

7.1.10 硼酸溶液(20 g/L):称取 2 g 硼酸(H_3BO_3)于烧杯中,加 100 mL 水溶解,贮存于玻璃瓶中。

7.1.11 对硝基酚指示剂(5 g/L):称取 0.5 g 对硝基酚($C_6H_5NO_3$)于烧杯中,溶于 100 mL 乙醇中。

7.1.12 乙醇(C_2H_5OH 95%)。

7.1.13 钼酸铵溶液(80 g/L):称取 8 g 钼酸铵[$(NH_4)_6Mo_7O_{24}\cdot 4H_2O$]溶于 100 mL 水中,过滤,贮存于塑料瓶中。

7.1.14 抗坏血酸溶液(20 g/L):称取 2 g 抗坏血酸($C_6H_8O_6$)溶于 100 mL 水中(使用时配制)。

7.1.15 二氧化硅标准溶液(0.10 mg/mL):准确称取 0.100 0 g 预先经 1 000 ℃灼烧 1 h 的高纯二氧化硅(SiO_2,纯度为 99.99%以上)于铂坩埚中,加 2 g 无水碳酸钠,混匀。先低温加热,逐渐升高温度至 1 000 ℃,得到透明熔体,继续熔融 3 min~5 min。冷却,用热水浸取熔块于 300 mL 塑料杯中,加入 150 mL 沸水,搅拌使其溶解(此时溶液应澄清)。冷却,移入 1 L 容量瓶中,用水稀释至标线,摇匀后立刻转移到塑料瓶中贮存。

7.1.16 分光光度计。

7.2 标准曲线的绘制

于一组 100 mL 容量瓶中,各加 5 mL 盐酸(7.1.5)及 20 mL 水,摇匀。移取 0 mL,1.00 mL,2.00 mL,3.00 mL,4.00 mL,5.00 mL,6.00 mL,7.00 mL,8.00 mL 二氧化硅标准溶液(7.1.15),加 8 mL 乙醇(7.1.12),4 mL 钼酸铵溶液(7.1.13),摇匀,于 20℃~30℃放置 15 min,加 15 mL 盐酸(7.1.3),用水稀释至 90 mL 左右。加 5 mL 抗坏血酸溶液(7.1.14),用水稀释至标线,摇匀。1 h 后,于分光光度计上,以试剂空白作参比,选用 5 mm 比色皿,在波长 700 nm 处测定溶液的吸光度。按测得吸光度与比色溶液浓度的关系绘制标准曲线。

7.3 分析步骤

7.3.1 试料量

称取 0.5 g(m_1)试样,精确至 0.000 1 g。

7.3.2 测定

将试料置于铂坩埚中,加 1.5 g 无水碳酸钠(7.1.1),与试料混匀,再取 0.5 g 无水碳酸钠(7.1.1)铺在表面,盖上坩埚盖,先低温加热,逐渐升高温度至 1 000 ℃,熔融至透明状态,继续熔融 15 min。用坩埚钳夹持坩埚,小心旋转,使熔融物均匀地附在坩埚内壁。冷却,用热水浸取熔块移入铂蒸发皿(或瓷蒸发皿)中。

盖上表面皿,加 10 mL 盐酸(7.1.3)溶解熔块,用少量盐酸(7.1.3)及热水洗净坩埚,洗液并入蒸发皿内,将皿置于水浴上蒸发至近干,冷却。加 5 mL 盐酸(7.1.2),放置约 5 min,加 50 mL 热水,搅拌使盐类溶解。用中速定量滤纸倾泻过滤,滤液用 250 mL 容量瓶承接,以热盐酸(7.1.4)洗涤皿壁及沉淀 8 次~10 次,热水洗 3 次~5 次。在沉淀上加 4 滴硫酸(7.1.7),将滤纸及沉淀转入铂坩埚中,放在电炉上低温烘干,升高温度使滤纸充分灰化。于 1 100 ℃灼烧 1 h,在干燥器中冷却至室温,称量。反复灼烧,直至恒量。将沉淀用水润湿,加 4 滴硫酸(7.1.7)及 5 mL~7 mL 氢氟酸(7.1.6),于低温电炉上蒸发至干,重复处理一次。逐渐升高温度,驱尽三氧化硫白烟,将残渣于 1 100 ℃灼烧 15 min,在干燥器中冷却至室温,称量。反复灼烧,直至恒量。

将上述的滤液用水稀释至标线,摇匀。移取 25.00 mL 滤液于 100 mL 塑料杯中,加 5 mL 氟化钾溶液(7.1.9),摇匀。放置 10 min 后,加 5 mL 硼酸溶液(7.1.10),加 1 滴对硝基酚指示剂(7.1.11),滴加氢氧化钠溶液(7.1.8)至溶液变黄色,加 5 mL 盐酸(7.1.5),移入 100 mL 容量瓶中。加 8 mL 乙醇(7.1.12),4 mL 钼酸铵溶液(7.1.13),摇匀,于 20 ℃~30 ℃放置 15 min,加 15 mL 盐酸(7.1.3),用水稀释至 90 mL 左右。加 5 mL 抗坏血酸溶液(7.1.14),用水稀释至标线,摇匀。1 h 后,于分光光度计上，以试剂空白作参比，选用 5 mm 比色皿，在波长 700 nm 处测定溶液的吸光度，从标准曲线上查得二氧化硅的含量（c_1）。

7.3.3 分析结果的计算

二氧化硅的质量分数（w_{SiO_2}）按式(2)计算：

$$w_{SiO_2} = \left(\frac{m_4 - m_5}{m_3} + \frac{c_1 \times 100}{m_3 \times 1\,000}\right) \times 100 \qquad \cdots\cdots(2)$$

式中：

w_{SiO_2}——二氧化硅的质量分数，%；

m_3——7.3.1 试料质量，单位为克(g)；

m_4——灼烧后未经氢氟酸处理的沉淀及坩埚质量，单位为克(g)；

m_5——经氢氟酸处理后灼烧的残渣及坩埚质量，单位为克(g)；

c_1——在标准曲线上查得所分取滤液中二氧化硅的含量，单位为毫克(mg)。

8 二氧化硅的测定（氟硅酸钾容量法）

8.1 试剂

8.1.1 盐酸(HCl 1+1)

8.1.2 氢氧化钾(KOH)。

8.1.3 氯化钾(KCl)。

8.1.4 乙醇(C_2H_5OH 95%)。

8.1.5 硝酸(HNO_3 ρ 约 1.42 g/mL)。

8.1.6 氯化钾溶液(50 g/L)：称取 5 g 氯化钾(KCl)，溶于 100 mL 水中，摇匀。

8.1.7 氯化钾乙醇溶液(50 g/L)：称取 5 g 氯化钾(KCl)，溶于 50 mL 水中，加 50 mL 乙醇(C_2H_5OH 95%)，摇匀。

8.1.8 氟化钾溶液(150 g/L)：称取 150 g 氟化钾(KF)置于塑料杯中，加水溶解，稀释至 1 L，贮存于塑料瓶中。

8.1.9 酚酞指示剂(10 g/L)：称取 1 g 酚酞($C_{20}H_{14}O_4$)溶于 100 mL 乙醇(8.1.4)中，用稀氢氧化钠溶液(8.1.10)调微红色(pH8～pH10)。

8.1.10 氢氧化钠标准滴定溶液(0.15 mol/L)：称取 30 g 氢氧化钠(NaOH)，溶于 5 L 经煮沸过的冷水中，贮存于装有钠石灰干燥管的塑料瓶中，充分摇匀。

氢氧化钠标准滴定溶液的标定：称取约 0.7 g(m_6)苯二甲酸氢钾($C_8H_5KO_4$，基准试剂)精确至 0.000 1 g，于 300 mL 烧杯中，加入 150 mL 经煮沸、冷却，用稀氢氧化钠中和过的去离子水，搅拌使其溶解。加 15 滴酚酞指示剂(8.1.9)，用氢氧化钠标准滴定溶液滴定至微红色。

氢氧化钠标准滴定溶液的浓度 $c(NaOH)$ 按式(3)计算：

$$c(NaOH) = \frac{m_6 \times 1\,000}{V_1 \times 204.2} \qquad \cdots\cdots(3)$$

式中：

$c(NaOH)$——氢氧化钠标准滴定溶液的浓度，单位为摩尔每升(mol/L)；

V_1——滴定时消耗氢氧化钠标准滴定溶液的体积，单位为毫升(mL)；

m_6——苯二甲酸氢钾的质量，单位为克(g)；

204.2——苯二甲酸氢钾的摩尔质量，单位为克每摩尔(g/mol)。

8.2 试料量

称取 0.1 g(m_7)试样，精确至 0.000 1 g。

8.3 测定

将试料置于镍坩埚中，加约 2 g 氢氧化钾(8.1.2)，先低温熔融，经常摇动坩埚。然后，在 600 ℃～650 ℃继续熔融 15 min～20 min。旋转坩埚，使熔融物均匀地附着在坩埚内壁。冷却，用热水浸取熔融物于 300 mL 塑料杯中。盖上表面皿，一次加入 15 mL 硝酸(8.1.5)，再用少量盐酸(8.1.1)及水洗净坩埚，洗液并于塑料杯中，控制试液体积在 60 mL 左右。冷却至室温，用少量氯化钾溶液(8.1.6)洗涤塑料杯壁，在搅拌下加入氯化钾至过饱和(过饱和量控制在 0.5 g～1 g)，缓慢加入 10 mL 氟化钾溶液(8.1.8)，用塑料棒仔细搅拌，压碎大颗粒氯化钾，使其完全饱和，并有少量氯化钾析出，放置 10 min～15 min。用塑料漏斗以快速定性滤纸过滤，用氯化钾溶液(8.1.6)洗涤塑料杯 2 次～3 次，再洗涤滤纸一次。将滤纸和沉淀放回原塑料杯中，沿杯壁加入 10 mL 氯化钾乙醇溶液(8.1.7)及 1 mL 酚酞指示剂(8.1.9)。用氢氧化钠标准滴定溶液(8.1.10)中和未洗净的残余酸，仔细搅拌滤纸，并擦洗杯壁，直至试液呈现微红色不消失。加入 200 mL～250 mL 中和过的沸水，立即以氢氧化钠标准滴定溶液(8.1.10)滴定至微红色。

8.4 分析结果的计算

二氧化硅的质量分数(w_{SiO_2})按式(4)计算：

$$w_{SiO_2} = \frac{c(NaOH) \times V_2 \times 15.02}{m_7 \times 1\ 000} \times 100 \quad \cdots\cdots(4)$$

式中：

w_{SiO_2}——二氧化硅的质量分数，%；

$c(NaOH)$——氢氧化钠标准滴定溶液浓度，单位为摩尔每升(mol/L)；

V_2——滴定时消耗氢氧化钠标准滴定溶液的体积，单位为毫升(mL)；

m_7——8.2 中试料质量，单位为克(g)；

15.02——(1/4 二氧化硅)的摩尔质量，单位为克每摩尔(g/mol)。

9 三氧化二铝的测定(配位滴定法)

9.1 试剂

9.1.1 氢氟酸(HF 优级纯，ρ 约 1.15 g/mL)。

9.1.2 乙酸(CH_3COOH ρ 约 1.05 g/mL)。

9.1.3 硫酸(H_2SO_4 1+1)。

9.1.4 盐酸(HCl 1+1)。

9.1.5 氨水($NH_3 \cdot H_2O$ 1+1)。

9.1.6 氢氧化钾溶液(200 g/L)：称取 20 g 氢氧化钾(KOH)于塑料杯中，加 100 mL 水溶解，储存于塑料瓶中。

9.1.7 六次甲基四胺溶液(200 g/L)：称取 200 g 六次甲基四胺($C_6H_{12}N_4$)于烧杯中，加水溶解，用水稀释至 1 L。

9.1.8 氧化钙标准溶液(1.00 mg/mL)：准确称取 1.784 8 g 预先经 105 ℃～110 ℃烘干 2 h 的碳酸钙($CaCO_3$，基准试剂)，于 200 mL 烧杯中，盖表面皿，加少量水，缓慢加入 20 mL 盐酸(9.1.4)溶解，加热微沸，以驱尽二氧化碳。冷却，移入 1 L 容量瓶中，用水稀释至标线，摇匀。

9.1.9 乙二胺四乙酸二钠(EDTA)标准滴定溶液(0.01 mol/L)：称取 3.7 g EDTA(乙二胺四乙酸二钠，$C_{10}H_{14}N_2O_8Na_2 \cdot 2H_2O$)于烧杯中，加入约 200 mL 水，加热溶解，用水稀释至 1 L。

EDTA 标准滴定溶液(0.01 mol/L)的标定：移取 10.00 mL 氧化钙标准溶液(1.00 mg/mL)于 300 mL 烧杯中，加约 150 mL 水，滴加氢氧化钾溶液(9.1.6)调节 pH 值近似为 12 后，再加 2 mL 氢氧化钾溶液(9.1.6)。加入适量的 CMP 混合指示剂(9.1.11)，用 EDTA 标准滴定溶液(9.1.9)滴定至绿色荧光完全消失并呈现红色。

EDTA 标准滴定溶液的浓度 $c(\mathrm{EDTA})$ 以 mol/L 表示，按式(5)计算，保留四位有效数字：

$$c(\mathrm{EDTA})=\frac{m_8}{56.08\times V_3} \qquad \cdots\cdots(5)$$

式中：

$c(\mathrm{EDTA})$——EDTA 标准滴定溶液的浓度，单位为摩尔每升(mol/L)；

V_3——滴定时消耗 EDTA 标准滴定溶液的体积，单位为毫升(mL)；

m_8——氧化钙的毫克数(mg)；

56.08——氧化钙的摩尔质量，单位为克每摩尔(g/mol)。

9.1.10　乙酸锌标准滴定溶液(0.01 mol/L)：称取 2.1 g 乙酸锌[$Zn(CH_3COO)_2\cdot 2H_2O$]于烧杯中，加入少量水及 2 mL 乙酸溶液(9.1.2)，移入 1 L 容量瓶中，用水稀释至标线，摇匀。

乙酸锌标准滴定溶液与 EDTA 标准滴定溶液体积比的测定：

移取 10.00 mL EDTA 标准滴定溶液(9.1.9)，于 300 mL 烧杯中，加约 150 mL 水，再加 5 mL 六次甲基四胺溶液(9.1.7)(此时溶液 pH 应为 5.5～5.8)和 3 滴～4 滴二甲酚橙指示剂(9.1.12)，用乙酸锌标准滴定溶液(9.1.10)滴定至溶液由黄色变为玫瑰红色。

乙酸锌标准滴定溶液与 EDTA 标准滴定溶液的体积比按式(6)计算：

$$K=\frac{10}{V_4} \qquad \cdots\cdots(6)$$

式中：

K——每毫升乙酸锌标准滴定溶液相当于 EDTA 标准滴定溶液的毫升数；

V_4——滴定时消耗乙酸锌标准滴定溶液的体积，单位为毫升(mL)。

9.1.11　钙黄绿素-甲基百里香-酚酞混合指示剂(简称 CMP 混合指示剂)：称取 1.000 g 钙黄绿素、1.000 g 甲基百里香酚蓝、0.200 g 酚酞与 50 g 已在 105 ℃～110 ℃烘干过的硝酸钾，在玛瑙乳钵中仔细研磨混匀，贮存于磨口棕色瓶中。

9.1.12　二甲酚橙指示剂溶液(2 g/L)：称取 0.2 g 二甲酚橙，溶于 100 mL 水中。

9.2　试料量

称取 0.5 g(m_9)试样，精确至 0.000 1 g。

9.3　测定

将试料置于铂皿中，用少量水润湿，加 1 mL 硫酸(9.1.3)和 7 mL～10 mL 氢氟酸(9.1.1)，于低温电炉上蒸发至冒三氧化硫白烟。重复处理一次，逐渐升高温度，驱尽三氧化硫白烟。冷却，加 10 mL 盐酸(9.1.4)及适量水，加热溶解。冷却后，移入 250 mL 容量瓶中，用水稀释至标线，摇匀。此为试液(A)。供测定三氧化二铝、三氧化二铁、二氧化钛、氧化钙、氧化镁。

移取 25.00 mL 试液(A)于 300 mL 烧杯中，用滴定管准确加入 10.00 mL EDTA 标准滴定溶液(9.1.9)，以氨水(9.1.5)调节试液 pH 至 3～3.5，煮沸 2 min～3 min，冷却至室温，用水稀释到 200 mL 左右。加 5 mL 六次甲基四胺溶液(9.1.7)(此时溶液 pH 应为 5.5～5.8)和 3 滴～4 滴二甲酚橙指示剂(9.1.12)，用乙酸锌标准滴定溶液(9.1.10)滴定至试液由黄色变为玫瑰红。

9.4　分析结果的计算

三氧化二铝的质量分数($w_{Al_2O_3}$)按式(7)计算：

$$w_{Al_2O_3}=\frac{c(\mathrm{EDTA})\times 50.98\times(V_5-K\times V_6)\times 10}{m_9\times 1\,000}\times 100-aw_{X1} \qquad \cdots\cdots(7)$$

式中：

$w_{Al_2O_3}$——三氧化二铝的质量分数，%；

$c(\mathrm{EDTA})$——EDTA 标准滴定溶液的浓度，单位为摩尔每升(mol/L)；

V_5——加入 EDTA 标准滴定溶液的体积，单位为毫升(mL)；

V_6——滴定过量 EDTA 消耗乙酸锌标准滴定溶液的体积，单位为毫升(mL)；

K——每毫升乙酸锌标准滴定溶液相当于 EDTA 标准滴定溶液的毫升数；

m_9——9.2 中试料质量，单位为克(g)；

50.98——$(1/2Al_2O_3)$的摩尔质量，单位为克每摩尔(g/mol)；

w_{X1}——试样中金属氧化物的质量分数(%)；

a——三氧化二铁、二氧化钛、氧化铜、氧化锌、三氧化二钴、氧化镍、三氧化二铬、氧化镉、一氧化锰对三氧化二铝的换算系数，见表 1。

表 1　各氧化物对三氧化二铝的换算系数

氧化物名称	Fe_2O_3	TiO_2	CuO	ZnO	Co_2O_3	NiO	Cr_2O_3	CdO	MnO
换算系数	0.638 4	0.638 0	0.640 9	0.626 5	0.614 7	0.682 4	0.670 8	0.397 0	0.718 7

10　二氧化钛的测定(二安替比啉甲烷分光光度法)

10.1　试剂与仪器

10.1.1　焦硫酸钾$(K_2S_2O_7)$。

10.1.2　盐酸(HCl 1+2)。

10.1.3　盐酸(HCl 1+11)。

10.1.4　硫酸$(H_2SO_4\ 1+1)$。

10.1.5　抗坏血酸溶液(10 g/L)：称取 1 g 抗坏血酸$(C_6H_8O_6)$溶于 100 mL 水中(使用时配制)。

10.1.6　二安替比啉甲烷溶液(30 g/L)：称取 3 g 二安替比啉甲烷$(C_{23}H_{24}N_4O_2)$溶于 100 mL 盐酸(10.1.3)中，过滤后使用。

10.1.7　二氧化钛标准溶液(0.10 mg/mL)：准确称取 0.100 0 g 预先经 800 ℃～950 ℃灼烧 1 h 的二氧化钛(TiO_2，光谱纯试剂)于铂坩埚中，加约 3 g 焦硫酸钾(10.1.1)，先在低温电炉上熔融，再移至喷灯上熔至呈透明状态。放冷后，用 20 mL 热硫酸(10.1.4)浸取熔块于预先盛有 80 mL 硫酸(10.1.4)的烧杯中，加热溶解，冷却后，移入 1 L 容量瓶中，用水稀释至标线，摇匀。

10.1.8　二氧化钛标准溶液(0.010 mg/mL)：移取 100.00 mL 二氧化钛标准溶液(10.1.7)于 1 L 容量瓶中，用水稀释至标线，摇匀。

10.1.9　分光光度计

10.2　标准曲线的绘制

移取 0 mL，1.00 mL，3.00 mL，5.00 mL，7.00 mL，9.00 mL 二氧化钛标准溶液(10.1.8)，分别放入一组 100 mL 容量瓶中，依次加入 10 mL 盐酸(10.1.2)，10 mL 抗坏血酸溶液(10.1.5)，20 mL 二安替比啉甲烷溶液(10.1.6)，用水稀释至标线，摇匀。放置 40 min 后，于分光光度计上，以试剂空白作参比，选用 2 cm 比色皿，在波长 430 nm 处测定溶液的吸光度，按测得的吸光度与比色溶液浓度的关系绘制标准曲线。

10.3　测定

移取 50.00 mL 试液(A)(9.3)于 100 mL 容量瓶中，依次加入 10 mL 盐酸(10.1.2)，10 mL 抗坏血酸溶液(10.1.5)，20 mL 二安替比啉甲烷溶液(10.1.6)，用水稀释至标线，摇匀。放置 40 min 后，于分光光度计上，以试剂空白作参比，选用 2 cm 比色皿，在波长 430 nm 处测定溶液的吸光度，从标准曲线上查得所分取试液中二氧化钛的含量(c_2)。

10.4　分析结果的计算

二氧化钛的质量分数(w_{TiO_2})按式(8)计算：

$$w_{TiO_2} = \frac{c_2 \times 5}{m_9 \times 1\ 000} \times 100 \qquad \cdots\cdots(8)$$

式中：

w_{TiO_2}——二氧化钛的质量分数，%；

c_2——在标准曲线上查得所分取试液中二氧化钛的含量，单位为毫克(mg)；

m_9——9.2 中试料质量，单位为克(g)。

11 三氧化二铁的测定(邻菲啰啉分光光度法)

11.1 试剂与仪器

11.1.1 硝酸(HNO_3 ρ 约 1.42 g/mL)。

11.1.2 盐酸(HCl 1+1)。

11.1.3 氨水($NH_3 \cdot H_2O$ 1+1)。

11.1.4 盐酸羟胺溶液(100 g/L)。称取 10 g 盐酸羟胺($NH_2OH \cdot HCl$)，溶于 100 mL 水中，摇匀。

11.1.5 酒石酸溶液(100 g/L)。称取 10 g 酒石酸($H_6C_4O_6$)，溶于 100 mL 水中，摇匀。

11.1.6 邻菲啰啉溶液(1 g/L)：称取 0.1 g 邻菲啰啉($C_{12}H_8N_2 \cdot 2H_2O$)溶于 10 mL 乙醇，加 90 mL 水混匀。

11.1.7 三氧化二铁标准溶液(0.10 mg/mL)：准确称取 0.100 0 g 预先经 105 ℃～110 ℃烘干 2 h 的三氧化二铁(Fe_2O_3，光谱纯试剂)于烧杯中，加 20 mL 盐酸(11.1.2)和 2 mL 硝酸(11.1.1)加热溶解。冷却，移入 1 L 容量瓶中，用水稀释至标线，摇匀。

11.1.8 三氧化二铁标准溶液(0.02 mg/mL)：准确移取 100.00 mL 三氧化二铁标准溶液(11.1.7)放入 500 mL 容量瓶中，用水稀释至标线，摇匀。

11.1.9 对硝基酚指示剂(5 g/L)：(7.1.11)。

11.1.10 分光光度计。

11.2 标准曲线的绘制

移取 0 mL，1.00 mL，3.00 mL，5.00 mL，7.00 mL，9.00 mL，11.00 mL 三氧化二铁标准溶液(11.1.8)，分别放入一组 100 mL 容量瓶中，用水稀释至 40 mL～50 mL。加 4 mL 酒石酸溶液(11.1.5)，加 1 滴～2 滴对硝基酚指示剂(11.1.9)，滴加氨水(11.1.3)至溶液呈现黄色，随即滴加盐酸至溶液刚无色。此时溶液 pH 值近似 5，加 2 mL 盐酸羟胺溶液(11.1.4)，10 mL 邻菲啰啉溶液(11.1.6)，用水稀释至标线，摇匀。放置 20 min 后，于分光光度计上，以试剂空白作参比，选用 1 cm 比色皿，在波长 510 nm 处测定溶液的吸光度，按测得的吸光度与比色溶液浓度的关系绘制标准曲线。

11.3 测定

移取 25.00 mL 试液 A(9.3)于 100 mL 容量瓶中，用水稀释至 40 mL～50 mL，加 4 mL 酒石酸溶液(11.1.5)，加 1 滴～2 滴对硝基酚指示剂(11.1.9)，滴加氨水(11.1.3)至溶液呈现黄色，随即滴加盐酸至溶液刚无色。此时溶液 pH 值近似 5，加 2 mL 盐酸羟胺溶液(11.1.4)，10 mL 邻菲啰啉溶液(11.1.6)，用水稀释至标线，摇匀。放置 20 min 后，于分光光度计上，以试剂空白作参比，选用 1 cm 比色皿，在波长 510 nm 处测定溶液的吸光度，从标准曲线上查得三氧化二铁的含量(c_3)。

11.4 分析结果的计算

三氧化二铁的质量分数($w_{Fe_2O_3}$)按式(9)计算：

$$w_{Fe_2O_3} = \frac{c_3 \times 10}{m_9 \times 1\,000} \times 100 \qquad \cdots\cdots(9)$$

式中：

$w_{Fe_2O_3}$——三氧化二铁的质量分数，%；

c_3——在标准曲线上查得所分取试液中三氧化二铁的含量，单位为毫克(mg)；

m_9——9.2 中试料质量，单位为克(g)。

12 氧化钙的测定(配位滴定法)

12.1 试剂

12.1.1 三乙醇胺($C_6H_{15}NO_3$ 1+1)。

12.1.2 氢氧化钾溶液(200 g/L):(9.1.6)。

12.1.3 EDTA 标准滴定溶液(0.01 mol/L):(9.1.9)。

12.1.4 钙黄绿素-甲基百里香-酚酞混合指示剂(简称 CMP 混合指示剂):(9.1.11)。

12.1.5 盐酸羟胺($NH_2OH \cdot HCl$)。

12.2 测定

移取 25.00 mL 试液 A(9.3)于 300 mL 烧杯中,用水稀释至约 150 mL,加少量盐酸羟胺(12.1.5),加 3 mL 三乙醇胺(12.1.1),滴加氢氧化钾溶液(12.1.2)至溶液 pH 值近似为 12,再加 2 mL 氢氧化钾溶液(12.1.2)。加入适量 CMP 混合指示剂(12.1.4),用 EDTA 标准滴定溶液(12.1.3)滴定至绿色荧光完全消失并呈现红色。

12.3 分析结果的计算

氧化钙的质量分数(w_{CaO})按式(10)计算:

$$w_{CaO} = \frac{c(EDTA) \times V_7 \times 56.08 \times 10}{m_9 \times 1\,000} \times 100 \qquad \cdots\cdots(10)$$

式中:

w_{CaO}——氧化钙的质量分数,%;

$c(EDTA)$——EDTA 标准滴定溶液的浓度,单位为摩尔每升(mol/L);

V_7——滴定氧化钙时消耗 EDTA 标准滴定溶液的体积,单位为毫升(mL);

56.08——CaO 的摩尔质量,单位为克每摩尔(g/mol);

m_9——9.2 中的试料质量,单位为克(g)。

13 氧化镁的测定(配位滴定法)

13.1 试剂

13.1.1 三乙醇胺($C_6H_{15}NO_3$ 1+1):(12.1.1)。

13.1.2 氨水($NH_3 \cdot H_2O$ 1+1)。

13.1.3 氨水-氯化铵缓冲溶液(pH 为 10):称取 67.5 g 氯化铵溶于适量水中,加 570 mL 氨水(ρ 约 0.90 g/mL),然后用水稀释至 1 升。

13.1.4 EDTA 标准滴定溶液(0.01 mol/L):(9.1.9)。

13.1.5 酸性铬蓝 K-萘酚绿 B(1:3)混合指示剂(简称 K-B 指示剂):称取 1.000 g 酸性铬蓝 K、3.000 g 萘酚绿 B 与 50 g 已在 105 ℃~110 ℃烘干过的硝酸钾在玛瑙乳钵中仔细研磨混匀,贮存于磨口棕色瓶中。

13.1.6 盐酸羟胺($NH_2OH \cdot HCl$):(12.1.5)。

13.2 测定

移取 25.00 mL 试液(A)(9.3)于 300 mL 烧杯中,用水稀释至约 150 mL,加少量盐酸羟胺(13.1.6),加 3 mL 三乙醇胺(13.1.1),以氨水(13.1.2)调至 pH 值近似为 10,再加 10 mL 氨水-氯化铵缓冲溶液(13.1.3)及适量 K-B 指示剂(13.1.5),用 EDTA 标准滴定溶液(13.1.4)滴定至试液由紫红色变为蓝绿色。

13.3 分析结果的计算

氧化镁的质量分数(w_{MgO})按式(11)计算:

$$w_{MgO} = \frac{c(EDTA) \times (V_8 - V_7) \times 40.31 \times 10}{m_9 \times 1\,000} \times 100 \qquad \cdots\cdots(11)$$

式中：

w_{MgO}——氧化镁的质量分数，%；

c(EDTA)——EDTA 标准滴定溶液的浓度，单位为摩尔每升(mol/L)；

V_7——滴定氧化钙时消耗 EDTA 标准滴定溶液的体积，单位为毫升(mL)；

V_8——滴定氧化镁时消耗 EDTA 标准滴定溶液的体积，单位为毫升(mL)；

40.31——MgO 的摩尔质量，单位为克每摩尔(g/mol)；

m_9——9.2 中的试料质量，单位为克(g)。

14 三氧化硫的测定(硫酸钡重量法)

14.1 试剂

14.1.1 硝酸(HNO_3 ρ 约 1.42 g/mL)。

14.1.2 高氯酸($HClO_4$ ρ 约 1.67 g/mL)。

14.1.3 氢氟酸(HF 优级纯，ρ 约 1.15 g/mL)。

14.1.4 盐酸(HCl 1+1)。

14.1.5 氯化钡溶液(50 g/L)：称取 50 g 氯化钡($BaCl_2 \cdot 2H_2O$)，溶于 1 L 水中，摇匀。

14.1.6 硝酸银溶液(10 g/L)：称取 1 g 硝酸银($AgNO_3$)溶于 95 mL 水中，加入 5 mL 硝酸(14.1.1)，贮存于棕色瓶中。

14.2 试料量

称取 1.0 g(m_{10})试样，精确至 0.000 1 g。

14.3 测定

将试料置于铂皿中，加 2 mL 硝酸(14.1.1)，1 mL 高氯酸(14.1.2)和 10 mL 氢氟酸(14.1.3)，于低温电炉上缓慢加热蒸发至开始逸出高氯酸白烟。冷却，再加 2 mL 高氯酸(14.1.2)和 5 mL 氢氟酸(14.1.3)，继续加热蒸发至干，冷却，加 20 mL 水及 4 mL 盐酸(14.1.4)，加热至盐类完全溶解。将所得试液移入 300 mL 烧杯中，用水稀释至约 150 mL，加热微沸，在不断搅拌下滴加 5 mL 氯化钡溶液(14.1.5)，继续微沸约 10 min。移至温处静置约 1 h，再于室温下静置 4 h 或 12 h～24 h(仲裁分析须静置 12 h～24 h)。用慢速定量滤纸过滤，以温水洗涤沉淀至无氯根反应为止[用硝酸银溶液(14.1.6)检验]。

将滤纸及沉淀移入已恒量的铂坩埚中，灰化后，在 850 ℃灼烧 30 min，在干燥器中冷却至室温，称量。反复灼烧，直至恒量。

14.4 分析结果的计算

三氧化硫的质量分数(w_{SO_3})按式(12)计算：

$$w_{SO_3} = \frac{m_{11} \times 0.343\,0}{m_{10}} \times 100 \qquad \cdots\cdots(12)$$

式中：

w_{SO_3}——三氧化硫的质量分数，%；

m_{10}——14.2 中的试料质量，单位为克(g)；

m_{11}——灼烧后沉淀的质量，单位为克(g)；

0.343 0——硫酸钡对三氧化硫的换算系数。

15 五氧化二磷的测定(磷钒钼黄分光光度法)

15.1 试剂与仪器

15.1.1 硝酸(HNO_3 ρ 约 1.42 g/mL)。

15.1.2 硝酸（HNO_3 1+2）。

15.1.3 高氯酸（$HClO_4$ ρ 约 1.67 g/mL）。

15.1.4 氢氟酸（HF 优级纯，ρ 约 1.15 g/mL）。

15.1.5 钼酸铵-钒酸铵显色剂：

钼酸铵溶液（甲）：称取 25 g 钼酸铵[$(NH_4)_6Mo_7O_{24} \cdot 4H_2O$]溶于约 150 mL 水中，加热至 60 ℃，待溶解后，冷却（必要时过滤）用水稀释至 250 mL，并加入 1 mL 硝酸（15.1.1）。

钒酸铵溶液（乙）：称取 0.75 g 钒酸铵（NH_4VO_3）溶于 150 mL 水中，加热至 60 ℃，待溶解后冷却，加 15 mL 硝酸（15.1.1），用水稀释至 250 mL。

将甲、乙两溶液混合，混匀后保存在棕色瓶中。

15.1.6 五氧化二磷标准溶液（0.10 mg/mL）：准确称取 0.191 7 g 预先经 105 ℃～110 ℃烘干 2 h 的磷酸二氢钾（KH_2PO_4，基准试剂）溶于水中，移入 1 L 容量瓶中，用水稀释至标线，摇匀。

15.1.7 分光光度计。

15.2 试料量

称取 1.0 g（m_{12}）试样，精确至 0.000 1 g。

15.3 标准曲线的绘制

移取 0 mL，2.50 mL，5.00 mL，7.50 mL，10.00 mL，12.50 mL，15.00 mL 五氧化二磷标准溶液（15.1.6）于 100 mL 容量瓶中。加入 5 mL 硝酸（15.1.2），然后用水稀释至 50 mL～60 mL，加入 10 mL 钼酸铵-钒酸铵显色剂（15.1.5），用水稀释至标线，摇匀。放置 10 min 后，于分光光度计上，以试剂空白作参比，选用 1 cm 的比色皿，在波长 460 nm 处测量溶液的吸光度，按测得的吸光度与比色溶液的关系绘制标准曲线。

15.4 测定

将试料置于铂皿中，用少量水润湿，加入 5 mL～6 mL 高氯酸（15.1.3）、2 mL～3 mL 硝酸（15.1.1）和 7 mL～10 mL 氢氟酸（15.1.4），于低温电炉上蒸发至近干，用水冲洗皿壁，再加 1 mL 硝酸（15.1.1）继续蒸发至干，冷却，加 5 mL 硝酸（15.1.1）及适量水，加热溶解，冷却后，移入 100 mL 容量瓶中，溶液的体积保持在 50 mL～60 mL，加入 10 毫升钼酸铵-钒酸铵显色剂（15.1.5），用水稀释至标线，摇匀。放置 10 min 后，于分光光度计上，以试剂空白作参比，选用 1 cm 的比色皿，在波长 460 nm 处测量溶液的吸光度，从标准曲线上查得五氧化二磷的含量（c_4）。

15.5 分析结果的计算

五氧化二磷的质量分数（$w_{P_2O_5}$）按式（13）计算：

$$w_{P_2O_5} = \frac{c_4}{m_{12} \times 1\,000} \times 100 \qquad \cdots\cdots (13)$$

式中：

$w_{P_2O_5}$——五氧化二磷的质量分数，%；

c_4——在标准曲线上查得被测溶液中五氧化二磷的含量，单位为毫克（mg）；

m_{12}——15.2 中的试料质量，单位为克（g）。

16 三氧化二铁、氧化钙、氧化镁、氧化钾、氧化钠的测定（原子吸收光谱法）

16.1 试剂与仪器

16.1.1 氢氟酸（HF 优级纯，ρ 约 1.15 g/mL）。

16.1.2 硝酸（HNO_3 优级纯，ρ 约 1.42 g/mL）。

16.1.3 高氯酸（$HClO_4$ 高纯，ρ 约 1.67 g/mL）。

16.1.4 盐酸（HCl 优级纯 1+1）。

16.1.5 氯化锶溶液(200 g/L):称取 200 g 氯化锶($SrCl_2 \cdot 6H_2O$)溶于 1 L 水中,摇匀,贮存于塑料瓶中。

16.1.6 氧化钠标准溶液(1.00 mg/mL):准确称取 1.885 9 g 预先经 400 ℃~500 ℃灼烧至恒量并冷却至室温的氯化钠(NaCl,基准试剂或光谱纯试剂)溶于水中,移入 1 L 容量瓶中,用水稀释至标线,摇匀。贮存于塑料瓶中。

16.1.7 氧化钾标准溶液(1.00 mg/mL):准确称取 1.583 0 g 预先经 400 ℃~500 ℃灼烧至恒量并冷却至室温的氯化钾(KCl,基准试剂或光谱纯试剂)溶于水中,移入 1 L 容量瓶中,用水稀释至标线,摇匀。贮存于塑料瓶中。

16.1.8 氧化钙标准溶液(1.00 mg/mL):准确称取 1.784 8 g 预先经 105 ℃~110 ℃烘干 2 h 的碳酸钙($CaCO_3$,基准试剂),于 200 mL 烧杯中,盖表面皿,加少量水,加 20 mL 盐酸(16.1.4)溶解,加热微沸,以驱尽二氧化碳,冷却,移入 1 L 容量瓶中,用水稀释至标线,摇匀。贮存于塑料瓶中。

16.1.9 氧化镁标准溶液(1.00 mg/mL):准确称取 0.500 0 g 预先经 950 ℃灼烧 2 h 的氧化镁(MgO,光谱纯试剂),用水润湿,加 20 mL 盐酸(16.1.4),加热溶解,冷却,移入 500 mL 容量瓶中,用水稀释至标线,摇匀。贮存于塑料瓶中。

16.1.10 三氧化二铁标准溶液(1.00 mg/mL):准确称取 0.500 0 g 预先经 105 ℃~110 ℃烘干 2 h 的三氧化二铁(Fe_2O_3,光谱纯试剂) 于 200 mL 烧杯中,加入 40 mL 盐酸(16.1.4)、2 mL 硝酸(16.1.2),加热溶解,冷却。移入 500 mL 容量瓶中,用水稀释至标线,摇匀。贮存于塑料瓶中。

16.1.11 混合标准溶液(20 μg/mL):分别移取 20.00 mL 氧化钾(16.1.7)、氧化钠(16.1.6)、氧化钙(16.1.8)、氧化镁(16.1.9)、三氧化二铁(16.1.10)标准溶液,放入同一个 1L 容量瓶中,用水稀释至标线,摇匀。

16.1.12 标准系列溶液:准确移取混合标准溶液(16.1.11)5.00 mL,10.00 mL,15.00 mL,20.00 mL,25.00 mL,30.00 mL,35.00 mL,40.00 mL 分别放入一组 100 mL 容量瓶中,加 4 mL 盐酸(16.1.4)和 5 mL 氯化锶溶液(16.1.5),用水稀释至标线,摇匀。此标准系列溶液中氧化钾、氧化钠、氧化钙、氧化镁、三氧化二铁浓度分别为 1.00 μg/mL,2.00 μg/mL,3.00 μg/mL,4.00 μg/mL,5.00 μg/mL,6.00 μg/mL,7.00 μg/mL,8.00 μg/mL。

16.2 原子吸收光谱仪,采用空气-乙炔火焰,铁灯在 248.3 nm、钙灯在 422.7 nm、镁灯在 285.2 nm、钾灯在 766.5 nm、钠灯在 589.0 nm 处。空气和乙炔气体要足够纯净(不含水、油、钙、镁、钾、钠、铁),以提供稳定清澈的贫燃火焰。

16.3 试料量

称取 0.1 g(m_{13})试样,精确至 0.000 1 g。

16.4 测定

将试料置于铂皿中,用少量水润湿,加 1 mL 高氯酸(16.1.3)和 10 mL~15 mL 氢氟酸(16.1.1),于低温电炉上加热分解,蒸发至糊状,用水冲洗皿壁,再加 0.5 mL 高氯酸(16.1.3),继续加热蒸发至高氯酸白烟冒尽。冷却后,加约 20 mL 水和 8 mL 盐酸(16.1.4),缓慢加热 20 min~30 min,待残渣全部溶解后,冷却至室温移入 200 mL 容量瓶中,用水稀释至标线,摇匀。此为试液(B)。测定三氧化二铁直接用试液(B)。测定氧化钙、氧化镁和氧化钾时,移取 20 mL 试液(B)于 100 mL 容量瓶中,加 4 mL 盐酸(16.1.4)及 5 mL 氯化锶溶液(16.1.5),用水稀释至标线,摇匀;测定氧化钠时,移取 10 mL 试液(B)于 100 mL 容量瓶中。加 4 mL 盐酸(16.1.4)及 5mL 氯化锶溶液(16.1.5),用水稀释至标线,摇匀。

将仪器调节至最佳工作状态,用空气-乙炔火焰,以试剂空白作参比,对试液和标准系列溶液进行测定。如果试样溶液和标准系列溶液浓度接近则按直接比较法计算,否则,需测定两个参考标准,按内插法计算。

直接比较法按式(14)计算:

$$c_{X1}=\frac{A_{X1}}{A_{标1}}\times c_{标1} \qquad \cdots\cdots(14)$$

式中：

c_{X1}——被测溶液中各氧化物浓度，单位为微克每毫升(μg/mL)；

$c_{标1}$——标准溶液浓度，单位为微克每毫升(μg/mL)；

A_{X1}——被测溶液的吸光度；

$A_{标1}$——标准溶液的吸光度。

内插法按式(15)计算：

$$c_{X2}=c_5+\frac{c_6-c_5}{A_2-A_1}(A_{X2}-A_1) \qquad \cdots\cdots(15)$$

式中：

c_{X2}——被测溶液中各氧化物浓度，单位为微克每毫升(μg/mL)；

c_5、c_6——标准溶液浓度，单位为微克每毫升(μg/mL)；

A_1、A_2——标准溶液吸光度；

A_{X2}——被测溶液的吸光度。

16.5 分析结果的计算

各氧化物的质量分数(w_{X2})按式(16)计算：

$$w_{X2}=\frac{c_{X3}\times V_9\times n}{m_{13}\times 10^6}\times 100 \qquad \cdots\cdots(16)$$

式中：

w_{X2}——各氧化物的质量分数，%；

c_{X3}——被测溶液中各氧化物浓度，单位为微克每毫升(μg/mL)；

V_9——测量溶液的体积，单位为毫升(mL)；

n——被测溶液稀释倍数；

m_{13}——16.3 中的试料质量，单位为克(g)。

17 氧化钾和氧化钠的测定(火焰光度法)

17.1 试剂与仪器

17.1.1 氢氟酸(HF 优级纯，ρ 约 1.15 g/mL)。

17.1.2 硫酸(H_2SO_4优级纯 1+1)。

17.1.3 盐酸(HCl 优级纯 1+1)。

17.1.4 氧化钾标准溶液(1.00 mg/mL)：(16.1.7)。

17.1.5 氧化钠标准溶液(5.00 mg/mL)：准确称取 4.714 7 g 预先经 400 ℃～500 ℃灼烧至恒量并冷却至室温的氯化钠(NaCl，基准试剂或光谱纯试剂)溶于水中，移入 500 mL 容量瓶中，用水稀释至标线，摇匀。贮存于塑料瓶中。

17.1.6 混合标准溶液(氧化钾 0.10 mg/mL，氧化钠 1.00 mg/mL)：分别移取 10.00 mL 氧化钾溶液(17.1.4)和 20.00 mL 氧化钠标准溶液(17.1.5)，放入 100 mL 容量瓶中，用水稀释至标线，摇匀。得到混合标准溶液。

17.1.7 混合标准溶液系列：准确移取混合标准溶液(17.1.6)1.00 mL，2.00 mL，3.00 mL，4.00 mL，5.00 mL，6.00 mL，7.00 mL，分别放入一组 100 mL 容量瓶中(每份溶液中氧化钾和氧化钠的含量之比为 1∶10)，加入 2 mL 盐酸(17.1.3)，用水稀释至标线，摇匀。

17.1.8 火焰光度计。

17.2 试料量

称取 0.1 g(m_{14})试样，精确至 0.000 1 g。

17.3 测定

将试料置于铂皿中，用少量水润湿，加 4 滴～5 滴硫酸(17.1.2)和 7 mL～10 mL 氢氟酸(17.1.1)，于低温电炉上蒸发至干，逐渐升高温度驱尽三氧化硫白烟。取下，冷却，加约 30 mL 水及 5 mL 盐酸(17.1.3)，缓慢加热 20 min～30 min，待残渣全部溶解后，冷却，移入 250 mL 容量瓶中，用水稀释至标线，摇匀。此为试液(C)供测定氧化钾。

移取 50.00 mL 试液(C)于 100 mL 容量瓶中，加 1 mL 盐酸(17.1.3)用水稀释至标线，摇匀。此为试液(D)供测定氧化钠。

17.4 计算结果的表示

在火焰光度计上用曲线法(或内插法)进行氧化钾和氧化钠的测定。

氧化钾及氧化钠的质量分数(w_{K_2O}、w_{Na_2O})按式(17)、(18)计算：

$$w_{K_2O} = \frac{c_7 \times 250}{m_{14} \times 1\,000} \times 100 \qquad \cdots\cdots(17)$$

$$w_{Na_2O} = \frac{c_8 \times 250 \times 2}{m_{14} \times 1\,000} \times 100 \qquad \cdots\cdots(18)$$

式中：

w_{K_2O}——氧化钾的质量分数，%；

w_{Na_2O}——氧化钠的质量分数，%；

c_7——在氧化钾标准曲线上查得被测溶液中氧化钾的含量，单位为毫克每毫升(mg/mL)；

c_8——在氧化钠标准曲线上查得被测溶液中氧化钠的含量，单位为毫克每毫升(mg/mL)；

m_{14}——17.2 中的试料质量，单位为克(g)。

18 三氧化二铝、三氧化二铁、氧化钙、氧化镁、氧化钾、氧化钠、二氧化钛、五氧化二磷的测定(等离子体发射光谱法)

18.1 试剂与仪器

18.1.1 氢氟酸(HF 优级纯，ρ 约 1.15 g/mL)。

18.1.2 高氯酸($HClO_4$ 高纯，ρ 约 1.67 g/mL)。

18.1.3 盐酸(HCl 优级纯，ρ 约 1.19 g/mL)。

18.1.4 盐酸(HCl 优级纯 1+1)。

18.1.5 硫酸(H_2SO_4 优级纯 1+9)。

18.1.6 硝酸(HNO_3 优级纯，ρ 约 1.42 g/mL)。

18.1.7 硝酸(HNO_3 优级纯 1+1)。

18.1.8 硫酸(H_2SO_4 优级纯，ρ 约 1.84 g/mL)。

18.1.9 三氧化二铝标准溶液(1.00 mg/mL)：称取已在硅胶干燥器内存放过夜的金属铝(Al，光谱纯试剂)0.529 3 g，置于 200 mL 烧杯中，盖表面皿，加 20 mL 水，40 mL 盐酸(18.1.4)，滴加 1 mL～2 mL 硝酸(18.1.6)，低温加热使其完全溶解，再微沸数分钟，取下冷却至室温后，移入 1 L 容量瓶中，用水稀释至标线，摇匀。贮存于塑料瓶中。

18.1.10 二氧化钛标准溶液(1.00 mg/mL)：称取已在硅胶干燥器内存放过夜的金属钛(Ti，光谱纯试剂)0.299 7 g 置于铂皿中，加少许水润湿，慢慢滴加氢氟酸(18.1.1)使样品溶解，再滴加硝酸(18.1.6)使低价钛完全氧化，加入 10 mL 硫酸(18.1.8)，在电炉上低温蒸发近干，再逐渐升温至白烟冒尽，取下冷却，加硫酸溶液(18.1.5)并用硫酸(18.1.5)代替水将铂皿中的溶液移入 500 mL 容量瓶中，用水稀释至标线，摇匀。贮存于塑料瓶中。

18.1.11　氧化镁标准溶液(1.00 mg/mL):准确称取0.500 0 g预先经950 ℃灼烧至恒量的氧化镁(MgO,光谱纯试剂)用水润湿,加20 mL盐酸(18.1.4),加热溶解,冷却,移入500 mL容量瓶中,用水稀释至标线,摇匀。贮存于塑料瓶中。

18.1.12　三氧化二铁标准溶液(1.00 mg/mL):准确称取0.500 0 g预先经105 ℃～110 ℃烘干2 h的三氧化二铁(Fe_2O_3,光谱纯试剂),溶于40 mL盐酸(18.1.4)和2 mL硝酸(18.1.6)中,加热溶解,冷却。移入500 mL容量瓶中,用水稀释至标线,摇匀。贮存于塑料瓶中。

18.1.13　氧化钾标准溶液(1.00 mg/mL):准确称取1.583 0 g预先经400 ℃～500 ℃灼烧至恒量并冷却至室温的氯化钾(KCl,基准试剂或光谱纯试剂),溶于水中,移入1 L容量瓶中,用水稀释至标线,摇匀。贮存于塑料瓶中。

18.1.14　氧化钙标准溶液(0.50 mg/mL):准确称取0.892 4 g预先经105 ℃～110 ℃烘干2 h的碳酸钙($CaCO_3$,基准试剂),于200 mL烧杯中,盖表面皿,加少量水,加20 mL盐酸(18.1.4)溶解,加热微沸,以驱尽二氧化碳,冷却,移入1 L容量瓶中,用水稀释至标线,摇匀。贮存于塑料瓶中。

18.1.15　氧化钠标准溶液(0.50 mg/mL):准确称取0.943 0 g预先经400 ℃～500 ℃灼烧至恒量并冷却至室温的氯化钠(NaCl,基准试剂或光谱纯试剂)溶于水中,移入1 L容量瓶中,用水稀释至标线,摇匀,贮存于塑料瓶中。

18.1.16　五氧化二磷标准溶液(0.10 mg/mL):准确称取0.191 7 g预先经105 ℃～110 ℃烘干2 h的磷酸二氢钾(KH_2PO_4,基准试剂)溶于水中,移入1 L容量瓶中,用水稀释至标线,摇匀。

18.1.17　混合标准过渡溶液[三氧化二铝、三氧化二铁、氧化镁、氧化钾、二氧化钛(均为100 μg/mL)、五氧化二磷(10 μg/mL)混合标准过渡溶液]:分别准确移取100.00 mL三氧化二铝(18.1.9)、三氧化二铁(18.1.12)、氧化镁(18.1.11)、氧化钾(18.1.13)、二氧化钛(18.1.10)、五氧化二磷(18.1.16)标准溶液,放入1 000 mL容量瓶中,用水稀释至标线,摇匀。

18.1.18　氧化钠标准过渡溶液(100 μg/mL):准确移取200.00 mL氧化钠标准溶液(18.1.15)于1 000 mL容量瓶中,用水稀释至标线,摇匀。

18.1.19　氧化钙标准过渡溶液(100 μg/mL):准确移取200.00 mL氧化钙标准溶液(18.1.14)于1 000 mL容量瓶中,用水稀释至标线,摇匀。

18.1.20　高浓度标准溶液:准确移取20.00 mL混合标准过渡溶液(18.1.17),放入100 mL容量瓶中,再准确移取15 mL氧化钠标准溶液(18.1.15)和10 mL氧化钙标准溶液(18.1.14),放入同一个100 mL容量瓶中,加入10 mL硝酸(18.1.7),用水稀释至标线,摇匀。得到氧化钠为75 μg/mL,氧化钙为50 μg/mL,氧化二铝、三氧化二铁、氧化镁、氧化钾、二氧化钛各为20 μg/mL,五氧化二磷为2 μg/mL的混合标准溶液,此溶液在后续分析中作为高浓度标准溶液。

18.1.21　低浓度标准溶液:分别准确移取20.00 mL氧化钠标准过渡溶液(18.1.18)和10.00 mL氧化钙标准过渡溶液(18.1.19)放入100 mL容量瓶中,加入10 mL硝酸(18.1.7),用水稀释至标线,摇匀。得到氧化钠为20 μg/mL,氧化钙为10 μg/mL,三氧化二铝、三氧化二铁、氧化镁、氧化钾、二氧化钛、五氧化二磷各为0 μg/mL的混合标准溶液,此溶液在后续分析中作为低浓度标准溶液。

18.1.22　等离子体发射光谱仪。

18.2　试料量

称取0.1 g(m_{15})试样(测五氧化二磷时,试料量为0.5 g～1.0 g),精确至0.000 1 g。

18.3　测定

将试料置于铂金皿中,用水润湿,加1 mL高氯酸(18.1.2),10 mL～15 mL氢氟酸(18.1.1)。将铂金皿置于电热板上低温加热,蒸发至糊状,用水冲洗四壁,再加0.5 mL高氯酸(18.1.2),加热蒸发至干,冷却,加10 mL硝酸(18.1.7)及适量水,加热溶解,冷却后,移入100 mL容量瓶中,用水稀释至标线,摇匀。

在分析样品前,预先将等离子体发射光谱仪电路通电,稳定后,按仪器要求编制分析控制程序。打开仪器的气路、水路，接通高频电源，用工作气体将管路和雾化系统内的空气排除干净，点燃等离子体火焰。仪器的输出功率控制为1.1 kW，反射功率小于10 W，冷却气流量16 L/min，进样量1 mL/min～2 mL/min，待仪器工作15 min～30 min稳定后，按照分析控制程序分别吸入低浓度标准溶液(18.1.21)和高浓度标准溶液(18.1.20)进行仪器的标准化，建立标准曲线。完成标准化工作后，按程序吸入样品溶液，转入样品分析，测定样品溶液中各氧化物的浓度。

分析过程中穿插测试试剂空白溶液和硝酸溶液(18.1.7)，确定试剂空白的大小，并加以扣除。如果发现存在明显的试剂空白，则需更新带来空白效应的试剂，重新分析。

18.4 分析结果的表示

每种氧化物的质量分数(w_{X3})按式(19)计算：

$$w_{X3}=\frac{c_{X3}\times V_{10}}{m_{15}\times 10^6}\times 100 \qquad \cdots\cdots(19)$$

式中：

w_{X3}——分别为各氧化物的质量分数，%；

c_{X3}——被测溶液中各氧化物的浓度，单位为微克每毫升(μg/mL)；

V_{10}——测量溶液的体积，单位为毫升(mL)；

m_{15}——18.2中的试料质量，单位为克(g)。

19 氧化铜、氧化锌、三氧化二钴、氧化镍、三氧化二铬、氧化镉、一氧化锰的测定(原子吸收光谱法)

19.1 试剂与仪器

19.1.1 氢氟酸(HF优级纯，ρ约1.15 g/mL)。

19.1.2 高氯酸($HClO_4$高纯，ρ约1.67 g/mL)。

19.1.3 盐酸(HCl优级纯，ρ约1.19 g/mL)。

19.1.4 盐酸(HCl优级纯，1+1)。

19.1.5 硝酸(HNO_3优级纯，ρ约1.42 g/mL)。

19.1.6 硝酸(HNO_3优级纯，1+1)。

19.1.7 氧化铜标准溶液(1.00 mg/mL)：准确称取经105 ℃～110 ℃烘干的氧化铜(CuO，高纯或光谱纯试剂)0.500 0 g，置于200 mL玻璃烧杯中，加入15 mL盐酸(19.1.4)和3 mL硝酸(19.1.5)，加热至近干，再加5 mL硝酸(19.1.5)，使残渣溶解，完全溶解后冷却，移入500 mL容量瓶中，用水稀释至标线，摇匀。贮存于塑料瓶中。

19.1.8 氧化锌标准溶液(1.00 mg/mL)：准确称取经表面处理过的高纯金属锌(Zn，高纯或光谱纯试剂)0.401 7 g，置于200 mL玻璃烧杯中，加入20 mL盐酸(19.1.4)和3 mL硝酸(19.1.5)，加热完全溶解后冷却，移入500 mL容量瓶中，用水稀释至标线，摇匀。贮存于塑料瓶中。

19.1.9 三氧化二钴标准溶液(1.00 mg/mL)：准确称取经105 ℃～110 ℃烘干的三氧化二钴(Co_2O_3，高纯或光谱纯试剂)0.500 0 g，置于200 mL玻璃烧杯中，加入15 mL盐酸(19.1.4)和3 mL硝酸(19.1.5)，加热至近干，再加5mL硝酸(19.1.5)，使残渣溶解，完全溶解后冷却，移入500 mL容量瓶中，用水稀释至标线，摇匀。贮存于塑料瓶中。

19.1.10 氧化镍标准溶液(1.00 mg/mL)：准确称取经105 ℃～110 ℃烘干不少于2 h的氧化镍(NiO，高纯或光谱纯试剂)0.500 0 g，置于200 mL玻璃烧杯中，加入15 mL盐酸(19.1.4)和3 mL硝酸(19.1.5)，加热溶解后，加热至近干，再加5 mL硝酸(19.1.5)，使残渣溶解，完全溶解后冷却，移入500 mL容量瓶中，用水稀释至标线，摇匀。贮存于塑料瓶中。

19.1.11 三氧化三铬标准溶液(1.00 mg/mL)：准确称取经105 ℃～110 ℃烘干的三氧化三铬(Cr_2O_3，高纯或光谱纯试剂)0.500 0 g，置于200 mL玻璃烧杯中，加15 mL盐酸(19.1.4)和3 mL硝酸

(19.1.5),加热至近干,再加 5 mL 硝酸(19.1.5),使残渣溶解,完全溶解后冷却,移入 500 mL 容量瓶中,用水稀释至标线,摇匀。贮存于塑料瓶中。

19.1.12 氧化镉标准溶液(1.00 mg/mL):准确称取经表面处理过的高纯金属镉(Cd,高纯或光谱纯试剂)0.437 7 g,置于 200 mL 玻璃烧杯中,加入 50 mL 盐酸(19.1.4)和 3 mL 硝酸(19.1.5),加热完全溶解后再加 5 mL 硝酸,冷却,移入 500 mL 容量瓶中,用水稀释至标线,摇匀。贮存于塑料瓶中。

19.1.13 一氧化锰标准溶液(1.00 mg/mL):准确称取经 105 ℃～110 ℃烘干的一氧化锰(MnO,高纯或光谱纯试剂)0.500 0 g,置于 200 mL 玻璃烧杯中,加入 15 mL 盐酸(19.1.4)和 3 mL 硝酸(19.1.5),加热溶解后,加热至近干,再加 5 mL 硝酸(19.1.5),使残渣溶解,完全溶解后冷却,移入 500 mL 容量瓶中,用水稀释至标线,摇匀。贮存于塑料瓶中。

19.1.14 氧化铜、氧化锌、三氧化二钴、氧化镍、三氧化二铬、氧化镉、一氧化锰混合标准溶液(100 μg/mL):分别准确移取 100 mL 氧化铜标准溶液(19.1.7)、氧化锌标准溶液(19.1.8)、三氧化二钴标准溶液(19.1.9)、氧化镍标准溶液(19.1.10)、三氧化二铬标准溶液(19.1.11)、氧化镉标准溶液(19.1.12)、一氧化锰标准溶液(19.1.13)于同一个 1 L 容量瓶中,补加 10 mL 盐酸(19.1.4),用水稀释至标线,摇匀。

19.1.15 氧化铜、氧化锌、三氧化二钴、氧化镍、三氧化二铬、氧化镉、一氧化锰混合标准溶液(10 μg/mL):准确移取 100.00 mL 混合标准溶液(19.1.14),放入 1L 容量瓶中,用水稀释至标线,摇匀。

19.1.16 标准系列溶液:准确移取混合标准溶液(19.1.15)5.00 mL,10.00 mL,15.00 mL,20.00 mL,25.00 mL,30.00 mL,35.00 mL,40.00 mL 分别放入一组 100 mL 容量瓶中,分别加入 10 mL 盐酸(19.1.4),用水稀释至标线,摇匀。此标准系列溶液中氧化铜、氧化锌、三氧化二钴、氧化镍、三氧化二铬、氧化镉、一氧化锰浓度分别为 0.50 μg/mL,1.00 μg/mL,1.50 μg/mL,2.00 μg/mL,2.50 μg/mL,3.00 μg/mL,3.50 μg/mL,4.00 μg/mL。

19.1.17 原子吸收光谱仪。

19.2 试料量

称取 0.1 g(m_{16})试样,精确至 0.000 1 g。

19.3 测定

将试料置于铂金皿中,用水润湿,加 1 mL 高氯酸(19.1.2),10 mL～15 mL 氢氟酸(19.1.1)。将铂金皿置于电热板上低温加热,蒸发至糊状,用水冲洗内壁,再加 0.5 mL 高氯酸(19.1.2),加热蒸发至干,冷却,加 10 mL 盐酸(19.1.4)及适量水,加热溶解,冷却后,移入 100 mL 容量瓶中,用水稀释至标线,摇匀。采取与样品相同的分析步骤做试剂空白。

将仪器调节至最佳工作状态,用空气-乙炔火焰,以试剂空白作参比,对试液和标准系列溶液进行测定。如果试样溶液和标准系列溶液浓度接近则按直接比较法计算。

各氧化物的测量波长如表 2 所示。

表 2 各氧化物的测量波长

氧化物名称	CuO	ZnO	Co_2O_3	NiO	Cr_2O_3	CdO	MnO
波长/nm	324.8	213.9	240.7	232.0	357.9	228.8	279.5

19.4 计算结果的表示

直接比较法按式(20)计算:

$$c_{X4}=\frac{A_{X2}}{A_{标2}}\times c_{标2} \quad \cdots\cdots(20)$$

式中:

c_{X4}——被测溶液中各氧化物浓度,单位为微克每毫升(μg/mL);

$c_{标2}$——标准溶液浓度,单位为微克每毫升(μg/mL);

A_{X2}——被测溶液的吸光度;

$A_{标2}$——标准溶液的吸光度。

每种氧化物的质量分数(w_{X4})按式(21)计算:

$$w_{X4} = \frac{c_{X4} \times V_{11}}{m_{16} \times 10^6} \times 100 \qquad \cdots\cdots(21)$$

式中:

w_{X4}——氧化物的质量分数,%;

c_{X4}——被测溶液中各氧化物的浓度,单位为微克每毫升(μg/mL);

V_{11}——测量溶液的体积,单位为毫升(mL);

m_{16}——19.2中的试料质量,单位为克(g)。

20 氧化铜、氧化锌、三氧化二钴、氧化镍、三氧化二铬、氧化镉、一氧化锰的测定(等离子体发射光谱法)

20.1 试剂与仪器

20.1.1 氢氟酸(HF 优级纯,ρ约1.15 g/mL)。

20.1.2 高氯酸($HClO_4$ 高纯,ρ约1.67 g/mL)。

20.1.3 硝酸(HNO_3 优级纯,ρ约1.42 g/mL)。

20.1.4 硝酸(HNO_3 优级纯 1+1)。

20.1.5 高浓度标准溶液(10 μg/mL):移取混合标准溶液(19.1.14)10.00 mL置于100 mL容量瓶中,加入5 mL硝酸(20.1.3),用水稀释至标线,摇匀。得到氧化铜、氧化锌、三氧化二钴、氧化镍、三氧化二铬、氧化镉、一氧化锰浓度分别10.00 μg/mL的混合标准溶液,此溶液在后续分析中作为高浓度标准溶液。

20.1.6 低浓度标准溶液(0.10 μg/mL):移取混合标准溶液(19.1.15)1.00置于100 mL容量瓶中,加入5 mL硝酸(20.1.3),用水稀释至标线,摇匀。得到氧化铜、氧化锌、三氧化二钴、氧化镍、三氧化二铬、氧化镉、一氧化锰浓度为0.10 μg/mL的混合标准溶液,此溶液在后续分析中作为低浓度标准溶液。

20.1.7 等离子体发射光谱仪。

20.2 试料量

称取0.5 g(m_{17})试样,精确至0.000 1 g。

20.3 测定

将试料置于铂金皿中,用水润湿,加1 mL高氯酸(20.1.2),10 mL~15 mL氢氟酸(20.1.1)。将铂金皿置于电热板上低温加热,蒸发至糊状,用水冲洗内壁,再加0.5 mL高氯酸(20.1.2),加热蒸发至干,冷却,加10 mL硝酸(20.1.4)及适量水,加热溶解,冷却后,移入100 mL容量瓶中,用水稀释至标线,摇匀。采取与试样相同的分析步骤做试剂空白。

在分析样品前,预先将等离子体发射光谱仪电路通电,稳定后,按仪器要求编制分析控制程序。打开仪器的气路、水路,接通高频电源,用工作气体将管路和雾化系统内的空气排除干净,点燃等离子体火焰。仪器的输出功率控制为1.1 kW,反射功率小于10 W,冷却气流量16 L/min,进样量1 mL/min~2 mL/min,待仪器工作15 min~30 min稳定后,按照分析控制程序分别吸入低浓度标准溶液(20.1.6)和高浓度标准溶液(20.1.5)进行仪器的标准化,建立标准曲线。完成标准化工作后,按程序吸入样品溶液转入样品分析,确定样品溶液中各氧化物的浓度。

分析过程中穿插测试试剂空白溶液和硝酸溶液(20.1.4),确定试剂空白的大小,并加以扣除。如果发现存在明显的试剂空白,则需更新带来空白效应的试剂重新分析。

20.4 分析结果的表示

每种氧化物的质量分数(w_{X5})按式(22)计算：

$$w_{X5} = \frac{c_{X5} \times V_{12}}{m_{17} \times 10^6} \times 100 \qquad \cdots\cdots (22)$$

式中：

w_{X5}——分别为各氧化物的质量分数，%；

c_{X5}——被测溶液中各氧化物的浓度，单位为微克每毫升(μg/mL)；

V_{12}——测量溶液的体积，单位为毫升(mL)；

m_{17}——20.2 中的试料质量，单位为克(g)。

21 分析结果的允许误差

21.1 分析结果允许的误差范围见表3。

表 3 分析结果允许的误差范围 %

测定项目	含量范围	A	B
		重复性极限	再现性极限
L.O.I	<1.0	0.05	0.06
SiO_2	>50	0.20	0.25
Al_2O_3	<5	0.06	0.08
TiO_2	<0.5	0.01	0.01
Fe_2O_3	<0.5	0.01	0.02
CaO	<10	0.10	0.15
MgO	<10	0.10	0.15
K_2O	<5	0.05	0.07
Na_2O	>10	0.20	0.25
SO_3	<0.5	0.03	0.04
P_2O_5	<0.2	0.02	0.03
CuO	<0.2	0.005	0.01
ZnO	<0.2	0.005	0.01
Co_2O_3	<0.2	0.005	0.01
NiO	<0.2	0.005	0.01
Cr_2O_3	<0.2	0.005	0.01
CdO	<0.2	0.005	0.01
MnO	<0.2	0.005	0.01

21.2 在采用本方法测定同一试样时，同一试验室的同一分析人员，须重复进行两次测定，两次分析结果之差应符合 A 项规定，如超出 A 项规定，须进行第三次测定，所得分析结果与前两次分析结果中之一次之差符合 A 项规定时，则取其平均值，否则应查找原因，重新进行测定。

21.3 在采用本方法测定同一试样时，同一试验室的两个分析人员所得分析结果之差应符合A项规定，如超出A项规定，须找第三者按本标准同一方法进行测定，分析结果与前者或其中之一的分析结果之差符合A项规定时，则取其平均值。

21.4 在采用本方法测定同一试样时，不同试验室所得的分析结果之差应符合B项规定。如有争议，应共同商定由另一单位按仲裁分析方法进行测定。以仲裁单位报出的分析结果为准，与两个单位的分析结果比较，若与其中任何一方分析结果之差符合B项规定，则认为此分析结果是准确的，对超出B项规定的分析结果，则认为是不准确的。

附　录　A
（规范性附录）
验收分析值程序

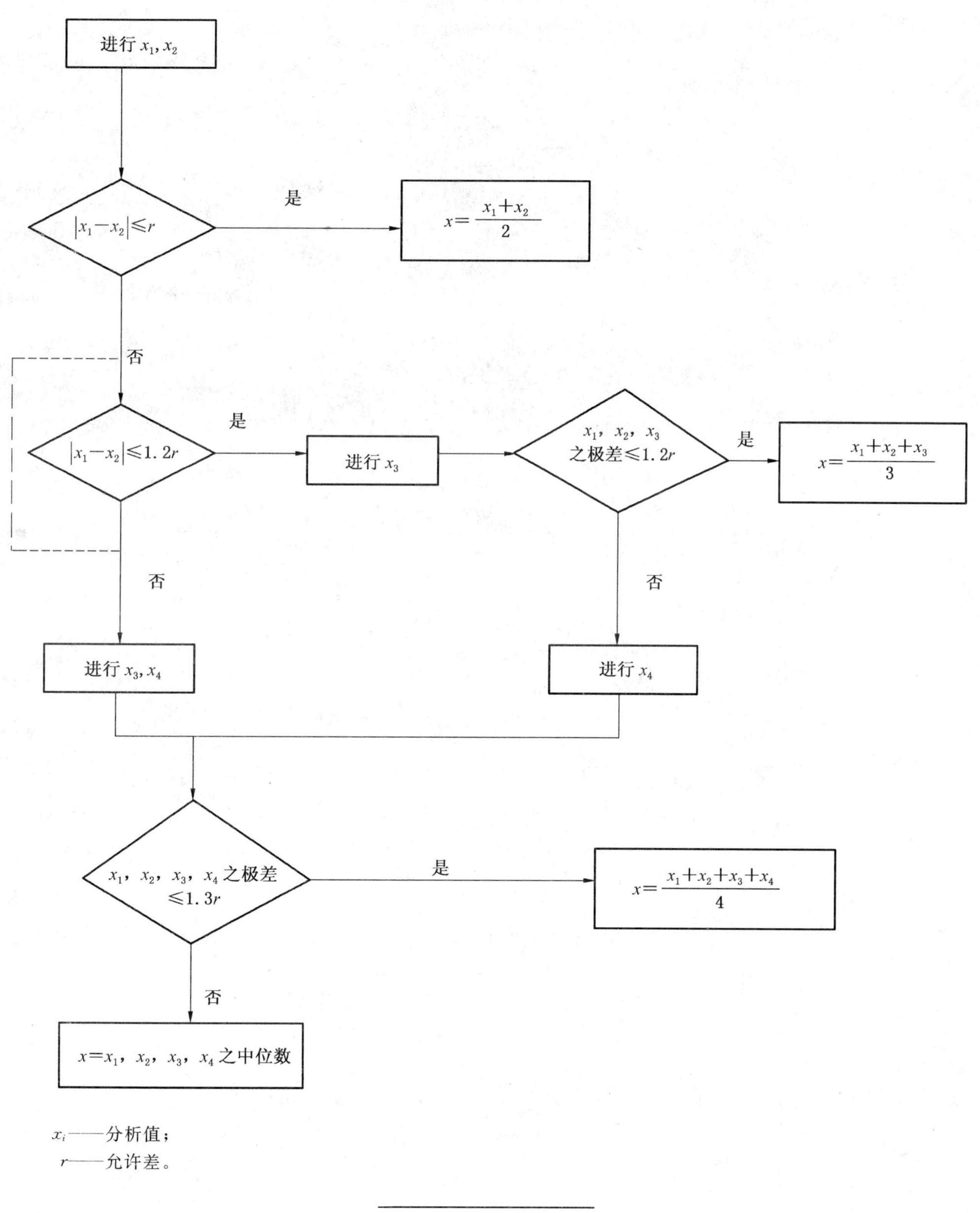

x_i——分析值；

r——允许差。

ICS 59.100.10
Q 36

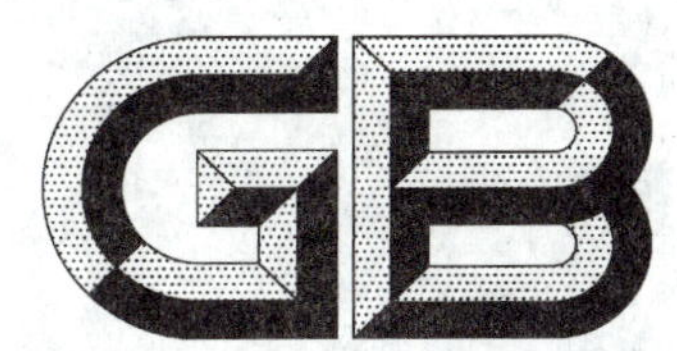

中华人民共和国国家标准

GB/T 1549—2008
代替 GB/T 1549—1994

纤维玻璃化学分析方法

Chemical analysis methods of glass, glass marble and vitreous fiber

2008-06-30 发布　　　　2009-04-01 实施

中华人民共和国国家质量监督检验检疫总局
中国国家标准化管理委员会　发布

前 言

本标准参考ASTM C169-92(2000)《钠钙和硼硅酸盐玻璃化学分析试验方法》、JIS R3101—1995《钠钙镁硅玻璃化学分析方法》。

本标准代替GB/T 1549—1994《钠钙硅铝硼玻璃化学分析方法》。

本标准与GB/T 1549—1994相比,主要技术内容变化如下:

——扩大了适用范围。将标准名称改为《纤维玻璃化学分析方法》,适用范围除包括原来的无碱(E)玻璃和中碱(C)玻璃外,还包括了无硼无氟无碱(ECR)玻璃、耐碱(AR)玻璃、高碱(A)玻璃、高硅氧玻璃、高强(S)玻璃、玄武岩纤维和玻璃棉、岩棉、矿渣棉、硅酸铝棉等纤维态玻璃。

——增加了氧化锰、二氧化锆、氧化锂、总锑、总硫、五氧化二磷、氧化锶、氧化锌、二氧化铈和钡、镉、铬、汞、铅等检测项目。

——增加了用原子吸收分光光度法测定总铁、氧化钙和氧化镁,用过氧化氢分光光度法测定二氧化钛,用离子选择性电极法测定氟化物,用电感耦合等离子体原子发射光谱法测定总砷等检测方法。

——增加了电感耦合等离子体原子发射光谱法测定三氧化二铝、氧化钙、氧化镁、二氧化锆、总铁和二氧化钛的附录A。

——将氧化亚铁的测定由原来的重铬酸钾氧化还原滴定法改为邻菲啰啉分光光度法。

——在EDTA络合滴定法测定氧化钙和氧化镁的方法中,将原来仅用三乙醇胺掩蔽干扰离子改为用三乙醇胺和盐酸羟胺联合掩蔽干扰离子。

——在重量法-硅钼蓝分光光度法测定二氧化硅的方法中,将硅钼黄的显色酸度由原来的0.10 mol/L提高到0.20 mol/L;增加了硅钼黄显色时的避光操作,以消除光化学还原干扰;将硅钼黄的显色过程也置于塑料杯中进行,消除了F^-的干扰。

——在邻菲啰啉分光光度法测定总铁的方法中,增加了用乙酸-乙酸钠缓冲溶液调显色溶液pH值的方法,以适应氧化钙含量高的玻璃的测定要求。

——在砷钼蓝分光光度法测定总砷的方法中,将显色前标准比色系列溶液滴加高锰酸钾溶液的量改为滴加至溶液显微红色,扩大了工作曲线的范围,并增加了称样量和分取体积。

请注意本标准的某些内容有可能涉及专利,本标准的发布机构不应承担识别这些专利的责任。

本标准附录A为规范性附录。

本标准由中国建筑材料联合会提出。

本标准由全国玻璃纤维标准化技术委员会(SAC/TC 245)归口。

本标准负责起草单位:南京玻璃纤维研究设计院。

本标准参加起草单位:美国利曼-徕伯斯公司北京办事处、巨石集团有限公司。

本标准主要起草人:沙德仁、李勇、吴永坤、杨春颖、金雪霞、张学镭、陈建良。

本标准所替代标准的历次版本发布情况为:

——GB/T 1549—1979、GB/T 1549—1994。

纤维玻璃化学分析方法

1 警告

本标准中凡使用或稀释市售的盐酸、硝酸和氢氟酸等挥发性强酸时，凡用硫酸、硝酸、盐酸、高氯酸和氢氟酸等溶样时，凡用焦硫酸钾等在喷灯上熔样时，都应在通风厨内进行。凡使用氢氟酸、硫酸、硝酸、高氯酸等强腐蚀性酸时都应戴塑胶手套。

本标准并未指出所有可能的安全问题，使用者有责任采取适当的安全和健康措施。

2 范围

本标准规定了纤维玻璃化学分析的通则、试样制备以及玻璃中二氧化硅、三氧化二硼、总铁、氧化亚铁、二氧化钛、氧化锰、二氧化锆、三氧化二铝、氧化钙、氧化镁、氧化锂、氧化钠、氧化钾、氟化物、总砷、总锑、总硫、五氧化二磷、氧化锶、氧化锌、二氧化铈和钡、镉、铬、汞、铅等化学成分测定的试剂、分析步骤、结果计算和精密度等。

本标准适用于无碱(E 和 ECR)、中碱(C)、耐碱(AR)、高碱(A)、高硅氧、高强(S)、玄武岩、玻璃棉、岩棉、矿渣棉、硅酸铝棉等玻璃和纤维状玻璃化学成分的测定，也适用于化学组成类似的其他玻璃化学成分的测定。

3 规范性引用文件

下列文件中的条款通过本标准的引用而成为本标准的条款。凡是注日期的引用文件，其随后所有的修改单(不包括勘误的内容)或修订版均不适用于本标准，然而，鼓励根据本标准达成协议的各方研究是否可使用这些文件的最新版本。凡是不注日期的引用文件，其最新版本适用于本标准。

GB/T 601—2002 化学试剂 标准滴定溶液的制备

GB/T 602—2002 化学试剂 杂质测定用标准溶液的制备

GB/T 4842 纯氩

GB/T 6682 分析实验室用水规格和试验方法

GB 6819 溶解乙炔

GB/T 8980 高纯氮

GB/T 10624 高纯氩

4 通则

4.1 仪器与校准

干燥样品用电热烘箱；灼烧样品用箱式电阻炉；精确称量用万分之一分析天平；定容玻璃仪器用容量瓶、移液管和滴定管；分光光度法用可见分光光度计；原子吸收分光光度(AAS)法用原子吸收光谱仪；火焰原子发射光谱(FES)法用火焰光度计；电感耦合等离子体原子发射光谱(ICP)法用电感耦合等离子体原子发射光谱仪等。上述仪器设备应定期校准，以满足测试要求。

4.2 试剂和气体

所用试剂应为分析纯或优于分析纯；原子吸收、发射光谱测定用试剂应为优级纯或优于优级纯；用于标定的试剂除另有说明外，应为基准试剂。标准溶液的配制、标定和贮存可参照 GB/T 601—2002 和 GB/T 602—2002 的规定。

原子吸收光谱仪用乙炔气应符合 GB 6819 的要求；电感耦合等离子体原子发射光谱仪炬管用氩气

应符合 GB/T 4842 的要求;吹扫光路用气体应符合 GB/T 10624 或 GB/T 8980 的要求。

4.3 分析用水

分析用水应为蒸馏水或去离子水,应符合 GB/T 6682 的规定。用于稀释的溶剂除另有说明外,皆为水。

4.4 物质恒重

分析中坩埚、试剂和试样等物质的烘干、灼烧至恒重是指连续两次称重之差不大于 0.000 3 g。

4.5 空白试验

分析时应同时做空白试验,并与试样分析用试剂为同一瓶试剂,采用相同的分析步骤。应以减去空白试验的数值计算测定结果。

4.6 试验次数

每项测定的试验次数规定为两次。用两次试验的平均值表示测定结果。

4.7 结果表示

计算结果表示到小数点后两位;计算结果小于 0.1%时,保留两位有效数字。

4.8 精密度

本标准所列精密度值均为绝对差值,用百分数或 mg/kg 表示。

在同一实验室,由同一人员使用相同设备,并在短时间内按本标准方法分析同一试样时,两次独立分析结果的绝对差值应不大于重复性限(r)。

在不同实验室,由不同的人员使用不同的设备,按本标准方法分析同一试样时,各自所得分析结果的平均值之差应不大于再现性限(R)。

4.9 方法选择

对同一检测项目,本标准给出了多种测定方法,有争议时,以下列方法为仲裁法:

——耐碱玻璃中二氧化钛含量的测定:过氧化氢分光光度法(Ⅱ法);

——高硅氧玻璃、高强玻璃和硅酸铝棉中氧化钙含量的测定:原子吸收分光光度(AAS)法(Ⅱ法);

——高硅氧玻璃、耐碱玻璃、无碱 3 号玻璃和硅酸铝棉中氧化镁含量的测定:原子吸收分光光度(AAS)法(Ⅱ法);

——玻璃中三氧化二砷质量分数≤0.1%的总砷的测定:电感耦合等离子体原子发射光谱(ICP)法(Ⅲ法);

——玻璃中三氧化硫质量分数≤0.1%的总硫的测定:电感耦合等离子体原子发射光谱(ICP)法(Ⅱ法);

——玻璃中五氧化二磷质量分数≤0.1%的五氧化二磷的测定:电感耦合等离子体原子发射光谱(ICP)法(Ⅱ法);

——玻璃中氧化锌质量分数<0.5%的氧化锌的测定:原子吸收分光光度(AAS)法(Ⅱ法);

——玻璃中二氧化铈质量分数<0.5%的二氧化铈的测定:电感耦合等离子体原子发射光谱(ICP)法(Ⅱ法);

——其他均以Ⅰ法为仲裁法。

也可用电感耦合等离子体原子发射光谱(ICP)法测定纤维玻璃中三氧化二铝、氧化钙、氧化镁、二氧化锆、总铁和二氧化钛的含量,方法按附录 A。

5 试样制备

对球、块、滴料等形状的玻璃样品,取适量经清洗、灼烧、粉碎、缩分后研磨;对纤维形状的玻璃样品,剪取适量先经 625 ℃灼烧 30 min,除去浸润剂等有机物后再缩分研磨。

缩分后的试样用玛瑙研钵研磨至可全部通过 80 μm 孔径筛,质量不少于 10 g。

研磨后的试样贮存于称量瓶中,在 105 ℃~110 ℃烘箱中干燥不少于 1 h,置干燥器中冷却至室温后称量。

制备过程应避免引入杂质。

6 二氧化硅的测定

6.1 重量法-硅钼蓝分光光度法(Ⅰ法)

6.1.1 方法提要

试料用碳酸钠熔融,以盐酸浸出后蒸干,再用盐酸溶解,过滤并将沉淀灼烧,然后用氢氟酸处理,其前后的质量差即为沉淀的二氧化硅量,滤液中的二氧化硅用硅钼蓝分光光度法测定,两者相加得二氧化硅的含量。

6.1.2 试剂

a) 无水碳酸钠:固体;

b) 氢氟酸:40%;

c) 乙醇:95%;

d) 盐酸:密度 1.19 g/mL;

e) 盐酸:1+1;

f) 盐酸:5+95;

g) 硫酸:1+4;

h) 氢氧化钠溶液:100 g/L。贮于塑料瓶中;

i) 氟化钾溶液:20 g/L。贮于塑料瓶中;

j) 硼酸溶液:20 g/L。贮于塑料瓶中;

k) 钼酸铵[$(NH_4)_6Mo_7O_{24}\cdot 4H_2O$]溶液:80 g/L。过滤后贮于塑料瓶中;

l) 抗坏血酸溶液:20 g/L。用时现配;

m) 二氧化硅标准溶液:称取 0.100 0 g±0.000 1 g 预先经 1 000 ℃灼烧 1 h 的高纯石英(99.99%)于已用 1.5 g 无水碳酸钠铺底的铂坩埚中,混匀,再加入 0.5 g 无水碳酸钠铺在表面,盖上坩埚盖。先低温加热,逐渐升高温度至 1 000 ℃,得到透明熔体,继续熔融 3 min～5 min,冷却。用热水浸取熔块于 300 mL 塑料杯中,加入 150 mL 热水,搅拌使其溶解(此时溶液应澄清),冷却。移入 1 000 mL 容量瓶中,稀释至标线,摇匀后立刻转移到塑料瓶中贮存。此溶液 0.1 mg/mL;

n) 对硝基酚指示剂:5 g/L 乙醇溶液。

6.1.3 二氧化硅工作曲线的绘制

于一组 100 mL 塑料杯中,分别加入(0.00、0.50、1.00、2.00、3.00、4.00、5.00)mL 二氧化硅标准溶液,加水稀释至 25 mL,加入 5.0 mL 氟化钾溶液,摇动,放置 5 min。加入 10.0 mL 硼酸溶液,摇动,放置 5 min。加入 2.0 mL 盐酸(6.1.2e)),摇动,加入 8 mL 乙醇和 5.0 mL 钼酸铵溶液,摇动,于 20 ℃～30 ℃避光放置 15 min。加入 15 mL 盐酸(6.1.2e)),移入 100 mL 容量瓶中,加入 5 mL 抗坏血酸溶液,稀释至标线,摇匀。1 h 后,在分光光度计波长 700 nm 处,用 10 mm 吸收池,以试剂空白为参比,测定吸光度。按吸光度与标准比色溶液浓度的关系绘制工作曲线。

6.1.4 分析步骤

称取约 0.5 g 试样,精确至 0.000 1 g,置于已用 1.5 g 无水碳酸钠铺底的铂坩埚中,混匀,再加入 0.5 g 无水碳酸钠铺在表面,盖上坩埚盖。先低温加热,逐渐升高温度至 1 000 ℃,熔融至透明状态,继续熔融 15 min,旋转坩埚,使熔融物均匀地附在坩埚内壁,冷却。用热水浸取熔块于铂(或瓷)蒸发皿中。

盖上表面皿,加入 10 mL 盐酸(6.1.2e))溶解熔块,用少量盐酸(6.1.2e))及热水洗净坩埚,并入蒸发皿内,将皿置于沸水浴上或红外灯下蒸发至无盐酸味,取下,冷却。加入 5 mL 盐酸(6.1.2d)),放置约 5 min，加入 50 mL 热水，搅拌使盐类溶解，用中速定量滤纸倾泻过滤，滤液承接于 250 mL 容量瓶中，用热盐酸(6.1.2f))洗涤皿壁及沉淀 8 次～10 次，再用热水洗 3 次～5 次。在沉淀上加 4 滴硫酸，将滤纸和沉淀移入铂坩埚中，置电炉上低温烘干，升高温度使滤纸充分灰化。于 1 100 ℃灼烧 1 h，在干燥器中冷却至室温，称量。反复灼烧，直至恒重。将沉淀用水润湿，加入 4 滴硫酸及 5 mL～7 mL 氢氟酸，于低温电炉上蒸发至干，重复处理一次，逐渐升高温度驱尽三氧化硫白烟，将残渣于 1 100 ℃灼烧 15 min，在干燥器中冷却至室温，称量。反复灼烧，直至恒重。

向上述铂坩埚中的残留物中加 1 g 焦硫酸钾，至喷灯上熔融，冷却，用热水溶解熔融物，冷却后并入盛滤液的 250 mL 容量瓶中，稀释至标线，摇匀。此为试液(A)，供测定二氧化硅(分光光度法)、总铁(8.1 或 8.2)、二氧化钛(9)、二氧化锆(11)、三氧化二铝(12)、氧化钙(13.1)、氧化镁(14.1)和氧化锌(23.1)用。

取 25.00 mL 试液(A)于 100 mL 塑料杯中，加入 5.0 mL 氟化钾溶液，摇动，放置 5 min。加入 10.0 mL 硼酸溶液和 1 滴对硝基酚指示剂，滴加氢氧化钠溶液至试液变黄，加入 2.0 mL 盐酸(6.1.2e))……以下按 6.1.3 步骤进行。从试料比色溶液的吸光度中减去空白试验的吸光度，在工作曲线上查得试料比色溶液中二氧化硅的浓度。

6.1.5 结果计算

二氧化硅(SiO_2)的质量分数[$w(SiO_2)$]，数值以%表示，按公式(1)计算：

$$w(SiO_2)=\left(\frac{(m_1-m_2)}{m}+\frac{cV\times 10}{m\times 1\,000}\right)\times 100 \qquad\cdots\cdots(1)$$

式中：

m_1——灼烧后未经氢氟酸处理的沉淀及坩埚的质量，单位为克(g)；

m_2——经氢氟酸处理灼烧后的残渣及坩埚的质量，单位为克(g)；

c——减去空白试验后的试料比色溶液中二氧化硅的浓度，单位为毫克每毫升(mg/mL)；

V——试料比色溶液的体积，单位为毫升(mL)；

m——试料的质量，单位为克(g)。

6.1.6 精密度

重复性限为 0.20%；再现性限为 0.25%。

6.2 氟硅酸钾容量法(Ⅱ法)

6.2.1 方法提要

试料经氢氧化钾熔融，加入硝酸生成游离硅酸，与过量的钾、氟离子作用，定量生成氟硅酸钾沉淀。沉淀在热水中水解，生成氢氟酸，以酚酞为指示剂，用氢氧化钠标准滴定溶液滴定，求得二氧化硅的含量。

6.2.2 试剂

a) 氢氧化钾：固体；

b) 氯化钾：固体；

c) 邻苯二甲酸氢钾：固体；

d) 乙醇：95%；

e) 硝酸：密度 1.42 g/mL；

f) 硝酸：1+1；

g) 氯化钾溶液：50 g/L；

h) 氯化钾乙醇溶液：50 g/L。50 g 氯化钾溶于 500 mL 水中，加入 500 mL 乙醇，摇匀；

i) 氟化钾溶液：15 g 氟化钾置于塑料杯中，加入 80 mL 水和 20 mL 硝酸(6.2.2e))使其溶解，加氯化钾至饱和。放置过夜，过滤到塑料瓶中；

j) 氢氧化钠标准滴定溶液：$c(NaOH)\approx 0.15$ mol/L；

配制：称取 30 g 氢氧化钠置于 500 mL 塑料杯中，加入 200 mL～300 mL 水溶解，移入 5 L 塑料瓶中，稀释至约 5 L，摇匀。加入 2.5 g～3 g 氯化钡，摇匀。放置数小时后再加入 2 g～3 g 硫酸钠，摇匀。瓶盖装上钠石灰管。静置过夜，待标定。

标定：称取约 0.7 g，精确至 0.000 1 g，预先经 105 ℃～110 ℃干燥至恒重的基准试剂邻苯二甲酸氢钾，置于 300 mL 烧杯中，加入 150 mL 经煮沸，冷却、中和过的水，搅拌使其溶解，加入 15 滴酚酞指示剂，用已配制好的氢氧化钠溶液滴定至微红色。

氢氧化钠标准滴定溶液的标定浓度[c(NaOH)]，数值以摩尔每升(mol/L)表示，按公式(2)计算：

$$c(\text{NaOH})=\frac{m\times 1\,000}{VM} \qquad \cdots\cdots(2)$$

式中：

m——邻苯二甲酸氢钾的质量，单位为克(g)；

V——减去空白试验后的标定用氢氧化钠溶液的体积，单位为毫升(mL)；

M——邻苯二甲酸氢钾的摩尔质量，单位为克每摩尔(g/mol)[$M(KHC_8H_4O_4)=204.22$]。

计算结果表示到小数点后四位。

k) 酚酞指示剂：10 g/L 乙醇溶液(中和至微红色)。

6.2.3 分析步骤

称取约 0.1 g 试样，精确至 0.000 1 g，置于镍坩埚中。加入 2 g 氢氧化钾，盖上坩埚盖并稍留缝隙，置低温电炉上熔融，摇动坩埚，继续升高温度熔融 15 min。旋转坩埚，使熔融物均匀地附着于坩埚内壁，冷却。用热水浸取熔融物于 300 mL 塑料杯中，盖上表面皿，一次加入 15 mL 硝酸(6.2.2e))，再用少量硝酸(6.2.2f))和热水洗净坩埚及其盖，控制溶液体积在 60 mL 左右，冷却至室温(最好冷至 15 ℃～20 ℃)。在搅拌下加入氯化钾至过饱和，加入 10 mL 氟化钾溶液，搅拌，放置 7 min～10 min。用塑料(或涂蜡的玻璃)漏斗以快速定性滤纸过滤，用氯化钾溶液洗涤塑料杯 2 次～3 次，再洗涤滤纸2 次。将滤纸和沉淀置于原塑料杯中，加入 10 mL 氯化钾乙醇溶液及 1 mL 酚酞指示剂，用氢氧化钠标准滴定溶液中和残余酸，仔细搅拌滤纸，擦洗杯壁，直至试液呈现微红色不消失。加入约 250 mL 中和过的沸水，立即以氢氧化钠标准滴定溶液滴定至微红色为终点。

6.2.4 结果计算

二氧化硅(SiO_2)的质量分数[$w(SiO_2)$]，数值以%表示，按公式(3)计算：

$$w(\text{SiO}_2)=\frac{cV\times 15.02\times 100}{m\times 1\,000}=\frac{cV\times 1.502}{m} \qquad \cdots\cdots(3)$$

式中：

c——氢氧化钠标准滴定溶液的标定浓度，单位为摩尔每升(mol/L)；

V——减去空白试验后的滴定用氢氧化钠标准滴定溶液的体积，单位为毫升(mL)；

m——试料的质量，单位为克(g)；

15.02——1/4 二氧化硅的摩尔质量，单位为克每摩尔(g/mol)。

6.2.5 精密度

重复性限为 0.25%；再现性限为 0.30%。

7 三氧化二硼的测定

7.1 方法提要

试料经碱熔融和酸中和后，溶液中的硼均转变为硼酸盐，加入碳酸钙使硼形成更易溶于水的硼酸钙，与其他杂质元素分离。加入甘露醇，使硼酸定量地转变为离解度较强的醇硼酸，以酚酞为指示剂，用氢氧化钠标准滴定溶液滴定。

7.2 试剂

a) 氢氧化钠:固体;

b) 碳酸钙:固体;

c) 甘露醇:固体;

d) 盐酸:1+1;

e) 氢氧化钠标准滴定溶液:采用6.2.2j);

f) 甲基红指示剂:2 g/L 乙醇溶液;

g) 酚酞指示剂:采用6.2.2k)。

7.3 分析步骤

称取约0.5 g试样,精确至0.000 1 g,置于镍坩埚中。加入3 g~4 g氢氧化钠,盖上坩埚盖并稍留缝隙,置电炉上加热,待熔化后,摇动坩埚,再熔融约20 min。旋转坩埚,使熔融物均匀地附着于坩埚内壁,冷却。用热水浸取熔块于250 mL烧杯中,用盐酸和热水洗净坩埚及其盖。滴加盐酸中和,加入1滴~2滴甲基红指示剂,继续滴加盐酸至溶液呈红色,再过量1滴~2滴。缓慢加入碳酸钙至红色消失,加盖表面皿,置低温电炉上微沸10 min。趁热用快速定性滤纸过滤,用热水洗涤烧杯及沉淀9次~10次,将滤液及洗液承接于300 mL烧杯中。滴加盐酸使滤液刚呈红色,置电炉上微沸,浓缩至约100 mL,取下,迅速冷却。用氢氧化钠标准滴定溶液中和至溶液刚变黄色(不记读数)。加入约1 g甘露醇,10滴酚酞指示剂,用氢氧化钠标准滴定溶液滴定至溶液呈微红色,再加1 g甘露醇,若微红色消失,继续用氢氧化钠标准滴定溶液滴定,如此反复,直至加入甘露醇后溶液微红色不消失为终点。

注:空白试验需用不含三氧化二硼的玻璃按相同方法进行。

7.4 结果计算

三氧化二硼(B_2O_3)的质量分数[$w(B_2O_3)$],数值以%表示,按公式(4)计算:

$$w(B_2O_3)=\frac{cV\times 34.81\times 100}{m\times 1\,000}=\frac{cV\times 3.481}{m} \qquad \cdots\cdots(4)$$

式中:

c——氢氧化钠标准滴定溶液的标定浓度,单位为摩尔每升(mol/L);

V——减去空白试验后的滴定用氢氧化钠标准滴定溶液的体积,单位为毫升(mL);

m——试料的质量,单位为克(g);

34.81——1/2三氧化二硼的摩尔质量,单位为克每摩尔(g/mol)。

7.5 精密度

重复性限为0.20%;

再现性限为0.25%。

8 总铁的测定

8.1 化学还原分光光度法(Ⅰ法)

8.1.1 方法提要

试料经硫酸和氢氟酸分解后,用盐酸羟胺将铁(Ⅲ)还原为铁(Ⅱ),控制溶液pH值为3~5,邻菲啰啉与铁(Ⅱ)生成稳定的橙红色配合物,分光光度计测定总铁含量。

8.1.2 试剂

a) 焦硫酸钾:固体;

b) 氢氟酸:40%;

c) 硫酸:1+1;

d) 盐酸:1+1;

e) 氨水:1+1;

f) 酒石酸:100 g/L;

g) 盐酸羟胺溶液:100 g/L;

h) 乙酸-乙酸钠缓冲溶液:pH≈5。160 g 无水乙酸钠(CH_3COONa)或 270 g 三水合乙酸钠($CH_3COONa \cdot 3H_2O$)溶于适量水中,加入无水乙酸 60 mL,稀释至 1 L;

i) 邻菲啰啉($C_{12}H_8N_2 \cdot H_2O$)溶液:1 g/L。贮于棕色瓶中,避光保存;

j) 三氧化二铁标准溶液:称取 0.100 0 g±0.000 1 g 预先经 400 ℃灼烧 30 min 的光谱纯三氧化二铁于 300 mL 烧杯中,加入 40 mL 盐酸和 100 mL 水,加热溶解,冷却,移入 1 000 mL 容量瓶中,稀释至标线,摇匀。此溶液 0.1 mg/mL;

k) 三氧化二铁稀标准溶液:取 50.00 mL 三氧化二铁标准溶液,于 100 mL 容量瓶中,加入 2 mL 盐酸,稀释至标线,摇匀。此溶液 0.05 mg/mL;

l) 对硝基酚指示剂:采用 6.1.2n)。

8.1.3 三氧化二铁工作曲线的绘制

按下列方法之一绘制工作曲线:

a) 于一组 100 mL 容量瓶中,加入 40 mL 水,分别加入(0.00、1.00、2.00、4.00、6.00、8.00、10.00)mL 三氧化二铁稀标准溶液。加入 4 mL 盐酸羟胺溶液,摇动。加入 10 mL 邻菲啰啉溶液、20 mL 乙酸-乙酸钠缓冲溶液,此时溶液 pH 值约为 5。稀释至标线,摇匀。放置 20 min 后,在分光光度计波长 510 nm 处,用 10 mm 吸收池,以试剂空白为参比,测定吸光度。按吸光度与标准比色溶液浓度的关系绘制工作曲线。

b) 于一组 100 mL 容量瓶中,加入 50 mL 水,分别加入(0.00、1.00、2.00、4.00、6.00、8.00、10.00)mL 三氧化二铁稀标准溶液。加入 5 mL 酒石酸溶液和 1 滴~2 滴对硝基酚指示剂,滴加氨水至溶液呈现黄色,随即滴加盐酸至溶液刚变无色,此时溶液 pH 值约为 5。加入 2 mL 盐酸羟胺溶液,摇动,加入 10 mL 邻菲啰啉溶液,稀释至标线,摇匀……以下按 8.1.3 a)步骤进行。

8.1.4 分析步骤

8.1.4.1 试液制备

对于铝、锆、钛含量较低的玻璃(例如高硅氧玻璃、高碱玻璃、中碱玻璃、玻璃棉等):称取约 0.5 g 试样,精确至 0.000 1 g,置于铂坩埚中。用少量水润湿,加入 2 mL 硫酸和 10 mL 氢氟酸,置电炉上低温加热蒸发至近干,升高温度直至三氧化硫白烟冒尽,冷却。加入 4 mL~5 mL 盐酸和 10 mL~15 mL 水,置电炉上低温加热至盐类完全溶解,冷却后,移入 250 mL 容量瓶中,稀释至标线,摇匀。此为试液(A),供测定总铁、二氧化钛(9.1)、三氧化二铝(12)、氧化钙(13.1)、氧化镁(14.1)和氧化锌(23.1)用。

对于铝、锆、钛含量较高的玻璃(例如硅酸铝棉、高强玻璃、岩棉、矿渣棉、玄武岩纤维、耐碱玻璃、无碱玻璃等):称取约 0.5 g 试样,精确至 0.000 1 g,置于铂坩埚中。用少量水润湿,加入 1 mL 硫酸和 10 mL 氢氟酸,置电炉上低温加热蒸发至近干,升高温度直至三氧化硫白烟冒尽,冷却。加入 10 g 焦硫酸钾,盖上铂盖,先在电炉上熔化,然后移至喷灯上熔融至透明状态,冷却。用热水浸取熔块于 300 mL 烧杯中,加入 2 mL~3 mL 硫酸和 2 mL~3 mL 盐酸,加水至 150 mL,置电炉上低温加热至盐类完全溶解,冷却后,移入 250 mL 容量瓶中,稀释至标线,摇匀。此为试液(A),供测定总铁、二氧化钛(9)、二氧化锆(11)、三氧化二铝(12)、氧化钙(13.1)、氧化镁(14.1)和氧化锌(23.1)用。

对于铁含量较高的玻璃(例如玄武岩纤维、岩棉、矿渣棉等):称取约 0.1 g 试样,精确至 0.000 1 g,置于铂坩埚中。用少量水润湿,加入 0.5 mL 硫酸和 5 mL 氢氟酸,置电炉上低温加热蒸发至近干,升高温度直至三氧化硫白烟冒尽,冷却。加入 5 mL 盐酸和 10 mL~15 mL 水,置电炉上加热至盐类完全溶解，冷却后，移入200 mL容量瓶中，稀释至标线，摇匀。此为试液(B)，供分光光度法测定总铁用。

8.1.4.2 显色测定

取试液(A)25.00 mL或试液(B)10.00 mL～20.00 mL于100 mL容量瓶中，加水至50 mL，加入4 mL盐酸羟胺溶液……以下按8.1.3a)步骤进行。从试料比色溶液的吸光度中减去空白试验的吸光度，在工作曲线上查得试料比色溶液中三氧化二铁的浓度。

对于钙含量较低的玻璃(例如高硅氧玻璃、高强玻璃、高碱玻璃、中碱玻璃、玻璃棉、硅酸铝棉等)：取试液(A)25.00 mL于100 mL容量瓶中，加水至50 mL，加入5 mL酒石酸溶液……以下按8.1.3b)步骤进行。从试料比色溶液的吸光度中减去空白试验的吸光度，在工作曲线上查得试料比色溶液中三氧化二铁的浓度。

8.1.5 结果计算

总铁以三氧化二铁(TFe_2O_3)的质量分数[$w(TFe_2O_3)$]计，数值以%表示，按公式(5)计算：

$$w(TFe_2O_3)=\frac{cV_2\times 100}{m(V_1/V)\times 1\,000}=\frac{cV_2V}{mV_1\times 10} \quad\cdots\cdots(5)$$

式中：

c——减去空白试验后的试料比色溶液中三氧化二铁的浓度，单位为毫克每毫升(mg/mL)；

V_2——试料比色溶液的体积，单位为毫升(mL)；

m——试料的质量，单位为克(g)；

V_1——分取试液的体积，单位为毫升(mL)；

V——试液的总体积，单位为毫升(mL)。

8.1.6 精密度

精密度见表1。

表1 邻菲啰啉分光光度法测定总铁的精密度

含量范围/%	重复性限/%	再现性限/%
$0.1\leqslant w\leqslant 0.5$	0.02	0.03
$0.5< w\leqslant 1$	0.05	0.10
$1< w\leqslant 5$	0.15	0.20

8.2 光化学还原分光光度法(Ⅱ法)

8.2.1 方法提要

试料经硫酸和氢氟酸分解后，加入缓冲溶液和邻菲啰啉显色剂，置光化学反应箱内还原显色，分光光度计测定总铁含量。

8.2.2 试剂与仪器

a) 柠檬酸三钠溶液：100 g/L；

b) 光化学反应箱：电压220 V，光源250 W钢灯。

其他同8.1.2。

8.2.3 三氧化二铁工作曲线的绘制

于一组100 mL容量瓶中，加入约40 mL水，分别加入(0.00、1.00、2.00、4.00、6.00、8.00、10.00)mL三氧化二铁稀标准溶液，加入10 mL邻菲啰啉溶液、5 mL柠檬酸三钠溶液和15 mL乙酸-乙酸钠缓冲溶液，此时溶液pH值为5左右。稀释至标线，摇匀。置光化学反应箱中照光20 min～25 min，取出冷却至室温。在分光光度计波长510 nm处，用10 mm吸收池，以试剂空白为参比，测定吸光度。按吸光度与标准比色溶液浓度的关系绘制工作曲线。

8.2.4 分析步骤

试液制备按8.1.4.1进行。

取试液(A)25.00 mL或试液(B)10.00 mL～20.00 mL于100 mL容量瓶中，加水至50 mL，加入10 mL邻菲啰啉溶液……以下按8.2.3步骤进行。从试料比色溶液的吸光度中减去空白试验的吸光度，在工作曲线上查得试料比色溶液中三氧化二铁的浓度。

还可将测完氧化亚铁(参见16)后的试液，置光化学反应箱中照光20 min～25 min，继续测定总铁，进行铁(Ⅱ)和总铁的连续测定。

8.2.5 结果计算

按公式(5)计算。

8.2.6 精密度

同8.1.6。

8.3 原子吸收分光光度(AAS)法(Ⅲ法)

8.3.1 方法提要

试料经高氯酸和氢氟酸分解后，在盐酸酸性溶液中，用原子吸收分光光度计，空气-乙炔火焰测定总铁含量。

8.3.2 试剂

a) 高氯酸：70%；

b) 氢氟酸：40%；

c) 盐酸：1+1；

d) 三氧化二铁标准储备溶液：称取1.000 0 g±0.000 1 g预先经400 ℃灼烧30 min的光谱纯三氧化二铁于250 mL烧杯中，加入100 mL水、40 mL盐酸和2 mL硝酸(1+1)，加热溶解，冷却。移入1 000 mL容量瓶中，稀释至标线，摇匀。贮于塑料瓶中。此溶液1 mg/mL；

e) 三氧化二铁稀标准溶液：取三氧化二铁标准储备溶液10.00 mL于200 mL容量瓶中，加入4 mL盐酸，稀释至标线，摇匀。此溶液0.05 mg/mL；

f) 三氧化二铁工作曲线系列溶液：于一组100 mL的容量瓶中，分别加入三氧化二铁稀标准溶液(0.00、1.00、2.00、4.00、6.00、8.00、10.00、12.00、14.00)mL，加入4 mL盐酸，稀释至标线，摇匀。此系列溶液三氧化二铁的浓度分别为(0、0.5、1、2、3、4、5、6、7)μg/mL。

8.3.3 分析步骤

称取约0.1 g试样，精确至0.000 1 g，置于铂坩埚中。用少量水润湿，加入2 mL高氯酸和5 mL氢氟酸，于低温电炉上加热分解，升高温度蒸发至高氯酸白烟冒尽。冷却后，加入4 mL盐酸和10 mL水，加热至盐类全部溶解，冷却至室温。移入100 mL容量瓶中，稀释至标线，摇匀。此为试液(C)，供原子吸收分光光度法测定总铁、氧化钙(13.2)、氧化镁(14.2)、氧化锂(15.1)、氧化钠(15.1)、氧化钾(15.1)、氧化锶(22.1)和氧化锌(23.2)用。

对于铁含量较高的玻璃(例如玄武岩纤维、岩棉、矿渣棉等)：取试液(C)10.00 mL于100 mL容量瓶中，加入3.6 mL盐酸，稀释至标线，摇匀。

仪器预热20 min后，调节至最佳工作状态，用空气-乙炔火焰，铁空心阴极灯，在波长248.3 nm处，用水调零，先测定工作曲线系列溶液的吸光度，再测定试液的吸光度。按校正的吸光度(即减去试剂空白的吸光度)与工作曲线系列溶液浓度的关系绘制工作曲线。从所测试液的吸光度中减去空白试验的吸光度，在工作曲线上查得所测试液的浓度。

8.3.4 结果计算

总铁以三氧化二铁(TFe_2O_3)的质量分数[$w(TFe_2O_3)$]计，数值以%表示，按公式(6)计算：

$$w(TFe_2O_3) = \frac{cV_2 \times 100}{m(V_1/V) \times 10^6} = \frac{cV_2V}{mV_1 \times 10^4} \quad \cdots\cdots(6)$$

式中：

c——所测试液中减去空白试验后的三氧化二铁的浓度，单位为微克每毫升(μg/mL)；

V_2——所测试液的体积，单位为毫升(mL)；

m——试料的质量，单位为克(g)；

V_1——分取试液的体积，单位为毫升(mL)；

V——试液的总体积，单位为毫升(mL)。

8.3.5 精密度

同8.1.6。

9 二氧化钛的测定

9.1 二安替比林甲烷分光光度法(Ⅰ法)

9.1.1 方法提要

在盐酸酸性溶液中，用抗坏血酸消除铁(Ⅲ)的干扰，以二安替比林甲烷为显色剂，分光光度计测定二氧化钛含量。

9.1.2 试剂

a) 盐酸：1+1；

b) 抗坏血酸溶液：10 g/L。用时现配；

c) 二安替比林甲烷溶液：3 g二安替比林甲烷溶于100 mL盐酸(1+11)中，过滤后使用；

d) 二氧化钛标准溶液：称取0.100 0 g±0.000 1 g预先经950 ℃灼烧1 h的光谱纯二氧化钛，置于铂坩埚中，加入约3 g焦硫酸钾，先在电炉上熔化，再移至喷灯上熔融至透明状态，冷却。用20 mL热硫酸(1+1)浸取熔块于预先盛有80 mL硫酸(1+1)的烧杯中，加热溶解，冷却。移入1 000 mL容量瓶中，稀释至标线，摇匀。此溶液0.1 mg/mL；

e) 二氧化钛稀标准溶液：取50.00 mL二氧化钛标准溶液于100 mL容量瓶中，稀释至标线，摇匀。此溶液0.05 mg/mL。

9.1.3 二氧化钛工作曲线的绘制

于一组100 mL容量瓶中，加入约30 mL水，分别加入(0.00、1.00、2.00、4.00、6.00、8.00、10.00)mL二氧化钛稀标准溶液，加入10 mL盐酸、10 mL抗坏血酸溶液和20 mL二安替比林甲烷溶液，稀释至标线，摇匀。放置40 min后，在分光光度计波长400 nm处，用10 mm吸收池，以试剂空白为参比，测定吸光度。按吸光度与标准比色溶液浓度的关系绘制工作曲线。

9.1.4 分析步骤

取试液(A)25.00 mL于100 mL容量瓶中，加入10 mL盐酸……以下按9.1.3步骤进行。从试料比色溶液的吸光度中减去空白试验的吸光度，在工作曲线上查得试料比色溶液中二氧化钛的浓度。

9.1.5 结果计算

二氧化钛(TiO_2)的质量分数[$w(TiO_2)$]，数值以%表示，按公式(7)计算：

$$w(TiO_2) = \frac{cV \times 10 \times 100}{m \times 1\ 000} = \frac{cV}{m} \quad \cdots\cdots(7)$$

式中：

c——减去空白试验后的试料比色溶液中二氧化钛的浓度，单位为毫克每毫升(mg/mL)；

V——试料比色溶液的体积，单位为毫升(mL)；

m——试料的质量，单位为克(g)。

9.1.6 精密度

精密度见表2。

表 2　二安替比林甲烷分光光度法测定二氧化钛的精密度

含量范围/%	重复性限/%	再现性限/%
$0.1 \leqslant w \leqslant 0.5$	0.02	0.03
$0.5 < w \leqslant 1$	0.05	0.10
$1 < w \leqslant 5$	0.15	0.20

9.2　过氧化氢分光光度法(Ⅱ法)

9.2.1　方法提要

试料用硫酸、氢氟酸和焦硫酸钾分解，在硫酸酸性溶液中，以过氧化氢为显色剂，分光光度计测定二氧化钛含量。此方法适用于二氧化钛含量较高的玻璃。

9.2.2　试剂

a)　过氧化氢：30%；

b)　硫酸：1+1；

c)　二氧化钛标准溶液：称取 0.250 0 g±0.000 1 g 预先经 950 ℃灼烧 1 h 的光谱纯二氧化钛，置于铂坩埚中，加入 10 g 焦硫酸钾，先在电炉上熔化，再移至喷灯上熔融至透明状态，冷却。用 20 mL 热硫酸浸取熔块于预先盛有 80 mL 硫酸的烧杯中，加热溶解，冷却。移入 1 000 mL 容量瓶中，稀释至标线，摇匀。此溶液 0.25 mg/mL。

9.2.3　二氧化钛工作曲线的绘制

于一组 100 mL 的容量瓶中，分别加入(0.00、2.00、4.00、6.00、8.00、10.00、12.00)mL 二氧化钛标准溶液，加入 5 mL 硫酸，加水至约 50 mL，摇动，加入 0.5 mL 过氧化氢，稀释至标线，摇匀。在分光光度计波长 410 nm 处，用 10 mm 吸收池，以试剂空白为参比，测定吸光度。按吸光度与标准比色溶液浓度的关系绘制工作曲线。

9.2.4　分析步骤

取试液(A)25.00 mL 于 100 mL 容量瓶中，加入 5 mL 硫酸，加水至约 50 mL……以下按 9.2.3 步骤进行。从试料比色溶液的吸光度中减去空白试验的吸光度，在工作曲线上查得试料比色溶液中二氧化钛的浓度。

9.2.5　结果计算

按公式(7)计算。

9.2.6　精密度

重复性限为 0.20%；再现性限为 0.25%。

10　氧化锰的测定

10.1　原子吸收分光光度法(Ⅰ法)

10.1.1　方法提要

试料用高氯酸和氢氟酸分解后，在盐酸酸性溶液中加入氯化锶抑制干扰剂，用原子吸收分光光度计，空气-乙炔火焰测定氧化锰的含量。

10.1.2　试剂

a)　高氯酸：70%；

b)　氢氟酸：40%；

c)　盐酸：1+1；

d)　氯化锶($SrCl_2 \cdot 6H_2O$)溶液：20 g/L。贮于塑料瓶中；

e)　氧化锰标准溶液：称取 0.239 0 g±0.000 1 g 优级纯硫酸锰($MnSO_4 \cdot H_2O$)溶于水，移入 1 000 mL 容量瓶中，稀释至标线，摇匀。贮于塑料瓶中。此溶液 0.1 mg/mL；

f) 氧化锰稀标准溶液：取氧化锰标准溶液50.00 mL于100 mL容量瓶中，稀释至标线，摇匀。此溶液0.05 mg/mL；

g) 氧化锰工作曲线系列溶液：于一组100 mL的容量瓶中，分别加入氧化锰稀标准溶液(0.00、0.50、1.00、2.00、4.00、6.00、8.00、10.00)mL，加入4 mL盐酸和5.0 mL氯化锶溶液，稀释至标线，摇匀。此系列溶液氧化锰的浓度分别为(0、0.25、0.5、1、2、3、4、5)μg/mL。

10.1.3 分析步骤

对于锰含量较高的玻璃(例如矿渣棉、岩棉、玄武岩纤维等)：称取0.1 g～0.2 g试样，精确至0.000 1 g，置于铂坩埚中。用少量水润湿，加入2 mL高氯酸和5 mL氢氟酸，置低温电炉上加热分解，升高温度蒸发至高氯酸白烟冒尽。冷却后，加入4 mL盐酸和10 mL水，加热至盐类全部溶解。冷却至室温后，移入100 mL容量瓶中，加入5.0 mL氯化锶溶液，稀释至标线，摇匀。

对于锰含量较低的玻璃(例如中碱玻璃、无碱玻璃等)：称取约0.5 g试样，精确至0.000 1 g，置于铂皿中。用少量水润湿，加入2 mL高氯酸和10 mL氢氟酸，置低温电炉上加热分解，蒸发至开始冒高氯酸白烟，取下，冷却，再加入5 mL氢氟酸，继续蒸发至高氯酸白烟冒尽。冷却后，加入4 mL盐酸和30 mL水，加热至盐类全部溶解。冷却至室温后，移入100 mL容量瓶中，加入5.0 mL氯化锶溶液，稀释至标线，摇匀。

仪器预热20 min后，调节至最佳工作状态，用空气-乙炔火焰，锰空心阴极灯，在波长279.5 nm处，用水调零，先测定工作曲线系列溶液的吸光度，再测定试液的吸光度。按校正的吸光度(即减去试剂空白的吸光度)与工作曲线系列溶液浓度的关系绘制工作曲线。从试液的吸光度中减去空白试验的吸光度，在工作曲线上查得试液的浓度。

10.1.4 结果计算

氧化锰(MnO)的质量分数[w(MnO)]，数值以%表示，按公式(8)计算：

$$w(\mathrm{MnO}) = \frac{cV \times 100}{m \times 10^6} = \frac{cV}{m \times 10^4} \quad \cdots\cdots(8)$$

式中：

c——减去空白试验后的试液中氧化锰的浓度，单位为微克每毫升(μg/mL)；

V——试液的体积，单位为毫升(mL)；

m——试料的质量，单位为克(g)。

10.1.5 精密度

精密度见表3。

表3 原子吸收分光光度法测定氧化锰的精密度

含量范围/%	重复性限/%	再现性限/%
$0.01 \leqslant w \leqslant 0.05$	0.004	0.008
$0.05 < w \leqslant 0.1$	0.010	0.020
$0.1 < w \leqslant 0.5$	0.02	0.03

10.2 电感耦合等离子体原子发射光谱(ICP)法(Ⅱ法)

10.2.1 方法提要

试料用高氯酸和氢氟酸分解制成溶液后，在电感耦合等离子体炬焰中激发，发射出所含元素的特征谱线，根据锰特征谱线的强度测定氧化锰的含量。

10.2.2 试剂

a) 高氯酸：70%；

b) 氢氟酸：40%；

c) 盐酸：1+1；

d) 氧化锰稀标准溶液：采用 10.1.2 f)；

e) 氧化锰工作曲线系列溶液：于一组 100 mL 的容量瓶中，分别加入氧化锰稀标准溶液（0.00、0.50、1.00、2.00、4.00、6.00、8.00、10.00）mL，加入 14 mL 盐酸，稀释至标线，摇匀。此系列溶液氧化锰的浓度分别为（0、0.25、0.5、1、2、3、4、5）μg/mL。

10.2.3 分析步骤

对于锰含量较高的玻璃（例如矿渣棉、岩棉、玄武岩纤维等）：称取 0.1 g～0.2 g 试样，精确至 0.000 1 g，置于铂坩埚中。用少量水润湿，加入 2 mL 高氯酸和 5 mL 氢氟酸，置低温电炉上加热分解，升高温度，蒸发至高氯酸白烟冒尽。冷却后，加入 4 mL 盐酸和 10 mL 水，加热至盐类全部溶解，冷却至室温，移入 100 mL 容量瓶中，再加入 10 mL 盐酸，稀释至标线，摇匀。

对锰含量较低的玻璃（例如中碱玻璃、无碱玻璃等）：称取约 0.5 g 试样，精确至 0.000 1 g，置于铂皿中。用少量水润湿，加入 2 mL 高氯酸和 10 mL 氢氟酸，置低温电炉上加热分解，蒸发至开始冒高氯酸白烟，取下，冷却，再加入 5 mL 氢氟酸，继续蒸发至高氯酸白烟冒尽。冷却后，加入 14 mL 盐酸和 30 mL 水，加热至盐类全部溶解，冷却至室温，移入 100 mL 容量瓶中，稀释至标线，摇匀。

仪器预热稳定后，于波长 257.610 nm（推荐）处，先测定工作曲线系列溶液的光强度，绘制工作曲线，再测定空白和试液的光强度。

10.2.4 结果计算

按公式(8)计算。

10.2.5 精密度

同 10.1.5。

11 二氧化锆的测定

11.1 方法提要

试料用硫酸、氢氟酸和焦硫酸钾分解后，在 1 mol/L 的盐酸近沸溶液中，以二甲酚橙为指示剂，用乙二胺四乙酸二钠（EDTA）标准滴定溶液滴定二氧化锆的含量。

11.2 试剂

a) 盐酸：1+1；

b) 二氧化锆标准溶液：称取 0.250 0 g±0.000 1 g 预先经 1 000 ℃灼烧 2 h 的光谱纯二氧化锆，置于已加入 5.00 g 碳酸钠-硼酸（1+1）混合熔剂的铂坩埚中，混匀，再加入 3.00 g 碳酸钠-硼酸混合熔剂铺在表面。盖上坩埚盖，置高温炉中，逐渐升高温度至 1 000 ℃熔融至完全分解，取出坩埚，冷却。将坩埚置于盛有 50 mL 盐酸和 50 mL 热水的烧杯中，加热浸取，洗出坩埚及盖，冷却后移入 500 mL 容量瓶中，稀释至标线，摇匀。此溶液 0.5 mg/mL；

c) EDTA 标准滴定溶液：c(EDTA)≈0.015 mol/L；

配制：56 g 乙二胺四乙酸二钠（EDTA）置于 1 000 mL 烧杯中，加入约 800 mL 水，加热使其溶解，冷却。移入 10 L 下口瓶中，稀释至 10 L，摇匀。待标定。

标定：取二氧化锆标准溶液 25.00 mL 于 300 mL 烧杯中，稀释至约 120 mL，加入 8 mL 盐酸，1 滴～2 滴二甲酚橙指示剂，加热微沸 2 min～3 min，取下，立即用已配制好的 EDTA 溶液滴定至溶液由红色变为黄色，继续加热微沸 2 min～3 min，若出现红色，继续用 EDTA 溶液滴定至黄色，直至加热煮沸后溶液仍为亮黄色不再出现红色为终点。同时做空白试验。

EDTA 标准滴定溶液的标定浓度[c(EDTA)]，数值以摩尔每升（mol/L）表示，按公式(9)计算：

$$c(\mathrm{EDTA}) = \frac{m \times 1\,000}{VM} \qquad \cdots\cdots(9)$$

式中：

m——所取二氧化锆标准溶液中二氧化锆的质量，单位为克(g)；

V——减去空白试验后的标定用 EDTA 溶液的体积，单位为毫升(mL)；

M——二氧化锆的摩尔质量，单位为克每摩尔(g/mol)[$M(ZrO_2)=123.22$]。

计算结果表示到小数点后五位。

d) 二甲酚橙指示剂：5 g/L。贮于棕色滴瓶中。

11.3 分析步骤

取试液(A)50.00 mL 于 300 mL 烧杯中，稀释至约 120 mL，加入 10 mL 盐酸、1 滴～2 滴二甲酚橙指示剂，加热微沸 2 min～3 min，取下，立即用 EDTA 标准滴定溶液滴定至溶液由红色变为黄色，继续加热微沸 2 min～3 min，若出现红色，继续用 EDTA 标准滴定溶液滴定至黄色，直至加热煮沸后溶液仍为亮黄色不再出现红色为终点。

11.4 结果计算

二氧化锆(ZrO_2)的质量分数[$w(ZrO_2)$]，数值以%表示，按公式(10)计算：

$$w(ZrO_2)=\frac{cV_0\times 124.97\times 5}{m\times 1\,000}\times 100=\frac{cV_0\times 62.49}{m} \qquad (10)$$

式中：

c——EDTA 标准滴定溶液的标定浓度，单位为摩尔每升(mol/L)；

V_0——减去空白试验后的滴定用 EDTA 标准滴定溶液的体积，单位为毫升(mL)；

m——试料的质量，单位为克(g)；

124.97——修正后的二氧化锆的摩尔质量，单位为克每摩尔(g/mol)。

11.5 精密度

重复性限为 0.20%；

再现性限为 0.30%。

12 三氧化二铝的测定

12.1 乙酸锌反滴定法(Ⅰ法)

12.1.1 方法提要

在酸性和微酸性溶液中，锆、钛、铁和铝与过量的 EDTA 经加热定量生成稳定的配合物，以二甲酚橙为指示剂，用乙酸锌标准滴定溶液回滴过量的 EDTA，得铝、铁、钛、锆合量，差减后得三氧化二铝含量。

12.1.2 试剂

a) 氨水：1+1；

b) 盐酸：1+1；

c) 硫酸：1+4；

d) 六次甲基四胺溶液：200 g/L；

e) 氨水-氯化铵缓冲溶液：pH≈10。337.5 g 氯化铵溶于水中，加 2 850 mL 氨水(密度为 0.90 g/mL)，稀释至 5L，摇匀；

f) 氧化锌基准溶液：称取经 800 ℃±50 ℃灼烧至恒重的基准试剂氧化锌 1.000 0 g±0.000 1 g，置于 250 mL 烧杯中，加约 100 mL 水，加热，滴加盐酸使其溶解，冷却。移入 1 000 mL 容量瓶中，稀释至标线，摇匀。此溶液 1 mg/mL；

g) 三氧化二铝标准溶液：称取 0.529 3 g±0.000 1 g 金属铝(99.99%)于塑料烧杯中，加入约 50 mL水和 5 g～10 g 氢氧化钠，使其溶解(必要时可在水浴上低温加热溶解)。加入硫酸(1+1)至酸性后再加约 10 mL，移入 500 mL 烧杯中，加热煮沸使溶液透明，冷却至室温。移入 1 000 mL 容量瓶中，稀释至标线，摇匀。此溶液 1 mg/mL；

h) 乙酸锌标准滴定溶液：$c[Zn(CH_3COO)_2]\approx0.015$ mol/L；

配制：33 g 乙酸锌[$Zn(CH_3COO)_2$]，溶于水中，加入 20 mL 乙酸(36%)或 7 mL 冰乙酸，移入 10 L 下口瓶中，稀释至 10 L，摇匀。待标定。

乙酸锌标准滴定溶液与 EDTA 标准滴定溶液体积比的测定：取 10.00 mL EDTA 标准滴定溶液于 250 mL 烧杯中，加入约 100 mL 水、5 mL～7 mL 六次甲基四胺溶液和 2 滴二甲酚橙指示剂，用乙酸锌溶液滴定至溶液由黄色变成稳定的玫瑰红色为终点。

乙酸锌标准滴定溶液与 EDTA 标准滴定溶液的体积比(K)，按公式(11)计算：

$$K=\frac{10.00}{V} \qquad \cdots\cdots(11)$$

式中：

V——标定用乙酸锌溶液的体积，单位为毫升(mL)。

计算结果表示到四位有效数字。

i) EDTA 标准滴定溶液：$c(\mathrm{EDTA})\approx0.015$ mol/L；

配制：同 11.2c)。

1) 氧化锌标定：

取 25.00 mL 氧化锌基准溶液于 250 mL 烧杯中，加入约 100 mL 水、10 mL 氨水-氯化铵缓冲溶液，加入适量的铬黑 T 指示剂，用已配置好的 EDTA 溶液滴定至溶液由紫红色变成纯蓝色为终点。同时做空白试验。

EDTA 标准滴定溶液的标定浓度[$c(\mathrm{EDTA})$]，数值以摩尔每升(mol/L)表示，按公式(12)计算：

$$c(\mathrm{EDTA})=\frac{m\times1\,000}{VM} \qquad \cdots\cdots(12)$$

式中：

m——所取氧化锌基准溶液中氧化锌的质量，单位为克(g)；

V——减去空白试验后的标定用 EDTA 溶液的体积，单位为毫升(mL)；

M——氧化锌的摩尔质量，单位为克每摩尔(g/mol)[$M(\mathrm{ZnO})=81.39$]。

计算结果表示到小数点后五位。

2) 三氧化二铝标定：

此标定浓度用于铝含量较高的玻璃的测定，例如硅酸铝棉、高强玻璃、岩棉、矿渣棉、玄武岩纤维、无碱玻璃等。

取 25.00 mL 或 10.00 mL 三氧化二铝标准溶液于 250 mL 烧杯中，加入 50.00 mL 或 20.00 mL EDTA 溶液，加水至约 150 mL。加热至 60 ℃以上，取下，用氨水和硫酸调节溶液 pH=3.5～4.0，然后加热至微沸，保持 3 min～5 min，取下，用水吹洗杯壁，冷却至室温。加入 5 mL～7 mL 六次甲基四胺溶液和 2 滴二甲酚橙指示剂，滴加硫酸至溶液刚变黄色，用乙酸锌标准滴定溶液滴定至溶液由黄色变为稳定的玫瑰红色为终点。

EDTA 标准滴定溶液的标定浓度[$c(\mathrm{EDTA})$]，数值以摩尔每升(mol/L)表示，按公式(13)计算：

$$c(\mathrm{EDTA})=\frac{m\times1\,000}{(V_1-V_2K)M} \qquad \cdots\cdots(13)$$

式中：

m——所取三氧化二铝标准溶液中三氧化二铝的质量，单位为克(g)；

V_1——滴定前加入过量 EDTA 溶液的体积，单位为毫升(mL)；

V_2——回滴用乙酸锌标准滴定溶液的体积，单位为毫升(mL)；

K——乙酸锌标准滴定溶液与 EDTA 标准滴定溶液的体积比；

M——二分之一三氧化二铝的摩尔质量，单位为克每摩尔(g/mol)[$M(1/2Al_2O_3)=50.98$]。

计算结果表示到小数点后五位。

j) 铬黑 T 指示剂：0.1 g 铬黑 T 与 10 g 氯化钾在玛瑙研钵中研磨混匀，装入磨口瓶，贮于干燥器中；

k) 二甲酚橙指示剂：采用 11.2d)。

12.1.3 分析步骤

根据表 4，取试液(A)于 250 mL 烧杯中，加入 EDTA 标准滴定溶液，加水至约 150 mL。加热至 60 ℃以上，取下，用氨水和硫酸调节溶液 pH＝3.5～4.0，然后加热至微沸，保持 3 min～5 min，取下，用水吹洗杯壁，冷却至室温。加入 5 mL～7 mL 六次甲基四胺溶液和 2 滴二甲酚橙指示剂，滴加硫酸至溶液刚变黄色，用乙酸锌标准滴定溶液滴定至溶液由黄色变为稳定的玫瑰红色为终点。

表 4　滴定三氧化二铝时分取试液的体积和加入 EDTA 标准滴定溶液的体积

$w(Al_2O_3+Fe_2O_3+TiO_2+ZrO_2/2)$/%	分取试液体积/mL	加入 EDTA 体积/mL
≤1	50	11～12
1～7	25	12～14
12～16	25	18～22
45～52	25	45～50

12.1.4 结果计算

三氧化二铝(Al_2O_3)的质量分数[$w(Al_2O_3)$]，数值以%表示，按公式(14)计算：

$$w(Al_2O_3)=\frac{c(V-V_0/2-V_1K)\times 50.98\times 100}{mV_2/250\times 1\,000}-w(Fe_2O_3)\times 0.638\,4-w(TiO_2)\times 0.638\,0 \qquad \cdots\cdots\cdots\cdots(14)$$

式中：

c——EDTA 标准滴定溶液的标定浓度，单位为摩尔每升(mol/L)；

V——滴定前加入过量 EDTA 标准滴定溶液的体积，单位为毫升(mL)；

V_0——滴定二氧化锆用 EDTA 标准滴定溶液的体积，单位为毫升(mL)；

V_1——回滴用乙酸锌标准滴定溶液的体积，单位为毫升(mL)；

K——乙酸锌标准滴定溶液与 EDTA 标准滴定溶液的体积比；

m——试料的质量，单位为克(g)；

V_2——分取试液的体积，单位为毫升(mL)；

$w(Fe_2O_3)$——三氧化二铁的质量分数，%；

$w(TiO_2)$——二氧化钛的质量分数，%；

50.98——1/2 三氧化二铝的摩尔质量，单位为克每摩尔(g/mol)；

0.638 4——三氧化二铁对三氧化二铝的换算系数；

0.638 0——二氧化钛对三氧化二铝的换算系数。

注：对含有氧化锌和二氧化铈的玻璃，在计算时要减去滴定氧化锌的毫升数或氧化锌和二氧化铈的含量。

12.1.5 精密度

精密度见表 5。

表 5　EDTA 络合滴定法测定三氧化二铝的精密度

含量范围/%	重复性限/%	再现性限/%
0.5≤w≤1	0.10	0.15
1<w≤5	0.15	0.20
5<w≤20	0.20	0.30
20<w≤50	0.30	0.50

12.2 硫酸铜反滴定法(Ⅱ法)

12.2.1 方法提要

在酸性和微酸性溶液中,锆、钛、铁和铝与过量的EDTA经加热定量生成稳定的配合物,以PAN为指示剂,用硫酸铜标准滴定溶液回滴过量的EDTA,得铝、铁、钛、锆合量,差减后得三氧化二铝含量。

12.2.2 试剂

a) 氨水:1+1;

b) 硫酸:1+1;

c) 乙酸-乙酸钠缓冲溶液:pH≈4.2。280 g乙酸钠(或无水乙酸钠82 g)溶于水,加冰乙酸220 mL,稀释至1 L,摇匀;

d) 硫酸铜标准滴定溶液:$c(CuSO_4)$≈0.015 mol/L;

配制:称取38 g硫酸铜($CuSO_4 \cdot 5H_2O$)溶于水中,加入8 mL硫酸,转入10 L下口瓶中,稀释至10 L,摇匀;

硫酸铜标准滴定溶液与EDTA标准滴定溶液体积比的测定:取10.00 mL EDTA标准滴定溶液于250 mL烧杯中,加水至约150 mL,加入15 mL乙酸-乙酸钠缓冲溶液,煮沸,用少量水吹洗杯壁,使溶液温度为80 ℃~90 ℃,加入10滴PAN指示剂,立即用硫酸铜溶液滴定至溶液由黄色变成稳定的紫色为终点。

硫酸铜标准滴定溶液与EDTA标准滴定溶液的体积比(K),按公式(15)计算:

$$K = \frac{10.00}{V} \qquad \cdots\cdots(15)$$

式中:

V——标定用硫酸铜溶液的体积,单位为毫升(mL)。

计算结果表示到四位有效数字。

e) EDTA标准滴定溶液:采用12.1.2i);

f) PAN指示剂:1 g/L乙醇溶液。

12.2.3 分析步骤

根据表4,取试液(A)于250 mL烧杯中,加入EDTA标准滴定溶液,加水至150 mL。加热至60 ℃以上,取下,用氨水调节溶液pH=3~3.5,加入15 mL乙酸-乙酸钠缓冲溶液。然后加热至微沸,保持3 min~5 min,取下,用少量水吹洗杯壁,使溶液温度为80 ℃~90 ℃,加入10滴PAN指示剂,立即用硫酸铜标准滴定溶液滴定至溶液由黄色变成稳定的紫色为终点。

12.2.4 结果计算

三氧化二铝(Al_2O_3)的质量分数[$w(Al_2O_3)$],数值以%表示,按公式(16)计算:

$$w(Al_2O_3) = \frac{c(V - V_0/2 - V_1K) \times 50.98 \times 100}{mV_2/250 \times 1\,000} - w(Fe_2O_3) \times 0.638\,4 - w(TiO_2) \times 0.638\,0 \qquad \cdots\cdots(16)$$

式中:

c——EDTA标准滴定溶液的标定浓度,单位为摩尔每升(mol/L);

V——滴定前加入过量EDTA标准滴定溶液的体积,单位为毫升(mL);

V_0——滴定二氧化锆用EDTA标准滴定溶液的体积,单位为毫升(mL);

V_1——回滴用硫酸铜标准滴定溶液的体积,单位为毫升(mL);

K——硫酸铜标准滴定溶液与EDTA标准滴定溶液的体积比;

m——试料的质量,单位为克(g);

V_2——分取试液的体积,单位为毫升(mL);

$w(Fe_2O_3)$——三氧化二铁质量分数,%;

$w(TiO_2)$——二氧化钛质量分数,%;

50.98——1/2 三氧化二铝的摩尔质量,单位为克每摩尔(g/mol);

0.638 4——三氧化二铁对三氧化二铝的换算系数;

0.638 0——二氧化钛对三氧化二铝的换算系数。

注:对含有氧化锌和二氧化铈的玻璃,在计算时要减去滴定氧化锌的毫升数或氧化锌和二氧化铈的含量。

12.2.5 精密度

同 12.1.5。

13 氧化钙的测定

13.1 EDTA 络合滴定法(Ⅰ法)

13.1.1 方法提要

在 pH≥12 时,钙与 EDTA 定量生成稳定的配合物,用三乙醇胺和盐酸羟胺掩蔽铝、铁、钛。以钙黄绿素混合指示剂,用 EDTA 标准滴定溶液滴定氧化钙含量。

13.1.2 试剂

a) 氨水:1+1;

b) 三乙醇胺:1+1;

c) 盐酸羟胺溶液:100 g/L;

d) 氢氧化钾溶液:200 g/L。贮于塑料瓶中;

e) 氧化钙标准溶液:称取 1.784 8 g±0.000 1 g 预先经 105 ℃~110 ℃干燥 2 h 的高纯碳酸钙于 300 mL 烧杯中,加入 100 mL 水,逐滴加入 20 mL 盐酸(1+1),完全溶解后加热至微沸,驱尽二氧化碳。冷却后,移入 1 000 mL 容量瓶中,稀释至标线,摇匀。此溶液 1 mg/mL;

f) EDTA 标准滴定溶液:$c(\mathrm{EDTA})\approx 0.015$ mol/L;

配制:同 11.2c)。

标定:取氧化钙标准溶液 10.00 mL 于 250 mL 烧杯中,加水至约 150 mL,滴加氢氧化钾溶液使 pH 约为 12,再过量 2 mL。加入适量钙黄绿素混合指示剂,用已配制好的 EDTA 溶液滴定至溶液由带绿色荧光的灰蓝色变成稳定的红色为终点。同时做空白试验。

EDTA 标准滴定溶液的标定浓度[$c(\mathrm{EDTA})$],数值以摩尔每升(mol/L)表示,按公式(17)计算:

$$c(\mathrm{EDTA})=\frac{m\times 1\,000}{VM} \qquad \cdots\cdots(17)$$

式中:

m——所取氧化钙标准溶液中氧化钙的质量,单位为克(g);

V——减去空白试验后标定用 EDTA 溶液的体积,单位为毫升(mL);

M——氧化钙的摩尔质量,单位为克每摩尔(g/mol)[$M(\mathrm{CaO})=56.08$]。

计算结果表示到小数点后五位。

g) 钙黄绿素混合指示剂:称取 0.20 g 钙黄绿素,0.13 g 百里酚酞络合剂和 20 g 硝酸钾于玛瑙研钵中研磨混匀,装入磨口瓶,贮于干燥器中。

13.1.3 分析步骤

取试液(A)25.00 mL 于 250 mL 烧杯中,加入 2 mL 三乙醇胺,加水至约 150 mL,加入 2 mL~4 mL盐酸羟胺溶液,搅拌,加氢氧化钾溶液使 pH 约为 12,再过量 2 mL。加入适量钙黄绿素混合指示剂,用 EDTA 标准滴定溶液滴定至溶液由带绿色荧光的灰蓝色变成稳定的红色为终点。

对于锆、钛含量较高的玻璃(例如耐碱玻璃):取试液(A)25.00 mL 于 100 mL 烧杯中,用氨水调节溶液 pH 值 6 左右,加热至沸,趁热用中速定性滤纸过滤,用热水洗涤烧杯和沉淀 7 次~8 次,将滤液和洗液承接于250 mL烧杯中。滤液冷却至室温后，加入2 mL三乙醇胺，加水至约150 mL，加入2 mL～4 mL盐酸羟胺溶液，搅拌，加氢氧化钾溶液使pH约为12，再过量2 mL。加入适量钙黄绿素混合指示剂，用EDTA标准滴定溶液滴定至溶液由带绿色荧光的灰蓝色变成稳定的红色为终点。

13.1.4 结果计算

氧化钙(CaO)的质量分数[w(CaO)]，数值以%表示，按公式(18)计算：

$$w(\mathrm{CaO}) = \frac{cV \times 56.08 \times 10 \times 100}{m \times 1\,000} = \frac{cV \times 56.08}{m} \quad \cdots\cdots(18)$$

式中：

c——EDTA标准滴定溶液的标定浓度，单位为摩尔每升(mol/L)；

V——减去空白试验后的滴定用EDTA标准滴定溶液的体积，单位为毫升(mL)；

m——试料的质量，单位为克(g)；

56.08——氧化钙的摩尔质量，单位为克每摩尔(g/mol)。

13.1.5 精密度

精密度见表6。

表6 EDTA络合滴定法测定氧化钙的精密度

含量范围/%	重复性限/%	再现性限/%
$1 \leqslant w \leqslant 10$	0.15	0.20
$10 < w \leqslant 20$	0.20	0.25
$20 < w \leqslant 40$	0.25	0.30

13.2 原子吸收分光光度(AAS)法(Ⅱ法)

13.2.1 方法提要

试料经高氯酸和氢氟酸分解后，在盐酸酸性溶液中加入氯化锶抑制干扰剂，用原子吸收分光光度计，空气-乙炔火焰测定氧化钙含量。

13.2.2 试剂

a) 高氯酸：70%；

b) 氢氟酸：40%；

c) 盐酸：1+1；

d) 氯化锶($SrCl_2 \cdot 6H_2O$)溶液：20 g/L。贮于塑料瓶中；

e) 氧化钙标准储备溶液：称取1.784 8 g±0.000 1 g预先经105 ℃～110 ℃干燥2h的高纯碳酸钙于300 mL烧杯中，加入50 mL水，逐滴加入20 mL盐酸，溶解后，加热至微沸，驱尽二氧化碳，冷却，移入1 000 mL容量瓶中，稀释至标线，摇匀。贮于塑料瓶中。此溶液1 mg/mL；

f) 氧化镁标准储备溶液：称取1.000 0 g±0.000 1 g预先经950 ℃灼烧至恒重的高纯氧化镁于300 mL烧杯中，加入50 mL水和20 mL盐酸，加热溶解，冷却，移入1 000 mL容量瓶中，稀释至标线，摇匀。贮于塑料瓶中。此溶液1 mg/mL；

g) 氧化钙和氧化镁混合标准溶液：取20.00 mL氧化钙标准储备溶液和10.00 mL氧化镁标准储备溶液于200 mL容量瓶中，稀释至标线，摇匀。此溶液氧化钙的浓度为0.1 mg/mL，氧化镁的浓度为0.05 mg/mL；

h) 氧化钙和氧化镁混合工作曲线系列溶液：取氧化钙和氧化镁混合标准溶液(0.00、0.50、1.00、2.00、3.00、4.00、5.00、6.00、8.00、10.00、12.00)mL分别放入一组100 mL容量瓶中，加入4 mL盐酸和5.0 mL氯化锶溶液，稀释至标线，摇匀。此溶液氧化钙的浓度为(0、0.5、1、2、3、4、5、6、8、10、12)μg/mL，氧化镁的浓度(0、0.25、0.5、1、1.5、2、2.5、3、4、5、6)μg/mL。供测定氧化钙和氧化镁用。

13.2.3　分析步骤

对于钙、镁含量较低的玻璃(例如高硅氧玻璃、硅酸铝棉和钙含量低的高强玻璃等):称取约 0.1 g 试样,精确至 0.000 1 g,置于铂坩埚中。用少量水润湿,加入 2 mL 高氯酸和 5 mL 氢氟酸,置低温电炉上加热分解,升高温度蒸发至高氯酸白烟冒尽。冷却后,加入 4 mL 盐酸和 10 mL 水,加热至盐类全部溶解,冷却至室温,移入 100 mL 容量瓶中,加入 5.0 mL 氯化锶溶液,稀释至标线,摇匀。此为试液(D),供原子吸收分光光度法测定氧化钙和氧化镁(14.2)用。

对于钙、镁含量较高的玻璃(例如岩棉、玻璃棉、无碱玻璃、中碱玻璃、高碱玻璃、玄武岩纤维和钙含量高的耐碱玻璃等):取试液(C)10.00 mL 于 200 mL 容量瓶中,加 7.6 mL 盐酸和 10.0 mL 氯化锶溶液,稀释至标线,摇匀。此为试液(D),供原子吸收分光光度法测定氧化钙和氧化镁(14.2)用。

仪器预热 20 min 后,调节至最佳工作状态,用空气-乙炔火焰,钙空心阴极灯,在波长 422.7 nm 处,用水调零,先测定混合工作曲线系列溶液的吸光度,再测定试液的吸光度。按校正的吸光度(即减去试剂空白的吸光度)与混合工作曲线系列溶液中氧化钙浓度的关系绘制工作曲线。从所测试液的吸光度中减去空白试验的吸光度,在工作曲线上查得所测试液的浓度。

13.2.4　结果计算

氧化钙(CaO)的质量分数[$w(\text{CaO})$],数值以%表示,按公式(19)计算:

$$w(\text{CaO}) = \frac{cV_2 \times 100}{mV_1/V \times 10^6} = \frac{cV_2}{mV_1/V \times 10^4} \quad \cdots\cdots(19)$$

式中:

c——所测试液中减去空白试验后的氧化钙的浓度,单位为微克每毫升(μg/mL);

V_2——所测试液的体积,单位为毫升(mL);

m——试料的质量,单位为克(g);

V_1——分取试液的体积,单位为毫升(mL);

V——试液的总体积,单位为毫升(mL)。

13.2.5　精密度

精密度见表 7。

表 7　原子吸收分光光度法测定氧化钙的精密度

含量范围/%	重复性限/%	再现性限/%
$0.1 \leqslant w \leqslant 0.5$	0.04	0.06
$0.5 < w \leqslant 1$	0.10	0.15
$1 < w \leqslant 5$	0.15	0.20
$5 < w \leqslant 10$	0.20	0.25
$10 < w \leqslant 20$	0.25	0.30

14　氧化镁的测定

14.1　EDTA 络合滴定法(Ⅰ法)

14.1.1　方法提要

在 pH=10 时,镁、钙和锰与 EDTA 定量生成稳定的配合物,用三乙醇胺和盐酸羟胺掩蔽铝、铁、钛。以酸性铬蓝 K-萘酚绿 B 混合指示剂,用 EDTA 标准滴定溶液滴定镁、钙、锰合量,差减后得氧化镁含量。

14.1.2　试剂

a)　三乙醇胺:1+1;

b)　氨水:1+1;

c) 盐酸羟胺溶液:100 g/L;

d) 氨水-氯化铵缓冲溶液:采用12.1.2e);

e) EDTA标准滴定溶液:采用12.1.2i)1);

f) 酸性铬蓝K-萘酚绿B(1∶3)混合指示剂:混合指示剂与硝酸钾按1∶50于玛瑙研钵中研磨混匀,装入棕色磨口瓶,贮于干燥器中。

14.1.3 分析步骤

取试液(A)25.00 mL于250 mL烧杯中,加入3 mL三乙醇胺,加水至约150 mL。加入2 mL～4 mL盐酸羟胺溶液,搅拌,用氨水调至pH值约为10,再加10 mL氨水-氯化铵缓冲溶液及适量酸性铬蓝K-萘酚绿B混合指示剂,用EDTA标准滴定溶液滴定至溶液由紫红色变成蓝绿色为终点。

14.1.4 结果计算

氧化镁(MgO)的质量分数[$w(\mathrm{MgO})$],数值以%表示,按公式(20)计算:

$$w(\mathrm{MgO})=\frac{c(V_2-V_1)\times 40.30\times 10\times 100}{m\times 1\,000}-w(\mathrm{MnO})\times 0.568\,2=\frac{c(V_2-V_1)\times 40.30}{m}-w(\mathrm{MnO})\times 0.568\,2 \quad \cdots\cdots(20)$$

式中:

c——EDTA标准滴定溶液的标定浓度,单位为摩尔每升(mol/L);

V_2——减去空白试验体积后的滴定镁、钙、锰合量用EDTA标准滴定溶液的体积,单位为毫升(mL);

V_1——减去空白试验体积后的滴定氧化钙用EDTA标准滴定溶液的体积,单位为毫升(mL);

m——试料的质量,单位为克(g);

$w(\mathrm{MnO})$——氧化锰的质量分数,%;

40.30——氧化镁的摩尔质量,单位为克每摩尔(g/mol);

0.568 2——氧化锰对氧化镁的换算系数。

注:对含有氧化锌的玻璃,在计算时要减去滴定氧化锌的毫升数或氧化锌的含量。

14.1.5 精密度

重复性限为0.20%;再现性限为0.30%。

14.2 原子吸收分光光度(AAS)法(Ⅱ法)

14.2.1 方法提要

试料经高氯酸和氢氟酸分解后,在盐酸酸性溶液中加入氯化锶抑制干扰剂,用原子吸收分光光度计,空气-乙炔火焰测定氧化镁含量。

14.2.2 试剂

同13.2.2。

14.2.3 分析步骤

对于镁含量较低的玻璃(例如无碱3号玻璃、耐碱1号玻璃等):称取约0.1 g试样,精确至0.000 1 g,置于铂坩埚中。用少量水润湿,加入2 mL高氯酸和5 mL氢氟酸,置低温电炉上加热分解,升高温度蒸发至高氯酸白烟冒尽。冷却后,加入4 mL盐酸和10 mL水,加热至盐类全部溶解,冷却至室温,移入100 mL容量瓶中,加入5.0 mL氯化锶溶液,稀释至标线,摇匀。

其他玻璃采用试液(D)。

仪器预热20 min后,调节至最佳工作状态,用空气-乙炔火焰,镁空心阴极灯,在波长285.2 nm处,用水调零,先测定混合工作曲线系列溶液的吸光度,再测定试液的吸光度。按校正的吸光度(即减去试剂空白的吸光度)与混合工作曲线系列溶液中氧化镁浓度的关系绘制工作曲线。从所测试液的吸光度中减去空白试验的吸光度,在工作曲线上查得所测试液的浓度。

14.2.4 结果计算

氧化镁(MgO)的质量分数[w(MgO)],数值以%表示,按公式(21)计算:

$$w(\mathrm{MgO})=\frac{cV_2\times 100}{mV_1/V\times 10^6}=\frac{cV_2}{mV_1/V\times 10^4} \qquad (21)$$

式中:

c——所测试液中减去空白试验后的氧化镁的浓度,单位为微克每毫升(μg/mL);

V_2——所测试液的体积,单位为毫升(mL);

m——试料的质量,单位为克(g);

V_1——分取试液的体积,单位为毫升(mL);

V——试液的总体积,单位为毫升(mL)。

14.2.5 精密度

精密度见表8。

表8 原子吸收分光光度法测定氧化镁的精密度

含量范围/%	重复性限/%	再现性限/%
0.1≤w≤0.5	0.02	0.04
0.5<w≤1	0.05	0.10
1<w≤5	0.15	0.20
5<w≤10	0.20	0.25
10<w≤15	0.25	0.30

15 氧化锂、氧化钠和氧化钾的测定

15.1 原子吸收分光光度(AAS)法(Ⅰ法)

15.1.1 方法提要

试料经高氯酸和氢氟酸分解后,在盐酸酸性溶液中加入氯化钾、氯化钠消电离剂,用原子吸收分光光度计,空气-乙炔火焰分别测定氧化锂、氧化钠和氧化钾的含量。

15.1.2 试剂

a) 高氯酸:70%;

b) 氢氟酸:40%;

c) 盐酸:1+1;

d) 氯化钠溶液:18.9 g高纯氯化钠溶于水,移入1 L容量瓶中,稀释至标线,摇匀。贮于塑料瓶中。此溶液每毫升含10 mg氧化钠;

e) 氯化钾溶液:15.9 g高纯氯化钾溶于水,移入1 L容量瓶中,稀释至标线,摇匀。贮于塑料瓶中。此溶液每毫升含10 mg氧化钾;

f) 氧化锂标准储备溶液:称取2.472 9 g±0.000 1 g预先经105 ℃～110 ℃干燥2h的高纯碳酸锂于300 mL烧杯中,加入100 mL水,逐滴加入20 mL盐酸,完全溶解后加热至微沸,驱尽二氧化碳。冷却后,移入1 000 mL容量瓶中,稀释至标线,摇匀。贮于塑料瓶中。此溶液1 mg/mL;

g) 氧化锂标准溶液:取10.00 mL氧化锂标准储备溶液于200 mL容量瓶中,稀释至标线,摇匀。此溶液0.05 mg/mL;

h) 氧化钠标准储备溶液:称取1.885 9 g±0.000 1 g预先经500 ℃～600 ℃灼烧30 min的高纯氯化钠溶于水,移入1 000 mL容量瓶中,稀释至标线,摇匀。贮于塑料瓶中。此溶液1 mg/mL;

i) 氧化钠标准溶液：取 10.00 mL 氧化钠标准储备溶液于 200 mL 容量瓶中，稀释至标线，摇匀。此溶液 0.05 mg/mL；

j) 氧化钾标准储备溶液：称取 1.582 9 g±0.000 1 g 预先经 500 ℃～600 ℃灼烧 30 min 的高纯氯化钾溶于水，移入 1 000 mL 容量瓶中，稀释至标线，摇匀。贮于塑料瓶中。此溶液 1 mg/mL；

k) 氧化钾标准溶液：取 10.00 mL 氧化钾标准储备溶液于 200 mL 容量瓶中，稀释至标线，摇匀。此溶液 0.05 mg/mL；

l) 氧化钠工作曲线系列溶液：取氧化钠标准溶液(0.00、0.50、1.00、2.00、4.00、6.00、8.00、10.00、12.00、14.00、16.00)mL 分别放入一组 100 mL 容量瓶中，加入 4 mL 盐酸和 10.00 mL 氯化钾溶液，稀释至标线，摇匀。移入塑料瓶中。此溶液氧化钠的浓度分别为(0、0.25、0.5、1、2、3、4、5、6、7、8)μg/mL；

m) 氧化锂和氧化钾混合工作曲线系列溶液：分别取氧化锂和氧化钾标准溶液(0.00、0.50、1.00、2.00、4.00、6.00、8.00、10.00)mL 分别放入一组 100 mL 容量瓶中，加入 4 mL 盐酸和 10.00 mL 氯化钠溶液，稀释至标线，摇匀。移入塑料瓶中。此溶液氧化锂和氧化钾的浓度分别为(0、0.25、0.5、1、2、3、4、5)μg/mL。

15.1.3 分析步骤

对于氧化锂或氧化钾或氧化钠含量<0.2%的玻璃，称取约 0.1 g～0.2 g 试样，精确至 0.000 1 g，置于铂坩埚中。用少量水润湿，加入 2 mL 高氯酸和 5 mL 氢氟酸，于低温电炉上加热分解，升高温度蒸发至高氯酸白烟冒尽。冷却后，加入 4 mL 盐酸和 10 mL 水，加热至盐类全部溶解，冷却至室温。移入 100 mL 容量瓶中，加入 10.00 mL 氯化钠溶液或 10.00 mL 氯化钾溶液，稀释至标线，摇匀。

对于氧化钠含量较高的玻璃(例如高碱玻璃、耐碱玻璃、中碱玻璃、高硅氧玻璃、玄武岩纤维、玻璃棉等)：取试液(C)10.00 mL 于 200 mL 容量瓶中，加入 7.6 mL 盐酸和 20.00 mL 氯化钾溶液，稀释至标线，摇匀。

对于氧化钠含量较低的玻璃(例如硅酸铝棉、岩棉、矿渣棉、无碱玻璃等)：取试液(C)25.00 mL 于 50 mL 容量瓶中，加入 1.0 mL 盐酸和 5.00 mL 氯化钾溶液，稀释至标线，摇匀。

对于氧化钾含量较高的玻璃(例如耐碱玻璃等)：取试液(C)10.00 mL 于 100 mL 容量瓶中，加入 3.6 mL 盐酸和 10.00 mL 氯化钠溶液，稀释至标线，摇匀。

对于氧化锂和氧化钾含量较低的玻璃：取试液(C)25.00 mL 于 50 mL 容量瓶中，加入 1.0 mL 盐酸和 5.00 mL 氯化钠溶液，稀释至标线，摇匀。

仪器预热 20 min 后，调节至最佳工作状态，用空气-乙炔火焰，锂空心阴极灯，在波长 670.8 nm 处；钠空心阴极灯，在波长 589.0 或 589.6 nm 处；钾空心阴极灯，在波长 766.5 nm 处，用水调零，先测定工作曲线系列溶液的吸光度，再测定试液的吸光度。按校正的吸光度(即减去试剂空白的吸光度)与工作曲线系列溶液浓度的关系绘制工作曲线。从所测试液的吸光度中减去空白试验的吸光度，在工作曲线上查得所测试液的浓度。

15.1.4 结果计算

氧化锂(Li_2O)、氧化钠(Na_2O)和氧化钾(K_2O)的质量分数[$w(Li_2O)$]、[$w(Na_2O)$]和[$w(K_2O)$]，数值以%表示，按公式(22)计算：

$$w(Li_2O) \text{ 或 } w(Na_2O) \text{ 或 } w(K_2O) = \frac{cV_2 \times 100}{mV_1/V \times 10^6} = \frac{cV_2}{mV_1/V \times 10^4} \qquad \cdots\cdots\cdots\cdots(22)$$

式中：

c——所测试液中减去空白试验后的氧化锂或氧化钠或氧化钾的浓度，单位为微克每毫升(μg/mL)；

V_2——所测试液氧化锂或氧化钠或氧化钾的体积，单位为毫升(mL)；

m——试料的质量，单位为克(g)；

V_1——分取试液的体积，单位为毫升(mL)；

V——试液的总体积，单位为毫升(mL)。

15.1.5 精密度

精密度见表9。

表9 原子吸收分光光度法测定氧化锂、氧化钠和氧化钾的精密度

含量范围/%	重复性限/%	再现性限/%
$0.1 \leqslant w \leqslant 0.5$	0.03	0.05
$0.5 < w \leqslant 1$	0.05	0.10
$1 < w \leqslant 5$	0.15	0.20
$5 < w \leqslant 10$	0.20	0.25
$10 < w \leqslant 20$	0.25	0.30

15.2 火焰原子发射光谱(FES)法测定氧化钠和氧化钾(Ⅱ法)

15.2.1 方法提要

试料经高氯酸和氢氟酸分解后，在盐酸酸性溶液中，用火焰光度计分别测定氧化钠和氧化钾的含量。

15.2.2 试剂

a) 高氯酸：70%；

b) 氢氟酸：40%；

c) 盐酸：1+1；

d) 氧化钠标准储备溶液：采用15.1.2h)；

e) 氧化钾标准储备溶液：采用15.1.2j)；

f) 氧化钠和氧化钾混合标准溶液(Ⅰ)：取氧化钠标准储备溶液和氧化钾标准储备溶液各25.00 mL于250 mL容量瓶中，稀释至标线，摇匀。此溶液氧化钠和氧化钾的浓度各0.1 mg/mL；

g) 氧化钠和氧化钾混合标准溶液(Ⅱ)：取氧化钠标准储备溶液100.00 mL和氧化钾标准储备溶液10.00 mL于200 mL容量瓶中，稀释至标线，摇匀。此溶液氧化钠的浓度为0.5 mg/mL，氧化钾的浓度为0.05 mg/mL；

h) 氧化钠和氧化钾混合工作曲线系列溶液(Ⅰ)：于一组100 mL容量瓶中，分别加入(0.00、0.50、1.00、2.00、4.00、6.00、8.00、10.00、12.00)mL氧化钠和氧化钾混合标准溶液(Ⅰ)，加入4 mL盐酸，稀释至标线，摇匀。移入塑料瓶中。此系列溶液氧化钠和氧化钾的浓度分别为(0、0.5、1、2、4、6、8、10、12)μg/mL。供测定氧化钠和氧化钾含量较低的玻璃用；

i) 氧化钠和氧化钾混合工作曲线系列溶液(Ⅱ)：于一组100 mL容量瓶中，分别加入(0.00、0.50、1.00、2.00、3.00、4.00、5.00、6.00、7.00、8.00、9.00、10.00)mL氧化钠和氧化钾混合标准溶液(Ⅱ)，加入4 mL盐酸，稀释至标线，摇匀。移入塑料瓶中。此系列溶液氧化钠的浓度为(0、2.5、5、10、15、20、25、30、35、40、45、50)μg/mL，氧化钾的浓度为(0、0.25、0.5、1、1.5、2、2.5、3、3.5、4、4.5、5)μg/mL。供测定氧化钠含量高、氧化钾含量低的玻璃用。

15.2.3 分析步骤

称取约0.1 g试样，精确至0.000 1 g，置于铂坩埚中。用少量水润湿，加入2 mL高氯酸和5 mL氢氟酸，于低温电炉上加热分解，升高温度蒸发至高氯酸白烟冒尽。冷却后，加入4 mL盐酸和10 mL水，加热至盐类全部溶解，冷却至室温，移入100 mL容量瓶中，稀释至标线，摇匀。此为试液(E)。

对于氧化钠或氧化钾含量较高的玻璃(例如玻璃棉、高碱玻璃、中碱玻璃、耐碱玻璃、高硅氧玻璃、玄武岩纤维等)：取试液(E)10.00 mL于100 mL容量瓶中，加入3.6 mL盐酸，稀释至标线，摇匀。

对于氧化钠和氧化钾含量较低的玻璃(例如无碱玻璃、高强玻璃、硅酸铝棉、矿渣棉、岩棉等)或氧化

钾含量较低的玻璃(例如玻璃棉、高碱玻璃、中碱玻璃、高硅氧玻璃等):直接用试液(E)测定。

仪器预热 20 min 后,调节至最佳工作状态,用水调零,先测定混合工作曲线系列溶液的发射光强度,再测定空白和试液的发射光强度。按校正的发射光强度(即减去试剂空白的发射光强度)与混合工作曲线系列溶液浓度的关系绘制工作曲线。从所测试液的发射光强度中减去空白试验的发射光强度,在工作曲线上查得所测试液的浓度。

15.2.4 结果计算

按公式(22)计算。

15.2.5 精密度

同 15.1.5。

16 氧化亚铁的测定

16.1 方法提要

试料经硫酸和氢氟酸分解后,在避光条件下,用邻菲啰啉作显色剂,分光光度计测定氧化亚铁含量。

16.2 试剂

a) 氢氟酸:40%;

b) 硫酸:1+1;

c) 饱和硼酸溶液;

d) 乙酸钠溶液:160 g/L。160 g 无水乙酸钠(CH_3COONa)或 270 g 三水合乙酸钠($CH_3COONa \cdot 3H_2O$)溶于适量水中,稀释至 1 L;

e) 邻菲啰啉溶液:10 g/L。1 g 邻菲啰啉溶于 50 mL 水,加入 2 mL 硫酸,稀释至 100 mL。贮于棕色瓶中,避光保存;

f) 柠檬酸三钠溶液:100 g/L;

g) 盐酸羟胺溶液:100 g/L;

h) 三氧化二铁稀标准溶液:采用 8.1.2k)。

16.3 三氧化二铁工作曲线的绘制

于一组 100 mL 容量瓶中,加入 20 mL 水,分别加入(0.00、1.00、2.00、4.00、6.00、8.00、10.00)mL 三氧化二铁稀标准溶液。加入 1.0 mL 邻菲啰啉溶液,1.0 mL 硫酸,20 mL 饱和硼酸溶液,4 mL 盐酸羟胺溶液,5 mL 柠檬酸三钠溶液(若连续测定总铁时加,否则可不加),20 mL 乙酸钠溶液,加水至标线,摇匀。20 min 后,在分光光度计波长 510 nm 处,用 10 mm 吸收池,以水为参比,测定吸光度。从每一个标准比色溶液的吸光度中减去试剂空白的吸光度,进行吸光度校正。按吸光度与标准比色溶液浓度的关系绘制工作曲线。

16.4 分析步骤

称取约 0.1 g 试样,精确至 0.000 1 g,置于塑料杯中。加入 1.0 mL 邻菲啰啉溶液,1.0 mL 硫酸,1.0 mL 氢氟酸,搅拌。室温放置 3 min~5 min 后,置沸水浴上加热 3 min,取下,随即加入 20 mL 饱和硼酸溶液,移入 100 mL 棕色容量瓶(若连续测定总铁用无色容量瓶)中。在暗室(红灯)或暗箱中,加入 5 mL 柠檬酸三钠溶液(若连续测定总铁时加,否则可不加),20 mL 乙酸钠溶液,此时溶液 pH≥3。稀释至标线,摇匀。

对于氧化亚铁含量较高的玻璃(例如岩棉、矿渣棉、玄武岩纤维等),在暗室内分取 10.00 mL 至 100 mL 容量瓶中,再加 1.0 mL 邻菲啰啉溶液,稀释至标线,摇匀。

置无光处显色 20 min(若溶液浑浊可多静置一段时间)。吸取静置后的上层清液,在分光光度计波长 510 nm 处,用 10 mm 吸收池,以水为参比,避光测定试料比色溶液的吸光度。从试料比色溶液的吸光度中减去空白试验的吸光度,在工作曲线上查得试料比色溶液中三氧化二铁的浓度。

16.5 结果计算

氧化亚铁(FeO)的质量分数[w(FeO)],数值以%表示,按公式(23)计算:

$$w(\mathrm{FeO})=\frac{cV_2\times 100\times 0.8999}{m(V_1/V)\times 1000}=\frac{cV_2\times 0.08999}{mV_1/V} \qquad (23)$$

式中:

c——减去空白试验后的试料比色溶液中三氧化二铁的浓度,单位为毫克每毫升(mg/mL);

V_2——试料比色溶液的体积,单位为毫升(mL);

m——试料的质量,单位为克(g);

V_1——分取试液的体积,单位为毫升(mL);

V——试液的总体积,单位为毫升(mL);

0.899 9——三氧化二铁(Fe_2O_3)换算成氧化亚铁(FeO)的系数。

16.6 精密度

重复性限见表10。由于缺乏有效的实验室间的测试数据,暂不能给出本方法的再现性限。

17 氟化物的测定

17.1 蒸馏-依来铬氰蓝R-锆分光光度法(Ⅰ法)

17.1.1 方法提要

试料用碱熔融制成溶液,在高氯酸介质中蒸馏,氟成氟硅酸馏出。氟离子能夺取依来铬氰蓝R-锆橙红色配合物中的锆离子生成更稳定的无色配合物而使其褪色,其褪色程度与氟的浓度成正比,分光光度计间接测定氟的含量。

表10 邻菲啰啉分光光度法测定氧化亚铁的精密度

含量范围/%	重复性限/%
0.05≤w≤0.1	0.015
0.1<w≤0.5	0.03
0.5<w≤1	0.10
1<w≤5	0.20

17.1.2 试剂与仪器

a) 氢氧化钠:固体;

b) 高氯酸:70%;

c) 高氯酸:1+1;

d) 氢氧化钠溶液:20 g/L。贮于塑料瓶中;

e) 硝酸锆溶液:称取0.215 g±0.001 g硝酸锆[$Zr(NO_3)_4\cdot 5H_2O$],用少量水溶解,加入700 mL盐酸(密度:1.19 g/mL),稀释至1 000 mL,贮于棕色瓶中,放置暗处;

f) 依来铬氰蓝R[依来铬菁R($C_{23}H_{15}Na_3O_9S$)]溶液:1.35 g/L;

g) 酚酞指示剂:采用6.2.2k);

h) 氟标准溶液:称取0.221 0 g±0.000 1 g经120 ℃干燥不少于2 h的氟化钠,置于塑料杯中,加水溶解,转入1 000 mL容量瓶中,稀释至标线,摇匀。立即贮存于干燥的塑料瓶中。此溶液0.1 mg/mL;

i) 氟稀标准溶液:取10.00 mL氟标准溶液于100 mL容量瓶中,稀释至标线,摇匀。立即移入干燥的塑料瓶中。此溶液0.01 mg/mL;

j) 蒸馏装置(如图1所示)。

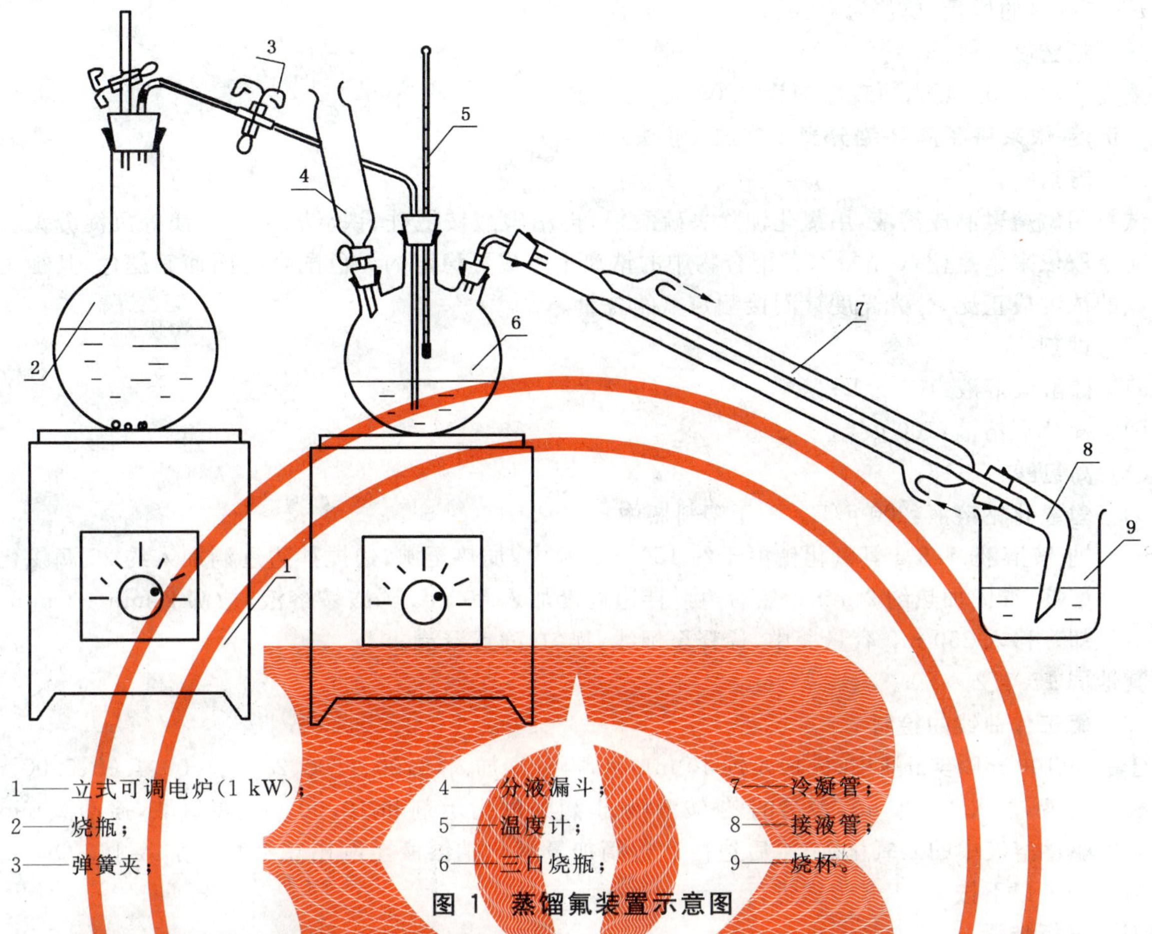

1——立式可调电炉(1 kW)；
2——烧瓶；
3——弹簧夹；
4——分液漏斗；
5——温度计；
6——三口烧瓶；
7——冷凝管；
8——接液管；
9——烧杯。

图 1 蒸馏氟装置示意图

17.1.3 氟工作曲线的绘制

于一组 100 mL 容量瓶中，先加入约 40 mL 水，再分别加入(0.00、1.00、2.00、3.00、4.00、5.00)mL 氟稀标准溶液，加入 10.00 mL 氢氧化钠溶液和 1 滴酚酞指示剂，边摇动边滴加高氯酸(17.1.2c))至红色刚消失。加入 10.00 mL 硝酸锆溶液和 10.00 mL 依来铬氰蓝 R 溶液，稀释至标线，摇匀。在分光光度计波长 550 nm 处，用 10 mm 吸收池，以水调零，测定吸光度，绘制工作曲线。

17.1.4 分析步骤

称取约 0.1 g 试样，精确至 0.000 1 g，置于镍坩埚中。加入约 1.5 g 氢氧化钠，置电炉上加热熔融，使试料分解。冷却后，用 20 mL～30 mL 热水浸取熔块于 250 mL 三口烧瓶中，用高氯酸(17.1.2c))及少量热水洗净坩埚。将插有温度计及水蒸气导管的瓶塞塞上，接上冷凝管，冷凝管另一端的接液管插入盛有 50 mL～70 mL 水的 500 mL 烧杯中，冷凝管通入冷却水，由三口烧瓶上的分液漏斗加入 20 mL 高氯酸(17.1.2b))。加热蒸馏，当温度达到 120 ℃～130 ℃时，停止蒸馏。把馏出液移入 500 mL 容量瓶中，稀释至标线，摇匀。

取上述馏出液 20.00 mL 于 100 mL 容量瓶中，加入 10.00 mL 氢氧化钠溶液和 1 滴酚酞指示剂…… 以下按 17.1.3 步骤进行。在工作曲线上查得试料比色溶液中氟的浓度。

17.1.5 结果计算

氟化物以氟(F)的质量分数[w(F)]计，数值以%表示，按公式(24)计算：

$$w(\mathrm{F})=\frac{cV\times 25\times 100}{m\times 1\ 000}=\frac{cV\times 2.5}{m} \qquad \cdots\cdots(24)$$

式中：

c——在工作曲线上查得的试料比色溶液中氟的浓度，单位为毫克每毫升(mg/mL)；

V——试料比色溶液的体积，单位为毫升(mL)；

m——试料的质量，单位为克(g)。

17.1.6 精密度

重复性限为 0.04%；再现性限为 0.05%。

17.2 沉淀-依来铬氰蓝 R-锆分光光度法（Ⅱ法）

17.2.1 方法提要

试料用碱熔融制成溶液，用氯化钡除去硫酸根，再用碳酸铵把硅、铁、钛、铝、钙、镁等沉淀分离。氟离子能夺取依来铬氰蓝 R-锆橙红色配合物中的锆离子生成更稳定的无色配合物而使其褪色，其褪色程度与氟的浓度成正比，分光光度计间接测定氟的含量。

17.2.2 试剂

a) 碳酸铵溶液：100 g/L；

b) 氯化钡溶液：100 g/L；

c) 高氯酸：1+13；

d) 氢氧化钠溶液：200 g/L。贮于塑料瓶中；

e) 钠-铵溶液：1.5 g 氢氧化钠溶于约 150 mL 水中，加热至沸，边搅拌边逐滴加入约 20 滴氯化钡溶液，继续加热约 2 min。然后边搅拌边慢慢加入 50 mL 碳酸铵溶液，微沸 2 min～3 min，冷却。移入 250 mL 容量瓶中，稀释至标线，摇匀，静置澄清。

其他同 17.1.2。

17.2.3 氟工作曲线的绘制

于一组 100 mL 容量瓶中，先加入约 40 mL 水，再分别加入(0.00、1.00、2.00、3.00、4.00、5.00)mL 氟稀标准溶液，加入 10.00 mL 澄清的钠-铵溶液、1 滴酚酞指示剂和 10.00 mL 高氯酸，摇动 2 min～3 min，以驱逐溶液中的二氧化碳，然后边摇动边滴加氢氧化钠溶液至刚出现红色。加入 10.00 mL 硝酸锆溶液……以下按 17.1.3 步骤进行。

17.2.4 分析步骤

称取约 0.1 g 试样，精确至 0.000 1 g，置于镍坩埚中。加入 1.5 g 氢氧化钠，置电炉上加热熔融，使试料分解。冷却后，用热水浸取熔块于 250 mL 烧杯中，加水至约 150 mL，加热至沸。边搅拌边逐滴加入约 20 滴氯化钡溶液，继续加热约 2 min，然后边搅拌边慢慢加入 50 mL 碳酸铵溶液，微沸 2 min～3 min，冷却。移入 250 mL 容量瓶中，稀释至标线，摇匀，静置澄清。

吸取上述试液 10.00 mL 于 100 mL 容量瓶中，加入 1 滴酚酞指示剂和 10.00 mL 高氯酸，摇动 2 min～3 min……以下按 17.2.3 步骤进行。

17.2.5 结果计算

按公式(24)计算。

17.2.6 精密度

同 17.1.6。

17.3 离子选择性电极法（Ⅲ法）

17.3.1 方法提要

试料用氢氧化钠熔融，制成 pH5～6 的试液，加入离子强度缓冲溶液消除干扰，用氟离子浓度计或 pH 计(毫伏档)，以氟离子电极测定氟的含量。

17.3.2 试剂与仪器

a) 氯化钠：固体；

b) 氢氧化钠：固体；

c) 盐酸：1+1；

d) 离子强度缓冲溶液：290 g 柠檬酸钠($Na_3C_6H_5O_7 \cdot 11/2H_2O$)溶于水中，稀释至 1 L，加入 2 滴对硝基酚指示计，滴加盐酸至溶液刚变无色，此时 pH 为 5～6；

e） 氟标准溶液：采用17.1.2h)；

f） 对硝基酚指示剂：采用6.1.2n)；

g） 氟离子选择性电极；

h） 饱和氯化钾甘汞电极；

i） 氟离子浓度计或pH计(毫伏档)：量程－1 400 mV～0～＋1 400 mV；

j） 磁力搅拌器。

17.3.3 氟工作曲线的绘制

于一组500 mL容量瓶中，各加入2.2 g氯化钠和300 mL水，溶解后再分别加入(1.00、2.50、5.00、7.50、10.00、20.00)mL氟标准溶液，摇匀。随即移入塑料瓶中。

分别取上述溶液25.00 mL于一组100 mL干燥的塑料杯中，加入25.00 mL离子强度缓冲溶液，此系列溶液的浓度为(0.1、0.25、0.5、0.75、1、2)μg/mL。各放入一只塑包磁搅拌子，按从低浓度到高浓度的顺序，插入电极：以氟离子选择性电极为指示电极，饱和氯化钾甘汞电极为参比电极，氟离子浓度计或pH计(毫伏档)预热30 min后，在强烈搅拌下，待电位计的指示值达到稳定后，记录电位值。用半对数坐标纸，以氟离子浓度为横坐标，电极电位为纵坐标，绘制工作曲线。

17.3.4 分析步骤

称取约0.1 g～0.2 g试样，精确至0.000 1 g，置于镍坩埚中。加入1.5 g氢氧化钠，在电炉上加热熔融，使试料完全分解。冷却后用热水浸取熔融物于300 mL塑料杯中，加入2滴对硝基酚指示计，滴加盐酸至溶液刚变无色，此时pH为5～6，冷却至室温。移入500 mL容量瓶中，稀释至标线，摇匀。

待试液温度与工作曲线溶液温度相同时，取试液25.00 mL于100 mL干燥的塑料杯中，加入25.00 mL离子强度缓冲溶液，放入一只塑包磁搅拌子……以下按17.3.3步骤进行，在工作曲线上查得试料溶液中氟的浓度。

17.3.5 结果计算

氟化物以氟(F)的质量分数[w(F)]计，数值以%表示，按公式(25)计算：

$$w(\mathrm{F}) = \frac{c \times 50 \times 20 \times 100}{m \times 10^6} = \frac{c}{m \times 10} \quad \cdots\cdots(25)$$

式中：

c——在工作曲线上查得的试料溶液中氟的浓度，单位为微克每毫升(μg/mL)；

m——试料的质量，单位为克(g)；

50——所测电极电位试液的体积，单位为毫升(mL)。

17.3.6 精密度

精密度见表11。

表11 离子选择性电极法测定氟化物的精密度

含量范围/%	重复性限/%	再现性限/%
≤0.25	0.03	0.04
>0.25	0.04	0.05

18 总砷的测定

18.1 蒸馏-砷钼蓝分光光度法(Ⅰ法)

18.1.1 方法提要

试料在硝酸和高锰酸钾存在下用硫酸和氢氟酸分解，加入硫酸肼将砷(Ⅴ)还原为砷(Ⅲ)，在盐酸和溴化钾介质中蒸馏，用砷钼蓝分光光度法测定总砷含量。

18.1.2 试剂与仪器

a） 溴化钾：固体；

b) 硫酸肼(硫酸联胺):固体;

c) 硝酸:密度 1.42 g/mL;

d) 氢氟酸:40%;

e) 盐酸:密度 1.19 g/mL;

f) 盐酸:1+1;

g) 硫酸:1+1;

h) 氢氧化钠溶液:采用 17.2.2d);

i) 钼酸铵溶液:5 g 钼酸铵溶于 1 L 1.5 mol/L 硫酸中;

j) 硫酸肼溶液:0.5 g/L;

k) 高锰酸钾溶液:10 g/L。贮于棕色滴瓶中;

l) 高锰酸钾溶液:1 g/L。贮于棕色滴瓶中;

m) 三氧化二砷标准溶液:称取 0.100 0 g±0.000 1 g 高纯三氧化二砷于塑料杯中,加入 2 mL 氢氧化钠溶液,使之完全溶解,加入 20 mL~30 mL 水和 1 滴酚酞指示剂,滴加硫酸至红色刚消失并过量 20 滴,移入 1 000 mL 容量瓶中,稀释至标线,摇匀。贮于塑料瓶中。此溶液 0.1 mg/mL。

警告——三氧化二砷及其溶液有剧毒,进入人体有害健康或致死。

n) 三氧化二砷稀标准溶液:取 20.00 mL 三氧化二砷标准溶液于 100 mL 容量瓶中,稀释至标线,摇匀。此溶液 0.02 mg/mL;

o) 蒸馏装置(如图 2 所示)。

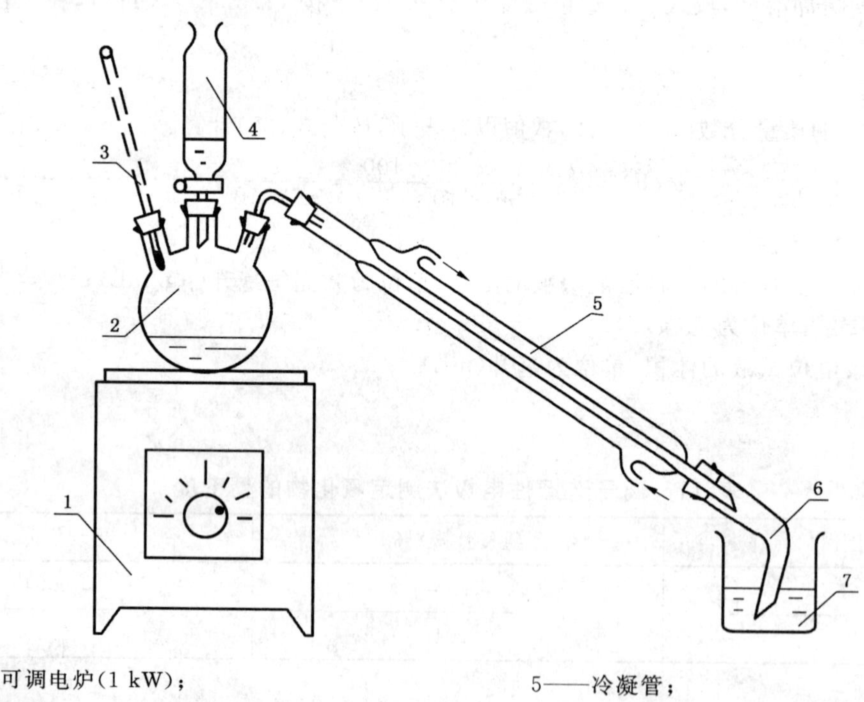

1——立式可调电炉(1 kW);
2——三口烧瓶;
3——温度计;
4——分液漏斗;
5——冷凝管;
6——接液管;
7——烧杯。

图 2 蒸馏砷装置示意图

18.1.3 三氧化二砷工作曲线的绘制

于一组 100 mL 容量瓶中,加入 40 mL 水,分别加入(0.00、1.00、2.00、4.00、6.00、8.00、10.00)mL 三氧化二砷稀标准溶液,滴加高锰酸钾溶液(18.1.2l))至溶液显微红色,加入 10.0 mL 钼酸铵溶液,摇动，加入 10.0 mL 硫酸肼溶液，稀释至标线，摇匀。取下瓶塞，把容量瓶放入沸水浴中加热约 10 min，冷却。在分光光度计波长 840 nm 处，用 10 mm 吸收池，以试剂空白为参比，测定吸光度。按吸光度与标准比色溶液浓度的关系绘制工作曲线。

18.1.4 分析步骤

称取 0.1 g～0.2 g 试样，精确至 0.000 1 g，置于铂皿中。用水润湿，加入 2 mL 硝酸、8 滴～10 滴高锰酸钾溶液(18.1.2k))、1 mL 硫酸和 5 mL 氢氟酸，置电炉上低温加热，蒸发至浓糖浆状，立即取下，冷却。然后加入 5 mL 水和 5 mL 盐酸(18.1.2f))，加热溶解，移入 250 mL 三口烧瓶中，用 15 mL 盐酸(18.1.2f))分数次洗涤铂皿，冷却。加入 0.5 g 溴化钾和 0.5 g 硫酸肼(18.1.2b))。将三口烧瓶塞好，冷凝管另一端的接液管插入盛有 70 mL～80 mL 水的 250 mL 烧杯中，冷凝管通入冷却水，由三口烧瓶的分液漏斗加入 15 mL 盐酸(18.1.2e))，加热蒸馏，直至近干。由分液漏斗慢慢加入 10 mL 盐酸(18.1.2e))，继续蒸馏至近干。

馏出液中加入 10 mL 硝酸，移入 250 mL 容量瓶中，稀释至标线，摇匀。取 50.00 mL 于 100 mL 烧杯中，加热蒸发至近干，在低温下继续加热至刚干，冷却。加入少量水使残余物溶解，移入 100 mL 容量瓶中，滴加高锰酸钾溶液(18.1.2l))至溶液显微红色……以下按 18.1.3 步骤进行。从试料比色溶液的吸光度中减去空白试验的吸光度，在工作曲线上查得试料比色溶液中三氧化二砷的浓度。

18.1.5 结果计算

总砷以三氧化二砷(As_2O_3)的质量分数[$w(As_2O_3)$]计，数值以%表示，按公式(26)计算：

$$w(As_2O_3)=\frac{cV\times5\times100}{m\times1\,000}=\frac{cV}{2m} \qquad (26)$$

式中：

c——减去空白试验后的试料比色溶液中三氧化二砷的浓度，单位为毫克每毫升(mg/mL)；

V——试料比色溶液的体积，单位为毫升(mL)；

m——试料的质量，单位为克(g)。

18.1.6 精密度

重复性限为 0.04%；

再现性限为 0.05%。

18.2 驱砷差值-钼蓝分光光度法（Ⅱ法）

18.2.1 方法提要

试料在硝酸和高锰酸钾存在下用硫酸和氢氟酸分解，取等量试液两份，一份直接生成混合钼蓝，另一份加入氢溴酸把砷驱除，再生成无砷钼蓝，两者的差值便为总砷的含量。

18.2.2 试剂

a) 氢溴酸：40%；

b) 硫酸：1+9；

c) 酚酞指示剂：采用 6.2.2k)；

其他同 18.1.2。

18.2.3 三氧化二砷工作曲线的绘制

按 18.1.3 进行。

18.2.4 分析步骤

称取 0.1 g～0.2 g 试样，精确至 0.000 1 g，置于铂皿中。用水润湿，加入 2 mL 硝酸、8 滴～10 滴高锰酸钾溶液(18.1.2k))、2 mL 硫酸和 5 mL 氢氟酸，置电炉上低温加热，蒸发至浓糖浆状，冷却，再加入 5 mL 氢氟酸，继续加热蒸发至浓糖浆状，冷却。加入 20 mL 水和 2 mL 盐酸(18.1.2f))，加热溶解，冷却，移入 100 mL 容量瓶中，稀释至标线，摇匀。此为试液(F)。

取试液(F)20.00 mL 于 100 mL 容量瓶中，加入 1 滴酚酞指示剂，滴加氢氧化钠溶液至溶液变红，再滴加硫酸(18.2.2b))至红色消失，加入 10.0 mL 钼酸铵溶液……以下按 18.1.3 步骤进行。此为试料比色溶液(1)。

取试液(F)20.00 mL 于 100 mL 烧杯中，加入 8 滴～10 滴氢溴酸及 8 滴～10 滴硫酸(18.1.2g))，置低温电炉上加热，蒸发至刚干，加入约 20 mL 水和 8 滴～10 滴盐酸(18.1.2f))，加热溶解，冷却。移入 100 mL 容量瓶中，加入 1 滴酚酞指示剂，滴加氢氧化钠至溶液变红，再滴加硫酸(18.2.2b))至红色消失，加入 10.0 mL 钼酸铵溶液……以下按 18.1.3 步骤进行。此为试料比色溶液(2)。

18.2.5 结果计算

总砷以三氧化二砷(As_2O_3)的质量分数[$w(As_2O_3)$]计，数值以%表示，按公式(27)计算：

$$w(\mathrm{As_2O_3}) = \frac{(c_1 - c_2)V \times 5 \times 100}{m \times 1\,000} = \frac{(c_1 - c_2)V}{2m} \quad \cdots\cdots\cdots\cdots (27)$$

式中：

c_1——减去空白试验后的试料比色溶液(1)中三氧化二砷和混合物的浓度，单位为毫克每毫升(mg/mL)；

c_2——试料比色溶液(2)中驱砷后混合物的浓度，单位为毫克每毫升(mg/mL)；

V——试料比色溶液的体积，单位为毫升(mL)；

m——试料的质量，单位为克(g)。

18.2.6 精密度

同 18.1.6。

18.3 电感耦合等离子体原子发射光谱(ICP)法(Ⅲ法)

18.3.1 方法提要

试料在硝酸和高锰酸钾存在下用硫酸和氢氟酸分解制成溶液，在电感耦合等离子体炬焰中激发，发射出所含元素的特征谱线，根据砷特征谱线的强度测定总砷的含量。

18.3.2 试剂

a) 硝酸：密度 1.42 g/mL；

b) 氢氟酸：40%；

c) 硫酸：1+1；

d) 盐酸：1+1；

e) 高锰酸钾溶液：10 g/L；

f) 三氧化二砷标准溶液：采用 18.1.2m)；

g) 三氧化二锑标准溶液：称取 0.229 2 g±0.000 1 g 优级纯酒石酸锑钾($C_4H_4KO_7Sb \cdot 1/2H_2O$)，溶于盐酸(1+3)中，移入 1 000 mL 容量瓶中，用盐酸(1+3)稀释至标线，摇匀。贮于塑料瓶中。此溶液 0.1 mg/mL；

h) 三氧化二砷和三氧化二锑混合工作曲线系列溶液：于一组 100 mL 容量瓶中，分别加入(0.00、0.25、0.50、1.00、2.00、4.00、6.00、8.00)mL 三氧化二砷和三氧化二锑标准溶液，加入 14 mL 盐酸，稀释至标线，摇匀。移入塑料瓶中。此系列溶液三氧化二砷和三氧化二锑的浓度分别为(0、0.25、0.5、1、2、4、6、8)μg/mL。

18.3.3 分析步骤

称取约 1 g 试样，精确至 0.000 1 g，置于铂皿中。用水润湿，加入 5 mL 硝酸、8 滴～10 滴高锰酸钾溶液、2 mL 硫酸和 10 mL 氢氟酸，置电炉上低温加热蒸发至浓糖浆状，立即取下，冷却，再加入 5 mL 氢氟酸，继续低温加热蒸发至浓糖浆状，取下，冷却。加入 14 mL 盐酸和 30 mL 水，加热至盐类完全溶解，冷却后移入 100 mL 容量瓶中，稀释至标线，摇匀。此为试液(G)，供 ICP 法测定总砷和总锑(19)用。

对于用三氧化二砷、三氧化二锑做澄清剂的玻璃，称取 0.1 g～0.2 g 试样，精确至 0.000 1 g，置于铂坩埚中。用水润湿，加入 2 mL 硝酸、8 滴～10 滴高锰酸钾溶液、1 mL 硫酸和 5 mL 氢氟酸，置电炉上低温加热蒸发至浓糖浆状，立即取下，冷却。加入 4 mL 盐酸和 15 mL 水，加热至盐类完全溶解，冷却后移入 100 mL 容量瓶中，再加入 10 mL 盐酸，稀释至标线，摇匀。此为试液(G)，供 ICP 法测定总砷和总锑(19)用。

仪器预热稳定后，于波长 197.262 nm 或 193.759 nm(推荐)处，先测定混合工作曲线系列溶液的光强度，绘制工作曲线，再测定空白和试液的光强度。

18.3.4 结果计算

总砷以三氧化二砷(As_2O_3)的质量分数[$w(As_2O_3)$]计，数值以%表示，按公式(28)计算：

$$w(As_2O_3) = \frac{cV \times 100}{m \times 10^6} = \frac{cV}{m \times 10^4} \quad \cdots\cdots(28)$$

式中：

c——减去空白试验后的试液中三氧化二砷的浓度，单位为微克每毫升(μg/mL)；

V——试液的体积，单位为毫升(mL)；

m——试料的质量，单位为克(g)。

18.3.5 精密度

重复性限见表 12。由于缺乏有效的实验室间的测试数据，暂不能给出本方法的再现性限。

19 总锑的测定

19.1 方法提要

试料在硝酸和高锰酸钾存在下用硫酸和氢氟酸分解制成溶液，在电感耦合等离子体炬焰中激发，发射出所含元素的特征谱线，根据锑特征谱线的强度测定总锑的含量。

19.2 试剂

同 18.3.2。

表 12 ICP 法测定总砷的精密度

含量范围/%	重复性限/%
0.001≤w≤0.005	0.001 0
0.005<w≤0.01	0.002 0
0.01<w≤0.05	0.005
0.05<w≤0.1	0.010
0.1<w≤0.5	0.03

19.3 分析步骤

试样分解按 18.3.3 进行。

仪器预热稳定后，于波长 206.833 nm(推荐)处，先测定混合工作曲线系列溶液的光强度，绘制工作曲线，再测定空白和试液的光强度。

19.4 结果计算

总锑以三氧化二锑(Sb_2O_3)的质量分数[$w(Sb_2O_3)$]计，数值以%表示，按公式(29)计算：

$$w(Sb_2O_3) = \frac{cV \times 100}{m \times 10^6} = \frac{cV}{m \times 10^4} \quad \cdots\cdots(29)$$

式中：

c——减去空白试验后的试液中三氧化二锑的浓度，单位为微克每毫升(μg/mL)；

V——试液的体积，单位为毫升(mL)；

m——试料的质量，单位为克(g)。

19.5 精密度

重复性限见表 13。由于缺乏有效的实验室间的测试数据，暂不能给出本方法的再现性限。

表 13 ICP 法测定总锑的精密度

含量范围/%	重复性限/%
$0.001 \leqslant w \leqslant 0.005$	0.001 0
$0.005 < w \leqslant 0.01$	0.002 0
$0.01 < w \leqslant 0.05$	0.005
$0.05 < w \leqslant 0.1$	0.010
$0.1 < w \leqslant 0.5$	0.02

20 总硫的测定

20.1 硫酸钡沉淀重量法(Ⅰ法)

20.1.1 方法提要

试料用硝酸、高氯酸和氢氟酸分解或碱熔分离去硅、铁、钛后,用氯化钡与硫酸根离子作用生成硫酸钡沉淀,重量法测定总硫含量。

20.1.2 试剂

a) 氢氧化钠:固体;

b) 硝酸:密度 1.42 g/mL;

c) 高氯酸:70%;

d) 氢氟酸:40%;

e) 盐酸:1+1;

f) 氯化钡溶液:50 g/L;

g) 硝酸银溶液:称取 1 g 硝酸银溶于 95 mL 水中,加入 5 mL 硝酸,贮存于棕色滴瓶中。

20.1.3 分析步骤

称取约 1 g 试样,精确至 0.000 1 g,置于铂皿中。加入 3 mL 硝酸,1 mL 高氯酸和 10 mL 氢氟酸,置低温电炉上缓慢加热蒸发至开始逸出高氯酸白烟,冷却,再加入 2 mL 高氯酸和 5 mL 氢氟酸,继续低温加热蒸发至干,冷却。加入 20 mL 水及 5 mL 盐酸,加热至盐类完全溶解。移入 300 mL 烧杯中,稀释至约 150 mL,加热微沸,在不断搅拌下滴加 5 mL 氯化钡溶液,继续微沸约 10 min。保温静置 1 h,再于室温下静置过夜。用慢速定量滤纸(加入少量纸浆)过滤,以温水洗涤至用硝酸银溶液检验无氯离子反应为止。

对于硫化物含量较高的玻璃(例如矿渣棉、岩棉等):称取约 0.5 g 试样,精确至 0.000 1 g,置于镍坩埚中。加入 3 g 氢氧化钠,置电炉上加热熔融,使试料分解。冷却后,用热水浸取熔块于 250 mL 烧杯中,滴加盐酸中和至 pH 值 4~5,体积控制在 150 mL 左右,盖上表面皿,加热微沸 10 min,趁热用快速定性滤纸过滤,滤液和洗液承接于 250 mL 烧杯中。用热水洗涤烧杯及沉淀 10 次~12 次。滤液体积控制在 200 mL。加入 2 mL 硝酸,将滤液置电炉上加热至微沸,在不断搅拌下滴加 10 mL 氯化钡溶液,继续微沸约 10 min。保温静置 1h,再于室温下静置过夜。用慢速定量滤纸(加入少量纸浆)过滤,以温水洗涤至用硝酸银溶液检验无氯离子反应为止。

将滤纸及沉淀移入已恒重的铂坩埚中,经烘干,灰化后,在 850 ℃灼烧 30 min,在干燥器中冷却至室温,称量。反复灼烧,直至恒重。

20.1.4 结果计算

总硫以三氧化硫(SO_3)的质量分数[$w(SO_3)$]计,数值以%表示,按公式(30)计算:

$$w(SO_3)=\frac{(m_1-m_0)\times 0.343\,0\times 100}{m}=\frac{(m_1-m_0)\times 34.30}{m} \qquad \cdots\cdots\cdots\cdots(30)$$

式中：

m_1——灼烧后硫酸钡沉淀和坩埚的质量，单位为克(g)；

m_0——已恒重的坩埚的质量，单位为克(g)；

m——试料的质量，单位为克(g)；

0.343 0——硫酸钡对三氧化硫的换算系数。

20.1.5 精密度

重复性限为 0.03%；再现性限为 0.04%。

20.2 电感耦合等离子体原子发射光谱(ICP)法(Ⅱ法)

20.2.1 方法提要

试料用硝酸、高氯酸和氢氟酸分解或碱熔制成溶液后，在电感耦合等离子体炬焰中激发，发射出所含元素的特征谱线，根据硫特征谱线的强度测定总硫的含量。

20.2.2 试剂

a) 氢氧化钾：固体；

b) 三氧化硫标准溶液：称取 0.177 5 g±0.000 1 g 预先经 105 ℃～110 ℃干燥至恒重的优级纯无水硫酸钠，溶于水后移入 1 000 mL 容量瓶中，稀释至标线，摇匀。贮于塑料瓶中。此溶液 0.1 mg/mL；

c) 五氧化二磷标准溶液：称取 0.191 8 g±0.000 1 g 预先经 105 ℃～110 ℃干燥至恒重的优级纯磷酸二氢钾(KH_2PO_4)，溶于水后移入 1 000 mL 容量瓶中，稀释至标线，摇匀。贮于塑料瓶中。此溶液 0.1 mg/mL；

d) 三氧化硫和五氧化二磷混合工作曲线系列溶液：于一组 100 mL 容量瓶中，分别加入(0.00、0.50、1.00、2.00、4.00、6.00、8.00、10.00)mL 三氧化硫和五氧化二磷标准溶液，加入 14 mL 盐酸或 10 mL 硝酸(供硫化物含量高的碱熔试样的测定)，稀释至标线，摇匀。移入塑料瓶中。此系列溶液三氧化硫和五氧化二磷的浓度分别为(0、0.5、1、2、4、6、8、10)μg/mL。

其他试剂同 20.1.2。

20.2.3 分析步骤

称取 0.5 g～1 g 试样，精确至 0.000 1 g，置于铂皿中。加入 3 mL 硝酸、1 mL 高氯酸和 10 mL 氢氟酸，置低温电炉上缓慢加热蒸发至开始逸出高氯酸白烟，冷却，再加入 2 mL 高氯酸和 5 mL 氢氟酸，继续加热蒸发至干，冷却。加入 14 mL 盐酸和 30 mL 水，加热至盐类完全溶解，移入 100 mL 容量瓶中，稀释至标线，摇匀。此为试液(H)，供 ICP 法测定总硫和五氧化二磷(21)用。

对于硫化物含量较高的玻璃(例如矿渣棉、岩棉等)：称取约 0.1 g 试样，精确至 0.000 1 g，置于镍坩埚中。加入 1.00 g 氢氧化钾，置电炉上加热熔融，使试料分解。冷却后，用热水浸取熔块于 250 mL 塑料杯中，加入 10 mL 硝酸(20.1.2b))，冷却。移入 100 mL 容量瓶中，稀释至标线，摇匀。此为试液(H)，供 ICP 法测定总硫和五氧化二磷(21)用。

将仪器预热，同时用高纯氩气或高纯氮气吹扫光路和检测器系统至稳定状态，于波长 182.254 nm (推荐)处，先测定混合工作曲线系列溶液的光强度，绘制工作曲线，再测定空白和试液的光强度。

20.2.4 结果计算

总硫以三氧化硫(SO_3)的质量分数[$w(SO_3)$]计，数值以%表示，按公式(31)计算：

$$w(SO_3)=\frac{cV\times 100}{m\times 10^6}=\frac{cV}{m\times 10^4} \qquad \cdots\cdots(31)$$

式中：

c——减去空白试验后的试液中三氧化硫的浓度，单位为微克每毫升(μg/mL)；

V——试液的体积，单位为毫升(mL)；

m——试料的质量，单位为克(g)。

20.2.5 精密度

重复性限见表14。由于缺乏有效的实验室间的测试数据，暂不能给出本方法的再现性限。

表14 ICP法测定总硫的精密度

含量范围/%	重复性限/%
$0.01 \leqslant w \leqslant 0.05$	0.010
$0.05 < w \leqslant 0.1$	0.015
$0.1 < w \leqslant 0.5$	0.03
$0.5 < w \leqslant 1$	0.05

21 五氧化二磷的测定

21.1 分光光度法（Ⅰ法）

21.1.1 方法提要

试料用硝酸、高氯酸和氢氟酸分解后，在硝酸介质中，磷酸根离子与钼酸铵-钒酸铵作用生成黄色的磷钼钒杂多酸，分光光度计测定五氧化二磷含量。

21.1.2 试剂

a) 硝酸：密度1.42 g/mL；

b) 高氯酸：70%；

c) 氢氟酸：40%；

d) 硝酸：1+2；

e) 钼酸铵溶液：50 g/L。将50 g钼酸铵溶于500 mL水中（必要时加热），稀释至1 L。贮于塑料瓶中；

f) 偏钒酸铵溶液：2.5 g/L。将2.5 g偏钒酸铵（NH_4VO_3）溶于150 mL水中（必要时加热），待溶解冷却后，加入20 mL硝酸（21.1.2a)），稀释至1 L。贮于塑料瓶中；

g) 五氧化二磷标准溶液：采用20.2.2c)。

21.1.3 五氧化二磷工作曲线的绘制：

于一组100 mL容量瓶中，分别加入（0.00、2.50、5.00、7.50、10.00、12.50、15.00）mL五氧化二磷标准溶液，加水至50 mL，加入10 mL硝酸（21.1.2d)），加入10.0 mL偏钒酸铵溶液，摇动，加入10.0 mL钼酸铵溶液，摇动，稀释至标线，摇匀。放置10 min后，在分光光度计波长460 nm处，用10 mm吸收池，以试剂空白为参比，测定吸光度。按吸光度与标准比色溶液浓度的关系绘制工作曲线。

21.1.4 分析步骤

称取0.5 g～1 g试样，精确至0.000 1 g，置于铂皿中。用少量水润湿，加入5 mL高氯酸、3 mL硝酸（21.1.2a)）和10 mL氢氟酸，于低温电炉上蒸发至近干，用水冲洗皿壁，再加1 mL硝酸继续蒸发至干。冷却，加入10 mL硝酸（21.1.2d)）及适量水，加热溶解。冷却后，移入100 mL容量瓶中，溶液的体积控制在60 mL左右，加入10.0 mL偏钒酸铵溶液……以下按21.1.3步骤进行。从试料比色溶液的吸光度中减去空白试验的吸光度，在工作曲线上查得试料比色溶液中五氧化二磷的浓度。

21.1.5 结果计算

五氧化二磷（P_2O_5）的质量分数[$w(P_2O_5)$]，数值以%表示，按公式(32)计算：

$$w(P_2O_5)=\frac{cV\times 100}{m\times 1\ 000}=\frac{cV}{m\times 10} \qquad (32)$$

式中：

c——减去空白试验后的试料比色溶液中五氧化二磷的浓度，单位为毫克每毫升（mg/mL）；

V——试料比色溶液的体积，单位为毫升（mL）；

m——试料的质量，单位为克(g)。

21.1.6 精密度

重复性限为 0.02%；

再现性限为 0.03%。

21.2 电感耦合等离子体原子发射光谱(ICP)法(Ⅱ法)

21.2.1 方法提要

试料用硝酸、高氯酸和氢氟酸分解制成溶液后，在电感耦合等离子体炬焰中激发，发射出所含元素的特征谱线，根据磷特征谱线的强度测定五氧化二磷含量。

21.2.2 试剂

同 20.2.2。

21.2.3 分析步骤

试样分解按 20.2.3 进行。

仪器预热稳定后，于波长 213.618 nm(推荐)处，先测定混合工作曲线系列溶液的光强度，绘制工作曲线，再测定空白和试液的光强度。

21.2.4 结果计算

五氧化二磷(P_2O_5)的质量分数[$w(P_2O_5)$]，数值以%表示，按公式(33)计算：

$$w(P_2O_5)=\frac{cV\times 100}{m\times 10^6}=\frac{cV}{m\times 10^4} \quad\cdots\cdots(33)$$

式中：

c——减去空白试验后的试液中五氧化二磷的浓度，单位为微克每毫升(μg/mL)；

V——试液的体积，单位为毫升(mL)；

m——试料的质量，单位为克(g)。

21.2.5 精密度

重复性限见表 15。由于缺乏有效的实验室间的测试数据，暂不能给出本方法的再现性限。

表 15 ICP 法测定五氧化二磷的精密度

含量范围/%	重复性限/%
$0.01\leqslant w\leqslant 0.05$	0.010
$0.05< w\leqslant 0.1$	0.015
$0.1< w\leqslant 0.5$	0.03
$0.5< w\leqslant 1$	0.04

22 氧化锶的测定

22.1 原子吸收分光光度(AAS)法(Ⅰ法)

22.1.1 方法提要

试料经高氯酸和氢氟酸分解后，在硝酸酸性溶液中加入镧抑制干扰剂，用原子吸收分光光度计，空气-乙炔火焰测定氧化锶的含量。

22.1.2 试剂

a) 高氯酸：70%；

b) 氢氟酸：40%；

c) 硝酸：1+1；

d) 硝酸镧溶液：镧含量为 20 g/L。24 g 氧化镧(99.99%)溶于 45 mL 浓硝酸中，稀释至 1 L；

e) 氧化锶标准储备溶液：称取 1.424 8 g±0.000 1 g 预先经 105 ℃～110 ℃干燥 2 h 的高纯碳酸

锶于 300 mL 烧杯中，加入 50 mL 水，逐滴加入 20 mL 盐酸，溶解后，加热至微沸，驱尽二氧化碳，冷却，移入 1 000 mL 容量瓶中，稀释至标线，摇匀。贮于塑料瓶中。此溶液 1 mg/mL；

f) 氧化锶稀标准溶液：取 10.00 mL 氧化锶标准溶液于 100 mL 容量瓶中，稀释至标线，摇匀。此溶液为 0.1 mg/mL；

g) 氧化锶工作曲线系列溶液：取氧化锶稀标准溶液(0.00、0.50、1.00、3.00、5.00、7.00、10.00)mL 分别放入一组 100 mL 容量瓶中，加入 4 mL 硝酸和 5.0 mL 硝酸镧溶液，稀释至标线，摇匀。此溶液氧化锶的浓度为(0、0.5、1、3、5、7、10)μg/mL。

22.1.3 分析步骤

称取约 0.1 g～0.2 g 试样，精确至 0.000 1 g，置于铂坩埚中。用少量水润湿，加入 2 mL 高氯酸和 5 mL 氢氟酸，置低温电炉上加热分解，升高温度蒸发至高氯酸白烟冒尽。冷却后，加入 4 mL 硝酸和 10 mL 水，加热至盐类全部溶解，冷却至室温，移入 100 mL 容量瓶中，加入 5.0 mL 硝酸镧溶液，稀释至标线，摇匀。

对于锶含量较高的玻璃：取试液(C)10.00 mL 于 100 mL 容量瓶中，加 3.6 mL 硝酸和 5.0 mL 硝酸镧溶液，稀释至标线，摇匀。

仪器预热 20 min 后，调节至最佳工作状态，用空气-乙炔火焰，锶空心阴极灯，在波长 460.7 nm 处，用水调零，先测定工作曲线系列溶液的吸光度，再测定试液的吸光度。按校正的吸光度(即减去试剂空白的吸光度)与工作曲线系列溶液中氧化锶浓度的关系绘制工作曲线。从所测试液的吸光度中减去空白试验的吸光度，在工作曲线上查得所测试液的浓度。

22.1.4 结果计算

氧化锶(SrO)的质量分数[$w(\mathrm{SrO})$]，数值以%表示，按公式(34)计算：

$$w(\mathrm{SrO}) = \frac{cV_2 \times 100}{mV_1/V \times 10^6} = \frac{cV_2}{mV_1/V \times 10^4} \qquad \cdots\cdots(34)$$

式中：

c——所测试液中减去空白试验后的氧化锶的浓度，单位为微克每毫升(μg/mL)；

V_2——所测试液的体积，单位为毫升(mL)；

m——试料的质量，单位为克(g)；

V_1——分取试液的体积，单位为毫升(mL)；

V——试液的总体积，单位为毫升(mL)。

22.1.5 精密度

精密度见表 16。

表 16 原子吸收分光光度法测定氧化锶的精密度

含量范围/%	重复性限/%	再现性限/%
$0.1 \leqslant w \leqslant 0.5$	0.03	0.05
$0.5 < w \leqslant 1$	0.06	0.10
$1 < w \leqslant 5$	0.15	0.20

22.2 电感耦合等离子体原子发射光谱(ICP)法(Ⅱ法)

22.2.1 方法提要

试料用高氯酸和氢氟酸分解制成溶液后，在电感耦合等离子体炬焰中激发，发射出所含元素的特征谱线，根据锶特征谱线的强度测定氧化锶的含量。

22.2.2 试剂

a) 高氯酸：70%；

b) 氢氟酸：40%；

c) 盐酸：1+1；

d) 氧化锶稀标准溶液：采用22.1.2f)；

e) 氧化锶工作曲线系列溶液：取氧化锶稀标准溶液(0.00、0.50、1.00、2.50、5.00、7.50、10.00)mL分别放入一组100 mL容量瓶中，加入14 mL盐酸，稀释至标线，摇匀。此系列溶液氧化锶的浓度为(0、0.5、1、2.5、5、7.5、10)μg/mL。

22.2.3 分析步骤

称取0.1 g～0.2 g试样，精确至0.000 1 g，置于铂坩埚中。用少量水润湿，加入2 mL高氯酸和5 mL氢氟酸，置低温电炉上加热分解，升高温度，蒸发至高氯酸白烟冒尽。冷却后，加入4 mL盐酸和10 mL水，加热至盐类全部溶解，冷却至室温，移入100 mL容量瓶中，再加入10 mL盐酸，稀释至标线，摇匀。此为试液(I)，供ICP法测定氧化锶、氧化锌(23.3)和二氧化铈(24.2)用。对于氧化锶、氧化锌和二氧化铈含量较高的玻璃可适当稀释后测定(保持与工作曲线系列溶液相同的盐酸浓度)。

仪器预热稳定后，于灵敏波长407.771 nm或次灵敏波长460.733 nm(推荐)处，先测定工作曲线系列溶液的光强度，绘制工作曲线，再测定空白和试液的光强度。

22.2.4 结果计算

按公式(34)计算。

22.2.5 精密度

同22.1.5。

23 氧化锌的测定

23.1 EDTA络合滴定法(Ⅰ法)

23.1.1 方法提要

先在pH=1.6～2.0时，用EDTA标准滴定溶液滴定铁，尔后调节试液pH至4.0左右，用氟化铵掩蔽钛、铝、锆，再在pH=5～6时，以二甲酚橙为指示剂，继续用EDTA标准滴定溶液滴定氧化锌的含量。

23.1.2 试剂

a) 氟化铵：固体。

b) 磺基水扬酸钠：100 g/L

其他同12.1.2。

23.1.3 分析步骤

取试液(A)25.00 mL于250 mL烧杯中，加入1 mL磺基水扬酸钠，稀释至70 mL，微热，用氨水调节pH=1.6～2.0，继续加热至60 ℃～70 ℃，立即用EDTA标准滴定溶液缓慢滴定至试液由紫红色变为无色。再用氨水调节试液pH值至4.0左右，加入0.5 g氟化铵，微沸1 min，取下，以少量水吹洗杯壁，冷却。加入5 mL六次甲基四胺溶液、2滴硫酸(12.1.2c))和2滴二甲酚橙指示剂，继续用EDTA标准滴定溶液缓慢滴定至溶液由紫红色变为黄色为终点。

23.1.4 结果计算

氧化锌(ZnO)的质量分数[$w(ZnO)$]，数值以%表示，按公式(35)计算：

$$w(\mathrm{ZnO})=\frac{cV\times 81.39\times 10\times 100}{m\times 1\ 000}-w(\mathrm{Fe_2O_3})\times 1.019=\frac{cV\times 81.39}{m}-w(\mathrm{Fe_2O_3})\times 1.019 \quad\cdots\cdots(35)$$

式中：

c——EDTA标准滴定溶液的标定浓度，单位为摩尔每升(mol/L)；

V——减去空白试验后的滴定用EDTA标准滴定溶液的体积，单位为毫升(mL)；

m——试料的质量，单位为克(g)；

$w(Fe_2O_3)$——三氧化二铁质量分数,%;

81.39——氧化锌的摩尔质量,单位为克每摩尔(g/mol);

1.019——三氧化二铁对氧化锌的换算系数。

23.1.5 精密度

重复性限为 0.20%;再现性限为 0.25%。

23.2 原子吸收分光光度(AAS)法(Ⅱ法)

23.2.1 方法提要

试料经高氯酸和氢氟酸分解后,在盐酸酸性溶液中,用原子吸收分光光度计,空气-乙炔火焰测定氧化锌的含量。

23.2.2 试剂

a) 高氯酸:70%;

b) 氢氟酸:40%;

c) 盐酸:1+1;

d) 氧化锌标准储备溶液:称取经 800 ℃±50 ℃灼烧至恒重的高纯氧化锌 1.000 0 g±0.000 1 g,置于 250 mL 烧杯中,加入约 100 mL 水,加热,滴加盐酸使其溶解,冷却。移入 1 000 mL 容量瓶中,稀释至标线,摇匀。贮于塑料瓶中。此溶液 1 mg/mL;

e) 氧化锌稀标准溶液:取氧化锌标准储备溶液 10.00 mL 于 200 mL 容量瓶中,加入 4 mL 盐酸,稀释至标线,摇匀。此溶液 0.05 mg/mL;

f) 氧化锌工作曲线系列溶液:取氧化锌稀标准溶液(0.00、0.50、1.00、2.00、4.00、6.00、8.00、10.00)mL分别放入一组 100 mL 容量瓶中,加入 4 mL 盐酸,稀释至标线,摇匀。此系列溶液氧化锌的浓度为(0、0.25、0.5、1、2、3、4、5)μg/mL。

23.2.3 分析步骤

称取约 0.1 g 试样,精确至 0.000 1 g,置于铂坩埚中。用少量水润湿,加入 2 mL 高氯酸和 5 mL 氢氟酸,置低温电炉上加热分解,升高温度蒸发至高氯酸白烟冒尽。冷却后,加入 4 mL 盐酸和 10 mL 水,加热至盐类全部溶解,冷却至室温,移入 100 mL 容量瓶中,稀释至标线,摇匀。

对于锌含量较高的玻璃:取试液(C)10.00 mL 于 100 mL 容量瓶中,加 3.6 mL 盐酸,稀释至标线,摇匀。

仪器预热 20 min 后,调节至最佳工作状态,用空气-乙炔火焰,锌空心阴极灯,在波长 213.9 nm 处,用水调零,先测定工作曲线系列溶液的吸光度,再测定试液的吸光度。按校正的吸光度(即减去试剂空白的吸光度)与工作曲线系列溶液中氧化锌浓度的关系绘制工作曲线。从所测试液的吸光度中减去空白试验的吸光度,在工作曲线上查得所测试液的浓度。

23.2.4 结果计算

氧化锌(ZnO)的质量分数[$w(ZnO)$],数值以%表示,按公式(36)计算:

$$w(\mathrm{ZnO}) = \frac{cV_2 \times 100}{mV_1/V \times 10^6} = \frac{cV_2}{mV_1/V \times 10^4} \qquad (36)$$

式中:

c——所测试液中减去空白试验后的氧化锌的浓度,单位为微克每毫升(μg/mL);

V_2——所测试液的体积,单位为毫升(mL);

m——试料的质量,单位为克(g);

V_1——分取试液的体积,单位为毫升(mL);

V——试液的总体积,单位为毫升(mL)。

23.2.5 精密度

精密度见表 17。

表 17　原子吸收分光光度法测定氧化锌的精密度

含量范围/%	重复性限/%	再现性限/%
$0.1 \leqslant w \leqslant 0.5$	0.02	0.03
$0.5 < w \leqslant 1$	0.05	0.10
$1 < w \leqslant 5$	0.15	0.20

23.3　**电感耦合等离子体原子发射光谱(ICP)法(Ⅲ法)**

23.3.1　**方法提要**

试料用高氯酸和氢氟酸分解制成溶液后,在电感耦合等离子体炬焰中激发,发射出所含元素的特征谱线,根据锌特征谱线的强度测定氧化锌的含量。

23.3.2　**试剂**

a)　氧化锌稀标准溶液:采用 23.2.2e);

b)　氧化锌工作曲线系列溶液:取氧化锌稀标准溶液(0.00、0.50、1.00、2.00、5.00、10.00、20.00)mL 分别放入一组 100 mL 容量瓶中,加入 14 mL 盐酸,稀释至标线,摇匀。此系列溶液氧化锌的浓度为(0、0.25、0.5、1、2.5、5、10)μg/mL。

其他同 22.2.2。

23.3.3　**分析步骤**

试样分解按 22.2.3 进行。

仪器预热稳定后,于灵敏波长 213.856 nm 或次灵敏波长 206.200 nm(推荐)处,先测定工作曲线系列溶液的光强度,绘制工作曲线,再测定空白和试液的光强度。

23.3.4　**结果计算**

按公式(36)计算。

23.3.5　**精密度**

同 23.2.5。

24　二氧化钸的测定

24.1　**氧化还原滴定法(Ⅰ法)**

24.1.1　**方法提要**

试料经硫酸和氢氟酸溶解、焦硫酸钾熔融后,用氢氧化钠使钸、铁呈氢氧化物沉淀,而与铝、钙、镁等元素分离,随后灼烧成氢氧化物,再用磷酸和高氯酸溶解,在硫磷混酸介质中,用硫酸亚铁铵标准滴定溶液滴定二氧化钸的含量。

24.1.2　**试剂**

a)　焦硫酸钾:固体;

b)　磷酸:85%;

c)　高氯酸:70%;

d)　氢氟酸:40%;

e)　硫酸:1+1;

f)　氢氧化钠溶液:200 g/L;

g)　硝酸铵:20 g/L;

h)　硫磷混酸:将 150 mL 硫酸缓慢加入 700 mL 水中,冷却后,加入 150 mL 磷酸,摇匀;

i)　重铬酸钾基准溶液 $c(1/6K_2Cr_2O_7)=0.010\ 00$ mol/L:

配制:称取经 120 ℃烘干至恒重的重铬酸钾 0.490 4 g,置于烧杯中,用水溶解,移入 1 000 mL容量瓶中,稀释至标线,摇匀。

j) 硫酸亚铁铵标准滴定溶液 $c \approx 0.01$ mol/L：

配制：称取 4 g 硫酸亚铁铵[$FeSO_4 \cdot (NH_4)_2SO_4 \cdot 6H_2O$]于 1 L 烧杯中，加入 500 mL 水，缓慢加入 50 mL 硫酸，搅拌使其溶解，加水至 1 L，用快速滤纸过滤。用前标定。

标定：取已配制的硫酸亚铁铵溶液 10.00 mL 于 250 mL 烧杯中，加入 10 mL 硫磷混酸，用水稀释至约 100 mL，加入 4 滴二苯胺磺酸钠指示剂，以重铬酸钾基准溶液滴定至溶液呈紫色不消失为终点。

硫酸亚铁铵标准滴定溶液的标定浓度[$c(Fe^{2+})$]，数值以摩尔每升(mol/L)表示，按公式(37)计算：

$$c(Fe^{2+}) = \frac{0.010\ 00 V_1}{V} \quad \cdots\cdots (37)$$

式中：

V_1——减去空白试验后的标定用重铬酸钾基准溶液的体积，单位为毫升(mL)；

V——标定用硫酸亚铁铵溶液的体积，单位为毫升(mL)；

0.010 00——重铬酸钾($1/6K_2Cr_2O_7$)基准溶液的浓度，单位为摩尔每升(mol/L)。

计算结果表示到小数点后五位。

k) 酚酞指示剂：采用 6.2.2k)；

l) 二苯胺磺酸钠指示剂：5 g/L；

m) 邻苯氨基苯甲酸指示剂：1 g/L。0.1 g 溶于 100 mL 0.2%的碳酸钠溶液中。

24.1.3 分析步骤

称取约 0.5 g 试样，精确至 0.000 1 g，置于铂坩埚中。用少量水润湿，加入 5 滴硫酸和 10 mL 氢氟酸，置电炉上低温加热蒸发至近干，升高温度直至三氧化硫白烟冒尽，冷却。加入 5 g～6 g 焦硫酸钾，盖上铂盖，先在电炉上熔化，然后移至喷灯上熔融至透明状态，冷却。用热水浸取熔块于 300 mL 烧杯中，加热使其溶解，用热水稀释至 100 mL 左右，加热至沸，滴加氢氧化钠溶液至刚出现浑浊时，滴加 1 滴酚酞指示剂，继续滴加氢氧化钠溶液至刚出现红色，再过量 1 mL。于低温电炉上保温 30 min，用快速滤纸过滤，以热的硝酸铵溶液洗涤沉淀 5 次～7 次。沉淀置铂坩埚中烘干灰化后，移入 250 mL 三角瓶中，加入 10 mL 磷酸和 5 mL～7 mL 高氯酸，置低温电炉上加热至冒高氯酸白烟 3 min～6 min，取下稍冷，加入 25 mL 硫酸和 20 mL 水，煮沸 3 min～5 min，冷却，加入 1 滴～2 滴邻苯氨基苯甲酸指示剂，用硫酸亚铁铵标准滴定溶液滴定至溶液由紫色变为橙红色为终点。

24.1.4 结果计算

二氧化铈(CeO_2)的质量分数[$w(CeO_2)$]，数值以%表示，按公式(38)计算：

$$w(CeO_2) = \frac{cV \times 172.1 \times 100}{m \times 1\ 000} = \frac{cV \times 17.21}{m} \quad \cdots\cdots (38)$$

式中：

c——硫酸亚铁铵标准滴定溶液的标定浓度，单位为摩尔每升(mol/L)；

V——减去空白试验后的滴定用硫酸亚铁铵标准滴定溶液的体积，单位为毫升(mL)；

m——试料的质量，单位为克(g)；

172.1——二氧化铈的摩尔质量，单位为克每摩尔(g/mol)。

24.1.5 精密度

重复性限为 0.15%；再现性限为 0.20%。

24.2 电感耦合等离子体原子发射光谱(ICP)法(Ⅱ法)

24.2.1 方法提要

试料用高氯酸和氢氟酸分解制成溶液后，在电感耦合等离子体炬焰中激发，发射出所含元素的特征谱线，根据铈特征谱线的强度测定二氧化铈的含量。

24.2.2 试剂

a) 二氧化铈标准溶液：称取 0.100 0 g±0.000 1 g 预先经 105 ℃～110 ℃干燥至恒重的光谱纯二氧化铈，置于 250 mL 烧杯中，加入 100 mL 硫酸(1+2)，置电炉上加热溶解，溶解完全后冷却，移入 1 000 mL 容量瓶中，用水稀释至标线，摇匀。贮于塑料瓶中。此溶液 0.1 mg/mL；

b) 二氧化铈工作曲线系列溶液：取二氧化铈标准溶液(0.00、0.50、1.00、2.50、5.00、7.50、10.00)mL 分别放入一组 100 mL 容量瓶中，加入 14 mL 盐酸，稀释至标线，摇匀。此系列溶液二氧化铈的浓度为(0、0.5、1、2.5、5、7.5、10)μg/mL。

其他同 22.2.2。

24.2.3 分析步骤

试样分解按 22.2.3 进行。

仪器预热稳定后，于波长 401.239 nm 或 399.924 nm(推荐)处，先测定工作曲线系列溶液的光强度，绘制工作曲线，再测定空白和试液的光强度。

24.2.4 结果计算

二氧化铈(CeO_2)的质量分数[$w(CeO_2)$]，数值以%表示，按公式(39)计算：

$$w(CeO_2)=\frac{cV_2\times 100}{mV_1/V\times 10^6}=\frac{cV_2}{mV_1/V\times 10^4} \qquad (39)$$

式中：

c——所测试液中减去空白试验后的二氧化铈的浓度，单位为微克每毫升(μg/mL)；

V_2——所测试液的体积，单位为毫升(mL)；

m——试料的质量，单位为克(g)；

V_1——分取试液的体积，单位为毫升(mL)；

V——试液的总体积，单位为毫升(mL)。

24.2.5 精密度

重复性限见表 18。由于缺乏有效的实验室间的测试数据，暂不能给出本方法的再现性限。

表 18 ICP 法测定二氧化铈的精密度

含量范围/%	重复性限/%
$0.05\leq w\leq 0.1$	0.01
$0.1< w\leq 0.5$	0.03
$0.5< w\leq 1$	0.06
$1< w\leq 5$	0.15

25 钡、镉、铬、汞、铅的测定

25.1 方法提要

试料用硝酸、高氯酸和氢氟酸分解制成溶液后，在电感耦合等离子体炬焰中激发，发射出所含元素的特征谱线，根据钡、镉、铬、汞、铅各特征谱线的强度测定钡、镉、铬、汞、铅的含量。

25.2 试剂

a) 硝酸：密度 1.42 g/mL；

b) 高氯酸：70%；

c) 氢氟酸：40%；

d) 盐酸：1+1；

e) 钡标准储备溶液：称取 1.437 0 g±0.000 1 g 预先经 105 ℃～110 ℃干燥 2 h 的高纯碳酸钡于 300 mL 烧杯中，加入 50 mL 水，逐滴加入 20 mL 盐酸，溶解后，加热至微沸，驱尽二氧化碳，冷却，移入 1 000 mL 容量瓶中，稀释至标线，摇匀。贮于塑料瓶中。此溶液 1 mg/mL；

f) 镉标准储备溶液：称取 1.142 4 g±0.000 1 g 预先经 700 ℃灼烧 2 h 的高纯氧化镉于 250 mL 烧杯中，加入 20 mL 盐酸，溶解后移入 1 000 mL 容量瓶中，稀释至标线，摇匀。贮于塑料瓶中。此溶液 1 mg/mL；

g) 铬标准储备溶液：称取 2.828 7 g±0.000 1 g 预先经 110 ℃干燥至恒重的优级纯重铬酸钾溶于水，移入 1 000 mL 容量瓶中，稀释至标线，摇匀。贮于塑料瓶中。此溶液 1 mg/mL；

h) 汞标准储备溶液：称取 1.353 6 g±0.000 1 g 优级纯氯化汞溶于 10 mL 硝酸(1+9)中，移入 1 000 mL容量瓶，稀释至标线，摇匀。贮于塑料瓶中。此溶液 1 mg/mL；

i) 铅标准储备溶液：称取 1.000 0 g±0.000 1 g 高纯铅〔预先用硝酸(1+9)洗净表面，然后分别用水和无水乙醇洗涤，风干〕于 250 mL 烧杯中，加入 10 mL 硝酸，盖上表面皿，加热溶解，冷却后移入 1 000 mL 容量瓶中，稀释至标线，摇匀。贮于塑料瓶中。此溶液 1 mg/mL；

j) 钡、镉、铬、铅混合标准溶液：分别取 5.00 mL 钡、镉、铬、铅标准储备溶液于 250 mL 容量瓶中，加入 5 mL 盐酸，稀释至标线，摇匀。此溶液钡、镉、铬、铅的浓度各为 0.02 mg/mL；

k) 汞标准溶液：取 5.00 mL 汞标准储备溶液于 250 mL 容量瓶中，加入 5 mL 盐酸，稀释至标线，摇匀。此溶液 0.02 mg/mL；

l) 钡、镉、铬、铅混合工作曲线系列溶液：于一组 100 mL 容量瓶中，分别加入(0.00、0.50、1.25、2.50、5.00、10.00)mL 钡、镉、铬、铅混合标准溶液，加入 14 mL 盐酸，稀释至标线，摇匀。移入塑料瓶中。此系列溶液钡、镉、铬、铅的浓度分别为(0、0.1、0.25、0.5、1、2)μg/mL；

m) 汞工作曲线系列溶液：于一组 100 mL 容量瓶中，分别加入(0.00、0.50、1.25、2.50、5.00)mL 汞标准溶液，加入 14 mL 盐酸，稀释至标线，摇匀。此系列溶液汞的浓度分别为(0、0.1、0.25、0.5、1)μg/mL。

25.3 分析步骤

称取约 1 g 试样，精确至 0.000 1 g，置于铂皿中。加入 3 mL 硝酸、2 mL 高氯酸和 10 mL 氢氟酸，置低温电炉上加热蒸发至开始逸出高氯酸白烟，冷却，再加入 5 mL 氢氟酸，继续加热蒸发至干，冷却。加入 14 mL 盐酸和 30 mL 水，加热至盐类完全溶解，移入 100 mL 容量瓶中，稀释至标线，摇匀。

仪器预热稳定后，用表 19 推荐的波长，先测定混合工作曲线系列溶液的光强度，绘制工作曲线，再测定空白和试液的光强度。

表 19 ICP 法测定钡、镉、铬、汞、铅的推荐波长

单位为纳米

元 素	Ba	Cd	Cr	Hg	Pb
波长 1	493.409	226.502	267.716	194.227	283.305
波长 2	455.403	214.441	205.552	184.950	220.353

25.4 结果计算

钡(Ba)、镉(Cd)、铬(Cr)、汞(Hg)、铅(Pb)的质量分数[w(Ba)]、[w(Cd)]、[w(Cr)]、[w(Hg)]、[w(Pb)]，数值以 mg/kg 表示，按公式(40)计算：

$$w(\text{Ba}) \text{或} w(\text{Cd}) \text{或} w(\text{Cr}) \text{或} w(\text{Hg}) \text{或} w(\text{Pb}) = \frac{cV}{m} \qquad \cdots\cdots(40)$$

式中：

c——减去空白试验后的试液中钡或镉或铬或汞或铅的浓度，单位为微克每毫升(μg/mL)；

V——试液的体积，单位为毫升(mL)；

m——试料的质量，单位为克(g)。

25.5 精密度

重复性限见表 20。由于缺乏有效的实验室间的测试数据，暂不能给出本方法的再现性限。

表 20 ICP 法测定钡、镉、铬、汞、铅的精密度

含量范围/(mg/kg)		重复性限/(mg/kg)
Ba	50≤w≤100	15
	100<w≤500	20
Cd　Hg	5≤w≤10	5
	10<w≤50	10
	50<w≤100	15
Cr　Pb	10≤w≤50	10
	50<w≤100	15
	100<w≤500	20

26 试验报告

试验报告至少应给出以下几方面的内容：

a) 委托单位；

b) 样品名称、编号、规格型号、形貌、日期等；

c) 使用的标准(GB/T 1549—2008)；

d) 使用的方法；

e) 试验结果；

f) 与规定的分析步骤的差异(如有必要)；

g) 在试验中观察到的异常现象(如有必要)；

h) 试验日期。

附 录 A
（规范性附录）
电感耦合等离子体原子发射光谱(ICP)法测定纤维玻璃中的三氧化二铝、氧化钙、氧化镁、二氧化锆、总铁和二氧化钛含量

A.1 方法提要

试料用硝酸、高氯酸和氢氟酸分解制成溶液后，在电感耦合等离子体炬焰中激发，发射出所含元素的特征谱线，根据铝、钙、镁、锆、铁和钛各特征谱线的强度测定三氧化二铝、氧化钙、氧化镁、二氧化锆、总铁和二氧化钛的含量。

A.2 试剂

A.2.1 硝酸：密度 1.42 g/mL。

A.2.2 高氯酸：70%。

A.2.3 氢氟酸：40%。

A.2.4 盐酸：1+1。

A.2.5 三氧化二铝标准储备溶液：称取 0.529 3 g±0.000 1 g 高纯金属铝于塑料杯中。加入约 50 mL 水和 5 g 氢氧化钠，使其溶解（必要时在水浴上低温加热）。加入盐酸至呈酸性后再加约 20 mL，移入 500 mL 烧杯中，加热煮沸使溶液清亮透明，冷却至室温，移入 1 000 mL 容量瓶中，稀释至标线，摇匀。贮于塑料瓶中。此溶液 1 mg/mL。

A.2.6 三氧化二铝标准溶液（Ⅰ）：取三氧化二铝标准储备溶液 100.00 mL 于 200 mL 容量瓶中，稀释至标线，摇匀。此溶液 0.5 mg/mL。

A.2.7 三氧化二铝标准溶液（Ⅱ）：取三氧化二铝标准储备溶液 25.00 mL 于 250 mL 容量瓶中，稀释至标线，摇匀。此溶液 0.1 mg/mL。

A.2.8 氧化钙标准储备溶液：采用 13.2.2e)。

A.2.9 氧化钙标准溶液（Ⅰ）：取氧化钙标准储备溶液 100.00 mL 于 200 mL 容量瓶中，稀释至标线，摇匀。此溶液 0.5 mg/mL。

A.2.10 氧化钙标准溶液（Ⅱ）：取氧化钙标准储备溶液 10.00 mL 于 200 mL 容量瓶中，稀释至标线，摇匀。此溶液 0.05 mg/mL。

A.2.11 氧化镁标准储备溶液：采用 13.2.2f)。

A.2.12 氧化镁标准溶液（Ⅰ）：取氧化镁标准储备溶液 100.00 mL 于 200 mL 容量瓶中，稀释至标线，摇匀。此溶液 0.5 mg/mL。

A.2.13 氧化镁标准溶液（Ⅱ）：取氧化镁标准储备溶液 10.00 mL 于 200 mL 容量瓶中，稀释至标线，摇匀。此溶液 0.05 mg/mL。

A.2.14 二氧化锆标准溶液：称取 0.250 0 g±0.000 1 g 预先经 1 000 ℃灼烧 2 h 的光谱纯二氧化锆，置于已加入 5.00 g 优级纯的碳酸钠-硼酸(1+1)混合熔剂的铂坩埚中，混匀，再加入 3.00 g 碳酸钠-硼酸混合熔剂铺在表面。盖上坩埚盖，置高温炉中，逐渐升高温度至 1 000 ℃熔融至完全分解，取出坩埚，冷却。将坩埚置于盛有 50 mL 盐酸和 50 mL 热水的烧杯中，加热浸取，洗出坩埚及盖。冷却后移入 500 mL 容量瓶中，稀释至标线，摇匀。贮于塑料瓶中。此溶液 0.5 mg/mL。

A.2.15 二氧化铪标准储备溶液：称取 0.250 0 g±0.000 1 g 预先经 1 000 ℃灼烧 2 h 的二氧化铪（>99.9%）。置于已加入 5.00 g 优级纯碳酸钠-硼酸(1+1)混合熔剂的铂坩埚中，混匀，再加入 3.00 g 碳酸钠-硼酸混合熔剂铺在表面。盖上坩埚盖，置高温炉中，逐渐升高温度至 1 000 ℃熔融至完全分解，

取出坩埚,冷却。将坩埚置于盛有 50 mL 盐酸和 50 mL 热水的烧杯中,加热浸取,洗出坩埚及盖。冷却后移入 500 mL 容量瓶中,稀释至标线,摇匀。贮于塑料瓶中。此溶液 0.5 mg/mL。

A.2.16 二氧化铪稀标准溶液:取二氧化铪标准储备溶液 10.00 mL 于 100 mL 容量瓶中,稀释至标线,摇匀。此溶液 0.05 mg/mL。

A.2.17 三氧化二铁标准储备溶液:采用 8.3.2d)。

A.2.18 三氧化二铁标准溶液(Ⅰ):取三氧化二铁标准储备溶液 100.00 mL 于 200 mL 容量瓶中,加入 8 mL 盐酸,稀释至标线,摇匀。此溶液 0.5 mg/mL。

A.2.19 三氧化二铁标准溶液(Ⅱ):取三氧化二铁标准储备溶液 10.00 mL 于 200 mL 容量瓶中,加入 8 mL 盐酸,稀释至标线,摇匀。此溶液 0.05 mg/mL。

A.2.20 二氧化钛标准储备溶液:称取 0.100 0 g±0.000 1 g 预先经 950 ℃ 灼烧 1 h 的光谱纯二氧化钛于 100 mL 烧杯中。加入 3.00 g 硫酸铵和 10 mL 硫酸(密度为 1.84 g/mL),加热溶解,冷却。移入 200 mL 容量瓶中,稀释至标线,摇匀。贮于塑料瓶中。此溶液 0.5 mg/mL。

A.2.21 二氧化钛稀标准溶液:取二氧化钛标准储备溶液 10.00 mL 于 100 mL 容量瓶中,稀释至标线,摇匀。此溶液 0.05 mg/mL。

A.2.22 混合工作曲线系列溶液:溶液的浓度推荐配制成与 0.1 g 试样定容于 200 mL 等组成相近的浓度,酸介质和酸浓度也与试液相同。具体参见表 A.1。

表 A.1 推荐各试样测定时混合工作曲线系列溶液的配制浓度

样品名称	混合工作曲线系列溶液					
	组分	浓度/(μg/mL)				
无碱 1 号玻璃	Al_2O_3	0	65	70	75	80
	CaO	0	75	80	85	90
	MgO	0	15	20	25	30
	Fe_2O_3	0	1	2	3	4
	TiO_2	0	1	2	3	4
无碱 2 号玻璃	Al_2O_3	0	65	70	75	80
	CaO	0	90	95	100	105
	MgO	0	5	10	15	20
	Fe_2O_3	0	1	2	3	4
	TiO_2	0	1	2	3	4
无碱 3 号玻璃	Al_2O_3	0	60	65	70	75
	CaO	0	105	110	115	120
	MgO	0	1	2	3	4
	Fe_2O_3	0	1	2	3	4
	TiO_2	0	1	2	3	4
中碱 5 号玻璃	Al_2O_3	0	25	30	35	40
	CaO	0	40	45	50	55
	MgO	0	15	20	25	30
	Fe_2O_3	0	0.5	1	2	3
	TiO_2	0	0.5	1	2	3

表 A.1（续）

样品名称	混合工作曲线系列溶液					
	组分	浓度/(μg/mL)				
高碱玻璃和玻璃棉	Al_2O_3	0	5	10	15	20
	CaO	0	25	30	35	40
	MgO	0	5	10	15	20
	Fe_2O_3	0	0.25	0.5	1	2
	TiO_2	0	0.25	0.5	1	2
耐碱1号玻璃	ZrO_2	0	65	70	75	80
	HfO_2	0	0.25	0.5	1	2
	Al_2O_3	0	2	2.5	5	7.5
	CaO	0	15	20	25	30
	MgO	0	0.5	1	2	3
	Fe_2O_3	0	0.5	1	2	3
	TiO_2	0	20	25	30	35
高硅氧玻璃	Al_2O_3	0	1	5	10	15
	CaO	0	0.25	0.5	1	2
	MgO	0	0.25	0.5	1	2
	Fe_2O_3	0	0.25	0.5	1	2
	TiO_2	0	0.25	0.5	1	2
高强玻璃	Al_2O_3	0	115	120	125	130
	CaO	0	0.5	1	2	3
	MgO	0	50	60	70	80
	Fe_2O_3	0	1	3	5	7
	TiO_2	0	0.5	1	2	3
玄武岩纤维	Al_2O_3	0	45	50	55	60
	CaO	0	45	50	55	60
	MgO	0	30	35	40	45
	Fe_2O_3	0	45	50	55	60
	TiO_2	0	2.5	5	10	15
岩棉	Al_2O_3	0	60	70	80	90
	CaO	0	90	100	110	120
	MgO	0	40	50	60	70
	Fe_2O_3	0	20	25	30	35
	TiO_2	0	2.5	5	7.5	10

表 A.1(续)

样品名称	混合工作曲线系列溶液					
	组分	浓度/(μg/mL)				
矿渣棉	Al_2O_3	0	50	60	70	80
	CaO	0	145	155	165	175
	MgO	0	30	40	50	60
	Fe_2O_3	0	5	10	15	20
	TiO_2	0	2.5	5	7.5	10
硅酸铝棉	Al_2O_3	0	80	90	100	110
	CaO	0	0.25	0.5	1	2
	MgO	0	0.25	0.5	1	2
	Fe_2O_3	0	0.5	1	2	4
	TiO_2	0	1	2	4	6

A.3 分析步骤

称取约 0.1 g 试样,精确至 0.000 1 g,置于铂坩埚中。加入 2 mL 硝酸、2 mL 高氯酸和 5 mL 氢氟酸,置低温电炉上加热分解,用水吹洗埚壁,继续蒸发至干,再升高温度至高氯酸白烟冒尽,冷却。加入 5 mL 盐酸和 10 mL 水,加热至盐类完全溶解,移入 200 mL 容量瓶中,再加入 23 mL 盐酸,稀释至标线,摇匀。

对于三氧化二铝、氧化钙、氧化镁、三氧化二铁和二氧化钛含量低的玻璃(例如高硅氧玻璃等),可定容于 100 mL。

对于三氧化二铝含量高的玻璃(例如硅酸铝棉等),可定容于 500 mL。

仪器预热稳定后,用表 A.2 推荐的波长,先测定混合工作曲线系列溶液的光强度,绘制工作曲线,再测定空白和试液的光强度。

表 A.2 ICP 法测定各元素的推荐波长

单位为纳米

元 素	Al	Ca	Mg	Zr	Fe	Ti	Hf
波长 1	396.152	317.933	285.213	339.198	259.940	336.122	277.336
波长 2	309.271	315.887	279.553	343.823	239.563	337.280	264.141

A.4 结果计算

三氧化二铝(Al_2O_3)、氧化钙(CaO)、氧化镁(MgO)、二氧化锆(ZrO_2)、总铁(TFe_2O_3)、二氧化钛(TiO_2)的质量分数[$w(Al_2O_3)$]、[$w(CaO)$]、[$w(MgO)$]、[$w(ZrO_2)$]、[$w(TFe_2O_3)$]、[$w(TiO_2)$],数值以%表示,按公式(A.1)计算:

$$w(Al_2O_3)\text{ 或 }w(CaO)\text{ 或 }w(MgO)\text{ 或 }w(ZrO_2)\text{ 或 }w(TFe_2O_3)\text{ 或 }w(TiO_2)=\frac{cV\times 100}{m\times 10^6}=\frac{cV}{m\times 10^4} \quad \cdots\cdots(A.1)$$

式中:

c——减去空白试验后的试液中三氧化二铝或氧化钙或氧化镁或二氧化锆或三氧化二铁或二氧化钛的浓度,单位为微克每毫升(μg/mL);

V——试液的体积,单位为毫升(mL);

m——试料的质量,单位为克(g)。

对于二氧化锆含量较高的玻璃(例如耐碱玻璃、含锆硅酸铝棉等),二氧化锆测定结果的报告值可为 $w(ZrO_2)+w(HfO_2)$。

A.5 精密度

重复性限见表 A.3。由于缺乏有效的实验室间的测试数据,暂不能给出本方法的再现性限。

表 A.3 ICP 法测定纤维玻璃成分的精密度

试样名称	测定项目	重复性限/%
无碱玻璃	$w(Al_2O_3)$、$w(CaO)$	0.30
	$w(MgO)$:≤1%	0.03
	>1%	0.20
	$w(Fe_2O_3)$、$w(TiO_2)$	0.03
中碱玻璃、高碱玻璃 玻璃棉	$w(Al_2O_3)$、$w(CaO)$、$w(MgO)$	0.25
	$w(Fe_2O_3)$、$w(TiO_2)$	0.02
耐碱 1 号玻璃	$w(ZrO_2)$	0.30
	$w(TiO_2)$、$w(CaO)$	0.25
	$w(Al_2O_3)$	0.10
	$w(Fe_2O_3)$、$w(MgO)$	0.02
高硅氧玻璃	$w(Al_2O_3)$	0.05
	$w(MgO)$、$w(CaO)$、$w(Fe_2O_3)$、$w(TiO_2)$	0.01
高强玻璃	$w(Al_2O_3)$	0.35
	$w(MgO)$	0.30
	$w(Fe_2O_3)$	0.10
	$w(CaO)$、$w(TiO_2)$	0.02
玄武岩纤维 岩棉、矿渣棉	$w(Al_2O_3)$	0.30
	$w(CaO)$:≤25%	0.30
	>25%	0.40
	$w(MgO)$、$w(Fe_2O_3)$	0.25
	$w(TiO_2)$:≤1%	0.03
	>1%	0.15
硅酸铝棉	$w(Al_2O_3)$	0.50
	$w(TiO_2)$、$w(Fe_2O_3)$、$w(MgO)$、$w(CaO)$:	
	≤1%	0.03
	>1%	0.15

中华人民共和国国家标准

建筑玻璃 可见光透射比、太阳光直接透射比、太阳能总透射比、紫外线透射比及有关窗玻璃参数的测定

Determination of light transmittance, solar direct transmittance, total solar energy transmittance and ultraviolet transmittance for glass in building and related glazing factors

GB/T 2680—94

代替 GB 2680—81

本标准参照采用国际标准 ISO 9050—1990《建筑玻璃——可见光透射比、太阳光直接透射比、太阳能总透射比、紫外线透射比及有关窗玻璃参数的测定》。

1 主题内容与适用范围

本标准规定了建筑玻璃可见光透射(反射)比、太阳光直接透射(反射、吸收)比、太阳能总透射比、紫外线透射(反射)比、半球辐射率和遮蔽系数的测定条件和计算公式。

本标准适用于建筑玻璃以及它们的单层、多层窗玻璃构件光学性能的测定。

2 测定条件

2.1 试样

2.1.1 一般建筑玻璃和单层窗玻璃构件的试样,均采用同材质玻璃的切片。

2.1.2 多层窗玻璃构件的试样,采用同材质单片玻璃切片的组合体。

2.2 标样

2.2.1 在光谱透射比测定中,采用与试样相同厚度的空气层作参比标准。

2.2.2 在光谱反射比测定中,采用仪器配置的参比白板作参比标准。

2.2.3 在光谱反射比测定中,采用标准镜面反射体作为工作标准,例如镀铝镜,而不采用完全漫反射体作为工作标准。

2.3 仪器

2.3.1 分光光度计,测定光谱反射比时,配有镜面反射装置。

2.3.2 波长范围

紫外区 280～380nm;

可见区 380～780nm;

太阳光区 350～1800nm;

远红外区 4.5～25μm。

2.3.3 波长准确度

紫外-可见区 ±1nm 以内;

近红外区 ±5nm 以内;

远红外区 ±0.2μm 以内。

国家技术监督局1993-12-30批准　　1994-10-01实施

2.3.4 光度测量准确度

紫外-可见区 1%以内,重复性0.5%;

近红外区 2%以内,重复性1%;

远红外区 2%以内,重复性1%。

2.3.5 谱带半宽度

紫外-可见区 10nm以下;

近红外区 50nm以下;

远红外区 0.1μm以下。

2.3.6 波长间隔

紫外区 5nm;

可见区 10nm;

近红外区 50nm或40nm;

远红外区 0.5μm。

2.4 照明和探测的几何条件

2.4.1 光谱透射比测定中,照明光束的光轴与试样表面法线的夹角不超过10°,照明光束中任一光线与光轴的夹角不超过5°。采用垂直照明和垂直探测的几何条件,表示为垂直/垂直(缩写为0/0)。

2.4.2 光谱反射比测定中,照明光束的光轴与试样表面法线夹角不超过10°;照明光束中任一光线与光轴的夹角不超过5°。采用t°角照明和t°角探测的几何条件,表示为$t°/t°$(缩写为t/t)。

3 各参数的测定

以下各参数的测定,必须符合本标准第二章和各参数相应条款中的技术要求规定的条件。

3.1 可见光透射比

可见光透射比用式(1)计算:

$$\tau_v=\frac{\int_{380}^{780} D_\lambda \cdot \tau(\lambda) \cdot V(\lambda) \cdot d_\lambda}{\int_{380}^{780} D_\lambda \cdot V(\lambda) \cdot d_\lambda} \approx \frac{\sum_{380}^{780} D_\lambda \cdot \tau(\lambda) \cdot V(\lambda) \cdot \Delta\lambda}{\sum_{380}^{780} D_\lambda \cdot V(\lambda) \cdot \Delta\lambda} \quad \cdots\cdots(1)$$

式中:τ_v——试样的可见光透射比,%;

$\tau(\lambda)$——试样的可见光光谱透射比,%;

D_λ——标准照明体D_{65}的相对光谱功率分布,见表1;

$V(\lambda)$——明视觉光谱光视效率;

$\Delta\lambda$——波长间隔,此处为10nm。

表 1　标准照明体 D_{65} 的相对光谱功率分布 D_λ 与明视觉光谱光视效率 $V(\lambda)$ 和波长间隔 $\Delta\lambda$ 相乘

λ,nm	$D_\lambda \cdot V(\lambda) \cdot \Delta\lambda$	λ,nm	$D_\lambda \cdot V(\lambda) \cdot \Delta\lambda$
380	0.0000	590	8.3306
390	0.0005	600	5.3542
400	0.0030	610	4.8491
410	0.0103	620	3.1502
420	0.0352	630	2.0812
430	0.0948	640	1.3810
440	0.2274	650	0.8070
450	0.4192	660	0.4612
460	0.6663	670	0.2485
470	0.9850	680	0.1255
480	1.5189	690	0.0536
490	2.1336	700	0.0276
500	3.3491	710	0.0146
510	6.1393	720	0.0057
520	7.0523	730	0.0035
530	8.7990	740	0.0021
540	9.4427	750	0.0008
550	9.8077	760	0.0001
560	9.4306	770	0.0000
570	8.6891	780	0.0000
580	7.8994		

$$\sum_{380}^{780} D_\lambda \cdot V(\lambda) \cdot \Delta\lambda = 100$$

3.1.1　单片玻璃或单层窗玻璃构件

$\tau(\lambda)$是实测可见光光谱透射比。

3.1.2　双层窗玻璃构件

$\tau(\lambda)$用式(2)计算：

$$\tau(\lambda) = \frac{\tau_1(\lambda) \cdot \tau_2(\lambda)}{1 - \rho_1'(\lambda)\rho_2(\lambda)} \quad \cdots\cdots(2)$$

式中：$\tau(\lambda)$——双层窗玻璃构件的可见光光谱透射比，%；

$\tau_1(\lambda)$——第一片(室外侧)玻璃的可见光光谱透射比，%；

$\tau_2(\lambda)$——第二片(室内侧)玻璃的可见光光谱透射比，%；

$\rho_1'(\lambda)$——第一片玻璃，在光由室内侧射向室外侧条件下，所测定的可见光光谱反射比，%；

$\rho_2(\lambda)$——第二片玻璃，在光由室外侧射入室内侧条件下，所测定的可见光光谱反射比，%。

3.1.3　三层窗玻璃构件

$\tau(\lambda)$用式(3)计算：

$$\tau(\lambda)=\frac{\tau_1(\lambda)\cdot\tau_2(\lambda)\cdot\tau_3(\lambda)}{[1-\rho_1'(\lambda)\cdot\rho_2(\lambda)][1-\rho_2'(\lambda)\cdot\rho_3(\lambda)]-\tau_2^2(\lambda)\cdot\rho_1'(\lambda)\cdot\rho_3(\lambda)}\quad\cdots\cdots(3)$$

式中：$\tau(\lambda)$——三层窗玻璃构件的可见光光谱透射比，%；

$\tau_3(\lambda)$——第三片(室内侧)玻璃的可见光光谱透射比，%；

$\rho_2'(\lambda)$——第二片(中间)玻璃，在光由室内侧射向室外侧条件下，所测定的可见光光谱反射比，%；

$\rho_3(\lambda)$——第三片(室内侧)玻璃，在光由室外侧射入室内侧条件下，所测定的可见光光谱反射比，%；

$\tau_1(\lambda)$、$\tau_2(\lambda)$、$\rho_1'(\lambda)$、$\rho_2(\lambda)$——同式(2)。

3.2 可见光反射比

可见光反射比，用式(4)计算：

$$\rho_v=\frac{\int_{380}^{780}D_\lambda\cdot\rho(\lambda)\cdot V(\lambda)\cdot d_\lambda}{\int_{380}^{780}D_\lambda\cdot V_(\lambda)\cdot d_\lambda}\approx\frac{\sum_{380}^{780}D_\lambda\cdot\rho(\lambda)\cdot V(\lambda)\cdot\Delta\lambda}{\sum_{380}^{780}D_\lambda\cdot V(\lambda)\cdot\Delta\lambda}\quad\cdots\cdots(4)$$

式中： ρ_v——试样的可见光反射比，%；

$\rho(\lambda)$——试样的可见光光谱反射比，%；

D_λ、$V(\lambda)$、$\Delta\lambda$——同式(1)。

3.2.1 单片玻璃或单层窗玻璃构件

$\rho(\lambda)$是实测可见光光谱反射比。

3.2.2 双层窗玻璃构件

$\rho(\lambda)$用式(5)计算：

$$\rho(\lambda)=\rho_1(\lambda)+\frac{\tau_1^2(\lambda)\cdot\rho_2(\lambda)}{1-\rho_1'(\lambda)\cdot\rho_2(\lambda)}\quad\cdots\cdots(5)$$

式中：$\rho(\lambda)$——双层窗玻璃构件的可见光光谱反射比，%；

$\rho_1(\lambda)$——第一片(室外侧)玻璃，在光由室外侧射入室内侧条件下，所测定的可见光光谱反射比，%；

$\tau_1(\lambda)$、$\rho_1'(\lambda)$、$\rho_2(\lambda)$——同式(2)。

3.2.3 三层窗玻璃构件

$\rho(\lambda)$用式(6)计算：

$$\rho(\lambda)=\rho_1(\lambda)+\frac{\tau_1^2(\lambda)\cdot\rho_2(\lambda)\cdot[1-\rho_2'(\lambda)\cdot\rho_3(\lambda)]+\tau_1^2(\lambda)\cdot\tau_2^2(\lambda)\cdot\rho_3(\lambda)}{[1-\rho_1'(\lambda)\cdot\rho_2(\lambda)]\cdot[1-\rho_2'(\lambda)\cdot\rho_3(\lambda)]-\tau_2^2(\lambda)\rho_1'(\lambda)\rho_3(\lambda)}\quad\cdots\cdots(6)$$

式中：$\rho(\lambda)$——三层窗玻璃构件的可见光光谱反射比，%；

$\tau_1(\lambda)$、$\tau_2(\lambda)$、$\rho_1(\lambda)$、$\rho_1'(\lambda)$、$\rho_2(\lambda)$、$\rho_2'(\lambda)$、$\rho_3(\lambda)$——同式(2)或式(3)。

3.3 入射太阳光的分布

太阳光是指近紫外线、可见光和近红外线组成的辐射光，波长范围为300～2500nm。

本标准是指太阳光透过大气层直接照射到受光物体上，而不包括地面、建筑物的反射、散射光。

太阳辐射光照射到窗玻璃上，入射部分为ϕ_e，ϕ_e又分成三部分：

透射部分——$\tau_e\phi_e$；

反射部分——$\rho_e\phi_e$；

吸收部分——$\alpha_e\phi_e$。

三者关系如下：

$$\tau_e+\rho_e+\alpha_e=1 \qquad (7)$$

式中：τ_e——太阳光直接透射比；

ρ_e——太阳光直接反射比；

α_e——太阳光直接吸收比。

窗玻璃吸收部分 $\alpha_e\phi_e$ 以热对流方式通过窗玻璃向室外侧传递部分为 $q_0\phi_e$，向室内侧传递部分为 $q_i\phi_e$，其中：

$$\alpha_e=q_0+q_i \qquad (8)$$

式中：q_0——窗玻璃向室外侧的二次热传递系数，%；

q_i——窗玻璃向室内侧的二次热传递系数，%。

3.4　太阳光直接透射比

太阳光直接透射比用式(9)计算：

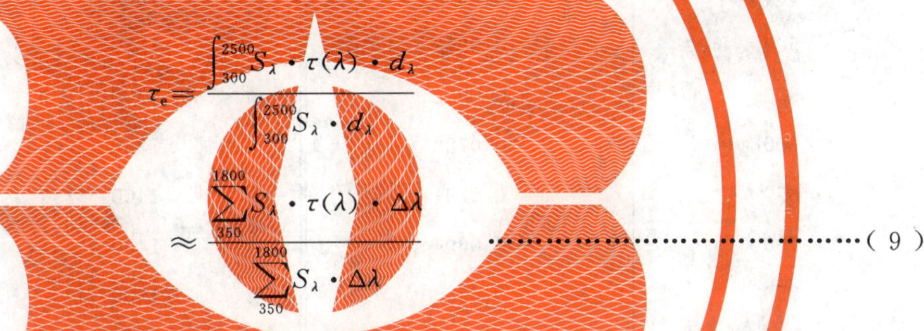

$$\tau_e=\frac{\int_{300}^{2500}S_\lambda\cdot\tau(\lambda)\cdot d_\lambda}{\int_{300}^{2500}S_\lambda\cdot d_\lambda}\approx\frac{\sum_{350}^{1800}S_\lambda\cdot\tau(\lambda)\cdot\Delta\lambda}{\sum_{350}^{1800}S_\lambda\cdot\Delta\lambda} \qquad (9)$$

式中：S_λ——太阳光辐射相对光谱分布，见表 2 或表 3；

$\Delta\lambda$——波长间隔，nm；

$\tau(\lambda)$——试样的太阳光光谱透射比，%，其测定和计算方法同 3.1 条可见光透射比中 $\tau(\lambda)$，仅波长范围不同。

表 2　大气质量为 1 时，太阳光球辐射相对光谱分布 S_λ 和波长间隔 $\Delta\lambda$ 相乘(CIE 1972 年公布)

λ,nm	$S_\lambda\cdot\Delta\lambda$
350	0.026
380	0.032
420	0.050
460	0.065
500	0.063
540	0.058
580	0.054
620	0.055
660	0.049
700	0.046
740	0.041
780	0.037
900	0.139

续表

λ,nm	$S_\lambda \cdot \Delta\lambda$
1100	0.097
1300	0.058
1500	0.039
1700	0.026
1800	0.022

$$\sum_{350}^{1800} S_\lambda \cdot \Delta\lambda = 0.954$$

表 3　P·M*oon* 大气质量为 2 时,太阳光直接辐射相对光谱分布 S_λ 乘以波长间隔 $\Delta\lambda$

λ,nm	$S_\lambda \cdot \Delta\lambda$	λ,nm	$S_\lambda \cdot \Delta\lambda$
350	0.0128	1100	0.0199
400	0.0353	1150	0.0145
450	0.0665	1200	0.0256
500	0.0813	1250	0.0247
550	0.0802	1300	0.0185
600	0.0788	1350	0.0026
650	0.0791	1400	0.0001
700	0.0694	1450	0.0016
750	0.0595	1500	0.0103
800	0.0566	1550	0.0148
850	0.0564	1600	0.0136
900	0.0303	1650	0.0118
950	0.0291	1700	0.0089
1000	0.0426	1750	0.0051
1050	0.0377	1800	0.0003

$$\sum_{350}^{1800} S_\lambda \cdot \Delta\lambda = 0.9756$$

3.5　太阳光直接反射比

太阳光直接反射比用式(10)计算：

$$\rho_e = \frac{\int_{300}^{2500} S_\lambda \cdot \rho(\lambda) \cdot d_\lambda}{\int_{300}^{2500} S_\lambda \cdot d_\lambda} \approx \frac{\sum_{350}^{1800} S_\lambda \cdot \rho(\lambda) \cdot \Delta\lambda}{\sum_{350}^{1800} S_\lambda \cdot \Delta\lambda} \qquad \cdots\cdots(10)$$

式中：ρ_e——试样的太阳光直接反射比，%；

$\rho(\lambda)$——试样的太阳光光谱反射比(其测定和计算方法见 3.2 条可见光反射比中 $\rho(\lambda)$，仅波长范围不同)，%；

S_λ、$\Delta\lambda$——同式(9)。

3.6 太阳光直接吸收比

3.6.1 单片玻璃或单层窗玻璃构件

单片玻璃或单层窗玻璃构件的太阳光直接吸收比，必须首先测定出它们的太阳光直接透射比和太阳光直接反射比，然后用式(7)计算。

3.6.2 双层窗玻璃构件第一、第二片玻璃的太阳光直接吸收比双层窗玻璃构件第一片玻璃的太阳光直接吸收比用式(11)、式(12)、式(13)、式(14)计算，第二片玻璃的太阳光直接吸收比用式(11)、式(15)、式(16)计算：

$$\alpha_{e_{1(2)}}=\frac{\int_{300}^{2500}S_\lambda\cdot\alpha_{12(1\dot{2})}^{\cdot}(\lambda)\cdot d_\lambda}{\int_{300}^{2500}S_\lambda\cdot d_\lambda}\approx\frac{\sum_{350}^{1800}S_\lambda\cdot\alpha_{12(1\dot{2})}^{\cdot}(\lambda)\cdot\Delta\lambda}{\sum_{350}^{1800}S_\lambda\cdot\Delta\lambda}\quad\cdots\cdots(11)$$

$$\alpha_{12}^{\cdot}(\lambda)=\alpha_1(\lambda)+\frac{\alpha_1'(\lambda)\tau_1(\lambda)\rho_2(\lambda)}{1-\rho_1'(\lambda)\rho_2(\lambda)}\quad\cdots\cdots(12)$$

$$\alpha_1(\lambda)=1-\tau_1(\lambda)-\rho_1(\lambda)\quad\cdots\cdots(13)$$

$$\alpha_1'(\lambda)=1-\tau_1(\lambda)-\rho_1'(\lambda)\quad\cdots\cdots(14)$$

$$\alpha_{1\dot{2}}(\lambda)=\frac{\alpha_2(\lambda)\cdot\tau_1(\lambda)}{1-\rho_1'(\lambda)\cdot\rho_2(\lambda)}\quad\cdots\cdots(15)$$

$$\alpha_2(\lambda)=1-\tau_2(\lambda)-\rho_2(\lambda)\quad\cdots\cdots(16)$$

式中：$\alpha_{e_{1(2)}}$——双层窗玻璃构件第一或第二片玻璃的太阳光直接吸收比，%；

$\alpha_{12}^{\cdot}(\lambda)$——双层窗玻璃构件第一片玻璃的太阳光光谱吸收比，%；

$\alpha_{1\dot{2}}(\lambda)$——双层窗玻璃构件第二片玻璃的太阳光光谱吸收比，%；

$\alpha_1(\lambda)$——第一片玻璃，在光由室外侧射入室内侧条件下，测定的太阳光光谱吸收比，%；

$\alpha_1'(\lambda)$——第一片玻璃，在光由室内侧射向室外侧条件下，测定的太阳光光谱吸收比，%；

$\alpha_2(\lambda)$——第二片玻璃，在光由室外侧射入室内侧条件下，测定的太阳光光谱吸收比，%；

$\tau_1(\lambda)$——第一片玻璃的太阳光光谱透射比，%；

$\rho_1(\lambda)$——第一片玻璃，在光由室外侧射入室内侧条件下，测定的太阳光光谱反射比，%；

$\tau_2(\lambda)$——第二片玻璃的太阳光光谱透射比，%；

$\rho_1'(\lambda)$——第一片玻璃，在光由室内侧射向室外侧 条件下，测定的太阳光光谱反射比，%；

$\rho_2(\lambda)$——第二片玻璃，在光由室外侧射入室内侧条件下，测定的太阳光光谱反射比，%；

S_λ、$\Delta\lambda$——同式(9)。

3.6.3 三层窗玻璃构件第一、第二、第三片玻璃的太阳光直接吸收比

三层窗玻璃构件第一片玻璃的太阳光直接吸收比用式(17)、式(18)计算；第二片玻璃的太阳光直接吸收比用式(17)、式(19)、式(20)计算；第三片玻璃的太阳光直接吸收比用式(17)、式(21)、式(22)计算：

$$\alpha_{1_{(2,3)}}=\frac{\int_{300}^{2500}S_{\lambda}\cdot\alpha_{\dot{1}23(1\dot{2}3,12\dot{3})}(\lambda)\cdot d_{\lambda}}{\int_{300}^{2500}S_{\lambda}\cdot d_{\lambda}}$$

$$\approx\frac{\sum_{350}^{1800}S_{\lambda}\cdot\alpha_{\dot{1}23(1\dot{2}3,12\dot{3})}(\lambda)\cdot\Delta\lambda}{\sum_{350}^{1800}S_{\lambda}\cdot\Delta\lambda}\quad\cdots\cdots(17)$$

$$\alpha_{\dot{1}23}(\lambda)=\alpha_{1}(\lambda)+\frac{\tau_{1}(\lambda)\alpha_{1}'(\lambda)\rho_{2}(\lambda)[1-\rho_{2}'(\lambda)\rho_{3}(\lambda)]+\tau_{1}(\lambda)\tau_{2}^{2}(\lambda)\alpha_{1}'(\lambda)\rho_{3}(\lambda)}{[1-\rho_{1}'(\lambda)\rho_{2}(\lambda)]\cdot[1-\rho_{2}'(\lambda)\rho_{3}(\lambda)]-\tau_{2}^{2}(\lambda)\cdot\rho_{1}'(\lambda)\rho_{3}(\lambda)}\quad\cdots\cdots(18)$$

$$\alpha_{1\dot{2}3}(\lambda)=\frac{\tau_{1}(\lambda)\alpha_{2}(\lambda)[1-\rho_{2}'(\lambda)\rho_{3}(\lambda)]+\tau_{1}(\lambda)\tau_{2}(\lambda)\alpha_{2}'(\lambda)\rho_{3}(\lambda)}{[1-\rho_{1}'(\lambda)\rho_{2}(\lambda)]\cdot[1-\rho_{2}'(\lambda)\rho_{3}(\lambda)]-\tau_{2}^{2}(\lambda)\rho_{1}'(\lambda)\rho_{3}(\lambda)}\quad\cdots\cdots(19)$$

$$\alpha_{2}'(\lambda)=1-\tau_{2}(\lambda)-\rho'_{2}(\lambda)\quad\cdots\cdots(20)$$

$$\alpha_{12\dot{3}}(\lambda)=\frac{\tau_{1}(\lambda)\tau_{2}(\lambda)\alpha_{3}(\lambda)}{[1-\rho_{1}'(\lambda)\rho_{2}(\lambda)]\cdot[1-\rho_{2}'(\lambda)\rho_{3}(\lambda)]-\tau_{2}^{2}(\lambda)\rho_{1}'(\lambda)\rho_{3}(\lambda)}\quad\cdots\cdots(21)$$

$$\alpha_{3}(\lambda)=1-\tau_{3}(\lambda)-\rho_{3}(\lambda)\quad\cdots\cdots(22)$$

式中：$\alpha_{1(2,3)}$——三层窗玻璃构件，第一(第二、第三)片玻璃的太阳光直接吸收比，%；

$\alpha_{\dot{1}23}(\lambda)$、$\alpha_{1\dot{2}3}(\lambda)$、$\alpha_{12\dot{3}}(\lambda)$——三层窗玻璃构件，第一、第二、第三片玻璃的太阳光光谱吸收比，%；

$\alpha_{2}'(\lambda)$——三层窗玻璃第二片玻璃，在光由室内侧射向室外侧条件下，测定的太阳光光谱吸收比，%；

$\alpha_{3}(\lambda)$——三层窗玻璃构件，第三片玻璃，在光由室外侧射入室内侧条件下，测定的太阳光光谱吸收比，%；

$\tau_{3}(\lambda)$——三层窗玻璃构件，第三片玻璃的太阳光光谱透射比，%；

$\rho_{2}'(\lambda)$——第二片玻璃，在光由室内侧射向室外侧条件下，测定的太阳光光谱反射比，%；

$\rho_{3}(\lambda)$——第三片玻璃，在光由室外侧射入室内侧条件下，测定的太阳光光谱反射比，%；

$\tau_{1}(\lambda)$、$\tau_{2}(\lambda)$、$\rho_{1}(\lambda)$、$\rho_{2}(\lambda)$、$\rho_{3}(\lambda)$、$\alpha_{1}(\lambda)$、$\alpha_{1}'(\lambda)$、$\alpha_{2}(\lambda)$、S_{λ}、$\Delta\lambda$——同 3.6.2。

3.7 半球辐射率

半球辐射率等于垂直辐射率乘以下面相应玻璃表面的系数：

未涂膜的平板玻璃表面，0.94；

涂金属氧化物膜的玻璃表面，0.94；

涂金属膜或含有金属膜的多层涂膜的玻璃表面，1.0。

常见玻璃的半球辐射率见表 4。

表 4 半球辐射率 εi

玻璃品种	半球辐射率 εi	
	可见光透射比≤15%	可见光透射比>15%
普通透明玻璃		0.83
真空磁控阴极	0.45	0.70
溅射镀膜玻璃	0.45	0.70
离子镀膜玻璃	0.45	0.70
电浮法玻璃		0.83

3.7.1 垂直辐射率

对于垂直入射的热辐射，其热辐射吸收率 α_h 定为垂直辐射率，按式(23)、式(24)计算：

$$\alpha_h = 1 - \tau_h - \rho_h \approx 1 - \rho_h \qquad (23)$$

$$\rho_h \approx \sum_{4.5}^{25} G_\lambda \cdot \rho_{(\lambda)} \qquad (24)$$

式中：α_h——试样的热辐射吸收率，即垂直辐射率，%；

ρ_h——试样的热辐射反射率，%；

$\rho_{(\lambda)}$——试样实测热辐射光谱反射率，%；

G_λ——绝对温度 293K 下，热辐射相对光谱分布，见表 5。

表 5 293K 热辐射相对光谱分布 G_λ

波长，μm	G_λ	波长，μm	G_λ
4.5	0.0053	15.0	0.0281
5.0	0.0094	15.5	0.0266
5.5	0.0143	16.0	0.0252
6.0	0.0194	16.5	0.0238
6.5	0.0244	17.0	0.0225
7.0	0.0290	17.5	0.0212
7.5	0.0328	18.0	0.0200
8.0	0.0358	18.5	0.0189
8.5	0.0379	19.0	0.0179
9.0	0.0393	19.5	0.0168
9.5	0.0401	20.0	0.0159
10.0	0.0402	20.5	0.0150
10.5	0.0399	21.0	0.0142
11.0	0.0392	21.5	0.0134
11.5	0.0382	22.0	0.0126
12.0	0.0370	22.5	0.0119
12.5	0.0356	23.0	0.0113
13.0	0.0342	23.5	0.0107
13.5	0.0327	24.0	0.0101
14.0	0.0311	24.5	0.0096
14.5	0.0296	25.0	0.0091

3.8 太阳能总透射比

太阳能总透射比用式(25)计算：

$$g = \tau_e + q_i \qquad (25)$$

式中：g——试样的太阳能总透射比，%；

τ_e——试样的太阳光直接透射比，%；

q_i——试样向室内侧的二次热传递系数，%。

3.8.1 单片玻璃或单层窗玻璃构件

τ_e 为单片玻璃或单层窗玻璃构件的太阳光直接透射比，其 q_i 用式(26)、式(27)计算：

$$q_i = \alpha_e \times \frac{h_i}{h_i + h_e} \qquad (26)$$

$$h_i = 3.6 + \frac{4.4\varepsilon_i}{0.83} \quad \cdots\cdots (27)$$

式中：q_i——单片玻璃或单层窗玻璃构件向室内侧的二次热传递系数，%；

α_e——同 3.6.1；

h_i——试样构件内侧表面的热传递系数，$W/m^2 \cdot K$；

h_e——试样构件外侧表面的热传递系数，$h_e = 23 W/m^2 \cdot K$；

ε_i——半球辐射率，同 3.7 条规定，参照表 4。

3.8.2　双层窗玻璃构件

τ_e 为双层窗玻璃构件的太阳光直接透射比，其 q_i 用式(28)计算：

$$q_i = \frac{\dfrac{\alpha_{e_1} + \alpha_{e_2}}{h_e} + \dfrac{\alpha_{e_2}}{G}}{\dfrac{1}{h_i} + \dfrac{1}{h_e} + \dfrac{1}{G}} \quad \cdots\cdots (28)$$

式中：q_i——双层窗玻璃构件，向室内侧的二次热传递系数，%；

G——双层窗两片玻璃之间的热导，$W/m^2 \cdot K$；$G = 1/R$，R 为热阻；

α_{e_1}、α_{e_2}——同 3.6.2；

h_i、h_e——同 3.8.1。

3.8.3　三层窗玻璃构件

τ_e 为三层窗玻璃构件的太阳光直接透射比，其 q_i 可以用式(29)计算：

$$q_i = \frac{\dfrac{\alpha_{e_3}}{G_{23}} + \dfrac{\alpha_{e_3} + \alpha_{e_2}}{G_{12}} + \dfrac{\alpha_{e_1} + \alpha_{e_2} + \alpha_{e_3}}{h_e}}{\dfrac{1}{h_i} + \dfrac{1}{h_e} + \dfrac{1}{G_{12}} + \dfrac{1}{G_{23}}} \quad \cdots\cdots (29)$$

式中：q_i——三层窗玻璃构件，向室内侧的二次热传递系数，%；

G_{12}——三层窗第一、二片玻璃之间的热导；$W/m^2 \cdot K$；

G_{23}——三层窗第二、三片玻璃之间的热导；$W/m^2 \cdot K$；

α_{e_1}、α_{e_2}、α_{e_3}——同 3.6.3；

h_i、h_e——同 3.8.1。

3.9　遮蔽系数

各种窗玻璃构件对太阳辐射热的遮蔽系数用式(30)计算：

$$S_e = \frac{g}{\tau_s} \quad \cdots\cdots (30)$$

式中：S_e——试样的遮蔽系数；

g——试样的太阳能总透射比，%；

τ_s——3mm 厚的普通透明平板玻璃的太阳能总透射比，其理论值取 88.9%。

3.10　紫外线透射比

紫外线透射比用式(31)计算：

$$\tau_{uv}=\frac{\int_{280}^{380}U_{\lambda}\cdot\tau(\lambda)\cdot d_{\lambda}}{\int_{280}^{380}U_{\lambda}\cdot d_{\lambda}}$$

$$\approx\frac{\sum_{280}^{380}U_{\lambda}\cdot\tau(\lambda)\cdot\Delta\lambda}{\sum_{280}^{380}U_{\lambda}\cdot\Delta\lambda}\quad\cdots\cdots(31)$$

式中：τ_{uv}——试样的紫外线透射比，%；

U_{λ}——紫外线辐射相对光谱分布，见表6；

$\Delta\lambda$——波长间隔，$\Delta\lambda=5\text{nm}$；

$\tau(\lambda)$——试样的紫外线光谱透射比（测定及计算方法同3.1条可见光透射比中$\tau(\lambda)$，仅波长范围不同），%。

表6　紫外线球辐射相对光谱分布U_{λ}乘以波长间隔$\Delta\lambda$

λ,nm	$U_{\lambda}\cdot\Delta\lambda$
297.5	0.00082
302.5	0.00461
307.5	0.01373
312.5	0.02746
317.5	0.04120
322.5	0.05591
327.5	0.06572
332.5	0.07062
337.5	0.07258
342.5	0.07454
347.5	0.07601
352.5	0.07700
357.5	0.07896
362.5	0.08043
367.5	0.08337
372.5	0.08631
377.5	0.09073

$$\sum_{280}^{380}U_{\lambda}\cdot\Delta_{\lambda}=1$$

3.11　紫外线反射比

紫外线反射比用式(32)计算：

$$\rho_{uv}=\frac{\int_{280}^{380}U_{\lambda}\cdot\rho_{(\lambda)}\cdot d_{\lambda}}{\int_{280}^{380}U_{\lambda}\cdot d_{\lambda}}\approx\frac{\sum_{280}^{380}U_{\lambda}\cdot\rho_{(\lambda)}\cdot\Delta\lambda}{\sum_{280}^{380}U_{\lambda}\cdot\Delta\lambda}\qquad\cdots\cdots(32)$$

式中：ρ_{uv}——试样的紫外线反射比，%；

$\rho_{(\lambda)}$——试样的紫外线光谱反射比（其测定及计算方法同3.2条可见光反射比中$\rho(\lambda)$，仅波长范围不同），%；

U_{λ}——同式(31)。

4 测定报告

测定报告的内容如下：

4.1 注明符合本标准要求。

4.2 测定条件

仪器：名称、型号、光源类别、照明和探测几何条件；

试样：编号、实测厚度、测定方位。

4.3 测定日期及测定人员姓名。

4.4 其他必要说明。

附加说明：

本标准由国家建筑材料工业局提出。

本标准由国家建材局秦皇岛玻璃研究院负责起草。

本标准主要起草人鲁文萍、谭景亚、张苗青、刘起英、张志勇。

ICS 81.040.30
Q 34

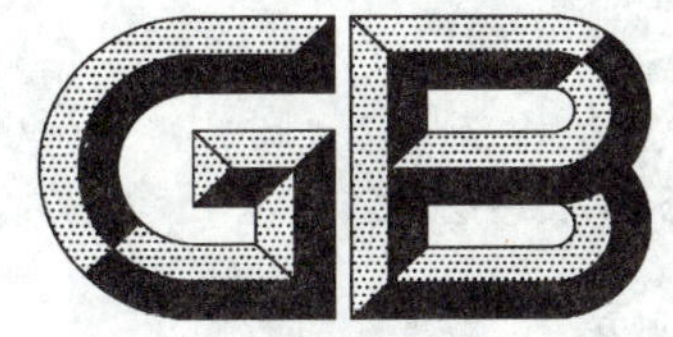

中华人民共和国国家标准

GB/T 5137.1—2002
代替 GB/T 5137.1—1996

汽车安全玻璃试验方法 第1部分:力学性能试验

Test methods of safety glazing materials used on road vehicles
Part 1:mechanical properties tests

(ISO 3537:1999 Road vehicles-safety glazing materials—Mechanical tests,MOD)

2002-12-20 发布 2003-05-01 实施

中华人民共和国国家质量监督检验检疫总局 发布

前　言

GB/T 5137《汽车安全玻璃试验方法》分为四个部分：

——第1部分：力学性能试验；

——第2部分：光学性能试验；

——第3部分：耐辐照、高温、潮湿、燃烧和耐模拟气候试验；

——第4部分：太阳能透射比测定方法。

本部分为GB/T 5137的第1部分。

GB/T 5137的本部分修改采用ISO 3537：1999《道路车辆　安全玻璃材料　力学性能试验方法》(英文版)。

根据我国国情，本部分与该国际标准的主要差异如下：

——引用了ISO 7619：1986对应的我国国家标准GB/T 531—1999。我国国家标准采用的是橡胶袖珍硬度计压入测量硬度的试验方法。

——在抗冲击性试验中增加了使用天平的精度要求，这是为了满足试验要求称取的剥落碎片质量精度要求。

——对于ISO 3537：1999中人头模型试验中使用的毛粘帽更换频度规定作了修改。这是根据实际使用情况规定合理更换的要求。

——对于ISO 3537：1999中涉及到的塑料安全玻璃的试验方法在本部分未作规定。这是由于我国现阶段无相关汽车安全玻璃产品，故不作要求。

本部分代替GB/T 5137.1—1996《汽车安全玻璃力学性能试验方法》。

本部分与GB/T 5137.1—1996相比主要变化如下：

——增加了抗磨性试验装置所采取的转换光源，并在试验结果表达中说明采用光源；

——增加了更换毛粘帽频度的规定。

本部分由原国家建筑材料工业局提出。

本部分由全国汽车标准化技术委员会安全玻璃分技术委员会归口。

本部分主要起草单位：中国建筑材料科学研究院玻璃科学与特种玻璃纤维研究所。

本部分主要起草人：陈群、张大顺、王映洲。

本部分所代替标准的历次版本发布情况为：

GB 5137.1—1985、GB/T 5137.1—1996。

汽车安全玻璃试验方法
第1部分:力学性能试验

1 范围

GB/T 5137的本部分规定了汽车用安全玻璃的力学性能试验方法。

本部分适用于汽车安全玻璃(以下简称"安全玻璃")。这种安全玻璃包括各种类型的玻璃加工成的或玻璃与其他材料组合成的玻璃制品;不包括塑料安全玻璃。

2 规范性引用标准

下列标准中的条文,通过本部分的引用而构成本部分的条文。凡是注日期的引用文件,其随后所有的修改单(不包括勘误的内容)或修订版均不适用于本部分,然而,使用本部分的各方应探讨使用下列标准最新版本的可能性。凡是不注日期的引用文件,其最新版本适用于本部分。

GB/T 531—1999 橡胶袖珍硬度计压入硬度试验方法(idt ISO 7619:1986)

3 试验条件

除特殊规定外,试验应在下述条件下进行:

a) 环境温度:20℃±5℃;

b) 大气压力:8.60×10^{4} Pa~1.06×10^{5} Pa;

c) 相对湿度:40%~80%。

4 试验应用条件

根据试验目的,对于能从已知性能预测试验结果的某些安全玻璃而言,则无须进行本部分所规定的全部试验。

5 抗冲击性试验(227 g钢球试验)

5.1 试验目的

确定在小钢体冲击下的安全玻璃是否保持某一最低强度或粘结强度。

5.2 装置和器具

5.2.1 淬火钢球

质量为227 g±2 g,直径约为38 mm。

5.2.2 装置

能使钢球从规定高度自由落下的装置或能使钢球产生相当于自由落体速度的投球装置。当使用投球装置时,其最终球速与自由落球最终速度允许偏差为±1%。

5.2.3 试样支架

如图1所示。

单位为毫米

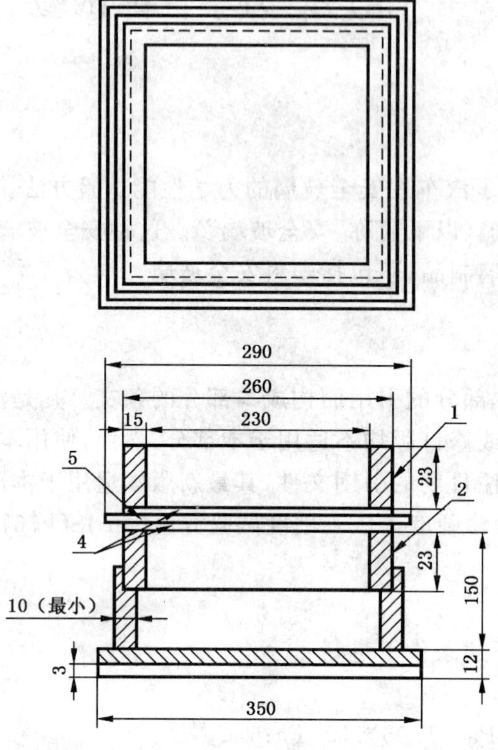

1——上框；

2——下框；

3——橡胶(厚 3 mm)；

4——橡胶垫(厚 3 mm，宽 15 mm，硬度 A50)；

5——试样。

图 1 抗冲击试验用试样支撑框

5.2.4 天平

精度为 0.05 g。

5.3 试样

试样为边长 300 mm^{+10}_{0} mm 的正方形平型试验片。

5.4 试验程序

试样应保存在规定的温度下至少 4 h，然后立即进行试验。

将试样放在符合 5.2.3 的试样支架上。试样的冲击面与钢球入射方向应垂直，允许偏差在 3°以内。必要时，可将试样夹紧在试样支架上，以确保在试验过程中，试样沿着试样支架内周边上任一点的移动距离不超过 2 mm。

当冲击高度小于或等于 6 m 时，钢球冲击点应位于试样中心 25 mm 范围内，当冲击高度大于 6 m 时，钢球冲击点应位于试样中心 50 mm 范围内。

5.5 结果表达

评价试样破坏的形式和程度，如果碎片与试样分离，则应分别称取冲击面反侧剥离的碎片的总质量和最大碎片的质量，精确到 0.1 g。

6 抗穿透性试验(2 260 g 钢球试验)

6.1 试验目的

评价安全玻璃的抗穿透性能。

6.2 装置和器具

6.2.1 淬火钢球

质量为 2 260 g±20 g,直径约为 82 mm。

6.2.2 装置

能使钢球从规定高度自由落下的装置或能使钢球产生相当于自由落体速度的投球装置。当使用投球装置时,其最终球速与自由落球最终速度允许偏差为±1%。

6.2.3 试样支架

结构与 5.2.3 相同。

6.3 试样

试样为边长 300 mm^{+10}_{0} mm 的正方形平型试验片,或从前风窗玻璃制品或其他弯型安全玻璃的最平整部位切取的试验片。如果用前风窗制品或其他弯型安全玻璃进行试验,应保证在安全玻璃与试样支架之间有良好的接触。

6.4 试验程序

试样应保存在规定的温度下至少 4 h,然后立即进行试验。

将试样放在符合 5.2.3 的试样支架上。试样的冲击面与钢球入射方向应垂直,允许偏差在 3°以内。必要时,可将试样夹紧在试样支架上,以确保在试验过程中,试样沿着试样支架内周边上任一点的移动距离不超过 2 mm。

冲击点应位于试样中心 25 mm 范围内。钢球所冲击试样的表面应是安装在车辆上的安全玻璃的内表面。每块试样只允许冲击一次。

6.5 结果表达

如果在冲击后 5 s 内,钢球完全穿透试样,结果记录为"穿透";如果钢球仍在试样上部或楔在孔内 5 s或 5 s 以上,结果记录为"未穿透"。

7 抗磨性试验

7.1 试验目的

确定安全玻璃是否具有某一最低限度的耐磨性。

7.2 装置和器具

7.2.1 磨耗仪

如图 2。包括:一个以逆时针旋转的水平回转台及中心夹紧装置,其转速为 55 r/min~75 r/min。两个平行加载臂,各装有一个特制的磨轮,磨轮装在滚动轴承的水平心轴上,可自由旋转;每个磨轮施加 500 g 质量的压力并置于试样上。

磨耗仪的回转台应旋转平稳,并保持在一水平面上(距转台周边 1.6 mm 处,水平面偏差不大于±0.05 mm)。

当磨轮与旋转着的试样接触时,两个磨轮以相反的方向旋转,在大约 30 cm^2 的环行轨道上沿着曲线对试样施加压磨作用。试样每转一圈受压磨两次。

注:磨耗仪可采用美国 Teledyne Taber 公司的产品,或与之同等性能的仪器。

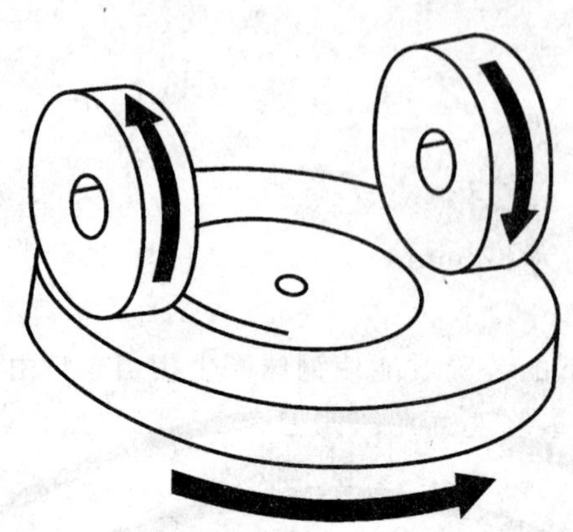

图 2　磨耗仪示意图

7.2.2　**磨轮**

直径 45 mm～50 mm，厚度 12.5 mm，由经细筛分选的特种磨料嵌入中等硬度的橡胶中制成。磨轮的硬度为邵尔 A72°±5°，在磨轮表面中心线上，沿磨轮直径垂直地施加压力，在等距 4 个点按GB/T 531 测量硬度，在安全加压 10 s 后开始读数。

这种磨轮是用来缓慢磨平玻璃表面的。

注：磨轮可采用美国 Teledyne Taber 公司的产品，或与之同等性能的磨轮。

7.2.3　**光源**

白炽灯，其灯丝包含在 1.5 mm×1.5 mm×3 mm 的平形六面体内。加于灯端的电压应使色温为 2 856 K±50 K。该电压应稳定在 1/1 000 内。测量电压的仪表应有相应的精度。若采用 A 光源，在其光束中增置一日光滤光片，可转换成 C 光源。

7.2.4　**光学系统**

由经校正色差的透镜组成。该透镜的净孔径不超过焦距(f)的 1/20。为了获得基本平行的光束，该透镜与光源之间的距离应能调整。

远离光源一侧距透镜 100 mm±50 mm 处插入一光阑，将光束直径限制在 7 mm±1 mm 内。

7.2.5　**测量散射光设备**

如图 3 所示，由一光电池和一直径为 200 mm～250 mm 的积分球组成。积分球上应有光的入口和出口，入口为圆形，其直径至少是光束直径的两倍。

根据 7.4.3 所描述的程序要求，积分球的出口装有一吸光罩或标准反射器，当无试样插入光束中时吸光罩应将光全部吸收。光束的轴线应通过入口和出口的中心。光出口孔的直径 b 应等于 $2a\times \mathrm{tg}4°$，a 是积分球的内径。

光电池应装在从入口或标准反射器直接射来的光不能达到的位置。

积分球的内表面和标准反射器内表面应具有基本相等的反射率，并且是无光泽和无选择性的。

在所使用的发光强度范围内，光电池的输出必须是线性的，其误差在 2%以内。

该仪器的设计应使积分球内部处于黑暗状态时，电流计显示为零。

整套装置定期用雾度标准板检查。

如果用其他设备或方法测定雾度，其结果必须与上述装置所测定的结果进行修正，达到与上述测定结果一致。

单位为毫米

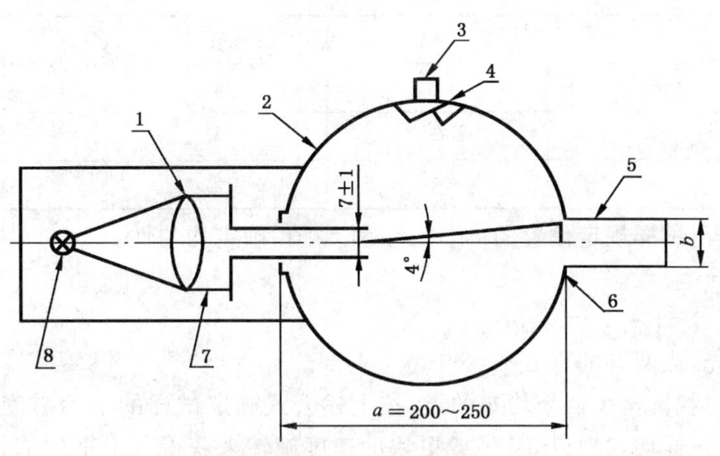

1——透镜；

2——积分球；

3——光电池；

4——档板；

5——吸光罩；

6——吸光罩开关；

7——平行光束；

8——灯泡。

图 3　测量散射光设备

7.3　试样

试样为边长 100 mm 的正方形平型试验片，其两个表面应平整且基本平行，在中心钻一直径约 7 mm的固定孔。

7.4　试验程序

7.4.1　应保证在安全玻璃的内表面、外表面上都进行磨耗试验。当内、外表面都是玻璃时只在外表面进行磨耗试验。

7.4.2　在磨耗试验前后用下述方法清洗试样：

a）　在清洁的自来水中用纱布擦拭；

b）　用蒸馏水或软化水漂洗；

c）　用空气或氮气吹干；

d）　用纱布轻轻擦去水渍，必要时，可将试样夹在两块纱布之间吸干。

不得采用超声波设备对试样做任何处理。

清洗之后的试样，只许接触边缘并妥善存放，以防损坏或沾污其表面。

7.4.3　对安全玻璃的玻璃表面进行试验之前，试样要在 20℃±5℃的温度和 40％～80％的相对湿度条件下至少放置 48 h。

当对安全玻璃的塑料表面进行试验之前，试样要在 23℃±2℃的温度和 45％～55％的相对湿度条件下至少放置 48 h。

7.4.4　正对着积分球入口放置试样，试样表面的法线和光束轴线的夹角不应超过 8°，测取表 1 所示的 4 个数值。

表 1

读数	试样	吸光罩	标准反射器	代表的光量
τ_1	无	无	有	入射光量
τ_2	有	无	有	试样总透光量
τ_3	无	有	无	仪器散射的光量
τ_4	有	有	无	仪器和试样散射的光量

按表所示，重复读出试样规定位置的 τ_1、τ_2、τ_3 和 τ_4 值，确定均匀性。

计算总透光度：$\tau_t=\tau_2/\tau_1$

计算散射透光度：$\tau_d=\tau_4-\tau_3(\tau_2/\tau_1)$

计算雾度或散射光，或两者的百分率：×100

在未磨耗的区域内找出至少四个均布的点，按上述公式确定试样的初始雾度。将每块试样的各个结果加以平均；或者将试样均匀地以 3 r/s 或更快的速度旋转来获得一个平均值，则可以代替上述四个测量值。

对于每种安全玻璃，在同样载荷下应进行三次试验。对于安全玻璃的外表面，试验磨 1 000 转表示深磨表面的雾度；对于内表面，磨 100 转表示浅磨表面的雾度。

安全玻璃的磨耗试验应在与试样和磨轮放置的环境相同的条件下进行。

在磨耗痕迹上沿着轨迹最少取四个测量值。

7.5 结果表达

从总散射光的平均值中减去初始雾度的平均值，该差值表示磨耗试样所引起的散射光的结果。试验报告应注明使用的是 A 光源还是 C 光源。

8 碎片状态试验

8.1 试验目的

评价安全玻璃破碎时碎片引起伤害的可能性。

8.2 装置和器具

使安全玻璃破碎的工具，如尖头小锤或自动冲头。

8.3 试样

制品。

8.4 试验程序

将试样放在相同形状和尺寸的第二块试样上，在两块试样之间放上感光纸，并用透明胶带纸沿周边粘牢。

感光纸应在冲击后 10 s 内开始曝光并且在冲击后 3 min 内结束。只分析那些线条最深的初始裂纹。

冲击点的位置如下(见图 4)：

点 1：在一个角距边部 30 mm 处(若是不规则形状的安全玻璃取其最尖角)。

点 2：在中心线距最近边部 30 mm 处。

点 3：在试样的几何中心。当用整块前风挡玻璃制品时，在主视区的中心。

点 4：对于弯型玻璃制品取其长中心线弯曲最大的点作为冲击点。冲击其凸面，必要时，也可冲击凹面。

8.5 结果表达

根据感光图上碎片的尺寸、形状和分布状态评价碎片状态。

单位为毫米

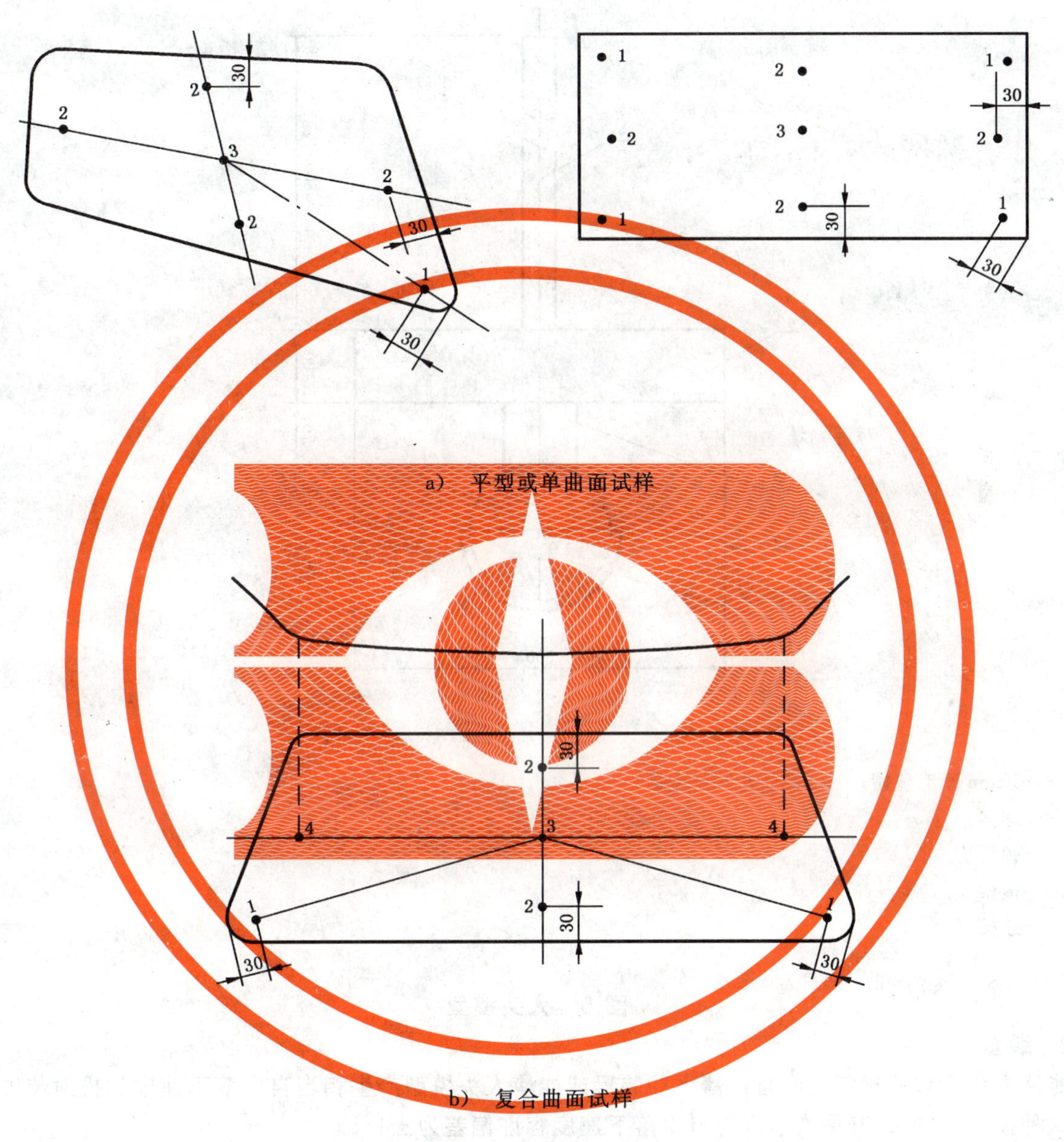

a） 平型或单曲面试样

b） 复合曲面试样

图 4 冲击点位置

9 人头模型试验

9.1 试验目的

评价在钝物冲击下安全玻璃是否具有最低强度或粘结强度。如果需要，试验可在风窗玻璃制品上进行。

9.2 装置与器具

9.2.1 人头模型

如图 5，其重量为 10 kg±0.2 kg。

单位为毫米

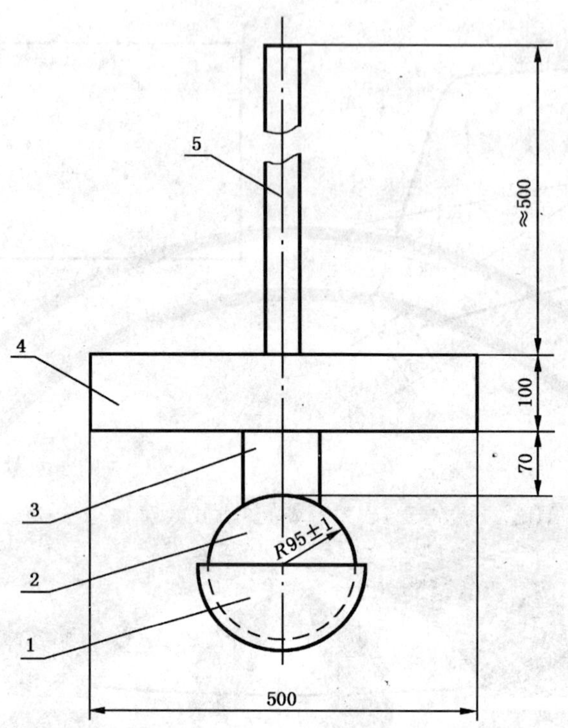

1——5 mm 厚毛毡帽；
2——球体；
3——颈形物；
4——横梁；
5——连接杆。

图5　人头模型

9.2.2　装置

能使人头模型从规定高度自由落下的装置或能使人头模型产生相当自由落下速度的投射装置。当使用这种投射装置时，其最终速度与自由落下速度容许偏差为±1%。

9.2.3　试样支架

对于平型试验片的支架如图6所示，由两个机械加工的槽型钢框组成，其中一个放置在另一个上面，中间衬以橡胶垫。上、下钢框至少用8个 M20 的螺栓夹紧试验片。施加于 M20 螺栓上的最小扭矩为 30 N·m。

单位为毫米

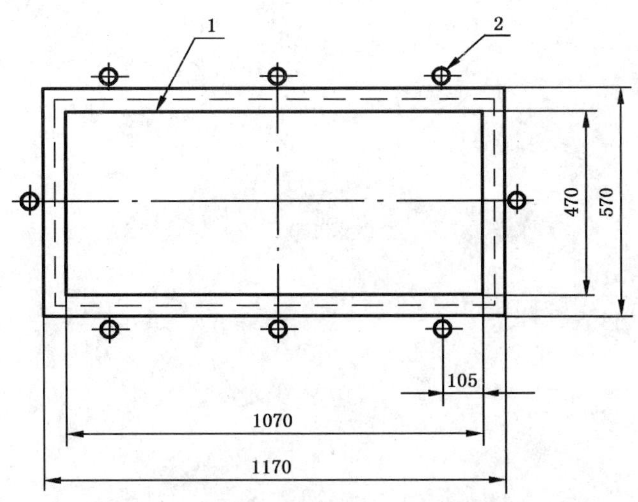

1——宽度 15 mm、厚度 3 mm、硬度为邵尔 A70°的橡胶垫；

2——螺栓。

图 6 试样支架

9.2.4 试样

长度为 1 100 $mm^{+5}_{-2}mm$，宽度为 500 $mm^{+5}_{-2}mm$ 的平型试验片，或采用制品作为试样。

9.3 试验程序

9.3.1 平型试验片的试验

平型试验片应保持在 20℃±5℃温度下至少 4 h，然后立即进行试验。

将平型试验片安放在 9.2.3 条试样支架上的上钢框和下钢框之间。每个螺栓上施加的扭矩，应保证在试验时，试样的移动不超过 2 mm。试样的平面应与人头模型入射方向垂直。

将人头模型提升到规定高度后自由落下，落点必须在试样中心 40 mm 范围内，冲击的表面应是安装到车辆上的安全玻璃内表面，每块试样只允许冲击一次。

试验后毛毡帽如有破损，应及时更换。

9.3.2 制品的试验

本试验仅适用于落体高度小于或等于 1.5 m。

将制品自由放置在支架上，其冲击面应是安装在车辆上时朝向乘客的那一面。支架由一与制品形状一致的刚体构成，支撑面覆盖一层厚 3 mm，宽 15 mm，硬度为邵尔 A70°的橡胶垫。

支架置于一刚性物面上，其间垫一层厚约 3 mm，硬度为邵尔 A70°的橡胶垫。

制品表面应与冲击方向垂直。

人头模型应落在制品中心 40 mm 范围内。

试验后毛毡帽如有破损，应及时更换。

9.4 结果表达

根据不同速度钝物冲击下的试样破坏程度评价安全玻璃的强度或粘结力。

对于按 9.3.2 条试验的安全玻璃，根据玻璃与中间层的粘结力情况以及中间层撕裂的尺寸、形式评价试验结果。

图3 试样支架

2.4 试样

ICS 81.040.30
Q 34

中华人民共和国国家标准

GB/T 5137.2—2002
代替 GB/T 5137.2—1996

汽车安全玻璃试验方法
第2部分:光学性能试验

Test methods of safety glazing materials used on road vehicles
Part 2:optical properties tests

(ISO 3538:1997,Road vehicles-safety glazing materials—Test methods for optical properties,MOD)

2002-12-20 发布　　　　2003-05-01 实施

中华人民共和国
国家质量监督检验检疫总局　发布

前 言

GB/T 5137《汽车安全玻璃试验方法》分为四个部分：

——第1部分：力学性能试验

——第2部分：光学性能试验

——第3部分：耐辐照、高温、潮湿、燃烧和耐模拟气候试验

——第4部分：太阳能透射比测定方法

本部分为GB/T 5137的第2部分。

GB/T 5137的本部分修改采用ISO 3538：1997《道路车辆　安全玻璃材料　光学性能试验方法》(英文版)。

本部分与该国际标准的主要差异如下：

——删除了国际标准中的“定义”部分；

——将“破碎后的可视性试验”中冲击点的位置及示意图，改为与GB 9656—2003相一致。

本部分代替GB/T 5137.2—1996《汽车安全玻璃光学性能试验方法》。

本部分与GB/T 5137.2—1996相比，主要变化如下：

——将“4.透射比试验”改为“4.可见光透射比试验”；

——4.1可见光透射比试验目的改为：“测定安全玻璃是否具有一定的可见光透射比”；

——5.1副像偏离试验的试验目的改为：“测定主像与副像间的角偏离”；

——将“7.破碎后的能见度试验”改为“7.破碎后的可视性试验”；

——7.4.3中冲击点的位置及示意图保持与GB 9656—2002相一致；

——将“9.反射比试验”改为“9.可见光反射比试验”；

本部分附录A为资料性附录。

本部分由原国家建筑材料工业局提出。

本部分由全国汽车标准化技术委员会安全玻璃分技术委员会归口。

本部分主要起草单位：中国建筑材料科学研究院玻璃科学与特种玻璃纤维研究所。

本部分主要起草人：王乐、韩松、陈峥科。

本部分所代替标准的历次版本发布情况为：

GB 5137.2—1985、GB/T 5137.2—1996。

汽车安全玻璃试验方法
第2部分:光学性能试验

1 范围

GB/T 5137的本部分规定了汽车安全玻璃的光学性能试验方法。

本部分适用于汽车安全玻璃(以下简称安全玻璃)。这种安全玻璃包括由各种类型的玻璃加工成的或由玻璃与其他材料组合成的玻璃制品。

2 试验条件

除特殊规定外,试验应在下述条件下进行:

a) 环境温度:20℃±5℃

b) 气压:8.60×10^{4} Pa~1.06×10^{5} Pa

c) 相对湿度:40%~80%。

3 试验应用条件

对某些类型的安全玻璃而言,如果试验结果可以根据其某些已知的性能预测,则无须进行本标准规定的所有试验。

4 可见光透射比试验

4.1 试验目的

测定安全玻璃是否具有一定的可见光透射比。

4.2 试样

应使用制品或试验片,试验片可以从制品上相应试验区域切取。

4.3 仪器

4.3.1 光源:白炽灯,其灯丝包含在1.5 mm×1.5 mm×3 mm的平行六面体内。加于灯丝两端的电压应使色温为2 856 K±50 K,该电压稳定在±0.1%内。用来测量电压的仪表应有相应的精度。

4.3.2 光学系统:(见图1)由焦距f不小于500 mm并经过色差校正的两个透镜L_1和L_2组成。透镜的净口径不超过$f/20$。透镜L_1与光源之间的距离应能调节,以便获得基本平行的光束。在离透镜L_1 100 mm±50 mm处远离光源的一侧装一光阑A_1,把光束的直径限制在7 mm±1 mm内。第二个光阑A_2,应放在与L_1具有相同性能的透镜L_2前,光源的成像应位于接受器的中心。第三个光阑A_3,其直径稍大于光源像最大尺寸的横断面,应放在接受器前,以避免由试样产生的散射光落到接受器上。测量点应位于光束中心。

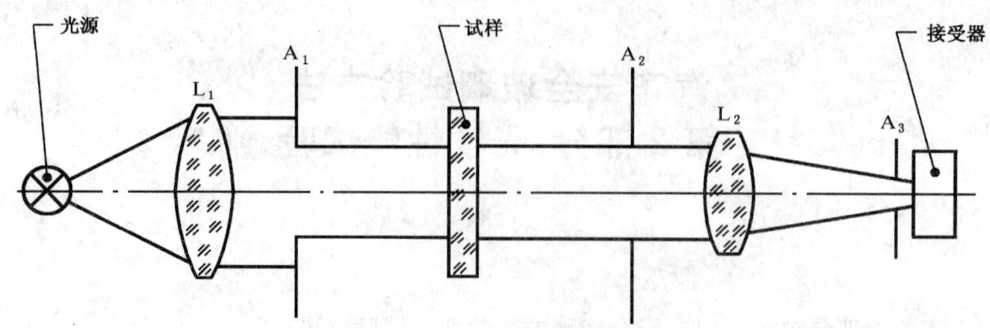

图 1　可见光透射比 τ_r 的测定

4.3.3　测量装置：接受器的相对光谱灵敏度应与国际照明委员会(CIE)标准规定的白昼视觉光度接受器的相对光谱灵敏度基本一致。接受器的敏感表面应用散射介质覆盖，并且至少应是光源像最大尺寸横断面的两倍。若使用积分球，则球的孔截面至少应为光源像最大尺寸横断面的两倍。

接受器及配套指示仪器的线性应等于或在满刻度的±2%内或在读数量程的±10%之内，选择小值。

4.4　试验程序

4.4.1　试样放入光路前，调整接受器显示仪表指示值至 100 分度。在没有光照射到接受器上时，指示值为 0。

4.4.2　把试样放入光阑 A_1 和 A_2 之间，调整试样方位，使光束的入射角等于 0°±5°。

4.4.3　测定试样的可见光透射比，对每一个测量点读取显示仪表的指示值 n，可见光透射比 τ_r 等于 $n/100$。

4.5　结果表达

按上述方法，可见光透射比 τ_r 应以试样上任意一点的测定值表示。

4.6　替换方式

只要满足 4.3.3 条规定，可采用给出相同可见光透射比结果的其他方法。

5　副像偏离试验

5.1　试验目的

测定主像与副像间的角偏差。

5.2　试样

前风窗玻璃制品。

5.3　应用范围

可采用两种试验方法：

——靶试验

——准直望远镜试验

这些试验根据情况可用于产品的认可、质量控制及产品鉴定。

5.4　靶试验

5.4.1　仪器及使用器具

a)　靶式光源仪：由约 300 mm×300 mm×150 mm 的光盒制成，其前面蒙有不透明黑纸或涂有无光泽黑漆的玻璃制成的靶，光盒内使用合适的光源照明，内表面涂无光泽白漆。

b)　靶：见图 2。

c)　试样支架：可将试样以实车安装角安放并可在水平及垂直方向转动和移动。

d)　暗室或暗处：为了容易看到副像的存在，将仪器设置在暗室或暗处。

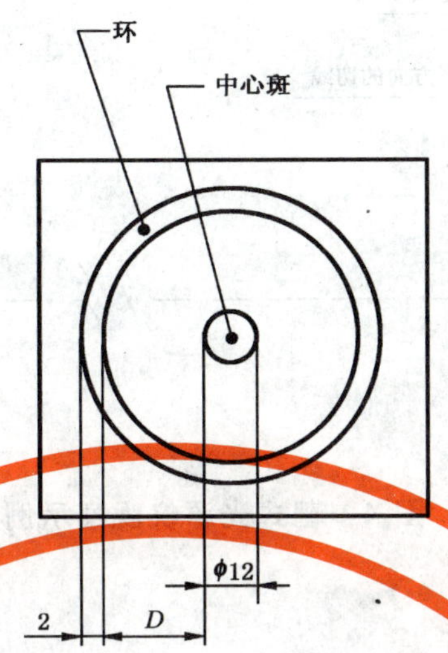

图 2　靶式光源仪示意图

图 2 中，D 由公式(1)得出：

$$D = 1\ 000x\mathrm{tg}\eta \qquad (1)$$

式中：

D——光斑外缘的一点到环内侧最近的一点之间的距离，mm；

x——试样与靶间距离(不小于 7 m)，m；

η——副像偏离的极限值，分。

5.4.2　试验程序

按图 3 设置试样。将试样在水平方向回转，保证被测点的水平切线与观察方向基本垂直，并在水平和垂直方向移动，以观察整个试验区域，见图 4。应透过试样进行观察，也可使用单筒望远镜进行观察。

5.4.3　结果表达

确定位于靶式光源仪中央的光斑的副像是否超过与圆环内缘相切的点，即：是否超过极限值 η。

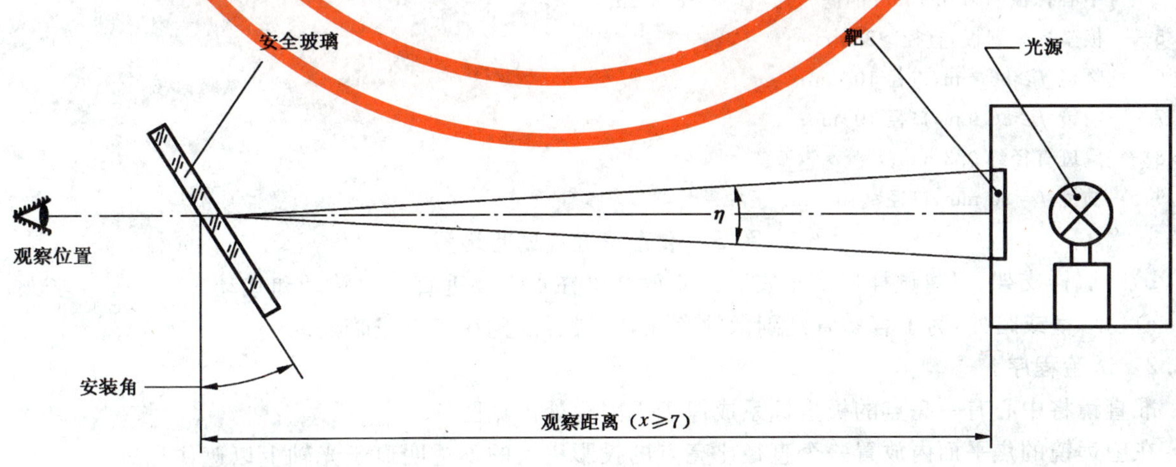

图 3　仪器的设置

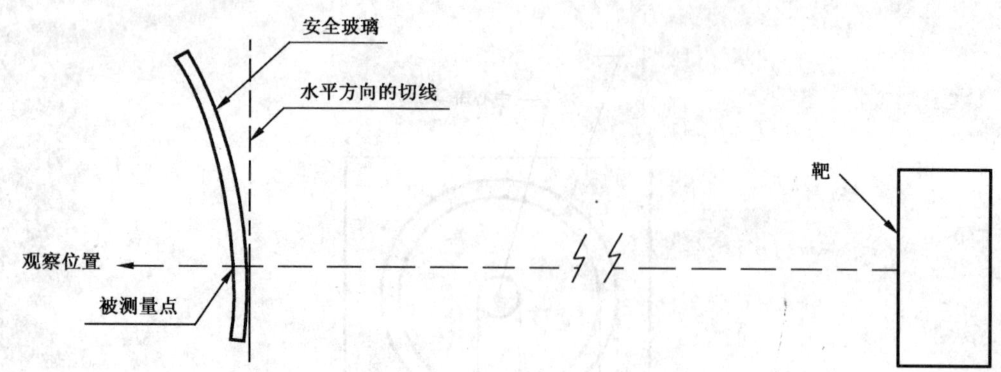

图 4 靶式光源仪观察示例

5.5 准直望远镜试验

5.5.1 仪器及使用器具

a) 准直望远镜仪:由准直镜和望远镜组成,可以按图 5 建立,也可以使用任何等效的光学系统。

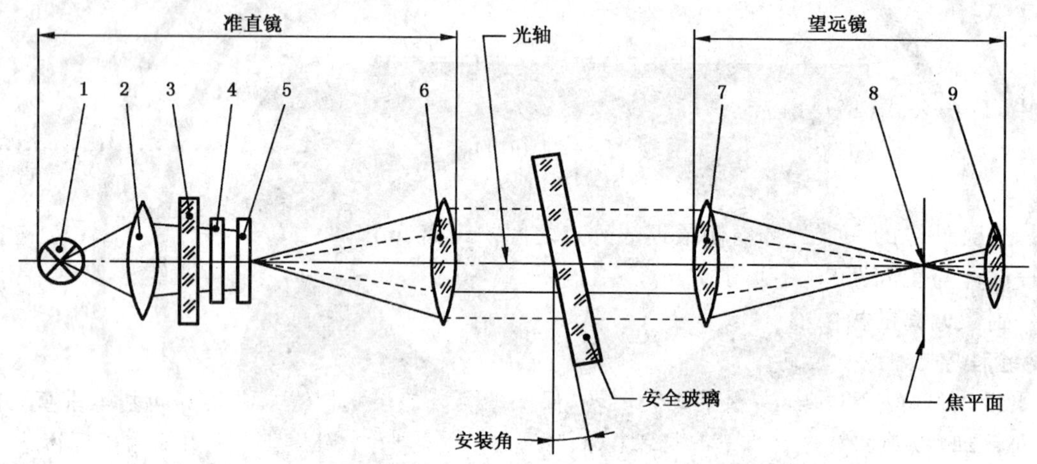

1——灯泡;

2——聚光镜,口径>8.6 mm;

3——毛玻璃,口径>聚光镜口径;

4——中心孔径约为 0.3 mm 的滤光片,直径>8.6 mm;

5——极坐标分划板,直径>8.6 mm;

6——物镜 $f \geqslant 86$ mm,口径 10 mm;

7——物镜 $f \geqslant 86$ mm,口径 10 mm;

8——黑斑直径约 0.3 mm;

9——物镜 $f=20$ mm,口径$\leqslant$10 mm。

图 5 准直望远镜试验装置

b) 试样支架:可将试样以实车安装角安放并可在水平及垂直方向转动和移动。

c) 暗室或暗处:为了容易看到副像的存在,将仪器设置在暗室或暗处。

5.5.2 试验程序

准直镜将中心有一亮点的极坐标系成像于无限远处。见图 6。

在望远镜的焦平面内放置一个直径比亮点的投影稍大的不透明斑于光轴上以遮住亮斑。

当造成副像的试样以实车安装角放置在望远镜和准直镜之间时,一个副的、较弱的亮点就呈现在与极坐标中心相距一定距离的地方。副像偏离值可由望远镜观察极坐标中出现的副像所处的位置读取。

注:暗斑与极坐标中心处亮点间的距离为光学偏移。

5.5.3 **结果表达**

先用靶式光源仪以简单快速的扫描方法检查安全玻璃，以确定在哪些区域出现副像最严重，然后用准直望远镜仪测定试样在实车安装角状态下最严重的区域，以确定最大的副像偏离值。

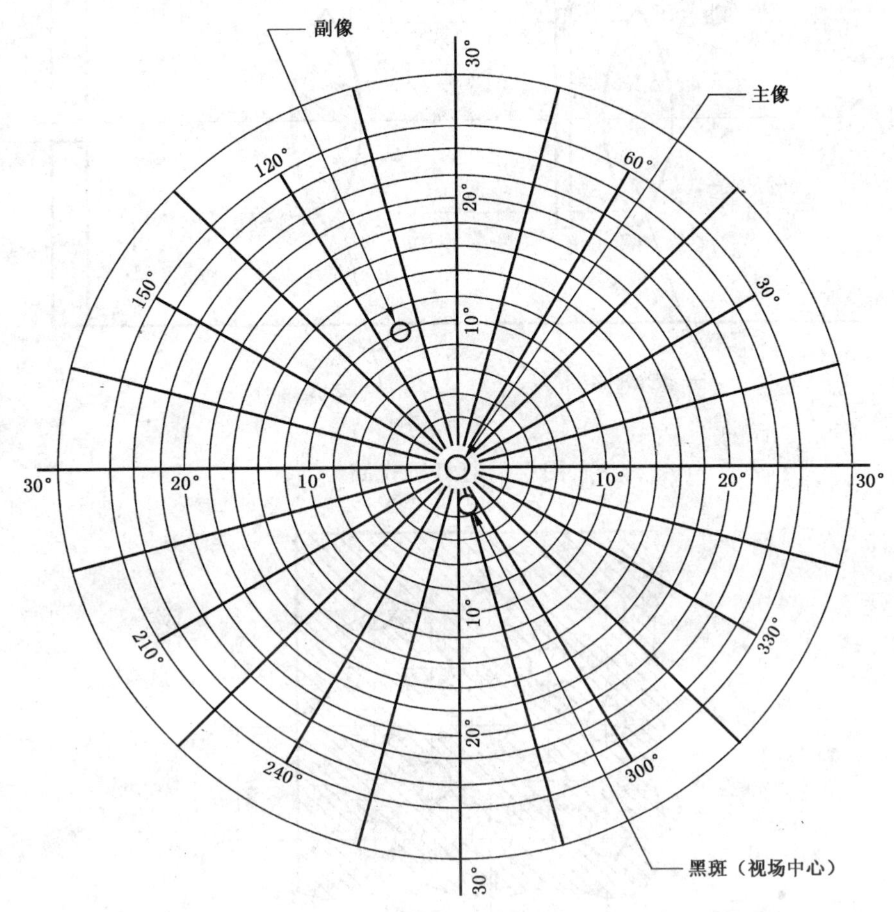

图6 准直望远镜试验观察示例

6 光畸变试验

6.1 试验目的

测定安全玻璃的光畸变。

6.2 试样

前风窗玻璃制品。

6.3 仪器及使用器具

a) 幻灯机：光源：24 V、150 W 卤钨灯；

焦距：90 mm 以上；

相对孔径：约 1/2.5。

幻灯机光路如图 7 所示，在透镜前约 10 mm 处放置一直径 8 mm 的光阑。

b) 幻灯片：暗背景上的亮圆阵列。幻灯片的质量和对比度应符合试验要求，以便把测量误差控制在 5%以内。在光路中未放入试样时，幻灯片应在屏幕上得到如图 8 所示的影像。

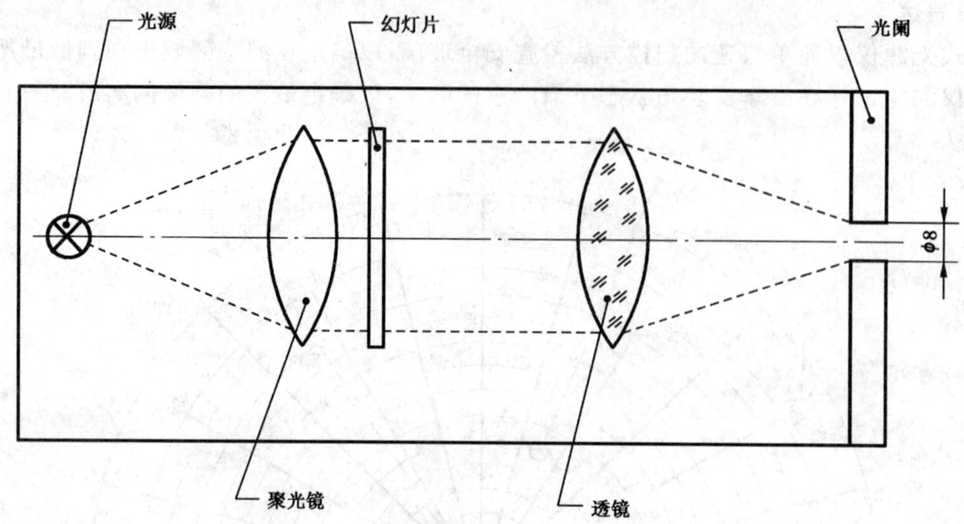

图 7　幻灯机光路

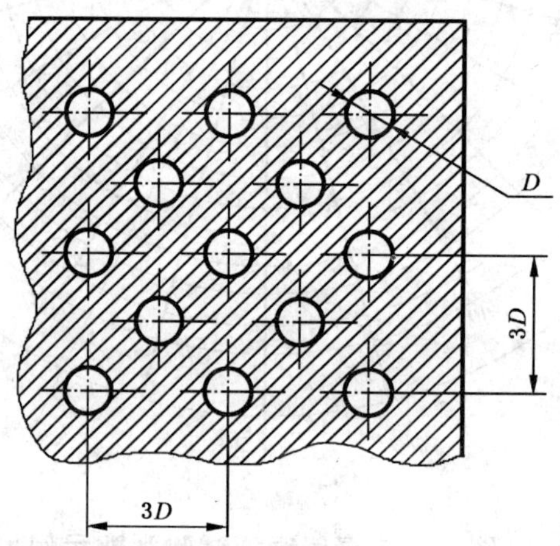

图 8　幻灯片的放大部分

图 8 中，D 由公式(2)得出：

$$D=\frac{R_1+R_2}{R_1}\times 4 \qquad (2)$$

式中：

D——投影到屏幕上的圆的直径，mm；

R_1——幻灯机的镜头到试样的距离，mm；

R_2——试样到屏幕的距离，mm。

注：1)　由于光学系统可能引起光畸变，建议仅采用投射像的中心区域进行测量。

2)　为了保证测量精度，布置仪器时最好使比值 R_1/R_2 等于 1。

c)　试样支架：将试样以实车安装角安放，并可在水平及垂直方向转动或移动。

d)　屏幕：白色屏幕。

e)　检验样板：在需要迅速评价的地方，可使用如图 9 所示的检验样板来测量光斑尺寸的变化。

f)　暗室或暗处。

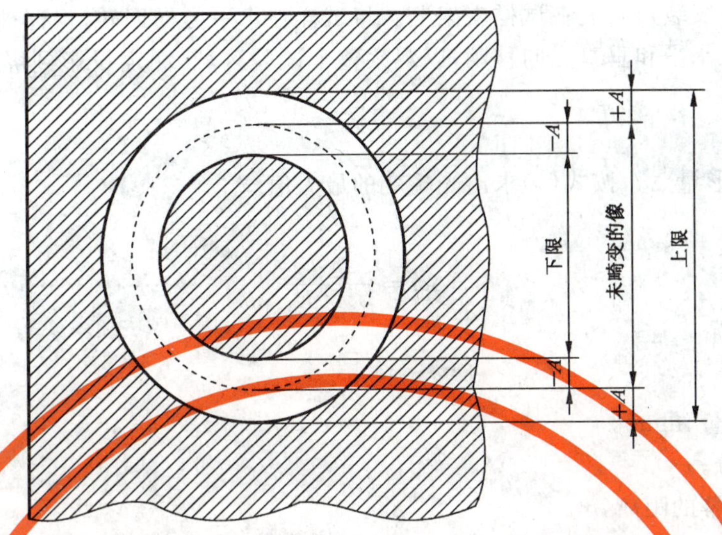

图 9 检验样板

图 9 中：

$$A = 0.145\Delta a_L R_2 \quad (3)$$

式中：

Δa_L——光畸变的极限值，分；

R_2——试样到屏幕的距离，m。

6.4 试验程序

6.4.1 将幻灯机、试样、屏幕按图 10 设置在暗室或暗处。

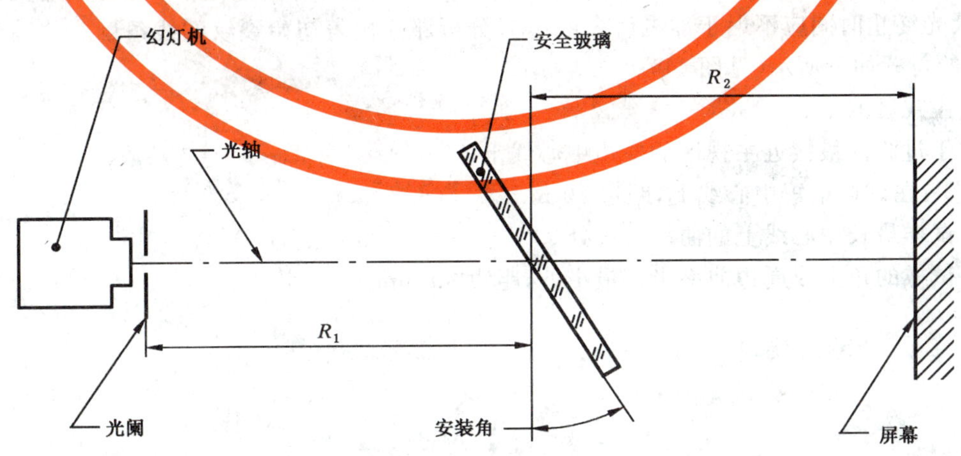

图 10 光畸变试验仪器布置

$R_1 = 4$ m；$R_2 = 2$ m～4 m（最好是 4 m）

6.4.2 确定在无试样的状态，屏幕上圆形亮斑的直径为 D(mm)。

注：当 $R_1=R_2=4$ m 时，按式(2)，D 为 8 mm。

6.4.3 将试样以实车安装角安放在试样支架上。将试样在水平方向回转，保证被测点的水平切线与观察方向基本垂直，并在水平和垂直方向移动，以观察整个试验区域，测定投影到屏幕上的圆形的最大变形量。

6.5 结果表达

由测定的最大变形量 Δd，按式(4)求出光畸变的最大值。

$$\Delta a=\frac{\Delta d}{0.29R_2} \quad \cdots\cdots(4)$$

式中：

Δd——最大变形量，mm；

Δa——光畸变，分；

R_2——试样到屏幕的距离，m。

7 破碎后的可视性试验

7.1 试验目的

检验安全玻璃破碎后的能见度。

7.2 试样

前风窗区域钢化玻璃制品。

7.3 使用器具

尖头锤子或自动冲头。

7.4 试验程序

7.4.1 取一块尺寸及形状都与试样相同的玻璃，将试样放在此玻璃上。用透明胶带沿周边把它们固定在一起。

7.4.2 用锤子或自动冲头按图 11 所示的冲击点冲击并使试样破碎。

7.4.3 观察碎片的状态。必要时，可使用感光纸测定碎片的影像，感光纸的曝光开始时间应不迟于冲击后 10 s，曝光终止时间应不迟于冲击后 3 min，只分析那些代表初始裂纹的线条。

冲击点的位置如下所示(见图 11)；

点 1：在主视区的中心；

点 2：位于过渡区最接近主视区的横边中心线上；

点 3 及 3′：在试样最短中心线上，距边 30 mm；

点 4：在试样最长中心线上的曲率最大处；

点 5：在试样的角上或周边曲率半径最小处，距边 30 mm。

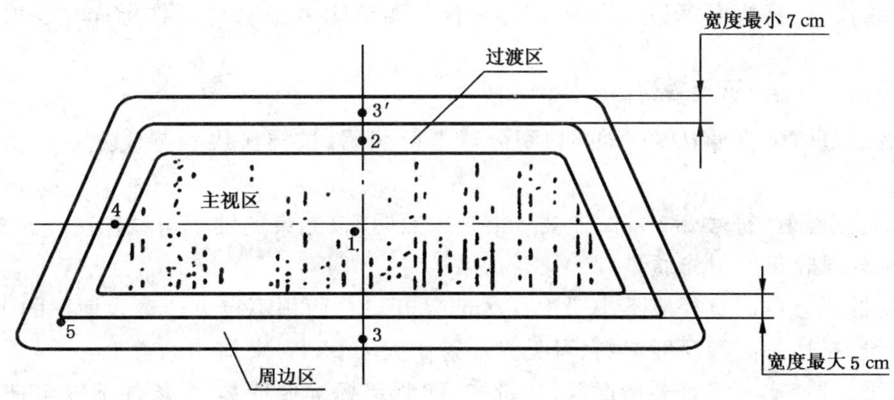

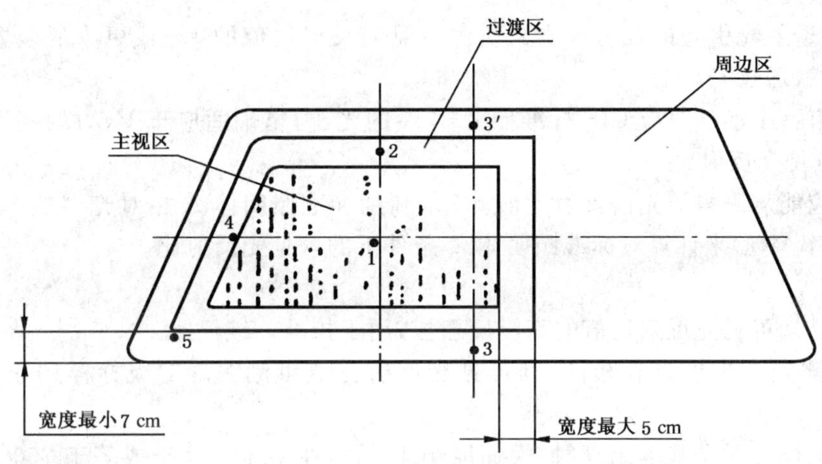

图 11 冲击点

7.5 结果表达

根据主视区中碎片的块数及其尺寸，评价安全玻璃破碎后的可视性。

8 颜色识别试验

8.1 试验目的

验证通过前风窗安全玻璃所看到的物体的颜色。

8.2 试样

前风窗玻璃制品。

8.3 使用器具

白、黄、红、绿、蓝、琥珀 6 种颜色的标示板。

8.4 试验程序

通过试样的试验区域观察标示板。

8.5 结果表达

确定通过前风窗玻璃所看到的标示板的颜色是否为原色。

9 可见光反射比试验

9.1 试验目的

测定安全玻璃在标准照明体 A(见附录 A)条件下的可见光反射比。

9.2 仪器

9.2.1 一级仪器：高精度、积分球式的能测定标准照明体 A 条件下工作标样光反射比的实验室光度计或光谱光度计。

一级仪器的几何(光学)条件应为下列情况之一：

a) 漫射/垂直(符号 $d/0$)：试样被积分球漫射照明，试样法线和测量光束的轴线之间的夹角不应超过 10°。

b) 垂直/漫射(符号 $8/d$)：试样被一束光线照明，该光束的轴线与试样法线的夹角不应超过 8°，用积分球收集反射光通量。

一级仪器积分球的直径应不小于 100 mm，且开口总面积不得大于球表面积的 10%，球内表面用几乎对光谱无选择性的高漫反射材料(可见光反射比大于 95%)来均匀涂敷。

9.2.2 二级仪器：比一级仪器精度低、携带式、能测定标准照明体 A 条件下安全玻璃光反射比的光度计，并且通过 9.3.5 计算其测量值。

9.2.3 吸光阱：一种能把透射光引起的反射减少到所测可见光反射比值的 1%或更小的装置，吸光阱也能挡住试样反侧面的杂散透过光。

9.2.4 一级光度计必须有一个准确对应 CIE 标准照明体 A 的光源，精确适应于 $V(\lambda)$ 的探测器，并直接生成标准照明体 A 的可见光反射比。

9.2.5 一级光谱光度计应能从测得的光谱反射比值 $\rho(\lambda)$，利用标准照明体 A 相对光谱功率分布函数 $S_A(\lambda)$ 和 CIE 光谱光视效率 $V(\lambda)$ 来计算对标准照明体 A 条件下的可见光反射比。

9.3 标样和试样

9.3.1 一级标样是具有已知可见光反射比值的高漫反射板，用于校准一级仪器。

9.3.2 二级标样应与被测安全玻璃材料相同，其可见光反射比值可溯源。二级标样用于校准二级仪器。

9.3.3 二级标样与被测试样为对光基本无漫射、模糊度小于 2%，曲率半径大于或等于 750 mm，厚度小于 10 mm 的安全玻璃材料，其测量区域应清洁、干燥、无破损。

9.3.4 一级仪器总误差的绝对值应在一级标样标定值的 1%以内。

9.3.5 为了确定二级仪器的精度，在二级仪器上测得的试样值 C_a 与标样值 C_b 之比 C_a/C_b 相对于由一级仪器测得的该比值之差的绝对值应小于 5%。

9.4 试验程序

9.4.1 一级仪器的校准

a) 光度计的校准

接通电路，待光源、探测器稳定后，把吸光阱放在反射试样的测量孔处，调整可见光反射比值为 0，把一级标样放在试样的测量孔处，从仪器上读出可见光反射比值。

b) 光谱光度计的校准

按仪器规定校准。

9.4.2 一级仪器的测量

注明二级标样的膜面和弯曲方向，并把它放在试样的测量孔处，测量可见光反射比。

9.4.3 二级仪器的校准

接通电路，待光源、探测器稳定后，把吸光阱放在反射试样的测量孔处，调整可见光反射比值为 0。按 3.5.4.2 条标明的试样反射位置定位二级标样，把吸光阱放在二级标样后面，尽可能调整二级仪器的值(C_b)到由一级仪器测得的可见光反射比值(ρ_0)。

9.4.4 二级仪器的测量

在二级仪器上测量应按照 9.4.3 条调整试样和吸光阱，测量试样的可见光反射比值(C_a)。

观察试样的最平区域，读取至少三次单独的测量值。

9.4.5 校准标准照明体 A 可见光反射比值的计算

若二级仪器的标样读数不等于一级仪器标样值，则应用式(5)由二级仪器计算和校正在标准照明体A条件下得到的可见光反射比值。

$$\rho = \rho_0 \times C_a / C_b \quad \cdots\cdots(5)$$

式中：

ρ——校正过的(CIE A)二级仪器试样值，%；

ρ_0——一级仪器测得的(CIE A)标样值，%；

C_a——二级仪器测得的(CIE A、CIE C、CIE D)试样数据；

C_b——二级仪器测得的(CIE A、CIE C、CIE D)标样数据。

9.5　结果表达

可见光反射比值可以在安全玻璃试样上的任一点测量，记录试样的类型、结构和曲率半径，所用的一级和二级仪器，一级和二级标样的类型和方位，二级标样和试样的可见光反射比值。

附 录 A
（资料性附录）
XYZ 色度系统三刺激值 *Y* 的加权系统

表 A.1 计算 *XYZ* 色度系统三刺激值 *Y* 的加权系数(第一部分,标准施照体 A)

波长 λ,nm	5 nm 间隔		10 nm 间隔		波长 λ,nm	5 nm 间隔		10 nm 间隔	
	S(λ)V(λ)	相对值 S(λ)V(λ)	S(λ)V(λ)	相对值 S(λ)V(λ)		S(λ)V(λ)	相对值 S(λ)V(λ)	S(λ)V(λ)	相对值 S(λ)V(λ)
380	0.00	0.00	0.00	0.00	520	51.48	2.385 6	51.48	4.771 2
385	0.00	0.00			525	60.12	2.786 0		
390	0.00	0.00	0.00	0.00	530	68.21	3.160 9	68.21	6.321 8
395	0.00	0.00			535	75.49	3.498 3	68.21	6.321 8
400	0.01	0.000 5	0.01	0.000 9	540	82.00	3.800 0	82.00	7.599 8
405	0.01	0.000 5			545	87.65	4.061 8		
410	0.02	0.000 9	0.02	0.001 9	550	92.44	4.283 0	92.44	8.567 4
415	0.04	0.001 8			555	96.44	4.469 1		
420	0.08	0.003 7	0.08	0.007 4	560	99.50	4.610 9	99.50	9.221 7
425	0.17	0.007 9			565	101.36	4.697 1		
430	0.29	0.013 4	0.29	0.026 9	570	102.04	4.728 6	102.04	9.457 2
435	0.45	0.020 8			575	101.43	4.700 4		
440	0.66	0.030 6	0.66	0.061 2	580	99.56	4.613 7	99.56	9.227 3
445	0.92	0.042 6			585	96.39	4.466 8		
450	1.26	0.058 4	1.26	0.116 3	590	92.15	4.270 3	92.15	8.540 6
455	1.70	0.078 8			595	87.13	4.037 7		
460	2.27	0.105 2	2.27	0.210 4	600	81.42	3.773 1	81.42	7.546 1
465	2.98	0.138 1			605	75.21	3.485 3		
470	3.90	0.180 7	3.90	0.361 5	610	68.58	3.178 1	68	6.356 1
475	5.13	0.237 7			615	61.76	2.862 0		
480	6.71	0.310 9	6.71	0.621 9	620	54.72	2.535 0	54.72	5.071 5
485	8.64	0.400 4			625	47.26	2.190 1		
490	11.21	0.519 5	11.21	1.038 9	630	39.97	1.852 2	39.97	3.704 5
495	14.70	0.681 2			635	33.51	1.552 9		
500	19.33	0.895 8	19.33	1.791 5	640	27.65	1.281 3	27.65	2.562 6
505	25.63	1.187 7			645	22.32	1.034 3		
510	33.23	1.539 9	33.23	3.079 8	650	17.66	0.818 4	17.66	1.633 7
515	42.12	1.951 9			655	13.75	0.637 2		

表 A.1(续)

波长 λ,nm	5 nm间隔		10 nm间隔		波长 λ,nm	5 nm间隔		10 nm间隔	
	$S(\lambda)V(\lambda)$	相对值 $S(\lambda)V(\lambda)$	$S(\lambda)V(\lambda)$	相对值 $S(\lambda)V(\lambda)$		$S(\lambda)V(\lambda)$	相对值 $S(\lambda)V(\lambda)$	$S(\lambda)V(\lambda)$	相对值 $S(\lambda)V(\lambda)$
660	10.49	0.486 1	1 049	0.972 2	725	0.16	0.007 4		
665	7.82	0.362 4			730	0.11	0.005 1	0.11	0.010 2
670	5.72	0.265 1	5.72	0.530 1	735	0.08	0.003 7		
675	4.23	0.196 0			740	0.06	0.002 8	0.06	0.005 6
680	3.15	0.146 0	3.15	0.291 9	745	0.04	0.001 8		
685	2.25	0.104 3			750	0.03	0.001 4	0.03	0.002 8
690	1.58	0.073 2	1.58	0.146 4	755	0.02	0.000 9		
695	1.12	0.051 9			760	0.01	0.000 5	0.01	0.000 9
700	0.81	0.037 5	0.81	0.075 1	765	0.01	0.000 5		
705	0.59	0.027 3			770	0.01	0.000 5	0.01	0.000 9
710	0.43	0.019 9	0.43	0.039 9	775	0.01	0.000 5		
715	0.31	0.014 4			780	0.00	0.00	0.00	0.00
720	0.22	0.010 2	0.22	0.020 4					
5 nm间隔的总和(三刺激值)	Y	2 157.92	100.00	—	—				
(色品坐标)	y	0.407 4	—						
10 nm间隔的总和(三刺激值)	Y	—	—	1 078.97	100.000				
(色品坐标)	y			0.407 5	—				

注：$\rho_A=\dfrac{\sum_{380}^{780} S_A(\lambda)\bar{y}_2(\lambda)\cdot\rho(\lambda)}{\sum_{380}^{780} S_A(\lambda)\bar{y}_2(\lambda)\cdot\rho(\lambda)}$

ICS 81.040.30
Q 34

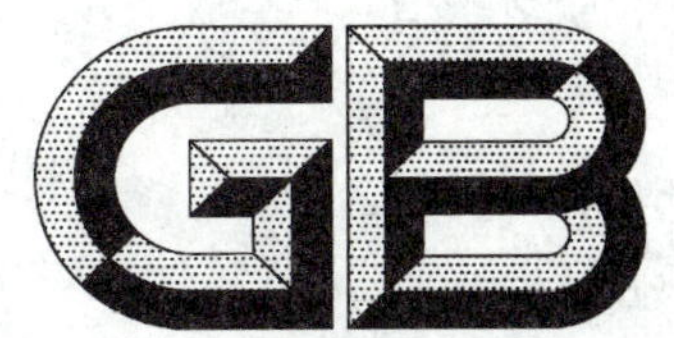

中华人民共和国国家标准

GB/T 5137.3—2002
代替 GB/T 5137.3—1996

汽车安全玻璃试验方法 第3部分：耐辐照、高温、潮湿、燃烧和耐模拟气候试验

Test methods of safety glazing materials used on road vehicles Part 3: radiation, high temperature, humidity, fire and simulated weathering resistance tests

(ISO 3917:1999 Road vehicles-safety glazing materials—Test methods for resistance to radiation, high temperature, humidity, fire and simulated weathering, MOD)

2002-12-20 发布　　2003-05-01 实施

中华人民共和国
国家质量监督检验检疫总局　发布

前　言

GB/T 5137《汽车安全玻璃试验方法》分为四个部分：

——第1部分：力学性能试验

——第2部分：光学性能试验

——第3部分：耐辐照、高温、潮湿、燃烧和耐模拟气候试验

——第4部分：太阳能透射比测定方法

本部分为GB/T 5137的第3部分。

GB/T 5137的本部分修改采用ISO 3917：1999《汽车安全玻璃耐辐照、高温、潮湿、燃烧和耐模拟气候试验方法》(英文版)。

本部分与该国际标准的主要差异如下：

——取消了有关塑料玻璃材料的试验要求；

——取消了耐模拟气候试验中有关开焰碳弧灯装置的要求；

——取消了耐模拟气候试验项目有关试验报告描述的要求。

本部分代替GB/T 5137.3—1996《汽车安全玻璃耐辐照、高温、潮湿、燃烧和耐模拟气候试验方法》。

本部分与GB/T 5137.3—1996相比，除为保持对各试验规定的一致性，删除原标准中有关试验报告的描述外，无其他技术性变化。

本部分由原国家建筑材料工业局提出。

本部分由全国汽车标准化技术委员会安全玻璃分技术委员会归口。

本部分主要起草单位：中国建筑材料科学研究院玻璃科学与特种玻璃纤维研究所。

本部分主要起草人：王睿、王文彪、周军艳。

本部分所代替标准的历次版本发布情况为：

GB 5137.3—1985、GB/T 5137.3—1996。

汽车安全玻璃试验方法
第3部分：耐辐照、高温、潮湿、燃烧和耐模拟气候试验

1 范围

GB/T 5137的本部分规定了汽车安全玻璃的耐辐照、高温、潮湿、燃烧和耐模拟气候试验方法。

本部分适用于汽车安全玻璃(以下简称安全玻璃)，这种安全玻璃包括由各种类型的玻璃加工成的或由玻璃与其他材料组合成的玻璃制品。不包括塑料玻璃材料。

2 规范性引用标准

下列文件中的条款通过本部分的引用而成为本部分的条款。凡是注日期的引用文件，其随后所有的修改单(不包括勘误的内容)或修订版均不适用于本部分，然而，鼓励根据本部分达成协议的各方研究是否可使用这些文件的最新版本。凡是不注日期的引用文件，其最新版本适用于本部分。

GB/T 5137.1—2002　汽车安全玻璃力学性能试验方法(ISO 3537:1999，MOD)

GB/T 5137.2—2002　汽车安全玻璃光学性能试验方法(ISO 3538:1997，MOD)

GB 8410　汽车内饰材料的燃烧特性

3 试验条件

除特殊规定外，试验应在下述条件下进行：

a) 环境温度：20℃±5℃；

b) 气压：8.60×10^{4} Pa～1.06×10^{5} Pa；

c) 相对湿度：40%～80%。

4 试验应用条件

对某些类型的安全玻璃而言，如果试验结果可以根据其某些已知的性能预测，则无须进行本部分规定的所有试验。

5 耐辐照试验

5.1 试验目的

为了确定安全玻璃经一定时间辐照之后是否会出现明显的变色或透射比降低的现象。

5.2 装置

5.2.1 辐照光源

无臭氧石英管式中压水银蒸汽弧光灯。灯壳的轴应是垂直的。灯的标称尺寸是长360 mm，直径9.5 mm，电弧长300 mm±14 mm，其工作功率为750 W±50 W。

可以使用与上述规定的灯等效的其他任何辐照光源。为检查替用光源的等效性，需进行比较，方法是测定波长300 nm～450 nm的范围内发射的能量，其他波长用合适的滤光片滤去。因此在使用替用光源时应加上滤光片。

对于使用条件与本试验无良好相关性的安全玻璃，必须重新考虑试验条件。

5.2.2 电源变压器和电容器

能够为弧光灯提供最小值为1 100 V的启动峰压和500 V±50 V的工作电压。

5.2.3 试样固定和旋转装置

以 1 r/min～5 r/min 的速度绕着设置在轴心的辐照源旋转，以保证均匀辐照。

5.3 试样

尺寸：76 mm×300 mm

5.4 试验程序

辐照前按 GB/T 5137.2—2002 的规定测定三块试验片的可见光透射比，保护每块试样的一部分，使其免于辐照，然后，置试样于离灯轴 230 mm 处的装置上，并使其长度方向上与灯轴平行。在整个试验中保持试样温度 45℃±5℃。试样面向灯的一面应是装车时朝外的一面。辐照时间为 100 h。

辐照后再测定每块试样辐照区的透射比。

5.5 结果表达

比较同一材料辐照前后试样的透射比，其变化用百分数表示。

变色评定：

置试样于白色背景上，比较辐照区与遮挡区的差别；或者测定试样在辐照前后的三原色坐标系，并按照国际照明委员会(CIE)规定计算色差。

6 耐热试验

6.1 试验目的

评价安全玻璃经受一定时间的高温作用后，其外观质量是否出现变化。

6.2 试验程序

将尺寸 300 mm×300 mm 的三块试样加热 100^{+0}_{-2}℃，保温 2 h，然后让试样自然冷却至室温。

若安全玻璃的两个外表面均为无机材料，试验时可将试样垂直浸入沸水中至规定时间。注意避免过分的热冲击。

若试样切自制品，则试样的一边应是制品一条边的一部分。

6.3 结果表达

根据上述试验观察试样中产生的气泡和变色等其他缺陷。

距非切割边 15 mm，距切割边 25 mm 或距可能产生的任何裂纹 10 mm 内的缺陷，不做考虑。

若试样的裂纹扩展到混淆试验结果的程度，则该试样报废，应换上另一试样试验。

7 耐湿试验

7.1 试验目的

为了确定安全玻璃能否经受一定时间的大气湿气的作用。

7.2 试验程序

将尺寸至少为 300 mm×300 mm 的三块试样垂直置于密闭的容器中历时 336 h(二周)，容器的温度保持在 50℃±2℃，相对湿度为 95±4%。

在上述条件下试样表面不应产生任何水汽凝结现象。

如果几块试样同时试验，试样之间应留适当的空隙。

要防止容器顶板和壁面上的凝结水滴到试样上。

若试样切自制品，则试样的一边应是制品的一条边的一部分。

7.3 结果表达

目视检查试验前后试样的外观变化。

即：

材料间的脱胶现象。

按 GB 5137.2—2002 的规定检查可见光透射比的降低。

如有必要，等完成试验后 48 h 再进行评价。

应评价整块试样的变化情况。评价时距非切割边 10 mm 或距切割边 15 mm 范围内的变化情况不予考虑。

8 耐燃烧试验

8.1 试验目的

确定安全玻璃在小火焰作用下的状态。

8.2 试验方法

按 GB 8410 规定的方法进行。

8.3 结果表达

计算燃烧速率

9 耐模拟气候试验

9.1 试验目的

确定至少一面为塑料的安全玻璃制品能否经受模拟气候条件下的曝晒。

9.2 装置

a) 采用长弧氙灯作为试验装置的辐照光源。配用适当的修正滤光器，使其光谱特性接近自然光；

b) 耐模拟气候试验装置应能测量以下参数：

1) 辐照度；

2) 黑板温度；

3) 喷淋；

4) 试验进程及试验循环数；

c) 这种装置采用不会污染试验用水的惰性材料制造；

d) 辐照度应在试样的表面测量，并按要求进行控制。

应能测量或计算总紫外线辐照能量(J/m^2)，并作为试验曝晒的主要依据来考虑。

9.3 试样

试样尺寸为 100 mm×100 mm(中间钻 ϕ6.5 mm～8 mm 孔)和 76 mm×300 mm。

9.4 试验程序

9.4.1 按照 GB 5137.2—2002 的规定测量曝晒前每块试样的透射比并对比试样曝晒前的抗磨性。

9.4.2 每块试样相当于实车安装时朝外的一面应对着辐照光源。

9.4.3 曝晒条件如下：

9.4.3.1 整个试样表面的辐照度变化范围不应超过 10%。

9.4.3.2 定期用洗涤剂和清水洗氙灯滤光片，并根据氙灯使用寿命定期更换氙灯。

9.4.3.3 在循环干燥阶段，曝晒室内的温度应通过足够的循环空气加以控制，以保证一个恒定的黑板温度。

黑板温度指示值应为 70℃±3℃，黑板温度计应安装在试样架上，读数应选择光辐照产生最热的值。

9.4.3.4 干燥阶段湿度应保持在 50%±5%的范围。

9.4.3.5 喷淋阶段所用的去离子水，其二氧化硅固体杂质含量应小于 1×10^{-6}，并且不能在试样上留下对以后测量有影响的永久残余物或沉淀物。

9.4.3.6 水的 pH 值应控制在 6.0～8.0 之间，电导率应小于 5 μS/m。

9.4.4 应将足够的水以薄雾状形式均匀喷淋到试样表面，并使其表面立即湿润。

水雾应直接喷淋到试样朝向光源的那一面，不允许循环使用喷淋用水或将试样浸湿于水中。

9.4.5 试样应环绕光源中心旋转以保证均匀的辐照度，试样架上应摆满试样或代用品，以保证温度的均匀分布，试样架上试样背面应暴露在辐照室内环境中，但是，来自室壁上的反射光不允许落到试样的背面。如有必要，在不影响试样表面的空气自由循环的情况下，试样可以安置背衬以挡住这种反射光。

9.4.6 试样装置应能保持连续光照和间断喷淋，在 2 h 循环周期内单纯光照 102 min 和喷淋光照 18 min。

9.4.7 试验结束后，按规定要求清洗试样，或按其生产厂家建议的方法除去试样表面的残留物。

9.5 结果判定

9.5.1 通过观察外观质量来评价试验后试样的以下情况：

a) 气泡；

b) 颜色；

c) 混浊；

d) 脱胶。

9.5.2 按 GB/T 5137.1—2002 和 GB/T 5137.2—2002 的规定测定其曝晒后的抗磨性及透射比。

9.6 结果表达

记录试验后试样的外观质量，并与试样前的试样外观质量作比较，提交试样曝晒前后所测定的透射比和抗磨性的变化结果报告。

前　言

本标准参照ISO/DIS 13837《汽车安全玻璃材料太阳能透射比测定方法》，技术内容与ISO/DIS 13837保持一致，文字表述及格式编排略有改动。

本标准的附录A、附录B、附录C、附录D和附录E为标准的附录。

本标准的附录F为提示的附录。

本标准由国家建筑材料工业局提出。

本标准由全国汽车标准化技术委员会安全玻璃分技术委员会归口。

本标准起草单位：中国建筑材料科学研究院玻璃科学与特种玻璃纤维研究所。

本标准主要起草人：王睿、戴磊、莫娇、杨建军、张大顺。

中华人民共和国国家标准

汽车安全玻璃太阳能透射比测定方法

GB/T 5137.4—2001

Road vehicles—Safety glazing materials—Method for the determination of solar transmittance

1 范围

本标准规定了汽车安全玻璃及其他道路机动车辆用各种安全玻璃的太阳能紫外线透射比、太阳能直接透射比及太阳能总透射比的测定方法。

本标准适用于汽车安全玻璃及其他道路机动车辆用各种安全玻璃太阳能透射比的测定。

2 引用标准

下列标准所包含的条文，通过在本标准中引用而构成为本标准的条文。本标准出版时，所示版本均为有效。所有标准都会被修订，使用本标准的各方应探讨使用下列标准最新版本的可能性。

GB/T 2680—1994 建筑玻璃 可见光透射比、太阳光直接透射比、太阳能总透射比、紫外线透射比及有关窗玻璃参数的测定(neq ISO 9050:1990)

3 定义

本标准采用下列定义。

3.1 透射比 transmittance

在特定的几何条件和光谱条件下，透射通量和入射通量的比值。

3.2 空气质量(比值) air mass (ratio)

观测者与太阳之间的大气质量与在标准大气压下，当观测者站在海平面上且太阳位于观测者正上方时的大气质量的比值。

3.3 太阳能间接透射比 solar indirect transmittance

被安全玻璃材料吸收后，再次辐射入车内的能量与其所吸收的太阳能辐射能的比值。

3.4 运算公约 A convention A

运算公约 A[1] 规定了紫外线辐射 UV 的波长范围为 300 nm～400 nm，空气质量为 1.5。

3.5 运算公约 B convention B

运算公约 B[1] 规定了紫外线辐射 UV 的波长范围为 300 nm～380 nm，空气质量为 1.0。

4 太阳能透射比的测定

4.1 测量仪器

该方法要求利用带有积分球的扫描分光光度计来测量玻璃材料的光谱透射比值。其测量范围须能超过太阳辐射到地球表面的电磁波谱范围(至少 300 nm～2 500 nm)。

1) 由于运算结果会随运算公约的选择而不同，因此在结果报告单上应明确说明所选用的运算公约。

中华人民共和国国家质量监督检验检疫总局 2001-04-29 批准 2001-10-01 实施

4.2 样品准备

本试验采用平型试验片，必要时可以切割弯型试验片的最平整部位。用蒸馏水或化学试剂甲醇进行清洗，必要时可采用其他适合于材料的方法清洗试验片。

4.3 测定程序

根据扫描分光光度计生产厂商的要求校准仪器。放入清洁试样，并使之与穿过的光束垂直。如适用，应标明试样膜面及曲面方向，记录样品光谱透射比值。

4.4 数据处理

4.4.1 按运算公约A计算

4.4.1.1 太阳能紫外线辐射透射比 $T_{UV}(400)$：利用公式(1)及附录A(标准的附录，空气质量=1.5)，从300 nm～400 nm，以5 nm为一区间，一区间一区间地加权透射比值，经积分计算得出太阳能紫外线辐射透射比。

$$T_{UV}(400)=\Sigma_{300}^{400}T_{\lambda}\times[E'_{\lambda}\times\Delta\lambda] \quad \cdots\cdots(1)$$

式中：E'_{λ}——在波长区间[$\Delta\lambda$]，用梯形法计算后被修正的太阳能。

4.4.1.2 太阳能直接透射比 $T_{DS}(1.5)$：利用公式(2)和附录B(标准的附录，空气质量=1.5)，从300 nm～2 500 nm[2)]，分别以5 nm、10 nm、50 nm为一区间，一区间一区间地加权透射比值，经积分计算得出太阳能直接透射比。

$$T_{DS}(1.5)=\Sigma_{300}^{2\,500}T_{\lambda}\times[E'_{\lambda}\times\Delta\lambda] \quad \cdots\cdots(2)$$

式中：E'_{λ}——在波长区间[$\Delta\lambda$]，用梯形法计算后被修正的太阳能。

4.4.2 按运算公约B计算

4.4.2.1 太阳能紫外线辐射透射比 $T_{UV}(380)$：利用公式(3)和附录C(标准的附录，空气质量=1.0)，从300 nm～380 nm，以5 nm为一区间，一区间一区间的加权透射比值，经积分计算得出太阳能紫外线辐射透射比。

$$T_{UV}(380)=\Sigma_{300}^{380}T_{\lambda}\times[E'_{\lambda}\times\Delta\lambda] \quad \cdots\cdots(3)$$

式中：E'_{λ}——在波长区间[$\Delta\lambda$]，用梯形法计算后被修正的太阳能。

4.4.2.2 太阳能直接透射比 $T_{DS}(1.0)$：利用公式(4)和附录D(标准的附录，空气质量=1.0)，从300 nm～2 500 nm[3)]，分别以5 nm、10 nm、50 nm为一区间，一区间一区间的加权透射比值，经积分计算得出太阳能直接透射比。

$$T_{DS}(1.0)=\Sigma_{300}^{2\,500}T_{\lambda}\times[E'_{\lambda}\times\Delta\lambda] \quad \cdots\cdots(4)$$

式中：E'_{λ}——在波长区间[$\Delta\lambda$]，用梯形法计算后被修正的太阳能。

4.4.3 太阳能总透射比

本标准规定了用运算公约A或B测定安全玻璃材料太阳能直接透射比的方法。必要时，可利用4.4.1.2或4.4.2.2的太阳能直接透射比测定结果和附录E(标准的附录)中的公式来计算太阳能总透射比。

5 结果表达

报告中应体现：试样厚度、类型、结构。如果适用，还包括曲面方向；使用仪器及所选用的运算公约(A或B)；试样总UV和太阳能直接透射比，必要时，还包括试样的太阳能总透射比，并精确至0.1%。

2) 透射比值必须至少测量到2 300 nm，如果不能测量到推荐值2 500 nm，最后一个数值必须与附录B中剩余的[$E'_{\lambda}\times\Delta\lambda$]的加权值相乘。

3) 透射比值必须至少测量到2 300 nm，如果不能测量到推荐值2 500 nm，最后一个数值必须与附录D中剩余的[$E'_{\lambda}\times\Delta\lambda$]的加权值相乘。

附　录　A
（标准的附录）
当空气质量为 1.5 时，被修正后的相关光谱分布太阳能[E'_λ]与波长区间[$\Delta\lambda$]的乘积

波长 λ(nm)	[$E'_\lambda \times \Delta\lambda$]
300	0.000 000
305	0.001 045
310	0.004 634
315	0.011 800
320	0.019 807
325	0.027 019
330	0.043 271
335	0.042 703
340	0.047 644
345	0.048 041
350	0.052 948
355	0.054 947
360	0.056 946
365	0.064 930
370	0.072 925
375	0.075 901
380	0.077 991
385	0.075 890
390	0.073 777
395	0.092 335
400	0.055 446

$$T_{UV}(400)=\Sigma_{300}^{400}T_\lambda\times[E'_\lambda\times\Delta\lambda]$$

附　录　B
（标准的附录）
当空气质量为 1.5 时，被修正后的相关光谱分布太阳能[E'_λ]与波长区间[$\Delta\lambda$]的乘积

波长 λ(nm)	[$E'_\lambda \times \Delta\lambda$]	波长 λ(nm)	[$E'_\lambda \times \Delta\lambda$]	波长 λ(nm)	[$E'_\lambda \times \Delta\lambda$]
300	0.000 000	410	0.011 712	850	0.049 016
305	0.000 048	420	0.011 973	900	0.039 872
310	0.000 214	430	0.010 839	950	0.016 652
315	0.000 545	440	0.013 166	1 000	0.037 501
320	0.000 915	450	0.015 431	1 050	0.034 127
325	0.001 248	460	0.016 175	1 100	0.020 859

波长 λ(nm)	$[E'_\lambda \times \Delta\lambda]$	波长 λ(nm)	$[E'_\lambda \times \Delta\lambda]$	波长 λ(nm)	$[E'_\lambda \times \Delta\lambda]$
330	0.001 999	470	0.015 988	1 150	0.012 512
335	0.001 973	480	0.016 466	1 200	0.021 415
340	0.002 201	490	0.015 565	1 250	0.023 934
345	0.002 219	500	0.015 661	1 300	0.018 651
350	0.002 446	510	0.016 043	1 350	0.001 642
355	0.002 538	520	0.015 016	1 400	0.000 136
360	0.002 630	530	0.015 900	1 450	0.003 746
365	0.002 999	540	0.015 681	1 500	0.009 548
370	0.003 369	550	0.015 790	1 550	0.013 934
375	0.003 506	560	0.015 539	1 600	0.012 093
380	0.003 603	570	0.015 184	1 650	0.011 636
385	0.003 506	580	0.014 646	1 700	0.010 440
390	0.003 408	590	0.014 112	1 750	0.008 111
395	0.004 265	600	0.014 568	1 800	0.001 553
400	0.007 684	610	0.015 020	1 850	0.000 231
		620	0.014 760	1 900	0.000 000
		630	0.014 502	1 950	0.000 682
		640	0.014 525	2 000	0.001 878
		650	0.014 547	2 050	0.004 040
		660	0.014 333	2 100	0.004 507
		670	0.014 079	2 150	0.004 134
		680	0.012 749	2 200	0.003 604
		690	0.011 426	2 250	0.003 583
		700	0.012 375	2 300	0.003 468
		710	0.013 315	2 350	0.003 242
		720	0.010 313	2 400	0.002 251
		730	0.011 094	2 450	0.001 070
		740	0.012 248	2 500	0.000 433
		750	0.012 119		
		760	0.009 197		
		770	0.010 675		
		780	0.011 438		
		790	0.011 201		
		800	0.032 812		

$$T_{DS}(1.5)=\Sigma_{300}^{2\,500} T_\lambda \times [E'_\lambda \times \Delta\lambda]$$

附 录 C
（标准的附录）
当空气质量为 1.0 时，被修正后的相关光谱分布太阳能[E'_λ]与波长区间[$\Delta\lambda$]的乘积

波长 λ(nm)	[$E'_\lambda \times \Delta\lambda$]
300	0.000 000
305	0.005 026
310	0.014 169
315	0.027 622
320	0.040 070
325	0.049 865
330	0.070 579
335	0.067 061
340	0.072 643
345	0.071 541
350	0.077 316
355	0.078 834
360	0.080 353
365	0.090 180
370	0.100 040
375	0.102 521
380	0.052 180

$$T_{UV}(380)=\Sigma_{300}^{380}T_\lambda\times[E'_\lambda\times\Delta\lambda]$$

附 录 D
（标准的附录）
当空气质量为 1.0 时，被修正后的相关光谱分布太阳能[E'_λ]与波长区间[$\Delta\lambda$]的乘积

波长 λ(nm)	[$E'_\lambda \times \Delta\lambda$]	波长 λ(nm)	[$E'_\lambda \times \Delta\lambda$]	波长 λ(nm)	[$E'_\lambda \times \Delta\lambda$]
300	0.000 000	410	0.013 072	850	0.045 890
305	0.000 215	420	0.013 715	900	0.042 634
310	0.000 606	430	0.012 238	950	0.018 065
315	0.001 181	440	0.014 670	1 000	0.033 953
320	0.001 714	450	0.016 974	1 050	0.030 606
325	0.002 133	460	0.017 279	1 100	0.020 713
330	0.003 018	470	0.016 900	1 150	0.011 434
335	0.002 868	480	0.017 266	1 200	0.020 192
340	0.003 107	490	0.016 186	1 250	0.021 564
345	0.003 060	500	0.016 186	1 300	0.017 439

波长 λ(nm)	$[E'_\lambda\times\Delta\lambda]$	波长 λ(nm)	$[E'_\lambda\times\Delta\lambda]$	波长 λ(nm)	$[E'_\lambda\times\Delta\lambda]$
350	0.003 307	510	0.016 483	1 350	0.002 378
355	0.003 372	520	0.015 351	1 400	0.000 279
360	0.003 437	530	0.016 203	1 450	0.004 445
365	0.003 857	540	0.015 918	1 500	0.009 458
370	0.004 278	550	0.015 982	1 550	0.012 435
375	0.004 385	560	0.015 581	1 600	0.010 940
380	0.004 463	570	0.015 133	1 650	0.010 588
385	0.004 438	580	0.014 649	1 700	0.009 403
390	0.004 412	590	0.014 168	1 750	0.007 222
395	0.005 246	600	0.014 414	1 800	0.001 912
400	0.009 117	610	0.014 659	1 850	0.000 348
		620	0.014 379	1 900	0.000 000
		630	0.014 099	1 950	0.000 892
		640	0.013 966	2 000	0.002 044
		650	0.013 833	2 050	0.003 782
		660	0.013 624	2 100	0.004 029
		670	0.013 363	2 150	0.003 659
		680	0.012 234	2 200	0.003 224
		690	0.011 111	2 250	0.003 151
		700	0.011 826	2 300	0.003 028
		710	0.012 536	2 350	0.002 858
		720	0.010 445	2 400	0.002 131
		730	0.010 972	2 450	0.001 116
		740	0.011 707	2 500	0.000 000
		750	0.011 484		
		760	0.009 045		
		770	0.010 192		
		780	0.010 732		
		790	0.010 526		
		800	0.030 876		

$$T_{DS}(1.0)=\Sigma_{300}^{2\,500}T_\lambda\times[E'_\lambda\times\Delta\lambda]$$

附 录 E
（标准的附录）
太阳能总透射比的测定

E1 定义

安全玻璃材料的太阳能总透射比 T_{TS} 为太阳能直接透射比 T_{DS}（300 nm～2 500 nm）与安全玻璃材料内侧二次热传导系数（q_i）之和；该系数由通过对流而进行的热传递以及被安全玻璃材料吸收的太阳能中，长波部分的再次辐射得出。如式（E1）。

$$T_{TS}=T_{DS}+q_i \quad \text{(E1)}$$

E2 二次内部热传导系数 q_i

对于计算内部二次热传导系数 q_i 来说，安全玻璃材料向外部的热传导系数 h_e，及向内部的热传导系数 h_i 是必需的。这些数据取决于安全玻璃材料的安装部位、风速、内部和外部的温度，而且还有玻璃材料两个表面的温度。

本标准的目的是提供一个基本的安全玻璃材料性能信息，为使问题简单化，约定条件如下：

安全玻璃垂直放置。

外表面：

风速：

V_1＝大约 4 m/s，当汽车静止时；

V_2＝14 m/s，当车速为 50 km/h 时；

V_3＝28 m/s，当车速为 100 km/h 时；

V_4＝42 m/s，当车速为 150 km/h。

内表面：

自然对流，发射率可不限定，在以上约定的条件下，h_{e1} 至 h_{e4} 及 h_i 的标准可由下式及式（E2）得出：

h_{e1}＝21（$W/m^2\cdot K$），在 V_1 的速度下；

h_{e2}＝61（$W/m^2\cdot K$），在 V_2 的速度下；

h_{e3}＝106（$W/m^2\cdot K$），在 V_3 的速度下；

h_{e4}＝146（$W/m^2\cdot K$），在 V_4 的速度下。

$$h_i=3.6+\frac{4.4+\varepsilon_i}{0.837}(W/m^2\cdot K) \quad \text{(E2)}$$

式中：ε_i——为半球发射率，对于普通玻璃 $\varepsilon_i=0.837$，$h_i=8(W/m^2\cdot K)$。

$$h_e=5.62+3.71\cdot V(W/m^2\cdot K) \quad \text{当 } V<4.9\ m/s \text{ 时} \quad \text{(E3)}$$

$$h_e=7.35\cdot V^{0.8}(W/m^2\cdot K) \quad \text{当 } 4.9\ m/s<V<30\ m/s \text{ 时} \quad \text{(E4)}$$

单片玻璃的二次内部热传导系数 q_i 由式（E5）计算得出：

$$q_i=\frac{h_i}{h_e+h_i}\alpha_e \quad \text{(E5)}$$

式中 $\alpha_e=1-T_{DS}-R_{DS}$，α_e 为太阳能直接吸收率，其定义已在 GB/T 2680—1994 中 3.6 给出。在波长范围为 300 nm～2 500 nm 的太阳能直接反射率 R_{DS} 的测量方式与 T_{DS} 测量方式相同。

附　录　F
（提示的附录）
附录 A、B、C 和 D 的导出

表 F1　波长—能量对应表（一）

1	2	3	4
	空气质量 1.5 能量	D(uv)＝0.5 D(vis)＝1.0	能量 修正值
波长(nm)	E	E'	E'(n)
295	0.0	$E\times D(WL)$	$E'/Sum(E')$
300	0.0	0.00	0.000 000
305	9.2	4.60	0.000 048
310	40.8	20.40	0.000 214
315	103.9	51.95	0.000 545
320	174.4	87.20	0.000 915
325	237.9	118.95	0.001 248
330	381.0	190.50	0.001 999
335	376.0	188.00	0.001 973
340	419.5	209.75	0.002 201
345	423.0	211.50	0.002 219
350	466.2	233.10	0.002 446
355	483.8	241.90	0.002 538
360	501.4	250.70	0.002 630
365	571.7	285.85	0.002 999
370	642.1	321.05	0.003 369
375	668.3	334.15	0.003 506
380	686.7	343.35	0.003 603
385	668.2	334.10	0.003 506
390	649.6	324.80	0.003 408
395	813.0	406.50	0.004 265
400	976.4	732.30	0.007 684
410	1 116.2	1 116.20	0.011 712
420	1 141.1	1 141.10	0.011 973
430	1 033.0	1 033.00	0.010 839
440	1 254.8	1 254.80	0.013 166
450	1 470.7	1 470.70	0.015 431
460	1 541.6	1 541.60	0.016 175
470	1 523.7	1 523.70	0.015 988
480	1 569.3	1 569.30	0.016 466
490	1 483.4	1 483.40	0.015 565
500	1 492.6	1 492.60	0.015 661
510	1 529.0	1 529.00	0.016 043
520	1 431.1	1 431.10	0.015 016
530	1 515.4	1 515.40	0.015 900
540	1 494.5	1 494.50	0.015 681
550	1 504.9	1 504.90	0.015 790
560	1 480.9	1 480.90	0.015 539
570	1 447.1	1 447.10	0.015 184
580	1 395.8	1 395.80	0.014 646
590	1 344.9	1 344.90	0.014 112
600	1 388.4	1 388.40	0.014 568
610	1 431.5	1 431.50	0.015 020
620	1 406.7	1 406.70	0.014 760
630	1 382.1	1 382.10	0.014 502
640	1 384.3	1 384.30	0.014 525
650	1 386.4	1 386.40	0.014 547
660	1 366.0	1 366.00	0.014 333
670	1 341.8	1 341.80	0.014 079
680	1 215.0	1 215.00	0.012 749
690	1 089.0	1 089.00	0.011 426
700	1 179.4	1 179.40	0.012 375
710	1 269.0	1 269.00	0.013 315
720	982.9	982.90	0.010 313
730	1 057.3	1 057.30	0.011 094
740	1 167.3	1 167.30	0.012 248
750	1 155.0	1 155.00	0.012 119
760	876.5	876.50	0.009 197
770	1 017.4	1 017.40	0.010 675
780	1 090.1	1 090.10	0.011 438
790	1 067.5	1 067.50	0.011 201

5	6	7	8
	空气质量 1.5 能量	D(ir)＝5.0	能量 修正值
波长(nm)	E	E'	E'(n)
800	1 042.4	3 127.20	0.032 812
850	934.3	4 671.50	0.049 016
900	760.0	3 800.00	0.039 872
950	317.4	1 587.00	0.016 652
1 000	714.8	3 574.00	0.037 501
1 050	650.5	3 252.50	0.034 127
1 100	397.6	1 988.00	0.020 859
1 150	238.5	1 192.50	0.012 512
1 200	408.2	2 041.00	0.021 415
1 250	456.2	2 281.00	0.023 934
1 300	355.5	1 777.50	0.018 651
1 350	31.3	156.50	0.001 642
1 400	2.6	13.00	0.000 136
1 450	71.4	357.00	0.003 746
1 500	182.0	910.00	0.009 548
1 550	265.6	1 328.00	0.013 934
1 600	230.5	1 152.50	0.012 093
1 650	221.8	1 109.00	0.011 636
1 700	199.0	995.00	0.010 440
1 750	154.6	773.00	0.008 111
1 800	29.6	148.00	0.001 553
1 850	4.4	22.00	0.000 231
1 900	0.0	0.00	0.000 000
1 950	13.0	65.0	0.000 682
2 000	35.8	179.00	0.001 878
2 050	77.0	385.00	0.004 040
2 100	85.9	429.50	0.004 507
2 150	78.8	394.00	0.004 134
2 200	68.7	343.50	0.003 604
2 250	68.3	341.50	0.003 583
2 300	66.1	330.50	0.003 468
2 350	61.8	309.00	0.003 242
2 400	42.9	214.50	0.002 251
2 450	20.4	102.00	0.001 070
2 500	16.5	41.25	0.000 433
总和＝		95 305.2	1.000 000

注：E'(n)ⓐ2 500 nm＝0.5×(16.5×5.0)

波长(nm)	空气质量 1.5 E	D(uv)=0.5 E' E×D(uv)	能量修正值 E'(n) E'/Sum(E')
295	0.0		
300	0.0	0.00	0.000 000
305	9.2	4.60	0.001 045
310	40.8	20.40	0.004 634
315	103.9	51.95	0.011 800
320	174.4	87.20	0.019 807
325	237.9	118.95	0.027 019
330	381.0	190.50	0.043 271
335	376.0	188.00	0.042 703
340	419.5	209.75	0.047 644
345	423.0	211.50	0.048 041
350	466.2	233.10	0.052 948
355	483.8	241.90	0.054 947
360	501.4	250.70	0.056 946
365	571.7	285.85	0.064 930
370	642.1	321.05	0.072 925
375	668.3	334.15	0.075 901
380	686.7	343.35	0.077 991
385	668.2	334.10	0.075 890
390	649.6	324.80	0.073 777
395	813.0	406.50	0.092 335
400	976.4	332.25	0.055 446
总和=		4 402.45	1.000 000

注：E'(n)ⓐ400 nm=0.5×(976.4×0.5)

表 F2　波长—能量对应表(二)

1 波长(nm)	2 空气质量 1.0 能量 E	3 D(uv)=0.5 D(vis)=1.0 E' E×D(WL)	4 能量修正值 E'(n) E'/Sum(E')
295	0.0		
300	0.0	0.00	0.000 000
305	47.0	23.50	0.000 215
310	132.5	66.25	0.000 606
315	258.3	129.15	0.001 181
320	374.7	187.35	0.001 714
325	466.3	233.15	0.002 133
330	660.0	330.00	0.003 018
335	627.1	313.55	0.002 868
340	679.3	339.65	0.003 107
345	669.0	334.50	0.003 060
350	723.0	361.50	0.003 307
355	737.2	368.60	0.003 372
360	751.4	375.70	0.003 437
365	843.3	421.65	0.003 857
370	935.5	467.75	0.004 278
375	958.7	479.35	0.004 385
380	975.9	487.95	0.004 463
385	970.3	485.15	0.004 438
390	964.8	482.40	0.004 412
395	1 147.0	573.50	0.005 246
400	1 329.0	996.75	0.009 117
410	1 429.1	1 429.10	0.013 072
420	1 499.4	1 499.40	0.013 715
430	1 337.9	1 337.90	0.012 238
440	1 603.8	1 603.80	0.014 670
450	1 855.7	1 855.70	0.016 974
460	1 889.0	1 889.00	0.017 279
470	1 847.6	1 847.60	0.016 900
480	1 887.6	1 887.60	0.017 266
490	1 769.5	1 769.50	0.016 186
500	1 769.6	1 769.60	0.016 186
510	1 802.0	1 802.00	0.016 483
520	1 678.3	1 678.30	0.015 351
530	1 771.4	1 771.40	0.016 203
540	1 740.3	1 740.30	0.015 918
550	1 747.2	1 747.20	0.015 982
560	1 703.4	1 703.40	0.015 581
570	1 654.4	1 654.40	0.015 133
580	1 601.5	1 601.50	0.014 649
590	1 548.9	1 548.90	0.014 168
600	1 575.8	1 575.80	0.014 414
610	1 602.6	1 602.60	0.014 659
620	1 572.0	1 572.00	0.014 379
630	1 541.4	1 541.40	0.014 099
640	1 526.9	1 526 90	0.013 966
650	1 512.3	1 512.30	0.013 833
660	1 489.5	1 489.50	0.013 624
670	1 460.9	1 460.90	0.013 363
680	1 337.5	1 337.50	0.012 234
690	1 214.7	1 214.70	0.011 111
700	1 292.9	1 292.90	0.011 826
710	1 370.5	1 370.50	0.012 536
720	1 141.9	1 141.90	0.010 445
730	1 199.5	1 199.50	0.010 972
740	1 279.9	1 279.90	0.011 707
750	1 255.5	1 255.50	0.011 484
760	988.8	988.80	0.009 045
770	1 114.3	1 114.30	0.010 192
780	1 173.3	1 173.30	0.010 732
790	1 150.8	1 150.80	0.010 526

5 波长(nm)	6 空气质量 1.0 能量 E	7 D(ir)=5.0 E'	8 能量修正值 E'(n)
800	1 125.2	3 375.60	0.030 876
850	1 003.4	5 017.00	0.045 890
900	932.2	4 661.00	0.042 634
950	395.0	1 975.00	0.018 065
1 000	742.4	3 712.00	0.033 953
1 050	669.2	3 346.00	0.030 606
1 100	452.9	2 264.50	0.020 713
1 150	250.0	1 250.00	0.011 434
1 200	441.5	2 207.50	0.020 192
1 250	471.5	2 357.50	0.021 564
1 300	381.3	1 906.50	0.017 439
1 350	52.0	260.00	0.002 378
1 400	6.1	30.50	0.000 279
1 450	97.2	486.00	0.004 445
1 500	206.8	1 034.00	0.009 458
1 550	271.9	1 359.50	0.012 435
1 600	239.2	1 196.00	0.010 940
1 650	231.5	1 157.50	0.010 588
1 700	205.6	1 028.00	0.009 403
1 750	157.9	789.50	0.007 222
1 800	41.8	209.00	0.001 912
1 850	7.6	38.00	0.000 348
1 900	0.0	0.00	0.000 000
1 950	19.5	97.50	0.000 892
2 000	44.7	223.50	0.002 044

5	6	7	8
	空气质量		能量
	1.0	D(ir)＝5.0	修正值
	能量		
波长(nm)	E	E'	E'(n)
2 050	82.7	413.50	0.003 782
2 100	88.1	440.50	0.004 029
2 150	80.0	400.00	0.003 659
2 200	70.5	352.50	0.003 224
2 250	68.9	344.50	0.003 151
2 300	66.2	331.00	0.003 028
2 350	62.5	312.50	0.002 858
2 400	46.6	233.00	0.002 131
2 450	24.4	122.00	0.001 116
2 500	0.0	0.00	0.000 000
总和＝		109 326.1	1.000 000

注：E'(n)ⓐ2 500 nm＝0.5×(0×0.5)

	空气质量	UV	能量
	1.0	D(uv)＝0.5	修正值
波长(nm)	E	E'	E'(n)
295	0.0	$E\times D$(uv)	E′/$Sum(E')$
300	0.0	0.00	0.000 000
305	47.0	23.50	0.005 026
310	132.5	66.25	0.014 169
315	258.3	129.15	0.027 622
320	374.7	187.35	0.040 070
325	466.3	233.15	0.049 865
330	660.0	330.00	0.070 579
335	627.1	313.55	0.067 061
340	679.3	339.65	0.072 643
345	669.0	334.50	0.071 541
350	723.0	361.50	0.077 316
355	737.2	368.60	0.078 834
360	751.4	375.70	0.080 353
365	843.3	421.65	0.090 180
370	935.5	467.75	0.100 040
375	958.7	479.35	0.102 521
380	975.9	243.98	0.052 180
总和＝		4 675.63	1.000 000

注：E'(n)ⓐ380 nm＝0.5×(975.9×0.5)

第 1 列：波长为 295 nm～790 nm 的紫外线及可见光波长。

第 2 列：对应于太阳能紫外线波长、可见光波长的能量级。对于缺少的波长所对应 E_{λ_1} 值，可在波长——能量曲线上通过点值选择测得。

第 3 列：此列数据由第 2 列数据按下列方法，计算得出，其中第 2 列数据是由梯形法计算得到的。

$E'_{\lambda}(\text{nm})=0.5\times\{E(300)/2,E_{305\sim395},E(400)/2\};\Delta\lambda=5\text{ nm}$

$E'_{\lambda}(\text{nm})=1.0\times\{E(400)/2,E_{410\sim790},\quad\};\Delta\lambda=10\text{ nm}$

第 5 列：波长范围为 800 nm～2 500 nm 的红外线和波长范围在 295 nm～400 nm(表 F1)或 295 nm～380 nm(表 F2)的紫外线。

第 6 列：对应于红外线波长的能量级。对于缺少的波长所应的 E_{λ_1} 值，可在波长——能量曲线上通过点值选择法测得。

第 7 列：此列数据由第 6 列数据按下列方法计算得出，其中第 6 列数据是由梯形法计算得到的。

$E'_{\lambda}(\text{nm})=1.0\times E(800)/2+5\times\{E(800)/2,E_{805\sim2\,450},E(2\,500)/2\};\Delta\lambda=50\text{ nm}$

$E'_{\lambda}(\text{nm})=0.5\times\{E(300)/2,E_{305\sim395},E(400)/2\}$；(表 F1)

$E'_{\lambda}(\text{nm})=0.5\times\{E(300)/2,E_{305\sim395},E(400)/2\}$；(表 F2)

第 8 列：第 7 列的修正值。(波长范围为 300 nm～2 500 nm(直接太阳能)的修正值或紫外线的修正值，紫外线波长范围为 300 nm～400 nm 或 300 nm～380 nm)。

$$E'_{\lambda}(\text{n}) = E'_{\lambda}(\text{nm})/\Sigma E'_{\lambda}$$

前　　言

本标准是测试玻璃耐碱性能的方法标准,等效采用 ISO 695:1991《玻璃——耐沸腾混合碱水溶液浸蚀性——试验方法和分级》。本标准 1986 年曾发布第一版,当时采用的是 ISO 695:1984。1991 年 ISO 发布了第三版,本标准亦相应修改为第二版,根据 ISO 的变动,本标准在加热方法、试样加工要求、试样清洗方法、试样烘干方法、恒重精度要求以及试验结果允许误差等方面做了相应修改,并增加材质试验试样制备的内容。

本标准从生效之日起,同时代替 GB 6580—86。

本标准由中国轻工总会提出。

本标准由全国玻璃仪器标准化技术委员会归口。

本标准由北京玻璃仪器厂负责起草,参加起草单位有:中国轻工总会玻璃仪器质量监督检测中心。

本标准主要起草人:朱慧英、蒋中鳌。

ISO 前言

ISO(国际标准化组织)是由各国标准化团体(ISO 成员团体)组成的世界性的联合会。制定国际标准的工作通常由 ISO 的技术委员会完成,各成员团体若对某技术委员会已确立的标准项目感兴趣,均有权参加该委员会的工作。与 ISO 保持联系的各国际组织(官方的或非官方的)也可参加有关工作。在电工技术标准化方面 ISO 与国际电工委员会(IEC)保持密切合作关系。

由技术委员会正式通过的国际标准草案提交各成员团体表决,国际标准需取得至少 75%参加表决的成员团体的同意才能正式通过。

国际标准 ISO 695 由 ISO/TC 48 实验室玻璃仪器和有关的玻璃器皿技术委员会起草。

本标准是技术修订版本,本第三版代替第二版(ISO 695:1984),原第二版作废。

中华人民共和国国家标准

玻璃耐沸腾混合碱水溶液浸蚀性的试验方法和分级

GB/T 6580—1997
eqv ISO 695:1991
代替 GB 6580—86

Glass—Resistance to attack by a boiling aqueous solution of mixed alkali—Method of test and classification

1 范围

本标准规定了用沸腾混合的碳酸钠和氢氧化钠水溶液测定玻璃耐浸蚀性的方法。玻璃的耐碱性用其单位表面积损失的质量来表示，并根据损失质量的多少对玻璃进行分级。

2 引用标准

下列标准所包含的条文，通过在本标准中引用而构成为本标准的条文。本标准出版时，所示版本均为有效。所有标准都会被修订，使用本标准的各方应探讨使用下列标准最新版本的可能性。

GB 629—81 化学试剂 氢氧化钠

GB 639—86 化学试剂 无水碳酸钠

GB 6682—92 分析实验室用水规格及试验方法(eqv ISO 3696:1987)

3 试验原理

总表面积为 10～15 cm^2 的玻璃试样，用等体积的 0.5 mol/L 碳酸钠和 1 mol/L 氢氧化钠沸腾混合溶液浸蚀 3 h。测定该玻璃试样单位表面积所损失的质量。

4 试剂

只准用分析纯及分析纯以上的试剂。

4.1 纯水(GB 6682—92)，三级以上。

4.2 丙酮(GB 686—89)或无水乙醇(GB 678—90)。

4.3 盐酸(GB 622—89)：1 mol/L 溶液。

4.4 盐酸(GB 622—89)：2 mol/L 溶液。

4.5 无水碳酸钠(GB 639—86)：0.5 mol/L±0.01 mol/L 溶液，每次试验时新配制。

4.6 氢氧化钠(GB 629—81)：1 mol/L±0.02 mol/L 溶液，每次试验时新配制。

4.7 氢氟酸(GB 620—93)：约 22 mol/L。

国家技术监督局 1997-07-24 批准　　1998-01-01 实施

5 仪器

5.1 试验容器：用纯银或耐碱的银合金或焊接不锈钢[1]制成。容器(如图1所示)是由带半球形的底或平底和紧密结合的盖子组成的圆柱形银杯，盖子具有粗颈口和插温度计的小嘴，并在下面配有四个悬挂样品的吊钩，必要时可加一个材质稳定的垫圈以保证杯体和盖子之间接缝密封。

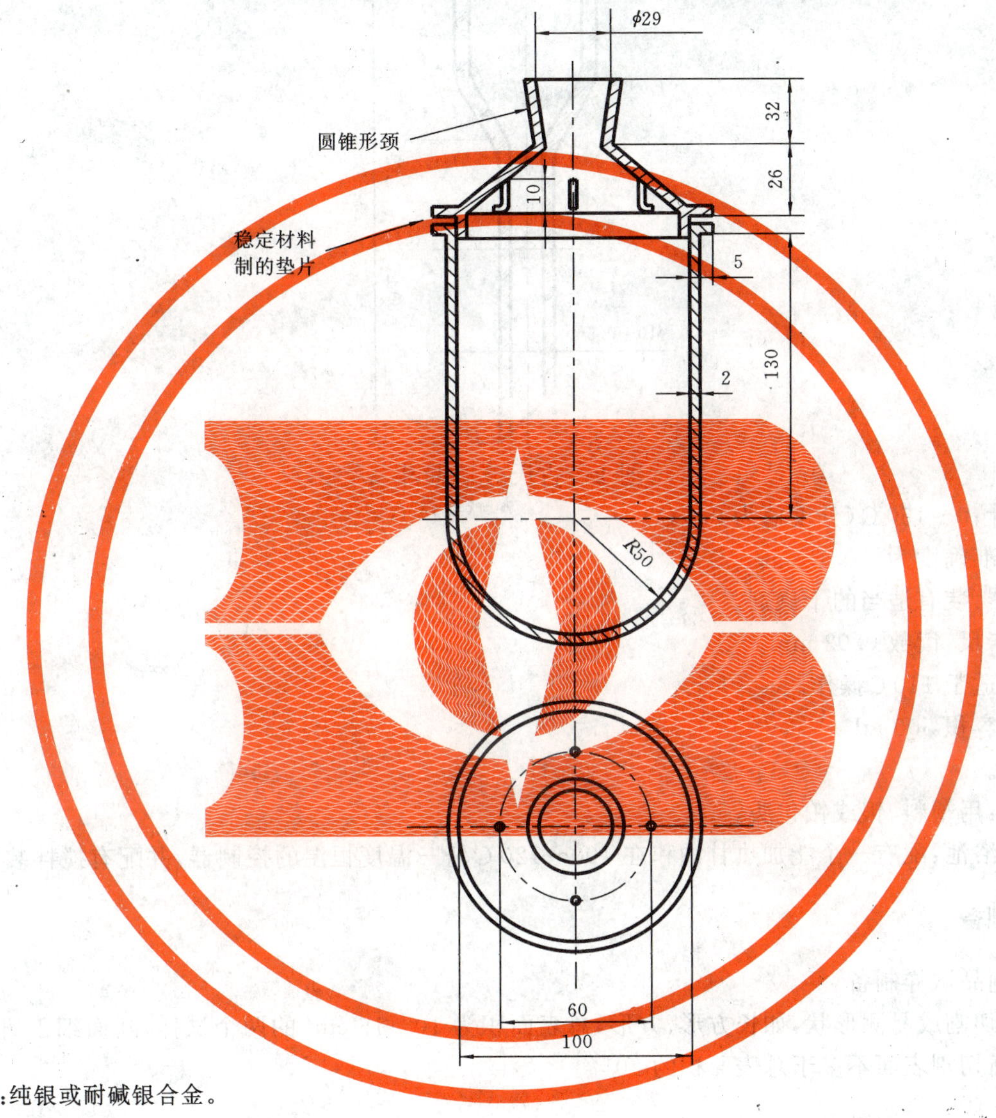

材料：纯银或耐碱银合金。

制作：将4个钩子焊在盖子上，将一个磨平表面的突缘安到盖子上。

盖子的俯视图，显示钩子的位置

图1 试验容器图

5.2 冷凝器：球形或直形，长度为400 mm由耐化学浸蚀的玻璃制成。

5.3 古氏玻璃漏斗：由耐化学浸蚀的玻璃制成，上口用塞子与冷凝器连接，漏斗下管用塞子与容器的颈部连接。塞子应由材质稳定的材料制成，并预先要在水中煮沸60 min。具体尺寸见图2。

1) 焊接不锈钢的相关成分：

18%Cr、10%Ni、最高0.08%C以及附加Ti。

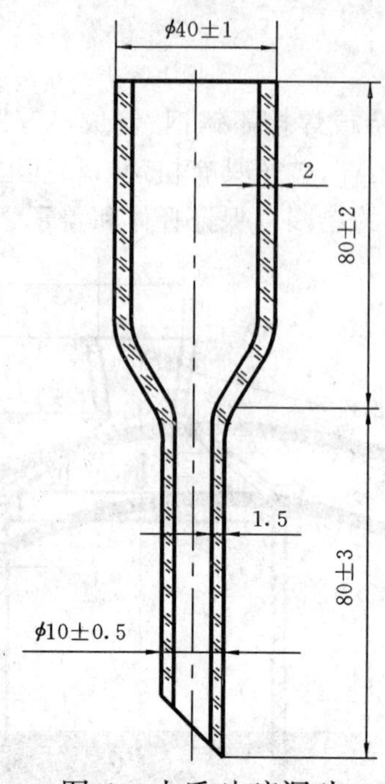

图 2　古氏玻璃漏斗

5.4　温度计:0～150℃(分度值为 0.5℃)。

5.5　天平:准确度为±0.1 mg。

5.6　干燥器:装有适当的干燥剂。

5.7　游标卡尺:读数 0.02 mm。

5.8　烘箱:适于 110℃操作。

5.9　烧杯:容积 500 mL。

5.10　银丝。

5.11　镊子:用塑料、银或铂包头。

5.12　加热浴池:配有一个能加热甘油和在 100～120℃任一温度恒温的控制器,并配有搅拌装置。

6　试样的制备

6.1　玻璃制品试样制备

将玻璃切割成易测形状,如长方形、方形,总表面积为 10～15 cm^2 的两个试样,断面细工研磨,不得用火抛光,新切割表面不多于总表面积的 20%。

6.2　玻璃材质试样制备

把按 5.1 方法制备的试样完全浸入到 1 体积氢氟酸(4.7)和 9 体积盐酸(4.4)的混合液中,使试样在室温下浸蚀 10 min。夹住试样,小心倒出混合液,用纯水冲洗试样五次。

7　试验步骤

计算试样的总表面积,误差应小于 2%,记录所测得值。清洗每个试样,然后用镊子夹住试样(其后操作相同),用纯水分别冲洗三遍,再用丙酮或无水乙醇漂洗。放在 110℃烘箱干燥 60 min,再将试样转入干燥器中冷却至室温,然后精称至 0.1 mg,记录其质量 m_1。

将试验容器浸入加热浴池内,在试验容器内加入 800 mL 等体积的碳酸钠(4.5)和氢氧化钠混合溶液(4.6),使试验容器内的液面与浴液的液面一致。盖上盖子再安装上古氏玻璃漏斗和冷凝器,接通冷凝器水流,启动搅拌器并加热浴液,使试验容器内的温度达到 102.5℃±0.5℃,应控制回流液下滴速度在 4～6 s/滴为宜。然后打开盖子用银丝将试样片悬挂在容器盖子的吊钩上,接着将试样浸入煮沸的溶液里，使所有试样都浸入溶液中。防止试样之间或试样同容器壁之间相互碰撞。从试样浸入时算起，连续煮沸 3 h±2 min。样品从沸腾的溶液中取出，快速地放入 1 mol/L 盐酸溶液里浸泡三次。分别用纯水洗涤三次，最后用丙酮或无水乙醇漂净。放在烘箱中经 110℃干燥 60 min，再转入干燥器中冷却至室温。然后精称至 0.1 mg。记录其质量 m_2。

如果重复上述操作，须用新的玻璃试样和新的溶液。

8 结果表示方法

8.1 计算

对每个测得的结果计算玻璃单位表面积损失的质量 ρ_A，其计算公式如下：

$$\rho_A = \frac{100 \times (m_1 - m_2)}{A} \quad \cdots\cdots(1)$$

式中：ρ_A——样品每单位表面积损失的质量，mg/dm^2；

m_1——样品最初质量，mg；

m_2——样品最终质量，mg；

A——样品总表面积，cm^2。

由两个试样所得的结果求出平均值。假如两个结果与平均值之差大于 10%，则必须再取两个试样重新测定。

8.2 分级

按照本标准所规定的方法试验时，玻璃应根据每平方分米所损失的质量毫克数进行分级，见表 1。

表 1 耐碱试验分级表

级　　别	特　　性	3 h 后单位面积损失的质量，mg/dm^2
A_1	低浸蚀性	0～≤75
A_2	弱浸蚀性	>75～≤175
A_3	高浸蚀性	>175

8.3 标志

使用下列级别标志：

例：单位表面积损失质量为 90 mg/dm^2，玻璃(A_2 级)。玻璃耐碱级别 GB/T 6580 A_2。

9 试验报告

试验报告应包括下列内容：

a) 试样鉴别情况；

b) 试样总表面积以平方厘米表示，精确至 0.1 cm^2；

c) 玻璃每单位表面积损失质量的平均值，以 mg/dm^2，精确至 1 mg/dm^2；

d) 耐碱级别 A(标志)；

e) 注明测定中的一切反常现象。

前　言

本标准等效采用国际标准 ISO 719:1985《玻璃——玻璃颗粒在 98℃时的耐水性——试验方法和分级》。

本标准是对 GB 6582—86《玻璃在 98℃耐水性的颗粒试验方法和分级》的修订。

本标准对原标准 GB 6582—86 作下列技术改变:

——适用范围由适用于耐水性较好的各类玻璃改成适用于各类玻璃。

——试样的制备原标准仅有手工操作,本版本根据 ISO 719:1985 规定,增加了机械制备,相应地在仪器中增加了球磨机和振筛机。

——试样清洗,原标准用纯水,而本版本改用丙酮或无水乙醇清洗、干燥。

——本版本对直接用于试验的玻璃容器提出了老化处理的明确要求。

本标准从生效之日起,同时代替 GB 6582—86。

本标准由中国轻工总会提出。

本标准由全国玻璃仪器标准化技术委员会归口。

本标准主要起草单位:中国轻工总会玻璃仪器质量监督检测中心。参加起草单位:北京玻璃仪器厂。

本标准主要起草人:蒋中鳌、朱惠英、杜玉海。

ISO 前言

ISO(国际标准化组织)是由各国标准化团体(ISO 成员团体)组成的世界性的联合会。制定国际标准的工作通常由 ISO 的技术委员会完成,各成员团体若对某技术委员会已确立的标准项目感兴趣,均有权参加该委员会的工作。与 ISO 保持联系的各国际组织(官方的或非官方的)也可参加有关工作。在电工技术标准化方面 ISO 与国际电工委员会(IEC)保持密切合作关系。

由技术委员会正式通过的国际标准草案提交各成员团体表决,国际标准需取得至少 75%参加表决的成员团体的同意才能正式通过。

国际标准 ISO 719 是由 ISO/TC 48 实验室玻璃器皿和相关仪器技术委员会制定的。

本版本取代第一版(ISO 719:1981),对其内容作了技术上修改。

所有国际标准都会被修订,使用本标准各方应注意,本标准引用的国际标准,除非另有说明,一律用最新版本。

中华人民共和国国家标准

玻璃在 98℃耐水性的颗粒试验方法和分级

GB/T 6582—1997
eqv ISO 719:1985
代替 GB 6582—86

Glass—Hydrolytic resistance of glass grains at 98℃—Method of test and classification

1 范围

本标准规定了玻璃颗粒在 98℃时耐水性的测定方法。耐水性是用单位质量玻璃析出的碱，所耗用酸的体积或换算成氧化钠质量来表示。然后按本标准规定进行分级。

本标准适用于各类玻璃。

2 引用标准

下列标准所包含的条文，通过在本标准中引用而构成为本标准的条文。本标准出版时，所示版本均为有效。所有标准会被修订，使用本标准的各方应探讨使用下列标准最新版本的可能性。

GB 622—89 化学试剂 盐酸

GB 6682—92 分析实验室用水规格及试验方法

GB 12805—91 实验室玻璃仪器 滴定管

GB 12806—91 实验室玻璃仪器 单标线容量瓶(eqv ISO 1042:1983)

GB 12808—91 实验室玻璃仪器 单标线吸量管(eqv ISO 648:1977)

GB/T 15723—1995 实验室玻璃仪器 干燥器

GB/T 15724.1—1995 实验室玻璃仪器 烧杯

GB/T 15724.2—1995 实验室玻璃仪器 锥形烧杯

GB/T 15725.6—1995 实验室玻璃仪器 磨口烧瓶

HG 3—958—76 化学试剂 甲基红

3 原理

本试验方法是将玻璃作为一种玻璃颗粒材料进行的试验。将 2 g 尺寸为 300～500 μm 的玻璃颗粒，在 98℃纯水中浸泡 60 min。通过分析浸出液计算水解浸蚀的程度。

4 试剂

4.1 纯水(GB 6682)：二级。纯水应在经老化处理的烧瓶中煮沸 15 min 以上，以除去溶解气体，如二氧化碳。这种水可保存在具塞烧瓶中，在 24 h 内其 pH 值不改变。

纯水在使用前应用甲基红进行试验，须呈中性，即在 50 mL 的水中加入 4 滴甲基红指示剂(4.3)应呈橙红色，而不是紫红或黄色，相应的 pH 值为 5.5±0.1。

4.2 盐酸(GB 622)：优级纯，0.01 mol/L 标准溶液，精确称取在 270℃烘烤 0.5 h 以上的基准无水碳

国家技术监督局 1997-07-24 批准　　1998-01-01 实施

酸钠 0.2 g，以甲基橙为指示剂按常规标定 0.1 mol/L 盐酸溶液，然后精确稀释至 0.01 mol/L。

4.3 甲基红[1]（HG 3—958）：0.1%指示液。用 0.10 g 甲基红溶于 100 mL95%乙醇中。

4.4 丙酮或无水乙醇（GB 686—89）：分析纯或以上。

5 仪器

5.1 天平：感量 5 mg。

5.2 滴定管（GB 12805）：5 mL（分度 0.02 mL）；2 mL 或 1 mL（分度 0.01 mL）。

5.3 单标线吸量管（GB 12808）：25 mL。

5.4 单标线容量瓶（GB 12806）：用玻璃颗粒耐水性为 GB/T 6582—HGB1 的玻璃制造。50 mL，具玻璃塞，必须选用刻度线在瓶颈下半部。每个新容量瓶使用之前，都要充水至刻度线以上，然后按第 7 章所规定的加热程序反复处理至甲基红呈中性。对测定过低耐水性玻璃颗粒所用的容量瓶亦应进行上述处理，以消除污染。

注：使用石英容量瓶时，不需要预处理。

5.5 锥形瓶（GB/T 15724.2）：100 mL。新瓶的预处理方法，用水充至瓶颈上部，然后按容量瓶的规定进行处理。

5.6 磨口烧瓶（GB/T 15725.6）：1000 mL。

5.7 烧杯（GB/T 15724.1）：100 mL。每个烧杯使用前，按 5.4 进行处理。

5.8 称量瓶：约 20 mL。

5.9 干燥器（GB/T 15723）。

5.10 锤子：约 0.5 kg。

5.11 研钵和杵：用淬火钢制成。

5.12 磁铁。

5.13 冷却水槽：要有足够的容积，使每个容量瓶外有 1 L 水。

5.14 标准筛：一套直径 200 mm 不锈钢网目的方孔筛，包括：500 μm 筛孔的 *A* 筛、300 μm 筛孔的 *B* 筛和 600～1000 μm 筛孔的 *O* 筛。

筛子的盖子、底盘和筛框不得用铜材，而应用不锈钢或漆过的木头制成。

注：为了挡住较大的玻璃颗粒以防止 *A* 筛的严重磨损，应使用 *O* 筛。

5.15 温度计：测量范围 90～110℃，分度 0.5℃。

5.16 水浴锅：用电或煤气加热进行恒温控制，要求加热水浴锅有足够的容积，使每个试验用的容量瓶外拥有 1 L 水，并且能按第 7 章的规定完成加热循环。

5.17 球磨机：用玛瑙或不锈钢制成，体积为 250 mL，有两个直径为 40 mm 的球或 3 个直径为 30 mm 的球。

5.18 振筛机：带一套符合 5.14 要求的筛子。

5.19 烘箱：适于 150℃。

6 试样制备

6.1 试样要求

试样应满足下列要求：

a）密度：密度在 20℃应为 2.4 g/cm^3±0.2 g/cm^3。

b）厚度：厚度应>1.5 mm。

采用说明：

1] 用甲基红代替甲基红钠盐。

c）内应力：应合格，即使不合格亦不得再退火。

试样如未能满足以上要求，在报告中应注明。试样用干净纸包住，并敲碎成直径不超过 30 mm 的碎块。

6.2 手工制备

将 30～50 g 直径为 10～30 mm 的玻璃块（6.1）放入研钵（5.11）中，插入杵，用锤子（5.10）猛击一次，将玻璃从研钵倒入配套标准筛（5.14）的上层 *O* 筛上，轻微摇动套筛，以筛出较细的颗粒。把留在 *A* 筛和 *O* 筛上的玻璃再倒回研钵并重新敲碎和过筛，直到留在 *O* 筛上的玻璃只剩约 10 g 为止。随后倒掉 *O* 筛上和筛底上的玻璃。用手摇动套筛 5 min，将通过 *A* 筛但留在 *B* 筛上的玻璃颗粒用于试验。

试样至少准备 10 g 样品。若需要敲碎和筛选更多的样品，则必须将已得到的样品从 *B* 筛中倒出并储存在称量瓶（5.8）中。

在完成全部敲碎和过筛后，将样品混在一起，摊开在干净的有光纸上，用磁铁（5.12）吸出所有铁屑，然后将样品转入烧杯（5.7）中清洗。

6.3 机械制备

将大约 50 g 粗碎玻璃（6.1）放入球磨机（5.17）中，再放入研磨球进行研磨。薄壁玻璃（壁厚≤1.5 mm）研磨 2 min，厚壁玻璃（壁厚＞1.5 mm）研磨 5 min。

将玻璃颗粒放到振筛机（5.18）配套筛的最上层 *O* 筛上，筛 3 min 并将留在 *B* 筛上的玻璃颗粒收集至烧杯中，烧杯要保存在干燥器（5.9）中。将 *A* 筛和 *O* 筛上的玻璃放回球磨机中，按以上时间再进行研磨。重复筛选和研磨过程，直至从 *B* 筛上收集到 10 g 玻璃颗粒为止。按 6.2 中最后一段的规定除去铁屑。

6.4 清洗

在每个烧杯（5.7）的玻璃颗粒中加入 30 mL 丙酮（4.4）。紧握烧杯，使烧杯底与工作台面成 30°～45°角。用包有胶皮或塑料，粗约 10 mm 的玻璃棒搅动 20 次。转动玻璃颗粒并尽可能倾出丙酮。再加入 30 mL 丙酮，转动玻璃颗粒，倾出丙酮，如上反复冲洗至丙酮清沏为止。然后将烧杯在电热板上加热除去残留的丙酮，再转入烘箱中（5.19）140℃加热 20 min。

将烘干的玻璃颗粒从烘箱转移至称量瓶（5.8）中，盖上瓶盖，保存在干燥器（5.9）中冷却。

7 试验步骤

在三个单标线容量瓶（5.4）中，分别装入 2.00 g 干燥的玻璃颗粒，用纯水（4.1）充满至标线，并再充满另两个容量瓶，一个作为空白试验，另一个用作温度控制。轻轻摇动容量瓶，使玻璃颗粒均匀分布在瓶底上，然后把所有不加瓶塞的容量瓶放进水浴锅（5.16）中，使其瓶颈的一半浸没在水里（可用一支架将容量瓶托住）。增大加热速率使控制用的容量瓶在 3 min 内达规定的温度 98℃±0.5℃，2 min 后，塞上瓶塞。从浸没时间起连续加热 60 min±1 min，并使瓶内温度保持在 98℃±0.5℃。

从水浴锅内取出容量瓶，打开瓶塞，将容量瓶放入冷水槽中，以自来水冷却至室温。用纯水补充至容量瓶标线，再塞上瓶塞并彻底摇匀，然后静置让玻璃颗粒下沉。此时得到上层清液，应在 1 h 内完成滴定。

用吸量管（5.3）分别从每个容量瓶内吸取 25 mL 清液注入锥形瓶（5.5）中，分别在每个锥形瓶中加入 2 滴甲基红指示液（4.3），接着用 0.01 mo1/L 盐酸标准溶液（4.2），滴定至微红色，并用同样方法进行空白试验。

8 结果表示方法

8.1 计算

从三个样品测得的每个数值中减去空白值，然后计算每克样品结果的平均值，报告此值。若需要析出碱的相当量，可计算为每克玻璃颗粒的氧化钠（Na_2O）微克数。

1 mL 盐酸溶液[c(HCl)=0.01 mol/L]相当于 310 μg 氧化钠(Na_2O)。

若最高值和最低值超过表 1 中所列的允许范围,要重做试验。

表 1 测得值的允许范围

每克玻璃所消耗的盐酸溶液 [c(HCl)=0.01 mol/L] mL/g	允许范围
≤0.10	平均值的 30%
>0.10~≤0.20	平均值的 20%
>0.20	平均值的 10%

8.2 分级

在按本标准规定进行试验时,根据酸的消耗量及其析出碱的量[表示为氧化钠(Na_2O)],按表 2 对玻璃进行分级。

表 2 颗粒耐水试验的界值(沸水试验)

玻璃 分级	每克玻璃颗粒消耗的盐酸溶液 [c(HCl)=0.01 mol/L] mL/g	每克玻璃颗粒析出碱的量 以氧化钠(Na_2O)质量表示,μg/g
HGB1	0~≤0.10	0~31
HGB2	>0.10~≤0.20	>31~≤62
HGB3	>0.20~≤0.85	>62~≤264
HGB4	>0.85~≤2.0	>264~≤620
HGB5	>2.0~≤3.5	>620~≤1085

8.3 表示方法

为了便于根据本标准按玻璃材质的耐水性进行分级,建议使用以下标志。

例:每克玻璃颗粒耗用 0.60 mL 盐酸溶液[c(HCl)=0.01 mol/L][相当于每克玻璃颗粒析出 186 μg氧化钠]的玻璃(HGB3)应表示为:

玻璃颗粒耐水性 GB/T 6582—HGB3

9 试验报告

试验报告应包括以下内容：

a）参照本标准；

b）试样鉴别情况；

c）每克玻璃颗粒耗用盐酸标准溶液的毫升数平均值；

d）若需要用碱的量表示，每克玻璃颗粒析出氧化钠的微克数平均值；

e）玻璃颗粒耐水性标志 HGB；

f）若试验产品的壁厚≤1.5 mm 应标明产品壁厚；

g）若玻璃密度在 20℃，超过 2.4 g/cm³±0.2 g/cm³ 应写明玻璃的密度；

h）若试验用产品，内应力不合格，应注明。

ICS 81.040
Q 35

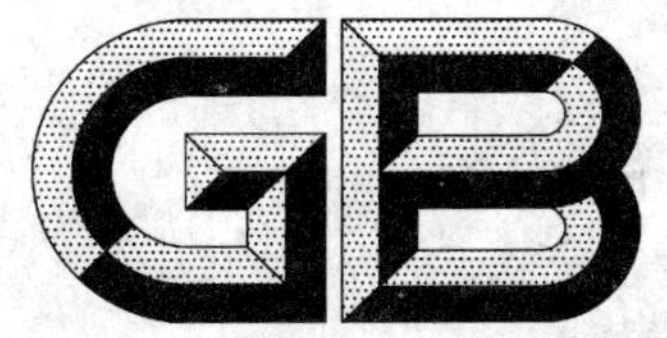

中华人民共和国国家标准

GB/T 10701—2008
代替 GB/T 10701—1989

石英玻璃热稳定性试验方法

Test methods for thermal stability of silica glass

(ISO 718:1990,Laboratory glassware—Thermal shock and thermal shock endurance—Test methods,NEQ)

2008-06-30 发布　　2009-04-01 实施

中华人民共和国国家质量监督检验检疫总局
中国国家标准化管理委员会　发布

前言

本标准与国际标准 ISO 718:1990《实验室玻璃仪器——热冲击的试验方法》一致性程度为非等效。

本标准代替 GB/T 10701—1989《石英玻璃热稳定性检验方法》。

本标准与 GB/T 10701—1989 相比主要变化如下：

——取消了原标准中对 A 法和 B 法适用范围的限制；

——删减原标准术语章节中部分条款；

——修改了试样规格；

——取消了对水槽应附带有水循环装置或搅拌器的要求；

——增加了对清洗样品水质的要求；

——修改了确定试样保温时间的方式；

——修改了试验后试样取出方式；

——修改了 A 法中检查试样的方式；

——将结果处理修改为结果表述；

——删除原标准检验报告的要求。

本标准由中国建筑材料联合会提出。

本标准由中国建筑材料科学研究总院归口。

本标准起草单位：中国建筑材料科学研究总院、中国建筑材料检验认证中心。

本标准主要起草人：张浩运、吴洁、杨学东、郑丽英。

本标准于 1989 年首次发布，本次为第一次修订。

石英玻璃热稳定性试验方法

1 范围

本标准规定了石英玻璃热稳定性试验的两种试验方法：水冷却法(A法)；空气冷却法(B法)。

本标准适用于除不透明石英玻璃砖以外各种石英玻璃及其制品热稳定性的试验。

2 术语和定义

下列术语和定义适用于本标准。

热稳定性 Thermal stability

石英玻璃承受由高温 T_1 到低温 T_2，温度剧变的能力。

3 试验

3.1 试验设备

3.1.1 高温电炉：最高炉温应能够满足试验的 T_1 温度要求，其规格尺寸应适合于试样品规格，试验保温阶段炉内温度波动不超过±5 ℃。

3.1.2 冷却水槽：直径或边长大于300 mm，高350 mm～400 mm的防锈水槽。槽内放入自来水，水位高度为250 mm～300 mm，并放两层脱脂纱布以便托住浸入水中的试样。

3.1.3 温度计：测量范围在0 ℃～50 ℃的温度计。

3.1.4 石英玻璃试样架或托盘。

3.1.5 镀铬坩埚钳。

3.1.6 纯度为化学纯的无水乙醇。

3.1.7 普通时钟。

3.2 试样制备

各种石英玻璃的试样尺寸应符合表1中的规定。试样切割处均需进行磨抛处理，以消除切割产生的裂纹、缺口和崩落等缺陷。

表1 试样规格

单位为毫米

试 样 名 称	试 样 规 格
直径≤80的各种石英玻璃管、棒	长为60的管段
直径>80的各种石英玻璃管	长(50)×弦长(50)×原壁厚的片状
板状透明及不透明石英玻璃	长(50)×宽(50)×原厚度的块状
透明坩埚、蒸发皿、试管、漏斗、舟、罩等器皿	整件制品

3.3 试验准备

在炉膛底部放上石英玻璃垫片，将炉温加热到规定的上限温度 T_1。试样用自来水冲洗后用无水乙醇擦拭，再用去离子水冲洗试样，最后用脱脂纱布擦干，待用。

4 试验步骤

4.1 水冷却法(A法)

4.1.1 将准备好的试样放在石英玻璃试样架或者托盘上，再放入加热到 T_1 温度的高温电炉工作区的中心。允许多个试样同时试验，但不得重叠放置，同时应保证出入炉操作时试样不受任何外力作用。

4.1.2　在 T_1 温度下，按试样厚度不同，恒温时间应符合表 2 中的规定。在炉温恢复到 T_1 温度后再计算恒温时间。

表 2　恒温时间

试样厚度/mm	恒温时间/min
<5	15
5～10	20
≥10	30

4.1.3　用坩埚钳夹取石英玻璃试样架或者托盘将恒温后的试样及石英玻璃试样架或者托盘一起出炉，在 4 s 内迅速将试样浸入规定温度 T_2 的水中，多个试样同时浸入水中时应避免相互碰撞。

注：试样转移时间是从打开炉门开始计算至试样浸入水中为止。

4.1.4　试样浸入水中至少 8 s 后在水中检查，并在试样浸入水中 2 min 内完成检查。

4.1.5　将检查后未破坏的试样用去离子水冲洗后，再用脱脂纱布擦干，按以上步骤重复试验，每个试样试验 3 次。

4.2　**空气冷却法(B 法)**

4.2.1　按 4.1.1 和 4.1.2 将试样加热和保温。

4.2.2　按 4.1.3 从炉内取出试样，在空气中冷却至温度 T_2，检查。

4.2.3　每个试样按以上步骤重复试验 3 次。

5　结果表述

每次冷热循环后，目测检查试样上是否出现裂纹、缺口和内外表皮崩落等缺陷。必要时，使用精度不低于 0.02 mm 的游标卡尺测量缺口及崩落的尺寸。

每次冷热循环后，若试样上呈现裂纹、缺口和内外表皮崩落等缺陷，则该试样不再继续试验。

ICS 81.040
Q 33

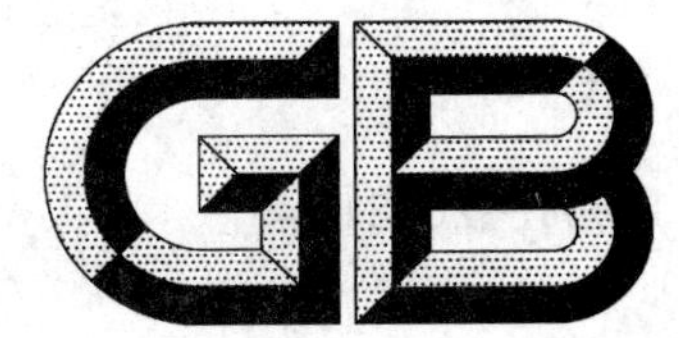

中华人民共和国国家标准

GB/T 14901—2008
代替 GB/T 14901—1994

玻璃密度测定　沉浮比较法

Test method for density of glass—Method of the sink-float comparison

2008-11-12 发布　　2009-09-01 实施

中华人民共和国国家质量监督检验检疫总局
中国国家标准化管理委员会　发布

前　言

本标准代替 GB/T 14901—1994《玻璃密度测定方法　沉浮比较法》。

本标准与 GB/T 14901—1994 相比主要变化如下：

——试剂部分做了编辑性修改(1994 年版的第 5 章,本版的第 4 章),亚甲基碘化物改为二碘甲烷；

——仪器部分做了编辑性修改(1994 年版的第 4 章,本版的第 5 章)；

——参照标样与试样位置做了改动(1994 版的第 6 章,本版的 4.4)。

本标准附录 A 为规范性附录。

本标准由中国建筑材料联合会提出。

本标准由全国建筑玻璃标准化技术委员会(SAT/TC 255)归口。

本标准负责起草单位:秦皇岛玻璃工业研究设计院。

本标准主要起草人:管世锋、刘志付、陆万顺、韩影、谭晓箭。

本标准所代替标准的历次版本发布情况为：

——GB/T 14901—1994。

玻璃密度测定　沉浮比较法

1　范围

本标准规定了用沉浮比较法测定玻璃密度的仪器、测定步骤和结果计算。

本标准适用于测定密度在 1.1 g/cm^3～3.3 g/cm^3 的玻璃或其他无孔固体的密度，也可以用于测定陶瓷或已知气孔率的固体的表观密度。

2　规范性引用文件

下列文件中的条款通过本标准的引用而成为本标准的条款。凡是注日期的引用文件，其随后所有的修改单（不包括勘误的内容）或修订版均不适用于本标准，然而，鼓励根据本标准达成协议的各方研究是否可使用这些文件的最新版本。凡是不注日期的引用文件，其最新版本适用于本标准。

GB/T 2540　石油产品密度测定方法（比重瓶法）

3　原理

由于密度溶液的热膨胀系数比玻璃参照标样的热膨胀系数大得多，所以温度升高时密度溶液的密度值比玻璃参照标样和玻璃试样的密度值下降多得多。室温 20 ℃±3 ℃时，密度溶液的密度大于玻璃参照标样和玻璃试样的密度，因此，玻璃参照标样和玻璃试样漂浮在密度溶液上。然后使三者同时升温，当密度溶液的密度下降到小于标样与试样的密度时，在不同温度下，标样和试样分别沉降，根据其沉降温度，计算玻璃试样的密度。玻璃参照标样于 30 ℃[1]时在配制的密度溶液中沉降，玻璃试样在 20 ℃～40 ℃范围内沉降，因此，可测定与标样密度值相差±0.020 0 g/cm^3 以内的试样。

4　试剂和材料

4.1　试剂

配制密度溶液的试剂应为分析纯或优级纯。所用试剂有以下几种：

a）　水杨酸异丙酯，30 ℃时密度 1.10 g/cm^3；

b）　α-溴代萘，30 ℃时密度 1.48 g/cm^3；

c）　对称-四溴乙烷，30 ℃时密度 2.96 g/cm^3；

d）　二碘甲烷，30 ℃时密度 3.32 g/cm^3。

注：由于二碘甲烷、α-溴代萘和对称-四溴乙烷具有光敏性，应保存在遮光容器中。配制的密度溶液应放在遮光容器中保存。二碘甲烷中放入一段铜丝能减缓二碘甲烷的分解。

4.2　密度溶液的配制

选用 4.1 中两种试剂配制密度溶液，两种试剂的体积随需配制的密度溶液的密度值不同而不同。每种试剂所需体积，可由下列公式得到：

$$\rho_s V_s = \rho_1 V_1 + \rho_2 V_2 \quad \cdots\cdots(1)$$

$$V_s = V_1 + V_2 \quad \cdots\cdots(2)$$

$$\rho_s = \frac{\rho_1 V_1 + \rho_2 V_2}{V_1 + V_2} \quad \cdots\cdots(3)$$

1）　为便于玻璃厂快速测定玻璃试样密度，玻璃参照标样沉降温度可定在 25 ℃～35 ℃范围内。

式中：

ρ_s——配制的密度溶液的密度，单位为克每立方厘米(g/cm^3)；

V_s——配制的密度溶液的体积，单位为毫升(mL)；

ρ_1——30 ℃时试剂 1 的密度，单位为克每立方厘米(g/cm^3)；

ρ_2——30 ℃时试剂 2 的密度，单位为克每立方厘米(g/cm^3)；

V_1——30 ℃时试剂 1 的体积，单位为毫升(mL)；

V_2——30 ℃时试剂 2 的体积，单位为毫升(mL)。

量取试剂 1 V_1(mL)，试剂 2 V_2(mL)，置于烧杯中混合。在电炉上加热至 30 ℃，将玻璃参照标样放入密度溶液中，加入 1 滴或数滴试剂 1 或试剂 2 充分搅拌，直至标样于 30 ℃开始沉降为止。

4.3 密度溶液温度系数的测定

用 GB/T 2540 规定方法测定温度为 20 ℃和 40 ℃时密度溶液的密度。密度溶液的温度系数 C_ρ 用式(4)计算：

$$C_\rho = \frac{\rho_{T1} - \rho_{T2}}{T_1 - T_2} \qquad \cdots\cdots(4)$$

式中：

C_ρ——密度溶液温度系数，单位为克每立方厘米摄氏度[$g/(cm^3 \cdot ℃)$]；

ρ_{T1}——20 ℃时密度溶液的密度，单位为克每立方厘米(g/cm^3)；

ρ_{T2}——40 ℃时密度溶液的密度，单位为克每立方厘米(g/cm^3)；

T_1——20 ℃；

T_2——40 ℃。

4.4 参照标样与试样

玻璃参照标样与玻璃试样，表面应光滑、无裂纹和飞边，质量在 0.25 g～0.38 g 之间，长与宽之比不大于 2。

玻璃参照标样的密度值用附录 A 准确测定。每块标样可从一块重 20 g 的玻璃片上裁取，并弃除大于标样密度值±0.000 1 g/cm^3 的任一标样。

测定其他物质密度时，参照标样和试样的质量应按照体积 0.10 mL～0.15 mL 换算。用户可以根据需要，选择二次退火的玻璃来制备样品。

5 仪器

沉浮比较密度仪，如图 1 所示，由下述部件构成：

a) 容量为 4 000 mL～5 000 mL 的玻璃水浴缸(杯)一个。

b) 转速 0 r/min～6 000 r/min，无级调速，功率为 25 W 的搅拌器一台。

c) 装有变阻器的浸没式加热器一台，或装有变阻器的电炉一个，功率均为 1 000 W。

d) 100 mL 的玻璃试管二支，一支试管里盛有密度溶液，玻璃参照标样和玻璃试样，另一支试管里盛有同种密度溶液和一支温度计。试管里最多可以同时放入三个试样进行测定。必要时，也可以采用多支试管，盛有不同密度的密度溶液，对不同密度的样品进行测定。

e) 20 ℃～40 ℃水银温度计二支，精度 0.1 ℃。

f) 支撑试管、温度计等的耐热、耐湿盖板如图 2 所示，厚度为 6 mm 左右。

g) 用紫铜制作的直径为 6 mm 的冷却水管一副。

6 测定步骤

6.1 玻璃参照标样与试样的处理

将玻璃参照标样和已切割好的玻璃试样，用无水乙醇清洗干净，室温晾干，小心放入盛有密度溶液的试管中，标样和试样均呈悬浮状态。

6.2 **启动沉浮比较密度仪**

6.2.1 将所有试管以及温度计都置于水浴适当位置。

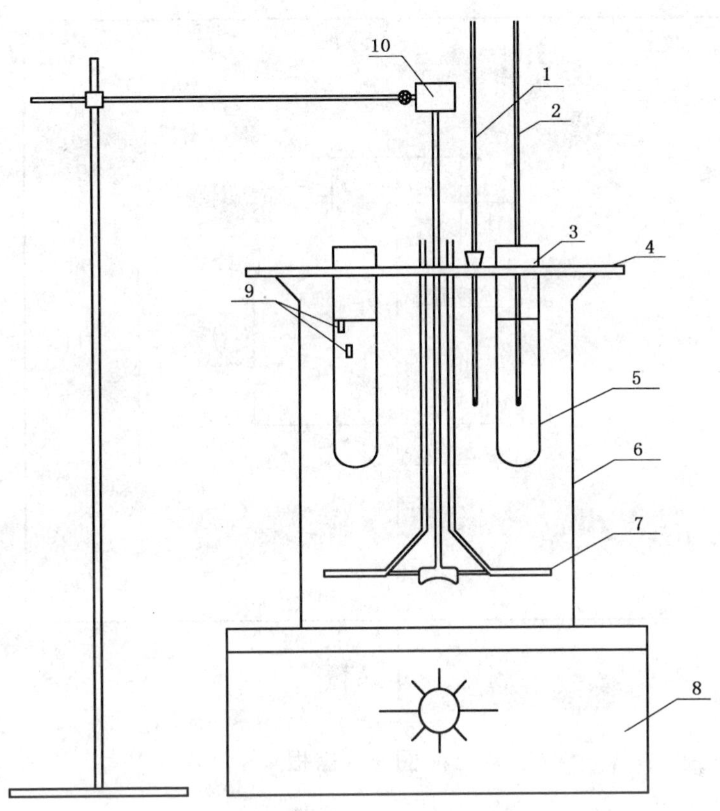

1、2——温度计；

3——橡皮塞；

4——盖板；

5——玻璃试管；

6——玻璃水浴缸(杯)；

7——冷却水管；

8——电加热器；

9——标样、试样；

10——搅拌器。

图 1 浮沉比较密度仪

6.2.2 启动搅拌器和加热器。

6.2.3 调节水浴和密度溶液的升温速率。

实验开始时，水浴升温速率为 1 ℃/min～2 ℃/min，当水浴温度接近试样、标样的沉降温度时，停止加热，接通冷却水，调整冷却水流量。水浴的温度迅速下降，当水浴温度和密度溶液的温度接近时，关闭冷却水，十几分钟以后，水浴温度和密度溶液的温度逐步得到平衡，在密度溶液温度低于试样或标样预定沉降温度 2 ℃～4 ℃时，接通加热器电源，调节加热器功率，使水浴和密度溶液以 0.10 ℃/min±0.02 ℃/min 的升温速率进行加热。

6.3 记录沉降温度

当玻璃参照标样或玻璃试样在密度溶液中沉降至试管中点刻线时，准确记录此时各自沉降温度和水浴温度。水浴和密度溶液的温差不应超过±0.4 ℃。

单位为毫米

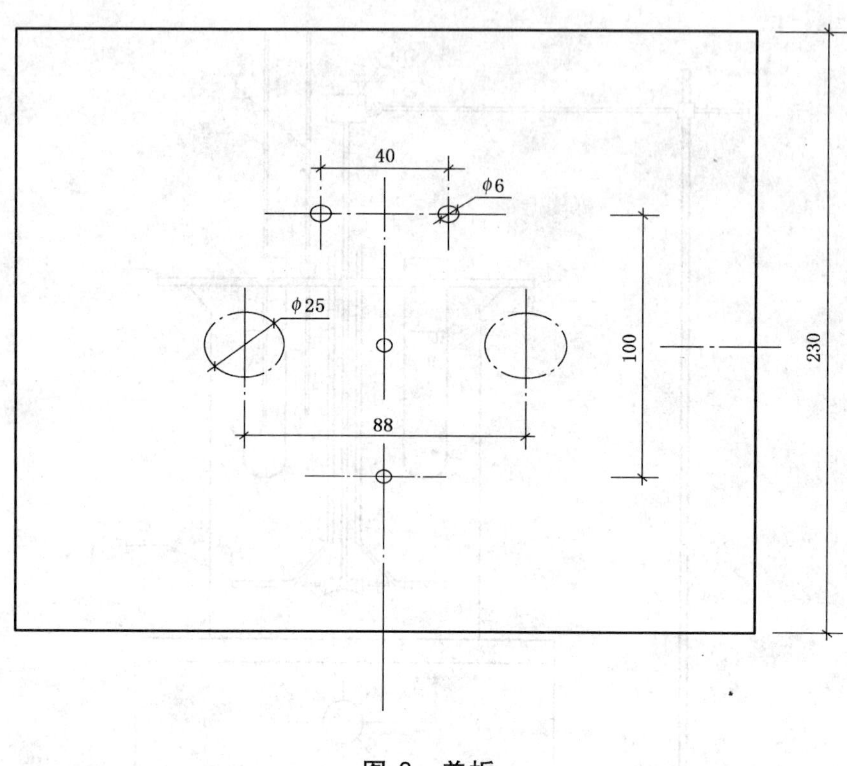

图 2 盖板

7 结果计算

7.1 玻璃试样沉降温度的校正

玻璃参照标样的沉降温度规定为 30 ℃时，玻璃试样的沉降温度必须按照式(5)校正：

$$T_c = T + (30 - T_s) \qquad \cdots\cdots(5)$$

式中：

T_c——校正后玻璃试样的沉降温度，单位为摄氏度(℃)；

T——玻璃试样沉降温度，单位为摄氏度(℃)；

T_s——玻璃参照标样沉降温度，单位为摄氏度(℃)。

7.2 密度计算

7.2.1 玻璃试样在沉降温度 T 时的密度按式(6)计算：

$$\rho_T = \rho_s + C_\rho(T - T_s) \qquad \cdots\cdots(6)$$

式中：

ρ_T——沉降温度 T 时玻璃试样的密度，单位为克每立方厘米(g/cm^3)；

ρ_s——沉降温度为 30 ℃时玻璃参照标样的密度，单位为克每立方厘米(g/cm^3)；

C_ρ——同式(4)；

T、T_s——同式(5)。

7.2.2 试样与玻璃参照标样线膨胀系数相同时，20 ℃玻璃试样密度按式(7)、式(8)计算：

$$\rho_{20} = \rho_{s20} + (C_\rho + 3\alpha_s\rho_s)(T - T_s) \qquad \cdots\cdots(7)$$

式(5)代入式(7)得到:

$$\rho_{20} = \rho_{s20} + (C_{\rho} + 3\alpha_{a}\rho_{s})(T_{c} - 30) \quad \cdots\cdots(8)$$

式中:

ρ_{20}——玻璃试样在 20 ℃时的密度,单位为克每立方厘米(g/cm^3);

ρ_{s20}——玻璃参照标样在 20 ℃时的密度,单位为克每立方厘米(g/cm^3);

α_a——玻璃试样和玻璃参照标样的线膨胀系数,单位为每摄氏度(℃$^{-1}$);

C_{ρ}、ρ_s、T_s、T——同式(6)。

7.2.3 玻璃试样和玻璃参照标样的线膨胀系数不同时,20 ℃玻璃试样密度按式(9)计算:

$$\rho_{20} = \rho_{s20}[(1.0000 - 30\alpha_{a}) + 3\alpha_{b}(T_{c} - 20)] + C_{\rho}(T_{c} - 30) \quad \cdots\cdots(9)$$

式中:

α_a——玻璃参照标样的线膨胀系数,单位为每摄氏度(℃$^{-1}$);

α_b——玻璃试样的线膨胀系数,单位为每摄氏度(℃$^{-1}$);

C_{ρ}、ρ_{s20}、ρ_{20}、T_c——同式(7)。

8 密度-温度表的编制

每一块玻璃参照标样和玻璃密度溶液系统,都可编制一组 20 ℃的玻璃试样与其沉降温度对应关系的数据表。

需要做大量常规密度测定时,可编制和使用密度-温度表。由式(8)计算出 T_c 在 20 ℃～40 ℃之间每增加 0.1 ℃时的 20 ℃玻璃试样的密度值,编制成密度-温度表。

查密度-温度表前,用式(5)把玻璃试样沉降温度 T 换算成 T_c。然后在密度-温度表上查出 T_c 对应的 20 ℃玻璃试样密度。

9 记录与报告

9.1 报告应填写:产品名称、生产厂家、试样编号以及玻璃试样在 20 ℃的密度。

9.2 记录应包括:测定日期、密度-温度表、标样及试样的编号、标样及试样的沉降温度和相应的水浴温度。

10 精密度和准确度

本方法的标准误差为±0.000 1 g/cm^3。玻璃参照标样的密度值准确到±0.000 1 g/cm^3 时本方法的准确度为±0.000 2 g/cm^3。

附 录 A
(规范性附录)
玻璃标样密度测定 悬浮法

A.1 范围

本方法适用于测定 20 ℃～25 ℃时的玻璃参照标样密度。

A.2 仪器与材料

a) 天平:精确度为 0.000 1 g。
b) 温度计:测温范围 15 ℃～30 ℃,最小分度值 0.1 ℃。
c) 镍-铬-铁或铂合金丝:直径为 0.1 mm～0.2 mm,用于制作悬丝和吊篮,金属丝应除去表面油脂或在真空中加热净化。
d) 烧杯:容量为 500 mL。
e) 蒸馏水:新制备,使用前再次煮沸,静置冷却至室温后使用。

A.3 样品

A.3.1 切取玻璃试样 20 g,玻璃表面应光滑,无裂纹或飞边。
A.3.2 玻璃试样先在热硝酸中浸洗,再用蒸馏水和乙醇清洗净化,放入干燥器内待测。

A.4 测定步骤

A.4.1 测量室温 T_1 和大气压,从表 A.1 中查出干空气密度。
A.4.2 称出玻璃试样在空气中的重量。
A.4.3 把吊篮用悬丝挂到天平钩上,试样放入吊篮里。使盛有蒸馏水的烧杯固定在称量室合适位置,试样浸在蒸馏水中。滴加蒸馏水,让水面达到悬丝基准位置为止。
A.4.4 称出玻璃试样及悬丝吊篮在蒸馏水中的重量。
A.4.5 取出试样,称量悬丝吊篮在蒸馏水中的重量。
A.4.6 测量蒸馏水温度 T_2,从表 A.2 中查出无空气水的密度。

表 A.1 干空气密度

单位为克每立方厘米

温度/℃	压力/Pa					
	100 792	100 925	101 059	101 192	101 325	101 458
20	0.001 141	0.001 157	0.001 173	0.001 189	0.001 205	0.001 221
21	0.001 137	0.001 153	0.001 169	0.001 185	0.001 201	0.001 216
22	0.001 134	0.001 149	0.001 165	0.001 181	0.001 197	0.001 212
23	0.001 130	0.001 145	0.001 161	0.001 177	0.001 193	0.001 208
24	0.001 126	0.001 142	0.001 157	0.001 173	0.001 189	0.001 204
25	0.001 122	0.001 138	0.001 153	0.001 169	0.001 185	0.001 200
26	0.001 118	0.001 134	0.001 149	0.001 165	0.001 181	0.001 196
27	0.001 115	0.001 130	0.001 146	0.001 161	0.001 177	0.001 192
28	0.001 111	0.001 126	0.001 142	0.001 157	0.001 173	0.001 188
29	0.001 107	0.001 123	0.001 138	0.001 153	0.001 169	0.001 184
30	0.001 104	0.001 119	0.001 134	0.001 150	0.001 165	0.001 180

表 A.2 无空气水的密度

单位为克每立方厘米

温度/℃	0.0	0.1	0.2	0.3	0.4	0.5	0.6	0.7	0.8	0.9
20	0.998 20	0.998 18	0.998 16	0.998 14	0.998 12	0.998 10	0.998 08	0.998 06	0.998 04	0.998 01
21	0.997 99	0.997 77	0.997 95	0.997 95	0.997 91	0.997 88	0.997 86	0.997 84	0.997 82	0.997 79
22	0.997 77	0.997 75	0.997 73	0.997 70	0.997 68	0.997 66	0.997 63	0.997 61	0.997 59	0.997 56
23	0.997 54	0.997 52	0.997 49	0.997 47	0.997 44	0.997 42	0.997 40	0.997 37	0.997 35	0.997 32
24	0.997 30	0.997 27	0.997 25	0.997 22	0.997 20	0.997 17	0.997 15	0.997 12	0.997 10	0.997 07
25	0.997 05	0.997 02	0.997 09	0.996 97	0.996 94	0.996 92	0.996 89	0.996 87	0.996 84	0.996 81
26	0.996 79	0.996 76	0.996 73	0.996 71	0.996 68	0.996 65	0.996 62	0.996 60	0.996 57	0.996 54
27	0.996 52	0.996 49	0.996 46	0.996 43	0.996 40	0.996 38	0.996 35	0.996 32	0.996 29	0.996 26
28	0.996 24	0.996 21	0.996 18	0.996 15	0.996 12	0.996 09	0.996 06	0.996 03	0.996 00	0.995 98
29	0.995 95	0.995 92	0.995 89	0.995 86	0.995 83	0.995 80	0.995 77	0.995 74	0.995 71	0.995 68
30	0.99565	0.995 62	0.995 59	0.995 56	0.995 53	0.995 50	0.995 47	0.995 43	0.995 40	0.995 37

A.5 结果计算

A.5.1 试样在蒸馏水中的重量按式(A.1)计算：

$$W_W = W_T - W_0 \qquad \text{(A.1)}$$

式中：

W_W——玻璃试样在蒸馏水中的重量，单位为克(g)；

W_T——玻璃试样和悬丝吊篮在蒸馏水中的重量，单位为克(g)；

W_0——悬丝吊篮在蒸馏水中的重量，单位为克(g)。

A.5.2 实验室空气-水的温度到达平衡温度 T_L 时的玻璃密度按式(A.2)计算：

$$\rho_{T_L} = \frac{W_A\rho_W - W_W\rho_A}{W_A - W_W} \qquad \text{(A.2)}$$

式中：

ρ_{T_L}——实验室空气-水平衡温度 T_L 时的玻璃密度，单位为克每立方厘米(g/cm³)；

W_A——玻璃试样在空气中重量，单位为克(g)；

ρ_A——室温 T_1 时干空气的密度，单位为克每立方厘米(g/cm³)；

ρ_W——蒸馏水温度 T_2 时无空气水的密度，单位为克每立方厘米(g/cm³)。

注：平衡温度即实验室内的空气温度和水的温度一样。

A.5.3 标准参照温度 T_2 时的玻璃密度按式(A.3)计算：

$$\rho_s = \frac{\rho_{T_L}}{1 + 3\alpha(T_s - T_L)} \qquad \text{(A.3)}$$

式中：

ρ_s——标准参照温度 T_s 时的玻璃密度，单位为克每立方厘米(g/cm³)；

T_s——标准参照温度，单位为摄氏度(℃)；

α——标准参照温度 T_s 时的玻璃线膨胀系数，单位为每摄氏度(℃$^{-1}$)；

T_L——实验室空气-水的平衡温度，单位为摄氏度(℃)；

ρ_{T_L}——同式(A.2)。

A.6 记录与报告

A.6.1 报告应包括：试样种类、生产厂家、试样编号和 T_s 时试样的密度值。

A.6.2 记录应包括：T_1、T_2、ρ_A、ρ_W、W_T、W_0 和 W_A 值。

A.7 精度值

实验室温度变化在±0.5 ℃时，本方法相对标准偏差为±0.01%。

中华人民共和国国家标准

玻璃耐沸腾盐酸浸蚀性的重量试验方法和分级

GB/T 15728—1995

Glass—Resistance to attack by a boiling hydrochloric acid gravimetric method of test and classification

1 主题内容与适用范围

本标准规定了用重量法测定玻璃在沸腾的 6 mol/L 盐酸溶液中的耐浸蚀性。玻璃的耐浸蚀性，用其单位表面损失的质量来表示，并根据损失质量的多少对玻璃进行分级。

本标准适用于多种玻璃，特别适用于耐酸性能较差的各种玻璃。

2 试验原理

约 100 cm^2 的玻璃试样，在沸腾的 6±0.2 mol/L 盐酸溶液中浸蚀 6 h，测定单位表面积损失的质量。

3 试剂

只准用分析纯或分析纯以上的试剂。

3.1 蒸馏水或去离子水

3.2 无水乙醇(GB 678)或丙酮(GB 686)。

3.3 盐酸(GB 622)：6±0.2 mol/L 溶液，2 mol/L 溶液。

3.4 氢氟酸(GB 620)：40%(m/m)。

4 主要仪器

4.1 游标卡尺：读数值 0.02 mm。

4.2 塑料烧杯：容量 500 mL，内具一个铂丝架子，以支撑试样。见 GB 6581。

4.3 镊子：用塑料或铂包头，使用前头部应用 2 mol/L 盐酸溶液处理并用水洗净。

4.4 磁搅拌器：具塑料套转子。

4.5 干燥器：内装有效干燥剂。

4.6 烘箱：适于 150℃操作。

4.7 广口锥形烧杯：1 000 mL，用耐酸级别为 H_1 的玻璃制成。

4.8 分析天平：感量 0.1 mg。

4.9 铂丝。

5 试样的制备

5.1 制备方法

试样应是有规定的几何形状、退火良好、总面积为 100±10cm^2 的玻璃管或片。将断面细工研磨，不

国家技术监督局1995-10-24批准　　1996-07-01实施

得用火抛光边缘。一次制备 4 个试样。

5.2 玻璃制品的试样制备

按 5.1 制备的试样，新切割的表面积不多于总表面积的约 10%，用水洗净，然后用无水乙醇或丙酮漂洗。在 150℃烘箱中干燥 45 min，转入干燥器中冷却 45 min，精称至 0.1 mg，记录质量。

5.3 测定玻璃材质耐酸性试样的酸预处理

把按 5.1 制备的试样管或片放入 500 mL 塑料烧杯内的支架上。小心放入一个塑料套转子。然后沿烧杯壁加入 1 体积氢氟酸和 9 体积 2 mol/L 盐酸溶液的混合液。直至试样完全浸没为止。混合液的温度应接近室温。用磁力搅拌器搅拌 10 min。用塑料棒夹住试样，倒出混合液。在烧杯中注入水，再倾出。用镊子取出试样，用水洗净。最后以无水乙醇或丙酮漂洗。在 150℃烘箱中干燥 45 min，转入干燥器中冷却 45 min，精称至±0.1 mg，记录质量。

6 试验步骤

在广口锥形烧杯(4.7)中，加入 800 mL 6mol/L 盐酸溶液加热至沸，试样用铂丝悬挂在沸腾的酸中，试样应全部浸没，但不得互相接触或碰撞杯壁。装上冷凝器保持盐酸溶液均匀沸腾 6 h，将试样从酸中取出，用蒸馏水冲洗干净，然后在 150℃烘箱中按前述方法烘干冷却，精称至±0.1 mg，记录质量。

参照下图。

1—冷凝器；2—胶塞；3—锥形烧杯；4—铂丝；5—玻璃管；
6—盐酸；7—石棉网；8—三角架；9—本生灯

如果重复上述操作，须用新的玻璃试样和新的溶液。

7 结果表示方法

7.1 计算

对每个测得的结果计算玻璃单位表面积损失的质量。其计算公式如下：

$$H = \frac{100(m_1 - m_2)}{A}$$

式中：H —— 试样每单位表面积损失的质量，mg/dm；

m_1 —— 试样最初质量，mg；

m_2 —— 试样最终质量，mg；

A —— 试样总表面积，cm^2。

由两个试样所得的结果求出平均值。假如两个结果与平均值误差大于 10%，则必须再取两个试样重新测定。

7.2 分级

按照本标准所规定的方法试验时，玻璃应根据每平方分米所损失质量的毫克数的一半进行分级，见下表。

级　别	特　性	6 h后表面损失质量的一半，mg/dm^2
H_1	低浸蚀性	0～0.7
H_2	弱浸蚀性	0.7以上～1.5
H_3	中浸蚀性	1.5以上～15
H_4	高浸蚀性	15以上

7.3 标志

使用下列级别标志

例如：单位表面积损失质量的一半为0.9 mg/dm^2时，玻璃（H_2级）。

表示为：玻璃耐酸级别GB/T 15728-H_2

8 试验报告

试验报告应包括以下几点：

a. 注明采用本标准；

b. 试样鉴别情况；

c. 测定的是玻璃制品耐酸性还是玻璃材质的耐酸性；

d. 表面损失质量平均值的一半（mg/dm^2）；

e. 注明测定中的一切反常现象。

附加说明：

本标准由中国轻工总会提出。

本标准由全国玻璃仪器标准化技术委员会归口。

本标准由轻工总会玻璃仪器质量监督检测中心负责起草，由湖南省祁阳县玻璃厂、湖南省祁阳县玻璃二厂和陕西省秦川玻璃仪器厂协作起草。

本标准主要起草人李美英、蒋中鳌、徐石山、张小月、乔荣。

自本标准实施之日起，原轻工部部标准QB 513—66《仪器玻璃理化性能试验方法　耐酸等级的测定（表面失重法）》作废。

前　言

本标准等效采用国际标准 ISO 7991:1987《玻璃——平均线热膨胀系数的测定》。

本标准在测量仪器的精度及试验条件的规定等技术内容上均与 ISO 7991:1987 等同。

校正仪器用的标准样品，使用由国家计量单位认证的标准玻璃作为标准样品，而不采用国际标准所推荐的化学纯白金及蓝宝石单晶作为标准样品。

国际标准 ISO 7991:1987 的附录，给出两种膨胀仪的例子，由于实际情况，使用标准的各方，不可能等同采用，只能参照执行，这样给使用者留有较大的自由度，不论膨胀仪或玻璃产品的生产厂家以及科研单位，制造或拥有什么类型的膨胀仪都可以执行本标准。基于上述理由，决定将 ISO 7991:1987 的附录作为提示的附录。

本标准在发布和实施后，专业标准 ZB Q30 002—88 作废。

本标准由中国轻工总会提出。

本标准由全国玻璃仪器标准化技术委员会归口。

本标准主要起草单位：轻工总会玻璃仪器质量监督检测中心。

本标准主要起草人：吴淑芹、马桂英。

ISO 前言

ISO(国际标准化组织)是由各国标准化团体(ISO 成员团体)组成的世界性的联合会。制定国际标准的工作通常由 ISO 的技术委员会完成,各成员团体若对某技术委员会已确立的标准项目感兴趣,均有权参加该委员会的工作。与 ISO 保持联系的各国际组织(官方的或非官方的)也可参加有关工作。在电工技术标准化方面 ISO 与国际电工委员会(IEC)保持密切合作关系。

由技术委员会正式通过的国际标准草案提交各成员团体表决,国际标准需取得至少 75%参加表决的成员团体的同意才能正式通过。

国际标准 ISO 7991 由 ISO/TC48 实验室玻璃器皿和相关仪器技术委员会制定。

所有国际标准都会被修订,使用本标准的各方应注意,本标准引用的国际标准,除非另有说明,一律用最新版本。

中华人民共和国国家标准

玻璃　平均线热膨胀系数的测定

GB/T 16920—1997
eqv ISO 7991:1987

Glass—Determination of coefficient of mean linear thermal expansion

1　范围

本标准规定了远低于转变温度的弹性固体玻璃的平均线热膨胀系数的试验方法。

本标准适用于所有常规组分批量生产的玻璃。

本标准不适用于熔融石英、玻璃陶瓷或其他具有同样低线热膨胀系数的玻璃。

2　定义

本标准采用下列定义。

2.1　平均线热膨胀系数 $\alpha(t_0;t)$　coefficient of mean linear thermal expansion $\alpha(t_0;t)$

在一定的温度间隔内，试样的长度变化与温度间隔及试样初始长度之比。

用式(1)表示：

$$\alpha(t_0;t)=\frac{1}{L_0}\times\frac{L-L_0}{t-t_0} \qquad \cdots\cdots(1)$$

式中：t_0——初始温度或基准温度；

t——样品实际温度；

L_0——试验时玻璃样品在温度 t_0 时的长度；

L——样品在温度 t 时的长度。

本标准规定标称基准温度 t_0 是 20℃，因此平均线热膨胀系数表示为 $\alpha(20℃;t)$。

2.2　转变温度 t_g　transformation point t_g

玻璃动态粘度为 $10^{13.3}$dPa・s 时的温度。该温度表示了玻璃由脆性状态向粘滞状态的转变，它相应于热膨胀曲线高温部分和低温部分两切线交点的温度。

3　仪器

3.1　测量样品长度的装置，精度为 0.1%。

3.2　推杆式膨胀仪，能测出 $2\times10^{-5}L_0$ 的样品长度变化量(即 2μm/100mm)

测长计的接触力不应超过 1N。这个力通过平面与球面的接触起作用，球面的曲率半径不应小于样品杆的直径，在一些特殊的装置中(见附录 A 中图 A1)需要平行平面。

承载样品装置应确保样品安放在稳固的位置上，在整个试验过程中样品要与推杆轴在同一轴线上，防止有任何微小改变(见附录 A 中实例)。

若承载样品装置是用石英玻璃制造，见 6.2 给出的注意事项。

应经常用标准材料进行仪器性能试验(见第 7 章)。

3.3　加热炉

加热炉应与膨胀仪装置相匹配，其温度上限要比预期的转变温度高 50℃左右，加热炉相对于膨胀

国家技术监督局 1997-07-24 批准　　　　1998-01-01 实施

仪的工作位置在轴向和径向上应具有 0.5mm 以内的重现性。

在试验温度范围内(即上限温度比最高的预期的转变温度 t_g 低 150℃并至少为 300℃),在整个样品长度区间,炉温应能恒定在±2℃之内。

3.4 炉温控制装置要能满足下面的要求

在试验温度范围内,理想的升温速率为 5℃/min±1℃/min(见 5.1),按 4.2 进行退火程序时,冷却速率为 2℃/min。

3.5 温度测量装置

在 t_0 和 t 的温度范围内,能够测定样品的温度,使误差在±2℃之内(即符合于 IEC 584-1:1977《热电偶 第 1 部分:分度表》的 E、J 或 K 型热电偶)。

4 试验样品

4.1 形状和尺寸

试验样品通常为棒状,其形状取决于所用膨胀仪的类型,样品的长度 L_0 至少应为膨胀仪测长装置的测长分辨率的 5×10^4 倍。

注:例如,样品可以是直径为 5mm 的圆棒,也可以是截面为 5mm×5mm、长度为 25~100mm 的正方形棒。在某些情况下,横截面为 100mm² 更为方便(见附录 A)。

4.2 制备

样品在试验前应退火:将样品加热到比转变温度高大约 30℃,然后以 2℃/min 的速率将样品冷至比转变温度低大约 150℃,在无通风的条件下将样品进一步冷却至室温。

4.3 数量

每次试验测定两个样品(见 6.4)。

5 步骤

5.1 试验范围的选择

根据第 2 章规定标称基准温度为 20℃,然而,由于实际原因,温度可以在 18℃和 28℃之间起始,最佳终点温度是 290℃≤t≤310℃。如果这一温度不适用,可以选择为 190℃≤t≤210℃,在特殊情况下选择 95℃≤t≤105℃或 390℃≤t≤410℃,t 的相应标称值分别为 300℃,200℃,100℃和 400℃。所有温度和温差的读数精度应为 2℃,虽然在第 6 章的实际计算中使用温度的实际测量值,可是试验范围用标称温度表示(见 6.4),对于用标称温度表示的给定系数 $\alpha(20℃;t)$,只要所选的实际温度在所规定的限度内,系数不受影响。

5.2 基准长度的测定

在基准温度为 t_0 时,测定退过火的样品(见 4.2)的基准长度 L_0,其精度为 0.1%,然后放样品在膨胀仪内,5min 后按照 5.3 或 5.4 开始试验。

5.3 升温试验

在初始温度为 t_0 时确定膨胀仪的位置,并将这个读数作为将要测量的未校正的长度变化量 ΔL_{meas} 的零点,然后将炉温控制装置(见 3.4)调到所需的加热程序开始升温。记录温度 t 和相应的长度变化量 ΔL_{meas} 直到达到所需要的终点温度。

注:升温速率不应超过 5℃/min。

因为在温度由 t_0 到 t(根据 5.1 选择)的升温期间,记录的膨胀的读数 ΔL_{meas},由于热电偶的热接点和试验样品之间存在温差,所以试验样品的表观温度应加上修正值。

注:此修正值的大小,依赖于温度变化速率和加热炉与样品之间热交换的速率。从根本上说来,修正值是要与恒温试验相比较而确定的。

5.4 恒温试验

在初始温度为 t_0 时确定膨胀仪的位置，并将这个读数作为将要测量的未校正的长度变化量 ΔL_{meas} 的零点，然后加热使炉温达到所选择的终点温度 t，并保持炉温恒定到±2℃，20min 后从膨胀仪上读取 ΔL_{meas} 的值。

注：虽然升温试验（见 5.3）能够在试验进行中测定各种温度 t 的系数 $\alpha(t_0;t)$，如果只要求一个终点温度 t 时，将优先采用恒温试验（见 5.4），因为这个试验能提供比较好的精度。

6 结果表示

6.1 最终长度计算

由测得的长度变量 ΔL_{meas}，计算温度为 t 时的修正后的长度 L 用式(2)：

$$L = L_0 + \Delta L_{meas} + \Delta L_Q - \Delta L_B \quad \cdots\cdots (2)$$

式中修正项 ΔL_Q 和 ΔL_B 分别在 6.2 和 6.3 中解释。

6.2 承载样品装置膨胀的计算

在单推杆式膨胀仪的情况下，式(2)中的修正项 ΔL_Q 是位于样品近旁的承载样品装置在温度为 t_0 时长度为 L_0 的那部分的热膨胀。

在差动式推杆膨胀仪的情况下，修正项 ΔL_Q 是标准杆的热膨胀，标准杆与样品有相同的长度，在温度为 t_0 时长度为 L_0。

在任何一种情况下，修正项 ΔL_Q 都用式(3)计算：

$$\Delta L_Q = L_0 \alpha_Q (t - t_0) \quad \cdots\cdots (3)$$

在单推杆式膨胀仪的情况下，α_Q 是制作承载样品装置所用材料的平均线热膨胀系数。

在差动式推杆膨胀仪的情况下，α_Q 是制作标准杆材料的平均线热膨胀系数。

如果承载样品装置，推杆或标准杆是由基本上不含氢氧根的石英玻璃制作，可以使用表中给出的 α_Q 值，膨胀仪的这些部件在第一次使用之前必须在 1100℃退火 7h，然后以 0.2℃/min 的恒定速率从 1100℃冷却至 900℃。

为了避免石英玻璃的失透，表面要保持清洁，建议用分析纯乙醇清洗两次，清洗后避免用手指接触表面。

表 1 石英玻璃的平均线热膨胀系数 α_Q

温度范围，℃	α_Q 值，K^{-1}	温度范围，℃	α_Q 值，K^{-1}
20～100	0.54×10^{-6}	20～300	0.58×10^{-6}
20～200	0.57×10^{-6}	20～400	0.57×10^{-6}

注：当系统加热到高于 700℃时，表中给出的 α_Q 值会有变化。

6.3 膨胀仪修正值的测定

设置膨胀仪的修正项 ΔL_B 是必要的，因为处于温度为 t 的样品和处于环境温度的测长计之间的过渡区域内温度分布不均匀。膨胀仪修正项用空白试验测定。

使用单推杆式膨胀仪时，空白试验的样品由与制造膨胀仪相同的材料制作，如果空白试验样品是由石英玻璃制作的则应该按照 6.2 退火。

使用差动式推杆膨胀仪时，允许使用由任何合适的材料制作的两个相同的样品。

空白试验应和玻璃的测定在相同的条件下进行，在每次按第 7 章进行仪器性能试验时要重复空白试验。

6.4 平均线热膨胀系数的计算

为计算平均线热膨胀系数 $\alpha(t_0;t)$，将 L_0 和 ΔL_{meas} 的测量值，根据 6.2 和 6.3 确立的修正值，t_0 实测值及 t 值（如果是升温试验，用修正后的值）代入式(4)：

$$\alpha(t_0;t)=\frac{1}{L_0}\times\frac{\Delta L_{\text{meas}}+\Delta L_{\text{Q}}-\Delta L_{\text{B}}}{t-t_0} \quad \cdots\cdots(4)$$

计算两个样品(按 4.3)的 α(20℃;300℃),α(20℃;200℃),α(20℃;100℃)或 α(20℃;400℃),如果 α(20℃;t)<$10\times10^{-6}K^{-1}$用两位有效数字,如果 α(20℃;t)≥$10\times10^{-6}K^{-1}$取三位有效数字。

如果两个样品的结果偏差不大于 $0.2\times10^{-6}K^{-1}$取算术平均值。否则,要用另外两个样品重做试验。

7 仪器性能试验

为了核对整个试验装置是否在正常的运行,用标准材料做样品,按第 5 章和第 6 章的试验步骤进行试验和计算,标准样品的平均线热膨胀系数值是已知的标准值。

建议使用下面的标准材料:

——按照 6.2 退过火的石英玻璃;

——国家计量单位认证的标准玻璃;

——美国标准参考材料 731。

标准样品的形状和尺寸,应与通常在试验装置中进行试验的样品形状和尺寸相似。

应确保标准材料的热膨胀特性不被试验所改变,如果标准材料是玻璃应按 4.2 退火,除非标准材料的验证者规定了其他步骤。

8 试验报告

试验报告应包括以下内容:

a) 交付的试验玻璃材质状况;

b) 试验样品的形状和尺寸;

c) 使用的推杆式膨胀仪的型号;

d) 试验类型(恒温或升温试验、升温速率);

e) 平均线热膨胀系数 α(20℃;t)用 $10^{-6}K^{-1}$表示

——若 α(20℃;t)<$10\times10^{-6}K^{-1}$,取两位有效数字;

——若 α(20℃;t)≥$10\times10^{-6}K^{-1}$,取三位有效数字。

温度 t_0 和 t 使用标称值(见 6.4)。

附　录　A

（提示的附录）

样品与推杆轴的准直自调装置

理想的状况下，试验样品的轴和推杆轴重合，长度 L_0 位于同一轴上，实际上样品轴与推杆轴之间有小的偏离出现，只有在整个试验中这种不重合保持恒定时，这种偏离才可以忽略。出于相似的考虑，应正确固定推杆的方向和膨胀仪的工作方向。

若准直性有变化（例如由仪器振动引起）应该用示例中的适当装置（图 A1、图 A2）避免。

图 A1 是一个使准直性变化减小到最小的接近于垂直工作的膨胀仪的例子。在样品和推杆轴的稳定位置是由小的震动构成的情况下，由铂丝作为定位装置，可以防止样品和推杆位置有更多的横向变化，而由热膨胀引起的轴向移动不受妨碍。精确地垂直装配的膨胀仪对于在试验期间出现的准直变化是更为灵敏的。

图 A2 是一个减小准直变化的水平工作装置的例子。样品支撑由四个球（例如由红宝石或熔融石英玻璃制做）、一个圆柱导杆和距离调整杆组成，推杆由同一定位杆定位的有适当直径的两个球支撑，仪器在轻微振动后，样品和推杆的稳定位置就形成了。

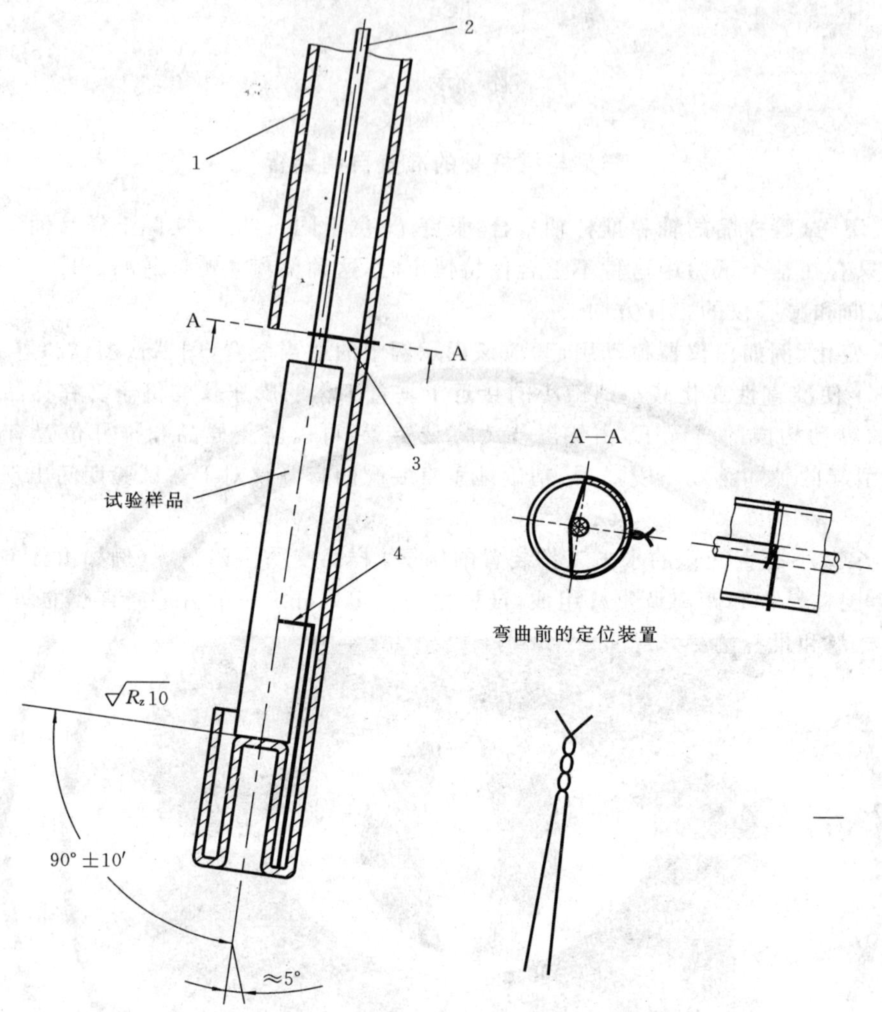

1—与膨胀仪底座相连的承载样品管，封闭的端头的磨光平面与管轴垂直。装置是由熔融石英玻璃做的；2—由熔融石英玻璃做的推杆；3—推杆的定位装置是由 0.5～1mm 直径的铂丝制做的；4—样品的定位装置是由 0.5～1mm 直径的铂丝制做的

注：为方便装换样品，基座和推杆之间的石英管要切掉一半。

图 A1　接近垂直工作的膨胀仪的承载样品和推杆装置的例子

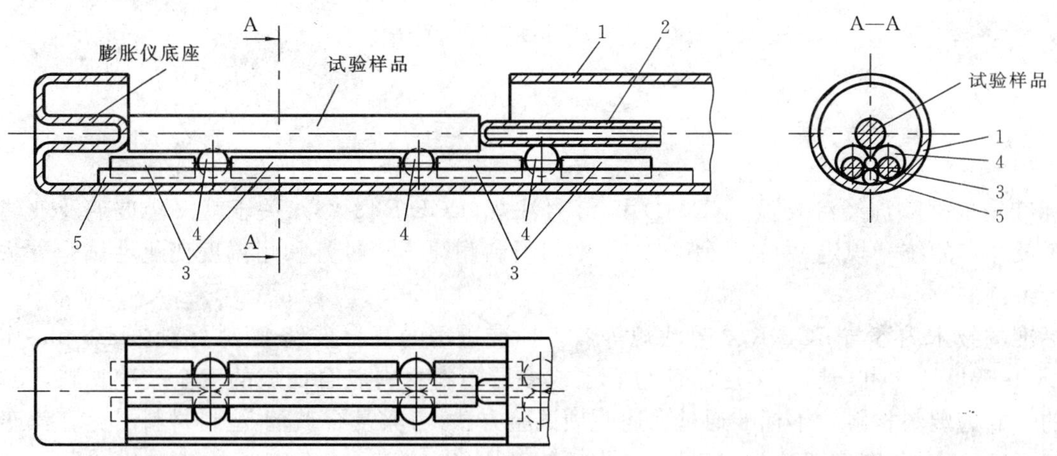

1—与膨胀仪底座相连的承载样品管由熔融石英玻璃制做；2—由熔融石英玻璃制做的推杆；
3—由熔融石英玻璃制做的距离调整杆；4—由熔融石英玻璃或红宝石制做的支撑球；
5—由熔融石英玻璃做的定位杆

图 A2　水平工作的膨胀仪的承载样品装置和推杆装置的例子

前　　言

本标准是根据欧洲经济委员会(ECE)第43号法规(ECE R43-88)《关于就安全玻璃及玻璃材料批准机动车及挂车的统一规定》中有关复合玻璃-塑料材料耐化学浸蚀性和耐温度变化性试验方法两部分内容进行编制的。

本标准的技术内容与ECE R43号法规等效。标准适用的复合玻璃-塑料材料(glass-plastic safety glazing material)是指由一层或多层玻璃与一层或多层塑料材料胶合而成的安全玻璃材料,安装后,朝向乘客的一面为塑料材料。本标准通过上述两项试验方法,考察复合玻璃-塑料材料暴露在汽车内常见的化学气氛环境中(如车窗清洗剂)和温度变化条件下的稳定性。

本标准由国家建筑材料工业局提出。

本标准由全国汽车标准化技术委员会安全玻璃分技术委员会归口。

本标准起草单位:中国建筑材料科学研究院玻璃科学研究所。

本标准主要起草人:王文彪、杨建军、莫娇、韩松、王映洲。

中华人民共和国国家标准

汽车安全玻璃耐化学浸蚀性和耐温度变化性试验方法

GB/T 17339—1998

Road vehicles—Safety glazing materials—Test methods for resistant-to-chemicals and resistant-to-temperature changes

1 范围

本标准规定了汽车用复合玻璃-塑料材料的耐化学浸蚀性和耐温度变化性试验方法。适用于汽车用复合玻璃-塑料材料。

2 耐化学浸蚀性试验

2.1 试验目的

确定复合玻璃-塑料材料的内表面暴露在车辆内部常用的化学物质环境中(例如清洗剂等),有无明显的品质变化。

2.2 用于试验的化学物质

2.2.1 无磨料肥皂液

去离子水中含 1%(*m*/*m*)的油酸钾溶液。

2.2.2 车窗清洗液

浓度各为 5%～10%(*m*/*m*)的异丙醇、二丙乙醇-甲基醚和重量浓度为 1%～5%(*m*/*m*)的氢氧化氨的水溶液。

2.2.3 变性酒精

10 体积的乙醇中含 1 体积的甲醇。

2.2.4 汽油

50%(*V*/*V*)的甲苯,30%(*V*/*V*)的 2,2,4-三甲基戊稀,15%(*V*/*V*)的 2,4,4-三甲基-1-戊稀和 5%(*V*/*V*)乙醇的混合液。

2.2.5 煤油

50%体积的 *n*-辛烷和 50%(*V*/*V*)的 *n*-癸烷混合液。

2.3 试验程序

将边长 180 mm×25 mm 的试样在上述 2.2 规定的各种化学物质中试验。每种产品及每次试验,均应使用新试样。

每次试验前试样应按厂商说明书的要求进行清洁处理,然后在温度为 23℃±2℃,湿度为 50%±5%的环境下放置 48 h,试验全过程均应保持此环境条件。

试样应完全浸没在试验液中,并保持 1 min,然后取出,并立即用洁净的吸水棉布擦干。

2.4 试验结果

检查试样有无软化、胶粘、龟裂或明显失透现象。

国家质量技术监督局 1998-05-08 批准　　1998-12-01 实施

3 耐温度变化性试验

3.1 试验目的

确定复合玻璃-塑料材料在温度变化条件下的稳定性。

3.2 试验程序

将边长 300 mm×300 mm 的试样放在温度为－40℃±5℃的箱内 6 h，然后放在温度为 23℃±2℃的空气中 1 h 或直到试样达到温度平衡，将试样放在温度为 72℃±2℃的循环空气中 3 h，取出后将试样放在温度 23℃±2℃的空气中，冷却至该温度。

3.3 试验结果

检查试样有无裂纹、发雾、脱胶或其他显著的缺陷。

4 试验报告

试验报告中应说明：

a）安全玻璃的种类；

b）试样数目；

c）试样厚度；

d）试验时的温度、湿度；

e）试验结果。

前　　言

本标准是为了限制玻璃幕墙有害光反射而编制的。

本标准是与 JG 3035—1996《建筑幕墙》及 JGJ 102—1996《玻璃幕墙工程技术规范》相配套的标准。

本标准的附录 A、B、C 都是标准的附录。

本标准的附录 D 是提示的附录。

本标准由建设部提出。

本标准由建设部建筑制品与设备标准技术归口单位中国建筑标准设计研究所归口。

本标准负责起草单位：中国建筑科学研究院。

本标准参加起草单位：中国建筑金属结构协会、深圳中航幕墙有限公司、中南玻璃制品有限公司、深圳现代幕墙工程设计顾问有限公司、中国南玻集团公司、骏雄玻璃幕墙有限公司。

本标准主要起草人：林若慈、郑金峰、张建平、赵燕华、闭思廉、谢于深、张幼佩、肖小奇、许武毅。

本标准委托中国建筑标准设计研究所负责解释。

中华人民共和国国家标准

玻璃幕墙光学性能

GB/T 18091—2000

Optical properties of glass curtain walls

1 范围

本标准规定了玻璃幕墙的有害光反射及相关光学性能指标、技术要求、试验方法和检验规则。

本标准适用于玻璃幕墙。

2 引用标准

下列标准所包含的条文，通过在本标准中引用而构成为本标准的条文。本标准出版时，所示版本均为有效。所有标准都会被修订，使用本标准的各方应探讨使用下列标准最新版本的可能性。

GB/T 2680—1994 建筑玻璃 可见光透射比、太阳光直接透射比、太阳能总透射比、紫外线透射比及有关窗玻璃参数的测定

GB/T 5702—1985 光源显色性评价方法

GB/T 11942—1989 彩色建筑材料色度测量方法

GB/T 11976—1989 建筑外窗采光性能分级及其检测方法

JC 693—1998 热反射玻璃

JG 3035—1996 建筑幕墙

3 定义

本标准采用下列定义。

3.1 (光)反射比 luminous reflectance

被物体表面反射的光通量 Φ_ρ 与入射到物体表面的光通量 Φ_i 之比，用符号 ρ 表示。

3.2 (光)透射比 luminous transmittance

从物体透射出的光通量 Φ_τ 与入射到物体的光通量 Φ_i 之比，用符号 τ 表示。

3.3 色差 ΔE colour difference

以定量表示的色知觉差异。

3.4 颜色透视指数 colour rendering index

光源(D_{65})透过玻璃后的一般显色指数，用 R_a 表示。

3.5 透光折减系数 transmitting rebate factor

光通过窗框和采光材料与窗相组合的挡光部件后减弱的系数，用符号 T_r 表示。

3.6 玻璃幕墙的有害光反射 harmful luminous reflection of glass curtain walls

对人引起视觉累积损害或干扰的玻璃幕墙光反射，包括失能眩光或不舒适眩光。

3.7 失能眩光 disability glare

降低视觉对象的可见度，但并不一定产生不舒适感觉的眩光。

3.8 不舒适眩光 discomfort glare

产生不舒适感觉，但并不一定降低视觉对象可见度的眩光。

国家质量技术监督局 2000-05-08 批准 2000-10-01 实施

3.9 视场 visual field

当头和眼睛不动时，人眼能察觉到的空间角度范围。

3.10 畸变 deformation

物体经成像后变为扭曲的现象。

4 要求

玻璃幕墙的设置应符合城市规划的要求，应满足采光、保温、隔热等要求，还应符合有关光学性能的要求。

4.1 幕墙玻璃产品应符合下列光学性能：

4.1.1 一般幕墙玻璃产品应提供可见光透射比、可见光反射比、太阳光透射比、太阳光反射比、太阳能总透射比、遮蔽系数、色差。

对有特殊要求的博物馆、展览馆、图书馆、商厦的幕墙玻璃产品还应提供紫外线透射比、颜色透视指数。

幕墙玻璃的光学性能参数应符合附录A、附录B和附录C的规定。

4.1.2 为限制玻璃幕墙的有害光反射，玻璃幕墙应采用反射比不大于0.30的幕墙玻璃。

4.1.3 幕墙玻璃颜色的均匀性用(CIELAB系统)色差ΔE表示，同一玻璃产品的色差ΔE应不大于3CIELAB色差单位。本标准规定的色差为反射色差。

4.1.4 为减小玻璃幕墙的影像畸变，玻璃幕墙的组装与安装应符合JG 3035规定的平直度要求，所选用的玻璃应符合相应的现行国家、行业标准的要求。

4.1.5 对有采光功能要求的玻璃幕墙其透光折减系数一般不应低于0.20。

4.2 玻璃幕墙的设计与设置应符合以下规定：

4.2.1 在城市主干道、立交桥、高架路两侧的建筑物20 m以下，其余路段10 m以下不宜设置玻璃幕墙的部位如使用玻璃幕墙，应采用反射比不大于0.16的低反射玻璃。若反射比高于此值应控制玻璃幕墙的面积或采用其他材料对建筑立面加以分隔。

4.2.2 居住区内应限制设置玻璃幕墙。

4.2.3 历史文化名城中划定的历史街区、风景名胜区应慎用玻璃幕墙。

4.2.4 在T形路口正对直线路段处不应设置玻璃幕墙。在十字路口或多路交叉路口不宜设置玻璃幕墙。

4.2.5 道路两侧玻璃幕墙设计成凹形弧面时应避免反射光进入行人与驾驶员的视场内。凹形弧面玻璃幕墙的设计与设置应控制反射光聚焦点的位置，其幕墙弧面的曲率半径R_p一般应大于幕墙至对面建筑物立面的最大距离R_s，即R_p大于R_s。

4.2.6 南北向玻璃幕墙做成向后倾斜某一角度时，应避免太阳反射光进入行人与驾驶员的视场内，其向后与垂直面的倾角θ应大于$h/2$。当幕墙离地高度大于36 m时可不受此限制。h为当地夏至正午时的太阳高度角。中国主要城市夏至正午时的太阳高度角见附录D(提示的附录)。

5 试验方法

5.1 可见光透射比、可见光反射比、太阳光透射比、太阳光反射比、太阳能总透射比、遮蔽系数、紫外线透射比应按GB/T 2680的规定执行。

5.2 颜色透视指数应按GB/T 2680和GB/T 5702的规定执行。

5.3 透光折减系数应按GB/T 11976的规定执行。

5.4 色差检验

5.4.1 实验室色差检验应按GB/T 11942和JC 693的规定执行。

5.4.2 现场色差检验

5.4.2.1 目视:对色差进行目测时,以一面墙作为一个目测单元,并对各面墙逐个进行。当目测判定色差有问题或有争议时,应采用仪器进行检验。

5.4.2.2 仪器检验:在有色差问题的玻璃幕墙部位选取检验点。以2片幕墙玻璃作为一个色差检验组,每组选取5个检验点,每片至少包含一个检验点。色差分组检验,有色差问题的玻璃幕墙部位都应包含在检验组内。检验方法应按GB/T 11942和JC 693的规定执行。

5.5 影像畸变

5.5.1 玻璃幕墙出现影像畸变时应进行影像畸变检验。

5.5.2 对影像畸变进行目测时,以一面墙作为一个目测单元,并对各面墙逐个进行。当对目测判定影像畸变有争议时,应按JG 3035规定的方法对玻璃幕墙的组装允许偏差进行检验。

6 检验规则

6.1 检验类别

分为型式检验、出厂检验和现场检验。

6.2 检验项目

检验项目见表1。

表1 检验项目表

序 号	项目类别	项 目 内 容	判定依据	检 验 类 别		
				型式检验	出厂检验	现场检验
一	幕墙玻璃					
1	主要	可见光透射比	4.1.1 附录A	√		
2		可见光反射比	4.1.2 4.2.1	√	√	
3		太阳光透射比	4.1.1 附录A	√		
4		太阳光反射比	4.1.1 附录A	√		
5		太阳能总透射比	4.1.1 附录A	√		
6		遮蔽系数	4.1.1 附录A	√		
7		色差	4.1.3	√	√	
8	一般	紫外线透射比	4.1.1 附录B	√		
9		颜色透视指数	4.1.1 附录C	√		
二	玻璃幕墙					
1	主要	色差	4.1.3			√
2		影像畸变	JG 3035			√
3	一般	透光折减系数	4.1.5		√	

6.3 型式检验

6.3.1 有下列情况之一时应进行型式检验:

a) 新产品或老产品转厂生产的试制定型鉴定;

b) 正式生产后,当材料、工艺有较大改变而可能影响产品性能时;

c) 产品长期停产后,恢复生产时;

d) 出厂检验结果与上次型式检验有较大差别时;

e) 国家质量监督机构提出进行型式检验要求时。

6.3.2 判定规则

如在表1规定项目的检验结果中有一项不合格，应重新复检；如仍不合格，则应判定该幕墙玻璃为不合格。

6.4 出厂检验

6.4.1 幕墙玻璃的出厂检验：

6.4.1.1 检验项目见表1，应按本标准规定的方法进行检验。

6.4.1.2 抽样规则

检验抽样应按表2的规定进行随机抽样。

表2 抽样表

单位：片

批量范围	样本数	合格判定数	不合格判定数
50	8	1	2
50～90	13	2	3
91～150	20	3	4
151～280	32	5	6
281～500	50	7	8
501～1 000	80	10	11

6.4.1.3 判定规则

若不合格数等于或大于表2的不合格判定数，则认为该批产品不合格。

6.4.2 玻璃幕墙的出厂检验应按GB/T 11976的规定执行。

6.5 现场检验

6.5.1 色差检验和影像畸变检验应按本标准规定的方法进行检验。

6.5.2 判定规则

6.5.2.1 色差：检验组的色差 ΔE 大于3CIELAB色差单位的幕墙玻璃则为色差不合格。

6.5.2.2 影像畸变：应按JG 3035的规定检验后判定。

附 录 A
（标准的附录）
幕墙玻璃的光学性能参数

玻璃种类		可见光（380～780 nm）		太阳光（300～2 500 nm）		太阳能总透射比	遮蔽系数	色差 ΔE (CIELAB)
		透射比	反射比	透射比	反射比			
热反射镀膜玻璃	银灰色	≥0.14	≤0.30	0.12～0.20	0.23～0.28	0.25～0.35	0.30～0.35	<3
	灰色	≥0.14	≤0.30	0.10～0.28	0.14～0.30	0.18～0.38	0.26～0.48	<2
	金色	≥0.10	≤0.26	0.07～0.13	0.22～0.29	0.18～0.27	0.22～0.26	<2
	土色	≥0.10	≤0.23	0.08～0.12	0.25～0.30	0.15～0.25	0.20～0.25	<2
	银蓝	≥0.20	≤0.23	0.13～0.24	0.18～0.21	0.32～0.28	0.38～0.41	<2
	蓝色	≥0.10	≤0.30	0.10～0.22	0.19～0.23	0.27～0.38	0.38～0.43	<3
	绿色	≥0.10	≤0.30	0.09～0.13	0.16～0.20	0.10～0.30	0.25～0.31	<2
	浅茶色	≥0.14	≤0.26	0.13～0.26	0.10～0.34	0.33～0.50	0.32～0.50	<3
	茶色	≥0.10	≤0.29	0.10～0.18	0.12～0.38	0.28～0.35	0.36～0.80	<2
	蓝绿色	≥0.07	≤0.26	0.04～0.16	0.06～0.13	0.25～0.40	0.25～0.38	<3
	浅蓝色	≥0.09	≤0.30	0.08～0.30	0.07～0.24	0.13～0.30	0.24～0.49	<2
吸热玻璃	茶色	≥0.42	≤0.30	—	—	≤0.60	—	<2
	银灰	≥0.30	≤0.30			≤0.60		<2
	蓝色	≥0.45	≤0.30			≤0.60		<2
低辐射玻璃	无色透明	≥0.70	0.07～0.18	0.43～0.66	0.13～0.30	0.48～0.77	0.56～0.81	<2
	浅灰色	≥0.56	≤0.11	≤0.38	≤0.24	0.44～0.68	≤0.51	<2
	浅蓝色	≥0.50	≤0.23	≤0.45	≤0.28	0.40～0.49	≤0.57	<2
	绿色	≥0.30	≤0.30	≤0.15	≤0.15	0.28～0.40	0.31～0.44	<3
	蓝绿色	≥0.40	≤0.30	0.20～0.24	0.10～0.15	0.30～0.35	0.34～0.40	<3
复合玻璃	中空玻璃 夹层玻璃	复合玻璃产品若选用上述玻璃，其单片玻璃的性能应分别符合表中参数的规定，复合玻璃产品的参数应重新测定						

附 录 B
（标准的附录）
紫外线相对含量

光源类型	紫外线相对含量(μW/lm)
蓝天(15 000 K)	1 600
北向天空光	800
直射阳光	400

注

1 对有紫外线要求的场所，幕墙玻璃的紫外线透射比宜小于 0.30。

2 对于博物馆，光源透过幕墙玻璃后的紫外线相对含量应小于 75 μW/lm。

附 录 C
（标准的附录）
透视指数

分　级	透视指数(R_a)	评　判
Ⅰ	$R_a \geqslant 80$	好
Ⅱ	$60 \leqslant R_a < 80$	较好
Ⅲ	$40 \leqslant R_a < 60$	一般
Ⅳ	$R_a < 40$	较差

附 录 D
（提示的附录）
中国主要城市夏至正午时的太阳高度角

城　市	纬度(北纬)	太阳高度角 h	太阳方位角 A
齐齐哈尔	47°20″	h=66°07″	A=0°
长春	43°53″	h=69°34″	A=0°
北京	39°57″	h=73°30″	A=0°
济南	36°42″	h=76°46″	A=0°
郑州	34°43″	h=78°44″	A=0°
上海	31°12″	h=82°15″	A=0°
长沙	28°11″	h=85°16″	A=0°
昆明	25°02″	h=88°25″	A=0°
广州	23°00″	h=89°33″	A=180°
海口	20°02″	h=86°35″	A=180°

ICS 81.040.20
Q 33

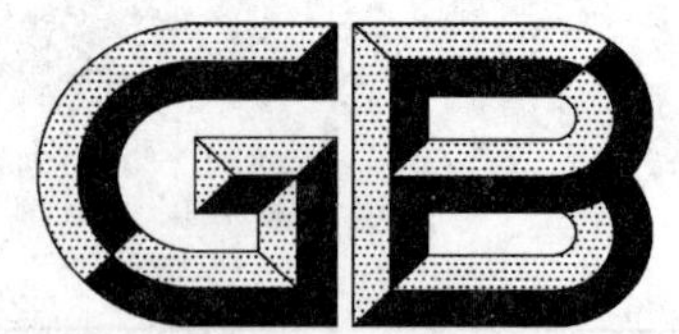

中华人民共和国国家标准

GB/T 18144—2008
代替 GB/T 18144—2000

玻璃应力测试方法

Test method for measurement of stress in glass

2008-10-15 发布 2009-06-01 实施

中华人民共和国国家质量监督检验检疫总局
中国国家标准化管理委员会 发布

前　言

本标准与美国材料试验协会标准ASTM C1279-05《退火玻璃、半钢化玻璃、钢化玻璃的表面应力和边缘应力无损光弹测量试验方法》、ASTM C1048-04《热处理平板玻璃-HS类、FT类涂层和非涂层玻璃》和日本工业技术标准JIS R3222-2003《半钢化玻璃》的一致性程度为非等效。

本标准代替GB/T 18144—2000《玻璃应力测试方法》。

本标准与GB/T 18144—2000相比主要变化如下：

——范围中增加汽车前风窗用夹层玻璃、热弯玻璃，删减了退火玻璃；

——增加了含涂层的玻璃边缘应力测试的无损检测方法；

——将表面应力仪和边缘应力仪的仪器常数具体值不体现在标准文本中。

本标准由中国建筑材料联合会提出。

本标准由全国建筑用玻璃标准化技术委员会归口。

本标准起草单位：中国建筑材料检验认证中心。

本标准主要起草人：肖鹏军、王精精、陆凡。

本标准所代替标准的历次版本情况为：

——GB/T 18144—2000。

玻璃应力测试方法

1 范围

本标准规定了玻璃表面应力、玻璃边缘应力测试的有关定义和测试方法。本标准中表面应力测试方法适用于浮法玻璃制造的钢化玻璃、半钢化玻璃；边缘应力测试方法适用于钢化玻璃、半钢化玻璃、汽车前风窗用夹层玻璃、热弯玻璃。

化学钢化玻璃可参照使用本标准中表面应力测试方法。

本测试方法为无损测量的测试方法。

2 规范性引用文件

下列文件中的条款通过本标准的引用而成为本标准的条款。凡是注日期的引用文件，其随后所有的修改单(不包括勘误的内容)或修订版均不适用于本标准，然而，鼓励根据本标准达成协议的各方研究是否可使用这些文件的最新版本。凡是不注日期的引用文件，其最新版本适用于本标准。

JC/T 632 汽车安全玻璃术语

3 术语和定义

JC/T 632 确立的以及下列术语和定义适用于本标准。

3.1

起偏振片 polarizer

一种光学装置，自然光通过它以后，变成为有一定振动方向的平面偏振光，通常被放置于光源与被测试样之间。

3.2

检偏振片 analyzer

一种光学装置，自然光通过它以后，变成为有一定振动方向的平面偏振光，通常被放置于观察者与被测试样之间，也称分析镜。

4 测试方法

4.1 表面应力测试

4.1.1 测试原理

表面应力仪的测试原理是利用浮法玻璃表面锡扩散层的光波导效应来进行测量。从光源(白炽灯)发出的发散光经过狭缝，由高折射率柱面棱镜汇聚后变成平行光，通过调节光源位置，使一束平行光以临界角入射至玻璃与棱镜的交界面，由于玻璃表面存在应力，光线分解成为两个振动面相互垂直的矢量光，即O光和E光，O光和E光在浮法玻璃的锡扩散层中传播速度不同，因此以不同的全反射角折射到棱镜。从棱镜射出的光经反光镜反射进入干涉滤光片，由望远物镜系统聚焦，再经过分析镜后在分划板成像而形成一个清晰的明暗台阶图像。通过测微目镜可以精确测量台阶的高度。

4.1.2 测试用试剂

折射油：折射率应高于玻璃的折射率，但不大于仪器棱镜的折射率。折射油不应对仪器有腐蚀作用。

4.1.3 测试装置

表面应力仪：由光源、柱面棱镜、望远物镜系统、测微目镜等构成，仪器的构造如图1所示。

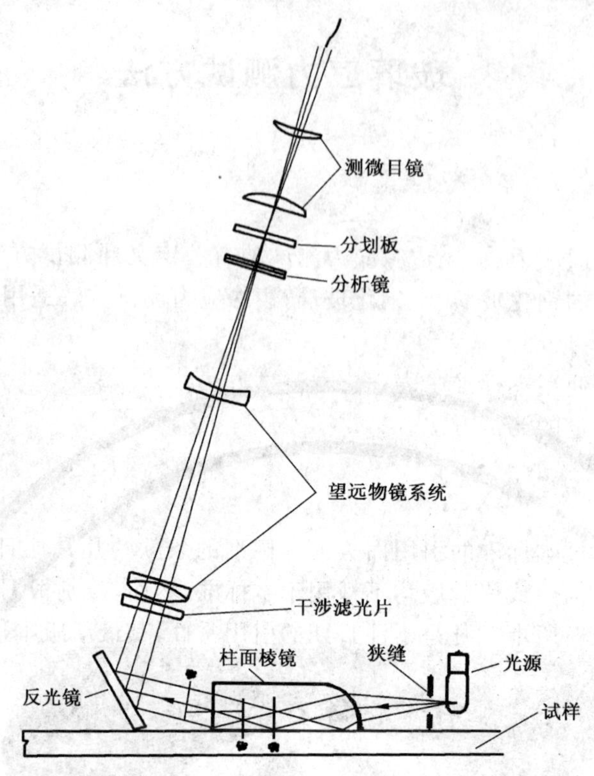

图 1 表面应力仪的光学系统

4.1.4 试样的制备和保存

以制品为试样。如果试样锡扩散层的表面有涂层(如幕墙玻璃、汽车后挡玻璃的釉面涂层),应先用氢氟酸或砂布除去涂层,在除去涂层的部位作为试样的应力检测点。为了避免热应力的产生,试样的内、外温度应一致并与周围的环境温度相同。

4.1.5 表面应力测量点的确定

表面应力测量点由产品标准确定。

4.1.6 测试程序

a) 将被测试样的锡扩散层朝上水平平稳放置;
b) 将玻璃表面擦拭干净,在被测点滴上 1 滴～2 滴折射油;
c) 将仪器棱镜部位与被测点处可靠接触;
d) 调整光源的位置、狭缝位置以及反光镜角度,使视场内出现清晰的明暗台阶图像;
e) 由测微目镜读出台阶的高度 d,精确到 0.01 mm;
f) 压应力和拉应力由图 2 确定。

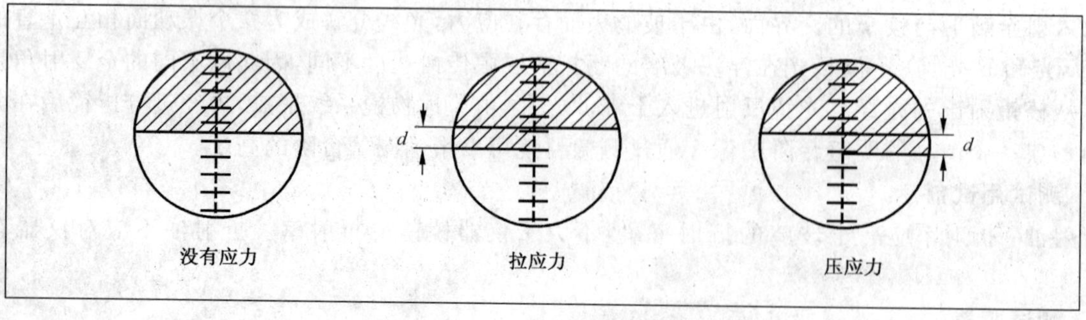

图 2 表面应力仪的视场中不同应力状态示意图

4.1.7 测试结果计算

表面应力的计算公式如式(1)：

$$\sigma = Kd \tag{1}$$

式中：

σ——表面应力，MPa；

K——仪器常数，MPa/mm；

d——台阶高度，mm。

仪器常数的计算公式如式(2)：

$$K = \frac{1}{L} \cdot \cos(\sin^{-1}\frac{n}{N}) \cdot \frac{1}{C} \tag{2}$$

式中：

L——仪器望远镜系统焦距，mm；

n——被测玻璃折射率；

N——仪器棱镜折射率；

C——玻璃的应力光学常数，MPa^{-1}。钠钙硅玻璃的应力光学常数取 2.6×10^{-6} MPa^{-1}。

4.1.8 测试报告

报告应包括如下内容：

a) 试样名称、规格、种类、厚度和编号；

b) 测量点的位置或编号；

c) 每个测量位置的台阶高度值和计算的应力值；

d) 测试单位、测试日期及测试人员、审核人员签字；

e) 仪器的型号及编号。

4.2 不含涂层的玻璃边缘应力测试

4.2.1 测试原理

将试样置入平面偏振光场中，旋转起偏振片及检偏振片，使两偏振轴保持正交并与试样主应力方向成45°角，试样的主应力方向与试样边部平行或垂直。将一块1/4波片置入靠近检偏振片左端光路中，并使其快、慢轴与偏振轴平行。通过转动检偏镜进行补偿，得到补偿角度。

4.2.2 测试装置

边缘应力仪：主要由光源、起偏振片、检偏振片、1/4波片等四部分构成。仪器的构造如图3所示。

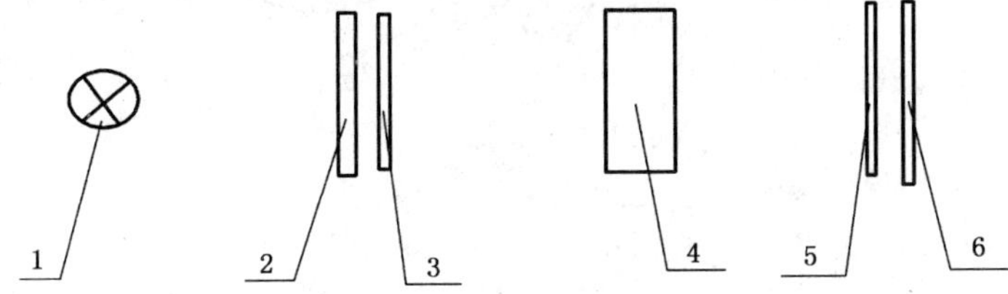

1——光源；

2——磨砂玻璃；

3——起偏振片；

4——被测玻璃；

5——1/4 波片；

6——检偏振片。

图3 边缘应力仪的光学系统

4.2.3 试样

以制品为试样。为了避免热应力的产生，试样的内、外温度应一致并与周围的环境温度相同。

4.2.4　**边缘应力测量点的确定**

边缘应力测量点取每条边的中心位置。

4.2.5　**测试程序**

a)　接通仪器光源，使起偏振片和检偏振片相互垂直并处于初始位置，此时视场为均匀黑暗。

b)　在起偏振片和 1/4 波片之间放入被测试样。使试样主应力方向与偏振轴方向成 45°角。此时在视场中可以看到试样边缘由于应力而产生的光干涉图，见图 4a)。距边缘一定距离处有一条与边缘相平行的粗黑条纹，这是应力为零的区域。黑条纹下方区域的综合应力为压应力，黑条纹上方区域的综合应力为拉应力。拉应力或压应力方向也可由检偏振片补偿时的旋转方向来确定。检偏振片往"＋"号方向旋转表示所测应力为拉应力，反之，往"－"方向旋转表示所测应力为压应力。

c)　向"－"方向旋转检偏振片，使黑色零级条纹的中心线移动到试样的边缘，见图 4b)。此时得到最大边缘压应力对应的转角 θ。如果试样的边部经过磨边或倒角处理，无法直接得到 θ，可以采取距离试样边部等间距处测量，得到转角，通过延长线的方法得到 θ。(例如，磨边厚度距边部 0.4 mm，则可以在距边部 0.5 mm，1.0 mm，1.5 mm，2.0 mm，2.5 mm 处测量，得到相应的角度，通过光滑曲线将各点连接并延长与 θ 轴相交于 θ，见图 5。)

d)　向"＋"方向旋转检偏振片，使黑色零级条纹远离边部，直至黑色零级条纹的上方狭长区域变为最暗为止，见图 4c)。此时得到最大边缘张应力对转角 θ。

e)　当试样边部出现多级条纹时，零级条纹为黑色，以后条纹颜色变化由红到紫，再变为黑，其颜色会重复出现，依次出现的紫色条纹级数依次为 1 级，2 级，3 级……。移动靠近测量点的高级紫色条纹到所需的测量点，得到转角 θ'。如果彩色条纹有两条，紫色条纹的整级数应为 2，见图 4d)。此时角度 θ 的计算公式如式(3)：

$$\theta = n \times 180° + \theta' \qquad (3)$$

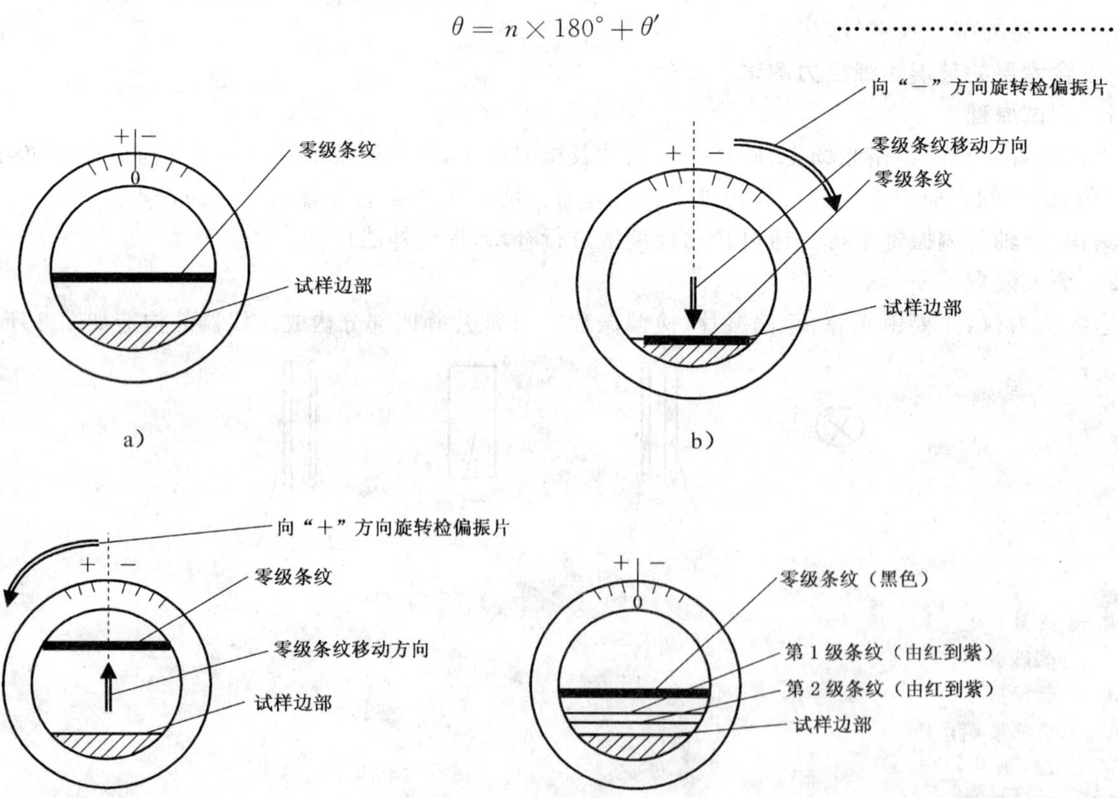

图 4　边缘应力仪的视场中应力干涉图像

式中：

n——条纹整级数；

θ'——试样边部出现多级条纹时，测量点处对应的转角。

注：如条纹级数超过二级以上时，可增加干涉滤光片以便观察。

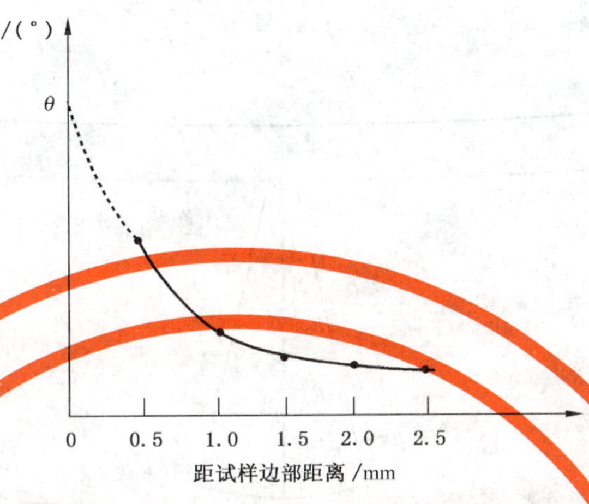

图5 延长线法求最大边缘压应力转角

4.2.6 测试结果计算

边缘应力的计算公式如式(4)：

$$\sigma = K\theta/t \qquad (4)$$

式中：

σ——试样测量点处的边缘应力，MPa；

K——仪器常数，MPa·mm/(°)；

θ——试样测量点处对应的转角，(°)；

t——试样测量点处的厚度，mm。

注：夹层玻璃测量点处的厚度应为试样总厚度减去胶片厚度。

仪器常数的计算公式如式(5)：

$$K = \frac{\lambda}{180^{\circ}C} \qquad (5)$$

式中：

λ——光源的波长，nm；

C——被测玻璃光学应力常数，MPa^{-1}。

4.2.7 测试报告

报告应包括如下内容：

a) 试样名称、种类、厚度和编号；

b) 测量点的位置；

c) 每个测量位置的转角和被测点的厚度；

d) 计算的应力值；

e) 测试单位、测试日期及测试人员签字。

4.3 含涂层的玻璃边缘应力测试

4.3.1 测试原理

利用反射式光路，将聚光系统、起偏振片及接受反射光的检偏振片置于试样的同侧，使偏振光线射入玻璃后被其背面的涂层反射回来，再次通过被测玻璃试样。本试验方法的测试原理与4.2.1相同，不同之处仅在于偏振光线在玻璃的厚度方向上两次通过被测玻璃试样。

4.3.2　测试装置

反射式边缘应力仪：主要由聚光系统、起偏振片、检偏振片、1/4 波片等四部份构成，仪器的构造如图 6 所示。

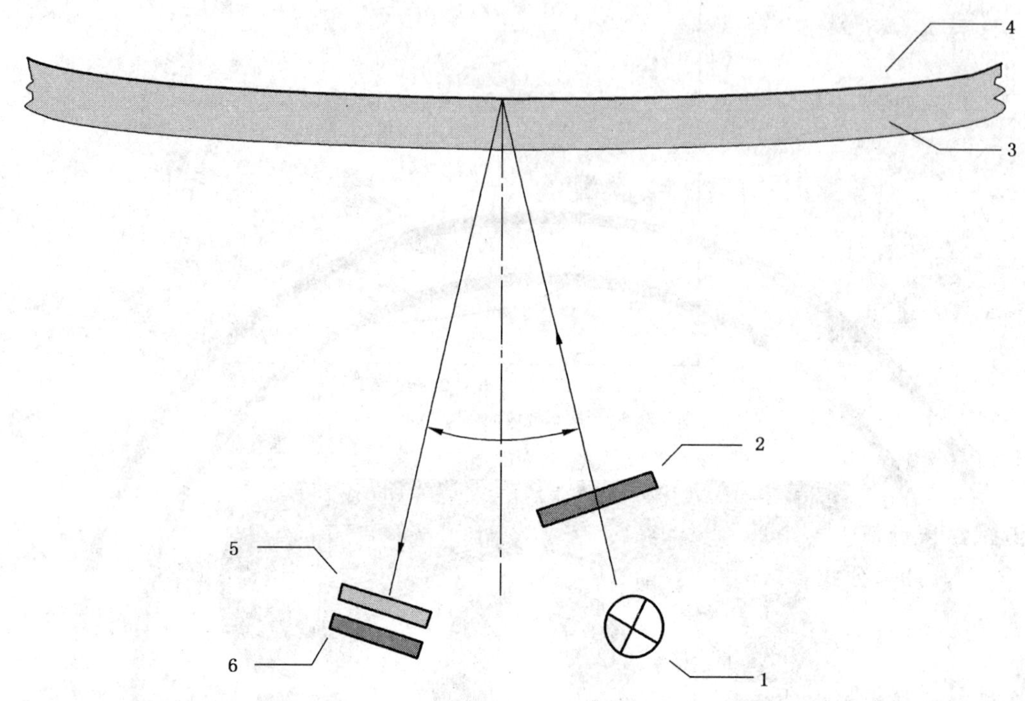

1——聚光系统；
2——起偏振片；
3——被测玻璃试样；
4——反射涂层；
5——1/4 波片；
6——检偏振片。

图 6　反射式边缘应力仪的光学系统

4.3.3　试样

以制品为试样，试样一侧的边部应含有涂层(如幕墙玻璃、汽车用安全玻璃的釉面)。为了避免热应力的产生，试样的内、外温度应一致并与周围的环境温度相同。

4.3.4　边缘应力测量点的确定

与 4.2.4 相同。

4.3.5　测试程序

测试程序如下：

a)　接通仪器电源，调整起偏振片与检偏振片的相对位置，使玻璃试样的入射光线与反射光线有适当的夹角，并将玻璃试样表面的光照直径调节到约 100 mm。

b)　调整起偏振片和检偏振片的光轴，使其相互垂直并与试样的主应力方向成 45°。

c)　同 4.2.5 c)～f)。

4.3.6　测试结果计算

边缘应力的计算依据式(5)和(6)：

$$\sigma = K\theta/2t \tag{6}$$

式中：

K,θ,t 的含义与式(4)和式(5)中的参数意义相同。

4.3.7 **测试报告**

同 4.2.7。

ICS 81.040
Q 33

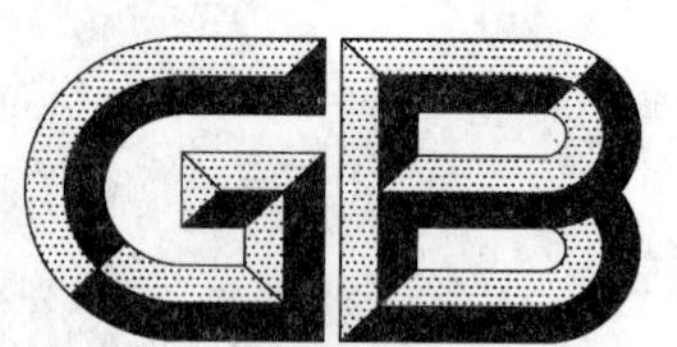

中华人民共和国国家标准

GB/T 22476—2008

中空玻璃稳态*U*值（传热系数）的计算及测定

Calculation and determination of steady-state *U* values(thermal transmittance) of multiple glazing

[ISO 10291:1994, Glass in building—Determination of steady-state *U* values(thermal transmittance) of multiple glazing—Guarded hot plate method; ISO 10292:1994, Glass in building—Calculation of steady-state *U* values(thermal transmittance) of multiple glazing; ISO 10293:1997, Glass in building—Determination of steady-state *U* values(thermal transmittance) of multiple glazing—Heat flow meter method, MOD]

2008-11-04 发布　　2009-06-01 实施

中华人民共和国国家质量监督检验检疫总局
中国国家标准化管理委员会　发布

前言

本标准修改采用ISO 10291《建筑玻璃——中空玻璃稳定状态下U值(传热系数)的测定——防护热板法》、ISO 10292《建筑玻璃——中空玻璃稳定状态下U值(传热系数)的计算》、ISO 10293《建筑玻璃——中空玻璃稳定状态下U值(传热系数)的测定——热流计法》。

本标准根据ISO 10291、ISO 10292、ISO 10293重新起草。

在附录C中列出了本标准章条编号与ISO 10291、ISO 10292、ISO 10293章条编号的对照一览表。

考虑到我国国情，在采用ISO 10291、ISO 10292、ISO 10293时，本标准做了一些修改。有关技术差异已编入正文中并在它们所涉及的条款的页边空白处用垂直单线标识。在附录D中给出了这些技术性差异及其原因的一览表以供参考。

为便于使用，本标准做了下列编辑性修改：

——“本国际标准”一词改为“本标准”；

——用小数点“.”代替作为小数点的逗号“,”；

——删除国际标准的前言。

本标准的附录A、附录B为规范性附录，附录C、附录D为资料性附录。

本标准由中国建筑材料联合会提出。

本标准由全国建筑用玻璃标准化技术委员会归口。

本标准负责起草单位：国家玻璃质量监督检验中心。

本标准参加起草单位：广东金刚玻璃科技股份有限公司、浙江中力控股集团有限公司、信义玻璃工程(东莞)有限公司、中国南玻集团、成都通达工艺玻璃有限责任公司、东营胜明玻璃有限公司、江苏省建筑科学研究院有限公司、上海皓晶玻璃有限公司。

本标准主要起草人：李勇、嵇书伟、黄建斌、王立祥、王铁华、李新达、姜美琴、吴从真。

引　言

中空玻璃U值(传热系数)是用于表征中空玻璃热的传递性能,U值的确定可以由测试热阻获得,也可以通过测试玻璃辐射率后计算得出。

本标准包含了三个ISO标准关于U值测定和计算的三种方法。测试者可选用本标准的任一方法进行中空玻璃U值测定。但使用不同的方法所得出的U值可能会存在一定的差异,这是由于测试系统误差的存在造成的,因此在测试结果中应标注所采用的方法。

中空玻璃稳态 U 值（传热系数）的计算及测定

1 范围

本标准规定了中空玻璃稳定状态下 U 值(传热系数)计算及测定的三种方法。

本标准适用于由平板玻璃(包括压花、浇注玻璃)、镀膜玻璃或其他材料构成的平型双层或多层中空玻璃,不适用于外片是透过远红外材料构成的中空玻璃。本标准规定的测试方法只测定中空玻璃中央区域的 U 值(传热系数),不考虑边部效应和太阳辐射影响。曲面中空玻璃的 U 值可用相同结构的平型中空玻璃计算和测定。

2 规范性引用文件

下列文件中的条款通过本标准的引用而成为本标准的条款。凡是注日期的引用文件,其随后所有的修改单(不包括勘误的内容)或修订版均不适用于本标准,然而,鼓励根据本标准达成协议的各方研究是否可使用这些文件的最新版本。凡是不注日期的引用文件,其最新版本适用于本标准。

GB/T 8170 数值修约规则

GB/T 10294 绝热材料稳态热阻及有关特性的测定 防护热板法

GB/T 10295 绝热材料稳态热阻及有关特性的测定 热流计法

3 术语和定义

下列术语和定义适用于本标准。

3.1

中空玻璃 *U* 值(传热系数) *U* values(thermal transmittance of glazing)

中空玻璃 U 值(传热系数)是指在稳态条件下,中空玻璃中央区域,不考虑边缘效应,玻璃两外表面在单位时间、单位温差,通过单位面积的热量,单位为 $W/(m^2 \cdot K)$。

4 符号

本标准引用的符号见表 1、表 2。

表 1

符 号	名 称	单 位
A	常数	—
c	气体比热容	$J/(kg \cdot K)$
d	玻璃厚度(或玻璃的替代材料)	m
Gr	格拉晓夫准数	无量纲
h_e、h_i	表面换热系数	$W/(m^2 \cdot K)$
h	热传导系数	$W/(m^2 \cdot K)$
N	间隔层数	—
Nu	努赛尔准数	无量纲
Pr	普朗特准数	无量纲
r	玻璃(或玻璃的替代材料)的热阻系数	$m \cdot K/W$
R_n	标准反射率	—
S	气体间隔层厚度	m

表 1（续）

符　号	名　称	单　位
T	绝对温度	K
ΔT	温差	K
U	中空玻璃传热系数	$W/(m^2 \cdot K)$
v	风速	m/s
Φ	热流仪表加热功率	W
R	热阻	$m^2 \cdot K/W$
V	电位差	V
C_1、C_2	常量	W/m^2
q	热流量密度	W/m^2
ε	校正辐射率	—
ε_n	标准辐射率(与表面垂直)	—
η	气体的导热系数	$W/(m \cdot K)$
λ	波长	μm
μ	气体的动态粘度	$kg/(m \cdot s)$
ρ	气体密度	kg/m^3
σ	斯蒂芬-波尔兹曼常数($=5.67\times10^{-8}$)	$W/(m^2 \cdot K^4)$

表 2

脚　标	名　称
c	对流
g	气体
e	外部
i	内部
m	平均
n	标准
r	辐射
s	间隔层
t	全部

5　中空玻璃稳定状态下 U 值的计算方法

5.1　基本公式

5.1.1　概述

本方法是以式(1)为计算基础的：

$$\frac{1}{U}=\frac{1}{h_e}+\frac{1}{h_t}+\frac{1}{h_i} \qquad \cdots\cdots(1)$$

式中：

h_e——玻璃的室外表面换热系数；

h_i——玻璃的室内表面换热系数；

h_t——多层玻璃系统内部热传导系数。

多层玻璃系统内部传热系数按式(2)、式(3)计算：

$$\frac{1}{h_t}=\sum_{s=1}^{N}\frac{1}{h_s}+\sum_{m=1}^{M}d_m r_m \qquad \cdots\cdots(2)$$

式中：

h_s——气体间隔层热传导系数；

N——气体间隔层数；

M——材料层数；

d_m——每种材料层的厚度；

r_m——每种材料的热阻系数。

$$h_s = h_g + h_r \quad \cdots\cdots(3)$$

式中：

h_r——辐射换热系数；

h_g——气体换热系数(包括传导和对流)。

5.1.2 **辐射换热系数 h_r**

辐射换热系数 h_r 由式(4)给出：

$$h_r = 4\sigma(\frac{1}{\varepsilon_1} + \frac{1}{\varepsilon_2} - 1)^{-1} \cdot T_m{}^3 \quad \cdots\cdots(4)$$

式中：

σ——斯蒂芬-波尔兹曼常数；

T_m——气体间隔层的平均绝对温度；

$\varepsilon_1,\varepsilon_2$——间隔层中两玻璃表面在平均温度 T_m 下的校正辐射率。

5.1.3 **气体换热系数 h_g**

气体换热系数 h_g 由式(5)给出：

$$h_g = Nu\frac{\eta}{S} \quad \cdots\cdots(5)$$

式中：

S——气体间隔层的厚度；

η——气体导热系数。

Nu 是努赛尔准数，由式(6)给出：

$$Nu = A(Gr \cdot Pr)^n \quad \cdots\cdots(6)$$

式中：

A——常数；

Gr——格拉晓夫准数；

Pr——普朗特准数；

n——幂指数。

$$Gr = \frac{9.81 s^3 \Delta T \rho^2}{T_m \mu^2} \quad \cdots\cdots(7)$$

$$Pr = \frac{\mu c}{\eta} \quad \cdots\cdots(8)$$

式中：

ΔT——气体间隔层两侧玻璃表面的温度差；

ρ——气体密度；

μ——气体的动态黏度；

c——气体比热容；

努赛尔准数根据式(6)计算，对于垂直使用的中空玻璃：$A=0.035$，$n=0.38$；水平使用的中空玻璃：$A=0.16$，$n=0.28$；45°倾斜使用的中空玻璃：$A=0.10$，$n=0.31$。

如果 Nu 不大于 1，对应于 $Gr \cdot Pr$ 小于 6 800，表示热传递仅由传导完成，则将 Nu 数值取为 1。如

果 Nu 大于 1,表示中空玻璃间隔层内存在对流传热,直接将值代入式(5)计算。

5.2 材料基本性能

5.2.1 辐射率

间隔层内玻璃表面校正辐射率 ε 用于计算辐射换热系数 hr。对于普通玻璃表面,校正辐射率值选用 0.837。对镀膜玻璃表面,标准辐射率 εn 由红外光谱仪测得。校正辐射率根据附录 A 中的表 A.2 计算获得。

5.2.2 气体特性

本计算方法需要间隔层内气体的如下特性:

a) 导热系数 η, W/(m·K);

b) 密度 ρ, kg/m^3;

c) 动态黏度 μ, kg/(m·s);

d) 比热容 c, J/(kg·K)。

将中空玻璃间隔层内气体特性代入式(7)和式(8)中,求出格拉晓夫准数和普朗特准数,再根据式(6)求出努赛尔准数。代入式(5)得出气体的换热系数 h_g。

附录 A 的表 A.3 给出中空玻璃间隔层所充气体的上述气体特性。

对混合气体,气体特性与各种气体的体积百分比成正比。

如果使用的混合气体中:

——气体 1 所占体积百分比为 R_1;

——气体 2 所占体积百分比为 R_2,等等,那么有式(9):

$$F = F_1R_1 + F_2R_2 + \cdots\cdots \qquad (9)$$

式中:

F——相关的特性,如:导热系数、密度、动态黏度或比热容。

5.2.3 吸收红外线的气体

有些气体吸收波长在 5 μm 至 50 μm 范围的红外辐射。当这种气体与低辐射镀膜(ε<0.2)组合使用时,其作用可忽略不计。其他情况下,如果气体的红外吸收对 U 值改善有益,应测量 U 值。

5.3 内部和外部的换热系数

5.3.1 室外表面换热系数

室外表面的换热系数 h_e 是玻璃附近风速的函数,可用式(10)近似表达:

$$h_e = 10.0 + 4.1v \qquad (10)$$

式中:

v——风速,m/s。

在比较中空玻璃 U 值时,可选用 h_e 等于 23 W/(m^2·K)。

该计算过程不考虑玻璃外侧具有校正辐射率镀膜表面而对 U 值改善的影响。

如果选用其他的 h_e 值以满足特殊的试验条件,则必须在检测报告中注明。

5.3.2 室内表面换热系数

室内表面换热系数 h_i 可用式(11)表达:

$$h_i = h_r + h_c \qquad (11)$$

式中:

h_r——辐射换热系数;

h_c——对流换热系数。

普通玻璃表面的辐射换热系数是 4.4 W/(m^2·K)。镀膜玻璃表面辐射换热系数由式(12)给出:

$$h_r = 4.4\varepsilon/0.837 \qquad (12)$$

式中：

ε是镀膜表面的校正辐射率(0.837是清洁的、未镀膜玻璃的校正辐射率)。镀膜表面的校正辐射率与标准辐射率之间的关系见附录A的表A.2。

对于自然对流状态，h_c 的值是3.6 W/(m²·K)。对于非自然对流状态，这个值会增大。

自由对流状态下，垂直使用的普通中空玻璃：

$$h_i = 4.4 + 3.6 = 8.0\ \mathrm{W/(m^2 \cdot K)}$$

其可作为比较中空玻璃 U 值的标准值。

对于非垂直表面，热流向上这个系数会变大，热流向下这个系数会变小。

如果选用其他的 h_i 值以满足特殊的试验条件，则必须在检测报告中注明。

5.4 参考值

用于中空玻璃 U 值计算的基本参考值如下：

玻璃的热阻系数 $r=1\ \mathrm{m \cdot K/W}$；

普通玻璃表面的校正辐射率 $\varepsilon=0.837$；

中空玻璃内外表面的温差 $\Delta T=15\ \mathrm{K}$；

中空玻璃的平均温度 $T_m=283\ \mathrm{K}$；

斯蒂芬-波尔兹曼常数 $\sigma=5.67\times10^{-8}\ \mathrm{W/(m^2 \cdot K^4)}$；

室外表面换热系数 $h_e=23.0\ \mathrm{W/(m^2 \cdot K)}$；

室内表面换热系数 $h_i=8.0\ \mathrm{W/(m^2 \cdot K)}$；

气体特性在附录A的表A.3中给出。

对于气体间隔层多于一个的多层中空玻璃，每一单元的平均温度和平均温差应通过迭代计算步骤得出，计算过程见附录B。

U 值单位为W/(m²·K)，数值按GB/T 8170修约至小数点后一位。

6 防护热板法测量稳态中空玻璃 U 值

6.1 原理和基本公式

用防护热板装置测定流过计量单元的恒定热流量 Φ，并根据计量单元的面积 A 以及中空玻璃冷、热表面的温度差 ΔT，计算中空玻璃的热阻 R。

中空玻璃的 U 值根据式(13)得出：

$$\frac{1}{U} = R + \frac{1}{h_e} + \frac{1}{h_i} \qquad \cdots\cdots(13)$$

式中：

R——中空玻璃的热阻，m²·K/W；

h_e——室外表面换热系数，W/(m²·K)；

h_i——室内表面换热系数，W/(m²·K)。

6.2 测量装置

测量装置为符合GB/T 10294的防护热板双试样装置，如图1所示。计量面板尺寸为500 mm×500 mm。

单位为毫米

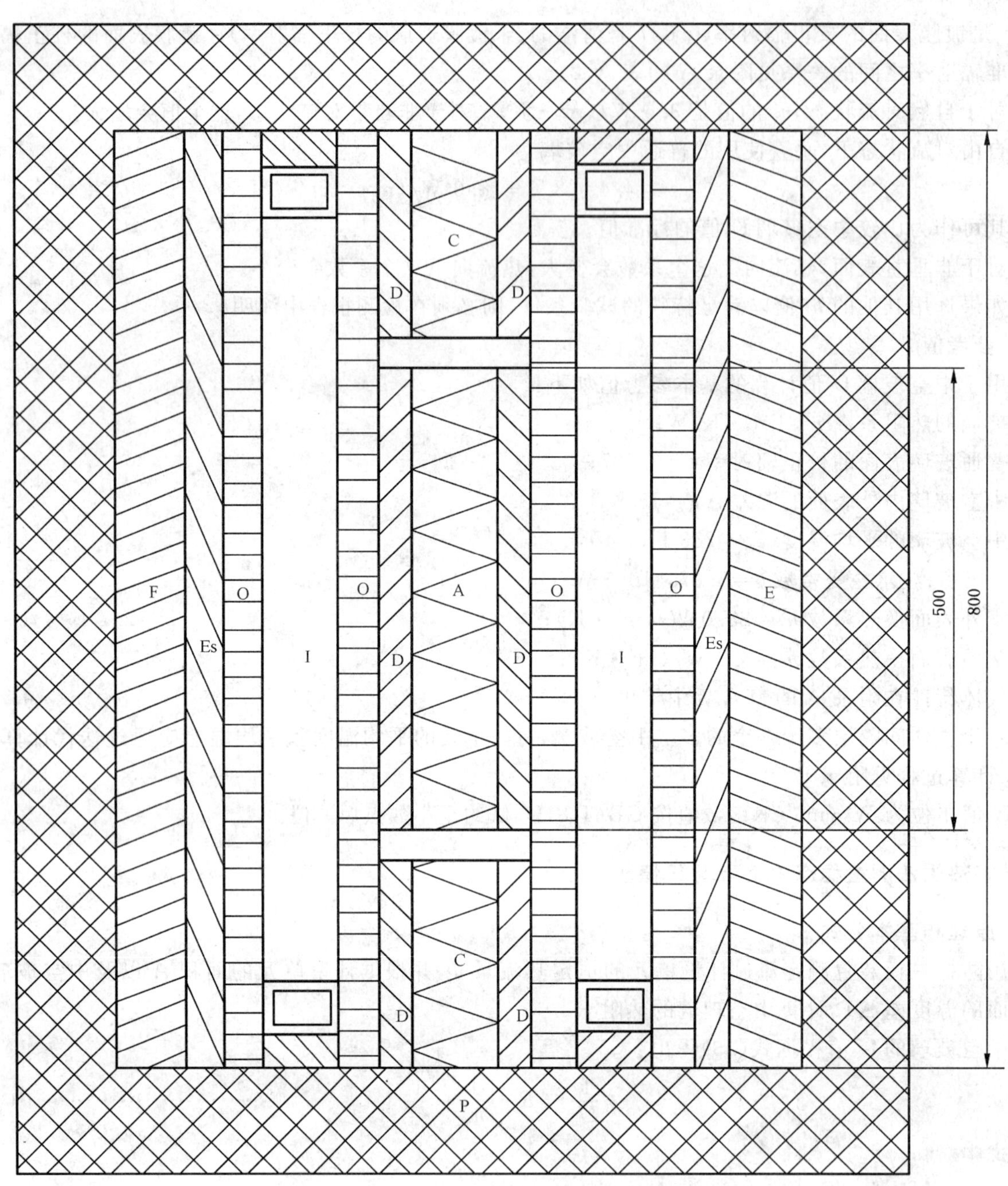

A——计量加热器；
B——计量面板；} 计量单元；
C——防护区；
D——防护面板；} 防护单元；
E——冷却设备；
E_S——冷却设备面板；
I——测试样品；
O——橡胶海绵；
P——保温材料。

图 1 防护热板测量装置示意图

两块相同的试样分别放在加热单元的两侧,热流量通过试样到达冷却单元。加热单元由中央计量单元和防护单元组成,通过狭窄的缝隙将计量区和防护区隔开。冷却单元表面尺寸不小于加热单元尺寸,试样应全部覆盖加热单元表面。

6.3 试样

试样为两块尽可能相同的边长 800 mm 的正方形平型中空玻璃。两块试样的厚度差在边部测量应不大于 2%,两表面应平行。试样外表面中央区的向内或向外的挠度在 283 K 时应不大于 0.5 mm。

6.4 试验程序

6.4.1 将试样冷却到 283 K 并达到等温平衡后,立即测量中空玻璃外表面中央区的挠度,如果向外的挠度太大,可以通过降低中空玻璃内部压力进行试样中央区厚度校正。如果试样为向内的挠度,且需要的校正不大于 0.5 mm 时可充空气校正。

6.4.2 将试样垂直放置在试验装置中,并确保试样与相邻的面板间充分接触。

6.4.3 将试样的平均温度控制在 283 K±0.5 K,并使试样冷热表面的平均温差保持在 15 K±1 K。

6.5 计算与结果表达

6.5.1 多层中空玻璃的热阻

多层中空玻璃的热阻由式(14)得出:

$$R = 2A(T_1 - T_2)/\Phi \qquad (14)$$

式中:

A——计量面积,m^2;

T_1——试样热表面的平均温度,K;

T_2——试样冷表面的平均温度,K;

Φ——施加于计量面积的加热平均功率,W。

数值按 GB/T 8170 修约至小数点后两位。

6.5.2 *U* 值的计算

U 值按式(13)计算,内外表面的换热系数按 5.3 得出。数值按 GB/T 8170 修约至小数点后一位。

镀膜表面朝向对 *U* 值的影响不作考虑。

如果为了满足特定的条件使用了其他的 h_e 和 h_i 值,应在检测报告中注明。

7 热流计法测量稳态中空玻璃 *U* 值

7.1 原理和基本公式

通过已知热阻的校正试样标定的热流计测量装置,测量被测试样的热流量,计算被测试样的热阻。

中空玻璃的 *U* 值根据式(13)得出。

7.2 测量装置

热流计测量装置为符合 GB/T 10295 的对称布置的单一试样装置或双试样装置,如图 2 所示。

单一试样测量装置由一个加热单元和一个冷却单元构成,分别位于试样的两侧,冷却单元的表面与加热单元的表面尺寸相同。热流计分别位于被测试样或校正试样冷热表面的中央。

双试样测量装置由一个加热单元和两个冷却单元构成。加热单元置于被测试样和对照试样之间,标定时,校正试样应放在被测试样位置,将热流计放在被测试样或校正试样和对照试样的每一侧。

试样应全部覆盖两种类型的测量装置的加热单元的表面,边部采用绝热的方式来控制热流计外部边缘的热损失,热流计的测量截面应不小于 7 500 mm^2 但不应超过 500 mm×500 mm,应成圆形或方形。

至少应使用 3 对热电偶成对安装在每块试样的两个表面且与表面接触。一对热电偶定位在热流计截面的中央。另外两对点中心对称安装在与测量截面中心到周边的 2/3 处。

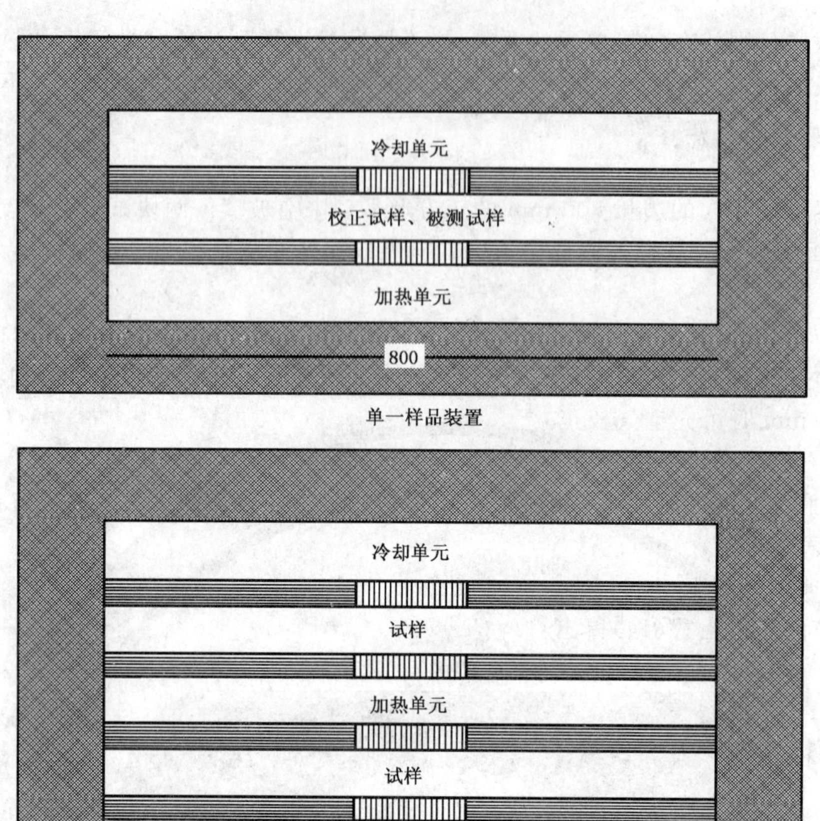

图 2 热流计测量装置示意图

7.3 测量装置的校准

热流计法是一种相对的测量方法，被测试样的热阻是通过与已知热阻的校正试样的比值来估算。校正试样的热阻用防护热板法测定。校正试样应为具有平坦平行表面的均质非吸湿材料，且与被测试样具有类似的热性能。

通过热流计的热流量密度根据式(15)由产生的电位差和热流计测量截面的平均温度计算得出：

$$q = (C_1 + C_2 T_m)V \qquad \cdots\cdots\cdots\cdots(15)$$

式中：

q——热流量密度；

C_1——常量；

C_2——常量；

T_m——热流计测量截面的平均温度；

V——电位差。

常量 C_1 和 C_2 是通过用校正试样按 GB/T 10295 的标定方法来确定。

对于单一试样装置，应定期用校正试样对单一试样装置和防护热板装置进行校准。

对于双试样装置，当出现设备校准偏差时，用控制试样进行及时调整。

7.4 试样

试样为边长 800 mm 正方形的平型中空玻璃。试样的表面应平坦平行。试样外表面中央区的内外挠度在 283 K 时应不大于 0.5 mm。

7.5 试验程序

7.5.1 将试样冷却到 283 K 并达到等温平衡后，立即测量中空玻璃外表面中央区的挠度，如果向外的挠度太大，可以通过降低中空玻璃内部压力进行试样中央区厚度校正。如果试样向内的挠度太大，且需要的校正不大于 0.5 mm 时可充空气校正。

7.5.2 将试样垂直或按使用时的安装角度放置在试验装置中，并确保试样与热流计充分接触。

7.5.3 将试样的平均温度控制在 283 K±0.5 K，并使试样冷热表面的平均温差保持在 15 K±1 K。

7.6 计算与结果表达

7.6.1 中空玻璃的热阻

中空玻璃的热阻由式(16)得出：

$$R = 2(T_1 - T_2)/(q_1 + q_2) \qquad (16)$$

式中：

q_1——被测试样热侧热流量密度；

q_2——被测试样冷侧热流量密度；

T_1——被测试样热表面平均温度；

T_2——被测试样冷表面平均温度。

7.6.2 *U* 值(传热系数)的计算

按 6.5.2 规定计算和表达。

8 检测报告

检测报告应包含以下内容：

a) 样品的描述：

——试样的规格尺寸；

——边部测量的中空玻璃厚度；

——玻璃片厚度；

——气体间隔层厚度；

——填充气体的种类；

——充气浓度；

——红外反射膜的位置；

——挠曲变形量。

b) 测量结果

——采用的测试方法；

——试样热表面的平均温度；

——试样冷表面的平均温度；

——试样冷热表面的平均温差；

——试样的平均温度；

——热阻；

——h_e 和 h_i 值(使用了非标准化值时)；

—— 被测试样的倾角；

——*U* 值(传热系数)。

附 录 A
（规范性附录）
辐射率和气体性能的确定

A.1 标准辐射率 ε_n 的确定

镀膜玻璃表面的标准辐射率 ε_n 是在接近正常入射状况下，利用红外光谱仪测出其谱线的反射曲线，按照下列步骤计算：

按照表 A.1 给出的 30 个波长值，在 283 K±0.5 K 温度下测定相应的反射率 $R_n(\lambda_i)$ 曲线，并取其算术平均值，得到 283 K 温度下的常规反射率。

$$R_n = \frac{1}{30}\sum_{i=1}^{30} R_n(\lambda_i)$$

283 K 的标准辐射率按下式求出：

$$\varepsilon_n = 1 - R_n$$

表 A.1 用于测定 283 K 温度下常规反射率 R_n 的波长

单位为微米

序　号	波长 λ_i	序　号	波长 λ_i
1	5.5	16	14.8
2	6.7	17	15.6
3	7.4	18	16.3
4	8.1	19	17.2
5	8.6	20	18.1
6	9.2	21	19.2
7	9.7	22	20.3
8	10.2	23	21.7
9	10.7	24	23.3
10	11.3	25	25.2
11	11.8	26	27.7
12	12.4	27	30.9
13	12.9	28	35.1
14	13.5	29	43.9
15	14.2	30	50.0[a,b]

[a] 选择 50 μm 是因为这是普通商用红外光谱仪的极限波长，这一近似值对计算精度的影响可以忽略不计。

[b] 如果无法取得 25 μm 以上波长的光谱反射率数值，可以用得到的最高波长点代替。只有反射率响应曲线合理恒定时才有效。采用这种做法应在报告中说明。

A.2 校正辐射率 ε 的确定

校正辐射率 ε 是由标准辐射率 ε_n 乘以表 A.2 给出的系数得出。

表 A.2　校正辐射率与标准辐射率之间的关系

标准辐射率	系数[a]
0.03	1.22
0.05	1.18
0.1	1.14
0.2	1.10
0.3	1.06
0.4	1.03
0.5	1.00
0.6	0.98
0.7	0.96
0.8	0.95
0.89	0.94

[a] 其他值可以通过线性插值或外推计算获得。

A.3　气体特性

中空玻璃间隔层内有关气体参数见表 A.3。

表 A.3　气体特性

气　体	温度 T/K	密度 ρ/(kg/m³)	动态黏度 μ/[10^{-5} kg/(m·s)]	导热系数 η/[10^{-2} W/(m·K)]	比热容 c/[10^3 J/(kg·K)]
空气	263	1.326	1.661	2.336	1.008
	273	1.277	1.711	2.416	
	283	1.232	1.761	2.496	
	293	1.189	1.811	2.576	
氩气	263	1.829	2.038	1.584	0.519
	273	1.762	2.101	1.634	
	283	1.699	2.164	1.684	
	293	1.640	2.228	1.734	
SF_6	263	6.844	1.383	1.119	0.614
	273	6.602	1.421	1.197	
	283	6.360	1.459	1.275	
	293	6.118	1.497	1.354	
氪气	263	3.832	2.260	0.842	0.245
	273	3.690	2.330	0.870	
	283	3.560	2.400	0.900	
	293	3.430	2.470	0.926	

附　录　B
（规范性附录）
多个间隔层中空玻璃 U 值的计算方法

在间隔层一个以上时，中空玻璃 U 值的计算可用迭代法（见表 B.1 例子），每个间隔层的气体间隔层热传导系数 h_s 的测定平均温度为 283 K。

迭代法步骤：首先，将气体间隔层两侧玻璃表面温差 $\Delta T=15/N$(K)代入式(7)，再根据 5.1.2 和 5.1.3 计算出每个间隔层的热传导系数 h_s。

然后，将得出的气体间隔层热传导系数 h_s 代入式(B.1)可计算出每个间隔层的新的 ΔT_s：

$$\Delta T_s = 15\frac{1/h_s}{\sum_{s=1}^{N} 1/h_s} \quad \cdots\cdots (B.1)$$

将得出的 ΔT_s 再代入公式进行迭次计算，直到每个间隔层 h_s 均计算得出，并根据公式(2)，计算多层玻璃系统内部热传导系数 h_t。一般情况下，迭代计算法不超过 3 次，特殊情况为 4 次。

当所有气体间隔层的热传导系数 h_s 值相等时，对应的温差可由 $\Delta T=15/N$(K)给出，则没有必要使用迭代法。

表 B.1　三玻中空玻璃的迭代计算示例

迭代数		1	2	3	4
$1/h_s$(间隔层 1)	[$m^2\cdot K/W$]	0.145 5	0.171 7	0.171 3	0.171 4
$1/h_s$(间隔层 2)	[$m^2\cdot K/W$]	0.272 0	0.312 5	0.313 5	0.313 3
$\sum_{s=1}^{2} 1/h_s$	[$m^2\cdot K/W$]	0.417 5	0.484 2	0.484 8	0.484 7
ΔT(间隔层 1)	[K]	5.23	5.13	5.30	5.30
ΔT(间隔层 2)	[K]	9.77	9.68	9.70	9.70
U 值	[$W/(m^2\cdot K)$]	1.67	1.51	1.50	1.50
注：示例的玻璃配置：4+12+4+12+4(mm)，一片膜层在第 2 个间隔层，$\varepsilon=0.1$，两个间隔层内均充 SF_6。					

附　录　C
（资料性附录）
本标准章条编号与 ISO 10291:1994、ISO 10292:1994、ISO 10293:1997 章条编号对照

表 C.1 给出了本标准章条编号与 ISO 10291:1994、ISO 10292:1994、ISO 10293:1997 章条编号对照一览表。

表 C.1

本部分章条编号	对应的国际标准章条号
1	ISO 10291/ISO 10292/ISO 10293　1、3
2	ISO 10291 ISO 10293 2
3	ISO 10292　2
4	ISO 10292　3
5.1	ISO 10292　4
5.1.1	ISO 10292　4.1
5.1.2	ISO 10292　4.2
5.1.3	ISO 10292　4.3/5.4
5.2.1	ISO 10292　5.1
5.2.2	ISO 10292　5.2
5.2.3	ISO 10292　5.3
5.3.1	ISO 10292　6.1
5.3.2	ISO 10292　6.2
5.4	ISO 10292　7
6.1	ISO 10291　4
6.2	ISO 10291　5/6
6.3	ISO 10291　7/8
6.4.1	ISO 10291　8
6.4.2	ISO 10291　9 第一段
6.4.3	ISO 10291　9 第二段
6.5.1	ISO 10291　10.1
6.5.2	ISO 10291　10.2
6.6	ISO 10291　11
7.1	ISO 10293　3/4
7.2	ISO 10293　5
7.3	ISO 10293　6
7.4	ISO 10293　7/8 第一句
7.5.1	ISO 10293　8
7.5.2	ISO 10293　9 第一段、第二段

表 C.1（续）

本部分章条编号	对应的国际标准章条号
7.5.3	ISO 10293　9 第三段
7.6.1	ISO 10293　10.1
7.6.2	ISO 10293　10.2
8	ISO 10293　11
附录 A	ISO 10292 附录 A
附录 B	—

附 录 D
（资料性附录）
本标准与ISO 10291、ISO 10292、ISO 10293技术差异及其原因

表D.1给出了本标准与ISO 10291、ISO 10292、ISO 10293技术差异及其原因的一览表。

表 D.1

本标准的章条编号	技术性差异	原　因
1	删除了ISO 10292范围中关于U值确定的意义和间接作用的描述。	在我国标准中，范围不用描述这些作用。
2	引用了采用国际标准的我国标准，而非国际标准。增加引用了GB/T 8170。	以适合我国国情。在标准中需要用到修约规则。
4	增加了符号：R——热阻、C_1C_2——测量装置常量、V——电位差、q——热流量密度、Φ——加热功率。用符号η代替λ表示气体导热系数。	这些符号均在标准中需要用到。
5.1.3	将ISO 10292标准5.4水平和倾斜中空玻璃取值情况移至本条。	这条内容与本条内容一致，放在这里便于使用。
5.2.1	删除了ISO 10292标准中的注释1。	符合中国标准规定，注释不在正文中出现。
5.3.1	删除了ISO 10292标准中的注释2。	符合中国标准规定，注释不在正文中出现。且保留几位小数已在修约规则中规定。
5.3.2	删除了ISO 10292标准中的注释3、将注释4的内容写入标准正文。	同上。
5.4	将注释5的内容写入标准正文。	在实际操作中需要。
6.1	删除了中空玻璃U值的定义。 增加了测量装置的基本原理。	该定义已经在标准的第4章术语和定义中给出，这里就不再重复。 符合我国标准要求。
6.3	将ISO 10291标准8中对试样内外挠曲的要求移到此条。	这样对测量试样的要求更完整，便于操作。
6.4	将ISO 10291标准8中对试样内外挠曲测量放在试验程序中，并将内容用二级条目表述。 删除了“使用3 mm厚的天然海绵橡胶”	试样挠曲检测是测量过程的一部分。 符合我国标准要求。 引用的GB/T 10294标准中对测量设备有详细说明，这里就不必重复。
6.5.1	增加了数值修约规定。	便于数据处理。

表 D.1（续）

本标准的章条编号	技术性差异	原　因
6.5.2	删除了内外表面换热系数的导出和取值，规定按本标准的 5.3 得出。	在本标准的 5.3 中已经给出了该两换热系数的取值和导出公式，在本条中就不再重复，直接引用。
6.6	删除 b）的内容。	a）的样品描述已经包含 b）的内容。
7.1	删除了中空玻璃 U 值的定义。 增加了测量装置的基本原理。	该定义已经在标准的第 4 章术语和定义中给出，这里就不再重复。 符合我国标准要求。
7.4	将 ISO 10293 标准 8 中对试样内外挠度的要求移到此条中。	这样对测量试样的要求更完整，便于操作。
7.5	将 ISO 10291 标准 8 中对试样内外挠度测量放在试验程序中，并将内容用二级条表述。	试样挠度检测是测量过程的一部分。 符合我国标准要求。
7.6.2	删除本条的具体规定，引用 6.5.2 规定。	ISO 10291 和 ISO 10293 对本条的 U 值的计算和表达是完全一致的，在本条中引用 6.5.2 的规定。
8	删除 b）的内容。	a）的样品描述已经包含 b）的内容。
公式编号	按先后顺序重新排列公式编号。	将三个标准内容合并为一个后，公式编号有不唯一性。
附录 A 表 A.3	用绝对温度替换摄氏温度。	与标准其他温度统一。
附录	删除了 ISO 10292 中的附录 B 。	作为我国标准，ISO 标准中的参考书目不必列出。
附录 B	增加了附录 B。	采用 EN673 标准的附录 B，使大家更清楚多于一个间隔层的中空玻璃的计算方法。

中华人民共和国建筑材料工业部部标准

JC 292—81

平板玻璃平整度试验方法

1 主题内容与适用范围

本方法适用于测定平板玻璃的平整度。

2 定义

平板玻璃的平整度系指平板玻璃两表面凹凸不平及厚薄不均的程度。

3 试样准备

3.1 取样:按产品标准有关规定进行。

3.2 试样规格:600 mm×100 mm(对拉制玻璃,长度即沿板宽方向)。

3.3 试样要求:板面无划痕、擦伤、油迹、灰尘等,并避开气泡和结石等可能干扰测定值的其他缺陷。

4 试验设备及材料

4.1 平板玻璃平整度测定仪(PBP-801型)是根据光的折射原理制成。当一束平行光垂直射到某一均匀透明介质时,如果上下表面不平行,则透过介质的光线将发生偏离,通过光电效应使光讯号变成电讯号,在记录仪上自动记录下来,从而把玻璃表面不平整情况以曲线形式表示出来。

4.2 本仪器由光路部分、电路部分、样品运行机构和自动记录部分所组成(光路部分结构示意图如下)。

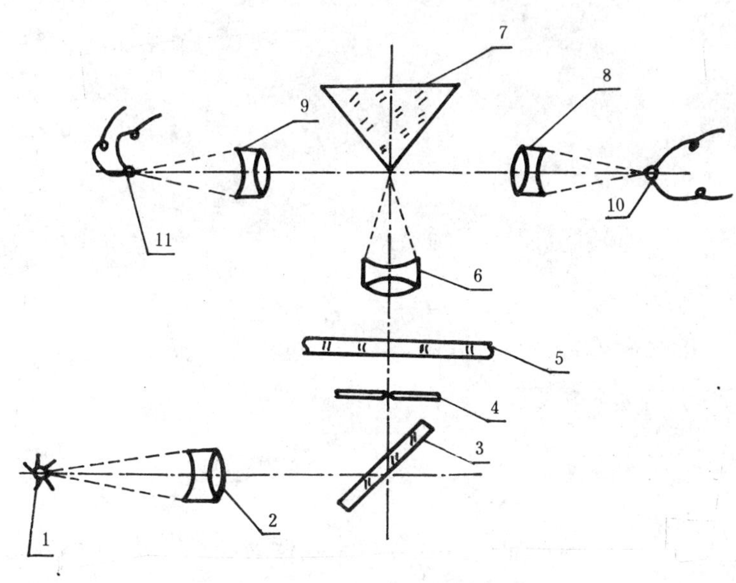

光路部分结构示意图

1—光源;2、6、8、9—复合透镜;3—反光镜;4—光栏;5—玻璃样品;
7—直角棱镜;10、11—光敏管

中华人民共和国建筑材料工业部 发布　　1982年1月1日 实施
武汉建筑材料工业学院 提出　　武汉建筑材料工业学院 起草

4.3 工作台(平整、稳定)。

4.4 记录纸。

5 试验步骤

5.1 检查仪器各部件。

5.2 接通电源,打开记录仪及光源开关,稍停片刻使之稳定即可调试。

5.3 光束调到所需直径(一般 ϕ 为 0.7 mm)。

5.4 调节仪表的零位,使记录仪与微安表指针都指零。

5.5 校正仪器灵敏度:

a. 用一块具有一定楔角的(1′,2′,5′)玻片作标准,仔细擦净放在试样托架上待测。

b. 接通记录仪电源,调节灵敏度电位器,使标准 玻片在记录纸上显示出所需的毫米数(一般采用1′=2.5,5,10 mm),并校对两边数值使之相等。

5.6 测量试样:

a. 将擦净的试样,沿长度方向置于试样托架上。

b. 接通试样托架及记录仪开关进行测试。

c. 待试样全部经过光点后,立即切断托架及记录仪的开关。

d. 测试过程中,经常注意零点的飘移。

4.7 待试样全部测试完毕,切断电源,取下记录纸。

6 曲线分析

根据试验结果对曲线上不同峰值所表示的偏离角的大小、数量及其位置进行平整度的分析。

中华人民共和国建材行业标准

JC/T 650—1996

玻璃原料粒度测定方法

1 主题内容与适用范围

本标准规定了玻璃原料粒度测定方法。

本标准适用于玻璃用粉状原料。

2 引用标准

GB 6003 试验筛

3 测定原理

根据试样粒径的不同，通过振筛机摇动试验筛将试样分成不同粒级，然后称重计算出每一粒级的产率。

4 仪器与设备

4.1 试验筛

选用国家标准 GB 6003 规定的试验筛，筛框规格为 ϕ200mm。建议备有下列筛孔尺寸的筛子：2.5mm、1mm、800μm、710μm、600μm、500μm、400μm、300μm、200μm、160μm、100μm 和 71μm。根据需要可以添加其他尺寸的筛子。

4.2 振筛机

偏心振动式振筛机，摇动次数不少于 220 次/min，振击次数不少于 140 次/min，其他型式的等效设备也可以选用。

4.3 天平

精度为 0.1g，当称量少量物料时，应选用精度为 0.01g 的天平。

5 试样制备

将样品在 105℃下烘干，用四分法缩取试样，当样品最大粒度小于 1mm 时，每份试样最小质量为 100～150g，当样品最大粒度大于 1mm 时，每份试样的最小质量为 400g。同时留出副样，以备检查。

6 测定步骤

称取试样，精确至 0.1g。将选定的筛子按顺序套好，大孔径筛在上部。将称好的试样放入顶部筛子，加盖，放在振筛机上，开动振筛机至要求时间。取出每一个筛子，将物料倾至一边，倒在一张光滑纸上，再将筛子翻置在纸上轻轻敲打，并用毛刷扫刷筛面直至干净。如果试样超过 150g，应分次筛分，每次筛分不得超过 150g，以防筛子过负荷。将每一粒级的物料移至天平上称量，精确至 0.1g，微量物料的称量，精确至 0.01g，记录称量结果。

试样一般筛分 15min。如需检查是否达到筛分终点，可按下列步骤进行，将经过振筛机筛分的试样，每一粒级手筛 1min，手筛通过筛子的物料量与原始试样量之比小于 0.1%，则认为筛分已达到终点，否

国家建筑材料工业局1996-11-14批准　　　　1997-04-01实施

则应延长筛分时间。

7 结果的计算

筛分得到的某一粒级的产率按式(1)计算(i 代表某一粒级,若套筛有 P 个筛子,则有 $n=P+1$ 个粒级),精确至 0.1%,当产率微量时,精确至 0.01%。同一样品独立进行两次测定,取其算术平均值作为测定结果。

$$\gamma_i=\frac{m_i}{\sum_{i=1}^{n} m_i}\times 100 \qquad (1)$$

式中:m_i——某一粒级物料的质量,g;

$\sum_{i=1}^{n} m_i$——所有粒级物料的总质量,g;

γ_i——某一粒级物料的产率,%。

8 结果的评价

每次测定,筛分各粒级物料的总质量与原始试样质量相差不得大于原始试样质量的 1%。否则,测定结果无效。

附加说明:

本标准由国家建筑材料工业局秦皇岛玻璃研究院负责起草并技术归口。

本标准主要起草人:刘小礼、刘笑合、朱艳梅。

前　言

本标准是参照德国“大众”汽车公司供货技术条件 TL 820.45《电热后窗玻璃功能要求》和法国“标致”汽车公司技术条件 N36.07.103《12V 带加热丝窗玻璃》制定的。制定时对上述两技术条件进行了综合、精炼，保留了适合我国国情的技术要求，去掉了一些不必要的内容。

本标准由全国汽车标准化技术委员会安全玻璃分技术委员会归口。

本标准起草单位：中国建筑材料科学研究院玻璃科学研究所。

本标准主要起草人：汪如洋、曾上堂、刘秀敏、武存浩、龚蜀一、胡悦、李守明。

中华人民共和国建材行业标准

JC/T 673—1997

汽车后窗电热玻璃性能试验方法

1 范围

本标准规定了汽车后窗电热玻璃透射比、不透明率、耐清洗剂性、电插片焊接强度、电插片抗弯曲性、功率、除霜效率、超压性、热点温度、耐电热冲击性、耐盐雾性、电热线抗磨性、防潮湿性、耐久性、抗冲击性和碎片状态的试验方法。适用于各类汽车电热玻璃性能检验及设计验证。

2 引用标准

下列标准所包含的条文,通过在本标准中引用而构成本标准的条文。本标准出版时,所示版本均为有效。所有标准都会被修订,使用本标准的各方应探讨使用下列标准最新版本的可能性。

GB 776—1976 电测量指示仪表通用技术条件

JC/T 632—1996 汽车安全玻璃术语

GB 5137.1—1996 汽车安全玻璃力学性能试验方法

GB 5137.2—1996 汽车安全玻璃光学性能试验方法

3 术语

3.1 不透明率

电热玻璃上由电热线引起的不透明面积与整个加热区面积之比值。

3.2 加热区

由最上一根电热线和最下一根电热线以及左右各一根汇流条框成的封闭面。

3.3 电插片

焊接在电热玻璃汇流条上、联接电源的金属片。

3.4 除霜效率

电热玻璃在施加一定电压下,其表面冰霜层在规定时间内的融化百分率。

3.5 超压性

电热玻璃承受大于额定电压的能力。

3.6 热点温度

电热玻璃在通电加热过程中,其电热线或汇流条表面上的最高温度点。

3.7 耐电热冲击性

电热玻璃在低温条件下承受通电加温的能力。

3.8 耐盐雾性

电热玻璃在盐雾环境中承受盐雾腐蚀的能力。

3.9 电热线抗磨性

电热玻璃表面电热线承受棉纱等物对其磨损的能力。

3.10 耐久性

电热玻璃承受长时间反复通电后的加热能力。

国家建筑材料工业局1997-08-05批准　　1998-01-01实施

本标准中出现的其它术语均按 JC/T 632 的规定。

4 试样

除非另有规定，本标准所用的试样均为汽车电热玻璃成品。如用小试样，则必须用与成品相同的材料、按相同的工艺条件制作。

5 环境条件

除非另有规定，试验应在下述环境条件下进行：

温度：20℃±5℃；

相对湿度：40%～80%；

大气压力：$8.6\times10^4\sim1.06\times10^5$Pa。

6 透射比试验

按 GB 5137.2 规定进行试验。

7 不透明率试验

7.1 试验目的

检验汽车电热玻璃由电热线引起的不透明面积在加热区面积中所占的比率能否符合相应产品技术条件的规定。

7.2 试验器具

精度为 0.5mm 的钢直尺和精度为 0.02mm 的游标卡尺。

7.3 试验程序

用钢直尺测量试样加热区的长度和宽度，并计算出加热区的面积；再用钢直尺和游标卡尺测量加热区面积上的每一条电热线的长度和宽度，计算出每一条电热线的面积，然后计算出电热线的总面积。

7.4 结果表示

以电热线的总面积在加热区面积中所占的比率来表示电热玻璃的不透明性，其百分数取小数点后1位。

不透明率按式(1)计算：

$$T_s=(S_2/S_1)\times100 \qquad (1)$$

式中：T_s——不透明率，%；

S_1——试样加热区的面积，cm^2；

S_2——试样电热线的总面积，cm^2。

8 耐清洗剂性试验

8.1 试验目的

检验汽车电热玻璃经玻璃清洗剂清洗后，其加热功率是否仍满足相应的产品技术条件的规定。

8.2 清洗剂

50%乙醇溶液(水：无水乙醇=1：1)。

8.3 试验程序

将脱脂棉不断蘸上清洗剂，在试样的电热线上反复擦洗 2min，然后用脱脂棉擦干试样上的清洗剂。

8.4 结果表示

试样经清洗剂擦洗后，以电热线是否松动或电热装置是否脱落来判断其耐清洗剂性。

9 电插片焊接强度试验

9.1 试验目的

确定汽车电热玻璃电插片在一定机械力作用下，与玻璃板的焊接强度能否符合相应产品技术条件的规定。

9.2 试验器具

a) 砝码。一个布袋内装有铅粒的重物，其质量应根据试验所要求的拉力来制作，质量误差不应大于±10g；

b) 秒表；

c) 试样支承架。

9.3 试验程序

将试样水平固定在支承架上，用试验所要求的砝码挂在电插片上，同时使用秒表记录时间，达到试验所要求的时间时，停止试验(也可采用与之等效的其他试验方法)。如电插片在试验所要求的时间内从玻璃板上脱落，应记录脱落时的时间。

9.4 结果表示

以试样上电插片在一定时间内所承受住的拉力来表示汽车电热玻璃电插片的焊接强度。

10 电插片抗弯曲性试验

10.1 试验目的

确定汽车电热玻璃电插片在承受一定次数的规定弯曲作用后，其抗弯曲性能和与玻璃板的焊接强度能否符合相应产品技术条件的规定。

10.2 试验程序

按试验所要求的次数对电插片进行120°±10°的弯曲，然后检查电插片是否出现裂痕，同时记录试验过程中电插片是否出现断裂或从玻璃板上脱落。

10.3 结果表示

以经过规定次数弯曲后电插片的损坏程度和与玻璃板的焊接强度来表示汽车电热玻璃电插片的抗弯曲性能。

11 功率试验

11.1 试验目的

确定汽车电热玻璃的加热功率是否符合相应产品技术条件的规定。

11.2 试验设备

a) 直流稳压电源，输出电压范围不应小于0～40V(连续可调)，最大输出电流不应小于40A；

b) 功率表(或电流表)，符合GB 776规定，精度不低于1.0级；

c) 电压表，符合GB 776规定，精度不低于1.0级。

11.3 试验程序

11.3.1 将试样在第5章规定的环境条件下放置2h以上。

11.3.2 按图1连接测量线路(用功率表时连接虚线，用电流表时断开虚线)。

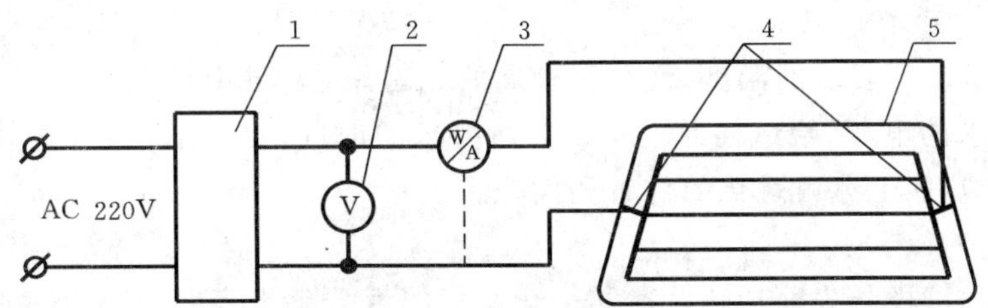

1—直流稳压电源；2—电压表；3—功率表(或电流表)；4—电插片；5—试样

图 1 功率测量线路图

11.3.3 将试样的输入电压精确地调至试验所要求的电压。

11.3.4 试样通电 30min 时，测其功率值。

11.4 结果表示

以通电 30min 时测得的功率值表示汽车电热玻璃的功率。

12 除霜效率试验

12.1 试验目的

确定汽车电热玻璃在低温条件下，加热装置消除玻璃外表面加热区冰霜的能力是否满足相应产品技术条件的规定。

12.2 试验设备

试验设备应由一个恒温低温箱和试样加热系统组成，如图 2 所示。

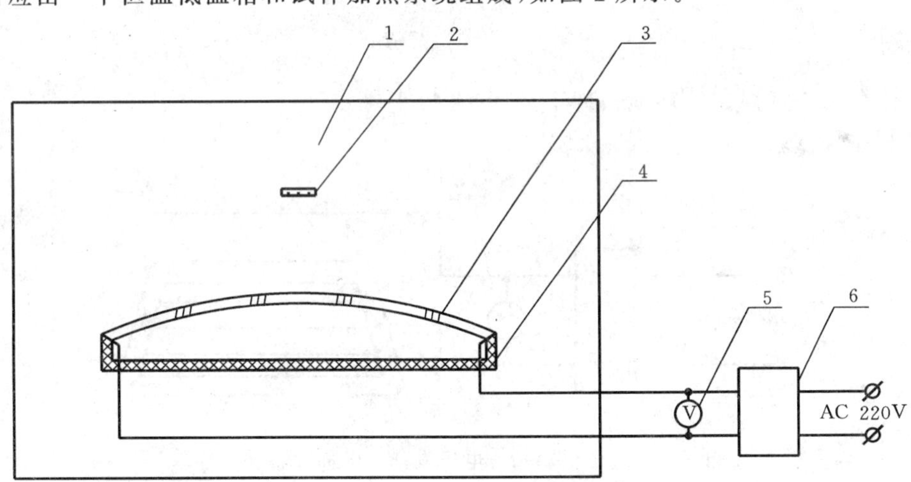

1—恒温低温箱；2—喷雾器；3—试样；4—试样支架；5—电压表；6—直流稳压电源

图 2 除霜试验设备示意图

a) 恒温低温箱。工作温度可达－40℃，控温器灵敏度可达 1℃；

b) 喷雾器；

c) 试样支架。支架应具有适当的隔热功能，所提供的支承应符合电热玻璃的实际使用状况；

d) 电压表。符合 GB 776 规定，精度不低于 1.0 级；

e) 直流稳压电源。输出电压不应小于 0～40V(连续可调)，最大输出电流不应小于 40A。

12.3 试验程序

12.3.1 将试样按实际装车状况安装在支架上，放入已调至试验所要求温度的低温箱里，保温 5h。

12.3.2 用喷雾器向试样表面喷射水雾，喷雾器口应与试样表面保持垂直，距试样表面 200～300mm，并作前后、左右移动；喷雾器的喷水压力为 340kPa±20kPa，将 0.06mL/cm^2 的水量逐渐均匀地喷射在试样表面上。

12.3.3 试样保持在试验所要求的温度，使试样表面的冰霜硬化 30min。

12.3.4 按试验所要求的电压，给试样通电至试验所要求的时间，迅速取出，检查其外表面加热区冰霜的融化程度，并记录加热区上冰霜融化的位置和面积。

12.4 结果表示

以通电一定时间内试样外表面加热区冰霜融化面积的百分率来表示汽车电热玻璃的除霜效率。

除霜效率按式(2)计算：

$$T_D=(D_2/D_1)\times 100 \qquad (2)$$

式中：T_D——除霜效率，%；

D_1——试样外表面加热区冰霜的面积，cm^2；

D_2——试样外表面加热区上已融化的冰霜面积，cm^2。

13 超压性试验

13.1 试验目的

检验汽车电热玻璃在承受超过额定电压至一定时间后，恢复正常工作时功率和除霜效率是否仍满足相应产品技术条件的要求。

13.2 试验设备

a）直流稳压电源，输出电压范围不应小于 0～40V(连续可调)，最大输出电流不应小于 40A；

b）电压表，符合 GB 776 规定，精度不低于 1.0 级；

c）秒表。

13.3 试验程序

13.3.1 将试样在第 5 章规定的环境条件下放置 2h 以上。

13.3.2 按图 3 连接试验线路。

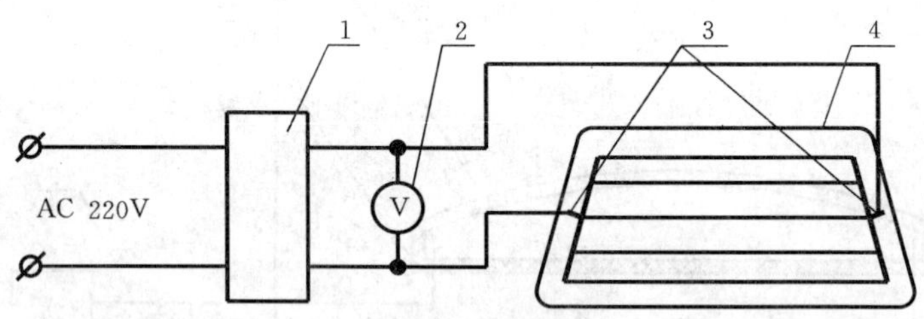

1—直流稳压电源；2—电压表；3—电插片；4—试样

图 3 超压性试验线路图

13.3.3 将试样电插片上的输入电压精确调至试验所要求的电压。

13.3.4 使用秒表，给试样通电至试验所要求的时间。

13.3.5 试验结束后，使试样在第 5 章规定的环境条件下静置 5h。

13.3.6 按第 11 章试验，给出试样的功率值。

13.3.7 按第 12 章试验，给出试样的除霜效率。

13.4 结果表示

试样经过试验后，以恢复正常工作时的功率值和除霜效率来表示汽车电热玻璃的超压性。

14 热点温度试验

14.1 试验目的

确定汽车电热玻璃在经过一定时间的通电加热过程中，其电热线或汇流条表面上的最高温度点是否符合相应产品技术条件的规定。

14.2 试验方法选择

本标准规定了下述两种可供选用的试验方法，使用时由供需双方确定选用何种方法。如有争议，以"红外摄像法"为仲裁方法。

14.3 方法Ⅰ红外摄像法

14.3.1 试验设备

a）热像仪，整机应达到以下性能指标：测量范围：0～100℃；温度分辨率：0.5℃；视场范围：20°×20°，并包括以下部件：电源箱、摄像头部、三角架、微处理机和彩色电视监示器；

b）照相机；

c）液氮容器；

d）直流稳压电源，输出电压范围不应小于0～40V（连续可调），最大输出电流不应小于40A；

e）电压表，符合GB 776规定，精度不低于1.0级。

14.3.2 试验程序

14.3.2.1 将试样在第5章规定的环境条件下放置2h以上。

14.3.2.2 按图4安置热像仪、试样和其它设备。

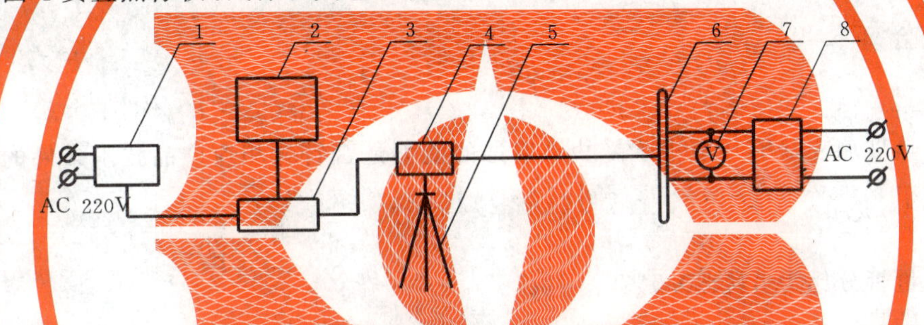

1—电源箱；2—彩色电视监示器；3—微处理机；4—摄像头部；5—三角架；6—试样；7—电压表；8—电源

图4 红外摄像法试验设备示意图

14.3.2.3 将试样电插片上的输入电压精确调至产品正常工作时的额定电压。

14.3.2.4 将试样通电加热，当试样通电至试验所要求的时间时，启动热像仪，根据彩色电视监示器上显示的热图观察热点温度，并固定热图，用照相机拍摄热图彩色照片。

14.3.3 结果表示

以试样通电至规定时间时，热图上电热线或汇流条表面的最高温度值来表示汽车电热玻璃的热点温度。

14.4 方法Ⅱ点温计测量法

14.4.1 试验设备

a）直流稳压电源，输出电压范围不应小于0～40V（连续可调），最大输出电流不应小于40A；

b）电压表，符合GB 776规定，精度不低于1.0级；

c）半导体点温计，误差不大于1℃，稳定时间小于6s。

14.4.2 试验程序

14.4.2.1 同14.3.2.1。

14.4.2.2 同14.3.2.3。

14.4.2.3 给试样通电加热至试验所要求的时间时，使用半导体点温计测量电热线和汇流条的表面温度，记录最高温度值和热点位置。

14.4.3 结果表示

以试样通电至规定时间时，电热线或汇流条表面的最高温度值来表示汽车电热玻璃的热点温度。

15 耐电热冲击性试验

15.1 试验目的

检验汽车电热玻璃在低温条件下承受因通电加温产生的热冲击后，其质量是否仍符合相应产品技术条件的规定。

15.2 试验设备

a）恒温低温箱，工作温度可达−40℃，控温器灵敏度可达1℃；

b）直流稳压电源，输出电压范围不应小于0～40V（连续可调），最大输出电流不应小于40A；

c）电压表，符合GB 776规定，精度不低于1.0级。

15.3 试验程序

15.3.1 将试样放入已调至试验所需温度的低温箱内。

15.3.2 试样在试验所要求的温度下保温至规定时间后取出，放置在第5章规定的环境条件下，并立即按试验所要求的电压给试样通电加热至规定时间，记录试样的损坏情况。

15.4 结果表示

试样经试验后，以试样损坏情况来表示汽车电热玻璃的耐电热冲击性能。

16 耐盐雾性试验

16.1 试验目的

检验汽车电热玻璃在盐雾环境中承受盐雾腐蚀的能力是否符合相应产品技术条件的规定。

16.2 试验试剂

16.2.1 盐溶液

氯化钠的重量百分比为5%±0.5%。

16.2.1.1 氯化钠

无水氯化钠，杂质含量不大于0.2%，碘化钠不大于0.1%，且不应含镍和铜。

16.2.1.2 水

蒸馏水，杂质含量不大于0.02%，pH值为7±1。

16.2.1.3 盐溶液的制备

称取五份氯化钠溶解于95份蒸馏水中。在35℃±1℃条件下，5%盐溶液的密度应为1030至1040kg/m^3，pH值为7±0.5。

16.2.2 压缩空气

空气应是纯净的（为了把空气净化，可让它通过清水过滤器）。在35℃±2℃的温度下，保持相对湿度为85%～90%，并在100kPa±20kPa的压力下输送到喷雾器。

16.2.3 盐雾

盐雾是由试验时在收集器中收集到的溶液的特性所确定。

16.2.3.1 喷雾的强度为80cm^{2}水平收集面上每小时收集到2mL±1mL溶液，最小工作时间以16h为基础。

16.2.3.2 所收集的盐溶液必须符合上述16.2.1.3中所规定的密度和pH值。

16.3 试验设备

试验设备应由一个喷雾室和喷雾器、加热装置、盐溶液供给装置，压缩空气供给装置、盐雾收集器等组成。

16.3.1 喷雾室

图5是本标准推荐的喷雾室示意图。喷雾室的尺寸和结构形式可由设计者和使用者决定，安排的条件应考虑如下几点：

a）位于内部的喷雾室壁、框架、支架等必须能抗盐雾腐蚀，采用材料可以是玻璃、水泥、橡胶和某些塑料等；

b）喷雾室的设计应使盐雾能利用自身的重量，直接沉积在试样上；

c）室壁、框架和支架的设计，应使流在它们表面上的液体不会流到试样上，凝聚的液体在箱底排除掉，不再重复使用。

16.3.2 喷雾器

根据需要，可使用一个或几个压缩空气喷雾器。喷雾器通常用不受腐蚀的透明塑料制造。

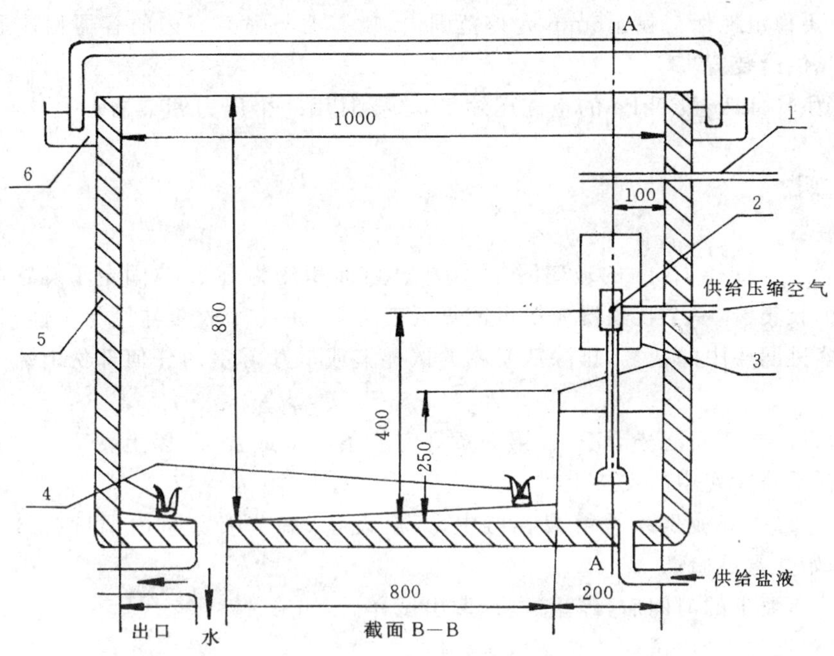

1—温度计；2—喷雾小孔；3—能调整角度和距离的偏转器；
4—盐溶液收集装置(水平面积 80cm²)；5—不导热室壁；6—水封闭合

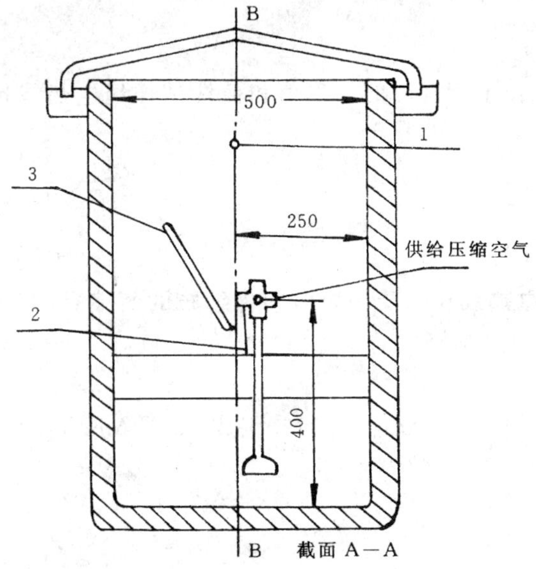

1—温度计；2—喷雾小孔；3—能调整角度和距离的偏转器

图 5 喷雾室示意图

16.3.3 加热装置

加热装置应能保证喷雾室内温度为35℃±2℃，并尽可能均匀一致，为此，进入喷雾室的空气温度应超过35℃，通常在43～47℃之间。

在喷雾室中的温度测量装置必须能连续测量或每日两次例行测量温度，因此，应使用连续记录装置或使用读数可以从外界读取的温度计。

16.3.4 盐溶液供给装置

盐溶液盛于用不影响液体pH值的材料制造的容器内，该容器不断把盐溶液供应给喷雾室内的容器，且容器液平面要稳定地保持在±5mm允差范围内，喷雾器与喷雾室内的容器相连通。

16.3.5 压缩空气供给装置

a）一个压力为100kPa±20kPa的空气压缩机，必要时用一个压力调节器；

b）压力表；

c）空气过滤器。

16.3.6 盐雾收集器

盐雾收集器为一个直径10cm的玻璃漏斗，漏斗开口面积约为80cm²，固定于刺穿的塞子上，在暴露区应至少放置两个收集器，一个收集器应尽可能靠近喷雾器，另一个收集器则尽可能远离喷雾器。用这种方法收集直接落进漏斗中的盐雾，排除从暴露的试样上或从喷雾室内任何部份上流下来的液体。

16.4 试验程序

16.4.1 试验前，将试样表面清洗干净，在第5章规定的条件下放置2h以上。

16.4.2 将试样置于喷雾室中的支架上。

16.4.3 将制备好的盐溶液倒入盐溶液容器中，开启设备，调节喷雾室内温度为35℃±2℃、湿度为50%～70%后，开始盐雾试验。

16.4.4 达到试验所要求的时间后，停止试验，取出试样。

16.4.5 按第11章试验，给出试样的功率值。

16.4.6 清洗试样，让其在第5章规定的环境条件下放置48h。

16.4.7 将试样放置在相对湿度为50%～70%的试验室内，按第17章试验，记录试样电热线受损情况，给出试样的功率值。

16.5 结果表示

试样经盐雾试验后，以试样不清洗时的功率值和清洗试样经电热线抗磨性试验后的功率值来表示汽车电热玻璃的耐盐雾性能。

17 电热线抗磨性试验

17.1 试验目的

检验汽车电热玻璃表面电热线在承受一定时间棉纱布的磨擦后，其加热功率是否仍能满足相应产品技术条件的规定。

17.2 试验设备

试验设备应由一个电动机和棉纱布带及布带夹组成，如图6所示。

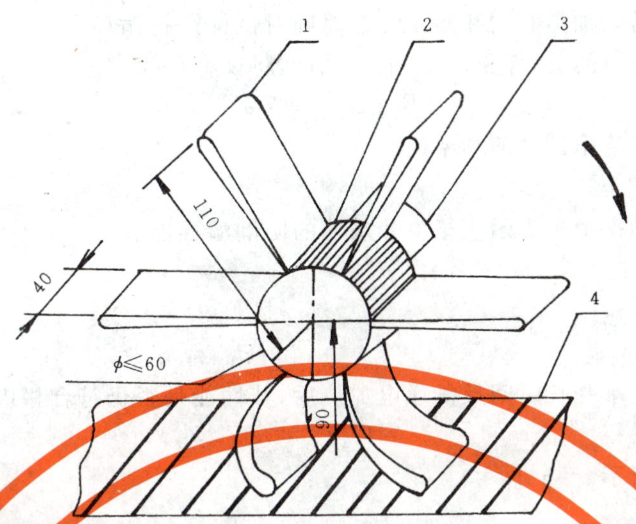

1—棉纱布带；2—布带夹；3—电动机；4—试样

图 6 抗磨损性试验设备原理图

a）电动机，功率应为 200W，旋转速度可达 1 400 r/min±50 r/min；

b）布带夹，布带夹装置由一个装在电动机轴上的铰轮构成，其直径不大于 60 mm；

c）棉纱布带。宽度为 40 mm，布带端头离布带夹轴线应保证 110 mm 距离；棉纱布要求：经纱 25/26 线/cm，纬纱 21/22 线/cm，每平方米质量为 215 g±15 g。

17.3 试验程序

17.3.1 将试样和棉纱布带在第 5 章规定的环境条件下放置 24 h 以上。

17.3.2 将棉纱布带紧固安装在棉纱布带夹铰轮上，固定试样，调整布带夹轴线与待试表面距离为 90 mm±2 mm；

17.3.3 开动设备至试验所要求的时间时停机，检查试样，记录电热线受磨擦部位及受损情况。每次重新试验均要使用新布带；

17.3.4 将试样擦净，在第 5 章规定的环境条件下放置 2 h 以上；

17.3.5 按第 11 章试验，给出试样的功率值。

17.4 结果表示

以试样试验后的实测功率来表示汽车电热玻璃的电热线抗磨性。

18 防潮湿性试验

18.1 试验目的

确定汽车电热玻璃在承受一定时间大气湿气作用后，其防潮湿性是否仍满足相应产品技术条件的规定。

18.2 试验设备

a）恒温恒湿箱，工作温度可达 100℃，控温器灵敏度可达 1℃，工作湿度可达 99%，控制灵敏度可达 1%；

b）直流稳压电源，输出电压范围不应小于 0～40 V（连续可调），最大输出电流不应小于 40 A；

c）电压表。符合 GB 776 规定，精度不低于 1.0 级；

d）时间循环控制器，应能保证通电加热和停止加热时间的交替循环。

18.3 试验程序

18.3.1 将试样放入已调至试验要求的温度和湿度的恒温恒湿箱内。

18.3.2 按试验要求的通电加热时间和停止加热时间对试样进行循环通电。

18.3.3 试验至规定循环时间后，停止试验，取出试样，将试样表面擦干净，在第五章规定的环境条件下放置 2 h。

18.3.4 按第 11 章试验，给出试样的功率值。

18.4 结果表示

以试样经试验后的功率值来表示汽车电热玻璃的防潮湿性能。

19 耐久性试验

19.1 试验目的

检验汽车电热玻璃在承受长时间反复通电加热后，其性能是否仍符合相应产品技术条件的规定。

19.2 试验设备

本试验设备如图 7 所示。

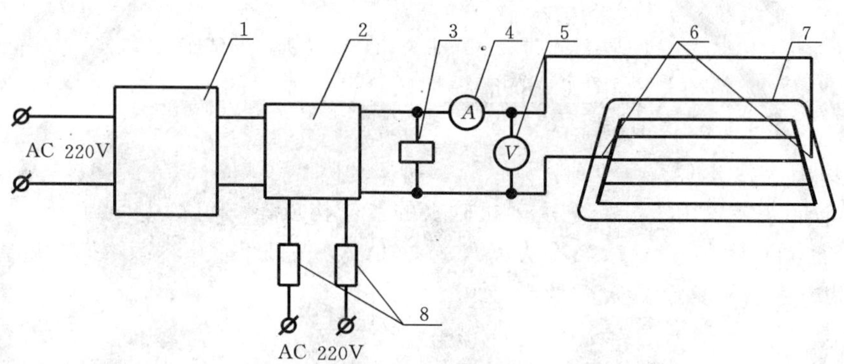

1—直流稳压电源；2—接触器；3—计数器；4—电流表；5—电压表；6—电插片；7—试样；8—数显时间继电器

图 7 耐久性试验设备原理图

a) 直流稳压电源，输出电压范围不应小于 0～40 V（连续可调），最大输出电流不应小于 40 A；

b) 电流表，符合 GB 776 规定，精度不低于 1.0 级；

c) 电压表，符合 GB 776 规定，精度不低于 1.0 级；

d) 接触器，线圈电压 AC 220 V，主触点额定电流不应小于 15 A；

e) 试验支架，支架所提供的支承应符合电热玻璃的实际使用状况。

19.3 试验程序

19.3.1 将试样按实际装车状况安装在试验支架上，使电插片与电源相连。

19.3.2 开启电源，将试样电插片上的输入电压精确调至试验所要求的电压。

19.3.3 调节时间继电器，使通电加热时间和停止加热时间符合试验要求的时间。

19.3.4 计数器复零，记录试验循环数。

19.3.5 试验进行至规定某间隔循环数后，测量一次试样的功率值。

19.3.6 试验进行至规定循环数后，停止试验，将试样在第 5 章规定的环境条件下静置 5 h。

19.3.7 按第 11 章试验，给出试样的功率值。

19.3.8 按第 12 章试验，给出试样的除霜效率值。

19.4 结果表示

以耐久性试验后试样的功率和除霜效率来表示汽车电热玻璃的耐久性能。

20 抗冲击性试验

按 GB 5137.1 规定进行试验。

21 碎片状态试验

按 GB 5137.2 规定进行试验。

前　言

导热系数是玻璃热性能中的一个基本参数，本标准是采用防护热板法测定玻璃在室温下的导热系数。

通过对美、日、德、英、前苏联等几个先进国家的标准以及ISO的标准进行查阅，都没有发现相应的标准。国内以前也没有玻璃室温下导热系数的试验方法标准，所以本标准是在参照其它材料的导热系数的测量方法并结合玻璃本身的材料特性制定的。

玻璃是一种中等导热系数值的硬质材料，在本标准中专门就试样的制备及试样表面温度的测量两方面作了详细规定，其余的条款主要是参照GB 10294《绝热材料稳态热阻及有关特性的测定—防护热板法》并非等效采用BS 874《材料绝热性能的测定》制定的。

本标准由中国建筑材料科学研究院玻璃科学研究所提出并归口。

本标准起草单位：中国建筑材料科学研究院玻璃科学研究所。

本标准主要起草人：邱国洪。

中华人民共和国建材行业标准

玻璃导热系数试验方法

JC/T 675—1997

Glass—The method for measuring thermal conductivity

1 范围

本标准规定了防护热板法测定玻璃导热系数的试验装置和方法，适用于玻璃在室温(20～30℃)下导热系数的测定。

2 试验原理

在稳态条件下，防护热板装置的中心计量区域内，在具有平行表面的均匀板状试件中，建立类似于以两个平行匀温平板的无限大平板中存在的一维恒定热流。

为保证中心计量单元建立一维热流和准确测量热流密度，加热单元应分为在中心的计量单元和由隔缝分开的环绕计量单元的防护单元。并且需有足够的边缘绝热或(和)外防护套，特别是在远高于或低于室温下运行的装置，必须设置外防护套。

通过测定稳定状态下流过计量单元的一维恒定热流量 Q、计量单元的面积 S、试件冷、热表面的温度差 Δt，可计算出试件的热阻 $R(R=\frac{\Delta tS}{Q})$ 或热导率 $C_\lambda(C_\lambda=\frac{1}{R})$。

3 试验装置

3.1 加热板

加热板应为正方形，边长在 250～500 mm 之间，表面平面度应优于 0.025%。加热板温度应恒定在 30～35℃之间，加热板表面各点温差不得大于 0.2℃。加热板的加热装置应能把功率稳定在所耗功率的 ±0.1%以内，功率测量仪表的误差不能超过加热板所耗功率的 ±0.25%。

3.2 冷却板

冷却板同加热板尺寸相等，表面平面度应优于 0.025%，冷却板温度应恒定在 15～20℃之间，冷却板表面各点温差不得大于 0.2℃。

3.3 保温层

保温层可为泡沫板或软木板，厚度不应小于 100 mm。

3.4 测温元件

测温元件使用热电偶，偶丝直径不大于 0.2 mm，其冷端应置于冰水混合物中，测量其输出电压的伏特表应至少精确至 1 μV。

4 试样

4.1 试样为单块正方形平板玻璃，尺寸应与加热板相等，其尺寸偏差应不大于±1 mm。

4.2 试样厚度应在 20～30 mm 之间，如果单块玻璃达不到试样要求的厚度，可采用多块同种玻璃熔融后加工制成。

国家建筑材料工业局1997-08-22批准　　1998-01-01实施

4.3　试样两面应平行，各点的厚度偏差不应大于±0.2 mm。

4.4　试样表面应光滑，其平面度应优于 0.025%。

4.5　试样边缘应打磨，不允许有缺口和裂纹。

5　试样表面温度的测量

为使加热板、冷却板与试样表面的热接触良好，可在试样表面与加热板、冷却板表面之间各放入一块 3 mm 厚的硅酮橡胶片，测量试样表面温度的热电偶应放置在硅酮橡胶片与试样表面之间，试样的每个表面上至少对称地放置四个热电偶，其排布如图 1 所示，其中：$L/4 \leqslant d \leqslant L/3$，$L$ 为试样边长，试样两边所加的外部夹紧力不应小于 3 kPa。

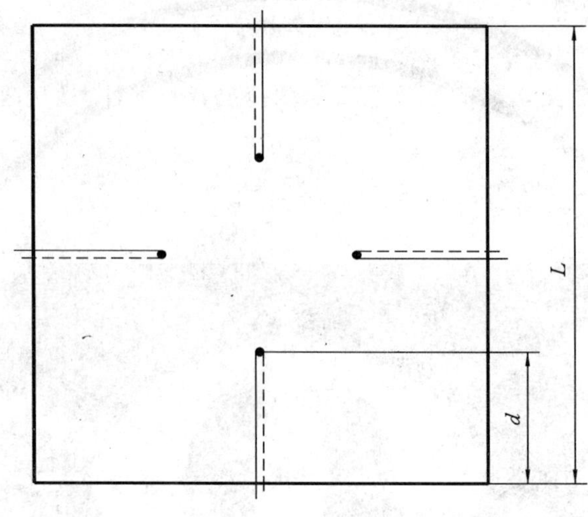

图 1　热电偶分布图

6　试验环境

实验室的环境温度为 25℃±2℃，湿度为 25%～65%。

7　试验步骤

7.1　检查试样外观、尺寸是否符合第 4 章的规定。

7.2　测量试样四边中点的厚度，取其算术平均值。

7.3　开始试验，调节热平衡，即在加热板功率不变的情况下，每隔 1 小时测一次温度，通过 3 次观察之后可确认读数为随机起落且不超过 0.2℃。

7.4　达到热平衡后，测定加热板的功率和试样两面的温差。

8　计算

导热系数 λ 按下式计算：

$$\lambda = Pd/(S\Delta t) \quad (1)$$

式中：λ——导热系数，W/m·K；

P——热平衡状态下加热功率，W；

d——试样厚度，m；

S——试样的面积，m^2；

Δt——试样两面的温差，K。

9 精确度和重复性

按照本标准的规定进行试验，测量结果应精确在±3%以内，试验结果的重复性应优于±1%。

10 试验报告

试验报告应包括以下内容：

a）委托单位；

b）试样名称、编号；

c）试验方法；

d）加热板的功率，试样厚度，试样两个表面的平均温度；

e）试样的导热系数；

f）试验单位、人员；

g）试验日期。

前　　言

本标准为首次发布。在此之前,国内尚无有关玻璃材料弯曲强度试验方法的标准。目前,玻璃材料弯曲强度试验大多采用的是“三点弯”方法,因此,本标准采纳了此试验方法,并对试样的尺寸和试验机作了规定。

本标准的附录A是标准的附录。

本标准由中国建筑材料科学研究院玻璃科学研究所归口。

本标准起草单位:中国建筑材料科学研究院玻璃科学研究所。

本标准主要起草人:韩松、张大顺、龚蜀一、王睿。

中华人民共和国建材行业标准

JC/T 676—1997

玻璃材料弯曲强度试验方法

Test method for flexure of glass material

1 范围

本标准规定了玻璃材料弯曲强度测定的试验方法。适用于玻璃和微晶玻璃材料弯曲强度的测定。

2 试验原理

在规定的试验条件下，一定尺寸和形状的试样，受三点静态弯曲负荷折断，通过计算其承受负荷的横截面处最大弯曲应力，可以得出试样的弯曲强度。

3 仪器设备

3.1 试验机

3.1.1 能保证一定的位移加荷速率。负荷示值相对误差不应超过±1%。

3.1.2 试样折断量的最大试验负荷应在试验机使用量程的20%～90%之间。

3.1.3 试验机支座间距及上压头刀口尺寸应符合图1规定，用来支撑试样的支座和施加负荷的压头均采用经过淬硬的钢材，其材料的弹性模量应不低于200 GP，以防止负荷过量时发生塑性变形，同时与试样接触部分的表面粗糙度应不大于1.6 μm。

1—上压头；2—试样；3—试样支座；

R_1=2 mm；R_2=2 mm

图 1

3.2 测量工具

游标卡尺或千分尺，精度为0.02 mm。

4 试样

4.1 试样为长120 mm±1 mm，宽20 mm±1 mm，以原板厚为试样厚度的长方体，其横截面的四角均为90°±0.5°，试样外观应无爆边、缺角、划伤等明显缺陷且切割刀口在同一表面。

国家建筑材料工业局1997-08-22批准 1998-01-01实施

4.2 每组试样不少于15个。

5 试验程序

5.1 用游标卡尺或千分尺测量试样中部的宽度和厚度，精确至0.05 mm。

5.2 调整两支点间距至 $100^{+0.5}_{0}$ mm。

5.3 将试样有切割刀口的一面朝上放在支座上，伸出支座两端的距离应相等。

5.4 在试样的负荷点上，以5 mm/min的位移速度加荷，记录试样断裂时的最大负荷。

5.5 断裂应产生在试样三等分中间部分，否则应以新试样替补上重新试验，以保证每组试样原来的数量。

5.6 每一试样断裂后，应用毛刷或软布仔细清扫压头和支座。以清除碎玻璃渣。

6 结果计算

6.1 试样弯曲强度的单值按式(1)计算：

$$\sigma_b=\frac{3PL}{2bd^2} \quad\cdots\cdots(1)$$

式中：σ_b——试样的弯曲强度，MPa；

P——试样断裂时的最大负荷，N；

L——试样支座间的距离，mm；

b——试样宽度，mm；

d——试样厚度，mm。

6.2 标准差按式(2)计算：

$$S=\left[\frac{\sum\sigma_b^2-(\sum\sigma_b)^2/n}{n-1}\right]^{\frac{1}{2}} \quad\cdots\cdots(2)$$

式中：S——标准差，MPa；

n——被测的有效试样的数量；

σ_b——各试样的弯曲强度，MPa。

6.3 按附录A(标准的附录)进行数据处理，以有效数据的算术平均值和标准差表示。取3位有效数字。

7 试验报告

弯曲强度试验报告应包括下列内容：

a) 委托单位；

b) 试样名称、规格及编号；

c) 每一试样的宽度和厚度，断裂时最大负荷；

d) 试样弯曲强度的单值、平均值及标准差；

e) 试样机型号及所选用的量程；

f) 试验单位、人员；

g) 试验日期。

附 录 A
（标准的附录）
异常数据取舍方法

A1 把测得的弯曲强度数据按其数值从小到大排列：

$$\sigma_{b(1)},\sigma_{b(2)}\cdots\cdots,\sigma_{b(n-1)},\sigma_{b(n)}$$

A2 规定显著性水平 α 为 0.05，根据 n 查表 A1 得 $T_{(n,0.05)}$ 值。

A3 计算 T 值：

当最小值 $\sigma_{b(1)}$ 或最大值 $\sigma_{b(n)}$ 是可疑数据时，分别按式(A1)、(A2)及(A3)计算：

$$T_{(1)}=\frac{\bar{\sigma}_b-\sigma_{b(1)}}{S} \quad\cdots\cdots\cdots\cdots (A1)$$

$$T_{(2)}=\frac{\sigma_{b(n)}-\bar{\sigma}}{S} \quad\cdots\cdots\cdots\cdots (A2)$$

$$\bar{\sigma}_b=\frac{1}{n}\sum_{i=1}^{n}\sigma_{b(i)} \quad\cdots\cdots\cdots\cdots (A3)$$

式中：$T_{(1)}$——最小值 $\sigma_{b(1)}$ 的计算值；

$T_{(2)}$——最大值 $\sigma_{b(n)}$ 的计算值；

S——按本标准式(2)计算的标准差，MPa；

σ_b——各试样的弯曲强度，MPa；

n——被测试样数。

A4 将 T 与 $T_{(n,0.05)}$ 值进行比较。当 $T \geqslant T_{(n,0.05)}$ 时，则所怀疑的数据是异常的，应予舍去，当 $T \leqslant T_{(n,0.05)}$ 时，该数据不能舍去。

表 A1

n	3	4	5	6	7	8	9	10	11	12
T	1.15	1.46	1.67	1.82	1.94	2.03	2.11	2.18	2.23	2.29
n	13	14	15	16	17	18	19	20	50	100
T	2.33	2.37	2.41	2.44	2.47	2.50	2.53	2.56	2.96	3.21

前　言

在建筑玻璃的设计、使用中,需检测其抗风压强度及分布,为使得检测方法统一和检测结果准确、可靠,特制定本标准。

本标准是根据 ASTM E997:1984(1992)《外窗、幕墙和门在均布静载作用下破坏性试验的玻璃结构性能标准试验方法》制定的,在技术内容上与 ASTM E 997 等效,并增加了试验确定设计负荷和失效概率的方法。

本标准由中国建筑材料科学研究院玻璃科学研究所提出并归口。

本标准起草单位:中国建筑材料科学研究院玻璃科学研究所。

本标准主要起草人:马眷荣、刘忠伟、胡明、江农基、李文才。

中华人民共和国建材行业标准

建筑玻璃均布静载模拟风压试验方法

JC/T 677—1997

Test method to model wind pressure for architectural glass under the uniform static loads

1 范围

1.1 本标准可用来判断玻璃试件在设计均布静载作用下是否满足设计失效概率的要求，也可以根据用户要求提出供参考用的设计风压及其失效概率。

1.2 本标准规定了建筑玻璃模拟风压试验用的设备和试验过程，确定试件数量和失效概率的方法。还规定了提供参考设计风压及其失效概率的方法。

1.3 本标准适用于用作建筑门、窗和幕墙等的平板玻璃，以及由平板玻璃深加工制成的热反射玻璃、钢化玻璃、夹层玻璃和中空玻璃等在室温条件下模拟抗风压性能的评价，也适用于压花玻璃、夹丝玻璃等建筑用玻璃在室温条件下的模拟抗风压性能评价。

2 定义

本标准采用下列定义。

2.1 变异系数，δ——破坏负荷的标准偏差除以其算术平均值的商，表示破坏负荷试验值的相对离散程度。

2.2 设计负荷，q_d——设计部门提供的风压面分布负荷。

2.3 玻璃试件的破坏——指玻璃试件的任一处出现断裂或裂纹。

2.4 失效概率，P_f——在给定负荷条件下，玻璃试件破坏的概率，以千分率表示。

2.5 验证负荷，q_p——试验时施加的面分布负荷。

2.6 验证负荷系数，α——常数，验证负荷与设计负荷的比值。

3 方法提要

3.1 本试验方法是将玻璃安装于试验框架，再将试验框架安装到试验腔体上，施加验证风压负荷，有正压和负压两种加载方式。将每一个玻璃试件的负荷—时间关系，破坏情况记录下来。

3.2 对一组试件进行试验后，根据破坏的玻璃试件数量确定失效概率是否满足试验前所确定的失效概率。

3.3 对一组试件进行试验后，根据破坏的玻璃试件数量和验证负荷的大小，提供设计负荷和设计失效概率的参考值。

4 试验设备

4.1 能够按照本标准规定的试验要求和程序进行试验的装置都可以用来进行模拟风压试验。

4.2 试验框架

4.2.1 试验框架提供标准支承条件，供安装试件使用。试验框架应保证使玻璃试件承受垂直于其平面

国家建筑材料工业局1997-08-22批准　　1998-01-01实施

的负荷。

试验框架由两个主要部分组成，结构支承系统和玻璃系统，其结构如图1和图2。

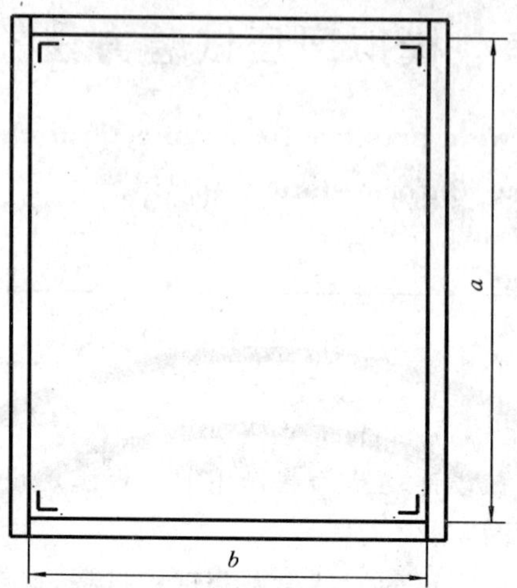

图1 结构支承系统示意图

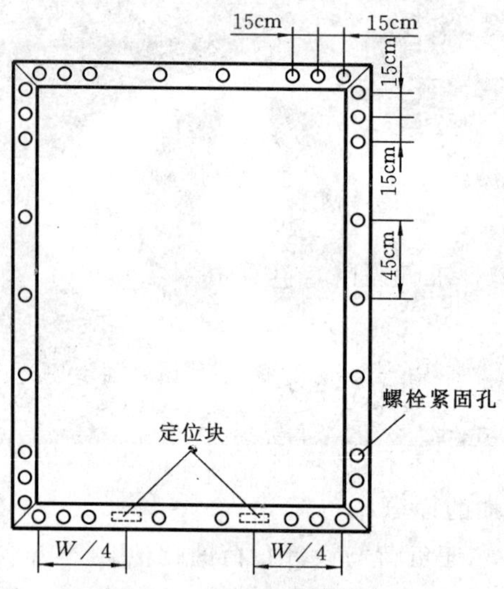

图2 玻璃系统示意图

4.2.2 试验框架的变形限制

4.2.2.1 玻璃试件所在安装平面的最大横向位移应不超过 $L/750$，L 是玻璃试件短边长度。

4.2.2.2 框架的最大转角应在1°以内。

4.2.2.3 玻璃试件的最大面内变形应在 $L/2\ 000$ 以内。

4.2.2.4 框架的角连接应使用角支撑和螺栓，使试验中的滑移或扭曲最小。

4.2.3 试验框架的制造公差

4.2.3.1 框架角部杆件对接的最大偏离平面错位在0.4 mm以内。

4.2.3.2 框架外侧端面的最大平面内翘曲不超过1.6 mm。

4.2.3.3 框架内矩形开口对角线的最大偏差不超过3.2 mm。

4.2.3.4 框架应保证玻璃试件的横向变形不受阻碍。

4.2.4 框架周边的紧固螺栓应满足需要。

4.3 试验腔体

试验腔体为一面开放的密闭体，在开放的一面安装试验框架。试验腔体上至少有一个静压表测量压力，其定位应保证测量压力时受空气流动的影响为最小。供气口应设置合理，使气流不能以有效的速度直接冲击玻璃试件。

4.4 供气系统

供气系统包括可控风机、压缩气源、排气口、可逆风机或其他设计用来控制负荷的装置。

4.5 压力测量仪器

仪器应能连续记录腔体压力，精度为±2%。

4.6 温度计

温度计精度为±0.5℃。

4.7 湿度计

湿度计精度为±2%。

5 试件要求

5.1 试件从产品中随机抽取。

5.2 试验前按有关产品标准对所有玻璃试件的外观目视检查，不合格的玻璃不能进行试验。

5.3 试件厚度按出厂的标称厚度计，也可以将每个玻璃试件的厚度实测记录，以备分析研究使用。

5.4 送检单位应提供试件的有关信息：

a）设计负荷值和许用的失效概率；

b）玻璃试件破坏负荷的变异系数；

c）除 4.2 的要求外，对框架支承系统的其他要求。

6 验证负荷和试件数量的确定

6.1 玻璃试件在大于设计负荷的验证负荷条件下进行试验，验证负荷与设计负荷的关系如式(1)：

$$q_p = aq_d \quad (1)$$

式中：q_p——验证负荷；

a——验证负荷系数；

q_d——设计负荷。

6.2 根据试验框架所能承受的最大负荷、设计负荷的失效概率 P_f 和玻璃试件的变异系数 δ，从表 1 到表 4 查出最小子样容量作为试件数量。

表 1 子样容量(δ=0.10)

P_f	a	
	1.2	1.3
0.010	11	
0.009	12	
0.008	12	
0.007	13	
0.006	15	
0.005	17	
0.004	19	
0.003	24	
0.002	31	10
0.001	53[A]	15
注：标有 A 的子样容量不建议采用，避免过大的消耗。下同。		

表 2　子样容量(δ=0.15)

P_f	a			
	1.3	1.4	1.5	1.6
0.010	15			
0.009	16			
0.008	18	10		
0.007	20	11		
0.006	22	12		
0.005	28	13		
0.004	31	15		
0.003	40	19	11	
0.002	55[A]	26	14	
0.001	106[A]	47	24	13

表 3　子样容量(δ=0.20)

P_f	a							
	1.5	1.6	1.7	1.8	1.9	2.0	2.1	2.2
0.010	15	10						
0.009	16	11						
0.008	18	12						
0.007	20	13						
0.006	23	15	10					
0.005	27	18	12					
0.004	33	21	15	10				
0.003	45	29	19	13	10			
0.002	66[A]	41	27	19	13	10		
0.001	142[A]	88[A]	57[A]	39	27	19	14	11

表 4　子样容量(δ=0.25)

P_f	a															
	1.5	1.6	1.7	1.8	1.9	2.0	2.1	2.2	2.3	2.4	2.5	2.6	2.7	2.8	2.9	3.0
0.010	33	23	18	13	10											
0.009	37	26	20	15	11											
0.008	42	30	22	17	13	10										
0.007	48	34	26	20	15	12										
0.006	58[A]	42	31	23	18	14	11									
0.005	72[A]	53[A]	39	30	22	17	14	11								
0.004	93[A]	69[A]	50[A]	38	29	23	18	14	11							
0.003	134[A]	100[A]	74[A]	55[A]	43	33	26	21	16	13	11					
0.002	220[A]	165[A]	125[A]	96	72[A]	56[A]	44	35	28	23	19	15	13	10		
0.001	534[A]	418[A]	323[A]	252[A]	197[A]	157[A]	125[A]	98[A]	79[A]	64[A]	53[A]	44	36	30	25	21

7　试验程序

7.1　测量并记录环境温度和相对湿度。

7.2　安装玻璃试件于试验框架。

7.2.1　玻璃试件的自重应落在两个氯丁橡胶垫块(邵氏硬度 85±5)上，垫块宽度应比试件厚度大 1.6 mm以上，垫块的厚度与其宽度相同，垫块长度应大于 102 mm 且不小于玻璃试件面积的 0.1 倍(面积)数值按平方米计算,以毫米为单位计算垫块长度,如 $2m^2$ 的玻璃,其垫块长度应不小于 200mm),垫块设置在试件底边长度的 1/4 处。

7.2.2 玻璃试件的周边通过氯丁橡胶垫条与框架接触,垫条(邵氏硬度 65±5)厚 8mm,宽度不小于 6.4mm,垫条与框架用胶粘接,垫条与玻璃之间接触应保证不粘附其他物质。

7.2.3 可使用硅酮密封胶或其它适当材料作防泄漏处理,但要防止密封胶与玻璃试件接触。

7.3 施加一半的验证负荷或 1 000Pa 压力于玻璃试件并保持 10s,再将负荷减至零。在压力表调零以前,将试验腔体的排气口打开 3min。

7.4 如果玻璃试件的周边发生空气泄漏,可用胶带将泄漏部位覆盖,但胶带不能限制玻璃试件与试验框架之间的相对位移。

7.5 在 40s 到 60s 时间内将验证负荷或破坏负荷施加于玻璃试件,对验证负荷还要恒压 60s,然后排气卸载。在加荷过程中保持负荷-时间的连续记录。

7.6 对于没有破坏的玻璃试件也要将其拆除并放弃不再试验。安装一个新的玻璃试件并重复 7.2 到 7.5 的过程。将玻璃试件的破坏情况记录下来。

7.7 随时观察试验框架有无永久变形或主要部件有无任何破坏,如有变形及破坏发生应及时修复并适当增加刚度或强度,然后再开始试验。

8 试验结果

8.1 当一组试验中发生四个或少于四个试件破坏时,则判断在该设计负荷作用下玻璃试件的失效概率等于或小于指定的设计失效概率。

8.2 多于四个试件发生破坏,则判断超过了指定的设计失效概率。

8.3 当进行参考设计风压及其失效概率试验时,试件数量一般不应少于 15 个,全部作至破坏,取第 5 个较小的破坏负荷作为参考验证负荷,再根据变异系数通过表 1 到表 4 查到对应的验证负荷系数和设计失效概率。根据式(1)计算出参考设计负荷作为设计风压,由此得出的设计风压和失效概率作为设计参考。

9 报告

9.1 报告应包括以下内容:

a) 试验数据、检测结果、环境温度和相对湿度;

b) 试件的有关信息(来源、标称尺寸和测量尺寸、送检单位、材料和其他有关的信息);

c) 同一批试验的每一试件的压力差记录;

d) 玻璃试件、试验框架、试验腔体的详图,压力测量仪器的完整说明和框架的说明;

e) 依据本试验方法所进行试验的说明,关于误差分析的说明;

f) 检测意见和应用说明;

g) 检测单位、检测人员及检测时间。

前　　言

本标准非等效采用了美国材料试验协会标准 ASTM C623《采用共振法测定玻璃和微晶玻璃弹性模量、剪切模量和泊松比试验方法》。考虑到建筑玻璃在常温下的实际应用情况，在编制过程中遵循了实用、有效和科学的原则，采纳了其中的常温下测定玻璃弹性模量的试验方法，删除了高温和低温下的试验方法。

本标准由国家建筑材料工业局标准化研究所提出。

本标准由中国建筑材料科学研究院玻璃科学研究所归口。

本标准起草单位：中国建筑材料科学研究院玻璃科学研究所。

本标准主要起草人：杨建军、韩松、王文彪、王映洲。

中华人民共和国建材行业标准

玻璃材料弹性模量、剪切模量和泊松比试验方法

JC/T 678—1997

Test method for Young's modulus, shear modulus and Poisson's ratio of glass material

1 范围

本试验方法规定了采用共振法测量常温下的玻璃材料的弹性模量、剪切模量和泊松比的试验方法。适用于玻璃和微晶玻璃材料。

2 引用标准

下列标准所包含的条文，通过在本标准中引用而构成为本标准的条文。本标准出版时，所示版本均为有效。所有标准都会被修订，使用本标准的各方应探讨使用下列标准最新版本的可能性。

GB 1216—1985 千分尺

3 装置

3.1 测试装置主要由音频发生器、音频放大器、功率放大器、检频器、示波器、换能器等组成，如图1所示。音频发生器用以产生一个正弦波，通过起振换能器将电信号转换成机械振动使玻璃试样发生振动，再通过探测换能器将探测到的材料产生的共振转换成电信号，经功率放大器放大后由检频器测得其共振频率，然后通过一定计算则可分别求得材料的弹性模量或剪切模量。

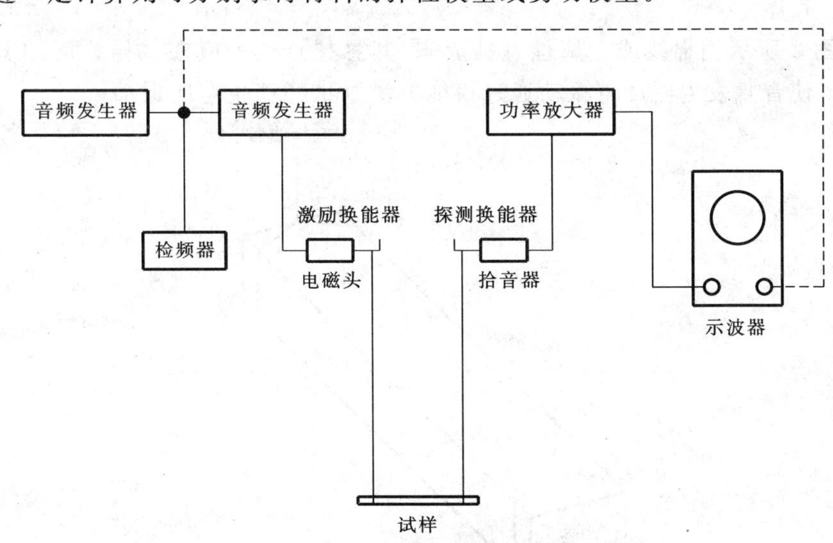

图1 试验装置示意图

3.1.1 音频发生器

应能产生100Hz到20 000Hz范围的频率变化，其频率漂移在任何给定值下不应超过1Hz/min。

国家建筑材料工业局1997-08-22批准　　1998-01-01实施

3.1.2　音频放大器

应能有足够的功率输出，使激励换能器激励一定重量的材料振动。

3.1.3　换能器

应有两种换能器：一种为激励换能器，用以产生振动，可以是高频扬声器或其他类似装置；另一种为探测换能器，用以探测产生的振动，可以是晶体拾音器或其他类似装置。

3.1.4　功率放大器

应与所选择的探测器相匹配，用以放大信号。

3.1.5　示波器

一般实验室适用的阴极射线式的示波器。

3.1.6　检频器

测量精度应能在±1Hz 范围内。

3.1.7　只要使试样的振动不受到限制，任何适用的试样悬挂方法均可采用，如棉、玻璃纤维丝或金属丝等。

4　试样的制备

4.1　测定弹性模量的试样截面应为矩形或圆形；剪切模量的试样截面应为矩形。

4.2　对于一给定试样，其共振频率与试样尺寸、密度及其弹性模量或剪切模量之间有一定的函数关系，因此，应根据玻璃弹性模量估计值来确定试样的尺寸，使其共振频率在所选用的探测器的频率响应范围内。一般来说，对于普通钠钙硅系统玻璃，其弹性模量约为 70GPa，建议玻璃尺寸为：矩形试样 120mm×25mm×3mm；圆棒试样 120mm×Φ4mm；这样，试样的基频振动大约在 1 000Hz 到 2 000Hz 之间，以便消除悬丝的耦合影响。试样重量要大于 5g。

4.3　试样应进行抛光处理，使所有表面保证平整、无划伤、裂痕等表面材料非均匀性缺陷；上下表面的平行度应保持在 0.02mm 以内。

5　试验程序

5.1　弹性模量试验程序

5.1.1　将试样按图 2 所示用棉线或金属丝悬挂起来，其悬挂点位置应在试样长度的 0.224L 以内，且在试样的中心线上，使音频发生器产生振动通过换能器激励试样产生弯曲振动；

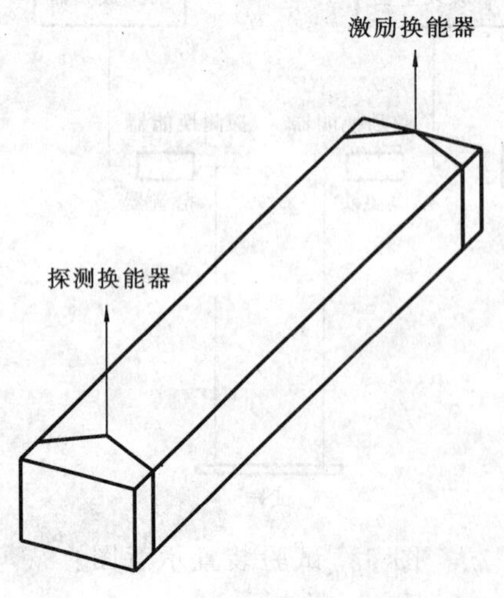

图 2　用棉线或金属丝悬挂法测量弹性模量时的悬挂位置示意图

5.1.2　在试样没有被激励时，调节示波器，使之产生一水平基线。

5.1.3 调节探测回路的增益，将探测到试样的振动，经过放大后，使信号最强，并显示于示波器上，以便进行精确测量频率。

5.1.4 慢慢调节音频发生器的频率，使试样产生的最大正弦波图形显示于示波器上。

5.1.5 找到试样稳态共振时的弯曲基频。在确定基频时，将探测器的悬挂位置定在试样节点处，见图3，此时，共振信号则会降至零，表明此前的共振频率为弯曲基频。

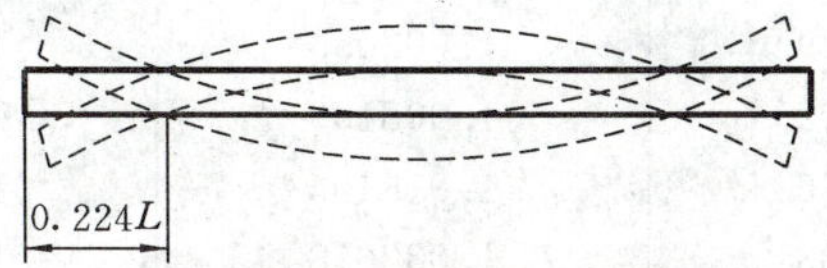

图3 基频振动时的节点位置示意图

5.2 剪切模量试验程序

5.2.1 将试样按图4所示用棉线或金属丝悬挂起来，其悬挂点位置应在试样长度的0.224L以内，使音频发生器产生的振动通过激励换能器激励试样产生扭曲振动。

5.2.2 找到试样稳态共振时的扭振基频。在确定此基频时，将探测器的悬挂位置定在试样宽度的中间位置，此时，共振信号则会降至零，表明此前的共振频率为扭振基频。

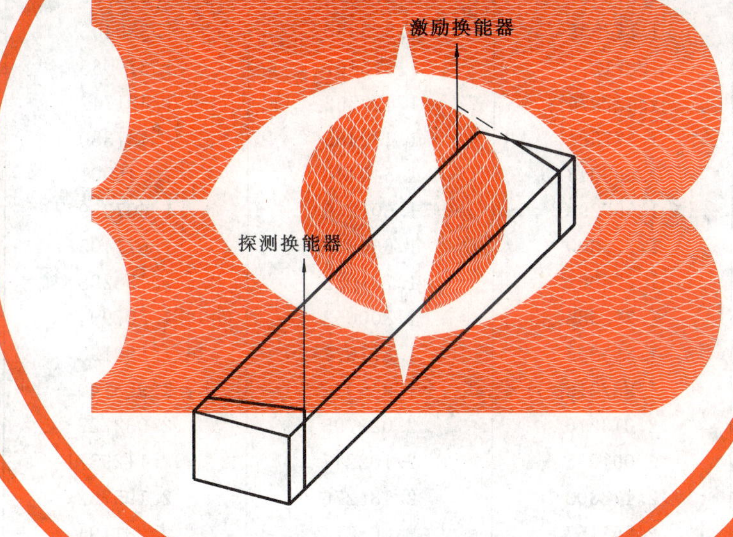

图4 用棉线或金属丝悬挂法测量剪切模量时的悬挂位置示意图

5.3 用符合GB 1216的精度为±0.01mm的千分尺精确测量试样的尺寸。

5.4 用称量精度为±10mg的天平精确称量试样的重量。

6 结果计算

6.1 弹性模量的计算

6.1.1 矩形试样，按式(1)计算：

$$E=94.65(L^3/bt^3)T_1wf^2\times10^{-12} \quad\cdots\cdots(1)$$

式中：E——弹性模量，GPa；

L——试样长度，cm；

b——试样宽度，cm；

t——试样厚度，cm；

w——试样质量，g；

f——试样的共振频率，Hz；

T_1——校正因子，与试样几何尺寸、泊松比有关，见表1。

表1　校正因子 T_1

K(t/L)*	泊松比			
	0.15	0.20	0.25	0.30
0.000	1.000000	1.000000	1.000000	1.000000
0.005	1.002029	1.002053	1.002077	1.002100
0.010	1.008102	1.008199	1.008295	1.008388
0.015	1.018186	1.018405	1.018619	1.018826
0.020	1.032233	1.032618	1.032994	1.033360
0.025	1.050174	1.050765	1.051344	1.051916
0.030	1.071920	1.072753	1.073577	1.074393
0.035	1.097378	1.098495	1.099599	1.100694
0.040	1.126452	1.127884	1.129302	1.130711
0.045	1.159039	1.160817	1.162582	1.164337
0.050	1.195038	1.197191	1.199332	1.201464
0.055	1.234351	1.236906	1.239449	1.241986
0.060	1.276886	1.279865	1.282836	1.285807
0.065	1.322555	1.325980	1.329403	1.332832
0.070	1.371276	1.375167	1.379065	1.382977
0.075	1.422974	1.427352	1.431747	1.436169
0.080	1.477584	1.482465	1.487380	1.492337
0.085	1.535043	1.540446	1.545901	1.551420
0.090	1.595298	1.601240	1.607259	1.613367
0.095	1.658300	1.664800	1.671405	1.678129
0.100	1.724007	1.731082	1.738298	1.745669
0.105	1.792382	1.800052	1.807904	1.815954
0.110	1.863393	1.871677	1.880193	1.888956
0.115	1.937012	1.945932	1.955140	1.964653
0.120	2.013216	2.022795	2.032727	2.043030
0.125	2.091985	2.102247	2.112937	2.124075
0.130	2.173303	2.184276	2.195762	2.207781
0.135	2.257157	2.268871	2.281194	2.294146
0.140	2.343539	2.356026	2.369231	2.383174
0.145	2.432439	2.445736	2.459873	2.474869
0.150	2.523855	2.538002	2.553126	2.569244

* 对于圆棒试样 $K=1/4$；对于矩形试样 $K=1/3.4641$

6.1.2　圆棒试样，按式(2)计算：

$$E=1.6091(L^3/D^4)T_1wf^2\times10^{-10} \qquad (2)$$

式中：D——圆棒直径，cm。

6.2　剪切模量的计算

矩形试样，按式(3)计算

$$G=(10Bwf^2\times10^{-11})/(1+A)$$

$$B=\frac{4L}{bt}\left[\frac{b/t+t/b}{4(t/b)-2.52(t/b)^2+0.21(t/b)^6}\right] \qquad (3)$$

式中：A——校正因子，与试样宽厚比有关，见图5；

G——剪切模量，GPa；

B——参数。

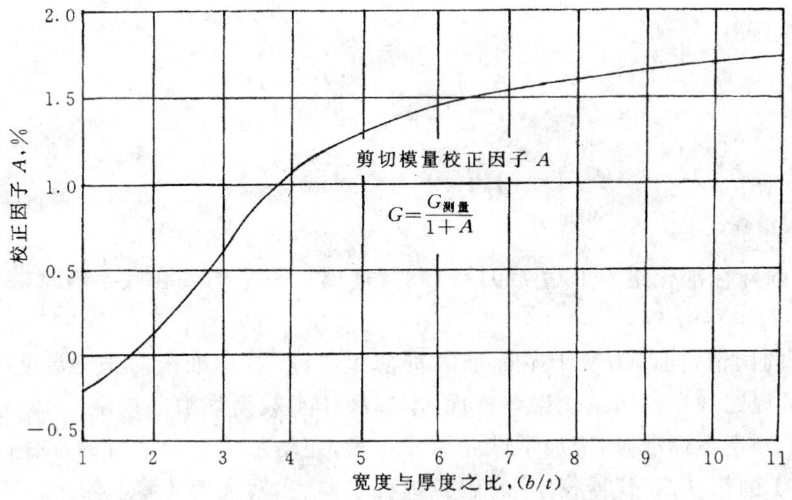

图 5 剪切模量校正因子 A 与宽厚比的曲线图

6.3 泊松比的计算

泊松比按式(4)计算:

$$\mu=(E/2G)-1 \qquad (4)$$

式中:μ——泊松比;

E——弹性模量,GPa;

G——剪切模量,GPa。

7 精度

弹性模量、剪切模量的精度应达到1%;泊松比的精度应达到10%。

8 试验报告

试验报告应包括以下内容:

a) 委托单位;

b) 试样名称、规格和编号;

c) 所用仪器型号;

d) 试验方法;

e) 试样质量;

f) 弹性模量、剪切模量和泊松比计算值;

g) 试验单位及试验人员;

h) 试验日期。

前　　言

本标准是根据国际标准化组织 ISO 7991—1987《玻璃——平均线膨胀系数试验方法》制定的，在技术内容上与 ISO 7991：1987 等效。

为了适应我国的国情，同时为便于本标准的贯彻和实施，本标准未对试验装置和仪器作过多的限制，只对其误差作了规定。在控制系统误差方面，本标准作了较为详细的规定。

依据 ISO 7991 制定本标准时，增加了试验原理一章，还增加了试验装置的部分内容，删去了引用标准一章，对 ISO 7991 的第 9 章“仪器校正”的内容进行了调整，写入第 4 章。

本标准的附录 A 是标准的附录。

本标准由中国建筑材料科学研究院玻璃科学研究所提出并归口。

本标准起草单位：中国建筑材料科学研究院玻璃科学研究所。

本标准主要起草人：孙德岩。

中华人民共和国建材行业标准

JC/T 679—1997

eqv ISO 7991：1987

玻璃平均线性热膨胀系数试验方法

Glass—The method for measuring coefficient of mean linear thermal expansion

1 范围

本标准规定了在弹性固体状态下，玻璃平均线性热膨胀系数试验方法。适用于具有普通膨胀量的玻璃，不适用于石英玻璃或其它具有低膨胀系数的玻璃。

2 定义

本标准采用下列定义。

2.1 平均线性热膨胀系数 $\alpha(t_0;t)$：在一定温度范围内的试样长度变化与这个温度范围的比率除以初始长度，所得到的值。

它可用式(1)表示：

$$\alpha(t_0;t)=\frac{1}{L_0}\times\frac{L-L_0}{t-t_0} \qquad (1)$$

式中：t_0——初始温度，℃；

t——实际（恒定或变化）的试样温度，℃；

L_0——受测玻璃试样（通常是由受测玻璃制成的棒），在温度为 t_0 时的长度，mm；

L——温度为 t 时的试样长度，mm。

标称初始温度 t_0 为 20℃；因此平均线性热膨胀系数就应表示为 $\alpha(20℃;t)$。

2.2 简易推棒膨胀仪：膨胀仪内只有一套试样支架，利用仪器可以直接测出受测试样的长度变化。

2.3 差动推棒膨胀仪：膨胀仪内有两套试样支架，其中一套装配受测试样，另外一套装配已知线性热膨胀系数的标样，根据标样长度变化和试样与标样的长度变化量的差值，推算出受测试样的长度变化和受测试样的温度。

3 原理

将试样放在膨胀仪电炉内均匀加热，观察试样长度随温度均匀上升而伸长的情况；或者将试样从室温开始加热至规定温度，测定该温度区间试样的伸长。根据仪器的布置方法，例如用紧贴试样热偶元件的热电动势，或根据与试样一起在仪器炉里的金属标样的长度变化等方法，确定试样的温度。

4 装置

4.1 测量试样长度的仪器

最大误差不应超过 $0.001L_0$。

4.2 膨胀仪

a）膨胀仪应能测定试样在 $2\times10^{-5}L_0$ 范围内的长度变化；

b）试样支架应保证试样牢固地安装在其位置上，并且在试验过程中应保证试样与推棒的同轴度见

国家建筑材料工业局1997-08-22批准　　　　1998-01-01实施

附录 A(标准的附录)。

c) 如果试样支架或推棒是由石英玻璃制成,则应符合 7.2 的规定;

d) 膨胀仪应定期进行校正,校正方法见 4.6;

e) 用于监测试样长度变化的膨胀仪设备,对试样产生的最大压力不得大于 150kPa。直接影响测量结果的膨胀仪传动机构头部和仪器金属连接部件,温度应在 20~23℃之间,且在每个阶段,温度的波动不得大于±1℃。

4.3 电炉

电炉与膨胀仪相连接,电炉温度应能达到试样转变温度以上 50℃。在试验温度范围内,电炉应能保证试样的温度分布均匀,整个试样长度的最大温度误差为±2℃。

4.4 炉温控制仪器

在试验过程中,电炉的升温速度应能控制在 5℃/min±1℃/min(见 6.1),而降温速度,根据 5.2 中的退火程序,应能控制在 2℃/min±0.2℃/min。

4.5 测温装置

测温元件在整个温度变化范围内的测温精度应为±2℃。

当由标样的膨胀量推导受测试样的温度时,标样与受测试样的温度应相同,并且宜使用一致熔融点的合金材料作为标样。

4.6 参考材料

为了检验整个设备是否正常操作,可使用已知平均线性热膨胀系数的参考材料试样进行性能检验和计算。

推荐参考材料如下:

——如 8.2 那样退火的透明石英;

——化学纯净铂。

参考材料试样的形状、尺寸应与通常使用在设备上的试样相同。

应保证参考材料的热膨胀性质在试验中的稳定性。如果参考材料是一种玻璃,则应根据 5.2 进行退火或重新退火。

5 试样及其制备

5.1 形状和尺寸

试样通常为棒状。它的形状取决于膨胀仪的类型。试样长度至少应是膨胀仪测量精度的 5×10^4 倍。

试样可具有直径为 5mm 的圆截面,也可具有 5mm×5mm 的方截面,并且长度为 25~100mm。在某些情况下,试样的截面积可为 $100mm^2$。

5.2 制备

试样在进行试验之前,应经过退火处理。将试样加热至转变温度以上约 30℃,然后以 2℃/min±0.2℃/min 的降温速度冷却至转变温度以下约 150℃,之后在自然通风的空气中冷却至室温。

退火后,试样端面应加工,使两端面平行,且平整,并保证其端面与试样主轴垂直。

5.3 试样的数量

试验试样两个。

6 程序

6.1 试验温度范围的选择

本标准第 2.1 规定,标称温度为 20℃。但由于实际情况,试验应从 18~28℃之间开始。理想的终止温度为 290℃≤t≤310℃。如果试验中不能以此温度作为终止温度,那么可以选择的代替值是 190℃≤t≤210℃,或者,在特殊情况下,可选择的代替值是 95℃≤t≤105℃及 390℃≤t≤410℃。这些温度范围的标称值是 300℃，200℃，100℃和 400℃。

温度值和温度差的读数应精确至 2℃。计算线性热膨胀系数时，应使用实际温度值，表示试验温度范围应使用与实际值相对应的标称值（见 7.4）。

6.2 初始长度的确定

在初始温度 t_0 下，确定退火后试样的初始长度，并精确至 0.1%。然后，将试样放置在膨胀仪支架上，在进行试验之前，应静置 5min。

6.3 在动态加热制度下测定平均线性热膨胀系数

在初始温度 t_0 时确定膨胀仪的位置，并取此位置读数为零。将炉温控制仪器调至理想的加热程序，均匀加热。升温速度不应超过 5℃/min，直至炉温达到预想终止温度，记录温度 t 和相应的膨胀仪读数 ΔL_{meas}。

由于膨胀仪读数 ΔL_{meas} 是在温度从 t_0 升到 t 的过程中记录的，所以应明确热电偶测得的温度是炉温，这一温度与试样之间存在着一定温差，必要时应加以修正。修正值可通过与静态加热制度下的测量值的比较进行确定。

6.4 在静态加热制度下测定平均线性热膨胀系数

在温度为 t_0 时，确定膨胀仪的位置，并取此位置读数为零。在 20min 内，将电炉升温至预想终止温度 t，将炉温变化控制在±2℃之间。读取 ΔL_{meas} 的读数。

注：使用动态加热制度（见 6.3）能在一个试验过程中得出一系列与不同的 t 值相应的 $\alpha(t_0;t)$；使用静态加热制度（见 6.4）只有一个终止温度值 t，但在这个温度范围内测得的 $\alpha(t_0;t)$ 具有更高的精确性。

7 试验结果

7.1 终止长度

根据在温度 t 时的膨胀仪读数 ΔL_{meas}，以确定试样终止长度 L，按式(2)计算：

$$L=L_0+\Delta L_{meas}+\Delta L_Q-\Delta L_B \quad \cdots\cdots(2)$$

式中：ΔL_Q 和 ΔL_B 为试样支架和膨胀仪的修正量，它们的详细说明见 7.2 和 7.3。

7.2 修正量

7.2.1 试样支架的修正量

如果是简易推棒式膨胀仪，则式(2)中的修正量 ΔL_Q 即为沿试样方向膨胀的试样支架的膨胀量。这里，试样支架在温度为 t_0 时，试样长度为 ΔL_Q。

如果是差动推棒式膨胀仪，则式(2)中的修正量 ΔL_Q 即为标样的膨胀量，这里，标样在温度为 t_0 时，试样长度为 L_0。

对于以上两种情况，修正量 ΔL_Q 可按式(3)计算：

$$\Delta L_Q=L_0\alpha_Q(t-t_0) \quad \cdots\cdots(3)$$

式中：α_Q 是（对于简易推棒膨胀仪）制成试样支架的材料平均线性热膨胀系数；或者是（对于差动推棒膨胀仪）制成标样的材料的平均线性热膨胀系数。

如果试样支架，推棒或标样是由石英玻璃制成，则可使用表 1 中所列的 α_Q 值。膨胀仪的这些部分或标样如果是第一次使用，在使用之前应退火。退火过程为，1100℃保温 7h，然后以 0.2℃/min 的冷却速度，从 1100℃冷却至 900℃。

为避免石英玻璃析晶，其表面应在退火前进行清洗。建议用分析纯无水乙醇清洗两次，清洗后应避免手指粘碰。

表 1　透明石英的平均线性热膨胀系数 α_Q

温度范围,℃	α_Q 的值,℃$^{-1}$
20～100	0.54×10^{-6}
20～200	0.57×10^{-6}
20～300	0.58×10^{-6}
20～400	0.57×10^{-6}
注：如果膨胀仪加热至 700℃以上,表中的值将改变	

7.2.2　膨胀仪修正量

由于在试样和膨胀仪之间,温度分布是不规则的,故应确定膨胀仪修正量 ΔL_B。确定膨胀仪修正量,应通过一种空白试验进行。

对于简易推棒膨胀仪,空白试验的试样应由与膨胀仪相同的材料制成,尺寸应与通常使用在设备上的试样相同,如果这种材料是石英玻璃,空白试验的试样应按 7.2.1 的规定进行退火。

对于差动推棒膨胀仪,可以用两个相同的材料,任意一种适当的材料作空白试验试样。

7.3　空白试验和测定玻璃线性热膨胀系数的试验应在相同的条件下进行。

7.4　平均线性热膨胀系数的计算

计算平均线性热膨胀系数 $\alpha(t_0;t)$时,应将测定值 L_0、ΔL_{meas}修正量和 t_0、t 的实际值(如果是在动态加热制度下进行的试验,则可对 t 进行修正)引入式(4)。

$$\alpha(t_0;t)=\frac{1}{L_0}\times\frac{\Delta L_{meas}+\Delta L_Q-\Delta L_B}{t-t_0} \quad \cdots\cdots(4)$$

计算 α(20℃,300℃)、α(20℃,200℃)、α(20℃,100℃)或者 α(20℃,400℃),如果计算值 α(20℃;t)小于 10×10^{-6}℃$^{-1}$,则应取两位有效数字;如果 α(20℃;t)大于 10×10^{-6}℃$^{-1}$,则应取 3 位有效数字。

如果两个试样的计算值的差小于 0.2×10^{-6}℃$^{-1}$,则取平均值,如果大于 0.2×10^{-6}℃$^{-1}$,则应选择另外两个试样重新进行试验。

8　试验报告

试验报告应包括以下内容：

a) 说明,受检玻璃试样的种类和编号标记；

b) 试样的形状、尺寸和数量；

c) 推棒式膨胀仪的种类；

d) 试验过程(是动态加热制度,还是静态加热制度)；

e) 平均线性热膨胀系数的值 $\alpha(t_0;t)$,采用 10^{-6}℃$^{-1}$的表示方法。

对于温度 t_0、t,应使用标称温度(见 7.4)。

附　录　A
（标准的附录）
试样与推棒同轴度的调整

试样和推棒应尽量同轴，并且应在轴线内测量 L_0 的值。实际上，试样的轴线与推棒的轴线存在微小的偏差。此偏差只有在整个试验过程中保持不变时，才能将其忽略不计。应保持推棒运动方向与有效的膨胀方向相同。同轴度的改变（例如由于仪器振动产生的同轴度改变）应通过采用图 A1 或图 A2 所示的装置避免。

减小竖直的试样支架与试样的同轴度改变的装置如图 A1 所示。轻轻摇动用铂丝制成的导向装置，可以使试样和推棒获得稳定的联接，即可限制水平方向（横向）位移。由热膨胀产生的竖直方向（轴向）运动则不受影响。

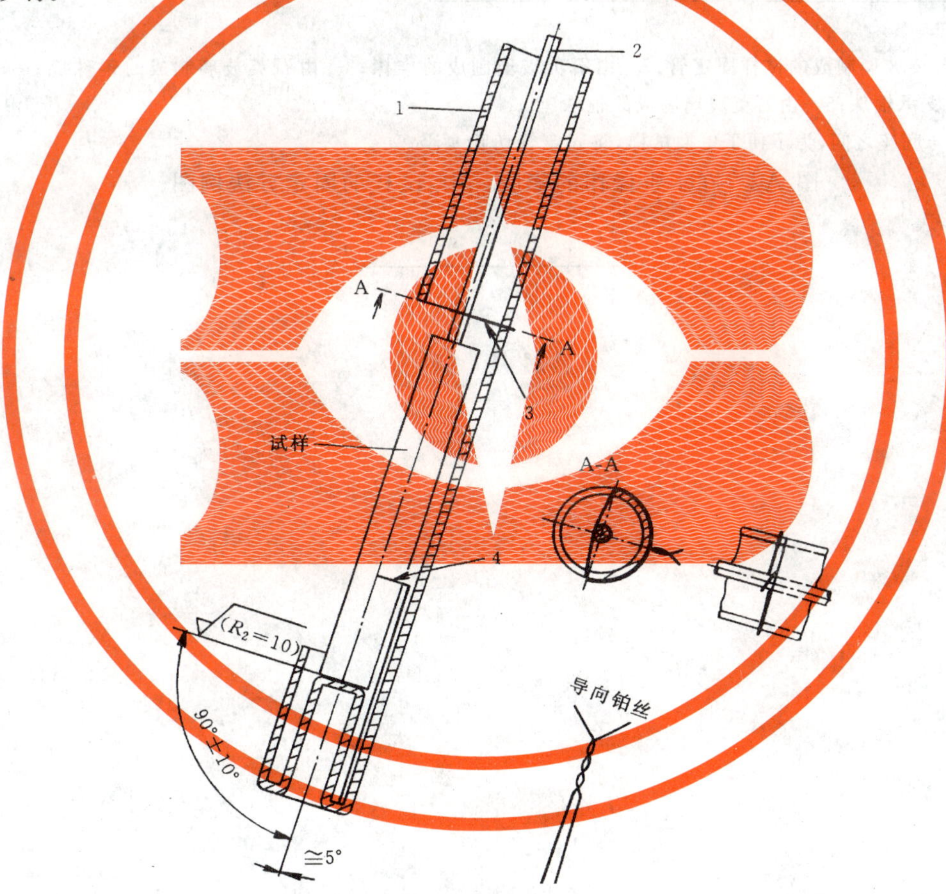

1—用石英玻璃制成的试样固定管，具有平面与管轴线垂直的膨胀仪底座和尾封；2—用石英玻璃制成的推棒；3—推棒导向装置，由铂丝制成，直径为 0.5 至 1mm；4—试样导向装置，由铂丝制成，直径为 0.5 至 1mm。

注：在底座与推棒之间，为便于更换试样，将固定管切除一半。

图 A1　在近似竖直操作的膨胀仪中，试样固定方法例图

在水平方向操作的膨胀仪中，保证试样与推棒的同轴度的方法如图 A2 所示。试样的支撑由四个辊珠、圆柱形推棒和辊珠座组成。推棒的支撑由两个适当直径的辊珠组成。轻摇动此装置，试样和推棒即可同轴。

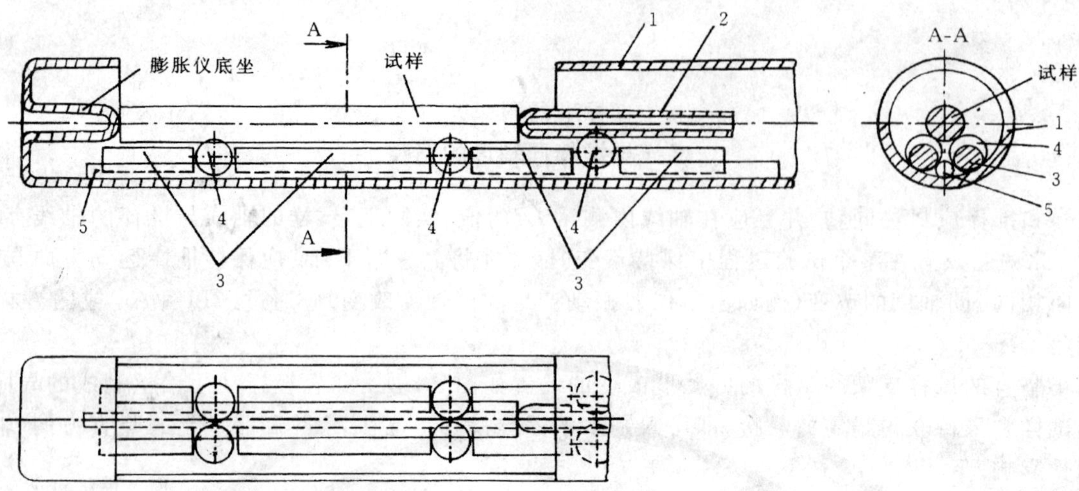

1—底座由石英玻璃制成的试样固定管；2—由石英玻璃制成的推棒；3—由石英玻璃制成的辊珠座；4—由石英玻璃或红宝石制成的支承辊珠；5—由石英玻璃制成的辊珠座

注：在推棒与底座之间，为了便于更换试样，将固定管切除一半。

图 A2　在水平操作的膨胀计中，试样的固定方法例图

前　言

本标准是JC/T 753—1982(1996)《硅质玻璃原料化学分析方法》的修订版。本标准参照美国ASTMC146:1994a《玻璃砂化学标准方法》、英国玻璃学会化学分析委员会制定的《制造玻璃用砂的技术水平及检验分析操作规程》进行修订。

本标准在原标准基础上增加了原子吸收分光光度法测定三氧化二铁、氧化钙、氧化镁、氧化钾和氧化钠的分析方法。另外对原标准的某些章节做了适当的修改,标准中同一成分所列不同方法,可根据具体情况选用。

本标准的附录A、附录B、附录C为标准的附录。

本标准自实施之日起,同时代替JC/T 753—1982(1996)。

本标准由国家建材局秦皇岛玻璃研究设计院提出并技术归口。

本标准起草单位:国家建材局秦皇岛玻璃研究设计院、福建省东山县硅砂矿。

本标准主要起草人:聂全来、刘小礼、黄镇祥。

中华人民共和国建材行业标准

硅质玻璃原料化学分析方法

JC/T 753—2001

Methods for chemical analysis of class making sands

代替 JC/T 753—1982(1996)

1 范围

本标准适用于硅石、砂岩、硅砂等硅质玻璃原料的化学成分分析。标准中同一成分所列不同分析方法,根据具体情况选用。

2 总则

2.1 所用分析天平应精确至 0.000 1 g,天平与砝码应定期进行检定。称取试样时读数应精确至 0.000 1 g。"恒量"系指连续两次称量之差不大于 0.000 2 g。

2.2 所用仪器和量器应经过校正。

2.3 分析试样应于烘箱中在 105℃～110℃烘干 1 h 以上,然后放入干燥器中,冷却至室温,进行称量。

2.4 分析用水,应为蒸馏水或去离子水;所用试剂应为分析纯或优级纯;用于标定溶液浓度的试剂应为基准试剂。对水和试剂应做空白试验。

2.5 标准中试剂的浓度采用下列表示法:

2.5.1 当直接用名称表示酸和氢氧化铵时,系指符合下列百分浓度的浓试剂。

试剂名称	试剂浓度,%
盐酸	36～38
氢氟酸	40 以上
硝酸	65～68
高氯酸	70～72
硫酸	95～98
氢氧化铵	25～28

2.5.2 被稀释的酸和氢氧化铵浓度以如下的形式表示:如盐酸(5+95),系指 5 份体积的盐酸(36%～38%)加 95 份体积的水配成之溶液。

2.5.3 固体试剂配制的溶液浓度用重量/体积百分浓度表示(作标准溶液时除外)。例如:20%氢氧化钾是指每 20 g 氢氧化钾溶于 100 mL 水制成的溶液。在没有特别指出时,均指水溶液。

2.6 对光度测量的参比液作如下说明:

2.6.1 制作标准曲线时所用"试剂空白溶液"指第一只容量瓶中不含待测氧化物之溶液。

2.6.2 试样分析时所用"试剂空白溶液"指按试样测定操作不含试样所得的溶液。

3 试样的制备

取来的样品必须混合均匀,并应能代表平均组成,没有外来杂质混入。将此样品经过缩分,最后得到约 20 g 试样。在玛瑙乳钵中研磨至全部通过孔径 75 μm 筛,然后装于称量瓶中备用。

国家建筑材料工业局 2001-02-20 批准　　2001-10-01 实施

4 烧失量的测定

称取约 1 g 试样于已恒量的铂坩埚中，放入高温炉内，从室温开始升温，于 1 000℃～1 050℃灼烧 0.5 h。在干燥器中冷却至室温，称量。反复灼烧，直至恒量。

烧失量的百分含量(X_1)按式(1)计算：

$$X_1=\frac{m_1-m_2}{m_1}\times 100 \quad\cdots\cdots(1)$$

式中：m_1——灼烧前试样质量，g；

m_2——灼烧后试样质量，g。

5 二氧化硅的测定

5.1 盐酸一次脱水重量法—分光光度法

5.1.1 试剂

无水碳酸钠；

盐酸；

盐酸：1+1，1+11，5+95；

硫酸：1+1；

氢氟酸；

2%氟化钾水溶液：称取 2 g 氟化钾($KF\cdot 2H_2O$)于塑料杯中，加 100 mL 水溶解，贮存于塑料瓶中；

2%硼酸水溶液；

0.5%对硝基苯酚指示剂乙醇溶液：称取 0.5 g 对硝基苯酚，溶于 100 mL95%乙醇中；

20%氢氧化钾水溶液：称取 20 g 氢氧化钾于塑料杯中，加 100 mL 水溶解，贮存于塑料瓶中；

95%乙醇；

8%钼酸铵水溶液：称取 8 g 钼酸铵，溶于 100 mL 水中，过滤，贮存于塑料瓶中；

2%抗坏血酸溶液(使用时配制)；

二氧化硅标准溶液：准确称取 0.100 0 g 预先经 1 000℃灼烧 1 h 的高纯石英(99.99%)于铂坩埚中，加 2 g 无水碳酸钠，混匀。先于低温加热，逐渐升高温度至 1 000℃，以得到透明熔体，冷却。用热水浸取熔块于 300 mL 塑料杯中，加入 150 mL 沸水，搅拌使其溶解(此时溶液应是澄清的)，冷却。转入 1 L容量瓶中，用水稀释至标线，摇匀后立即转移到塑料瓶中贮存。此溶液每毫升含 0.1 mg 二氧化硅。

5.1.2 仪器

分光光度计。

5.1.3 二氧化硅(硅钼蓝)比色标准曲线的绘制

于一组 100 mL 容量瓶中，分别加 8 mL 盐酸(1+1)及 10 mL 水，摇匀。用刻度移液管依次加入 0.00 mL，1.00 mL，2.00 mL，3.00 mL，4.00 mL，5.00 mL，6.00 mL 二氧化硅标准溶液，加 8 mL 95%乙醇，4 mL 8%钼酸铵，摇匀。室温高于 20℃时放置 15 min，低于 20℃时，于 30℃～50℃的温水中放置 5 min～10 min，冷却至室温。加 15 mL 盐酸(1+1)，用水稀释至近 90 mL，加 5 mL 2%抗坏血酸，用水稀释至标线，摇匀。1 h 后，于分光光度计上，以试剂空白溶液作参比，选用 0.5 cm 比色皿，在波长 700 nm处测定溶液的吸光度。按测得的吸光度与比色溶液浓度的关系绘制标准曲线。

5.1.4 分析步骤

称取约 0.5 g 试样于铂皿中(铂皿容积约 75 mL～100 mL)，加 1.5 g 无水碳酸钠，与试样混匀，再取 0.5 g 无水碳酸钠铺在表面。先于低温加热，逐渐升高温度至 1 000℃，熔融呈透明熔体，继续熔融约 5 min，用包有铂金头的坩埚钳夹持铂皿，小心旋转，使熔融物均匀地附着在皿的内壁。冷却，盖表皿，加 20 mL 盐酸(1+1)溶解熔块，将皿再置水浴上加热至碳酸盐完全分解，不再冒汽泡。取下，用热水洗净表皿，除去表皿，将铂皿再置水浴上，蒸发至无盐酸味。

冷却，加 5 mL 盐酸，放置约 5 min，加约 20 mL 热水搅拌使盐类溶解，加适量滤纸浆搅拌。用中速定量滤纸过滤，滤液及洗涤液用 250 mL 容量瓶承接，以热盐酸(5＋95)洗涤皿壁及沉淀 10～12 次，热水洗涤 10～12 次。

在沉淀上加 2 滴硫酸(1＋1)，将滤纸和沉淀一并移入铂坩埚中，放在电炉上低温烘干，升高温度使滤纸充分灰化。于 1 100℃灼烧 1 h，在干燥器中冷却至室温，称量，反复灼烧，直至恒量。

将沉淀用水润湿。加 3 滴硫酸(1＋1)和 5 mL～7 mL 氢氟酸，在砂浴上加热，蒸发至干，重复处理一次，继续加热至冒尽三氧化硫白烟为止。将坩埚在 1 100℃灼烧 15 min，在干燥器中冷却至室温，称量。反复灼烧，直至恒量。

将上面的滤液用水稀释至标线，摇匀。吸取 25 mL 滤液于 100 mL 塑料杯中，加 5 mL 2％氟化钾，摇匀，放置 10 min 加 5 mL2％硼酸，加 1 滴对硝基苯酚指示剂，滴加 20％氢氧化钾至溶液变黄，加 8 mL 盐酸(1＋11)，转入 100 mL 容量瓶中，加 8 mL95％乙醇，4 mL8％钼酸铵，摇匀。室温高于 20℃时，放置 15 min；低于 20℃时，于 30℃～50℃的温水中放置 5 min～10 min，冷却至室温。加 15 mL 盐酸(1＋1)，用水稀释至近 90 mL，加 5 mL2％抗坏血酸，用水稀释至标线，摇匀。1 h 后，于分光光度计上，以试剂空白溶液作参比，选用 0.5 cm 比色皿，在波长 700 nm 处测定溶液的吸光度。

二氧化硅的百分含量(X_2)按式(2)计算：

$$X_2=\left[\frac{m_4-m_5}{m_3}+\frac{m_6\times 10}{m_3\times 1\ 000}\right]\times 100 \qquad \cdots\cdots(2)$$

式中：m_4——灼烧后未经氢氟酸处理的沉淀及坩埚质量，g；

m_5——经氢氟酸处理并灼烧后残渣及坩埚质量，g；

m_3——试样质量，g；

m_6——在标准曲线上查得所分取滤液中二氧化硅的含量，mg。

注：回收二氧化硅，也可用硅钼黄比色法，见 5.2.4。

5.2 凝聚重量法—分光光度法

5.2.1 试剂

0.1％聚环氧乙烷溶液：称取 0.1 g 聚环氧乙烷于烧杯中，加少量水浸泡一段时间，搅拌使其溶解，稀释至 100 mL。贮存于塑料瓶中，溶液保留至有沉淀产生弃去重配；

其余试剂同 5.1.1。

5.2.2 仪器

分光光度计。

5.2.3 二氧化硅(硅钼黄)比色标准曲线的绘制

于一组 100 mL 容量瓶中，分别加 8 mL 盐酸(1＋11)及 10 mL 水，摇匀。用刻度移液管依次加入 0.00 mL，1.00 mL，2.00 mL，3.00 mL，4.00 mL，5.00 mL，6.00 mL 二氧化硅标准溶液，加 8 mL95％乙醇，4 mL 8％钼酸铵，摇匀。室温高于 20℃时，放置 15 min；低于 20℃时，于 30℃～50℃的温水中放置 5 min～10 min，冷却至室温。用水稀释至标线，摇匀。2 h 内，于分光光度计上，以试剂空白溶液作参比，选用 3 cm 比色皿，在波长 420 nm 处测定溶液的吸光度，按测得吸光度与比色溶液浓度的关系绘制标准曲线。

注：加钼酸铵后，应避免阳光照射。

5.2.4 分析步骤

称取约 0.5 g 试样于铂皿中，加 1.5 g 无水碳酸钠与试样混匀，再取 0.5 g 无水碳酸钠铺在表面。先于低温加热，逐渐升高温度至 1 000℃，熔融呈透明熔体，继续熔融约 5 min，用包有铂金头的坩埚钳夹持铂皿小心旋转，使熔融物均匀地附着在皿的内壁。冷却，盖上表皿，加 20 mL 盐酸(1＋1)溶解熔体，将皿置水浴上加热至碳酸盐完全分解，不再冒气泡。取下，用热水洗净表皿，除去表皿，将铂皿再置水浴上蒸发至10 mL以下或糊状，将铂皿从水浴上取下，加适量滤纸浆搅拌，加约5 mL聚环氧乙烷溶液，充分搅拌，放置5 min。用中速定量滤纸过滤，冲洗表皿。滤液及洗涤液用250 mL容量瓶承接，用热盐酸(5+95)洗涤沉淀及铂皿10次～12次，再用热水洗涤10次～12次。

在沉淀上加2滴硫酸(1+1)，以下步骤按5.1.4进行。

滤液中残留二氧化硅，除了用硅钼蓝比色回收外，还可用硅钼黄比色回收。步骤如下：吸取25 mL滤液于100 mL塑料杯中，加5 mL 2%氟化钾，摇匀，放置10 min。加5 mL 2%硼酸。加1滴对硝基苯酚指示剂，滴加20%氢氧化钾至溶液变黄，加8mL盐酸(1+11)，转入100 mL容量瓶中，加8 mL 95%乙醇，4 mL 8%钼酸铵，摇匀。室温高于20℃时，放置15 min，低于20℃时，于30℃～50℃的温水中放置5 min～10 min，冷却至室温。用水稀释至标线，摇匀。2 h内，于分光光度计上，以试剂空白溶液作参比，选用3 cm比色皿，在波长420 nm处测定溶液的吸光度。

二氧化硅百分含量(X_2)按式(3)计算：

$$X_2=\left[\frac{m_8-m_9}{m_7}+\frac{m_{10}\times 10}{m_7\times 1\,000}\right]\times 100 \qquad (3)$$

式中：m_8——灼烧后未经氢氟酸处理的沉淀及坩埚质量，g；

m_9——经氢氟酸处理并灼烧后残渣及坩埚质量，g；

m_7——试样质量，g；

m_{10}——在标准曲线上查得所分取滤液中二氧化硅的含量，mg。

注：试剂空白溶液中不要加聚环氧乙烷，因其与钼酸铵形成白色沉淀。

6 三氧化二铝的测定

6.1 试剂

无水碳酸钠；

硼酸；

氢氟酸；

硫酸：1+1；

盐酸：1+1；

0.2%二甲酚橙指示剂水溶液；

20%氢氧化钾水溶液；

乙酸—乙酸钠缓冲溶液(pH5.6)：将250 g三水乙酸钠(或150.7 g无水乙酸钠)溶于水，加12 mL冰乙酸，用水稀释至1 L，摇匀。

0.01 mol/L乙二胺四乙酸二钠(EDTA)标准溶液：称取EDTA3.7 g于烧杯中，加水约200 mL，加热溶解，用水稀释至1 L。

0.01 mol/L乙酸锌标准溶液：称取二水乙酸锌2.2 g溶于少量水中，加乙酸(36%)2 mL，用水稀释至1 L。

氧化钙标准溶液：准确称取经105℃～110℃烘干4 h的碳酸钙1.784 8 g于300 mL烧杯中，加水约150 mL，盖上表皿，滴加10 mL盐酸(1+1)使其溶解，加热煮沸数分钟以驱尽溶液中的二氧化碳。冷却后移入1 L容量瓶中，用水稀释至标线，摇匀。此溶液每毫升含1 mg氧化钙。

钙黄绿素混合指示剂：称取0.2 g钙黄绿素，0.2 g百里香酚酞络合剂，与20 g已在105℃烘过的硝酸钾混合研细，贮存于磨口瓶中。

EDTA标准溶液的标定：准确移取10 mL氧化钙标准溶液于300 mL烧杯中，加水约150 mL。滴加20%氢氧化钾调节溶液pH值约为12，再过量2 mL，加适量钙黄绿素混合指示剂，用0.01 mol/LEDTA标准溶液滴定至绿色荧光消失并呈现淡红色。

EDTA对三氧化二铝、氧化钙、氧化镁的滴定度按式(4)、式(5)和式(6)计算：

$$T_{Al_2O_3}=\frac{m_{11}\times\frac{101.96}{2}}{V_1\times56.08} \quad\cdots\cdots(4)$$

$$T_{CaO}=\frac{m_{11}}{V_1} \quad\cdots\cdots(5)$$

$$T_{MgO}=\frac{m_{11}\times40.30}{V_1\times56.08} \quad\cdots\cdots(6)$$

式中：m_{11}——所取氧化钙的毫克数；

V_1——滴定时消耗 EDTA 标准溶液的体积，mL；

$T_{Al_2O_3}$——EDTA 标准溶液对三氧化二铝的滴定度，mg/mL；

T_{CaO}——EDTA 标准溶液对氧化钙的滴定度，mg/mL；

T_{MgO}——EDTA 标准溶液对氧化镁的滴定度，mg/mL；

101.96——三氧化二铝分子量；

56.08——氧化钙的分子量；

40.30——氧化镁的分子量。

EDTA 标准溶液与乙酸锌标准溶液体积比的测定：从滴定管放出 10.00 mL 0.01 mol/L EDTA 标准溶液于 300 mL 烧杯中，加水约 150 mL，加 5 mL pH 5.6 的缓冲溶液，加二甲酚橙指示剂 4 滴，用 0.01 mol/L乙酸锌标准溶液滴定至溶液由黄色变为红色。

EDTA 标准溶液与乙酸锌标准溶液的体积比按式(7)计算：

$$K_1=\frac{10}{V_2} \quad\cdots\cdots(7)$$

式中：K_1——每毫升乙酸锌标准溶液相当于 EDTA 标准溶液的毫升数；

V_2——滴定时消耗乙酸锌标准溶液的体积，mL。

6.2 分析步骤

根据试样中二氧化硅的含量范围，试液制备步骤分述如下：

a) 二氧化硅的含量在 95%以上者，称取约 1 g 试样于铂皿中，用少量水润湿，加 1mL 硫酸(1＋1)和 10 mL 氢氟酸，于低温电炉上蒸发至冒三氧化硫白烟，重复处理一次，逐渐升高温度，驱尽三氧化硫，冷却。加 5 mL 盐酸(1＋1)及适量水，加热溶解，冷却后，转入 250 mL 容量瓶中，用水稀释至标线，摇匀。此溶液供测定三氧化二铁、二氧化钛、三氧化二铝、氧化钙、氧化镁之用。

b) 二氧化硅含量在 95%以下者，称取约 1g 试样于铂皿中，用少量水润湿，加约 1mL 硫酸(1＋1)和 10mL 氢氟酸，在低温电炉上蒸发至冒三氧化硫白烟，逐渐升高温度驱尽三氧化硫，放冷，将 1.5 g 无水碳酸钠和 1 g 硼酸混匀后，加于残渣上。先低温加热，逐渐升高温度至 1 000℃～1 100℃熔融约10 min，使残渣全部熔解。盖上表皿，放冷后加 10 mL 盐酸(1＋1)及适量水，加热溶解，冷却后移入 250 mL 容量瓶中，用水稀释至标线，摇匀。此溶液供测定三氧化二铁、二氧化钛、三氧化二铝、氧化钙、氧化镁之用。

c) 从上述 a)或 b)制取的溶液中，移取适量试样溶液(含三氧化二铝在 2%以下者移取 50 mL，在 2%以上者移取 25 mL)于 300 mL 烧杯中，用滴定管加入 20.00 mL 0.01 mol/L EDTA 标准溶液，在电炉上加热至 50℃以上，加 1 滴二甲酚橙指示剂，在搅拌下滴加氢氧化铵(1＋1)至溶液由黄色刚好变成紫红色，加 5 mLpH5.6 缓冲溶液，此时溶液由紫红变黄。继续加热煮沸 2 min～3 min，冷却，用水稀释至约 150 mL。加 2～3 滴二甲酚橙指示剂，用 0.01 mol/L 乙酸锌标准溶液滴定至溶液由黄色变为红色。

d) 三氧化二铝的百分含量(X_3)按式(8)计算：

$$X_3=\frac{T_{Al_2O_3}A(V_3-V_4K_1)}{m_{12}\times1\,000}\times100-(0.6384\times Fe_2O_3\%+0.6380\times TiO_2\%) \quad\cdots\cdots(8)$$

式中：$T_{Al_2O_3}$——EDTA 标准溶液对三氧化二铝的滴定度，mg/mL；

V_3——加入 EDTA 标准溶液的体积，mL；

V_4——滴定过量 EDTA 消耗乙酸锌标准溶液的体积，mL；

K_1——每毫升乙酸锌标准溶液相当于 EDTA 标准溶液的毫升数；

A——系数

当移取 25 mL 试液时，$A=10$

当移取 50 mL 试液时，$A=5$

m_{12}——试样质量，g；

0.6384——三氧化二铁对三氧化二铝的换算系数；

0.6380——二氧化钛对三氧化二铝的换算系数。

7 三氧化二铁的测定

7.1 试剂

氢氧化铵：1+1；

盐酸：1+1；

对硝基苯酚指示剂：0.5%乙醇溶液；

10%盐酸羟胺水溶液；

0.1%邻菲啰啉：称取 0.1 g 邻菲啰啉溶于 10 mL 乙醇，加 90 mL 水混匀；

10%酒石酸水溶液；

三氧化二铁标准溶液：

准确称取 0.100 0 g 预先经 400℃灼烧 0.5 h 的三氧化二铁于烧杯中，加 10 mL 盐酸(1+1)，加热溶解，冷却后，转入 1 L 容量瓶中，用水稀释至标线，摇匀。此溶液每毫升含 0.1 mg 三氧化二铁。

移取 100 mL 上面配制的三氧化二铁标准溶液，放入 500 mL 容量瓶中，用水稀释至标线，摇匀。此溶液每毫升含 0.02 mg 三氧化二铁。

7.2 仪器

分光光度计。

7.3 三氧化二铁比色标准曲线的绘制

移取 0.00 mL，1.00 mL，3.00 mL，5.00 mL，7.00 mL，10.00 mL，13.00 mL，15.00 mL 三氧化二铁标准溶液(每毫升含 0.02 mg 三氧化二铁)，分别放入一组 100 mL 容量瓶中，用水稀释至 40 mL～50 mL。加 4 mL10%酒石酸，1～2 滴对硝基苯酚指示剂，滴加氢氧化铵(1+1)至溶液呈现黄色，随即滴加盐酸(1+1)至溶液刚无色，此时，溶液 pH 值约为 5。加 2 mL 10%盐酸羟胺，10 mL 0.1%邻菲罗啉，用水稀释至标线，摇匀。放置 20 min 后，于分光光度计上，以试剂空白溶液作参比，选用 1 cm 比色，在波长 510 nm 处测量溶液的吸光度。按测得的吸光度与比色溶液浓度的关系绘制标准曲线。

7.4 分析步骤

从 6.2a)或 b)制取的溶液中，吸取 25 mL 移置于 100 mL 容量瓶中，用水稀释至 40 mL～50 mL。加 4 mL 10%酒石酸，1～2 滴对硝基苯酚指示剂，滴加氢氧化铵(1+1)至溶液呈现黄色，随即滴加盐酸(1+1)至溶液刚无色，此时，溶液 pH 值约为 5。加 2 mL10%盐酸羟胺，10 mL0.1%邻菲罗啉，用水稀释至标线，摇匀。放置 20 min 后，于分光光度计上，以试剂空白溶液作参比，选用 1 cm 比色皿，在波长 510 nm处测量溶液的吸光度。

三氧化二铁的百分含量 X_4 按式(9)计算。

$$X_4=\frac{m_{13}\times 10}{m_{12}\times 1\,000}\times 100 \qquad (9)$$

式中：m_{13}——在标准曲线上查得所分取试样溶液中三氧化二铁的含量，mg；

m_{12}——试样质量,g。

8 二氧化钛的测定

8.1 试剂

硫酸:1+1;

盐酸:1+1;

氢氧化铵:1+1;

对硝基苯酚指示剂:0.5%乙醇溶液;

5%抗坏血酸水溶液(使用时配制);

5%变色酸水溶液(使用时配制)。

二氧化钛标准溶液:准确称取0.100 0 g预先经800℃~950℃灼烧0.5 h的二氧化钛于铂坩埚中,加约3 g焦硫酸钾,先在电炉上熔融,再移到喷灯上熔至呈透明状态。放冷后,用20 mL热硫酸(1+1)浸取熔块于预先盛有80 mL硫酸(1+1)的烧杯中,加热溶解。冷却后,转入1 L容量瓶中,用水稀释至标线,摇匀。此溶液每毫升含0.1 mg二氧化钛;

吸取100 mL上面配制的二氧化钛标准溶液于1 L容量瓶中,用水稀释至标线,摇匀。此溶液每毫升含0.01mg二氧化钛。

8.2 仪器

分光光度计。

8.3 二氧化钛比色标准曲线的绘制

吸取0.00 mL,1.00 mL,2.00 mL,3.00 mL,4.00 mL,5.00 mL,6.00 mL,7.00 mL二氧化钛标准溶液(每毫升含0.01 mg二氧化钛)分别放入一组100 mL容量瓶中,用水稀释至40 mL~50 mL。加5 mL抗坏血酸和1~2滴对硝基苯酚指示剂,滴加氢氧化铵(1+1)至溶液呈现黄色,随即滴加盐酸(1+1)至溶液刚无色,再加3滴,加5 mL 5%变色酸,用水稀释至标线,摇匀,放置10 min,于分光光度计上,以试剂空白溶液作参比,选用3 cm比色皿,在波长470 nm处测量溶液的吸光度。按测得的吸光度与比色溶液浓度的关系绘制标准曲线。

8.4 分析步骤

从6.2a)或b)制取的溶液中,吸取25 mL移置于100 mL容量瓶中,用水稀释至40 mL~50 mL,加5 mL5%抗坏血酸和1~2滴对硝基苯酚指示剂,滴加氢氧化铵(1+1)至溶液呈现黄色、随即滴加盐酸(1+1)至溶液刚无色,再加3滴,加5 mL5%变色酸,用水稀释至标线,摇匀,放置10 min。于分光光度计上,以试剂空白溶液作参比,选用3 cm比色皿,在波长470 nm处测量溶液的吸光度。

二氧化钛的百分含量(X_5)按式(10)计算:

$$X_5=\frac{m_{14}\times 10}{m_{12}\times 1\,000}\times 100 \qquad (10)$$

式中:m_{14}——在标准曲线上查得所分取试样溶液中二氧化钛的含量,mg;

m_{12}——试样质量,g。

9 氧化钙的测定

9.1 试剂

三乙醇胺:1+1;

20%氢氧化钾水溶液;

钙黄绿素混合指示剂:同6.1;

0.01 M EDTA标准溶液。

9.2 分析步骤

从 6.2a)或 b)制取的溶液中,吸取 50 mL 移置于 300 mL 烧杯中,加 3 mL 三乙醇胺(1+1),用水稀释至约 150 mL。滴加 20%氢氧化钾调节溶液 pH 值约为 12,再过量 2 mL,加适量钙黄绿素混合指示剂,用 0.01 mol/L EDTA 标准溶液滴定至绿色荧光消失并呈现淡红色。

氧化钙的百分含量(X_6)按式(11)计算:

$$X_6=\frac{T_{CaO}\cdot V_5\times 5}{m_{12}\times 1\,000}\times 100 \qquad (11)$$

式中:T_{CaO}——EDTA 标准溶液对氧化钙滴定度,mg/mL;

V_5——滴定时消耗 EDTA 标准溶液的体积,mL;

m_{12}——试样质量,g。

10 氧化镁的测定

10.1 试剂

三乙醇胺:1+1;

氢氧化胺:1+1;

氢氧化胺—氯化铵缓冲溶液(pH=10):称取 67.5 g 氯化铵溶于水中,加 570 mL 氢氧化铵(1+1),用水稀释至 1 L;

酸性铬蓝 K—萘酚绿 B(1∶3)混合指示剂:将混合指示剂与硝酸钾按 1∶50 的比例在玛瑙乳钵中研细混匀,贮存于带磨口塞的棕色瓶中;

0.01 mol/L EDTA 标准溶液。

10.2 分析步骤

从 6.2a)或 b)制取的溶液中,吸取 50 mL 移置于 300 mL 烧杯中,加 3 mL 三乙醇胺(1+1),用水稀释至约 150 mL,滴加氢氧化铵(1+1)调节溶液 pH 值约为 10,再加 10 mL pH 值为 10 的氢氧化铵—氯化铵缓冲溶液及适量酸性铬蓝 K—萘酚绿 B 混合指示剂。用 0.01 mol/LEDTA 标准溶液滴定至试液由紫红色变为蓝绿色。

氧化镁的百分含量(X_7)按式(12)计算:

$$X_7=\frac{T_{MgO}(V_7-V_6)\times 5}{m_{12}\times 1\,000}\times 100 \qquad (12)$$

式中:T_{MgO}——EDTA 标准溶液对氧化镁的滴定度,mg/mL;

V_7——滴定钙、镁合量时消耗 EDTA 标准溶液的体积,mL;

V_6——滴定氧化钙时消耗 EDTA 标准溶液的体积,mL;

m_{12}——试样质量,g。

11 火焰光度法测定氧化钾和氧化钠

11.1 试剂

氢氟酸;

硫酸:1+1;

盐酸:1+11;

氧化钾标准溶液:准确称取预先在 130℃~150℃烘干 2 h 的氯化钾 1.583 0 g 于烧杯中,加水溶解,移入 1 L 容量瓶中,用水稀释至标线,摇匀。此溶液每毫升含 1 mg 氧化钾;

氧化钠标准溶液:准确称取预先在 130 ℃~150℃烘干 2 h 的氯化钠 1.885 9 g 于烧杯中,加水溶解,移入 1 L 容量瓶中,用水稀释至标线,摇匀。此溶液每毫升含 1 mg 氧化钠;

氧化钾、氧化钠混合标准系列的配制:从滴定管向 10 个 1 L 容量瓶依次加入 1.00 mL,2.00 mL,3.00 mL,4.00 mL,5.00 mL,6.00 mL,7.00 mL,8.00 mL,9.00 mL,10.00 mL 氧化钾标准溶液,从另

一滴定管向上述容量瓶中依次加入同样数量的氧化钠标准溶液。各加 100 mL 盐酸(1+11),用水稀释至标线,摇匀。贮存于塑料瓶中。此系列含氧化钾和氧化钠均为 1 μg/mL～10μg/mL。

注:上述混合标准系列中,氧化钾、氧化钠的浓度比为 1∶1,在实际工作中,应注意使其尽可能接近试样溶液中氧化钾、氧化钠的浓度比。

11.2 仪器

火焰光度计。

11.3 分析步骤

依样品中氧化钾和氧化钠的含量准确称取试样 0.1 g～0.5 g(通常含量大于 0.5%者称取 0.1 g～0.2 g,小于 0.5%者称取 0.2 g～0.5 g)于铂皿中,用少量水润湿,加 10 滴～15 滴硫酸(1+1)和 10 mL 氢氟酸,置于低温电炉上蒸发至冒三氧化硫白烟,放冷后,加 3 mL～5 mL 氢氟酸,继续蒸发至三氧化硫白烟冒尽。取下放冷,加 25 mL 盐酸(1+11),加热溶解,放冷,移入 250 mL 容量瓶中,用水稀释至标线,摇匀。

将火焰光度计按仪器使用规程调整到工作状态,按如下操作,分别使用钾滤光片(波长 767 nm)测定氧化钾,钠滤光片(波长 589 nm)测定氧化钠。

喷雾试样溶液,读取检流计读数(D_1)。

从氧化钾、氧化钠混合标准系列中,选取比试样溶液浓度略小的标准溶液进行喷雾,读取检流计读数(D_2)。再选取比试样溶液浓度略大的标准溶液进行喷雾,读取检流计读数(D_3)。

氧化钾和氧化钠的百分含量(X_8 或 X_9)按式(13)计算:

$$X_8 \text{ 或 } X_9 = \frac{\left[C_1 + (C_2 - C_1)\dfrac{D_1 - D_2}{D_3 - D_2}\right] \times 250 \times 10^{-6}}{m_{13}} \times 100 \qquad (13)$$

式中:C_1——比试样溶液浓度略小的标准溶液浓度,μg/mL;

C_2——比试样溶液浓度略大的标准溶液浓度,μg/mL;

m_{13}——试样质量,g。

12 原子吸收分光光度法测定三氧化二铁、氧化钙、氧化镁、氧化钾和氧化钠

12.1 试剂

去离子水:电阻率大于 1.0 mΩ·cm,本方法中均使用去离子水;

氢氟酸;

过氯酸;

盐酸:1+1;

氯化锶溶液(50 mg Sr/mL):称取 152 g 优级纯六水氯化锶($SrCl_2 \cdot 6H_2O$)溶于水,移入 1 L 容量瓶中,用水稀释至标线,摇匀。贮存于塑料瓶中备用。

三氧化二铁标准溶液:准确称取 1.000 0 g 预先经 400℃灼烧 0.5 h 的三氧化二铁于烧杯中,加 20 mL盐酸(1+1)加热溶解,冷却后移入 1 L 容量瓶中,用水稀释至标线,摇匀。此溶液每毫升含 1 mg 三氧化二铁;

氧化钙标准溶液:见 6.1;

氧化镁标准溶液:将金属镁先放在稀盐酸中洗涤除去表面的氧化层,然后用水,最后用乙醇(或乙醚)洗净,擦干。准确称取此处理过的金属镁 0.603 2 g 于 300 mL 烧杯中,加 10 mL 盐酸(1+1)溶解,移入 1 L 容量瓶中,用水稀释至标线,摇匀。此溶液每毫升含 1 mg 氧化镁。

氧化钾标准溶液:见 11.1;

氧化钠标准溶液:见 11.1;

混合标准溶液:移取上述 5 种标准溶液各 100 mL 于 1 L 容量瓶中,用水稀释至标线,摇匀。此溶液

每毫升含三氧化二铁、氧化钙、氧化镁、氧化钾和氧化钠各 0.1 mg；

混合标准系列的配制：从滴定管向 11 只 1 L 容量瓶依次加入 5.00 mL，10.00 mL，20.00 mL，30.0 mL，40.00 mL，50.00 mL，60.00 mL，70.00 mL，80.00 mL，90.00 mL，100.00 mL 混合标准溶液。各加 100 mL 氯化锶溶液和 4mL 盐酸(1+1)，用水稀释至标线，摇匀。分别贮存于容积为 1 L 的塑料瓶中，用小塑料瓶分出部分溶液使用。此混合标准系列含各元素氧化物 0.5 μg/mL～10 μg/mL。

12.2　仪器

原子吸收分光光度计。

12.3　分析步骤

称取试样的数量通常可按试样中氧化铝的含量来决定，一般含氧化铝 1%以上者称取 0.1 g～0.2 g；含 1%以下者称取 0.2 g～0.5 g。称取试样于铂皿中，用少量水润湿，加 1 mL 高氯酸和 10 mL 氢氟酸，置低温电炉上蒸发至冒高氯酸白烟，取下放冷。加 3 mL～5 mL 氢氟酸，继续蒸发至高氯酸白烟冒尽，取下放冷。加 4 mL 盐酸(1+1)和约 20 mL 水，加热溶解，放冷。移入 100 mL 容量瓶中，加 10 mL氯化锶溶液，用水稀释至标线，摇匀。

将原子吸收分光光度计按所用仪器的使用规程调整到工作状态。使用各元素的空心阴极灯，以空气-乙炔火焰，用表 1 中所列波长：

表 1　各元素测定波长

元素	Fe	Ca	Mg	K	Na
测定波长/nm	248.3	422.7	285.2	766.5	589.0

选择适当的仪器参数(狭缝宽度、灯电流、燃烧器高度、火焰状态、放大增益、对数转换、曲线校直、标尺扩展等)，按如下操作分别测定三氧化二铁、氧化钙、氧化镁、氧化钾和氧化钠。

喷雾试样溶液，读取吸光度(D_4)；

从混合标准系列中，选取比试样溶液浓度略小的标准溶液进行喷雾，读取吸光度(D_5)。再选取比试样溶液浓度略大的标准溶液进行喷雾，读取吸光度(D_6)。

三氧化二铁、氧化钙、氧化镁、氧化钾和氧化钠的百分含量(X_{10})按式(14)计算：

$$X_{10}=\frac{\left[C_3+(C_4-C_3)\dfrac{D_4-D_5}{D_6-D_5}\right]\times V_8\times 10^{-6}}{m_{14}}\times 100 \quad\cdots\cdots(14)$$

式中：C_3——比试样溶液浓度略小的标准溶液浓度，μg/mL；

C_4——比试样溶液浓度略大的标准溶液浓度，μg/mL；

V_8——试样溶液的体积，mL；

m_{14}——试样质量，g。

附　录　A

（标准的附录）

氟硅酸钾容量法和挥散法测定二氧化硅

在日常分析工作中，可选用挥散法或容量法测定试样中的二氧化硅。

A.1　氟硅酸钾容量法

A.1.1　试剂

氢氧化钾；

硝酸；

盐酸：1+1；

氯化钾；

5%氯化钾水溶液；

5%氯化钾-乙醇溶液：称取 5 g 氯化钾溶于 50 mL 水中，加 50 mL95%乙醇，摇匀；

15%氟化钾溶液：称取 15 g 氟化钾（$KF \cdot 2H_2O$）于塑料烧杯中，加 80 mL 水及 20 mL 硝酸使其溶解，加氯化钾至饱和。放置过夜，过滤到塑料瓶中；

1%酚酞指示剂乙醇溶液；

0.15 moL/L 氢氧化钠标准溶液：称取 30 g 氢氧化钠，溶于 5 L 经煮沸过的冷水中，贮存于装有钠石灰干燥管的塑料桶中，充分摇匀。

氢氧化钠溶液的标定：精确称取约 0.7 g 苯二甲酸氢钾于 300 mL 烧杯中，加入约 150 mL 经煮沸，冷却，中和过的水，搅拌使其溶解。加 15 滴酚酞指示剂，用氢氧化钠标准溶液滴定至微红色。

氢氧化钠标准溶液对二氧化硅的滴定度按式（A.1）计算：

$$T_{SiO_2}=\frac{m_{15}\times 0.01502\times 1000}{V_9\times 0.2042} \qquad \text{(A.1)}$$

式中：T_{SiO_2}——氢氧化钠标准溶液对二氧化硅的滴定度，mg/mL；

m_{15}——称取苯二甲酸氢钾的质量，g；

V_9——滴定时消耗氢氧化钠标准溶液的体积，mL；

0.015 02——二氧化硅的毫克当量；

0.204 2——苯二甲酸氢钾的毫克当量。

A.1.2　分析步骤

称取约 0.08 g 试样于镍坩埚中，加 2 g 左右氢氧化钾，置低温电炉上熔融，经常摇动坩埚，在 600℃～650℃继续熔融 15 min～20 min，旋转坩埚，使熔融物均匀地附着在坩埚内壁，冷却。用热水浸取熔融物于 300 mL 塑料杯中。盖上表面皿，一次加入 15 mL 硝酸，再用少量盐酸（1+1）及水洗净坩埚，控制体积在 60 mL 左右。冷却至室温，在搅拌下加入固体氯化钾至过饱和（过饱和量控制在 0.5 g～1.0g），加 10 mL15%氟化钾，用塑料棒搅拌，放置 7 min。用塑料漏斗或涂蜡的玻璃漏斗及快速定性滤纸过滤，用 5%氯化钾水溶液洗涤塑料杯 2 次～3 次，再洗涤滤纸一次。将滤纸及沉淀放回到原塑料杯中，沿杯壁加入 10 mL5%氯化钾-乙醇溶液及 1 mL 酚酞指示剂。用 0.15 moL/L 氢氧化钠标准溶液中和未洗净的残余酸，仔细搅拌滤纸，并擦洗杯壁，直至试液呈微红色不消失。加入 200 mL～250 mL 中和过的沸水，立即以 0.15 moL/L 氢氧化钠标准溶液滴定至微红色。

二氧化硅百分含量（X_{11}）按式（A.2）计算：

$$X_{11}=\frac{T_{SiO_2}\times V_9}{m_{16}\times 1000}\times 100 \qquad \text{(A.2)}$$

式中：V_9——滴定时消耗氢氧化钠标准溶液的体积，mL；

m_{16}——试样质量，g；

T_{SiO_2}——氢氧化钠标准溶液对二氧化硅的滴定度，mg/mL。

注：本法可用于含二氧化硅95%以下硅砂试样的日常分析。

A.2 挥散法

A.2.1 试剂

硫酸：1+1；

氢氟酸。

A.2.2 分析步骤

将测定烧失量后的试样加数滴水润湿，加10滴硫酸(1+1)，10 mL氢氟酸，于低温电炉上蒸发至近干。取下坩埚，冷却后用水冲洗坩埚内壁，加3 mL～5 mL氢氟酸，再蒸发至干，逐渐升高温度除尽三氧化硫。冷却后用干净的湿滤纸擦挣坩埚外壁。置高温炉内，于1 000℃～1 050℃灼烧15 min，在干燥器中冷却至室温，称量。反复灼烧，直至恒量。

二氧化硅百分含量(X_{12})按式(A.3)计算：

$$X_{12}=\frac{m_{17}-m_{18}}{m_1}\times 100 \qquad \text{(A.3)}$$

式中：m_{17}——测定烧失量后试样与坩埚的质量，g；

m_{18}——氢氟酸处理后试样与坩埚的质量，g；

m_1——试样质量，g。

注：(1) 本法适用于砂岩、硅石等含二氧化硅高的试样。

(2) 灼烧应在高温电炉中进行，应严格控制灼烧温度。

附 录 B

(标准的附录)

811-砂岩、812-硅砂分析结果的允许误差范围

本方法所列允许误差，均为绝对误差。

在同一试验室内，采用本方法分析同一试样时，每一项目须独立地进行两次测定，取其平均值作为报告值。如两次分析结果超出室内允许误差范围，则应进行第三次测定，所得分析结果与前两次或任何一次分析结果之差符合室内允许误差规定时，则取其平均值作为报告值。否则，应查找原因，重新按上述规定进行分析。

两个试验室，采用本方法对同一试样各自进行分析时，每一项目分析结果平均值之差应符合室间允许误差的规定。如有争议，应商定另一单位按本标准进行仲裁分析。以仲裁单位报出的结果为准，与原分析结果比较，若两个测定结果之差值符合室间允许误差的规定，则认为原分析结果无误，若超差则认为不准确。

分析结果的允许误差范围如表B.1：

表 B.1

测定项目		室内允许误差/%	室间允许误差/%
烧失量		0.06	0.06
SiO_2	盐酸一次脱水重量法	0.20	0.25
	凝聚重量法	0.20	0.25
Fe_2O_3		0.01	0.02
TiO_2		0.01	0.01
Al_2O_3		≤2%　0.06	≤2%　0.08
		＞2%　0.10	＞2%　0.12
CaO		0.04	0.05
MgO		0.04	0.05
K_2O		＜0.5%　0.03	＜0.5%　0.05
		0.5%～1%　0.05	0.5%～1%　0.10
		＞1%　0.10	＞1%　0.15
Na_2O		＜0.5%　0.03	＜0.5%　0.05
		0.5%～1%　0.05	0.5%～1%　0.10
		＞1%　0.10	＞1%　0.15

注：建材地质部门，允许差可参照国家有关规定。

附　录　C
（标准的附录）

811-砂岩、812-硅砂的分析结果

在起草和验证本标准所列的分析方法时，根据我国硅质玻璃原料的使用情况，秦皇岛玻璃研究设计院制备了两个标准砂样：811-砂岩、812-硅砂。标准砂的分析结果列表 C.1：

表 C.1

测定项目		811-砂岩		812-硅砂	
		平均值/%	标准偏差	平均值/%	标准偏差
烧失量		0.18	0.031	0.47	0.050
SiO_2	盐酸一次脱水重量法	98.22	0.052	89.87	0.094
	凝聚重量法	98.24	0.054	89.88	0.052
Fe_2O_3		0.15	0.008	0.31	0.011
TiO_2		0.04	0.005	0.06	0.005
Al_2O_3		0.94	0.024	5.36	0.045
CaO		0.13	0.028	0.31	0.017
MgO		0.05	0.017	0.09	0.012
K_2O		0.28	0.018	2.46	0.066
Na_2O		0.03	0.015	1.04	0.055

前　言

本标准参考前苏联标准 ГОСТ 22552.5:1977(1986)《玻璃工业用石英砂、砂岩、石英岩和脉石英水分含量测定方法》、ГОСТ 23637.5:1979(1990)《玻璃工业用白云石水分含量测定方法》制定。

本标准由国家建筑材料工业局秦皇岛玻璃工业研究设计院提出、负责起草并技术归口。

本标准起草人:刘小礼、陈芳。

中华人民共和国建材行业标准

玻璃原料水分含量测定方法

JC/T 866—2000

Method for the determination of moisture content of glass materials

1 范围

本标准规定了玻璃原料水分含量测定方法。

本标准适用于硅质原料、长石、白云石、石灰石及其他原料的水分测定。

2 测定原理

试样烘干至恒量(连续两次称量之差不大于0.002 g),根据所损失的质量求出水分含量。

3 试样制备

取来的大样应充分混匀,立即从不同部位取10个份样,每个份样应尽可能相等,份样合在一起的质量应达到表1的规定。

4 仪器与器皿

a) 分析天平,精度为0.001 g;

b) 恒温烘箱;

c) 干燥器;

d) 扁形称量瓶。

5 测定步骤

称取如表1所示质量的试样于洁净恒量的称量瓶中,放入烘箱内,在表2规定的温度下烘干,烘干时间见表3,在干燥器中冷却至室温,迅速称量。再在上述温度下烘30 min,冷却称量,如此重复,直至恒量。

表1

原料种类	硅质原料、长石、白云石、石灰石、芒硝、萤石及镁石等	碳粉、纯碱
样品质量/g	30	10

表2

原料种类	硅质原料、长石、白云石、石灰石、芒硝、萤石及镁石等	碳粉、纯碱
烘干温度/℃	105～110	110～120

表3

原料种类	硅质原料、长石、白云石、石灰石、芒硝、萤石及镁石等	碳粉、纯碱
烘干时间/h	1	2

国家建筑材料工业局2000-09-13批准　　2001-01-01实施

6 测定结果计算

水分含量按式(1)计算：

$$X=\frac{m-m_1}{m}\times 100 \quad \cdots\cdots (1)$$

式中：X——试样的水分含量，%；

m——干燥前试样的质量，g；

m_1——干燥后试样的质量，g。

同一样品独立进行两次测定，取其算术平均值作为测定结果，要求精确至0.01%，两次测定结果间的差值应不超过表4规定的数值。否则，测定结果无效。

表4

水分含量/%	>6	2～6	<2
两次测定结果的差值/%	0.25	0.18	0.02

四、玻璃产品

中华人民共和国国家标准

GB/T 7697—1996

玻璃马赛克

代替 GB 7697—87

Glass mosaic

1 主题内容与适用范围

本标准规定了玻璃马赛克的分类、尺寸、技术要求、检验规则、标志及包装、贮存和运输。

本标准适用于熔融法和烧结法生产的用于建筑物内外墙装饰的玻璃马赛克。

2 产品分类

玻璃马赛克分为熔融玻璃马赛克、烧结玻璃马赛克和金星玻璃马赛克。

3 规格尺寸

玻璃马赛克一般为正方形如 20 mm×20 mm，25 mm×25 mm，30 mm×30 mm，其他规格尺寸由供需双方协商。

4 技术要求

4.1 单块玻璃马赛克边长、厚度的尺寸偏差应符合表 1 的规定。

表 1 mm

边长	允许偏差	厚度	允许偏差
20	±0.5	4.0	±0.4
25	±0.5	4.2	±0.4
30	±0.6	4.3	±0.5

4.2 玻璃马赛克联长、线路和周边距的尺寸偏差应符合表 2 规定。

表 2 mm

项目	尺寸	允许偏差
联长	327 或其他尺寸的联长	±2
线路	2.0，3.0 或其他尺寸	±0.6
周边距		1～8

4.3 玻璃马赛克的外观质量应符合表 3 规定。

国家技术监督局 1996-03-26 批准　　1996-10-01 实施

表 3

mm

缺陷名称		表示方法	缺陷允许范围	备注
变形	凹陷	深度	≤0.3	
	弯曲	弯曲度	≤0.5	
缺边		长度	≤4.0	允许一处
		宽度	≤2.0	
缺角		损伤长度	≤4.0	
裂纹			不允许	
疵点			不明显	
皱纹			不密集	
开口气泡			长度≤2.0 宽度≤0.1	

4.4 色泽：目测同一批产品应基本一致。

4.5 理化性能

玻璃马赛克的理化性能应符合表 4 规定。

表 4

试验项目		条件	指标
玻璃马赛克与铺贴纸粘合牢固度			均无脱落
脱纸时间		5 min 时	无脱落
		40 min 时	≥70%
热稳定性		90℃⟶18～25℃ 30 min 10 min 循环 3 次	全部试样均无裂纹和破损
化学稳定性	盐酸溶液	1 mol/L,100℃,4 h	K≥99.90
	硫酸溶液	1 mol/L,100℃,4 h	K≥99.93
	氢氧化钠溶液	1 mol/L,100℃,1 h	K≥99.88
	蒸馏水	100℃,4 h	K≥99.96

注：K 为重量变化率。

4.6 金星玻璃马赛克的金星分布闪烁面积应占总面积 20%以上，且显星部分分布均匀。

4.7 其他

4.7.1 单块玻璃马赛克的背面应有锯齿状或阶梯状的沟纹。

4.7.2 所用粘接剂除保证粘接强度外，还应易从玻璃马赛克上擦洗去。所用粘接剂不能损坏纸或使玻璃马赛克变色。

4.7.3 所用铺贴纸应在合理搬运和正常施工过程中不发生撕裂。

5 试验方法

5.1 单块边长采用精度为 0.05 mm 的游标卡尺平行测量两边之间的距离。

5.2 单块厚度采用精度为 0.05 mm 的游标卡尺，在垂直于沟纹方向上，刀口钳住中心线并穿过中心线测量。

5.3 联长采用精度为 0.5 mm 的钢直尺测量两中心线距离，如果超差再量相邻上下二处尺寸，两处均应符合要求。

5.4 周边距先目测应无包边现象，再用精度为 0.5 mm 的钢直尺测其四周最大周边距和最小周边距。

5.5 线路检验时将样品平放在平台上，距样品约 0.5 m 处目测是否整直，并用塞尺测量玻璃马赛克两相邻行(列)间最大距离和最小距离。

5.6 外观质量

5.6.1 变形

凹陷：用带固定架的百分表检测单块玻璃马赛克正面局部陷落的深度。

弯曲度：将单块玻璃马赛克放在平台上，正面向上，在任一对角线的两端点和中点处用带固定架的百分表分别测量其高度，按下列式计算其弯曲度。

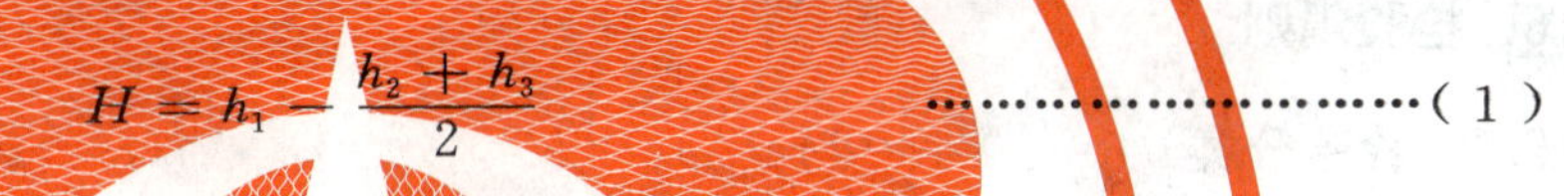

$$H = h_1 - \frac{h_2 + h_3}{2} \quad \cdots\cdots(1)$$

式中：H——弯曲度，mm；

h_1——中点处高度，mm；

h_2、h_3——两端点处高度，mm。

5.6.2 其他外观缺陷

在自然光线下，距试样 0.5 m 目测裂纹、疵点、皱纹；缺边、缺角用精度为 0.05 mm 的游标卡尺测量；开口气泡用放大镜检测。

5.7 色泽

随机抽取九联玻璃马赛克组成正方形，平放在光线充足的地方，距离受检物体 1.5 m 处目测。

5.8 玻璃马赛克与铺贴纸粘合牢固度

将一联玻璃马赛克贴纸面向内卷曲至筒状，然后摊平，反复三次。

5.9 脱纸时间

将联平放于 18～25℃水中，铺贴纸向上，使水刚浸没试样。5 min 时，捏住联的一边的两端，将联轻提出水面，检查有无单块玻璃马赛克脱落；40 min 时，捏住铺贴纸的一角折 180°沿对角线方向揭纸，检查单块玻璃马赛克脱落和纸张完整情况。

5.10 热稳定性

取 50 块无裂痕、边角整齐的玻璃马赛克逐块平铺于金属筐中，将筐放入恒温在 90±2℃的水槽中，使水浸没试样。保持 30 min 后提出，立即放入 18～25℃水中，保持 10 min 后提出，逐块目测有无裂纹或破损。

按上述操作进行三次。

5.11 化学稳定性

取 12 块玻璃马赛克，用蒸馏水洗净，于 100～110℃烘至恒重，所用天平应精确至 0.1 mg。各取 3 块分别放入盛有下列溶液的锥形瓶中并置于 100±1℃水中恒温。

a. 1 mol/L 盐酸溶液，150 mL，恒温 4 h；

b. 1 mol/L 硫酸溶液，150 mL，恒温 4 h；

c. 1 mol/L 氢氧化钠溶液,150 mL,恒温 1 h;

d. 蒸馏水,250 mL,恒温 4 h。

恒温后取出试样,用蒸馏水洗净后与参比样对照,目测变色和腐蚀情况。于 100～110℃烘至恒重,分别计算重量变化率 K,取四位有效数字。

$$K = \frac{G_1}{G_0} \times 100 \qquad \cdots\cdots(2)$$

式中:K——重量变化率,%;

G_0——试样原重,g;

G_1——试样腐蚀后的重量,g。

注:同项试验中如发现可疑值,它的取舍采用先除去可疑数据,将其余数据相加,求出算术平均值 $\overline{K}$ 及平均偏差 $\overline{d}$;如果可疑数据与平均值之差的绝对值大于 $4\overline{d}$ 即 $\left|\frac{\text{可疑值}-\overline{K}}{\overline{d}}\right| \geqslant 4$ 时则弃去此可疑数据,否则予以保留。

5.12 金星分布

随机抽取 4 联金星玻璃马赛克平放在光线充足的地方,距离试样 0.5 m 处目测金星分布情况。

6 检验规则

6.1 检验分类

出厂检验的试验项目为单块边长、单块厚度、单块外观、联长、线路、周边距、色泽、金星效果,玻璃马赛克与铺贴纸粘合牢固度。

型式检验包括上述检验项目和脱纸时间、热稳定性、化学稳定性。

6.2 批量和抽样规则

以同品种、同色号的产品 50～300 箱为一批,小于 50 箱由供需双方商定。

从每批中随机抽取 4 箱,然后再从 4 箱中随机抽取 20 联。

6.3 检验顺序

随机抽取的 20 联先进行联长、周边距、线路的检验。

从上述检验合格的联中随机抽取九联进行色泽检验。

从色泽合格的联中各抽取 2 联分别进行牢固度和脱纸时间的检验。

从脱纸后的玻璃马赛克中随机取 100 块进行单块尺寸和其他缺陷的检验。再从脱纸后的玻璃马赛克中选取色泽一致、无裂痕、边角整齐的玻璃马赛克 100 块,其中 50 块用作热稳定性检验;12 块用作化学稳定性检验;剩余试样用作参比样。

6.4 判定规则

6.4.1 联长:若次品数小于或等于 3 联,则判定该批产品的这一指标合格。否则该指标不合格。

6.4.2 周边距:若次品数小于或等于 3 联,则判定该批产品的这一指标合格。否则该指标不合格。

6.4.3 线路:若次品数小于或等于 3 联,则判定该批产品的这一指标合格。否则该指标不合格。

6.4.4 色泽:若检验结果符合 4.4 条规定,则判定该批产品的色泽合格。否则该指标不合格。

6.4.5 单块玻璃马赛克边长:若次品数小于或等于 5 块时,则判定该批产品的这一指标合格。否则该指标不合格。

6.4.6 单块玻璃马赛克厚度:若次品数小于或等于 5 块时,则判定该批产品的这一指标合格。否则该指标不合格。

6.4.7 单块玻璃马赛克外观质量:若次品数小于或等于 5 块时,则判定该批产品的这一指标合格。否则该指标不合格。

6.4.8 理化性能

若所取试样经检验,符合表4规定,则判定该批产品的理化性能合格。否则理化性能不合格。

6.4.9 金星分布:若检验结果符合4.6条规定,则判定该批产品的这一指标合格。否则该指标不合格。

若以上各项指标全部检验合格,则该批产品合格。反之,若有一项不合格,则该批产品不合格。

7 标志、包装、贮存、运输

7.1 标志

7.1.1 每联玻璃马赛克应印有商标及制造厂名。

7.1.2 包装箱表面应印有产品名称、厂名、注册商标、生产日期、色号、规格、数量和重量(毛重、净重),并应印上防潮、易碎、堆放方向等标志。

7.2 包装

7.2.1 玻璃马赛克用纸箱包装,箱内衬有防潮纸;产品放置应紧密有序。

7.2.2 每箱产品内,必须附有检验合格证。

7.3 贮存、运输

产品在贮存、运输时,严防受潮,轻拿轻放。

附 录 A
术 语
（参考件）

A1 熔融玻璃马赛克：以硅酸盐等为主要原料，在高温下熔化成型并呈乳浊或半乳浊状，内含少量气泡和未熔颗粒的玻璃马赛克。

A2 烧结玻璃马赛克：以玻璃粉为主要原料，加入适量粘结剂等压制成一定规格尺寸的生坯；在一定温度下烧结而成的玻璃马赛克。

A3 金星玻璃马赛克：内含少量气泡和一定量的金属结晶颗粒，具有明显遇光闪烁的玻璃马赛克。

A4 正面：玻璃马赛克贴纸的隐见面即装饰面。

A5 背面：玻璃马赛克不贴纸的可见面即施工粘接面。

A6 变形：玻璃马赛克正面呈凹凸状。

A7 疵点：玻璃马赛克表面的杂质或有色脏点。

A8 联：由一定数量的单块玻璃马赛克铺贴于纸面而成的实用单位。

A9 线路：玻璃马赛克联上相邻两行（列）间的距离。

A10 周边距：贴纸后，玻璃马赛克正面露出部分的周边与纸周边的距离。

A11 单块：是指形成玻璃马赛克的最小实用单位。

附 录 B
玻璃马赛克样本颜色代号
（参考件）

B1 正方玻璃马赛克表示方法

代号由×× × ××表示。前两个××表示规格，常规 20×20 产品可省略。中间×表示产品颜色，后两个××表示颜色深浅。金星玻璃马赛克在颜色代号前加 S 表示。

B2 长方形玻璃马赛克表示方法

用长宽尺寸数字表示规格。颜色系列代号同正方玻璃马赛克。

B3 异形玻璃马赛克表示方法

用其形状符号表示规格。颜色系列代号同正方玻璃马赛克。

B4 颜色系列代号

颜色共分为白、蓝、绿、灰、茶、紫、黑、肉色、黄、红十大系列，依次分别为 A、B、C、D、E、F、G、H、J、K 表示。

B5 在同一颜色系列中用阿拉伯数字从小到大表示颜色深浅，数字小表示颜色浅，数字大表示颜色深。

附加说明：

本标准由国家建筑材料工业局提出。

本标准由国家建筑材料工业局秦皇岛玻璃研究院、广东中山市玻璃工业集团公司、国家建筑材料工业局建筑材料科学研究院玻璃研究所负责起草。

本标准主要起草人姜英顺、管世锋、郑英焕、金梦庚、胡浩安、蔡镭锋、陆万顺。

ICS 81.040
Q 34

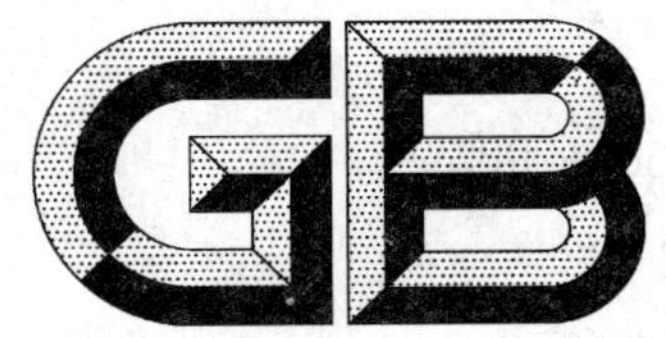

中华人民共和国国家标准

GB 9656—2003
代替 GB 9656—1996

汽 车 安 全 玻 璃

Safety glazing materials for road vehicles

2003-04-23 发布　　2004-04-01 实施

中华人民共和国
国家质量监督检验检疫总局 发布

前　言

本标准第 4.1 条、第 5 章为强制性的，其他为推荐性的。

本标准与欧洲经济委员会法规 ECE R43—2000《安全玻璃材料的统一规定》的一致性程度为非等效，主要技术差异为：

——本标准未对塑料安全材料及经过处理类夹层玻璃进行规定；

——ECE R43 规定风窗夹层玻璃应同时满足制品人头模型冲击及试样片人头模型冲击试验要求；本标准规定风窗夹层玻璃只需满足上述两种人头模型冲击试验要求之一即可。

——本标准将塑玻复合材料耐燃烧试验速率降为 100 mm/min。

本标准代替 GB 9656—1996《汽车用安全玻璃》，与 GB 9656—1996 相比主要技术差异为：

——取消了第 3 章中对具体术语的解释，所有术语均采用相关的汽车玻璃术语标准及汽车术语标准；

——取消了 A、B 类夹层玻璃分类，统称为夹层玻璃；

——限制使用风窗用区域钢化玻璃；

——增加了风窗及风窗以外用塑玻复合材料；

——增加了风窗以外用中空安全玻璃；

——允许时速低于 40 km/h 的机动车风窗使用钢化玻璃；

——对生产汽车安全玻璃的原片质量提出了要求；

——增加了塑玻复合材料的耐温度变化性、耐燃烧性、耐化学侵蚀性试验；

——增加了一般技术要求条款。

本标准附录 A 为规范性附录。

本标准由原国家建筑材料工业局提出。

本标准由全国汽车标准化技术委员会安全玻璃分技术委员会归口。

本标准由中国建筑材料科学研究院玻璃科学与特种玻璃纤维研究所负责起草。

本标准主要起草人：杨建军、莫娇、石新勇、韩松、王文彪、张大顺、王睿、周军艳。

本标准所代替标准的历次版本发布情况为：

——GB 9656—1988、GB 9656—1996。

汽 车 安 全 玻 璃

1 范围

本标准规定了汽车安全玻璃的分类、技术要求、试验方法、检验规则及包装、标志、运输和贮存等。

本标准适用于汽车安全玻璃，也适用于农用车及其他道路车辆用安全玻璃。

2 规范性引用标准

下列文件中的条款通过本标准的引用而成为本标准的条款。凡是注日期的引用文件，其随后所有的修改单(不包括勘误的内容)或修订版均不适用于本标准，然而，鼓励根据本标准达成协议的各方研究是否可使用这些文件的最新版本。凡是不注日期的引用文件，其最新版本适用于本标准。

GB/T 1216 外径千分尺(GB/T 1216—1985，neq ISO 3611-78)

GB/T 5137.1 汽车安全玻璃试验方法 第1部分：力学性能试验(GB/T 5137.1—2002，ISO 3537：1999，MOD)

GB/T 5137.2 汽车安全玻璃试验方法 第2部分：光学性能试验(GB/T 5137.2—2002，ISO 3538：1997，MOD)

GB/T 5137.3 汽车安全玻璃试验方法 第3部分：耐辐照、高温、潮湿、燃烧和耐模拟气候试验(GB/T 5137.3—2003，ISO 3917：1999，MOD)

GB 8410 汽车内饰材料的燃烧特性

GB 11614 浮法玻璃

GB/T 17339 汽车安全玻璃耐化学侵蚀性和耐温度变化性试验方法

GB/T 18144 玻璃应力测试方法

GB 18045—2000 铁道车辆用安全玻璃

JC/T 512 汽车安全玻璃包装

3 分类

3.1 按加工工艺分类

a) 夹层玻璃；

b) 区域钢化玻璃；

c) 钢化玻璃；

d) 中空安全玻璃；

e) 塑玻复合材料。

3.2 按应用部位分类

3.2.1 风窗玻璃(前风窗玻璃)

a) 夹层玻璃——适用于所有机动车；

b) 区域钢化玻璃——适用于不以载人为目的的载货汽车(N类汽车)，不适用于以载人为目的的轿车及客车等；

c) 塑玻复合材料——适用于所有机动车；

d) 钢化玻璃——适用于设计时速低于40 km/h的机动车。

3.2.2 风窗以外玻璃(前风窗以外玻璃)

a) 夹层玻璃——适用于所有机动车;

b) 钢化玻璃——适用于所有机动车;

c) 中空安全玻璃——适用于所有机动车;

d) 塑玻复合材料——适用于所有机动车。

注:风窗以外玻璃包括车门、角窗、侧窗、后窗及顶窗玻璃等。

4 总则

4.1 用于生产汽车安全玻璃的原片应符合 GB 11614 汽车级玻璃的要求。

4.2 技术要求分主要技术要求和一般技术要求。主要技术要求为安全性能指标,必须符合本标准相关条款的规定;一般技术要求的检验项目可由供需双方商定。

5 主要技术要求

应用于汽车不同部位的不同种类安全玻璃的主要技术要求应符合表1相应条款的规定,中空安全玻璃应由安全玻璃材料构成,构成中空安全玻璃的安全玻璃应符合本标准的要求。

表1 主要技术要求及其试验方法条款

试验	风窗玻璃				风窗以外玻璃				试验方法
	夹层玻璃	区域钢化玻璃	塑玻复合材料	钢化玻璃	夹层玻璃	钢化玻璃	塑玻复合材料	中空安全玻璃	
厚度	5.1	5.1	5.1	5.1	5.1	5.1	5.1	5.1	7.1
可见光透射比	5.2	5.2	5.2	5.2	5.2	5.2	5.2	5.2	7.2
副像偏离	5.3	5.3	5.3	5.3	—	—	—	—	7.3
光畸变	5.4	5.4	5.4	5.4	—	—	—	—	7.4
颜色识别	5.5	5.5	5.5	5.5	—	—	—	—	7.5
抗磨性	5.6	—	5.6	—	5.6	—	5.6	—	7.6
耐热性	5.7	—	5.7	—	5.7	—	5.7	—	7.7
耐辐照性	5.8	—	5.8	—	5.8	—	5.8	—	7.8
耐湿性	5.9	—	5.9	—	5.9	—	5.9	—	7.9
人头模型冲击	5.10	5.10	5.10	—	5.10	—	5.10	5.10	7.10
抗穿透性	5.11	—	5.11	—	—	—	—	—	7.11
抗冲击性	5.12	—	5.12	5.12	5.12	5.12	5.12	—	7.12
碎片状态	—	5.13	—	5.13	—	5.13	—	—	7.13
耐温度变化性	—	—	5.14	—	—	—	5.14	—	7.14
耐燃烧性	—	—	5.15	—	—	—	5.15	—	7.15
耐化学侵蚀性	—	—	5.16	—	—	—	5.16	—	7.16

5.1 厚度偏差

按 7.1 进行检验，制品的厚度及其偏差应符合表 2 的规定。

表 2 厚度及厚度偏差

单位为毫米

种　类	公称厚度 t	厚度及偏差
夹层玻璃	原片玻璃与中间层的总厚度	$t \pm 0.2n$
塑玻复合材料	原片玻璃、塑料材料及中间层的总厚度	$t \pm 0.2n$
区域钢化玻璃钢化玻璃	t	$t \pm 0.2$
中空安全玻璃	构成中空安全玻璃的安全玻璃与间隔层的总厚度	构成中空安全玻璃的安全玻璃的厚度及偏差应符合上述要求
注：n 为构成夹层玻璃或塑玻复合材料的原片玻璃层数。		

5.2 可见光透射比

5.2.1 风窗玻璃的可见光透射比

按 7.2 进行试验，风窗玻璃的可见光透射比应符合表 3 的规定。

表 3 风窗玻璃的可见光透射比

种　类	汽车种类	试　验　区	可见光透射比
夹层玻璃 区域钢化玻璃 塑玻复合材料 钢化玻璃	M_1	B 或 b	≥70%
	M_1 以外	I 或 a	
注 1：M_1 类汽车是指包括驾驶员座位在内，座位数不超过九座的载客车辆。 注 2：试验区 B、I、a、b 及后面提到的试验区 A 见附录 A。			

5.2.2 风窗以外玻璃的可见光透射比

按 7.2 进行试验，风窗以外玻璃用于驾驶员视区部位的可见光透射比应大于 70%，其余风窗以外玻璃的可见光透射比可由供需双方商定。

注：风窗以外玻璃驾驶员视区部位是指驾驶员驾驶时用于观察后视镜的部位。

5.3 副像偏离

按 7.3 进行试验，风窗玻璃的副像偏离应符合表 4 的规定。

表 4 风窗玻璃的副像偏离

种　类	汽车种类	试　验　区	副像偏离最大值
夹层玻璃 区域钢化玻璃 塑玻复合材料 钢化玻璃	M_1	A 或 a	15′
		B 或 b	25′
	M_1 以外	I 或 a	15′
注 1：制品边缘 100 mm 范围内包含的试验区 A 及 I 的部分允许为 25′。 注 2：制品边缘有装饰边时，装饰边不得进入试验区。后视镜粘块不得进入 A 区或 I 区。 注 3：距风窗玻璃周边 25 mm 及装饰边内侧 25 mm 区域不作试验要求。			

5.4 光畸变

按7.4进行试验，风窗玻璃的光畸变应符合表5的规定。

表5 风窗玻璃的光畸变

种　　类	汽车种类	试　验　区	光畸变的最大值
夹层玻璃 区域钢化玻璃 塑玻复合材料 钢化玻璃	M_1	A或a	2′
		B或b	6′
	M_1 以外	I或a	2′
注1：制品边缘100 mm范围内包含的试验区A及I的部分允许为6′。 注2：制品边缘有装饰边时，装饰边不得进入试验区。后视镜粘块不得进入A区或I区。 注3：距风窗玻璃周边25 mm及装饰边内侧25 mm区域不作试验要求。			

5.5 颜色识别

在风窗玻璃试验区内带色的情况下，按7.5进行试验，其颜色识别应符合表6的规定。

表6 风窗玻璃的颜色识别

种　　类	汽车种类	试　验　区	颜色识别
夹层玻璃 区域钢化玻璃 塑玻复合材料 钢化玻璃	M_1	B或b	能识别白、黄、红、绿、蓝、琥珀各色
	M_1 以外	I或a	

5.6 抗磨性

按7.6进行试验，夹层玻璃及塑玻复合材料的抗磨性应符合表7的规定。

表7 抗磨性

种　　类	试　验　面	因磨耗而引起的雾度
夹层玻璃	外表面	≤2%
塑玻复合材料	外表面(玻璃面)	≤2%
	内表面(塑料面)	≤4%

5.7 耐热性

按7.7进行试验，夹层玻璃及塑玻复合材料的耐热性应符合表8的规定。

表8 耐热性

种　　类	试验后的状态
夹层玻璃 塑玻复合材料	允许试样有裂口存在，但超出边部15 mm(新切边部25 mm)或超出裂口10 mm的部分不能产生气泡及变色等其他缺陷。

5.8 耐辐照性

按7.8进行试验，夹层玻璃及塑玻复合材料的耐辐照性应符合表9的规定。

表 9 耐辐照性

种　类	适用部位	汽车种类	试验区	紫外线照射后的状态
夹层玻璃 塑玻复合 材料	风　窗	M_1	B 或 b	1. $Y/X \times 100\% \geqslant 95\%$； 2. $Y \geqslant 70\%$； X 为紫外线照射前的可见光透射比；Y 为紫外线照射后的可见光透射比； 3. 用白色背景检查时，不可有显著变化（变色、出泡、浑浊等）
		M_1 以外	Ⅰ或 a	
	风窗以外	—	—	
注：$Y \geqslant 70\%$ 的要求仅适用于驾驶员视区部位。				

5.9 耐湿性

按 7.9 进行试验，夹层玻璃及塑玻复合材料的耐湿性应符合表 10 的规定。

表 10 耐湿性

种　类	耐湿试验后的状态
夹层玻璃 塑玻复合材料	超出边部 10 mm（新切边部 15 mm）的部分不可有显著变化（变色、出泡、浑浊等）

5.10 人头模型冲击

风窗玻璃的人头模型冲击试验，符合 5.10.1 和 5.10.2 任意一条为合格；风窗以外玻璃的人头模型冲击试验，符合 5.10.2 为合格。

5.10.1 以制品为试样

按 7.10.1 进行试验，风窗玻璃的人头模型冲击应符合表 11 的规定。

表 11 制品的人头模型冲击

种　类	落下高度[a]/m	冲击后的状态
夹层玻璃	1.5	1. 试样必须破坏，并以冲击点为中心产生许多环状和放射状裂纹，离冲击点最近的环状裂纹的半径不得大于 80 mm； 2. 玻璃必须粘附在中间层上，在以冲击点为中心的 60 mm 直径圆外，允许宽 4 mm 以下的碎片剥离； 3. 在试样的冲击侧不允许有面积大于 20 mm^2 的中间层裸露； 4. 中间层的裂口长度在 35 mm 以下
塑玻复合材料		1. 玻璃层必须破坏。并以冲击点为中心产生许多环状和放射状裂纹，离冲击点最近的环状裂纹的半径不得大于 80 mm； 2. 玻璃必须粘附在中间层上，在以冲击点为中心的 60 mm 直径圆外，允许宽 4 mm 以下的碎片剥离； 3. 中间层的裂口长度在 35 mm 以下
区域钢化玻璃		试样必须破坏
[a] 落下高度是指从试样上表面到人头模型下端点的高度。		

5.10.2 以试验片为试样

按 7.10.2 进行试验，风窗及风窗以外玻璃的人头模型冲击应符合表 12 的规定。

表 12 试验片的人头模型冲击

<table>
<tr><th>种　类</th><th>适用部位</th><th>落下高度/m</th><th>冲击后状态</th></tr>
<tr><td rowspan="2">夹层玻璃</td><td>风窗</td><td>4</td><td rowspan="2">1. 试样必须破坏，并以冲击点为中心产生许多圆形裂纹；
2. 允许中间层破裂，但人头模型不得穿透试样；
3. 无大碎片剥离</td></tr>
<tr><td>风窗以外</td><td>1.5</td></tr>
<tr><td rowspan="2">塑玻复合材料</td><td>风窗</td><td>4</td><td rowspan="2">1. 玻璃必须破坏，并以冲击点为中心产生许多圆形裂纹；
2. 允许中间层破裂，但人头模型不得穿透试样；
3. 无大碎片剥离</td></tr>
<tr><td>风窗以外</td><td>1.5</td></tr>
<tr><td>区域钢化玻璃</td><td>风窗</td><td>1.5</td><td>试样必须破坏</td></tr>
<tr><td>中空安全玻璃</td><td>风窗以外</td><td>1.5</td><td>1. 由两层钢化玻璃构成时，两层均必须破坏；
2. 由夹层玻璃和/或塑玻复合材料构成时应满足以下要求：
a 两层构件均应破裂，并以冲击点为中心产生许多圆形裂纹；
b 中间层允许撕裂，但人头模型不得穿透试样；
c 无大碎片剥离；
3. 由一层钢化玻璃和一层夹层玻璃或塑玻复合材料所构成时应满足以下要求：
a 钢化玻璃必须破碎；
b 夹层玻璃或塑玻复合材料应破裂，并以冲击点为中心产生许多圆形裂纹；
c 中间层允许撕裂，但人头模型不得穿透试样；
d 无大碎片剥离</td></tr>
<tr><td colspan="4">注：对结构不对称的中空安全玻璃，三次冲击在一侧，三次冲击在另一侧。</td></tr>
</table>

5.11 抗穿透性

按 7.11 进行试验，风窗玻璃的抗穿透性应符合表 13 的规定。

表 13 风窗玻璃的抗穿透性

种　类	落下高度/m	冲击后状态
夹层玻璃 塑玻复合材料	4	冲击后 5 s 内钢球不可穿透试样

5.12 抗冲击性

5.12.1 风窗玻璃的抗冲击性

5.12.1.1 按 7.12.1 进行试验，夹层玻璃及塑玻复合材料的抗冲击性应符合表 14、表 15 的规定。

表 14 风窗玻璃的抗冲击性

<table>
<tr><th>种　类</th><th>冲击后的状态</th></tr>
<tr><td>夹层玻璃
塑玻复合材料</td><td>1. 钢球不可穿透试样；
2. 试样不允许断成几块；
3.[a] 如果胶片无裂口，从冲击面反侧剥落的碎片总质量不可超过表 15 的规定。</td></tr>
<tr><td>钢化玻璃</td><td>试样不可破坏</td></tr>
<tr><td colspan="2">[a] 塑玻复合材料不适用。</td></tr>
</table>

表 15　抗冲击性的冲击高度及碎片质量

种　类	公称厚度，t/mm	落下高度/m			碎片质量/g
		−20℃±2℃	40℃±2℃	室　温	
夹层玻璃	$t\leqslant4.5$	8.5	9	—	≤12
	$4.5<t\leqslant5.5$	9	10	—	≤15
	$5.5<t\leqslant6.5$	9.5	11	—	≤20
	$t>6.5$	10	12	—	≤25
塑玻复合材料	$t\leqslant4.5$	8.5	9	—	—
	$4.5<t\leqslant5.5$	9	10	—	—
	$5.5<t\leqslant6.5$	9.5	11	—	—
	$t>6.5$	10	12	—	—
钢化玻璃	$t\leqslant3.5$	—	—	2	—
	$t>3.5$	—	—	2.5	—

5.12.1.2　按 7.12.2 进行试验，钢化玻璃的抗冲击性应符合表 16 的规定。

5.12.2　风窗以外玻璃的抗冲击性

按 7.12.3 进行试验，风窗以外玻璃的抗冲击性应符合表 16 的规定。

表 16　风窗以外玻璃的抗冲击性

种　类	公称厚度，t	落球高度/m	冲击后状态
夹层玻璃	$t\leqslant5.5$	5	1. 钢球不可穿透试样； 2. 试样不能断裂成几块； 3. 如果胶片无裂口，从冲击面反侧剥落的碎片总质量不超过 15 g
	$5.5<t\leqslant6.5$	6	
	$t>6.5$	7	
塑玻复合材料	$t\leqslant3.5$	5	1. 钢球不可穿透试样； 2. 试样不能断裂成几块
	$3.5<t\leqslant4.5$	6	
	$t>4.5$	7	
钢化玻璃	$t\leqslant3.5$	2	试样不可破坏
	$t>3.5$	2.5	

5.13　碎片状态

5.13.1　区域钢化玻璃的碎片状态

按 7.13.1 进行试验，区域钢化玻璃的碎片状态应符合表 17 的规定。

表 17　区域钢化玻璃碎片状态

分　区	碎　片　状　态
周边区	1. 在任一 50 mm×50 mm 的正方形内，碎片数不少于 40 块不多于 350 块。在少于 40 块的情况下；如果含有该部分的 100 mm×100 mm 正方形内的碎片数不少于 160 块也是允许的； 2. 在上述规定中，横跨正方形边界的碎片应计半块； 3. 制品边缘 20 mm 范围内的碎片不作检查，以冲击点为圆心半径 75 mm 圆内的碎片数也不作检查； 4. 超过 3 cm^2 的碎片不多于 3 块，但在直径 100 mm 的圆内不允许有 2 块以上大于 3 cm^2 的碎片； 5. 允许有长条形碎片，其长度不超过 75 mm，且其端部不是刀刃状，延伸至玻璃边缘的长条形碎片与边缘形成的角度不得大于 45°

表 17（续）

分区	碎片状态
主视区	1. 大于 2 cm^2 碎片的累计面积应不小于评价区 500 mm×200 mm 长方形面积的 15%；但如果风窗玻璃的高度小于 440 mm 或风窗玻璃的实车安装角不大于 15°，大于 2 cm^2 碎片的累计面积应不小于评价区[a]长方形面积的 10%； 2. 不得有大于 16 cm^2 的碎片； 3. 在以冲击点为圆心半径 10 cm 的圆内允许有 3 个大于 16 cm^2、小于 25 cm^2 碎片； 4. 碎片形状应基本规则且不带尖角。但在任一 500 mm×200 mm 矩形中允许有不多于 10 块不规则碎片[b]，整个风窗玻璃不规则碎片数不多于 25 块。但按注[b]定义的尖角长度大于 35 mm 的碎片不允许存在； 5. 允许有长条形碎片存在，但其长度不得超过 100 mm
过渡区	碎片状态必须处于两相邻区的碎片允许状态之间
a 当试样的高度尺寸小于 440 mm 时，评价区取 500 mm×150 mm 长方形；当试样高度尺寸为 440 mm 以上时，评价区取 500 mm×200 mm 长方形。 b 不规则碎片是指不能容纳于直径 40 mm 的圆内且至少有一个长度大于 15 mm 的尖角，以及有一个或一个以上顶角小于 40°的尖角的碎片。尖角长度是指尖角顶部到尖角宽度等于玻璃厚度那部分的长度。	

5.13.2 钢化玻璃的碎片状态

按 7.13.2 进行试验，钢化玻璃的碎片状态应符合表 18 的规定。

表 18 钢化玻璃的碎片状态

种类	碎片状态
钢化玻璃	1. 在任一 50 mm×50 mm 的正方形内，碎片数不少于 40 块，但不多于 400 块。若厚度不大于 3.5 mm，则碎片数在 40 块以上，450 块以下； 2. 在上述规定中，横跨正方形边部的碎片应计作半块； 3. 制品边缘 20 mm 范围内的碎片不作检查，以冲击点为圆心半径 75 mm 圆内的碎片数也不作检查； 4. 除上述第 3 条规定的部位外，不允许有超过 3 cm^2 的碎片； 5. 允许有少量长条形碎片，其长度不超过 75 mm，且其端部不是刀刃状，延伸至玻璃边缘的长条形碎片与边缘形成的角度不得大于 45°

5.14 塑玻复合材料的耐温度变化性

按 7.14 进行试验，塑玻复合材料的耐温度变化性应符合表 19 的规定。

表 19 塑玻复合材料的耐温度变化性

种类	应用部位	试验后状态
塑玻复合材料	风窗	试样不可有明显的裂纹、浑浊、脱胶或其他显著的变质现象
	风窗以外	

5.15 塑玻复合材料的耐燃烧性

按 7.15 进行试验，塑玻复合材料的耐燃烧性应符合表 20 的规定。

表 20 塑玻复合材料的耐燃烧性

种类	应用部位	燃烧速率不超过
塑玻复合材料	风窗	100 mm/min
	风窗以外	

5.16 塑玻复合材料的耐化学侵蚀性

按 7.16 进行试验，塑玻复合材料的耐化学侵蚀性应符合表 21 的规定。

表 21　塑玻复合材料的耐化学侵蚀性

种　　类	应用部位	试验后状态
塑玻复合材料	风　窗	试样不可有软化、胶粘、龟裂或明显失透现象
	风窗以外	

6　一般技术要求

应用于汽车不同部位的不同种类安全玻璃的一般技术要求应符合表 22 相应条款的规定。

表 22　一般技术要求及其试验方法条款

试　　验	风窗玻璃			风窗以外玻璃				试验方法
	夹层玻璃	塑玻复合材料	钢化玻璃	夹层玻璃	塑玻复合材料	中空安全玻璃	钢化玻璃	
边缘应力	6.1	6.1	—	6.1	6.1	—	—	7.17
表面应力	—	—	6.2	—	—	—	6.2	7.18
耐模拟气候性	—	6.3	—	—	6.3	—	—	7.19
露　　点	—	—	—	—	—	6.4	—	7.20
加速耐久性能	—	—	—	—	—	6.5	—	7.21
注：边缘应力试验仅适用于弯型夹层玻璃及塑玻复合材料。								

6.1　边缘应力

按 7.17 进行试验，夹层玻璃及塑玻复合材料的边缘应力应符合表 23 的规定。

表 23　夹层玻璃及塑玻复合材料的边缘应力

种　　类	适用部位	边缘应力/MPa
夹层玻璃 塑玻复合材料	风　窗	边缘张应力≤7 边缘压应力≥4
	风窗以外	

6.2　表面应力

按 7.18 进行试验，钢化玻璃的表面应力应符合表 24 的规定。

表 24　钢化玻璃的表面应力

种　　类	适用部位	表面应力/MPa
钢化玻璃	风　窗	表面压应力≥105
	风窗以外	

6.3　耐模拟气候性

按 7.19 进行试验，塑玻复合材料的耐模拟气候性应符合表 25 的规定。

表 25　塑玻复合材料的耐模拟气候性

种　　类	适用部位	试验后状态
塑玻复合材料	风　窗	试验后试样的可见光透射比值的降低不超过 5%，风窗及风窗以外玻璃用于驾驶员视区的部位试验后可见光透射比不应小于 70%。 可以出现变色，但不应出现变色以外的缺陷，如气泡、脱胶等。
	风窗以外	

6.4　露点

按 7.20 进行试验，中空安全玻璃的露点应≤－40℃。

6.5 加速耐久性能

按 7.21 进行试验，中空安全玻璃的加速耐久性能应符合 GB 18045—2000 第 5.3.7 条的规定。

7 试验方法

7.1 厚度的测量

使用符合 GB/T 1216 规定的千分尺或与此同等精度的器具测量玻璃每边的中点，每边测量结果的算术平均值作为厚度值，测量值应精确到 0.01 mm。

7.2 可见光透射比的测定

取 3 块试样按 GB/T 5137.2 规定的方法进行试验，试验后 3 块试样全部符合规定时为合格。

7.3 副像偏离

取 4 块试样按 GB/T 5137.2 规定的方法进行试验，试验后 4 块试样全部符合规定时为合格。

7.4 光畸变

取 4 块试样按 GB/T 5137.2 规定的方法进行试验，试验后 4 块试样全部符合规定时为合格。

7.5 颜色识别

取 4 块试样按 GB/T 5137.2 规定的方法进行试验，试验后 4 块试样全部符合规定时为合格。

7.6 抗磨性

对每一试验面，各取 3 块试样按 GB/T 5137.1 规定的方法进行试验，试验后 3 块试样全部符合规定时为合格。

7.7 耐热性

取 3 块试样按 GB/T 5137.3 规定的方法进行试验，试验后 3 块试样全部符合规定时为合格，1 块试样符合时为不合格。当 2 块试样符合时，再追加 3 块新试样，3 块全部符合规定则为合格。

7.8 耐辐照性

取 3 块试样按 GB/T 5137.3 规定的方法进行试验，试验后 3 块试样全部符合规定时为合格，1 块试样符合时为不合格。当 2 块试样符合时，再追加 3 块新试样，3 块全部符合规定则为合格。

7.9 耐湿性

取 3 块试样按 GB/T 5137.3 规定的方法进行试验，试验后 3 块试样全部符合规定时为合格，1 块试样符合时为不合格。当 2 块试样符合时，再追加 3 块新试样，3 块全部符合规定则为合格。

7.10 人头模型冲击

7.10.1 取 4 块试样按 GB/T 5137.1 规定的方法进行试验，4 块试样全部符合规定时为合格，2 块或 2 块以下符合时为不合格。当 3 块试样符合时，再追加 4 块新试样，如果 4 块全部符合规定则为合格。

7.10.2 取 6 块试样按 GB/T 5137.1 规定的方法进行试验，6 块试样全部符合规定为合格，4 块或 4 块以下符合时为不合格。当 5 块试样符合时，再追加 6 块新试样，如果 6 块全部符合规定则为合格。

7.11 抗穿透性

取 6 块试样按 GB/T 5137.1 规定的方法进行试验，6 块试样全部符合规定时为合格，4 块或 4 块以下符合时为不合格。当 5 块试样符合时，再追加 6 块新试样，如果 6 块全部符合规定则为合格。

7.12 抗冲击性

7.12.1 风窗用夹层玻璃或塑玻复合材料的抗冲击性

按 GB/T 5137.1 规定的方法进行试验，在 40℃及 −20℃下各取 10 块试样进行试验，每组 8 块或 8 块以上试样符合规定时为合格，7 块或 7 块以下符合时，再追加 10 块新试样，如果 10 块全部符合规定则为合格。

7.12.2 风窗用钢化玻璃的抗冲击性

取 6 块试样按 GB/T 5137.1 规定的方法进行试验，5 块或 5 块以上试样符合规定时为合格，3 块及 3 块以下试样符合时为不合格。当 4 块试样符合时，再追加 6 块新试样，如果 6 块全部符合规定则为合格。适用时,可用制品代替试验片进行试验。

7.12.3 风窗以外玻璃的抗冲击性

a. 取4块夹层玻璃及塑玻复合材料试样按GB/T 5137.1规定的方法进行试验,4块全部符合规定时为合格,1块试样符合时为不合格。当2块或3块试样符合时,再追加4块新试样,如果4块全部符合规定则为合格。

b. 取6块钢化玻璃试样按GB/T 5137.1规定的方法进行试验,5块或5块以上试样符合规定时为合格,3块及3块以下试样符合时为不合格。当4块试样符合时,再追加6块新试样,如果6块全部符合规定则为合格。适用时,可用制品代替试验片进行试验。

7.13 碎片状态

7.13.1 区域钢化玻璃的碎片状态

7.13.1.1 区域钢化玻璃的分区

a. 周边区:离玻璃周边至少70 mm宽的区域。

b. 主视区:司机目视前方至少为高200 mm、长500 mm的长方形。

c. 过渡区:主视区与周边区之间的区域,一般宽度不超过50 mm。

7.13.1.2 区域钢化玻璃的冲击点位置

冲击点位置如图1所示。

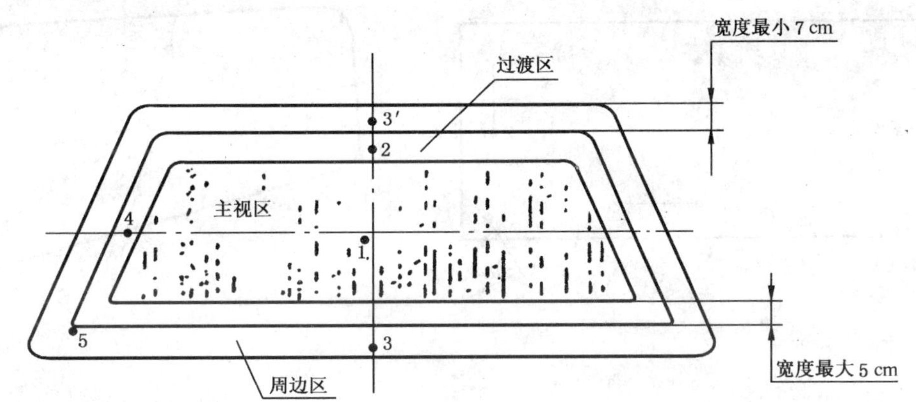

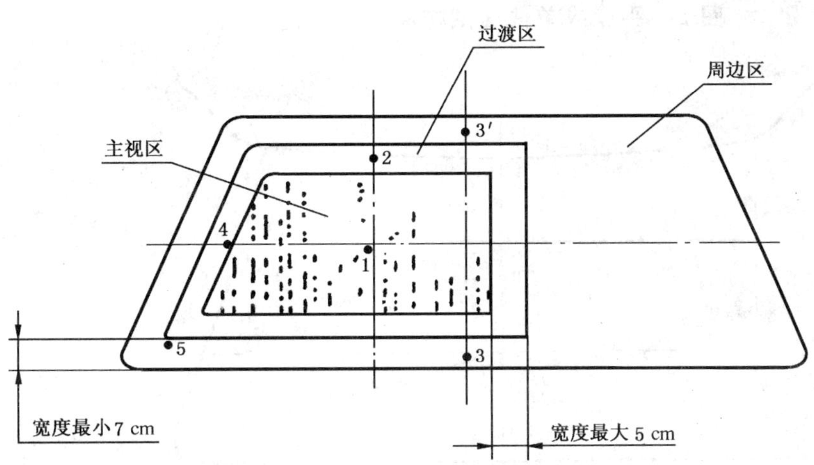

图1 区域钢化玻璃试样冲击点位置

点1:在主视区的中心;

点2:位于过渡区最接近主视区的横边中心线上;

点3及点3′:在试样最短中心线上,距边30 mm;

点 4:在试样最长中心线上的曲率最大处;

点 5:在试样的角上或周边曲率半径最小处,距边 30 mm。

7.13.1.3 取 6 块区域钢化玻璃试样按 GB/T 5137.1 规定的方法进行试验,6 块全部符合规定时为合格,3 块及 3 块以下试样符合时为不合格。

当 6 块试样中有 1 块不符合规定,但碎片状态没有超过以下范围:

周边区:长度为 75~150 mm 的长条形碎片不多于 5 块;

主视区:以冲击点为圆心半径 100 mm 的圆外,面积 16 cm^2~20 cm^2 之间的碎片不多于 3 块;

过渡区:长度为 100 mm~175 mm 的长条形碎片不多于 4 块。

此时,再追加试验 1 块新试样,进行相同冲击点的重复试验,如符合规定,或在上述范围内时则为合格。

当 6 块试样中有 2 块不符合规定,但其碎片状态没有超过上述规定的范围时,再追加试验 6 块新试样,如果 6 块都符合规定,或不多于 2 块在上述范围内时则为合格。

7.13.2 钢化玻璃的碎片状态

7.13.2.1 钢化玻璃的冲击点位置

冲击点的位置如图 2a、图 2b 及图 3 所示。

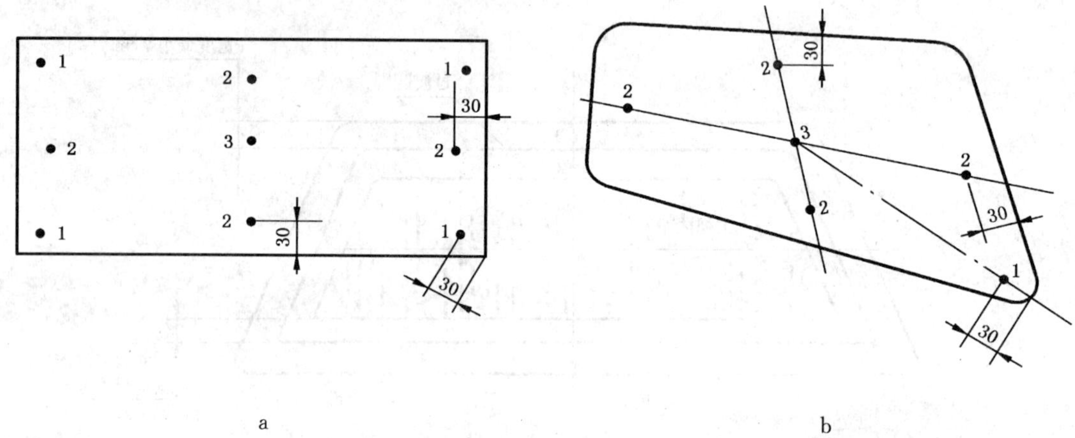

图 2 平型或单曲面试样冲击点位置

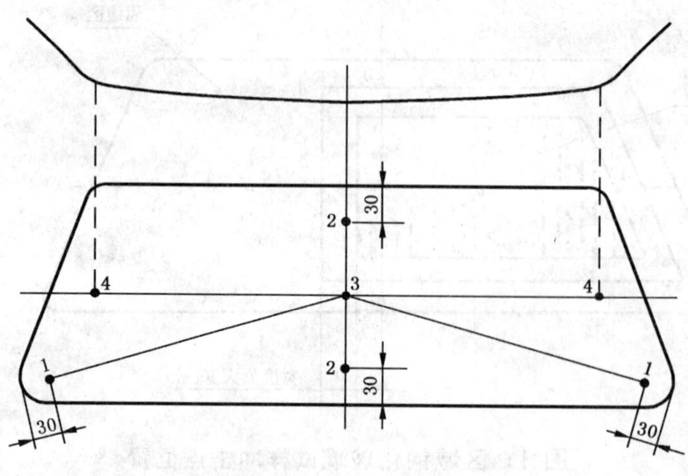

图 3 复合曲面试样冲击点位置

点 1:试样角部曲率半径最小处,从角顶沿角平分线向中心 30 mm 的点,左侧右侧皆可;

点 2:在试样最长或最短中心线上距边 30 mm 处;

点 3:试样的中心点;

点 4:位于试样最长中心线上的曲率最大处。

图中某冲击点如有两处以上时,可选择满足上述条件的任一点。

7.13.2.2 对于平型钢化玻璃或单曲面弯型钢化玻璃,取 3 块试样按 GB/T 5137.1 规定的方法进行试验,3 块试样全部符合表 18 的规定则为合格。

7.13.2.3 对于复合曲面弯型钢化玻璃,取 4 块试样按 GB/T 5137.1 规定的方法进行试验,如果 4 块试样全部符合规定则为合格,1 块符合时为不合格。

当 7.13.2.2 或 7.13.2.3 所述一组试样中有一块不符合规定,但其碎片状态不超过下述范围:

60 mm~75 mm 长的长条形碎片不多于 5 块;

75 mm~100 mm 长的长条形碎片不多于 4 块。

此时,再追加试验 1 块新试样,进行相同冲击点的重复试验,如符合规定,或在上述范围内时则为合格。

当一组试样中有 2 块不符合规定,但其碎片状态没有超过上述规定的范围时,对一组新试样重复进行所有冲击点试验,如符合规定,或此组新试样不多于 2 块在上述规定范围内时则为合格。

7.14 耐温度变化性

取 2 块试样按 GB/T 17339 规定的方法进行试验,2 块试样全部符合规定时为合格。

7.15 耐燃烧性

按 GB 8410 规定的方法进行试验。

7.16 耐化学侵蚀性

对每种用于试验的化学物质,取 2 块试样按 GB/T 17339 进行试验,2 块试样全部符合规定时为合格;当 1 块试样符合时,再追加 2 块新试样,如果 2 块全部符合规定则为合格。

7.17 边缘应力

按 GB/T 18144 规定的方法进行试验。

7.18 表面应力

按 GB/T 18144 规定的方法进行试验。

7.19 耐模拟气候性

按 GB/T 5137.3 规定的方法进行试验。

7.20 露点

按 GB 18045—2000 规定的方法进行试验。

7.21 加速耐久性能

按 GB 18045—2000 规定的方法进行试验。

注:当用制品作为试样进行试验时,如果检验项目对其性能不产生影响,则该试样可以用来继续进行其他项目的检验。当用试验片进行试验时,试验片必须是与产品同样材料、同等条件下生产出来的。

8 检验规则

8.1 检验分类

8.1.1 型式检验:检验项目为本标准第 5 章规定的主要技术要求。

有下列情况之一时,应进行型式检验:

a) 新产品或老产品转厂生产的试制定型鉴定;

b) 正式生产后,如结构、材料、工艺有较大改变,可能影响产品性能时;

c) 正常生产时,定期或积累一定产量后,应周期性进行一次检验;

d) 产品长期停产后,恢复生产时;

e) 出厂检验结果与上次型式检验有较大差异时;

f) 国家质量监督机构提出型式检验的要求时。

8.1.2 认证检验:检验项目为本标准规定的该产品主要技术要求中除厚度偏差以外的全部性能要求。

8.2 型式检验组批、抽样、判定规则

8.2.1 型式检验组批、抽样规则

对于产品所要求的主要技术性能,若用制品检验时,根据检验项目所要求的数量从该批产品中随机抽取,当该批产品批量大于500片时,以500片为一批分批抽取;若用试验片进行试验时,试验片数量按照检验项目要求的数量制作。

8.2.2 型式检验判定规则

按本标准第5章规定的相应条款进行产品单项性能合格判定。如果5.1～5.16条各项性能中有一项或一项以上不合格,则该批产品为不合格产品。

8.3 认证检验组批规则

8.3.1 风窗玻璃的认证检验组批规则

8.3.1.1 风窗玻璃的形状参数

a) 展开面积;

b) 拱高;

c) 曲率半径。

8.3.1.2 同一厚度风窗玻璃组成一组。

8.3.1.3 按展开面积的大小分为A、B两系列,其编号如下:

A系列:	B系列:
1# 为展开面积最大的	1# 为展开面积最小的
2# 为展开面积小于1# 的	2# 为展开面积大于1# 的
3# 为展开面积小于2# 的	3# 为展开面积大于2# 的
4# 为展开面积小于3# 的	4# 为展开面积大于3# 的
5# 为展开面积小于4# 的	5# 为展开面积大于4# 的

8.3.1.4 在A系列及B系列中分别按拱高编号如下:

1# 为拱高最大的

2# 为拱高小于1# 的

3# 为拱高小于2# 的

等等……

8.3.1.5 在A系列及B系列中分别按曲率半径编号如下:

1# 为曲率半径最小的

2# 为曲率半径大于1# 的

3# 为曲率半径大于2# 的

等等……

8.3.1.6 将A系列及B系列中每种风窗玻璃三个参数的编号分别加在一起。

a) 对A系列中编号相加总和最小的风窗玻璃和B系列中编号相加总和最小的风窗玻璃应进行本标准规定的全部主要性能试验,其中夹层玻璃的人头模型试验应同时符合5.10.1和5.10.2的规定。

b) A系列及B系列中剩余的风窗玻璃只进行本标准规定的光学性能试验。

注:对区域钢化玻璃A、B系列所有样品应进行全部主要性能试验。

8.3.1.7 对于拱高及曲率半径与选出的两个系列的风窗玻璃有显著差异的风窗玻璃,根据情况也需进行光学试验。

8.3.1.8 根据风窗玻璃的展开面积确定其分组范围,如果扩大认证的风窗玻璃的展开面积超出已批准的范围和(或)拱高过大,曲率半径过小,则应重新按8.3.1.3～8.3.1.5的方法分系列,并按8.3.1.6中a)及b)决定试验项目。

8.3.2 风窗以外玻璃的认证检验组批规则

8.3.2.1 钢化玻璃

a) 试样选取:每种形状及每个厚度试样应按下列准则选取。

1) 平型玻璃,应提供下列两种试样:

第一组:面积最大;

第二组,两相邻边之间夹角最小。

2) 弯型玻璃,应提供下列三种试样:

第一组:展开面积最大;

第二组:两相邻边之间夹角最小;

第三组:拱高最大。

b) 试样数量:按风窗以外玻璃的形状分类,每类玻璃的试样数量如表26所示。

表 26

种　类	试验组数×试样数量/片
平型(2组)	2×4
弯型(3组)	3×5

8.3.2.2 除钢化玻璃以外的其他安全玻璃

夹层玻璃、塑玻复合材料及中空安全玻璃按每一厚度及结构进行组批检验。

9 包装、标志、运输、贮存

9.1 包装、标志、运输

每片出厂产品需印有企业名称或注册商标等标志,标志应清晰、牢固,不易擦去,具有永久性。产品最终包装、标志、运输应符合JC/T 512的规定。

9.2 贮存

产品应垂直贮存在干燥的室内。

附 录 A
（规范性附录）
风窗（前风窗）安全玻璃试验区的确定

A.1 根据V点及O点决定的试验区A、B、I

A.1.1 适用范围

本附录规定的是与V点及O点相关的风窗玻璃试验区的决定方法。以下所规定的试验区的决定方法适用于左驾驶盘的车辆，对右驾驶盘的车辆，调换Y轴的正负方向即可适用。

A.1.2 定义

A.1.2.1 H点：H点是指乘客舱内坐着的乘客的位置，是根据有关标准规定的人体模型的躯干和大腿之间的理论旋转轴线与纵向垂直平面的交点。

A.1.2.2 R点或座位基准点：R点是制造厂规定的基准点，该点具有与车辆结构相关的固定的坐标，对应于驾驶员座位在正常的最低及最后位置时的躯干和大腿旋转点（H）点的理论位置，或各座位在车辆制造厂规定的使用位置时的H点理论位置。

A.1.2.3 车辆中心线：汽车俯视平面图（图A.1）上符合下列要求的直线。

——对四轮以上的车辆，通过左右前车轮及后车轮各自的设计中心点连接线的垂直平分线。

——对三轮车辆，连接左右后（前）车轮的设计中心点的线的中点和前（后）轮设计中心点的直线。

——对有履带的车辆，与左右履带中心线等距离的直线。

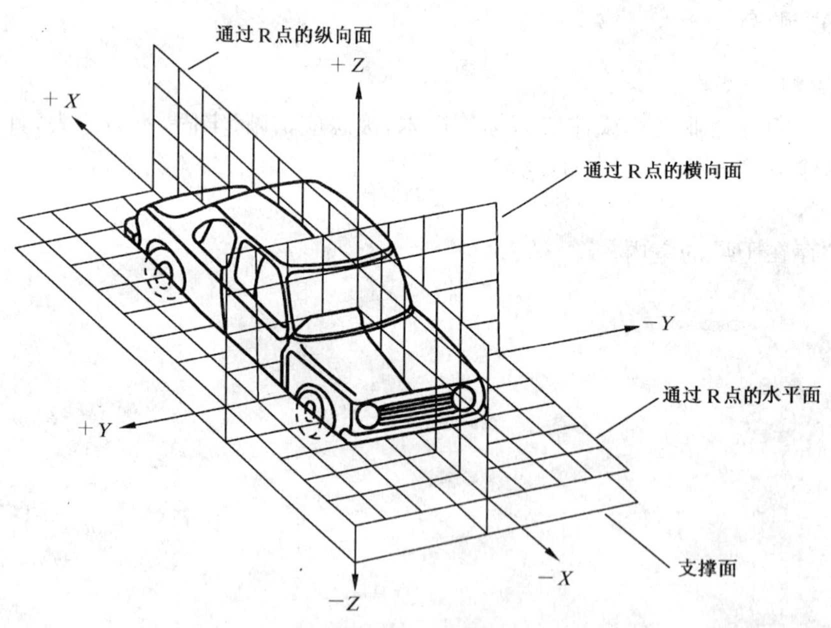

图A.1 汽车俯视平面图

A.1.2.4 车辆中心面：包含车辆中心线的垂直面。

A.1.2.5 X轴：通过R点，且在R点所在的水平面，与车辆中心线平行的轴。

$+X$：汽车的后方向；$-X$：汽车的前方向。

A.1.2.6 Y轴：通过R点，且在R点所在的水平面，与X轴垂直的轴。

$+Y$：汽车行驶方向的右侧；$-Y$：汽车行驶方向的左侧。

A.1.2.7 Z轴：通过R点，且在R点所在的垂直面，与X轴及Y轴垂直的轴。

＋Z:汽车的上方向;－Z:汽车的下方向。

A.1.3 试验区的决定办法

A.1.3.1 由V点[1]确定的试验区A及B

注1):V点适用于M_1类汽车。

A.1.3.1.1 V点的位置

A.1.3.1.1.1 以三元直角坐标系XYZ轴表示,以R点作为原点的V点的位置示于表A.1及表A.2。

A.1.3.1.1.2 表A.1表示设计靠背角度25°的基准坐标。图A.4表示其坐标的正方向。

表A.1

单位为毫米

V点	X	Y	Z
V_1	68	−5	665
V_2	68	−5	589

A.1.3.1.1.3 表A.2表示设计靠背角度不是25°时,对于各个V点XZ坐标应进行的修正值,其坐标的正方向表示在图A.4中。

表A.2

单位为毫米

靠背角/(°)	横坐标 X/mm	纵坐标 Z/mm	靠背角/(°)	横坐标 X/mm	纵坐标 Z/mm
5	−186	28	23	−17	5
6	−176	27	24	−9	2
7	−167	27	25	0	0
8	−157	26	26	9	−3
9	−147	26	27	17	−5
10	−137	25	28	26	−8
11	−128	24	29	34	−11
12	−118	23	30	43	−14
13	−109	22	31	51	−17
14	−99	21	32	59	−21
15	−90	20	33	67	−24
16	−81	18	34	76	−28
17	−71	17	35	84	−31
18	−62	15	36	92	−35
19	−53	13	37	100	−39
20	−44	11	38	107	−43
21	−35	9	39	115	−47
22	−26	7	40	123	−52

A.1.3.1.2 试验区

A.1.3.1.2.1 试验区A是从V点向前方扩展的以下四个平面包围的风窗玻璃外表面的区域(见图A.2)

a) 通过V_1、V_2在−Y轴方向,且与车辆中心面成18°角的垂直面;

b) 通过V_1,平行于Y轴,在水平面上方,且与水平面成3°角的平面;

c) 通过V_2,平行于Y轴,在水平面下方,且与水平面成1°角的平面;

d) 通过V_1、V_2,在Y轴方向,且与车辆中心面成20°角的垂直面。

A.1.3.1.2.2 试验区B是从V点向前方扩展的以下四个平面包围的风窗玻璃的外表面的区域(见图A.3)。

a) 通过V_1,平行于Y轴,在水平面上方,且与水平面成7°角的平面;

b) 通过V_2,平行于Y轴,在水平面下方,且与水平面成5°角的平面;

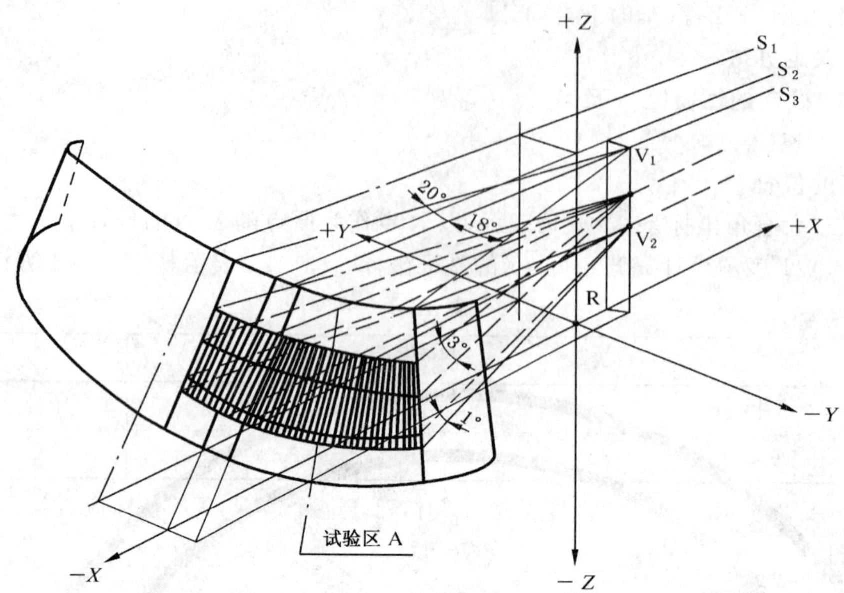

S_1——车辆的纵向中间面；

S_2——通过 R 点，平行于 S_1 的面；

S_3——通过 V_1、V_2，平行于 S_1 的面

图 A.2 试验区 A

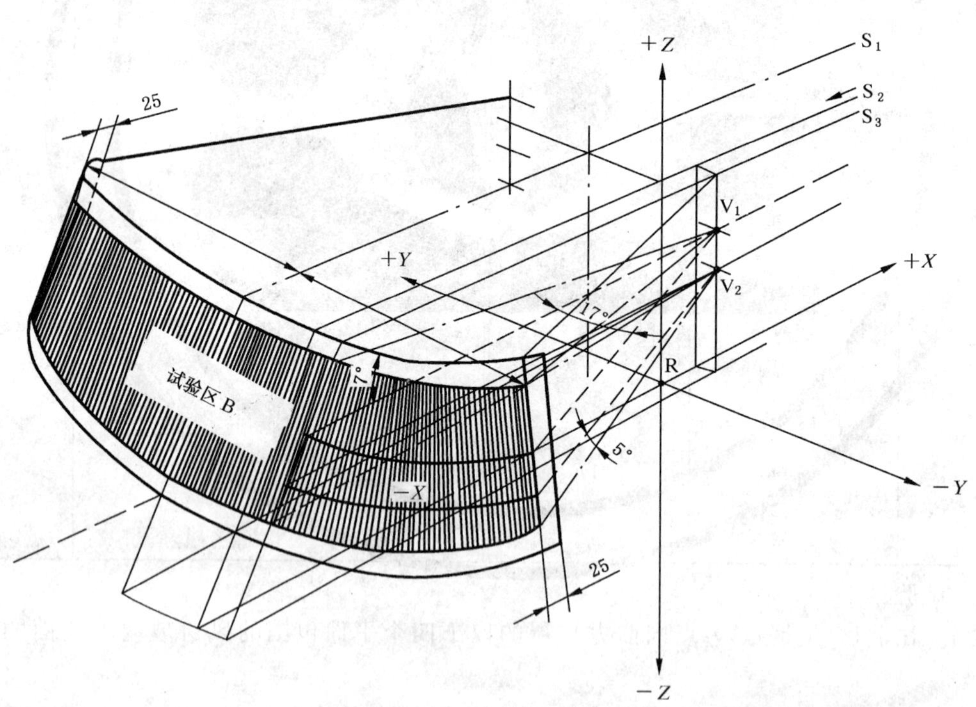

S_1——车辆的纵向中间面；

S_2——通过 R 点，平行于 S_1 的面；

S_3——通过 V_1、V_2，平行于 S_1 的面

图 A.3 试验区 B

c) 通过 V_1、V_2 在 $-Y$ 轴方向，且与车辆中心面成 17°角的垂直面；

d) 对于车辆中心面，与上述第 3 个平面对称的垂直面。

A.1.3.2 由 O 点[1]确定的试验区 I

A.1.3.2.1 O 点的位置

O 点是通过方向盘的中心，且位于平行于车辆中心面的垂直平面内，从座位基准点 R 向上，在 Z 方向 625 mm 的点。

A. 1. 3. 2. 2　试验区

试验区 I 是下述四个平面包围的风窗玻璃的区域。

P_1 通过 O 点，且与车辆纵向中间面的左侧成 15°角的垂直面；

P_2 在车辆中心面的右侧，且与 P_1 对称的垂直面；

P_3 通过直线 OQ[2)]，且在水平面上方，与水平面成 10°角的面；

P_4 通过直线 OQ，且在水平面下方，与水平面成 8°角的平面。

1）O 点适用于 M_1 类以外汽车。

2）OQ 直线为通过 O 点垂直于车辆纵向中间面的水平直线。

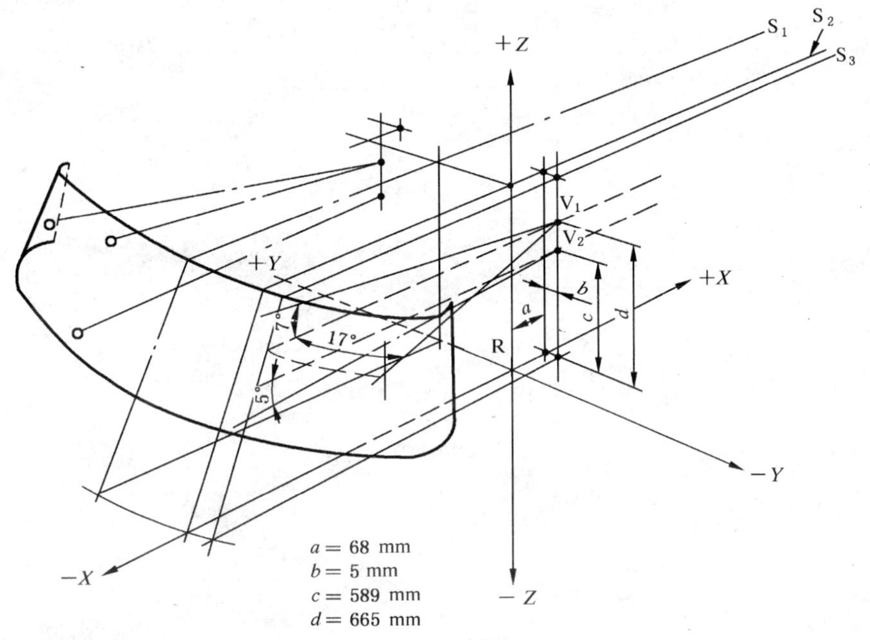

S_1——车辆的纵向中间面；

S_2——通过 R 点，平行于 S_1 的面；

S_3——通过 V_1、V_2，平行于 S_1 的面

图 A. 4　靠背角度 25°时的 V 点

A. 2　不适用 V 点及 O 点时的试验区 a、b

A. 2. 1　适用范围

本方法规定了不能适用 V 点及 O 点时的风窗玻璃试验区的决定方法。

注：本试验分区适用于不在公路上行驶的车辆。

A. 2. 2　试验区 a 及 b

将试样以实车安装角状态安置时，通过司机的目视位置 E 作平行于车辆纵向中间面的直线与试样相交于 G 点，以这一点为中心作如图 A. 5 规定的试验区 a 及 b。

注 1：从 G 点上下各 100 mm，司机席侧 250 mm，助手席侧 500 mm，该部分为试验区 a，但是，当进入试样周边 100 mm以内（斜线部）时，该部分不作为试验对象。

注 2：对于试验区 A、B、I 或 a、b 的位置和尺寸，由汽车制造厂在风窗玻璃图纸上标出。

单位:mm

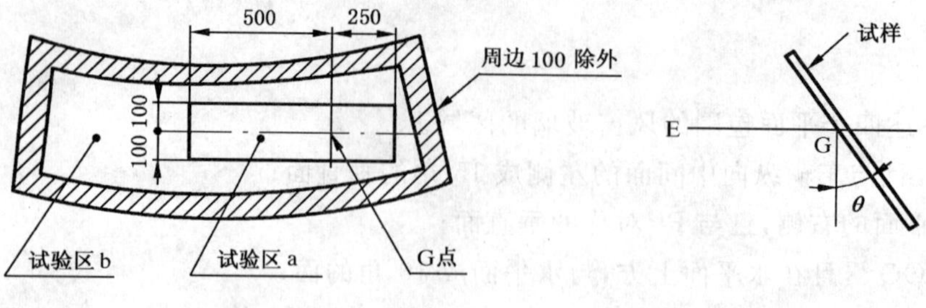

500 250

周边 100 除外

100 100

试验区 b 试验区 a G点

风窗玻璃在实车安装角下的投影图

试样

E G

θ

侧视图

θ——实车安装角

图 A.5

ICS 81.040.20
Q 33

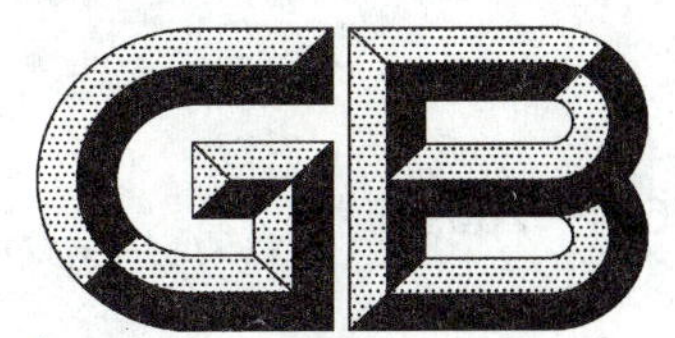

中华人民共和国国家标准

GB 11614—2009
代替 GB 4871—1995、GB 11614—1999、GB/T 18701—2002

平板玻璃
Flat glass

2009-03-28 发布　　　　2010-03-01 实施

中华人民共和国国家质量监督检验检疫总局
中国国家标准化管理委员会　发布

前 言

本标准 5.2～5.6 为强制性的，其余为推荐性的。

本标准代替 GB 4871—1995《普通平板玻璃》、GB 11614—1999《浮法玻璃》和 GB/T 18701—2002《着色玻璃》。

本标准与 GB 11614—1999 相比主要变化如下：

——由按用途分类修改为按外观质量分类(1999 年版的 3.1，本版的 4.2)；

——增加了“术语和定义”(本版的第 3 章)；

——增加了对 12 mm 及 12 mm 以上厚度的厚薄差的规定(1999 年版的 4.2，本版的 5.4)；

——外观质量中，用“点状缺陷”术语取代“气泡”和“夹杂物”，同时提高了要求；增加了直径 100 mm 圆内点状缺陷不超过 3 个的规定(1999 年版的 4.3、4.4 和 4.5，本版的 5.5)；

——增加了“检验分类”和“抽样”条款(1999 年版的第 6 章，本版的第 7 章)。

本标准与 GB/T 18701—2002 相比主要变化如下：

——取消着色玻璃按色调分类(2002 年版的 3.3)；

——取消着色玻璃可见光透射比的要求(2002 年版的 4.3)；

——取消同一片玻璃色差的要求(2002 年版的 3.4)。

本标准由中国建筑材料联合会提出。

本标准由全国建筑用玻璃标准化技术委员会(SAC/TC 255)归口。

本标准负责起草单位：秦皇岛玻璃工业研究设计院。

本标准参加起草单位：洛阳玻璃股份有限公司、山东金晶科技股份有限公司、秦皇岛耀华玻璃股份有限公司、江苏华尔润集团有限公司、浙江玻璃股份有限公司、威海蓝星玻璃股份有限公司、信义玻璃控股有限公司、台玻长江玻璃有限公司、中国建筑材料科学研究总院。

本标准主要起草人：王玉兰、刘志付、武庆涛、张佰恒、陆万顺、刘焕章、吴楠、田纯祥、石新勇、吕金、李波。

本标准所代替标准的历次版本发布情况为：

——GB 4871—1985、GB 4871—1995；

——GB 11614—1989、GB 11614—1999；

——GB/T 18701—2002。

平 板 玻 璃

1 范围

本标准规定了无色透明与本体着色平板玻璃的术语和定义、分类、要求、试验方法、检验规则、标志、包装、运输和贮存。

本标准适用于各种工艺生产的钠钙硅平板玻璃。

本标准不适用于压花玻璃和夹丝玻璃。

2 规范性引用文件

下列文件中的条款通过本标准的引用而成为本标准的条款。凡是注日期的引用文件，其随后所有的修改单(不包括勘误的内容)或修订版均不适用于本标准，然而，鼓励根据本标准达成协议的各方研究是否可使用这些文件的最新版本。凡是不注日期的引用文件，其最新版本适用于本标准。

GB/T 1216 外径千分尺

GB/T 2680 建筑玻璃 可见光透射比、太阳光直接透射比、太阳能总透射比、紫外线透射比及有关窗玻璃参数的测定

GB/T 2828.1—2003 计数抽样检验程序 第1部分：按接收质量限(AQL)检索的逐批检验抽样计划

GB/T 8170 数值修约规则与极限数值的表示和判定

GB/T 9056 金属直尺

GB/T 11942 彩色建筑材料色度测量方法

GB/T 15764 平板玻璃术语

JB/T 2369 读数显微镜

JB/T 8788 塞尺

QB/T 2443—1999 钢卷尺

3 术语和定义

GB/T 15764 中确立的以及下列术语和定义适用于本标准。

3.1

光学变形 optical distortion

在一定角度透过玻璃观察物体时出现变形的缺陷。其变形程度用入射角(俗称斑马角)来表示。

3.2

点状缺陷 spot faults

气泡、夹杂物、斑点等缺陷的统称。

3.3

断面缺陷 edge defects

玻璃板断面凸出或凹进的部分。包括爆边、边部凹凸、缺角、斜边等缺陷。

3.4

厚薄差 thickness wedge

同一片玻璃厚度的最大值与最小值之差。

4 分类

4.1 按颜色属性分为无色透明平板玻璃和本体着色平板玻璃。

4.2 按外观质量分为合格品、一等品和优等品。

4.3 按公称厚度分为：

2 mm、3 mm、4 mm、5 mm、6 mm、8 mm、10 mm、12 mm、15 mm、19 mm、22 mm、25 mm。

5 要求

5.1 概述

平板玻璃要求与试验方法对应条款见表1。其中对尺寸偏差、对角线差、厚度偏差、厚薄差、外观质量和弯曲度的要求为强制性的。

表1 要求与试验方法对应条款

要求项目		要求	试验方法
尺寸偏差		5.2	6.1
对角线差		5.3	6.2
厚度偏差		5.4	6.3
厚薄差		5.4	6.4
外观质量	点状缺陷	5.5	6.5.1
	点状缺陷密集度	5.5	6.5.2
	线道、划伤、裂纹	5.5	6.5.3
	光学变形	5.5	6.5.4
	断面缺陷	5.5	6.5.5
弯曲度		5.6	6.6
光学性能	无色透明平板玻璃可见光透射比	5.7.1	6.7.1
	本体着色平板玻璃透射比偏差	5.7.2	6.7.2
	本体着色平板玻璃颜色均匀性	5.7.3	6.7.3

5.2 尺寸偏差

平板玻璃应切裁成矩形，其长度和宽度的尺寸偏差应不超过表2规定。

表2 尺寸偏差

单位为毫米

公称厚度	尺寸偏差	
	尺寸≤3 000	尺寸>3 000
2～6	±2	±3
8～10	+2，−3	+3，−4
12～15	±3	±4
19～25	±5	±5

5.3 对角线差

平板玻璃对角线差应不大于其平均长度的0.2%。

5.4 厚度偏差和厚薄差

平板玻璃的厚度偏差和厚薄差应不超过表3规定。

表 3　厚度偏差和厚薄差

单位为毫米

公称厚度	厚度偏差	厚薄差
2～6	±0.2	0.2
8～12	±0.3	0.3
15	±0.5	0.5
19	±0.7	0.7
22～25	±1.0	1.0

5.5　外观质量

5.5.1　平板玻璃合格品外观质量应符合表 4 的规定。

表 4　平板玻璃合格品外观质量

缺陷种类	质量要求		
点状缺陷[a]	尺寸(*L*)/mm		允许个数限度
	0.5≤*L*≤1.0		2×*S*
	1.0<*L*≤2.0		1×*S*
	2.0<*L*≤3.0		0.5×*S*
	L>3.0		0
点状缺陷密集度	尺寸≥0.5 mm 的点状缺陷最小间距不小于 300 mm；直径 100 mm 圆内尺寸≥0.3 mm 的点状缺陷不超过 3 个		
线道	不允许		
裂纹	不允许		
划伤	允许范围		允许条数限度
	宽≤0.5 mm，长≤60 mm		3×*S*
光学变形	公称厚度	无色透明平板玻璃	本体着色平板玻璃
	2 mm	≥40°	≥40°
	3 mm	≥45°	≥40°
	≥4 mm	≥50°	≥45°
断面缺陷	公称厚度不超过 8 mm 时，不超过玻璃板的厚度；8 mm 以上时，不超过 8 mm		

注：*S* 是以平方米为单位的玻璃板面积数值，按 GB/T 8170 修约，保留小数点后两位。点状缺陷的允许个数限度及划伤的允许条数限度为各系数与 *S* 相乘所得的数值，按 GB/T 8170 修约至整数。

[a] 光畸变点视为 0.5 mm～1.0 mm 的点状缺陷。

5.5.2　平板玻璃一等品外观质量应符合表 5 的规定。

表 5　平板玻璃一等品外观质量

缺陷种类	质量要求	
点状缺陷[a]	尺寸(*L*)/mm	允许个数限度
	0.3≤*L*≤0.5	2×*S*
	0.5<*L*≤1.0	0.5×*S*
	1.0<*L*≤1.5	0.2×*S*
	L>1.5	0

表 5（续）

缺陷种类	质量要求		
点状缺陷密集度	尺寸≥0.3 mm 的点状缺陷最小间距不小于 300 mm；直径 100 mm 圆内尺寸≥0.2 mm 的点状缺陷不超过 3 个		
线道	不允许		
裂纹	不允许		
划伤	允许范围		允许条数限度
	宽≤0.2 mm，长≤40 mm		2×*S*
光学变形	公称厚度	无色透明平板玻璃	本体着色平板玻璃
	2 mm	≥50°	≥45°
	3 mm	≥55°	≥50°
	4 mm～12 mm	≥60°	≥55°
	≥15 mm	≥55°	≥50°
断面缺陷	公称厚度不超过 8 mm 时，不超过玻璃板的厚度；8 mm 以上时，不超过 8 mm		

注：*S* 是以平方米为单位的玻璃板面积数值，按 GB/T 8170 修约，保留小数点后两位。点状缺陷的允许个数限度及划伤的允许条数限度为各系数与 *S* 相乘所得的数值，按 GB/T 8170 修约至整数。

[a] 点状缺陷中不允许有光畸变点。

5.5.3 平板玻璃优等品外观质量应符合表 6 的规定。

表 6 平板玻璃优等品外观质量

缺陷种类	质量要求		
点状缺陷[a]	尺寸(*L*)/mm		允许个数限度
	0.3≤*L*≤0.5		1×*S*
	0.5<*L*≤1.0		0.2×*S*
	L>1.0		0
点状缺陷密集度	尺寸≥0.3 mm 的点状缺陷最小间距不小于 300 mm；直径 100 mm 圆内尺寸≥0.1 mm 的点状缺陷不超过 3 个		
线道	不允许		
裂纹	不允许		
划伤	允许范围		允许条数限度
	宽≤0.1 mm，长≤30 mm		2×*S*
光学变形	公称厚度	无色透明平板玻璃	本体着色平板玻璃
	2 mm	≥50°	≥50°
	3 mm	≥55°	≥50°
	4 mm～12 mm	≥60°	≥55°
	≥15 mm	≥55°	≥50°
断面缺陷	公称厚度不超过 8 mm 时，不超过玻璃板的厚度；8 mm 以上时，不超过 8 mm		

注：*S* 是以平方米为单位的玻璃板面积数值，按 GB/T 8170 修约，保留小数点后两位。点状缺陷的允许个数限度及划伤的允许条数限度为各系数与 *S* 相乘所得的数值，按 GB/T 8170 修约至整数。

[a] 点状缺陷中不允许有光畸变点。

5.6 **弯曲度**

平板玻璃弯曲度应不超过0.2%。

5.7 **光学特性**

5.7.1 无色透明平板玻璃可见光透射比应不小于表7的规定。

表7 无色透明平板玻璃可见光透射比最小值

公称厚度/mm	可见光透射比最小值/%
2	89
3	88
4	87
5	86
6	85
8	83
10	81
12	79
15	76
19	72
22	69
25	67

5.7.2 本体着色平板玻璃可见光透射比、太阳光直接透射比、太阳能总透射比偏差应不超过表8的规定。

表8 本体着色平板玻璃透射比偏差

种　类	偏差/%
可见光(380 nm～780 nm)透射比	2.0
太阳光(300 nm～2 500 nm)直接透射比	3.0
太阳能(300 nm～2 500 nm)总透射比	4.0

5.7.3 本体着色平板玻璃颜色均匀性,同一批产品色差应符合$\Delta E^{*}_{ab} \leqslant 2.5$。

5.8 **特殊厚度或其他要求**

特殊厚度或其他要求由供需双方协商。

6 试验方法

6.1 **尺寸偏差**

用符合GB/T 9056规定的分度值为1 mm的金属直尺或用符合QB/T 2443—1999规定的1级精度钢卷尺,在长、宽边的中部,分别测量两平行边的距离。实测值与公称尺寸之差即为尺寸偏差。

6.2 **对角线差**

用符合QB/T 2443—1999规定的1级精度钢卷尺测量玻璃板的两条对角线长度,其差的绝对值即为对角线差。

6.3　厚度偏差

用符合 GB/T 1216 规定的分度值为 0.01 mm 的外径千分尺，在垂直于玻璃板拉引方向上测量 5 点：距边缘约 15 mm 向内各取一点，在两点中均分其余 3 点。实测值与公称厚度之差即为厚度偏差。

6.4　厚薄差

用 6.3 同样方法，测出一片玻璃板五个不同点的厚度，计算其最大值与最小值之差。

6.5　外观质量

6.5.1　点状缺陷

用符合 JB/T 2369 规定的分格值为 0.01 mm 的读数显微镜测量点状缺陷的最大尺寸。

6.5.2　点状缺陷密集度

用符合 GB/T 9056 规定的分度值为 1 mm 的金属直尺测量两点状缺陷的最小间距并统计 100 mm 圆内规定尺寸的点状缺陷数量。

6.5.3　线道、划伤和裂纹

如图 1 所示。在不受外界光线影响的环境中，将试样垂直放置在距屏幕 600 mm 的位置。屏幕为黑色无光泽屏幕，安装有数支 40 W，间距为 300 mm 的荧光灯。观察者距离试样 600 mm，视线垂直于试样表面观察。

采用符合 GB/T 9056 规定的分度值为 1 mm 的金属直尺和符合 JB/T 2369 规定的分格值0.01 mm 的读数显微镜测量划伤的长度和宽度。

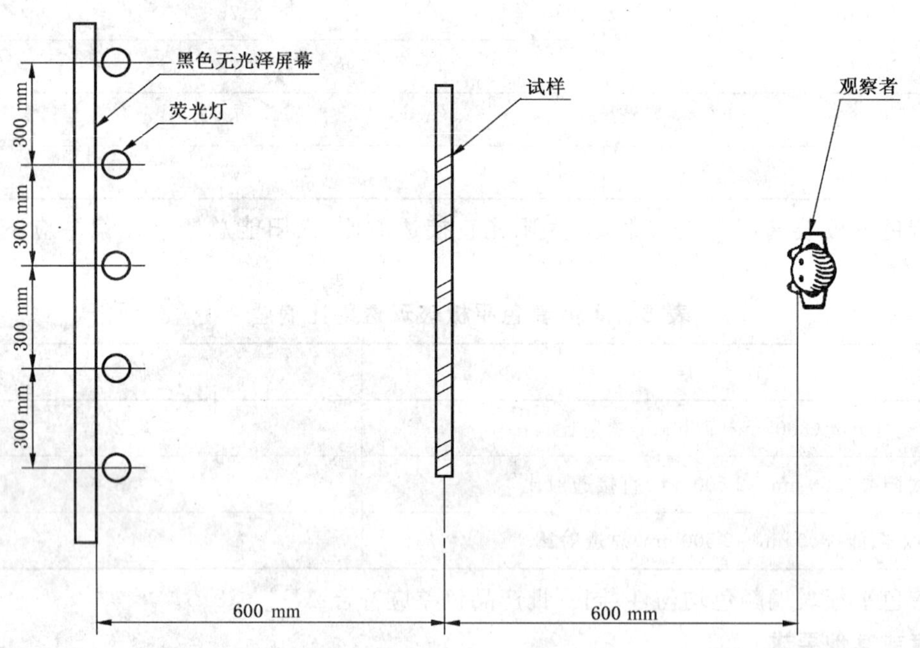

图 1　检验外观质量示意图

6.5.4　光学变形

如图 2 所示。试样按拉引方向垂直放置于距屏幕 4.5 m 处。屏幕带有黑白色斜条纹，且亮度均匀。观察者距试样 4.5 m，透过试样观察屏幕上的条纹。首先使条纹明显变形，然后慢慢转动试样直至变形消失，记录此时的入射角度。

6.5.5　断面缺陷

用符合 GB/T 9056 规定的分度值为 1 mm 的金属直尺测量。凹凸时，测量边部凹进或凸出最大处与板边的距离；爆边时，测量边部沿板面凹进最大处与板边的距离；缺角时，测量原角等分线的长度；斜边时，测量端口突出。如图 3 所示。

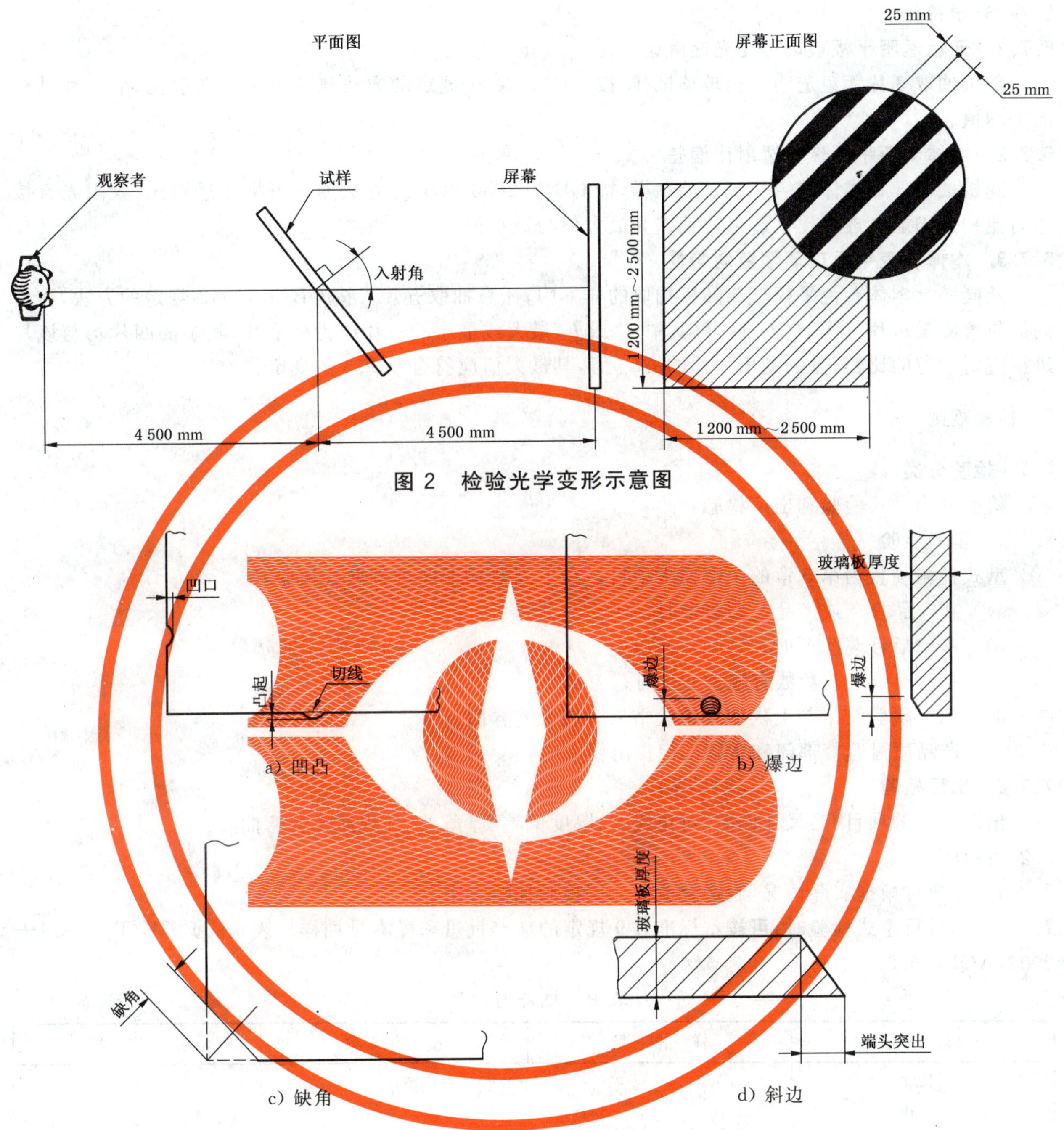

图 2 检验光学变形示意图

图 3 测量断面缺陷示意图

6.6 弯曲度

将玻璃板垂直于水平面放置，不施加任何使其变形的外力。沿玻璃表面紧靠一根水平拉直的钢丝，用符合 JB/T 8788 规定的塞尺，测量钢丝与玻璃板之间的最大间隙。玻璃呈弓形弯曲时，测量对应弦长的拱高；玻璃呈波形时，测量对应两波峰间的波谷深度。按式(1)计算弯曲度：

$$c = \frac{h}{l} \times 100 \qquad \cdots\cdots (1)$$

式中：

c——弯曲度，单位为百分数(%)；

h——拱高或波谷深度，单位为毫米(mm)；

l——弦长或波峰到波峰的距离，单位为毫米(mm)。

6.7 光学特性

6.7.1 无色透明平板玻璃可见光透射比

随机抽取3片无色透明平板玻璃试样，按GB/T 2680规定的方法测定可见光透射比，取3片试样的平均值。

6.7.2 本体着色平板玻璃透射比偏差

随机抽取3片本体着色平板玻璃试样，按GB/T 2680规定的方法测定可见光透射比、太阳光直接透射比和太阳能总透射比。透射比偏差为最大值与最小值之差。

6.7.3 本体着色平板玻璃颜色均匀性

从同一批本体着色平板玻璃随机抽取的样本中，任意抽取五片。按GB/T 11942规定的方法，在相同的位置测量每片L^*、a^*、b^*值，以其中a^*或b^*最大或最小的一片作为标准片，其余的四片均与该片进行透射颜色的比较，分别测出4片的ΔE_{ab}^*值，其最大值应符合5.7.3的规定。

7 检验规则

7.1 检验分类

检验分为型式检验和出厂检验。

7.1.1 型式检验

型式检验项目为第5章的全部要求项目。在下列情况下应进行型式检验：

a) 新产品投产或产品定型鉴定时；

b) 冷修后恢复生产时；

c) 原材料或工艺参数有较大变化时；

d) 出厂检验结果与上次型式检验结果有较大差异时；

e) 产品质量监督部门和主管部门提出要求时。

7.1.2 出厂检验

出厂检验的项目有：尺寸偏差、对角线差、厚度偏差、厚薄差、外观质量和弯曲度。

7.2 抽样

7.2.1 企业可根据实际情况，制定合适的出厂检验抽样方案。

7.2.2 当进行型式检验时，可按本标准表9规定的玻璃批量和样本量抽样。表9依据GB/T 2828.1—2003，AQL=6.5。

表9 抽样方案表

单位为片

批　量	样本量	接收数	拒收数
2～8	2	0	1
9～15	3	0	1
16～25	5	1	2
26～50	8	1	2
51～90	13	2	3
91～150	20	3	4
151～280	32	5	6
281～500	50	7	8
501～1 200	80	10	11

7.3 判定规则

7.3.1 对产品尺寸偏差、对角线差、厚度偏差、厚薄差、外观质量和弯曲度进行检验时，一片玻璃其检验结果的各项指标均达到该等级的要求则该片玻璃为合格，否则为不合格。

一批玻璃中，若不合格片数小于或等于表9中接收数，则该批玻璃上述指标合格；若不合格片数大于或等于表9中拒收数，则该批玻璃上述指标不合格。

7.3.2 对无色透明平板玻璃可见光透射比进行检验时，若检验结果符合5.7.1的规定，则判定该批产品该项指标合格。

7.3.3 对本体着色平板玻璃的透射比偏差进行检验时，若检验结果符合5.7.2的规定，则判定该批产品该项指标合格。

7.3.4 对本体着色平板玻璃颜色均匀性进行检验时，若检验结果符合5.7.3的规定，则判定该批产品该项指标合格。

7.3.5 出厂检验时，若上述7.3.1判定合格，则该批产品判定合格，否则判定不合格；型式检验时，若上述7.3.1、7.3.2、7.3.3和7.3.4均判定合格，则该批产品判定合格，否则判定不合格。

8 标志、包装、运输和贮存

8.1 标志

玻璃包装上应有标志或标签，标明产品名称、生产厂、注册商标、厂址、质量等级、颜色、尺寸、厚度、数量、生产日期、拉引方向和本标准号，并印有“轻搬轻放、易碎品、防水防湿”字样或标志。

8.2 包装

玻璃包装应便于装卸运输，应采取防护和防霉措施，包装数量应与包装方式相适应。

8.3 运输

运输时应防止包装剧烈晃动、碰撞、滑动和倾倒。在运输和装卸过程中应有防雨措施。

8.4 贮存

玻璃应贮存在通风、防潮、有防雨设施的地方，以免玻璃发霉。

ICS 81.040
Q 33

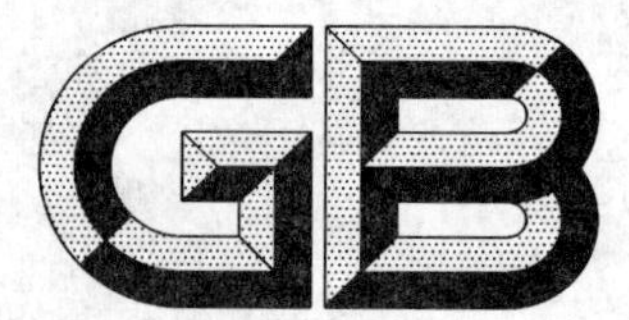

中华人民共和国国家标准

GB/T 11944—2002
代替 GB/T 11944—1989 GB/T 7020—1986

中空玻璃

Sealed insulating glass unit

2002-06-12 发布 2002-10-01 实施

中华人民共和国
国家质量监督检验检疫总局 发布

前 言

本标准参考英国标准 BS 5713:1979《中空玻璃技术要求》、ASTM E546—88《中空玻璃结霜点测试方法》和 JIS R3209—1998《中空玻璃》标准。本标准是在原国家标准 GB/T 11944—1989《中空玻璃》和 GB/T 7020—1986《中空玻璃测试方法》的基础上修订的，并将两标准合为一个标准。

本标准与 GB/T 11944—1989 和 GB/T 7020—1986 的主要技术差异为：

——中空玻璃重新定义。包括了胶条式中空玻璃；

——中空玻璃常用规格、最大尺寸采用了 BS 5713:1979 的规定；

——中空玻璃尺寸偏差采用了 JIS R3209—1998 的规定；

——中空玻璃密封性能增加了对 5 mm+9 mm+5 mm 厚度样品的技术要求；

——露点试验中对露点仪与玻璃的接触时间参照了 ASTM E546—1988 和 JIS R3209—1998 标准进行了具体规定；

——增加了对密封性能试验、露点试验、气候循环耐久性试验的环境条件要求；

——耐紫外线辐照性能增加了对原片玻璃的错位、胶条蠕变等缺陷的要求。对该项试验的环境条件不作要求；

——将气候循环耐久性能和高温高湿耐久性能分开进行判定。

本标准自实施之日起，同时代替 GB/T 11944—1989 和 GB/T 7020—1986。

本标准由中国建材工业协会提出。

本标准由全国建筑用玻璃标准化技术委员会归口。

本标准负责起草单位：秦皇岛玻璃工业研究设计院。

本标准参加起草单位：中国南玻科技控股(集团)股份有限公司、东营胜明玻璃有限公司。

本标准主要起草人：李勇、刘志付、嵇书伟、高淑兰、董风龙、王立祥、李新达。

本标准首次发布于 1989 年 12 月 23 日。本次为第一次修订。

中空玻璃

1 范围

本标准规定了中空玻璃的规格、技术要求、试验方法、检验规则、包装、标志、运输和贮存。

本标准适用于建筑、冷藏等用途的中空玻璃。

2 规范性引用文件

下列文件中的条款通过本标准的引用而成为本标准的条款。凡是注日期的引用文件，其随后所有的修改单(不包括勘误的内容)或修订版均不适用于本标准，然而，鼓励根据本标准达成协议的各方研究是否可使用这些文件的最新版本。凡是不注日期的引用文件，其最新版本适用于本标准。

GB/T 1216　外径千分尺(neq ISO 3611)

GB 9962　夹层玻璃

GB/T 9963　钢化玻璃

GB 11614　浮法玻璃

GB 17841　幕墙用钢化玻璃与半钢化玻璃

JC/T 486　中空玻璃用弹性密封胶

3 术语和定义

下列术语和定义适用于本标准。

中空玻璃

Sealed insulating glass unit

两片或多片玻璃以有效支撑均匀隔开并周边粘接密封，使玻璃层间形成有干燥气体空间的制品。

4 规格

常用中空玻璃形状和最大尺寸见表1。

表 1

单位为毫米

玻璃厚度	间隔厚度	长边最大尺寸	短边最大尺寸(正方形除外)	最大面积/m^2	正方形边长最大尺寸
3	6	2 110	1 270	2.4	1 270
	9～12	2 110	1 270	2.4	1 270
4	6	2 420	1 300	2.86	1 300
	9～10	2 440	1 300	3.17	1 300
	12～20	2 440	1 300	3.17	1 300
5	6	3 000	1 750	4.00	1 750
	9～10	3 000	1 750	4.80	2 100
	12～20	3 000	1 815	5.10	2 100

表 1(续)

单位为毫米

玻璃厚度	间隔厚度	长边最大尺寸	短边最大尺寸（正方形除外）	最大面积/m^2	正方形边长最大尺寸
6	6	4 550	1 980	5.88	2 000
	9～10	4 550	2 280	8.54	2 440
	12～20	4 550	2 440	9.00	2 440
10	6	4 270	2 000	8.54	2 440
	9～10	5 000	3 000	15.00	3 000
	12～20	5 000	3 180	15.90	3 250
12	12～20	5 000	3 180	15.90	3 250

5 要求

5.1 材料

中空玻璃所用材料应满足中空玻璃制造和性能要求。

5.1.1 玻璃

可采用浮法玻璃、夹层玻璃、钢化玻璃、幕墙用钢化玻璃和半钢化玻璃、着色玻璃、镀膜玻璃和压花玻璃等。浮法玻璃应符合 GB 11614 的规定，夹层玻璃应符合 GB 9962 的规定，钢化玻璃应符合 GB/T 9963 的规定、幕墙用钢化玻璃和半钢化玻璃应符合 GB 17841 的规定。其他品种的玻璃应符合相应标准或由供需双方商定。

5.1.2 密封胶

密封胶应满足以下要求：

(1) 中空玻璃用弹性密封胶应符合 JC/T 486 的规定。

(2) 中空玻璃用塑性密封胶应符合有关规定。

5.1.3 胶条

用塑性密封胶制成的含有干燥剂和波浪型铝带的胶条，其性能应符合相应标准。

5.1.4 间隔框

使用金属间隔框时应去污或进行化学处理。

5.1.5 干燥剂

干燥剂质量、性能应符合相应标准。

5.2 尺寸偏差

5.2.1 中空玻璃的长度及宽度允许偏差见表 2。

表 2

单位为毫米

长(宽)度 L	允许偏差
$L<1\,000$	±2
$1\,000 \leqslant L<2\,000$	+2、-3
$L \geqslant 2\,000$	±3

5.2.2 中空玻璃厚度允许偏差见表 3。

表 3

单位为毫米

公称厚度 t	允许偏差
$t<17$	±1.0
$17 \leqslant t<22$	±1.5
$t \geqslant 22$	±2.0
注：中空玻璃的公称厚度为玻璃原片的公称厚度与间隔层厚度之和。	

5.2.3 中空玻璃两对角线之差

正方形和矩形中空玻璃对角线之差应不大于对角线平均长度的0.2%。

5.2.4 中空玻璃的胶层厚度

单道密封胶层厚度为10 mm±2 mm,双道密封外层密封胶层厚度为5 mm～7 mm(见图1),胶条密封胶层厚度为8 mm±2 mm(见图2),特殊规格或有特殊要求的产品由供需双方商定。

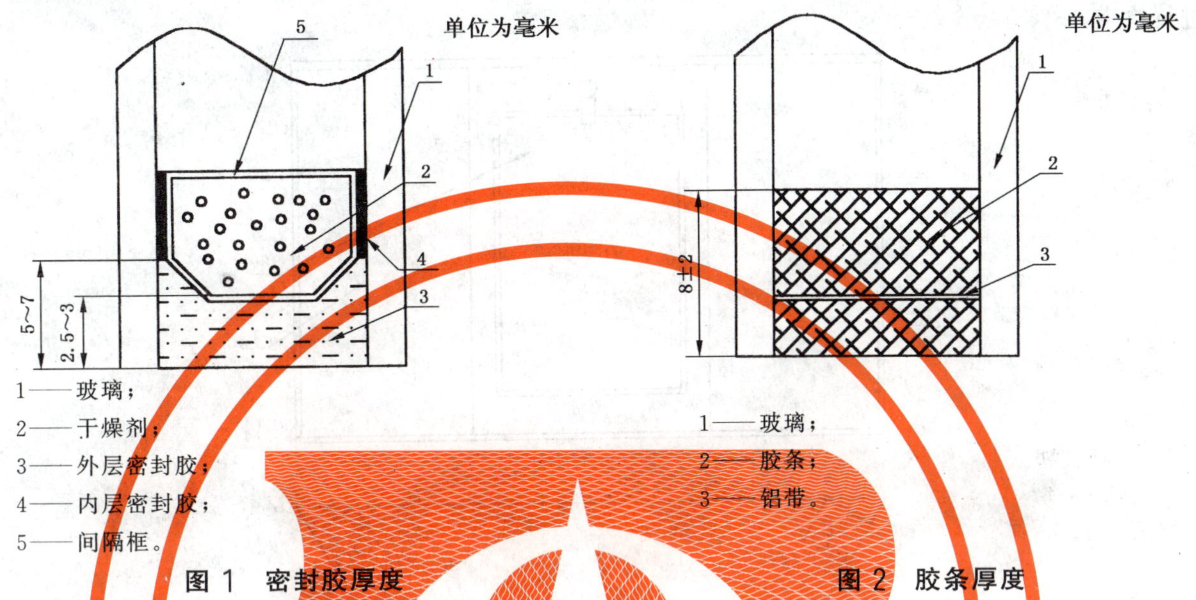

1——玻璃;
2——干燥剂;
3——外层密封胶;
4——内层密封胶;
5——间隔框。

图1 密封胶厚度

1——玻璃;
2——胶条;
3——铝带。

图2 胶条厚度

5.2.5 其他规格和类型的尺寸偏差由供需双方协商决定。

5.3 外观

中空玻璃不得有妨碍透视的污迹、夹杂物及密封胶飞溅现象。

5.4 密封性能

20块4 mm+12 mm+4 mm试样全部满足以下两条规定为合格:(1)在试验压力低于环境气压10 kPa±0.5 kPa下,初始偏差必须≥0.8 mm;(2)在该气压下保持2.5 h后,厚度偏差的减少应不超过初始偏差的15%。

20块5 mm+9 mm+5 mm试样全部满足以下两条规定为合格:(1)在试验压力低于环境气压10 kPa±0.5 kPa下,初始偏差必须≥0.5 mm;(2)在该气压下保持2.5 h后,厚度偏差的减少应不超过初始偏差的15%。

其他厚度的样品供需双方商定。

5.5 露点

20块试样露点均≤－40℃为合格。

5.6 耐紫外线辐照性能

2块试样紫外线照射168 h,试样内表面上均无结雾或污染的痕迹、玻璃原片无明显错位和产生胶条蠕变为合格。如果有1块或2块试样不合格,可另取2块备用试样重新试验,2块试样均满足要求为合格。

5.7 气候循环耐久性能

试样经循环试验后进行露点测试。4块试样露点≤－40℃为合格。

5.8 高温高湿耐久性能

试样经循环试验后进行露点测试。8块试样露点≤－40℃为合格。

6 试验方法

6.1 尺寸偏差

中空玻璃长、宽、对角线和胶层厚度用钢卷尺测量。

中空玻璃厚度用符合 GB/T 1216 规定的精度为 0.01 mm 的外径千分尺或具有相同精度的仪器，在距玻璃板边 15 mm 内的四边中点测量。测量结果的算术平均值即为厚度值。

6.2 外观

以制品或样品为试样，在较好的自然光线或散射光照条件下(见图 3)，距中空玻璃正面 1 m，用肉眼进行检查。

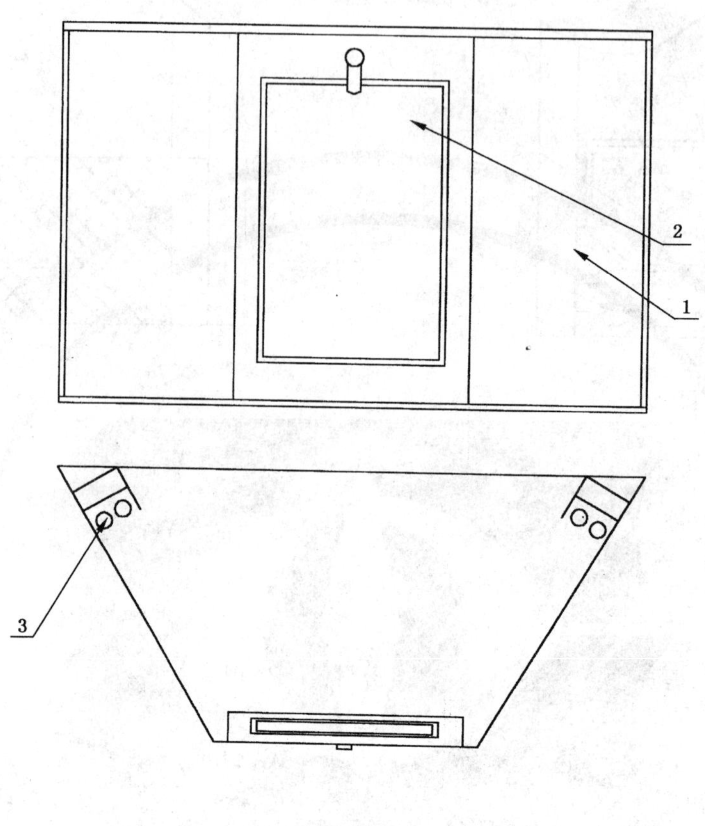

1——箱体；

2——试样；

3——日光灯。

图 3 观察箱

6.3 密封试验

6.3.1 试验原理

试样放在低于环境气压 10 kPa±0.5 kPa 的真空箱内，其内部压力大于箱内压力，以测量试样厚度增长程度及变形的稳定程度来判定试样的密封性能。

6.3.2 仪器设备

真空箱：由金属材料制成的能达到试验要求真空度的箱子。真空箱内装有测量厚度变化的支架和百分表，支点位于试样中部(见图 4)。

6.3.3 试验条件

试样为 20 块与制品在同一工艺条件下制作的尺寸为 510 mm×360 mm 的样品，试验在 23℃±2℃，相对湿度 30%～75%的环境中进行。试验前全部试样在该环境放置 12 h 以上。

6.3.4 试验步骤

6.3.4.1 将试样分批放入真空箱内，安装在装有百分表的支架中。

6.3.4.2 把百分表调整到零点或记下百分表初始读数。

6.3.4.3 试验时把真空箱内压力降到低于环境气压 10 kPa±0.5 kPa。在达到低压后 5 min～10 min 内记下百分表读数，计算出厚度初始偏差。

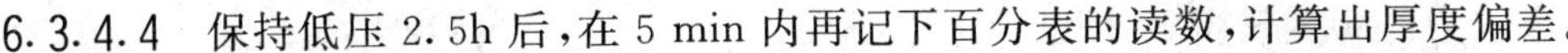
6.3.4.4 保持低压 2.5h 后，在 5 min 内再记下百分表的读数，计算出厚度偏差。

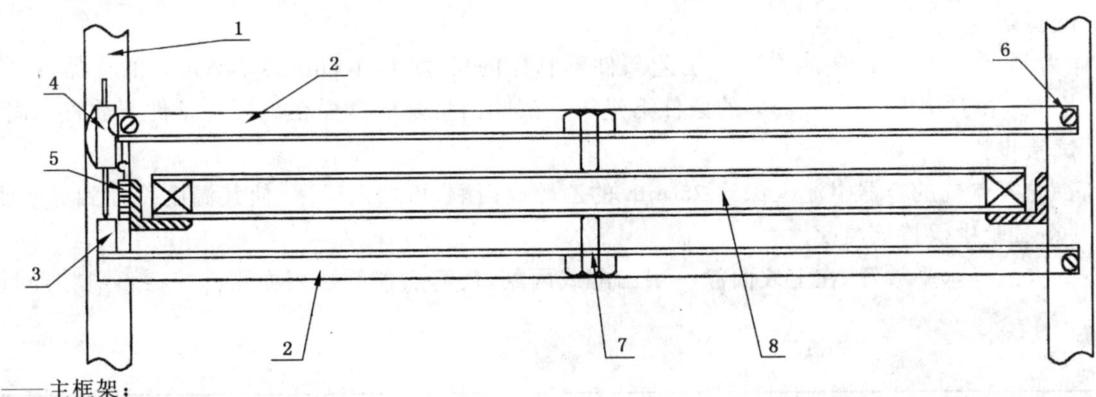

1——主框架；

2——试样支架；

3——触点；

4——百分表；

5——弹簧；

6——枢轴；

7——支点；

8——试样。

图 4 密封试验装置

6.4 露点试验

6.4.1 试验原理

放置露点仪后玻璃表面局部冷却，当达到一定温度后，内部水气在冷点部位结露，该温度为露点。

6.4.2 仪器设备

6.4.2.1 露点仪：测量管的高度为 300 mm，测量表面直径为 ϕ50 mm(见图 5)；

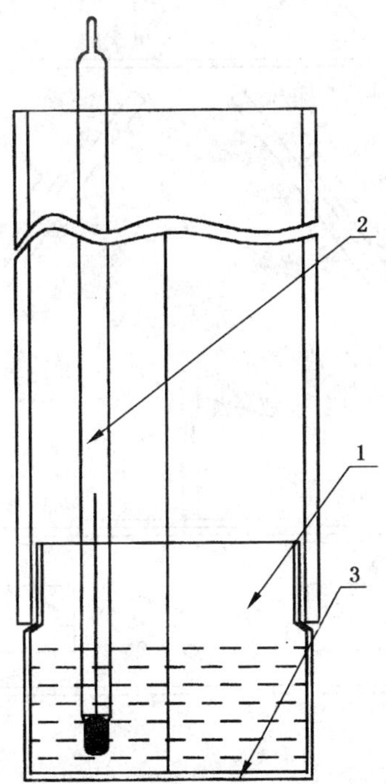

1——铜槽；

2——温度计；

3——测量面。

图 5 露点仪

6.4.2.2 温度计：测量范围为－80℃～30℃，精度为1℃。

6.4.3 试验条件

试样为制品或20块与制品在同一工艺条件下制作的尺寸为510 mm×360 mm的样品，试验在温度23℃±2℃，相对湿度30%～75%的条件下进行。试验前将全部试样在该环境条件下放置一周以上。

6.4.4 试验步骤

6.4.4.1 向露点仪的容器中注入深约25 mm的乙醇或丙酮，再加入干冰，使其温度冷却到等于或低于－40℃并在试验中保持该温度。

6.4.4.2 将试样水平放置，在上表面涂一层乙醇或丙酮，使露点仪与该表面紧密接触，停留时间按表4的规定。

表 4

原片玻璃厚度/mm	接触时间/min
≤4	3
5	4
6	5
8	7
≥10	10

6.4.4.3 移开露点仪，立刻观察玻璃试样的内表面上有无结露或结霜。

6.5 耐紫外线辐照试验

6.5.1 试验原理

此项试验是检验中空玻璃耐紫外线辐照性能，照射后密封胶如果有有机物、水等挥发物，通过冷却水盘可以把这些物质吸附到玻璃内表面。并检验试样在紫外线辐照下胶条蠕变情况。

6.5.2 仪器设备

6.5.2.1 紫外线试验箱：箱体尺寸为560 mm×560 mm×560 mm，内装由紫铜板制成的Φ150 mm的冷却盘2个(见图6)。

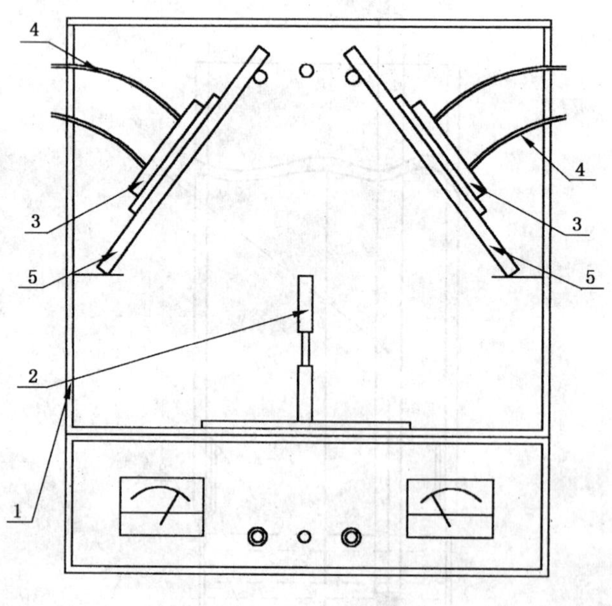

1——箱体；
2——光源；
3——冷却盘；
4——冷却水管；
5——试样。

图6 紫外线试验箱

6.5.2.2 光源为MLU型300 W紫外线灯，电压为220 V±5 V，其输出功率不低于40 W/m^2，每次试验前必须用照度计检查光源输出功率。

6.5.2.3 试验箱内温度为50℃±3℃。

6.5.3 试验条件

试样为4块(2块试验、2块备用)与制品在同一工艺条件下制作的尺寸为510 mm×360 mm的样品。

6.5.4 试验步骤

6.5.4.1 在试验箱内放2块试样，试样放置如图6，试样中心与光源相距300 mm，在每块试样中心表面各放置冷却板，然后连续通水冷却，进口水温保持在16℃±2℃，冷却板进出口水温相差不得超过2℃。

6.5.4.2 紫外线连续照射168 h后，把试样移出放到23℃±2℃温度下存放一周，然后擦净表面。

6.5.4.3 按照6.2观察试样的内表面有无雾状、油状或其他污物，玻璃是否有明显错位、胶条有无蠕变。

6.6 气候循环耐久性试验

6.6.1 试验原理

此项试验是加速户外自然条件的模拟试验，通过试验来考验试样耐户外自然条件的能力。试验后根据露点测试来确定该项性能的优劣。

6.6.2 仪器设备

气候循环试验装置：由加热、冷却、喷水、吹风等能够达到模拟气候变化要求的部件构成(见图7)。

6.6.3 试验条件

试样为6块(4块试验、2块备用)与制品在同一工艺条件下制作的尺寸为510 mm×360 mm未经6.5试验的中空玻璃。试验在温度23℃±2℃，相对湿度30%～75%的条件下进行。

6.6.4 试验步骤

6.6.4.1 将4块试样装在气候循环装置的框架上，试样的一个表面暴露在气候循环条件下，另一表面暴露在环境温度下。安装时注意不要使试样产生机械应力。

6.6.4.2 气候循环试验进行320个连续循环，每个循环周期分为三个阶段。

加热阶段：时间为90 min±1 min，在60 min±30 min内加热到52℃±2℃，其余时间保温。

冷却阶段：时间为90 min±1 min，冷却25 min后用24℃±3℃的水向试样表面喷5 min，其余时间通风冷却。

制冷阶段：时间为90 min±1 min，在60 min±30 min内将温度降低到－15℃±2℃，其余时间保温。

最初50个循环里最多允许2块试样破裂，可用备用试样更换，更换后继续试验。更换后的试样再进行320次循环试验。

6.6.4.3 完成320次循环后，移出试样，在23℃±2℃和相对湿度30%～75%的条件下放置一周，然后按6.4测量露点。

6.7 高温高湿耐久性试验

6.7.1 试验原理

此项试验是检验中空玻璃在高温高湿环境下的耐久性能，试样经高温高湿及温度变化产生热胀冷缩，强制水气进入试样内部，试验后根据露点测试确定该项性能的优劣。

6.7.2 仪器设备

高温高湿试验箱(见图8)：由加热、喷水装置构成。

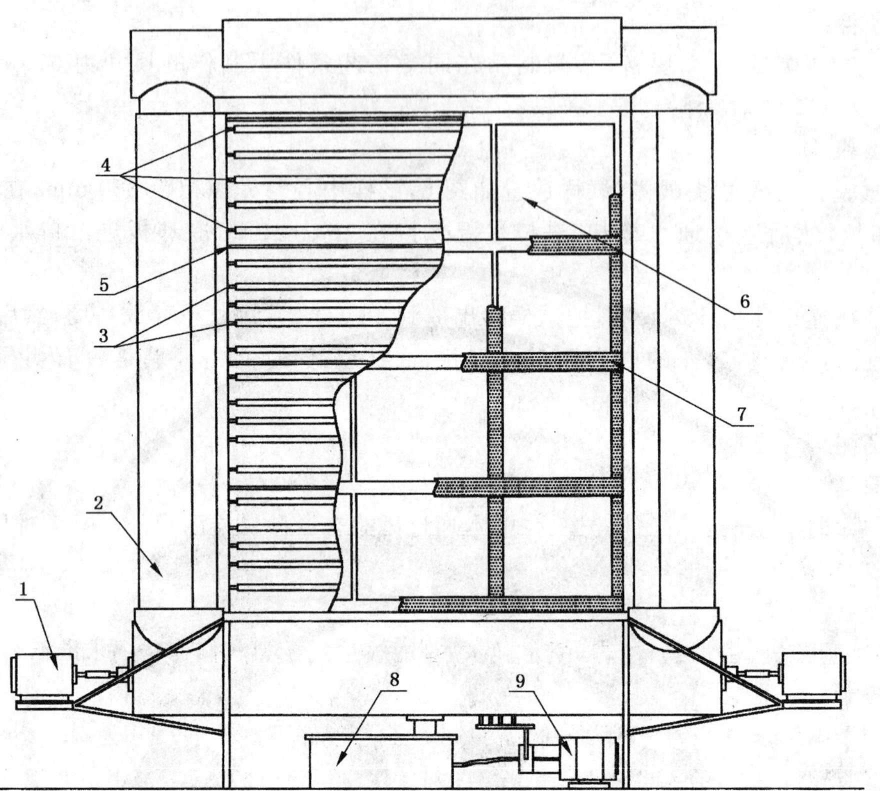

1——风扇电机；
2——风道；
3——加热器；
4——冷却管；
5——喷水管；
6——试样；
7——试样框架；
8——水槽；
9——水泵。

图 7　气候循环试验装置

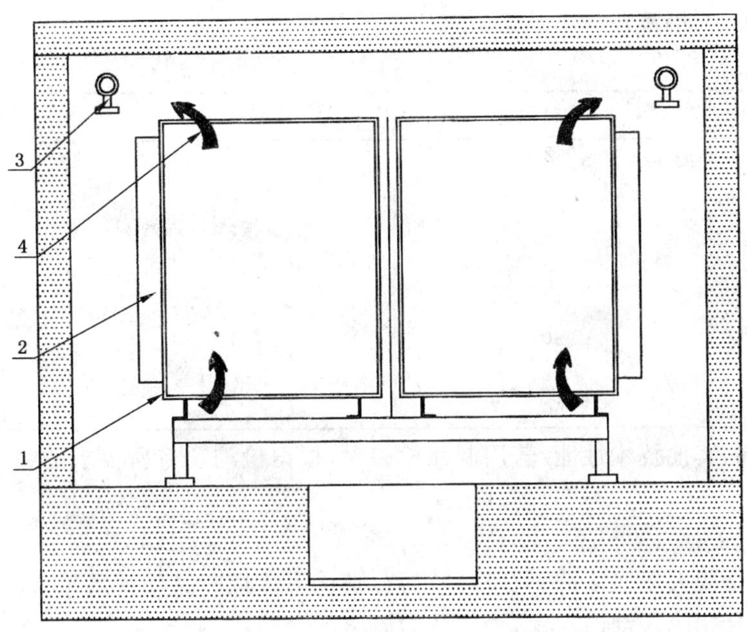

1——试样；

2——隔板；

3——喷水嘴；

4——喷射产生的气流。

图 8 高温高湿试验箱

6.7.3 试验条件

试样为 10 块(8 块试验、2 块备用)与制品在同一工艺条件下制作的尺寸为 510 mm×360 mm，未经 6.5 和 6.6 试验的中空玻璃，放置在相对湿度大于 95%的高温高湿试验箱内，在箱壁和隔板之间连续喷水，使温度在 25℃±3℃～55℃±3℃之间有规律变动。

6.7.4 试验步骤

6.7.4.1 试验进行 224 次循环，每个循环分为两个阶段

加热阶段：时间为 140 min±1 min，在 90 min±1 min 内将箱内温度升高到 55℃±3℃，其余时间保温。

冷却阶段：时间为 40 min±1 min，在 30 min±1 min 内将箱内温度降低到 25℃±3℃，其余时间保温。

6.7.4.2 试验最初 50 个循环里最多允许有 2 块试样破裂，可以更换后继续试验。更换后的试样再进行 224 次循环试验。

6.7.4.3 完成 224 次循环后移出试样，在温度 23℃±2℃，相对湿度 30%～75%的条件下放置一周，然后按 6.4 测量露点。

7 检验规则

7.1 检验分类

7.1.1 型式检验

型式检验项目包括外观、尺寸偏差、密封性能、露点、耐紫外线辐照性能、气候循环耐久性能和高温高湿耐久性能试验。

7.1.2 出厂检验

出厂检验项目包括外观、尺寸偏差。若要求增加其他检验项目由供需双方商定。

7.2 组批和抽样

7.2.1 组批：采用同一工艺条件下生产的中空玻璃，500 块为一批。

7.2.2 产品的外观、尺寸偏差按表5从交货批中随机抽样进行检验。

表5

单位为块

批量范围	抽检数	合格判定数	不合格判定数
1～8	2	1	2
9～15	3	1	2
16～25	5	1	2
26～50	8	2	3
51～90	13	3	4
91～150	20	5	6
151～280	32	7	8
281～500	50	10	11

对于产品所要求的其他技术性能，若用制品检验时，根据检测项目所要求的数量从该批产品中随机抽取。

7.3 判定规则

若不合格品数等于或大于表5的不合格判定数，则认为该批产品外观质量、尺寸偏差不合格。

其他性能也应符合相应条款的规定，否则认为该项不合格。

若上述各项中，有一项不合格，则认为该批产品不合格。

8 包装、标志、运输和贮存

8.1 包装

中空玻璃用木箱或集装箱包装，包装箱应符合国家有关标准规定。每块玻璃应用塑料或纸隔开，玻璃与包装箱之间用不易引起玻璃划伤等外观缺陷的轻软材料填实。

8.2 标志

包装标志应符合国家有关标准的规定，应包括产品名称、厂名、厂址、商标、规格、数量、生产日期、批号、执行标准，且应标明“朝上、轻搬正放、防雨、防潮、防日晒、小心破碎”等字样。

8.3 运输

产品可用各种类型车辆运输，搬运规则、条件等应符合国家有关规定。

运输时，不得平放或斜放，长度方向应与输送车辆运动方向相同，应有防雨措施。

8.4 贮存

产品应垂直放置贮存在干燥的室内。

前　　言

本标准的第4章和6.2条、7.1条为强制性的，其余为推荐性的。

本标准非等效采用ISO 1095:1989(E)《船和海上建筑　舷窗用钢化玻璃》，并参考ISO 3254:1989(E)《船和海上建筑　矩形窗用钢化玻璃》和JIS F2410—1990《船用圆形窗钢化玻璃》。

本标准是对GB 11946—1989《船用钢化安全玻璃》的修订，本次修订内容主要是：

删去原标准中对光学角位移的要求，增加对光畸变的要求，同时对一些试验项目在技术要求和试验方法上作了适当修改。

本标准自实施之日起代替GB 11946—1989。

本标准由国家建筑材料工业局提出。

本标准由中国建筑材料科学研究院玻璃科学和特种纤维研究所归口。

本标准起草单位：中国建筑材料科学研究院玻璃科学和特种纤维研究所。

本标准主要起草人：陈峥科、龚蜀一、胡悦、武存浩、王乐、龚煊威。

中华人民共和国国家标准

GB 11946—2001

船用钢化安全玻璃

代替 GB 11946—1989

Toughened safety glass for ships

1 范围

本标准规定了船用钢化安全玻璃的分类和要求等。

本标准适用于船用舷窗和矩形窗玻璃。

2 引用标准

下列标准所包含的条文,通过在本标准中引用而构成为本标准的条文。本标准出版时,所示版本均为有效。所有标准都会被修订,使用本标准的各方应探讨使用下列标准最新版本的可能性。

GB/T 1216—1985 外径千分尺(neq ISO 3611:1978)

GB/T 3385—2001 船用舷窗和矩形窗钢化安全玻璃非破坏性强度试验 冲压法(idt ISO 614:1989)

GB/T 5137.2—1996 汽车安全玻璃光学性能试验方法(eqv ISO/DIS 3358—1992)

GB/T 8170—1987 数值修约规则

GB/T 9056—1988 钢直尺(neq ISO 5466:1980)

JC/T 512—1993 汽车安全玻璃包装

3 分类

3.1 按用途分类

3.1.1 舷窗钢化安全玻璃。

3.1.2 矩形窗钢化安全玻璃。

3.2 按加工状态分类

3.2.1 透明玻璃。

3.2.2 不透明玻璃。

4 要求

不同种类船用钢化玻璃应符合表1相应条款的规定。

表1 技术要求及其试验方法

试验项目	舷窗钢化安全玻璃	矩形窗钢化安全玻璃	试验方法
外观质量	4.1	4.1	5.2
尺寸偏差	4.2.1	4.2.2	5.3
边部加工	4.3	4.3	5.3
弯曲度	4.4	4.4	5.4

中华人民共和国国家质量监督检验检疫总局 2001-07-13 批准　　2002-02-01 实施

表 1(完)

试 验 项 目	舷窗钢化安全玻璃	矩形窗钢化安全玻璃	试 验 方 法
冲压强度	4.5	4.5	5.5
可见光透射比	4.6	4.6	5.6
光畸变	4.7	4.7	5.7

4.1 外观质量

船用钢化安全玻璃的外观质量应符合表 2 的规定。

表 2 外观质量

<table>
<tr><td>缺陷名称</td><td colspan="2">质 量 要 求</td></tr>
<tr><td rowspan="2">气泡</td><td>长度,$L\leqslant 0.5$ mm</td><td>长度,$L>0.5$ mm</td></tr>
<tr><td>允许个数为 2×S,个</td><td>不允许存在</td></tr>
<tr><td rowspan="2">划伤</td><td colspan="2">宽,$W\leqslant 0.1$ mm;长度 $L\leqslant 40$ mm</td></tr>
<tr><td colspan="2">允许个数 2×S,个</td></tr>
<tr><td rowspan="2">爆边</td><td>厚度,$D\leqslant 6$ mm</td><td>厚度,$D>6$ mm</td></tr>
<tr><td>每片玻璃每米边长上允许有长度不超过 10 mm,自玻璃边部向玻璃表面延伸深度不超过 2 mm,自板面向玻璃厚度延伸不超过三分之一的爆边</td><td>不允许存在</td></tr>
<tr><td>结石、裂纹、缺角</td><td colspan="2">不允许存在</td></tr>
<tr><td colspan="3">注:S 为以平方米为单位的玻璃板面积,保留小数点后两位。缺陷个数为各系数与 S 相乘所得的数值,应按 GB/T 8170修约后至整数</td></tr>
</table>

4.2 尺寸偏差

4.2.1 舷窗钢化安全玻璃的直径和厚度(见图 1)应符合表 3 的规定。

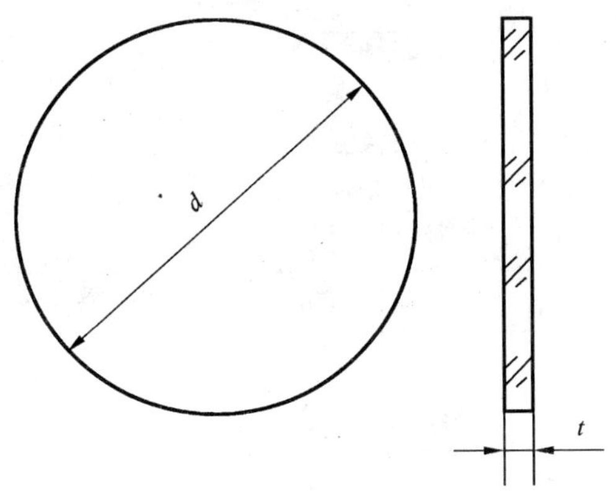

d—玻璃直径;t—玻璃公称厚度

图 1 舷窗钢化安全玻璃

表 3 舷窗钢化玻璃的直径和厚度偏差 mm

公称直径	直径 d		厚度 t					
	最小直径	最大直径	6±0.2	8±0.3	10±0.3	12±0.3	15±0.5	19±1.0
200	213	215	×	×	×	○	○	
250	263	265	×	×	○	×		

表 3(完)

mm

公称直径	直径 d		厚度 t					
	最小直径	最大直径	6±0.2	8±0.3	10±0.3	12±0.3	15±0.5	19±1.0
300	316	319		×	×	○	×	
350	366	369		×		×	×	○
400	416	419			×	×	○	×
450	466	469			×		×	
注：×适用于透明玻璃和不透明玻璃，○仅适用于不透明玻璃； 公称直径为舷窗透光部分直径。								

4.2.2 矩形钢化安全玻璃的直径和厚度(见图 2)应符合表 4 的规定。

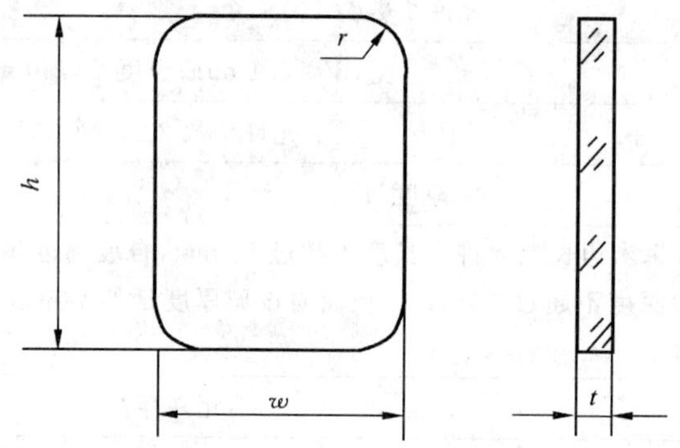

w—玻璃的宽度；h—玻璃的长度；t—玻璃的公称厚度；r—玻璃的圆角半径

图 2 矩形窗钢化安全玻璃

表 4 矩形窗钢化玻璃的尺寸和厚度偏差

mm

公称尺寸	w		h		r	t				
	最小	最大	最小	最大		8	10	12	15	19
						±0.3			±0.5	±1.0
300×425	314	318	439	443	58	×	×	○	○	
355×500	369	373	514	518	58	×	×	○	○	
400×560	414	418	574	578	58	×		×		○
450×630	464	468	644	648	108	×		×		○
500×710	514	518	724	728	108		×		×	
560×800	574	578	814	818	108		×		×	
900×630	914	918	644	648	108			×		×
1 100×710	1 014	1 018	724	728	108			×		×
1 100×800	1 114	1 118	814	818	108				×	
注：×适用于透明玻璃和不透明玻璃，○仅适用于不透明玻璃； 公称尺寸为窗的透光部分的尺寸。										

4.3 边部加工

玻璃边部应研磨并倒角，倒角(见图 3)应符合表 5 的规定。

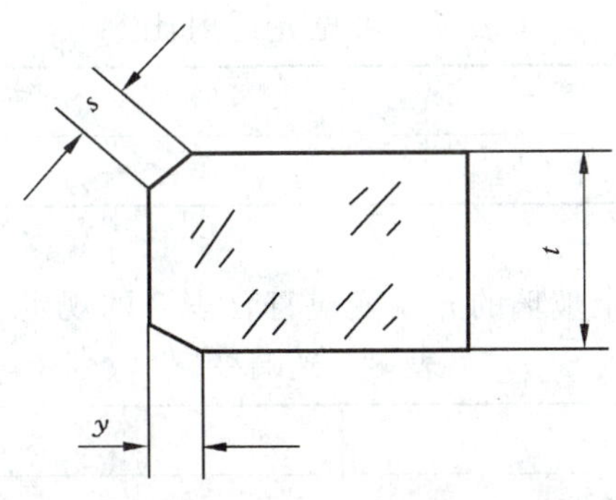

s—倒角宽度；y—倒角深度；t—玻璃厚度

图 3　边部加工

表 5　边部倒角尺寸

mm

t	s_{max}	y_{max}
6　8　10	1.4	1.0
12　15　19	2.0	1.4

4.4　弯曲度

弯曲度 g/h(见图 4)不得超过表 6 的规定。

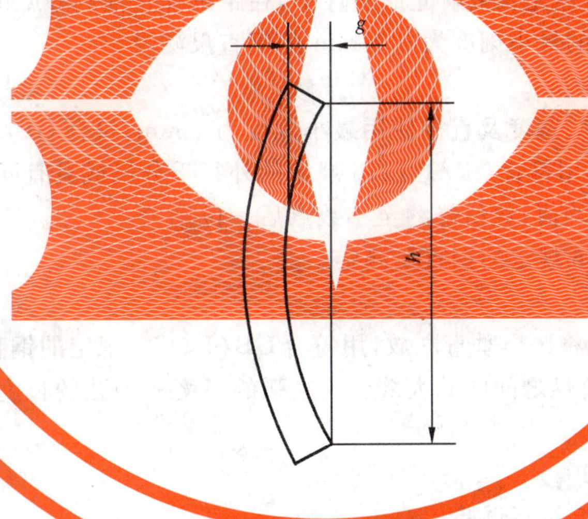

g—弯曲玻璃的弧度；h—弯曲玻璃的弦长

图 4　弯曲度

表 6　弯曲度

厚　　度 t,mm	弯　曲　度(g/h),%
6	0.3
8　10　12　15　19	0.2

4.5　冲压强度

玻璃的冲压强度应符合 GB/T 3385 的规定。

取四块试样进行试验。四块试样全部符合要求时为合格；当一块试样不符合时，追加四块新试样进行试验，四块全部符合要求时则为合格。一块以上不符合时为不合格。

4.6　可见光透射比

船用钢化安全玻璃的可见光透射比应符合表 7 的规定。

表 7 可见光透射比

部　　位	可见光透射比
驾驶室、观察室	≥70%

4.7 光畸变

驾驶室窗、观察室窗用钢化安全玻璃的光畸变应符合表 8 的规定。

表 8 光畸变

厚　　度 t,mm	光　畸　变(′)
6　8　10　12　15　19	≤6

5 试验方法

5.1 试验条件

除特殊规定外，试验均应在下述条件下进行。

a）温度：20℃±5℃；

b）气压：8.60×10^4 Pa～1.06×10^5 Pa；

c）相对湿度：40%～80%。

5.2 外观质量

以制品为试样。在良好的自然光及散射光照条件下，在距试样正面约 600 mm 处进行目视检查。缺陷大小用符合 GB/T 9056 规定的最小刻度为 0.5 mm 的钢直尺测量。

5.3 尺寸允许偏差检验

以制品为试样。玻璃的长度、宽度及直径使用最小刻度为 1 mm，符合 GB/T 9056 规定的钢直尺或符合规定的钢卷尺测量。厚度使用符合 GB/T 1216 规定的外径千分尺或具有同等以上精度的量具在玻璃板四边中心进行测量，取其平均值，数值修约至小数点后一位。

边部倒角用符合 GB/T 9056 规定的钢直尺测定。

5.4 弯曲度的测定

以平钢化玻璃制品为试样。将试样垂直立放，用符合 GB/T 9056 规定的钢直尺紧贴试样，用塞尺或相当精度的量具测定玻璃与钢直尺之间的最大缝隙。用弧的高度 g 与弦的长度 h 之比的百分率来表示弯曲度。

5.5 冲压强度试验

冲压强度试验按 GB/T 3385 进行试验。

5.6 可见光透射比试验

可见光透射比试验按 GB/T 5137.2 进行试验。

5.7 光畸变试验

光畸变试验按 GB/T 5137.2 进行试验。

6 检验规则

6.1 检验分类

检验分出厂检验、型式检验。

6.1.1 出厂检验：检验项目为尺寸偏差、外观质量、弯曲度。

6.1.2 型式检验：检验项目为本标准所规定的该种产品的全部技术要求。

有下列情况之一时，应进行型式检验。

a）新产品或老产品转厂生产的试制定型鉴定；

b）正式生产后，如结构、材料、工艺有较大改变，可能影响产品性能时；

c）正常生产时，定期或积累一定产量后，应周期性进行一次检验；

d）产品长期停产后，恢复生产时；

e）出厂检验结果与上次型式检验有较大差异时。

国家质量监督机构提出进行型式检验的要求时，型式检验应安排在具有资格的检验机构进行。

6.2 组批与抽样规则

6.2.1 产品的尺寸偏差、外观质量、弯曲度试验按表 9 规定进行随机抽样。

表 9 抽样规则

个

批 量 范 围	抽 样 数	合格判定数	不合格判定数
2～8	2	0	—
9～15	3	0	—
16～25	5	1	2
26～50	8	2	3
51～90	13	3	4
91～150	20	5	6
151～280	32	7	8
281～500	50	10	11

6.2.2 对产品所要求的其他技术性能，若用产品检验时，根据检测项目所要求的数量从该批产品中随机抽取。若用试样进行检验时，应采用同一工艺条件下制备的试样。当该批产品批量大于 500 块时，以每 500 块为一批分批抽取试样，当检验项目为非破坏性试验时可用它继续进行其他项目的检测。

6.3 判定规则

尺寸偏差、外观质量、弯曲度三项的不合格品数如大于或等于表 9 的不合格判定数，则认为该批产品外观质量、尺寸偏差和弯曲度不合格。

冲压强度、可见光透射比、光畸变应符合相应条款的规定，否则认为该批产品该项性能不合格。

上述各项中，有一项不合格，则认为该批产品不合格。

7 标志、包装、运输、贮存

7.1 标志

产品检验合格后，每块产品上应打上检验合格标志及船检标志，每批产品应具有产品检验合格证书；当有要求时，还应取得船检证书。

标志应符合 JC/T 512 的有关规定。每个包装箱外应标明“朝上，小心轻放”等字样和产品名称、玻璃厚度、种类、厂名、厂址和商标。

7.2 包装

产品应用集装箱或木箱包装。每片玻璃应用塑料袋或纸包装。玻璃与包装箱之间用不易引起玻璃划伤等外观缺陷的轻软材料填实。具体要求应符合 JC/T 512 的规定。

7.3 运输

产品用各种类型的车辆运输，搬运规则、条件等应符合 JC/T 512 的有关规定。

运输时，玻璃不得平放或斜放，长度方向应与车辆运输方向相同，应有防雨设施。

7.4 贮存

产品应垂直贮存在干燥的室内。

ICS 81.040
Q 34

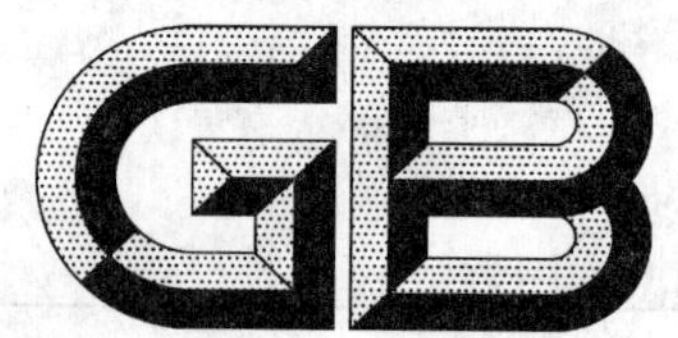

中华人民共和国国家标准

GB 14681.1—2006
代替 GB 14681—1993

机车船舶用电加温玻璃 第1部分:船用矩形窗电加温玻璃

Electrically heated glazing materials for locomotives and ships —Part 1: Heated glass panes for ships' rectangular windows

(ISO 3434:1992,MOD)

2006-02-22 发布

2006-12-01 实施

中华人民共和国国家质量监督检验检疫总局
中国国家标准化管理委员会 发布

前　　言

本部分第6章、第7.1条和7.2条为强制性的,其余为推荐性的。

GB 14681《机车船舶用电加温玻璃》分为两个部分:

——第1部分:船用矩形窗电加温玻璃;

——第2部分:机车电加温玻璃。

本部分为GB 14681《机车船舶用电加温玻璃》的第1部分。

本部分修改采用ISO 3434:1992(E)《船用矩形窗电加温玻璃》(1992年英文版),在附录A中列出了本部分与ISO 3434:1992(E)的章条编写的对照一览表。

本部分与ISO 3434:1992(E)的主要技术差异如下:

——增加了"电加温玻璃透射比不得小于70%"(见第4.2条)的要求;

——规定了绝缘电阻的具体技术指标(见第7.1条);

——充实了绝缘性能的要求(ISO 3434:1992(E)的附录A,本版第7章);

——增加了光学性能及相关电学性能的试验方法(见第8.2条、第8.5.2条);

——增加了检验规则的要求(见第9章)。

本部分与GB 14681.2—2006《机车船舶用电加温玻璃　第2部分:机车电加温玻璃》共同代替GB 14681—1993。

本部分与GB 14681—1993《机车船舶用电加温玻璃》的主要技术差异如下:

——重新规定船用矩形窗电加温玻璃的结构(1993版的4.1,本版的3.2)、尺寸及尺寸偏差(1993版的5.2,本版的3.4)、弯曲度(1993版的5.4,本版的3.6)、平行度(1993版未涉及,本版的3.5)和透射比(1993版的5.6.1,本版的4.2);

——力学性能要求符合GB 11946《船用钢化安全玻璃》的规定(1993版的5.8,本版的6.0);

——删除原标准耐环境稳定性(1993版的5.7);

——在电热性能上强调电加温玻璃在其使用温度范围内应具有的良好除霜和除雾性能((1993版的5.1,本版的4.2和5.1))和各绝缘部位间的绝缘性(1993版的5.9.3,本版的7.0);

——修改原标准中的检验规则,明确规定应检项目和供需双方商定的检验项目并按国际惯例予以分类((1993版的7.1,本版的9.1))、标志(1993版的8.1,本版的10)和标记(1993版未涉及,本版的11)。

本部分附录A为资料性附录。

本部分由中国建筑材料工业协会提出。

本部分由全国汽车标准化技术委员会安全玻璃分技术委员会归口。

本部分主要起草单位:中国建筑材料科学研究院玻璃科学与特种玻璃纤维研究所。

本部分参加起草单位:宁波市新谊安全玻璃有限公司。

本部分主要起草人:秦海霞、龚蜀一、武存浩、韩松、周军艳、邬德华、龚暄威。

本部分所替代标准的历次版本发布情况为:

GB 14681—1993。

机车船舶用电加温玻璃
第1部分：船用矩形窗电加温玻璃

1 范围

本部分规定了船用矩形窗电加温玻璃的玻璃结构、光学性能、加温系统、力学性能、绝缘性能、试验方法、检验规则及标志、标记等。

本部分适用于驾驶室、船桥窗户上的电加温玻璃，也适用于为了观察和操纵方便的密封区使用的电加温玻璃。本部分规定的电加温玻璃，其使用最低环境温度为－40℃。

2 规范性引用文件

下列文件中的条款通过本部分的引用，而成为本部分的条款。凡是注日期的引用文件，其随后所有的修改单(不包括勘误的内容)或修订版均不适用于本部分，然而，鼓励根据本部分达成协议的各方研究是否可使用这些文件的最新版本。凡是不注日期的引用文件，其最新版本适用于本部分。

GB/T 1216 外径千分尺(GB/T 1216—2004,neq ISO 3611)

GB/T 3385 船用舷窗和矩形窗钢化安全玻璃 非破坏性强度试验 冲压法(GB/T 3385—2001, idt ISO 614:1989(E))

GB/T 5137.2 汽车安全玻璃 试验方法 第2部分：光学性能试验(GB/T 5137.2—2002, ISO 3538:1992,MOD)

GB 11946 船用钢化安全玻璃(neq ISO 1095:1989(E)and ISO 3254:1989(E))

GJB 961 飞机电加温玻璃电热性能检测方法

3 玻璃结构

3.1 总则

符合本部分的可安装的电加温玻璃是一个组件，它由夹层玻璃和固定在它上面的电路连接装置组成。

3.2 组成、种类和材料

夹层玻璃的组成如表1和图1所示。

A类和B类之间的区别在于A类为两层玻璃，而B类为三层玻璃。

表1 电加温玻璃的组件

组件编号(见图1)	名 称
1	托板
2	盖板
3	加温元件
4	中间层

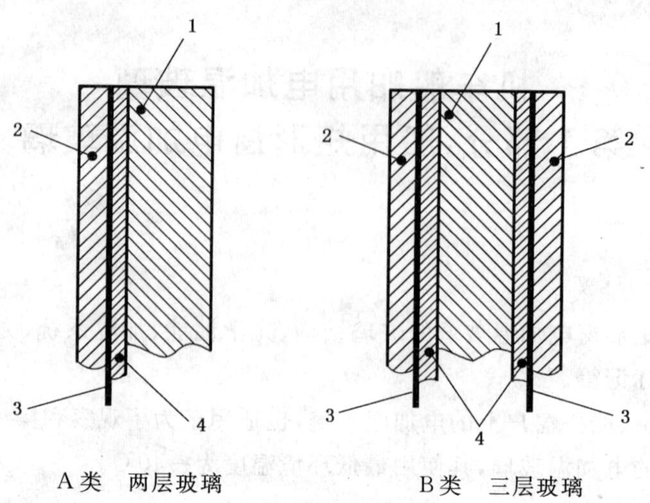

图 1　电加温玻璃截面图

3.2.1　托板

托板为透明的船用钢化玻璃，应符合 GB 11946 的要求。

3.2.2　盖板

盖板用于承载或保护电加温元件，它比托板薄。盖板为透明的钢化或半钢化安全玻璃。

3.2.3　加温元件

宜采用金属丝、透明导电薄膜或透明导电涂层作为加温元件。

3.2.4　中间层

中间层为最小厚度为 0.76 mm 的有机膜。

3.3　边部保护

为了避免中间层受潮或其他任何形式的化学侵蚀，同时也为了保护边缘不受冲击及具有良好的电绝缘性能，应用硅酮胶、橡胶、聚硫胶或其他类似的能与中间层相匹配的材料对玻璃周边进行保护。

边缘保护要求在周边进行粘结，并且粘结厚度不能超过 3 mm（参见图 2）。

单位为毫米

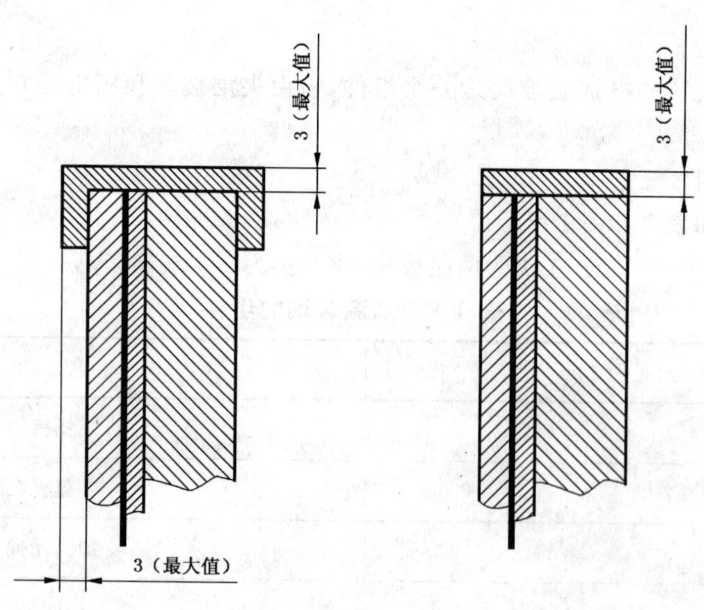

图 2　边部保护

3.4 尺寸

3.4.1 公称尺寸与厚度

电加温玻璃的公称尺寸如图 3 所示，具体数据参见表 2 和表 3。使用厚度为 t_1 的玻璃作为托板时，t_1 应符合表 3 的规定，并符合 GB 11946 要求的玻璃。

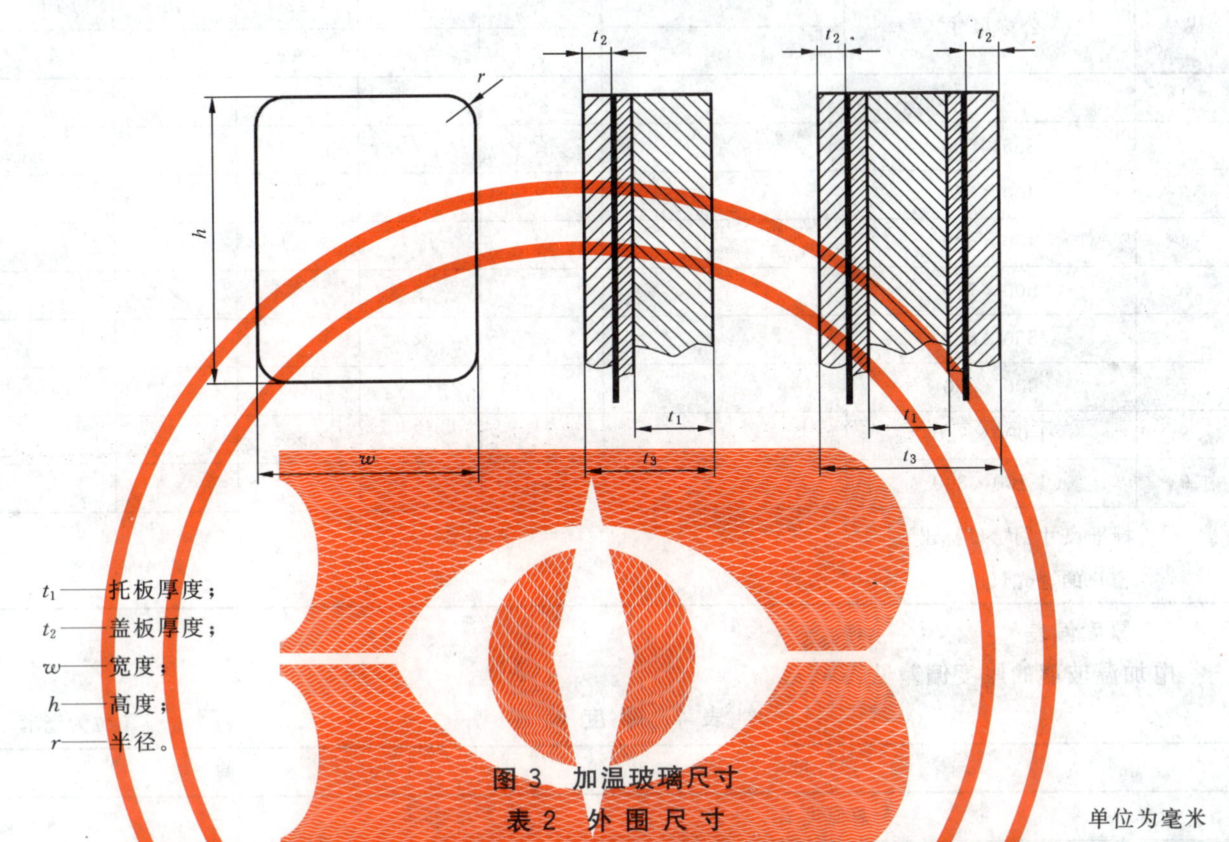

t_1——托板厚度；

t_2——盖板厚度；

w——宽度；

h——高度；

r——半径。

图 3 加温玻璃尺寸

表 2 外围尺寸

单位为毫米

代号	窗户公称尺寸[a]	宽度 w		高度 h		半径 r
		最小	最大	最小	最大	
1	300×425	314	318	439	443	58
2	355×500	369	373	514	518	58
3	400×560	414	418	574	578	58
4	450×630	464	468	644	648	108
5	500×710	514	518	724	728	108
6	560×800	574	578	814	818	108
7	900×630	914	918	644	648	108
8	1 000×710	1 014	1 018	724	728	108
9	1 100×800	1 114	1 118	814	818	108

a 窗户的透光尺寸。

表 3　玻璃厚度

单位为毫米

窗户尺寸		厚度[a]					
		t_3 A类	13	15	17	20	24
		t_3 B类	18	20	22	25	29
代号	公称尺寸[b]	t_1	8	10	12	15	19
		t_2	4	4	4	4	4
1	300×425		×	×			
2	355×500		×	×			
3	400×560		×		×		
4	450×630		×		×		
5	500×710			×		×	
6	560×800			×		×	
7	900×630				×		×
8	1 000×710				×		×
9	1 100×800					×	

a　标准尺寸用“×”标出。

b　窗户的透光尺寸。

3.4.2　**厚度偏差**

电加温玻璃的厚度偏差见表 4。

表 4　厚度偏差

单位为毫米

厚　度		偏　差
总厚度 t_3		±1.5
托板 t_1	8 10 12	±0.3
	15	±0.5
	19	±1
盖板 t_2		±0.3

3.5　平行度

玻璃两面平行度偏差不能超过 1 mm/1 000 mm(见图 4)。

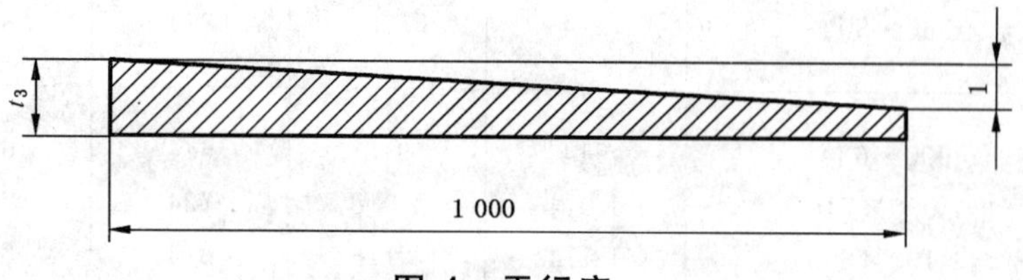

图 4　平行度

3.6　弯曲度

弯曲度不应超过 3 mm/1 000 mm(见图 5)。

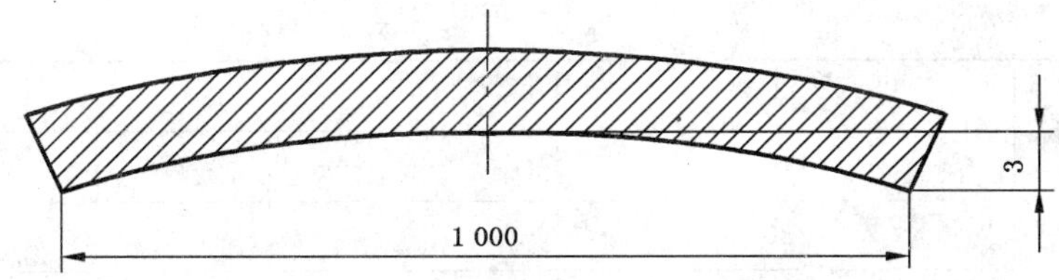

图5 弯曲度

4 光学要求

4.1 要求

当电加温玻璃固定在船窗上时，应满足4.2和4.3中的光学要求。

不管是采用组调节还是采用单一调节的电加温玻璃，均应满足所有的光学要求。

从窗框内边缘起50 mm宽范围内的玻璃，不作光学性能要求。

4.2 能见度

应采用不同的加温功率(见表5)，避免电加温玻璃上出现霜或雾，以保证其在所有的天气均具有良好的能见度。此外，在有霜雪的情况下，应保证雨刷能以最高效率工作。在入射角正常的情况下，通过玻璃观察远处的物体时，加温玻璃不能造成眼睛分辨物体困难或产生双目视差。

不得使用着色玻璃。

电加温玻璃的透射比不应小于70%。

对能见度的解释产生异议时，由供需双方商定。

4.3 颜色识别

电加温玻璃应能识别航标灯、浮标信号灯及其他颜色。

当对颜色识别能力的解释产生异议时，由供需双方商定。

5 加温系统

5.1 加温功率

5.1.1 当中等风速、环境温度为(20±5)℃、相对湿度为40%～80%，船舶在极地以外水域进行除霜或除雾时，设备的加温功率应符合表5的规定。

5.1.2 当船舶在极地区航行或需要较高的加热功率时，应与玻璃制造商商定。

表5 加温功率

加温功率(W/dm^2)		室外最低温度/℃
最小	最大	
7	9	−12
12	15	−28
17	21	−40

5.2 电源

用以给玻璃加热的电源电压，应与船上提供的在通常条件下能连续工作的供电电压一致，交流电或直流电均可。电源识别系统见表6。

表 6 电源识别系统

供电类型	电压/V	频率/Hz	识别号
直流电	24	—	01
	110	—	02
	220	—	03
单相交流电	115	50	11
		60	12
	220	50	13
		60	14
三相交流电	115	50	31
		60	32
	220	50	33
		60	34
	220/380	50	35
		60	36
	440	50	37
		60	38

5.3 过热保护

当玻璃表面温度达到 40℃(微温)时,应关掉加温装置。因此应给电加温玻璃安装温度控制装置(调节器)。此类调节器有两种规格:

——单一调节(S):调节器(如温度传感器)直接安装在玻璃上(内侧),它只对相关的玻璃起作用,是原装设备的一部分。

——组调节(G):一个分立的调节装置,即它不是直接安装在窗户上,而是与几块玻璃恰当地连接在一起。装置此类调节器时,一定要考虑它们的类型及编号。

6 力学性能

电加温玻璃托板的强度应符合 GB 11946 中相应条款的要求。

7 绝缘性能

7.1 绝缘电阻

按 GJB 961 进行试验,各绝缘部位间的绝缘电阻不得小于 50 MΩ。

7.2 抗电强度

每块电加温玻璃的各绝缘部位间都应进行抗电强度试验。

试验时,绝缘应不被击穿,其表面应无闪烁。

7.3 浸水绝缘性能

浸水绝缘性能由供需双方商定。测定的性能包括:

a) 温度传感器和加热器接线柱之间的绝缘性;

b) 浸入水中的边框和温度传感器公用接线柱之间的绝缘性;

c) 浸入水中的边框和加热器接线柱之间的绝缘性。

8 试验方法

8.1 尺寸偏差

8.1.1 厚度偏差

使用符合 GB/T 1216 规定的外径千分尺或与此同等精度的器具测量玻璃四边的中点，测量结果以四点平均值表示，精确到 0.1 mm。

8.1.2 平行度

使用符合 GB/T 1216 规定的外径千分尺或与此同等精度的器具测量玻璃长边上四点的厚度，其结果用最大厚度和最小厚度之差除以长边的长度来表示。

8.1.3 弯曲度

将试样垂直立放，水平放置直尺，贴紧试样表面进行测量，弓形时以弧的高度与弦的长度之比的百分率表示；波形时，用波谷到波峰的高与波峰到波峰(或波谷到波谷)的距离之比的百分率表示。

8.2 光学性能

8.2.1 透射比

按 GB/T 5137.2 中相应条款进行试验，结果应符合 4.2 的要求。

8.2.2 颜色识别

按 GB/T 5137.2 中相应条款进行试验，结果应符合 4.3 的要求。

8.3 加温功率

按 GJB 961 中相应条款进行试验，结果应符合 5.1.1 的要求。

8.4 力学性能

按 GB/T 3385 进行试验，结果应符合 3.2.1 的要求。

8.5 绝缘性能

8.5.1 绝缘电阻

按 GJB 961 中相应条款进行试验，结果应符合 7.1 的要求。

8.5.2 抗电强度

试验电压为交流电压 1 000 V 加上两倍的额定电压，但不应小于 1 500 V。试验频率为 25 Hz～100 Hz。试验应持续 1 min。

8.5.3 浸水绝缘性

按 GJB 961 进行试验。

9 检验规则

9.1 检验分类

9.1.1 出厂检验

检验项目包括：尺寸偏差、加温功率和绝缘性能。

9.1.2 型式检验

本部分规定的全部技术要求。

9.2 组批与抽样

同一结构，同种工艺下生产的电加温玻璃组成一批。

按照试验方法中规定的样品数量随机抽样。

型式检验时，出厂检验之外的项目，按相应方法中规定的样品数目随机抽样。力学性能抽取 4 块，其他性能抽取 3 块。

9.3 判定规则

每项性能抽取的样品，按第 8 章进行试验。若样品均合格，则该项性能合格。

上述各项性能中若有一项不合格，则认为该批产品不合格。

10 标志

根据 GB/T 3385 的要求，符合本部分的电加温玻璃，用一个倒置的等边三角形作标志。此外，还要增加下列说明内容：

a) 三角形内：电加温玻璃的总厚度 t_3，单位 mm；

b) 三角形上方：每平方分米的加热功率；

c) 左侧：电压及其识别号；

d) 右侧：玻璃种类，A 类或 B 类；

e) 标志应从船舱内可以识别，并将其标在玻璃的底边上。

示例：

A 类玻璃（两片夹层），总厚度 $t_3=17$ mm，加温功率为 7 W/dm^2 到 9 W/dm^2，电源为 220 V、50 Hz，单相（识别号为 13）。其标志如下：

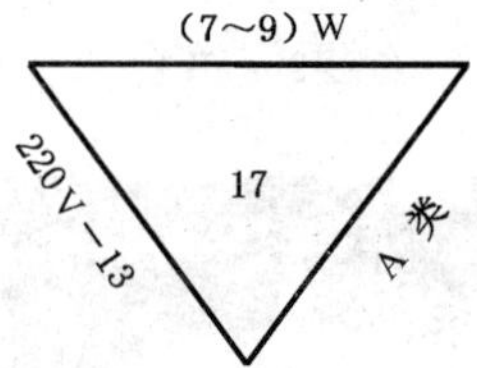

示例：

B 类玻璃（三层玻璃），总厚度 $t_3=22$ mm，有加热功率为 12 W/dm^2～15 W/dm^2 的两个加温元件，电源为 440 V、60 Hz，三相（识别号为 38）。其标志如下：

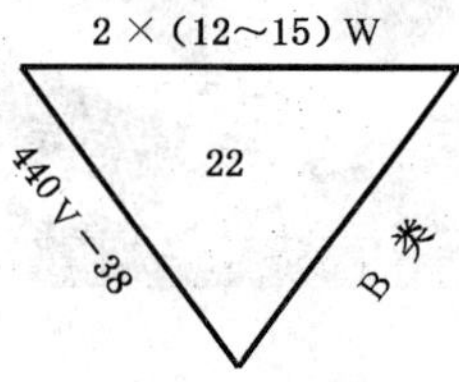

11 标记

为了便于查找和排序，凡符合本部分的电加温玻璃，要依次写出下列信息作为此玻璃的标记。

a) 名称（简写）：电加温玻璃；

b) 标准号：GB/T 14681.1；

c) 玻璃组成的种类：代号为 A 或 B（见 3.2）；

d) 窗户尺寸代号，按表 2 规定；

e) 托板厚度 t_1，按表 3 规定；

f) 最小加温功率，以瓦特每平方分米为单位，按表 5 规定；

g) 过热保护装置，代号 S 或 G；

h) 额定电流识别号，按表 6 规定。

示例：

符合本部分的一电加温玻璃，由两层玻璃组成（A 类），窗户尺寸代号为 6（公称尺寸为 560 mm×800 mm），其托板厚度 $t_1=15$ mm，最小加温功率为 12 W/dm^2（12 W），采用单一过热保护装置（S），电源为单相交流电，电压为 220 V、60 Hz（识别号为 14）。该电加温玻璃可标记为：

电加温玻璃 GB/T 14681.1—A6×15—12WS—14

附 录 A
（资料性附录）
本部分章条编号与 ISO 3434:1992(E)章条编号对照一览表

表 A.1 中给出了本部分章条编号与 ISO 3434:1992(E)章条编号对照一览表

表 A.1 本部分章条编号与 ISO 3434:1992(E)章条编号对照一览表

本部分章条编号	ISO 3434:1992(E)章条编号
1	1 的第一段和第三段
2	2 的第一段
3	4
3.1	4.1
3.2	4.2
3.2.1	4.2.1
3.2.2	4.2.2
3.2.3	4.2.3
3.2.4	4.2.4
3.3	4.3
3.4	4.4
3.4.1	4.4.1
3.4.2	4.4.2
3.5	4.5
3.6	4.6
4	3
4.1	3.1
4.2 的第一段、第二段和第四段	3.2
4.2 的第三段	—
4.3	3.3
5	5
5.1	5.1
5.1.1	5.1 的第一段
5.1.2	5.1 的第二段
5.2	5.2
—	5.3
5.3	5.4
—	6
6	6.2
7	—

表 A.1（续）

本部分章条编号	ISO 3434:1992(E)章条编号
7.1	—
7.2	6.1 的第一段的第一句
7.3	6.3 和附录 A 中浸水试验部分
8	—
8.1.1～8.1.3	—
8.2	—
8.2.1～8.2.2	—
8.3	—
8.4	—
8.5	—
8.5.1	—
8.5.2	6.1 的第一段第 2、3 句和第二段
8.5.3	—
—	6.4
9	—
9.1	—
9.1.1～9.1.2	—
9.2	—
9.3	—
10	7
11	8

ICS 81.040
Q 34

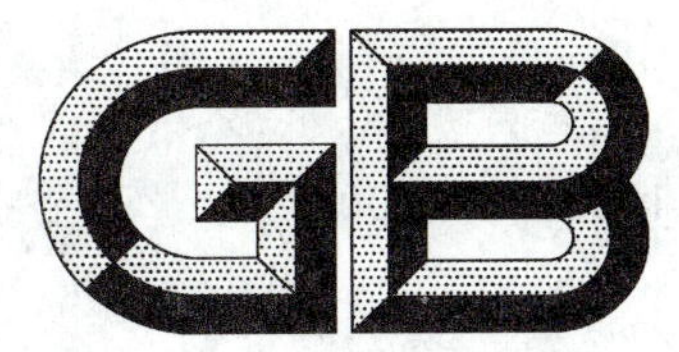

中华人民共和国国家标准

GB 14681.2—2006
代替 GB 14681—1993

机车船舶用电加温玻璃 第2部分:机车电加温玻璃

Electrically heated glazing materials for locomotives and ships
—Part 2:Electrically heated glazing materials for locomotives

2006-02-22 发布　　2006-12-01 实施

中华人民共和国国家质量监督检验检疫总局
中国国家标准化管理委员会　发布

前　言

本部分第 7.5 条、第 7.6 条、第 7.7 条为强制性的，其余为推荐性的。

GB 14681《机车船舶用电加温玻璃》分为两个部分：

——第 1 部分：船用矩形窗电加温玻璃；

——第 2 部分：机车电加温玻璃。

本部分为 GB 14681《机车船舶用电加温玻璃》的第 2 部分。

本部分与 GB 14681.1—2006《机车船舶用电加温玻璃　第 1 部分：船用矩形窗电加温玻璃》共同代替 GB 14681—1993。

本部分与 GB 14681—1993《机车船舶用电加温玻璃》的主要技术差异如下：

——增加了平面、曲面二种类型的玻璃(见第 4.1.2 条)。

——增加了技术要求与试验方法的对照表(见表 1)。

——增加了对原材料的要求(见第 5 条)。

——增加了玻璃的圆角尺寸偏差和曲面玻璃的外形尺寸偏差的要求(见第 7.1.1.2 条、第 7.1.1.3 条)。

——取消采用飞机玻璃检测方法制订的光学角偏差、光学畸变的性能指标(1993 版的 5.6.2 条)。

——增加采用汽车玻璃检测方法制订的光畸变的性能指标(见第 7.5.2 条)。

——将耐热性按汽车玻璃的检测方法和相应技术指标进行规定(见第 7.6.1 条、第 8.7.1 条)。

——增加抗飞弹性能指标和试验方法(见第 7.7.2 条、第 8.8.2 条)。

——取消颜色识别、抗冲击性能指标及检测方法的规定(1993 版的 5.6.3 条、5.8.2 条、6.6.3 条、6.8.2 条)。

本部分由中国建筑材料工业协会提出。

本部分由全国汽车标准化技术委员会安全玻璃分技术委员会归口。

本部分负责起草单位：中国建筑材料科学研究院玻璃所。

本部分参加起草单位：郑州铁路物泰玻璃有限公司，秦皇岛耀华工业技术玻璃厂。

本部分主要起草人：胡悦、汪如洋、王睿、马军、龚蜀一、臧曙光、余兴州、肖强。

本部分所代替标准的历次版本发布情况为：

——GB 14681—1993。

机车船舶用电加温玻璃
第 2 部分:机车电加温玻璃

1 范围

本部分规定了机车、动车组前窗用电加温玻璃(以下简称电加温玻璃)的产品分类、技术要求、试验方法、检验规则及标志、包装、运输、贮存等要求。

本部分适用于机车、动车组前窗用电加温玻璃。其他部位及汽车风挡电加温玻璃亦可参照使用。

本部分不适用于飞机和船舶用电加温玻璃。

2 规范性引用文件

下列文件中的条款通过本部分的引用而成为本部分的条款。凡是注日期的引用文件,其随后所有的修改单(不包括勘误的内容)或修订版均不适用于本部分,然而,鼓励根据本部分达成协议的各方研究是否可使用这些文件的最新版本。凡是不注日期的引用文件,其最新版本适用于本部分。

GB/T 1214(所有部分) 游标类卡尺

GB/T 1216 外径千分尺(GB/T 1216—2004,NEQ ISO 3611:78)

GB/T 5137.1—2002 汽车安全玻璃试验方法 第 1 部分:力学性能试验(ISO 3537:1999,MOD)

GB/T 5137.2—2002 汽车安全玻璃试验方法 第 2 部分:光学性能试验(ISO 3538:1997,MOD)

GB/T 5137.3—2002 汽车安全玻璃试验方法 第 3 部分:耐辐照、高温、潮湿、燃烧和耐模拟气候试验(ISO 3917:1999,MOD)

GB/T 9056 金属直尺(GB/T 9056—2004,NEQ ISO 5466:80)

GB 9656 汽车安全玻璃

GB 11614 浮法玻璃

GB 17841 幕墙用钢化玻璃与半钢化玻璃

GJB 500 飞机玻璃术语

GJB 961—1990 飞机电加温玻璃电热性能检测方法

GJB 1258—1991 聚乙烯醇缩丁醛中间膜

GJB 2464—1995 飞机玻璃鸟撞试验方法

3 术语和定义

GJB 500 确定的以及下列术语和定义适合于本部分。

3.1

电热丝电加温玻璃 glazing electrically heated by wire

以电热丝作为加温元件的电加温玻璃。

3.2

导电膜电加温玻璃 glazing electrically heated by film

以导电膜作为加温元件的电加温玻璃。

3.3

叠差 mismatch

构成电加温玻璃的各层玻璃间的相互偏移。

3.4

色点　color particle

电加温玻璃胶合层中带色的点状杂质。

3.5

汇流条　busbar

使电加温玻璃整个加温元件形成闭合回路的金属导电带，其位置在加温元件两端。

3.6

普速车玻璃　glazing for ordinary-speed locomotives

最高运行速度为 200 km/h 以下的机车、动车组用玻璃。

3.7

高速车玻璃　glazing for high-speed locomotive

最高运行速度为 200 km/h 及其以上的机车、动车组用玻璃。

4　产品分类和标记

4.1　产品种类

4.1.1　电加温玻璃按加温元件不同分两种：

WL—电热丝电加温玻璃；

EL—导电膜电加温玻璃。

4.1.2　每种类型的电加温玻璃又可分为以下两种型式：

A 型—平面玻璃；

B 型—曲面玻璃。

4.1.3　玻璃按机车、动车组的运行速度分为普速车玻璃和高速车玻璃。

4.2　标记

4.2.1　**标记方式**

由三部分组成：产品种类；

原材料种类及厚度：T—钢化玻璃

F—浮法玻璃

B—半钢化玻璃

P—PC 板；

标准号。

4.2.2　**标记示例**

一块厚度为 5 mm 的钢化玻璃和一块厚度为 4 mm 的钢化玻璃层合后的电热丝电加温玻璃标记如下：

WL T5 T4 GB 14681

5　材料要求

5.1　原片玻璃应符合 GB 11614 汽车级要求。

5.2　钢化玻璃应符合 GB 9656 的要求。

5.3　半钢化玻璃应符合 GB 17841 的要求。

5.4　国产胶片采用聚乙烯醇缩丁醛(PVB)应符合 GJB 1258 的要求；进口胶片应符合相应技术条件的要求。

5.5　电加温元件(电热丝或金属导电膜)应符合订货技术条件要求。

5.6　PC 板应符合相应产品技术条件的要求。

6 使用环境

6.1 电加温玻璃应在环境温度－50℃～70℃、玻璃内外温差不大于65℃的条件下使用。

6.2 相应于机车的垂向和纵向存在着频率1 Hz～50 Hz的正弦振动。在正常情况下，振动加速度不大于3 m/s^2；短时重复出现的振动加速度不大于10 m/s^2。因机车连挂时的冲击，沿机车纵向激起的振动加速度不大于30 m/s^2。

7 技术要求

电加温玻璃的主要技术要求应符合表1相应条款的规定。

7.1 尺寸偏差

7.1.1 外形尺寸偏差

7.1.1.1 平面电加温玻璃的外形尺寸偏差为$_{-2}^{\ 0}$mm，长度大于1 200 mm时，外形尺寸偏差为$_{-3}^{\ 0}$mm。

7.1.1.2 平面电加温玻璃的圆角尺寸偏差为$_{-2}^{\ 0}$mm。

7.1.1.3 曲面电加温玻璃的外形尺寸偏差由供需双方商定。

7.1.2 厚度偏差

电加温玻璃的厚度偏差（平均厚度与公称厚度之差）为±1 mm。

7.2 叠差

电加温玻璃的叠差不得超过2.0 mm。

7.3 弯曲度

平面电加温玻璃的弯曲度不得大于0.2%。

表1 主要技术要求及试验方法条款

检验项目	技术要求		试验方法
	高速列车	普速列车	
外形尺寸公差	7.1.1	7.1.1	8.1
厚度偏差	7.1.2	7.1.2	8.2
叠差	7.2	7.2	8.3
弯曲度	7.3	7.3	8.4
外观质量	7.4	7.4	8.5
可见光透射比	7.5.1	7.5.1	8.6.1
光畸变	7.5.2	7.5.2	8.6.2
耐热性	7.6.1	7.6.1	8.7.1
耐辐照性	7.6.2	7.6.2	8.7.2
耐湿性	7.6.3	7.6.3	8.7.3
抗穿透性	—	7.7.1	8.8.1
抗飞弹性	7.7.2	—	8.8.2
实际总功率或加温元件电阻	7.8.1	7.8.1	8.9.1
绝缘电阻	7.8.2	7.8.2	8.9.1
耐电热冲击性	7.8.3	7.8.3	8.9.2
耐电热性	7.8.4	7.8.4	8.9.3
加温均匀性	7.8.5	7.8.5	8.9.4

7.4 外观质量

在 1 m^2 内，玻璃中存在的缺陷不得超出表 2 的规定，除裂纹和破边外，周边 15 mm 范围内不作规定。

表 2 外观质量

<table>
<tr><th>序号</th><th colspan="2">缺陷种类</th><th>允许数量</th></tr>
<tr><td>1</td><td colspan="2">气泡 $d \leqslant 1.0$ mm</td><td>分散存在</td></tr>
<tr><td>2</td><td colspan="2">结石</td><td>不允许</td></tr>
<tr><td>3</td><td colspan="2">条纹、波纹、雾斑</td><td>在光学性能允许范围内存在</td></tr>
<tr><td>4</td><td colspan="2">裂纹</td><td>不允许</td></tr>
<tr><td>5</td><td colspan="2">发纹状擦伤</td><td>分散存在</td></tr>
<tr><td>6</td><td colspan="2">轻划伤</td><td>4 条，每条长不超过 100 mm</td></tr>
<tr><td>7</td><td colspan="2">麻点，破点 $d \leqslant 0.5$ mm</td><td>分散存在</td></tr>
<tr><td rowspan="2">8</td><td rowspan="2">破边
长×宽×深</td><td>1.0 mm×1.0 mm×1.0 mm 以下</td><td>分散存在</td></tr>
<tr><td>1.0 mm×1.0 mm×1.0 mm～10 mm×3 mm×2.5 mm</td><td>5 个，每边不超过 2 个</td></tr>
<tr><td>9</td><td colspan="2">胶合层气泡 $d \leqslant 2$ mm</td><td>5 个，其间距不小于 50 mm，在汇流条和玻璃贴合处及汇流条两边 10 mm 内不作规定</td></tr>
<tr><td>10</td><td colspan="2">色点 $d \leqslant 2.5$ mm</td><td>分散存在</td></tr>
<tr><td>11</td><td colspan="2">绒毛与发丝</td><td>分散存在</td></tr>
<tr><td>12</td><td colspan="2">胶合层变色</td><td>不得影响使用</td></tr>
<tr><td colspan="4">注：分散存在指在任一 ϕ200 mm 圆内所产生的缺陷数量不多于 5 处。d 为缺陷的最大宽度。</td></tr>
</table>

7.5 光学性能

7.5.1 透射比

按 8.6.1 进行试验后，电加温玻璃的透射比不得小于 70%。

7.5.2 光畸变

按 8.6.2 进行试验后，电加温玻璃的光畸变应符合表 3 的规定。

表 3 光畸变

<table>
<tr><th colspan="2">光 畸 变</th></tr>
<tr><td>A 型</td><td>B 型</td></tr>
<tr><td>4′</td><td>6′</td></tr>
<tr><td colspan="2">注：平面玻璃不透明的区域或距周边 100 mm 范围内不作规定。曲面玻璃不透明的区域或距周边 150 mm 范围内不作规定。</td></tr>
</table>

7.6 耐环境稳定性

7.6.1 耐热性

按 8.7.1 进行试验后，每块试样允许存在裂口，但超出边部或裂口 20 mm 的部分不能产生气泡、脱胶或其他缺陷。

7.6.2 耐辐照性

按 8.7.2 进行试验后，不可产生显著变色、气泡等缺陷。

同时，电加温玻璃的可见光透射比降低值按式(1)计算的结果不得大于 5%，且辐照后试样的透射比不得小于 70%：

$$\eta=\frac{T_1-T_2}{T_1}\times 100 \qquad \cdots\cdots(1)$$

式中：

η——透射比降低值，%；

T_1——辐照前试样的透射比；

T_2——辐照后试样的透射比。

7.6.3 **耐湿性**

按 8.7.3 进行试验后，超出边部 10 mm 的部分不能产生变色、气泡、脱胶或其他缺陷。

7.7 **力学性能**

7.7.1 **抗穿透性**

普速车玻璃按 8.8.1 进行试验，以 6 m 的冲击高度进行试验，冲击后 5 s 内钢球不可穿透试样。

7.7.2 **抗飞弹性**

高速车玻璃按 8.8.2 进行试验，按式(2)或由供需双方商定的冲击速度冲击制品，冲击后冲击体不得穿透制品，同时制品须保持在框架中。

冲击速度：$v_p=(v_{max}+160\ km/h)\pm 20\ km/h$ ……(2)

式中：

v_p——冲击体冲击速度；

v_{max}——机车设计速度，km/h。

此项性能为定型设计时的必测项目。

7.8 **电热性能**

7.8.1 **实际总功率或加温元件电阻**

按 8.9.1 进行试验，其实际总功率或加温元件电阻应符合设计要求，但允许有 10%的误差或供需双方商定。

7.8.2 **绝缘电阻**

按 8.9.1 进行试验，各绝缘部位间的绝缘电阻不得小于 50 MΩ。

7.8.3 **耐电热冲击性**

按 8.9.2 进行试验，在−50℃±2℃承受 2 h 后，按产品要求通电 15 min。试验后玻璃仍能正常工作，其外观质量仍应符合 7.4 条的规定。

7.8.4 **耐电热性**

按 8.9.3 进行试验，在 20℃±5℃下加上 1.2 倍额定电压，工作 30 min，试验后仍能正常工作，其外观质量仍应符合 7.4 条的规定。

7.8.5 **加温均匀性**

按 8.9.4 进行试验时，玻璃的熔蜡时间不得大于 10 min 或加温区各点温差不得大于 10℃。

8 试验方法

8.1 **外形尺寸测量**

产品的外形尺寸用符合 GB/T 9056 规定的最小刻度为 1 mm 的钢直尺或钢卷尺测量，若用户提供样板时可按样板检查。

8.2 **厚度测量**

使用符合 GB/T 1216 规定的最小刻度为 0.02 mm 的外径千分尺或符合 GB/T 1214 规定的游标卡尺测量玻璃每边中点的厚度，以 4 点测量值的算术平均值作为成品厚度，数值修约到小数后 1 位。

8.3 **叠差测量**

用符合 GB/T 9056 规定的最小刻度为 0.5 mm 的钢直尺测量两单片玻璃的最大错位值。

8.4 弯曲度测量

将试样垂直立放，把钢直尺的直线边紧贴试样，用塞尺测量玻璃与钢直尺之间的缝隙，将此值除以测量边的边长即为弯曲度。

8.5 外观质量检验

8.5.1 在良好的漫射光条件下，距玻璃表面 500 mm 左右处，用肉眼进行观察，必要时可借助于读数显微镜等测量工具检查玻璃表面缺陷和内部缺陷。

8.5.2 缺陷的直径取其相互垂直的最大长度和最大宽度的算术平均值。

8.5.3 每块产品实际允许的缺陷数按式(3)计算：

$$N = S \cdot n \qquad \cdots\cdots(3)$$

式中：

N——每块产品实际允许的缺陷数(四舍五入取整数)；

S——玻璃的面积(距周边 15 mm 范围内除外)，m^2；

n——表 2 中规定的单位面积缺陷数。

8.6 光学性能

8.6.1 透射比

取 3 块产品或与产品同等材料、同等工艺制成的试样，按 GB/T 5137.2—2002 中 3.1 条的方法进行试验，3 块产品或试样均符合 7.5.1 的要求方为合格。

8.6.2 光畸变

取 4 块产品，按 GB/T 5137.2—2002 中 3.3 条的方法进行试验，4 块产品均符合 7.5.2 的要求方为合格。

8.7 耐环境稳定性

8.7.1 耐热性

取 3 块与产品同等材料、同等工艺制成的尺寸约为 300 mm×300 mm 的试样，按 GB/T 5137.3—2002 中第 6 条的方法进行试验，3 块试样均符合 7.6.1 的要求方为合格。1 块试样符合要求时为不合格。

当 2 块试样符合要求时，则需再追加 3 块试样重做试验，3 块试样均符合要求时为合格。

8.7.2 耐辐照性

取 3 块与产品同等材料、同等工艺制成的尺寸约为 300 mm×76 mm 的试样，按 GB/T 5137.3—2002 中第 5 条的方法进行试验，3 块试样均符合 7.6.2 的要求方为合格。1 块试样符合要求时为不合格。

当 2 块试样符合要求时，则需再追加 3 块试样重做试验，3 块试样均符合要求时为合格。

8.7.3 耐湿性

取 3 块与产品同等材料、同等工艺制成的尺寸约为 300 mm×300 mm 的试样，按 GB/T 5137.3—2002 中第 7 条的方法进行试验，3 块试样均符合 7.6.3 的要求方为合格。1 块试样符合要求时为不合格。

当 2 块试样符合要求时，则需再追加 3 块试样重做试验，3 块试样均符合要求时为合格。

8.8 力学性能

8.8.1 抗穿透性

取 6 块与产品同等材料、同等工艺制成的 300 mm×300 mm 的试样在 20℃±5℃ 下按 GB/T 5137.1—2002 中第 6 条的方法进行试验，6 块试样均符合 7.7.1 的要求方为合格。4 块或 4 块以下试样符合要求时为不合格。

当 5 块试样符合要求时，则需再追加 6 块试样重做试验，6 块试样均符合要求时为合格。

8.8.2 抗飞弹性

8.8.2.1 取3块制品进行试验，试验后3块制品必须全部符合7.7.2的要求。

8.8.2.2 冲击体为质量1 000 g±10 g的圆柱体，冲击体与试验样品接触部分为半圆形，见图1。当冲击体在冲击过程中发生永久性破坏时，应及时更换冲击体。

单位为毫米

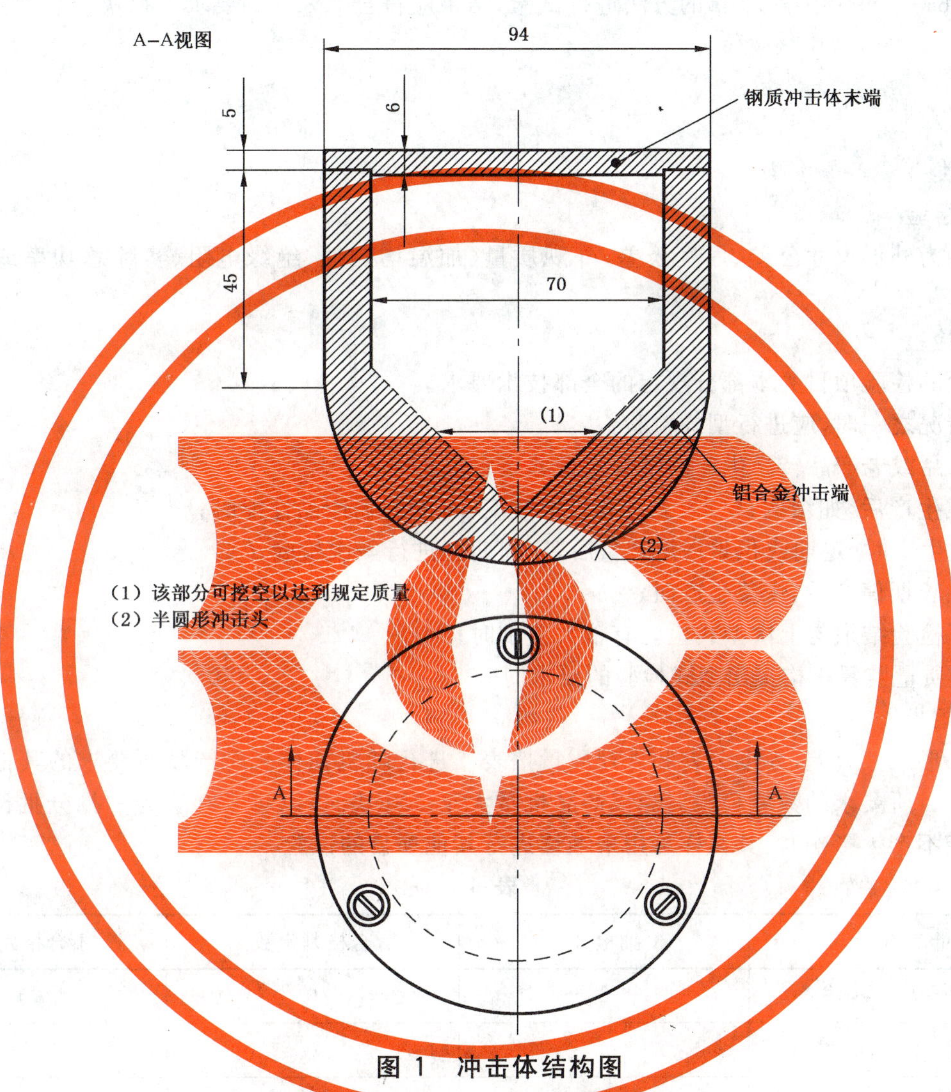

图1 冲击体结构图

8.8.2.3 采用GJB 2464—1995标准中第5.3章的试验设备。

8.8.2.4 试样安装时，应以实车安装角安装在框架上。在整个试验过程中，试样保持在15℃～35℃。

8.8.2.5 将冲击体放入弹衬壳中，装进空气炮管中，启动空气压缩机，当压力容器中的压力达到所需值时，打开空气释放机构，让划刀迅速划破堵气的涤纶薄膜，在压缩空气的作用下，使冲击体按一定速度射出炮口，通过测速装置，撞击试样。

8.8.2.6 试验后，检查和记录试验件的损伤程度并拍照。

8.9 电热性能

8.9.1 加温元件电阻、绝缘电阻、实际总功率

取3块产品分别按GJB 961—1990中第6,8,9章的方法进行试验，3块产品均符合7.8.3的要求方为合格。否则为不合格。

8.9.2 耐电热冲击性

取3块产品分别按GJB 961—1990中第13章的方法进行试验，3块产品均符合7.8.1,7.8.2的要

求方为合格。否则为不合格。

8.9.3 耐电热性

取3块产品分别按GJB 961—1990中第11章的方法进行试验，3块产品均符合7.8.4的要求方为合格。否则为不合格。

8.9.4 加温均匀性

按GJB 961—1990中第10章的方法进行试验，结果应符合7.8.5的要求。每块产品均应经受此项检验。

9 检验规则

9.1 检验分类

9.1.1 出厂检验

检验项目为外形尺寸公差、厚度公差、外观质量、加温均匀性、绝缘电阻、实际总功率或加温元件电阻。

9.1.2 型式检验

型式检验的检验项目为本部分规定的全部技术要求。

有下列情况之一时，应进行型式检验：

a) 新产品或老产品转厂生产的试制定型鉴定；

b) 正式生产后，如结构、材料、工艺有较大改变，可能影响产品性能时；

c) 正常生产时，定期或积累一定产量后，应周期性进行一次检验；

d) 产品长期停产后，恢复生产时；

e) 出厂检验结果与上次型式检验有较大差别时；

f) 国家质量监督机构提出型式检验的要求时。

9.2 抽样与组批

产品的外形尺寸公差、厚度公差和外观质量按表4进行随机抽样。对产品所要求的其他技术性能应根据检验项目所要求的数量检验。当该产品批量大于500块时，以每500块为一批分批检验。当检验项目对性能不产生影响时，其试样可用来继续进行其他项目的试验。

表4

批量范围	抽检数	合格判定数	不合格判定数
2～8	2	0	1
9～15	3	0	1
16～25	5	0	1
26～50	8	0	1
51～90	13	1	2
91～150	20	1	2
151～280	32	2	3
281～500	50	3	4

9.3 判定规则

若产品的外形尺寸公差、厚度公差和外观质量的不合格品数等于或大于表4的不合格判定数，则认为该批产品中的该项要求不合格。

产品其他技术要求的合格与否按本部分所规定的相应条款进行判定。

若上述各项中有一项不合格，则该批产品不合格。

10 标志、包装、运输和储存

10.1 标志

10.1.1 产品标志

每块产品的右下角或左下角必须有永久性的标记、生产厂名或商标。

10.1.2 包装标志

每个包装箱上应标明箱内包装产品的名称、规格、数量、生产厂名、出厂日期。并贴上(或写上)“小心轻放、防潮、向上”的标志。

10.2 包装

10.2.1 产品应用木箱或其他包装箱包装，玻璃应垂直立放在箱内，每块玻璃应用塑料布或纸包裹，玻璃与包装箱之间用不易引起玻璃划伤等外观缺陷的轻软材料填实。

10.2.2 包装箱内应放有合格证和装箱单，装箱单上应标明产品种类、规格、数量和装箱日期。

10.3 运输

运输时，包装箱不得平放或斜放，长度方向应与车辆运动方向相同，应有防雨措施。

10.4 储存

产品应垂直储存在干燥的室内。

ICS 81.040.20
Q 33

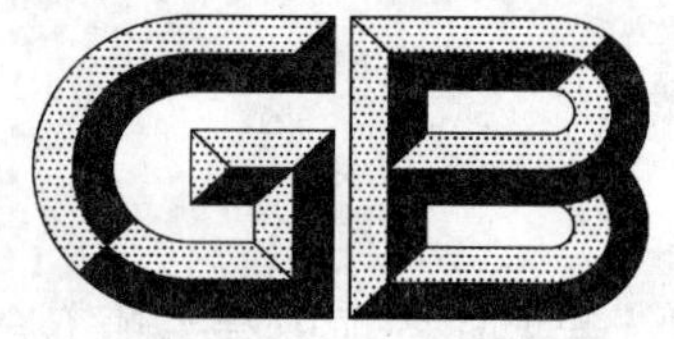

中华人民共和国国家标准

GB 15763.1—2009
代替 GB 15763.1—2001

建筑用安全玻璃 第1部分：防火玻璃

Safety glazing materials in building—Part 1: Fire-resistant glass

2009-03-25 发布 2010-03-01 实施

中华人民共和国国家质量监督检验检疫总局
中国国家标准化管理委员会 发布

前　言

本部分 6.3、6.6、6.7、6.8、6.9、6.10、9.1 为强制性条款，其他为推荐性条款。

GB 15763《建筑用安全玻璃》目前分为四个部分：

——第 1 部分：防火玻璃；

——第 2 部分：钢化玻璃；

——第 3 部分：夹层玻璃；

——第 4 部分：均质钢化玻璃。

本部分为 GB 15763 的第 1 部分。

本部分参考了国外相应的标准或规范，如 BS EN 357:2004《建筑用玻璃——镶透明或半透明玻璃的防火玻璃构件——防火性能分类》、BS 6262-3:2005《建筑窗——第 3 部分：防火、安全和风载实施规范》。

本部分代替 GB 15763.1—2001《建筑用安全玻璃　防火玻璃》。本部分与 GB 15763.1—2001 相比主要变化如下：

——按 GB 15763.1—2001 第 1 号修改单对条文进行修订。

——增加耐火极限等定义。

——取消了 B 类防火玻璃。

——复合防火玻璃外观质量增加划伤缺陷要求。

——重新规定耐火极限等级。

本部分由中国建筑材料联合会提出。

本部分由全国建筑用玻璃标准化技术委员会归口。

本部分负责起草单位：中国建筑材料检验认证中心、公安部天津消防研究所、公安部四川消防研究所。

本部分参加起草单位：广东金刚玻璃科技股份有限公司、北京格林京丰防火玻璃有限公司、浙江中力控股集团有限公司、和合科技集团有限公司、鹤山市恒保防火玻璃厂有限公司。

本部分主要起草人：苗向阳、龚蜀一、汪如洋、黄伟、聂涛、庄大建、宋丽、龙霖星、夏卫文、陈沃林、吴从真、隋超英。

本部分所代替标准的历次发布情况为：

——GB 15763—1995 中建筑用防火玻璃部分；

——GB 15763.1—2001。

建筑用安全玻璃　第1部分:防火玻璃

1　范围

GB 15763的本部分规定了建筑用防火玻璃的术语和定义、分类及标记、材料、要求、试验方法、检验规则、标志、产品使用说明书及包装、运输、贮存等。

本部分适用于建筑用复合防火玻璃及经钢化工艺制造的单片防火玻璃。

2　规范性引用文件

下列文件中的条款通过GB 15763的本部分的引用而成为本部分的条款。凡是注日期的引用文件,其随后所有的修改单(不包括勘误的内容)或修订版均不适用于本部分,然而,鼓励根据本部分达成协议的各方研究是否可使用这些文件的最新版本。凡是不注日期的引用文件,其最新版本适用于本部分。

GB/T 1216　外径千分尺

GB/T 2680—1994　建筑玻璃可见光透射比、太阳光直接透射比、太阳能总透射比、紫外线透射比及有关窗玻璃参数的测定

GB/T 5137.3—2002　汽车安全玻璃试验方法　第3部分:耐辐照、高温、潮湿、燃烧和耐模拟气候试验

GB 11614　平板玻璃

GB/T 12513—2006　镶玻璃构件耐火试验方法(ISO 3009:2003,MOD)

GB 15763.2—2005　建筑用安全玻璃　第2部分:钢化玻璃

GB/T 18915(所有部分)　镀膜玻璃

3　术语和定义

下列术语和定义适用于本部分。

3.1

耐火完整性　integrity of fire-resistant

在标准耐火试验条件下,玻璃构件当其一面受火时,能在一定时间内防止火焰和热气穿透或在背火面出现火焰的能力。

3.2

耐火隔热性　insulation of fire-resistant

在标准耐火试验条件下,玻璃构件当其一面受火时,能在一定时间内使其背火面温度不超过规定值的能力。

3.3

耐火极限　fire-resistant time

在标准耐火试验条件下,玻璃构件从受火的作用时起,到失去完整性或隔热型要求时止的这段时间。

3.4

复合防火玻璃　laminated fire-resistant glass

由两层或两层以上玻璃复合而成或由一层玻璃和有机材料复合而成,并满足相应耐火性能要求的特种玻璃。

3.5

单片防火玻璃　monolithic fire-resistant glass

由单层玻璃构成，并满足相应耐火性能要求的特种玻璃。

3.6

隔热型防火玻璃(A 类)　insulated fire-resistant glass (A type)

耐火性能同时满足耐火完整性、耐火隔热性要求的防火玻璃。

3.7

非隔热型防火玻璃(C 类)　integrity-only fire-resistant glass (C type)

耐火性能仅满足耐火完整性要求的防火玻璃。

4　分类及标记

4.1　分类

4.1.1　防火玻璃按结构可分为：

a)　复合防火玻璃(以 FFB 表示)；

b)　单片防火玻璃(以 DFB 表示)。

4.1.2　防火玻璃按耐火性能可分为：

a)　隔热型防火玻璃(A 类)；

b)　非隔热型防火玻璃(C 类)。

4.1.3　防火玻璃按耐火极限可分为五个等级：0.50 h、1.00 h、1.50 h、2.00 h、3.00 h。

4.2　标记

4.2.1　标记方式

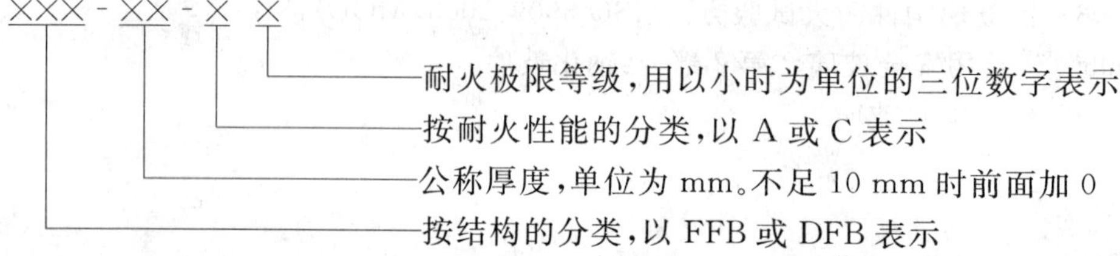

4.2.2　标记示例

一块公称厚度为 25 mm、耐火性能为隔热类(A 类)，耐火等级为 1.50 h 的复合防火玻璃的标记如下：

FFB-25-A1.50

一块公称厚度为 12 mm、耐火性能为非隔热类(C 类)，耐火等级为 1.00 h 的单片防火玻璃的标记如下：

DFB-12-C1.00

5　材料

防火玻璃原片可选用镀膜或非镀膜的浮法玻璃、钢化玻璃，复合防火玻璃原片，还可选用单片防火玻璃。原片玻璃应分别符合 GB 11614、GB 15763.2—2005、GB/T 18915(所有部分)等相应标准和本部分相应条款的规定。

所采用其他材料也均应满足相应的国家标准、行业标准、相关技术条件要求。

6　要求

防火玻璃的技术要求应符合表 1 相应条款的规定。

表 1　防火玻璃技术要求及试验方法

名　　称	技　术　要　求		试验方法
	复合防火玻璃	单片防火玻璃	
尺寸、厚度允许偏差	6.1	6.1	7.1
外观质量	6.2	6.2	7.2
耐火性能	6.3	6.3	7.3
弯曲度	6.4	6.4	7.4
可见光透射比	6.5	6.5	7.5
耐热性能	6.6	—	7.6
耐寒性能	6.7	—	7.7
耐紫外线辐照性能	6.8	—	7.8
抗冲击性能	6.9	6.9	7.9
碎片状态	—	6.10	7.10

6.1　尺寸、厚度允许偏差

防火玻璃的尺寸、厚度允许偏差应符合表 2 和表 3 的规定。

表 2　复合防火玻璃的尺寸、厚度允许偏差　　单位为毫米

玻璃的公称厚度 d	长度或宽度(L)允许偏差		厚度允许偏差
	$L \leqslant 1\,200$	$1\,200 < L \leqslant 2\,400$	
$5 \leqslant d < 11$	±2	±3	±1.0
$11 \leqslant d < 17$	±3	±4	±1.0
$17 \leqslant d < 24$	±4	±5	±1.3
$24 \leqslant d < 35$	±5	±6	±1.5
$d \geqslant 35$	±5	±6	±2.0
注：当 L 大于 2 400 mm 时，尺寸允许偏差由供需双方商定。			

表 3　单片防火玻璃尺寸、厚度允许偏差　　单位为毫米

<table>
<tr><th rowspan="2">玻璃公称厚度</th><th colspan="3">长度或宽度(L)允许偏差</th><th rowspan="2">厚度允许偏差</th></tr>
<tr><th>L≤1 000</th><th>1 000<L≤2 000</th><th>L>2 000</th></tr>
<tr><td>5
6</td><td>+1
−2</td><td rowspan="3">±3</td><td rowspan="4">±4</td><td>±0.2</td></tr>
<tr><td>8
10</td><td rowspan="2">+2
−3</td><td>±0.3</td></tr>
<tr><td>12</td><td>±0.3</td></tr>
<tr><td>15</td><td>±4</td><td>±4</td><td>±0.5</td></tr>
<tr><td>19</td><td>±5</td><td>±5</td><td>±6</td><td>±0.7</td></tr>
</table>

6.2　外观质量

防火玻璃的外观质量应符合表 4 和表 5 的规定。

表 4 复合防火玻璃的外观质量

缺陷名称	要　求
气泡	直径 300 mm 圆内允许长 0.5 mm～1.0 mm 的气泡 1 个
胶合层杂质	直径 500 mm 圆内允许长 2.0 mm 以下的杂质 2 个
划伤	宽度≤0.1 mm,长度≤50 mm 的轻微划伤,每平方米面积内不超过 4 条
	0.1 mm<宽度<0.5 mm,长度≤50 mm 的轻微划伤,每平方米面积内不超过 1 条
爆边	每米边长允许有长度不超过 20 mm、自边部向玻璃表面延伸深度不超过厚度一半的爆边 4 个
叠差、裂纹、脱胶	脱胶、裂纹不允许存在;总叠差不应大于 3 mm
注:复合防火玻璃周边 15 mm 范围内的气泡、胶合层杂质不作要求。	

表 5 单片防火玻璃的外观质量

缺陷名称	要　求
爆边	不允许存在
划伤	宽度≤0.1 mm,长度≤50 mm 的轻微划伤,每平方米面积内不超过 2 条
	0.1 mm<宽度<0.5 mm,长度≤50 mm 的轻微划伤,每平方米面积内不超过 1 条
结石、裂纹、缺角	不允许存在

6.3 耐火性能

隔热型防火玻璃(A 类)和非隔热型防火玻璃(C 类)的耐火性能应满足表 6 的要求。

表 6 防火玻璃的耐火性能

分类名称	耐火极限等级	耐火性能要求
隔热型防火玻璃(A 类)	3.00 h	耐火隔热性时间≥3.00 h,且耐火完整性时间≥3.00 h
	2.00 h	耐火隔热性时间≥2.00 h,且耐火完整性时间≥2.00 h
	1.50 h	耐火隔热性时间≥1.50 h,且耐火完整性时间≥1.50 h
	1.00 h	耐火隔热性时间≥1.00 h,且耐火完整性时间≥1.00 h
	0.50 h	耐火隔热性时间≥0.50 h,且耐火完整性时间≥0.50 h
非隔热型防火玻璃(C 类)	3.00 h	耐火完整性时间≥3.00 h,耐火隔热性无要求
	2.00 h	耐火完整性时间≥2.00 h,耐火隔热性无要求
	1.50 h	耐火完整性时间≥1.50 h,耐火隔热性无要求
	1.00 h	耐火完整性时间≥1.00 h,耐火隔热性无要求
	0.50 h	耐火完整性时间≥0.50 h,耐火隔热性无要求

6.4 弯曲度

防火玻璃的弓形弯曲度不应超过 0.3%,波形弯曲度不应超过 0.2%。

6.5 可见光透射比

防火玻璃的可见光透射比应符合表 7 的要求。

表 7 防火玻璃的可见光透射比

项　目	允许偏差最大值(明示标称值)	允许偏差最大值(未明示标称值)
可见光透射比	±3%	≤5%

6.6 耐热性能

试验后复合防火玻璃试样的外观质量应符合 6.2 的规定。

6.7 耐寒性能

试验后复合防火玻璃试样的外观质量应符合 6.2 的规定。

6.8 耐紫外线辐照性

当复合防火玻璃使用在有建筑采光要求的场合时，应进行耐紫外线辐照性能测试。

复合防火玻璃试样试验后试样不应产生显著变色、气泡及浑浊现象，且试验前后可见光透射比相对变化率 ΔT 应不大于 10%。

6.9 抗冲击性能

试样试验破坏数应符合 8.3.4 的规定。

单片防火玻璃不破坏是指试验后不破碎；复合防火玻璃不破坏是指试验后玻璃满足下述条件之一：

a) 玻璃不破碎；

b) 玻璃破碎但钢球未穿透试样。

6.10 碎片状态

每块试验样品在 50 mm×50 mm 区域内的碎片数应不低于 40 块。允许有少量长条碎片存在，但其长度不得超过 75 mm，且端部不是刀刃状；延伸至玻璃边缘的长条形碎片与玻璃边缘形成的夹角不得大于 45°。

7 试验方法

7.1 尺寸、厚度允许偏差

尺寸用最小刻度为 1 mm 的钢直尺或钢卷尺测量。厚度用符合 GB/T 1216 规定的千分尺或与此同等精度的器具测量玻璃四边中点，测量结果以四点平均值表示，数值精确到 0.1 mm。

7.2 外观质量

在良好的自然光或散射光照条件下，在距玻璃的正面 600 mm 处进行目视检查。缺陷的尺寸以能清楚观察到的最大边缘为限。采用分度值为 1 mm 的金属直尺和(或)最小分度值为 0.01 mm 的读数显微镜测量缺陷的尺寸。

7.3 耐火性能

按 GB/T 12513—2006 进行耐火性能试验。试样受火尺寸应选择实际使用的最大尺寸来进行试验，且不应小于 1 100 mm×600 mm。

试验时所使用的固定框架和安装方式应与实际工程配套使用的相同，并以图纸或其他相当的方法记录固定框架的结构和安装方式。对于隔热型(A 类)防火玻璃固定框架背火面温度测量值仅做记录，不作为隔热性的判定条件。

7.4 弯曲度

按 GB 15763.2—2005 中 6.4 规定的方法进行测量。

7.5 可见光透射比

取三块试样，按 GB/T 2680—1994 中 3.1 规定的方法进行检验。对于明示标称值的产品，以标称值作为偏差的基准；对于未明示标称值的产品，则取三块试样进行测试，取三块试样之间差值的最大值。

7.6 耐热性能

7.6.1 取六块试样进行试验，其中三块为备样。试样规格应为 300 mm×300 mm，应与制品材料相同、在相同加工工艺下制作。

试验前，试样应在 20 ℃±5 ℃下垂直放置 6 h 以上，检查外观质量并详细记录缺陷情况。

7.6.2 将试样垂直放入恒温箱，保持 50 ℃±2 ℃，恒温 6 h 后取出。

7.6.3 将取出的试样，在 20 ℃±5 ℃下垂直放置 6 h 以上，检查其外观质量。

7.7 耐寒性能

7.7.1 同 7.6.1。

7.7.2 将试样放入低温箱中，保持－20 ℃±2 ℃，恒温 6 h 后取出。

7.7.3 将取出的试样，在 20 ℃±5 ℃下垂直放置 6 h 以上，检查其外观质量。

7.8 耐紫外线辐照性能

取六块试样进行试验，其中三块为备样。试样规格应为 300 mm×76 mm，为与制品材料相同、在相同加工工艺下制作的平型试验片。试验装置应满足 GB/T 5137.3—2002 的要求。

试验应按照 GB/T 5137.3—2002 进行。

试验前后试样的可见光透射比相对变化率 ΔT 的计算见式(1)；

$$\Delta T = \frac{|T_1 - T_2|}{T_1} \times 100 \qquad \cdots\cdots (1)$$

式中：

ΔT——试样可见光透射比相对变化率，单位为百分数(%)；

T_1——紫外线照射前试样可见光透射比；

T_2——紫外线照射后试样可见光透射比。

7.9 抗冲击性能

取十二块试样进行试验，其中六块为备样。按 GB 15763.2—2005 中 6.5 规定的方法进行检验。当复合防火玻璃为不对称结构时，取较薄的一面为冲击面。

7.10 碎片状态

取四块样品进行试验，样品尺寸为 1 100 mm×360 mm。按 GB 15763.2—2005 中 6.6 规定的方法进行试验。

8 检验规则

8.1 检验分类

检验分出厂检验和型式检验。

8.1.1 出厂检验

检验项目为尺寸、厚度及偏差、外观质量和弯曲度。

8.1.2 型式检验

检验项目为本部分规定的全部技术要求，有下列情况之一时，应进行型式检验：

a) 新产品或老产品转厂生产的试制定型鉴定。

b) 正式生产后，如结构、材料、工艺有较大改变，可能影响产品性能时。

c) 正常生产满 3 年时。

d) 产品停产半年以上，恢复生产时。

e) 出厂检验结果与上次型式检验有较大差异时。

f) 质量监督部门提出进行型式检验的要求时。

8.2 组批与抽样

8.2.1 防火玻璃的尺寸、厚度偏差、外观质量、弯曲度按表 8 规定进行随机抽样。

表 8 尺寸、厚度偏差、外观质量、弯曲度抽样和判定表

单位为块

批量范围	抽检数	合格判定数	不合格判定数
2～8	2	0	1
9～15	3	0	1
16～25	5	1	2
26～50	8	2	3
51～90	13	3	4

表 8（续）

单位为块

批量范围	抽检数	合格判定数	不合格判定数
91～150	20	5	6
151～280	32	7	8
281～500	50	10	11

8.2.2 对产品的技术要求，若用制品检验时，根据检测项目所要求的数量从该批产品中随机抽取；组成一批的防火玻璃应为同一材料，同一工艺条件下生产的产品。当该批产品批量大于500片时，以每500片为一批分批抽取，若用试样进行检验时，应采用与制品相同材料和工艺条件下制备的试样。

8.3 判定规则

8.3.1 进行防火玻璃的尺寸、厚度偏差、外观质量、弯曲度检验时，如不合格品数小于表8中的不合格判定数，该项目合格；如不合格品数等于或大于表8的不合格判定数，则认为该批产品的该项目不合格。

8.3.2 进行耐火性能、可见光透射比、碎片状态检验时，样品全部满足要求为合格，否则该项目不合格。

8.3.3 进行耐热性能、耐寒性能、耐紫外辐照性能检验时，样品全部满足要求，该项目合格；如二块样品不合格，则该项目不合格；如果有一块样品不合格，可另取三块备用样品重新试验，如仍出现不合格品，则该项目不合格。

8.3.4 进行抗冲击性能检验时，如样品破坏不超过一块，则该项目合格；如三块或三块以上样品破坏，则该项目不合格；如果有二块样品破坏，可另取六块备用样品重新试验，如仍出现样品破坏，则该项目不合格。

8.3.5 全部检验项目中，如有一项不合格，则认为该批产品不合格。

9 标志、产品使用说明书

9.1 标志

9.1.1 产品标志

每块产品的右下角应有不易擦掉的产品标记、企业名称或商标。

9.1.2 包装标志

每个包装箱上应标明箱内包装产品的种类、规格、耐火极限、数量、收货单位、生产企业名称及地址、出厂日期。并标注"小心轻放、防潮、向上"。

9.2 产品使用说明书

产品出厂时应附产品使用说明书，明确产品的使用场所、安装要求、产品主要性能等内容。

10 包装、运输、贮存

10.1 包装

产品应用木箱或其他包装箱包装，玻璃应垂直立放在箱内，每片玻璃应用塑料膜或纸等材料隔开，玻璃与包装箱之间应使用不易引起玻璃划伤等外观缺陷的轻软材料填实。

10.2 运输

运输时不得平放，长度应与车辆运动方向相同，应有防雨措施。

10.3 贮存

产品应垂直存放在干燥的室内。

ICS 81.040
Q 33

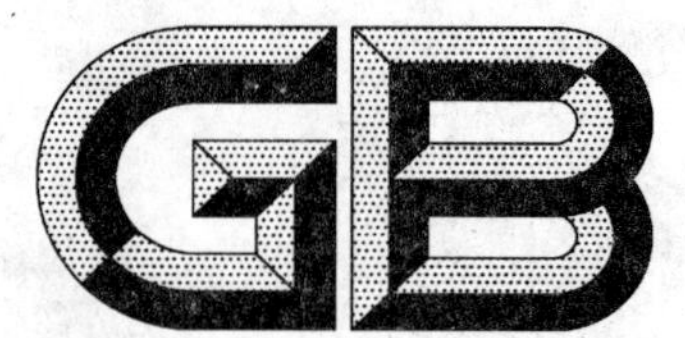

中华人民共和国国家标准

GB 15763.2—2005
代替 GB/T 9963—1998
GB 17841—1999 部分

建筑用安全玻璃　第2部分:钢化玻璃

Safety glazing materials in building—Part 2:Tempered glass

2005-08-30 发布　　　　2006-03-01 实施

中华人民共和国国家质量监督检验检疫总局
中国国家标准化管理委员会　发布

前　言

本部分的5.5,5.6,5.7为强制性的,其余为推荐性。

GB 15763《建筑用安全玻璃》目前分为两个部分:

——第一部分:防火玻璃;

——第二部分:钢化玻璃。

本部分为GB 15763的第2部分。

本部分代替GB/T 9963—1998《钢化玻璃》和GB 17841—1999《幕墙用钢化玻璃和半钢化玻璃》中对幕墙用钢化玻璃的有关规定。

本部分与GB/T 9963—1998相比主要变化如下:

——修改了碎片试验的方法和要求;

——关于引用文件的规则修订为:区分注日期和不注日期的引用文件(GB/T 9963—1998的2,本部分的2);

——增加了垂直法钢化玻璃和水平法钢化玻璃的分类(本部分的3);

——纳入了GB 17841—1999中对幕墙用钢化玻璃的表面应力和耐热冲击性能要求,修改了表面应力的要求(GB 17841—1999的5.4.1,5.4.3,6.4,6.6;本部分的5.8,5.11,6.8,6.9);

——增加了对玻璃圆孔的尺寸要求(本部分的5.1.5);

——修改了外观质量的要求;

——删减了透射比和抗风压性能的方法和要求;

——修改了抽样规则;

——增加了对钢化玻璃应力斑和自爆现象的说明(本部分的附录A)。

本部分的附录A为资料性附录。

本部分由中国建筑材料工业协会提出。

本部分由全国建筑用玻璃标准化技术委员会归口。

本部分负责起草单位:中国建筑材料科学研究院玻璃科学研究所、秦皇岛玻璃工业设计研究院、建材工业技术监督研究中心。

本部分参加起草单位:深圳南玻工程玻璃有限公司、广东金刚玻璃科技股份有限公司、宁波市江花新谊安全玻璃有限公司、无锡新惠玻璃制品有限公司。

本部分主要起草人:杨建军、邱国洪、韩松、莫娇、龚蜀一、王睿、刘志付、李金平、朱梅、艾发智、邬德华、庄大建、夏卫文。

本部分所代替标准的历次发布情况为:

GB 9963—1988、GB/T 9963—1998、GB 17841—1999中有关幕墙用钢化玻璃的部分。

建筑用安全玻璃 第2部分:钢化玻璃

1 范围

GB 15763的本部分规定了经热处理工艺制成的建筑用钢化玻璃的分类、技术要求、试验方法和检验规则。

GB 15763的本部分适用于经热处理工艺制成的建筑用钢化玻璃。对于建筑以外用的(如工业装备、家具等)钢化玻璃,如果没有相应的产品标准,可根据其产品特点参照使用本标准。

2 规范性引用文件

下列文件中的条款通过本部分的引用而成为本部分的条款。凡是注日期的引用文件,其随后所有的修改单(不包括勘误的内容)或修订版均不适用于本标准,然而,鼓励根据本部分达成协议的各方研究是否可使用这些文件的最新版本。凡是不注日期的引用文件,其最新版本适用于本部分。

GB 9962—1999 夹层玻璃

GB 11614 浮法玻璃

GB/T 18144 玻璃应力测试方法

3 定义及分类

3.1 定义

钢化玻璃:经热处理工艺之后的玻璃。其特点是在玻璃表面形成压应力层,机械强度和耐热冲击强度得到提高,并具有特殊的碎片状态。

3.2 分类

3.2.1 钢化玻璃按生产工艺分类,可分为:

垂直法钢化玻璃:在钢化过程中采取夹钳吊挂的方式生产出来的钢化玻璃。

水平法钢化玻璃:在钢化过程中采取水平辊支撑的方式生产出来的钢化玻璃。

3.2.2 钢化玻璃按形状分类,分为平面钢化玻璃和曲面钢化玻璃。

4 钢化玻璃所使用的玻璃

生产钢化玻璃所使用的玻璃,其质量应符合相应的产品标准的要求。对于有特殊要求的,用于生产钢化玻璃的玻璃,玻璃的质量由供需双方确定。

5 要求

钢化玻璃的各项性能及其试验方法应符合表1相应条款的规定。其中安全性能要求为强制性要求。

表1 技术要求及试验方法条款

名称		技术要求	试验方法
尺寸及外观要求	尺寸及其允许偏差	5.1	6.1
	厚度及其允许偏差	5.2	6.2
	外观质量	5.3	6.3
	弯曲度	5.4	6.4

表 1(续)

名　　称		技术要求	试验方法
安全性能要求	抗冲击性	5.5	6.5
	碎片状态	5.6	6.6
	霰弹袋冲击性能	5.7	6.7
一般性能要求	表面应力	5.8	6.8
	耐热冲击性能	5.9	6.9

5.1 尺寸及其允许偏差

5.1.1 长方形平面钢化玻璃边长允许偏差

长方形平面钢化玻璃边长的允许偏差应符合表 2 的规定。

表 2 长方形平面钢化玻璃边长允许偏差　　单位为毫米

<table>
<tr><th rowspan="2">厚　度</th><th colspan="4">边长(L)允许偏差</th></tr>
<tr><th>L≤1 000</th><th>1 000＜L≤2 000</th><th>2 000＜L≤3 000</th><th>L＞3 000</th></tr>
<tr><td>3、4、5、6</td><td>+1
−2</td><td rowspan="2">±3</td><td rowspan="3">±4</td><td rowspan="3">±5</td></tr>
<tr><td>8、10、12</td><td>+2
−3</td></tr>
<tr><td>15</td><td>±4</td><td>±4</td></tr>
<tr><td>19</td><td>±5</td><td>±5</td><td>±6</td><td>±7</td></tr>
<tr><td>＞19</td><td colspan="4">供需双方商定</td></tr>
</table>

5.1.2 长方形平面钢化玻璃的对角线差

长方形平面钢化玻璃的对角线差应符合表 3 的规定。

表 3 长方形平面钢化玻璃对角线差允许值　　单位为毫米

<table>
<tr><th rowspan="2">玻璃公称厚度</th><th colspan="3">对角线差允许值</th></tr>
<tr><th>边长≤2 000</th><th>2 000＜边长≤3 000</th><th>边长＞3 000</th></tr>
<tr><td>3、4、5、6</td><td>±3.0</td><td>±4.0</td><td>±5.0</td></tr>
<tr><td>8、10、12</td><td>±4.0</td><td>±5.0</td><td>±6.0</td></tr>
<tr><td>15、19</td><td>±5.0</td><td>±6.0</td><td>±7.0</td></tr>
<tr><td>＞19</td><td colspan="3">供需双方商定</td></tr>
</table>

5.1.3 其他形状的钢化玻璃的尺寸及其允许偏差

由供需双方商定。

5.1.4 边部加工

边部加工形状及质量由供需双方商定。

5.1.5 圆孔

5.1.5.1 概述

本条只适用于公称厚度不小于 4 mm 的钢化玻璃。圆孔的边部加工质量由供需双方商定。

5.1.5.2 孔径

孔径一般不小于玻璃的公称厚度，孔径的允许偏差应符合表 4 的规定。小于玻璃的公称厚度的孔的孔径允许偏差由供需双方商定。

表 4　孔径及其允许偏差

单位为毫米

公称孔径(D)	允许偏差
$4 \leqslant D \leqslant 50$	±1.0
$50 < D \leqslant 100$	±2.0
$D > 100$	供需双方商定

5.1.5.3　孔的位置

1）　孔的边部距玻璃边部的距离 a 不应小于玻璃公称厚度的 2 倍。如图 1 所示。

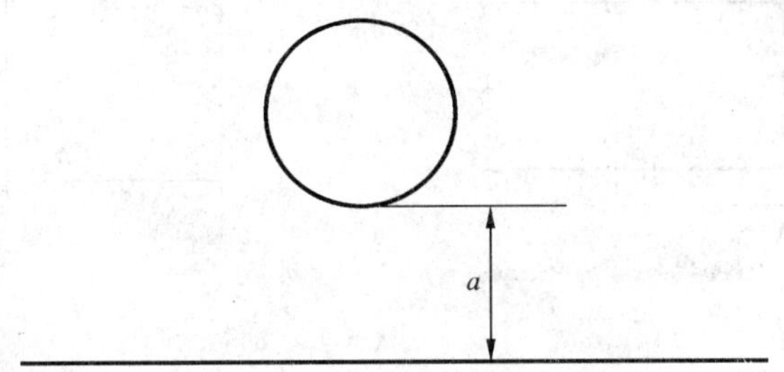

图 1　孔的边部距玻璃边部的距离示意图

2）　两孔孔边之间的距离 b 不应小于玻璃公称厚度的 2 倍。如图 2 所示。

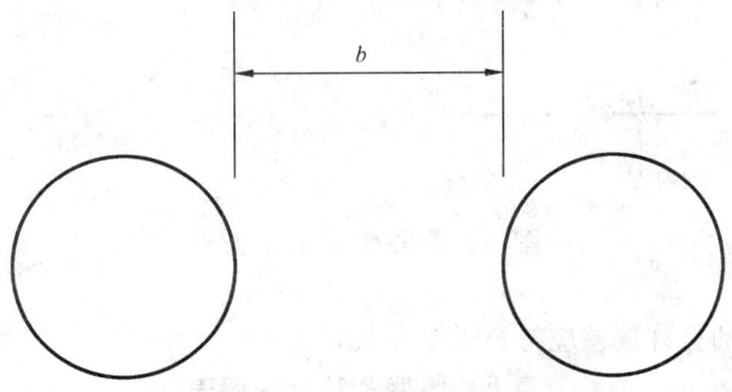

图 2　两孔孔边之间的距离示意图

3）　孔的边部距玻璃角部的距离 c 不应小于玻璃公称厚度 d 的 6 倍。如图 3 所示。

注：如果孔的边部距玻璃角部的距离小于 35 mm，那么这个孔不应处在相对于角部对称的位置上。具体位置由供需双方商定。

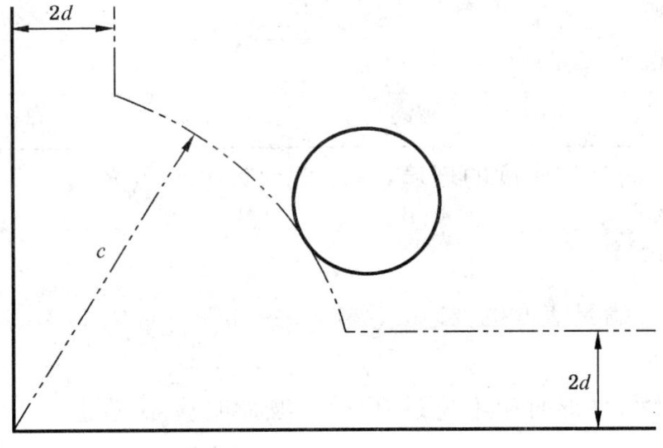

图 3　孔的边部距玻璃角部的距离示意图

4) 圆心位置表示方法及其允许偏差

圆孔圆心的位置的表达方法可参照图 4 进行。如图 4 建立坐标系，用圆心的位置坐标(x，y)表达圆心的位置。

圆孔圆心的位置 x、y 的允许偏差与玻璃的边长允许偏差相同(见表 2)。

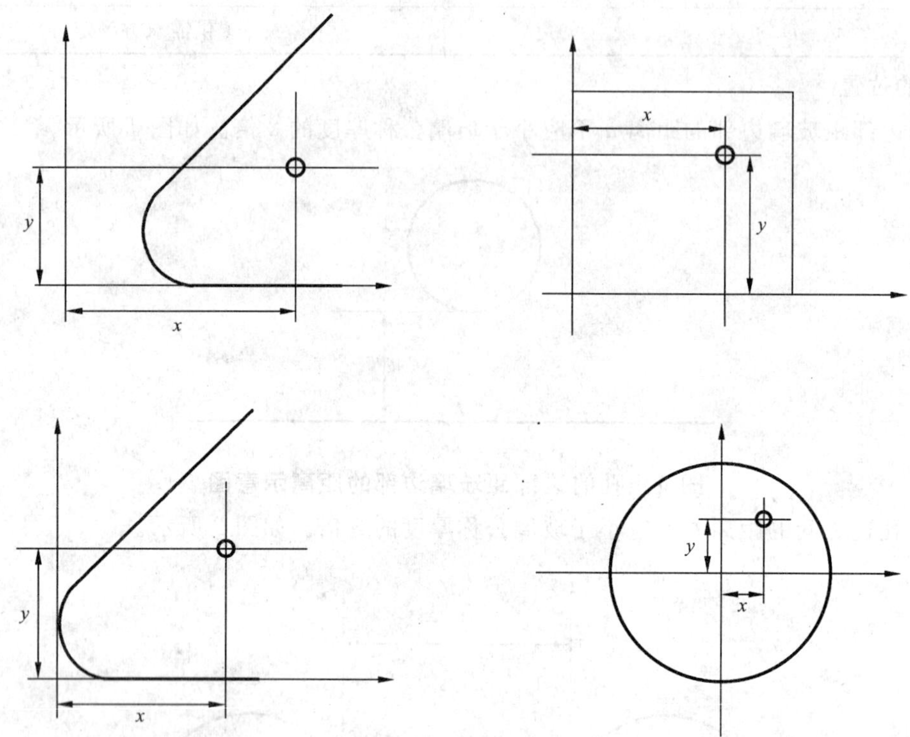

图 4 圆心位置表示方法

5.2 厚度及其允许偏差

5.2.1 钢化玻璃的厚度的允许偏差应符合表 5 的规定。

表 5 厚度及其允许偏差

单位为毫米

公称厚度	厚度允许偏差
3、4、5、6	±0.2
8、10	±0.3
12	±0.4
15	±0.6
19	±1.0
>19	供需双方商定

5.2.2 对于表 5 未作规定的公称厚度的玻璃，其厚度允许偏差可采用表 5 中与其邻近的较薄厚度的玻璃的规定，或由供需双方商定。

5.3 外观质量

钢化玻璃的外观质量应满足表 6 的要求。

5.4 弯曲度

平面钢化玻璃的弯曲度，弓形时应不超过 0.3%，波形时应不超过 0.2%。

5.5 抗冲击性

取 6 块钢化玻璃进行试验，试样破坏数不超过 1 块为合格，多于或等于 3 块为不合格。

破坏数为 2 块时，再另取 6 块进行试验，试样必须全部不被破坏为合格。

表 6　钢化玻璃的外观质量

缺陷名称	说　　明	允许缺陷数
爆边	每片玻璃每米边长上允许有长度不超过 10 mm，自玻璃边部向玻璃板表面延伸深度不超过 2 mm，自板面向玻璃厚度延伸深度不超过厚度 1/3 的爆边个数	1 处
划伤	宽度在 0.1 mm 以下的轻微划伤，每平方米面积内允许存在条数	长度≤100 mm 时 4 条
	宽度大于 0.1 mm 的划伤，每平方米面积内允许存在条数	宽度 0.1 mm～1 mm， 长度≤100 mm 时 4 条
夹钳印	夹钳印与玻璃边缘的距离≤20 mm，边部变形量≤2 mm(见图 5)	
裂纹、缺角	不允许存在	

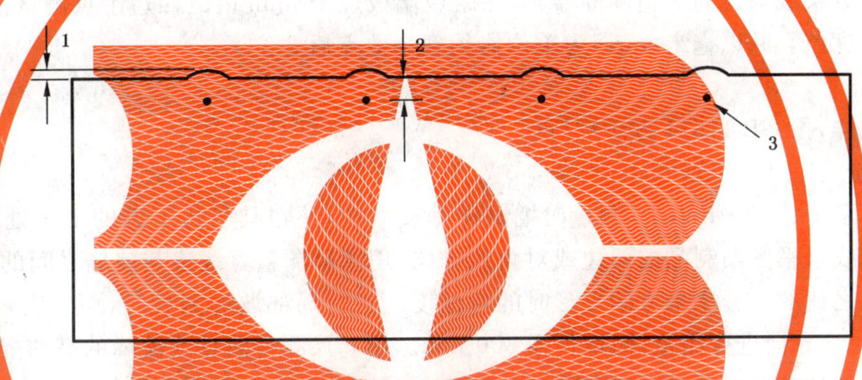

1——边部变形；

2——夹钳印与玻璃边缘的距离；

3——夹钳印。

图 5　夹钳印示意图

5.6　碎片状态

取 4 块玻璃试样进行试验，每块试样在任何 50 mm×50 mm 区域内的最少碎片数必须满足表 7 的要求。且允许有少量长条形碎片，其长度不超过 75 mm。

表 7　最少允许碎片数

玻璃品种	公称厚度/mm	最少碎片数/片
平面钢化玻璃	3	30
	4～12	40
	≥15	30
曲面钢化玻璃	≥4	30

5.7　霰弹袋冲击性能

取 4 块平型玻璃试样进行试验，应符合下列 1)或 2)中任意一条的规定。

1)　玻璃破碎时，每块试样的最大 10 块碎片质量的总和不得超过相当于试样 65 cm^2 面积的质量，保留在框内的任何无贯穿裂纹的玻璃碎片的长度不能超过 120 mm。

2)　霰弹袋下落高度为 1 200 mm 时，试样不破坏。

5.8 表面应力

钢化玻璃的表面应力不应小于90 MPa。

以制品为试样,取3块试样进行试验,当全部符合规定为合格,2块试样不符合则为不合格,当2块试样符合时,再追加3块试样,如果3块全部符合规定则为合格。

5.9 耐热冲击性能

钢化玻璃应耐200℃温差不破坏。

取4块试样进行试验,当4块试样全部符合规定时认为该项性能合格。当有2块以上不符合时,则认为不合格。当有1块不符合时,重新追加1块试样,如果它符合规定,则认为该项性能合格。当有2块不符合时,则重新追加4块试样,全部符合规定时则为合格。

6 试验方法

6.1 尺寸检验

尺寸用最小刻度为1 mm的钢直尺或钢卷尺测量。

6.2 厚度检验

使用外径千分尺或与此同等精度的器具,在距玻璃板边15 mm内的四边中点测量。测量结果的算术平均值即为厚度值。并以毫米(mm)为单位修约到小数点后2位。

6.3 外观检验

以制品为试样,按GB 11614方法进行。

6.4 弯曲度测量

将试样在室温下放置4 h以上,测量时把试样垂直立放,并在其长边下方的1/4处垫上2块垫块。用一直尺或金属线水平紧贴制品的两边或对角线方向,用塞尺测量直线边与玻璃之间的间隙,并以弧的高度与弦的长度之比的百分率来表示弓形时的弯曲度。进行局部波形测量时,用一直尺或金属线沿平行玻璃边缘25 mm方向进行测量,测量长度300 mm。用塞尺测得波谷或波峰的高,并除以300 mm后的百分率表示波形的弯曲度,如图6所示。

6.5 抗冲击性试验

6.5.1 试样为与制品同厚度、同种类的,且与制品在同一工艺条件下制造的尺寸为610 mm(−0 mm,+5 mm)×610 mm(−0 mm,+5 mm)的平面钢化玻璃。

6.5.2 试验装置应符合GB 9962—1999附录A的规定。使冲击面保持水平。试验曲面钢化玻璃时,需要使用相应的辅助框架支承。

6.5.3 使用直径为63.5 mm(质量约1 040 g)表面光滑的钢球放在距离试样表面1 000 mm的高度,使其自由落下。冲击点应在距试样中心25 mm的范围内。

对每块试样的冲击仅限1次,以观察其是否破坏。试验在常温下进行。

6.6 碎片状态试验

6.6.1 以制品为试样。

6.6.2 试验设备

可保留碎片图案的任何装置。

6.6.3 试验步骤

6.6.3.1 将钢化玻璃试样自由平放在试验台上,并用透明胶带纸或其他方式约束玻璃周边,以防止玻璃碎片溅开。

6.6.3.2 在试样的最长边中心线上距离周边20 mm左右的位置,用尖端曲率半径为0.2 mm±0.05 mm的小锤或冲头进行冲击,使试样破碎。

6.6.3.3 保留碎片图案的措施应在冲击后10 s后开始并且在冲击后3 min内结束。

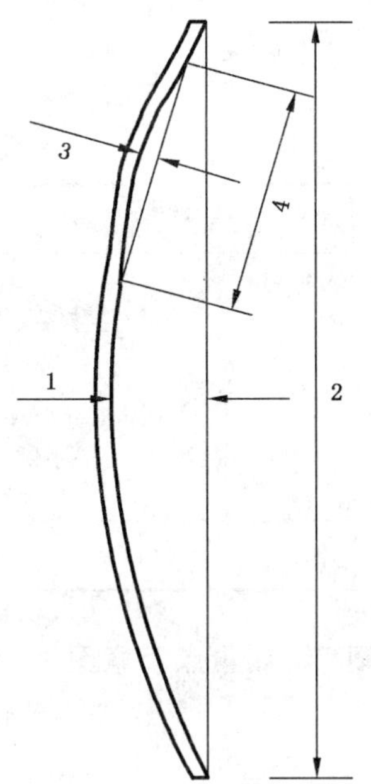

1——弓形变形；

2——玻璃边长或对角线长；

3——波形变形；

4——300 mm。

图 6 弓形和波形弯曲度示意图

6.6.3.4 碎片计数时，应除去距离冲击点半径 80 mm 以及距玻璃边缘或钻孔边缘 25 mm 范围内的部分。从图案中选择碎片最大的部分，在这部分中用 50 mm×50 mm 的计数框计算框内的碎片数，每个碎片内不能有贯穿的裂纹存在，横跨计数框边缘的碎片按 1/2 个碎片计算。

6.7 霰弹袋冲击性能试验

6.7.1 试样

试样为与制品相同厚度、且与制品在同一工艺条件下制造的尺寸为 1 930 mm(－0 mm，＋5 mm)×864 mm(－0 mm，＋5 mm)的长方形平面钢化玻璃。

6.7.2 试验装置

试验装置应符合 GB 9962—1999 附录 B 的规定。

6.7.3 试验步骤

6.7.3.1 用直径 3 mm 的挠性钢丝绳把冲击体吊起，使冲击体横截面最大直径部分的外周距离试样表面小于 13 mm，距离试样的中心在 50 mm 以内。

6.7.3.2 使冲击体最大直径的中心位置保持在 300 mm 的下落高度，自由摆动落下，冲击试样中心点附近 1 次。若试样没有破坏，升高至 750 mm，在同一试样的中心点附近再冲击 1 次。

6.7.3.3 试样仍未破坏时，再升高至 1 200 mm 的高度，在同一块试样中心点附近冲击一次。

6.7.3.4 下落高度为 300 mm，750 mm 或 1 200 mm 试样破坏时，在破坏后 5 min 之内，从玻璃碎片中选出最大的 10 块，称其质量。并测量保留在框内最长的无贯穿裂纹的玻璃碎片的长度。

6.8 表面应力测量

6.8.1 试样

以制品为试样，按 GB/T 18144 规定的方法进行。

6.8.2 测量点的规定

如图 7 所示，在距长边 100 mm 的距离上，引平行于长边的 2 条平行线，并与对角线相交于 4 点，这

4点以及制品的几何中心点即为测量点。

单位为毫米

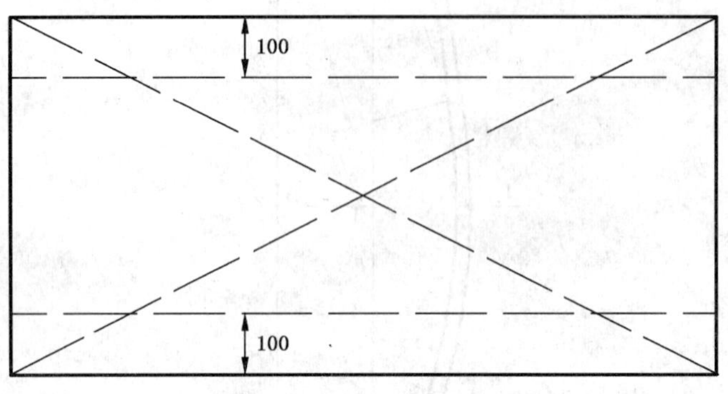

图7　测量点示意图

单位为毫米

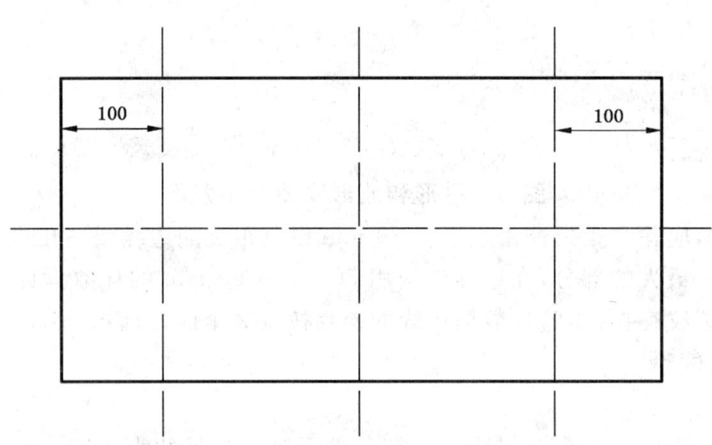

图8　测量点示意图

若制品短边长度不足300 mm时,见图8,则在距短边100 mm的距离上引平行于短边的两条平行线与中心线相交于2点,这两点以及制品的几何中心点即为测量点。

不规则形状的制品,其应力测量点由供需双方商定。

6.8.3　测量结果

测量结果为各测量点的测量值的算术平均值。

6.9　耐热冲击性能

将300 mm×300 mm的钢化玻璃试样置于200℃±2℃的烘箱中,保温4 h以上,取出后立即将试样垂直浸入0℃的冰水混合物中,应保证试样高度的1/3以上能浸入水中,5 min后观察玻璃是否破坏。

玻璃表面和边部的鱼鳞状剥离不应视作破坏。

7　检验规则

7.1　检验项目

检验分为出厂检验和型式检验。

7.1.1　型式检验

技术要求中的安全性能要求为必检项目,其余要求由供需双方商定。

7.1.2 出厂检验

厚度及其偏差、外观质量、尺寸及其偏差、弯曲度。其他检验项目由供需双方商定。

7.2 组批抽样方法

7.2.1 产品的尺寸和偏差、外观质量、弯曲度按表8规定进行随机抽样。

表8 抽样表

单位为片

批量范围	样本大小	合格判定数	不合格判定数
1～8	2	1	2
9～15	3	1	2
16～25	5	1	2
26～50	8	2	3
51～90	13	3	4
91～150	20	5	6
151～280	32	7	8
281～500	50	10	11
501～1 000	80	14	15

7.2.2 对于产品所要求的其他技术性能，若用制品检验时，根据检测项目所要求的数量从该批产品中随机抽取；若用试样进行检验时，应采用同一工艺条件下制备的试样。当该批产品批量大于1 000块时，以每1 000块为1批分批抽取试样，当检验项目为非破坏性试验时可用它继续进行其他项目的检测。

7.3 判定规则

若不合格品数等于或大于表8的不合格判定数，则认为该批产品外观质量、尺寸偏差、弯曲度不合格。

其他性能也应符合相应条款的规定，否则，认为该项不合格。

若上述各项中，有1项不合格，则认为该批产品不合格。

8 标志、包装、运输、贮存

8.1 包装

玻璃的包装宜采用木箱或集装箱(架)包装，箱(架)应便于装卸、运输。每箱(架)宜装同一厚度、尺寸的玻璃。玻璃与玻璃之间、玻璃与箱(架)之间应采取防护措施，防止玻璃的破损和玻璃表面的划伤。

8.2 包装标志

包装标志应符合国家有关标准的规定，每个包装箱应标明“朝上、轻搬正放、小心破碎、防雨怕湿”等标志或字样。

8.3 运输

运输时，玻璃应固定牢固，防止滑动、倾倒，应有防雨措施。

8.4 贮存

产品应贮存在不结露或有防雨设施的地方。

附 录 A
（资料性附录）
钢化玻璃的相关说明

A.1 钢化玻璃的应力斑

玻璃经过钢化处理后，由于钢化过程中加热和冷却的不均匀，在玻璃板面上会产生不同的应力分布。由光弹理论可以知道，玻璃中应力的存在会引起光线的双折射现象。光线的双折射现象通过偏振光可以观察。

把钢化玻璃放在偏振光下，可以观察在玻璃板面上不同区域的颜色和明暗变化，这就是人们一般所说的钢化玻璃的应力斑。

在日光中就存在着一定成分的偏振光，偏振光的强度受天气和阳光的入射角影响。

通过偏振光眼镜或以与玻璃的垂直方向成较大的角度去观察钢化玻璃，钢化玻璃的应力斑会更加明显。

A.2 钢化玻璃的自爆

由于玻璃中存在着微小的硫化镍结石，在热处理后一部分结石随着时间会发生晶态变化，体积增大，在玻璃内部引发微裂纹，从而可能导致钢化玻璃自爆。

常见的减少这种自爆的方法有三种：

1） 使用含较少硫化镍结石的原片，即使用优质原片；

2） 避免玻璃钢化应力过大；

3） 对钢化玻璃进行二次热处理，通常称为引爆或均质处理。进行二次热处理时，一般分为3个阶段：升温、保温和降温过程。升温阶段为玻璃的表面温度从室温升至280℃的过程；保温阶段为所有玻璃的表面温度均达到290℃±10℃，且至少保持2 h这一过程；降温阶段从玻璃完成保温阶段后开始降至室温75℃时的过程；整个二次热处理过程应避免炉膛温度超过320℃，玻璃表面温度超过300℃，否则玻璃的钢化应力会由于过热而松弛，从而影响其安全性。

ICS 81.040
Q 33

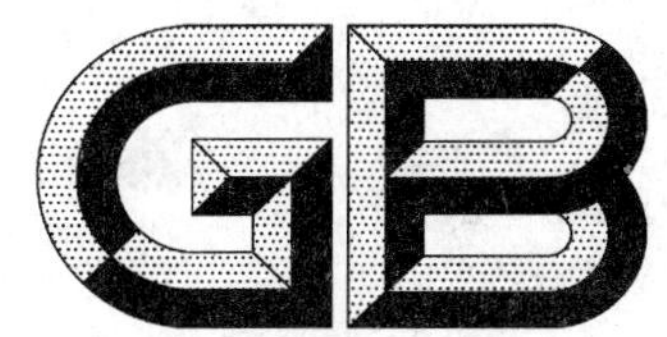

中华人民共和国国家标准

GB 15763.3—2009
代替 GB 9962—1999

建筑用安全玻璃 第3部分:夹层玻璃

Safety glazing materials in building—Part 3:Laminated glass

2009-03-25 发布　　2010-03-01 实施

中华人民共和国国家质量监督检验检疫总局
中国国家标准化管理委员会　发布

前　言

本部分6.7～6.11为强制性条款，其余为推荐性条款。

GB 15763《建筑用安全玻璃》目前分为4个部分：

——第1部分：防火玻璃；

——第2部分：钢化玻璃；

——第3部分：夹层玻璃；

——第4部分：均质钢化玻璃。

本部分为GB 15763的第3部分。

本部分与EN ISO 12543-1：1998《夹层玻璃和夹层安全玻璃——第1部分　部件的定义和描述》、EN ISO 12543-2：2006《夹层玻璃和夹层安全玻璃——第2部分　夹层安全玻璃》、EN ISO 12543-3：1998《夹层玻璃和夹层安全玻璃——第3部分　夹层玻璃》、EN ISO 12543-4：1998《夹层玻璃和夹层安全玻璃——第4部分　耐久性测试方法》、EN ISO 12543-5：1998《夹层玻璃和夹层安全玻璃——第5部分　尺寸和边部处理》、EN ISO 12543-6：1998《夹层玻璃和夹层安全玻璃——第6部分　外观》；BS EN 12600：2002《建筑玻璃——摆锤试验——平板玻璃冲击试验方法和分级》的一致性程度为非等效；并参考了AS/NZS 2208：1996/Amdt 1：1999《建筑用安全玻璃材料》、ANSI 97.1：2004《建筑用安全玻璃材料——安全玻璃性能规范和试验方法》等标准。

本部分代替GB 9962—1999《夹层玻璃》。本部分与GB 9962—1999《夹层玻璃》相比主要变化如下：

——修改了夹层玻璃定义(本部分3.5)；增加了安全夹层玻璃定义(本部分3.6)；

——修改了外观质量要求和尺寸允许偏差要求(本部分6.1和6.2)；

——修改了耐辐照性能技术指标(本部分6.9)；

——修改了霰弹袋冲击性能要求及试验方法(本部分6.11和7.12)；

——修改了耐热性试验性能试验方法(本部分7.8)；

——增加了建筑用安全玻璃使用建议(本部分附录A)和霰弹袋冲击分级试验框架校准(本部分附录E)。

本部分的附录B、附录C和附录D为规范性附录，附录A和附录E为资料性附录。

本部分由中国建筑材料联合会提出。

本部分由全国建筑用玻璃标准化技术委员会归口。

本部分主要起草单位：中国建筑材料科学研究总院、中国建筑材料检验认证中心、秦皇岛玻璃工业研究设计院。

本部分参加起草单位：信义玻璃控股有限公司、无锡市新惠玻璃制品有限责任公司、北京物华天宝安全玻璃有限公司、中国南玻集团股份有限公司、成都通达工艺玻璃有限公司、江苏秀强玻璃工艺有限公司、上海耀华皮尔金顿玻璃股份有限公司、广东金刚特种玻璃有限公司。

本部分主要起草人：秦海霞、臧曙光、王文彪、王乐、杨建军、徐锦伟、曾晓、刘海波、廖昌荣、周健、潘伟、吴从真、张坚华。

本部分所替代标准的历次版本发布情况为：

——GB 9962—1988、GB 9962—1999。

建筑用安全玻璃
第3部分:夹层玻璃

1 范围

GB 15763 的本部分规定了建筑用夹层玻璃的术语和定义、分类、材料、要求、试验方法和检验规则等。

本部分适用于建筑用夹层玻璃。

2 规范性引用文件

下列文件中的条款通过 GB 15763 的本部分的引用而成为本部分的条款。凡是注日期的引用文件,其随后所有的修改单(不包括勘误的内容)或修订版均不适用于本部分,然而,鼓励根据本部分达成协议的各方研究是否可使用这些文件的最新版本。凡是不注日期的引用文件,其最新版本适用于本部分。

GB/T 308 滚动轴承 钢球

GB/T 531 硫化橡胶邵尔 A 硬度试验方法

GB/T 1216 外径千分尺

GB/T 5137.2—2002 汽车安全玻璃试验方法 第2部分:光学性能试验

GB/T 5137.3—2002 汽车安全玻璃试验方法 第3部分:耐辐照、高温、潮湿、燃烧和耐模拟气候试验

GB/T 9056 金属直尺

GB 15763.2—2005 建筑用安全玻璃 第2部分:钢化玻璃

JC/T 511 压花玻璃

JC/T 512 汽车安全玻璃包装

JC/T 677 建筑用玻璃均布静载荷模拟风压试验方法

3 术语和定义

下列术语和定义适用于本标准。

3.1

中间层 interlayer

介于两层玻璃和/或塑料等材料之间起分隔和粘结作用的材料,使夹层玻璃具有诸如抗冲击、阳光控制、隔音等性能。

3.2

离子性中间层 ionoplast interlayer

含有少量金属盐,以乙烯-甲基丙烯酸共聚物为主,可与玻璃牢固地粘结的中间层材料。

3.3

PVB 中间层 PVB interlayer

以聚乙烯醇缩丁醛为主的中间层材料。

3.4

EVA 中间层 EVA interlayer

以乙烯-聚醋酸乙烯共聚物为主的中间层材料。

3.5

夹层玻璃　laminated glass

是玻璃与玻璃和/或塑料等材料，用中间层分隔并通过处理使其粘结为一体的复合材料的统称。常见和大多使用的是玻璃与玻璃，用中间层分隔并通过处理使其粘结为一体的玻璃构件。

3.6

安全夹层玻璃　laminated safety glass

在破碎时，中间层能够限制其开口尺寸并提供残余阻力以减少割伤或扎伤危险的夹层玻璃。

3.7

对称夹层玻璃　symmetrical laminated glass

从两个外表面起依次向内，玻璃和/或塑料及中间层等材料在种类、厚度和/或一般特性等均相同的夹层玻璃。

3.8

不对称夹层玻璃　asymmetrical laminated glass

从两个外表面起依次向内，玻璃和/或塑料及中间层等材料在种类、厚度和/或一般特性等不相同的夹层玻璃。

3.9

Ⅰ类夹层玻璃　laminated glass of class Ⅰ

对霰弹袋冲击性能不做要求的夹层玻璃。该类玻璃不能作为安全玻璃使用。

3.10

Ⅱ-1类夹层玻璃　laminated glass of class Ⅱ-1

霰弹袋冲击高度可达 1 200 mm，冲击结果符合 6.11 规定的安全夹层玻璃。

3.11

Ⅱ-2类夹层玻璃　laminated glass of class Ⅱ-2

霰弹袋冲击高度可达 750 mm，冲击结果符合 6.11 规定的安全夹层玻璃。

3.12

Ⅲ类夹层玻璃　laminated glass of class Ⅲ

霰弹袋冲击高度可达 300 mm，冲击结果符合 6.11 规定的安全夹层玻璃。

3.13

周边区　edge area

夹层玻璃面积≤5 m^2 时距离边部宽度 15 mm；面积＞5 m^2 时距离边部宽度 20 mm 的区域。

3.14

可视区　vision area

周边区以外的区域。

3.15

裂口　vents

从玻璃边部向中间延伸的尖锐线状裂缝或裂纹。

3.16

皱痕　creases

由中间层折叠引起的夹层后可见的光学变形。

3.17

条纹　streaks due to interlayer inhomogeneity

由于中间层材料制造过程的不均匀缺陷引起的，夹层后可见的光学变形。

3.18

脱胶　delamination

脱胶是指玻璃或塑料与中间层不粘结或产生肉眼可见的分离。

3.19

点缺陷　spot defects

该类缺陷包括不透明斑点、气泡和点装异物。

3.20

线缺陷　linear defects

该类缺陷包括线形异物、划伤或擦伤。

4　分类

4.1　按形状分为：

a）　平面夹层玻璃；

b）　曲面夹层玻璃。

4.2　按霰弹袋冲击性能分为：

a）　Ⅰ类夹层玻璃；

b）　Ⅱ-1类夹层玻璃；

c）　Ⅱ-2类夹层玻璃；

d）　Ⅲ类夹层玻璃。

5　材料

夹层玻璃由玻璃、塑料以及中间层材料组合构成。所采用的材料均应满足相应的国家标准、行业标准、相关技术条件或订货文件要求。

5.1　玻璃

可选用：浮法玻璃、普通平板玻璃、压花玻璃、抛光夹丝玻璃、夹丝压花玻璃等。

可以是：无色的、本体着色的或镀膜的；透明的、半透明的或不透明的；退火的、热增强的或钢化的；表面处理的，如喷砂或酸腐蚀的等。

5.2　塑料

可选用：聚碳酸酯、聚氨酯和聚丙烯酸酯等。

可以是：无色的、着色的、镀膜的；透明的或半透明的。

5.3　中间层

可选用：材料种类和成分、力学和光学性能等不同的材料，如离子性中间层、PVB中间层、EVA中间层等。

可以是：无色的或有色的；透明的、半透明的或不透明的。

6　要求

夹层玻璃的性能要求及其试验方法规则判定、应符合表1中相应条款的规定，对曲面夹层玻璃和特殊要求的安全夹层玻璃，其尺寸及外观要求、一般性能要求、试验方法及判定规则可由供需双方商定。

表 1　安全夹层玻璃的性能技术要求及试验方法

名　称		要　求	试验方法	判定规则
尺寸及外观要求	外观质量	6.1	7.2	8.3.1
	尺寸和允许偏差	6.2	7.3	
	弯曲度	6.3	7.4	
一般性能要求	可见光透射比	6.4	7.5	8.3.2
	可见光反射比	6.5	7.6	
	抗风压性能	6.6	7.7	
安全性能要求	耐热性	6.7	7.8	8.3.4
	耐湿性	6.8	7.9	
	耐辐照性	6.9	7.10	
	落球冲击剥离性能	6.10	7.11	8.3.5
	霰弹袋冲击性能	6.11	7.12	8.3.6

6.1　外观质量

按 7.2 进行检验。

6.1.1　可视区缺陷

6.1.1.1　可视区点状缺陷

可视区的点状缺陷数应满足表 2 的规定。

表 2　可视区允许点状缺陷数

缺陷尺寸(λ)/mm			$0.5<\lambda\leqslant1.0$	$1.0<\lambda\leqslant3.0$			
玻璃面积(S)/m²			S 不限	$S\leqslant1$	$1<S\leqslant2$	$2<S\leqslant8$	$8<S$
允许缺陷数/个	玻璃层数	2	不得密集存在	1	2	1.0 m²	1.2 m²
		3		2	3	1.5 m²	1.8 m²
		4		3	4	2.0 m²	2.4 m²
		≥5		4	5	2.5 m²	3.0 m²

注 1：不大于 0.5 mm 的缺陷不考虑，不允许出现大于 3 mm 的缺陷。

注 2：当出现下列情况之一时，视为密集存在：

a) 两层玻璃时，出现 4 个或 4 个以上，且彼此相距<200 mm 缺陷；

b) 三层玻璃时，出现 4 个或 4 个以上的缺陷，且彼此相距<180 mm；

c) 四层玻璃时，出现 4 个或 4 个以上的缺陷，且彼此相距<150 mm；

d) 五层以上玻璃时，出现 4 个或 4 个以上的缺陷，且彼此相距<100 mm。

注 3：单层中间层单层厚度大于 2 mm 时，上表允许缺陷数总数增加 1。

6.1.1.2　可视区线状缺陷

可视区的线状缺陷数应满足表 3 的规定。

表 3　可视区允许的线状缺陷数

缺陷尺寸(长度 L，宽度 B)/mm	$L\leqslant30$ 且 $B\leqslant0.2$	$L>30$ 或 $B>0.2$		
玻璃面积(S)/m²	S 不限	$S\leqslant5$	$5<S\leqslant8$	$8<S$
允许缺陷数/个	允许存在	不允许	1	2

6.1.2 **周边区缺陷**

使用时装有边框的夹层玻璃周边区域，允许直径不超过 5 mm 的点状缺陷存在；如点状缺陷是气泡，气泡面积之和不应超过边缘区面积的 5%。

使用时不带边框夹层玻璃的周边区缺陷，由供需双方商定。

6.1.3 **裂口**

不允许存在。

6.1.4 **爆边**

长度或宽度不得超过玻璃的厚度。

6.1.5 **脱胶**

不允许存在。

6.1.6 **皱痕和条纹**

不允许存在。

6.2 尺寸允许偏差

6.2.1 **长度和宽度允许偏差**

夹层玻璃最终产品的长度和宽度允许偏差应符合表 4 的规定。

表 4 长度和宽度允许偏差

单位为毫米

公称尺寸（边长 L）	公称厚度≤8	公称厚度>8	
		每块玻璃公称厚度<10	至少一块玻璃公称厚度≥10
L≤1 100	+2.0 −2.0	+2.5 −2.0	+3.5 −2.5
1 100<L≤1 500	+3.0 −2.0	+3.5 −2.0	+4.5 −3.0
1 500<L≤2 000	+3.0 −2.0	+3.5 −2.0	+5.0 −3.5
2 000<L≤2 500	+4.5 −2.5	+5.0 −3.0	+6.0 −4.0
L>2 500	+5.0 −3.0	+5.5 −3.5	+6.5 −4.5

6.2.2 **叠差**

叠差如图 1 所示，夹层玻璃的最大允许叠差见表 5。

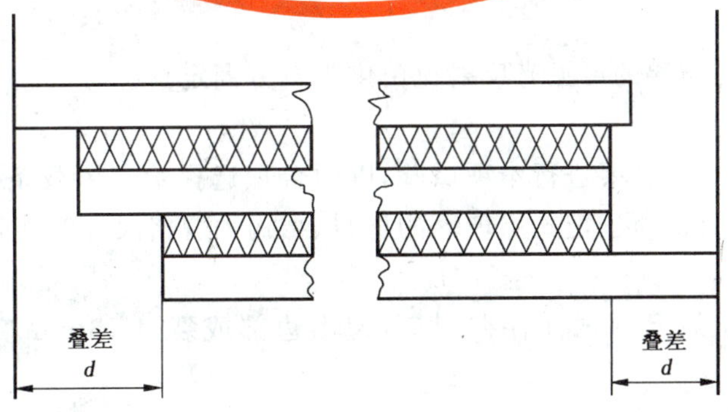

图 1 叠差

表5　夹层玻璃的最大允许叠差

单位为毫米

长度或宽度 L	最大允许叠差
$L \leqslant 1\,000$	2.0
$1\,000 < L \leqslant 2\,000$	3.0
$2\,000 < L \leqslant 4\,000$	4.0
$L > 4\,000$	6.0

6.2.3　厚度

对于三层原片以上(含三层)制品、原片材料总厚度超过 24 mm 及使用钢化玻璃作为原片时,其厚度允许偏差由供需双方商定。

6.2.3.1　干法夹层玻璃厚度偏差

干法夹层玻璃的厚度偏差,不能超过构成夹层玻璃的原片厚度允许偏差和中间层材料厚度允许偏差总和。中间层的总厚度<2 mm 时,不考虑中间层的厚度偏差;中间层总厚度≥2 mm 时,其厚度允许偏差为±0.2 mm。

6.2.3.2　湿法夹层玻璃厚度偏差

湿法夹层玻璃的厚度偏差,不能超过构成夹层玻璃的原片厚度允许偏差和中间层材料厚度允许偏差总和。湿法中间层厚度允许偏差应符合表6的规定。

表6　湿法夹层玻璃中间层厚度允许偏差

单位为毫米

湿法中间层厚度 d	允许偏差 δ
$d < 1$	±0.4
$1 \leqslant d < 2$	±0.5
$2 \leqslant d < 3$	±0.6
$d \geqslant 3$	±0.7

6.2.4　对角线差

矩形夹层玻璃制品,长边长度不大于 2 400 mm 时,对角线差不得大于 4 mm;长边长度大于 2 400 mm时,对角线差由供需双方商定。

6.3　弯曲度

按 7.5 进行检验,平面夹层玻璃的弯曲度,弓形时应不超过 0.3%,波形时应不超过 0.2%。原片材料使用有非无机玻璃时,弯曲度由供需双方商定。

6.4　可见光透射比

按 7.5 进行检验,夹层玻璃的可见光透射比由供需双方商定。

6.5　可见光反射比

按 7.6 进行试验,夹层玻璃的可见光反射比由供需双方商定。

6.6　抗风压性能

应由供需双方商定是否有必要进行本项试验,以便合理选择给定风载条件下适宜的夹层玻璃的材料、结构和规格尺寸等,或验证所选定夹层玻璃的材料、结构和规格尺寸等能否满足设计风压值的要求。

6.7　耐热性

按 7.8 进行检验,试验后允许试样存在裂口,超出边部或裂口 13 mm 部分不能产生气泡或其他缺陷。

6.8　耐湿性

按 7.9 进行检验,试验后试样超出原始边 15 mm、切割边 25 mm、裂口 10 mm 部分不能产生气泡或其他缺陷。

6.9 耐辐照性

按 7.10 进行检验，试验后试样不可产生显著变色、气泡及浑浊现象，且试验前后试样的可见光透射比相对变化率 ΔT 应不大于 3%。

6.10 落球冲击剥离性能

按 7.11 进行检验，试验后中间层不得断裂、不得因碎片剥离而暴露。

6.11 霰弹袋冲击性能

按 7.12 进行检验，在每一冲击高度试验后试样均应未破坏和/或安全破坏。

破坏时试样同时符合下列要求为安全破坏：

a) 破坏时允许出现裂缝或开口，但是不允许出现使直径为 76 mm 的球在 25 N 力作用下通过的裂缝或开口；

b) 冲击后试样出现碎片剥离时，称量冲击后 3 min 内从试样上剥离下的碎片。碎片总质量不得超过相当于 100 cm^2 试样的质量，最大剥离碎片质量应小于 44 cm^2 面积试样的质量。

Ⅱ-1 类夹层玻璃：3 组试样在冲击高度分别为 300 mm、750 mm 和 1 200 mm 时冲击后，全部试样未破坏和/或安全破坏。

Ⅱ-2 类夹层玻璃：2 组试样在冲击高度分别为 300 mm 和 750 mm 时冲击后，试样未破坏和/或安全破坏；但另 1 组试样在冲击高度为 1 200 mm 时，任何试样非安全破坏。

Ⅲ类夹层玻璃：1 组试样在冲击高度为 300 mm 时冲击后，试样未破坏和/或安全破坏，但另 1 组试样在冲击高度为 750 mm 时，任何试样非安全破坏。

Ⅰ类夹层玻璃：对霰弹袋冲击性能不做要求。

分级后的夹层玻璃适用场所建议参见附录 A。

7 试验方法

7.1 试验条件

除特殊规定外，试验均应在下述条件下进行：

a) 温度：20 ℃±5 ℃；

b) 气压：8.60×10^4 Pa～1.06×10^5 Pa；

c) 相对湿度：40%～80%。

7.2 外观质量检验

以制品为试样，在较好的自然光或散射光照背景条件下，试样垂直放置，视线垂直玻璃，在距试样 1 m处进行观察。点状缺陷尺寸和线状缺陷宽度用放大 10 倍、精度 0.1 mm 的读数显微镜测定。线状缺陷的和爆边长度使用符合 GB/T 9050 钢直尺或具有同等以上精度的量具测量。目视检查裂口、脱胶、皱痕和条纹。

7.3 尺寸允许偏差检验

7.3.1 宽度、长度及对角线差测量

使用最小刻度为 1 mm 的钢直尺或钢卷尺测量。

7.3.2 叠差

使用最小刻度为 0.5 mm 的钢直尺沿玻璃周边测量，读取叠差最大值。

7.3.3 厚度测量

使用符合 GB/T 1216 规定的外径千分尺或具有同等以上精度的量具，在玻璃四边中心进行测量，取其平均值，数值修约至小数点后两位。

压花夹层玻璃厚度按 JC/T 511 中的要求进行测量。

7.4 弯曲度检验

将试样在 7.1 试验条件下防置 4 h 以上，按 GB 15763.2—2005 中 6.4 的要求进行测量。

7.5 可见光透射比试验

取三块试样，按 GB/T 5137.2—2002 中第 4 章的要求进行试验。

7.6 可见光反射比试验

取三块试样，按 GB/T 5137.2—2002 中第 9 章的要求进行试验。

7.7 抗风压性能试验

按 JC/T 677 进行试验。

7.8 耐热性试验

7.8.1 试样

试样与制品材料相同、在相同加工工艺下制备，或直接从制品上切取，但至少有一边为制品原边的一部分。

试样状态应与最终产品使用条件一致。如最终产品使用时所有边部是带保护的，试样的所有边部也应带保护。

试样规格应不小于 300 mm×300 mm，数量为三块。

7.8.2 试验装置

试验装置可以采用控温精度不超过±1 ℃电热鼓风烘箱，或能够加热水至沸腾的装置。

7.8.3 试验程序

将三块玻璃试样加热至 $100_{-3}^{\ 0}$ ℃，并保温 2 h，然后将试样冷却至室温。如果试样的两个外表面均为玻璃，也可把试样垂直浸入加热至 $100_{-3}^{\ 0}$ ℃的热水中 2 h，然后将试样从水中取出冷却至室温。为了避免热应力造成试样出现裂纹，可先将试样在 65 ℃±3 ℃的温水中浴热 3 min。

目视检查试验后的样品，记录是否有气泡或其他缺陷。

7.9 耐湿性试验

按 GB/T 5137.3—2002 中第 7 章的要求进行。

7.10 耐辐照试验

7.10.1 试样

试样由两块无色透明平板玻璃和与制品相同的中间层材料，在相同的夹层工艺条件下制成的平型试验片。

试样尺寸为 300 mm×76 mm，数量为三块。

7.10.2 试验装置

试验装置应满足 GB/T 5137.3 的要求。

7.10.3 试验程序

试验应按照 GB/T 5137.3—2002 中 5.4 的要求进行。

7.10.4 试验结果表达

试验前后试样的可见光透射比相对变化率 ΔT 的计算见式(1)：

$$\Delta T = \frac{|T_1 - T_2|}{T_1} \times 100 \qquad \cdots\cdots(1)$$

式中：

ΔT——试样可见光透射比相对变化率，单位为百分数(%)；

T_1——紫外线照射前试样可见光透射比；

T_2——紫外线照射后试样可见光透射比。

7.11 落球冲击剥离试验

7.11.1 试样

与制品相同材料、在相同工艺条件下制备，或直接从制品上切取的 610 mm×610 mm 试验片，数量为 6 块。

7.11.2 试验装置

试验装置包括能使钢球从规定高度自由落下的装置或能使钢球产生相当自由落下的投球装置，以及试样支架。对试样支架的规定见附录B。

7.11.3 淬火钢球

符合GB/T 308规定，质量为1 040 g±10 g，直径为63.5 mm；质量为2 260 g±20 g，直径为82.5 mm。

7.11.4 试验程序

试验前试样应在7.1规定的条件下至少放置4 h。

将试样放在试样支架上，试样的冲击面与钢球的入射方向应垂直，允许偏差在3°以内。

试样为不对称夹层玻璃时，取较薄的一面为冲击面。曲面夹层玻璃进行试验时需要采用与曲面形状相吻合的辅助框架支撑，冲击面根据使用情况确定。

将质量为1 040 g钢球放置于距离试样表面1 200 mm高度的位置，自由下落后冲击点应位于以试样几何中心为圆心、半径为25 mm的圆内，观察玻璃有一块或一块以上破坏时的状态。

如果玻璃没有破坏，按下落高度1 200 mm、1 500 mm、1 900 mm、2 400 mm、3 000 mm、3 800 mm、4 800 mm的顺序，依次提升高度冲击，并观察每次冲击后玻璃的破坏状态。

若玻璃仍未破坏，用2 260 g钢球按相同程序进行冲击，并观察每次冲击后玻璃的破坏状态。

若玻璃还未破坏，按GB/T 308规定选取质量适当增大的钢球，按相同的程序冲击，并观察每次冲击后玻璃的破坏状态。

7.12 霰弹袋冲击性能试验

7.12.1 试样

a) 试样应采用与产品相同材料和工艺条件下制备的平型试验片；曲面夹层玻璃采用相同结构和工艺的平面试验片替代。共需试样12块，每4块试样为1组，分为3组，试验中未破坏的样品允许再次使用。

b) 试样规格为：(1 930±2)mm ×(864±2)mm。

c) 如果试样为不对称夹层玻璃且不能确定该结构的产品在使用时的受冲击面时，应分别在两面进行霰弹袋冲击试验，试验样品数量加倍。

7.12.2 试验装置

试验装置包括：一个固定的试验框、一个试验过程中使试样保持在试验框内的夹紧框和一个备有悬挂装置和释放装置的冲击体(见附录C)，以及测力球装置(见附录D)。试验框架应具有足够的刚度并固定牢固，具体要求参见附录E。

7.12.3 试验程序

a) 试验前，试样应在7.1试验条件下至少保存12 h。

b) 试验应从最低冲击高度开始，4块玻璃为一组，按300 mm、750 mm和1 200 mm的高度依次进行冲击试验。

c) 在每次冲击试验前，应将冲击体提升至相应的高度并保持冲击体静止。在该冲击高度，冲击体的金属杆中心轴应与冲击体的悬挂绳索成一直线，见附录C。

d) 在相应的冲击高度，将初速度为零的冲击体释放，使冲击体以摆捶式自由下落垂直冲击试样的中部一次。

e) 结构为不对称夹层玻璃的，有确定的使用冲击面时，对指定的冲击面进行冲击试验；无确定的使用冲击面时，应对两面进行冲击试验，并在测试报告中注明冲击面。

f) 每次冲击后，应对试样状态进行检查。如一组试样中任一片试样不满足6.11的要求，该组试验结束；如一组试样均满足6.11的要求，可继续下一个高度冲击试验，未破坏的试样可再次使用。

g) 记录并报告该产品试样最大冲击高度和冲击历程；注明中间层材料的种类、产地等内容。

8 检验规则

8.1 检验分类

检验分出厂检验和型式检验。

8.1.1 出厂检验

检验项目为尺寸和偏差、外观质量、弯曲度，其他检验项目由供需双方商定。

8.1.2 型式检验

技术要求中的安全性能要求为必检项目，其余要求由供需双方商定。

有下列情况之一时，应进行型式检验：

a) 新产品或老产品转厂生产的试制定型鉴定；
b) 正式生产后，如结构、材料、工艺有较大改变，可能影响产品性能时；
c) 正常生产时，定期或积累一定产量后，应周期性进行一次检验；
d) 产品长期停产后，恢复生产时；
e) 出厂检验结果与上次型式检验有较大差异时；
f) 国家质量监督机构提出进行型式检验的要求时。

8.2 组批与抽样规则

8.2.1 产品的尺寸允许偏差、外观质量、弯曲度试验按表7进行随机抽样。

表7 抽样规则

批量范围	抽样数	合格判定数	不合格判断数
2～8	2	0	1
9～15	3	0	1
16～25	5	1	2
26～50	8	2	3
51～90	13	3	4
91～150	20	5	6
151～280	32	7	8
281～500	50	10	11

8.2.2 对产品所要求的其他技术性能，若用产品检验时，根据检测项目所要求的数量从该批产品中随机抽取。若用试样进行检验时，应采用同一工艺条件下制备的试样。当该批产品批量大于500块时，以每500块为一批分批抽取试样，当检验项目为非破坏性试验时，试样可继续用于其他项目的检测。

8.3 判定规则

8.3.1 尺寸允许偏差、外观质量、弯曲度

尺寸允许偏差、外观质量、弯曲度三项的不合格品数如大于或等于表7的不合格判定数，则认为该批产品外观质量、尺寸偏差和弯曲度不合格。

8.3.2 可见光透射比、可见光反射比

取三块试样进行试验。三块试样全部符合要求时为合格，一块符合时为不合格。当二块试样符合时，追加三块新试样重新进行试验，三块全部符合要求时为合格。

8.3.3 抗风压性能

根据JC/T 677规定的抽样规则和试验结果判定方法进行判定。

8.3.4 耐热性、耐湿性、耐辐照性

取三块试样进行试验。三块试样全部符合要求时为合格，一块符合时为不合格。当二块试样符合时，追加三块新试样重新进行试验，三块全部符合要求时为合格。

8.3.5 落球冲击剥离性能

取6块试样进行试验。当5块或5块以上符合时为合格，三块或三块以下符合时为不合格。当四块试样符合时，追加6块新试样重新进行试验，6块全部符合时为合格。

8.3.6 霰弹袋冲击性能

安全夹层玻璃霰弹袋冲击性能达到Ⅲ级或更高级别时，霰弹袋冲击性能为合格。如果1组试样在冲击高度为300 mm时冲击后，任何试样非安全破坏，即认定安全夹层玻璃霰弹袋冲击性能不合格。

8.3.7 批次合格判定

上述各项中，有一项不合格，则认为该批产品不合格。

9 包装、标志、运输、贮存

9.1 包装

产品应用集装箱或木箱包装。每片玻璃应用塑料膜或纸等材料隔开。夹层玻璃与包装箱之间用不易引起玻璃划伤等外观缺陷的软材料填实。具体要求应符合JC/T 512的规定。

9.2 标志

标志应符合JC/T 512的有关规定。每个包装箱外应标明“朝上、小心轻放”等字样和玻璃厚度、种类、厂名或商标。

9.3 运输

产品用各种类型的车辆运输，搬运规则，条件应符合JC/T 512的有关规定。

运输时，夹层玻璃不得平放或斜放，长度方向应与车辆运输方向相同，应有防雨设施。

9.4 贮存

产品应垂直贮存在干燥的室内。

附 录 A
（资料性附录）
建筑用安全玻璃使用建议

A.1 范围

本使用建议的目的在于降低建筑用玻璃制品受到冲击时对人体的划伤、扎伤及飞溅等造成的伤害。建筑用安全玻璃在使用时均应满足相关的设计要求和工程技术规范。本建议不适用于特殊专利玻璃制品和温室用玻璃制品。

A.2 使用场所

A.2.1 关键场所

建筑中人体容易撞击且受到伤害的关键场所包括：

a） 门及门周围的区域，尤其是易被误认为是门的一些玻璃墙和玻璃隔断；

b） 距地面较近的玻璃区（如落地窗等）；

c） 浴室、人行通道及建筑中人体容易撞击的其他场所；

d） 设计要求和工程技术规范中对人体安全级别有要求的任何场所。

A.2.2 关键场所的安全建议

人体撞击建筑中的玻璃制品并受到伤害主要是由于没有足够的安全防护造成。为了尽量减少建筑用玻璃制品在冲击时对人体造成的划伤、割伤等，在建筑中使用玻璃制品时应尽可能的采取下列措施：

a） 选择安全玻璃制品时，应充分考虑玻璃的种类、结构、厚度、尺寸，尤其是合理选择安全玻璃制品霰弹袋冲击试验的冲击历程和冲击高度级别等；

b） 对关键场所的安全玻璃制品采取必要的其他防护；

c） 关键场所的安全玻璃制品应有容易识别的标识。

A.2.3 关键场所使用安全玻璃制品的建议（如图 A.1）

A.2.3.1 门

门中的玻璃制品部分或全部距离地面不超过 1 500 mm 时：

a） 当玻璃制品短边大于 900 mm 时，所使用的玻璃制品至少为Ⅱ-2 类；

b） 当玻璃制品的短边不大于 900 mm 时，所使用的玻璃制品至少为Ⅲ类；

c） 当玻璃制品的短边小于或等于 250 mm、最大面积不超过 0.5 m^2 且公称厚度不小于 6 mm 时，可以使用其他玻璃制品。

A.2.3.2 门侧边区域

门侧边区域的部分或全部玻璃制品距离地面不超过 1 500 mm、且距离门边不超过 300 mm 时：

a） 当玻璃制品短边大于 900 mm 时，所使用的玻璃制品至少为Ⅱ-2 类；

b） 当玻璃制品的短边小于或等于 900 mm 时，所使用的玻璃制品至少为Ⅲ类；

c） 当玻璃制品的短边小于或等于 250 mm、最大面积不超过 0.5 m^2 且公称厚度不小于 6 mm 时，可以使用其他玻璃制品。

A.2.3.3 距地面较近的玻璃区

玻璃制品部分或全部距离地面不超过 800 mm（非上述 A.2.3.1、A.2.3.2 情况）时，所使用的玻璃制品至少为Ⅲ类。

A.2.3.4 其他场所

在浴室、游泳池等人体容易滑倒的场所及场所周围使用的玻璃制品至少为Ⅲ类；在体育馆等运动场所使用的玻璃制品至少为Ⅲ类。有特殊使用和设计要求时，应充分考虑霰弹袋冲击历程并采用更高冲击级别的安全玻璃制品。

A.2.4　关键场所安全玻璃制品的防护

必要时，建筑中使用的安全玻璃制品应采取防护措施。防护措施应：

a)　独立于玻璃制品；

b)　能防止直径为(76±1)mm 的球冲击玻璃(如图 A.2)；

c)　长度大于 900 mm 时能够承受 1 350 N 的压力、长度小于 900 mm 时至少能够承受 1 100 N 的压力，且不断裂、不产生永久性扭曲和不移动。

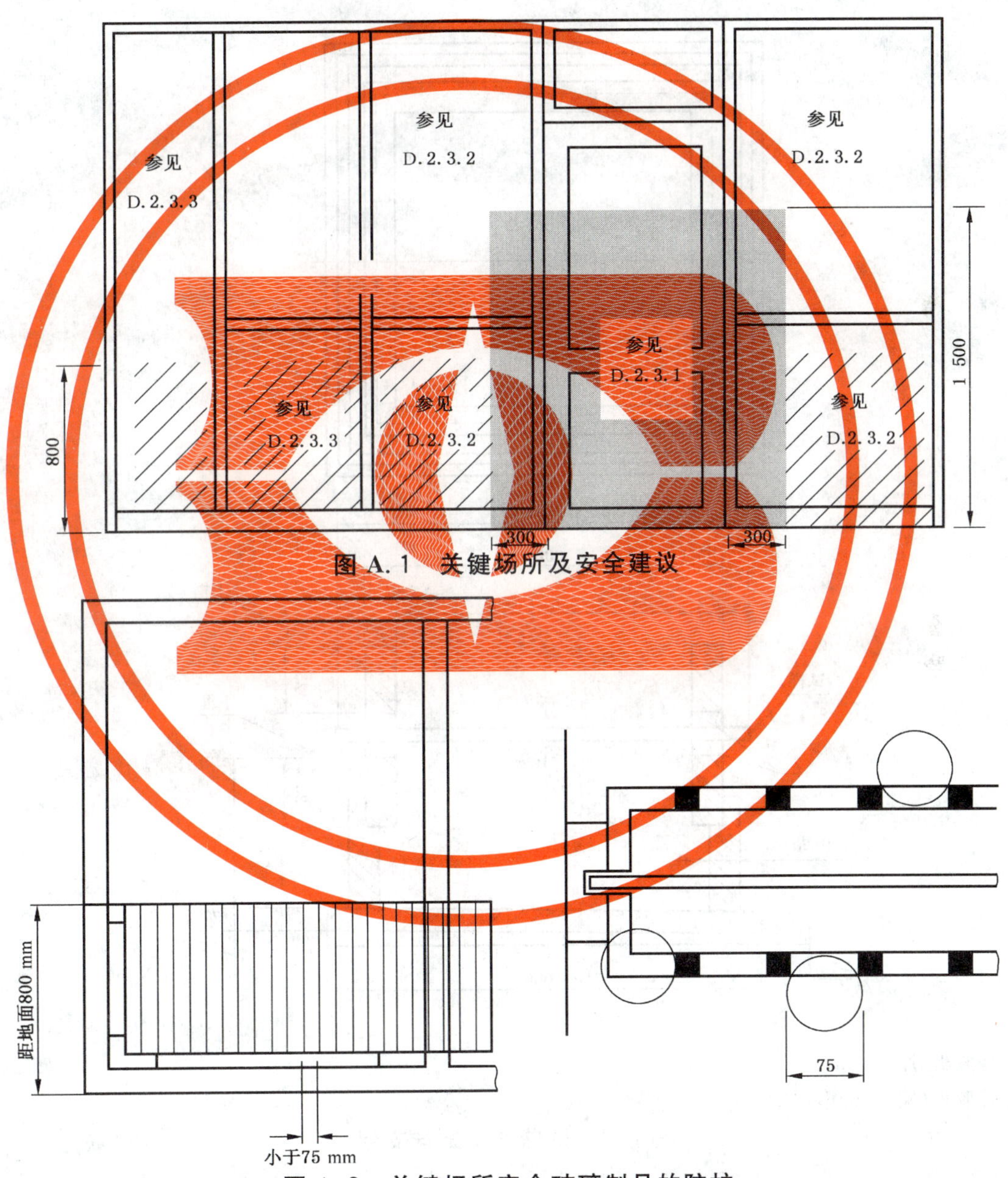

图 A.1　关键场所及安全建议

图 A.2　关键场所安全玻璃制品的防护

A.2.5　关键场所的安全玻璃制品的标识

在特定的条件下(如灯光等)，在建筑中使用的不易识别的玻璃制品应具有可快速识别且不易擦去的标识。标识位于距离地面 600 mm～900 mm 处。

附 录 B
（规范性附录）
落球冲击试样支架

如图 B.1 所示，由两个经机械加工的钢框组成，周边宽度 15 mm，在两个钢框接触面上分别衬以厚度为 3 mm、宽度为 15 mm、硬度为邵尔 A50 的橡胶垫。下钢框安放在高度约为 150 mm 的钢箱上，试样放在上钢框下面。支撑钢箱被焊在厚 12 mm 的钢板上，钢箱与地面之间衬以厚 3 mm、硬度为邵尔 A50 的橡胶垫。

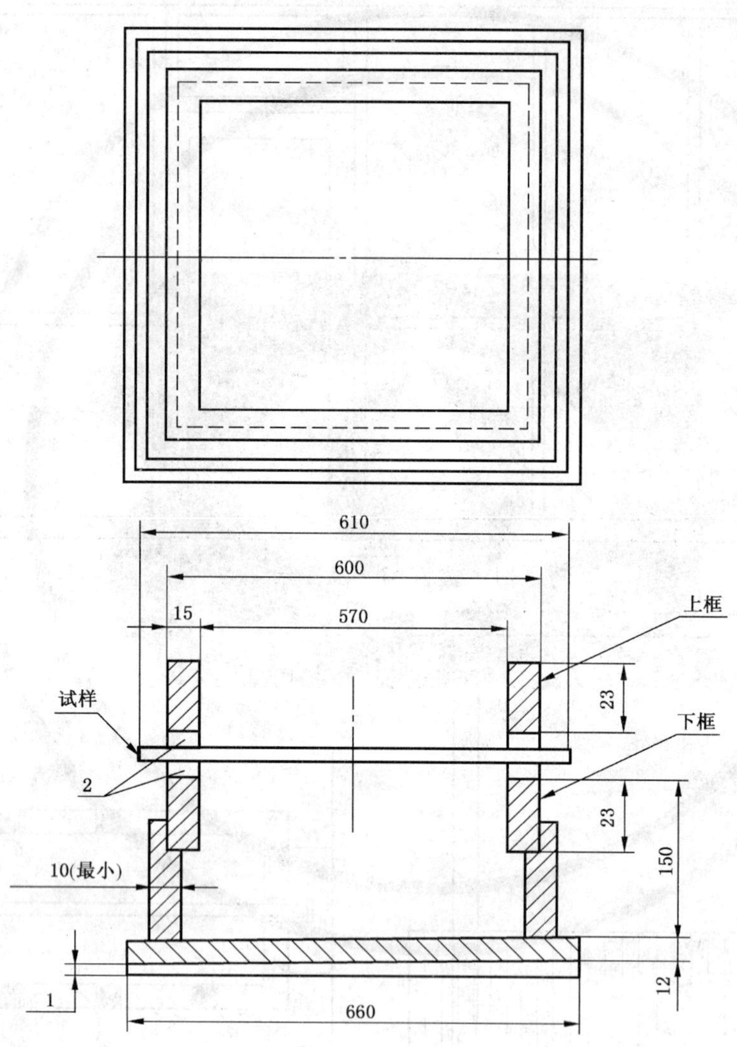

1——橡胶板（厚 3 mm）；
2——橡胶板（宽 15 mm，硬度 A50）。

图 B.1 落球冲击试样支架

附　录　C
（规范性附录）
霰弹袋冲击性能试验装置

如图 C.1 和图 C.2 所示，试验框架主体部分采用高度大于 100 mm 的槽钢，用螺栓等牢固固定在地面上，并在背面加支撑装置，以防止冲击时框架明显变形、位移或倾斜。夹紧框用于固定试样，其内部尺寸比试样尺寸小 19 mm 左右，与试样四周接触部位使用符合 GB/T 531 规定的硬度为邵尔 A50 的橡胶垫衬。安装试样后，橡胶条的压缩厚度为原厚度的 10%～15%。

如图 C.3 所示，冲击体是带有金属杆的皮革袋，皮革袋的中心轴为一根长度为 330 mm±13 mm 的金属螺杆，在皮革袋中装填铅霰弹，然后把袋的上下两端用螺母拧紧，再把皮革袋的表面用 12 mm 宽、0.15 mm 厚的玻璃纤维增强聚酯尼龙带交叉倾斜地卷缠起来，把表面完全覆盖成袋体状。冲击体质量为 45 kg±0.1 kg。

注 1：用厚度为 0.15 mm 的人造带，把二块 A 片和四块 B 片缝合在一起（见图 C.2 中的 b））。缝边（虚线部分）为 0.5 cm左右。

注 2：用公称尺寸 ϕ2.5 mm 的铅砂装填。

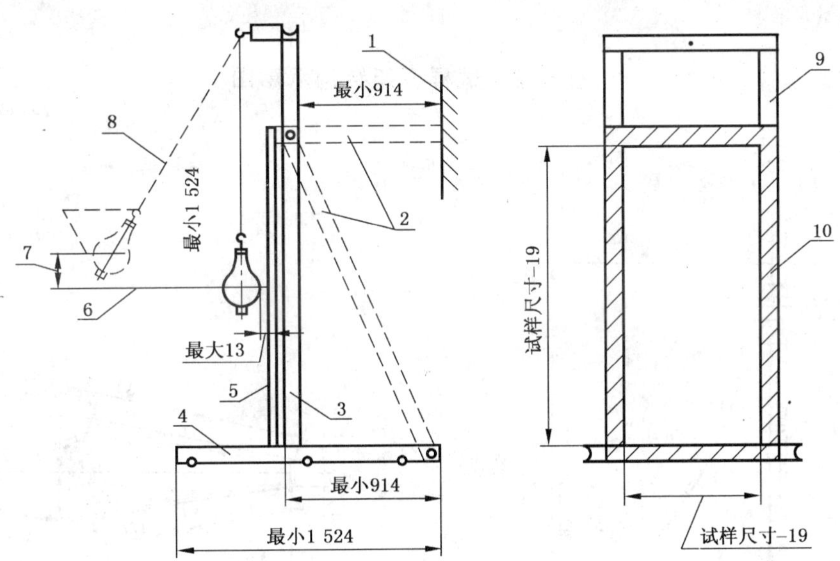

1——固定壁；

2——增强支架，可用任何方式支撑；

3、9——试验框；

4——用螺栓固定的底座；

5、10——木制/钢制紧固框；

6——试样的中心线；

7——下落高度；

8——直径 3 mm 左右的钢丝绳。

图 C.1　试样框架结构示意图

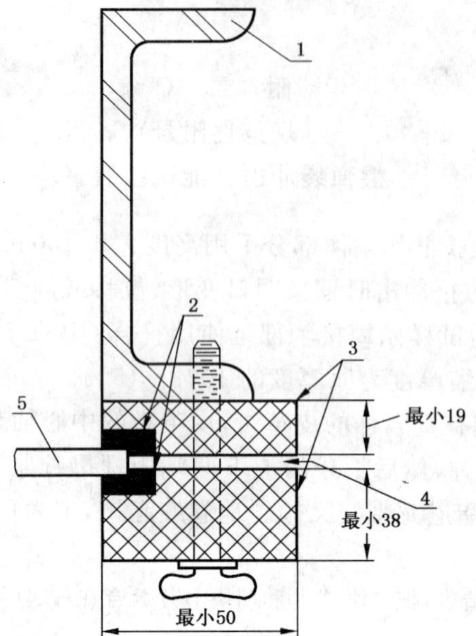

1——试验框；
2——橡胶板；
3——木制/钢制紧固框；
4——限位块；
5——试样。

图 C.2 试样框架结构示意图

单位为毫米

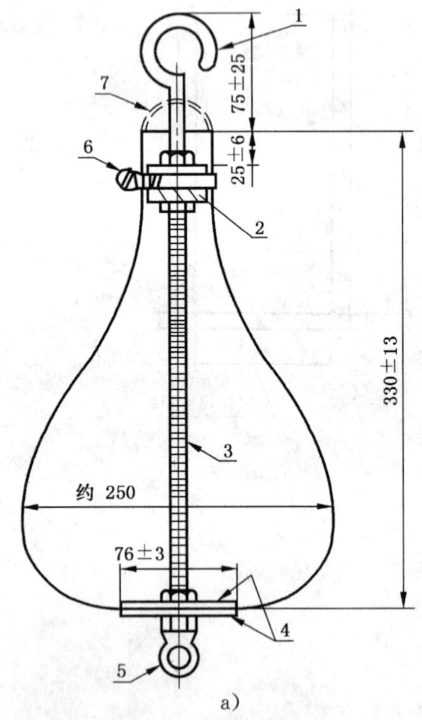

a)

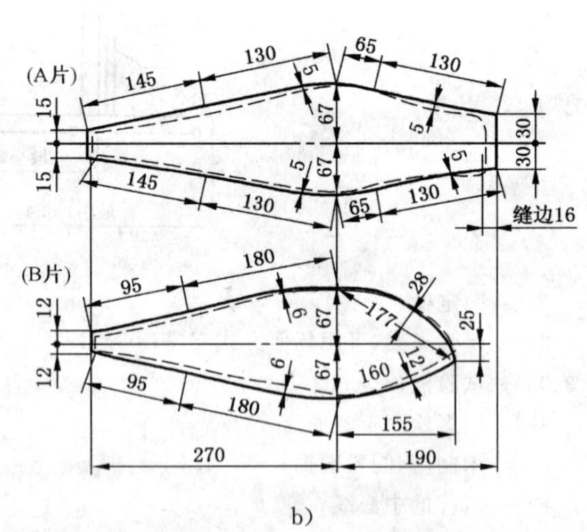

b)

1——弯杆或附有吊环螺母的杆；
2——套筒螺母，长 25 mm，直径 32 mm；
3——螺杆，直径 9.5 mm；
4——金属垫圈，厚 4.8 mm±1.6 mm；
5——吊起铁丝用的吊环螺母；
6——蜗杆传动软管夹；
7——吊绳（卸下）。

图 C.3 霰弹袋

附 录 D
（规范性附录）
测 力 球

D.1 测力装置

测力装置应包括一个直径为(76±1)mm 的球体，球体通过臂杆连接在推力测量和显示装置上，能够测量出施加的最大力 25 N，仪器测量精度至少 0.1 N。测力装置的样式可见图 D.1。

D.2 操作

水平持握测力装置测力显示端，选择试样开口或裂缝最严重的部位，水平推动测力装置，直到：

测力装置已显示达到最大推力 25 N，但球体尚未通过试样开口，则试样为安全破坏；

球体最大直径部分已通过试样开口，但测力装置显示尚未达到最大推力 25 N，则试样为非安全破坏。

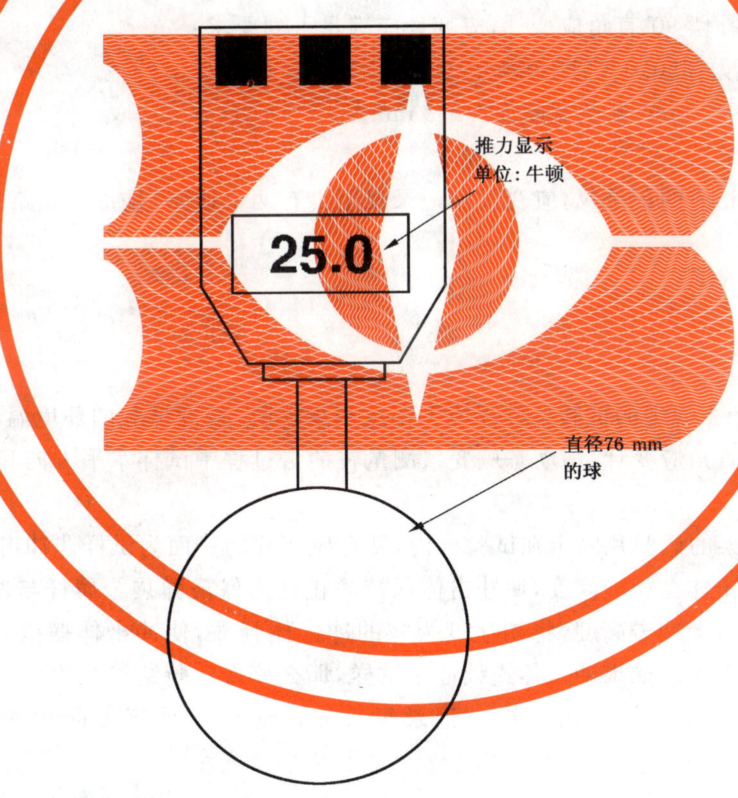

图 D.1 测力装置示意图

附 录 E
（资料性附录）
霰弹袋冲击分级试验框架校准

E.1 校准目的

为保证进行霰弹袋冲击试验使用的框架固定牢固并具有足够的刚度，确保试验分级结果的一致性和可比性，应对试验框架及时校准。

E.2 校准试样和仪器

E.2.1 校准试样

框架校准时采用的试样为 10 mm 厚的钠钙硅钢化玻璃，尺寸规格为(1 930±2)mm×(864±2)mm。

E.2.2 校准仪器

E.2.2.1 应变计

校准时使用温度自补偿 90°直角应变计，应变计应满足下列要求：

a) 24 ℃时的电阻为：350.0×(1±0.5%)Ω；

b) 栅丝长度为：4.57 mm，栅丝宽度为：3.18 mm。

E.2.2.2 动态应变仪

使用动态应变仪及相应的记录仪，应变仪和记录仪至少有两个通路，且每一通路的采集频率应不小于 100 kHz。

E.3 校准程序

E.3.1 校准准备

试验前，试样应在 7.1 规定的试验条件环境下存放至少 4 h。校准试验的环境温度为 20 ℃±5 ℃。在试样的中央粘贴直角应变计，用动态应变仪测量在冲击过程中试样水平方向和垂直方向的应变。

E.3.2 校准步骤

a) 把用于校准框架的试验片固定在试验框内，贴有应变片的一面为试样非冲击面。

b) 提升霰弹袋冲击体至相应高度，使冲击体保持静止并确保霰弹袋金属杆与冲击体的悬挂绳索成一直线。在每个冲击高度，将初速度为零的冲击体释放，使冲击体摆捶式自由下落垂直冲击试样的中部一次。如果冲击体连续冲击试样，那么该次试验结果无效。

c) 在每个冲击高度对试样冲击三次。记录每次冲击时试样垂直方向和水平方向的应变最大值。

d) 按照冲击高度 200 mm、250 mm、300 mm、450 mm、700 mm、1 200 mm 的次序，重复上述冲击过程。

E.4 框架校准试验报告

在框架校准试验报告中，应包括以下内容：

a) 玻璃试样的类型和公称厚度；

b) 玻璃试样的规格尺寸；

c) 试验框架的描述(材质、试样的夹紧方式等)

d) 每个冲击高度的测量值；

e) 冲击高度与水平方向应变的曲线;冲击高度与垂直方向应变的曲线。水平方向的应变和垂直方向的应变以每个高度三次测量最大值的平均值为基准。

E.5 框架校准参照曲线

在被校准的框架上获得的冲击高度与应变的曲线,应在下述参照校准曲线的±10%以内(见表E.1和图E.1)。满足上述要求的框架,才能用于霰弹袋冲击分级试验,使用该框架对试样所进行的霰弹袋冲击试验获得的级别结果有效。使用校准曲线达不到要求的试验框架进行霰弹袋冲击试验获得的冲击级别无效。

E.6 校准频次

霰弹袋冲击试验的试验框架,每三年校准一次。但是当试验框架发生重大改变时(如结构件、夹紧系统等发生了变化),在试验前应对试验框架进行校准。

表 E.1 霰弹袋冲击试验应变参考平均峰值

冲击高度/mm	水平方向微应变			垂直方向微应变		
	平均值	平均值 −10%	平均值 +10%	平均值	平均值 −10%	平均值 +10%
200	1 435	1 291	1 578	1 031	928	1 134
250	1 599	1 439	1 759	1 154	1 039	1 270
300	1 775	1 598	1 953	1 269	1 142	1 396
450	2 213	1 991	2 434	1 536	1 382	1 690
700	2 627	2 365	2 890	1 860	1 674	2 046
1 200	3 093	2 784	3 403	2 388	2 149	2 627

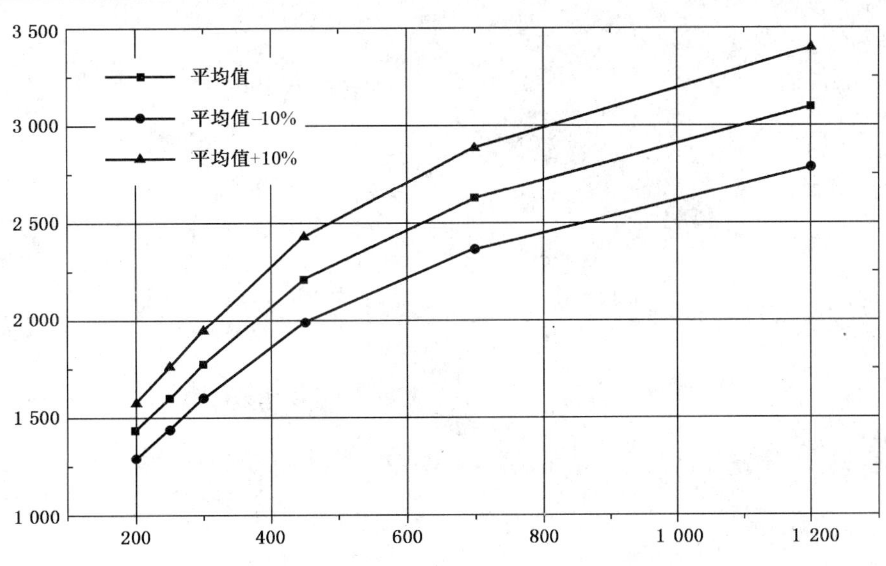

a) 霰弹袋冲击试验水平微应变参考平均峰值

图 E.1 霰弹袋冲击试验水平、垂直微应变参考平均峰值

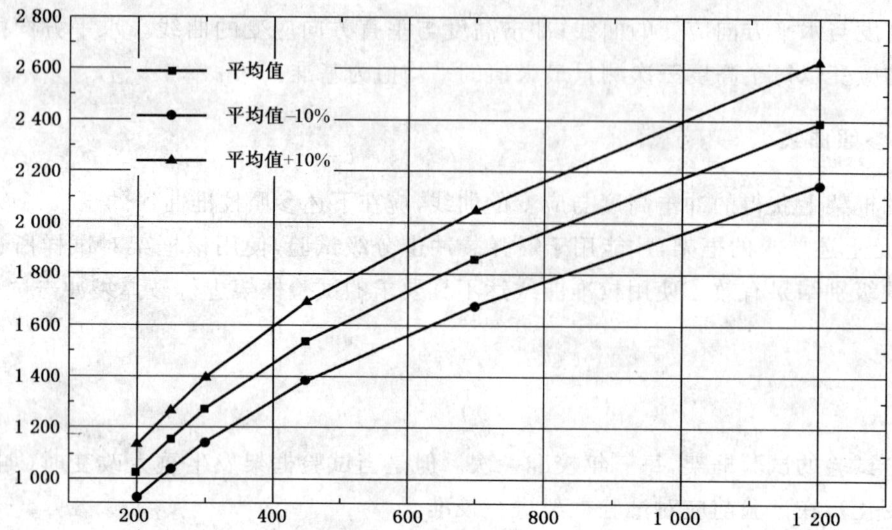

b）霰弹袋冲击试验垂直微应变参考平均峰值

图 E.1（续）

ICS 81.040.20
Q 33

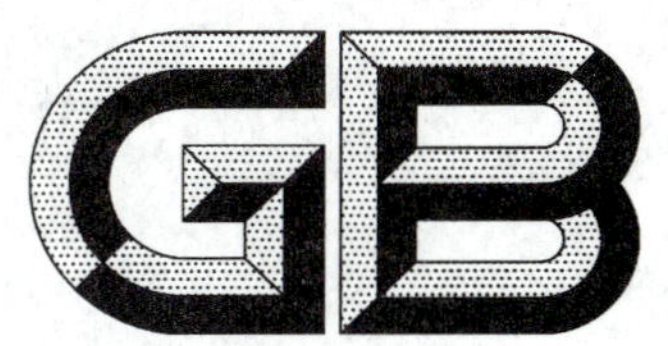

中华人民共和国国家标准

GB 15763.4—2009

建筑用安全玻璃　第4部分：均质钢化玻璃

Safety glazing materials in building—
Part 4: Heat soaked thermally tempered glass

2009-03-25 发布　　2010-03-01 实施

中华人民共和国国家质量监督检验检疫总局
中国国家标准化管理委员会　发布

前　言

本部分中5.5、5.6及5.7为强制性要求,其余为推荐性要求。

GB 15763《建筑用安全玻璃》目前分为4个部分:

——第1部分:防火玻璃;

——第2部分:钢化玻璃;

——第3部分:夹层玻璃;

——第4部分:均质钢化玻璃。

本部分为GB 15763的第4部分。

本部分与EN 14179-1:2005《建筑玻璃—均质热钢化钠钙硅安全玻璃—第1部分:定义及要求》的一致性程度为非等效。

本部分的附录A和附录B为规范性附录;附录C为资料性附录。

本部分由中国建筑材料联合会提出。

本部分由全国建筑用玻璃标准化技术委员会归口。

本部分负责起草单位:中国建筑材料检验认证中心。

本部分参加起草单位:广东金刚玻璃科技股份有限公司、和合科技集团有限公司、中国南玻集团股份有限公司、上海耀华皮尔金顿玻璃股份有限公司、江苏秀强玻璃科技股份有限公司、深圳市三鑫特种玻璃技术股份有限公司、北京物华天宝安全玻璃有限公司、浙江中力控股集团有限公司、江门银辉安全玻璃有限公司、深圳市汉东玻璃机械有限公司、无锡大洋玻璃装饰工程有限公司。

本部分主要起草人:王睿、石新勇、陈璐、肖鹏军、夏卫文、艾发智、孙大海、周健、吴从真、龙霖星、吕皓、陈新盛、杨宏斌、盛颂君、何昌杜、王文彪、隋超英、王精精、张坚华。

本部分为首次发布。

引　　言

普通退火玻璃经过热处理工艺成为钢化玻璃，玻璃表面形成了压应力层，使得玻璃的机械强度、耐热冲击强度均得到了提高，并具有特殊的碎片状态。钢化玻璃作为一种安全玻璃，被广泛应用于建筑等领域。

在我国，每年都有大量的钢化玻璃使用在建筑幕墙上，但钢化玻璃的自爆大大限制了钢化玻璃的应用。经过长期的跟踪与研究，发现玻璃内部存在硫化镍(NiS)结石是造成钢化玻璃自爆的主要原因。研究表明，通过对钢化玻璃进行均质(第二次热处理工艺)处理，可以大大降低钢化玻璃的自爆率。但如果均质处理时温度控制不当，会引起 NiS 逆向相变或相变不完全，甚至导致钢化应力松弛，影响最终产品的安全性能。

本标准旨在：

a) 明确规定均质钢化玻璃的性能。抗冲击、碎片状态及霰弹袋冲击性能涉及产品使用安全，为强制性要求；其他技术要求可作为日常生产用的质量监控项目；

b) 对均质处理过程及系统予以规定，以规范均质过程，为均质钢化玻璃的质量保证提供技术支持；

c) 针对均质钢化玻璃产品的特殊性，本标准对产品型式检验的抽样方法予以了特殊规定，以保证被检试样的真实性及可靠性。

建筑用安全玻璃　第4部分：均质钢化玻璃

1　范围

GB 15763 的本部分规定了建筑用均质钢化玻璃的术语和定义、总则、要求、试验方法、检验规则、标志、包装、运输及贮存。

本部分适用于建筑用均质钢化玻璃。对于建筑以外用的（如工业装备、家具等）均质钢化玻璃，如果没有相应的产品标准，可参照使用本部分。

2　规范性引用文件

下列文件中的条款通过 GB 15763 的本部分的引用而成为本部分的条款。凡是注日期的引用文件，其随后所有的修改单（不包括勘误的内容）或修订版均不适用于本标准，然而，鼓励根据本部分达成协议的各方研究是否可使用这些文件的最新版本。凡是不注日期的引用文件，其最新版本适用于本部分。

GB 15763.2　建筑用安全玻璃　第2部分：钢化玻璃

3　术语和定义

下列术语和定义适用于本部分。

3.1

均质钢化玻璃　heat soaked thermally tempered glass

热浸钢化玻璃

是指经过特定工艺条件处理过的钠钙硅钢化玻璃（简称 HST）。

注：特定工艺条件见附录 A。

4　总则

生产均质钢化玻璃所使用的玻璃，其质量应符合相应的产品标准的要求。对于有特殊要求的，用于生产均质钢化玻璃的玻璃，其质量由供需双方确定。

5　要求

均质钢化玻璃的各项性能及其试验方法应符合表1相应条款的规定。

表1　技术要求及试验方法条款

序号	项　目	技术要求	试验方法
1	尺寸及其允许偏差	5.1	6.2
2	厚度及其允许偏差	5.2	6.3
3	外观质量	5.3	6.4
4	弯曲度	5.4	6.5
5	抗冲击性	5.5	6.6
6	碎片状态	5.6	6.7
7	霰弹袋冲击性能	5.7	6.8

表 1（续）

序号	项　　目	技术要求	试验方法
8	表面应力	5.8	6.9
9	耐热冲击性能	5.9	6.10
10	弯曲强度	5.10	6.11

5.1 尺寸及允许偏差

应符合 GB 15763.2 相应条款的规定。

5.2 厚度及允许偏差

应符合 GB 15763.2 相应条款的规定。

5.3 外观质量

应符合 GB 15763.2 相应条款的规定。

5.4 弯曲度

对于平型均质钢化玻璃，应符合 GB 15763.2 相应条款的规定。

5.5 抗冲击性

应符合 GB 15763.2 相应条款的规定。

5.6 碎片状态

应符合 GB 15763.2 相应条款的规定。

5.7 霰弹袋冲击性能

应符合 GB 15763.2 相应条款的规定。

5.8 表面应力

应符合 GB 15763.2 相应条款的规定。

5.9 耐热冲击性能

应符合 GB 15763.2 相应条款的规定。

5.10 弯曲强度(四点弯法)

以 95％的置信区间，5％的破损概率，均质钢化玻璃的弯曲强度应符合表 2 的规定。

表 2　均质钢化玻璃弯曲强度

均质钢化玻璃	弯曲强度/MPa
以浮法玻璃为原片的均质钢化玻璃 镀膜均质钢化玻璃	120
釉面均质钢化玻璃(釉面为加载面)	75
压花均质钢化玻璃	90

6 试验方法

6.1 总则

尺寸、厚度、外观、弯曲度、碎片状态及表面应力的检验或测量以均质钢化玻璃制品为试样；抗冲击、霰弹袋冲击性能、耐热冲击性能试验及弯曲强度试验，以与制品同厚度、同种类且同一工艺条件下制造及同一均质处理过程处理的平型均质钢化玻璃为试样。

6.2 尺寸检验

应符合 GB 15763.2 相应条款的规定。

6.3 厚度检验

应符合 GB 15763.2 相应条款的规定。

6.4　外观检验

应符合 GB 15763.2 相应条款的规定。

6.5　弯曲度测量

应符合 GB 15763.2 相应条款的规定。

6.6　抗冲击性试验

应符合 GB 15763.2 相应条款的规定。

6.7　碎片状态试验

应符合 GB 15763.2 相应条款的规定。

6.8　霰弹袋冲击性能试验

应符合 GB 15763.2 相应条款的规定。

6.9　表面应力测量

应符合 GB 15763.2 相应条款的规定。

6.10　耐热冲击性能

应符合 GB 15763.2 相应条款的规定。

6.11　弯曲强度(四点弯法)

按附录 B 进行试验,并计算弯曲强度。

7　检验规则

7.1　检验项目

检验分为出厂检验和型式检验。

7.1.1　出厂检验

均质钢化玻璃的厚度及偏差、外观质量、尺寸及偏差、弯曲度。其他检验项目由供需双方商定。

7.1.2　型式检验

本部分第 5 章中 5.5、5.6 及 5.7 规定的项目为必检项目,其余要求由供需双方商定。有下列情况之一时,应进行型式检验。

——新产品或老产品转厂生产的试制定型鉴定。

——试生产后,如结构、材料、工艺有较大改变,可能影响产品性能时。

——正常生产满 1 年时。

——产品停产半年以上,恢复生产时。

——出厂检验结果与上次型式有较大差异时。

——质量监督部门提出进行型式检验的要求时。

7.2　出厂检验组批及抽样方法

7.2.1　产品的厚度及偏差、外观质量、尺寸及偏差、弯曲度按表 3 规定进行随机抽样。

表 3　抽样表

单位为片

批量范围	样本大小	合格判定数	不合格判定数
1～8	2	0	1
9～15	3	0	1
16～25	5	1	2
26～50	8	2	3
51～90	13	3	4
91～150	20	5	6

表 3（续）

单位为片

批量范围	样本大小	合格判定数	不合格判定数
151～280	32	7	8
281～500	50	10	11
501～1 000	80	14	15

7.2.2 对于出厂检验所要求的其他技术性能，若用制品检验时，根据检测项目所要求的数量从该批均质产品中随机抽取；若用试样进行检验时，应采用同一工艺条件下均质的试样。当该批产品批量大于1 000块时，以每 1 000 块为 1 批分批抽取试样，当检验项目为非破坏性试验时可用它继续进行其他项目的检测。

7.3 型式检验组批及抽样方法

7.3.1 对于型式检验所要求的技术性能，若用制品检验时，根据检测项目所要求的数量从该批均质产品中随机抽取；若用试样进行检验时，应采用与制品同一工艺条件下均质的试样。当该批产品批量大于1 000 块时，以每 1 000 块为 1 批分批抽取试样，当检验项目为非破坏性试验时可用它继续进行其他项目的检测。

7.3.2 抽样时，抽样人员应现场见证检验试样的全部均质处理过程，对所抽样品进行封样，并保留该批样品的均质处理过程温度曲线。

7.4 判定规则

7.4.1 进行厚度及偏差、外观质量、尺寸及偏差、弯曲度检验时，若不合格品数等于或大于表 3 的不合格判定数，则认为不合格。

7.4.2 进行抗冲击性试验时，按 GB 15763.2 相应条款的规定进行判定。

7.4.3 进行碎片状态试验时，按 GB 15763.2 相应条款的规定进行判定。

7.4.4 进行霰弹袋冲击性能试验时，按 GB 15763.2 相应条款的规定进行判定。

7.4.5 进行表面应力试验时，按 GB 15763.2 相应条款的规定进行判定。

7.4.6 进行耐热冲击性能试验时，按 GB 15763.2 相应条款的规定进行判定。

7.4.7 进行弯曲强度（四点弯法）试验时，样品全部满足要求时，该项目合格。

7.4.8 以上检验项目中，如有一项不合格，则认为该批产品不合格。

8 标志

在玻璃或最小包装上标识“均质钢化玻璃”或符号“HST”。

9 包装、运输、贮存

包装、运输、贮存应符合 GB 15763.2 相应条款的规定。

附 录 A
（规范性附录）
均质处理过程及系统

A.1 均质处理过程

均质处理过程包括升温、保温及降温三个阶段，如图 A.1 所示。

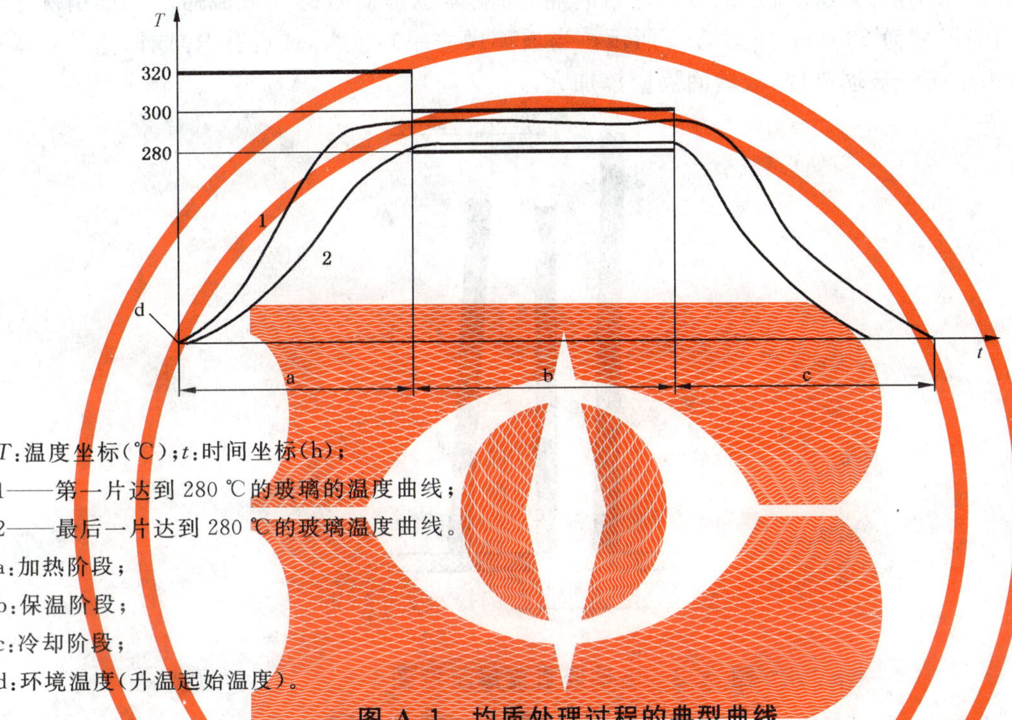

T:温度坐标(℃)；t:时间坐标(h)；
1——第一片达到 280 ℃的玻璃的温度曲线；
2——最后一片达到 280 ℃的玻璃温度曲线。
a:加热阶段；
b:保温阶段；
c:冷却阶段；
d:环境温度(升温起始温度)。

图 A.1 均质处理过程的典型曲线

A.1.1 升温阶段

升温阶段开始于所有玻璃所处的环境温度，终止于最后一片玻璃表面温度达到 280 ℃的时刻。该阶段应按 A.3 进行校准时所确定的过程进行。

炉内温度有可能超过 320 ℃，但玻璃表面的温度不能超过 320 ℃，应尽量缩短玻璃表面温度超过 300 ℃的时间。

A.1.2 保温阶段

保温阶段开始于所有玻璃表面温度达到 280 ℃的时刻，保温时间至少为 2 h。在整个保温阶段中，应确保玻璃表面的温度保持在 290 ℃±10 ℃的范围内。

A.1.3 冷却阶段

当最后达到 280 ℃的玻璃完成 2 h 保温后，开始冷却阶段，在此阶段玻璃温度降至环境温度。当炉内温度降至 70 ℃时，可认为冷却阶段终止。

应对降温速率进行控制，以最大限度地减少玻璃由于热应力而引起的破坏。

A.2 均质处理系统

A.2.1 均质炉

均质炉采用对流方式加热。热空气流应平行于玻璃表面并通畅地流通于每片玻璃之间，且不应由于玻璃的破碎而受到阻碍。在对曲面钢化玻璃进行均质处理过程，应采取措施防止由于玻璃的形状的不规则而导致的气流流通不通畅。

空气的进口与出口也不得由于玻璃的破碎而受到阻碍。

A.2.2 玻璃的支撑

可以采用竖直方式支撑玻璃，如图 A.2 所示。不得用外力固定或夹紧玻璃，应使玻璃处于自由支撑状态。

竖直支撑可以是绝对竖直，也可以以与绝对竖直夹角小于 15°的角度支撑。

玻璃与玻璃不得接触。

A.2.3 玻璃间隔

玻璃之间应该用不阻碍气流流通的方式进行间隔，间隔体也不应阻碍气流流通。一般情况下建议玻璃之间最小间隔尺寸为 20 mm，如图 A.3 所示。当玻璃尺寸差异较大，或有孔及/或凹槽的玻璃放在同一支架上时，为了防止玻璃破碎，玻璃间隔应该加大。

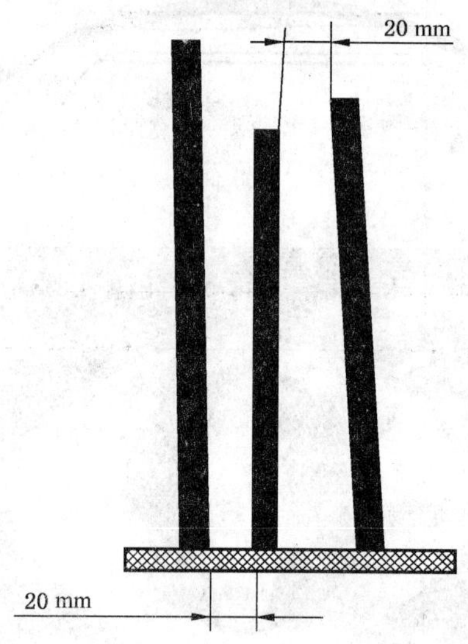

图 A.2 玻璃竖直支撑示意图

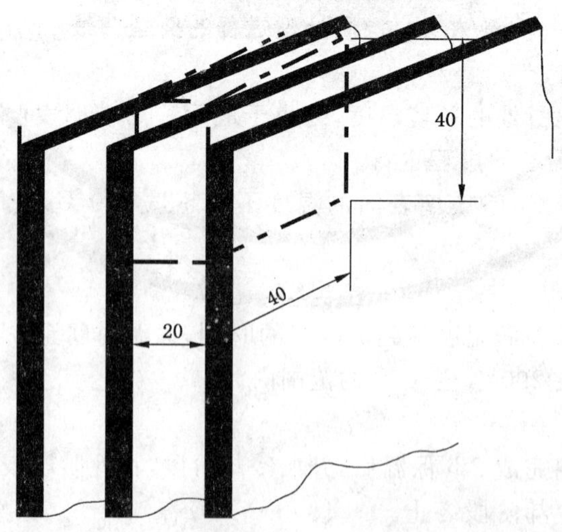

图 A.3 玻璃的竖直支撑及间隔体

A.3 校准

玻璃间隔距离、间隔体的布置、材料和形状、玻璃装载架类型和布置，生产过程中所用操作条件的校准参见附录 C。

附 录 B
（规范性附录）
弯曲强度试验方法

B.1 试验条件

环境温度：23 ℃±5 ℃，环境湿度：40%～70%。为避免热应力的产生，在试验的全过程中，环境温度的波动不应大于1 ℃。

B.2 试样

取至少12块试样进行试验。每块试样长度为1 100 mm±5 mm，宽度为360 mm±5 mm。制备试样时，切割刀口应在试样的同一表面。

试验前24 h内不得对试样进行任何加工或处理。如果试样表面贴有保护膜，需在试验前24h去除。试验前，试样应在B.1规定的条件下放置至少4 h。

B.3 试验装置

采用材料试验机进行试验。试验机应能连续、均匀地对试样加载，且能够将由于加载产生的震动降低至最小。试验机应装有加载测量装置，并在其量程内的误差应小于±2%。支撑辊和加载辊的直径为50 mm，长度不少于365 mm。支撑辊和加载辊均能围绕各辊轴线转动。

B.4 试验程序

B.4.1 测量试样宽度及厚度。

分别测量三次宽度，取其算术平均值，精确至1 mm。

测量厚度时，为避免由于测量而产生的表面破坏，测量应分别在试样的两端进行（至少应在试样的位于加载辊以外的部分进行测量）。分别测量四点，并取算术平均值，精确至0.01 mm。也可在试验后测量破碎后的试样厚度——每块试样取4块碎片测量厚度，并取算术平均值，精确至0.01 mm。

B.4.2 试样有切割刀口的表面朝上。为便于查找断裂源和防止碎片飞散，可在试样上表面粘贴薄膜。按图B.1所示放置试样。橡胶条的厚度为3 mm，硬度为(40±10)IRHD。

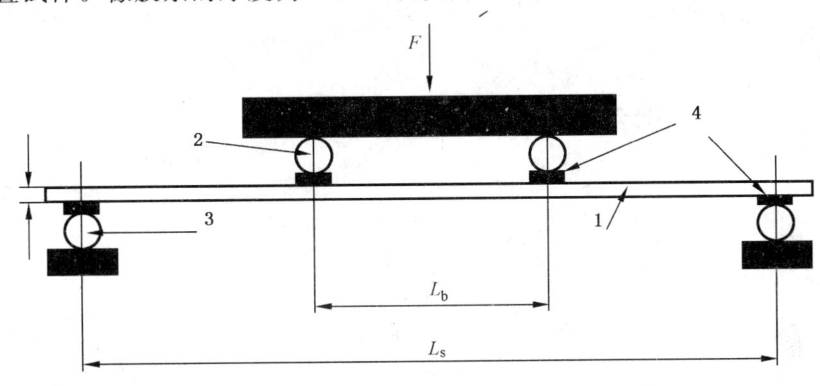

1——试样；
2——加载辊；
3——支撑辊；
4——橡胶条；
L_b=200 mm±1 mm；
L_s=1 000 mm±2 mm。

图 B.1 四点弯曲强度试验

B.4.3 加载

试验机以试样弯曲应力 2 MPa/s±0.4 MPa/s 的递增速度对试样进行加载，直至试样破坏。记录每块试样破坏时的最大载荷、从开始加载至试样破坏的时间(精确至 1 s)以及试样的断裂源是否在加载辊之间。

B.4.4 数据处理

B.4.4.1 断裂源应当在加载辊之间，否则应以新试样替补上重新试验，以保证每组试样原来的数量。按式(B.1)计算试样的弯曲强度。

$$\sigma_{bG} = F_{max}\frac{3(L_s - L_b)}{2Bh^2} + \sigma_{bg} \qquad \cdots\cdots(B.1)$$

式中：

σ_{bG}——弯曲强度，单位为兆帕(MPa)；

F_{max}——试样断裂时的最大载荷，单位为牛顿(N)；

L_s——两支撑辊轴心之间的距离，单位为毫米(mm)；

L_b——两加载辊轴心之间的距离，单位为毫米(mm)；

B——试样的宽度，单位为毫米(mm)；

h——试样的厚度，单位为毫米(mm)；

σ_{bg}——试样由于自重产生的弯曲强度，或通过式(B.2)计算得到，单位为兆帕(MPa)。

$$\sigma_{bg} = \frac{3pgL_s{}^2}{4h} \qquad \cdots\cdots(B.2)$$

式中：

p——试样密度，对于普通钠钙硅玻璃 $\rho=2.5\times10^3$ kg/m^3；

g——单位换算系数，9.8 N/kg；

L_s——两支撑辊轴心之间的距离，单位为米(m)；

h——试样的厚度，单位为米(m)。

附　录　C
（资料性附录）
均质处理过程及系统的校准

C.1　校准准则

均质处理过程及系统在100%装载量和10%装载量的情况下，均应满足图C.1中所示的时间-温度曲线的要求。

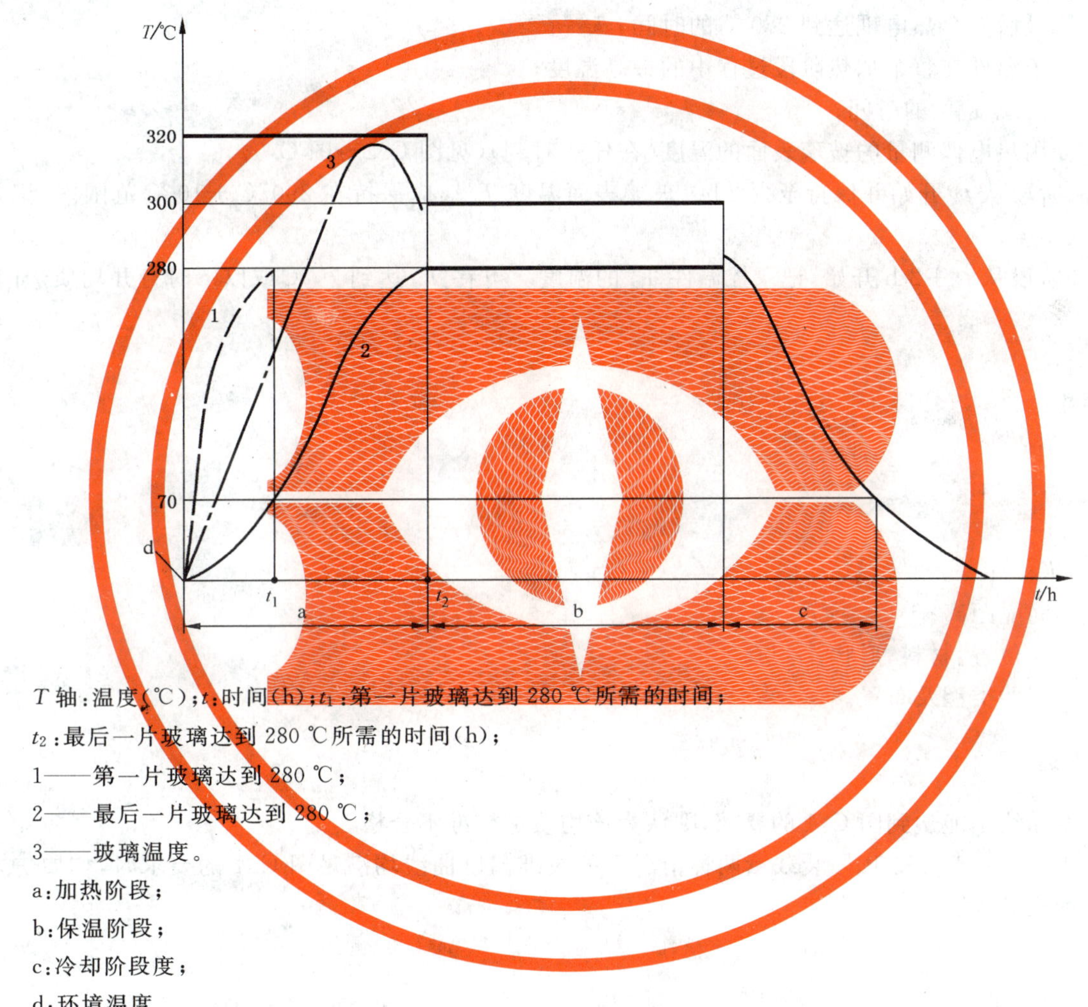

T 轴：温度（℃）；t：时间（h）；t_1：第一片玻璃达到280 ℃所需的时间；

t_2：最后一片玻璃达到280 ℃所需的时间（h）；

1——第一片玻璃达到280 ℃；

2——最后一片玻璃达到280 ℃；

3——玻璃温度。

a：加热阶段；

b：保温阶段；

c：冷却阶段度；

d：环境温度。

图C.1　时间-温度校准曲线

C.2　均质炉的装载及玻璃表面温度的测定

均质炉装载1个、2个、6个、8个或9个装载架的类型、放置方式及热电偶的放置位置见图C.2～图C.9。

应确定玻璃的间隔距离及间隔体的类型、位置、材料及形状。在校准过程使用的最小间隔应同均质生产过程中所采用的最小间隔相同。

C.3　校准过程

C.3.1　炉内温度的测量及玻璃表面温度的测量应在均质炉100%装载量和10%装载量两种状态下进

行。100%装载量取决于玻璃的尺寸、厚度及均质炉的内腔体积。

C.3.2 在靠近气流出口处安装控温件以测定热浸炉内空气温度。玻璃表面温度用热电偶测量，热电偶的数量和布置见图 C.2～图 C.9，将热电偶与玻璃表面充分接触并粘在玻璃表面，其位置距玻璃边部距离应大于 25 mm。

C.3.3 校准开始时，炉内温度不得超过 50 ℃。

C.3.4 在加热阶段，玻璃任一部位的温度不得超过 320 ℃，并记录如下参数：

T_c　　控温件的温度(任一时刻)；

t_1　　第一个热电耦达到 280 ℃的时间；

T_{c_1}　　在 t_1 时刻控温件的温度；

t_2　　最后一个热电耦达到 280 ℃的时间；

$T_{c_{max}}$　　控温件在整个加热阶段过程中的最高温度；

$t_{c_{max}}$　　出现 $T_{c_{max}}$ 的时间；

T_{glass}　　用热电偶测量的玻璃表面的温度(在任一时刻)(见图 C.2～图 C.9)。

C.3.5 保温阶段从 t_2 开始并保持至少 2 h。玻璃表面温度 T_{glass} 应保持在 290 ℃±10 ℃范围内，记录控温件 T_c 的温度。

C.3.6 冷却阶段从 t_2+2 h 开始，记录控温件 T_c 的温度。可在 T_c 达到 70 ℃或以下时打开均质炉门。

C.4 记录

试验参数：

——t_1，T_{c1}；

——$T_{c_{max}}$，$t_{c_{max}}$；

——t_2；

——T_c，T_{glass}；

——玻璃间隔距离；

——间隔体位置、材料、形状；

——装载架的类型及布置。

C.5 结果表达

如果温度曲线不能达到图 C.1 的要求，则认为该均质炉校准不合格。

只有在 100%装载量和 10%装载量两种情况下的校准温度曲线均满足图 C.1 的要求时，均质炉才可用于实际均质处理。

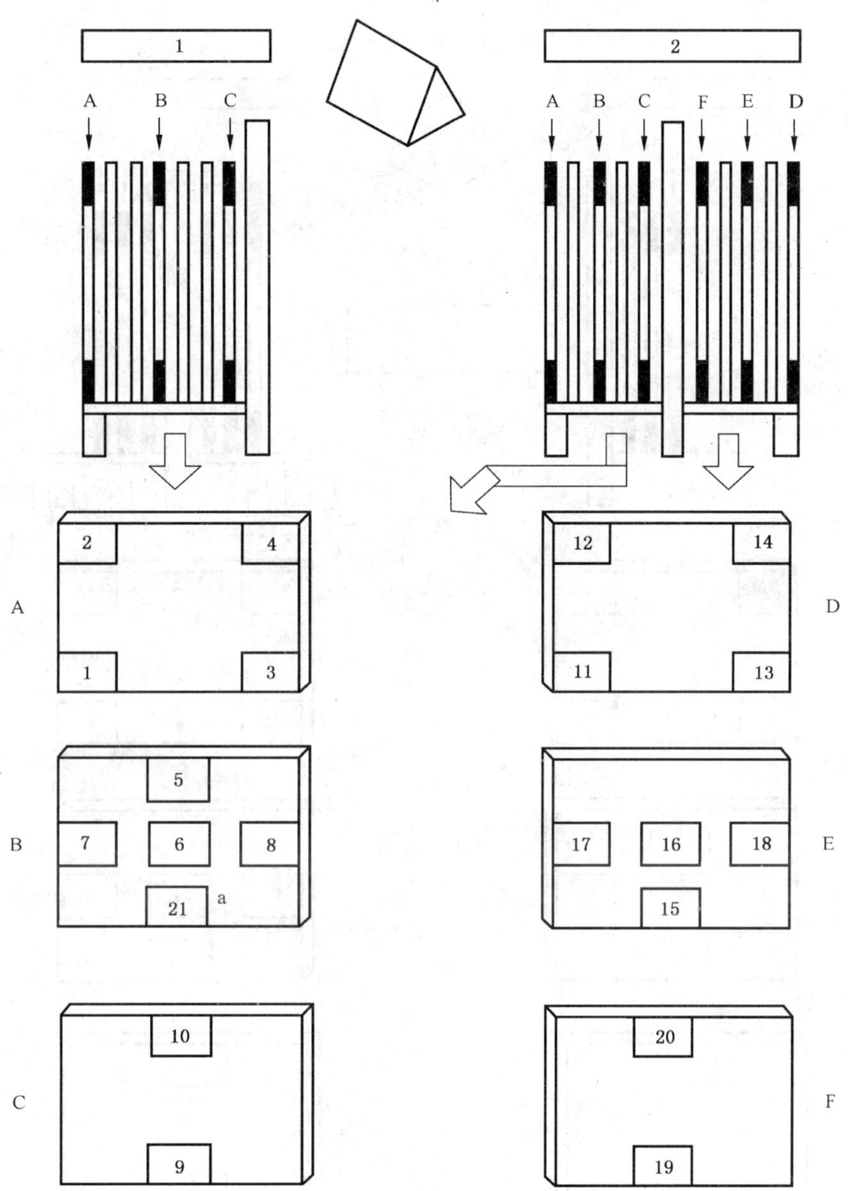

1——单向装载架；

2——双向装载架。

a：只适用于单向装载架。

图 C.2　第 1 类　1 个装载架　100%装载量

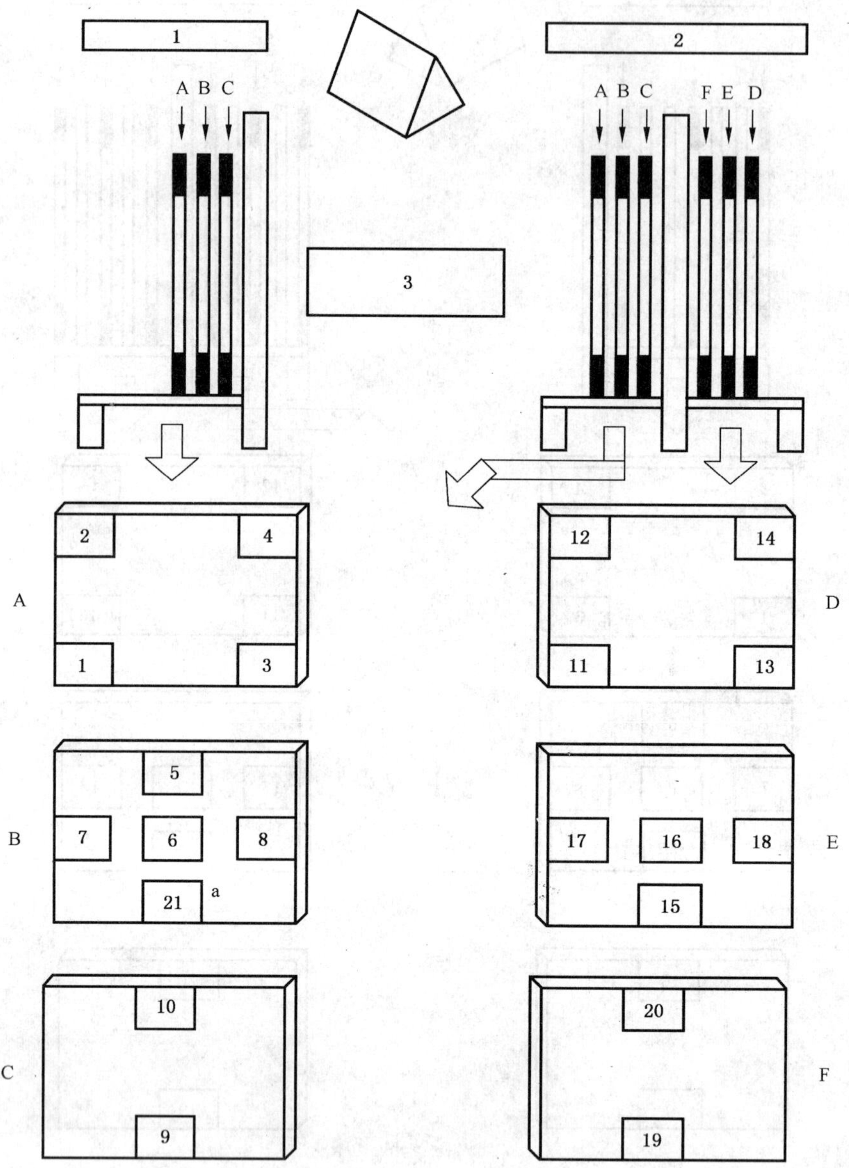

1——单向装载架；

2——双向装载架；

3——架上至少3块玻璃平行放置。

a：只适用于单向装载架。

图C.3 第1类 1个装载架 10%装载量

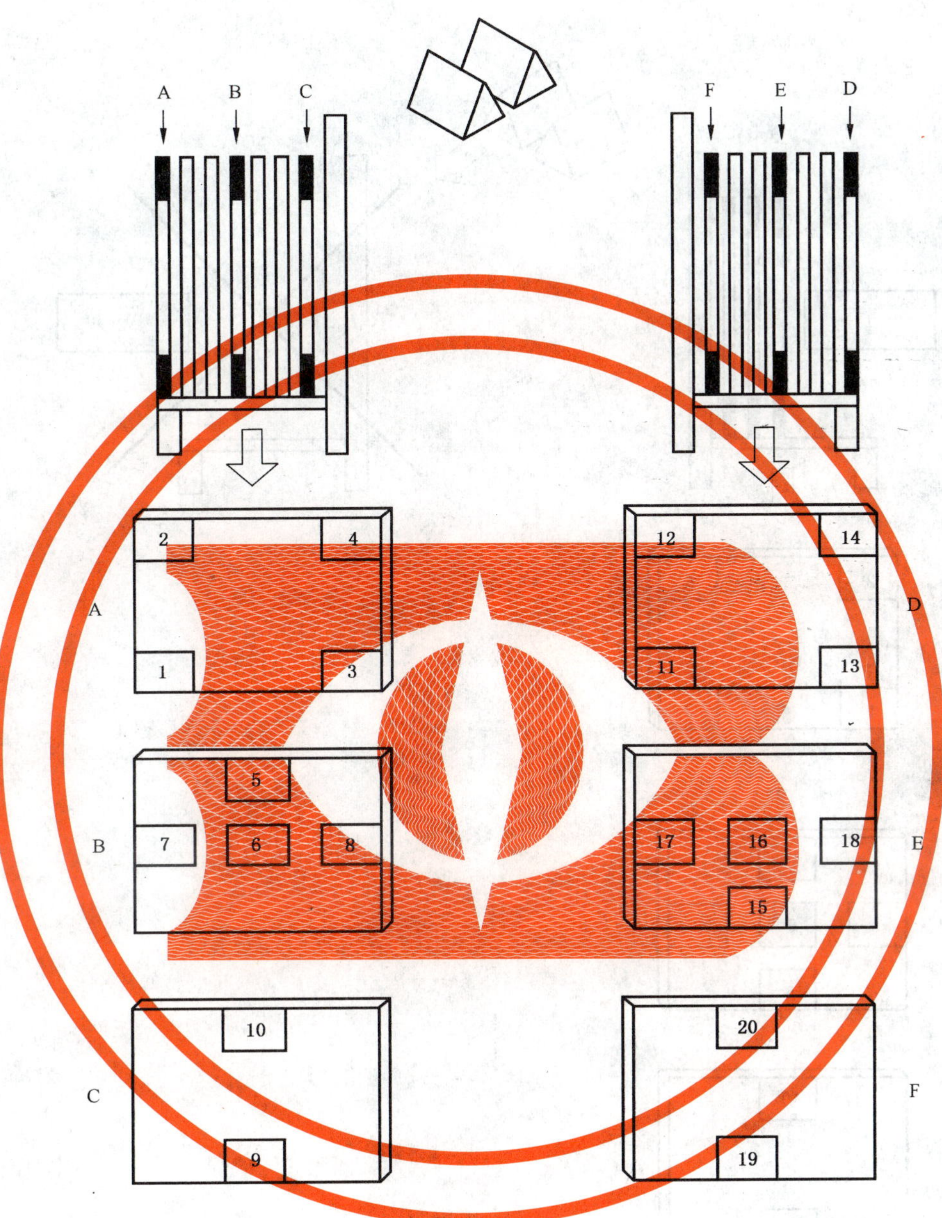

图 C.4　第 2 类　2 个单向装载架　100%装载量

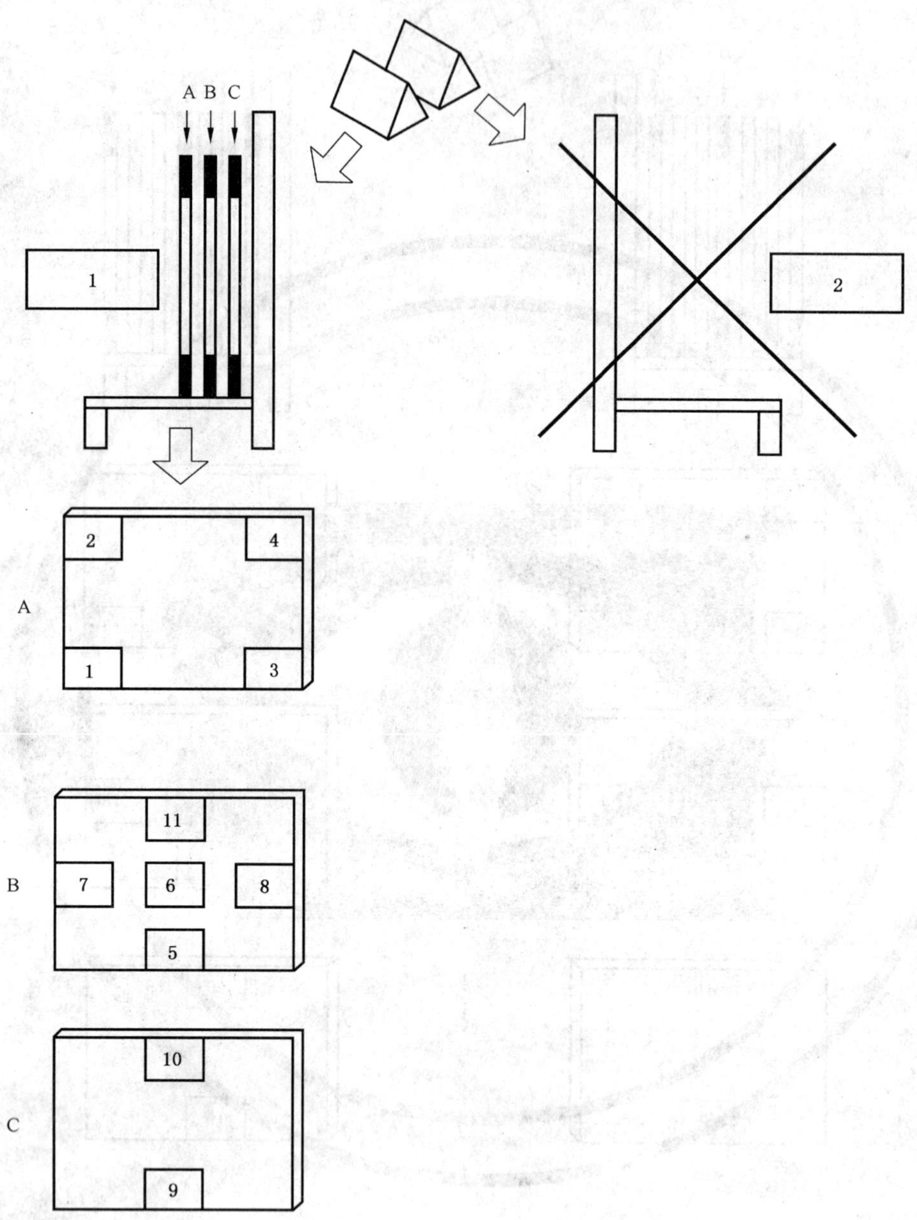

1——第1个装载架,至少3片玻璃平行放置;
2——第二个装载架空载。

图 C.5 第2类 2个单向装载架 10%装载量

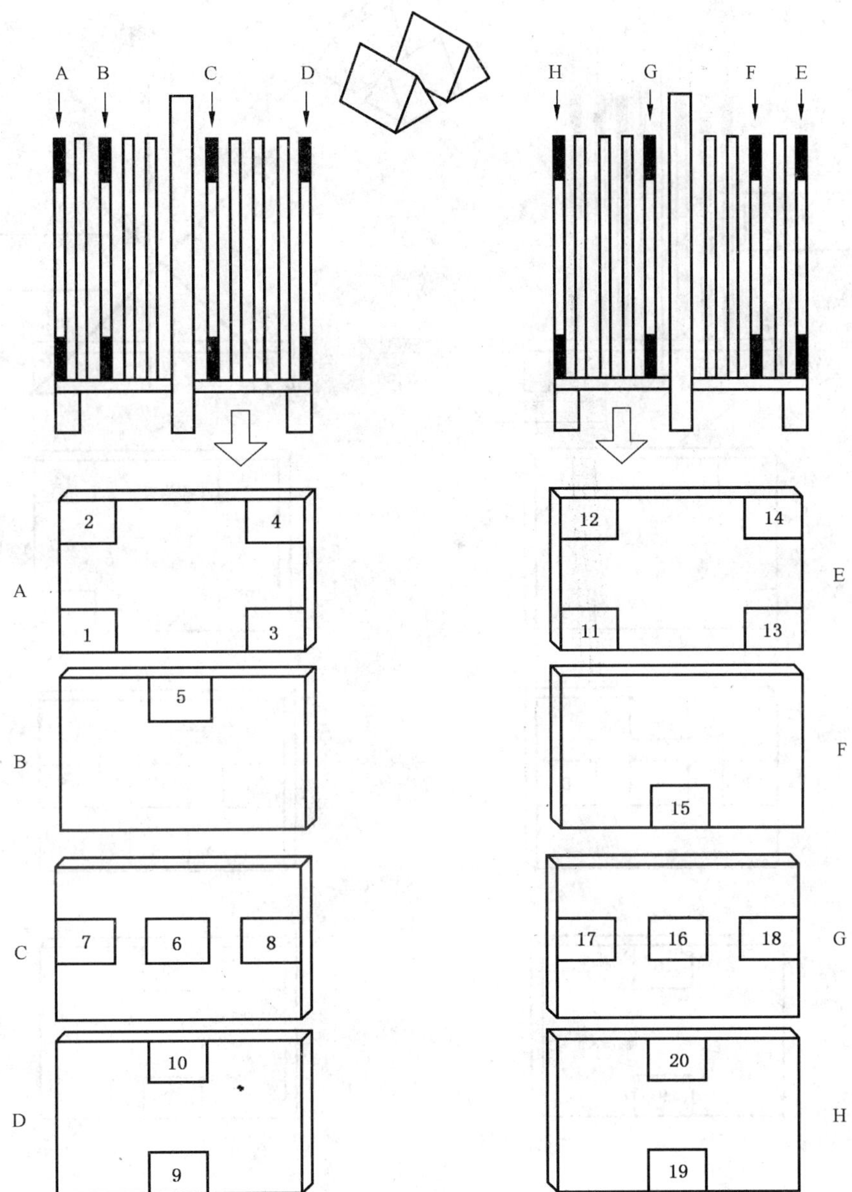

图 C.6　第 2 类　2 个双向装载架　100%装载量

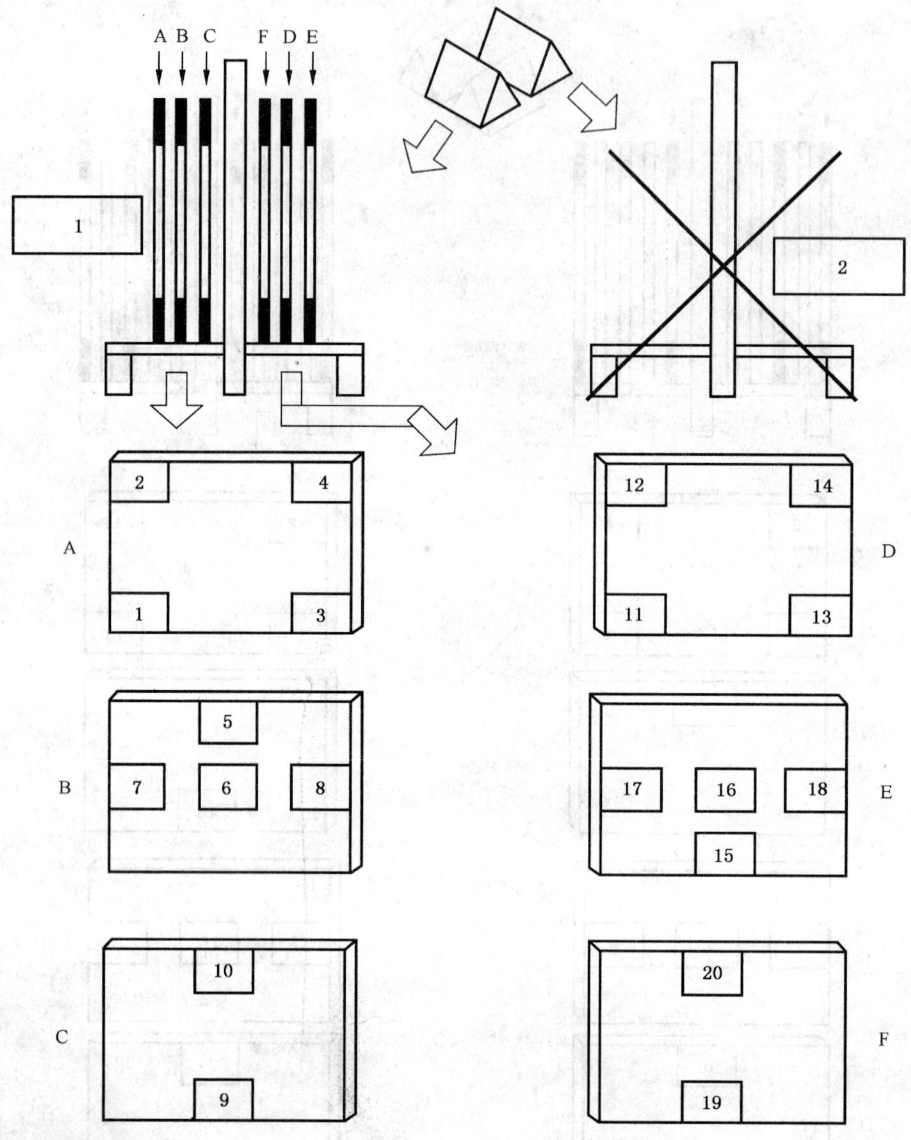

1——第1个装载架,每边均至少3片玻璃平行放置;

2——第二个装载架空载。

图 C.7 第2类 2个双向装载架 10%装载量

图 C.8 第 3 类 6 个或 8 个或 9 个装载架…… 100%装载量

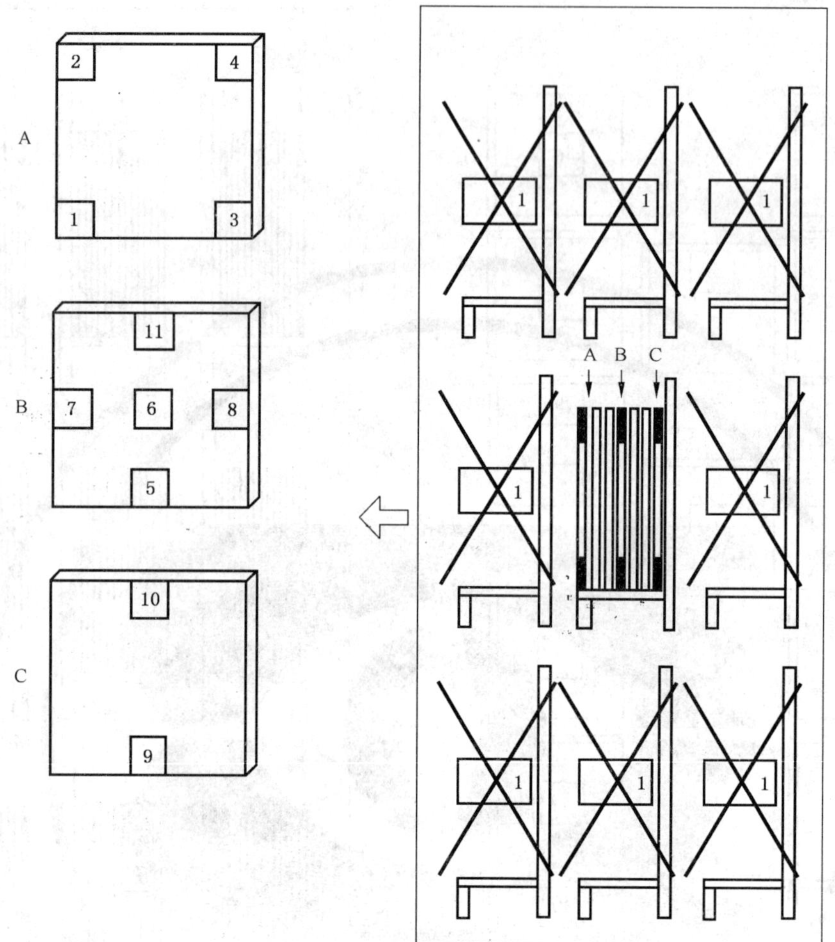

1——空载。

图 C.9　第 9 类　6 个或 8 个或 9 个装载架……　10%装载量

前　　言

本标准是根据日本 JASO M501—94《汽车用安全玻璃》和 GB 9656—88《汽车用安全玻璃》中“尺寸偏差”及“外观要求”两部分内容进行编制的，在技术内容上与 JASO M504—94 等效。

由于 GB 9656—88 为强制性标准，而“尺寸偏差”及“外观要求”两部分内容不属于强制性标准的内容范围，因此将此两部分内容单列为一推荐性国家标准，即本标准。与 GB 9656—88 相比，本标准取消了对优等品的规定；对平型制品弯曲度的规定有所改变，其他技术指标无大变化。

本标准由国家建筑材料工业局提出。

本标准由全国汽车标准化技术委员会安全玻璃分技术委员会归口。

本标准起草单位：中国建筑材料科学研究院玻璃科学研究所。

本标准主要起草人：莫娇、戴克攻、杨建军、石新勇、张大顺、王睿。

中华人民共和国国家标准

GB/T 17340—1998

汽车安全玻璃的尺寸、形状及外观

Road vehicles—Safety glasses—Dimensions, shapes and appearances

1 范围

本标准规定了汽车用安全玻璃的尺寸、形状及外观，适用于汽车用安全玻璃，也适用于其他道路车辆用安全玻璃。

2 引用标准

下列标准所包含的条文，通过在本标准中引用而构成为本标准的条文。本标准出版时，所示版本均为有效。所有标准都会被修订，使用本标准的各方应探讨使用下列标准最新版本的可能性。

JC/T 632—1996 汽车安全玻璃术语

3 定义

本标准采用下列定义。

3.1 曲线部：图1中的 R 部分（图1中 R 部分的终止点包含于曲线部）。

3.2 设计线：检验样架上画的基准形线。

3.3 基准边：玻璃上预先确定的一条边，通常为最长的边。

3.4 基准边偏差：玻璃基准边与设计线之间的偏差（见图1中 A）。

3.5 纵向尺寸偏差：玻璃周边与设计线之间的偏差（见图1中 B）。

3.6 横向尺寸偏差：玻璃周边与设计线之间的偏差（见图1中 C）。

3.7 曲线部偏差：玻璃曲线部与设计线之间的偏差（见图1中 D）。

本标准其他名词术语与JC/T 632一致。

国家质量技术监督局 1998-05-08 批准　　1998-12-01 实施

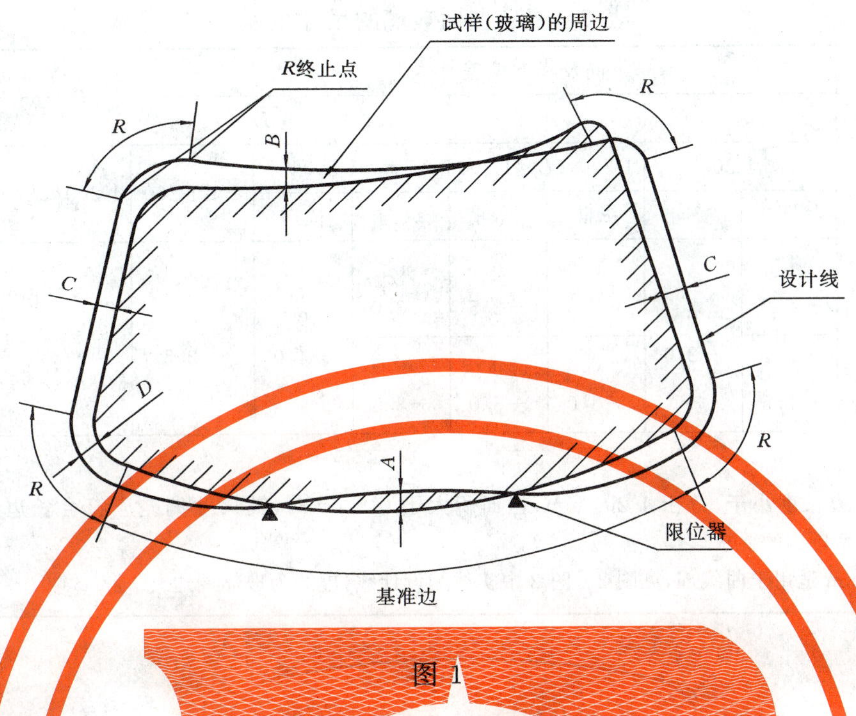

图 1

4 种类、符号及应用

安全玻璃的种类、符号及应用如表 1 所示。

表 1 种类、符号及应用

种　　类	符　　号	应　　用
A 类夹层玻璃	LA	前风窗和前风窗以外
B 类夹层玻璃	LB	前风窗和前风窗以外
区域钢化玻璃	Z	前风窗
钢化玻璃	T	前风窗以外

5 尺寸和形状

5.1 尺寸偏差

平型制品和单曲面玻璃的尺寸偏差应符合表 2 的规定；复合曲面玻璃的尺寸偏差应符合表 3 的规定。制品长宽比大于 3∶1 时，尺寸偏差由供需双方商定。

表 2 平型制品和单曲面玻璃的尺寸偏差　　mm

<table>
<tr><td rowspan="3">种　　类</td><td colspan="3">纵向及横向偏差</td><td colspan="2">曲线部偏差</td></tr>
<tr><td colspan="3">边长 L</td><td colspan="2">单块面积 S，m²</td></tr>
<tr><td>L≤600</td><td>600<L≤1 200</td><td>L>1 200</td><td>S≤0.3</td><td>S>0.3</td></tr>
<tr><td>A 类夹层玻璃</td><td rowspan="4">0
−2.0</td><td rowspan="4">0
−3.0</td><td rowspan="2">0
−3.5</td><td rowspan="4">0
−3.0</td><td rowspan="4">0
−4.0</td></tr>
<tr><td>B 类夹层玻璃</td></tr>
<tr><td>区域钢化玻璃</td><td rowspan="2">0
−4.0</td></tr>
<tr><td>钢化玻璃</td></tr>
</table>

表 3　复合曲面玻璃的尺寸偏差　　mm

<table>
<tr><td rowspan="4">种　类</td><td rowspan="4">基准边偏差</td><td colspan="6">纵向及横向偏差</td><td colspan="3">曲线部偏差</td></tr>
<tr><td colspan="9">长边的长度 L</td></tr>
<tr><td colspan="2">$L\leqslant 1\ 200$[1)]</td><td colspan="2">$1\ 200<L\leqslant 1\ 800$</td><td colspan="2">$L>1\ 800$</td><td rowspan="2">$L\leqslant 1\ 200$</td><td rowspan="2">$1\ 200<L\leqslant 1\ 800$</td><td rowspan="2">$L>1\ 800$</td></tr>
<tr><td>纵向</td><td>横向</td><td>纵向</td><td>横向</td><td>纵向</td><td>横向</td></tr>
<tr><td>A 类夹层玻璃</td><td rowspan="4">±1.0</td><td rowspan="2">0
−2.0</td><td rowspan="4">0
−2.0</td><td rowspan="2">0
−2.5</td><td rowspan="2">0
−2.5</td><td rowspan="2">0
−3.0</td><td rowspan="4">0
−4.0</td><td rowspan="4">0
−2.5</td><td rowspan="4">0
−4.0
(总计 6.0)[2)]</td><td rowspan="4">0
−4.5
(总计 6.0)[2)]</td></tr>
<tr><td>B 类夹层玻璃</td></tr>
<tr><td>区域钢化玻璃</td><td rowspan="2">0
−2.5</td><td rowspan="2">0
−3.0</td><td rowspan="2">0
−3.0</td><td rowspan="2">0
−3.5</td></tr>
<tr><td>钢化玻璃</td></tr>
<tr><td colspan="11">注
1) 当制品长边长度小于、等于 1 200 mm，但面积大于 0.7 m^2 时，其尺寸偏差应符合长边长度在 1 200～1 800 mm范围内的要求。
2) 总计 6.0 mm 适用于曲线部，见图 2。图 2 中实线为设计线，虚线为玻璃周边。</td></tr>
</table>

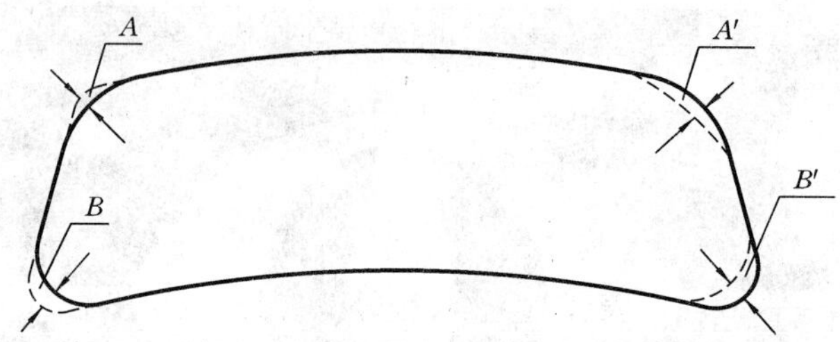

$|A|+|A'|\leqslant 6.0$ mm

$|B|+|B'|\leqslant 6.0$ mm

图 2

5.2　弯曲度、吻合度

5.2.1　平型制品的弯曲度应符合表 4 的规定。制品长宽比大于 3∶1 时，其弯曲度由供需双方商定。

表 4　平型制品的弯曲度　　%

种　类	弓　形	波　形
A 类夹层玻璃 B 类夹层玻璃	0.3	0.3
区域钢化玻璃 钢化玻璃	0.5	0.3

5.2.2　侧窗单曲面玻璃的吻合度应符合表 5 的规定。

表 5　侧窗单曲面玻璃的吻合度　　mm

<table>
<tr><td rowspan="2">种　类</td><td rowspan="2">边 别</td><td colspan="3">边　长 L</td></tr>
<tr><td>$L\leqslant 600$</td><td>$600<L\leqslant 1\ 200$</td><td>$L>1\ 200$</td></tr>
<tr><td rowspan="2">A 类夹层玻璃
B 类夹层玻璃
钢化玻璃</td><td>直边　≤</td><td>2.0</td><td>2.5</td><td>3.5</td></tr>
<tr><td>弯曲边　≤</td><td>2.5</td><td>3.0</td><td>4.0</td></tr>
</table>

5.2.3　复合曲面玻璃的吻合度应符合表 6 的规定。

表 6　复合曲面玻璃的吻合度

mm

种类			长边长度 L		
			$L \leqslant 1\ 2000$	$1\ 200 < L \leqslant 1\ 800$	$L > 1\ 800$
A类夹层玻璃 B类夹层玻璃		≤	2.5	3.5	4.0
区域钢化玻璃 钢化玻璃	浅弯	≤	3.0	3.5	4.0
	深弯	≤	3.5	4.0	4.0
注：当制品长边长度小于、等于1 200 mm，但面积大于0.7 m^2 时，其吻合度应符合长边长度在1 200～1 800 mm范围内的要求					

6　外观要求

6.1　外观质量

制品的外观质量应符合表7的规定。

表 7　外观质量

缺陷	前风窗玻璃		前风窗以外玻璃
	中央部[1)]	周边部[1)]	
长度不大于0.8 mm的气泡	不允许密集存在[2)]		不影响视线的不限
长度大于0.8 mm的气泡	不允许存在	任意150 mm×500 mm长方形内允许长度小于2 mm的1个	直径300 mm圆内允许长度小于5 mm的1个
轻划伤(500 mm处观察不可见)	不允许密集存在[2)]		不影响视线的不限
宽度不大于0.5 mm的重划伤	不允许存在	任意150 mm×500 mm长方形内总长度不得超过10 mm	直径300 mm圆内总长度不得超过30 mm
线道	不允许存在		30 mm边部允许宽0.5 mm以下的1条
波筋	只允许纵向波筋，看出波筋最大角度(观察方向与玻璃间的夹角)为：		
	15°	15°	30°
结石	不允许存在	任意150 mm×500 mm长方形内允许长度小于2 mm的1个	直径300 mm圆内允许小于2 mm的1个，后窗玻璃不允许存在
裂纹	不允许存在		
节瘤	不允许存在		波及范围不大于3 mm的2个
模具痕迹	—	不超过周边15 mm	不超过周边20 mm
挂钩印迹	—	挂钩印迹中心与玻璃边缘的距离不得大于12 mm	

表 7(完)

缺陷	前风窗玻璃		前风窗以外玻璃
	中央部[1]	周边部[1]	
胶合层气泡	不允许存在	任意 150 mm×500 mm 长方形内允许 2 mm 以下的 1 个	直径 300 mm 圆内允许 2 mm 以下的 1 个
胶合层杂质	长度小于 0.5 mm 的不允许密集存在[2]；0.5～1.0 mm的允许 1 个	长度小于 0.5 mm 的不允许密集存在[2]；任意 150 mm×500 mm长方形内允许0.5～1.5 mm的 2 个	直径 300 mm 圆内允许长度 0.5～2 mm 的 2 个
绒毛	总长度不大于 15 mm	总长度不大于 50 mm	不允许密集存在[2]

注

1 任意直径 300 mm 圆内，规定范围内的气泡、划伤、线道、节瘤、结石、胶合层气泡、胶合层杂质、绒毛等缺陷同时存在不允许超过三项，且不允许密集存在。

2 对彩虹等其他外观缺陷的规定由供需双方商定。

1) 中央部及周围部的划分如图 3 及图 4 所示。

2) 密集存在指缺陷间距小于 50 mm。

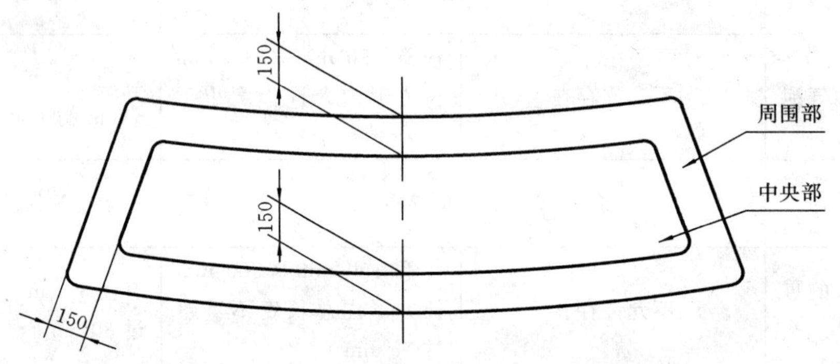

图 3 全景前风窗玻璃(展开图)

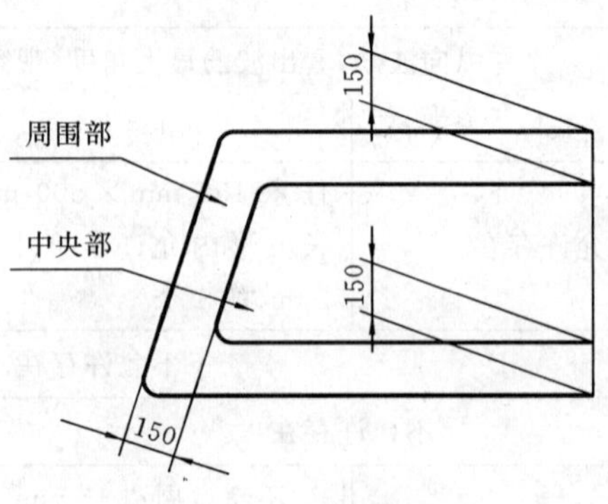

图 4 半景前风窗玻璃(展开图)

6.2 周边质量

制品的周边质量必须符合表 8 的规定。

表 8 周边质量

边部划分		裸露边	非裸露边	
			滑动边	固定边
周边要求		抛光边或细磨边(如磨圆边,曲率半径由供需双方商定)	粗磨边或倒棱边	
缺陷	爆边	长为 0.5～1 mm 的不允许密集存在,1 mm 以上的不允许存在	每米允许长不大于 10 mm、宽不大于 4 mm、深不大于厚度三分之一的 3 个以下,其中长 4～10 mm、宽 2～4 mm、深不大于厚度三分之一的不得超过 1 个	
	叠差	不允许存在	1.0 mm 以下	1.5 mm 以下
	脱胶及胶合层变色	不允许存在	距边缘 13 mm 内允许宽 2～5 mm、长 8 mm 以下的 1 个	距边缘 5 mm 范围内不作规定
	倒圆残留(亮斑)	直径 3 mm 以下或 1.5 mm×10 mm 以下的不超过 3 个	—	
	缺角	不允许存在	半径为 5 mm 圆弧内的缺角,允许深 3 mm 以下的 1 个,但需将角磨圆	

7 试验方法

7.1 尺寸偏差

7.1.1 检验平型制品的尺寸偏差时,应将制品水平放在检验样架上,使其紧靠样架的一边(角),在对边(角)用塞尺测量制品与样架边之间的间隙。

7.1.2 检验弯型制品的尺寸偏差时,先确定制品的基准边。将基准边和检验样架上与之对应的基准线吻合,并使制品对于样架左右的基准线距离大致相等,测得制品相对于样架基准线的误差,即基准边(图 1 中 *A*)、纵向(图 1 中 *B*)、横向(图 1 中 *C*)及曲线部(图 1 中 *D*)的尺寸偏差。

7.2 弯曲度

测量平型制品的弯曲度时,将其垂直立放,用钢直尺水平地靠近玻璃表面进行测量。弓形时以弧高除以弦长的百分比表示,波形时以波峰(或波谷)的高度除以波峰至相邻波峰(或波谷至相邻波谷)的距离的百分数表示。

7.3 吻合度

测量弯型制品的吻合度时,将制品按 7.1.2 的检验状态放置,用塞尺测量制品与检验样架之间的最大间隙。

7.4 外观质量

一般的外观缺陷用目视检查,对着均匀照明的磨砂玻璃的背景,距样品玻璃 500 mm 处观察,在磨砂玻璃后面用大于 300 lx 的白光透过。检验时应避免阳光直射样品玻璃。

8 检验规则

8.1 抽样与组批规则

8.1.1 前风窗玻璃的尺寸偏差和外观质量检验按表9进行抽样。前风窗以外玻璃的尺寸偏差和外观质量检验按表10进行抽样。

8.2 判定规则

一批玻璃的样本中,若不合格数等于或大于表9或表10的不合格判定数,则认为该批产品尺寸偏差和外观质量不符合要求。

表9 前风窗玻璃尺寸、外观检验抽样表

批量范围 片	样本大小 片	尺寸		外观	
		A_e[1]	R_e[2]	A_e	R_e
≤50	8	1	2	1	2
51～90	13	1	2	2	3
91～150	20	2	3	3	4
151～280	32	3	4	5	6
281～500	50	5	6	7	8
501～1 200	80	7	8	10	11
1 201～3 200	125	10	11	14	15

注

1) A_e 为合格判定数。

2) R_e 为不合格判定数。

表10 前风窗以外玻璃尺寸、外观检验抽样表

批量范围 片	样本	样本大小 片	累计样品大小 片	尺寸		外观	
				A_e	R_e	A_e	R_e
≤50	第一	5	5	0	2	0	3
	第二	5	10	1	2	3	4
51～90	第一	<8	<8	0	3	1	3
	第二	<8	16	3	4	4	5
91～150	第一	13	13	1	3	2	5
	第二	13	26	4	5	6	7
151～280	第一	20	20	2	5	3	6
	第二	20	40	6	7	9	10
281～500	第一	32	32	3	6	5	8
	第二	32	64	9	10	12	13
501～1 200	第一	60	50	5	9	7	11
	第二	50	100	12	13	18	19
1 201～3 200	第一	80	80	7	11	11	16
	第二	80	160	18	19	26	27

前　　言

本标准在技术内容上非等效采用美国 UL 752:1995《防弹玻璃》,并参考英国 BS 5051:1988《防弹玻璃》、ASTM F1233:1995《防弹玻璃材料和系统的试验方法》等标准。本标准只规定了防弹性能试验方法及要求,其他性能采用 GB 9656—1996《汽车用安全玻璃》和 GB 9962—1999《夹层玻璃》相应条款。

本标准由国家建筑材料工业局提出。

本标准由中国建筑材料科学研究院玻璃及特种纤维研究所归口。

本标准由中国建筑材料科学研究院玻璃及特种纤维研究所负责起草并解释。

本标准参加起草单位:兵器工业民用枪支弹药质量监督质检中心、山东莱阳长城安全玻璃厂、广东伦教汽车玻璃有限公司、中国南方玻璃集团股份有限公司。

本标准主要起草人:石新勇、刘秀敏、莫娇、戴磊、王映洲、李奎书。

中华人民共和国国家标准

防　弹　玻　璃

GB 17840—1999

Bullet resistant glazing

1　范围

本标准规定了防弹玻璃的分类、性能要求、试验方法、检验规则和包装、标志、运输、贮存。

本标准适用于汽车、建筑及其他用防弹玻璃。

2　引用标准

下列标准所包含的条文，通过在本标准中引用而构成为本标准的条文。本标准出版时，所示版本均为有效。所有标准都会被修订，使用本标准的各方应探讨使用下列标准最新版本的可能性。

GB/T 6544—1986　瓦楞纸板

GB 9656—1996　汽车用安全玻璃(可供认证用)

GB 9962—1999　夹层玻璃(eqv JIS R3205:1989)

GB 11614—1999　浮法玻璃

GB/T 17340—1998　汽车安全玻璃的尺寸、形状及外观

JC/T 512—1993　汽车安全玻璃包装

JC/T 632—1996　汽车安全玻璃术语

3　定义

本标准采用 JC/T 632 的定义及下列定义。

3.1　L 类防弹玻璃　L-bullet resistant glazing

能够阻挡弹头穿透，受冲击玻璃背面的飞溅物不应穿透测试卡的防弹玻璃。

3.2　M 类防弹玻璃　M-bullet resistant glazing

能够阻挡弹头穿透，受冲击玻璃背面有飞溅物，但飞溅物不应嵌入测试卡上的防弹玻璃。

3.3　H 类防弹玻璃　H-bullet resistant glazing

能够阻挡弹头穿透，受冲击玻璃背面无碎片剥落的防弹玻璃。

3.4　冲击面　attack face

进行射击试验时，正对枪械枪口的防弹玻璃表面。一般由制造者确定并作出明显标志。

3.5　射击距离　test range

射击时，枪械枪口距防弹玻璃试样冲击面表面之间的垂直距离。

3.6　弹速范围　bullet velocity

某种枪械弹头初速最小值到最大值范围。

3.7　弹着点距离　striking distance

试样受射击后，弹着点中心与弹着点中心之间的距离。

3.8　测试卡　witness card

放在玻璃后面，用来测试玻璃飞溅物的一种瓦楞纸板。

国家质量技术监督局 1999-09-01 批准　　2000-08-01 实施

3.9　穿透　penetration

防弹玻璃中弹后，在玻璃上出现通孔或可以透过空气的裂缝。

3.10　飞溅物　glass splinter

防弹玻璃中弹后，飞离玻璃本体的碎片。

3.11　有效射击　fair hit

符合表3规定的射击，或符合下列任意一条要求的射击均为有效射击：

a）射击后，实测弹速小于规定弹速范围的最小速度，射击结果玻璃试样穿透；

b）射击后，实测弹速大于规定弹速范围的最大速度，不影响此类玻璃试样防弹性能的结果判定的射击；

c）射击后，实测弹着点距离小于规定距离，其他符合表3要求，且不影响此类试验样品防弹性能的结果判定的射击；

d）射击后，实测弹着点距离大于规定距离，射击结果玻璃试样穿透。

3.12　无效射击　unfair hit

除有效射击以外的射击为无效射击。

4　产品分类

4.1　分类

4.1.1　按防弹玻璃防弹性能不同分类：

a）L类防弹玻璃；

b）M类防弹玻璃；

c）H类防弹玻璃。

4.1.2　按应用分类：

a）Q-汽车用防弹玻璃；

b）J-建筑及其他用防弹玻璃。

4.2　分级

同一类别的防弹玻璃按防枪械、枪弹能力大小分级如下：

a）F64级　能防64式7.62 mm手枪；

b）F54级　能防54式7.62 mm手枪；

c）F79级　能防79式7.62 mm轻型冲锋枪；

d）F56级　能防56式7.62 mm冲锋枪；

e）FJ79级　能防79式7.62 mm狙击步枪；

每一级别所用的枪械、枪弹的性能要求，应符合表3的规定。

4.3　产品标记

每件产品应清楚地标记标准代号、防弹等级、类别和产品的冲击面。

符合本标准要求的各种防弹玻璃可按表1将其所属等级、类别符号在产品标记中注明。

表1

等级符号	性能类别
F64-L	L类防弹玻璃
F54-L	L类防弹玻璃
F79-L	L类防弹玻璃
F56-L	L类防弹玻璃

表 1(完)

等级符号	性能类别
FJ79-L	L 类防弹玻璃
F64-M	M 类防弹玻璃
F54-M	M 类防弹玻璃
F79-M	M 类防弹玻璃
F56-M	M 类防弹玻璃
FJ79-M	M 类防弹玻璃
F64-H	H 类防弹玻璃
F54-H	H 类防弹玻璃
F79-H	H 类防弹玻璃
F56-H	H 类防弹玻璃
FJ79-H	H 类防弹玻璃

示例:对于 F64 级 L 类汽车用防弹玻璃的标记为:GB ××××—×× F64—L-Q。

5 要求

用途不同的防弹玻璃技术要求应符合表 2 相应条款的规定。

表 2 技术要求及其试验方法条款

项　目	汽车用防弹玻璃				建筑及其他用防弹玻璃	
	GB 9656—1996		GB/T 17340—1998		GB 9962—1999	
	技术要求	试验方法	技术要求	试验方法	技术要求	试验方法
尺寸偏差	—	—	5.1	7.1	5.3	6.3
吻合度	—	—	5.2	7.3	—	—
外观质量	—	—	6	7.4	5.2	6.2
厚度	5.1	6.1	—	—	5.3	6.3
透射比	5.2	6.2	—	—	5.5	6.5
副像偏离	5.3	6.3	—	—	—	—
光畸变	5.4	5.4	—	—	—	—
颜色识别	5.5	5.6	—	—	—	—
耐热性	5.7	6.7	—	—	5.7	6.7
耐辐照性	5.8	6.8	—	—	5.9	6.9
耐湿性	5.9	6.9	—	—	5.8	6.8
防弹性能	本标准 5.2 防弹能力及第 6 章试验方法条款					

5.1 材料

防弹玻璃应采用符合下列标准规定的玻璃材料或满足相应技术条件或订货文件要求的材料复合而成。

5.1.1 玻璃材料

浮法玻璃应符合 GB 11614 的要求。

压延玻璃应符合相应技术条件要求。

5.1.2 塑料透明材料

聚碳酸酯板、丙烯酸酯板应符合相应技术条件要求。

5.1.3 中间层材料

无特殊要求时,一般采用聚乙烯醇缩丁醛、聚氨酯中间膜,应符合相应技术条件要求或订货文件要求。

5.1.4 其他材料

为加工成高强轻质的防弹玻璃而采用的其他新型材料。

5.2 防弹能力

每一类别、等级防弹玻璃取三块试样进行试验,每块试样要求的射击发数均符合表3规定。

在常温使用的防弹玻璃,试样应符合本标准6.2中a)的要求,防弹性能应符合表3要求。

在特殊温度环境下使用的防弹玻璃,应要求各有一块试样进行常温、低温、高温条件下的试验,试样应符合本标准6.2的要求,防弹性能应符合表3要求。

选择与表3规定不同的枪械、枪弹进行防弹能力试验时,可由供需双方商定,但需在报告中注明枪械、枪弹的性能参数。

表3 各级具体枪械、枪弹的性能要求

防弹等级	枪械类型	枪弹类型	弹速范围 m/s	能量 J	射击距离 m	射击发数	弹着点距离 mm	防弹能力类别
F64	64式7.62 mm 手枪	64式7.62 mm 手枪弹(铅芯) 4.72~4.87 g	300~320	212.4~249.3	3	3	100±10 弹着点呈正三角形	L M H
F54	54式7.62 mm 手枪	51-1式7.62 mm 手枪弹(钢芯) 5.56~5.69 g	420~440	490.4~550.8	3	3	100±10 弹着点呈正三角形	L M H
F79	79式7.62 mm 轻型冲锋枪	51-1式7.62 mm 手枪弹(钢芯) 5.56~5.69 g	480~515	640.5~754.6	10	3	100±20 弹着点呈正三角形	L M H
F56	56式7.62 mm 冲锋枪	56式7.62 mm 普通弹(钢芯) 7.75~8.05 g	710~725	1 953.4~2 115.6	15	3	100^{+30}_{-10} 弹着点呈正三角形	L M H
FJ79	79式7.62 mm 狙击步枪	53式7.62 mm 普通弹(钢芯) 9.45~9.75 g	830~870	3 255~3 689.9	50	1	试样中心 ϕ50 mm 范围内	L M H

6 试验方法

6.1 试验条件

除特殊规定外,试验应在下述条件下进行:

温度:20℃±5℃;

大气压力:8.60×10^{4}~1.06×10^{5} Pa;

相对湿度:40%~80%。

6.2 试样

试样必须是与产品同样材料,同一工艺条件下生产出来的。样品外形尺寸为420 mm±5 mm的正方形,试样共三块,并至少提供一块多余试样备用。

a）常温试验：试样应在 20℃±5℃环境下放置 3 h。

b）低温试验：试样应在－29℃±3℃环境下放置 3 h 后，取出立即进行射击试验。

c）高温试验：试样应在 49℃±3℃环境下放置 3 h 后，取出立即进行射击试验。

6.3　试验设备

6.3.1　测试卡

测试卡是厚度约为 3.2 mm，符合 GB/T 6544 规定的 S-3.2 类别的瓦楞纸板，放置在被测玻璃后面约 450 mm 处，面积不小于 600 mm×600 mm。

6.3.2　试验架

a）试验架应用金属材料制做，且有足够的强度，在试验过程中能保持试样位置不变。

b）试验架应保证试样能垂直安装，并将试样左右两边夹紧，每边至少有三个固定点，边框与试样接触面应粘上至少宽 15 mm，厚 3 mm 的橡胶条。试验架应保证测试卡与试样的几何中心在同一轴线上。

c）试验架应设计成能够安装不同厚度玻璃的试验样品，并保证有 350 mm×350 mm 的明显射击区，且方便移动以适应不同的射击距离的需要。

d）测试卡的位置应固定，并与对面试验架上的玻璃最近一表面相距 450 mm。

e）应建立安全的防护掩体以保护操作人员的安全，必要时安装一个武器击发遥控系统。

6.3.3　测速系统

为了测定弹头的速度，应在枪械和试验样品之间配用一种合适的测速装置。测试精度应小于0.5%。测定距枪口 1.5 m 处的弹头速度。

6.4　试验程序

6.4.1　按产品所属防弹性能等级要求，依表 3 确定枪械、枪弹类型、射击距离。

6.4.2　将满足规定要求的试样安装于试验架上，并确定试样的受冲击面正对枪械枪口并垂直于射击方向。

6.4.3　在试样中央，画等边三角形，每边长应符合表 3 弹着点距离的规定，并用明显标识标出弹着点位置；若为 FJ79 等级防弹玻璃，则应在试样中心标明弹着点位置以便射手瞄准射击。

6.4.4　应保证子弹入射方向与试样表面基本垂直，接通测速装置，测出弹头速度。

6.4.5　每次射击后，应检查并记录试样是否穿透，测量弹着点之间的实际距离，确定射击的有效性，并记录。

6.4.6　每次射击后，对着光线检查，如有任何光透过测试卡，均表明测试卡被穿透。

6.4.7　更换测试卡，继续进行其余试样的射击试验，射击完毕，确定玻璃的防弹等级。

射击试验中出现无效射击时，应换一块新试样重新试验。

6.5　试验结果判定

射击后，以三块试样所属最低类别来确定此等级防弹玻璃的防弹类别。

6.5.1　每次射击后，有以下任何一种情况出现，则判此级防弹玻璃不合格。

a）弹头穿透防弹玻璃试样；

b）防弹玻璃试样未被穿透，但玻璃背面的飞溅物穿透测试卡。

6.5.2　每次射击后，防弹玻璃同时符合下列要求，则为 L 类防弹玻璃。

a）防弹玻璃试样未穿透；

b）玻璃背面的飞溅物不应穿透测试卡。

6.5.3　每次射击后，防弹玻璃同时符合下列要求，则为 M 类防弹玻璃。

a）防弹玻璃试样未穿透；

b）玻璃背面的飞溅物不应嵌入测试卡。

6.5.4　每次射击后，防弹玻璃同时符合下列要求，则为 H 类防弹玻璃。

a）防弹玻璃试样未穿透；

b）玻璃背面无碎片剥落。

6.6 试验报告

报告应包括以下内容：

a）生产厂厂名；

b）试样、产品名称、规格及结构；

c）枪械，枪弹的详细说明；

d）检验项目及检验依据；

e）试验结果；

f）试验日期。

7 检验规则

7.1 检验分类

检验分鉴定检验、质量一致性检验。

7.2 鉴定检验

7.2.1 检验项目

检验项目为本标准表 2 规定的该种产品全部技术要求。

汽车用防弹玻璃性能有：尺寸偏差、吻合度、外观质量、厚度、透射比、副像偏离、光畸变、颜色识别、耐热性、耐辐照性、耐湿性、防弹性能；

建筑及其他用防弹玻璃性能有：尺寸偏差、外观质量、厚度、透射比、耐热性、耐辐照性、耐湿性、防弹性能。

7.2.2 鉴定检验及判定

对产品所要求的技术性能，用试样进行检验时，应采用同一工艺条件下的试样。按本标准第 5 章规定的相应条款进行产品单项性能合格判定，如果各项性能中有一项或有一项以上不合格，则该产品为不合格产品。

7.3 质量一致性检验

7.3.1 检验项目

a）逐件检验：每块产品应进行尺寸偏差、外观质量检验；汽车用防弹玻璃还应进行吻合度、副像偏离、光畸变性能检验。

b）抽样检验：厚度、耐热性、耐辐照性、耐湿性、防弹性能，汽车用防弹玻璃还应有透射比、颜色识别性能检验。

7.3.2 质量一致性检验组批规则及判定

a）逐件检验时，若其中有一项不合格，则认为该件产品不合格，应从该批产品中剔除。

b）抽样检验：当防弹玻璃产品批量生产累积一年时间。对产品所要求的技术性能，若用产品检验时，根据检测项目所要求的数量从该批产品中随机抽取。若用试样进行检验时，应采用同一工艺条件下生产的试样。按本标准第 5 章规定的相应条款进行产品单项性能合格判定，如果各项性能中有一项不合格，则该批产品为不合格产品。

8 包装、标志、运输、贮存

8.1 包装

产品应用集装箱或木箱包装。每片玻璃应用塑料袋或纸包装。玻璃与包装箱之间用不易引起玻璃划伤等外观缺陷的轻软材料填实。具体要求应符合 JC/T 512 的规定。

8.2 标志

标志应符合 JC/T 512 的有关规定。每个包装箱外应标明“朝上，小心轻放”等字样和玻璃厚度、产品型号、厂名或商标。

8.3 运输

产品用各种类型的车辆运输，搬运规则，条件等应符合 JC/T 512 的有关规定。

运输时，玻璃不得平放或斜放，长度方向应与车辆运输方向相同，应有防雨设施。

8.4 贮存

产品应垂直贮存在干燥的室内。

ICS 81.040.20
Q 34

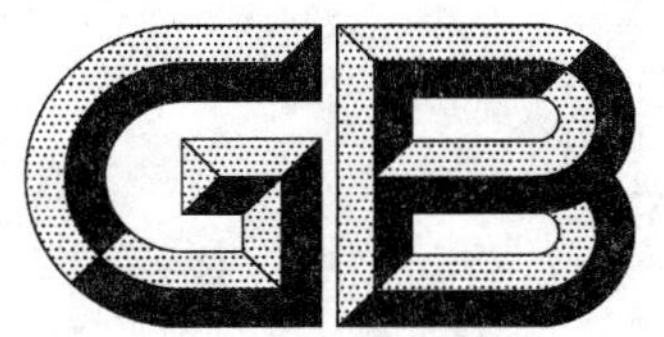

中华人民共和国国家标准

GB/T 17841—2008
代替 GB 17841—1999

半钢化玻璃

Heat strengthened glass

2008-10-15 发布 2009-06-01 实施

中华人民共和国国家质量监督检验检疫总局
中国国家标准化管理委员会 发布

前　言

本标准与 EN 1863-1:2000《建筑用玻璃—热增强钠钙硅酸盐玻璃　第 1 部分　定义和描述》和 EN 1863-2:2004《建筑用玻璃—热增强钠钙硅酸盐玻璃　第 2 部分　一致性评价/产品标准》的一致性程度为非等效。本标准同时参考了 ASTM C 1048-04《热处理平板玻璃-热增强玻璃、镀膜和普通钢化玻璃产品规范》。

本标准代替 GB 17841—1999《幕墙用钢化玻璃与半钢化玻璃》，与 GB 17841—1999 相比主要技术差异为：

——取消了钢化玻璃的技术要求；

——取消了抗风压性能的技术要求，增加了碎片状态、弯曲强度的技术要求；

——尺寸及允许偏差项目中增加了边长大于 3 000 mm 的技术要求，增加了对圆孔的技术要求；

——外观质量项目中增加了对爆边缺陷的允许规定；

——弯曲度项目中取消了对垂直法半钢化玻璃的要求；

——增加了附录 A(规范性附录)。

本标准的附录 A 为规范性附录。

本标准由中国建筑材料联合会提出。

本标准由全国建筑玻璃标准化委员会归口。

本标准负责起草单位：中国建筑材料检验认证中心。

本标准参加起草单位：广东金刚玻璃科技股份有限公司、和合科技集团有限公司、浙江中力控股集团有限公司、江苏秀强玻璃科技股份有限公司、中国南玻集团股份有限公司、上海耀华皮尔金顿玻璃股份有限公司、北京物华天宝安全玻璃有限公司、江门银辉安全玻璃有限公司、杭州钱塘江特种玻璃技术有限公司。

本标准主要起草人：吴辉廷、石新勇、王文彪、夏卫文、吴从真、孙大海、艾发智、龙霖星、杨宏斌、陈新盛、周健、平柏战、张坚华、贾祥道、赵威、邱娟。

本标准所代替标准的历次发布情况为：

——GB 17841—1999。

半 钢 化 玻 璃

1 范围

本标准规定了经热处理工艺制成的半钢化玻璃的术语和定义、分类、技术要求、试验方法、检验规则和标志、包装、运输、贮存。

本标准适用于经热处理工艺制成的建筑用半钢化玻璃。对于建筑以外用的半钢化玻璃，可根据其产品特点参照使用本标准。

2 规范性引用文件

下列文件中的条款通过本标准的引用而成为本标准的条款。凡是注日期的引用文件，其随后所有的修改单(不包括勘误的内容)或修订版均不适用于本标准，然而，鼓励根据本部分达成协议的各方研究是否可使用这些文件的最新版本。凡是不注日期的引用文件，其最新版本适用于本部分。

GB/T 1216 外径千分尺

GB/T 8170 数值修约规则

GB 15763.2—2005 建筑用安全玻璃 第2部分:钢化玻璃

3 术语和定义

下列术语和定义适用于本标准。

3.1

半钢化玻璃 heat strengthened glass

通过控制加热和冷却过程，在玻璃表面引入永久压应力层，使玻璃的机械强度和耐热冲击性能提高，并具有特定的碎片状态的玻璃制品。

4 分类

半钢化玻璃按生产工艺分类，分为:垂直法半钢化玻璃、水平法半钢化玻璃。

5 材料

生产半钢化玻璃所使用的原片，其质量应符合相应产品标准的要求。

6 要求

半钢化玻璃的各项性能及其试验方法应符合表1相应条款的规定。

表1 技术要求及试验方法条款

项目	技术要求	试验方法
厚度偏差	6.1	7.1
尺寸及允许偏差	6.2	7.2
边部质量	6.3	7.3
外观质量	6.4	7.4
弯曲度	6.5	7.5

表 1（续）

项目	技术要求	试验方法
弯曲强度	6.6	7.6
表面应力	6.7	7.7
碎片状态	6.8	7.8
耐热冲击	6.9	7.9

6.1 厚度偏差

制品的厚度偏差应符合所使用的原片玻璃对应标准的规定。

6.2 尺寸及允许偏差

6.2.1 边长允许偏差

矩形制品的边长允许偏差应符合表 2 的规定。

表 2 边长允许偏差

单位为毫米

<table>
<tr><th rowspan="2">厚度</th><th colspan="4">边长（L）</th></tr>
<tr><th>L≤1 000</th><th>1 000<L≤2 000</th><th>2 000<L≤3 000</th><th>L>3 000</th></tr>
<tr><td>3、4、5、6</td><td>+1.0
−2.0</td><td rowspan="2" colspan="2">±3.0</td><td rowspan="2">±4.0</td></tr>
<tr><td>8、10、12</td><td>+2.0
−3.0</td></tr>
</table>

6.2.2 对角线差

矩形制品的对角线差应符合表 3 的规定。

表 3 对角线差允许值

单位为毫米

玻璃公称厚度	边长（L）			
	$L\leqslant 1\ 000$	$1\ 000<L\leqslant 2\ 000$	$2\ 000<L\leqslant 3\ 000$	$L>3\ 000$
3、4、5、6	2.0	3.0	4.0	5.0
8、10、12	3.0	4.0	5.0	6.0

6.2.3 圆孔

6.2.3.1 概述

本条款只适用于公称厚度不小于 4 mm 的制品。圆孔的边部加工质量由供需双方商定。

6.2.3.2 孔径

孔径一般不小于玻璃的公称厚度，孔径的允许偏差应符合表 4 的规定。小于玻璃的公称厚度的孔的孔径允许偏差由供需双方商定。

表 4 孔径及其允许偏差

单位为毫米

公称孔径（D）	允许偏差
$4\leqslant D\leqslant 50$	±1.0
$50<D\leqslant 100$	±2.0
$D>100$	供需双方商定

6.2.3.3 孔的位置

6.2.3.3.1 孔的边部距玻璃边部的距离 a 应不小于玻璃公称厚度的 2 倍。如图 1 所示。

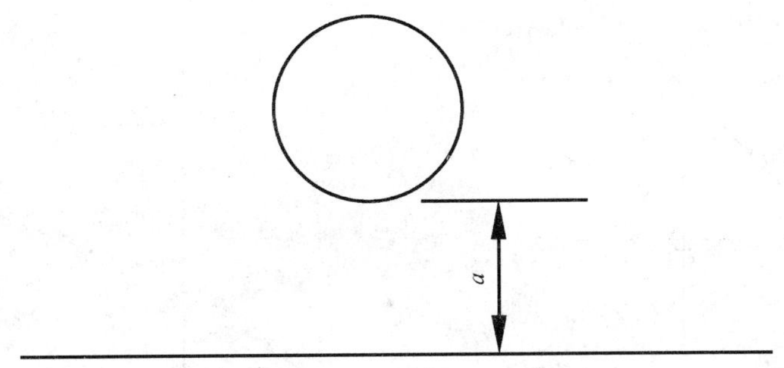

图 1　孔的边部距玻璃边部的距离示意图

6.2.3.3.2　两孔孔边之间的距离 b 应不小于玻璃公称厚度的 2 倍。如图 2 所示。

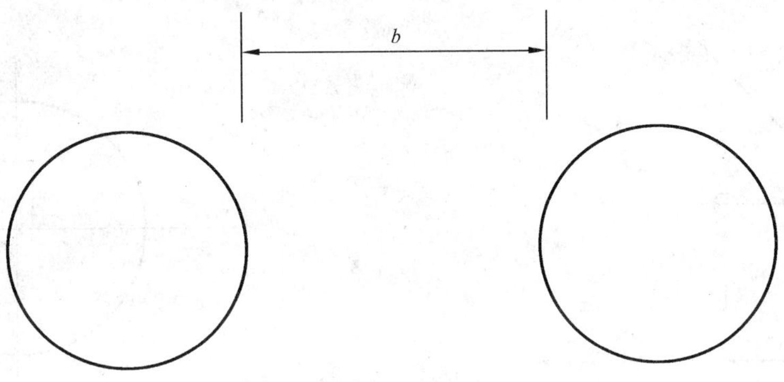

图 2　两孔孔边之间的距离示意图

6.2.3.3.3　孔的边部距玻璃角部的距离 c 应不小于玻璃公称厚度的 6 倍。如图 3 所示。

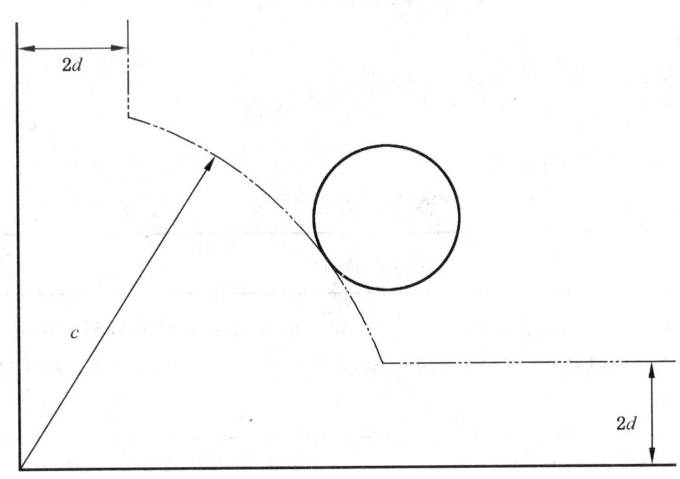

图 3　孔的边部距玻璃角部的距离示意图

注：如果某个孔的边部距玻璃边部的距离小于 35 mm，那么这个孔不应处在相对于玻璃角部对称的位置上（即圆孔的中心不能处于玻璃角部的对角线上）。具体位置由供需双方商定。

6.2.3.3.4　圆心位置表示方法及其允许偏差

圆孔圆心的位置的表达方法可参照图 4 进行。如图 4 建立坐标系，用圆孔的中心相对于玻璃的某个角或者某个虚拟的点的坐标（x，y）表达圆心的位置。

圆孔圆心的位置 x、y 的允许偏差与玻璃的边长允许偏差相同（见表 2）。

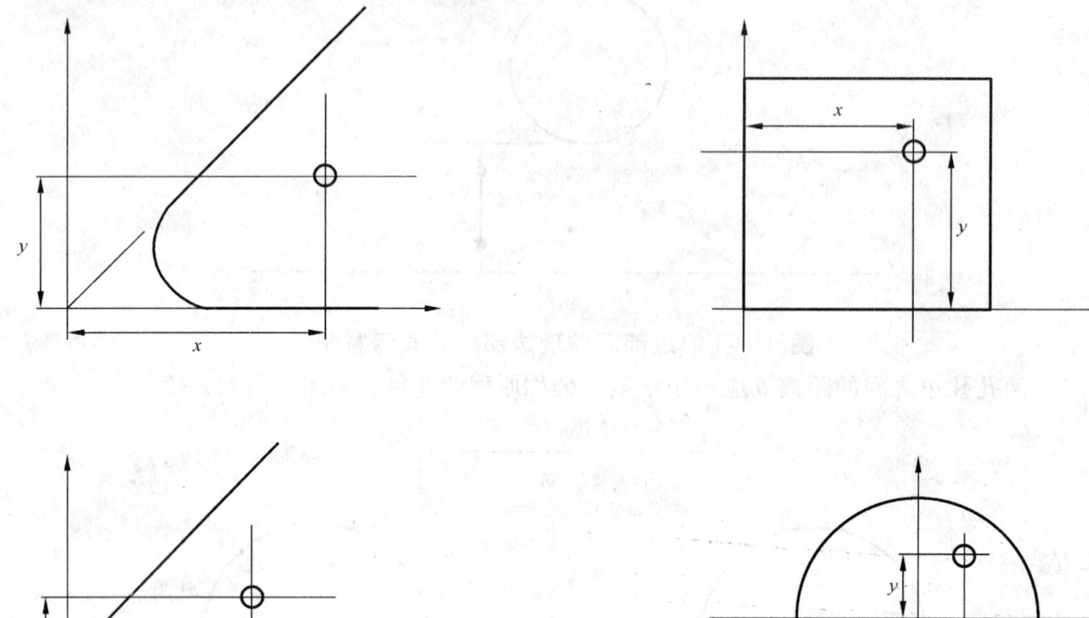

图 4 圆心位置表示方法

6.3 边部质量

边部加工形状及质量由供需双方商定。

6.4 外观质量

制品的外观质量应满足表 5 的要求。

表 5 外观质量

缺陷名称	说明	允许缺陷数
爆边	每米边长上允许有长度不超过 10 mm,自玻璃边部向玻璃板表面延伸深度不超过 2 mm,自板面向玻璃厚度延伸深度不超过厚度 1/3 的爆边个数	1 处
划伤	宽度≤0.1 mm,长度≤100 mm 每平方米面积内允许存在条数	4 条
	0.1<宽度≤0.5 mm,长度≤100 mm 每平方米面积内允许存在条数	3 条
夹钳印	夹钳印与玻璃边缘的距离≤20 mm,边部变形量≤2 mm(见图 5)	
裂纹、缺角	不允许存在	

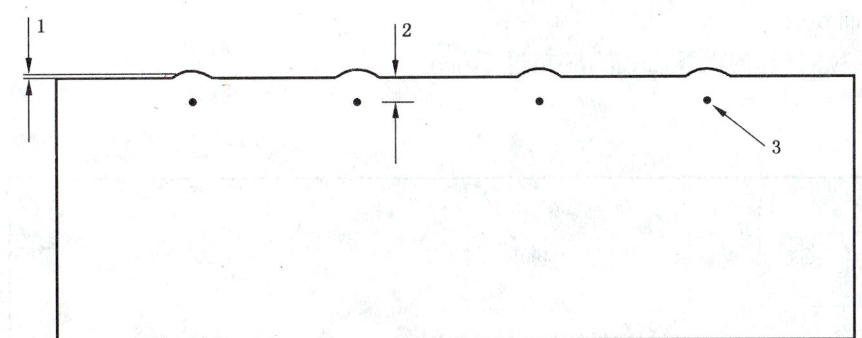

1——边部变形；

2——夹钳印与玻璃边缘的距离；

3——夹钳印。

图 5 夹钳印示意图

6.5 弯曲度

水平法生产的平型制品的弯曲度应满足表 6 的规定。垂直法生产的平型制品的弯曲度由供需双方商定。

表 6 弯曲度

缺陷种类	弯曲度	
	浮法玻璃	其他
弓形/(mm/mm)	0.3%	0.4%
波形/(mm/300 mm)	0.3	0.5

6.6 弯曲强度

本条款由供需双方商定采用，按 7.6 进行检验，以 95%的置信区间，5%的破损概率弯曲强度应满足表 7 的要求。

表 7 弯曲强度

原片玻璃种类	弯曲强度值/MPa
浮法玻璃、镀膜玻璃	≥70
压花玻璃	≥55

6.7 表面应力

按照 7.7 进行检验，表面应力值应满足表 8 的要求。

表 8 表面应力值

原片玻璃种类	表面应力
浮法玻璃、镀膜玻璃	24 MPa≤表面应力值≤60 MPa
压花玻璃	—

6.8 碎片状态

厚度小于等于 8 mm 的玻璃的碎片状态，按 7.8 进行检验，每片试样的破碎状态应满足 6.8.1 的要求。厚度大于 8 mm 的玻璃的碎片状态由供需双方商定。

6.8.1 碎片状态要求

6.8.1.1 碎片至少有一边延伸到非检查区域。

6.8.1.2 当有碎片的任何一边不能延伸到非检查区域时，此类碎片归类为“小岛”碎片和“颗粒”碎片（见图 6）。上述碎片应满足如下要求：

a) 不应有两个及两个以上小岛碎片；

b) 不应有面积大于 10 cm^2 的小岛碎片；

c) 所有"颗粒"碎片的面积之和不应超过 50 cm^2。

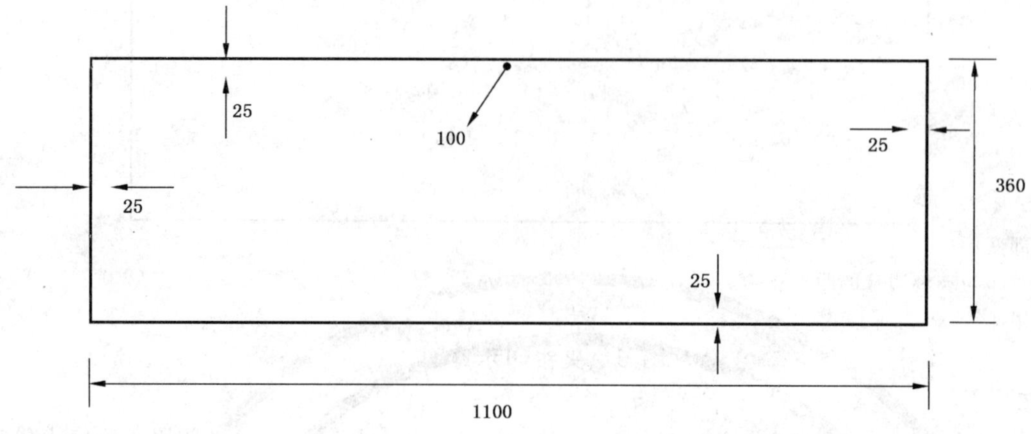

图 6 "非检查区域"示意图

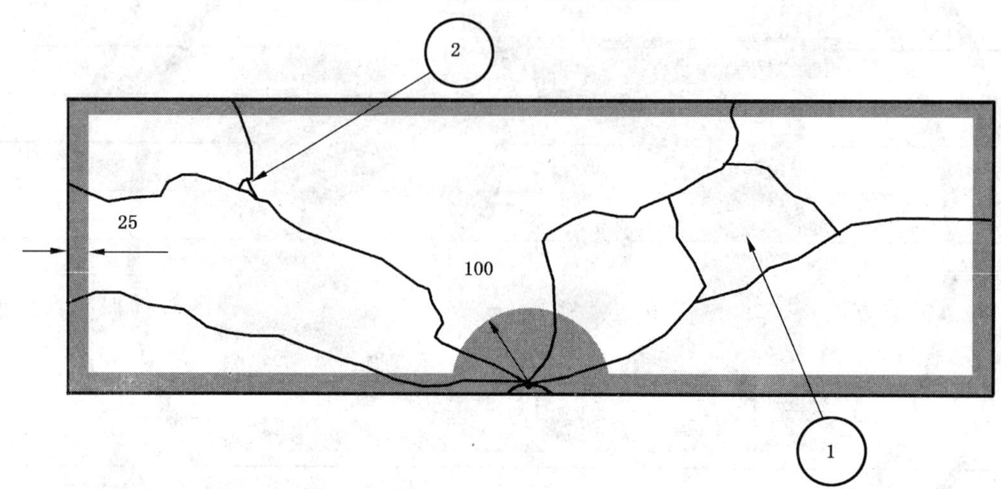

1 ——"小岛"碎片，"小岛"碎片为面积大于等于 1 cm^2 的碎片；

2 ——"颗粒"碎片，"颗粒"碎片为面积小于 1 cm^2 的碎片。

图 7 "小岛"和"颗粒"碎片示意图

6.8.2 碎片状态放行条款

6.8.2.1 碎片至少有一边延伸到非检查区域。

6.8.2.2 当有碎片的任何一边不能延伸到非检查区域时，此类碎片归类为"小岛"碎片和"颗粒"碎片。上述碎片应满足如下要求：

a) 不应有 3 个及 3 个以上"小岛"碎片。

b) 所有"小岛"碎片和"颗粒"碎片，总面积之和不应超过 500 cm^2。

6.9 耐热冲击

本条款应由供需双方商定采用。按照 7.9 进行检验，试样应耐 100 ℃温差不破坏。

7 试验方法

7.1 厚度检验

以制品为试样，使用符合 GB/T 1216 规定的外径千分尺或与此同等精度的器具，在距玻璃板边 15 mm内的四边中点测量。若有吊挂点，则应避免测量以吊挂点为中心 100 mm 半径圆区域内的边部。测量结果的算术平均值即为厚度值，并以毫米(mm)为单位按照 GB/T 8170 修约到小数点后 2 位。

7.2 尺寸及允许偏差

7.2.1 边长允许偏差检验

以制品为试样，使用最小刻度为 1 mm 的钢直尺或钢卷尺测量。

7.2.2 对角线差检验

以制品为试样，使用最小刻度为 1 mm 的钢直尺或钢卷尺测量玻璃两条对角线的长度，并求得其差值的绝对值。

7.2.3 圆孔

以制品为试样，使用最小刻度 0.02 mm 的游标卡尺或与此同等精度的器具对圆孔孔径进行测量。使用最小刻度为 1 mm 的钢直尺或钢卷尺测量圆孔的相对位置。

7.3 边部加工

以制品为试样，在良好的自然光及散射光照条件下，在距试样正面约 600 mm 处进行目视检查。

7.4 外观检验

以制品为试样，在良好的自然光及散射光照条件下，在距试样正面约 600 mm 处进行目视检查。缺陷尺寸使用放大 10 倍，精度为 0.1 mm 的读数显微镜测量；爆边、划伤、夹钳印等缺陷的长度使用最小刻度为 1 mm 的钢直尺或钢卷尺测量。

7.5 弯曲度测量

以制品为试样，将试样在室温下放置 4 h 以上，测量时把试样竖直放置，并在其长边下方的 1/4 处垫上两块垫块。用一直尺或金属线水平紧贴制品的两边或对角线方向，用塞尺测量直线边与玻璃之间的间隙，并以弧的高度与弦的长度之比的百分率表示弓形时的弯曲度。进行局部波形测量时，用一直尺或金属线沿平行玻璃边缘 25 mm 方向进行测量，测量长度 300 mm。用塞尺测得波谷或波峰的高，如图 8所示。

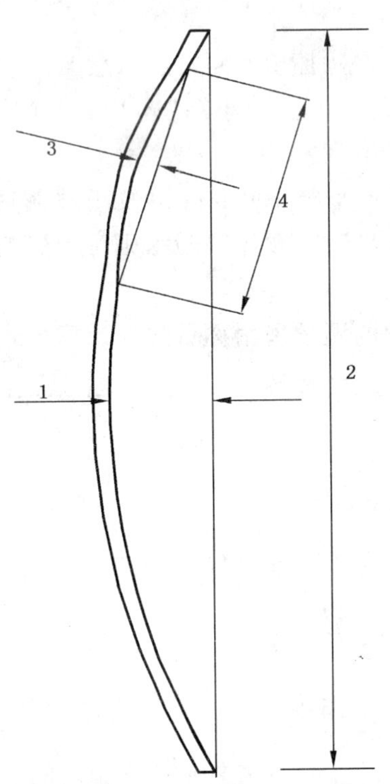

1——弓形变形；

2——玻璃边长或对角线长；

3——波形变形；

4——300 mm。

图 8 弓形和波形弯曲度示意图

7.6　弯曲强度

试验方法见附录A。

7.7　表面应力

以制品为试样，取3块试样进行试验。试验方法和步骤按照GB/T 15763.2—2005中6.8进行。

7.8　碎片状态试验

7.8.1　试样

试样为与制品相同厚度、且与制品在同一工艺条件下制造的5片尺寸为1 100 mm×360 mm的长方形没有圆孔和开槽的平型试样。

7.8.2　试验步骤

7.8.2.1　将试样平放在试验台上，并用透明胶带纸或其他方式约束玻璃周边，以防止玻璃碎片溅开。

7.8.2.2　在试样的最长边中心线上距离周边20 mm的位置，用尖端曲率半径为0.2 mm±0.05 mm的小锤或冲头进行冲击，使试样破碎。

注：对垂直吊挂的玻璃冲击点不应在有吊挂钳的一边。

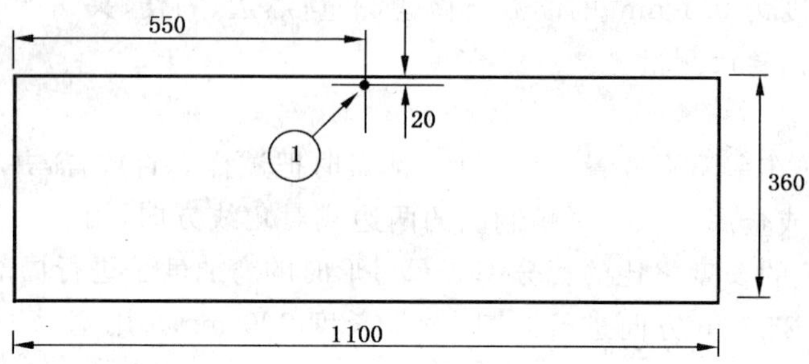

1——碎片冲击点。

图9　冲击点示意图

7.8.2.3　破碎后5 min内完成曝光或拍照，"小岛"碎片和"颗粒"碎片的计数和称重也应在破碎后5 min内结束。

7.8.2.4　检查时，应除去距离冲击点半径100 mm以及距玻璃边缘25 mm范围内的部分（以下简称"非检查区域"）。破碎后，如果有"小岛"和"颗粒"碎片，则"小岛"碎片和"颗粒"碎片的计数和称重也应在破碎后5 min内结束。

7.8.2.5　"小岛"和"颗粒"碎片面积的测量采用称重法。计算公式如下：

$$S=\frac{m}{d\times\rho} \tag{1}$$

式中：

S——面积，单位为平方厘米(cm^2)；

m——质量，单位为克(g)；

d——玻璃厚度，单位为毫米(mm)；

ρ——玻璃的密度，取2.5 g/cm^3。

7.9　耐热冲击

7.9.1　试样

试样为与制品相同厚度、且与制品在同一工艺条件下制造的4片尺寸为300 mm×300 mm的长方形没有圆孔和开槽的平型试样。

7.9.2　试验步骤

将试样置于100 ℃±2 ℃的烘箱中，保温4 h以上，取出后立即将试样垂直浸入0 ℃的冰水混合物中，应保证试样高度的1/3以上能浸入水中，5 min后观察玻璃是否破坏。玻璃表面和边部的鱼鳞状玻璃不应视作破坏。

8 检验规则

8.1 检验项目

检验分为出厂检验和型式检验。

8.1.1 型式检验

检验项目为本标准规定的，除弯曲强度、耐热冲击外的全部技术要求。有下列情况之一时，应进行型式检验。

——新产品或老产品转厂生产的试制定型鉴定。

——试生产后，如结构、材料、工艺有较大改变，可能影响产品性能时。

——正常生产每满1年时。

——产品停产半年以上，恢复生产时。

——出厂检验结果与上次型式有较大差异时。

——质量监督部门提出进行型式检验的要求时。

8.1.2 出厂检验

外观质量、尺寸及允许偏差、弯曲度。若要求增加其他检验项目由供需双方商定。

8.2 组批抽样方法

8.2.1 产品的外观质量、尺寸及允许偏差、弯曲度按表9规定进行随机抽样。

表9 抽样表

单位为片

批量范围	样本大小	合格判定数	不合格判定数
1～8	2	0	1
9～15	3	0	1
16～25	5	1	2
26～50	8	1	2
51～90	13	2	3
91～150	20	3	4
151～280	32	5	6
281～500	50	7	8

8.2.2 对于产品所要求的其他技术性能，若用制品检验时，根据检测项目所要求的数量从该批产品中随机抽取；若用试样进行检验时，应采用同一工艺条件下制备的试样。当该批产品批量大于500块时，以每500块为1批分批抽取试样，当检验项目为非破坏性试验时可用它继续进行其他项目的检测。

8.3 判定规则

8.3.1 进行外观质量、尺寸及允许偏差、弯曲度时，如不合格品数小于或等于表9中的合格判定数，该项目合格；如不合格品数超过表9中的合格判定数，则认为该批产品的该项目不合格。

8.3.2 进行弯曲强度检验时，样品全部满足要求为合格，否则该项目不合格。

8.3.3 进行表面应力检验时，样品全部满足要求为合格，否则该项目不合格。

8.3.4 进行碎片检验时，样品全部满足6.8.1的要求，该项目合格；如有一块样品不能满足6.8.1的要求，但能满足6.8.2的要求，该项目也视为合格，否则该项目不合格。

8.3.5 进行耐热冲击检验时，样品全部满足要求为合格，否则该项目不合格。

8.3.6 全部检验项目中，如有一项不合格，则认为该批产品不合格。

9 标志、包装、运输、贮存

9.1 包装

玻璃的包装宜采用木箱或集装箱(架)包装,箱(架)应便于装卸、运输。每箱(架)宜装同一厚度、尺寸的玻璃。玻璃与玻璃之间、玻璃与箱(架)之间应采取防护措施,防止玻璃的破损和玻璃表面的划伤。

9.2 包装标志

包装标志应符合国家有关标准的规定,每个包装箱应标明"朝上、轻搬正放、小心破碎、防雨怕湿"等标志或字样。

9.3 运输

运输时,玻璃应固定牢固,防止滑动、倾倒,应有防雨措施。

9.4 贮存

产品应贮存在有防雨设施的场所。

附 录 A
（规范性附录）
弯曲强度试验方法

A.1 试验条件

环境温度：23 ℃±5 ℃，环境湿度：40%～70%。

A.2 试样

至少取12块试样进行试验。每块试样长度为1 100 mm±5 mm，宽度为360 mm±5 mm。制备试样时，切割刀口应在试样的同一表面，试样边部加工采取粗磨边的方式。

试验前24 h不得对试样进行任何加工或处理。如果试样表面贴有保护膜，应在试验前24 h去除。试验前，试样应在A.1规定的条件下放置至少4 h。

A.3 试验装置

采用材料试验机进行试验。试验机应能连续、均匀地对试样加载，且能够将由于加载产生的震动降低至最小。试验机应装有加载测量装置，并在其量程内的误差应小于±2%。支撑辊和加载辊的直径为50 mm，长度不少于365 mm。支撑辊和加载辊均能围绕各辊轴线转动。

A.4 试验程序

A.4.1 测量试样宽度及厚度

在试样的两端和长边中心线分别测量试样宽度，取其算术平均值，精确至1 mm。

测量厚度时，为避免由于测量而产生的表面破坏，测量应分别在试样的两端进行（至少应在试样的位于加载辊以外的部分进行测量）。分别测量四点，并取算术平均值，精确至0.01 mm。也可在试验后测量破碎后的试样厚度，每块试样取4块碎片测量厚度，并取算术平均值，精确至0.01 mm。

A.4.2 试样有切割刀口的表面朝上。为便于查找断裂源和防止碎片飞散，可在试样上表面粘贴薄膜。按图A.1所示放置试样。橡胶条的厚度为3 mm，硬度为(40±10)IRHD。

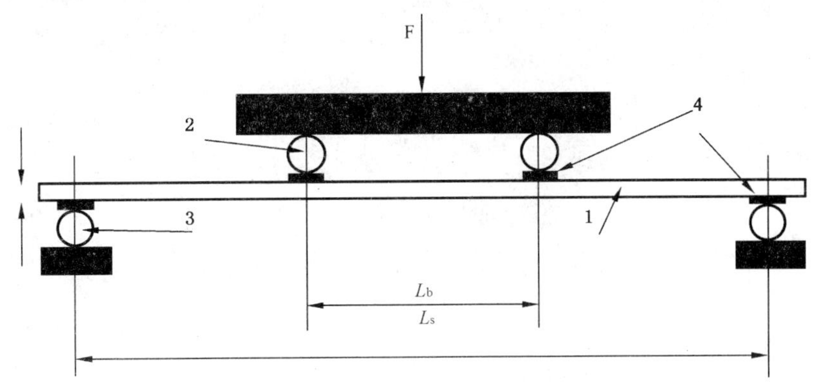

1——试样；
2——加载辊；
3——支撑辊；
4——橡胶条；
L_b=200±1 mm；
L_s=1 000±2 mm。

图 A.1 四点弯曲强度试验

A.4.3 加载

试验机以试样弯曲应力(2±0.4)MPa/s的递增速度对试样进行加载，直至试样破坏。记录每块试样破坏时的最大载荷、从开始加载至试样破坏的时间(精确至1s)以及试样的断裂源是否在加载辊之间。

A.4.4 数据处理

A.4.4.1 断裂源应当在加载辊之间，即L_b之间，否则应以新试样替补上重新试验，以保证每组试样原来的数量。按公式(A.1)计算试样的弯曲强度。

$$\sigma_{bG} = F_{max}\frac{3(L_s - L_b)}{2Bh^2} + \sigma_{bg} \qquad \text{(A.1)}$$

式中：

σ_{bG}——弯曲强度，单位为兆帕(MPa)；

F_{max}——试样断裂时的最大载荷，单位为牛顿(N)；

L_s——两支撑辊轴心之间的距离，单位为毫米(mm)；

L_b——两加载辊轴心之间的距离，单位为毫米(mm)；

B——试样的宽度，单位为毫米(mm)；

h——试样的厚度，单位为毫米(mm)；

σ_{bg}——试样由于自重产生的弯曲强度，或通过公式(A.2)计算得到，单位为兆帕；

$$\sigma_{bg} = \frac{3\rho g {L_s}^2}{4h} \qquad \text{(A.2)}$$

式中：

ρ——试样密度，对于普通钠钙硅玻璃$\rho=2.5\times10^3\ kg/m^3$；

g——单位换算系数，9.8 N/kg；

L_s——两支撑辊轴心之间的距离，单位为米(m)；

h——试样的厚度，单位为米(m)。

前　　言

本标准等效采用日本JIS R3213:1998《铁道车辆用安全玻璃》标准，在技术内容上与该标准等效，其中JIS R3213:1998对3.2 mm钢化玻璃的性能要求偏低，且国内铁道车辆上尚没有使用3.2 mm钢化玻璃，本标准删除了该厚度系列；考虑到钢化玻璃、夹层玻璃的使用环境和工艺特点，增加钢化玻璃的透射比、光畸变的性能要求，增加夹层玻璃的耐辐照性、抗穿透性的要求；由于中空玻璃的热性能指标取决于中空玻璃的组成结构而与安全性能无关，所以在本标准中未作规定。本标准的某些性能试验方法引用了相关国家标准，这些试验方法等效于国际标准，并且也与日本标准JIS R3213:1998的规定相一致。

本标准由国家建筑材料工业局提出。

本标准由中国建筑材料科学研究院玻璃科学与特种玻璃纤维研究所归口。

本标准起草单位：中国建筑材料科学研究院玻璃科学与特种玻璃纤维研究所。

本标准参加起草单位：铁道部四方车辆研究所、秦皇岛耀华工业技术玻璃厂。

本标准主要起草人：王文彪、龚蜀一、戴克玫、王映洲、莫　娇、杨建军、孙百世、马　军。

本标准委托中国建筑材料科学研究院玻璃科学与特种玻璃纤维研究所负责解释。

中华人民共和国国家标准

铁道车辆用安全玻璃

GB 18045—2000

Safety glass for railway rolling stock

1 范围

本标准规定了铁道车辆用安全玻璃的种类和要求。

本标准适用于铁道车辆及机车窗用安全玻璃。

2 引用标准

下列标准所包含的条文，通过在本标准中引用而构成为本标准的条文。本标准出版时，所示版本均为有效。所有标准都会被修订，使用本标准的各方应探讨使用下列标准最新版本的可能性。

GB/T 531—1992 硫化橡胶邵尔A硬度试验方法(neq ISO 7691:1986)

GB 1216—1985 外径千分尺(neq ISO 3611:1978)

GB/T 5137.1—1996 汽车安全玻璃力学性能试验方法(eqv ISO 3537:1991)

GB/T 5137.2—1996 汽车安全玻璃光学性能试验方法(eqv ISO/DIS 3538:1992)

GB/T 5137.3—1996 汽车安全玻璃耐辐照、高温、潮湿、燃烧和耐模拟气候试验方法(eqv ISO 3917:1992)

JC/T 512—1993 汽车安全玻璃包装

JC/T 632—1996 汽车安全玻璃术语

JB 2546—1989 钢直尺

3 定义

本标准采用JC/T 632的定义及下列定义。

3.1 钢化夹层玻璃 tempered laminated glass

由两块以上的玻璃板构成的夹层玻璃制品中至少有一块是钢化玻璃时，称为钢化夹层玻璃。

3.2 安全中空玻璃 insulated safety glass

两块或两块以上的夹层玻璃或钢化玻璃以均匀的间隙并置，在间隙内部充满接近外部气压的干燥空气或其他气体并密封其周边的产品。

3.3 中间膜 interlayer

介于构成夹层玻璃的原片玻璃之间的合成树脂层，在制造夹层玻璃前预先成形为膜状物或在制造工艺过程中成形。

另外，当采用粘接剂、可塑剂等的场合，它们也包含于中间膜中。

3.4 基准边 datum edge

玻璃安装到车辆上时的下边。

3.5 露点 dew point

中空玻璃内表面开始产生结露或结霜的温度。

国家质量技术监督局2000-04-03批准　　2000-06-01实施

4 种类及标记

4.1 铁道车辆用安全玻璃的种类及标记如表1所示。

表1 安全玻璃的种类及标记

种类	标记	对应的英文名(参考)
钢化玻璃	RT	Tempered glass
夹层玻璃	RL	Laminated glass
安全中空玻璃	RS	Insulated safety glass

4.2 标记示例

公称尺寸 900 mm×700 mm 厚度为 5.0 mm 的夹层玻璃,标记为:RL900×700×5.0

5 要求

安全玻璃根据不同种类,应分别符合表2相应条款的规定。

表2 安全玻璃的试验项目及试验方法

试验项目		不同种类安全玻璃的要求条款			试验方法条款
		钢化玻璃	夹层玻璃	安全中空玻璃	
形状尺寸	厚度	5.1.1	5.2.1	5.3.1	6.1.1
	尺寸偏差	5.1.2	5.2.2	5.3.2	6.1.2
	弯曲度	5.1.3	5.2.3	5.3.3	6.1.3
	吻合度	5.1.4	5.2.4	5.3.4	6.1.4
外观	外观缺陷的长度及其允许个数	5.1.5	5.2.5	5.3.5	6.2
物理机械性能	透射比	5.1.6	5.2.6	组成安全中空玻璃的单片应分别满足钢化或夹层玻璃的质量要求	6.3.1
	光畸变	5.1.7	5.2.7		6.3.2
	耐热性	—	5.2.8		6.3.3
	抗冲击性	5.1.8	5.2.9		6.3.4
	碎片状态	5.1.9	—		6.3.5
	耐辐照性	—	5.2.10		6.3.8
	抗穿透性	—	5.2.11		6.3.9
	露点	—	—	5.3.6	6.3.6
	加速耐久性	—	—	5.3.7	6.3.7
注:透射比、光畸变适用于行驶中需要观察环境的场合,有色玻璃的透射比由供需双方商定					

5.1 钢化玻璃的要求

5.1.1 厚度

钢化玻璃的厚度及其允许偏差应符合表3的规定。

表 3 钢化玻璃的公称厚度及其允许偏差

mm

公 称 厚 度	允 许 偏 差	形 状
4	±0.2	平型或弯型
5		
6		
8	±0.3	
10		平型
12	±0.4	
15	±0.6	
19	±1.0	

5.1.2 尺寸偏差

5.1.2.1 长方形或正方形的平型钢化玻璃的尺寸允许偏差如表 4，但符合下述 1)～4)中任一条时，由供需双方商定。

1) 公称厚度 4 mm，单块面积 1.8 m² 以上或边长超过 1 800 mm 时；

2) 公称厚度 5 mm 及 6 mm，单块面积 3.6 m² 以上或边长超过 2 400 mm 时；

3) 公称厚度 8 mm、10 mm 及 12 mm，单块面积 7.2 m² 以上或边长超过 3 000 mm 时；

4) 公称厚度 15 mm 及 19 mm 时。

5.1.2.2 长方形或正方形以外的平型钢化玻璃及弯型钢化玻璃的尺寸允许偏差如表 5，但符合下述 1)～3)中任一条时，由供需双方商定。

1) 形状为平型，符合 5.1.2.1 的 1)、2)、3)及 4)中任一条时；

2) 形状为弯型，公称厚度 4 mm、5 mm 及 6 mm，边长超过 1 600 mm 或面积 1.2 m² 以上时；

3) 形状为弯型，公称厚度 8 mm，边长超过 2 200 mm 或面积 2.0 m² 以上时。

5.1.3 弯曲度

平型钢化玻璃的弯曲度，弓形时不得超过 0.3%，波形时不得超过 0.2%。

表 4 长方形或正方形的平型钢化玻璃的尺寸允许偏差

公称厚度 d mm	1 块的面积 s m²	边长 L mm	尺寸允许偏差	
			长度及宽度 mm	两对角线的差 mm
4 5 6	s<0.3	L<600	±1.0	≤3.5
		L≥600	±1.5	
	0.3≤s<0.8	L<1 000		≤4.5
		L≥1 000	±2.0	
	0.8≤s<1.0	L<1 200		≤5.5
		L≥1 200	±2.5	
	1.0≤s<1.2	L<1 500		
		L≥1 500		
	s≥1.2	L<1 800		≤6.5
		L≥1 800	±3.0	

表 4(完)

公称厚度 d mm	1 块的面积 s m^2	边长 L mm	尺寸允许偏差	
			长度及宽度 mm	两对角线的差 mm
8 10 12	$s<1.0$	$L<1\ 000$	±2.5	≤6.5
		$L\geq1\ 000$	±3.0	
	$1.0\leq s<1.5$	$L<1\ 500$		≤7.5
		$L\geq1\ 500$	±3.5	
	$s\geq1.5$	$L<2\ 000$		≤8.5
		$L\geq2\ 000$	±4.0	

表 5　长方形或正方形以外的平型钢化玻璃及弯型钢化玻璃的尺寸允许偏差

形　状	厚度 d mm	直线部的允差 边长 L mm			曲线部的允差 制品面积 s m^2		基准边的偏差 mm
		$L<1\ 200$	$1\ 200\leq L<1\ 800$	$L\geq1\ 800$	$s<1$	$s\geq1$	
平型	$d\leq6$	±1.5	±2.0	±2.5	±2.0	±2.5	±0.5
	$8\leq d\leq12$	±2.0	±2.5	±3.0	±3.0	±3.5	±1.0
弯型	$d\leq6$	±1.5	±2.0	—	±2.5	±3.0	
	$d=8$	±2.0	±2.5	±3.0	±3.0	±3.5	

5.1.4　吻合度

弯型钢化玻璃的吻合度如表 6。

表 6　弯型钢化玻璃的吻合度

mm

公称厚度	边　长　L			
	$L<600$	$600\leq L<1\ 200$	$1\ 200\leq L<1\ 800$	$L\geq1\ 800$
4、5、6、8	≤3.0	≤3.5 并且,对称位置的间隙的和≤5.0	≤4.0 并且,对称位置的间隙的和≤6.0	≤5.0 并且,对称位置的间隙的和≤8.0

5.1.5　外观

钢化玻璃的外观质量如表 7。

表 7　钢化玻璃的外观质量

缺陷的种类	允　许　个　数
气泡	0.5～1.5 mm:任意一个 300 mm 正方形内不超过 2 个
夹杂物	0.5～1.5 mm:任意一个 300 mm 正方形内不超过 1 个
轻划伤(500 mm 处观察不可见)	不影响视线的不限
宽度不大于 0.5 mm 的重划伤	直径 300 mm 圆内总长度不得超过 30 mm
上述缺陷(气泡、夹杂物、重划伤、轻划伤)混在一起时的总允许个数	1) 任意一个 300 mm 正方形内,中央部不得超过 3 个,周围部不超过 5 个 2) 不得有超过上述各栏中的最大缺陷 3) 容许有小于最小长度的缺陷存在,但不得密集,影响视野

表 7(完)

缺陷的种类	允 许 个 数
波筋	只允许纵向波筋,看出波筋的最大角度(观察方向与玻璃间的夹角)为 30°
裂纹	不得存在
爆边	每米允许长不大于 10 mm、宽不大于 4 mm、深不大于厚度三分之一的 3 个以下,其中长 4～10 mm、宽 2～4 mm、深不大于厚度三分之一的不得超过 1 个
夹钳印	夹钳印距玻璃边缘的距离不得大于 12 mm

注：中央部、周围部、周边部如图所示,但当周边部重合于中央部时,该部分作为周边部。

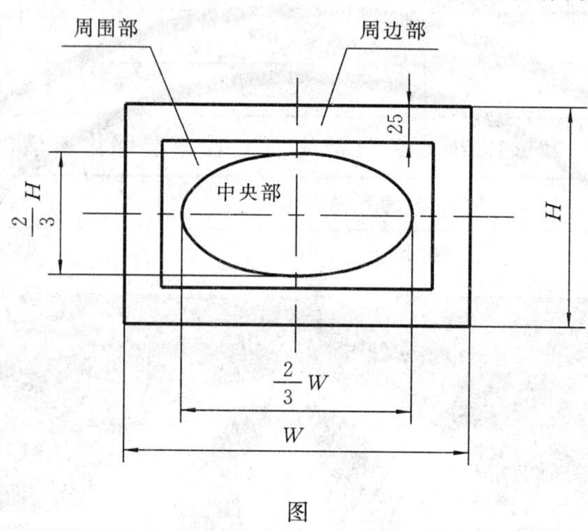

图

5.1.6 透射比

取 3 块试样进行试验,每块试样的透射比必须大于 50%。有色玻璃的透射比由供需双方商定。

5.1.7 光畸变

取 4 块制品进行试验,每块制品除去边部 150 mm 的其余部分,其光畸变的最大值应小于 6′。

5.1.8 抗冲击性

钢化玻璃的抗冲击性取 6 块试样进行试验,试样破坏数不超过 1 块为合格,多于或等于 3 块为不合格。破坏数为 2 块时,再另取 6 块试样进行试验,破坏数为 0 块时合格。

5.1.9 碎片状态

钢化玻璃的碎片取 3 块试样进行试验,每块试样均须满足表 8 的规定。

表 8 钢化玻璃的碎片状态

公称厚度 d mm	碎 片 数
$d \geqslant 4.0$	50 mm×50 mm 正方形内的碎片数应为 40 个以上。 另外,当碎片数不足 40 个时,包括该部分在内的 100 mm×100 mm 正方形内的碎片数必须为 160 个以上

5.2 夹层玻璃的要求

5.2.1 厚度

夹层玻璃的公称厚度为原片玻璃公称厚度和中间膜公称厚度的总和,其厚度由供需双方商定。

夹层玻璃的厚度及其允许偏差如表 9。但是,弯型夹层玻璃、由 3 块以上的玻璃构成的夹层玻璃、钢化夹层玻璃及公称厚度 13 mm 以上的夹层玻璃的厚度及其允许偏差由供需双方商定。

表 9　厚度及其允许偏差　　mm

厚　　度 d	允　许　偏　差
$d<7$	±0.6
$7\leqslant d<10$	±0.8
$10\leqslant d<13$	±1.0

5.2.2　尺寸偏差

5.2.2.1　长方形及正方形的平型夹层玻璃的尺寸允许偏差如表 10。但是,由 3 块以上的玻璃构成的夹层玻璃、钢化夹层玻璃、公称厚度 13 mm 以上的夹层玻璃及一边长度超过 2 400 mm 的夹层玻璃由供需双方商定。

5.2.2.2　长方形或正方形以外的平型夹层玻璃及弯型夹层玻璃的尺寸允许偏差如表 11,但是,原片玻璃 3 块以上的夹层玻璃、公称厚度 13 mm 以上的夹层玻璃及一边长度超过 2 400 mm 的夹层玻璃由供需双方商定。

表 10　长方形或正方形夹层玻璃的尺寸允许偏差　　mm

公称厚度 d	边　的　长　度　L		
	$L<1\ 200$	$1\ 200\leqslant L<1\ 800$	$1\ 800\leqslant L<2\ 400$
$d<10$	±1.5	±2.0	±2.5
$10\leqslant d<13$	±2.0	±2.5	±3.0

表 11　长方形或正方形以外的夹层玻璃及弯型夹层玻璃的尺寸允许偏差

<table>
<tr><th rowspan="3">形　状</th><th rowspan="3">公称厚度 d
mm</th><th colspan="3">直线部的尺寸允许偏差</th><th colspan="2">曲线部的尺寸允许偏差</th><th rowspan="3">基准边的
允许偏差
mm</th></tr>
<tr><th colspan="3">边长 L
mm</th><th colspan="2">制品的面积 s
m²</th></tr>
<tr><th>L<1 200</th><th>1 200≤L<1 800</th><th>L≥1 800</th><th>s<1</th><th>s≥1</th></tr>
<tr><td rowspan="2">平型</td><td>d<10</td><td>±1.5</td><td>±2.0</td><td>±2.5</td><td>±2.0</td><td>±2.5</td><td rowspan="4">±1.0</td></tr>
<tr><td>10≤d<13</td><td>±2.0</td><td>±2.5</td><td>±3.0</td><td>±3.0</td><td>±3.5</td></tr>
<tr><td rowspan="2">弯型</td><td>d<10</td><td>±1.5</td><td>±2.0</td><td>±2.5</td><td>±2.5</td><td>±3.0</td></tr>
<tr><td>10≤d<13</td><td>±2.0</td><td>±2.5</td><td>±3.0</td><td>±3.0</td><td>±3.5</td></tr>
</table>

5.2.3　弯曲度

平型夹层玻璃的弯曲度不得超过 0.2%,钢化夹层玻璃的弯曲度不得超过 0.3%。

5.2.4　吻合度

弯型夹层玻璃的吻合度如表 12。原片玻璃 3 块以上的夹层玻璃、公称厚度 13 mm 以上的夹层玻璃及一边长度超过 2 400 mm 的夹层玻璃由供需双方商定。

表 12　弯型夹层玻璃吻合度的允许偏差　　mm

<table>
<tr><th rowspan="2">厚　　度
d</th><th colspan="3">边　　长　L</th></tr>
<tr><th>L<1 200</th><th>1 200≤L<1 800</th><th>L≥1 800</th></tr>
<tr><td>d<13</td><td>≤3.5
且对称位置的
间隙的和≤5.0</td><td>≤4.0
且对称位置的
间隙的和≤6.0</td><td>≤5.0
且对称位置的
间隙的和≤8.0</td></tr>
</table>

5.2.5　外观

夹层玻璃的外观质量,除了满足 5.1.5 的规定外,还应符合表 13 的规定。

表 13　夹层玻璃的外观质量

缺陷的种类	缺 陷 的 容 许 范 围
胶合层气泡	直径 300 mm 的圆内允许 2 mm 以下的 1 个
胶合层杂质	直径 300 mm 的圆内允许 0.5～2 mm 的 2 个
叠差	不超过 2.0 mm

5.2.6　透射比

取 3 块试样进行试验，每块试样的透射比必须大于 50%。有色玻璃的透射比由供需双方商定。

5.2.7　光畸变

取 4 块制品进行试验，每块制品除去边部 150 mm 的其余部分，其光畸变的最大值应小于 6′。

5.2.8　耐热性

取 3 块试样进行试验。试验后，每块试样允许存在裂口，但超出边部或裂口 13 mm 的部分不得产生气泡或其他缺陷。钢化夹层玻璃、弯型夹层玻璃及原片玻璃 3 块以上的夹层玻璃由供需双方商定。

5.2.9　抗冲击性

夹层玻璃的抗冲击性取 6 块试样进行试验，当 5 块或 5 块以上符合下述 1)及 2)的要求时为合格，3 块或 3 块以下符合时为不合格。当 4 块试样符合时，再追加 6 块新试样，6 块全部符合要求时为合格。钢化夹层玻璃、弯型夹层玻璃及原片玻璃板 3 块以上的夹层玻璃由供需双方商定。

1）钢球不可穿透试样；

2）冲击面反侧剥离碎片的质量为 20 g 以下。

5.2.10　耐辐照性

取 3 块试样进行试验，3 块试样的紫外线照射前后透射比的百分比应≥95%，且用白色背景检查时，不可有显著变化(变色、出泡、浑浊等)。1 块试样符合时为不合格。

当 2 块试样符合时，再追加试验 3 块新试样，如果 3 块全部符合规定则为合格。

5.2.11　抗穿透性

取 6 块试样进行试验，落球高度为 4 m，冲击后 5 s 内钢球不可穿透试样。6 块全部符合为合格，4 块及 4 块以下试样符合时为不合格。

当 5 块试样符合时，再追加试验 6 块新试样，如果 6 块全部符合规定则为合格。

5.3　安全中空玻璃的要求

5.3.1　厚度

安全中空玻璃的厚度为原片玻璃的公称厚度与空气层公称厚度的和，其厚度由供需双方商定。

安全中空玻璃的厚度允许偏差如表 14。但是，空气层为 2 层以上的制品或原片玻璃 1 块厚度为 15 mm以上的制品，弯型中空玻璃及使用 2 块以上夹层玻璃的制品，由供需双方商定。

表 14　公称厚度及其允许偏差　　mm

公 称 厚 度 d	允 许 偏 差
$d<17$	+1.0 −1.5
$17\leqslant d<22$	±1.5
$d\geqslant 22$	±2.0

5.3.2　尺寸偏差

5.3.2.1　长方形及正方形的安全中空玻璃的长度及宽度的允许偏差如表 15。但是，长度超过2 200 mm的制品及空气层为 2 层以上的制品由供需双方商定。

表 15　长方形及正方形安全中空玻璃的尺寸允许偏差　mm

公称厚度 d	边　长 L		
	L<1 200	1 200≤L<1 800	1 800≤L<2 200
d<17	±2.0	±2.5	±3.0
d≥17	±2.5	±3.0	±3.5

5.3.2.2　长方形及正方形以外的安全中空玻璃的尺寸允许偏差如表 16 所示。但是，长度超过 2 200 mm及空气层为 2 层以上的制品由供需双方商定。

表 16　长方形及正方形以外的安全中空玻璃的尺寸允许偏差

公称厚度 d mm	直线部的尺寸允许偏差		曲线部的尺寸允许偏差		基准边的尺寸允许偏差 mm
	边长 L mm		制品的面积 s m^2		
	L<1 200	1 200≤L≤2 200	s<1	s≥1	
d<17	±2.0	±2.5	±2.5	±3.0	±1.0
d≥17	±2.5	±3.0	±3.0	±3.5	

5.3.3　弯曲度

平型安全中空玻璃的弯曲度不得超过 0.3%。

5.3.4　吻合度

弯型安全中空玻璃的吻合度如表 17 所示。

表 17　弯型安全中空玻璃的吻合度　mm

公称厚度 d	长边的长度 L	
	L<1 200	1 200≤L≤2 200
d<20	≤3.5 且对称位置的间隙的和≤5.0	≤4.0 且对称位置的间隙的和≤6.0
d≥20	供需双方商定	

5.3.5　外观

安全中空玻璃的外观质量，除满足 5.1.5 及 5.2.5 规定的外观质量要求外，还应符合表 18 的规定。

表 18　安全中空玻璃的外观质量

缺陷的种类	缺陷的容许范围
叠差	平型中空玻璃不得超过 2.0 mm 弯型中空玻璃不得超过 3.0 mm
污渍	位于封闭气体面的污渍不得影响透视性能
粘接剂飞散	位于封闭气体面的粘接剂不得超过铝框 2.0 mm

5.3.6　露点

安全中空玻璃按照表 22 进行抽样检验，最少样本量为 5 块，每块安全中空玻璃封入空气的露点应在－40℃以下。

5.3.7　加速耐久性

1）根据加速耐久性试验水平分类如表 19 所示。

表 19

分　　类	适用的试验项目及其试验水平
Ⅰ类	耐湿耐光试验 7 d+冷热循环试验 12 次
Ⅱ类	耐湿耐光试验 14 d+冷热循环试验 24 次
Ⅲ类	耐湿耐光试验 42 d+冷热循环试验 72 次

2）安全中空玻璃的加速耐久性试验

取 6 块试样按 6.3.7 进行试验，每块试样的露点应低于－35℃。试验期间，允许有 2 块或 2 块以下试样破裂，可以更换新试样后，对新试样应从最初开始进行全部试验。

6 试验方法

6.1 安全玻璃厚度及尺寸的检验方法

6.1.1 厚度的测定

使用符合 GB 1216 的千分尺或与此同等精度的器具测量玻璃每边中点，测量结果的算术平均值即为厚度值。并以毫米为单位修约到小数点后两位。

6.1.2 尺寸的测定

使用最小刻度为 1 mm 的长度器具测量。

6.1.3 弯曲度的测定

以平型制品作为试样，将其垂直立放，水平放置符合 JB 2546 的直尺并贴紧试样，用塞尺测定直尺的直线边与玻璃之间的间隙，弓形时以弧的高度与弦的长度之比的百分率表示；波形时用波谷到波峰的高与波峰到波峰（或波谷到波谷）的距离之比的百分率表示。

6.1.4 吻合度的测定

吻合度的测定以弯型制品作为试样，将试样放置在如图 1 的检验模上，使用读数精确到 0.1 mm 的塞尺测量玻璃试样与检验模之间的间隙。

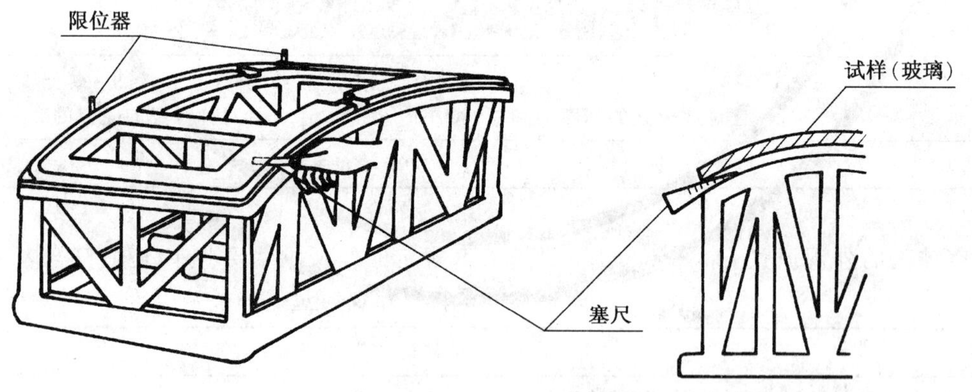

图 1　检验模及塞尺

6.2 安全玻璃的外观检验方法

以制品作为试样，在较好的自然光或散射光照条件下，距离玻璃表面 500 mm，目视进行检查。当测定外观缺陷长度或直径时，使用符合 JB 2546 规定的刻度精确到 0.5 mm 的金属制直尺测定。

6.3 基本特性的试验方法

以下特性的试验使用的试样均为与制品相同厚度、相同材料、相同工艺条件下制备的试样。

6.3.1 透射比试验

以制品或试验片为试样，按 GB/T 5137.2 的方法进行测定。

6.3.2 光畸变试验

以制品作为试样，按 GB/T 5137.2 的方法进行测定。

6.3.3 耐热性试验

试样尺寸约为 300 mm×300 mm 的夹层玻璃，按 GB/T 5137.3 方法进行试验。

6.3.4 抗冲击性试验

6.3.4.1 试样

300 mm×300 mm 的钢化玻璃或夹层玻璃。

6.3.4.2 试验装置

使用如图 2 的试样支架和可使钢球可以自由落下的装置；质量为 508 g±3 g(直径约 50 mm)表面光滑的钢球。

6.3.4.3 试验程序

1) 当试样为夹层玻璃时，试验前在 23℃±2℃的温度下至少存放 4 h。

钢化玻璃的试样温度取 20℃±15℃。

2) 将试样水平放置在支承架上，接触部位用符合 GB/T 531 规定的硬度为邵尔 A50 的橡胶条垫衬，冲击面相当于安装到车辆上时的外侧面，试验弯型玻璃时，需要使用相应的辅助框架支撑。

3) 将钢球按表 20 规定的高度自由落下，冲击点应在距试样中心 25 mm 的范围内。

4) 对每块试样的冲击仅限一次，并观察其冲击后的结果：

当试样为钢化玻璃时，观察其是否破坏；

当试样为夹层玻璃时，观察钢球是否穿透，用读数精确到 0.5 g 的天平测定从冲击面反侧剥离的碎片总质量。

表 20 钢球的下落高度

玻璃类别	公称厚度 d mm	落球高度 m
钢化玻璃	$d \geqslant 4.0$	1.1
夹层玻璃		4.0

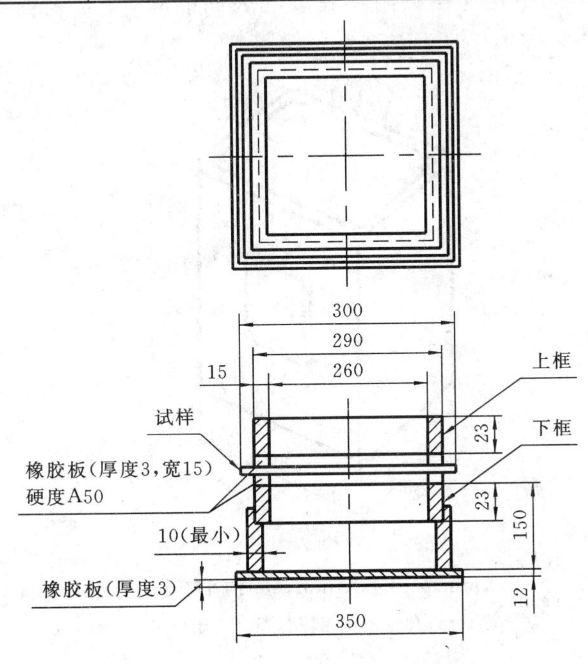

图 2 落球试验用的试样支架

6.3.5 碎片状态试验

6.3.5.1 试样

从制品中抽取。

6.3.5.2 试验装置

曝光和晒图装置；尖端曲率半径为 0.2 mm±0.05 mm 的锤子或冲头。

6.3.5.3 试验步骤

1）将试样放在相同形状和尺寸的第二块试样上，在两块试样之间放上感光纸，并用透明胶带纸沿周边粘牢。

2）在试样的最长边中心线上距离周边 20 mm 左右的位置，用小锤或冲头进行冲击，使试样破碎。

3）感光纸应在冲击后 10 s 内开始曝光并且在冲击后 3 min 内结束。

4）晒图后，除去周边 20 mm 及距离冲击点 75 mm 范围内的部分，从图中选择碎片最大的部分，使用 50 mm×50 mm 的计数框，数出框内碎片的个数。横跨计数框边缘的碎片按 0.5 个碎片计数。

当该计数框内的碎片数不足 40 个时，使用 100 mm×100 mm 的计数框，数出包括这部分在内的碎片数。

6.3.6 露点试验

6.3.6.1 试样

试样的尺寸为 350 mm×500 mm。

6.3.6.2 试验装置

使用如图 3 所示的钢板制容器及棒状温度计（刻度为 1℃，测定范围＋30～－70℃）或与此同等以上精度的温度指示仪。

6.3.6.3 试验程序

1）试验前将试样在 23℃±2℃的环境中保持 24 h 以上。

2）向容器中注入乙醇或丙酮至 A 面上端，再加入干冰或其他制冷介质，并在试验中保持该温度。

3）将试样垂直放置，确定任意测定位置用布擦净，在容器 A 表面（A 面取 ah 面的中心）上涂一层乙醇或丙酮，并将试样紧贴在该面上按表 21 的时间保持。

4）移开容器，在 30 s 内，用手迅速擦去附着在玻璃表面的霜，并立刻观察试样的内表面有无结露或结霜。

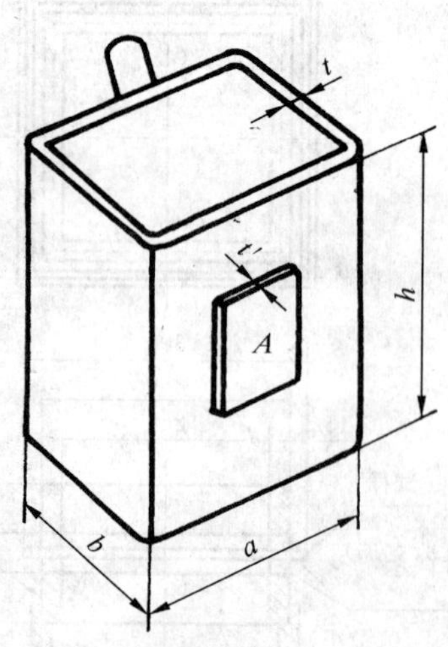

a—约 100 mm；b—约 50 mm；h—约 150 mm；t—3 mm；

t'—3 mm；A—不锈钢制，约 50 mm×60 mm

图 3

表 21 粘贴时间

原片玻璃的公称厚度 d mm	粘贴时间 t min
d=4.0	3
d=5.0	4
d=6.0	5
d=8.0	7
d≥10.0	10

6.3.7 加速耐久性试验

1）试样

使用与 6.3.6.1 相同的试样。

2）试验装置

耐湿耐光试验设备及冷热循环试验设备。

3）试验程序

用 6.3.6 的方法测定露点后开始，试验过程如下：

a）表 19 确定的Ⅰ类试验方法：耐湿耐光试验 7 d，持续冷热循环试验 12 次后，用 5.3.6 的方法测定露点。

b）表 19 确定的Ⅱ类试验方法：持续 a）的试验过程，再进行耐湿耐光试验 7 d，持续冷热循环试验 12 次后，用 6.3.6 的方法测定露点。

c）表 19 确定的Ⅲ类试验方法：持续 b）的试验过程，再进行耐湿耐光试验 7 d，持续冷热循环试验 48 次后，用 6.3.6 的方法测定露点。

4）耐湿耐光试验

将试样放在 55℃±3℃相对湿度 95%以上气氛的恒温恒湿槽内，如图 4。用紫外线荧光灯 FL40BL、FL40SBL 照射玻璃与封接材料的粘结面，荧光灯的轴心与玻璃表面的距离取 50 mm±3 mm。用连续记录仪记录代表槽内平均温度位置的温、湿度。荧光灯管的总计亮灯时间达 5 150 h，需要更换。

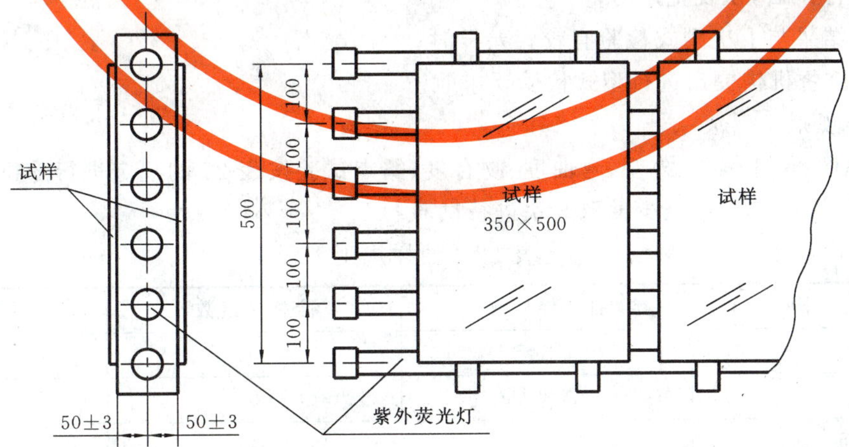

图 4

注：FL-直管形；S-管形；BL-放射的主波长范围 300～400 nm。

5）冷热反复试验

将试样放在恒温槽内如图 5 所示，用连续记录仪记录代表槽内平均温度位置的温度，在－20℃±3℃的温度下保持 1 h 后，在 50℃±3℃保持 1 h，以此作为 1 次循环，循环数符合 3）的规定。

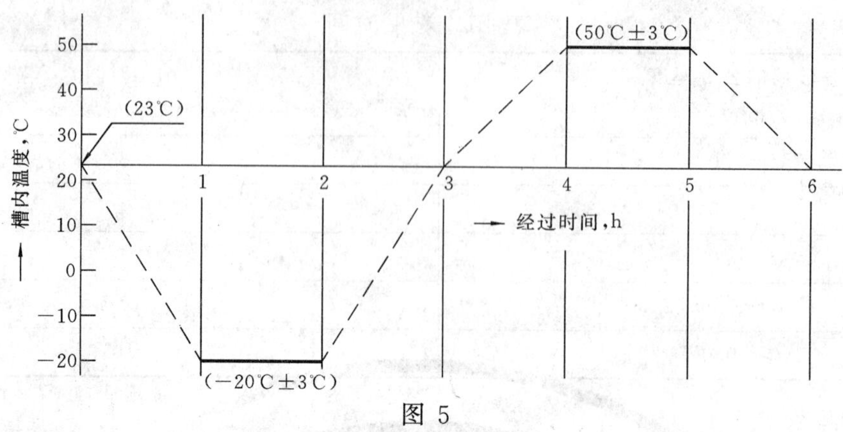

图 5

6.3.8 耐辐照试验

试样尺寸为 76 mm×300 mm 的夹层玻璃按 GB/T 5137.3 进行试验。

6.3.9 抗穿透性

试样尺寸为 300 mm×300 mm 的夹层玻璃按 GB/T 5137.1 进行试验。

7 检验规则

7.1 检验分类

检验分出厂检验、型式检验。

7.1.1 出厂检验:检验项目为厚度、尺寸偏差、外观、弯曲度、吻合度、露点,若要求增加其他检验项目由供需双方商定。

7.1.2 型式检验:检验项目为本标准所规定的该种类产品的全部技术要求。

有下列情况之一时,应进行型式检验。

a) 新产品或老产品转厂生产的试制定型鉴定;

b) 正式生产后,如结构、材料、工艺有较大改变,可能影响产品性能时;

c) 正常生产后,定期或积累一定产量后,应周期性进行一次检验;

d) 产品长期停产后,恢复生产时;

e) 出厂检验结果与上次型式检验有较大差异时;

f) 国家质量监督机构提出进行型式检验要求时。

7.2 组批与抽样规则

7.2.1 产品的厚度、尺寸偏差、外观、弯曲度、吻合度、露点试验按表 22 的规定进行随机抽样,若露点试验的批量范围不足 15 块时,应至少抽取 5 块进行试验。

表 22 抽样规则

批量范围	抽样数	合格判定数	不合格判定数
1～8	2	0	1
9～15	3	0	1
16～25	5	1	2
26～50	8	2	3
51～90	13	3	4
91～150	20	5	6
151～280	32	7	8
281～500	50	10	11

7.2.2 对产品所要求的其他技术性能，若用产品检验时，根据检测项目所要求的数量从该批产品中随机抽取。若用试样进行检验时，应采用同一工艺条件下制备的试样。当该批产品批量大于500片时，以每500片为一批分批抽取试样，当检验项目为非破坏性试验时可继续进行其他项目的检测。

7.3 判定规则

厚度、尺寸偏差、外观、弯曲度、吻合度的不合格品数大于或等于表22的不合格判定数，则认为该批产品的厚度、尺寸偏差、外观、弯曲度、吻合度不合格。

其他性能应符合第5章相应条款的规定，否则为不合格。

上述各项中，有一项不合格，则认为该批产品不合格。

8 包装、标志、运输、储存

8.1 包装

产品应用集装箱或木箱包装。每片玻璃应用纸包装或采取其他防护措施。玻璃与包装箱之间用不易引起玻璃划伤等外观缺陷的轻软材料填实。具体要求应符合JC/T 512的规定。

8.2 标志

标志应符合JC/T 512的有关规定。每个包装箱外应标明“朝上，小心轻放”等字样和玻璃厚度、种类、厂名或商标。

8.3 运输

产品用各种类型的车辆运输。搬运规则、条件等应符合JC/T 512的有关规定。

运输时，玻璃不得平放或斜放，长度方向应与车辆运输方向相同，应有防雨设施。

8.4 储存

产品应垂直储存在干燥的室内。

ICS 81.040.20
Q 33

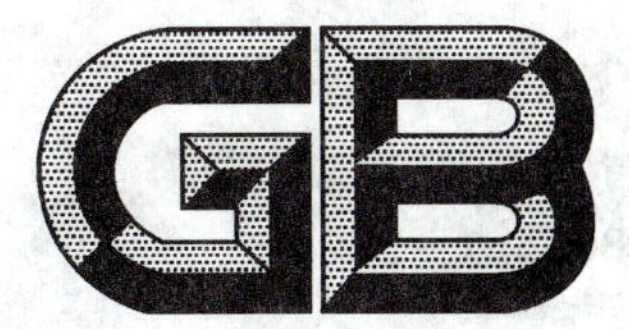

中华人民共和国国家标准

GB/T 18915.1—2002

镀膜玻璃 第1部分：阳光控制镀膜玻璃

Coated glass—
Part 1：solar control coated glass

2002-12-17 发布 2003-06-01 实施

中华人民共和国
国家质量监督检验检疫总局 发布

前　　言

GB/T 18915《镀膜玻璃》分为两个部分：

第1部分：阳光控制镀膜玻璃

第2部分：低辐射镀膜玻璃

本部分为GB/T 18915的第1部分。

本部分是在建材行业标准JC 693—1998《热反射玻璃》的基础上制定的。

本部分与日本工业标准JISR 3221—1995《阳光反射玻璃》的一致性程度为非等效，同时参考了欧洲标准EN 1096—1998《应用在建筑的镀膜玻璃》。

产品分类中，取消JISR 3221按太阳光总透射比分类的要求；

光学性能和理化性能与JISR 3221一致；

膜层外观质量中斑纹、暗道的检测方法与EN 1096一致；

本部分给出了外观缺陷的术语和定义；

本部分规定的外观质量指标严于JISR 3221和EN 1096，同时根据我国的实际情况，增加了色差和紫外性能指标；

本部分自实施之日起，JC 693—1998《热反射玻璃》废止。

本部分由原国家建筑材料工业局提出。

本部分由全国建筑用玻璃标准化技术委员会归口并负责解释。

本部分负责起草单位：秦皇岛玻璃研究设计院，国家建材工业标准化研究所（建材工业技术监督研究中心）。

本部分参加起草单位：中国南玻科技控股（集团）股份有限公司，威海蓝星玻璃股份有限公司，佛山市中南玻璃有限公司。

本部分起草人：刘起英、李金平、黄建斌、赵洪力、谭小建、朱梅、魏德法、蔡焱森。

镀 膜 玻 璃
第1部分:阳光控制镀膜玻璃

1 范围

GB/T 18915的本部分规定了阳光控制镀膜玻璃的分类、定义、要求、试验方法、检验规则、包装、标志、运输和贮存。

本部分适用于建筑用的阳光控制镀膜玻璃。

2 规范性引用文件

下列文件中的条款通过本部分的引用而成为本部分的条款。凡是注日期的引用文件,其随后所有的修改单(不包括勘误的内容)或修订版均不适用于本部分,然而,鼓励根据本部分达成协议的各方研究是否可使用这些文件的最新版本。凡是不注日期的引用文件,其最新版本适用于本部分。

GB/T 2680 建筑玻璃 可见光透射比、太阳光直接透射比、太阳能总透射比、紫外线透射比及有关窗玻璃参数的测定(GB/T 2680—1994,neq ISO 9050:1990)

GB/T 2828—1997 逐批检查计数抽样程序及抽样表(适用于连续批的检查)

GB/T 5137.1 汽车安全玻璃试验方法 第1部分:力学性能试验(GB/T 5137.1—2002,ISO 3537:1999 Road vehicles—safety glazing materials—Mechanical tests,MOD)

GB/T 6382.1 平板玻璃集装器具 架式集装器及其试验方法

GB/T 6382.2 平板玻璃集装器具 箱式集装器及其试验方法

GB/T 8170 数值修约规则

GB 11614 浮法玻璃

GB/T 11942 彩色建筑材料色度测量方法

GB 17841—1999 幕墙用钢化玻璃与半钢化玻璃

JC/T 513 平板玻璃木箱包装

3 术语和定义

下列术语和定义适用于GB/T 18915的本部分:

阳光控制镀膜玻璃 solar control coated glass

对波长范围350 nm~1 800 nm的太阳光具有一定控制作用的镀膜玻璃.

针孔 pinhole

从镀膜玻璃透射方向看,相对膜层整体可视透明的部分或全部没有附着膜层的点状缺陷。

斑点 spot

从镀膜玻璃的透射方向看,相对膜层整体色泽较暗的点状缺陷。

划伤 scratches

镀膜玻璃表面各种线状的划痕。可见程度取决于它们的长度、宽度、位置和分布。

斑纹 stain

从镀膜玻璃的反射方向看，膜层表面色泽发生变化的云状、放射状或条纹状的缺陷。

暗道 dark stripe

从镀膜玻璃的反射方向看，膜层表面亮度或反射色异于整体的条状区域，可见程度取决于它们和周围膜层的亮度差。

4 产品分类

4.1 产品按外观质量、光学性能差值、颜色均匀性分为优等品和合格品。

4.2 产品按热处理加工性能分为非钢化阳光控制镀膜玻璃、钢化阳光控制镀膜玻璃和半钢化阳光控制镀膜玻璃。

5 要求

5.1 非钢化阳光控制镀膜玻璃尺寸允许偏差、厚度允许偏差、弯曲度、对角线差应符合 GB 11614 的规定。

5.2 钢化阳光控制镀膜玻璃与半钢化阳光控制镀膜玻璃尺寸允许偏差、厚度允许偏差、弯曲度、对角线差应符合 GB 17841—1999 的规定。

5.3 外观质量

阳光控制镀膜玻璃原片的外观质量应符合 GB 11614 中汽车级的技术要求。

作为幕墙用的钢化、半钢化阳光控制镀膜玻璃原片进行边部精磨边处理。

阳光控制镀膜玻璃的外观质量应符合表 1 的规定。

表 1 阳光控制镀膜玻璃的外观质量

缺陷名称	说明	优等品	合格品
针　孔	直径＜0.8 mm	不允许集中	
	0.8 mm≤直径＜1.2 mm	中部：3.0×S，个，且任意两针孔之间的距离大于 300 mm。 75 mm 边部：不允许集中	不允许集中
	1.2 mm≤直径＜1.6 mm	中部：不允许 75 mm 边部：3.0×S，个	中部：3.0×S，个 75 mm 边部：8.0×S，个
	1.6 mm≤直径≤2.5 mm	不允许	中部：2.0×S，个 75 mm 边部：5.0×S，个
	直径＞2.5 mm	不允许	不允许
斑　点	1.0 mm≤直径≤2.5 mm	中部：不允许 75 mm 边部：2.0×S，个	中部：5.0×S，个 75 mm 边部：6.0×S，个
	2.5 mm＜直径≤5.0 mm	不允许	中部：1.0×S，个 75 mm 边部：4.0×S，个
	直径＞5.0 mm	不允许	不允许
斑　纹	目视可见	不允许	不允许
暗　道	目视可见	不允许	不允许

表 1(续)

缺陷名称	说明	优等品	合格品
膜面划伤	0.1 mm≤宽度≤0.3 mm 长度≤60 mm	不允许	不限 划伤间距不得小于100 mm
	宽度>0.3 mm 或 长度>60 mm	不允许	不允许
玻璃面划伤	宽度≤0.5 mm 长度≤60 mm	3.0×S,条	
	宽度>0.5 mm 或 长度>60 mm	不允许	不允许
注 1:针孔集中是指在 ϕ100 mm 面积内超过 20 个。 注 2:S 是以平方米为单位的玻璃板面积,保留小数点后两位; 注 3:允许个数及允许条数为各系数与 S 相乘所得的数值,按 GB/T 8170 修约至整数; 注 4:玻璃板的中部是指距玻璃板边缘 75 mm 以内的区域,其他部分为边部。			

5.4 光学性能

光学性能包括:紫外线透射比、可见光透射比、可见光反射比、太阳光直接透射比、太阳光直接反射比和太阳能总透射比,其差值应符合表 2 规定。

表 2 阳光控制镀膜玻璃的光学性能要求

项 目	允许偏差最大值(明示标称值)		允许最大差值(未明示标称值)	
可见光透射比大于 30%	优等品	合格品	优等品	合格品
	±1.5%	±2.5%	≤3.0%	≤5.0%
可见光透射比小于等于 30%	优等品	合格品	优等品	合 格
	±1.0%	±2.0%	≤2.0%	≤4.0%
注:对于明示标称值(系列值)的产品,以标称值作为偏差的基准,偏差的最大值应符合本表的规定;对于未明示标称值的产品,则取三块试样进行测试,三块试样之间差值的最大值应符合本表的规定。				

5.5 颜色均匀性

阳光控制镀膜玻璃的颜色均匀性,采用 CIELAB 均匀色空间的色差 ΔE_{ab}^{*} 来表示,单位 CIELAB。

阳光控制镀膜玻璃的反射色色差优等品不得大于 2.5CIELAB,合格品不得大于 3.0CIELAB。

5.6 耐磨性

阳光控制镀膜玻璃的耐磨性,按 6.6 进行试验;试验前后可见光透射比平均值的差值的绝对值不应大于 4%。

5.7 耐酸性

阳光控制镀膜玻璃的耐酸性,按 6.7 进行试验;试验前后可见光透射比平均值的差值的绝对值不应大于 4%;并且膜层不能有明显的变化。

5.8 耐碱性

阳光控制镀膜玻璃的耐碱性,按 6.8 进行试验;试验前后可见光透射比平均值的差值的绝对值不应大于 4%;并且膜层不能有明显的变化。

5.9 超过本章的其他要求,由供需双方协商解决。

6 试验方法

6.1 尺寸允许偏差、厚度允许偏差、对角线差按 GB 11614 规定的方法进行测定。

6.2 弯曲度测定

6.2.1 非钢化阳光控制镀膜玻璃按 GB 11614 规定的方法进行测定。

6.2.2 钢化阳光控制镀膜玻璃与半钢化阳光控制镀膜玻璃按 GB 17841—1999 规定的方法进行测定。

6.3 外观质量的测定

6.3.1 针孔、斑点、划伤的测定

在不受外界光线影响的环境内,使用装有数支间距 300 mm 的 40 W 平行日光灯管的黑色无光泽屏幕。玻璃试样垂直放置,膜面面向观察者,与日光灯管平行且相距 600 mm,观察者距玻璃 600 mm,视线垂直玻璃进行观察,如图 1 所示。缺陷尺寸用精度 0.1 mm 的读数显微镜测定;划伤的长度用最小刻度为 1 mm 的钢卷尺测量。

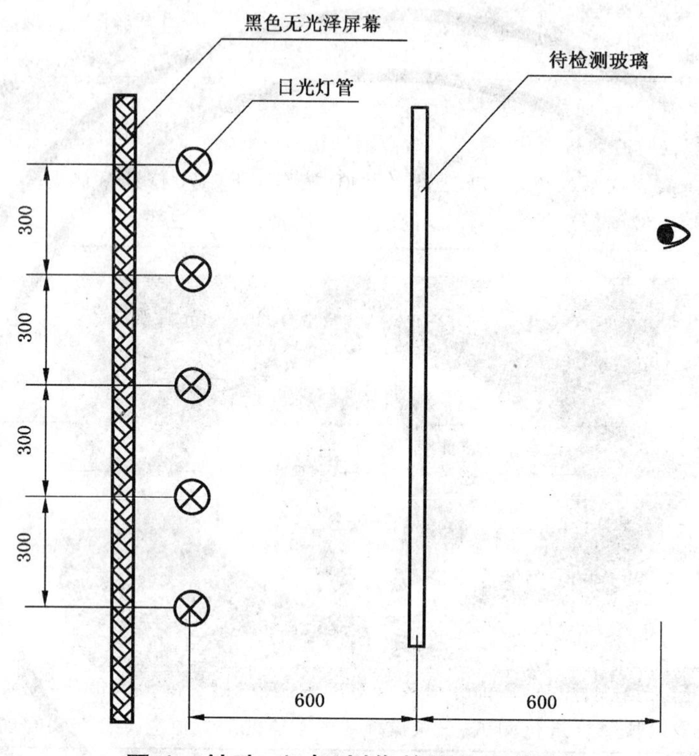

图 1 针孔、斑点、划伤的测定示意图

6.3.2 斑纹、暗道的测定

如图 2 所示,在自然散射光均匀照射下,玻璃试样垂直放置,玻璃面面向观察者,观察者距离玻璃 3 m,视线与玻璃表面法线成 30°角进行观察。

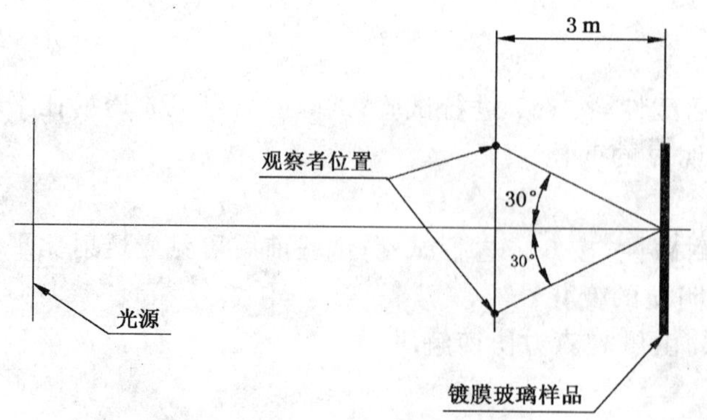

图 2 斑纹、暗道测定示意图

6.4 光学性能测定

光学性能试验按 GB/T 2680 进行。

6.5 颜色均匀性测定

6.5.1 测量方法

反射色差的测量依据 GB/T 11942 进行。

照明与观测条件为垂直照明/漫射接收(含镜面反射,O/t)或漫射照明/垂直接收(含镜面反射,t/O)。被测试样的背面应装集光器或垫黑绒,或在整个色差测量过程中,被测试样的背景保持一致,采用镜面反射体作为工作部分。色差($\Delta E_{ab}{}^*$)按 CIE1976LAB 均匀色空间色差公式评价,色差单位为 CIELAB,测量应取中间部位,测量单面镀膜玻璃反射色时,应以玻璃面(非镀膜面)为测量面。

6.5.2 取样方法

6.5.2.1 同一片玻璃的取样:在一片玻璃的四角和正中间取 50 mm×50 mm 的试样五片,试样外边缘距该片玻璃边缘 50 mm(如图 3 所示)。

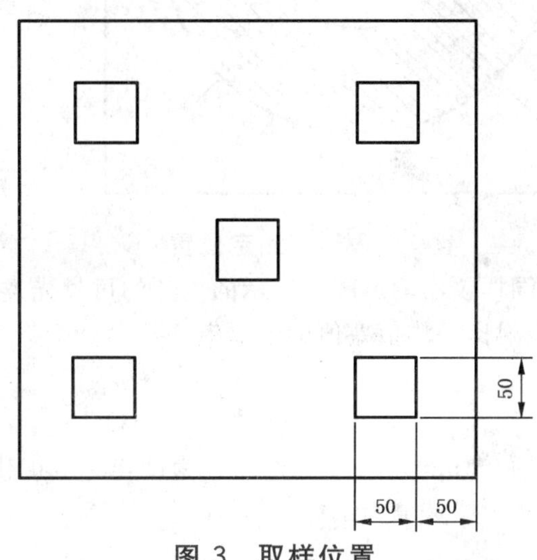

图 3 取样位置

6.5.2.2 同一批玻璃的取样:从一批玻璃随机抽取的样本中再随机抽出五片,每一片按 6.5.2.1 规定取试样。

6.5.2.3 当不能或不便对钢化与半钢化阳光控制镀膜玻璃按以上方法制取试样时,可用便携式光度计在 6.5.2 规定的位置按 6.5.3 进行测定,被测试样的背面要垫黑绒布,保持背景的一致性。

6.5.3 颜色均匀性的测定

6.5.3.1 一片玻璃的色差:以中间样品作为标准片,其余四片均与该片进行反射颜色的比较,分别测得 4 个 $\Delta E_{ab}{}^*$ 值,其中最大值即为该片玻璃的色差。

6.5.3.2 一批玻璃的色差:在相同位置,分别测量按 6.5.2.2 方法取得的试样的 L^*、a^*、b^* 值,以其中 a^* 或 b^* 最大或最小的一片作为标准片,其余四片均与该片进行反射颜色比较,分别测得 4 个 $\Delta E_{ab}{}^*$ 值,其中最大值即为该批玻璃的色差。

6.6 耐磨性测定

6.6.1 试样

以与制品相同工艺制造的约 100 mm×100 mm 的试片为试样。对钢化与半钢化阳光控制镀膜玻璃,取同批次生产的非钢化阳光控制镀膜玻璃为试样。

6.6.2 磨耗试验机

磨耗试验机应符合 GB/T 5137.1 的规定。

6.6.3 步骤

6.6.3.1 磨耗前试样用符合 GB/T 2680 的分光光度计测得图 4 所示 4 点的可见光透射比,计算其平均值。

6.6.3.2　以镀膜面为磨耗面，将试样安装在磨耗试验机的水平回转台上旋转试样；在每次磨耗前应保持磨轮表面的清洁；试样旋转 200 次；磨耗后试样的磨痕宽度应不小于 10 mm。

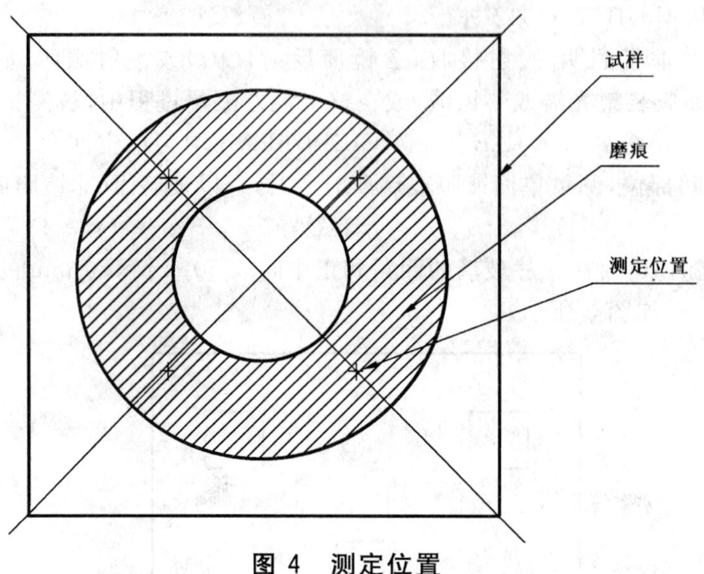

图 4　测定位置

6.6.3.3　对磨耗后的试样，用同样仪器测定图 4 所示的 4 点的可见光透射比，计算其平均值。

6.6.3.4　求磨耗前后可见光透射比平均值差值的绝对值。

6.7　耐酸性测定

6.7.1　试样

以与制品相同工艺制造的约 25 mm×50 mm 的试片为试样。对钢化与半钢化阳光控制镀膜玻璃，取同批次生产的非钢化阳光控制镀膜玻璃为试样。

6.7.2　步骤

6.7.2.1　用符合 GB/T 2680 的分光光度计测定浸渍前的可见光透射比。

6.7.2.2　将试样浸没在(23±2)℃、1 mol/L 浓度的盐酸中，浸渍时间 24 h。

6.7.2.3　浸渍后的试样水洗，干燥，用同一仪器测定试样的可见光透射比。

6.7.2.4　求出浸渍前后可见光透射比差值的绝对值。

6.8　耐碱性测定

6.8.1　试样

以与制品相同工艺制造的约 25 mm×50 mm 的试片为试样。对钢化与半钢化阳光控制镀膜玻璃，取同批次生产的非钢化阳光控制镀膜玻璃为试样。

6.8.2　步骤

6.8.2.1　用符合 GB/T 2680 的分光光度计测定浸渍前的可见光透射比。

6.8.2.2　将试样浸没在(23±2)℃、1 mol/L 浓度的氢氧化钠溶液中，浸渍时间 24 h。

6.8.2.3　浸渍后的试样水洗，干燥，用同一仪器测定试样的可见光透射比。

6.8.2.4　求出浸渍前后可见光透射比差值的绝对值。

7　检验规则

7.1　检验分类

检验分为出厂检验和型式检验。

7.1.1　出厂检验

出厂检验项目为 5.1、5.2、5.3 和可见光透射比差值。

7.1.2 **型式检验**

检验项目为第5章规定的所有要求。

有下列情况之一时，应进行型式检验。

a) 正式生产后，结构、材料、工艺有较大改变，可能影响产品性能时；

b) 正常生产时，定期或积累一定产量后，周期性进行一次检验；

c) 产品长期停产后，恢复生产时；

d) 出厂检验结果与上次型式检验有较大差异时；

e) 国家质量监督机构提出型式检验的要求时。

7.2 **组批与抽样**

7.2.1 **组批**

同一工艺、同一颜色、同一厚度、同一系列可见光透射比、同一等级和稳定连续生产的产品可组为一批。

7.2.2 **抽样**

7.2.2.1 出厂检验时，企业可以根据生产状况制定合理的抽样方案抽取样品。

7.2.2.2 型式检验、产品质量仲裁、监督抽查时，可按GB/T 2828—1987正常检查一次抽样方案，取 $AQL=6.5\%$，具体见表3。当产品批量大于1 000片时，以1 000片为一批分批抽取试样。

表3 抽样表

批量范围/片	样本大小	合格判定数	不合格判定数
1～8	2	0	1
9～15	3	0	1
16～25	5	1	2
26～50	8	1	2
51～90	13	2	3
91～150	20	3	4
151～280	32	5	6
281～500	50	7	8
501～1 000	80	10	11

7.2.2.3 对产品的光学性能进行测定时，每批随机抽取3片试样。

7.2.2.4 对产品的色差进行测定时，每批随机抽取5片试样。

7.2.2.5 对产品的耐磨性进行测定时，每批随机抽取3片试样。

7.2.2.6 对产品的耐酸、耐碱性进行测定时，每批随机抽取3片试样。

7.3 **判定规则**

7.3.1 对产品尺寸允许偏差、厚度允许偏差、对角线差、弯曲度及外观质量进行测定时：

一片玻璃测定结果，各项指标均符合第5章规定的要求为合格。

一批玻璃测定结果，若不合格数不大于表3中规定的不合格判定数时，则定为该批产品上述指标合格，否则定为不合格。

7.3.2 对产品光学性能进行测定时，3片试样需在同一位置进行检测，若3片试样均符合5.4规定，则判定该批产品该项指标测定合格。

7.3.3 对产品色差进行测定时，5片试样色差的最大值符合5.5规定，则定为该批产品该项指标测定合格，否则不合格。

7.3.4 对产品耐磨性能进行测定时，3片试样均符合5.6规定，则判定该批产品该项指标测定合格。

7.3.5 对产品耐酸性能进行测定时,3 片试样均符合 5.7 规定,则判定该批产品该项指标测定合格。

7.3.6 对产品耐碱性能进行测定时,3 片试样均符合 5.8 规定,则判定该批产品该项指标测定合格。

7.3.7 综合判定:若上述各项中,有一项性能不合格则认为该批产品不合格。

8 标志、包装、运输、贮存

8.1 标志

包装表面应印有工厂名称或商标、产品名称、产品等级、类别、规格、数量、颜色、可见光透射比、防潮、易碎、堆放方向、生产日期、膜面标识等标识和标志。

集装箱也要有相应的标识、标志。

8.2 包装

8.2.1 包装镀膜玻璃用木箱、集装箱、集装架应分别符合 JC/T 513、GB/T 6382.1、GB/T 6382.2 的规定。

8.2.2 箱底要内垫缓冲材料,箱内垫塑料布,玻璃片之间应有保护材料。

8.2.3 集装箱(架)包装,玻璃片之间加保护材料,外包塑料布防潮。

8.3 运输及贮存

8.3.1 镀膜玻璃必须在干燥通风的库房间内贮存,在运输和装卸时应有防雨措施。

8.3.2 玻璃在贮存、运输和装卸时,箱子不得斜放和侧放。

ICS 81.040.20
Q 33

中华人民共和国国家标准

GB/T 18915.2—2002

镀 膜 玻 璃
第2部分：低辐射镀膜玻璃

Coated glass—
Part2: low emissivity coated glass

2002-12-17 发布　　2003-06-01 实施

中华人民共和国
国家质量监督检验检疫总局　发布

前　　言

GB/T 18915《镀膜玻璃》分为两部分：

第 1 部分：阳光控制镀膜玻璃

第 2 部分：低辐射镀膜玻璃

本部分为 GB/T 18915《镀膜玻璃》的第 2 部分。

本部分由原国家建筑材料工业局提出。

本部分由全国建筑用玻璃标准化技术委员会归口。

本部分负责起草单位：中国建筑材料科学研究院玻璃科学与特种玻璃纤维研究所。

本部分参加起草单位：中国南玻科技控股(集团)股份有限公司、广东金刚玻璃科技股份有限公司。

本部分起草人：韩松、杨建军、莫娇、吴洁、周安心、朱梅、庄大建、龙霖星。

镀　膜　玻　璃
第2部分：低辐射镀膜玻璃

1　范围

GB/T 18915 的本部分规定了低辐射镀膜玻璃的分类、要求、试验方法、检验规则及包装、标志、贮存和运输。

本部分适用于建筑用低辐射镀膜玻璃，其他方面使用的低辐射镀膜玻璃也可参照本部分。

2　规范性引用文件

下列文件中的条款通过本部分的引用而成为本部分的条款。凡是注日期的引用文件，其随后所有的修改单（不包括勘误的内容）或修订版均不适用于本部分，然而，鼓励根据本部分达成协议的各方研究是否可使用这些文件的最新版本。凡是不注日期的引用文件，其最新版本适用于本部分。

GB/T 2680　建筑玻璃可见光透射比、太阳光直接透射比、太阳能总透射比、紫外线透射比及有关窗玻璃参数的测定（GB/T 2680—1994，neq ISO 9050:1990）

GB/T 2828—1987　逐批检查计数抽样程序及抽样表（适用于连续批的检查）

GB/T 6382.1　平板玻璃集装器具　架式集装器具及其试验方法

GB/T 6382.2　平板玻璃集装器具　箱式集装器具及其试验方法

GB/T 8170　数值修约规则

GB 11614　浮法玻璃

GB 17841—1999　幕墙用钢化玻璃与半钢化玻璃

GB/T 18915.1　镀膜玻璃　第1部分　阳光控制镀膜玻璃

JC/T 513　平板玻璃木箱包装

3　术语和定义

下列术语和定义适用于 GB/T 18915 的本部分。

辐射率　emissivity

辐射率即半球辐射率（hemispherical emissivity），是辐射体的辐射出射度与处在相同温度的普朗克辐射体的辐射出射度之比。

低辐射镀膜玻璃　low emissivity coated glass

低辐射镀膜玻璃又称低辐射玻璃、"Low-E"玻璃，是一种对波长范围 4.5 μm～25 μm 的远红外线有较高反射比的镀膜玻璃。低辐射镀膜玻璃还可以复合阳光控制功能，称为阳光控制低辐射玻璃。

针孔　pinhole

从镀膜玻璃的透射方向看，相对膜层整体可视透明的部分或全部没有附着膜层的点状缺陷。

斑点　spot

从镀膜玻璃的透射方向看，相对膜层整体色泽较暗的点状缺陷。

划伤　scratches

在镀膜玻璃表面各种线状的划痕。可见程度取决于它们的长度、深度、位置和分布。

4 产品分类

4.1 产品按外观质量分为优等品和合格品。

4.2 产品按生产工艺分离线低辐射镀膜玻璃和在线低辐射镀膜玻璃。

4.3 低辐射镀膜玻璃可以进一步加工，根据加工的工艺可以分为钢化低辐射镀膜玻璃、半钢化低辐射镀膜玻璃、夹层低辐射镀膜玻璃等。

5 技术要求

5.1 总则

不同种类的低辐射镀膜玻璃应符合表1相应条款的要求。

表1 技术要求及试验方法条款

技术要求	离线低辐射镀膜玻璃	在线低辐射镀膜玻璃	试验方法
厚度偏差	5.2	5.2	6.1
尺寸偏差	5.3	5.3	6.2
外观质量	5.4	5.4	6.3
弯曲度	5.5	5.5	6.4
对角线差	5.6	5.6	6.5
光学性能	5.7	5.7	6.6
颜色均匀性	5.8	5.8	6.7
辐射率	5.9	5.9	6.8
耐磨性	—	5.10	6.9
耐酸性	—	5.11	6.10
耐碱性	—	5.12	6.11

5.2 厚度偏差

低辐射镀膜玻璃的厚度偏差应符合GB 11614标准的有关规定。

5.3 尺寸偏差

5.3.1 低辐射镀膜玻璃的尺寸偏差应符合GB 11614标准的有关规定，不规则形状的尺寸偏差由供需双方商定。

5.3.2 钢化、半钢化低辐射镀膜玻璃的尺寸偏差应符合GB 17841—1999标准的有关规定。

5.4 外观质量

低辐射镀膜玻璃的外观质量应符合表2的规定。

表 2 低辐射镀膜玻璃的外观质量

缺陷名称	说 明	优 等 品	合 格 品
针孔	直径<0.8 mm	不允许集中	
	0.8 mm≤直径<1.2 mm	中部:3.0×S,个,且任意两针孔之间的距离大于300 mm。 75 mm 边部:不允许集中	不允许集中
	1.2 mm≤直径<1.6 mm	中部:不允许 75 mm 边部:3.0×S,个	中部:3.0×S,个; 75 mm 边部:8.0×S,个
	1.6 mm≤直径≤2.5 mm	不允许	中部:2.0×S,个 75 mm 边部:5.0×S,个
	直径>2.5 mm	不允许	不允许
斑点	1.0 mm≤直径≤2.5 mm	中部:不允许 75 mm 边部:2.0×S,个	中部:5.0×S,个 75 mm 边部:6.0×S,个
	2.5 mm<直径≤5.0 mm	不允许	中部:1.0×S,个 75 mm 边部:4.0×S,个
	直径>5.0 mm	不允许	不允许
膜面划伤	0.1 mm≤宽度≤0.3 mm、长度≤60 mm	不允许	不限,划伤间距不得小于100 mm
	宽度>0.3 mm 或长度>60 mm	不允许	不允许
玻璃面划伤	宽度≤0.5 mm、长度≤60 mm	3.0×S,条	
	宽度>0.5 mm 或长度>60 mm	不允许	不允许
注 1:针孔集中是指在 ϕ100 mm 面积内超过 20 个。 注 2:S 是以平方米为单位的玻璃板面积,保留小数点后两位; 注 3:允许个数及允许条数为各系数与 S 相乘所得的数值,按 GB/T 8170 修约至整数; 注 4:玻璃板的中部是指距玻璃板边缘 75 mm 以内的区域,其他部分为边部。			

5.5 弯曲度

5.5.1 低辐射镀膜玻璃的弯曲度不应超过 0.2%。

5.5.2 钢化、半钢化低辐射镀膜玻璃的弓形弯曲度不得超过 0.3%,波形弯曲度(mm/300 mm)不得超过 0.2%。

5.6 对角线差

5.6.1 低辐射镀膜玻璃的对角线差应符合 GB 11614 标准的有关规定。

5.6.2 钢化、半钢化玻璃低辐射镀膜玻璃的对角线差应符合 GB 17841—1999 标准的有关规定。

5.7 光学性能

低辐射镀膜玻璃的光学性能包括:紫外线透射比、可见光透射比、可见光反射比、太阳光直接透射比、太阳光直接反射比和太阳能总透射比。这些性能的差值应符合表 3 规定。

表 3 低辐射镀膜玻璃的光学性能要求

单位为百分数

项 目	允许偏差最大值(明示标称值)	允许最大差值(未明示标称值)
指 标	±1.5	≤3.0
注:对于明示标称值(系列值)的产品,以标称值作为偏差的基准,偏差的最大值应符合本表的规定;对于未明示标称值的产品,则取三块试样进行测试,三块试样之间差值的最大值应符合本表的规定。		

5.8 颜色均匀性

低辐射镀膜玻璃的颜色均匀性，以 CIELAB 均匀空间的色差 ΔE^* 来表示，单位：CIELAB。

测量低辐射镀膜玻璃在使用时朝向室外的表面，该表面的反射色差 ΔE^* 不应大于 2.5CIELAB 色差单位。

5.9 辐射率

离线低辐射镀膜玻璃应低于 0.15。

在线低辐射镀膜玻璃应低于 0.25。

5.10 耐磨性

试验前后试样的可见光透射比差值的绝对值不应大于 4%。

5.11 耐酸性

试验前后试样的可见光透射比差值的绝对值不应大于 4%。

5.12 耐碱性

试验前后试样的可见光透射比差值的绝对值不应大于 4%。

5.13 超过本章的其它要求，由供需双方协商解决。

6 试验方法

6.1 厚度偏差

按 GB 11614 规定的方法进行检验。

6.2 尺寸偏差

按 GB 11614 规定的方法进行检验。

6.3 外观质量

按 GB/T 18915.1 规定的方法进行检验。

6.4 弯曲度

按 GB 17841—1999 规定的方法进行检验。

6.5 对角线差

按 GB 17841—1999 规定的方法进行检验。

6.6 光学性能

6.6.1 从每批玻璃中随机抽取 3 片玻璃，从每片玻璃中部的同一位置切取 3 块 25 mm×50 mm 的试样。对于钢化、半钢化的低辐射镀膜玻璃，可以用以相同材料相同镀膜工艺生产的非钢化低辐射镀膜玻璃代替。

6.6.2 光学性能按 GB/T 2680 进行测定。试验后 3 块试样应全部符合规定要求。

6.7 颜色均匀性

按 GB/T 18915.1 进行测定，也可采用给出相同测试结果的方法。

6.8 辐射率

6.8.1 从每批玻璃中随机抽取 3 片玻璃，从每片玻璃中部的同一位置切取 3 块 50 mm×50mm 的试样。对于钢化、半钢化的低辐射镀膜玻璃，可以用以相同材料相同镀膜工艺生产的非钢化低辐射镀膜玻璃代替。

6.8.2 辐射率按 GB/T 2680 进行测定，也可采用给出相同测试结果的方法。测量并计算 3 片试样中心点的辐射率，结果精确至 0.01。试验后 3 块试样应全部符合规定要求。

6.9 耐磨性

6.9.1 从每批玻璃中随机抽取 3 片玻璃，从每片玻璃中部的同一位置切取 3 块 100 mm×100 mm 的试样。对于钢化、半钢化的低辐射镀膜玻璃，可以用以相同材料相同镀膜工艺生产的非钢化低辐射镀膜玻璃代替。

6.9.2 按 GB/T 18915.1 进行测定。也可采用给出相同测试结果的方法。试验后 3 块试样应全部符合规定要求。

6.10 **耐酸性**

6.10.1 从每批玻璃中随机抽取 3 片玻璃，从每片玻璃中部的同一位置切取 3 块 50 mm×25 mm 的试样。对于钢化、半钢化的低辐射镀膜玻璃，可以用以相同材料相同镀膜工艺生产的非钢化低辐射镀膜玻璃代替。

6.10.2 浸渍前按 GB/T 2680 规定测定试样的可见光透射比，也可采用给出相同测试结果的方法。

6.10.3 将试样全部浸入(23±2)℃的 1 N 的盐酸中，浸渍 24 h。

6.10.4 浸渍后，用清水洗净试样，干燥试样。按 6.10.2 条的规定测量试样浸渍后的可见光透射比，并求出试样浸渍前后可见光透射比差值的绝对值。试验后 3 块试样应全部符合规定要求。

6.11 **耐碱性**

6.11.1 从每批玻璃中随机抽取 3 片玻璃，从每片玻璃中部的同一位置切取 3 块 50 mm×25 mm 的试样。对于钢化、半钢化的低辐射镀膜玻璃，可以用以相同材料相同镀膜工艺生产的非钢化低辐射镀膜玻璃代替。

6.11.2 浸渍前按 GB/T 2680 规定测定试样的可见光透射比，也可采用给出相同测试结果的方法。

6.11.3 将试样全部浸入(23±2)℃的 1N 的氢氧化钠溶液中，浸渍 24 h。

6.11.4 浸渍后，用清水洗净试样，干燥试样。按 6.11.2 条的规定测量试样浸渍后的可见光透射比，并求出试样浸渍前后可见光透射比差值的绝对值。试验后 3 块试样应全部符合规定要求。

7 检验规则

7.1 检验分类

检验分为出厂检验和型式检验。

7.1.1 出厂检验

出厂检验项目为 5.2、5.3、5.4、5.5、5.6 和可见光透射比差值。

7.1.2 型式检验

检验项目为第 5 章规定的所有要求。

有下列情况之一时，应进行型式检验。

a) 正式生产后，结构、材料、工艺有较大改变，可能影响产品性能时；

b) 正常生产时，定期或积累一定产量后，周期性进行一次检验；

c) 产品长期停产后，恢复生产时；

d) 出厂检验结果与上次型式检验有较大差异时；

e) 国家质量监督机构提出型式检验的要求时。

7.2 组批与抽样

7.2.1 组批

同一工艺、同一厚度、同一系列可见光透射比、同一等级、稳定连续生产的产品可组为一批。

7.2.2 抽样

7.2.2.1 出厂检验时，企业可以根据生产状况制定合理的抽样方案抽取样品。

7.2.2.2 型式检验、产品质量仲裁、监督抽查时，厚度偏差、尺寸偏差、外观质量、弯曲度及对角线差可按 GB/T 2828—1987 正常检查一次抽样方案，取 *AQL*=6.5%，具体见表 4。当产品批量大于 1 000 片时，以 1 000 片为一批分批抽取试样。

表 4 抽样表

批量范围/片	样本大小	合格判定数	不合格判定数
1～8	2	0	1
9～15	3	0	1
16～25	5	1	2
26～50	8	1	2
51～90	13	2	3
91～150	20	3	4
151～280	32	5	6
281～500	50	7	8
501～1 000	80	10	11

7.2.2.3 对于产品所要求的其它技术性能，根据检验项目所要求的数量从该批产品中随机抽取。当该批产品批量大于 1 000 片时，以 1 000 片为一批分批抽取试样。

7.3 判定规则

7.3.1 对产品尺寸偏差、厚度偏差、对角线差、弯曲度及外观质量进行测定时：

一片玻璃测定结果，各项指标均符合第 5 章规定的要求为合格。

一批玻璃测定结果，若不合格数不大于表 4 中规定的不合格判定数时，则判定为该批产品上述指标合格，否则定为不合格。

7.3.2 其他性能也应符合相应条款的规定，否则，认为该项不合格。

7.3.3 综合判定

若上述各项中，有一项性能不合格则认为该批产品不合格。

8 包装、标识、运输和贮存

8.1 包装

8.1.1 玻璃用木箱或集装箱（架）包装时，木箱包装箱应符合 JC/T 513，集装箱（架）应符合 GB/T 6382.1、GB/T 6382.2 的要求。

8.1.2 包装箱内四周要垫泡沫塑料等缓冲材料，玻璃应用塑料袋密封严实，必要时，放置足量的干燥剂，玻璃之间用适当材料隔离。离线低辐射镀膜玻璃开箱后，应尽快使用完。

8.2 标志

包装箱上应有生产厂名、商标、产品名称、产品代号（如果有）、等级、厚度、类别、规格、数量、生产装箱日期、保质期、使用说明、膜面标识、轻放、易碎、防雨、堆放方向等标识、标志。

8.3 贮存和运输

8.3.1 低辐射镀膜玻璃应贮存在干燥的库房内，在运输和装卸时应有防雨措施。

8.3.2 在贮存、运输和装卸时，箱盖向上，玻璃箱可以倾斜 6°～7°堆放。

8.3.3 运输时应采取措施防止玻璃倾倒滑动。

ICS 81.040
Q 33

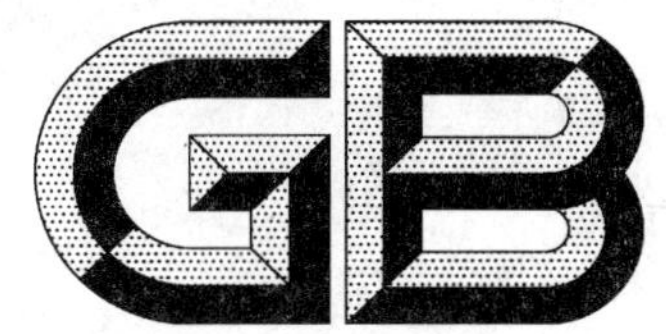

中华人民共和国国家标准

GB/T 20314—2006

液晶显示器用薄浮法玻璃

Thin float glass for LCD applications

2006-07-19 发布　　　　2006-12-01 实施

中华人民共和国国家质量监督检验检疫总局
中国国家标准化管理委员会　　发布

前　言

本标准在技术要求上，参考了 SEMI D24-0200《生产平板显示器用的玻璃基板规范》及英国、比利时、日本公司的企业标准，其中的点状缺陷、雾斑、划伤等技术指标高于英国、比利时标准，与日本公司的技术指标接近。0.7 mm、0.55 mm 玻璃的微观波纹度的要求均高于国外标准。

本标准由中国建筑材料工业协会提出。

本标准由全国建筑用玻璃标准化技术委员会归口。

本标准负责起草单位：中国洛阳浮法玻璃集团有限责任公司。

本标准参加起草单位：中国建筑材料科学研究院、中国建筑材料工业协会科技教育委员会、秦皇岛玻璃工业研究设计院。

本标准主要起草人：姜宏、张平安、赵晓敏、张元东、韩素君、王自强、倪植森、杨刚、郅晓、石新勇、杨建军、刘志付、陆万顺、黄建斌。

本标准为首次出版。

液晶显示器用薄浮法玻璃

1 范围

本标准规定了液晶显示器用薄浮法玻璃的术语和定义、分类、技术要求及检测方法、检验规则、包装、标志、贮存、运输。

本标准主要适用于TN、STN型液晶显示器用基板玻璃，其他用途的薄浮法玻璃可参考使用。

2 规范性引用文件

下列文件中的条款通过本标准的引用而成为本标准的条款。凡是注日期的引用文件，其随后所有的修改单(不包括勘误的内容)或修订版均不适用于本标准，然而，鼓励根据本标准达成协议的各方研究是否可使用这些文件的最新版本。凡是不注日期的引用文件，其最新版本适用于本标准。

GB/T 2680 建筑玻璃 可见光透射比、太阳光直接透射比、太阳能总透射比、紫外线透射比及有关窗玻璃参数的测定(GB/T 2680—1994，neq ISO 9050:1990)

GB 11614—1999 浮法玻璃

GB/T 15764 平板玻璃术语

GB/T 18680—2002 液晶显示器用氧化铟锡透明导电玻璃

SJ/T 10793 电子技术用玻璃名词术语

3 术语和定义

GB/T 15764、GB/T 18680、SJ/T 10793确立的以及下列术语和定义适用于本标准。

3.1 TN型液晶显示 TN-LCD

扭曲向列型液晶显示。

3.2 STN型液晶显示 STN-LCD

超扭曲向列型液晶显示。

3.3 液晶显示器用薄浮法玻璃 thin float glass for LCD applications

液晶显示器用厚度在1.3 mm以下的钠钙硅浮法玻璃。

3.4 点状缺陷 point defect

玻璃中的气泡、夹杂物、麻点、硌伤。

3.5 微观波纹 microcorrugation

玻璃表面的微小起伏不平，用微观波纹度表示。

3.6 弯曲(翘曲) warp

指玻璃表面与参考平面间的不吻合现象，用弯曲度表示。

3.7 厚薄差 thickness difference

同一片玻璃板最厚和最薄处的差值。

3.8 厚度偏差 thickness tolerance

玻璃板实际厚度与玻璃板公称厚度的差值。

3.9 爆边 chip

玻璃断面处的凸凹不平缺陷如图1所示。

3.10 雾斑 hot end dust

使玻璃表面失透的斑点。

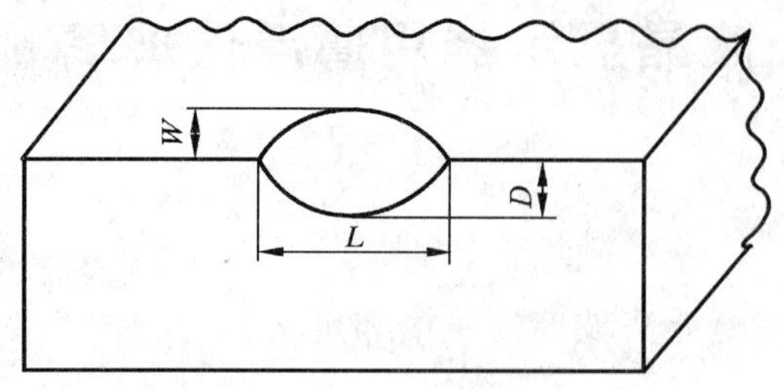

图 1

4 分类

4.1 等级

按质量等级分为 A 级、B 级。

4.2 规格

常备规格为正方形或者矩形，尺寸规格由供需双方协商。

4.3 厚度

1.30 mm、1.10 mm、0.85 mm、0.70 mm、0.55 mm。

4.4 其他厚度及用途的薄浮法玻璃的技术要求，以订货合同为准。

5 技术要求

5.1 本标准的技术要求见表 1。

表 1

指标项目	标准条款	试验方法
尺寸偏差、厚度偏差、厚薄差、偏斜	5.2	6.1
断面缺陷	5.3	6.1
微观波纹度	5.4	6.5
弯曲度	5.4	6.6
外观质量	5.5	6.1
可见光透射比	5.6	6.4

5.2 薄浮法玻璃的尺寸偏差、厚度偏差、厚薄差、偏斜应不大于表 2 规定。

表 2

单位为毫米

厚度	厚薄差		厚度偏差	长度及宽度允许偏差	偏斜
	A 级	B 级			
1.30	0.05	0.08	±0.05	±1.0	对角线差应不大于对角线平均长度的 0.10%
1.10					
0.85					
0.70					
0.55					

5.3 薄浮法玻璃的断面缺陷应符合表 3 规定。

表 3

单位为毫米

<table>
<tr><th>厚度</th><th>爆边</th><th>凸出、缺口</th></tr>
<tr><td>1.30</td><td rowspan="5">单个爆边长度 L<2.0；
单个爆边宽度 W<1.0；
单个爆边深度 D<1/2 玻璃板的厚度；
爆边长度总和小于玻璃板边长的 15%</td><td rowspan="5">不允许</td></tr>
<tr><td>1.10</td></tr>
<tr><td>0.85</td></tr>
<tr><td>0.70</td></tr>
<tr><td>0.55</td></tr>
<tr><td colspan="3">注：L 为爆边长度，W 为爆边宽度，D 为爆边深度。</td></tr>
</table>

5.4 薄浮法玻璃的微观波纹度、弯曲度应符合表 4 规定。

表 4

<table>
<tr><th rowspan="3">厚度/mm</th><th colspan="3">微观波纹度/(μm/20 mm)</th><th colspan="2">弯曲度/%</th></tr>
<tr><th colspan="2">A 级</th><th rowspan="2">B 级</th><th rowspan="2">A 级</th><th rowspan="2">B 级</th></tr>
<tr><th>精选</th><th>普通</th></tr>
<tr><td>1.30</td><td rowspan="2">≤0.10</td><td rowspan="2">≤0.15</td><td rowspan="2">≤0.15</td><td rowspan="5">≤0.05</td><td rowspan="5">≤0.10</td></tr>
<tr><td>1.10</td></tr>
<tr><td>0.85</td><td rowspan="3">≤0.15</td><td rowspan="3">≤0.20</td><td rowspan="3">≤0.20</td></tr>
<tr><td>0.70</td></tr>
<tr><td>0.55</td></tr>
<tr><td colspan="6">注：目视观察玻璃不允许有 S 型弯曲。</td></tr>
</table>

5.5 薄浮法玻璃的外观质量应符合表 5 规定。

表 5

<table>
<tr><th rowspan="2">缺陷名称</th><th colspan="2">质量要求</th></tr>
<tr><th>A 级</th><th>B 级</th></tr>
<tr><td>点状缺陷</td><td>d≤0.05 mm 不计
0.05 mm<d≤0.30 mm 不大于 2 个/片
d>0.30 mm 不允许</td><td>d≤0.05 mm 不计
0.05 mm<d≤0.30 mm 不大于 4 个/片
d>0.30 mm 不允许</td></tr>
<tr><td>雾斑及锡点</td><td>d≤0.05 mm 不计
0.05 mm<d≤0.10 mm 不大于 4 个/片
d>0.10 mm 不允许</td><td>d≤0.05 mm 不计
0.05 mm<d≤0.10 mm 不大于 5 个/片
0.10 mm<d≤0.30 mm 不大于 2 个/片
d>0.30 mm 不允许</td></tr>
<tr><td>划伤</td><td colspan="2">w≤0.03 mm 不计
0.03 mm<w≤0.07 mm 每片允许总长度小于 5 mm
w>0.07 mm 不允许</td></tr>
<tr><td>表面裂纹</td><td colspan="2">不允许</td></tr>
<tr><td>光畸变点</td><td colspan="2">不允许</td></tr>
<tr><td>擦伤</td><td colspan="2">不允许</td></tr>
</table>

表 5(续)

缺陷名称	质量要求	
	A级	B级
其他	表面不得有清洗不掉的污渍	
任意两个点状缺陷间距不得小于 10 mm。		
注 1:本表中的片规格为 356 mm×356 mm,其他规格按此换算。 注 2:原片玻璃外观缺陷在距离边部 5 mm 范围内的不计。 注 3:d 为缺陷最大尺寸,w 为划伤宽度。		

5.6 薄浮法玻璃的可见光透射比应符合表 6 规定。

表 6

厚度/mm	可见光透射比/%
1.30	≥91
1.10	
0.85	
0.70	
0.55	

6 试验方法

6.1 厚度、厚度偏差、厚薄差

按 GB 11614—1999 中第 5 条的相关规定执行。

6.2 断面缺陷、点状缺陷、划伤及表面裂纹

侧面光检测仪距玻璃 300 mm 观察后,按 GB 11614—1999 中第 5 条的相关规定执行。

6.3 尺寸偏差、偏斜

用最小刻度为 0.5 mm 的钢卷尺测量。按 GB 11614—1999 中第 5 条的相关规定执行。

6.4 爆边

用游标卡尺测量。按 GB 11614—1999 中第 5 条的相关规定执行。

6.5 可见光透射比

在一批玻璃中分别从三片样品上各取 40 mm×60 mm 的小样片,按 GB/T 2680 规定的方式进行检测,测量结果取平均值。

6.6 微观波纹度

在一批玻璃中分别从三片样品上各取 200 mm×200 mm 的玻璃,用表面形貌仪检测。检测时,浮法玻璃锡面朝上,沿垂直拉引方向扫描,设截止波长为 0.8 mm~8.0 mm,扫描长度不小于 150 mm,结果取三块任意 20 mm 长度测得的最大值。

6.7 弯曲度

弯曲度用 h/l 的百分比表示,见图 2。

在一批玻璃中,分别从三片样品上各取 356 mm×356 mm 的玻璃,按 GB/T 18680—2002 9.4 中白点直径为 6.35 mm 的要求进行测量,当两个图像相切时,弯曲度为 0.10%,重合部分等于一半时弯曲度为 0.05%,完全重合弯曲度为 0。

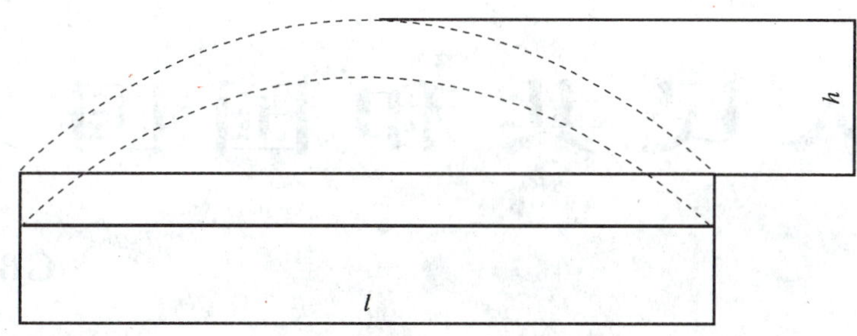

图 2

7 检验规则

7.1 薄浮法玻璃出厂必须检验表 1 中规定的所有项目。

7.2 产品检验按表 7 规定的玻璃批量随机取样。

7.3 判定规则

样品经检测，各项指标均达到该等级要求为合格，否则为不合格，批量合格判定数见表 7。

表 7

批量范围	取样大小	合格判定数	不合格判定数
50	8	1	2
51～90	13	2	3
91～150	20	3	4
151～280	32	5	6
281～500	50	7	8
501～1 000	80	10	11

8 包装、运输、贮存、标志

8.1 包装

8.1.1 产品包装现场应洁净、无飞尘，玻璃之间应衬防霉纸或防霉粉，纸面平整、光滑、洁净，不允许有手感可触及到的纸结，不允许有条痕、褶子、玻璃板之间应保持干净、干燥。

8.1.2 产品使用塑料布包装后装入木箱或其他包装物，塑料布内应放入干燥剂。

8.2 运输

在运输过程中应轻起、轻放、妥善排列严禁碰撞，并采取防止倾倒、滑动、雨淋等措施。

8.3 贮存

包装后的玻璃应贮存在通风良好、干燥的仓库里，不得平放或斜放。

8.4 标志

包装物上应标明拉引方向、玻璃锡面、开箱方向、起重点、防潮、易碎等标识，合格证上应用中、英文标明等级、生产日期；品种、规格、片数。

ICS 81.040.30
Q 34

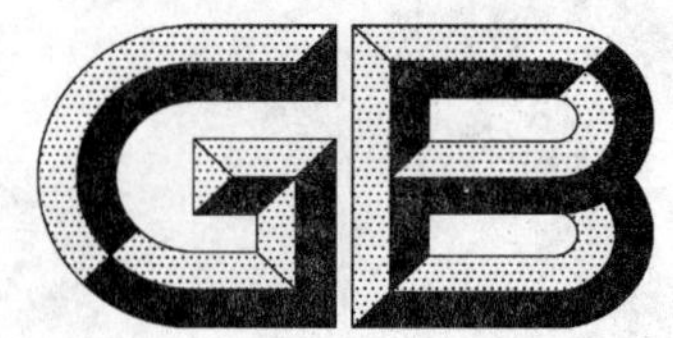

中华人民共和国国家标准

GB/T 23259—2009

压力容器用视镜玻璃

Sight glass for pressure vessels

2009-03-09 发布　　2009-11-05 实施

中华人民共和国国家质量监督检验检疫总局
中国国家标准化管理委员会　发布

前　言

本标准与 DIN 7080—1999《低温下无限制使用的耐压圆形钢化硼硅玻璃板》的一致性程度为非等效。

本标准附录 A 为资料性附录。

本标准由中国建筑材料联合会提出。

本标准由全国工业玻璃和特种玻璃标准化技术委员会(SAC/TC 447)归口。

本标准负责起草单位:中国建筑材料科学研究总院、中国建筑材料检验认证中心。

本标准参加起草单位:湖州天时玻璃制品有限公司。

本标准主要起草人:王睿、石新勇、韩松、宋卫荣、贾祥道、祖成奎、孙云蓉、赵威、邱娟、王精精、刘永华。

本标准为首次发布。

压力容器用视镜玻璃

1 范围

本标准规定了压力容器视镜玻璃的标记、材质、技术要求、试验方法、检验规则、标志、包装和贮存。

本标准适用于工作温度不超过280 ℃、工作压力低于6.4 MPa的压力容器的、经钢化工艺制成的圆形硼硅玻璃(以下简称视镜玻璃)。

本标准不适用于用在介质毒性为HG 20660规定的极度危害和高度危害的压力容器的视镜玻璃。

2 规范性引用文件

下列文件中的条款通过本标准的引用而成为本标准的条款。凡是注日期的引用文件,其随后所有的修改单(不包括勘误的内容)或修订版均不适用于本标准,然而,鼓励根据本标准达成协议的各方研究是否可使用这些文件的最新版本。凡是不注日期的引用文件,其最新版本适用于本标准。

GB/T 1216 外径千分尺

GB/T 1219 指示表

GB/T 5137.2 汽车安全玻璃光学性能试验方法(GB/T 5137.2—2002,ISO 3538:1999,Road vehicles—Safety glazing materials—Test methods for optical properties,EQV)

GB/T 6580 玻璃耐沸腾混合碱水溶液浸蚀性的试验方法和分级(GB/T 6580—1997,eqv ISO 695:1991)

GB/T 6581 玻璃在100 ℃耐盐酸浸蚀性的火焰发射或原子吸收光谱吸收测定方法(GB/T 6581—1986,eqv ISO 1776:1991)

GB/T 6582 玻璃在98 ℃耐水性的颗粒试验方法和分级(GB/T 6582—1997,eqv ISO 719:1985)

GB/T 16920 玻璃平均线热膨胀系数的测定

HG 20660 压力容器中化学介质毒性危害和爆炸危险程度分类

JC/T 676 玻璃材料弯曲强度试验方法

3 标记

每块玻璃应印有产品标记。标记方法为:

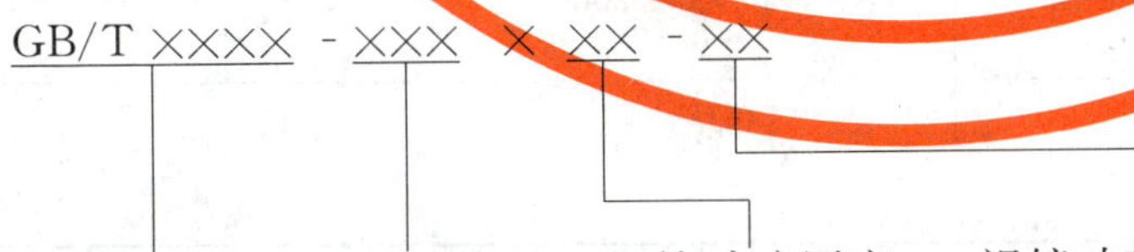

示例:视镜玻璃直径 d 为100 mm、厚度 s 为20 mm,最大工作压力为2.5 MPa的视镜玻璃标记为:

GB/T 23259-100×20-2.5

注:不同直径和厚度的视镜玻璃的适用工作压力(不高于4 MPa)参见附录A。

4 材质

视镜玻璃材质为硼硅玻璃,并应满足下列要求:

4.1 按GB/T 16920测定的20 ℃至300 ℃的平均线膨胀系数应不大于 5.5×10^{-6}/℃。

4.2 耐水性应能满足GB/T 6582中的HGB 1的要求。

4.3 按GB/T 6581测定的氧化钠(Na_2O)析出量不应超过100 $\mu g/dm^2$。

4.4 耐碱性应能满足 GB/T 6580 中的 A2 级的要求。

5 技术要求

视镜玻璃的各项性能及其试验方法应符合表 1 规定。

表 1 技术要求及试验方法条款

序号	项　　目	技术要求	试验方法
1	尺寸及偏差	5.1	6.1
2	平行度与平面度偏差之和	5.2	6.2
3	外观质量	5.3	6.3
4	可见光透射比	5.4	6.4
5	偏振光检查	5.5	6.5
6	耐热冲击性	5.6	6.6
7	抗弯强度	5.7	6.7

5.1 尺寸及偏差

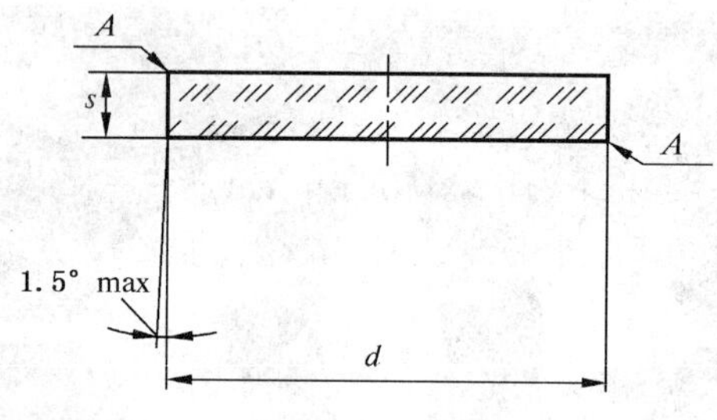

A——倒角尺寸；
d——视镜玻璃直径；
s——视镜玻璃厚度。

图 1 视镜玻璃尺寸

5.1.1 上下表面与侧面的垂直度偏差不得超过 1.5°。

5.1.2 视镜玻璃直径 d 的偏差应符合表 2 规定。

表 2 视镜玻璃直径允许偏差

单位为毫米

视镜玻璃直径 d	$d\leqslant150$	$150<d\leqslant200$	$d>200$
允许偏差	±0.5	±0.8	±1

5.1.3 视镜玻璃厚度的偏差应符合表 3 规定。

表 3 视镜玻璃厚度允许偏差

单位为毫米

视镜玻璃厚度 s	$10\leqslant s\leqslant20$	$s>20$
允许偏差	$^{+0.50}_{-0.25}$	$^{+0.80}_{-0.40}$

5.1.4 视镜玻璃应 45°倒角，如图 2 所示。倒角尺寸应符合表 4 规定。

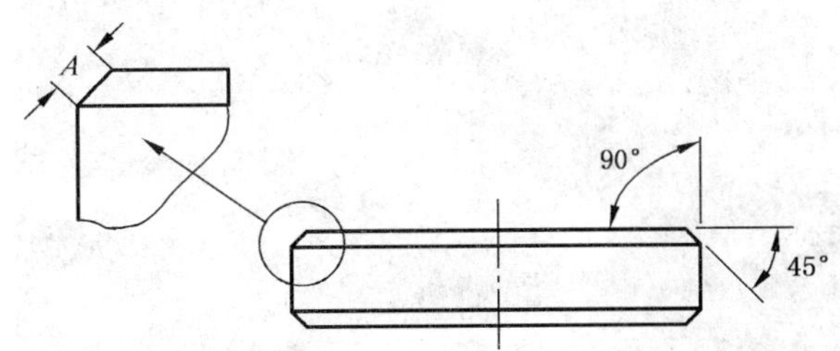

图 2　视镜玻璃倒角尺寸

表 4　视镜玻璃倒角尺寸及允许偏差

单位为毫米

视镜玻璃直径 d	$d \leqslant 100$	$d > 100$
倒角尺寸 A 及允许偏差	1.5 ± 0.2	2.0 ± 0.2

5.2　视镜玻璃的平行度与平面度偏差之和应符合表 5 规定。

表 5　视镜玻璃的平行度与平面度偏差之和

单位为毫米

视镜玻璃直径 d	$d \leqslant 100$	$100 < d \leqslant 200$	$d > 200$
平行度与平面度偏差之和	$\leqslant 0.20$	$\leqslant 0.25$	$\leqslant 0.30$

5.3　外观质量

5.3.1　视镜玻璃的上下表面均须抛光，侧面应精磨或抛光，棱边应倒角。

5.3.2　视镜玻璃外观质量应符合表 6 的规定。

表 6　视镜玻璃的外观质量

缺陷名称	要　求
气泡	1）直径或平均值>2 mm 圆形或椭圆形气泡不允许存在。 2）开口形气泡不允许存在。 3）直径≤0.3 mm 的气泡，每平方厘米最多允许 3 个。 4）直径>0.3 mm，≤ 0.5 mm 的气泡，每片最多允许 10 个。 5）直径>0.5 mm，≤ 1 mm 的气泡，每片最多允许 4 个。 6）直径>1 mm，≤ 2 mm 的气泡，每片最多允许 2 个。
结石及固体夹杂物	不允许存在。
条纹	不允许存在。
轻微擦伤	距周边 1.5 mm 以外范围，最多允许有 2 条长度<30 mm 的轻微擦伤存在。
裂纹	不允许存在。
凹点及皱纹	1）不允许存在于两个密封面上。 2）侧面在距倒角斜线 3 mm 范围内的侧面，不允许存在深度>2 mm 的凹点。 3）整个侧面不允许存在深度>2 mm 的皱纹。

5.4　可见光透射比

视镜玻璃折合 2 mm 标准厚度的可见光透射比应不低于 90%。

5.5　偏振光检查

视镜玻璃的干涉图案应为平行于视镜玻璃圆周的椭圆形单色连续条纹，不能因表面纹路，凸棱或其他缺陷的影响而中断，如图 3 所示。

图 3 视镜玻璃在偏振光下的干涉图案

5.6 耐热冲击性

视镜玻璃在经受 230 ℃的温差时不得出现裂纹及破坏。

5.7 抗弯强度

视镜玻璃的抗弯强度应不低于 160 MPa。

6 试验方法

6.1 尺寸及偏差

6.1.1 上下表面与侧面的垂直度的测量

用精度为 2′的角度尺测量任意点上下表面与端面的角度 α,α 与 90°的偏差应满足 5.1.1 的规定。

6.1.2 直径及厚度的测量

采用精度为 0.02 mm 的游标卡尺在任意方向测量直径;用符合 GB/T 1216 的千分尺测量任三点的厚度。测量值均应满足 5.1.2 及 5.1.3 的规定。

6.1.3 倒角尺寸的测量

采用精度为 0.02 mm 的游标卡尺,测量任意点的倒角尺寸,测量值应满足 5.1.4 的规定。

6.2 平行度与平面度偏差之和的测量

将视镜玻璃放置于标准平台上,用分度值为 0.01 mm,符合 GB/T 1219 的指示表测量视镜玻璃任意三点的厚度,三点测量值之间的最大差值应满足 5.2 的规定。

6.3 外观质量

以制品为试样,在较好的自然光或散射光照条件下,距离玻璃表面 600 mm 处用肉眼进行检查。测量工具用精度为 0.02 mm 的游标卡尺和 10 倍读数放大镜。

6.4 可见光透射比

按 GB/T 5137.2 测定制品的可见光透射比,然后按式(1)换算成为 2 mm 标准厚度的数值,以百分率表示,保留小数点后一位:

$$T=\left(\frac{T_s}{92}\right)^{\frac{2}{s}}\times 92 \qquad (1)$$

式中:

T——2 mm 厚度玻璃的可见光透射比,%;

T_s——厚度为 s 的制品的可见光透射比,%;

s——制品的厚度,单位为毫米(mm)。

6.5 偏振光检查

将制品置于偏振光下并转动制品进行检查。

6.6 耐热冲击性

以制品为试样进行检验。将试样置于 250 ℃±1 ℃的箱式电炉中，保温 2 h 后取出，立即投入至 20 ℃±1 ℃的水中并保持 1 min。

6.7 抗弯强度

按 JC/T 676 规定的试验方法进行试验。

7 检验规则

7.1 检验分类

7.1.1 产品检验分为出厂检验和型式检验。

7.1.2 出厂检验项目

出厂检验项目为尺寸及偏差、外观质量及偏振光检查。

7.1.3 型式检验项目

型式检验项目为本标准中 5.2 ～ 5.7 规定的全部检验项目。

有下列情况之一时，应进行型式检验。

a) 新产品或老产品转厂生产的试制定型鉴定；
b) 正式生产后，如结构、材料、工艺有较大改变，可能影响产品性能时；
c) 正常生产时，应一年进行一次检验；
d) 产品长期停产后，恢复生产时；
e) 出厂检验结果与上次型式检验有较大差异时；
f) 国家质量监督机构提出型式检验的要求时。

7.2 组批规则及判定

以同一玻璃成分、熔制工艺及热处理制度生产出的产品为一批。

7.2.1 出厂检验

按照 6.1、6.2、6.3 及 6.5 的规定，逐个对制品进行尺寸及偏差、平行度与平面度偏差之和、外观质量检验及偏振光检查，只有各项指标全部符合 5.1、5.2、5.3 和 5.5 规定要求的制品才能出厂。

7.2.2 型式检验

7.2.2.1 在同一批制品中随机抽取 5 块制品进行尺寸及偏差、平行度与平面度偏差之和、外观质量、偏振光检查及耐热冲击试验：

一块制品的各项指标全部符合 5.1、5.2、5.3、5.5 和 5.6 规定的要求为合格。

当 5 块制品全部合格时，则为合格；当有 2 块制品或 2 块以上制品不合格时，为不合格；当有 1 块制品不合格时，再取 5 块制品进行试验，当 5 块新制品全部合格时，则为合格。

7.2.2.2 在同一批制品中随机抽取 1 块制品进行可见光透射比测试及计算，结果应符合 5.4 的规定。

7.2.2.3 对与同批制品相同工艺制度制作的 5 块试样进行弯曲强度试验，试样厚度为同批制品的厚度。当有 1 块不符合 5.7 的规定时，则追加 5 块新试样，当 5 块新试样全部符合 5.7 的规定，则为合格。

7.2.2.4 综合判定

上述各项性能中有一项或一项以上不合格，则该批产品为不合格。

8 标志、包装和贮存

8.1 标志

每块视镜玻璃应印有商标、出厂批号及产品标记。

8.2 包装和贮存

包装及贮存由视镜玻璃制造厂商根据具体情况而定，出厂制品必须有合格证。无论采用何种包装，包装标志应符合国家有关标准的规定，每个包装箱应标明“朝上、轻搬正放、小心破碎、防雨怕湿”等标志或字样。

附　录　A
（资料性附录）
视镜玻璃尺寸规格及工作压力

A.1　视镜玻璃的直径及厚度随压力容器最高允许工作压力的不同而不同，见图 A.1 及表 A.1。

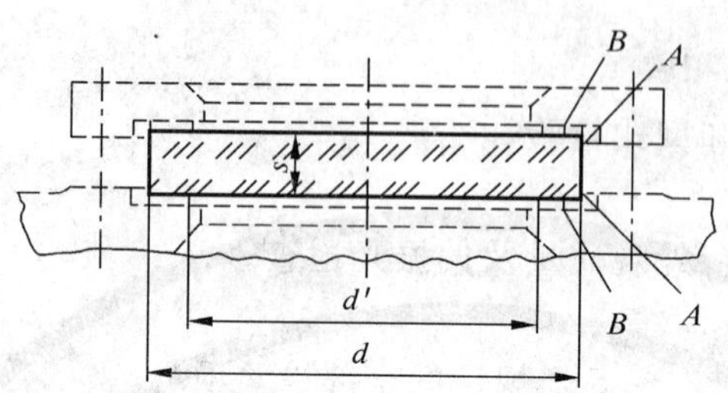

A——倒角；
B——密封垫；
s——视镜玻璃厚度；
d——视镜玻璃直径；
d′——可视直径。

图 A.1　视镜玻璃安装示意图

表 A.1　视镜玻璃尺寸规格及工作压力

视镜玻璃直径 d/mm	可视直径 d'/mm	最高允许工作压力/MPa				
		0.6	1.0	1.6	2.5	4.0
		视镜厚度 s/mm				
65	50	—	—	10	12	15
80	65	—	—	12	15	20
100	80	—	—	15	20	25
125	100	—	15	20	25	
150	125	—	20	25	30	
175	150	—	20	25	30	
200	175	—	25	30		
225	200	25	30			
250	225	25	30			

中华人民共和国行业标准

JC 433—91

夹　丝　玻　璃

1　主题内容与适用范围

本标准规定了夹丝玻璃的产品分类、技术要求、试验方法、检验规则、包装、运输及贮存要求。

本标准适用于镶嵌在建筑物的门、窗、隔墙以及防火、防震等用途的夹丝玻璃。

2　引用标准

GB 12513　镶玻璃构件耐火试验方法

GB J45　高层民用建筑防火设计规范

3　术语

3.1　夹丝压花玻璃:在压延过程中夹入金属丝或网,一面压有花纹的平板玻璃。

3.2　夹丝磨光玻璃:表面进行磨光的夹丝玻璃。

4　产品分类

4.1　产品分为夹丝压花玻璃和夹丝磨光玻璃两类。

4.2　产品按厚度分为:6,7,10 mm。

4.3　产品按等级分为:优等品、一等品和合格品。

4.4　产品尺寸一般不小于 600 mm×400 mm,不大于 2 000 mm×1 200 mm。

5　技术要求

5.1　丝网要求

夹丝玻璃所用的金属丝网和金属丝线分为普通钢丝和特殊钢丝两种,普通钢丝直径为 0.4 mm 以上,或特殊钢丝直径为 0.3 mm 以上。夹丝网玻璃应采用经过处理的点焊金属丝网。

5.2　尺寸偏差

长度和宽度允许偏差为±4.0 mm。

5.3　厚度偏差

厚度允许偏差应符合表 1 规定。

表 1　　mm

厚度	允许偏差范围	
	优等品	一等品、合格品
6	±0.5	±0.6
7	±0.6	±0.7
10	±0.9	±1.0

国家建筑材料工业局1991-05-22批准　　　　1992-01-01实施

5.4 弯曲度

5.4.1 夹丝压花玻璃应在1.0%以内。

5.4.2 夹丝磨光玻璃应在0.5%以内。

5.5 玻璃边部凸出、缺口、缺角和偏斜

玻璃边部凸出、缺口的尺寸不得超过6 mm,偏斜的尺寸不得超过4 mm。一片玻璃只允许有一个缺角,缺角的深度不得超过6 mm。

5.6 外观质量

产品外观质量应符合表2规定。

表2

<table>
<tr><th>项目</th><th>说明</th><th>优等品</th><th>一等品</th><th>合格品</th></tr>
<tr><td rowspan="2">气泡</td><td>直径3～6 mm的圆泡,每平方米面积内允许个数</td><td>5</td><td colspan="2">数量不限,但不允许密集</td></tr>
<tr><td>长泡,每平方米面积内允许个数</td><td>长6～8 mm
2</td><td>长6～10 mm
10</td><td>长6～10 mm
10
长10～20 mm
4</td></tr>
<tr><td>花纹变形</td><td>花纹变形程度</td><td colspan="2">不许有明显的花纹变形</td><td>不规定</td></tr>
<tr><td rowspan="2">异物</td><td>破坏性的</td><td colspan="3">不允许</td></tr>
<tr><td>直径0.5～2 mm非破坏性的,每平方米面积内允许个数</td><td>3</td><td>5</td><td>10</td></tr>
<tr><td>裂纹</td><td></td><td colspan="2">目测不能识别</td><td>不影响使用</td></tr>
<tr><td>磨伤</td><td></td><td>轻微</td><td colspan="2">不影响使用</td></tr>
<tr><td rowspan="4">金属丝</td><td>金属丝夹入玻璃内状态</td><td colspan="3">应完全夹入玻璃内,不得露出表面</td></tr>
<tr><td>脱焊</td><td>不允许</td><td>距边部30 mm内不限</td><td>距边部100 mm内不限</td></tr>
<tr><td>断线</td><td colspan="3">不允许</td></tr>
<tr><td>接头</td><td>不允许</td><td colspan="2">目测看不见</td></tr>
</table>

注:密集气泡是指直径100 mm圆面积内超过6个。

5.7 防火性能

夹丝玻璃用作防火门、窗等镶嵌材料时,其防火性能应达到GB J45规定的耐火极限要求。

5.8 用户对产品尺寸、厚度、外观若有特殊要求时,可与生产厂共同协商后在合同中规定。

6 试验方法

6.1 尺寸偏差测定

用精确到1 mm的钢卷尺测量。

6.2 厚度测定

用精确到0.01 mm的千分尺在玻璃每边中点测量。其中夹丝压花玻璃的厚度是指表面花纹的最高点至背面的距离。

6.3 弯曲度测定

将试样垂直立放,当弯曲成弓形时,用精确到1 mm的金属直尺和精确到0.01 mm的金属塞尺测量弦长和相对应的弓高。呈波形时,测量波峰到波峰(或波谷到波谷)的距离和相对应的峰高(或谷深),按下式计算弯曲度C:

$$C = \frac{H}{L} \times 100$$

式中：C——弯曲度，%；

H——弓高、峰高（或谷深），mm；

L——弦长、相邻波峰间距（或相邻波谷间距），mm。

6.4 玻璃边部凸出、缺口、偏斜及缺角的测定

用精确到 1 mm 的钢直尺测量玻璃边部凸出和缺口。

偏斜用边长 1 m 的直角尺放在玻璃上，使角顶点和一边与玻璃边对齐，测量直角尺另一边与玻璃板边的最大距离。缺角深度是沿角平分线从角顶向内测量。

6.5 外观质量的测定

在较好的自然光线或散射光照明条件下，距样品正面 600 mm 处目测检验。

6.6 防火性能测定

按 GB 12513 进行检验。

7 检验规则

7.1 对产品的尺寸偏差，厚度偏差，弯曲度，玻璃边部凸出，缺口、偏斜缺角及外观质量等项目，按表 3 随机抽样检验。

表 3

片

批量	抽样数	允许不合格数
1～20	全部	0
21～100	20	3
101～500	30	5
501～1 500	40	6
1 501～3 000	50	7
3 001～5 000	70	10
多于 5 000	80	11

若产品不合格数量小于或等于表 3 规定的允许不合格数，则该批产品合格。

7.2 产品防火性能项目由供需双方协议，满足 5.7 条时为合格。

8 标志、包装、运输和贮存

8.1 玻璃用木箱或集装箱包装，一箱中应装同一厚度、尺寸、等级的玻璃。

8.2 每箱包装数量应与木箱强度相适应，防止因包装不良产生磨伤、破损。

8.3 包装箱上应有企业名称、产品商标、等级、厚度、尺寸、数量、包装年月和轻搬正放，小心破损和防潮湿的标志。

8.4 玻璃必须在有顶盖的干燥库房内存放，在运输和装卸时，需有防雨设施。

8.5 玻璃在贮存、运输、装卸时，箱盖向上，不得侧放或斜放，防止倾倒、滑动。

附加说明：

本标准由国家建筑材料工业局秦皇岛玻璃研究院归口。

本标准由湖南省建材局、株洲玻璃厂、秦皇岛玻璃研究院负责起草。

本标准主要起草人刘嗣明、张兰芬、林贵彬、杨承平、阎正良。

中华人民共和国建材行业标准

JC/T 510—93

光　栅　玻　璃

1　主题内容与适用范围

本标准规定了光栅玻璃(俗称镭射玻璃)的定义、产品分类、技术要求、试验方法、检验规则以及包装、运输和贮存。

本标准适用于建筑装饰及家具用的光栅玻璃。

2　引用标准

GB 1216　外径千分尺

GB/T 2680　建筑玻璃　可见光透射比、太阳光直接透射比、太阳能总透射比、紫外线透射比及有关窗玻璃参数的测定

GB 4871　普通平板玻璃

GB 8917　陶瓷墙地砖弯曲强度试验方法

GB 9963　钢化玻璃

GB 11614　浮法玻璃

GB 11950　陶瓷砖釉面耐磨性试验方法

JB 2546　钢直尺

3　定义

光栅玻璃:以玻璃为基材,用特种材料采用特殊工艺处理在玻璃表面构成全息光栅或其他几何光栅。在光源的照射下,产生物理衍射的七彩光。

单层非钢化光栅玻璃必须具有普通玻璃同样的加工性能,即可任意切割、钻孔、磨边,其玻璃与光学结构层仍为一体。

4　产品分类

按结构分为普通夹层光栅玻璃、钢化夹层光栅玻璃和单层光栅玻璃。

按品种分为透明光栅玻璃、印刷图案光栅玻璃、半透明半反射光栅玻璃和金属质感光栅玻璃。

按耐化学稳定性分为A类光栅玻璃和B类光栅玻璃。

5　技术要求

5.1　材料的要求

光栅玻璃所用玻璃原片应分别符合GB 4871、GB 9963和GB 11614的规定。

5.2　尺寸及允许偏差

5.2.1　光栅玻璃的形状、长度、宽度和厚度由供需双方商定。

5.2.2　光栅玻璃的长度和宽度偏差应符合表1的规定。

5.2.3　光栅玻璃的厚度偏差应符合表2的规定。

国家建筑材料工业局1993-06-08批准　　　　1994-01-01实施

表 1　　mm

长度或宽度 L	允许偏差
$L \leqslant 500$	$^{+1}_{-2}$
$500 < L \leqslant 1\,000$	±2
$L > 1\,000$	±3

表 2　　mm

厚度		允许偏差
单层		±0.4
夹层	≤8	$^{+0.8}_{-0.5}$
	>8	$^{+1}_{-0.5}$

5.3　**外观质量**

光栅玻璃的外观质量必须符合表 3 的规定。

表 3

缺陷种类	说明	允许数量
光栅层气泡	长 0.5～1 mm，每 0.1 m² 面积内允许个数	3
	长>1～3 mm	2
	距离边部 10 mm 范围内允许个数	
	其他部位	不允许
划伤	宽度在 0.1 mm 以下的轻划伤	不限
	宽度在 0.1～0.5 mm 之间，每 0.1 m² 面积内允许条数	4
爆边	每片玻璃每米长度上允许有长度不超过 20 mm，自玻璃边部向玻璃板表面延伸长度不超过 6 mm，自板面向玻璃厚度延伸深度不超过厚度一半，允许个数	6
	小于 1 米的，允许个数	2
缺角	玻璃的角残缺以等分角线计算，长度不超过 5 mm，允许个数	1
图案	图案清晰，色泽均匀，不允许有明显漏缺	
折皱	不允许有明显折皱	
叠差	由供需双方商定	

5.4　**弯曲度、吻合度**

平面光栅玻璃的弯曲度不得超过 0.3%。曲面光栅玻璃的吻合度由供需双方商定。

5.5　**太阳光直接反射比**

光栅玻璃的太阳光直接反射比不应小于 4%。

5.6　**老化性能**

取 3 块 100 mm×100 mm 的试样，其中 1 块不进行试验，用作对比试样。另外 2 块按 6.5 条进行试验。试验 500 h 后取出试样，清洗，进行对比。试样不应产生气泡、开裂、渗水和显著变色，且衍射效果不变。

5.7 耐热性

取 3 块 100 mm×100 mm 的试样，其中 1 块不进行试验，用作对比试样。另外 2 块按 6.6 条进行试验，试验后试样不应产生气泡、开裂和明显变色，且衍射效果不变。

5.8 **冻融性**

取 3 块 100 mm×100 mm 的试样，其中 1 块不进行试验，用作对比试样。另外 2 块按 6.7 条试验，试验后试样不应产生气泡、开裂和明显变色，且衍射效果不变。

5.9 **耐化学稳定性**

取 4 块 100 mm×60 mm 的试样，按 6.8 条试验，试验后不论 A 类或 B 类，试样不应产生腐蚀和明显变色，且衍射效果不变。

5.10 **弯曲强度**

取 5 块 150 mm×150 mm 的试样，按 6.9 条试验，弯曲强度的平均值不应低于 25 MPa。

5.11 **抗冲击性**

只对铺地的钢化夹层光栅玻璃进行冲击试验。取 6 块 610 mm×610 mm 的试样，按 6.10 条试验，试样破坏数不超过 1 块为合格，多于或等于 3 块为不合格，破坏数为 2 块时，再抽取 6 块进行试验，但 6 块必须全部不被破坏才为合格。

5.12 **耐磨性**

只对铺地的钢化夹层光栅玻璃进行耐磨试验。取 3 块 100 mm×100 mm 的试样，按 6.11 条试验方法试验 500 转后，取出试样，目测观察，试样表面不应出现明显可见磨损。

6 试验方法

6.1 **尺寸测量**

光栅玻璃的长度和宽度用最小刻度为 0.5 mm，符合 JB 2546 的钢直尺进行测量；厚度用符合 GB 1216规定的外径千分尺或具有同等以上精度的量具，在玻璃板四边中点进行测量，取其平均值。测量值精确到 0.01 mm。

6.2 **外观质量**

在较好的自然光或散射光照条件下，距玻璃表面 600 mm，用目测观察。缺陷尺寸用精度 1 mm 的钢直尺或放大 10 倍、精度 0.1 mm 的读数显微镜测定。

6.3 **弯曲度**

将试样垂直立放，再把钢直尺的直线边紧靠玻璃边，用塞尺测量钢直尺的直线边与玻璃边之间的缝隙。弓形时，以弧的高度与弦的长度之比的百分率表示；波形时，以波谷到波峰的高与波峰到波峰（或波谷到波谷）的距离之比的百分率表示。

6.4 **太阳光直接反射比**

按 GB/T 2680 规定的方法进行试验。

6.5 **老化性能**

按附录 A 规定的方法进行试验。

6.6 **耐热性**

将试样垂直浸入沸水中保持 2 h，然后冷却至室温，取出试样，干燥，记录试样变化情况。

6.7 **冻融性**

将试样垂直放在试样架上，放入低温箱中。试样之间，试样与箱壁之间应有不小于 5 mm 的间距，把低温箱温度降至－40±2℃，在此温度下保温 2 h，取出试样，记录试样变化情况。

6.8 **耐化学稳定性**

将同一工艺条件下制备的单层光栅玻璃试样 4 块，其中 2 块全部浸入 23±2℃的 1 mol/L 盐酸，另外2块全部浸入1 mol/L氢氧化钠溶液中，浸渍时间如表4。

表4 浸渍时间

分类	浸渍时间,h
A类	耐酸性 48 耐碱性 72
B类	10

浸渍后水洗，干燥试样，记录试样变化情况。

6.9 弯曲强度

按GB 8917规定的方法进行试验。

6.10 抗冲击性

按GB 9963第5.5条规定进行试验。

6.11 耐磨性

按GB 11950规定的有关条款进行试验。

7 检验规则

7.1 检验分类

产品检验分出厂检验和型式检验。

出厂检验项目为尺寸偏差、外观质量和弯曲度。

型式检验项目为技术要求规定的全部项目。有下列情况之一时，应进行型式检验：

a. 新产品或老产品转厂生产的试制定型鉴定；

b. 正式生产后，如结构、材料、工艺有较大改变，可能影响产品性能时；

c. 正常生产时，每年检查一次；

d. 产品长期停产后，恢复生产时；

e. 出厂检验与上次型式检验有较大差异时；

f. 国家质量监督机构提出进行型式检验要求时。

7.2 抽样与组批规则

产品的尺寸偏差、外观质量、弯曲度按表5规定进行随机抽样。

表5 块

批量范围	抽样数	合格判定数	不合格判定数
26～50	8	2	3
51～90	13	3	4
91～150	20	5	6
151～280	32	7	8
281～500	50	10	11

对产品的其他性能的检验，应采用同一工艺条件下制备的试样。当该批产品的批量大于500块时，以每500块为一批分批按相应技术要求的试验方法制备试样。

7.3 判定规则

若不合格品数等于或大于表5的不合格判定数，则认为该批产品外观质量、尺寸偏差、弯曲度不合格。

其他性能也应符合相应条款的规定，否则，认为该项不合格。

若上述各项中，有一项不合格，则认为该批产品不合格。

8 标志、包装、运输、贮存

8.1 包装标志

包装标志应符合国家有关标准的规定,每个包装箱应标明“朝上,轻搬正放、小心破碎、防雨怕湿、玻璃厚度、厂名或商标”等字样。

8.2 包装

产品应用集装箱或木箱包装。每块玻璃应用塑料袋或纸包装。玻璃与包装箱之间用不易引起玻璃划伤等外观缺陷的轻软材料填实。具体要求应符合国家有关标准的规定。

8.3 运输

产品可用各种类型的车辆运输。运输时,木箱不得平放或斜放,长度方向应与输送车辆运动方向相同,应有防雨等措施。

8.4 贮存

产品应垂直贮存在干燥的室内。

附 录 A
光栅玻璃耐老化试验方法
（补充件）

A1 试验目的

本试验的目的是确定光栅玻璃能否成功地经受曝晒于模拟气候条件。

A2 试验装置

A2.1 试验装置采用长弧氙灯作为辐射光源，并配用适当的修正滤光器，使其光谱特性接近自然光。
A2.2 试验装置必须能测量、控制以下内容：

a. 辐照度；
b. 黑板温度；
c. 喷淋；
d. 操作程序。

A2.3 试验装置应用不会污染试验用水的惰性材料制造。
A2.4 辐照度应在试样表面测量，并按试验条件进行控制。

A3 试验条件

A3.1 整个试样表面的辐照度变化范围不应超过±10%。
A3.2 定期用洗涤剂和水清洗氙灯滤光片，并根据氙灯使用寿命定期更换氙灯。
A3.3 黑板温度指示值为63±5℃，黑板温度计应安装在试样架上，应选择光辐照而产生最热点的温度。

在单纯光照阶段，辐照室内的温度应通过足够量的循环空气来加以控制，以保持一个恒定的黑板温度。

A3.4 单纯光照阶段相对湿度应为50±5%。
A3.5 水的pH值应控制在6.0～8.0之间，电导应小于5 μs。
A3.6 喷淋阶段所用的去离子水，其二氧化硅固体杂质含量应小于百万分之一，并且不能在试样上留下对以后测量有影响的永久残余物或沉淀物。
A3.7 进入试验装置前管道内的水温应为室温。
A3.8 试验装置应能保持连续光照和间断喷啉。

A4 试验步骤

A4.1 安装试样，每块试样相当于实际安装时朝外的那一面对着辐照光源。
A4.2 试样应环绕着辐照光源中心旋转以保证均匀的辐照度。试样架上应摆满试样或代用品，以保证温度的均匀分布。
A4.3 在2 h循环周期内单纯光照102 min和喷淋光照18 min。
A4.4 喷淋用去离子水应以薄雾状均匀地喷淋在试样光照表面，并使其表面立即润湿，但不允许循环使用已喷淋过的水或将试样浸入水中。
A4.5 试验结束后，清洗试样，或按协议除去试样表面的残留物。

A5 结果评价

观察并记录试样外观质量，并与原始试样进行对比，评价试验后试样的以下情况：

a. 气泡；

b. 开裂；

c. 渗水；

d. 颜色；

e. 衍射效果。

A6 试验报告

a. 光源(种类)；

b. 仪器制造厂家或型号；

c. 辐照时间。

附加说明：

本标准由国家建筑材料工业局标准化研究所负责起草并解释。

本标准由珠海光学产业有限公司参加起草。

本标准主要起草人武庆涛、杨德宁、杨小仲、邓全贵、王炬、李跃。

前　　言

本标准是对JC/T 511—1993《压花玻璃》的修订。修订时修改采用日本工业标准JISR 3203:1999《压花玻璃》。与JISR 3203的主要技术差异如下:

——分类中,JISR 3203只按厚度分为2 mm、4 mm和6 mm三种。本标准未设2 mm厚度,增加了3 mm、5 mm和8 mm三种厚度。本标准还按外观质量将产品分为一等品和合格品。

——本标准增加了对尺寸偏差的要求。

——本标准缺陷类型中没有点状缺陷密集度项,增加了皱纹、压痕、划伤三项。增加了对弯曲度的要求。

本标准与JC/T 511—1993相比主要变化如下:

——在产品分类中,取消优等品;增加6 mm、8 mm两种厚度。

——取消最大最小尺寸规定。

——取消热圈、图案缺陷和压口等项目名称。

——缺陷类型中增加了图案不清项,增加了对气泡密集度和破坏性杂物不允许的要求。

——在外观质量检验方法中对检验设备作了具体要求,以便于检验。

——检验规则切合实际情况。

——主要技术指标相应提高。

本标准自实施之日起,同时代替JC/T 511—1993。

本标准由中国建筑材料工业协会提出。

本标准由全国建筑用玻璃标准化技术委员会归口并解释。

本标准负责起草单位:秦皇岛国家玻璃质量监督检验中心。

本标准参加起草单位:山东玻璃集团青岛金晶股份有限公司、青岛压花玻璃有限公司,河北晶牛集团公司、株洲光明玻璃集团有限公司。

本标准主要起草人:牛　晓、吴　楠、刘焕章、戴志武、王　刚、梁玉金、李冬贵、吕　金。

中华人民共和国建材行业标准

JC/T 511—2002

压花玻璃

Patterned glass

代替 JC/T 511—1993

1 范围

本标准规定了压花玻璃产品的分类、技术要求、试验方法、检验规则及包装、标志、运输和贮存等。

本标准适用于连续辊压工艺生产的单面花纹压花玻璃。双面花纹压花玻璃也可参照本标准执行。压花玻璃用于各种建筑物和构筑物的采光门窗、装饰以及家居用品等方面。

2 规范性引用文件

下列文件中的条款通过本标准的引用而成为本标准的条款,凡是注日期的引用文件,其随后所有的修改单(不包括勘误的内容)或修订版均不适用于本标准,然而,鼓励根据本标准达成协议的各方研究是否可使用这些文件的最新版本。凡是不注日期的引用文件,其最新版本适用于本标准。

GB/T 1217—1986　公法线千分尺

GB/T 2828—1987　逐批检查计数抽样程序及抽样表(适用于连续批的检查)

GB/T 6382.1　平板玻璃集装器具　架式集装器及其试验方法

GB/T 6382.2　平板玻璃集装器具　箱式集装器及其试验方法

GB/T 8170—1987　数值修约规则

GB/T 9056—1988　钢直尺(neq ISO 5466:1980)

JC/T 513　平板玻璃木箱包装

JB/T 7979—1995　塞尺

3 定义

本标准采用下列定义。

3.1　图案不清　pattern unclearness

局部花纹图案模糊或变形。

3.2　线条　line

压花玻璃表面呈现的线状条纹缺陷。

3.3　气泡　bubble

压花玻璃中的夹杂气体物。

3.4　划伤　scratch

在生产和储运装卸过程中,玻璃表面被划出的痕迹。

3.5　压痕　impression

压辊表面造成的玻璃板面缺陷。

3.6　皱纹　wrinkles

压花玻璃表面呈现的波纹状缺陷。

国家经济贸易委员会2002-06-19批准　　2002-12-01实施

3.7　裂纹　check

玻璃表面的开裂缺陷。

3.8　杂物　inclusion

嵌入玻璃表面或裹在玻璃板中的未熔化的混合料颗粒及其他杂质。

3.9　厚度　thickness

从表面压花图案的最高部位至另一面的距离。

4　分类

4.1　压花玻璃按外观质量分为一等品、合格品。

4.2　压花玻璃按厚度分为 3mm、4 mm、5 mm、6 mm 和 8mm。

5　要求

5.1　压花玻璃应为长方形或正方形，其长度和宽度尺寸允许偏差应符合表 1 规定。

表 1　长度和宽度尺寸允许偏差　　单位为毫米

厚　　度	尺寸允许偏差
3	±2
4	±2
5	±2
6	±2
8	±3

5.2　压花玻璃的厚度偏差应符合表 2 的规定。

表 2　厚度允许偏差　　单位为毫米

厚　　度	厚度允许偏差
3	±0.3
4	±0.4
5	±0.4
6	±0.5
8	±0.6

5.3　压花玻璃对角线差应小于两对角线平均长度的 0.2%。

5.4　压花玻璃的弯曲度不应超过 0.3%。

5.5　压花玻璃外观质量应符合表 3 规定。

表 3　外观质量

<table>
<tr><th>缺陷类型</th><th>说　明</th><th colspan="3">一等品</th><th colspan="3">合格品</th></tr>
<tr><td>图案不清</td><td>目测可见</td><td colspan="6">不允许</td></tr>
<tr><td rowspan="2">气泡</td><td>长度范围/mm</td><td>$2\leqslant L<5$</td><td>$5\leqslant L<10$</td><td>$L\geqslant 10$</td><td>$2\leqslant L<5$</td><td>$5\leqslant L<15$</td><td>$L\geqslant 15$</td></tr>
<tr><td>允许个数</td><td>$6.0\times S$</td><td>$3.0\times S$</td><td>0</td><td>$9.0\times S$</td><td>$4.0\times S$</td><td>0</td></tr>
<tr><td rowspan="2">杂物</td><td>长度范围/mm</td><td colspan="2">$2\leqslant L<3$</td><td>$L\geqslant 3$</td><td colspan="2">$2\leqslant L<3$</td><td>$L\geqslant 3$</td></tr>
<tr><td>允许个数</td><td colspan="2">$1.0\times S$</td><td>0</td><td colspan="2">$2.0\times S$</td><td>0</td></tr>
<tr><td rowspan="2">线条</td><td>长度范围/mm</td><td colspan="3" rowspan="2">不允许</td><td colspan="3">长度 $100\leqslant L<200$，宽度 $W<0.5$</td></tr>
<tr><td>允许条数</td><td colspan="3">$3.0\times S$</td></tr>
<tr><td>皱纹</td><td>目测可见</td><td colspan="3">不允许</td><td colspan="3">边部 50 mm 以内轻微的允许存在</td></tr>
<tr><td rowspan="2">压痕</td><td>长度范围/mm</td><td colspan="3" rowspan="2">不允许</td><td colspan="2">$2\leqslant L<5$</td><td>$L\geqslant 5$</td></tr>
<tr><td>允许个数</td><td colspan="2">$2.0\times S$</td><td>0</td></tr>
<tr><td rowspan="2">划伤</td><td>长度范围/mm</td><td colspan="3" rowspan="2">不允许</td><td colspan="3">长度 $L\leqslant 60$，宽度 $W<0.5$</td></tr>
<tr><td>允许条数</td><td colspan="3">$3.0\times S$</td></tr>
<tr><td>裂纹</td><td>目测可见</td><td colspan="6">不允许</td></tr>
<tr><td>断面缺陷</td><td>爆边、凹凸、缺角等</td><td colspan="6">不应超过玻璃板的厚度</td></tr>
<tr><td colspan="8">注
1. 上表中，L 表示相应缺陷的长度，W 表示其宽度，S 是以平方米为单位的玻璃板的面积，气泡、杂物、压痕和划伤的数量允许上限值是以 S 乘以相应系数所得的数值，此数值应按 GB/T 8170 修约至整数。
2. 对于 2 mm 以下的气泡，在直径为 100 mm 的圆内不允许超过 8 个。
3. 破坏性的杂物不允许存在。</td></tr>
</table>

5.6　对有特殊要求的压花玻璃由供需双方商定。

6　试验方法

6.1　长度和宽度尺寸偏差的测定

用符合 GB/T 9056 钢直尺或钢卷尺，分别从长宽边的中间部位，测量两平行边的距离。测得的结果与公称尺寸的差值即为尺寸偏差。

6.2　对角线差的测定

用钢卷尺测量玻璃板的两条对角线，取其差的绝对值。

6.3　厚度偏差的测定

用符合 GB/T 1217 规定的精度为 0.01 mm 且圆盘直径不低于 20 mm 的公法线千分尺在玻璃板四边中点测量。取其最大偏差值。

6.4　外观质量的测定

6.4.1　图案不清、气泡、杂物、划伤、线条、裂纹、压痕、皱纹等缺陷的测定

将玻璃板垂直放置在支架上，在其后面相距 0.6 m 是一无反光灰色屏幕。玻璃板与屏幕间用若干盏 40 W 日光灯照亮，日光灯发出的光线不能与玻璃板垂直，见图 1。观察者在距玻璃板 0.6 m 左右处垂直观察。缺陷尺寸的大小以能看清楚的最大边缘为限，采用符合 GB/T 9056 精度为 1 mm 的钢直尺

和放大10倍或10倍以上、精度不低于0.1 mm的读数显微镜测量。

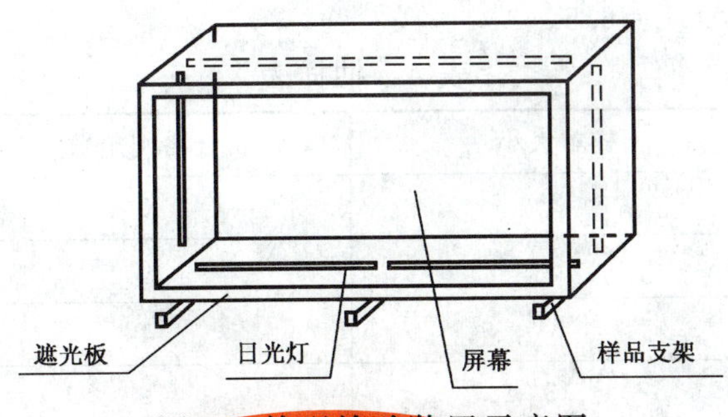

图1 外观检验装置示意图

6.4.2 断面缺陷的测定

用符合GB/T 9056的钢直尺测量。凹凸时测量边部凹进或凸出最大部位与板边之间的距离;爆边时测量边部凹进最大部位与板边之间的距离;缺角时测量原角等分线的长度。如图2所示。

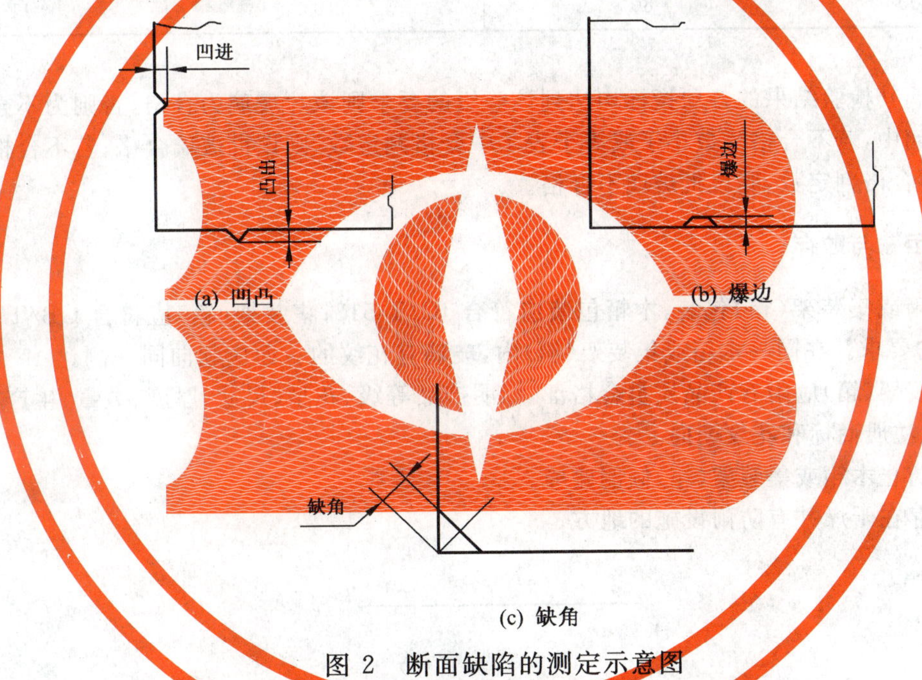

图2 断面缺陷的测定示意图

6.4.3 弯曲度测定

将玻璃垂直放置,不施加外力,沿玻璃非压花面放置1 000 mm长的直尺,用符合JB/T 7979的塞尺测量钢直尺边与玻璃板之间的最大间隙。玻璃弓形弯曲时,测量对应弦长的弦高;波形时,测量对应两波峰间的波谷深度,按式(1)计算弯曲度:

$$c=\frac{h}{L}\times 100 \qquad (1)$$

式中:c—弯曲度,%;

h——弦高或波谷深度,mm;

L——弦长或波峰到波峰的距离,mm。

7 检验规则

7.1 产品出厂应检验第5章的所有项目。

7.2 产品应由生产企业质量检验部门通过制定合理的抽样方法抽取样品,依据第6章进行检验,符合第5章要求,出具产品质量合格证方可出厂。

7.3 当对产品质量有争议时、以及监督抽查、仲裁时，可按本标准表4规定的玻璃批量和抽样数抽样。抽样表依据GB/T 2828，取AQL=6.5。

表4 抽样表

批量范围	样本大小	合格判定数	不合格判定数
1～8	2	0	1
9～15	3	0	1
16～50	8	1	2
51～90	13	2	3
91～150	20	3	4
151～280	32	5	6
281～500	50	7	8
501～1 200	80	10	11

7.4 判定规则

7.4.1 一片玻璃其检验结果的各项指标均达到该等级的要求则该片玻璃为合格，否则为不合格。

7.4.2 一批玻璃中，若不合格片数小于或等于表4中合格判定数，则该批玻璃合格；若不合格片数大于或等于表4中不合格判定数，则该批玻璃不合格。

8 包装、标志、运输与贮存

8.1 玻璃用木箱或集装架(箱)包装，木箱包装应符合JC/T 513；集装架(箱)应符合GB/T 6382.1和GB/T 6382.2的要求。在同一木箱或集装架(箱)内，玻璃有花纹的一面应朝向同一侧。

8.2 木箱或集装架(箱)应附有产品质量合格证，标明产品等级、花型、尺寸、厚度、数量、生产日期、本标准号、生产厂名、注册商标和花纹朝向。

8.3 运输时应防止木箱或集装架(箱)倾倒碰撞。

8.4 玻璃应贮存在干燥并有防雨设施的地方。

ICS
Q
备案号：20856—2007

中华人民共和国建材行业标准

JC/T 598—2007
代替 JC/T 598—1995

电光源用透明石英玻璃管

Transparent quartz tubes for electrical lighting source

2007-05-29 发布　　　　2007-11-01 实施

中华人民共和国国家发展和改革委员会　　发布

前　言

本标准是对JC/T 598—1995《电光源及电真空仪表用透明石英玻璃管》进行的修订。

本标准与JC/T 598—1995《电光源及电真空仪表用透明石英玻璃管》相比，其主要内容修订如下：

增加术语“结石”、“气泡”和“透射比”。去掉了术语“包裹物”。

将原标准的以生产工艺分类的方法改为按产品用途分类。

尺寸偏差和外观质量的某些要求严于原标准。

对杂质元素含量、羟基含量、光谱透射比技术要求进行了修订。

对光谱透射比的试验方法进行了修订。

对外观质量、尺寸偏差的抽样方法进行了修订。

本标准自实施之日起，代替JC/T 598—1995。

本标准由中国建筑材料工业协会提出。

本标准由中国建筑材料科学研究总院归口。

本标准起草单位：中国建筑材料科学研究总院、中国建筑材料检验认证中心。

本标准主要起草人：杨学东、吴洁、张浩运、郑丽英。

本标准历次发布的版本为：

GB 9658—1988、JC/T 598—1995。

电光源用透明石英玻璃管

1 范围

本标准规定了电光源用透明石英玻璃管(以下简称石英玻璃管)的术语和定义、分类和标记、技术要求、试验方法、检验规则及标志、包装、运输、贮存。

本标准适用于电光源用透明石英玻璃管,电真空仪表以及其他工业用石英玻璃管也可参照本标准。

2 规范性引用文件

下列文件中的条款通过本标准的引用而成为本标准的条款。凡是注日期的引用文件,其随后所有的修改单(不包括勘误的内容)或修订版均不适用于本标准,然而,鼓励根据本标准达成协议的各方研究是否可使用这些文件的最新版本。凡是不注日期的引用文件,其最新版本适用于本标准。

GB/T 3284 石英玻璃化学成分分析方法

GB/T 4121 石英玻璃热变色性试验方法

GB/T 5949 透明石英玻璃气泡、气线检验方法

GB/T 10701 石英玻璃热稳定性检验方法

GB/T 12442 石英玻璃中羟基含量检验方法

3 术语和定义

下列术语和定义适用本标准。

3.1 椭圆度 ovality

石英玻璃管同一截面上最大、最小直径之差。

3.2 偏壁度 siding

石英玻璃管同一截面上最大、最小壁厚之差。

3.3 弯曲度 bow

石英玻璃管在长度方向上的平直程度。

3.4 气泡 bubble

石英玻璃管壁内的圆形空穴。

3.5 气线 airlines

石英玻璃管壁内或表面的线状空穴。

3.6 破皮气线 open airlines

暴露在石英玻璃管内外表面的开口气线,其边缘锋利。

3.7 气线密度 airlines density

每平方厘米中气线条数。

3.8 麻点 spot

石英玻璃管壁上的小斑点。它是黏附在管壁上的粒状杂质经清除后残留的痕迹。

3.9 色线 colorlines

原料中杂质熔化后在石英玻璃管上形成的有颜色的线条。

3.10 **沟棱 striation**

石英玻璃管表面在长度方向形成凹凸不平的沟槽和凸棱。

3.11 **脏物 dirt**

粘污在石英玻璃管表面上可去除的外来物。

3.12 **晶纹 regular microcrack**

石英玻璃管上在拉制过程中形成的“人”字形或“一”字形微小炸裂纹。

3.13 **划伤 scratch**

石英玻璃管表面细长磨伤。

3.14 **刻痕 deep scratch**

表面积相对较大的刻蚀线、带或面。

3.15 **结石 stone**

透明或不透明的固体物。俗称包裹物。

3.16 **杂质 impurity**

石英玻璃组成中二氧化硅(SiO_2)以外的组分。

3.17 **崩落 break in debris**

石英玻璃表面呈贝壳状的破损。

3.18 **析晶 devitrification**

石英玻璃在特定温度下析出晶体,造成失透。

3.19 **透射比 transmittance**

透过的与入射的辐射能通量或光通量的光谱密集度之比。

4 分类和标记

4.1 按产品用途分以下4类:

a) 卤钨灯用透明石英玻璃管;

b) 高压汞灯用透明石英玻璃管;

c) 金属卤化物灯用透明石英玻璃管;

d) 其它灯用透明石英玻璃管。

4.2 级别:电光源石英管按尺寸偏差、外观质量、杂质含量分Ⅰ级、Ⅱ级、Ⅲ级3个级别。

4.3 标记

4.3.1 标记方式

由产品分类、产品外径、级别、标准代号四部分组成。

4.3.2 标记示例

一支外径为25 mm、Ⅰ级的卤钨灯用透明石英玻璃管标记如下:

卤钨灯管—25—Ⅰ级—JC/T 598—2007

5 技术要求

5.1 尺寸偏差

5.1.1 石英玻璃管的外径偏差应小于等于表1的规定。

5.1.2 石英玻璃管的壁厚偏差应小于等于表2的规定。

表 1

外径(φ)	外径偏差/%		
	Ⅰ级	Ⅱ级	Ⅲ级
φ<5	±2.0	±2.5	±3.0
5≤φ≤13	±1.0	±1.3	±2.5
13≤φ≤30	±1.0	±1.5	±2.5
φ>30	±1.0	±1.5	±2.0

表 2

壁厚(t)	壁厚偏差/%		
	Ⅰ级	Ⅱ级	Ⅲ级
0.5≤t<1.0	±5	±10	±15
1.0≤t≤3.0	±5	±8	±15
t>3.0	±5	±10	±15

5.1.3 椭圆度:不应超过外径偏差的绝对值。

5.1.4 偏壁度:不应超过壁厚偏差的绝对值。

5.1.5 弯曲度:不应超过管长的 1.5‰。

5.1.6 长度:偏差±1 mm。

5.2 外观质量

各项外观指标均对每米石英玻璃管而言。

5.2.1 石英玻璃管应清洁、断面整齐、非断面无色透明。

5.2.2 石英玻璃管的气线长度和最大宽度指标应小于等于表 3 的规定。

表 3

单位为毫米

外径	气线长度			气线最大宽度
	Ⅰ级	Ⅱ级	Ⅲ级	
φ<5	气线累计长度不超过 5%管长	气线累计长度不超过 10%管长	气线累计长度不超过 15%管长	0.10
5≤φ<13				0.15
13≤φ≤30				0.20
φ>30				0.30

5.2.3 石英玻璃管的气泡、气泡密度、气线密度、破皮气线和麻点等指标应小于等于表 4 的规定。

表 4

缺陷名称		等 级		
		Ⅰ级	Ⅱ级	Ⅲ级
气泡	最大直径>0.3 mm	不允许		
	最大直径≤0.3 mm,个/任意 cm^2	1	3	5
气线密度,条/任意 cm^2		1	3	5
麻点、色线、晶纹、裂纹、破皮气线、刻痕、结石		不允许		
沟棱		在壁厚偏差范围内		

5.2.4 表面脏物：

a） 表面不允许有脏物；

b） 无指纹、无水印。

5.2.5 划伤：石英玻璃管上轴向划伤长度的总和不应超过管长的10%，环形划伤长度总和不得超过石英玻璃管周长的2倍。

5.3 理化性能指标

5.3.1 杂质元素含量

石英玻璃管中Al、Fe、Ca、Mg、Ti、Li、Na、K杂质元素总含量：Ⅰ级品小于等于30.00×10^{-6}；Ⅱ级品小于等于50.00×10^{-6}；Ⅲ级品小于等于70.00×10^{-6}。

5.3.2 羟基含量

a） 高压汞灯管：羟基含量小于等于10.0×10^{-6}。

b） 金属卤化物灯管：羟基含量小于等于3.0×10^{-6}。

c） 卤钨灯管、其他灯用石英玻璃管：由供需双方商定。

5.3.3 光谱透射比

卤钨灯管、高压汞灯管、金属卤化物灯管在可见光波长范围内的光谱透射比均应大于等于90%。

其他灯用石英玻璃管的光谱透射比由供需双方商定。

5.3.4 热稳定性

3支试样在1 100 ℃下保温15 min，立即在20 ℃±2 ℃的水中急冷，不应出现裂纹、缺口和大于3 mm的崩落。

5.3.5 热变色性

试样在1 000 ℃下保温2 h后，在290 nm波长处热处理前、后的透射比变化平均值ΔT应小于等于4%。

5.3.6 抗析晶性

3支试样在1 200 ℃下保温0.5 h后，在500 nm波长处的透射比均应大于等于85%。

6 试验方法

6.1 尺寸偏差

对石英玻璃管规格尺寸，如外径、壁厚、偏壁度、椭圆度等的测量，采用分度值不大于0.02 mm游标卡尺等量具进行检验。石英玻璃管的长度采用分度值为1 mm的直尺沿管长方向测量。

对于小直径石英玻璃管的外径、壁厚可采用投影仪等进行检验。

6.1.1 外径偏差与椭圆度

测量石英玻璃管两端及中部的外径，同一截面上测量点不少于3个。取三组数据中的最大值减标称尺寸所得代数差再除以标称尺寸为外径上偏差，最小值减标称尺寸所得代数差再除以标称尺寸为外径下偏差。同一截面最大值减最小值所得的差值的最大值为椭圆度值。

6.1.2 壁厚偏差与偏壁度

测量石英玻璃管两端壁厚，同一截面上测量点不少于3个。取两组数据中的最大值减标称尺寸所得代数差再除以标称尺寸为壁厚上偏差，最小值减标称尺寸所得代数差再除以标称尺寸为壁厚下偏差。同一截面上最大值减最小值所得的最大差值为偏壁度值。

6.1.3 长度：沿管长方向测量一次。

6.1.4 弯曲度

将石英玻璃管放在平台上，使两端紧贴平台平面转动石英玻璃管，用塞尺测量石英玻璃管拱起部位与平台之间的最大间隙。

6.2 外观质量

将样品平行放于两支不低于36 W荧光灯下，样品与光源距离不超过600 mm进行目测检验，必要时可用游标卡尺等进行测量。

各种气线及有外形轮廓的外观缺陷大小按GB/T 5949的规定检验。

6.3 理化性能指标

6.3.1 杂质元素含量

按GB/T 3284的规定检验。

6.3.2 羟基含量

按GB/T 12442的规定检验。

6.3.3 光谱透射比

切取长约40 mm石英玻璃管，再沿轴向切成半管，任取一片为试样。用自来水洗净、擦干，再用脱脂棉或擦镜纸擦净，必要时用无水乙醇擦拭，在检测过程中不应触摸被测部位。采用测量精度不低于1%的分光光度计，将试样的圆弧凸面对准分光光度计的入射光，测定试样在波长380 nm～780 nm范围内的光谱透射比。外径小于5 mm的石英玻璃管不做要求或由同种原料同种工艺生产的其他规格的玻璃管代替。

6.3.4 热稳定性

按GB/T 10701的规定检验。

6.3.5 热变色性

按GB/T 4121的规定检验。

6.3.6 抗析晶性

从3支石英玻璃管上分别切取长约40 mm石英玻璃片各1片，试样用无水乙醇清洗后，用脱脂棉擦净，然后放在有石英垫片的高温炉内，在1 200 ℃下保温0.5 h，取出冷却至室温，检测其析晶处的透射比。在检测过程中不得触摸被测部位。

7 检验规则

7.1 检验分类

7.1.1 出厂检验：检验项目包括尺寸偏差、外观质量、热稳定性、热变色性。

7.1.2 型式检验：检验项目包括本标准第5章所有要求。

有下列情况之一时，应进型式检验：

a) 新产品或老产品转厂生产的试制定型鉴定；

b) 正式生产后，如原材料或工艺有较大改变时；

c) 正常生产时，每年至少一次型式检验；

d) 产品停产3个月后，恢复生产时；

e) 出厂检验结果与上次型式检验有较大差异时；

f) 国家质量监督机构提出进行质量抽查时。

7.2 组批与抽样

7.2.1 组批：同种原材料、相同工艺生产的同一规格的石英玻璃管，每1 000 kg为一批，小于1 000 kg

仍以一批计算。

7.2.2 抽样

7.2.2.1 尺寸偏差、外观质量抽样：石英玻璃管的尺寸偏差、外观质量按表 5 进行随机抽样。

表 5

单位：支

批量范围	样本大小	合格判定数	不合格判定数
2～8	2	0	1
9～15	3	0	1
16～25	5	0	1
26～50	8	1	2
51～90	13	2	3
91～150	20	3	4
151～280	32	5	6
281～500	50	7	8
501～1 200	80	12	11
1 201～3 200	125	14	15
3 201～10 000	200	21	22
10 001～35 000	315	21	22
35 001～150 000	500	21	22
150 001～500 000	800	21	22
500 001 以上	1 250	21	22

7.2.2.2 理化性能抽样：从尺寸偏差、外观质量检验合格的石英玻璃管中随机抽取 6 支进行性能检验。

其中热稳定性、抗析晶性抽样：取两组试样（每组 3 个，分别从 3 支石英玻璃管上截取），一组检验，一组备用。

要求检验组 3 个试样均符合 5.3.4 的要求。若检验组中有 1 个不合格，取备用组重新检验，备用组试样须全部符合 5.3.4 的要求；若检验组中有 2 个或 2 个以上不合格，则不允许重检。

7.3 判定规则

7.3.1 尺寸偏差、外观质量的判定

若不合格产品数大于等于表 5 中相应不合格判定数时，则判该批产品尺寸偏差、外观质量为不合格。

7.3.2 理化性能的判定

各项理化性能均符合技术要求，则判该批产品理化性能为合格。有一项不符合技术要求，则判该产品理化性能为不合格。

7.3.3 综合判定

尺寸偏差、外观质量及理化性能均符合技术要求，则判该批产品为合格。

8 标志、包装、运输和贮存

8.1 标志

每批石英玻璃管出厂时应附有产品合格证，合格证上应注明：

a） 产品名称、产品规格；

b） 生产日期；

c） 检验员编号；

d） 执行标准代码。

包装箱上应有储运图示标志，如“小心轻放”、“请勿倒置”、“玻璃制品”、“防潮”等字样或图形以及产品标记、厂名或商标。

8.2 包装

石英玻璃管的包装应满足防护防尘的要求，避免石英玻璃管的划伤、破损及污染。产品包装随箱放入产品合格证及装箱单。装箱单应注明数量或重量、装箱日期等。

8.3 运输

产品装、卸、运输过程中要轻拿轻放，不能乱摔、碰撞。

8.4 贮存

石英玻璃管应贮存在无有害气体、干燥清洁的室内。按产品品种规格等级分类放置。

前　　言

本标准是参照德国“大众”汽车公司供货技术条件 TL 820.45《电热后窗玻璃功能要求》和法国“标致”汽车公司技术条件 N 36.07.103《12V 带加热丝窗玻璃》制定的。制定时对上述两技术条件进行了综合、精炼，保留了适合我国国情的技术要求，去掉了一些不必要的内容。

本标准由全国汽车标准化技术委员会安全玻璃分技术委员会归口。

本标准起草单位：中国建筑材料科学研究院玻璃科学研究所。

本标准主要起草人：武存浩、曾上堂、汪如洋、石新勇。

中华人民共和国建材行业标准

JC/T 672—1997

汽车后窗电热玻璃

1 范围

本标准规定了汽车后窗电热玻璃的厚度,性能指标,试验方法,检验规则及标志、包装、运输、贮存等要求。适用于各类汽车后窗电热玻璃。

2 引用标准

下列标准所包含的条文,通过在本标准中引用而构成本标准的条文。本标准出版时,所示版本均为有效。所有标准都会被修订,使用本标准的各方应探讨使用下列标准最新版本的可能性。

GB 1216—1985 外径千分尺

GB 5137.1—1996 汽车安全玻璃力学性能试验方法

GB 5137.2—1996 汽车安全玻璃光学性能试验方法

GB 9656—1996 汽车用安全玻璃

JC/T 512—1993 汽车安全玻璃包装

JC/T 673—1997 汽车电热玻璃性能试验方法

3 要求

3.1 厚度

制品的厚度应符合 GB 9656—1996 中 5.1 的规定。

3.2 透射比

电热玻璃的透射比应符合 GB 9656—1996 中 5.2.2 的规定。

3.3 抗冲击性

电热玻璃的抗冲击性应符合 GB 9656—1996 中 5.12.2(b)的规定。

3.4 碎片状态

电热玻璃的碎片状态应符合 GB 9656—1996 中 5.13.2 的规定。

3.5 电热性能

3.5.1 不透明率

电热玻璃的不透明率应不大于 3%,或符合相应产品技术条件的要求。

取三块制品进行试验,三块制品均符合上述要求为合格,否则为不合格。

3.5.2 电插片焊接强度

电插片在方向与玻璃表面垂直、大于或等于 80N 的拉力作用 2s 后,不应从制品上脱落。

取三块制品进行试验,三块制品均符合上述要求为合格,否则为不合格。

3.5.3 电插片抗弯曲性

制品上的电插片经 3 次试验后不应损坏。

取三个电插片进行试验,三个电插片均符合上述要求为合格,否则为不合格。

3.5.4 耐清洗剂性

国家建筑材料工业局1997-08-05批准　　1998-01-01实施

用清洗剂对电热玻璃进行清洗后，不得引起电热玻璃的功能障碍，如：电热线脱落、电热元件失灵等。

取三块制品进行试验，三块制品均符合上述要求为合格，否则为不合格。

3.5.5 功率

电热玻璃的功率应为4.0～4.5W/dm^2（电压为DC 12V）或符合相应产品技术条件要求。

取三块制品进行试验，三块制品均符合上述要求为合格，否则为不合格。

3.5.6 除霜效率

电热玻璃在－18℃±2℃温度下，通电20min后，加热区中间部位至少应有80%的可透视区（或符合相应产品条件要求）。

取三块制品进行试验，三块制品均符合上述要求为合格，否则为不合格。

3.5.7 超压性

试验电压为产品额定电压的1.5倍，通电30s后，电热玻璃仍应符合功率和除霜效率的要求。

取三块制品进行试验，三块制品均符合上述要求为合格，否则为不合格。

3.5.8 耐电热冲击性

电热玻璃放入温度为－30℃±2℃的低温箱内保温5h后，通电30min，试验后电热玻璃不应有任何损坏。

取三块制品进行试验，三块制品均符合上述要求为合格，否则为不合格。

3.5.9 热点温度

将电热玻璃通电4h，电热线或汇流条的表面温度在任何地方都不允许超过70℃。

取三块制品进行试验，三块制品均符合上述要求为合格，否则为不合格。

3.5.10 耐久性

电热玻璃经60次循环（每次循环包括通电23h，断电1h）后，静置5h，应符合功率和除霜效率的要求。

取二块制品进行试验，二块制品均符合上述要求为合格，否则为不合格。

4 试验方法

4.1 厚度

使用符合GB 1216规定的外径千分尺或与此同等精度的器具测量玻璃每边的中点，每边测量结果的算术平均值作为厚度值，测量值应精确至0.01mm。

4.2 透射比

按GB 5137.2进行试验。

4.3 抗冲击性

按GB 5137.1进行试验。

4.4 碎片状态

按GB 5137.1进行试验。

4.5 电热性能

4.5.1 不透明率

按JC/T 673—1997中的第7章进行试验。

4.5.2 电插片焊接强度

按JC/T 673—1997中的第9章进行试验。

4.5.3 电插片抗弯曲性

按JC/T 673—1997中的第10章进行试验。

4.5.4 耐清洗剂性

按 JC/T 673—1997 中的第 8 章进行试验。

4.5.5 功率

按 JC/T 673—1997 中的第 11 章进行试验。

4.5.6 除霜效率

按 JC/T 673—1997 中的第 12 章进行试验。

4.5.7 超压性

按 JC/T 673—1997 中的第 13 章进行试验。

4.5.8 耐电热冲击性

按 JC/T 673—1997 中的第 15 章进行试验。

4.5.9 热点温度

按 JC/T 673—1997 中的第 14 章进行试验。

4.5.10 耐久性

按 JC/T 673—1997 中的第 19 章进行试验。

5 检验规则

5.1 检验分类

5.1.1 出厂检验

检验项目为厚度、功率、热点温度和电插片焊接强度。

5.1.2 型式检验

检验项目为本标准规定的产品的全部技术要求。

有下列情况之一时，应进行型式检验：

a）新产品或老产品转厂生产的试制定型鉴定；

b）正式生产后，如结构、材料、工艺有较大改变，可能影响产品性能时；

c）正常生产满 1 年时；

d）产品停产满 1 年后，恢复生产时；

e）出厂检验结果与上次型式检验有较大差异时；

f）国家质量监督机构提出型式检验要求时。

5.2 组批与抽样规则

一批产品应是用同批原材料、同种生产工艺制备、具有相同公称厚度和相同型号的每 500 片制品（不足 500 片时也按一批计）。

抽样检验时，按检验项目所要求的数量从一批产品中随机抽取。

5.3 判定规则

按本标准第 3 章规定的相应条款进行产品单项性能合格判定，若上述各项中有 1 项或 1 项以上不合格，则该批产品不合格。

6 标志、包装、运输与贮存

6.1 标志

6.1.1 产品标志

每块产品的右下角或左下角必须有不易擦掉的生产厂名或商标标志。

6.1.2 包装标志

每个包装箱上应标明箱内包装产品的名称、规格、数量、质量等级、收货单位、生产厂名、出厂日期，并贴上（或写上）“小心轻放、防潮、向上”的标志。

6.2 包装

包装应符合 JC/T 512 的规定。

6.3 运输

包装箱不得平放或斜放，长度方向应与车辆运动方向相同，并应有防雨措施。

6.4 贮存

制品需在通风良好和干燥的室内保存。

ICS 81.040.20
Q 34
备案号：22920—2008

中华人民共和国建材行业标准

JC 846—2007
代替 JC 846—1999

2007-09-22 发布 2008-04-01 实施

中华人民共和国国家发展和改革委员会 发布

前　言

本标准的 5.2.5,5.2.6,5.2.7,5.2.9,5.2.10,5.2.13 和 5.2.14 为强制性条款,其余为推荐性条款。

本标准双轮胎冲击性能试验方法等同采用 EN 12600《建筑玻璃——摆锤冲击——平玻璃冲击方法及分类》。

本标准是对 JC 846—1999《贴膜玻璃》进行了修订。

本标准与 JC 846—1999《贴膜玻璃》相比,主要技术差异为:

——修改了贴膜玻璃的分类方式;

——增加了太阳能总透射比、太阳光直接透射比、太阳光直接反射比和遮蔽系数的测定;

——增加了传热系数、粘接强度耐久性和耐有机溶剂性能的测定。

——删除了原霰弹袋冲击试验,修订为双轮胎冲击性能试验。

——修改了抗冲击性的试验程序。

附录 A 为规范性附录。

附录 B 为规范性附录。

附录 C 为资料性附录。

本标准自实施之日起代替 JC 846—1999。

本标准由中国建筑材料工业协会提出。

本标准由全国建筑用玻璃标准化技术委员会归口。

本标准起草单位:中国建筑材料科学研究总院。

本标准参加起草单位:中国建材装备有限公司、菲迪薄膜科技(广州)有限公司、上海仲富实业发展有限公司。

本标准主要起草人:王睿、白洋、林群、杜海明、于修霞、戴磊、王乐。

本标准所代替标准的历次版本发布情况为:

JC 846—1999。

贴 膜 玻 璃

1 范围

本标准规定了贴膜玻璃的术语及定义、分类、技术要求、检验规则和包装、标志、运输、贮存。

本标准适用于建筑用贴膜玻璃，其他场所用贴膜玻璃可参照使用。

2 规范性引用文件

下列标准中的条款通过本标准的引用而成为本标准的条款。凡是注日期的引用文件，其随后所有的修改单(不包括勘误的内容)或修订版均不适用于本部分，然而，鼓励根据本标准达成协议的各方研究是否使用这些文件的最新版本。凡是不注日期的引用文件，其最新版本适用于本标准。

GB/T 2680 建筑玻璃 可见光透射比、太阳光直接透射比、太阳能总透射比、紫外线透射比及有关窗玻璃参数的测定

GB/T 5137.1 汽车安全玻璃试验方法 第1部分：力学性能试验(GB/T 5137.1—2002，ISO 3537:1999，MOD)

GB/T 5137.3 汽车安全玻璃试验方法 第3部分：耐辐照、高温、潮湿、燃烧和耐模拟气候试验(GB/T 5137.3—2002，ISO 3917:1999，MOD)

GB/T 8170 数值修约规则

GB 8410 汽车内饰材料的燃烧特性

GB/T 8484 建筑外窗保温性能分级及其检测方法

GB 15763.2—2005 建筑用安全玻璃 第2部分：钢化玻璃

GB/T 17339 汽车安全玻璃耐化学浸蚀和耐温度变化性试验方法

3 术语和定义

下列术语和定义适用于本标准。

3.1 贴膜玻璃 film mounted glass

贴有有机薄膜的玻璃制品。

3.2 燃烧速率 burning rate

燃烧距离与燃烧此距离所用时间的比值。单位以mm/min表示。

3.3 不对称结构产品 asymmetric material

自制品的两个外表面开始依次向内，两侧的贴膜材料、玻璃基片在类型、厚度、表面形态及/或特性等，任一要素存在不同的产品。

3.4 试验片 test piece

与制品同材料、同工艺条件生产的或从制品上直接切取的尺寸形状符合要求的样片。

4 分类

4.1 按功能可分为：

4.1.1 A类贴膜玻璃：具有阳光控制和/或低辐射及抵御破碎飞散功能。

4.1.2 B类贴膜玻璃：具有抵御破碎飞散功能。

4.1.3 C类贴膜玻璃：具有阳光控制和/或低辐射功能。

4.1.4 D类贴膜玻璃：仅具有装饰功能。

4.2 按双轮胎冲击性能可分为二级：

4.2.1 Ⅰ级：以 450 mm 及 1 200 mm 的冲击高度冲击后，结果满足 5.2.5 规定的贴膜玻璃。

4.2.2 Ⅱ级：以 450 mm 的冲击高度冲击后，结果满足 5.2.5 规定的贴膜玻璃。

5 要求

5.1 贴膜玻璃所用玻璃基片应符合相应玻璃产品标准或技术条件的要求。贴膜玻璃所用贴膜材料应符合相应技术条件或订货文件的要求。

5.2 贴膜玻璃应满足表 1 中相应条款的规定。

表 1 技术要求及对应条款

检验项目	技术要求				试验方法
	A 类	B 类	C 类	D 类	
厚度及尺寸偏差	5.2.1	5.2.1	5.2.1	5.2.1	6.2
外观质量	5.2.2	5.2.2	5.2.2	5.2.3	6.3
光学性能	5.2.3	—	5.2.3	—	6.4
传热系数	5.2.4	—	5.2.4	—	6.5
双轮胎冲击性能	5.2.5	5.2.5	—	—	6.6
抗冲击性	5.2.6	5.2.6	—	—	6.7
耐辐照性	5.2.7	5.2.7	5.2.7	—	6.8
耐磨性	5.2.8	5.2.8	5.2.8	—	6.9
耐酸性	5.2.9	5.2.9	5.2.9	5.2.9	6.10
耐碱性	5.2.10	5.2.10	5.2.10	5.2.10	6.11
耐有机溶剂性	5.2.11	5.2.11	5.2.11	5.2.11	6.12
耐温度变化性	5.2.12	5.2.12	5.2.12	—	6.13
耐燃烧性	5.2.13	5.2.13	5.2.13	5.2.13	6.14
粘接强度耐久性	5.2.14	5.2.14	5.2.14	5.2.14	6.15

5.2.1 厚度及尺寸偏差

贴膜玻璃的厚度、长度及宽度的偏差，必须符合与所使用的玻璃基片的相应的产品标准或技术条件中有关厚度、长度及宽度的允许偏差要求。

5.2.2 外观质量

贴膜玻璃的贴膜层杂质(含气泡)应满足表 2 的规定，不允许存在边部脱膜，磨伤、划伤及簿膜接缝等要求由供需双方协商。

表 2 贴膜层杂质

杂质直径 D/mm	$D\leqslant 0.5$	$0.5<D\leqslant 1.0$	$1.0<D\leqslant 3.0$				$D>3.0$
板面面积 A/m^2	任何面积	任何面积	$A\leqslant 1$	$1<A\leqslant 2$	$2<A\leqslant 8$	$A>8$	任何面积
缺陷数量/个	不作要求	不允许密集存在	1	2	$1/\mathrm{m}^2$	$1.2/\mathrm{m}^2$	不允许存在
注：密集存在是指在任意部位直径 200 mm 的圆内，存在 4 个或 4 个以上的缺陷。							

5.2.3 光学性能

可见光透射比、紫外线透射比、太阳能总透射比、太阳光直接透射比、可见光反射比和太阳光直接反射比差值应符合表 3 的规定。遮蔽系数应不高于标称值。

表 3　贴膜玻璃光学性能要求

允许偏差最大值(明示标称值)	允许偏差最大值(未明示标称值)
±2.0%	≤3.0%

5.2.4　传热系数

传热系数值由供需双方商定。

5.2.5　双轮胎冲击性能

试验后试样应满足下列 a)或 b)的要求：

a)　试样不破坏；

b)　若试样破坏，产生的裂口不可使直径 76 mm 的球在 25 N 的最大推力下通过。冲击后 3 min 内剥落的碎片的总质量不得大于相当于试样 100 cm^2 面积的质量，最大剥落碎片的质量不得大于相当于试样 44 cm^2 面积的质量。

5.2.6　抗冲击性

试验后试样应满足下列 a)或 b)的要求：

a)　试样不破坏；

b)　若试样破坏，钢球不得穿透试样。

5 块或 5 块以上试样符合时为合格；3 块或 3 块以下试样符合时为不合格。当 4 块试样符合时，应再追加 6 块新试样，6 块全部符合要求时合格。

5.2.7　耐辐照性

试验后试样应同时满足下列要求：

a)　试样不可产生气泡，不可产生显著变色；膜层经擦拭不可脱色；

b)　贴膜层不得产生显著尺寸变化；

c)　试样的可见光透射比相对变化率不应大于 3%。

3 块试样全部符合时为合格；1 块符合时为不合格。当 2 块试样符合时，应再追加 3 块新试样，3 块全部符合要求时合格。

5.2.8　耐磨性

试样试验前后的雾度差值均应不大于 5%。

5.2.9　耐酸性

试验后试样应同时满足下列要求：

a)　试样不可产生显著变色，膜层经擦拭不可脱色；

b)　不得出现脱膜现象；

c)　试验前后的可见光透射比差值应不大于 4%。

3 块试样全部符合时为合格；1 块符合时为不合格。当 2 块试样符合时，应再追加 3 块新试样，3 块全部符合要求时合格。

5.2.10　耐碱性

试验后试样应同时满足下列要求：

a)　试样不可产生显著变色，膜层经擦拭不可脱色；

b)　不得出现脱膜现象；

c)　试验前后的可见光透射比差值应不大于 4%。

3 块试样全部符合时为合格；1 块符合时为不合格。当 2 块试样符合时，应再追加 3 块新试样，3 块全部符合要求时合格。

5.2.11　耐有机溶剂性

试验后试样不可有软化、胶粘、龟裂或明显失透现象。

3 块试样全部符合时为合格；1 块符合时为不合格。当 2 块试样符合时，应再追加 3 块新试样，3 块全部符合要求时合格。

5.2.12　耐温度变化性

试验后试样不得出现变色、脱膜、气泡或其他显著缺陷。

5.2.13　耐燃烧性

试验后试样应符合下列 a)，b)或 c)中任意一条的规定：

a)　不燃烧；

b)　燃烧，但燃烧速率不大于 100 mm/min；

c)　如果从试验计时开始，火焰在 60 s 内自行熄灭，且燃烧距离不大于 50 mm，也被认为满足 b)条的燃烧速率要求。

5.2.14　粘接强度耐久性

试验后试样的粘接强度应不低于试验前的 90%。

6　试验方法

6.1　试验条件

除特殊规定外，试验均应在下述条件下进行：

a)　温度：20 ℃±5 ℃；

d)　气压：8.60×10^{4} Pa～1.06×10^{5} Pa；

c)　相对湿度：40%～80%。

6.2　厚度及尺寸的测定

采用所使用玻璃基片相应的产品标准或技术条件中规定的测量器具及测量方法测量。

6.3　外观质量

以制品为试样，在较好的自然光或散射光照背景条件下，试样垂直放置，视线垂直玻璃，在距试样 1 m 处进行观察。缺陷尺寸用放大 10 倍、精度 0.1 mm 的读数显微镜测定。划伤的长度用最小刻度为 1 mm 的钢尺或钢卷尺测量。

6.4　光学性能

试样为 3 块 50 mm×50 mm 的平型试验片。

按 GB/T 2680 的规定，分别测定 3 块试样任意一点的可见光透射比、紫外线透射比、太阳能总透射比、太阳光直接透射比、可见光反射比和太阳光直接反射比。反射比的测试面由供需双方商定，并予以记录。

对于明示标称值的产品，以标称值作为偏差的基准。分别计算 3 块试样测量值与明示值的差值，并按 GB/T 8170 的要求修约至小数点后两位。

对于未明示标称值的产品，分别计算 3 块试样之间的测量值的差值，并按 GB/T 8170 的要求修约至小数点后两位。

依据上述 3 块试样的实测值，取其平均值，按 GB/T 8170 的要求修约至小数点后两位。按 GB/T 2680 的规定计算遮蔽系数，并按 GB/T 8170 的要求修约至小数点后两位。

6.5　传热系数

试样为 1 块最小尺寸为 1 000 mm×1 000 mm 的平型试验片。按 GB/T 8484 的规定测定贴膜玻璃的传热系数。

6.6　双轮胎冲击性能

6.6.1　试样

尺寸为(1 938±2)mm×(876±2)mm 的平型试验片。

每一冲击高度需冲击 4 块试样；对于不对称结构的产品，试验片需提供双倍数量的试样，除非该产品在实际使用过程中，只有某一侧存在被冲击的可能性。

所有试样在试验前，需去除所有包装或保护材料，并在 20 ℃±5 ℃的环境中放置至少 12 h 后进行试验。

6.6.2　**试验装置**

见附录 A 及附录 B。

6.6.3　**试验程序**

6.6.3.1　试验应从最低级别冲击高度开始，并升至所需级别的高度，见表 4。

表 4　双轮胎冲击级别及高度

级　别	冲击高度/mm	
Ⅰ	450	1 200
Ⅱ	450	—

6.6.3.2　将试样安装在框架上并夹紧。试样周边向内至少 10 mm 的部分被夹紧在框架内，框架上的橡胶垫条由于夹紧，其厚度减少量最多不得超过其总厚度的 20%。

将轮胎冲击体充气至其内部气压为(0.35±0.02)MPa。

提升冲击体至最低冲击高度并保持冲击体不晃动。冲击体的吊悬钢丝应拉紧，并与冲击体中心轴成一条直线(见图 A.2)。

释放冲击体，使其从静止状态开始，以摆锤式运动冲击试样中心一次，冲击方向应与试样表面垂直。如果冲击体连续两次或多次冲击试样，则试验视为无效。冲击过程中，配重体不得接触到试样表面。

6.6.3.3　当 4 块试样中的任意一块冲击后不符合 5.2.5 的规定时，终止试验。当 4 块试样冲击后符合 5.2.5 的规定，且需按高级别冲击时，可提高冲击高度，按 6.6.3.2 的规定对另外 4 块试样进行试验。低级别高度冲击后未破坏的试样可用于高级别的冲击试验。

6.6.3.4　对于不对称结构的产品，如果该产品在实际使用过程中，两侧均存在被冲击的可能性，则需对试样的两个表面分别进行冲击并予以分级；如果该产品在实际使用过程中，只有某一侧存在被冲击的可能性，则需对试样该特定表面进行冲击，并记录在报告中。

6.6.3.5　记录每一片试样的冲击历程及冲击后状态。记录冲击时贴膜层是否被夹紧在框中。

6.7　**抗冲击性**

6.7.1　**试样**

试样为 6 块尺寸为 610 mm×610 mm 的平型试验片，不对称结构产品的试样数量加倍。

所有试样在试验前，需去除所有包装或保护材料，并在 20 ℃±5 ℃的环境中放置至少 12 h 后进行试验。

6.7.2　**试验装置**

试验装置及冲击体应符合 GB 15763.2 中 6.5 的规定。

6.7.3　**试验程序**

将试样放在试样支架上，试样的冲击面与钢球入射方向应垂直，冲击点应位于试样中心 25 mm 范围内。冲击高度为 1 000 mm。

对于不对称结构的产品，分别对每一侧冲击 6 块试验片。每块试样冲击一次。

6.8　**耐辐照性**

试样为 3 块尺寸为 300 mm×76 mm 的平型试验片。按 GB/T 5137.3 中的规定进行试验。辐照面为膜面，辐照时间为 100 h。按公式(1)计算辐照前后的可见光透射比相对变化率：

$$\Delta T=\frac{|T_1-T_2|}{T_1}\times 100\% \quad \cdots\cdots(1)$$

式中：

ΔT——可见光透射比相对变化率；

T_1——紫外照射前的可见光透射比；

T_2——紫外照射后的可见光透射比。

6.9 耐磨性

按照 GB/T 5137.1 的规定进行试验。对试样贴膜面磨 100 转。

6.10 耐酸性

试样为 3 块尺寸为 100 mm×100 mm 平型试验片。

按 GB/T 2680 中的规定测定浸渍前的可见光透射比，然后将试样的 2/3 部分浸没在 1 mol/L 的 HCl 溶液中，并保持 24 h。然后取出，立即用去离子水或蒸馏水清洗，并用吸水棉布擦干。在白色背景下观察试验片浸泡前后状态。再按 GB/T 2680 的规定测定浸渍后的可见光透射比，并计算浸渍前后透射比的变化。按 GB/T 8170 的要求修约至小数点后两位。

6.11 耐碱性

试样为 3 块尺寸为 100 mm×100 mm 平型试验片。

按 GB/T 2680 中的规定测定浸渍前的可见光透射比，然后将试验片的 2/3 部分浸没在 1 mol/L 的 NaOH 溶液中，并保持 24 h。然后取出，立即用去离子水或蒸馏水清洗，并用吸水棉布擦干。在白色背景下观察试验片浸泡前后状态。再按 GB/T 2680 的规定测定浸渍后的可见光透射比，并计算浸渍前后透射比的变化。按 GB/T 8170 的要求修约至小数点后两位。

6.12 耐有机溶剂性

试样为 3 块 100 mm×100 mm 平型试验片。

按 GB/T 17339 中的规定对试样试验。试剂为变性酒精。

6.13 耐温度变化性

试样为 5 块尺寸为 300 mm×300 mm 的平型试验片。试样在试验前应放置在温度为 23 ℃±2 ℃、相对湿度为 50%±5%的环境下保持 48 h。

将 2 块试样放置 23 ℃±2 ℃、相对湿度为 50%±5%的暗室或半暗室至试验结束。将另外 3 块试样放在温度为−40 ℃±2 ℃的空气中 1 h，然后立即将试样放在温度为 72 ℃±2 ℃的环境中 3 h。取出后将试样放入温度为 23 ℃±2 ℃的环境中冷却。在整个试验期间，应确保试样不紧靠在一起。在白色背景下将 3 块试样与 2 块保存试样进行对比，观察 3 块试样的变化情况。

6.14 耐燃烧性

试样为 5 块尺寸为 360 mm×70 mm 的平型试验片。

试验装置应符合 GB 8410 中的规定。

按 GB 8410 的规定进行试验。

6.15 粘接强度耐久性

6.15.1 试样

试样为 6 块尺寸为 50 mm×125 mm 的平型试验片。试样的膜层尺寸为 25 mm×250 mm，薄膜短边与基片短边对齐，且应粘贴在基片的中部。薄膜多出的 125 mm 闲置部分，表面扑滑石粉或贴纸，如图 1 所示。试验前试样应按膜的技术文件要求放置足够时间，达到使用要求后再进行试验。

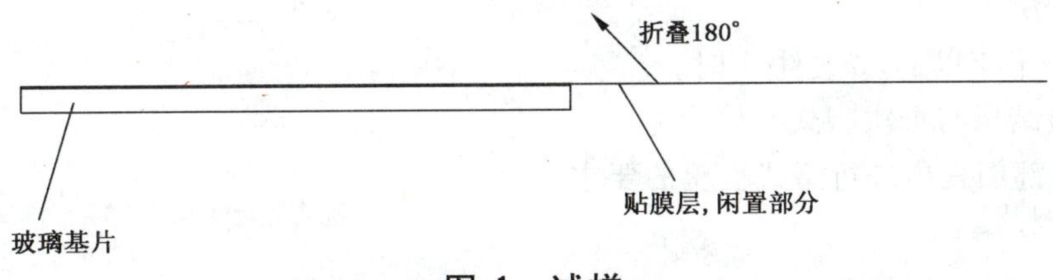

图 1 试样

6.15.2 试验设备

万能材料试验机。

6.15.3 试验步骤

6.15.3.1 将 6 块试样放置温度为 45 ℃±5 ℃的环境中 24 h。

6.15.3.2 将试样取出。取其中 3 块试样,将试样薄膜多出的 125 mm 闲置部分折叠 180°,如图 1 所示。将膜揭下约 25 mm,膜夹在上部夹头,玻璃夹在下部夹头,以 300 mm/min 的速度拉引膜层至剥落,如图 2 所示。每剥离 20 mm 读取一次力值,读取 4 次,以 N/25 mm 表示。测试 3 块试样。计算 12 次取值的平均值,记为 P_1。按 GB/T 8170 的要求修约至小数点后一位。

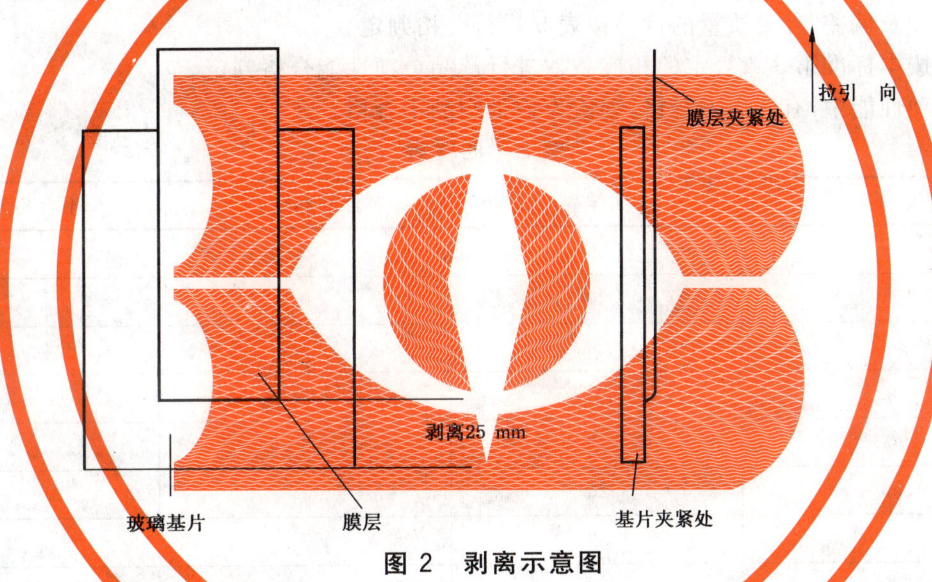

图 2 剥离示意图

6.15.3.3 将另外 3 块试样按 GB/T 5137.3 的规定进行 100 h 的辐照。辐照面为膜面。辐照后按 6.15.3.2 的规定进行试验,并计算平均值,记为 P_2。按 GB/T 8170 的要求修约至小数点后一位。

6.15.4 按公式(2)比较辐照前后的粘接强度。

$$\frac{P_2}{P_1} \times 100\% \qquad (2)$$

7 检验规则

7.1 检验分类

检验分出厂检验和型式检验。

7.1.1 出厂检验

检验项目外观质量、尺寸及偏差。若要求增加其他检验项目由供需双方商定。

7.1.2 型式检验

检验项目为本标准规定的全部技术要求。有下列情况之一时,应进行型式检验。

a) 新产品或老产品转厂生产的试制定型鉴定。

b) 试生产后,如结构、材料、工艺有较大改变,可能影响产品性能时。

c) 正常生产满1年时。

d) 产品停产半年以上，恢复生产时。

e) 出厂检验结果与上次型式有较大差异时。

f) 质量监督部门提出进行型式检验的要求时。

7.2 组批与抽样

7.2.1 组批

同一种类贴膜材料及玻璃基片，在同一工艺条件下生产的贴膜玻璃组成一批。当该批产品批量大于500片时，以每500片为一批分批抽取试样。当检验项目为非破坏性试验时，可用它继续进行其他项目的检测。特殊批量按订货合同规定。

7.2.2 抽样

7.2.2.1 产品的尺寸及偏差、外观质量的检验按表5进行随机抽样。

7.2.2.2 对产品所要求的其他技术性能，若用制品检验时，根据检验项目所要求的数量从该批产品中随机抽取；若用试样进行检验时，应采用与制品相同材料、相同厚度和相同工艺条件下制备的试样。

7.3 判定规则

产品的尺寸及偏差、外观质量的检验按表5进行合格判定。

其他性能按本标准第5章规定的相应条款进行产品单项性能合格判定。

其上述各项性能中，有一项不合格，则认为该批产品不合格。

表5 抽样表

单位为块

批量范围	抽样数	合格判定数	不合格判定数
2～8	2	0	1
9～15	3	0	1
16～25	5	1	2
26～50	8	2	3
51～90	13	3	4
91～150	20	5	6
151～280	32	7	8
281～500	50	10	11

8 包装、标志、运输和贮存

8.1 包装

产品应用集装箱、木箱或适合运输的其他包装方式包装。每块玻璃宜用塑料袋或纸隔开，玻璃与包装箱之间用不易引起玻璃及贴膜层划伤等外观缺陷的轻软材料填实。

8.2 标志

包装标志应符合国家有关标准或订货文件的规定。

8.3 运输

运输时，木箱不应平放，长度方向应与车辆运动方向相同，应有防雨措施。

8.4 贮存

产品应垂直贮存在干燥的室内或按合同要求进行贮存。

附 录 A
（规范性附录）
双轮胎冲击试验装置

A.1 总体要求

双轮胎冲击试验装置包括：

a） 一个稳固的主框架；

b） 一个能够在整个试验过程中，将试样固定并与主框架夹紧的夹紧框架；

c） 一个带有悬挂装置及释放装置的双轮胎冲击体。

A.2 主框架（见图 A.1、图 A.2 及图 A.3）

主框架由槽钢通过焊接或螺栓紧固而成，并能够为夹紧框架提供刚性且平整的夹紧表面。底部横梁应与水泥地面牢固固定。

如果需要，可采用辅助支撑框架，通过水平钢支架将主框架固定于邻近的刚性墙体上（见图 A.2，F_2）。

主框架尺寸（见图 A.3）：

a） 内宽：(847±5)mm

b） 内高：(1 910±5)mm

A.3 夹紧框架（见图 A.4）：

夹紧框架用于将试样固定在整个试验装置上。夹紧框架通过两个矩形部分将试样沿周边夹紧。夹紧过程中，夹紧框架的内部矩形部分贴近主框架。

主框架与夹紧框架靠夹紧装置结合在一起。夹紧框架应有足够的刚性以承受夹紧装置施加的压力。

夹紧框架尺寸：

a） 内宽：(847±5)mm

b） 内高：(1 910±5)mm

夹紧框架的各部分均应粘有橡胶垫。橡胶垫是唯一与试样接触的部件，其宽度应为(20±2)mm，厚度应为(10±1)mm，硬度应为(60±5)IRHD。

注：橡胶垫可采用氯丁橡胶或其他类似材料。

A.4 冲击体（见图 A.5）

冲击体包括两个充气轮胎，轮胎应有圆形及平形纵向轮胎面。整个冲击体的重量为(50±0.1)kg。

A.5 悬挂装置

冲击体应用直径为 5 mm 的钢丝绳悬挂于主框架上端的支架。支架应有足够的刚性以保证在整个试验过程中悬挂点的稳固，且能够使冲击体冲击试样的中心。

当冲击最高高度时，拉紧的悬挂钢丝绳与支架的连线与水平面的夹角不得小于 14°。

当冲击处于静止状态自由垂挂时，轮胎最突出的部分与试样表面之间的距离不得大于 15 mm，也不得小于 5 mm（见图 A.2；*D*），冲击体中心线应落在以试样中心为圆心，以 50 mm 为半径的圆内。

A.6　冲击释放装置(见图 A.2)

冲击释放装置应能够按指定的冲击高度升高并稳定冲击体,且能够使释放后的冲击体以自由摆动的方式冲击试样。牵引钢丝应以适宜的方式联接冲击体的上端和下端,以确保提升力垂直施加于冲击体的轴线方向。

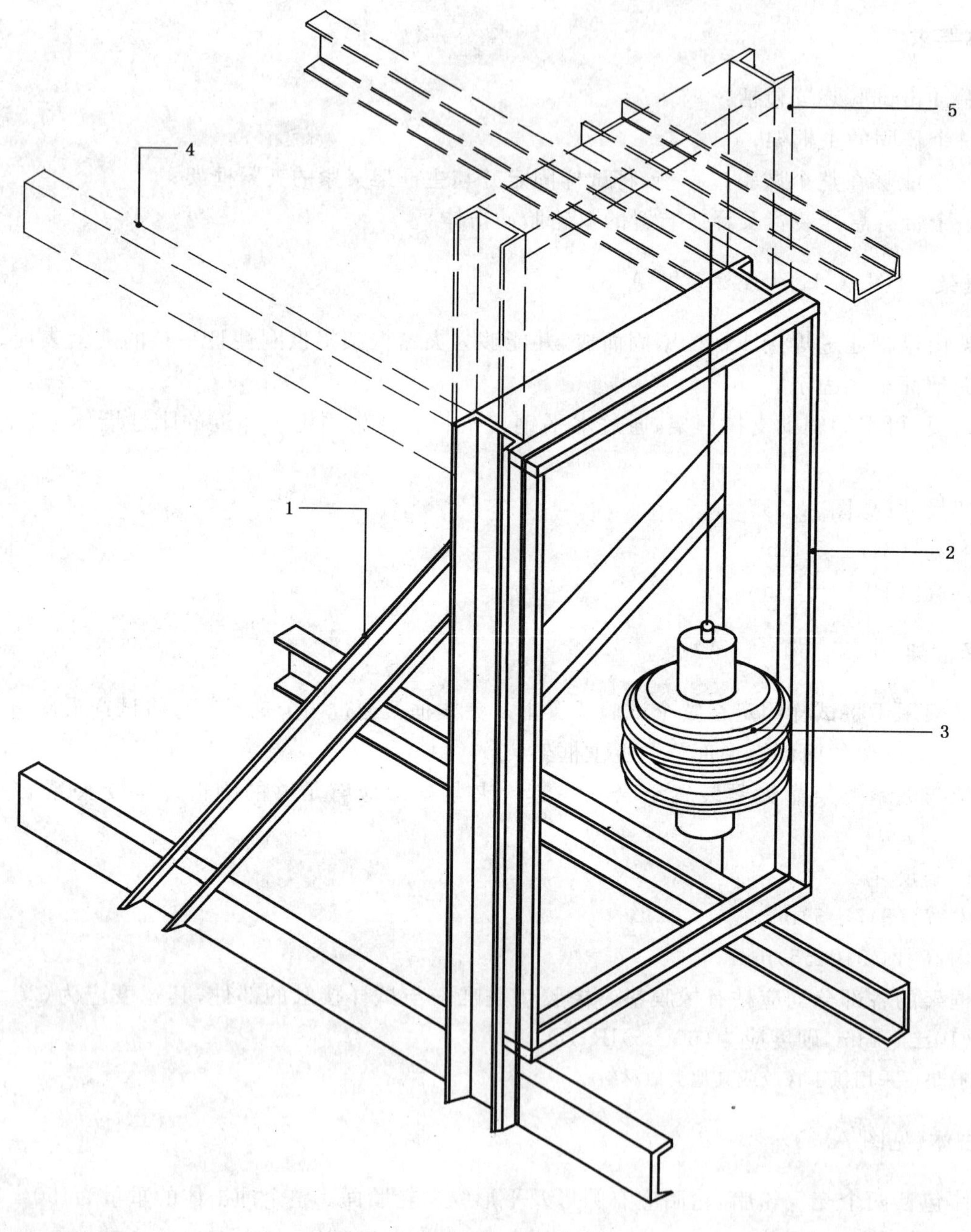

图中:

1——主框架;

2——夹紧框架;

3——冲击体;

4——支撑件(适用时);

5——悬挂装置(适用时)。

图 A.1　试验架及冲击体

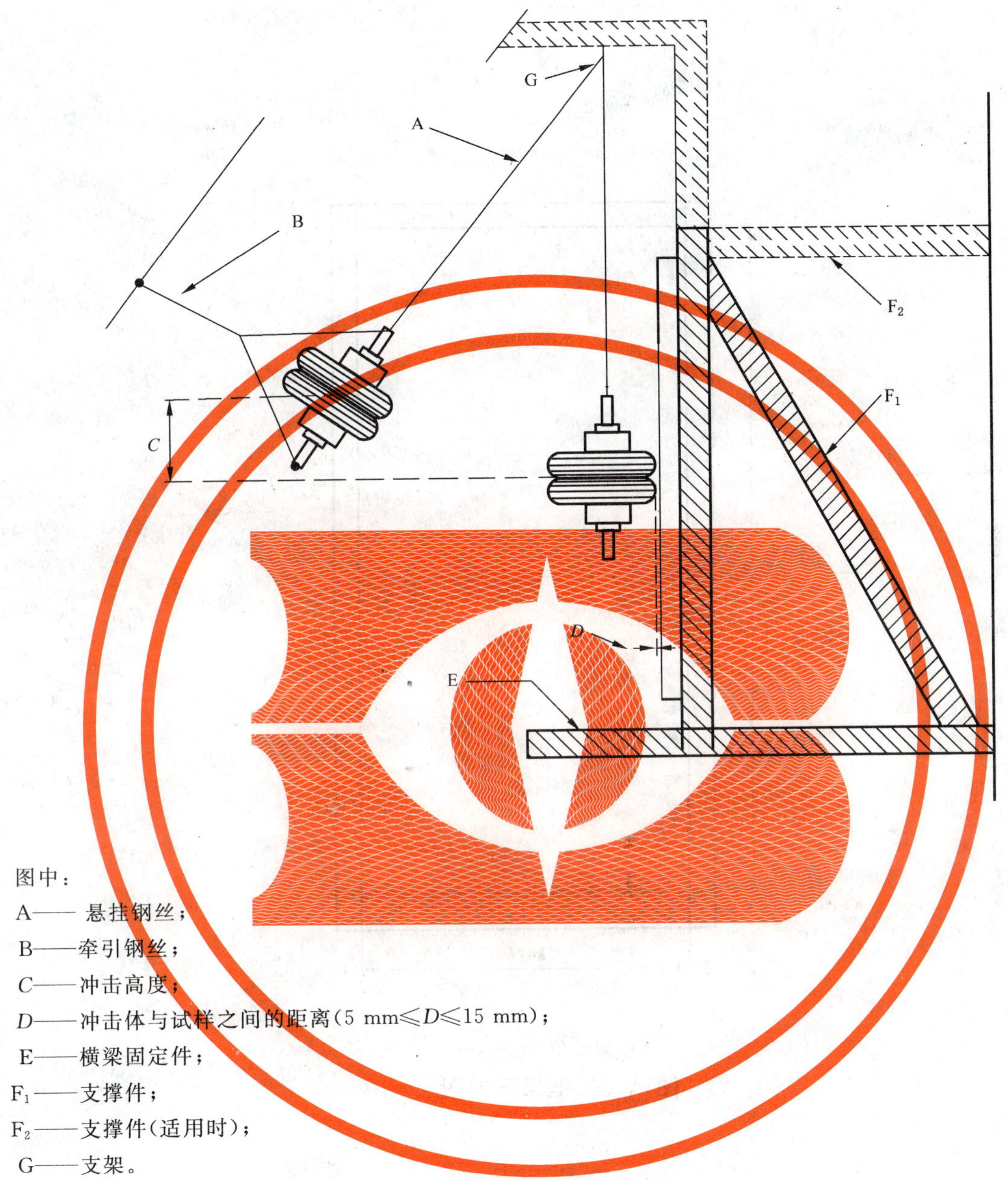

图中：

A—— 悬挂钢丝；

B——牵引钢丝；

C——冲击高度；

D——冲击体与试样之间的距离（5 mm≤*D*≤15 mm）；

E——横梁固定件；

F_1——支撑件；

F_2——支撑件（适用时）；

G——支架。

图 A.2 带有冲击体的主框架的侧视图

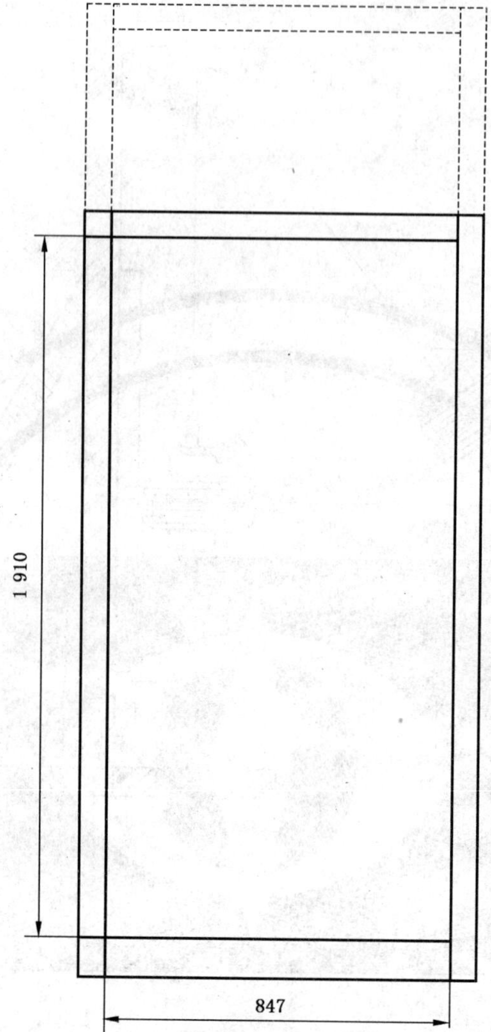

尺寸偏差值：±5 mm

图 A.3　框架正视图

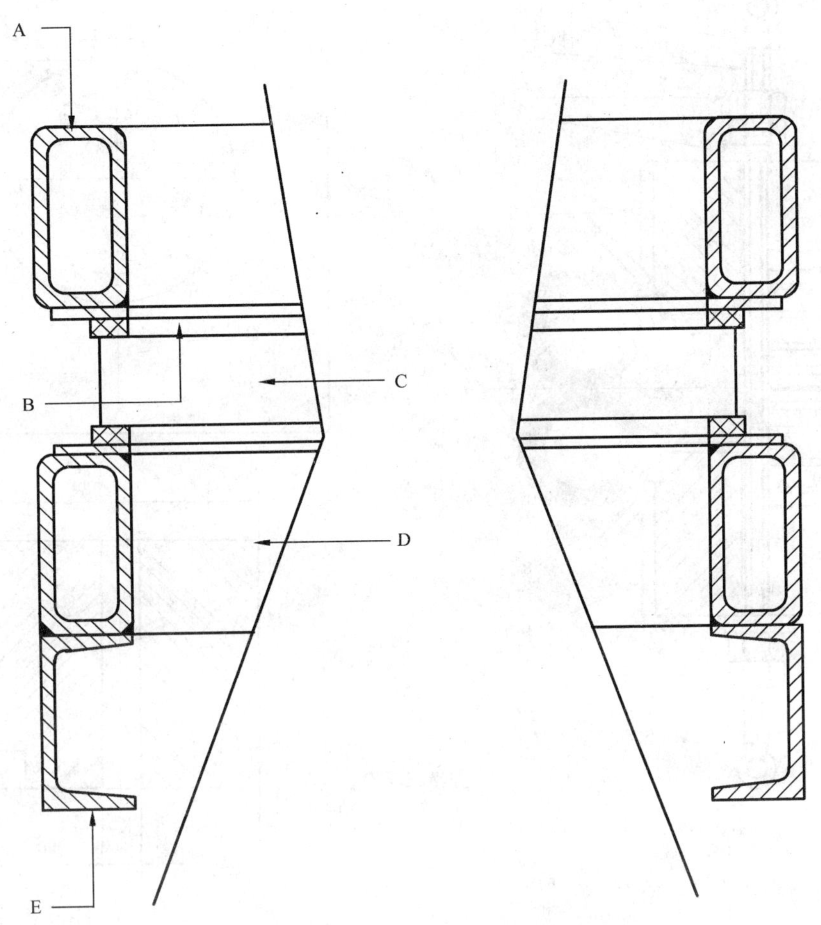

图中：
A——夹紧框架；
B——橡胶垫；
C——试样；
D——主框的外部；
E——主框的内部。

图 A.4 试样的夹紧

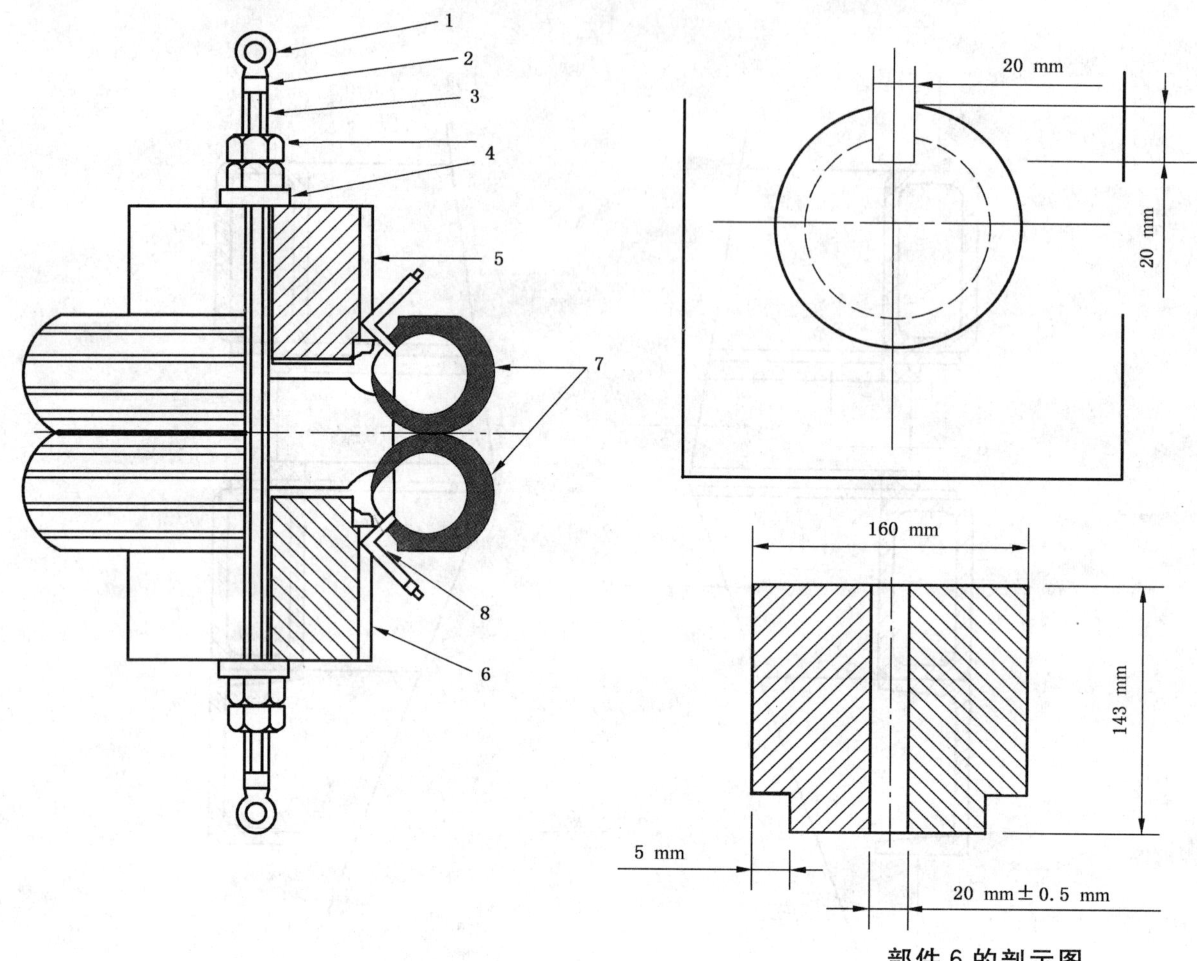

部件6的剖示图

序号	组件	数量	备注
1	吊环螺栓	2	M 20
2	六角螺母	2	M 20
3	螺纹轴杆	1	M 20 mm～45 mm
4	六角螺母	4	M 20
5	开槽	4	
6	配重体	2	见图6
7	充气轮胎	2	
8	支撑杆	2	250～8

图A.5 冲击体

附 录 C
（规范性附录）
测 力 球

B.1 测力装置

测力装置应包括一个直径为(76±1)mm的球体，球体臂连接在一个能够测量出施加的最大力25 N的装置上。测力装置的样式可见图B.1。

B.2 操作

水平持拿测力装置。选择试样开口处最软部位，水平施加推力推动测力装置，直到：

a) 测力装置已显示达到最大推力25 N，但球体尚未通过试样开口，测试样通过试验；

b) 球体最大直径部分已通过试样开口，但测力装置显示尚未达到最大推力25 N，则试样未通过试验。

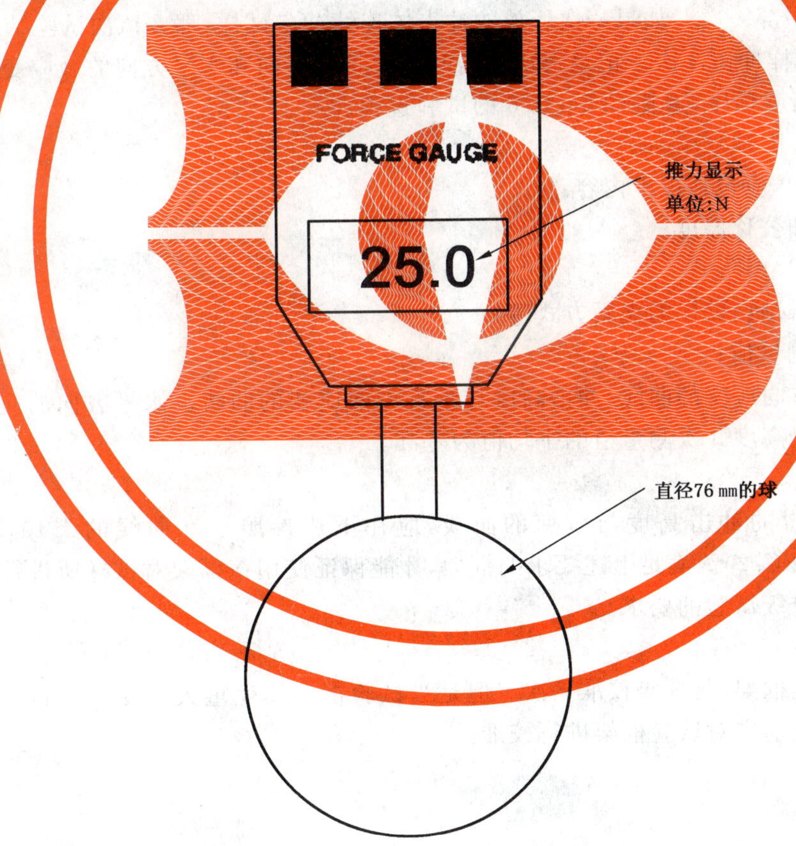

图 B.1 测力装置示意图

附 录 C
（资料性附录）
双轮胎冲击试验框架校准

C.1 为确保进行双轮胎冲击试验使用的框架固定牢固并具有足够的刚度，应考虑对试验框架及时校准。

C.2 框架校准时采用的试样为10 mm厚的钠钙硅钢化玻璃，规格为：(1 938±2)mm×(874±2)mm；试验前，试样应在(20±5)℃的环境下存放至少12 h。校准试验的环境温度为(20±5)℃。

C.3 在试样的中央粘贴直角应变计，用动态应变仪测量在冲击过程中试样水平方向和垂直方向的应变。应变片应满足下列要求：a) 24 ℃时的电阻为：350.0 Ω±0.5%；b)栅丝长度为：38 mm；c)栅丝宽度为：4.57 mm。动态应变仪数据采集频率不应小于100 kHz。

C.4 把用于校准框架的试验片用夹紧框固定在试验框内，试样贴有应变片的一面为非冲击面。

C.5 冲击体为双轮胎(见附录A)把冲击体升至表C.1中的最低高度，使冲击体保持静止并使其最大直径与冲击体的悬挂绳索保持一致。在每个冲击高度，将初速度为零的冲击体释放，使冲击体以摆锤式自由下落垂直冲击试样的中部一次。如果一次释放的冲击体连续冲击试样，那么该次试验结果无效。

C.6 在每个冲击高度对试样冲击3次。记录每次冲击时试样垂直方向和水平方向的微应变。

C.7 按表C.1中的冲击高度顺序，重复C.5～C.6的试验过程。

C.8 框架校准试验报告

在框架校准试验报告中，应包括以下内容：

a) 玻璃试样的类型和公称厚度；

b) 玻璃试样的规格尺寸；

c) 试验框架的描述(材质、试样的夹紧方式等)；

d) 每个冲击高度的测量值；

e) 冲击高度与水平方向应变的曲线；冲击高度与垂直方向应变的曲线。水平方向的应变和垂直方向的应变以每个高度3次测量值的平均值为基准。

C.9 框架校准参照曲线

在被校准的框架上获得的冲击高度与应变的曲线，应在下述参照校准曲线的±10%以内(见表C.2、表C.3、图C.1和图C.2)。满足上述要求的框架，才能保证使用该框架对试样所进行的双轮胎冲击试验获得的级别满足分级试验的要求。

C.10 校准频次

双轮胎冲击试验的试验框架，每3年校准一次。但是当试验框架发生重大改变时(如结构件、夹紧系统等发生了变化)，在试验前应对试验框架进行校准。

表 C.1　校准框架用冲击高度

冲击高度/mm
200
250
300
450
700
1 200

表 C.2　双轮胎冲击试验水平微应变参考平均峰值

冲击高度/mm	平均值	平均值－10%	平均值＋10%
200	1 275	1 147	1 402
250	1 418	1 276	1 559
300	1 542	1 388	1 696
450	1 793	1 613	1 972
700	2 063	1 857	2 269
1 200	2 503	2 252	2 753

表 C.3　双轮胎冲击试验垂直微应变参考平均峰值

冲击高度/mm	平均值	平均值－10%	平均值＋10%
200	805	724	885
250	911	820	1 002
300	1 013	912	1 114
450	1 181	1 063	1 299
700	1 389	1 250	1 528
1 200	1 742	1 567	1 916

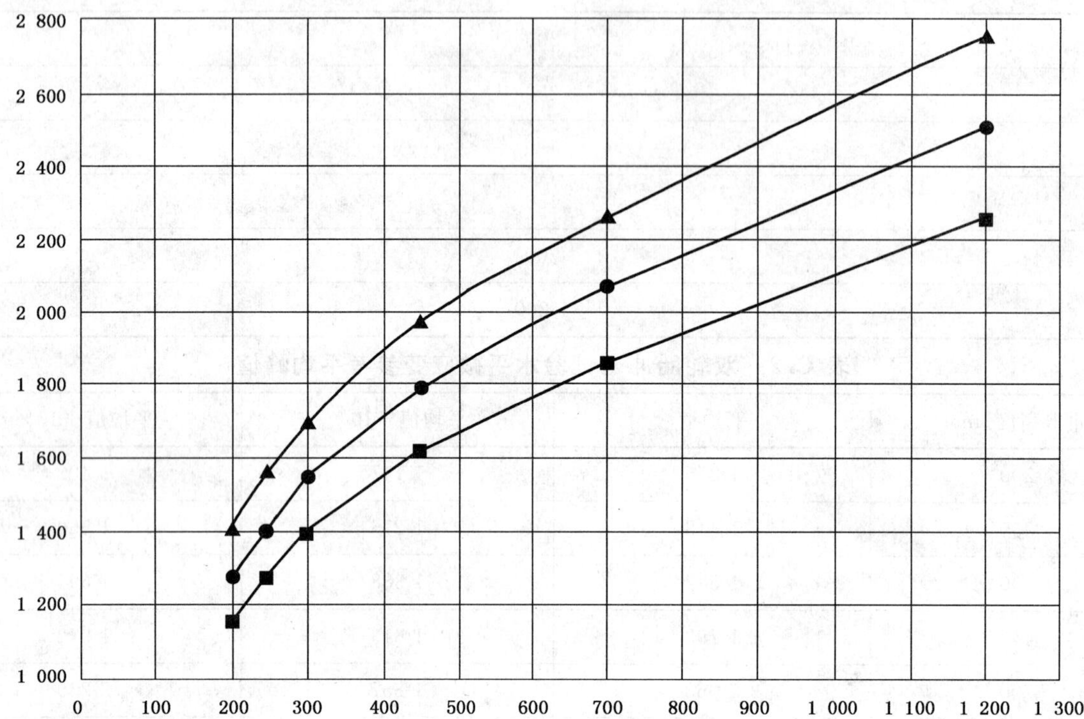

●——平均值；

■——平均值－10％；

▲——平均值＋10％。

图 C.1 双轮胎冲击试验水平微应变参考平均峰值

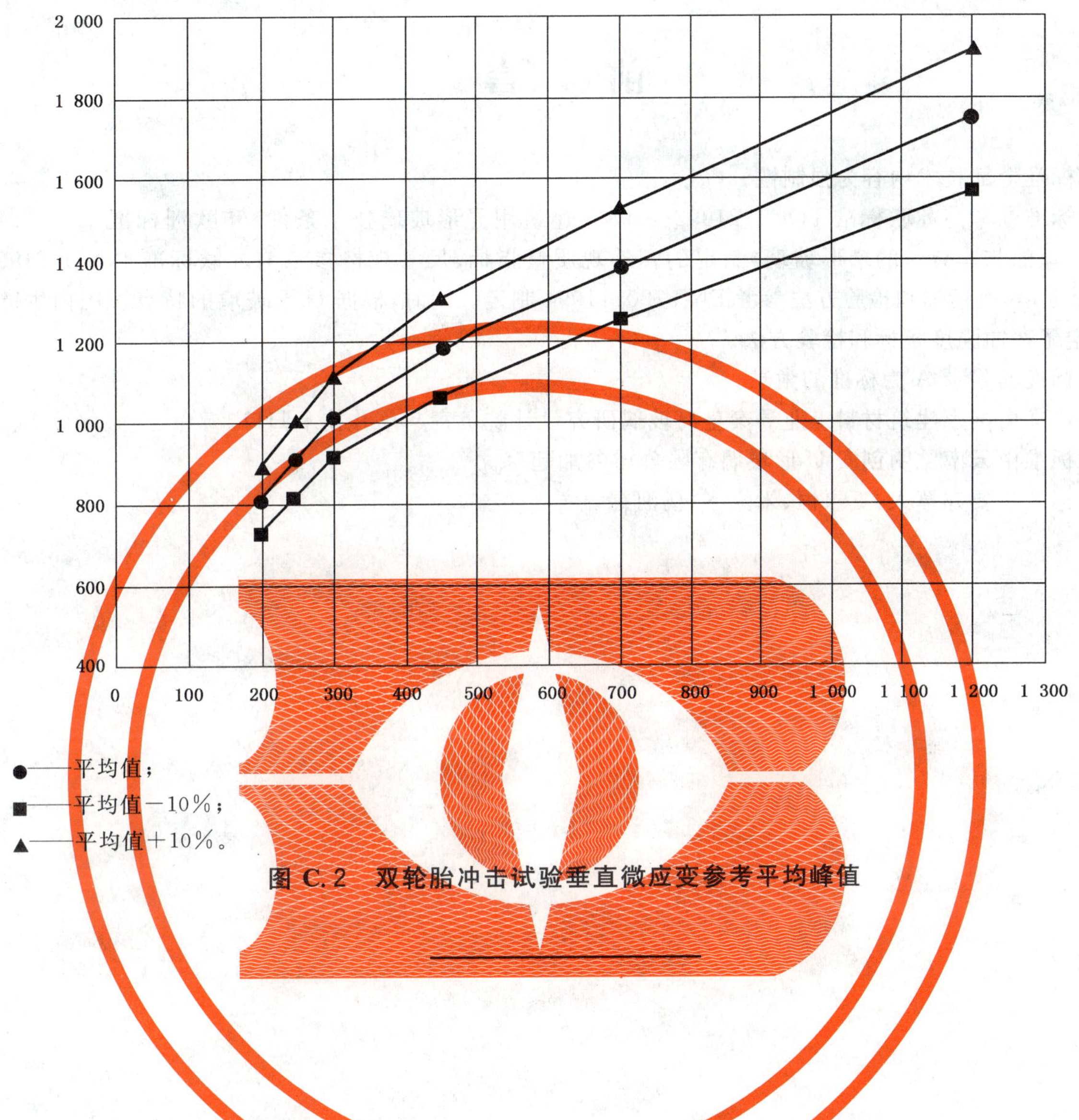

图 C.2　双轮胎冲击试验垂直微应变参考平均峰值

前　言

本标准全部技术内容为强制性。

本标准参考前苏联标准 ГОСТ 21992—1983《建筑用异形玻璃技术条件》和欧洲标准 EN 57207:1994《夹丝的与非夹丝的槽形玻璃》制定的。外观质量指标、尺寸规格参考前苏联标准 ГОСТ 21992:1983 制定，其他指标和检验方法参考 EN 57207:1994 制定。同时，根据 U 形玻璃的特点及国内生产情况，确定了弯曲强度指标和检验方法。

本标准的附录 A 为标准的附录。

本标准由国家建筑材料工业局秦皇岛玻璃研究设计院负责起草并技术归口。

本标准由云南昆明创安 U 形玻璃有限公司参加起草。

本标准主要起草人：王永恒、米家华、杨河禄。

中华人民共和国建材行业标准

建筑用U形玻璃

JC/T 867—2000

Construction U shape glass

1 范围

本标准规定了建筑用U形玻璃的分类、尺寸规格、要求、检验方法、检验规则、包装、运输和贮存。

本标准适用于建筑等用的U形玻璃。

2 引用标准

下列标准所包含的条文，通过在本标准中引用而构成为本标准的条文。本标准出版时，所示版本均为有效。所有标准都会被修订，使用本标准的各方应探讨使用下列标准最新版本的可能性。

GB/T 707—1988 热轧槽钢尺寸、外形、重量及允许偏差

GB/T 2680—1994 建筑玻璃 可见光透射比、太阳光直接透射比、太阳能总透射比、紫外线透射比及有关窗玻璃参数的测定(neq ISO 9050：1990)

GB/T 6092—1985 90°角尺

GB/T 9056—1988 钢直尺(neq ISO 5466：1980)

3 定义

本标准采用下列定义。

U形玻璃 construction U shape glass

以玻璃配合料的连续熔化、压延、成形、退火为主要工艺生产的玻璃。

4 产品分类、规格及尺寸偏差

4.1 产品分类

4.1.1 根据形状分为U形玻璃和双U形玻璃。产品横截面呈U形的玻璃为U形玻璃；横截面呈双U形的玻璃为双U形玻璃。

4.1.2 U形玻璃和双U形玻璃应符合图1和图2的规定。

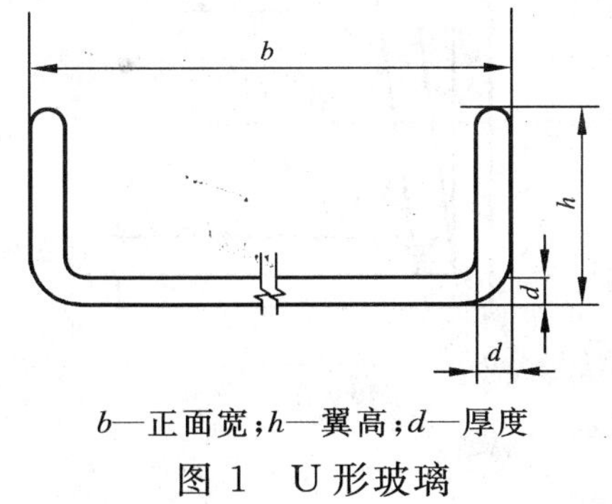

b—正面宽；h—翼高；d—厚度

图1 U形玻璃

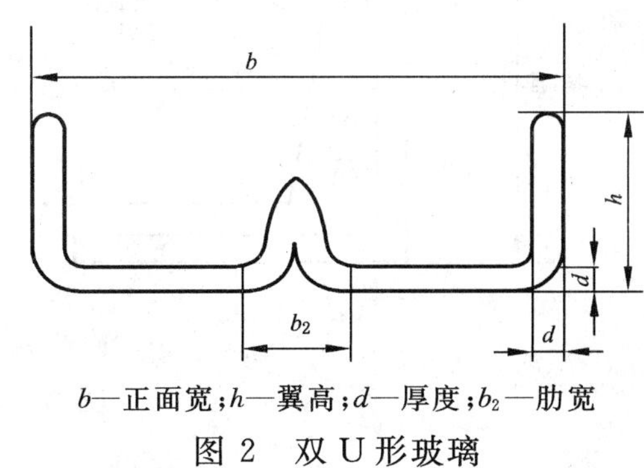

b—正面宽；h—翼高；d—厚度；b_2—肋宽

图2 双U形玻璃

国家建筑材料工业局2000-09-13批准 2001-01-01实施

4.2 规格及尺寸偏差

U 形玻璃的规格尺寸及偏差应符合表 1 的规定，其他规格尺寸的 U 形玻璃由供需双方商定。

表 1 U 形玻璃的规格及尺寸偏差 mm

种　类	正面宽 $b\pm2$	翼　高 $h\pm2$	厚　度 $d\pm0.5$	最大出厂长度 $L\pm3$	肋　宽 $b_2\pm5$
U 形玻璃	260	41	6	6 000	—
	260	60	7	7 000	—
	330	41	6	6 000	—
	330	60	7	7 000	—
	500	41	6	4 000	—
	500	60	7	4 000	—
双 U 形玻璃	600	50	5.5	3 600	35
注：最大出厂长度不等于使用长度。					

5 要求

5.1 U 形玻璃可以是有色或无色的，可以是夹丝(网)的或不夹丝(网)的，表面可以是光滑的或有花纹图案的。

5.2 玻璃的颜色、表面特征、表面花纹图案应符合按生产者向用户推荐的或合同规定的样板。

5.3 夹丝(网)U 形玻璃内所夹的金属丝(网)应采用直径 0.3～0.7 mm 的金属丝(网)。

5.4 U 形玻璃内所夹的金属丝应与玻璃的长度方向平行分布。U 形玻璃内所夹的金属丝间的距离应为 30 mm±5 mm，所夹丝网的纵向丝和横向丝应分别与 U 形玻璃的长度方向和横向方向平行。

5.5 U 形玻璃内所夹金属丝偏差(见图 4)每米不应超过 5 mm。

5.6 翼偏斜度 U 形玻璃翼面和一个与玻璃正面垂直的面之间的误差 Z 不得大于 2 mm，见图 3。

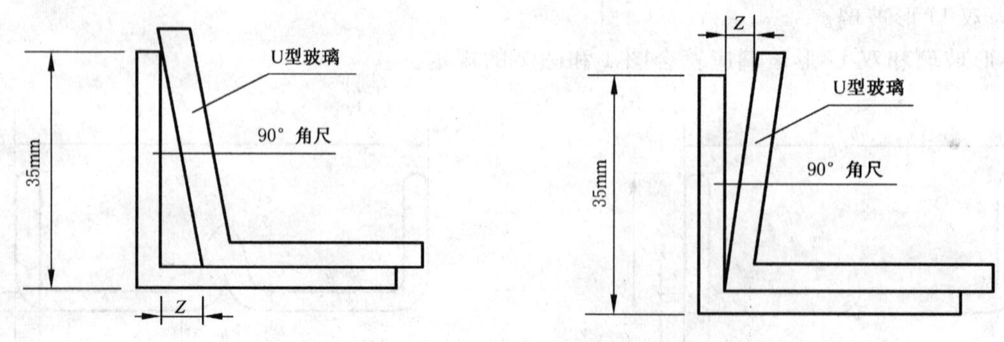

图 3 翼偏斜度的确定

5.7 U 形玻璃的外观质量应符合表 2 的规定。

表 2　U 形玻璃正面的外观质量

缺陷名称		1 m 延长玻璃	
		优等品	合格品
开口气泡		不允许有	
闭口气泡	φ<1 mm	在 10 cm 直线距离内不允许有相邻的气泡	不限
	φ=1～3 mm	不允许多于 6 个	不限
	3 mm<φ<8 mm	1 个	20 个
	φ>8 mm	不允许有	
破坏性疙瘩(未熔化的耐火材料颗粒)		不允许有	
非破坏性疙瘩(未熔化的耐火材料颗粒、结晶体等) φ<1 mm φ=1～2 mm		 不限 不允许多于 3 个	 不限 不允许多于 5 个
丝状气泡、波筋、划痕、褶皱		不允许有	不限
突出玻璃表面的线道或条纹及有损外观的花纹变形(压花 U 形玻璃)		不允许有	
缺角和端头缺口		不允许超过 5 mm	不允许超过 10 mm
端头突出		不允许有	
开口裂痕和小裂痕		不允许有	
斑点、条带等色调不均现象(本体着色玻璃)		不允许有	
夹丝玻璃	被氧化着色的夹丝	不允许有	总长不允许超过 2 mm
	夹丝接头	不允许有	不超过 1 处
	夹丝断开超过 30 mm	不允许有	不超过 1 处
	夹丝露头	不允许有	

5.8　U 形玻璃的可见光透射比应符合表 3 的规定。

表 3　U 形玻璃的可见光透射比

玻璃的种类	玻璃的表面特征	可见光透射比/%
不夹丝的 U 形玻璃和双 U 形玻璃	平滑	≥65
	带波纹或花纹图案	≥55
夹丝 U 形玻璃和双 U 形玻璃	平滑	≥55

5.9　U 形玻璃的抗弯曲性能不得低于表 4 所列数值。

表 4　U 形玻璃的抗弯曲性能

玻璃摆放方式	产品规格		允许荷载×9.8 N
	厚度/mm	正面宽/mm	
翼朝上	6	260	100
	6	330	110
	6	500	120
翼朝下	6	260	40
	6	330	40
	6	500	40

6　试验方法

6.1　尺寸偏差

6.1.1　U 形玻璃的正面宽和翼高用游标卡尺在玻璃的两端测量，取其平均值。

6.1.2　U 形玻璃的厚度用游标卡尺从玻璃正面及翼的每端测量。

6.1.3　U 形玻璃的长度用钢卷尺沿玻璃正面的中央测量。

6.2　翼偏斜度的测量。随机抽取 U 形玻璃 20 块，用符合 GB/T 6092 的 90°角尺进行测量。将 90°角尺紧贴 U 形玻璃，然后用塞尺测量翼面与直尺之间的最大距离。

6.3　金属丝偏差的测量。随机抽取 U 形玻璃 20 块。将一根直的铁丝或一个直尺的边作为参照物，置于与玻璃正面中心轴线平行的位置上，用符合 GB/T 9056 的钢直尺测出金属丝相对于该参照物的偏斜距离 Y。见图 4。

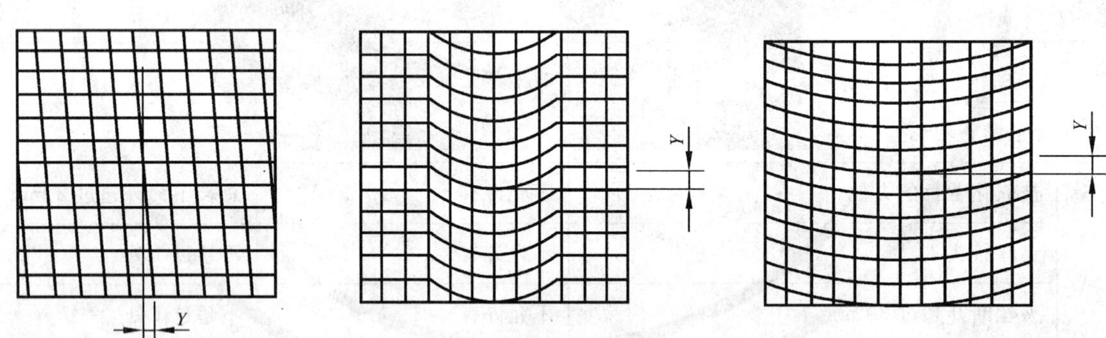

图 4　金属丝偏差的测量

6.4　U 形玻璃的外观质量在散射光照条件下距离玻璃 1 m 处目测检查。具体尺寸用符合GB/T 9056 的钢直尺测量。

6.5　可见光透射比测定：随机抽取 U 形玻璃 20 块，按 GB/T 2680 进行测定。

6.6　U 形玻璃的抗弯曲性能按附录 A 进行测定。

7　检验规则

7.1　检验分类

检验分出厂检验和型式检验。出厂检验项目为尺寸偏差和外观质量。型式检验项目为本标准规定的全部技术要求。

7.2　抽样与组批规则

7.2.1　产品的尺寸偏差、外观质量按表 5 规定进行随机抽样。

表 5　U 形玻璃抽样检测取样　　块

每批玻璃数	检验阶段	一次样品量	二次样品累计量	允许的不合格品数	基准不合格品数
51～90	第一次	8	8	1	4
	第二次	8	16	4	5
91～150	第一次	13	13	2	5
	第二次	13	26	6	7
151～280	第一次	20	20	3	7
	第二次	20	40	8	9
281～500	第一次	32	32	5	9
	第二次	32	64	12	13
501～1 200	第一次	50	50	7	11
	第二次	50	100	18	19

7.2.2　对产品的其他性能，根据试验方法所要求的数量从该批产品中随机抽取。

7.2.3　以同等规格、同等颜色、同等表面状态、同等夹丝的玻璃组成一批。

7.3　判定规则

7.3.1　第一次取样时，如果不合格的玻璃块数小于或等于允许的不合格品数，则该批玻璃为合格。若不合格的玻璃块数大于或等于基准不合格品数，则该批玻璃被视为不合格，无须进行第二次取样。

如果每一次取样中不合格的玻璃的块数大于允许的不合格品数，但小于基准不合格品数，则应进行第二次取样。

7.3.2　如果两次样品的累计量中不合格的玻璃块数小于或等于允许的不合格品数，则这批玻璃为合格。如果两次样品的累计量不合格的玻璃块数大于或等于基准不合格品数，则该批玻璃被视为不合格。

7.3.3　U 形玻璃的金属丝偏差、翼偏斜度、可见光透射比和抗弯曲性能也应符合 5.5、5.6、5.8、5.9 的规定。否则认为该项不合格。

7.3.4　若上述各项中有一项不合格，则认为该批产品不合格。

8　标志、包装、运输和贮存

8.1　同品种、同规格、同等级的 U 形或双 U 形玻璃应翼对翼成对扣在一起，数对为一组，用胶带纸或塑料编织带捆绑，装入木箱，箱内可填泡沫塑料等材料起固定和缓冲作用。包装箱外面应标有“易碎”的字样或标记。

8.2　每个包装箱内应附有一张装箱单，内容包括：

a) 生产厂名称和产品商标；

b) 玻璃型号、颜色；

c) 玻璃数量(m^2)；

d) 包装员号码及包装日期。

8.3　U 形玻璃可用任何运输工具运输。装运时，应使玻璃的端头朝着运输工具的运动方向。

8.4　U 形玻璃应正面垂直码放在通风良好的场所，码放高度不得多于六层。

附 录 A
（标准的附录）
U形玻璃抗弯曲性能试验方法

A.1 装置和材料

四等标准砝码。

支架，用符合 GB/T 707 的槽钢制成，见图 A.1。

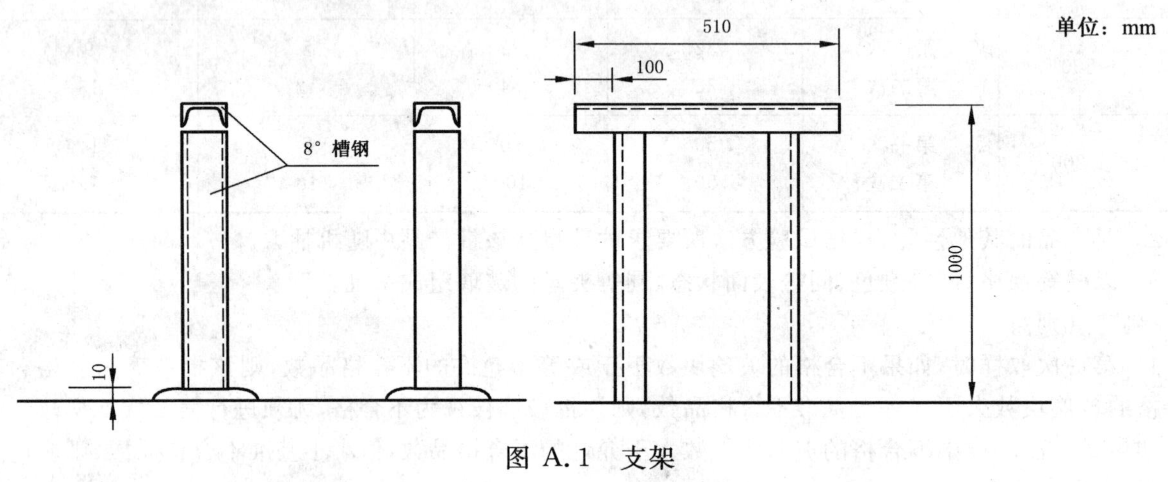

图 A.1 支架

A.2 试样

随机抽取长度为 2 000 mm（或 2 500 mm）的 U 形玻璃 20 块作为试样。

A.3 试验方法

将 U 形玻璃试样放在支架上，玻璃与支架之间放置宽 80 mm、厚 20 mm 的聚苯乙烯泡沫垫。玻璃的两头端部各距泡沫垫中心 100 mm，支架间距离 2 m。见图 A.2。

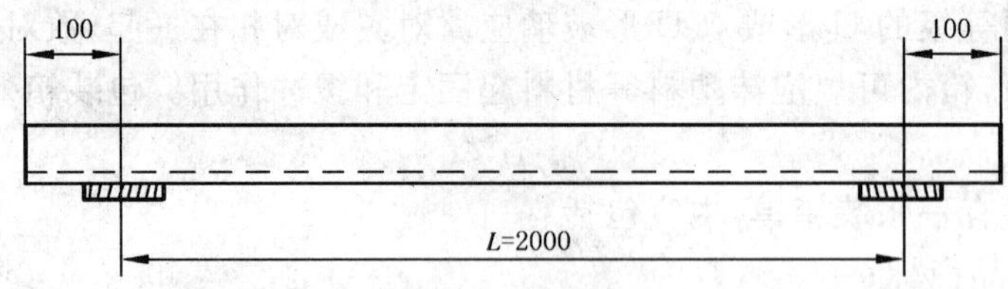

图 A.2 U 形玻璃的放置

将测试玻璃翼边向上或向下，水平放置于泡沫垫上，调整好距离，在其跨距中心处设高度游标卡尺，此时游标卡尺的读数为挠度的基准读数，然后在玻璃中部放置标准砝码作集中荷载的试验，每放置一块标准砝码，用高度游标卡尺测其挠度读数，当累计挠度读数大于 14 mm 时，此时玻璃不破坏，加用小砝码直至破坏。

前　言

本标准在技术要求和检验方法上，参考了德国标准 DIN 1238：1983《镀银玻璃镜》和比利时标准 NBN S23：001《镜子质量检测》，确定了严格的质量要求，以利于生产并更好地满足用户的需要。

本标准由国家建筑材料工业局秦皇岛玻璃工业研究设计院提出。

本标准由国家建筑材料工业局秦皇岛玻璃工业研究设计院归口并负责解释。

本标准起草单位：国家建筑材料工业局秦皇岛玻璃工业研究设计院、洛玻集团晶宝玻璃有限公司。

本标准主要起草人：梁中生、洪伟民、王守云、郭岩伟、常秀云、王惠如、杨晨。

中华人民共和国建材行业标准

镀银玻璃镜

JC/T 871—2000

Silver coated glass mirror

1 范围

本标准规定了镀银玻璃镜的标记、技术要求、试验方法、检验规则及包装、标志、运输和贮存等。

本标准适用于以玻璃为基片，镀覆金属银膜、铜膜和保护漆，在室内使用的镀银玻璃镜片。

2 引用标准

下列标准所包含的条文，通过在本标准中引用而构成为本标准的条文。本标准出版时，所示版本均为有效。所有标准都会被修订，使用本标准的各方应探讨使用下列标准最新版本的可能性。

GB/T 1764—1979 漆膜厚度测定法

GB/T 1771—1991 色漆和清漆 耐中性盐雾性能的测定(eqv ISO 7253：1984)

GB/T 2680—1994 建筑玻璃 可见光直接透射比、太阳能总透射比、紫外线透射比及有关窗玻璃参数的测定(neq ISO 9050：1990)

GB 11614—1999 浮法玻璃

3 分类

按颜色分：无色银镜；有色银镜。

按厚度分：2 mm、3 mm、4 mm、5 mm、6 mm、8 mm、10 mm。

4 定义

4.1 镀银玻璃镜 silver coated glass mirror

在优质浮法玻璃或磨光玻璃基片上镀有一层反光的银层，银层上镀一层铜，再以镜背漆为保护层的镜子，简称银镜，代号为 SGM。

4.2 固定尺寸 regular size

固定尺寸是镜子的出厂尺寸，形状为矩型或其他形状。

4.3 标准尺寸 standard size

标准尺寸是镜子生产过程中的常规尺寸。固定尺寸可由标准尺寸改裁。

5 产品标记

产品标记由产品名称、代号及规格尺寸三部分组成。

标记示例：长为 2 000 mm，宽为 1 500 mm，厚为 5 mm 镀银玻璃镜标记为：

镀银玻璃镜 SGM—2 000×1 500×5

6 技术要求

6.1 原材料

国家建筑材料工业局2000-12-25批准 2001-05-01实施

6.1.1 玻璃原片

采用GB 11614标准中规定的浮法玻璃制镜级或相当于浮法玻璃制镜级的玻璃原片或磨光玻璃。

6.1.2 化学制剂

采用适合生产线生产的优质化学制剂。

6.2 镀层和涂层(反射层和保护层)

镀层由银层和铜层组成,涂层由一层或几层漆层组成。一层漆用面漆,两层漆为底漆和面漆,如图1所示。

6.2.1 银层

银层是通过化学过程沉积到玻璃板面上的反射层,对可见光具有均匀的反射性能。银层中的银含量应不小于700 mg/m^2。

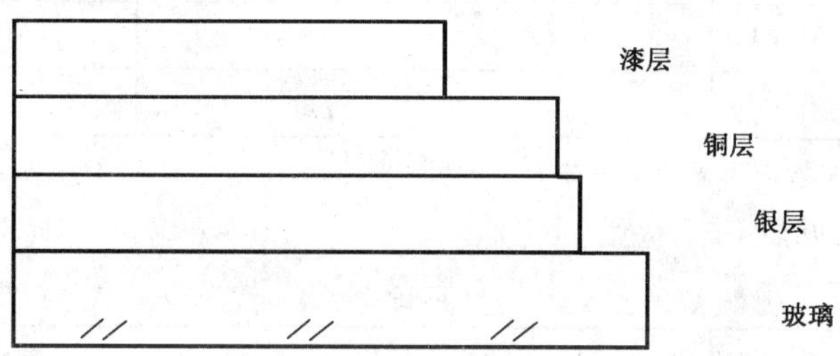

图1 镀层和涂层结构示意图

6.2.2 铜层

铜层是通过化学过程沉积到银层上的保护层,也是对反射层的补充,因此铜层应完全覆盖银层。铜层中铜的含量应不小于200 mg/m^2。

6.2.3 漆层

漆层用以保护银层和铜层。漆层由一层或多层组成,目前生产厂家一般是由一层面漆组成。为了检测方便,底漆和面漆要用不同颜色,且应是均匀的。

对于单层漆来说,漆层厚度应不小于40 μm。对于两层漆来说,漆层厚度应不小于50 μm,其中底漆厚度应不小于20 μm。

6.3 物化稳定性

6.3.1 抗剪切强度

镀层与涂层及镀层与玻璃间的抗剪切强度应不小于15 N/cm^2。

6.3.2 抗湿热性能

在抗湿热试验后,试验后样品的反射镀层不能出现任何明显的变化,保护涂层不能有鼓泡或分离现象。

6.3.3 抗中性盐雾性能

在抗中性盐雾试验后样品的反射层允许4个直径$d \leqslant 0.3$ mm的变点和2个直径$d \leqslant 2.5$ mm的保护涂层变点,边缘涂层损失最大向里延伸不大于3.5 mm。

6.4 光学性能

银镜的可见光反射率应不小于85%。

对于有色银镜其可见光反射率应不小于75%,或由供需双方协商决定。

6.5 厚度允许偏差应符合表1规定。同一片玻璃厚薄差,厚度2 mm、3 mm、4 mm为0.25 mm,5 mm、6 mm、8 mm、10 mm为0.35 mm。

表 1

mm

厚　　度	允许偏差
2,3,4	±0.25
5,6	±0.30
8,10	±0.40

6.6 尺寸允许偏差

6.6.1 矩形固定尺寸允许偏差应符合表 2 规定。

表 2

mm

厚　　度	允　许　偏　差	
	≤1 500	>1 500
2,3,4,5,6	±1.5	±2.0
8,10	±2.0	±3.0

注：对于非矩形产品尺寸偏差由供需双方商定。

6.6.2 标准尺寸允许偏差见表 3。

表 3

mm

厚　　度	允　许　偏　差	
	≤1 500	>1 500
2,3,4,5,6	±3	±4
8,10	±4	±5

6.6.3 银镜的对角线差应不大于对角线平均长度的 0.2%。

6.7 银镜的外观质量应符合表 4 的规定。其他项目如气泡、夹杂物、光学变形、线道、断面缺陷等按 GB 11614中 4.5 制镜级浮法玻璃外观质量规定执行。4 mm、8 mm、10 mm 镜片的外观质量，根据用户的要求或供需双方协商解决。

表 4

mm

缺陷名称	质　量　要　求
划　　伤	长<30 mm，宽≤0.1 mm，2 条/m^2 银镜 宽>0.1 mm，不许有
发霉斑迹	按 7.9 检测，肉眼不应看见
疵　　点	直径为 0.2～0.3 mm，2 条/m^2 银镜 直径≥0.4 mm，不许有

7 试验方法

7.1 银层

镜子单位面积银的含量由滴定法测定。

所用试剂包括：

浓硝酸；

硫酸铁氨溶液；

0.01M 的 KCNS 标准溶液；

所用试剂均为分析纯试剂。

具体操作步骤如下：取样 100 mm×100 mm 银镜片，将之放入 500 mL 陶瓷皿中，用浓硝酸将银膜溶解，然后用去离子水将镜片的银全部冲洗下来。将含银的溶液收集到烧杯中，然后滴入 10 滴硫酸铁氨溶液并搅拌均匀。用 0.01 M 的 KCNS 标准溶液滴定至溶液呈粉红色，并可保持 1～2 min。记录所用的滴定溶液的值 W。

银层中的银含量按式(1)计算：

$$m=W\times 108 \qquad (1)$$

式中：m——银层中的银含量，mg/m²；

W——滴定时所消耗的 KCNS 标准溶液的体积，mL；

108——计算常数。

7.2 铜层

镜子单位面积铜的含量由滴定法测定。

所用试剂包括：

浓氨水；

0.01M 的 EDTA 标准溶液；

紫尿酸氨指示剂；

所用试剂均采用分析纯试剂。

取样 100 mm×100 mm 银镜片，将之放入 500 mL 陶瓷皿中，用浓氨水将铜膜溶解，然后用去离子水将镜片上的铜全部冲洗下来。将所有含铜的溶液收集到烧杯中，然后滴入 3～4 滴紫尿酸氨指示剂并搅拌均匀。用 0.01M EDTA 标准溶液滴定至杯中溶液呈紫色，并可保持 1～2 min。记录所用的滴定溶液的量 W。

铜层中的铜含量按式(2)计算：

$$m=W\times 63.5 \qquad (2)$$

式中：m——银层中的铜含量，mg/m²；

W——滴定时所消耗的 EDTA 标准溶液的体积，mL；

63.5——计算常数。

7.3 漆层厚度

按照 GB/T 1764 进行测定。

7.4 抗剪切强度

抗剪切强度是检验镀层与涂层及镀层与玻璃间的粘接强度，基本原理为：在镜片有背漆的一面，用合适的胶粘接一片金属，用以悬挂重物。胶硬化后，将镜片固定在检验支架上，在悬挂金属上连一个小盘，小盘中逐渐增加砝码的重量，直到允许的剪切力值。再根据剪切强度的计算公式[式(3)]计算剪切强度。

$$\tau=Q/A \qquad (3)$$

式中：τ——涂层的剪切强度，N/cm²；

Q——悬挂重物的重力，N；

A——悬挂金属与镜片的接触面积，cm²。

该试验具体测试步骤如下：如图 2。在镜片有背漆的一面，用合适的胶粘接一片 100 mm×100 mm×1 mm 的金属。胶硬化后，将镜片固定在检验支架上，在悬挂金属上的小盘中放 20 kg 的重物，每隔 24 h 再加 5 kg 的质量，直到发现涂层、银层和玻璃有分离和剥落现象，则根据此时所加重物的总质量计算剪切强度。

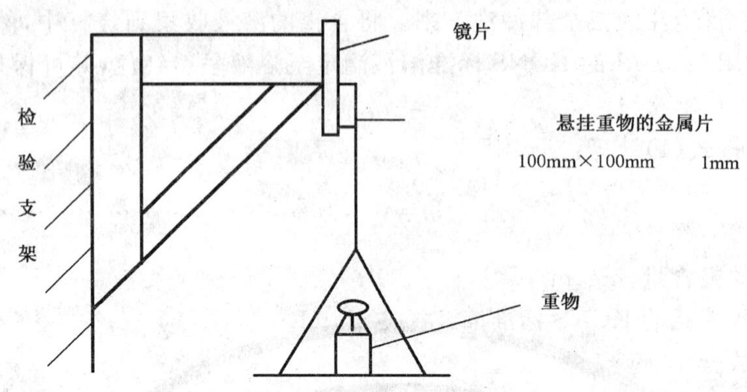

图 2 抗剪切强度测试示意图

7.5 抗湿热性能

将 100 mm×100 mm 的三块样品放置于调温调湿箱中，与水平成 65°～80°角，漆面朝上，调节温度为最初 55℃±1℃，湿度为 90%，到达 55℃时开始计时 400 h，取出用软布或脱脂棉清洁表面，观察试验结果。

7.6 抗中性盐雾性能

按照 GB/T 1771 进行测定。将 100 mm×100 mm 样品三块置于盐雾试验箱中，与水平成 65°～80°夹角，漆面朝上，每 24 h 反转 180°，连续测试 240 h，取出检验。

7.7 银镜厚度、尺寸及对角线偏差

按照 GB 11614—1999 中 5.1、5.2 和 5.4 规定的方法进行检测。

7.8 光学性能

银镜的可见光反射率按照 GB/T 2680 进行检测。

7.9 外观质量

镜子的外观质量按照 GB 11614—1999 中 5.3 规定的方法进行检验。

将镜子置于距检测者 600 mm 的位置，垂直于肉眼直视方向，直接用肉眼观察，诸如线道、划伤、疵点、镜背漆覆盖情况、气泡等缺陷。

8 检验规则

8.1 检验分类

检验分为出厂检验和型式检验

8.1.1 型式检验为标准中规定的所有技术要求，当符合下列条件之一时应进行型式检验。

a) 首次生产时；

b) 停产一年以上，再次恢复生产时；

c) 原材料和工艺方法有较大变化，影响生产时；

d) 产品质量监督部门和主管部门提出要求时；

e) 产品正常生产满一年时。

8.1.2 镜片产品出厂必须进行出厂检验。出厂检验的项目为本标准中 6.4、6.5、6.6、6.7 所规定的项目。

8.2 组批与抽样

8.2.1 组批

同一颜色、同一材料、同一方法、同一规格的产品为一批。产量大时，以每 1000 片组批，分批抽取试样。

8.2.2 抽样

产品出厂检验在每批中随机取样，批量及抽样数应符合表5规定。

表5

片

批量范围	样本片数	合格判定数
≤50	8	≤1
51～90	13	≤2
91～150	20	≤3
151～280	32	≤5
281～500	50	≤7
501～1 000	80	≤10

8.3 判定规则

8.3.1 一片镜片检验结果，各项指标均达到技术要求为合格。

8.3.2 产品出厂检验时，一批镜片检验结果，若不合格片数大于表5中合格判定数，则认为该批产品不合格。

8.3.3 产品型式检验时，一批镜片检验结果，若不合格片数大于表5中合格判定数，则认为该批产品不合格。

9 包装、标志、运输和贮存

9.1 银镜应用木箱或用集装箱架包装，包装时镜片之间应衬垫纸、薄泡沫或防划伤材料，严禁在一片镜片上滑动另一片镜片。

9.2 包装箱上应有生产厂名、规格、数量、生产日期和“易碎、防晒、怕湿、向上”等标志。

9.3 银镜产品在装卸时一定要轻搬轻吊轻放按规定在吊装点吊装。镜片运输时应和其他玻璃镜片一样顺车辆运动方向放置，用绳索固定箱架，防止滑动和倾倒，且有防晒和防雨措施。

9.4 贮存

9.4.1 银镜不得露天存放，必须存放于干燥通风的房间或厂房内，严禁落地平放或斜放。

9.4.2 不得与氢氟酸、纯碱等对镜面有腐蚀作用的产品同车运输，或贮存一库，不得与氢氟酸、纯碱等物品接触。

前　言

本标准根据我国对建筑装饰用微晶玻璃多年的研究、生产和使用经验,并经广泛调研、验证而制定。目前国际上尚无同类的国际标准,对微晶玻璃研制生产较早的日本、美国、前苏联等先进国家亦无同类产品国家标准。

本标准规定了建筑装饰用微晶玻璃外观质量、物理力学性能及化学特性等技术要求。

本标准由国家建材局标准化研究所提出,国家建材局人工晶体研究所归口。

本标准负责起草单位:国家建材局标准化研究所、国家建材局人工晶体研究所。

本标准主要参加起草单位:天津标准国际建材工业有限公司、广东中辰建材工业有限公司、唐山大唐饰材有限公司、赤峰华孚建材工业有限公司、山东沂滨建材有限公司。

本标准主要起草人:安建晔、王景祥、武庆涛、李永强、尹靖宇、陈国华、刘春刚、肖绍展、王顺军、梁开明、雷恒孚、戚永胜、陈志明。

本标准首次发布日期为2000年12月25日。

中华人民共和国建材行业标准

JC/T 872—2000

建筑装饰用微晶玻璃

Glass-ceramics for building decoration

1 范围

本标准规定了建筑装饰用微晶玻璃的定义、产品分类、技术要求、试验方法、检验规则、包装、标志、运输和贮存。

本标准适用于建筑装饰用微晶玻璃。

2 引用标准

下列标准所包含的条文，通过在本标准中引用而构成为本标准的条文。本标准出版时，所示版本均为有效。所有标准都会被修订，使用本标准的各方应探讨使用下列标准最新版本的可能性。

GB 191—1990 包装储运图示标志
GB 1214.1～1214.4—1996 游标卡尺
GB/T 9966.2—1988 天然饰面石材试验方法 弯曲强度试验方法
GB/T 9966.3—1988 天然饰面石材试验方法 体积密度、真密度、真气孔率、吸水率试验方法
GB 10633—1989 钢卷尺
GB/T 13891—1992 建筑饰面材料镜面光泽度测定方法
JB 2546—1989 钢平尺
JC 830.1～830.2—1998 干挂天然花岗石饰面建筑板材及其不锈钢配件

3 定义

本标准采用以下定义。

3.1 建筑装饰用微晶玻璃

由适当组成的玻璃颗粒经烧结和晶化，制成由结晶相和玻璃相组成的质地坚实、致密均匀的复相材料。

3.2 杂质

与微晶玻璃颜色图案基调不一致的异物。

3.3 气孔

微晶玻璃表面开口气泡。

4 产品分类

4.1 按颜色基调分类

基本色调有白色、米色、灰色、蓝色、绿色、红色和黑色等。

4.2 按形状分类

4.2.1 普型板(P)：正方形或长方形的板材。

4.2.2 异型板(Y)：其他形状的板材。

国家建筑材料工业局2000-12-25批准　　2001-05-01实施

4.3 按表面加工程度分类

4.3.1 镜面板(JM):表面平整呈镜面光泽的板。

4.3.2 亚光面板(YG):表面具有均匀细腻光漫反射能力的板。

4.4 等级

按板材的规格尺寸允许偏差、平面度公差、角度公差、外观质量、光泽度分为优等品(A)、合格品(B)两个等级。

4.5 标记

4.5.1 板材标记顺序:微晶玻璃、产品分类、规格尺寸、等级、标准号。

4.5.2 标记示例

规格为 600 mm×600 mm×15 mm、浅米色、普型、镜面、优等品微晶玻璃板材其标记为:

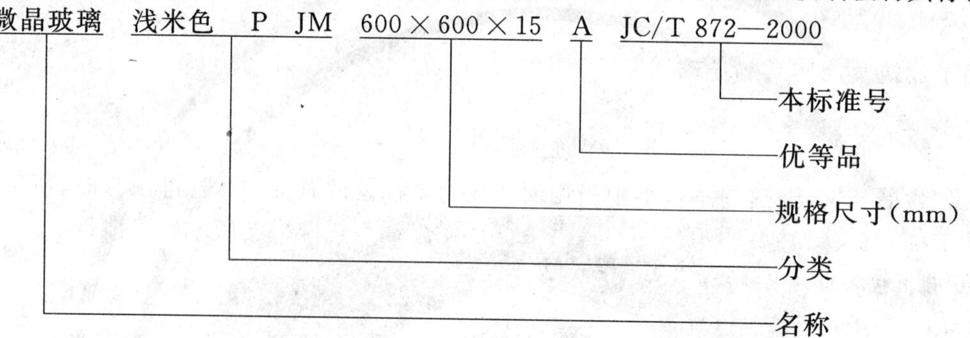

5 技术要求

5.1 规格尺寸允许偏差

5.1.1 普型板规格尺寸允许极限偏差应符合表 1 规定。

5.1.2 异型板规格尺寸允许偏差由供需双方商定。

表 1

mm

等级	优等品	合格品
长、宽度	0 −1.0	0 −1.5
厚度	±2.0	±2.5

注:以干挂方式安装时参照 JC 830.1～830.2—1998,可将长、宽度数值调整为优等(+0.5,−1.0),合格(+0.5,−1.5)。

5.2 平面度公差

平面度公差应符合表 2 规定。

表 2

mm

长、宽度范围	优等品	合格品
≤600×900	1.0	1.5
>600×900～≤900×1 200	1.2	2.0
>900×1 200	由供需双方商定	

5.3 角度公差

5.3.1 平面板材的角度公差优等品≤0.6 mm,合格品≤1.0 mm。

5.3.2 板材拼缝正面与侧面的夹角不得大于 90°。

5.4 外观质量

板材正面的外观缺陷应符合表 3 规定。

表 3

缺陷名称	规定内容	优等品	合格品
缺棱	长度、宽度不超过 10 mm×1 mm(长度小于 5 mm 不计),周边允许(个)	不允许	2
缺角	面积不超过 5 mm×2 mm(面积小于 2 mm×2 mm 不计)		
气孔	直径 ϕ mm $\phi>2.5$ $2.5\geqslant\phi\geqslant1$	不允许 5 个/m²	不允许 ≤10 个/m²
杂质	在距离板面 2 m 处目视观察,≥3 mm²	不大于 3 个/m²	不大于 5 个/m²

5.5 物理力学性能

5.5.1 光泽度

镜面板材的镜面光泽度优等品不低于 85 光泽单位,合格品不低于 75 光泽单位。

5.5.2 板材硬度为莫氏硬度 5~6 级。

5.5.3 弯曲强度不小于 30MPa。

5.5.4 抗急冷急热无裂隙(此指标仅对外墙装饰用微晶玻璃)。

5.5.5 色差

同一颜色同一批号板材花纹颜色基本一致。仲裁时色差不大于 2.0 CIELAB 色差单位。

5.6 化学稳定性

耐酸碱性应符合表 4 规定。

表 4

项　　目	条　　件	质量损失率(K)
耐酸性	1.0%硫酸溶液室温浸泡 650 h	$K\leqslant0.2\%$且外观无变化
耐碱性	1.0%氢氧化钠室温浸泡 650 h	$K\leqslant0.2\%$且外观无变化

6 试验方法

6.1 规格尺寸

用精度为 0.2mm 符合 GB 1214.1～ 1214.4 和 GB 10633 规定的游标卡尺、卷尺测量板的长度和宽度,准确至 0.2 mm。用精度为 0.1 mm 符合 GB 1214.1～1214.4 规定的游标卡尺测量板的厚度,准确至 0.1 mm。

长度、宽度分别测量 3 条直线,均于距边缘 20 mm 处测量,见图 1;厚度测量 4 条边的中点,见图 2。测量值减标称值的最大正值和最小负值表示长度、宽度、厚度的尺寸偏差。

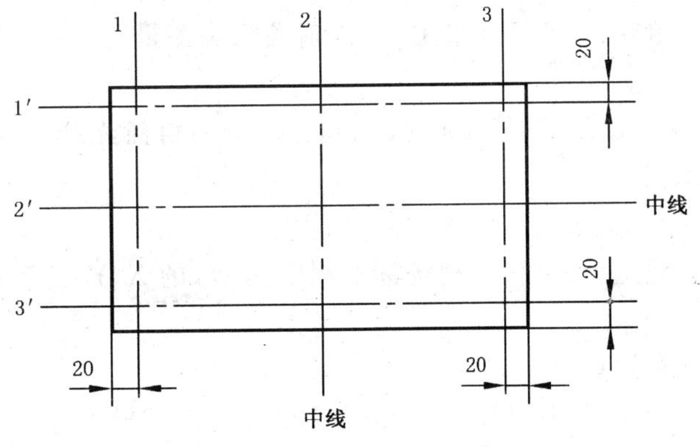

1、2、3—宽度测量线;1′、2′、3′—长度测量线

图 1

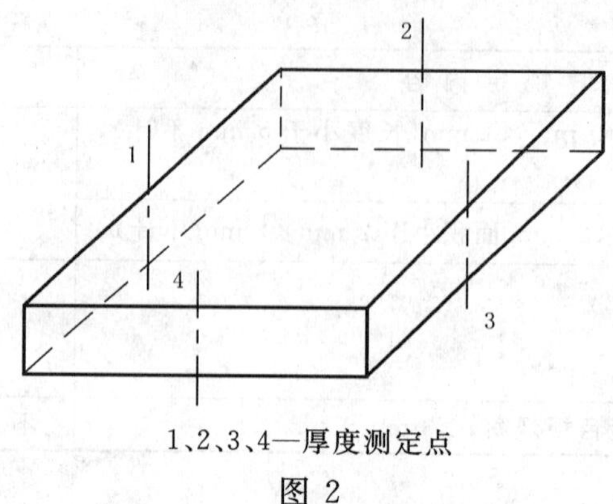

1、2、3、4—厚度测定点

图 2

6.2 平面度

将直线度公差为 0.1 mm 长度为 1m 符合 JB 2546 规定的钢平尺，依钢平尺自重紧贴在被检面的对角线上，用塞尺测量尺面与板面间的间隙；对角线长度大于 1 000 mm 时，沿对角线首尾相接分段测量。以最大间隙处塞尺片读数作为该板的平面度公差，读数准确至 0.10 mm。

6.3 角度

用内角垂直度公差为 0.13 mm，内角边长为 450 mm×400 mm 的 90°角尺。将角尺长边紧贴板长边，短边紧靠板的短边，用塞尺测量板与角尺 400 mm 短边之间的间隙，根据被测角大于或小于 90°的不同情况，分别相应在角尺根部或短边最长端处进行测量，对长边小于 450 mm 的板材测量两对角；对长边大于或等于 450 mm 的板材测量四个角。以最大间隙处所测得的塞尺读数作为该板的角度公差，读数准确至 0.1 mm。

6.4 外观质量

6.4.1 缺棱、缺角

将平尺紧靠有缺陷的部位，用精度为 0.02 mm 符合 GB 1214.1～1214.4 规定的游标卡尺测量缺陷的长度、宽度。

6.4.2 气孔

自然光条件下，将板材平放置地面，在距离板材 2m 处自视，对目测到的气孔使用精度为 0.02 mm 的游标卡尺测量其最大尺寸。

6.4.3 杂质

自然光条件下，将板材平放置地面，在距离板材 2m 处目视。对目测到的杂质使用精度为 0.02 mm 游标卡尺测量其最大尺寸，读数准确至 0.1 mm。

6.5 物理力学性能

6.5.1 光泽度

按 GB/T 13891—1992 的规定进行。采用 60°入射角探头测量。

6.5.2 色差

将选定的协议标准样品与被测试样同时放在地上，在室内自然光线充足的条件下，距 2.0 m 处目视。仲裁时采用下述方法测量。

6.5.2.1 测量方法

按 GB 11942—1989 的规定。采用 10°视场标准照明体 D_{65} 的 X、Y、Z 表色系统，据 CIELAB 均匀色空间色差公式计算。

6.5.2.2 同一块微晶玻璃的色差

在同一块微晶玻璃的四角和正中间取 100 mm×100 mm 的试样五块，试样外边缘距该块玻璃边缘 50 mm(如图 3 所示)以中间试样作为标准块，其余四块均与该块进行反射颜色比较，分别测得 4 个 $\Delta E_{ab}{}^{*}$ 值，4 个值的平均值即为该块微晶玻璃的色差。

6.5.2.3　一批微晶玻璃的色差

从一批微晶玻璃随机抽取五块，以每块的中间部位为测量点，测量其 L^*、a^*、b^* 值，以其中 a^* 或 b^* 最大或最小的 1 块作为标准块，其余四块均与该块进行反射颜色比较，分别测得 4 个 $\Delta E_{ab}{}^*$ 值，4 个值的平均值即为该批微晶玻璃的色差。

6.5.3　弯曲强度

6.5.3.1　试样尺寸长 160 mm±0.5 mm、宽 40 mm±0.5 mm、高 20 mm±0.5 mm(或板材厚度，高跨比为 1∶7)，用自来水洗净擦拭后自然风干 4 小时，受力面平行度在 0.08 mm 以内，每组 10 块。

6.5.3.2　试验方法及计算结果按 GB 9966.2 的规定进行。

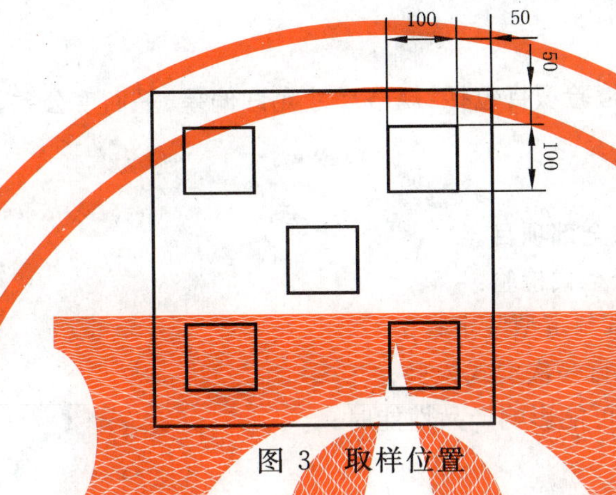

图 3　取样位置

6.5.4　莫氏硬度

6.5.4.1　用手在微晶玻璃表面以规定硬度的标准矿物刻划。

6.5.4.2　试验方法：取样品三块，光面朝上，放置到固定的垫板上。用手均匀用力将标准矿物的一个锐角划过受测样品的表面。目测样品表面上的划痕，以产生明显划痕的硬度标准矿物的最小级数作为该样品的莫氏硬度。若三块样品具有不同的硬度，则取硬度最小的作为试验结果。

6.6　耐急冷急热

6.6.1　试样尺寸为 100 mm× 80 mm×板材厚度，每组五块。

6.6.2　试验方法：将试样放置在较室温水高 95℃±1℃的干燥箱内恒温 4 h，放入不少于试样体积20倍室温水中冷却。然后用铁锤轻轻敲击试样各部位听其声音是否变哑并观察试样表面有无裂隙、掉边掉角等情况，有上述情况之一表明试样已损坏。

6.7　耐酸碱性

6.7.1　原理：试样在酸、碱溶液中浸泡一定时间称其质量的变化，用质量损失率表示。

6.7.2　试剂：硫酸溶液：取 1%(*V*/*V*)化学纯浓硫酸。

氢氧化钠溶液：取 1%(*m*/*m*)化学纯氢氧化钠。

6.7.3　试验条件

6.7.3.1　天平：最小称量 10 mg。

6.7.3.2　电热恒温干燥箱：室温～200℃。

6.7.3.3　容器：1 000 mL 的玻璃容器、塑料容器及细塑料棒数根。

6.7.3.4　干燥器

6.7.4　试样尺寸：取 20 mm×20 mm×20 mm，耐酸、耐碱各 5 块。

6.7.5　试验步骤

6.7.5.1　将试样放入 105℃±2℃电热恒温干燥箱中，恒温 4 h 后，取出放入干燥器内冷却至室温称其质量。再重复上述操作至试样恒量，称其质量(m_0)。

6.7.5.2　将已恒重的试样浸入盛有已配制好的硫酸溶液的玻璃容器中，(或已配制好的氢氧化钠溶液的塑料容器中)，液面应高出试样 30mm，试样与容器底用塑料棒隔开，容器口密封。浸泡 650 h，取出，用去离子水洗至 pH 值呈中性，再按 6.7.5.1 步骤进行操作，称出质量(m_1)。

6.7.5.3 结果计算：$K=(m_0-m_1)/m_0\times100$

式中：K——质量损失率，%；

m_0——浸泡前试样质量，g；

m_1——浸泡后试样质量，g。

取 5 块试样结果的算术平均值作为试验结果。

7 检验规则

7.1 出厂检验

每批产品应进行出厂检验，检验项目包括：规格尺寸允许偏差、平面度公差、角度公差、外观质量、镜面光泽度、色差。

7.2 型式检验

7.2.1 检验项目：技术要求中的全部项目。

7.2.2 有下列情况之一时，进行型式检验：

a) 新产品或老产品转厂的试制定型鉴定；

b) 正常生产时每 12 个月进行一次型式检验；

c) 工艺或原料有重大改变，可能影响产品性能时；

d) 产品停产后恢复生产时；

e) 出厂检验结果与上次型式检验有较大差异时；

f) 国家质量监督机构提出进行型式检验要求时。

7.3 组批与抽样规则

7.3.1 组批：以出厂的同一等级，连续生产的产品 600 m^2 为一批。不足 600 m^2 的按一批计算。

7.3.2 抽样

规格尺寸允许偏差、平面度公差、角度公差、外观质量、色差的检验从同一批板材中抽取 10 块。镜面光泽度的检验从以上抽取的板材中取 5 块进行。其他物理力学性能可从做完镜面光泽度的样品上切取所需的样品，也可以从抽样检验合格的样品中随机抽取 5 块并切取。

7.4 判定规则

7.4.1 规格尺寸允许偏差、平面度公差、角度公差、外观质量样本大小量为 10，合格判定数为 1，达到等级指标时判定该批产品符合该等级；若有不符合的项目，可再从该批产品中抽取双倍样品对不符合的项目进行一次复验，合格判定数为 1。

7.4.2 物理化学性能检验的全部项目达到规定的要求，判该批产品物理化学性能合格。若有不合格的项目，可再从该批产品中抽取双倍样品对不合格的项目进行一次复验，达到规定时判该项目为合格，否则判该项目为不合格。

7.4.3 7.4.1、7.4.2 均合格判定为该等级。

8 包装、标志、运输与贮存

8.1 包装

8.1.1 板的四个角加塑料包角光面应相对，包装箱内底垫橡胶条，板的四个角加塑料包角，并附装箱单及产品合格证，合格证内容包括：产品名称、规格、等级、批号检验员、出厂日期。

8.1.2 包装质量应符合产品在正常条件下安全装卸、运输的要求。

8.2 标志

8.2.1 出厂板材应注明：生产厂名、商标、标记。

8.2.2 包装箱上应标明产品名称、商标、规格、等级、色号、生产厂名、厂址,本标准编号和有“向上”和“小心轻放”的指示标志,指示标志应符合 GB 191 的规定。

8.3 运输

板材运输过程中应防湿,严禁滚摔、碰撞。

8.4 贮存

8.4.1 板材应在室内贮存,按品种、规格、等级、色号分别堆放,室外贮存应加以遮盖。

8.4.2 板材码放时,应光面相对,倾斜度不大于 15°,层间加垫,垛高不超过 1.5 m;板材平放时,应光面相对,地面必须平整,垛高不超过 1.2 m。

8.4.3 包装箱码放高度不超过 2 m。

前　言

本标准各项性能是在参照 GB/T 7697—1996《玻璃马赛克》标准基础上，并通过实验及根据玻璃锦砖产品的性能特点和实际应用情况而制定的。

为便于理解标准的内容，将相关术语列入附录 A。

本标准附录 A 是提示的附录。

本标准由国家建筑材料工业局秦皇岛玻璃工业研究设计院提出并归口。

本标准负责起草单位：国家建筑材料工业局秦皇岛玻璃工业研究设计院。

本标准参加起草单位：中山晨星玻璃股份有限公司、广州市天河利联玻璃厂。

本标准主要起草人：管世锋、刘志付、陆万顺、谭晓箭、杨展年、朱建武。

中华人民共和国建材行业标准

JC/T 875—2001

玻璃锦砖

Glass tile

1 范围

本标准规定了玻璃锦砖及其组成的砖联的技术要求、试验方法、检验规则及标志、包装、贮存和运输。

本标准适用于熔融法生产的用于建筑物内外墙装饰的玻璃锦砖。

2 规格尺寸

玻璃锦砖一般规格有 25 mm×50 mm,50 mm× 50 mm,50 mm×105 mm 三种,其他规格尺寸、形状由供需双方协商。

3 技术要求

3.1 单块玻璃锦砖规格尺寸及允许偏差应符合表 1 的规定。

表 1

mm

规　　格	边长允许偏差	厚度及允许偏差
25×50	±0.4	4.5±0.4
50×50	±0.5	5.0±0.5
50×105	±0.5	6.0±0.5
注:以上规格装饰面均为平面,其他形状的规格尺寸由供需双方协商。		

3.2 玻璃锦砖的联长、周边距、线路及允许偏差应符合表 2 的规定。

表 2

mm

项　　目	尺　　寸	允许偏差
联长	325	±3.0
周边距		1~8
线路	3.0	±0.8
注:其他尺寸的联长由供需双方协商,周边距只适用于贴纸时。		

3.3 玻璃锦砖的外观质量应符合表 3 的规定。

国家建筑材料工业局2001-02-20批准　　　　2001-10-01实施

表 3

mm

缺陷名称		表示方法	缺陷允许范围	备　注
变　形	凹陷	深　度	≤0.5	
	弯　曲	弯曲度	≤0.5	
缺　边		长　度	3.0≤长度≤6.0	允许一处
		宽　度	1.0≤宽度≤2.0	
缺　角		损伤长度	≤5.0	
裂　纹			不允许	
皱　纹			不密集	

3.4　色差

3.4.1　同一色号的玻璃锦砖允许单块间稍有色差。

3.4.2　同一批同色号产品目测应基本均匀一致。

3.5　理化性能

玻璃锦砖的理化性能应符合表 4 的规定。

表 4

试验项目		条　件	指　标
玻璃锦砖与铺贴纸粘合牢固度		用双手捏住联一边的两角，垂直提起然后平放，反复三次。	无脱落
脱纸时间		18℃～25℃水浸泡 40 min	70%以上脱落
耐急冷急热		70℃±2℃⇔18℃～25℃ 水 30 min　水 10 min 循环 3 次	无裂纹、无破损
化学稳定性	盐酸	1 mol/L 溶液　室温下浸泡 24 h	无变点及剥离现象
	硫酸	1 mol/L 溶液　室温下浸泡 24 h	无变点及剥离现象
	氢氧化钠	1 mol/L 溶液　室温下浸泡 24 h	无变点及剥离现象

3.6　其他

3.6.1　单块玻璃锦砖的背面应有阶梯状的沟纹。

3.6.2　所用粘结剂除保证粘接强度外，还应易从玻璃锦砖上擦去。所用粘结剂不能损坏或使玻璃锦砖变色。

3.6.3　所用铺贴纸应在合理搬运和正常施工过程中不发生撕裂。

4　试验方法

4.1　单块玻璃锦砖规格尺寸及允许偏差的测定

4.1.1　单块玻璃锦砖的边长及允许偏差，采用精度为 0.05 mm 的游标卡尺分别平行测量长宽两边之间距离，测量值与公称尺寸的差值即为偏差。每个试样长宽各测量一次。

4.1.2　单块玻璃锦砖的厚度及允许偏差，采用精度为 0.05 mm 的游标卡尺在垂直于沟纹的中心线上测量。测量值与公称尺寸的差值即为偏差。每个试样测量一次。

4.2　玻璃锦砖的联长、周边距、线路及允许偏差的测定

4.2.1　联长用精度为 0.5 mm 的钢直尺测量联上对边中点之间的距离，每联测量一次。

4.2.2　周边距先目测应无包边现象，再用精度为 0.5 mm 的钢直尺测其四周最大、最小周边距。

4.2.3 线路检验时将样品平放在平台上,用塞尺测量最宽、最窄两处距离。

4.3 外观质量的测定

4.3.1 弯曲度

用钢直尺垂直侧放在锦砖表面上,沿对角线方向滑动用塞尺测量其最大间隙。

4.3.2 其他缺陷

在自然光线下距试样 0.5 m 处目测裂纹、皱纹。缺边、缺角用精度为 0.05mm 的游标卡尺进行测量。其中缺角是指其所缺的角的斜边的长度。

4.4 色差的测定

随机取九联玻璃锦砖组成正方形,平放在光线充足的地方,距玻璃锦砖 1.5 m 处目测。

4.5 理化性能的测定

4.5.1 玻璃锦砖与铺贴纸粘贴牢固度

取两联玻璃锦砖,用双手捏住联一边的两角,垂直提起然后平放,反复三次。

4.5.2 脱纸时间

取两联玻璃锦砖,平放于 18℃~25℃水中,铺贴纸向上,使水刚浸没试样。40 min 后捏住铺贴纸的一角折 180 度,沿对角线方向揭纸。

4.5.3 耐急冷急热

取 5 块无裂痕、边角整齐的玻璃锦砖平铺于金属筐中,将恒温水箱升温至 70℃±2℃,把试样放入水箱内。在此温度下保持 30 min,取出试样,立即放入 18℃~25℃水中。保持 10 min 后提出,逐块检查有无裂纹或破损。循环三次。

4.5.4 化学稳定性

取 9 块无裂痕、边角整齐的玻璃锦砖每 3 块为一组,分别放入 1 mol/L 盐酸、1 mol/L 硫酸、1 mol/L氢氧化钠溶液中,室温下放置 24 h 后取出,清洗后与参比样比较,目测有无变点及剥离现象。

5 检验规则

5.1 检验分类

5.1.1 出厂检验

出厂检验项目为单块边长、单块厚度、单块外观质量、联长、周边距、线路、色差及玻璃锦砖与铺贴纸粘合牢固度。

5.1.2 型式检验

型式检验项目包括本标准第 3 章规定的全部技术要求。有下列情况之一时,应进行型式检验。

a) 新产品或老产品转厂生产的试制、定型鉴定;

b) 正式生产后,如原料、工艺有较大改变,可能影响产品性能时;

c) 正常生产时,每年检查一次;

d) 长期停产后,恢复生产时;

e) 出厂检验与上次型式检验有较大差异时;

f) 国家质量监督机构提出进行型式检验要求时。

5.2 批量及抽样规则

以同品种、同色号的产品 50~300 箱为一批,小于 50 箱由供需双方商定。从每批中随机取 4 箱,然后从 4 箱中随机抽取 20 联。

5.3 检验顺序

随机抽取 20 联先进行联长、周边距、线路的检验。从上述检验合格的联中随机抽取 9 联进行色差检验。从色差检验合格的联中随机各抽取 2 联分别进行粘合牢固度和脱纸时间检验。从脱纸后的玻璃锦砖中随机抽取 20 块,进行单块尺寸和其他缺陷的检验。再从脱纸后的玻璃锦砖中选取无裂痕、边角整齐的玻璃锦砖 20 块,5 块用作耐急冷急热检验,9 块用作化学稳定性检验,其余试样用作参比样。

5.4 判定规则

5.4.1 单项判定

5.4.1.1 联长

若不合格数小于或等于 3 联,则判定该批产品这一指标合格。否则该指标不合格。

5.4.1.2 周边距

若不合格数小于或等于 3 联,则判定该批产品这一指标合格。否则该指标不合格。

5.4.1.3 线路

若不合格数小于或等于 3 联,则判定该批产品这一指标合格。否则该指标不合格。

5.4.1.4 色差

若检验结果符合 3.4 条规定,则判定该批产品这一指标合格。否则该指标不合格。

5.4.1.5 单块边长

若不合格数小于或等于 3 块,则判定该批产品这一指标合格。否则该指标不合格。

5.4.1.6 单块厚度

若不合格数小于或等于 3 块,则判定该批产品这一指标合格。否则该指标不合格。

5.4.1.7 单块外观质量

若不合格数小于或等于 3 块,则判定该批产品这一指标合格。否则该指标不合格。

5.4.1.8 理化性能

若所取试样经检验符合表 4 规定则判定该批产品这一指标合格。否则该指标不合格。

5.4.2 综合判定

出厂检验所检验项目符合 5.4.1 中有关要求,则判该批产品合格,否则该批产品不合格。

型式检验所检验项目符合 5.4.1 要求,则判该批产品合格,否则该批产品不合格。

6 标志、包装、贮存和运输

6.1 标志

6.1.1 每联玻璃锦砖应印有商标及制造厂名。

6.1.2 包装箱表面应印有产品名称、厂名、厂址、注册商标、生产日期、色号、规格、批号、数量及重量(毛重、净重)并应印上防潮、易碎、堆放方向等标志。

6.2 包装

6.2.1 玻璃锦砖用纸箱包装,箱内衬有防潮纸和防震泡沫。

6.2.2 每箱内应有产品合格证。

6.3 贮存、运输

6.3.1 产品贮存时要按品种、色号分别堆放,并防止受潮。

6.3.2 产品运输时要轻拿轻放,防止受潮。

附 录 A
（提示的附录）
术 语

玻璃锦砖：以石英砂、纯碱、长石等为主要原料，在高温下熔化成型并呈乳浊或半乳浊状，内含少量气泡和未熔颗粒的玻璃制品。

联：由一定数量的玻璃锦砖铺贴于纸面而成的实用单位。

线路：每联上相邻两行(列)玻璃锦砖间的距离。

周边距：贴纸后，玻璃锦砖正面露出部分的周边与纸周边的距离(只适用于贴纸时)。

单块：是指形成整联玻璃锦砖的最小单位。

前　　言

本标准参考了日本工业标准 JIS B 8211:1994《锅炉用水位计玻璃》和英国标准 BS 3463:1975《压力容器用观察和计量玻璃标准》,在技术内容上与其有如下重大差异:

——3.1 条表 1 中不同型号产品的最高使用压力均不同;

——4.1 条中 P_B 型结构尺寸完全不同,P_A、P_B、Y 型公差均有所不同;

——4.2 条理化性能增加了线膨胀系数、软化温度两项,并增加了相应的试验方法;
抗弯强度、热稳定性的指标值均高于日本工业标准;

——4.3.1 条对气泡数量、大小、分布的规定有所不同;

——增加了"杂质"、"条纹"、"色泽"以及"检验规则"等内容。

本标准由中国建筑材料科学研究院玻璃科学与特种玻璃纤维研究所提出并归口。

本标准由中国建筑材料科学研究院玻璃科学与特种玻璃纤维研究所负责起草并解释。

本标准主要起草人:陈　江、韩　滨、祖成奎。

中华人民共和国建材行业标准

高压液位计玻璃

JC 891—2001

Gauge glass for high pressure vessels

1 范围

本标准规定了高压液位计用玻璃的产品分类、技术要求、试验方法、检验规则及标志、包装、运输和贮存。

本标准适用于由铝硅酸盐玻璃制成的钢化玻璃，该玻璃用于压力在6.4 MPa以上的蒸汽锅炉或石油、化工等行业的压力容器。

2 引用标准

下列标准所包含的条文，通过在本标准中引用而构成为本标准的条文。本标准出版时，所示版本均为有效。所有标准都会被修订，使用本标准的各方应探讨使用下列标准最新版本的可能性。

GB/T 2828—1987 逐批检查计数抽样程序及抽样表(适用于连续批的检查)

GB/T 6580—1997 玻璃耐沸腾混合碱水溶液浸蚀性的试验方法和分级(eqv ISO 695:1991)

GB/T 6582—1997 玻璃在98℃耐水性的颗粒试验方法和分级(eqv ISO 719:1985)

GB/T 15726—1995 玻璃仪器内应力检验方法

GB/T 16920—1997 玻璃平均线热膨胀系数的测定(eqv ISO 7991:1987)

SJ/T 11038—1996 电子玻璃软化点的测试方法

3 产品分类与标记

3.1 产品种类及最高使用压力应符合表1的规定

表1

种类		符号	最高使用压力/MPa
圆形透视式		Y	22.5
平板透视式	P_A 型	P_A	16.0
	P_B 型	P_B	22.5

注：1. 若与腐蚀性介质接触，应与耐腐蚀性的云母同时使用。

2. 表1中最高使用压力为375℃时的最高使用压力。

3.2 标记示例

直径为33 mm、厚度为16 mm的圆形透视式玻璃标记为：

Y 33 × 16

长度为280 mm、宽度为34 mm、厚度为17 mm的平板透视式玻璃标记为：

P_A 280×34×17

长度为30 mm、宽度为24 mm、厚度为21 mm的平板透视式玻璃标记为：

P_B 30×24×21

国家经济贸易委员会2001-12-29批准 2002-06-01实施

4 技术要求

4.1 结构尺寸及公差

4.1.1 圆形透视式玻璃

4.1.1.1 结构和尺寸应符合图 1 及表 2 规定。

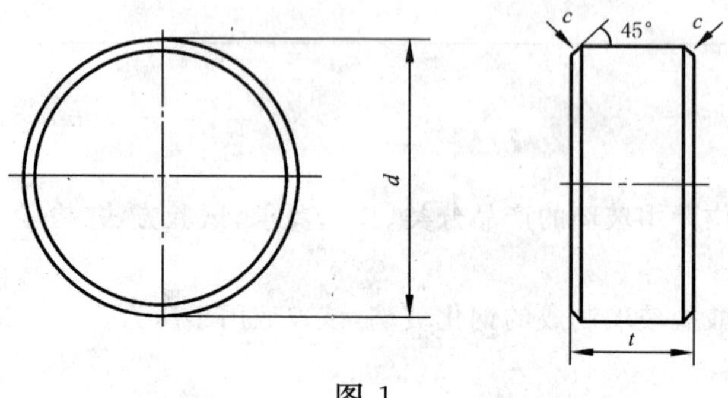

图 1

表 2

单位为毫米

公称代号	产品名称				
	Y32	Y33a	Y33b	Y33.2	Y34
d	32	33	33	33.2	34
t	16	14	16	16	17
c	1.0	1.0	1.0	1.0	1.0

注：规格尺寸不在上述范围内，可由供需双方商定。

4.1.1.2 公称代号及尺寸公差应符合表 3 规定。

表 3

单位为毫米

公称代号	公 差
d	0 −0.4
t	0 −0.1
c	0.2 −0.2
平行平面度之和	≤0.05

4.1.2 平板透视式液位计玻璃

4.1.2.1 结构和尺寸应符合图 2 及表 4、表 5 规定。

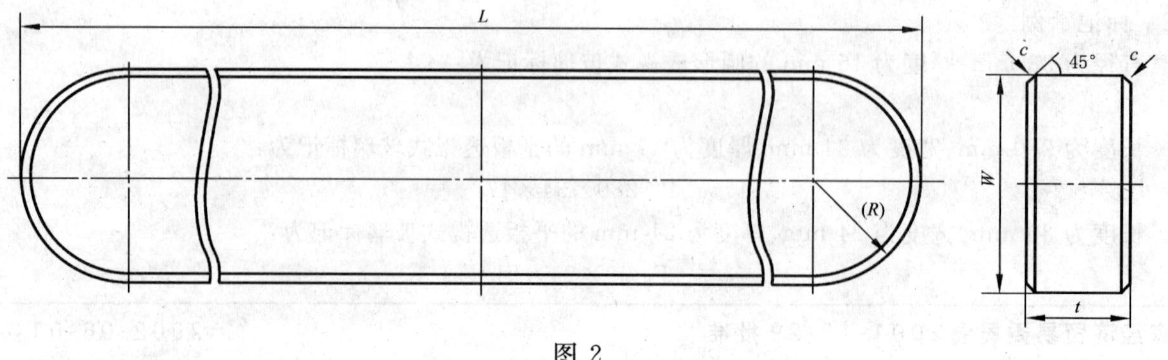

图 2

表 4 单位为毫米

公称代号	产品名称							
	P_A160	P_A190	P_A210	P_A220	P_A250	P_A280	P_A320	P_A340
L	160	190	210	220	250	280	320	340
W	34	34	30	34	34	34	34	34
t	17	17	17	17	17	17	17	17
c	1.2	1.2	1.2	1.2	1.2	1.2	1.2	1.2

表 5 单位为毫米

公称代号	产品名称				
	P_B80	P_B108	P_B130a	P_B130b	P_B265
L	80	108	130	130	265
W	24	24	24	26	26
t	21	21	21	19	19
c	1.2	1.2	1.2	1.2	1.2

注：不在上述范围内的规格尺寸，可由供需双方商定，按相近相似原则设计。

4.1.2.2 公称代号及尺寸公差应符合表 6 规定。

表 6 单位为毫米

公称代号	公差	
	P_A 型	P_B 型
L	$^{0}_{-1.5}$	$^{0}_{-0.4}$
W	$^{0}_{-0.8}$	$^{0}_{-0.4}$
t	$^{0}_{-0.5}$	$^{0}_{-0.1}$
c	$^{0.2}_{-0.2}$	$^{0.2}_{-0.2}$
平行平面度之和	≤0.1	≤0.05

4.2 理化性能

高压液位计玻璃应该用具有良好的化学稳定性和热稳定性的铝硅酸盐玻璃制成，并经过钢化处理使其具有足够的机械强度。

主要理化性能应符合表 7 规定：

表 7

理化性能	指标
线膨胀系数	$40\sim50\times10^{-7}$/℃(常温～300℃)
抗弯强度	220 MPa
热稳定性	急变温差 300℃时，不炸裂
耐水性	耐水等级 GB/T 6582—HGB1
耐碱性	耐碱等级 GB/T 6580 A_1
软化温度	≥900℃

4.3 外观要求

4.3.1 气泡

4.3.1.1 长度小于 0.5 mm 的气泡在 1 cm^2 内不得多于 3 个。

4.3.1.2 长度在 0.5 mm～1.0 mm 的气泡，透视面内不允许多于 2 个；非透视面内不允许多于 3 个，且其相距应大于 40 mm。

4.3.1.3 长度在 1.0 mm～2.0 mm 的气泡，非透视面内不允许多于 2 个，且相距应大于 50mm。

4.3.1.4 长度大于 2.0 mm 的气泡不允许存在。

4.3.1.5 透视面不允许存在开口气泡。

4.3.2 杂质

玻璃内不允许有结石或其他夹杂物。长度不大于 0.5 mm 的透明夹杂物不允许超过 2 个。

4.3.3 条纹

透视面不允许有可视的丝状和梳状条纹，侧面不作要求。

4.3.4 色泽

玻璃无色透明或略有浅黄色。

4.3.5 压痕

透视面不允许存在压痕，侧面不允许有深度大于 1.0 mm 的压痕。

4.3.6 裂纹

不允许有裂纹。

4.3.7 擦伤

宽度小于 0.1 mm、深度小于 0.02 mm 的可视擦伤，Y 型透视面不允许多于 2 条且总长度不大于 20 mm；P_A 型透视面不允许多于 4 条且总长度不大于 50 mm；P_B 型透视面不允许多于 2 条且总长度不大于 30 mm；条纹不能密集；侧面不作要求。

4.3.8 倒角

倒角均匀，不允许存在长度大于 0.8 mm 的崩边。

4.3.9 抛光

玻璃的透视面必须抛光。

4.4 内应力

钢化处理后的玻璃在偏振光下应显示均匀对称的干涉条纹，Y 型干涉条纹应不少于 4 条，P_A 型应不少于 3 条，P_B 型应不少于 4 条。

5 试验方法

5.1 线膨胀系数

按 GB/T 16920 规定进行。

5.2 抗弯强度

抗弯强度应用万能材料试验机对 120 mm×20 mm×5 mm 的标准试样进行测试，按式(1)计算，结果保留到小数点后 2 位。

$$\delta_i = 3PL/2bh^2 \quad (1)$$

式中：δ_i——抗弯强度值，Pa；

P——承受载荷，N；

L——支距，m；

b——试样宽度，mm；

h——试样厚度，mm。

5.3 热稳定性

将 50 mm× 50 mm×5 mm 的玻璃标准试样置于 320℃的箱式电炉(温差小于 1℃)中,保温 7 min 后取出,并立即投入到 20℃±1℃的水中,测试试样是否炸裂。

5.4 耐水性能

按 GB/T 6582 规定进行。

5.5 耐碱性能

按 GB/T 6580 规定进行。

5.6 软化温度

按 SJ/T 11038 规定进行。

5.7 内应力

按 4.3 和 GB/T 15726 规定进行。

5.8 外观检验和尺寸测量

外观检验采用目测方法,尺寸测量用精度为 0.02 mm 的游标卡尺和精度为 0.01 mm 的螺旋测微器。

5.9 平行平面度

平行平面度的检测是将玻璃放置于标准平台上,用千分表测量。

6 检验规则

6.1 检验分类

产品检验分为出厂检验和型式检验。

6.2 检验项目和要求

产品出厂检验和型式检验应按表 8 规定的项目和要求进行,经出厂检验合格的产品准予出厂。型式检验的产品应在合格品中随机抽取。

表 8

检验项目	技术要求	试验方法	出厂检验	型式检验
结构尺寸	4.1	5.8,5.9	逐个检验	抽检
外观要求	4.3	5.8		
内应力	4.4	5.7		
理化性能	4.2	5.1,5.2,5.3,5.4,5.5,5.6	—	

6.3 组批规则

同一时间交付的同一品种规格的产品可组为一批。

6.4 抽检方法及判定规则

6.4.1 结构尺寸、外观及内应力的抽检按 GB/T 2828 进行。

a) 合格质量水平(AQL)为 6.5;

b) 抽样方案类型为二次抽样方案,见表 9;

c) 检查水平为一般检查水平Ⅱ。

表 9

样本	样本大小	累计样本大小	合格质量水平(AQL)	
			6.5	
			Ac	*Re*
第一	5	5	0	2
第二	5	10	1	2

6.4.2　理化性能的抽检按下述条款进行。

6.4.2.1　线膨胀系数

从每批产品中抽取两块样品按 5.1 的要求进行试验，若有一块不合格，则须重新抽取两块样品复验。若仍有不合格，则该批产品为不合格。

6.4.2.2　抗弯强度

从每批产品中抽取 5 块样品制成试样，按 5.2 的要求进行试验，若平均值达不到表 7 的规定，则须重新制样复验。若复验值仍达不到要求，则整批产品为不合格。

6.4.2.3　热稳定性

从每批产品中抽取 5 块样品制成试样按 5.3 的要求进行试验，若有一块不合格，则须加倍取样复验。若仍有不合格，则整批产品为不合格。

6.4.2.4　化学稳定性

按 5.4、5.5 的要求，从每批产品中抽取两块样品进行试验，如有不符合标准要求的，则该批产品不合格。

6.4.2.5　软化温度

按 5.6 的要求，从每批产品中抽取两块样品按规定要求进行试验，若有一块不合格，则须重新抽取两块样品复验。若仍有不合格，则该批产品为不合格。

6.5　型式检验

有下列情况之一时，应进行型式检验：

a) 产品转厂生产的试制定型鉴定；

b) 正式生产后，如结构、材料、工艺有较大改变，有可能影响产品性能时；

c) 正常生产时，每半年至少进行一次；

d) 产品停产半年以上，恢复生产时；

e) 国家质量监督机构提出进行型式检验的要求时。

7　标志、包装、运输和贮存

7.1　标志

每块玻璃的侧面应印有厂标、出厂批号及生产厂代号。

7.2　包装、运输和贮存

包装形式、方法及运输、贮存由玻璃制造厂商根据具体情况而定。无论采用何种包装都应在包装物外表面明显位置上注明玻璃制品、小心轻放的标志。

前　言

本标准规定了玻璃类红外辐射加热器的辐射基体—乳白石英玻璃管的技术要求，为制定玻璃类红外辐射加热器产品标准奠定了基础。

本标准 5.1 规格尺寸中外径偏差、壁厚偏差及 5.2 外观质量各项指标与同种工艺生产的透明石英玻璃管相比，达到或超过 JC/T 598—1995《电光源及电真空仪表用透明石英玻璃管》中一等品的质量要求，因此，本标准的制定对我国红外辐射加热器用乳白石英玻璃管的生产、使用起到很好的规范和促进作用。

乳白石英玻璃管壁内微小气泡、气线的饱有量或密集度与管材在红外区的光谱法向发射率的量值关系，目前尚无充足数据，本标准暂不考虑。

本标准由中国建筑材料科学研究院玻璃科学及特种玻璃纤维研究所提出并归口。

本标准负责起草单位：中国建筑材料科学研究院玻璃科学及特种玻璃纤维研究所。

本标准参加起草单位：锦州市红日电器厂。

本标准主要起草人：吴　洁、王　睿。

中华人民共和国建材行业标准

JC/T 892—2001

红外辐射加热器用乳白石英玻璃管

Milky quartz glass tubes for infrared heaters

1 范围

本标准规定了红外辐射加热器用乳白石英玻璃管的分类、要求、试验方法、检验规则及标志、包装、运输和贮存。

本标准适用于工作温度低于650℃的红外辐射加热器用乳白石英玻璃管。

2 引用标准

下列标准所包含的条文，通过在本标准中引用而构成为本标准的条文。本标准出版时，所示版本均为有效。所有标准都会被修订，使用本标准的各方应探讨使用下列标准最新版本的可能性。

GB/T 3284—1993 石英玻璃化学成份分析方法

GB/T 5949—1986 透明石英玻璃气泡、气线检验方法

GB/T 10701—1989 石英玻璃热稳定性检验方法

3 定义

本标准采用下列定义。

3.1 乳白度 degree of milkiness

石英玻璃因微小气泡存在而产生乳化的程度。

3.2 光谱透射比 $\tau(\lambda)$ spectral transmittance

透过的与入射的辐射能通量或光通量的光谱密集度之比。

3.3 炸裂 thermal crack

石英玻璃经急冷急热而产生破裂或裂纹。

3.4 崩落 chip

石英玻璃表面呈贝壳状的破损。

3.5 气线 air line

石英玻璃管壁内或表面的线状梭形空穴。

3.6 破皮气线 broken air line

暴露在石英玻璃管内外表面的开口气线，其边缘锋利。

3.7 晶纹 striation

电熔石英玻璃管外壁上在拉制过程中形成的“人”字或“一”字形微小炸纹。

3.8 沟棱 groove

石英玻璃管表面沿长度方向形成的凸凹不平的沟槽和凸棱。

3.9 色线 colour stripe

原料中的杂质熔化后在石英玻璃管上形成的有颜色的线条。

3.10 杂质点 foreign matter

国家经济贸易委员会2001-12-29批准 2002-06-01实施

在熔融过程中石英玻璃管的内外壁上所粘附的未熔合的物质。

3.11 生料颗粒 batch particle

在熔融过程中石英玻璃管的内外壁上所粘附的未熔合的石英物质。

4 分类

按生产工艺分为三类：

a) 电加热真空法乳白石英玻璃管(简称电熔乳白管)；

b) 电加热连熔乳白石英玻璃管(简称连熔乳白管)；

c) 电熔二步法乳白石英玻璃管(简称二步法乳白管)。

5 要求

5.1 规格尺寸

5.1.1 红外辐射加热器用乳白石英玻璃管的外径偏差应符合表1的规定。

表1

单位为毫米

外径范围	8≤ϕ<17	17≤ϕ<26	26≤ϕ<36	ϕ≥36
外径偏差	±0.30	±0.50	±0.70	±1.00
注： 1. 管子可两端开口，亦可一端开口，封接端半球外径不得超过石英管外径。 2. 特殊尺寸，由供需双方商定。				

5.1.2 红外辐射加热器用乳白石英玻璃管壁厚偏差应符合表2的规定。

表2

单位为毫米

壁厚范围	0.8≤δ<1.5	1.5≤δ<3.0	δ≥3.0
壁厚偏差	±0.10	±0.20	±0.30
注： 1. 管子可两端开口，亦可一端开口，封接端半球壁厚不得小于石英管壁厚的四分之三。 2. 特殊尺寸，由供需双方商定。			

5.1.3 椭圆度：不大于外径偏差的绝对值。

5.1.4 偏壁度：不大于壁厚偏差的绝对值。

5.1.5 长度：由供需双方商定，切割后管子长度偏差为±1 mm。

5.1.6 弯曲度：不超过管长的3‰。

5.2 外观质量

外观质量各项指标均指每米乳白石英玻璃管。

5.2.1 管子内外表面应光滑清洁，端口应平整，不得有深度或宽度大于壁厚三分之一的崩落或缺口。

5.2.2 管子应具有光泽，呈乳白色，壁内及封接端的微小气线、气泡应分布均匀。

5.2.3 管子不得有裂纹、晶纹、内外壁破皮气线。沟棱不得大于管子偏壁度的三分之一。

5.2.4 管子不得有明显色线，宽度小于0.5 mm、长度小于5 mm的轻微色线不超过一条。

5.2.5 管子不得有大于ϕ1 mm的杂质点、生料颗粒，小于ϕ1 mm的杂质点、生料颗粒不超过4个。

5.3 理化性能指标

5.3.1 乳白度

380 nm～780 nm可见光范围内光谱透射比最大值应小于10%。

5.3.2 化学成分

二氧化硅(SiO_2)含量大于99.50%。

5.3.3 热稳定性

试样在800℃下保温15 min，立即投入(20±2)℃的自来水中急冷，每个试样重复检验3次，不得出现炸裂、缺口或崩落。

6 试验方法

6.1 规格尺寸

对管子的外径及偏差、壁厚及偏差、椭圆度、偏壁度等的测量采用分度值不大于0.02 mm的游标卡尺等量具进行测量；管子长度采用分度值不大于1 mm的直尺测量。

6.1.1 外径偏差与椭圆度

测量管子两端及中部的外径，同一截面上测量点不少于2个，取最大值减标称尺寸所得代数差为外径上偏差，最小值减标称尺寸所得代数差为外径下偏差，同一截面最大值减最小值所得的最大差值为椭圆度值。

6.1.2 壁厚偏差与偏壁度

测量管子两端壁厚，同一截面上测量点不小于2个，取最大值减标称尺寸所得代数差为壁厚上偏差，最小值减标称尺寸所得代数差为壁厚下偏差，同一截面最大值减最小值所得的最大差值为偏壁度值。

6.1.3 长度

沿管长方向测量一次。

6.1.4 弯曲度

将管子平放在平台上，使两端紧贴平台平面，转动管子，用塞尺测量管子拱起部位与平面之间的最大间隙。

6.2 外观质量

外观质量用目测检验，必要时可用游标卡尺等进行测量，其中杂质点按GB/T 5949的规定检验。

6.3 理化性能

6.3.1 乳白度

取6支管子分为两组，一组检验，一组备用，从每支管子上随机切取长为35 mm～40 mm，弦长大于8 mm的片状试样，用自来水冲洗干净、擦干，再用脱脂棉或镜头纸沾无水乙醇擦拭干净，在测量过程中不得接触被测部位。采用测量精度为±1%的分光光度计，将试样的圆弧凸面对准分光光度计的光孔狭缝，测定试样在380 nm～780 nm可见光范围内的光谱透射比，要求检验组3个试样均符合5.3.1的要求。若检验组中有1个试样不合格，允许取备用组重新检验，备用组试样须符合5.3.1要求。

6.3.2 二氧化硅含量按GB/T 3284的规定检验。

6.3.3 热稳定性按GB/T 10701的规定检验。取6支管子分为两组，一组检验，一组备用，从每支管子上随机切取试样，要求检验组3个试样均符合5.3.3的要求。若检验组中有1个试样不合格，允许取备用组重新检验，备用组试样须符合5.3.3的要求。

7 检验规则

7.1 检验分类

7.1.1 出厂检验：检验项目包括外观质量、规格尺寸和热稳定性。

7.1.2 型式检验：检验项目包括本标准要求的所有项目。

有下列情况之一时，应进行型式检验：

a）新产品开发或老产品转厂生产的试制定型鉴定；

b）正式生产后，如结构、原材料或工艺有较大改变时；

c）正常生产时，每年至少进行一次；

d) 产品停产3个月后，恢复生产时；

e) 出厂检验结果与上次型式检验有较大差异时；

f) 国家质量监督机构提出进行型式检验要求时。

7.2 组批与抽样规则

7.2.1 组批：同种原料、同种工艺生产的同种规格产品，以100 kg为一批，不足100 kg仍以一批计算。

7.2.2 抽样：采取随机取样。

7.2.2.1 出厂检验抽样：每支管子进行外观质量、规格尺寸检验，并从每批检验合格的管子中随机抽取6支进行热稳定性检验。

7.2.2.2 型式检验抽样：从每批石英玻璃管中随机抽取10支进行外观质量、规格尺寸检验，并从检验合格的管子中随机抽取6支进行理化性能检验。

7.3 判定规则

7.3.1 出厂检验

外观质量、规格尺寸、热稳定性检验均符合要求，判该批产品为合格品。

7.3.2 型式检验：

7.3.2.1 外观质量、规格尺寸检验判定：10支管子中有2支不符合要求，判该批产品外观质量、规格尺寸不合格。

7.3.2.2 理化性能指标中有1项不符合要求，判该批产品理化性能不合格。

7.3.2.3 外观质量、规格尺寸、理化性能均符合要求，则判该批产品为合格。

8 标志、包装、运输和贮存

8.1 标志

每批管子出厂时应附有合格证，合格证上注明：

a) 生产厂名；

b) 产品名称(或商标)、产品规格；

c) 生产日期(或生产批号)；

d) 检验员编号；

e) 执行标准代号。

包装箱上应有储运图示标志如“玻璃制品”、“小心轻放”、“防潮”等字样和图形，并注明：

a) 产品名称(或商标)、产品规格；

b) 厂名、厂址、电话；

c) 执行标准代号。

8.2 包装

管子应先用包装纸或瓦楞纸扎紧，必要时用塑料薄膜封装，然后放入木箱或纸箱内，管子端部用泡沫塑料塞严，数支以上包装必须避免运输中的碰撞。产品包装随箱放入产品合格证及装箱单。装箱单应注明数量或重量、装箱日期等。

8.3 运输

产品装卸、运输过程中要轻放，不能扔摔、碰撞。

8.4 贮存

产品应贮存在无腐蚀气体、干燥清洁的室内，按规格分类存放，防压损。

ICS 81.040
Q 34
备案号:12763—2003

中华人民共和国建材行业标准

JC/T 915—2003

热弯玻璃

Heat bent glass

(ASTM C1464—2000 Standard specification for bent glass,NEQ)

2003-09-20 发布 2003-12-01 实施

中华人民共和国国家发展和改革委员会 发布

前　　言

本标准的技术要求非等效采用 ASTM C1464:2000《弯玻璃标准规范》。

本标准与 ASTM C1464 的主要技术差异为:

ASTM C1464 中对弯钢化玻璃、弯夹层玻璃、弯化学钢化玻璃、热弯玻璃等各种类型的弯玻璃均进行了规范。本标准只涉及了热弯玻璃。本标准对厚度未做要求,外观按相关国标要求规定,增加了对应力的要求。

本标准的附录 A 为资料性附录。

本标准由中国建筑材料工业协会提出。

本标准由全国建筑用玻璃标准化技术委员会归口。

本标准负责起草单位:秦皇岛玻璃工业研究设计院。

本标准参加起草单位:上海协华玻璃有限公司、广东东莞银通玻璃幕墙工程有限公司、四川耀华特种玻璃有限责任公司、石家庄市康达钢化玻璃厂、北京英东富祥工贸有限公司。

本标准主要起草人:林鸿宾、李　勇、高淑兰、嵇书伟、王立祥。

热　弯　玻　璃

1　范围

本标准规定了热弯玻璃的分类、规格、技术要求、试验方法、检验规则及标志、包装、运输和贮存。

本标准适用于建筑用热弯玻璃和建筑以外用热弯玻璃。不适用于热弯钢化玻璃和热弯半钢化玻璃。

2　规范性引用文件

下列文件中的条款通过本标准的引用而成为本标准的条款，凡是注日期的引用文件，其随后所有的修改单(不包括勘误的内容)或修订版均不适用于本标准，然而，鼓励根据本标准达成协议的各方研究是否可使用这些文件的最新版本。凡是不注日期的引用文件，其最新版本适用于本标准。

GB/T 9963—1998　钢化玻璃

GB 11614—1999　浮法玻璃

GB/T 18701—2002　着色玻璃

GB/T 18915.1～18915.2—2002　镀膜玻璃

JC/T 511　压花玻璃

3　术语和定义

下列术语和定义适用于本标准。

3.1　热弯玻璃　heat bent glass

平板玻璃在曲面坯体上靠自重或加配重等方法加热成型的曲面玻璃。

3.2　高度　height

垂直于水平弧的玻璃某一直边的尺寸。

3.3　扭曲　twist

矩形单弯玻璃的一个或多个角不在同一平面上。

3.4　麻点　pock marks

在加工过程中形成的玻璃表面印痕缺陷。

4　分类

按形状分：单弯热弯玻璃、折弯热弯玻璃、多曲面弯热弯玻璃等。如图1、图2、图3所示。

5　规格

5.1　厚度范围：3 mm～19 mm。

5.2　最大尺寸：(弧长+高度)/2≤4 000 mm，拱高≤600 mm。

5.3　其他厚度和规格的制品由供需双方商定。

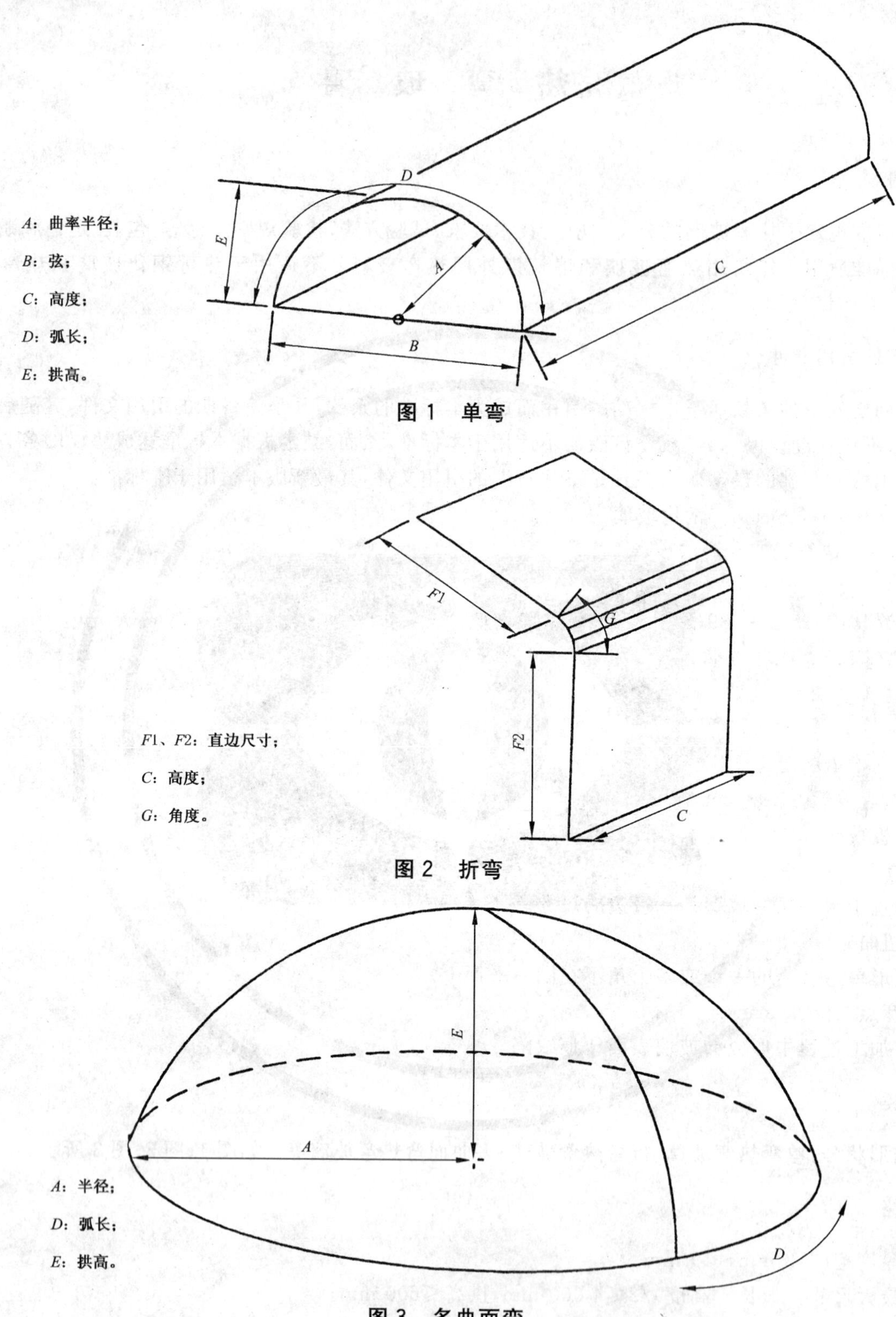

图1 单弯

图2 折弯

图3 多曲面弯

6 技术要求

6.1 材料

6.1.1 热弯玻璃的原片不应使用非浮法玻璃，压花玻璃除外。原片玻璃应符合下述技术要求：浮法玻璃应符合GB 11614、着色玻璃应符合GB/T 18701、镀膜玻璃应符合GB/T 18915.1～18915.2、压花玻璃应符合 JC/T 511 的要求。

6.1.2 玻璃热弯加工前应做磨边处理。

6.2 尺寸偏差

6.2.1 热弯玻璃的高度偏差应符合表 1 的规定。

表 1

单位为毫米

高度 C	高度允许偏差	
	玻璃厚度≤12	玻璃厚度>12
C≤2 000	±3.0	±5.0
C>2 000	±5.0	±5.0

6.2.2 热弯玻璃的弧长偏差应符合表 2 的规定。

表 2

单位为毫米

弧长 D	弧长允许偏差	
	玻璃厚度≤12	玻璃厚度>12
D≤1 520	±3.0	±5.0
D>1 520	±5.0	±6.0

6.3 吻合度

弧长≤1/3 圆周的热弯玻璃的吻合度应符合表 3 的规定。弧长>1/3 圆周的热弯玻璃的吻合度由供需双方商定。

表 3

单位为毫米

弧长 D	吻合度允许偏差	
	玻璃厚度≤12	玻璃厚度>12
D≤2 440	±3.0	±3.0
2 440<D≤3 350	±5.0	±5.0
D>3 350	±5.0	±6.0

6.4 弧面弯曲偏差

弧面弯曲偏差应符合表 4 的规定。

表 4

单位为毫米

高度 C	弧面允许弯曲偏差			
	玻璃厚度<6	玻璃厚度 6～8	玻璃厚度 10～12	玻璃厚度>12
C≤1 220	2.0	3.0	3.0	3.0
1 220<C≤2 440	3.0	3.0	5.0	5.0
2 440<C≤3 350	5.0	5.0	5.0	5.0
C>3 350	5.0	5.0	5.0	6.0

6.5 扭曲

曲率半径>460 mm、厚度为 3 mm～12 mm 的矩形热弯玻璃的扭曲应符合表 5 的规定。其他厚度和曲率半径的热弯玻璃的扭曲由供需双方商定。

表 5

单位为毫米

高 度 C	允 许 扭 曲 值			
	弧长<2 440	弧长>2 440～3 050	弧长>3 050～3 660	弧长>3 660
C≤1 830	3.0	5.0	5.0	5.0
1 830<C≤2 440	5.0	5.0	5.0	8.0
2 440<C≤3 050	5.0	5.0	6.0	8.0
C>3 050	5.0	6.0	6.0	9.0

6.6 外观

热弯玻璃的外观质量应符合表 6 的规定。

表 6

缺 陷	要 求
气泡、夹杂物、表面裂纹	符合 GB 11614—1999 建筑级的要求。
麻点	麻点在玻璃的中央区[a]不能大于 1.6 mm，在周边区不能大于 2.4 mm。
爆边、缺角、划伤	符合 GB/T 9963—1998《钢化玻璃》表 5 中合格品的规定。
光学变形	垂直于玻璃表面观察时，透过玻璃观察到的物体无明显变形。
a) 中央区是位于试样中央的，其轴线坐标或直径不大于整体尺寸的 80% 的圆形或椭圆形区域。余下的部分为周边区。	

6.7 应力值

热弯玻璃应力值由供需双方商定。参考附录 A。

7 试验方法

7.1 尺寸偏差测定

高度用最小刻度为 1 mm 的钢卷尺测量。弧长用软尺在凸面两边部测量，取其最大值。

7.2 吻合度

以合同规定的模板或理论形状的曲线为基准，用最小刻度为 0.5 mm 的钢直尺测量模板或理论形状的曲线与玻璃间的偏差，凸出为正，凹陷为负。

7.3 弧面弯曲偏差

玻璃制品垂直且曲线边放在两个垫块上。垫块分别垫在曲线变弧长的 1/4 处，钢直尺的直线边或绷紧的直线紧靠玻璃的凸面且与直边平行，用塞尺测量钢直尺直线边（或直线）与玻璃之间的最大缝隙。分别在两直线边处和 1/2 弧长处测量三次，取最大值。

7.4 扭曲

把玻璃放在一个 90°的检测支撑装置内测量扭曲值，支撑装置的仰角为 5°～7°，玻璃下角与装置的两表面的交线相接触，其他角尽量靠近竖平面，然后用最小刻度为 0.5 mm 的钢直尺测量其他角离开装置另一表面的实际距离即为扭曲值。如图 4。

7.5 外观检验

在较好的自然光或散射光照条件下，距玻璃表面 600 mm 用肉眼进行观察。气泡、夹杂物、麻点的长度测定用放大 10 倍、精度为 0.1 mm 的读数显微镜测定。

7.6 应力测定

参考附录 A 进行测定。

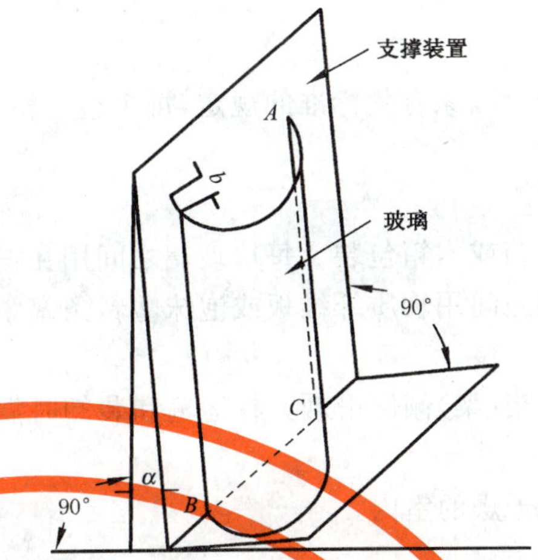

图4 扭曲检验装置

8 检验规则

8.1 检验项目

出厂检验项目为：尺寸偏差、吻合度、直线边弯曲偏差、扭曲、外观。若要求增加其他检验项目，由供需双方商定。

8.2 组批与抽样方法

8.2.1 组批规则

相同规格厚度、相同工艺稳定连续生产的产品组为一批。

8.2.2 抽样方法

产品按表7的规定进行随机抽样。当产品批量大于500块时，以500块为一批分批抽取试样。

8.3 判定规则

若某项性能不合格品数等于或大于表7的不合格判定数，则认为该项性能不合格。

若上述各项性能中，有一项不合格，则认为该批产品不合格。

表7

块

批量范围	抽检数	合格判定数	不合格判定数
1～8	3	1	2
9～15	5	1	2
16～25	8	2	3
26～50	13	3	4
51～90	20	5	6
91～150	32	7	8
151～280	50	10	11
281～500	80	14	15

9 标志、包装、运输和贮存

9.1 标志

包装标志应符合国家有关标准的规定，每个包装箱应标明“朝上、轻搬正放、小心破碎、玻璃厚度、厂名或商标”等字样。

9.2 包装

产品应用集装箱或木箱包装。每块玻璃之间用瓦楞纸、泡沫纸或泡沫条隔垫，玻璃外表面用塑料膜包裹。玻璃与木箱之间用软质纤维板或泡沫塑料条塞紧。

9.3 运输

运输时应防止箱(架)倾倒滑动。在运输和装卸时需有防雨措施。

9.4 贮存

产品应存放于干燥的室内。

附 录 A
(资料性附录)
热弯玻璃应力

A.1 范围

本附录规定了热弯玻璃应力定义、技术要求和测试方法，本附录仅供供需双方参考。

A.2 定义

A.2.1 厚度应力

厚度应力是玻璃在冷却过程中，由厚度方向上的温度梯度导致的玻璃内应力。板芯为张应力，表面为压应力。

A.2.2 平面应力

平面应力是玻璃板平面各区域，由于形状、模具等因素造成平面温度梯度所导致的应力。平面应力在玻璃厚度方向上大小不变。

A.3 应力指标

A.3.1 厚度应力的允许值

厚度应力以板芯最大张应力为准，不同厚度玻璃的应力最大允许值见表 A.1。

表 A.1

玻璃厚度/mm	3	4	5	6	8	10	12～19
应力值/MPa	0.70	0.90	1.20	1.40	1.70	2.20	2.10

注：厚度应力是反映退火好坏的重要指标，用于玻璃失效原因分析。

A.3.2 平面应力的允许值

在玻璃板的任意部位其压应力≤6 MPa，张应力≤3 MPa。

平面应力用于工厂检验。因玻璃破碎后，平面应力大部分释放，故不宜用于失效原因分析。

A.4 应力测试方法

推荐使用 Senarmont 应力测定法，此种方法采用的应力仪的各光学元件及其方向匹配关系参照附图 A.1。起偏器及检偏器的偏振方向均须与基准线成 45°，它们之间必须相互垂直。被测样品主应力之一的方向必须与基准线一致，即主应力方向与偏振方向成 45°。

检偏器是可以旋转的，转动角度由刻度指示。使用时，先将检偏器转至 0 刻度处；然后放置被测样品，调整样品方向，使被测点主应力方向与偏振方向成 45°；再转动检偏器，直到被测点变得最暗；记下转角读数，每度相当于 3.14 nm 光程差。根据旋转方向可判断出与水平线一致的应力是张应力还是压应力。如顺时针转动检偏器能使被测点变暗，则为张应力，反之为压应力。

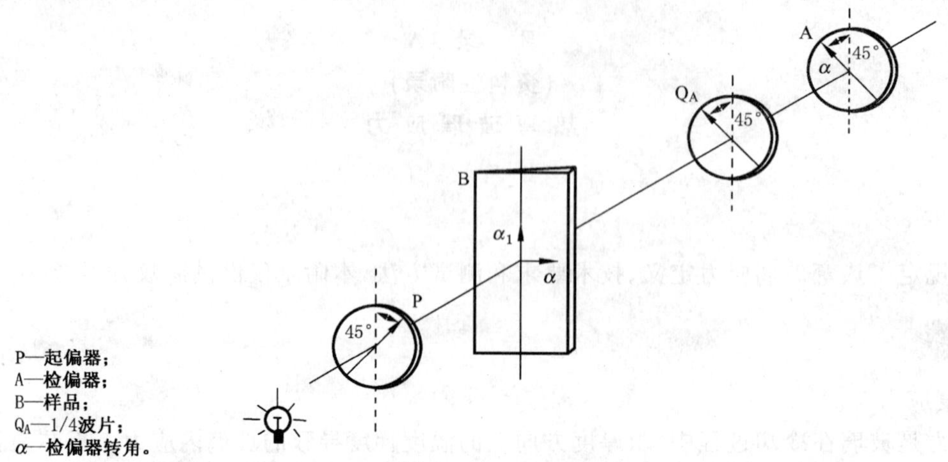

图 A.1 Senarmont 应力测试法

以 SM—100 型应力仪为例简要说明如下：

A.4.1 厚度应力

从热弯玻璃上取样，尺寸为 25 mm×200 mm。将样品立放在仪器上，样品的长度方向与仪器面板上的 0～180°刻度线方向一致，样品在 25 mm 方向为高度，使光线透射过样品的上下端面。顺时针转动偏振器，直到端面中心部位由蓝色刚刚变为棕色。读取检偏器上的旋转角度读数。

A.4.2 平面应力

A.4.2.1 非边部应力

将热弯玻璃放到应力仪上，玻璃的边线之一最好与应力仪面板上的 0°～180°刻度线平行，从检偏器中观察玻璃，如看到亮暗相间应力斑纹，则调整玻璃放置方向，使应力斑纹平行于面板上的 0～180°刻度线。

张应力：顺时针旋转检偏器，可观察到暗区向亮区移动，直至亮区被测区域由蓝色刚刚变到棕色，记下检偏器上的旋转角度读数。

压应力：逆时针旋转检偏器，可观察到暗区向亮区移动，直至亮区被测区域由蓝色刚刚变到棕色，记下检偏器上的旋转角度读数。

A.4.2.2 边部应力

将热弯玻璃的被测边与应力仪面板上的 0°～180°刻度线平行，从检偏器中观察玻璃边部及附近区域，可看到边线较亮，稍靠里侧有一暗区，再往里又存在一亮区。

张应力：顺时针旋转检偏器，可观察到暗区向里侧亮区移动，直至亮区由蓝色刚刚变到棕色，记下检偏器上的旋转角度读数。

压应力：逆时针旋转检偏器，可观察到暗区向边线移动，直至边线由蓝色刚刚变到棕色，记下检偏器上的旋转角度读数。

ICS 81.040.20
Q 33
备案号：15249—2005

中华人民共和国建材行业标准

JC/T 977—2005

化学钢化玻璃

Chemically strengthened glass

2005-02-14 发布　　2005-07-01 实施

中华人民共和国国家发展和改革委员会　发布

前　言

本标准与欧洲标准 EN 12337-1:2000《建筑用化学钢化玻璃》的一致性程度为修改采用。

与 EN 12337-1:2000《建筑用化学钢化玻璃》相比,其主要技术差异为:

——删除了对平面矩形制品方正度的测量方法,增加了对角线差的要求;

——参照 ASTM C1422—99《平板化学钢化玻璃》增加了对表面应力及压应力层深度的要求及测量方法。

标准的附录 A 为规范性附录,附录 B 为资料性附录。

本标准由中国建筑材料工业协会提出。

本标准由中国建筑用玻璃标准化技术委员会归口。

本标准负责起草单位:中国建筑材料科学研究院玻璃科学研究所。

本标准参加起草单位:中国南玻科技控股(集团)股份有限公司、北京格林京丰防火玻璃有限公司。

本标准主要起草人:杨建军、王睿、龚蜀一、张保军、熊伟、宋丽、石新勇、莫娇、吴辉廷、胡悦。

本标准为首次发布。

化 学 钢 化 玻 璃

1 范围

本标准规定了化学钢化玻璃的术语和定义、分类和标记、技术要求、试验方法、检验规则以及包装、标志、运输和贮存。

本标准适用于平面化学钢化玻璃。

2 规范性引用文件

下列文件中的条款通过本标准的引用而成为本标准的条款。凡是注日期的引用文件，其随后所有的修改单(不包括勘误的内容)或修订版均不适用于本标准，然而，鼓励根据本标准达成协议的各方研究是否可使用这些文件的最新版本。凡是不注日期的引用文件，其最新版本适用于本标准。

GB/T 1216 外径千分尺

GB/T 5137.1—2002 汽车安全玻璃试验方法 第1部分：力学性能试验

GB 11614—1999 浮法玻璃

GB/T 18144 玻璃应力测试方法

JB/T 8788 塞尺

3 术语和定义

下列术语和定义适用于本标准。

化学钢化玻璃 chemically strengthened glass

通过离子交换，玻璃表层碱金属离子被熔盐中的其他碱金属离子置换，使机械强度提高的玻璃。

4 分类与标记

4.1 化学钢化玻璃的分类

4.1.1 化学钢化玻璃按用途可分为：

a) 建筑用化学钢化玻璃：建筑物或室内作隔断使用的化学钢化玻璃，标记为CSB；

b) 建筑以外用化学钢化玻璃：仪表、光学仪器、复印机、家电面板等用化学钢化玻璃，标记为CSOB。

4.1.2 化学钢化玻璃按表面应力值可分为Ⅰ类、Ⅱ类及Ⅲ类。

4.1.3 化学钢化玻璃按压应力层厚度可分为A类、B类及C类。

4.2 化学钢化玻璃的标记示例

示例1：表面应力为Ⅱ类、压应力层为B类的建筑用化学钢化玻璃应标记为：CSB-Ⅱ-B

示例2：压应力层为A类的建筑以外用化学钢化玻璃应标记为：CSOB-A

5 技术要求

5.1 总则

5.1.1 化学钢化玻璃原片质量应符合相应玻璃产品标准的要求。

5.1.2 化学钢化玻璃的技术要求应符合表1相应条款的规定。

表 1　技术要求及对应条款

项　　目	技术要求		试验方法
	建筑用	建筑以外用	
厚度偏差	5.2	5.2	6.1
尺寸偏差	5.3	5.3	6.2
对角线差	5.4	5.4	6.3
外观质量	5.5	5.5	6.4
边部及圆孔加工质量	5.6	5.6	6.5
弯曲度	5.7	5.7	6.6
弯曲强度(四点弯法)	5.8	—	6.7
耐热冲击	5.9	5.9	6.8
表面应力	5.10	—	6.9
压应力层厚度	5.11	5.11	6.10
抗冲击性	—	5.12	6.11

5.2　厚度偏差

化学钢化玻璃的厚度偏差应符合表 2 的规定。

表 2　厚度允许偏差

单位为毫米

厚　度	允许偏差
2,3,4,5,6	±0.2
8,10	±0.3
12	±0.4
注：厚度小于 2 mm 及大于 12 mm 的化学钢化玻璃的厚度及厚度偏差由供需双方商定。	

5.3　尺寸偏差

对于建筑用矩形化学钢化玻璃，其长度和宽度尺寸的允许偏差应符合表 3 的规定。对于其他形状及建筑以外用化学钢化玻璃，其尺寸偏差由供需双方商定。

表 3　尺寸允许偏差

单位为毫米

厚　度	边的长度 L			
	$L \leqslant 1\,000$	$1\,000 < L \leqslant 2\,000$	$2\,000 < L \leqslant 3\,000$	$L > 3\,000$
小于 8	+1.0 −2.0	±3.0	±3.0	±4.0
大于或等于 8	+2.0 −3.0			

5.4　对角线差

对于矩形化学钢化玻璃制品，其对角线差值不应超过表 4 的规定。

表 4　矩形化学钢化玻璃对角线差值

单位为毫米

玻璃公称厚度	边的长度 L		
	$L\leqslant 2\ 000$	$2\ 000<L\leqslant 3\ 000$	$L>3\ 000$
3、4、5、6	3.0	4.0	5.0
8、10、12	4.0	5.0	6.0
注：厚度不大于 2 mm 及大于 12 mm 的矩形化学钢化玻璃对角线差由供需双方商定。			

5.5　外观质量

建筑用化学钢化玻璃外观质量应满足表 5 的规定，建筑以外用化学钢化玻璃外观质量由供需双方商定。

表 5　化学钢化玻璃的外观质量

缺陷名称	说　　明	允许缺陷数
爆边	每片玻璃每米边长上允许有长度不超过 10 mm，自玻璃边部向玻璃板表面延伸深度不超过 2 mm，自板面向玻璃厚度延伸深度不超过厚度 1/3 的爆边个数	1 处
划伤	宽度在 0.1 mm 以下的轻微划伤，每平方米面积内允许存在条数	长度≤60 mm 时，4 条
裂纹、缺角	不允许存在	
渍迹、污雾	化学钢化玻璃表面不应有明显渍迹及污雾	

5.6　边部及圆孔加工质量

5.6.1　化学钢化玻璃边部加工质量

建筑用化学钢化玻璃边部应进行倒角及细磨处理。建筑以外用化学钢化玻璃边部质量由供需双方商定。

5.6.2　圆孔的边部加工质量

圆孔的边部加工质量由供需双方商定。

5.6.2.1　建筑用化学钢化玻璃制品圆孔孔径的允许偏差应符合表 6 的规定。本条款只适用于公称厚度不小于 4 mm 的玻璃。建筑以外用化学钢化玻璃孔径的允许偏差由供需双方商定。

表 6　孔径及其允许偏差

单位为毫米

公称孔径(D)	允许偏差
$D<4$	供需双方商定
$4\leqslant D\leqslant 20$	±1.0
$20<D\leqslant 100$	±2.0
$D>100$	供需双方商定

5.6.2.2　建筑用化学钢化玻璃制品孔的边部距玻璃边部的距离 a 不应小于玻璃公称厚度 d 的两倍，如图 1 所示；两孔孔边之间的距离 b 不应小于玻璃公称厚度 d 的两倍，如图 2 所示；孔的边部距玻璃角部的距离 c 不应小于玻璃公称厚度 d 的六倍，如图 3 所示；圆孔圆心的位置的表达方法可参照图 4 进行，如图 4 建立坐标系，用圆心的位置坐标(x,y)表达圆心的位置。圆孔圆心的位置 x、y 的允许偏差与玻璃的边长允许偏差相同(见表 3)。本条款只适用于公称厚度不小于 4 mm 且整板玻璃的孔不多于四个的玻璃制品。建筑以外用化学钢化玻璃孔的位置要求由供需双方商定。

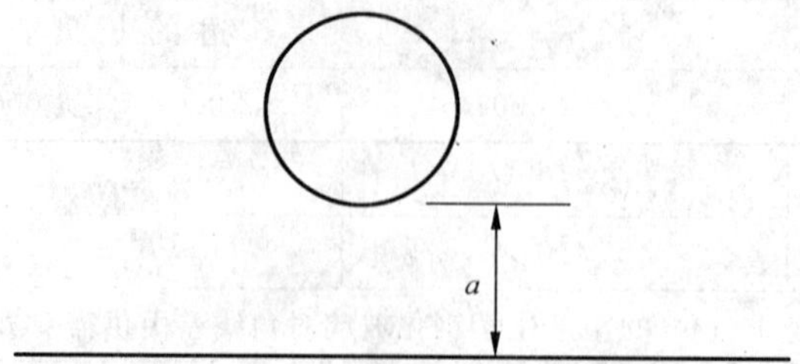

图 1 孔的边部距玻璃边部的距离示意图

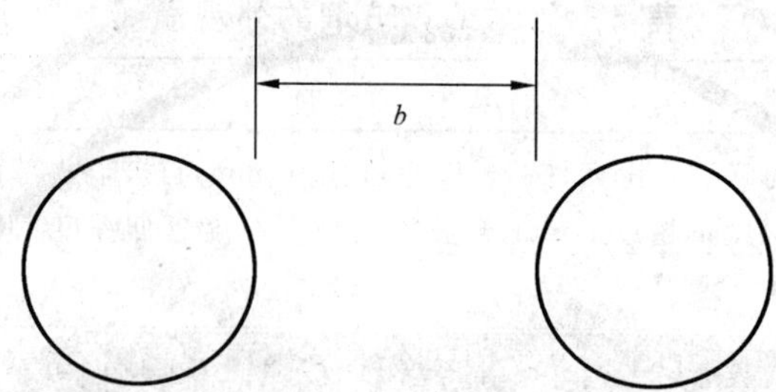

图 2 两孔孔边之间的距离示意图

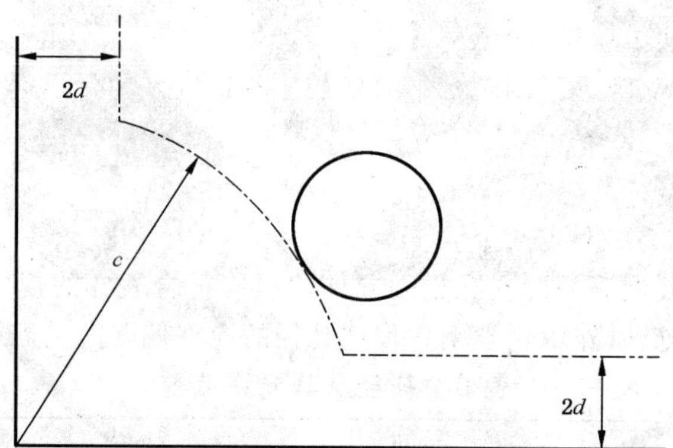

图 3 孔的边部距玻璃角部的距离示意图

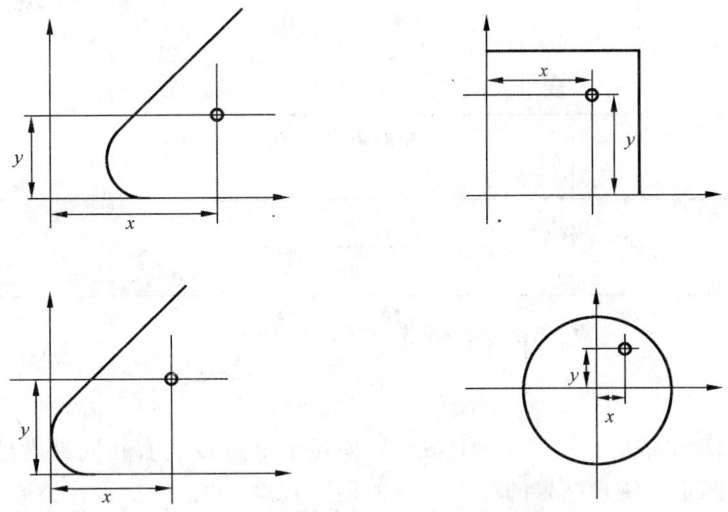

图 4　圆孔圆心位置表示方法

5.7　弯曲度

化学钢化玻璃弯曲度应满足表 7 的规定。

表 7　化学钢化玻璃弯曲度

玻璃厚度 d/ mm	弯　曲　度
$d \geqslant 2$	0.3%
注：厚度小于 2 mm 的化学钢化玻璃弯曲度由供需双方商定。	

5.8　弯曲强度(四点弯法)

以 95%的置信区间，5%的破损概率，化学钢化玻璃的弯曲强度不应低于 150 MPa。本条款只适用于 2 mm 以上建筑用化学钢化玻璃。

5.9　耐热冲击性

化学钢化玻璃应耐 120 ℃温差不破坏。

5.10　表面应力

化学钢化玻璃的表面应力应符合表 8 的规定。

表 8　化学钢化玻璃表面应力

分　类	表面应力 P/ MPa
Ⅰ类	$300 < P \leqslant 400$
Ⅱ类	$400 < P \leqslant 600$
Ⅲ类	$P > 600$

5.11　压应力层厚度

化学钢化玻璃的压应力层厚度应符合表 9 的规定。

表 9　化学钢化玻璃的压应力层厚度

分　类	压应力层厚度 d/ μm
A 类	$12 < d \leqslant 25$
B 类	$25 < d \leqslant 50$
C 类	$d > 50$

5.12 抗冲击性

化学钢化玻璃的抗冲击应符合表 10 的规定。

表 10 化学钢化玻璃的抗冲击性

玻璃厚度 d/mm	冲击高度/m	冲击后状态
$d<2$	1.0	试样不得破坏
$d\geqslant2$	2.0	

6 试验方法

6.1 厚度测定

用符合 GB/T 1216 规定的精度为 0.01 mm 的外径千分尺或具有相同精度的仪器，在距玻璃板边 15 mm 内的四边中点测量。测量结果的算术平均值即为其厚度值，并修约到小数点后一位。

6.2 尺寸测定

用最小刻度为 1 mm 的钢卷尺测量。

6.3 对角线差

用最小刻度为 1 mm 的钢卷尺测量。

6.4 外观质量

按 GB 11614—1999 中 5.3 的要求进行检测。

6.5 边部及圆孔的加工质量

用最小刻度为 0.1 mm 的游标卡尺测量。

6.6 弯曲度测定

将试样在室温下放置 4 h 以上，测量时把试样垂直立放，并在其长边下方的 1/4 处垫上两块垫块。用一直尺或金属线水平紧贴试样的两边或对角线方向，用满足 JB/T 7979 的塞尺测量直线边与玻璃之间的间隙，并以弧的高度与弦的长度之比的百分率来表示弓形时的弯曲度，如图 5 和图 6 所示。

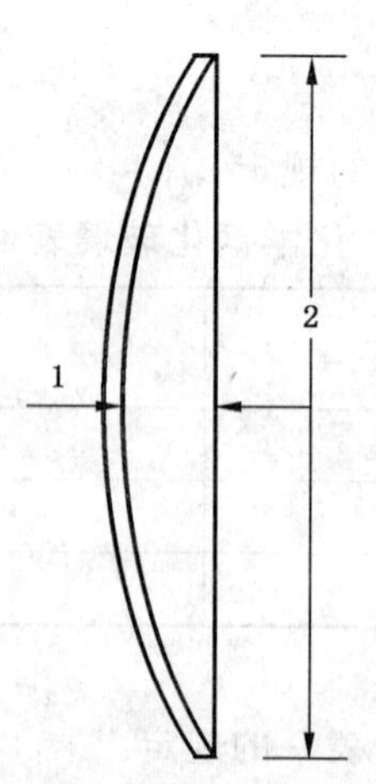

1——弓形变形；

2——化学钢化玻璃的长或对角线长。

图 5 化学钢化玻璃弓形变形示意图

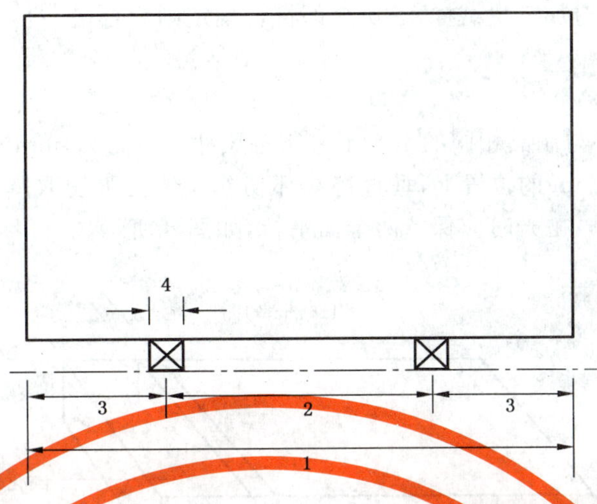

1——长或宽；

2——二分之一的长或宽；

3——四分之一的长或宽；

4——最大 100 mm。

图 6 弯曲度测量时的支撑示意图

6.7 弯曲强度(四点弯法)

按附录 A 进行试验，并计算弯曲强度。

6.8 耐热冲击

将 300 mm×300 mm 的钢化玻璃试样置于 120 ℃±2 ℃的烘箱中，保温 4 h 以上，取出后立即将试样垂直浸入 0 ℃的冰水混合物中，应保证试样高度的 1/3～2/3 浸入水中，5 min 后观察玻璃是否破坏。

取三块试样进行试验，当三块试样全部符合规定时认为该项性能合格。当有两块及两块以上不符合时，则认为不合格。当有一块不符合时，则重新追加三块试样，全部符合规定时则为合格。

6.9 表面应力

6.9.1 试样

若用试样测，取同一工艺条件下生产出来的 300 mm×300 mm 试样。试验前试样应在室温下放置 4 h 以上。在分别距两对边 70 mm 的距离上，引两条平行该两对边的平行线，并与对角线相交于四点，连同对角线的交点，即为五个被测量点。如图 7 所示。

若用制品测，被测量点由供需双方商定。

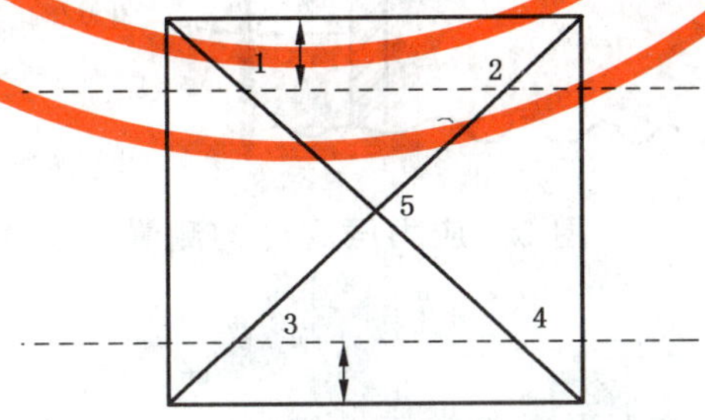

图 7 化学钢化表面应力测量点

6.9.2 试验装置

采用 GB/T 18144 规定的表面应力仪。

6.9.3 试验程序

6.9.3.1 按 GB/T 18144 的规定测试试样非锡面的表面应力。

6.9.3.2 每块试样的表面应力值为该试样五个测量点表面应力值的平均值，并修约至个位。

6.9.3.3 取三块试样或制品进行试验，当全部符合规定为合格。两块或两块以上试样不符合则为不合格。当一块试样符合时，再追加三块试样，三块全部符合规定则为合格。

6.10 压应力层厚度

6.10.1 试样

用厚度为 3 mm 玻璃以与制品相同的生产工艺制备尺寸至少为 25 mm×13 mm 的试样。从该试样的一端，距边缘向内至少 2 mm 的位置上，垂直将端部切除。然后再切取厚度不大于 1.5 mm 的薄片，并对两切割面进行镜面抛光，抛光时应保持两个面平行，如图 8 所示。

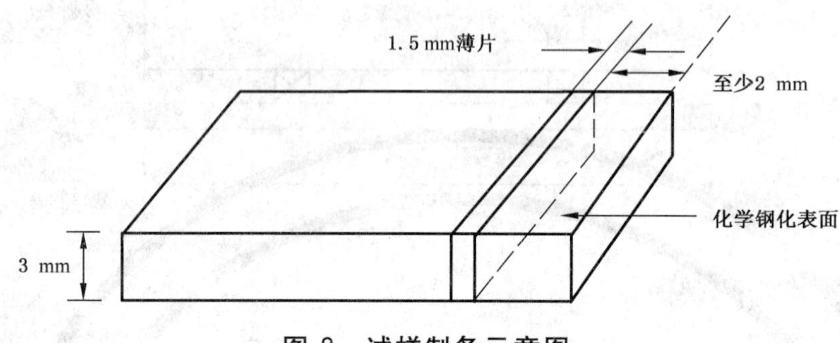

图 8 试样制备示意图

6.10.2 试验装置

物镜最低放大倍数为 100 倍的偏光显微镜，+45°起偏器，测量精度为 1 μm 及重复测量偏差小于 5 μm的测微标尺。

6.10.3 试验程序

将试样任意切割面朝上置于偏光显微镜视野，观察干涉条纹，如图 9 所示，并测量该条纹中心至试样最近的化学钢化表面的距离，精确至 1 μm。

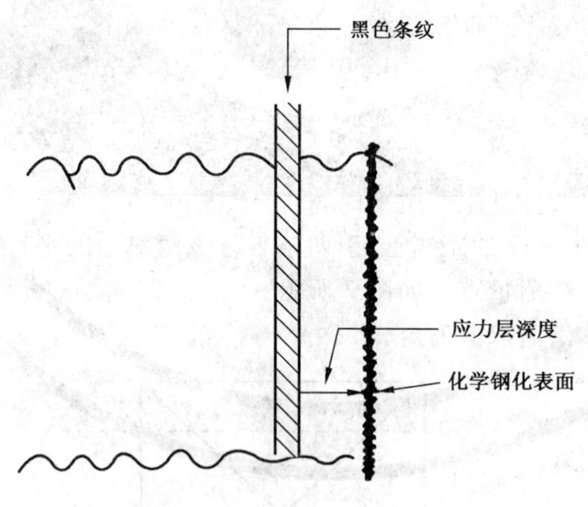

图 9 应力层深度的测量

6.11 抗冲击性

6.11.1 试样

试样 300 mm×300 mm 的正方型平型试样。

6.11.2 试验装置

采用符合 GB/T 5137.1 中 5.2 规定的 227 g 的钢球及冲击试验装置。

6.11.3 试验程序

6.11.3.1 按 GB/T 5137.1 中 5.4 进行试验。每块试样只冲击一次。

6.11.3.2 取六块试样进行试验。当不多于一块试样破坏时，试验为合格；当多于两块试样破坏时，试验为不合格；当两块试样破坏时，再取六块新试样重新进行试验，六块试样全部满足要求时试验为合格。

7 检验规则

7.1 检验分类

检验分出厂检验和型式检验。

7.1.1 出厂检验

检验项目为厚度、尺寸、外观质量、弯曲度、表面应力。

7.1.2 型式检验

检验项目为本标准规定的全部技术要求。有下列情况之一时，应进行型式检验：

a) 新产品或老产品转厂生产的试制定型鉴定；

b) 试生产后，如结构、材料、工艺有较大改变，可能影响产品性能时；

c) 正常生产满一年时；

d) 产品停产半年以上，恢复生产时；

e) 出厂检验结果与上次型式有较大差异时；

f) 质量监督部门提出进行型式检验的要求时。

7.2 组批与抽样

7.2.1 组批

同一种类原材料，同一工艺条件下生产的化学钢化玻璃应组成一批。

7.2.2 抽样

7.2.2.1 厚度、尺寸、外观质量、弯曲度、表面应力按表11进行随机抽样。

7.2.2.2 对产品的技术要求，若用制品检验时，根据检验项目所要求的数量从该批产品中随机抽取；若用试样进行检验时，应采用与制品相同材料、相同厚度和相同工艺条件下制备的试样。

7.3 判定规则

若厚度、尺寸、外观质量、弯曲度及表面应力的任意一项不合格数大于或等于表11的不合格判定数，则认为该产品该项检验项目不合格。

其它性能应符合相应条款的规定，否则，认为该项不合格。

若上述各项中，有一项不合格，则认为该批产品不合格。

表 11 抽样表

单位为块

批量范围	抽样数	合格判定数	不合格判定数
2～8	2	0	1
9～15	3	0	1
16～25	5	1	2
26～50	8	2	3
51～90	13	3	4
91～150	20	5	6
151～280	32	7	8
281～500	50	10	11

8 包装、标志、运输和贮存

8.1 包装

产品应用集装箱、木箱或适合运输的其他包装方式包装。每块玻璃应用塑料袋或纸包装，玻璃与包装箱之间用不易引起玻璃划伤等外观缺陷的轻软材料填实。

8.2 标志

每个包装箱应标明“朝上、轻搬正放、小心破碎”等字样，及产品厚度、厂名及商标、标准代号及产品标记。

8.3 运输

运输时，木箱不应平放，长度方向应与车辆运动方向相同，应有防雨措施。

8.4 贮存

产品应垂直贮存在干燥的室内。

附　录　A
（规范性附录）
弯曲强度试验方法

A.1　试验条件

环境温度：23 ℃±5℃；环境湿度：40%～70%。为避免热应力的产生，在试验的全过程中，环境温度的波动不应大于1 ℃。

A.2　试样

取12块试样进行试验。每块试样长度为1 100 mm±5 mm，宽度为360 mm±5 mm。制备试样时，切割刀口应在试样的同一表面。

试验前24 h内不得对试样进行任何加工或处理。如果试样表面贴有保护膜，需在试验前24 h去除。试验前，试样应在6.5.1规定的条件下放置至少4 h。

A.3　试验装置

采用材料试验机进行试验。试验机应能连续、均匀地对试样加载，且能够将由于加载产生的震动降低至最小。试验机应装有加载测量装置，并在其量程内的误差应小于±2%。支撑辊和加载辊的直径为50 mm，长度不少于365 mm。支撑辊和加载辊均能围绕各辊轴线转动。

A.4　试验程序

A.4.1　测量试样宽度及厚度。

分别测量三次宽度，取其算术平均值，精确至1 mm。

测量厚度时，为避免由于测量而产生的表面破坏，测量应分别在试样的两端进行（至少应在试样的位于加载辊以外的部分进行测量）。分别测量四点，并取算术平均值，精确至0.01 mm。也可在试验后测量破碎后的试样厚度——每块试样取四块碎片测量厚度，并取算术平均值，精确至0.01 mm。

A.4.2　试样

试样有切割刀口的表面朝上。为便于查找断裂源和防止碎片飞散，可在试样上表面粘贴薄膜。按图A.1所示放置试样。橡胶条的厚度为3 mm，硬度为40 IRHD±10 IRHD。

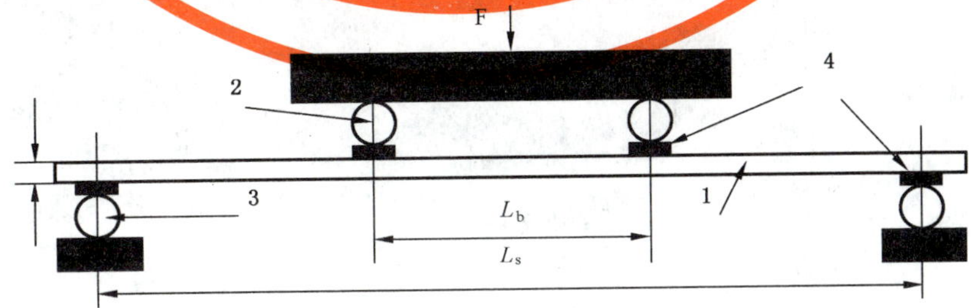

1——试样；

2——加载辊；

3——支撑辊；

4——橡胶条；

L_b——等于200 mm±1 mm；

L_s——等于1 000 mm±2 mm。

图A.1　四点弯曲强度试验

A.4.3 加载

试验机以试样弯曲应力 2 MPa/s±0.4 MPa/s 的递增速度对试样进行加载，直至试样破坏。记录每块试样破坏时的最大载荷、从开始加载至试样破坏的时间(精确至 1 s)以及试样的断裂源是否在加载辊之间。

A.4.4 数据处理

断裂源应当在加载辊之间，否则应以新试样替补上重新试验，以保证每组试样原来的数量。按式(A.1)计算试样的弯曲强度。

$$\sigma_{bG} = F_{max}\frac{3(L_s - L_b)}{2Bh^2} + \sigma_{bg} \qquad \text{(A.1)}$$

式中：

σ_{bG}——弯曲强度，单位为兆帕(MPa)；

F_{max}——试样断裂时的最大载荷，单位为牛顿(N)；

L_s——两支撑辊轴心之间的距离，单位为毫米(mm)；

L_b——两加载辊轴心之间的距离，单位为毫米(mm)；

B——试样的宽度，单位为毫米(mm)；

h——试样的厚度，单位为毫米(mm)；

σ_{bg}——试样由于自重产生的弯曲强度，或通过式(A.2)计算得到，单位为兆帕：

$$\sigma_{bg} = \frac{3\rho g L_s^2}{4h} \qquad \text{(A.2)}$$

式中：

ρ——试样密度，对于普通钠钙硅玻璃 $\rho=2.5\times10^3\ kg/m^3$；

g——单位换算系数，9.8 N/kg；

L_s——两支撑辊轴心之间的距离，单位为米(m)；

h——试样的厚度，单位为毫米(mm)。

附 录 B
（资料性附录）
化学钢化玻璃相关说明

B.1 化学钢化玻璃是经过离子交换过程得到的增强玻璃。离子交换过程可以有效地提高玻璃的机械强度，尤其适用于增强超薄、尺寸较小或形状复杂的玻璃制品。玻璃经离子交换处理后不会产生明显的光学变形。

B.2 化学钢化玻璃的强度与玻璃成份、表面和边缘状态、离子交换工艺过程及其使用环境等因素有关。

B.3 虽然化学钢化玻璃表面压应力非常高，但与之相平衡的中间张应力很小，因此化学钢化玻璃不存在自爆现象。

B.4 化学钢化玻璃必须保持一定的交换层深度。交换层深度会随着交换时间的延长而增加，但表面压应力会随着交换时间的延长达到最大值，而后逐渐降低。

B.5 由单片普通退火玻璃经离子交换制成的化学钢化玻璃不是安全玻璃，其破碎后的碎片状态类似于普通退火玻璃破碎后的状态。当其用于涉及人身安全的场所时，需对其进行进一步加工，如制成夹层玻璃等。

B.6 化学钢化玻璃可以切割，但新切边会引起强度降低。因此建议生产者在化学钢化之前完成所需的前处理加工过程。

B.7 离子交换过程改变了玻璃表面性质。因此，化学钢化玻璃的后续加工过程（如夹层或镀膜）工艺，与加工非化学钢化玻璃相比会有所不同。

ICS 81.040.20
Q 33
备案号：15252—2005

中华人民共和国建材行业标准

JC/T 979—2005

镶 嵌 玻 璃

Panel glass

2005-02-14 发布　　2005-07-01 实施

中华人民共和国国家发展和改革委员会　发 布

前　　言

本标准由中国建筑材料工业协会提出。

本标准由全国建筑用玻璃标准化技术委员会归口。

本标准负责起草单位：秦皇岛玻璃工业研究设计院。

本标准参加起草单位：秦皇岛利华玻璃加工有限公司、常熟中信建材有限公司、台山市大亨玻璃集团总公司、辽宁晟祥节能技术有限公司。

本标准主要起草人：李勇、刘志付、嵇书伟、王立祥、高淑兰、郭全。

本标准为首次发布。

镶 嵌 玻 璃

1 范围

本标准规定了镶嵌玻璃的术语和定义、分类、技术要求、试验方法、检验规则以及包装、标志、运输和贮存。

本标准适用于建筑、装饰等用途的中空镶嵌玻璃，其他类型的镶嵌玻璃可参照本标准执行。

2 规范性引用文件

下列文件中的条款通过本标准的引用而成为本标准的条款。凡是注日期的引用文件，其随后所有的修改单(不包括勘误的内容)或修订版均不适用于本标准，然而，鼓励根据本标准达成协议的各方研究是否可使用这些文件的最新版本。凡是不注日期的引用文件，其最新版本适用于本标准。

GB/T 1216　外径千分尺

GB 9962　夹层玻璃

GB 9963　钢化玻璃

GB 11614　浮法玻璃

GB/T 11944　中空玻璃

GB/T 18701　着色玻璃

GB/T 18915.1～18915.2　镀膜玻璃

JC/T 511　压花玻璃

3 术语和定义

下列术语和定义适用于本标准。

3.1

镶嵌玻璃　panel glass

将嵌条、玻璃片或其他装饰物组成图案形成具有装饰效果的玻璃制品。

3.2

中空镶嵌玻璃　insulating panel glass

将嵌条、玻璃片组成图案置于两片玻璃内，周边用密封胶粘接密封，形成内部是干燥气体具有保温隔热性能的装饰玻璃制品。

3.3

叠差　mismatch

组成中空镶嵌玻璃的两片外侧玻璃因为错位形成的差值。

3.4

露点　dew-point temperature

将玻璃表面局部冷却，当达到一定温度时，玻璃内部的水气在冷点部位结露，该温度为露点。

4 分类

镶嵌玻璃按性能可分为：安全中空镶嵌玻璃和普通中空镶嵌玻璃。

5 技术要求

5.1 总则

中空镶嵌玻璃应符合表1的规定。

表1 技术要求及试验方法

试验项目	中空镶嵌玻璃	试验方法
外观质量	5.3	6.1
尺寸允许偏差	5.4	6.2
耐紫外线辐照性能	5.5	6.3
露点	5.6	6.4
高温高湿耐久性能	5.7	6.5
气候循环耐久性能	5.8	6.6

5.2 材料

5.2.1 玻璃

安全中空镶嵌玻璃两侧应采用夹层玻璃、钢化玻璃。夹层玻璃应符合GB 9962的规定，钢化玻璃应符合GB 9963的规定。

普通中空镶嵌玻璃两侧可采用浮法玻璃、着色玻璃、镀膜玻璃、压花玻璃等。浮法玻璃应符合GB 11614的规定，着色玻璃应符合GB/T 18701的规定，镀膜玻璃应符合GB/T 18915.1～18915.2的规定，压花玻璃应符合JC/T 511的规定。其他品种的玻璃应符合相应标准或由供需双方商定。

5.2.2 嵌条

中空镶嵌玻璃的嵌条可以是金属条等各种材料，其质量应符合相应标准、技术条件或订货文件的要求。

5.2.3 密封胶

中空镶嵌玻璃可采用弹性密封材料或塑性密封材料作周边密封，其质量应符合相应标准、技术条件或订货文件的要求。

5.3 外观质量

5.3.1 嵌条应光滑、均匀，无明显色差，不得有焊液、氧化斑、污点及手印。

5.3.2 焊点或接头平滑，厚度不超过1.5 mm，不得有漏焊。

5.3.3 焊点的涂色应符合双方规定的颜色要求。涂色的表面不得有起皮脱落。

5.3.4 玻璃拼块与嵌条或边条之间不得有透光的露缝。

5.3.5 玻璃拼块的结石、裂纹、缺角、爆边不允许存在，中空镶嵌玻璃外侧玻璃的裂纹、缺角和爆边不得超过玻璃厚度。玻璃拼块的磨边应平滑、均匀。

5.3.6 宽度≤0.1 mm、长度≤30 mm的划伤每平方米允许存在两条。宽度>0.1 mm或长度>30 mm的划伤不允许存在。

5.3.7 中空镶嵌玻璃内不得有污迹、夹杂物的存在。

5.3.8 有贴膜的镶嵌玻璃不得有大于0.5 mm的明显气泡存在。

5.4 尺寸允许偏差

5.4.1 矩形中空镶嵌玻璃的长度及宽度允许偏差见表2。

表2

单位为毫米

长(宽)度 L	允许偏差
L<1 000	±2
1 000≤L<2 000	+2、-3
2 000≤L<3 000	±3

其他形状或长度≥3 000 mm 的镶嵌玻璃的允许偏差由供需双方商定。

5.4.2 厚度允许偏差

中空镶嵌玻璃的厚度允许偏差见表 3。

表 3

单位为毫米

公称厚度 t	允许偏差
$t \leqslant 22$	±1.5
$t > 22$	±2.0
注：中空镶嵌玻璃的公称厚度为玻璃原片的公称厚度与间隔层厚度之和。	

5.4.3 叠差

矩形镶嵌玻璃的最大允许叠差见表 4。

表 4

单位为毫米

长(宽)度 L	最大允许偏差
$L < 1\,000$	2.0
$1\,000 \leqslant L < 2\,000$	3.0
$2\,000 \leqslant L < 3\,000$	4.0

其他形状或长度≥3 000 mm 的镶嵌玻璃的叠差由供需双方商定。

5.5 耐紫外线辐照性能

两块中空镶嵌玻璃试样经紫外线照射试验，试样内表面无结雾或污染痕迹、玻璃无明显错位、无胶条蠕变、嵌条无明显变色为合格。

5.6 露点

三块中空镶嵌玻璃试样的露点均≤－30 ℃为合格。

5.7 高温高湿耐久性能

三块中空镶嵌玻璃试样经高温高湿循环耐久试验，试验后进行露点测试，露点均≤－30 ℃为合格。

5.8 气候循环耐久性能

两块中空镶嵌玻璃试样经气候循环耐久试验，试验后进行露点测试，露点均≤－30 ℃为合格。

是否进行该项性能试验，可由供需双方根据使用条件加以商定。

6 试验方法

6.1 外观质量

以制品为试样，在批量中按表 5 抽取，在较好的自然光线或散射光照条件下，距试样 600 mm 处用肉眼进行观察。

6.2 尺寸偏差

以制品为试样，在批量中按表 5 抽取，镶嵌玻璃的长(宽)度偏差用精度为 0.5 mm 的钢直尺或钢卷尺测量；厚度用符合 GB/T 1216 规定的千分尺或具有同等精度的量具在玻璃板四边中心进行测量，取其平均值，数值修约至小数点后一位；叠差用精度为 0.5 mm 的钢直尺测量。

6.3 耐紫外线辐照性能

6.3.1 试验目的

测试镶嵌玻璃的抗紫外线辐照能力，检验密封胶是否有挥发物，胶条的形态以及嵌条的抗紫外线变色能力。

6.3.2 试验设备

紫外线试验箱，箱体尺寸为 560 mm×560 mm×560 mm，由紫铜板制成的 ϕ150 mm 的冷却盘两个，见图 1。

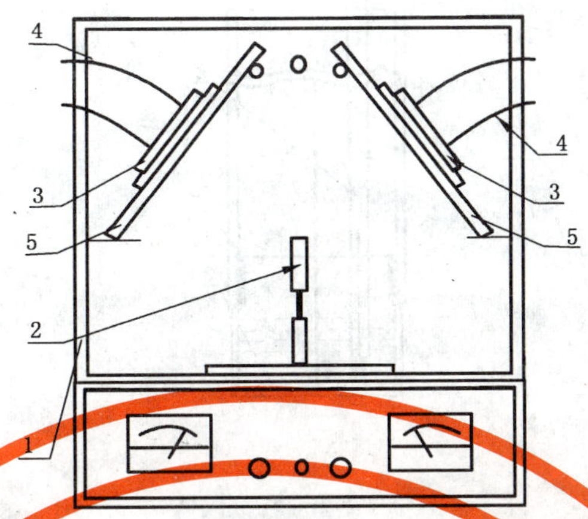

1——箱体；
2——光源；
3——冷却盘；
4——冷却水管；
5——试样。

图 1 紫外线试验箱

光源为输出功率不低于 40 W/m^2 的 300 W 紫外灯，每次试验前用照度计检查光源输出功率。

试验箱内温度为 50 ℃±3 ℃。

6.3.3 试样

两块与制品相同材料、相同工艺条件制作的尺寸为 510 mm×360 mm 的样品。

6.3.4 试验程序

将两块试样放在试验箱内，如图 1，试样中心与光源相距 300 mm，在每块试样中心各放置冷却盘，然后连续通水冷却，进口水温保持在 16 ℃±2 ℃，冷却盘进出口水温相差不得超过 2 ℃。

紫外线照射 168 h 后，将试样取出，观察试样内表面有无雾状、油状或其他污物，玻璃是否有明显错位、胶条有无蠕变，嵌条有无明显变色。如果出现上述现象，应将试样放置于温度为 23 ℃±2 ℃、湿度为 30％～75％的环境中存放一周，再观察，如果玻璃内表面的污迹消失则判定合格，否则为不合格。

6.4 露点

6.4.1 试验目的

通过测试中空镶嵌玻璃的露点温度，来衡量该产品间隔层中气体的干燥程度。

6.4.2 试验设备

如图 2 所示，测量管的高度为 300 m，测量表面直径为 ϕ50 mm，温度计测量范围为－80 ℃～30 ℃，精度为 1 ℃。

6.4.3 试样

三块制品或三块与制品相同材料、相同工艺条件制作的尺寸为 510 mm×360 mm 的样品为试样。

6.4.4 试验程序

将试样在温度为 23 ℃±2 ℃，相对湿度 30％～75％的条件下放置 24 h 以上，试验在该环境条件下进行，并在 45 天内完成。

向露点仪中注入深约 25 mm 的乙醇或丙酮，再加入干冰，使温度冷却到等于或低于－30 ℃，并在试验中保持该温度。

将试样水平放置，在表面涂一层乙醇或丙酮，使露点仪与试样表面紧密接触，停留 3 min 后移开露点仪，立刻观察试样的内表面有无结露或结霜。

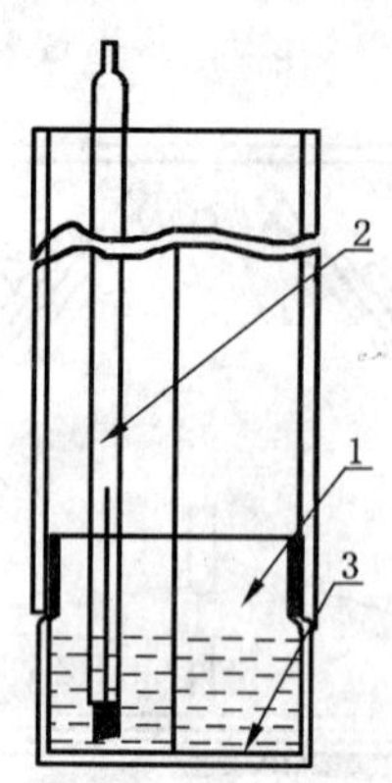

1——铜槽；
2——温度计；
3——测量面。

图2 露点仪

6.5 高温高湿耐久性

6.5.1 试验目的

测试试样耐高温高湿环境的能力。

6.5.2 试验设备

高温高湿试验箱见图3。

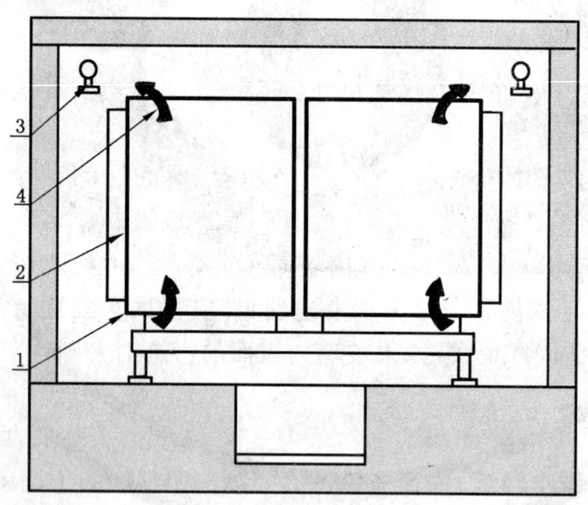

1——试样；
2——隔板；
3——喷水嘴；
4——喷射产生的气流。

图3 高温高湿试验箱

6.5.3 试样

三块制品或三块与制品相同材料、相同工艺条件制作的未经6.3试验的、尺寸为510 m×360 mm的样品为试样。

6.5.4 试验程序

试验进行224次循环，每个循环分为两个阶段。

加热阶段：时间为140 min±1 min，在90 min±min内将箱内温度升到55 ℃±3 ℃，其余时间保温。

冷却阶段:时间为 40 min±1 min,在 30 min±1 min 内将箱内温度降到 25 ℃±3 ℃,其余时间保温。

完成 224 次循环后移出试样,在温度 23 ℃±2 ℃,相对湿度 30%~75%的条件下放置 24 h 以上,然后按 6.4 测露点。

6.6 气候循环耐久性能试验

按 GB/T 11944 中的气候循环耐久性能试验方法进行试验。

7 检验规则

7.1 检验分类

7.1.1 型式检验

型式检验包括第五章技术要求中的全部检验项目。

有下列情况之一时,应进行型式检验:

a) 生产过程中,如结构、材料、工艺有较大改变,可能影响产品性能时;

b) 正常生产时,定期或积累一定产量后,应周期性进行一次检验;

c) 产品长期停产后,恢复生产时;

d) 出厂检验结果与上次型式检验有较大差异时;

e) 国家质量监督机构提出型式检验时。

7.1.2 出厂检验

出厂检验包括外观质量、尺寸偏差。若要求增加其他检验项目由供需双方商定。

7.2 组批与抽样

7.2.1 组批:采用相同材料、在同一工艺条件下生产的镶嵌玻璃 500 块为一批。

7.2.2 抽样:产品的外观质量、尺寸偏差按表 5 从交货批中随机抽样进行检验。

表 5

单位为块

批量范围	抽检数	合格判定数	不合格判定数
1~8	2	0	1
9~15	3	0	1
16~25	5	1	2
26~50	8	1	2
51~90	13	2	3
91~150	20	3	4
151~280	32	5	6
281~500	50	7	8

对于产品所要求的其他技术性能,若用制品检验时,根据检验项目所要求的数量从该批产品中随机抽取。若用试样进行检验时,应采用相同材料、在同一工艺条件下制作的试样。

7.3 判定规则

若不合格品数等于或大于表 5 的不合格判定数,则认为该批产品的外观质量、尺寸偏差不合格。

其它性能应符合相应标准条款的规定,否则认为该项不合格。

若上述各项中,有一项不合格,则认为该批产品不合格。

8 包装、标志、运输和贮存

8.1 包装

镶嵌玻璃用木箱或集装箱包装,包装箱应符合国家有关标准规定。每块玻璃应用塑料布或纸隔开,玻璃与包装箱之间用不易引起玻璃划伤等外观缺陷的轻软材料填实。

8.2 标志

包装标志应符合国家有关标准的规定，应包括产品名称、厂名、厂址、商标、规格、数量、生产日期、执行标准。且应标明“朝上、轻搬轻放、防雨、防潮、小心破碎”等字样。

8.3 运输

产品运输应符合国家有关规定。

运输时，不应平放或斜放，长度方向宜与运输车辆运动方向一致。

8.4 贮存

产品应垂直放置贮存于干燥的室内。

ICS 81.040
Q 33
备案号 17602—2006

中华人民共和国建材行业标准

JC/T 1006—2006

釉面钢化及釉面半钢化玻璃

Enamelled tempered and heat-strengthened glass

2006-05-06 发布　　2006-10-01 实施

中华人民共和国国家发展和改革委员会　发布

前　言

本标准的附着玻璃性能、耐酸性参照采用ASTM C1048《热处理平板玻璃—HS类、FT类涂层和非涂层玻璃》。

釉面半钢化玻璃的碎片状态参照采用EN 1863-1:2000《建筑玻璃—热增强钠钙硅酸盐玻璃》。

附录A参照欧盟RoHS环保要求。

本标准由中国建筑材料工业协会提出。

本标准由全国建筑用玻璃标准化技术委员会归口。

本标准负责起草单位:秦皇岛玻璃工业研究设计院。

本标准参加起草单位:广东金刚玻璃科技股份有限公司;常熟市幸福玻璃建材有限公司;江阴市京澄玻璃有限公司;湖州天时玻璃制品有限公司。

本标准主要起草人:李勇、嵇书伟、王立祥、高淑兰、吴从真、蒋炜。

本标准为首次发布。

釉面钢化及釉面半钢化玻璃

1 范围

本标准规定了釉面钢化及釉面半钢化玻璃的术语和定义、分类、技术要求、试验方法、检验规则、包装、标志、运输和贮存。

本标准适用于建筑及建筑以外用的平型釉面钢化玻璃和釉面半钢化玻璃，不适用于瓶罐、器皿釉面钢化、釉面半钢化玻璃。曲面釉面钢化、釉面半钢化玻璃可参照采用。

2 规范性引用文件

下列文件中的条款通过本标准的引用而成为本标准的条款。凡是注日期的引用文件，其随后所有的修改单(不包括勘误的内容)或修订版均不适用于本标准，然而，鼓励根据本标准达成协议的各方研究是否可使用这些文件的最新版本。凡是不注日期的引用文件，其最新版本适用于本标准。

GB/T 1216 外径千分尺

GB/T 8170 数值修约规则

GB 11614 浮法玻璃

GB 15763.2 建筑用安全玻璃 第2部分：钢化玻璃

GB 17841 幕墙用钢化玻璃与半钢化玻璃

3 术语和定义

下列术语和定义适用于本标准。

3.1

釉面钢化及釉面半钢化玻璃 enamelled tempered and heat-strengthened glass

将玻璃釉料涂布在玻璃表面，经过钢化或半钢化处理，在玻璃表面形成牢固釉层的玻璃产品。

3.2

漏光点 light leak

釉面覆盖区域中没有覆盖釉料的透光点。

3.3

色差 chromatic aberratron

釉面颜色有差异。

3.4

疵点 flaw

制品烧结后釉层上有明显的不均匀点，或颜色不同于釉面颜色的污点。

4 分类

釉面钢化玻璃、釉面半钢化玻璃按用途可分为：

1) 建筑外墙或室内作隔断使用的建筑用釉面玻璃。

2) 仪表面板、家电、家具、灯具等用的建筑以外用釉面玻璃。

5 要求

5.1 总则

5.1.1 原片质量应符合相应玻璃产品标准的要求。

5.1.2 釉料应符合相应标准的要求。

5.1.3 釉面钢化及釉面半钢化玻璃的技术要求应符合表1相应条款的规定。

表1 技术要求及试验方法

试验项目	技术要求				试验方法
	建筑用		建筑以外用		
	釉面钢化玻璃	釉面半钢化玻璃	釉面钢化玻璃	釉面半钢化玻璃	
外观质量	5.2	5.2	5.2	5.2	6.1
尺寸允许偏差	5.3	5.3	5.3	5.3	6.2
弯曲度	5.4	5.4	5.4	5.4	6.3
霰弹袋冲击性	5.5	—	—	—	6.4
碎片状态	5.6	5.6	5.6	5.6	6.5
耐热冲击性	5.7	5.7	5.7	5.7	6.6
附着玻璃性能	5.8	5.8	5.8	5.8	6.7
耐酸性	5.9	5.9	5.9	5.9	6.8
耐碱性	5.10	5.10	5.10	5.10	6.9

5.2 外观质量

5.2.1 玻璃的外观质量应符合 GB 15763.2 的规定。

5.2.2 釉面的外观质量应符合表2的规定。

表2 釉面外观质量

缺陷名称	说明	建筑以外用	建筑用
漏光点	直径≤0.5 mm	不允许集中	—
	0.5 mm<直径≤1.2 mm	中部:2×S个,但任意两漏光点之间的距离大于 300 个 mm;边部:4×S个,小于 0.5 m^2 由供需双方商定	中部:4×S个, 边部:8×S个
	1.2 mm<直径≤2.5 mm	不允许	中部:2×S个, 边部:4×S个
	直径>2.5 mm	不允许	不允许
斑纹	釉层上深浅不均的条	600 mm 处背光观察不可见	2 000 mm 处背光观察不可见
釉面划伤	宽度≤0.1 mm	长度≤30 mm 3×S条, 小于 0.5 m^2 由供需双方商定	长度≤50 mm 4×S条
	0.1 mm<宽度≤0.5 mm	不允许	长度≤30 mm 1×S条
	宽度>0.5 mm	不允许	不允许
色差	目视观察	2 000 mm 处无明显差异	3 000 mm 处无明显差异
图案完整性	图案有欠缺	600 mm 处不可见	2 000 mm 处不可见

表 2（续）

缺陷名称	说明	建筑以外用	建筑用
疵点	直径<1.2 mm	不允许集中	—
	1.2 mm≤直径≤2.5 mm	中部 3×S 个，边部：5×S 个， 小于 0.5 m^2 由供需双方商定	不允许集中
	2.5 mm<直径≤4.0 mm	中部 1×S 个，边部：3×S 个， 小于 0.5 m^2 由供需双方商定	中部 3×S 个； 边部：8×S 个；
	直径>4.0 mm	不允许	中部不允许

注 1：集中是指在任一直径 500 mm 圆面积内超过 20 个；

注 2：S 是以 m^2 为单位的玻璃板面积，保留小数点后两位；

注 3：允许个数及允许条数为各系数与 S 相乘所得的数值，按 GB/T 8170 修约至整数；

注 4：玻璃板的中部是指距玻璃板边缘 75 mm 以内的区域，其他部分为边部。

注 5：背光是指光源与观察者在同侧。

注 6：边部 2 mm 不作外观质量要求。

5.2.3　其他外观质量由供需双方商定。

5.3　尺寸允许偏差

5.3.1　矩形制品的长度及宽度允许偏差见表 3。

表 3　长度及宽度允许偏差

单位为毫米

厚度 D	边的长度 L		
	L≤1 000	1 000≤L<2 000	2 000≤L<3 000
D<8	+1.0/−2.0	±3.0	±4.0
D≥8	+2.0/−3.0		

其他形状或边长≥3 000 mm 的制品的允许偏差由供需双方商定。

5.3.2　对角线差

对于矩形制品，其对角线差应符合表 4 的规定；对边长大于 3 000 mm 及不规则形状的制品，其对角线差可由供需双方商定。

表 4　对角线允许偏差

单位为毫米

玻璃厚度	长边的长度 L		
	L≤1 000	1 000<L≤2 000	2 000<L≤3 000
D<8	2.0	3.0	4.0
D≥8	3.0	4.0	5.0

5.4　弯曲度

平型制品的弯曲度，弓形时应不超过 0.3%，波形时应不超过 0.2%。

5.5　霰弹袋冲击性能

全部试样符合下列 1）或 2）中任意一条的规定为合格。

1）　玻璃破碎时，每试样的最大 10 块碎片质量的总和不得超过相当于试样 65 cm^2 面积的质量。保留在框内的任何无贯穿裂纹的玻璃碎片的长度不能超过 120 mm。

2）　霰弹袋下落高度为 1 200 mm 时，试样不破坏。

5.6　碎片状态

5.6.1　釉面钢化玻璃碎片状态

每块试样在任何 50 mm×50 mm 区域内的最少碎片数应符合表 5 的要求。且允许有少量长条形碎片，其长度不超过 75 mm。

表 5　最少允许碎片数

玻璃品种	公称厚度/mm	最少碎片数/片
平面钢化玻璃	3	30
	4～12	40
	≥15	30
曲面钢化玻璃	≥4	30

5.6.2　**釉面半钢化玻璃碎片状态**

5 块试样中至少应有 4 块满足下列条件中任意一条：

1)　所有碎片至少有一边到达排除区。

2)　不应多于 2 块“小岛”碎片，且每“小岛”碎片的面积不超过 1 000 m^2，所有“颗粒”的面积总和不应超过 5 000 mm^2。

碎片示例(见图 1)，“小岛”或颗“粒”示例(见图 2)

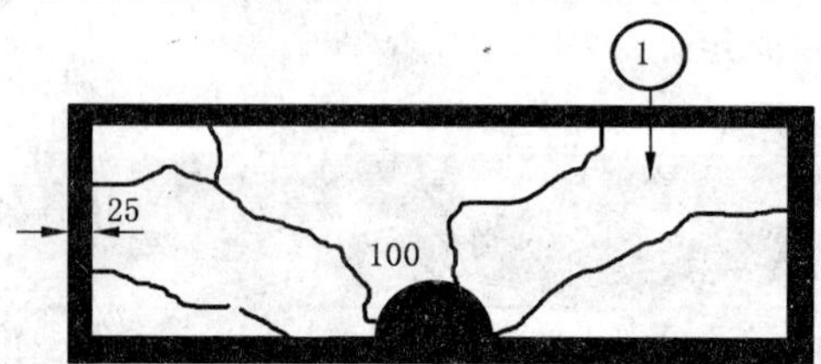

图 1　碎片示例

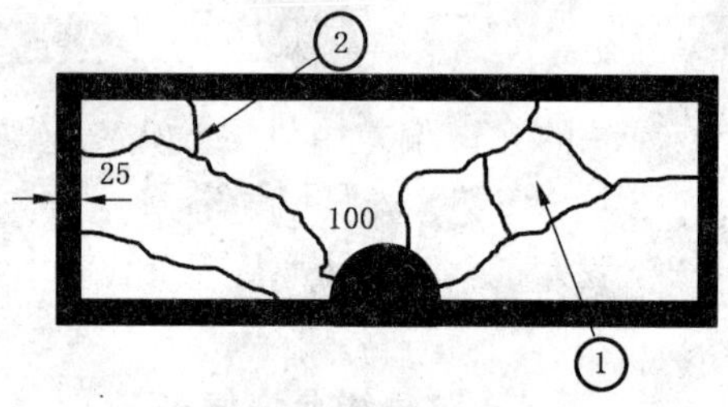

1——小岛；2——颗粒

图 2　“小岛”或“颗粒”图

注：“颗粒”是面积小于 100 mm^2 的碎片，“小岛”则是大于或等于 100 mm^2 的碎片。

如果 5 块试样中仅有 1 块不符合上述要求，那么这一块试样必须符合下述要求：

1)　不应多于 3 块“小岛”碎片；

2)　所有“小岛”和“颗粒”碎片的面积不应超过 50 000 mm^2。

5.7　**耐热冲击性能**

耐热冲击性能应符合表 6 的规定。

表 6　耐热冲击性能

釉面钢化玻璃	釉面半钢化玻璃
耐 200 ℃温差不破坏	耐 100 ℃温差不破坏

5.8　**附着玻璃性能**

釉层上不能有墨迹的残留。

5.9　**耐酸性**

5.9.1　**耐盐酸性**

试样允许有颜色的改变和粉化现象，但不应存在明显的脱落。

5.9.2 耐柠檬酸性

试样允许有颜色改变，但不允许有粉化和脱落现象。

5.10 耐碱性

试样应无明显变化。

6 试验方法

6.1 外观质量

6.1.1 玻璃面外观质量

以制品为试样，在较好的自然光或散射背景光照条件下，玻璃垂直放置，观察者距玻璃 600 mm，视线垂直玻璃进行观察。缺陷尺寸用放大 10 倍，精度 0.1 mm 的读数显微镜测定；划伤的长度用最小刻度为 1 mm 的钢直尺或钢卷尺测量。

6.1.2 釉面外观质量

以制品为试样，在较好的自然光或散射光照条件下，将玻璃垂直放置，以不透明的背景材料衬托，从距玻璃 600 mm、2 000 mm 或 3 000 mm 处观察。缺陷尺寸用放大 10 倍，精度 0.1 mm 的读数显微镜测量；划伤的长度用最小刻度为 1 mm 的钢直尺或钢卷尺测量。

6.2 尺寸偏差

按 GB 11614 规定的方法进行测定。

6.3 弯曲度

按 GB 15763.2 中方法进行。

6.4 霰弹袋冲击试验

4 块 1 930 mm×864 mm 试样，按 GB 15763.2 方法进行试验。冲击面为玻璃面。

6.5 碎片状态

6.5.1 釉面钢化玻璃碎片状态

4 块制品为试样，按 GB 15763.2 方法进行试验，如果玻璃不适合晒图，用数码相机拍照。冲击面为玻璃面。

6.5.2 釉面半钢化玻璃碎片状态

试样为 5 块 360 mm×1 100 mm 无孔、无凹槽的釉面半钢化玻璃。

使用尖锐的钢制工具（曲率半径约 0.2 mm）在试样长边的中心位置，距长边 20 mm 处冲击至玻璃破碎。为了防止碎片飞散，试样应使用小框，胶粘带等使试样破碎后仍相互连结，但不得防碍试样裂纹的扩展。

玻璃破碎后 5 min 内完成曝光或拍照。以冲击点为中心，100 mm 半径的区域和沿周边 25 mm 的区域排除在外，见图 3。

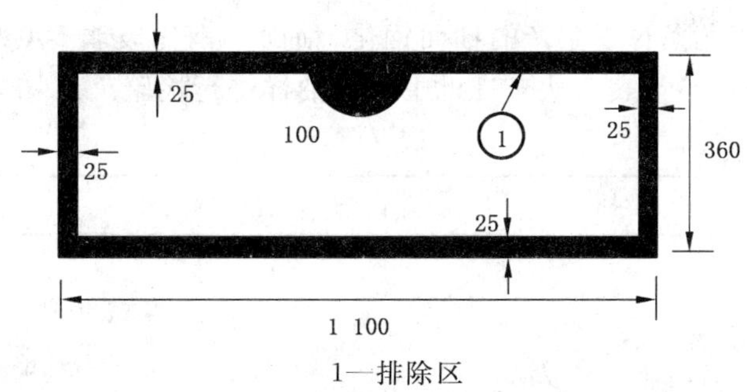

1—排除区

图 3 碎片状态的评价范围

6.6 耐热冲击性

将 4 块 300 mm×300 mm 的釉面钢化玻璃试样置于(200±2)℃(釉面半钢化玻璃置于(100±2)℃)的烘箱中，保温 4 h 以上，取出后立即将试样垂直浸入 0 ℃的冰水混合物中，应保证试样高度的

1/3以上能浸入水中,5 min后观察玻璃是否破坏。

玻璃表面和边部的鱼鳞状剥离不应视作破坏。

6.7 附着玻璃性能

3块制品为试样,在玻璃釉层上用单面刀片在25 mm×75 mm的区域内重复刮20次,刀片与试样成45°。沿75 mm方向,用墨水画一条线,画完线15 min后,在线上涂细研磨膏擦拭。在散射光源照射下,用肉眼观察釉层,如有墨迹残留表明釉上的细孔会使水渗透,从而可能导致釉层的褪色或在结冰气候下造成釉与玻璃基片分离。

6.8 耐酸性

6.8.1 耐盐酸性

3块制品为试样,在室温条件下,将3.5%的盐酸溶液滴于制品釉面,湿润直径25 mm左右,15 min后用水清洗并干燥,之后观察釉面。

6.8.2 耐柠檬酸性

3块制品为试样,在室温条件下,将新制备的10%的柠檬酸溶液滴于制品的釉面上,湿润直径25 mm左右,15 min后用水清洗并干燥,之后观察玻璃釉面。

6.9 耐碱性

3块制品为试样,在室温条件下,将10%的氢氧化钠溶液滴于制品的釉面上,湿润直径25 mm左右,30 min后用水清洗并干燥,之后观察玻璃釉面。

7 检验规则

7.1 检验分类

7.1.1 型式检验

型式检验包括技术要求中的全部检验项目。

有下列情况之一时,应进行型式检验:

a) 生产过程中,如结构、材料、工艺有较大改变,可能影响产品性能时;

b) 正常生产时,定期或积累一定产量后,应周期性进行一次检验;

c) 产品长期停产后,恢复生产时;

d) 出厂检验结果与上次型式检验有较大差异时;

e) 国家质量监督机构提出型式检验时。

7.1.2 出厂检验

出厂检验包括外观质量、尺寸偏差、弯曲度。若要求增加其他检验项目由供需双方商定。

7.2 组批与抽样

采用相同材料、在同一工艺条件下生产的釉面钢化、釉面半钢化玻璃500块为一批。出厂检验、型式检验、产品质量仲裁、监督检验按表7从交货批中随机抽样进行检验。

表7

单位为块

批量范围	抽检数	合格判定数	不合格判定数
1～8	2	0	1
9～15	3	0	1
16～25	5	1	2
26～50	8	1	2
51～90	13	2	3
91～150	20	3	4
151～280	32	5	6
281～500	50	7	8

对于产品所要求的其他技术性能，若用制品检验时，根据检验项目所要求的数量从该批产品中随机抽取。若用试样进行检验时，应采用相同材料、在同一工艺条件下制作的试样。当检验项目为非破坏性试验时可用它继续进行其他项目的检测。

7.3 判定规则

若不合格品数等于或大于表 7 的不合格判定数，则认为该批产品的外观质量、尺寸偏差、弯曲度不合格。

其他性能应符合相应标准条款的规定，否则认为该项不合格。

若上述各项中，有一项不合格，则认为该批产品不合格。

8 包装、标志、运输和贮存

8.1 包装

制品用木箱或集装箱包装，包装箱应符合国家有关标准规定。每块玻璃应用塑料或纸隔开，玻璃与包装箱之间用不易引起玻璃划伤等外观缺陷的轻软材料填实。

8.2 标志

包装标志应符合国家有关标准的规定，应包括产品名称、厂名、厂址、商标、规格、数量、生产日期、执行标准。且应标明"朝上、轻搬正放、防雨、防潮、小心破碎"等字样。

8.3 运输

产品运输应符合国家有关规定。

运输时，不得平放，长度方向应与运输车辆运动方向一致，应有防雨措施。

8.4 贮存

产品应垂直放置，贮存于干燥的室内。

附 录 A
（规范性附录）
釉面钢化、釉面半钢化玻璃环保要求的说明

A.1 釉面钢化、釉面半钢化玻璃所用釉料分为环保釉料和普通釉料。环保釉料和普通釉料的区别在于釉料是否含有对环境和人体有害的物质或含量多少。

A.2 用于电器、厨卫、灯具、家居的与人体有密切接触的釉面钢化、釉面半钢化玻璃产品中镉、铅、汞、六价铬、多溴二苯醚、多溴联苯六种有害物质的含量应符合表 A.1 的要求。

表 A.1 六种有害物质的限制

限制的有害物质	允许含量 ppm
Cd 镉	<100
Pb 铅	<1 000
Hg 汞	<1 000
Cr^{6+} 六价铬	<1 000
BPDE 多溴二苯醚	<1 000
PBB 多溴联苯	<1 000
注：1 ppm=1 mg/kg=0.000 1%质量。	

ICS 81.040.30
Q 33
备案号：17603—2006

中华人民共和国建材行业标准

JC/T 1007—2006

空 心 玻 璃 砖

Hollow glass block

2006-05-06 发布　　2006-10-01 实施

中华人民共和国国家发展和改革委员会　发 布

前　言

本标准修改采用 DIN EN 101-1:2003《玻璃砖和玻璃地砖》。本标准与 DIN EN 101-1:2003《玻璃砖和玻璃地砖》相比，其主要技术差异为：

——增加了对外观质量各个项目的具体要求，并将目视观察距离减小到 1 m；

——增加了颜色均匀性、抗冲击性和抗热震性的要求。

标准附录 A 为资料性附录。

本标准由中国建筑材料工业协会提出；

本标准由全国建筑用玻璃标准化技术委员会归口；

本标准负责起草单位：秦皇岛玻璃工业研究设计院；

本标准参与起草单位：德州晶华集团振华装饰玻璃有限公司。

本标准主要起草人：黄建斌、刘志付、范文祥、陆万顺、王云香、李勇、孙国庆、段海廷、饶崇升、纪晓光。

本标准为首次发布。

空 心 玻 璃 砖

1 范围

本标准规定了空心玻璃砖产品的术语和定义、分类、要求、试验方法、检验规则、标志、包装、运输和贮存。

本标准适用于模制、非承重的建筑及装饰用空心玻璃砖。

2 规范性引用文件

下列文件中的条款通过本标准的引用而成为本标准的条款。凡是注日期的引用文件，其随后所有的修改单(不包括勘误的内容)或修订版均不适用于本标准，然而，鼓励根据本标准达成协议的各方研究是否可使用这些文件的最新版本。凡是不注日期的引用文件，其最新版本适用于本标准。

GB 175 硅酸盐水泥，普通硅酸盐水泥

GB/T 2828.1—2003 计数抽样检验程序 第1部分：按接收质量限(AQL)检索的逐批检验抽样计划

GB/T 3159 液压式万能试验机

GB/T 6543 包装用瓦楞纸箱

SN/T 1024—2001 出口空心玻璃砖检验规程

3 术语和定义

下列术语和定义适用于本标准。

3.1

空心玻璃砖 hollow glass block

周边密封、内部中空的模制玻璃制品。

3.2

内表面 inter surface

玻璃砖的空心内部表面。

3.3

剪刀痕 scissors track

剪切玻璃液时产生的剪刀印迹。

3.4

料滴印 drip mark

料滴落入成型模具时产生的足状印迹。

3.5

冲头印 press head mark

料滴受冲压过程中产生的玻璃砖内表面外观缺陷。

3.6

模底印 mold mark

料滴受冲压过程中产生的玻璃砖外表面外观缺陷。

3.7

玻璃屑 glass dreg

封闭在玻璃砖空腔内的玻璃碎屑。

3.8

麻点　mottling

玻璃砖外表面上由点状凹坑组成的线状痕迹。

3.9

熔接缝　fuse seam

两个半坯熔接合缝线。

3.10

缺口　gap

两个半坯熔接处出现的空隙。

4　分类

4.1　外形

空心玻璃砖的外形可分为正方形、长方形，异形。

4.2　颜色

空心玻璃砖分无色和本体着色两类。

4.3　空心玻璃砖的外形及结构见图1。

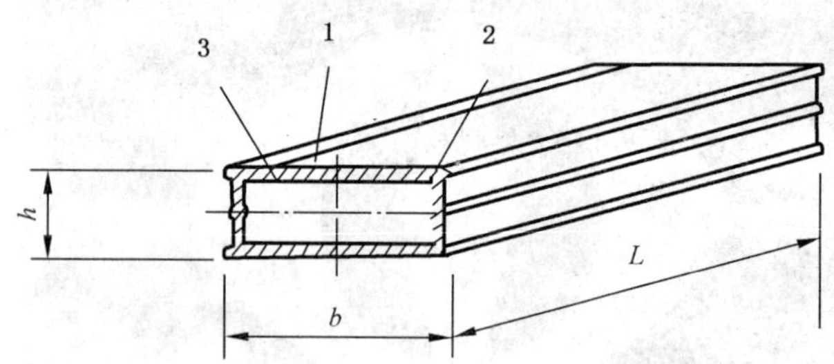

1——外表面；

2——边轮廓；

3——内表面。

图1　矩形空心玻璃砖外型及结构

5　要求

5.1　总则

本标准的技术要求及试验方法对应条款见表1。

表1　技术要求及试验方法

检验项目	技术要求	试验方法
外形尺寸	5.2	6.1
外观质量	5.3	6.2
颜色均匀性	5.4	6.3
单块质量	5.5	6.4
抗压强度	5.6	6.5
抗冲击性	5.7	6.6
抗热震性	5.8	6.7

5.2 外形尺寸

5.2.1 外形尺寸长(L)、宽(b)、厚(h)的允许偏差值不大于1.5 mm。

5.2.2 正外表面最大上凸不大于2.0 mm,最大凹进不大于1.0 mm。

5.2.3 两个半坯允许有相对移动或转动,按6.1.2检测时,其间隙不大于1.5 mm。

5.3 外观质量

空心玻璃砖的外观质量应符合表2规定。

表2

项目名称	要　　求
裂纹	不允许有贯穿裂纹
熔接缝	不允许高出砖外边缘
缺口	不允许有
气泡	直径不大于1 mm的气泡忽略不计,但不允许密集存在;直径1～2 mm的气泡允许有2个;直径2～3 mm的气泡允许有1个;直径大于3 mm的气泡不允许有;宽度小于0.8 mm,长度小于10 mm的拉长气泡允许有2个,宽度小于0.8 mm,长度小于15 mm的拉长气泡允许有1个,超过该范围的不允许有
结石或异物	直径小于1 mm的允许有2个
玻璃屑	直径小于1 mm的忽略不计,直径1～3 mm的允许有2个,大于3 mm的不允许
线道	距1 m观察不可见
划伤	不允许有长度大于30 mm的划伤
麻点	连续的麻点痕长度不超过20 mm
剪刀痕	正表面边部10 mm范围内每面允许有1条,其他部位不允许有
料滴印	距1 m观察不可见
模底印	距1 m观察不可见
冲头印	距1 m观察不可见
油污	距1 m观察不可见
注:密集,指100 mm直径的圆面积内多于10个。	

5.4 颜色均匀性

正面应无明显偏离主色调的色带或色道,同一批次的产品之间,其正面颜色应无明显色差。

5.5 单块质量

单块质量的允许偏差小于或等于其公称质量的10%,其公称质量见附录A。

5.6 抗压强度

平均抗压强度不小于7.0 N/mm^2,单块最小值不小于6.0 N/mm^2。

5.7 抗冲击性

以钢球自由落体方式做抗冲击试验,试样不允许破裂。

5.8 抗热震性

冷热水温差应保持30 ℃,试验后试样不允许出现裂纹或其他破损现象。

6 试验方法

6.1 外形尺寸

6.1.1 测量仪器

——游标卡尺:精度不低于0.02 mm;

——钢直尺：精度不低于 1 mm；

——垂直测量平台：平面度精度不低于 0.5 mm，垂直度偏差小于 1°；

——塞尺：精度不低于 2 级。

6.1.2 **测量**

6.1.2.1 用游标卡尺测量长(L)、宽(b)，在四个角上测量厚(h)。

6.1.2.2 用钢直尺和塞尺测量砖面的下凹，用垂直测量平台和塞尺测量砖面的上凸，精确到 0.1 mm。

6.1.2.3 测量两个半坯之间的相对移动或转动时，将空心玻璃砖垂直放到测量平台上，然后用塞尺测量其与测量平台间的最大间隙，精确到 0.1 mm(见图 2)。

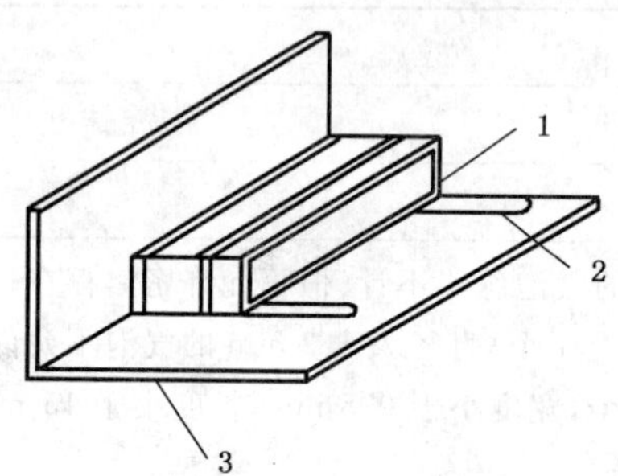

1——空心玻璃砖；

2——塞尺；

3——测量平台。

图 2

6.2 **外观质量**

6.2.1 散射光线下，直视空心砖正面，距离 1 m，观察是否存在线道、料滴印、模底印、冲头印和油污，其他缺陷可在任意距离观察。

6.2.2 用游标卡尺和钢直尺测量气泡、结石或异物、玻璃屑、划伤、麻点等缺陷尺寸。

6.3 **颜色均匀性**

将样品竖直摆放成两层，每层 3 块，观察者面对样品正面，在散射光线下，目视观察其正面是否有明显色带或色道，然后在距离 4 m 处，目视观察，比较样品间的颜色。

6.4 **单块质量**

用精度不低于 0.3 级的电子称逐块称量，测量精确到 0.01 kg。

6.5 **抗压强度**

6.5.1 **施加负荷力**

应按照图 3 对空心玻璃砖施加负荷力 F。

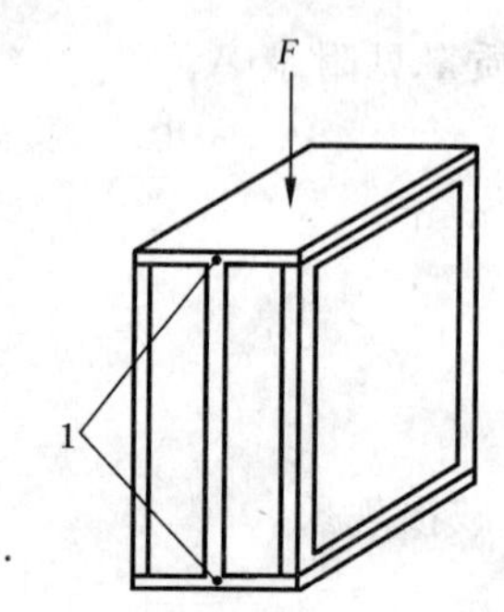

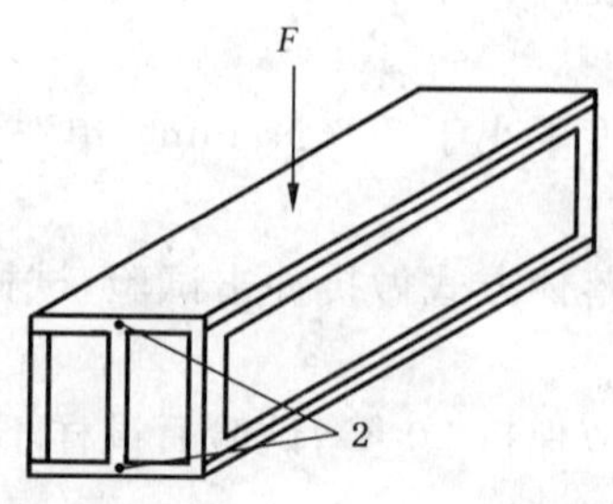

1、2——水泥灰浆。

图 3 施加负荷压力的位置

6.5.2 **试样制备**

6.5.2.1 用符合 GB 175 规定的 42.5 级硅酸盐水泥灰浆，均匀涂抹于空心玻璃砖的加压面，并保证加压面平行(见图 3),水泥厚度应为(10±2)mm。

6.5.2.2 覆盖上水泥层的空心玻璃砖,应放在温度(23±5)℃、相对湿度 60%～70%的空气中保养(168±2)h。

6.5.3 **试验设备**

抗压强度试验使用符合 GB/T 3159 规定的液压式万能试验机。

6.5.4 **试验步骤**

将制备好的试样置于试验机工作台上,以每秒 0.2 N/mm^2～0.4 N/mm^2 的速度对试样增加负荷,直至破裂。

6.5.5 **计算**

以玻璃砖破裂时的最高压力值来计算抗压强度值,抗压强度值的计算按照式(1)进行

$$P = F/S \qquad \cdots\cdots(1)$$

式中:

P——抗压强度,单位为牛顿/平方毫米(N/mm^2);

F——最高压力值,单位为牛顿(N);

S——加压面的面积,单位为平方毫米(mm^2)。

6.6 **抗冲击性**

6.6.1 **试验设备和用具**

——两根长度不小于试样宽度的木棱柱;

——质量为(150±1)g 的钢球;

——落球支架。

6.6.2 **试验步骤**

6.6.2.1 将试样的正面平放在两根平行设置的木棱柱上,将木棱柱放在没有异物的干细砂上。

6.6.2.2 钢球从 400 mm 高度,自由落在试样的正面中部,观察试样是否破裂。

6.7 **抗热震性**

6.7.1 **试验设备和用具**

装试样的框架;

热水池;

冷水池;

温度计,精度不低于 1 ℃。

6.7.2 **试验步骤**

6.7.2.1 试验前应将试样放置在实验室内,时间不得少于 30 min,实验室温度应保持在(23±5)℃。

6.7.2.2 用温度计测出冷水池中的水温(冷水池中的水量至少为被测试样总体积的 5 倍),冷水池的水温与室温的温差应小于 10 ℃。

6.7.2.3 将装有试样的框架浸入热水池中(热水池中的水量至少为被测试样总体积的 2 倍),使试样完全浸入水中,根据 5.8 规定的温差调节好热水池水温,试样在此水温下保持时间不少于 30 min。

6.7.2.4 将装有加热试样的框架在(10±2)s 的时间内移入冷水池,持续(60±5)s,取出试样,观察是否出现裂纹或破损。

7 检验规则

7.1 **检验分类**

检验分为出厂检验和型式检验。

7.1.1 **出厂检验**

出厂检验项目为外形尺寸、外观质量、单块质量。

7.1.2 **型式检验**

型式检验为全项目检验。

有下列情况之一应进行型式检验：

——新产品投产或者长期停产后，恢复生产时；

——生产工艺、结构、原料有重大变化时；

——正常生产时，每年进行一次；

——国家质量监督部门提出时。

7.2 **组批与抽样**

7.2.1 同一外形、颜色、结构，连续稳定生产的产品可组为一批。

7.3 **抽样**

7.3.1 进行外观质量检验时的抽样，按 GB/T 2828.1—2003 正常检验一次抽样方案，一般检验水平Ⅱ，AQL 值取 2.5，具体抽样数量见表 3。

7.3.2 进行外形尺寸、单块质量、抗压强度、抗冲击性、抗热震性检验时，在每批产品中各随机抽取 10 块样品。进行颜色均匀性检验时，在每批产品中各随机抽取 6 块样品。

表 3

批量范围	样本大小	合格判定数	不合格判定数
2～8	2	0	1
9～15	3	0	1
16～25	5	0	1
26～50	8	0	1
51～90	13	1	2
91～150	20	1	2
151～280	32	2	3
281～500	50	3	4
501～1 200	80	5	6
1 201～3 200	125	7	8
3 201～10 000	200	10	11

7.4 **判定规则**

7.4.1 进行外观质量检验时，如不合格品数小于或等于表 3 中的合格判定数，该项目合格；如不合格品数超过表 3 中的合格判定数，则认为该批产品的外观质量不合格。

7.4.2 进行外形尺寸、单块质量、抗压强度、抗冲击性、抗热震性检验时，如无不合格品，该项目合格；如不合格品数≥2，则该项目不合格；如不合格品数等于 1，则应对该项目加倍抽样检验，如仍出现不合格品，则该项目不合格，否则该项目合格。

7.4.3 进行颜色均匀性检验时，6 块样品中如有 1 块出现明显色带或色道，或者任意样品间出现颜色明显不同，则认为该项目不合格。

7.4.4 全部检验项目中，如有一项不合格，则认为该批产品不合格。

8 标志、包装、运输、贮存

8.1 标志

8.1.1 包装物上标志内容如下：

a) 产品名称；

b) 产品颜色、规格、花纹种类；

c) 装箱数量；

d) 毛重；

e） 注册商标；

f） 厂名、厂址；

g） 易碎、防雨字样或符号；

h） 执行标准编号。

8.1.2 出口产品按合同执行。

8.2 包装

8.2.1 采用适合搬运的包装物定量包装，砖与砖之间用软性材料隔开，避免两砖发生接触。

8.2.2 包装箱应符合相关国家标准的规定，或按合同约定包装。

8.3 运输

运输时应避免剧烈震动，途中需有防雨措施，装卸时要轻搬轻放。

8.4 贮存

应在干燥通风处贮存。

附　录　A
（资料性附录）
空心玻璃砖的形状、规格尺寸及公称质量

表 A.1　空心玻璃砖的形状、规格尺寸及公称质量

规　格	长度 L/mm	宽度 b/mm	厚度 h/mm	公称质量/kg
190×190×80	190	190	80	2.5
145×145×80	145	145	80	1.4
145×145×95	145	145	95	1.6
190×190×50	190	190	50	2.1
190×190×95	190	190	95	2.6
240×240×80	240	240	80	3.9
240×115×80	240	115	80	2.1
115×115×80	115	115	80	1.2
190×90×80	190	90	80	1.4
300×300×80	300	300	80	6.8
300×300×100	300	300	100	7.0
190×90×90	190	90	90	1.6
190×95×80	190	95	80	1.3
190×95×100	190	95	100	1.3
197×197×79	197	197	79	2.2
197×197×98	197	197	98	2.7
197×95×79	197	95	80	1.4
197×95×98	197	95	98	1.6
197×146×79	197	146	80	1.9
197×146×98	197	146	98	2.0
298×298×98	298	298	98	7.0
197×197×51	197	197	51	2.1

ICS 81.040
Q 33
备案号：22924—2008

中华人民共和国建材行业标准

JC/T 1054—2007

镀膜抗菌玻璃

Coated glass of antibacterial

2007-09-22 发布　　2008-04-01 实施

中华人民共和国国家发展和改革委员会　发布

前　言

本标准与日本国家工业标准 JIS Z 2801—2000《抗细菌加工制品—抗细菌性试验方法和抗细菌效果》。采用一致性程度为非等效。

本标准的附录 A 为规范性附录。

本标准由中国建筑材料工业协会提出。

本标准由全国建筑用玻璃标准化技术委员会归口。

本标准起草单位:秦皇岛易鹏特种玻璃有限公司、中国建筑材料科学研究总院、中科院理化所抗菌检测中心。

本标准主要起草人:吴毅、王静、冀志江、高小江、郑苏江、王小丽、丁楠、张玉线、王晓燕、王继梅。

本标准为首次发布。

镀膜抗菌玻璃

1 范围

本标准规定了镀膜抗菌玻璃的术语和定义、分类、技术要求、试验方法、检验规则、标志、包装、运输和贮存。

本标准适用于玻璃表面镀有抗菌功能膜，对接触玻璃表面的微生物具有杀灭作用或抑制其生长繁殖的玻璃制品。

2 规范性引用文件

下列文件中的条款通过本标准的引用而成为本标准的条款。凡是注日期的引用文件，其随后所有的修改单(不包括勘误的内容)或修订版均不适用于本标准，然而，鼓励根据本标准达成协议的各方研究是否可使用这些文件的最新版本。凡是不注日期的引用文件，其最新版本适用于本标准。

GB/T 191 包装储运图示标志

GB/T 2680 建筑玻璃可见光透射比太阳光直接透射比太阳能总透射比紫外线透射比及有关窗玻璃参数的测定

GB 4789.2 食品卫生微生物学检验 菌落总数测定

GB/T 6382.1 平板玻璃集装器具 架式集装器具及其试验方法

GB/T 6382.2 平板玻璃集装器具 箱式集装器具及其试验方法

GB/T 8170 数值修约规则

GB 11614 浮法玻璃

GB/T 16259 彩色建筑材料人工气候加速颜色老化试验方法

GB/T 18915.1 镀膜玻璃 第1部分：阳光控制镀膜玻璃

GB/T 18915.2 镀膜玻璃 第2部分：低辐射镀膜玻璃

JC/T 513 平板玻璃木箱包装

3 术语和定义

本标准采用下列定义。

3.1 镀膜抗菌玻璃 coated glass of antibacterial

常态下具有持续抑制或杀灭表面细菌功能的玻璃制品。

3.2 抗菌 antibacterial

抑菌和杀菌作用的统称。

3.3 杀菌 sterilization

杀死细菌、真菌、霉菌等微生物营养体和繁殖体的作用。

3.4 抑菌 bacteriostasis

抑制细菌、真菌、霉菌等微生物生长繁殖的作用。

3.5 抗菌率 antibacterial rate

在一定时间内，用百分数表示的具有抗菌作用的产品的抗菌效果。

4 分类

产品按外观质量、抗菌率分为优等品和合格品。

5 技术要求

5.1 外观质量

镀膜抗菌玻璃原片的外观质量应符合 GB 11614 中的有关要求。

镀膜抗菌玻璃的外观质量应符合表 1 的规定。

表 1 镀膜抗菌玻璃的外观质量

<table>
<tr><th>缺陷名称</th><th>说　明</th><th>优 等 品</th><th>合 格 品</th></tr>
<tr><td rowspan="3">斑点</td><td>1.0 mm≤直径≤2.5 mm</td><td>中部:不允许
75 mm 边部:≤2.0×S 个</td><td>中部:≤5.0×S 个
75 mm 边部:≤6.0×S 个</td></tr>
<tr><td>2.5 mm≤直径≤5.0 mm</td><td>不允许</td><td>中部:≤1.0×S 个
75 mm 边部:≤4.0×S 个</td></tr>
<tr><td>直径>5.0 mm</td><td>不允许</td><td>不允许</td></tr>
<tr><td>斑纹</td><td>目视可见</td><td>不允许</td><td>不允许</td></tr>
<tr><td rowspan="2">膜面划伤</td><td>0.1 mm≤宽度≤0.3 mm
长度≤60 mm</td><td>不允许</td><td>不限
划伤间距不得小于 100 mm</td></tr>
<tr><td>宽度>0.3 mm 或
长度>60 mm</td><td>不允许</td><td>不允许</td></tr>
<tr><td rowspan="2">玻璃面划伤</td><td>宽度≤0.5 mm
长度≤60 mm</td><td>≤3.0×S 条</td><td></td></tr>
<tr><td>宽度>0.5 mm 或
长度>60 mm</td><td>不允许</td><td>不允许</td></tr>
<tr><td colspan="4">注 1:S 是指以平方米为单位的玻璃板面积,保留小数点后两位。
注 2:允许个数与允许条数为各系数与 S 的积,按 GB/T 8170 修约至整数。
注 3:玻璃板中部是指距玻璃板边缘 75 mm 以内的区域,其他部分为边部。</td></tr>
</table>

5.2 尺寸允许偏差、厚度允许偏差、对角线差

镀膜抗菌玻璃的尺寸允许偏差、厚度允许偏差、对角线差的要求参照 GB 11614。

5.3 可见光透射比

由供需双方商定,偏差值≤3%。

5.4 膜层耐久性

镀膜抗菌玻璃膜层耐久性试验前后可见光透射比差值的平均值应符合表 2 的要求,同时试验前后膜层不应有明显的变化。

表 2 镀膜抗菌玻璃膜层耐久性试验前后透射比变化要求

<table>
<tr><th>试 验 名 称</th><th>试验前后可见光透射比差值的允许值</th></tr>
<tr><td>耐磨性</td><td>≤3%</td></tr>
<tr><td>耐酸性</td><td rowspan="2">≤4%</td></tr>
<tr><td>耐碱性</td></tr>
<tr><td>耐消毒液性</td><td rowspan="2">≤2%</td></tr>
<tr><td>耐溶剂性</td></tr>
<tr><td>耐沸腾水性</td><td>≤3%</td></tr>
<tr><td>耐湿热性</td><td>≤4%</td></tr>
<tr><td>耐紫外线辐照性</td><td>≤2%</td></tr>
</table>

5.5 抗菌率

优等品的抗菌率应≥95%;合格品的抗菌率应≥90%。

5.6 抗菌耐久性

镀膜抗菌玻璃经膜层耐久性试验后,优等品的抗菌率应≥95%;合格品的抗菌率应≥90%。

5.7 其他要求由供需双方协商解决。

6 试验方法

6.1 外观质量的测定

斑点、划伤、斑纹参照 GB 18915.1 中规定的方法进行测定。

6.2 尺寸允许偏差、厚度允许偏差、对角线差

按照 GB 11614 中规定的方法进行测定。

6.3 可见光透射比的测定

镀膜抗菌玻璃的可见光透射比按照 GB/T 2680 的规定方法进行测定。

6.4 膜层耐久性的测定

6.4.1 耐磨性测定

镀膜抗菌玻璃的耐磨性测定按照 GB/T 18915.1 规定的方法进行。

6.4.2 耐酸性的测定

以与制品相同工艺制造的镀膜玻璃片为试样,用符合 GB/T 2680 的分光光度计测定浸渍前的可见光透射比。然后将试样浸没在(23±2)℃、0.05 mol/L 的醋酸溶液中,浸渍时间 0.5 h。用去离子水将试样冲洗干净,自然干燥后,用同一分光光度计测定其可见光透射比。经计算求出浸渍前后可见光透射比差值的平均值。

6.4.3 耐碱性的测定

以与制品相同工艺制造的镀膜玻璃片为试样,用符合 GB/T 2680 的分光光度计测定浸渍前的可见光透射比。然后将试样浸没在(23±2)℃、0.5 mol/L 的氢氧化钠中,浸渍时间 4 h。用去离子水将试样冲洗干净,自然干燥后,用同一分光光度计测定其可见光透射比。经计算求出浸渍前后可见光透射比差值的平均值。

6.4.4 耐消毒液性能测定

以与制品相同工艺制造的镀膜玻璃片为试样,用符合 GB/T 2680 的分光光度计测定浸渍前的可见光透射比。将商品新洁尔灭(苯扎溴胺含量 27 g/L～33 g/L)按 1∶15 的比例用去离子水稀释,然后将试样浸没在新洁尔灭稀释液中,(23±2)℃条件下浸渍 24 h。用去离子水将试样冲洗干净,自然干燥后,用同一分光光度计测定其可见光透射比。经计算求出浸渍前后可见光透射比差值的平均值。

6.4.5 耐溶剂性能

以与制品相同工艺制造的镀膜玻璃片为试样,用符合 GB/T 2680 的分光光度计测定浸渍前的可见光透射比。然后将试样浸没在(23±2)℃、75%的乙醇溶液中,浸渍时间 24 h。用去离子水将试样冲洗干净,自然干燥后,用同一分光光度计测定其可见光透射比。经计算求出浸渍前后可见光透射比差值的平均值。

6.4.6 耐沸腾水性能

以与制品相同工艺制造的镀膜玻璃片为试样,用符合 GB/T 2680 的分光光度计测定浸渍前的可见光透射比。然后将试样浸没在沸腾的去离子水中,煮沸 1 h。用去离子水将试样冲洗干净,自然干燥后,用同一分光光度计测定其可见光透射比。经计算求出煮沸前后可见光透射比差值的平均值。

6.4.7 耐湿热性能

以与制品相同工艺制造的镀膜玻璃片为试样,用符合 GB/T 2680 的分光光度计测定浸渍前的可见光透射比。然后将试样垂直放置在恒温恒湿箱中,恒温恒湿箱内相对湿度不小于 95%,温度控制在

(50±2)℃,24 h后取出,用去离子水将试样冲洗干净,自然干燥后,用同一分光光度计测定其可见光透射比。经计算求出试验前后可见光透射比差值的平均值。

6.4.8 耐紫外线性能

以与制品相同工艺制造的长方形镀膜玻璃片为试样,用符合 GB/T 2680 的分光光度计测定浸渍前的可见光透射比。耐紫外线性能按照 GB/T 16259 的规定进行,耐紫外线时间为 250 h,累计总辐射能不小于 750 MJ/m^2,然后用同一分光光度计测定其中心线部位的可见光透射比。经计算求出辐照前后可见光透射比差值的平均值。

6.5 抗菌率的测定

镀膜抗菌玻璃抗菌性能的检测方法见附录 A。

7 检验规则

7.1 检验分类

检验分出厂检验和型式检验两类。

7.1.1 出厂检验

出厂检验项目为 5.1、5.2、5.3、5.5。

7.1.2 型式检验

有下列情况之一时,应进行型式检验:

a) 新产品投产时;

b) 正式生产后,溶胶-凝胶镀膜使用新配制的镀液时;气相沉积更换原料或真空镀更换靶材时;

c) 溶胶-凝胶镀膜使用同一槽镀液,连续生产两个月时;

d) 原工艺条件或生产环境有较大改变,可能影响产品质量时;

e) 出厂检验结果与上次型式检验有较大差异时;

f) 质量监督机构提出型式检验的要求时。

7.2 组批与抽样

7.2.1 组批

同一镀液(原料或靶材)、同一厚度连续稳定生产的产品可组为一批。当产品批量大于 1 000 片时,以 1 000 片为一批分批抽取试样。

7.2.2 抽样

出厂检验的抽样方案可由企业根据生产情况合理确定。

型式检验的抽样方案如下:外观质量的检验按表 3 规定进行。其他性能指标的测定,每批、每一种指标随机抽取 3 片试样。若用试样进行检测时,应采用同一工艺条件下制备的试样。经过非破坏性试验的试样,在不影响下一性能指标的前提下,可以连续进行相应指标的其他测试试验。

当产品批量大于 1 000 片时,以每 1 000 片为一批抽取试样。

表3 抽样表

批量范围	样本数	合格判定数	不合格判定数
2~8	2	0	1
9~15	3	0	1
16~25	5	1	2
26~50	8	1	2
51~90	13	2	3
91~150	20	3	4

表 3（续）

批量范围	样本数	合格判定数	不合格判定数
151～280	32	5	6
281～500	50	7	8
501～1 000	80	10	11

7.3 判定规则

7.3.1 对产品尺寸允许偏差、厚度允许偏差、对角线差及外观质量进行测定时：

一片玻璃测定结果，各项指标均符合 5.1、5.2、5.3 规定的要求为合格；

一批玻璃测定结果，若不合格数不大于表 3 规定的不合格判定数时，则定为该批产品上述指标合格，否则定为不合格。

7.3.2 对产品的其他性能进行测定时，每 3 片试样的测定结果均应符合第 5 章中相应之规定，则判定该批产品对应的该项指标合格。

7.3.3 综合判定：若上述各项中，有一项性能不合格则认为该批产品不合格。

8 标志、包装、运输和贮存

8.1 标志

包装箱外面应印有生产厂名称、厂址、商标名称、产品名称、产品类别、执行标准编号、产品厚度、规格、数量、生产日期以及包装储运标志。其中轻放、易碎、防雨防潮、堆放方向等包装储运图示标志应符合 GB/T 191 的规定。

8.2 包装

8.2.1 镀膜抗菌玻璃的包装用木箱、集装箱(架)应分别符合 JC/T 513、GB/T 6382.1、GB/T 6382.2 中的规定，在包装箱内应有合格证。

8.2.2 包装箱底及四周要衬垫缓冲材料，玻璃片之间应有保护材料，外包塑料布防潮。

8.3 运输和贮存

镀膜抗菌玻璃应贮存在干燥的库房内，运输和装卸时应有防雨措施。

附　录　A
（规范性附录）
镀膜抗菌玻璃——抗菌性能试验方法

A.1　原则

本方法通过定量接种细菌于待检验样板上，用贴膜的方法使细菌均匀接触样板，经过一定时间的培养后，测得样板中的活菌数，并计算出样板的抗细菌率。

A.2　条件

A.2.1　主要设备

A.2.1.1　恒温培养箱(37±1)℃、冷藏箱(0～5)℃、超净工作台、生物光学显微镜、压力蒸汽灭菌器、电热干燥箱。

A.2.1.2　灭菌平皿、灭菌试管、灭菌移液管、接种环、酒精灯。

A.2.2　主要材料

A.2.2.1　覆盖膜

聚乙烯薄膜，标准尺寸为(40±2)mm×(40±2)mm、厚度为(0.05～0.10)mm。用75%乙醇溶液浸泡1 min，再用灭菌水冲洗，自然干燥。

A.2.2.2　培养基

A.2.2.2.1　营养肉汤培养基(NB)

牛肉膏　　5.0 g

蛋白胨　　10.0 g

氯化钠　　5.0 g

制法：取上述成分加入1 000 mL蒸馏水中，加热溶解后，用0.1 mol/L NaOH溶液调节pH值为7.0～7.2，分装后置压力蒸汽灭菌器内，121 ℃灭菌30 min。

A.2.2.2.2　营养琼脂培养基(NA)

1 000 mL营养肉汤(NB)中加入15 g琼脂，加热熔化，用0.1 mol/L NaOH溶液调节pH值为7.0～7.2，分装后置压力蒸汽灭菌器内，121 ℃灭菌30 min。

A.2.2.3　试剂

A.2.2.3.1　消毒剂

75%乙醇溶液。

A.2.2.3.2　洗脱液

含0.85%NaCl的生理盐水。为便于洗脱可加入0.2%无菌表面活性剂(如吐温80)。用0.1 mol/L NaOH溶液或0.1 mol/L HCl溶液调节pH值为7.0～7.2，分装后置压力蒸汽灭菌器内，121 ℃灭菌30 min。

A.2.2.3.3　培养液

营养肉汤(NB)/生理盐水溶液。建议用于大肠杆菌的培养液浓度为1/500，金黄色葡萄球菌的培养液浓度为1/100。为便于细菌分散可加入少量无菌表面活性剂(如吐温80)。用0.1 mol/L NaOH溶液或0.1 mol/L HCl溶液调节pH值为7.0～7.2，分装后置压力蒸汽灭菌器内，121 ℃灭菌30 min。

A.2.3　检验菌种

a)　金黄色葡萄球菌(*Staphylococcus aureus*)AS1.89

b)　大肠埃希氏菌(*Escherichia coli*)AS1.90

根据产品的使用要求，可选用其他菌种作为检验菌种，但菌种应由国家级菌种保藏管理中心提供。

A.2.4 样品

A.2.4.1 阴性对照样品

编号(A)，是直径 90 mm 或 100 mm 的灭菌培养平皿的内平板。

A.2.4.2 空白对照样品

编号(B)，是未进行抗菌镀膜处理的普通玻璃试板。

A.2.4.3 抗菌玻璃试验样品

编号(C)，是进行抗菌成分镀膜处理的玻璃试板。

A.2.4.4 玻璃试板制备

选择水平的玻璃板，玻璃板厚度小于 10 mm，将玻璃板裁成 50 mm×50 mm 大小的试板十片，在试验前应进行消毒，建议用去离子水冲洗，然后用 75%乙醇溶液轻轻擦拭试板，再用无菌水冲洗干燥，备用。

A.3 操作步骤

A.3.1 菌种保藏

将菌种接种于营养琼脂培养基(NA)斜面上，在(37±1)℃下培养 24 h 后，在(0～5)℃下保藏(不得超过 1 个月)，作为斜面保藏菌。

A.3.2 菌种活化

将斜面保藏菌转接到平板营养琼脂培养基上，在(37±1)℃下培养 24 h，每天转接 1 次，不超过 2 周。试验时应采用连续转接 2 次后的新鲜细菌培养物(24 h 内转接的)。

A.3.3 菌悬液制备

用接种环从 A.3.2 培养基上取少量(刮 1 环～2 环)新鲜细菌，加入培养液中，并依次做 10 倍递增稀释液，选择菌液浓度为(5.0～10.0)×10^5 cfu/mL 的稀释液作为试验用菌液，按 GB 4789.2《食品卫生微生物学检验 菌落总数测定》的方法操作。

A.3.4 样品试验

分别取 0.3 mL～0.5 mL 试验用菌液(A.3.3)滴加在阴性对照样(A)、空白对照样(B)和抗菌玻璃样(C)上。

用灭菌镊子夹起灭菌覆盖膜分别覆盖在样(A)、样(B)和样(C)上，一定要铺平，使菌均匀接触样品，置于灭菌平皿中，在(37±1)℃、相对湿度 RH≥90%条件下培养 24 h。每个样品做 3 个平行。

取出培养 24 h 的样品，分别加入 20 mL 洗液，反复洗样(A)、样(B)、样(C)及覆盖膜(最好用镊子夹起薄膜冲洗)，充分摇匀后，取洗液接种于营养琼脂培养基(NA)中，在(37±1)℃下培养(24～48)h 后，活菌计数，按 GB 4789.2《食品卫生微生物学检验 菌落总数测定》的方法测定洗液中的活菌数。

A.4 检验结果计算

将以上测定的活菌数结果乘以 100 为样品(A)、样品(B)、样品(C)培养 24 h 后的实际回收活菌数值，数值分别为 A、B、C，保证试验结果要满足以下要求，否则试验无效：

同一空白对照样品(B)的 3 个平行活菌数值要符合(最高对数值－最低对数值)/平均活菌数值对数值≤0.3；

样品(A)的实际回收活菌数值 A 应均不小于 1.0×10^5 cfu/片，且样品(B)的实际回收活菌数值 B 应均不小于 1.0×10^4 cfu/片。

抗细菌率计算公式为：

$$R(\%) = (B - C)/B \times 100$$

式中：

R——抗细菌率(%)；

B——空白对照样平均回收菌数(cfu/片)；

C——抗菌玻璃样平均回收菌数(cfu/片)。

ICS 81.100.040
Q 33
备案号：24196—2008

中华人民共和国建材行业标准

JC/T 1079—2008

真 空 玻 璃

Vacuum glazing

2008-06-16 发布 2008-12-01 实施

中华人民共和国国家发展和改革委员会 发布

前 言

本标准附录 A 为规范性附录。

本标准附录 B 为资料性附录。

本标准由中国建筑材料联合会提出。

本标准由全国建筑用玻璃标准化技术委员会归口。

本标准负责起草单位:中国建筑材料科学研究总院。

本标准参加起草单位:北京新立基真空玻璃技术有限公司、青岛亨达玻璃有限公司、天津泰岳玻璃有限公司。

本标准主要起草人:韩松、吴辉廷、盛建中、徐志武、董学通、吴洁、隋超英。

本标准为首次发布。

真 空 玻 璃

1 范围

本标准规定了真空玻璃的术语和定义、分类、材料、要求、试验方法、检验规则和包装、标志、运输、贮存。

本标准适用于建筑、家电和其他保温隔热、隔音等用途的真空玻璃，包括用于夹层、中空等复合制品中的真空玻璃。

2 规范性引用文件

下列标准中的条款通过本标准的引用而成为本标准的条款。凡是注日期的引用文件，其随后所有的修改单(不包括勘误的内容)或修订版均不适用于本标准，然而，鼓励根据本标准达成协议的各方研究是否使用这些文件的最新版本。凡是不注日期的引用文件，其最新版本适用于本标准。

GB/T 1216 外径千分尺

GB/T 8170 数值修约规则

GB/T 8484 建筑外窗保温性能分级及检测方法

GB/T 8485 建筑外窗空气隔声性能分级及检测方法

GB 11614 平板玻璃

GB/T 11944—2002 中空玻璃

JB/T 7979 塞尺

3 术语和定义

下列术语和定义适用于本标准。

3.1

真空玻璃 vacuum glazing

两片或两片以上平板玻璃以支撑物隔开，周边密封，在玻璃间形成真空层的玻璃制品。

3.2

保护帽 protective cap

由金属或有机等材料制成的附着在真空玻璃排气口的保护装置。

3.3

支撑物 pillar

真空玻璃中起骨架支撑的无机材料。

4 分类

真空玻璃按保温性能(K 值)分为 1 类、2 类、3 类，具体要求见 6.10。

5 材料

构成真空玻璃的原片质量应符合 GB 11614 中一等品以上(含一等品)的要求，其他材料的质量应符合相应标准中的技术要求。

6 要求

6.1 总则

6.1.1 真空玻璃的技术要求应符合表1相应条款的规定。

表1 技术要求及对应条款

项　目	技术要求	试验方法
厚度偏差	6.2	7.1
尺寸及其允许偏差	6.3	7.2
边部加工	6.4	7.3
保护帽	6.5	7.4
支撑物	6.6	7.5
外观质量	6.7	7.6
封边质量	6.8	7.7
弯曲度	6.9	7.8
保温性能	6.10	7.9
耐辐照性	6.11	7.10
气候循环耐久性	6.12	7.11
高温高湿耐久性	6.13	7.12
隔声性能	6.14	7.13

6.2 厚度偏差

按7.1进行检验，真空玻璃的厚度偏差应符合表2的规定。

表2 厚度允许偏差

单位为毫米

公称厚度	允许偏差
≤12	±0.4
>12	供需双方商定

6.3 尺寸及其允许偏差

6.3.1 尺寸偏差

按7.2进行检验，对于矩形真空玻璃制品，其长度和宽度尺寸的允许偏差应符合表3的规定。

表3 尺寸允许偏差

单位为毫米

公称厚度	边的长度 L		
	L≤1 000	1 000<L≤2 000	2 000<L
≤12	±2.0	+2.0 −3.0	±3.0
>12	±2.0	±3.0	±3.0

6.3.2 对角线差

按7.2进行检验，对于矩形真空玻璃制品，其对角线差值应不大于对角线平均长度的0.2%。

6.4 边部加工质量

按7.3进行检验，真空玻璃边部加工应磨边倒角，不允许有裂纹等缺陷。

6.5　保护帽

真空玻璃单独使用时应使用保护帽对抽气孔加以保护。

按7.4进行检验，真空玻璃保护帽的高度及形状由供需双方商定。

6.6　支撑物

按7.5进行检验，支撑物应以方阵的形式均匀排列。支撑物的排列质量应满足表4的规定。

表4　支撑物的排列质量

缺陷种类	质量要求
缺位	连续缺位不允许，非连续性缺位每平米不允许超过3个
重叠	不允许
多余	每平米不允许超过3个

6.7　外观质量

按7.6进行检验，外观质量应满足表5的规定。

表5　真空玻璃的外观质量

缺陷种类	要　　求
划伤	宽度在0.1 mm以下的轻微划伤，长度≤100 mm时，每平米面积允许存在4条 宽度在0.1 mm～1 mm的划伤，长度≤100 mm时，每平米面积允许存在4条
爆边	每片玻璃每米边长上允许有长度不超过10 mm、自玻璃边部向玻璃板表面延伸深度不超过2 mm、自板面向玻璃厚度延伸深度不超过1.5 mm的爆边1个
内面污迹	不允许
裂纹	不允许

6.8　封边质量

按7.7进行检验，封边后的熔封接缝应保持饱满、平整，有效封边宽度应≥5 mm。

6.9　弯曲度

按7.8进行检验，弯曲度应满足表6的规定。

表6　真空玻璃变曲度

玻璃厚度 d/mm	弓形变曲度
≤12	0.3%
>12	供需双方商定

6.10　保温性能（K值）

按7.9进行检验，1类、2类、3类真空玻璃的保温性能（K值）应分别符合表7的规定。

表7　真空玻璃的分类要求

类别	K/[W/(m^2·K)]
1	K≤1.0
2	1.0<K≤2.0
3	2.0<K≤2.8

6.11　耐辐照性

按7.10进行试验，样品试验前后K值的变化率应不超过3%。

6.12　气候循环耐久性

按7.11进行试验，试验后，样品不允许出现炸裂，试验前后K值的变化率应不超过3%。

6.13 高温高湿耐久性

按 7.12 进行试验,试验后,样品不允许出现炸裂,试验前后 K 值的变化率应不超过 3%。

6.14 隔声性能

按 7.13 进行试验,隔声性能应≥30 dB。

7 试验方法

7.1 厚度测定

以制品为试样,使用符合 GB/T 1216 规定的外径千分尺或具有相同精度的仪器,在距玻璃板边15 mm内的四边中点测量。测量结果的算术平均值即为其厚度值,并按照 GB/T 8170 修约到小数点后一位。

7.2 尺寸及允许偏差测定

以制品为试样,用最小刻度为 1 mm 的钢卷尺或钢直尺测量。

7.3 边部加工质量

以制品为试样。在良好的自然光及散射光照条件下,在距试样正面约 600 mm 处进行目视检查。

7.4 保护帽

同 7.3 试验方法。

7.5 支撑物

同 7.3 试验方法。

7.6 外观质量

以制品为试样。在良好的自然光及散射光照条件下,在距试样正面约 600 mm 处进行目视检查。缺陷大小用最小刻度为 0.5 mm 的钢直尺测量或读数显微镜进行测量。

7.7 封边质量

以制品为试样。在良好的自然光及散射光照条件下,在距试样正面约 600 mm 处进行目视检查。有效封边宽度用最小刻度为 0.5 mm 的钢直尺或卡尺进行测量。测量距离自试样外边边缘开始至试样内的封边末端。如图 1 所示。

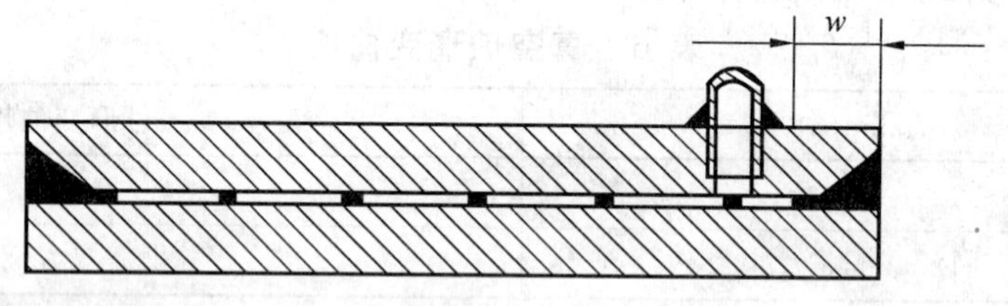

w——有效封边宽度,单位为毫米。

图 1 真空玻璃有效封边测量示意图

7.8 弓形弯曲度的测量

将试样在室温下放置 4 h 以上,测量时把试样垂直立放,并在其长边下方的 1/4 处垫上 2 块垫块。用一金属线水平紧贴制品的两边或对角线方向,用符合 JB/T 7979 的塞尺测量直线边与玻璃之间的间隙,并以弧的高度与弦的长度之比的百分率来表示弓形时的弯曲度,如图 2 和图 3 所示。

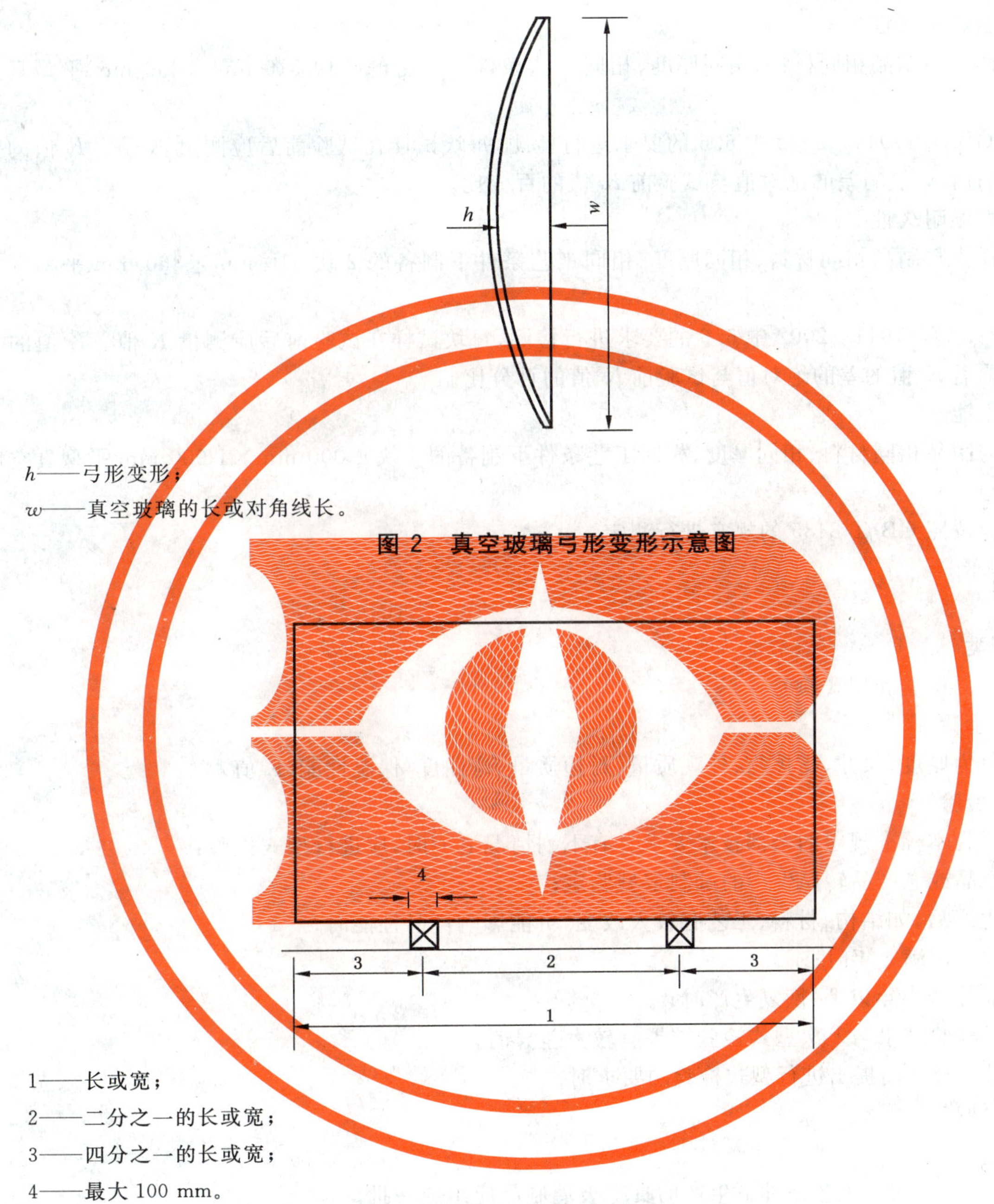

h——弓形变形；

w——真空玻璃的长或对角线长。

图2 真空玻璃弓形变形示意图

1——长或宽；

2——二分之一的长或宽；

3——四分之一的长或宽；

4——最大100 mm。

图3 弯曲度测量时的支撑示意图

7.9 保温性能

试样为与制品相同材料、相同厚度、相同工艺条件下制备的1块1 000 mm×1 000 mm平型真空玻璃样品。

按照GB/T 8484进行测量。也可按照本标准附录A中的方法进行测量。

当进行型式试验或仲裁试验时应使用GB/T 8484进行测量。

7.10 耐辐照性

7.10.1 试样为与制品相同材料、相同厚度、相同工艺条件下制备的2块510 mm×360 mm平型真空玻璃样品。

7.10.2 试验用仪器设备、条件、步骤与GB/T 11944—2002中6.5的要求相同，但紫外线照射时间为

200 h。每块试样在辐照前后均应测量 K 值。K 值的变化率为辐照前后 K 值的差的绝对值与辐照前 K 值的百分比。

7.11 气候循环耐久性

7.11.1 试样为与制品相同材料、相同厚度、相同工艺条件下制备的 2 块 510 mm×360 mm 平型真空玻璃样品。

7.11.2 按 GB/T 11944—2002 中 6.6 的要求进行检测，每块试样在试验前后应测量 K 值。K 值的变化率为试验前后 K 值的差的绝对值与试验前 K 值的百分比。

7.12 高温高湿耐久性

7.12.1 试样为与制品相同材料、相同厚度、相同工艺条件下制备的 2 块 510 mm×360 mm 平型真空玻璃样品。

7.12.2 按 GB/T 11944—2002 中 6.6 的要求进行检测，每块试样在试验前后应测量 K 值。K 值的变化率为试验前后 K 值的差的绝对值与试验前 K 值的百分比。

7.13 隔声性能

试样为与制品相同材料、相同厚度、相同工艺条件下制备的 1 块 1 000 mm×1 000 mm 平型真空玻璃样品。

隔声性能按照 GB/T 8485 的规定进行测定。

8 检验规则

8.1 检验分类

检验分出厂检验和型式检验。

8.1.1 出厂检验

检验项目为厚度、尺寸、支撑物、外观质量、封边质量、弯曲度、保温性能(K 值)。

8.1.2 型式检验

检验项目为本标准规定的全部技术要求。有下列情况之一时，应进行型式检验：

a) 新产品或老产品转厂生产的试制定型鉴定；

b) 试生产后，如结构、材料、工艺有较大改变，可能影响产品性能时；

c) 正常生产满 2 年时；

d) 产品停产半年以上，恢复生产时；

e) 出厂检验结果与上次型式检验结果有较大差异时；

f) 质量监督部门提出进行型式检验的要求时。

8.2 组批与抽样

8.2.1 组批

同一原片材料、同一工艺条件下生产的真空玻璃制品应组成一批。

8.2.2 抽样

8.2.2.1 进行厚度、尺寸、支撑物、外观质量、封边质量、弯曲度的检验时，抽样数量见表 8。

表 8 抽样表

单位为块

批量范围	抽样数	合格判定数	不合格判定数
≤50	5	0	1
50～150	10	1	2
>150	15	2	3

8.2.2.2 进行保温性能、耐辐照性、气候循环耐久性、高温高湿耐久性、隔声性能检验时，应采用与制品相同材料、相同厚度和相同工艺条件下制备的试样，试样数量应符合试验方法中各相应条款的要求。

8.3 判定规则

8.3.1 进行厚度、尺寸、支撑物、外观质量、封边质量、弯曲度检验时，如不合格品数小于或等于表8中的合格判定数，该项目合格；如不合格品数超过表8中的不合格判定数，则认为该批产品的该项目不合格。

8.3.2 进行保温性能、气候循环耐久性、高温高湿耐久性、隔声性能检验时，样品全部满足要求为合格，否则该项目不合格。

8.3.3 进行耐辐照性检验时，样品全部满足要求，该项目合格；如两块样品均不合格，则该项目不合格；如果有一块样品不合格，可另取两块备用样品重新试验，如仍出现不合格品，则该项目不合格，否则该项目合格。

8.3.4 全部检验项目中，如有一项不合格，则认为该批产品不合格。

9 包装、标志、运输和贮存

9.1 包装

产品应用集装箱或木箱包装。每块玻璃应用塑料袋或纸包装，玻璃与包装箱之间用不易引起玻璃划伤等外观缺陷的轻软材料填实。

应采用轻软材料对保护帽加以保护。

9.2 包装标志

包装标志应符合国家有关标准的规定，应包括厚度、厂名、厂址、商标、规格、数量、生产日期、批号、执行标准，且应标明“朝上、轻搬正放、小心破碎、防雨怕湿”等字样。

9.3 运输

运输时，产品应竖直放置，长度方向应与车辆运动方向相同，应有防雨措施。

9.4 贮存

产品应竖直放置贮存在干燥的室内。

附 录 A
（规范性附录）
真空玻璃保温性能测量方法

A.1 试验原理

本方法通过直接测量真空玻璃中心部位的热导值，然后通过公式换算出真空玻璃的保温性能 K 值。

真空玻璃热导为辐射热导、支撑物热导和残余气体热导之和。合格的真空玻璃产品，其残余气体热导应可忽略不计。

真空玻璃热导的测量采用热流法原理，其热导值的测量采用真空玻璃热导仪。选用一个正方形的高热导金属材料做测量头，其面积等于相邻四个支撑物所围成之正方形面积，测量头各点温度可视为均匀的。测量原理如图 A.1 所示。

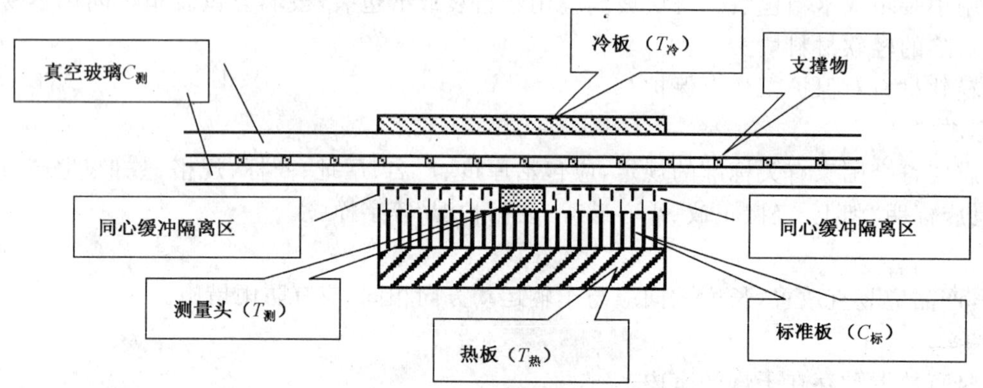

图 A.1 热导仪测量原理图

测量头的上表面紧贴真空玻璃样品，下表面紧贴一片已知热导为 $C_{标}$ 的标准板，再下是一块带加热控温器的金属板（称为热板），它的温度被控制在 $T_{热}$。真空玻璃样品的另一侧是带有制冷器的金属平板（称为冷板），其温度控制在 $T_{冷}$。$T_{测}$ 高于 $T_{冷}$，于是热流从热板向上，经标准板、测量头再经被测样品，最后热流到达冷板。

热平衡后，热流恒定，测量头的温度稳定在 $T_{测}$。由于热流通道上各部件是串联的，它们的温差降与它们的热阻成正比，和热导成反比。样品上的温差降为（$T_{测}-T_{冷}$），标准板的温差降为（$T_{热}-T_{测}$）。因而得出：

$$C_{测}=(T_{热}-T_{测})C_{标}/(T_{测}-T_{冷}) \quad \cdots\cdots\cdots\cdots(A.1)$$

式中：

$C_{测}$——真空玻璃的热导测量值，W/(m^2·K)；

$C_{标}$——标准板的热导值，W/(m^2·K)；

$T_{热}$——热板的温度，K；

$T_{测}$——测量头的温度，K；

$T_{冷}$——冷板的温度，K。

A.2 试验条件

环境温度：22 ℃±2 ℃，环境相对湿度：20%～75%。

A.3 试样

试样为与制品相同材料、相同厚度、相同工艺条件下制备的 1 块 1 000 mm×1 000 mm 的试样。

A.4 试验装置

热导仪分为两个单元，分别放在被测样品两侧。（见图 A.2）

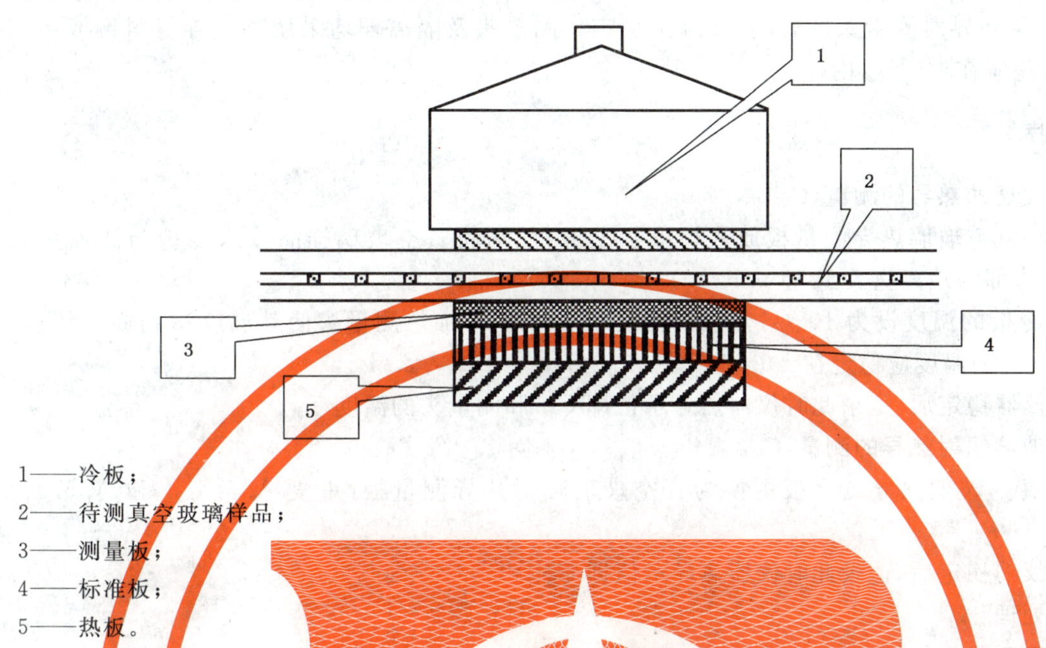

1——冷板；
2——待测真空玻璃样品；
3——测量板；
4——标准板；
5——热板。

图 A.2 热导仪结构图

真空玻璃样品 2 的上面是冷板 1，它是由一块 150 mm×150 mm 的铝板或其他高热导材料加制冷器构成，其温度应保持在 $T_{冷}$。

热板 5 也是用铝板或其他高热导材料制成，面积为 150 mm×150 mm，内部有加热装置，其温度应保持在 $T_{热}$。测量板 3 由测量头及其外侧隔离环合成，其俯视图由图 A.3 所示。其总面积也是 150 mm×150 mm，测量头为正方形。

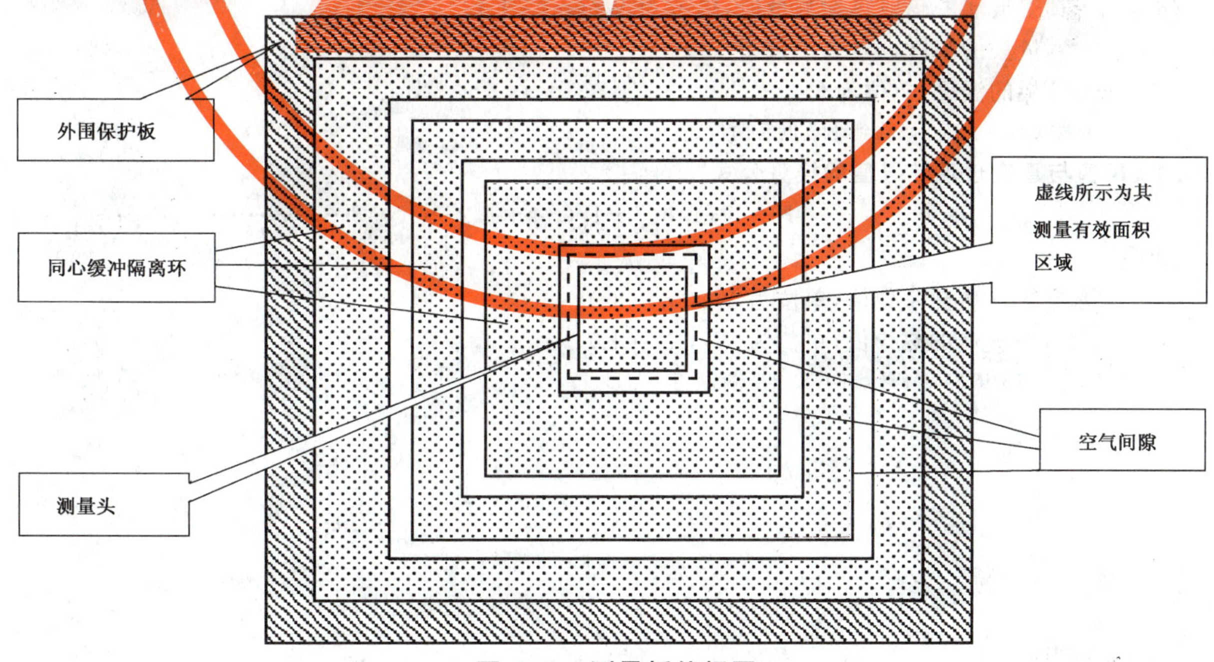

图 A.3 测量板俯视图

图 A.3 中虚线所示区域为测量有效面积区域，其形状为正方形，边长为真空玻璃中支撑物的间距。若测量不同支撑物间距的真空玻璃样品，只要更换具有相应有效面积的测量板即可。

测量有效面积等于四个相邻支撑物所构成正方形面积，测量头周围设多重同心缓冲隔离环，之间有空气间隙以避免外界对测量头的影响，使 $T_{测}$ 稳定。测量头及隔离环均采用高热导材料铜或铝制成。仪器的测量误差应在±5%以内。

A.5 试验程序

A.5.1 真空玻璃的热导的测量，$C_{测}$

A.5.1.1 先将真空玻璃热导测量板放入标准板上方，然后将真空玻璃样品放入冷板与测量头之间。测量头距试样边部的距离应大于 50 mm。

A.5.1.2 将冷板的温度设为 10 ℃，热板的温度设为 40 ℃，加热测量头使其温度达到规定的值。冷板、热板和测量头的温度应稳定在±0.01 ℃内。

A.5.1.3 待仪器稳定后，记录此时仪器热导示值即 $C_{测}$ 和测量头的温度 $T_{测}$。

A.5.2 真空玻璃辐射热导的测量，$C_{辐射}$

A.5.2.1 将真空玻璃热导测量板更换为真空玻璃辐射热导测量板，重复 A.5.1.1 和 A.5.1.2 的步骤。

A.5.2.2 待仪器稳定后，记录此时仪器热导示值即 $C_{辐射}$。

A.5.3 数据处理

A.5.3.1 实际测量值的修正

真空玻璃热导的实际测量值应按照公式(A.2)进行修正，得到修正后的真空玻璃热导值 $C'_{测}$。

$$C'_{测}=(C_{测}-C_{辐射})+C_{辐射}(272/[(T_{测}+T_{冷})/2+273])^3 \quad\cdots\cdots(A.2)$$

式中：

$C'_{测}$——修正后的真空玻璃热导，单位为 $W/(m^2 \cdot K)$；

$C_{测}$——真空玻璃的热导测量值，单位为 $W/(m^2 \cdot K)$；

$C_{辐射}$——真空玻璃的辐射热导测量值，单位为 $W/(m^2 \cdot K)$；

$T_{测}$——测量头的温度，单位为℃；

$T_{冷}$——冷板的温度，单位为℃。

注：$C'_{测}$应按 GB/T 8170 修约到小数点后两位。

A.5.4 *K* 值与真空玻璃热导值的换算公式

$$K=1/(1/8.7+1/C'_{测}+1/23) \quad\cdots\cdots(A.3)$$

式中：

K——真空玻璃传热系数值，单位为 $W/(m^2 \cdot K)$；

$C'_{测}$——为真空玻璃的热导值，单位为 $W/(m^2 \cdot K)$；

注：*K* 值应按 GB/T 8170 修约到小数点后两位。

附 录 B
（资料性附录）
真空玻璃结构图

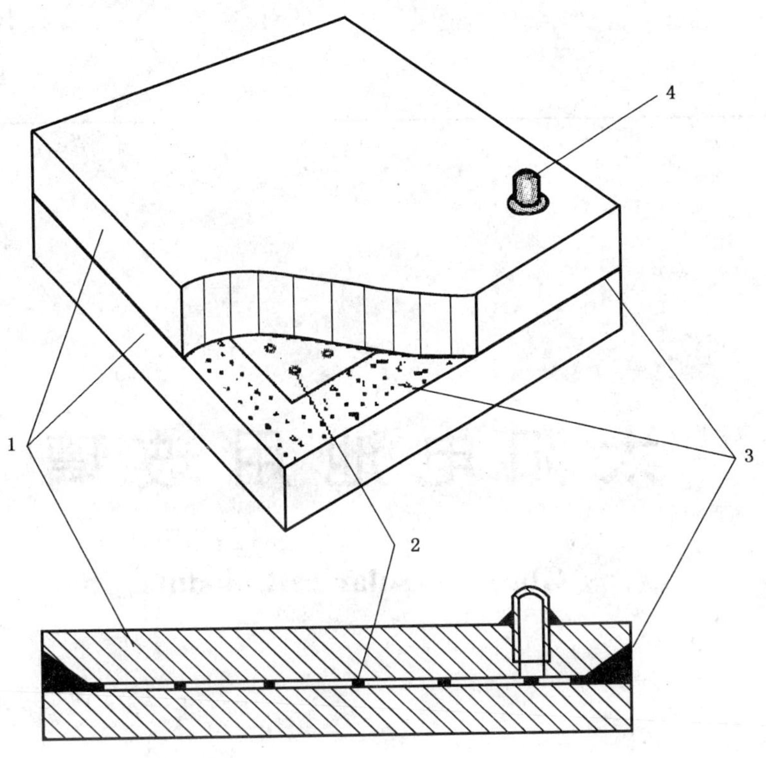

1——玻璃；
2——支撑物；
3——封边；
4——保护帽。

图 B.1 真空玻璃结构图

ICS 81.040.30
Q 34
备案号：27699—2010

中华人民共和国建材行业标准

JC/T 2001—2009

太阳电池用玻璃

Glass for solar cell module

2009-12-04 发布

2010-06-01 实施

中华人民共和国工业和信息化部　发布

前　言

本标准的附录 A 为规范性附录，附录 B 为资料性附录。

本标准由中国建筑材料联合会提出。

本标准由全国建筑用玻璃标准化技术委员会归口。

本标准主要起草单位：中国建筑材料检验认证中心、东莞南玻太阳能玻璃有限公司、河南裕华高白玻璃有限公司、信义玻璃控股有限公司、无锡尚德太阳能电力有限公司。

本标准参加起草单位：和合科技集团有限公司、河南思可达新型能源材料有限公司、常州市鸿协安全玻璃有限公司、上海福莱特玻璃有限公司、常熟市华光玻璃太阳能技术有限公司、青岛金晶股份有限公司、中国洛阳浮法玻璃集团有限责任公司、中国建材国际工程有限公司、秦皇岛玻璃工业研究设计院。

本标准主要起草人：苗向阳、王睿、胡晓雷、赵锋、杨建军、温建军、龚健、臧曙光、赵建杨、杨海洲、陶虹强、吴洁、陈协民、蒋炜、邹青、刘同佑、郅晓、夏卫文、吴晓。

本标准为首次发布。

太阳电池用玻璃

1 范围

本标准规定了太阳电池用玻璃的术语和定义、材料、技术要求、试验方法、检验规则、包装、标志、运输、贮存。

本标准适用于晶体硅太阳电池组件用玻璃。

平板型太阳集热器用盖板玻璃、薄膜太阳电池组件用玻璃也可参照本标准中相应条款。

2 规范性引用文件

下列文件中的条款通过本标准的引用而成为本标准的条款。凡是注日期的引用文件，其随后所有的修改单(不包括勘误的内容)或修订版均不适用于本标准，然而，鼓励根据本标准达成协议的各方研究是否可使用这些文件的最新版本。凡是不注日期的引用文件，其最新版本适用于本标准。

GB/T 1347　钠钙硅玻璃化学分析方法

GB/T 8170—2008　数值修约规则与极限数值的表示和判定

GB 11614　平板玻璃

JC/T 511　压花玻璃

ISO 9050—2003　建筑玻璃　可见光透射比、太阳光直接透射比、太阳能总透射比、紫外线透射比及有关窗玻璃参数的测定

3 术语和定义

下列术语和定义适用于本标准。

3.1

太阳电池用玻璃　glass for solar cell module

用于晶体硅太阳电池组件，起覆盖保护作用并具有高透射比的玻璃。

4 材料

太阳电池用玻璃可以使用钢化或非钢化的压花玻璃和浮法玻璃。

5 技术要求

5.1 总则

太阳电池用玻璃的主要技术要求及其试验方法应符合表1相应条款的规定。

表1　太阳电池用玻璃主要技术要求及其试验方法

名称		技术要求				试验方法
		浮法玻璃		压花玻璃		
		钢化玻璃	非钢化玻璃	钢化玻璃	非钢化玻璃	
一般性能	外观质量	5.2.1	5.2.1	5.2.2	5.2.2	6.1
	尺寸及允许偏差	5.3	5.3	5.3	5.3	6.2
	弯曲度	5.4	5.4	5.4	5.4	6.3

表 1（续）

名　　称		技术要求				试验方法
		浮法玻璃		压花玻璃		
		钢化玻璃	非钢化玻璃	钢化玻璃	非钢化玻璃	
光学性能	可见光透射比	5.5	5.5	5.5	5.5	6.4
	太阳光直接透射比	5.6	5.6	5.6	5.6	6.5
	铁含量	5.7	5.7	5.7	5.7	6.6
安全性能	抗冲击性能	5.8	—	5.8	—	6.7
	碎片状态	5.9	—	5.9	—	6.8
	耐热冲击性能	5.10	—	5.10	—	6.9

5.2　外观质量

5.2.1　太阳电池用浮法玻璃的外观质量应符合 GB 11614 合格品的要求。

5.2.2　太阳电池用压花玻璃的外观质量应符合表 2 的要求。

表 2　太阳电池用压花玻璃的外观质量

缺陷类型	说　　明	要　　求			
压痕、皱纹	—	不允许			
彩虹、霉变	—	不允许			
线条/线道	—	不允许			
裂纹	—	不允许			
不可擦除污物	—	不允许			
开口气泡	—	不允许			
圆形气泡	长度范围/mm	$L<0.5$	$0.5\leqslant L<1.0$	$1.0\leqslant L\leqslant 2.0$	$L>2.0$
	允许个数/个	不得密集存在	$5.0\times S$	$3.0\times S$	0
长形气泡	长度范围/mm	$0.5<L\leqslant 1.0$ 且 $W\leqslant 0.5$	$1.0<L\leqslant 3$ 且 $W\leqslant 0.5$	$L>3$ 或 $W>0.5$	
	允许个数/个	不得密集存在	$3.0\times S$	0	
划伤	长度、宽度范围/mm	$L\leqslant 5$ 且 $W\leqslant 0.2$		$L>5$ 或 $W>0.2$	
	允许条数/条	$1.0\times S$		0	
夹杂物	长度范围/mm	$0.3\leqslant L\leqslant 1.0$		$L>1.0$	
	允许个数/个	$2.0\times S$		0	

表 2（续）

<table>
<tr><th>缺陷类型</th><th>说　明</th><th>要　　求</th></tr>
<tr><td rowspan="4">断面缺陷</td><td>玻璃爆边</td><td>每片玻璃每米边长上允许有长度不超过 5 mm、自玻璃边部向玻璃板表面延伸深度不超过 1 mm、自板面向玻璃厚度延伸深度不超过厚度 1/4 的爆边数为一处</td></tr>
<tr><td>缺角</td><td>钢化玻璃不允许；非钢化玻璃不允许超过玻璃板厚度</td></tr>
<tr><td>非钢化玻璃凹凸</td><td>尺寸不允许超过玻璃板厚度</td></tr>
<tr><td>钢化玻璃凹凸</td><td>不允许</td></tr>
<tr><td colspan="3">注 1：上表中，L 表示缺陷的长度，W 表示宽度，L、W 所指均为缺陷光学变形尺寸。S 是以平方米为单位的玻璃板的面积，气泡、夹杂物、划伤的数量允许上限值是以 S 乘以相应系数所得的数值，此数值应按 GB/T 8170 修约至整数。
注 2：尺寸大于 0.5 mm 的气泡，气泡间及气泡与夹杂物的间距应大于 300 mm。
注 3：圆形气泡密集存在是指在 100 mm 直径的圆面积内超过 20 个，长形气泡密集存在是指在 100 mm 直径的圆面积内超过 10 个。
注 4：在 100 mm 直径的圆面积内划伤或夹杂物均不允许超过 2 条（个）。
注 5：不允许存在黑色夹杂物。</td></tr>
</table>

5.2.3　太阳电池用玻璃边部加工形状及质量要求由供需双方商定。

5.3　尺寸及允许偏差

5.3.1　长度与宽度允许偏差

太阳电池用玻璃长度与宽度允许偏差应符合表 3 的规定。

表 3　太阳电池用玻璃长度与宽度允许偏差

单位为毫米

太阳电池用玻璃类型		允许偏差
非钢化玻璃	边长≤3 000	±2
	边长＞3 000	±3
钢化玻璃	边长≤500	0 −1
	500＜边长≤1 000	0 −1.5
	1 000＜边长≤2 000	0 −2.0
	边长＞2 000	0 −2.5

注：对偏差有特殊要求的由供需双方商定。

5.3.2　厚度及允许偏差

太阳电池用浮法、压花玻璃厚度系列分别参照 GB 11614 和 JC/T 511，特殊要求由供需双方商定。

太阳电池用玻璃厚度允许偏差应符合表 4 的规定。

表 4　太阳电池用玻璃厚度允许偏差

单位为毫米

太阳电池用玻璃公称厚度	厚度允许偏差
＜4.0	±0.2
4.0	±0.2
5.0	±0.3
6.0	±0.4
8.0	±0.5
10.0	±0.6
12.0	±0.6

注：对偏差有特殊要求的由供需双方商定。

5.3.3　厚薄差

太阳电池用玻璃同一片玻璃的厚薄差应符合表 5 的规定。

表 5　太阳电池用玻璃厚薄差

单位为毫米

太阳电池用玻璃公称厚度	厚薄差	
	浮法玻璃	压花玻璃
＜4.0	≤0.25	≤0.30
4.0	≤0.30	≤0.35
5.0	由供需双方商定	
6.0		
8.0		
10.0		
12.0		

5.3.4　对角线差

太阳电池用非钢化玻璃对角线差应不大于两对角线平均长度的 0.2%；太阳电池用钢化玻璃对角线差应不大于两对角线平均长度的 0.1%。

5.4　弯曲度

太阳电池用玻璃弓形弯曲度不应超过 0.2%；波形弯曲度任意 300 mm 范围不应超过 0.5 mm。

5.5　可见光透射比

太阳电池用玻璃折合 3 mm 标准厚度可见光透射比应≥91.5%。

5.6　太阳光直接透射比

在 300 nm～2 500 nm 光谱范围内，太阳电池用玻璃折合 3 mm 标准厚度的太阳光直接透射比应≥91%。

5.7　铁含量

太阳电池用玻璃铁含量(Fe_2O_3)应不高于 0.015%。

5.8　抗冲击性能

进行试验的试样破坏数应符合 7.3.3 的规定。

5.9　碎片状态

进行试验的每块试样在任意 50 mm×50 mm 区域内的碎片数应不少于 40。允许有少量长条形碎片，其长度不超过 100 mm。

5.10 耐热冲击性能

试样应耐200 ℃温差不破坏。

6 试验方法

除特殊规定外,试验均应在下述条件下进行:

a) 温度:20 ℃±5 ℃;

b) 气压:8.60×10^{4} Pa~1.06×10^{5} Pa;

c) 相对湿度:40%~80%。

6.1 外观质量

浮法玻璃、压花玻璃的外观质量检验分别按GB 11614和JC/T 511规定的方法进行。

6.2 尺寸偏差

长度、宽度用最小刻度为1 mm的钢卷尺测量。厚度用精度为0.01 mm的外径千分尺或具有相同精度的仪器,在距玻璃板边15 mm内的四边中点测量;同一片玻璃厚薄差为四个测量值中最大值与最小值之差。

6.3 弯曲度

将试样在室温下放置4 h以上,测量时将试样垂直立放,并在其长边下方的1/4处垫上2块垫块。用一直尺或金属线水平紧贴制品的两边或对角线方向,用塞尺测量直线边与玻璃之间的间隙,并以弧的高度与弦的长度之比的百分率来表示弓形时的弯曲度。进行局部波形测量时,用一直尺或金属线进行测量,测量长度300 mm;以塞尺测得的波谷或波峰的高表示波形的弯曲度,如图1所示。

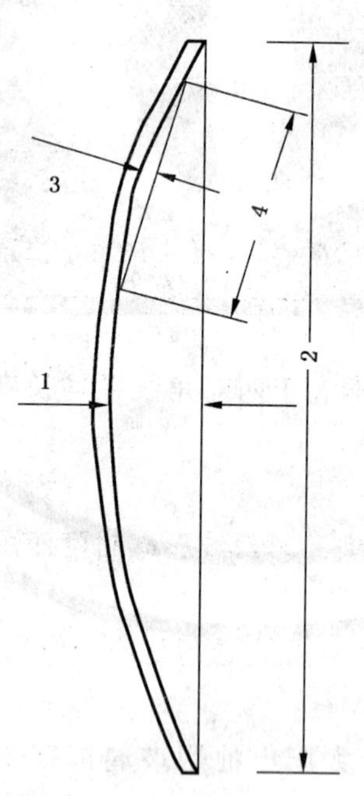

1——弓形变形;

2——玻璃边长或对角线长;

3——波形变形;

4——300 mm。

图1 弓形和波形弯曲度示意图

6.4 可见光透射比

取三块试样按ISO 9050—2003规定的方法进行检测,并将测试数值按公式(1)换算成3 mm标准厚度的数值,以百分率表示,保留小数点后一位。对压花玻璃,应双面抛光后测试。

$$\tau_v = \left[\frac{\tau_{vd}}{92}\right]^{\frac{3}{d}} \times 92 \qquad \cdots\cdots(1)$$

式中：

τ_v——换算成 3 mm 标准厚度后，试样的可见光透射比/%；

τ_{vd}——试样实测可见光透射比/%；

d——试样实测厚度，测量值精确到 0.01 mm。

6.5 太阳光直接透射比

取三块试样按 ISO 9050—2003 规定的方法进行检测，并将测试数值按公式(2)换算成 3 mm 标准厚度的数值，以百分率表示，保留小数点后一位。对压花玻璃，应双面抛光后测试。

$$\tau_e = \left[\frac{\tau_{ed}}{92}\right]^{\frac{3}{d}} \times 92 \qquad \cdots\cdots(2)$$

式中：

τ_e——换算成 3 mm 标准厚度后，试样的太阳光直接透射比/%；

τ_{ed}——试样实测太阳光直接透射比/%；

d——试样实测厚度，测量值精确到 0.01 mm。

6.6 铁含量

按 GB/T 1347 规定的方法进行。

6.7 抗冲击性能

6.7.1 取十二块玻璃试样进行试验，其中六块为备样。试样采用与制品相同材料，在相同工艺条件下制作的 610 mm×610 mm 的试验片。

6.7.2 试验支架应符合附录 A 的规定，使冲击面水平。

6.7.3 用质量 227 g 表面光滑的钢球放在距试样表面 1 000 mm 的高度，使其自由落下。冲击点应在距试样中心 25 mm 的范围内。对每块试样的冲击仅限一次，以观察其是否破坏。

对压花玻璃，冲击面为实际使用中朝向阳光一侧；如果不能确定冲击面，应用两组样品分别进行试验，取其较低结果。

6.8 碎片状态

6.8.1 以制品为试样进行试验，试样数量为四块。将试样自由平放在试验台上，并用透明胶带或其他方式约束玻璃周边，以防止玻璃碎片溅开。

6.8.2 在试样的最长边中心线上距离周边 20 mm 左右的位置，用尖端曲率半径为 0.20 mm±0.05 mm的小锤或冲头进行冲击，使试样破碎。

6.8.3 保留碎片图案的措施应在冲击后 10 s 后开始并且在冲击后 3 min 内结束。

6.8.4 碎片计数时，应除去距离冲击点半径 80 mm 以及距玻璃边缘或钻孔边缘 25 mm 范围内的部分。从图案中选择碎片最大的部分，在这部分中用 50 mm×50 mm 的计数框计算框内的碎片数，每个碎片内不能有贯穿的裂纹存在，横跨计数框边缘的碎片按 1/2 个碎片计算。

6.9 耐热冲击性能

取八块 300 mm×300 mm 的钢化玻璃试样进行试验，其中四块为备样。将试样置于 200 ℃±2 ℃的烘箱中，保温 4 h 以上，取出后立即将试样垂直浸入 0 ℃的冰水混合物中，应保证试样高度的 1/3 以上能浸入水中；5 min 后观察玻璃是否破坏。

玻璃表面和边部的鱼鳞状剥离不应视作破坏。

7 检验规则

7.1 检验项目

检验分为出厂检验和型式检验。

7.1.1 出厂检验

外观质量、尺寸偏差、弯曲度。其他检验项目由供需双方商定。

7.1.2 型式检验

检验项目为本标准所规定的该种产品的全部技术要求。

有下列情况之一时，应进行型式检验：

a) 新产品或老产品转厂生产的试制定型鉴定；

b) 正式生产后，如结构、材料和工艺等有较大改变，可能影响产品性能时；

c) 正常生产时，定期或积累一定产量后；

d) 产品长期停产后，恢复生产时；

e) 出厂检验结果与上次型式检验有较大差异时；

f) 国家质量监督机构提出进行型式检验的要求时。

7.2 组批抽样方法

7.2.1 产品的外观质量、尺寸偏差、弯曲度按表6的规定进行随机抽样。

表6 抽样表

单位为片

批量范围	样本大小	合格判定数	不合格判定数
1～8	全检	0	1
9～15	全检	0	1
16～25	15	0	1
26～50	20	1	2
51～90	30	1	2
91～150	40	2	3
151～280	60	2	3
281～500	100	3	4
501～1 000	150	5	6

7.2.2 对于产品所要求的其他技术性能，若用制品检验时，根据检测项目所要求的数量从该批产品中随机抽取；若用试样进行检验时，应采用同一工艺条件下制备的试样。当该批产品批量大于1 000块时，以每1 000块为一批分批抽取试样，当检验项目为非破坏性试验时可用它继续进行其他项目的检测。

7.3 判定规则

7.3.1 进行产品的外观质量、尺寸偏差、弯曲度检验时，如不合格品数小于表6中的不合格判定数，该项目合格；若不合格品数等于或大于表6的不合格判定数，则认为该批产品的该项目不合格。

7.3.2 进行可见光透射比、太阳光直接透射比、铁含量、碎片状态检验时，样品全部满足要求为合格，否则该项目不合格。

7.3.3 进行抗冲击性能检验时，如样品破坏不超过一块，则该项目合格；如三块或三块以上样品破坏，则该项目不合格；如果有二块样品破坏，可另取六块备用样品重新试验。若全部通过试验，则该项目合格；如仍出现样品破坏，则该项目不合格。

7.3.4 进行耐热冲击性能检验时，样品全部满足要求，则该项目合格；如二块以上样品不合格，则该项目不合格；如果有一块样品不合格，可另取一块备用样品重新试验，如果它符合规定，则该项目合格，否则为不合格；如果有二块样品不合格，可另取四块备用样品重新试验，如果全部符合规定，则该项目合格，否则为不合格。

7.3.5 全部检验项目中，如有一项不合格，则认为该批产品不合格。

8　包装、标志、运输、贮存

8.1　包装

玻璃的包装可采用木箱、纸箱或集装箱(架)包装,箱(架)应便于装卸、运输。每箱(架)宜装同一厚度、尺寸的玻璃。玻璃与玻璃之间、玻璃与箱(架)之间应采取防护措施,防止玻璃的破损和玻璃表面的划伤。也可由供需双方商定产品包装形式。玻璃包装前应保持清洁。玻璃包装箱(架)应采取防潮措施,以防玻璃在潮湿环境下霉变。

8.2　标志

标志应符合国家有关标准的规定,每个包装箱应标明"朝上、轻搬正放、小心破碎、防雨怕湿"等标志或字样;应标明玻璃厚度、生产日期、中(英)文标识的合格证、厂名、厂址或商标。

8.3　运输

运输时,玻璃应固定牢固,防止滑动、倾倒,应有防雨措施。

8.4　贮存

产品应贮存在干燥通风处。

附　录　A
（规范性附录）
抗冲击性能试验支架

如图 A.1 所示，由两个经机械加工的钢框组成，周边宽度 15 mm，在两个钢框接触面上分别衬以厚度为 3 mm、宽度为 15 mm、硬度为邵尔 A50 的橡胶垫。下钢框安放在高度约为 150 mm 的钢箱上，试样放在上钢框下面。支撑钢箱被焊在厚 12 mm 的钢板上，钢箱与地面之间衬以厚 3 mm、硬度为邵尔 A50的橡胶垫。

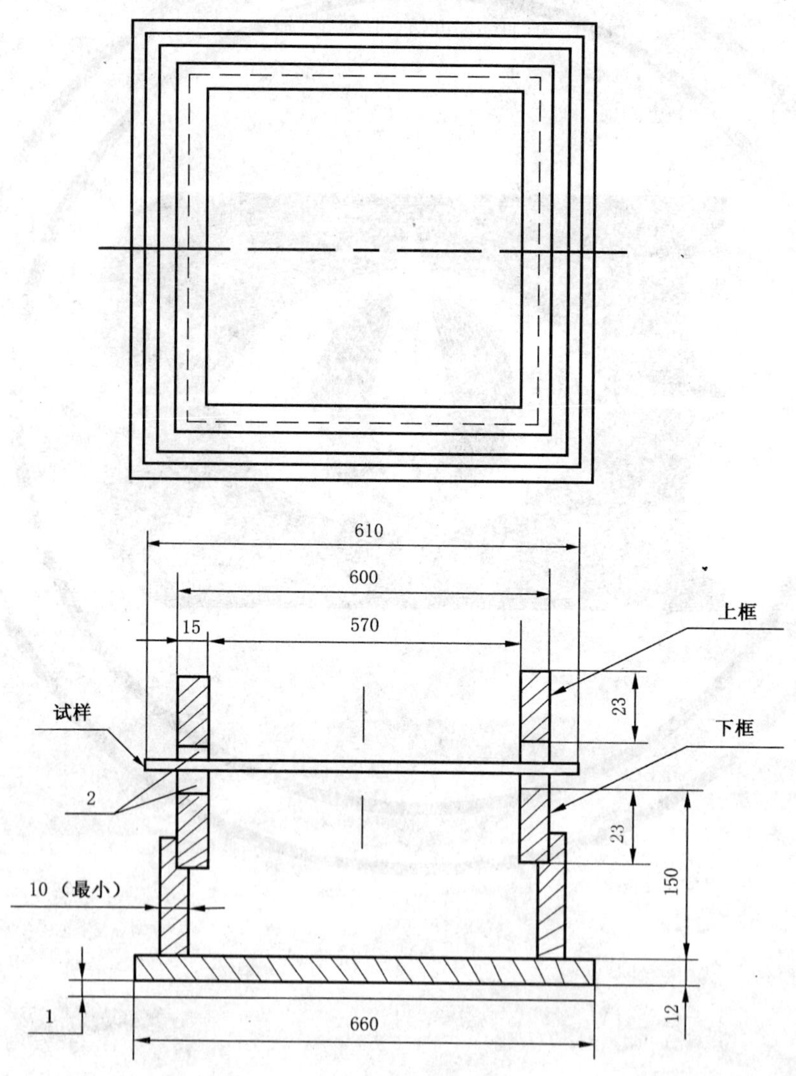

1——橡胶板（厚 3 mm）；
2——橡胶板（宽 15 mm，硬度 A50）。

图 A.1　抗冲击性能试验支架

附　录　B
（资料性附录）
不同厚度玻璃可见光透射比及太阳光直接透射比要求对照表

为便于企业对产品实测透射比进行比较，现将常见厚度的玻璃可见光透射比及太阳光直接透射比要求列于表B.1。对压花玻璃，表中玻璃厚度是指双面抛光后厚度。

表 B.1　不同厚度玻璃可见光透射比及太阳光直接透射比要求

玻璃厚度/mm	2	2.5	3	3.2	4	5	6	8	10	12
可见光透射比要求/%	≥91.7	≥91.6	≥91.5	≥91.5	≥91.3	≥91.1	≥90.8	≥90.4	≥90.0	≥89.5
太阳光直接透射比要求/%	≥91.4	≥91.2	≥91.0	≥90.9	≥90.6	≥90.2	≥90.0	≥89.1	≥88.3	≥87.6

U型玻璃隔断墙产品资料

1产品简介

U型玻璃亦称槽型玻璃，是一种透光不透视的新型墙体材料，其机械强度高，表面压有花纹，多种不同形式的组合可以组建平面和弧面的围护结构，富有形式多样的装饰功能，已经应用在北京奥运会新闻中心、上海世博会智利馆、鞍钢、宁波博物馆、青岛颐中卷烟厂、深圳大学图书馆等14000多个各类建筑非承重的外墙及内墙隔断上。凡指定采用平板玻璃或玻璃空心砖的隔断均可用U型玻璃替代，且具有可拆卸性优点。

2适用范围

制品	厚度 mm	辅助材料	适用范围
单层U型玻璃隔断	50	不锈钢板、铝合金	银行、办公、医院、学校、烟草、食品、精密工业、机场等
双层U型玻璃隔断	80	不锈钢板、铝合金	

3性能特点

产品结构采用不锈钢折边或专用铝型材，内有嵌入的PVC缓冲垫。U型玻璃具有透光不透视特性，隔热、保温、隔声效果好。具有良好的装饰功能，不同颜色灯光映衬下显得多姿多彩。墙面可擦洗，清洁卫生无辐射，符合环保要求。隔墙占地面积小，墙面还可安置透视通风的玻璃窗。符合欧洲ETA(EUROPEN TECHNICAL APPROVAL)对内墙隔断的基本要求。

4执行标准

本产品符合中华人民共和国建材行业标准JC/T867-2000《建筑用U形玻璃》，安装结点构造按照国家建筑标准设计图集06J505-1《外装修(一)》。

U型玻璃内墙隔断可与石材、瓷砖、木材、钢材和铝材等组合，实现良好的装饰效果，节点构造应用与06J505-1《外装修——U型玻璃》标准类似。

注：本页根据云南家华新型墙体玻璃有限公司提供的技术资料编制。

建筑玻璃应用构造						图集号	11J508
审核		校对		设计		页	GD9

云南家华新型墙体玻璃有限公司

U型玻璃的建筑设计：

1、U型玻璃作为墙体材料可用于内、外墙。外墙一般用于多层建筑，玻璃的高度取决于风荷载、玻璃距地高度及玻璃连接方式等。本图集附表一中提供了德国工业标准1055"DIN-1249"、"DIN-18056"有关数据，供多层建筑和高层建筑进行设计时选用。

2、U型玻璃墙长度大于6000，高度超过4500时，应核算墙身的稳定，采取相应措施。具体做法另详工程设计。

3、U型玻璃属不燃烧材料，如有特殊要求时应按有关规范进行设计。

4、U型玻璃按造型及建筑使用功能分别采取以下八种组合方式，U型玻璃可单层、双层安装，安装时留通风缝或无通风缝均可。本图集仅提供了单排翼朝外（或内）和双排翼在接缝处成对排列两种组合方式，若采用其它组合方式时应注明。

5、U型玻璃按表面处理方式不同，有普通压花玻璃、钢化、贴膜、彩色玻璃等，设计选用时除普通压花玻璃外，选用其余玻璃应予注明。

7、用于屋面时采用钢化或贴膜U型玻璃。

8、U型玻璃用于湿度较大的房间且室内外温差较大时，应处理好玻璃表面露水的排泄及下滴问题。

9、用于外墙的U型玻璃，玻璃墙的长度根据设计，但应满足下框料随着结构的变形绝对值不能够超过15mm，否则应考虑中间增加固定措施或与厂家协商配合施工。

1	单排 翼朝外（或内）	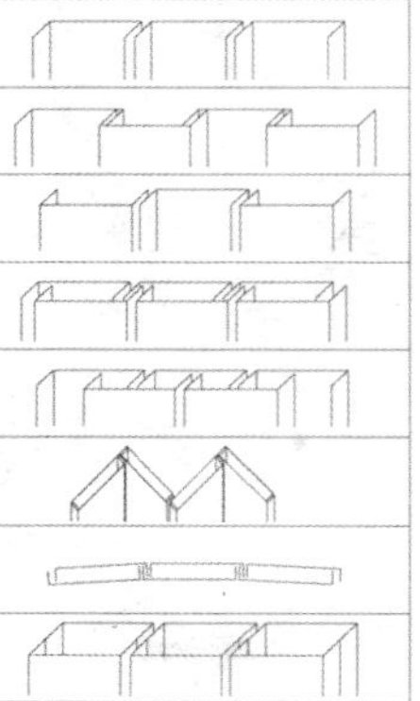
2	单排 楔形结构，相互咬合	
3	单排 楔形结构，相互贴合	
4	双排 翼在接缝处成对排列	
5	双排 翼错开排列	
6	双排 锯齿状排列	
7	双排 翼在接缝处成对排列略带弯曲	
8	双排 翼对翼	

注：安装尺寸按各种规格进行设计，或与厂家联系。

详细节点构造请查阅06J505—1《外装修—U型玻璃》

U型玻璃的主要物理。力学性能：

1、规格尺寸：

产品编号	厚度 mm	底宽 mm	翼高 mm	重量 kg/m²	出厂最大长度m
SQ1	6	260	41	19	6
SQ2	6	330	41	18.18	5
SQ3	6	500	41	16.74	4
SQ4	7	260	60	24.61	7
SQ5	7	330	60	23.12	6

2、机械强度：

（1）抗压强度 700～900N/mm ^{2} 抗拉强度 30～50MPa ；

（2）莫氏硬度 6 ～ 7 ；

（3）弹性模量 60000～70000N/mm ^{2} ；

（4）线膨胀系数（温度每升高1℃）75～85×10 $^{-7}$ ；

（5）

U型截面的位置	底面宽度 mm	抗弯强度 N/mm²
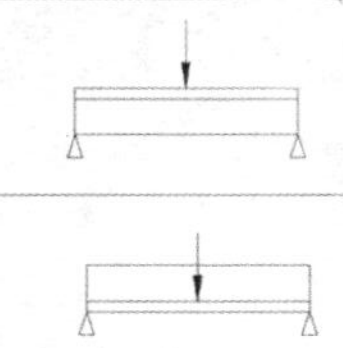 （翼朝上）	500	17.7
	330	23.2
	260	29.5
（翼朝下）	500	26.6
	330	32.9
	260	38.0

3、透光率：当表面有小花纹装一排时为89%，装二排时81%。

4、传热系数：单排安装时4.95 W/m²·K，双排安装时2.39W/m²·K。安装时贴膜或装入保温材料1.28W/m²·K

5、隔声能力：单排安装时27d（分贝），双排安装时38d（分贝）。

6、耐火极限：U型玻璃的耐火极限为0.75 h

U型玻璃框口的安装：

1、用塑料膨胀螺栓将边框料固定在建筑洞口中、或用螺栓、铆钉和已有受力钢框架锚固。边框可用直角或斜角连接。边框每侧应至少有3个固定点。上下框料每隔400—600应有1个固定点。

2、在保证上下框口尺寸的情况下，U型玻璃应采用专用铝型材、型钢或木材等材料构造组成框口，进行安装。（应保证U型玻璃不承重，不直接与硬性材料接触）

外装修				图集号	06J505-1
审核		校对	设计	页	1

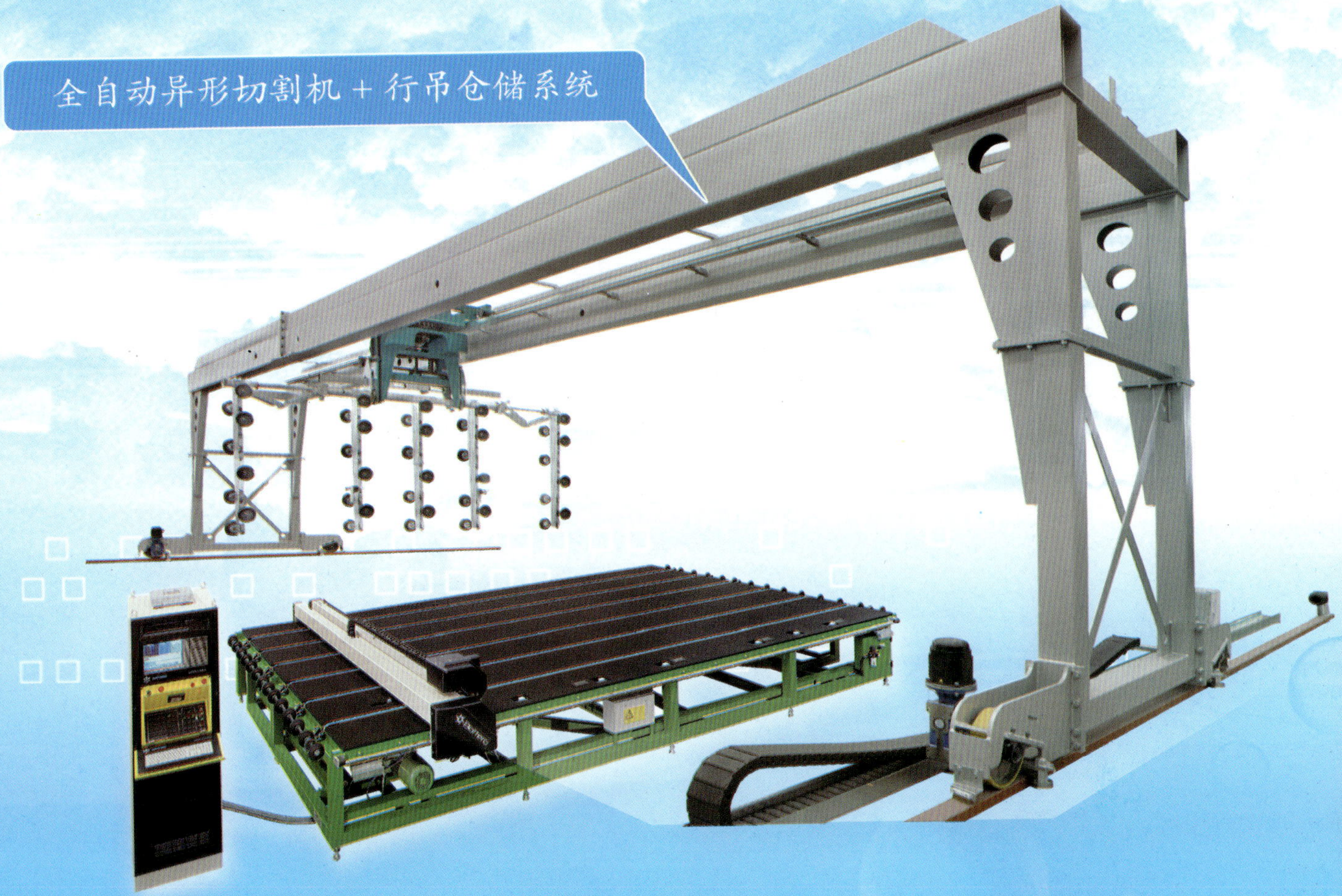

全自动异形切割机＋行吊仓储系统

联系方式：13917571000 / 021-64274666

山东华兴玻璃技术有限公司

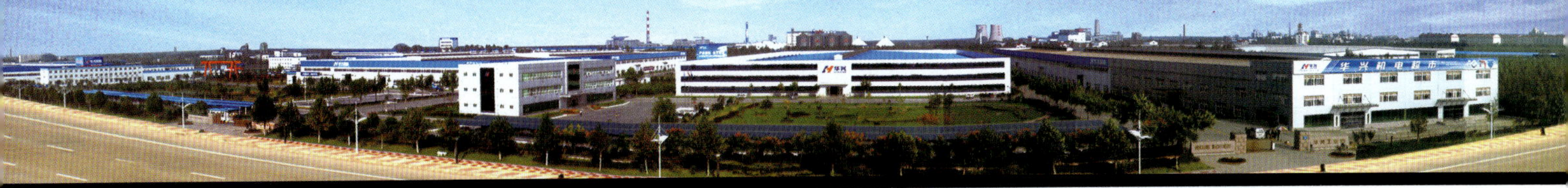

山东华兴玻璃技术有限公司系山东华兴机械（集团）股份有限公司的全资子公司。山东华兴机械（集团）股份有限公司始建于 1957 年，现在是一家集科研、生产、商贸于一体的民营企业。生产经营领域涉足机械、物流、建筑、物业经营、国际贸易等产业。公司占地 40 万 m^2，总资产 10 亿元，员工 300 多名，投入资产5000多万元。专业从事玻璃机械的设计、制造、安装及玻璃深加工。公司生产的“水平、平弯、超薄、双曲面、吊挂”钢化炉已广泛应用于国内外建筑装饰、车辆交通、民用家具、家电、工业仪表等领域；同时公司生产的各种钢化玻璃、中空玻璃、夹胶玻璃也被广泛应用于建筑装饰、车辆交通、民用家具、家电、工业仪表等领域。

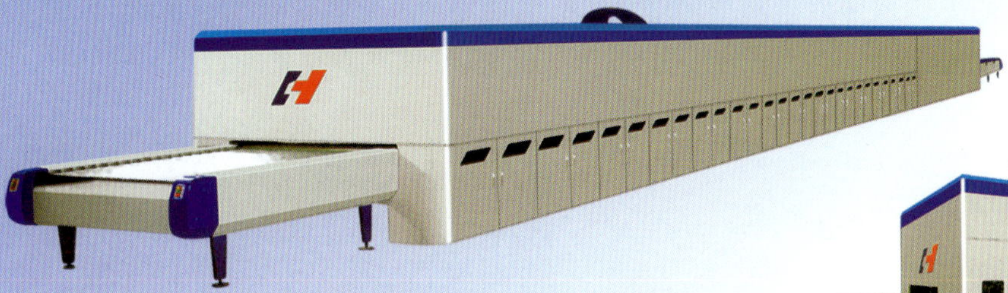

连续钢化炉

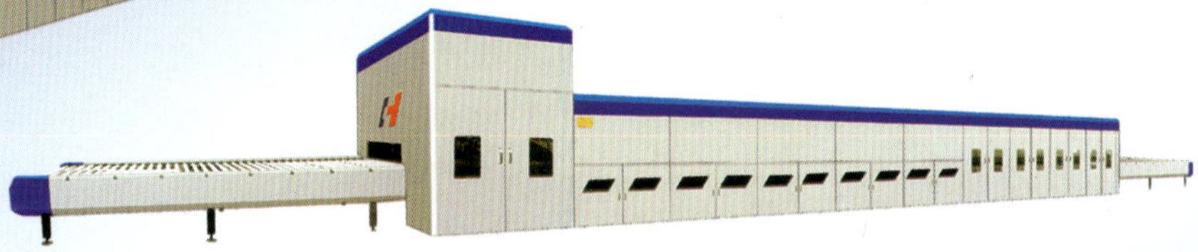

平横弯钢化炉

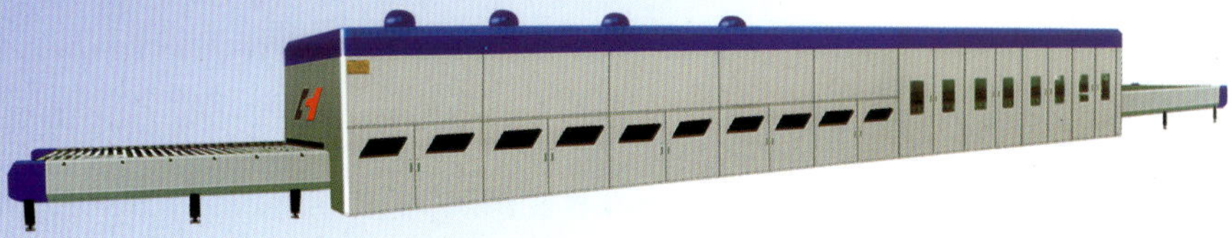

强制对流钢化炉

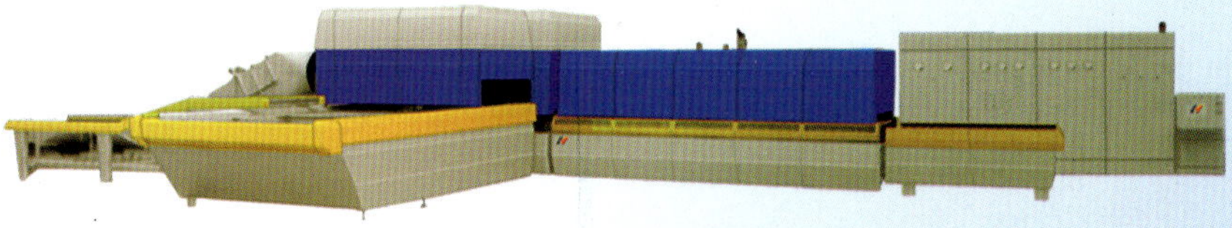

双曲面钢化机组

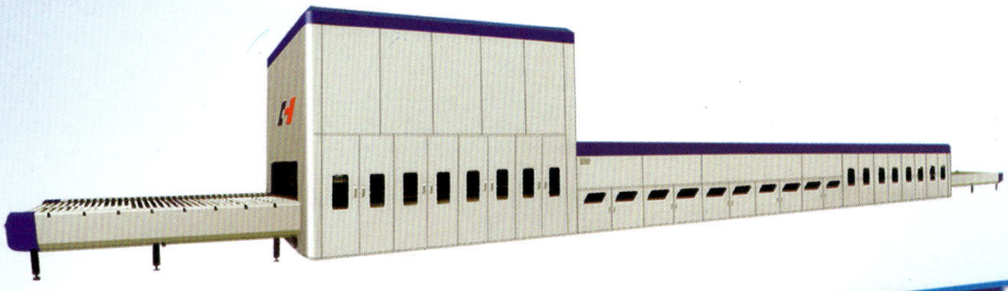

平纵弯钢化炉

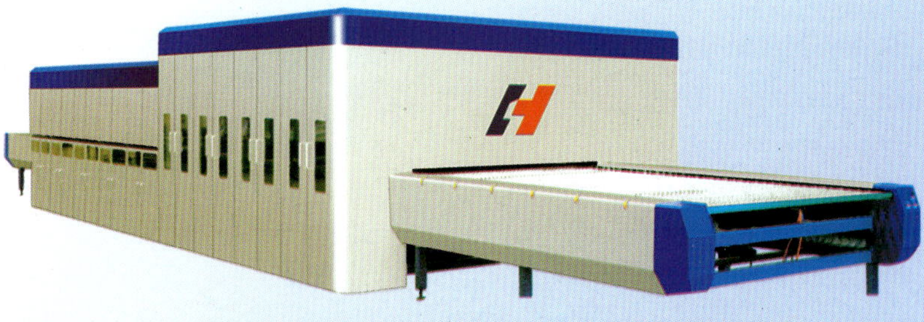

水平钢化炉

地址：山东省博兴县乐安大街 1678 号
电话：0543-2127797 2127248
传真：0543-2127797 2289016
联系人：牛爱勇

玻璃工业先进的燃烧技术
ADVANCED COMBUSTION TECHNOLOGY FOR GLASS

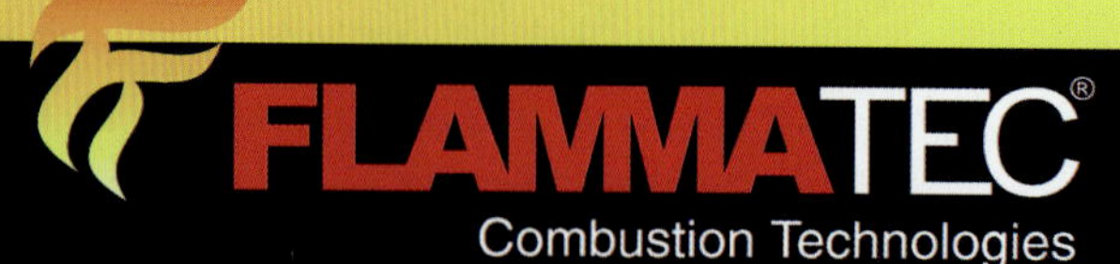

燃烧器的优点
BENEFITS OF FT BURNERS

- 适合于蓄热式窑炉所有的应用（横火焰和马蹄焰窑炉）
  Suitable for all application on regenerative furnaces (cross- and end-fired furnaces)
- 可调的火焰；FT燃烧器可轻松控制火焰的长度和亮度
  Tunable flame; FT burner allows easy control of flame length and luminosity
- 高亮度的火焰，底烧式、侧烧式安装（燃油，燃气，油气两用）
  Highly luminous flame with underport, sideport installation (oil, gas, dual fuel)
- FT燃烧器可产生很稳定的富碳火焰，因此有相当好的热传递效果
  FT burner creates a very stable carbon rich flame, thus excellent heat transfer
- 换成FT燃烧器后配合料熔化更快
  Faster batch melting after a change to FT burner
- 窑炉碹顶最高温度1550°C，靠近流液洞位置1517°C；池底玻璃温度提高约10°C
  Furnace temperature on the crown was in maximum 1550°C and close to the throat 1517°C; bottom temperature was increased by about 10°C
- 之后可减少能量输入，可节省燃料约2%～8%
  Afterwards energy input was reduced, fuel saving about 2% - 8%
- 较低的火焰温度产生很低的NOx，NOx含量约为400～500 mg/Nm^3
  Low flame temperature creates low NOx generation, NOx level varies around 400-500 mg/Nm3

燃烧器&燃烧系统交付
BURNER & COMBUSTION SYSTEM DELIVERY

控制盘 & 安全系统
Control Panels & Safety Trains

灵活的低NOx燃气底烧式燃烧器
Flex LoNOx Gas Underport Burner

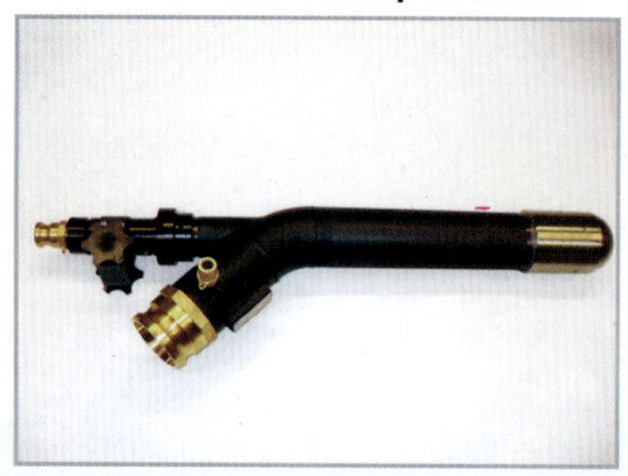

灵活的低NOx燃气侧烧式燃烧器
Flex LoNOx Gas Sideport Burner

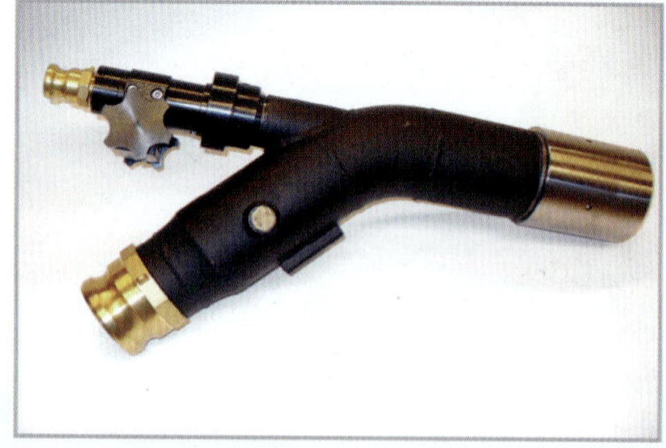

FlammaTec, Ltd.
Rokytnice 60, 755 01 Vsetin
Czech Republic

T: +420 571 498 566
F: +420 571 498 599
info@flammatec.com
www.flammatec.com

捷克玻璃服务公司青岛代表处
青岛市香港中路**61**号阳光大厦**B**座**615B-1**

电话：0532-8077 2216
传真：0532-8077 2216
手机：13953219862
E-mail: gschina@gsl.cz

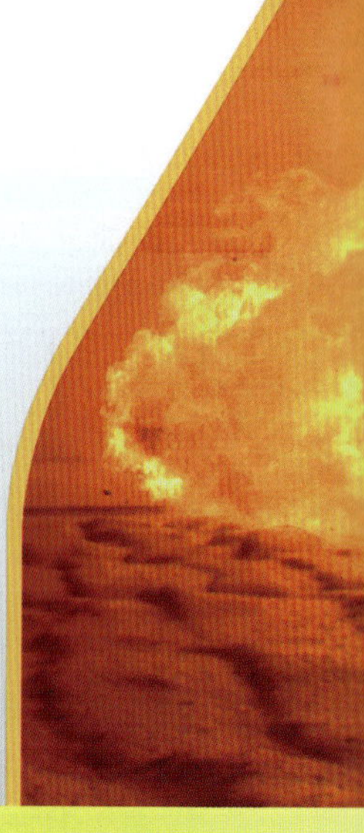

FLAMMATEC®

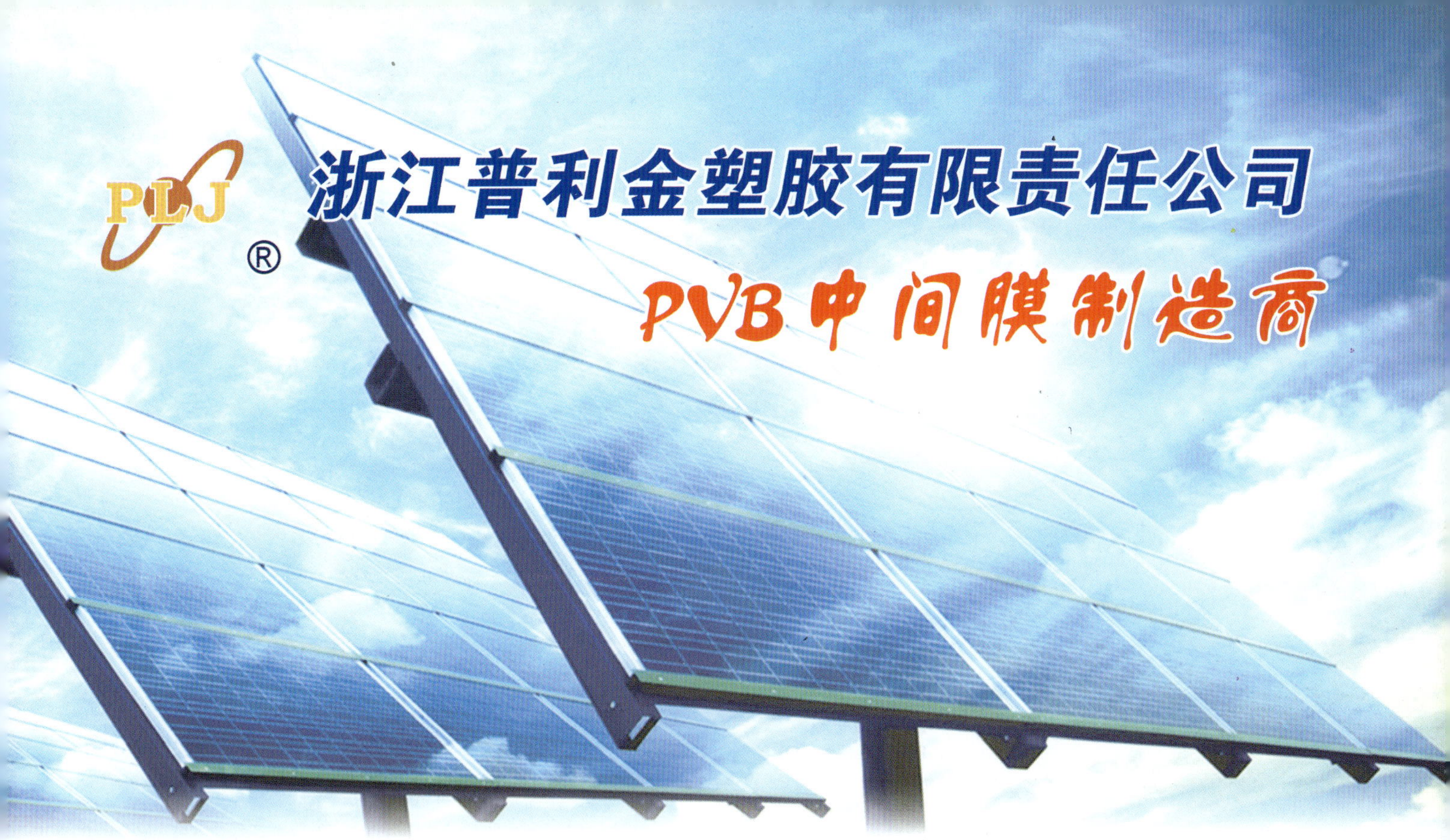

浙江普利金塑胶有限责任公司

PLJ®

PVB中间膜制造商

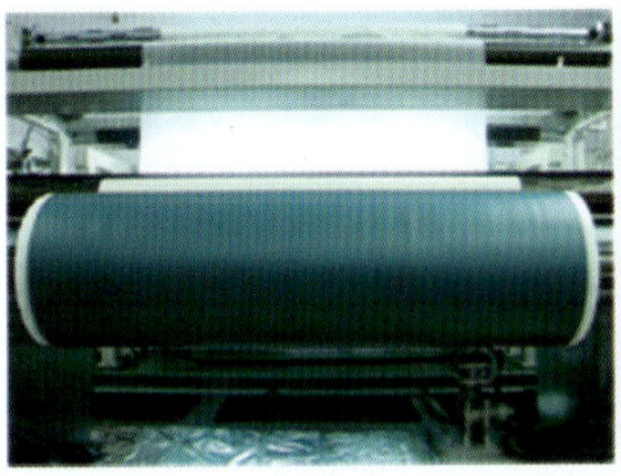

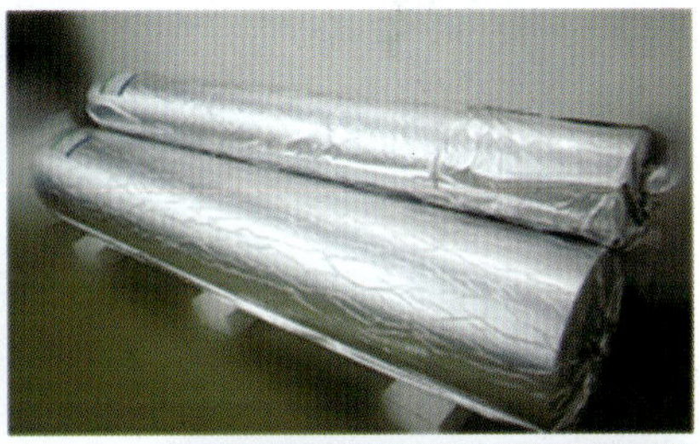

浙江普利金塑胶有限责任公司是专业生产、销售PVB中间膜的大型企业，位于山水神秀、佛宗道源、济公故里的天台县。

公司总投资1亿人民币，占地12000m²，引进了国外一流的生产设备，拥有超宽3550mm生产线和一套完整的产品质量监控和检测系统。公司已于2006年12月正式投产，年产量6000t，产品各项指标均达到国内先进水平，并与世界标准接轨。公司是专业生产各种色彩、规格的PVB中间膜的厂家，致力于集产品研发、生产、销售于一体。公司产品已通过欧标CE认证，拥有自营进出口经营权，产品远销中东、欧美、东南亚等国家和地区。浙江大学高分子研究所是我公司的技术合作单位，致力于PVB塑胶的性能改进。

公司秉承“诚信、认真、务实、创新”的宗旨，励精图治，真抓实干，以过硬的质量求生存，以高效的运作求发展，信誉可嘉，前景辉煌！

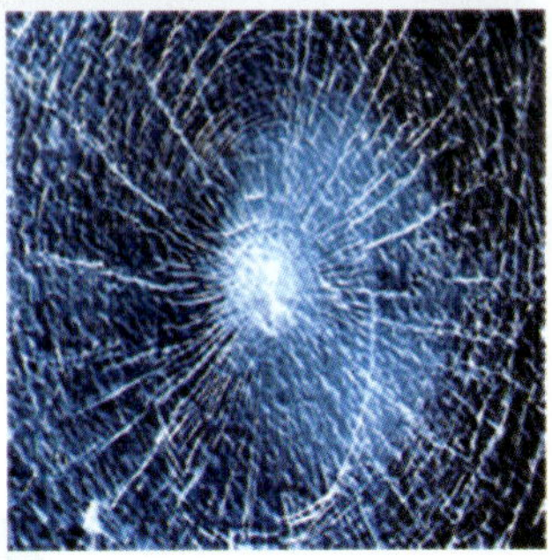

PVB胶片概况

我公司生产的PVB胶片是由聚乙烯醇缩丁醛树脂经增塑剂DHA塑化挤压成型的一种高分子材料。它对无机玻璃有很好的粘结力，具有透明、耐热、耐寒、耐湿、机械强度高等特性，是当前世界上制造夹层安全玻璃的极佳粘合材料，是应用于太阳能光伏组件的新材料，优于EVA各种性能。

PVB胶片为半透明的薄膜，无杂质、柔软性好、膜表面平整，有一定粗糙度，有很好的抗拉伸强度和断裂延伸率。

PVB胶片应用

PVB胶片主要用于制造夹层玻璃，夹层玻璃具有以下几大特性：

安全特性 抗穿透特性 结构完整性 隔热、隔音特性 防紫外线特性

以上这些特性，玻璃广泛应用于以下几大行业：

建筑行业：应用于公寓 / 宾馆门窗、水下建筑、银行柜台、采光棚、对安全有特殊要求的场所等建筑物

汽车行业：应用于汽车挡风玻璃

太阳能行业：应用于太阳能光伏发电

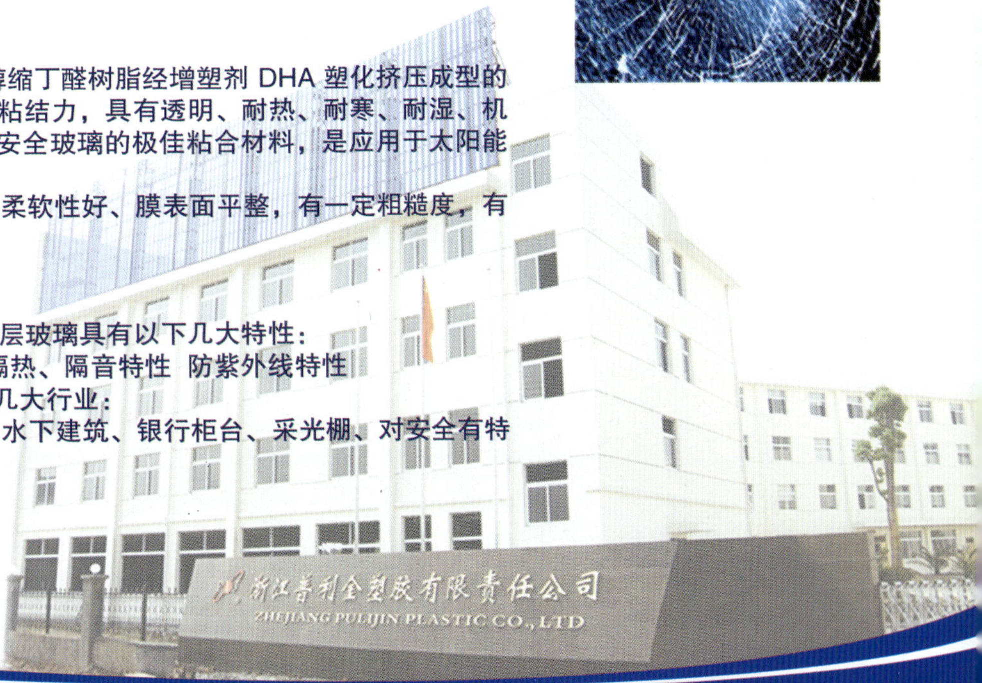

地址：浙江省天台县西工业区　邮编：317200　电话：0576-83922888　传真：0576-83032303

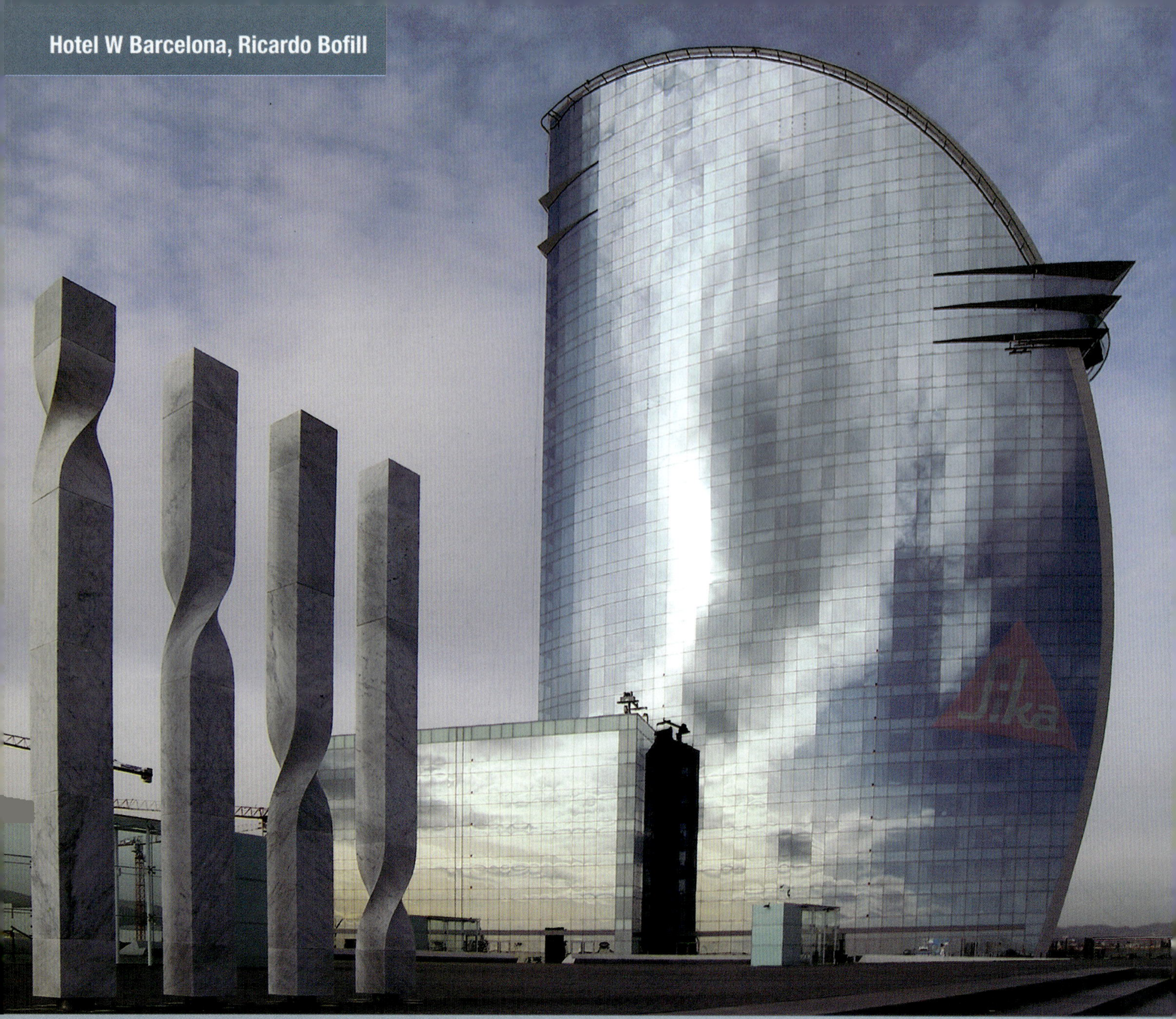

上海建科检验有限公司
建筑玻璃与制品实验室

实验室概况

上海建科检验有限公司建筑玻璃与制品实验室，隶属于上海市建筑科学研究院，专业从事建筑玻璃质量的检测和研究。实验室成立于 1998 年，先后通过 CMA 计量认证、CAL 上海市质检机构认证和 CNAL 国家实验室认可。2006 年通过国家建筑工程材料质量监督检验中心的计量认证、国家实验室认可评审，2010 年成为 BSI 签约实验室。检测设备先进，技术力量雄厚，拥有玻璃产品的全套检验仪器设备和检验技术，能满足客户对于各种建筑玻璃的质量检测要求。实验室以公正的立场，科学的方法、准确的数据，可信的结论，深得受检单位的认可和信赖。

检测能力

建筑玻璃与制品实验室主要开展平板玻璃、中空玻璃、钢化玻璃、半钢化玻璃、夹层玻璃、镀膜玻璃、贴膜玻璃、防火玻璃、压花玻璃等产品及居室用台盆、台面、淋浴房、淋浴屏等玻璃制品的质量监督检验、委托检验、仲裁检验等业务，范围覆盖 20 多种产品的近 160 个检测参数的技术能力。此外，实验室努力开拓玻璃节能检测业务，现可开展与玻璃相关的建筑遮阳、中空玻璃节能技术咨询、检测评估等业务。同时也承担国际标准、欧洲标准、澳洲标准、美国标准、英国标准等国外标准的检测委托。

服务方式

- 委托检验
- 仲裁检验
- 合格供应商评价
- 出口验货及认证检验
- 质量监督抽查检验

检测设备

建筑玻璃与制品实验室拥有钢化玻璃、夹层玻璃、中空玻璃、镀膜玻璃等各类产品的全套检测设备，以及 Lambda950 分光光度计、Spectrum400 傅立叶红外光谱仪等国内一流的光学检测设备，能满足客户对于各种建筑玻璃的质量检测要求。

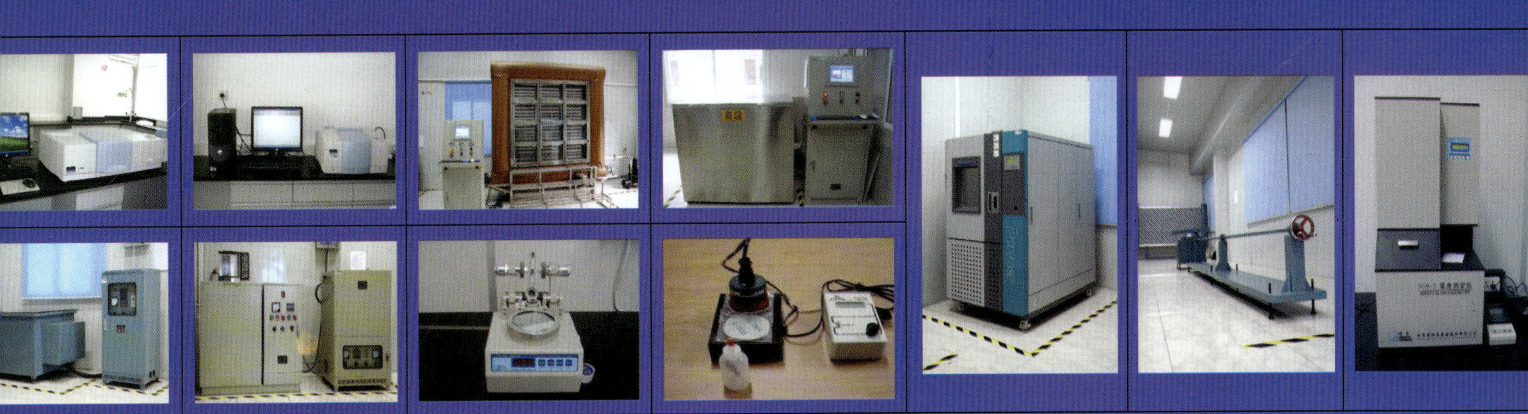

上海建科检验有限公司建筑玻璃与制品实验室
联系电话：021-54831261 54428347
传　真：021-54833141
地址：上海市闵行区申富路568号综合楼2楼（近中春路）
邮编：201108

计量认证 Metrology Accreditation

机构审查认可 China Authorization

实验室认可 Lab. Accreditation

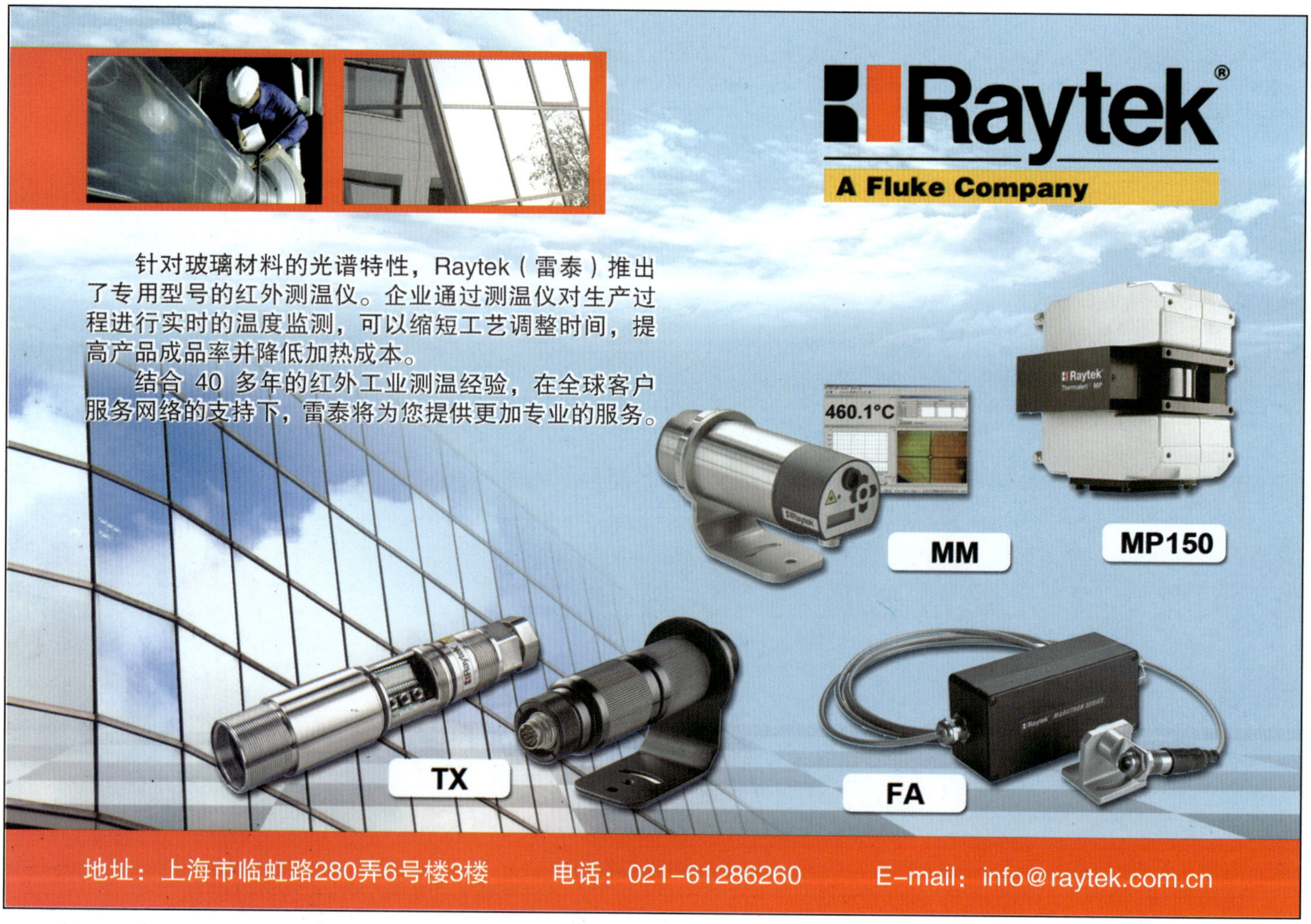

HB
Hengbao

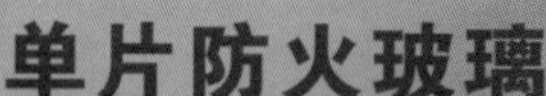